Chaos – Bausteine der Ordnung

Heinz-Otto Peitgen
Hartmut Jürgens
Dietmar Saupe

Chaos
Bausteine der Ordnung

Aus dem Amerikanischen übersetzt
von Anna M. Rodenhausen

Mit 366 Abbildungen und 14 Farbtafeln

Springer-Verlag
Klett-Cotta

Heinz-Otto Peitgen
Zentrum für komplexe Systeme
und Visualisierung
Universität Bremen
D-28359 Bremen
und
Department of Mathematics
Florida Atlantic University
Boca Raton, FL 33432, USA

Dietmar Saupe
Institut für Informatik
Universität Freiburg
D-79104 Freiburg

Hartmut Jürgens
Zentrum für komplexe Systeme
und Visualisierung
Universität Bremen
D-28359 Bremen

ISBN 3-540-55782-2 Springer-Verlag Berlin Heidelberg New York
ISBN 3-608-95435-X Klett-Cotta Stuttgart

Die Deutsche Bibliothek - CIP-Einheitsaufnahme.
Chaos: Bausteine der Ordnung / Heinz-Otto Peitgen; Hartmut Jürgens; Dietmar Saupe. Aus dem Amerikan. übers. von Anna M. Rodenhausen. - Berlin; Heidelberg; New York: Springer; Stuttgart: Klett-Cotta, 1994 Engl. Ausg. u.d.T.: Peitgen, Heinz-Otto: Fractals for the classroom; Pt. 2
ISBN 3-540-55782-2 (Springer)
ISBN 3-608-95435-X (Klett-Cotta)
NE: Jürgens, Hartmut:; Saupe, Dietmar:

Die Originalausgabe erschien 1992 unter dem Titel „Fractals for the Classroom" Part 2 im Springer-Verlag, New York

Printed in Germany 1994

Umschlag: Klett-Cotta-Design
Satz: Reproduktionsfertige Vorlage der Autoren
Druck: Zechnersche Buchdruckerei, Speyer
Bindearbeiten: Schäffer, Grünstadt
08/3140 – 5 4 3 2 1 0 – Gedruckt auf säurefreiem Werkdruckpapier

György Ligeti gewidmet

Einleitung

Chaosforschung — das interessanteste Forschungsgebiet, das es gegenwärtig gibt. Ich bin davon überzeugt, daß die Chaosforschung eine ähnliche Revolution in den Naturwissenschaften bewirken wird, wie es die Quantenmechanik getan hat.

Gerd Binnig

Nobelpreisträger für Physik

Was ist dran an der Chaostheorie? Ein neues Weltbild oder nur eine flüchtige Mode? Der Kult um das Chaos: Aberglaube oder Welterklärung? Dies sind einige markante Schlagzeilen aus den Medien. Ein Enthüllungsmagazin aus dem Norden nahm das Thema Chaos gar so wichtig, daß es das Titelblatt zieren durfte. Hatten die Medien über mehr als 10 Jahre Chaostheorie und Fraktale Geometrie immer wieder als Glanzstück moderner Mathematik und Naturwissenschaft gefeiert und dabei mitunter den falschen Eindruck vermittelt, als bestünde heutige Mathematik nur noch aus Chaostheorie, setzte das Magazin mit dem roten Rand in einer ausgebreiteten Serie auf den hoffentlich auflagenvermehrenden Kontrapunkt: Chaos sei nur das Resultat schlampigen Umgangs mit dem Computer, also ein Artefakt, und Fraktale seien ebenfalls nur Kunstprodukte, die aber mit der Natur nichts gemein hätten. Wer hat nun recht? Die Sache ist kompliziert, aber spannend. Einige überdehnte Inanspruchnahmen[1] der Chaostheorie lassen sich leicht als Salto Mortale im ursprünglichen Sinne des Wortes entlarven. Andere Schlußfolgerungen scheinen auf den ersten Blick tatsächlich im Einklang mit der Chaostheorie zu stehen, sind aber ebenso fragwürdig. Hierfür ein Beispiel. Auf der Grundlage der Chaostheorie kann man tatsächlich verbindliche Aussagen über den Zeithorizont meteorologischer Prognosen machen. Dies verführt manche Kritiker dazu, zu behaupten, meteorologische Forschung sei obsolet. Diesem Kurzschluß folgend würde man aber der Klimaforschung eine unverzichtbare Grundlage entziehen. Die Chaostheorie eignet sich eben genauso wenig wie andere mathematisch-naturwissenschaftliche Theorien als Handbuch für knappe Entscheidungsregeln. Daß Chaostheorie etwas über die landläufigen Begriffsinhalte von Chaos aussage, ist ein weiteres bedauerliches und verbreitetes Mißverständnis. Ihre Bedeutung und Popularität innerhalb und außerhalb der Wissenschaften aber nur auf dieses Mißverständnis zu beziehen trägt als Kritik auch nicht weit. Es ist schon etwas dran an der Chaostheorie und ihre neueren Entdeckungen. Ihre Ergebnisse haben viel mit der Verfügbarkeit von Computern zu tun. Aber sie gelten unabhängig davon in präziser mathematischer Strenge. Außerdem liefert die Chaostheorie neue Grundlagen für den Zweifel an langfristigen Computerprognosen, die auf nichtlinearen Gesetzen beruhen. Chaostheorie ist eine notwendige Folge der Mathematisierungsprozesse in den Wissenschaften.

[1] So etwa die Behauptung, man hätte durch Anwendung der Chaostheorie den Zusammenbruch der Sowjetunion vorhersagen können.

Unsere Bücher *Bausteine des Chaos — Fraktale* und *Chaos — Bausteine der Ordnung* haben sich zum Ziel gesetzt, den Leser so gründlich und umfassend zu informieren, daß er sich selbst ein Urteil bilden kann. Dafür war ein Stil gefragt, der irgendwo zwischen rein populärwissenschaftlichem Text und Fachbuch liegt. Stephen W. Hawking schreibt in der Einleitung seines Buches *Eine kurze Geschichte der Zeit*, daß er auf jede mathematische Formel verzichtet habe, nachdem er gehört habe, daß jede Formel in einem populärwissenschaftlichen Text die potentielle Zahl von Käufern halbiere. Auf der Grundlage dieser Hypothese hätte unser erstes Buch einen Erwartungswert von nahezu Null Lesern haben müssen. Daß die Verlagsgemeinschaft Klett-Cotta und Springer-Verlag sich zu einem zweiten Band entschlossen hat, belegt, daß Hawkings empirisches Gesetz neu bestimmt werden muß. Das Lesepublikum hat vor Mathematik weit weniger Angst oder wird von Mathematik viel weniger abgestoßen, als stets behauptet wird. Das heißt natürlich nicht, man könne dem Leser die Mathematik so anbieten, wie sie in der Fachliteratur vorgelegt wird. Den Stil zu finden, der einerseits noch so authentisch wie möglich ist und andererseits schwierige mathematische Sachverhalte in möglichst einfacher und zugänglicher technischer Ausführung gestaltet, war für uns neben der Freude am Thema Chaos und Fraktale die große Herausforderung. Tatsächlich vereint dieses Buch zwei Bücher in einem. Das Hauptbuch erzählt in sieben Kapiteln voneinander weitgehend unabhängige Geschichten, die auch ohne Kenntnisse technischer Mathematik gut verständlich sein sollten. Für die Leser, die hier und da tiefer und detaillierter informiert werden wollen, gibt es in eingebauten technischeren Sektionen, die grau — welch unpassende Farbe (!) — hinterlegt sind, vielfältiges zusätzliches Material. Am Ende eines jeden Kapitels gibt es im *Programm des Kapitels* ein BASIC-Programm, das eine wichtige Konstruktion für eigene Experimente zugänglich macht. Die Programme sind bewußt kurz und einfach gehalten, damit sie auf möglichst vielen PCs laufen können. Mitunter liegen den Programmen allerdings raffinierte mathematische Ideen zu Grunde.

Zu einem Buch über Chaostheorie und verwandte Gebiete wünscht man sich ein Vorwort, daß begriffliche Klarheit schafft, daß die Theorie wissenschafts- und erkenntnistheoretisch einordnet, daß eine historische Anbindung schafft und eine Prognose über ihre Zukunft wagt. Wir freuen uns sehr, daß der Gießener Philosoph Bernulf Kanitscheider uns ein Vorwort geschrieben hat, daß diesen Ansprüchen genügt und darüber hinaus als philosophisches Büchlein im Buch gelten kann. Wir danken ihm sehr.

Im Anhang präsentieren wir einen Beitrag von Carl J.G. Evertsz und Benoit B. Mandelbrot über Multifraktale. Gewöhnlich denkt man beim Stichwort Fraktale an Objekte, die selbtsähnlich sind. Multifraktale erweitern dieses Konzept auf Verteilungen (Maße) und machen damit die fraktale Geometrie erst wirklich anwendungsnah.

Wir haben dieses Buch dem Komponisten und Freund György Ligeti gewidmet, der in dem Erscheinungsjahr des Buches 1993 seinen 70ten Geburtstag feierte. Ligetis Werk zeigt seit mehr als drei Jahrzehnten Anhaltspunkte für eine Auseinandersetzung mit komplexen Strukturen. Seine Beziehung zu Mathematik und Naturwissenschaften war immer eine freundliche und wißbegierige. Doch haben sich die Spuren dieser Neigung nicht in leicht durchschaubaren Übersetzungen wissenschaftlicher Einsichten in kompositorische Muster niedergeschlagen. Vielmehr hat er auf seine höchst individuelle

Art die wissenschaftlichen Anregungen kompositorisch weitergeführt. Seit 1985 hat Ligeti die Chaostheorie und Fraktale Geometrie bewußt in seiner Arbeit zur Kenntnis genommen. Einige seiner Klavieretüden, das Klavierkonzert und das Violinkonzert können dieses Bewußtsein nicht leugnen.

Zum Schluß möchten wir all denen danken, die dieses Buch möglich gemacht haben. Zunächst gebührt unser herzlicher Dank unserer Mitarbeiterin Anna M. Rodenhausen, die die Übersetzung aus dem Amerikanischen besorgt hat. Das vorliegende Buch wurde von uns gegenüber dem Amerikanischen Original überarbeitet und wesentlich ergänzt.

Wir sind vielen Studenten und Kollegen zu Dank verpflichtet, die uns bei der Entstehung des Buches zur Seite gestanden haben. Unser Student Torsten Cordes hat die meisten Grafiken mit unendlicher Geduld und großer Meisterschaft hergestellt. In der Schlußphase mußten ihm zwei weitere unserer Studenten, Ehler Lange und Lutz Voigt, zur Seite stehen, als die Zahl der Bilder die Kapazität einer Person weit überschritt. Unsere Kollegen Friedrich von Haeseler und Guentcho Skordev haben mehrere Kapitel korrekturgelesen. Wir bedanken uns auch bei unseren Freunden, Mitchell J. Feigenbaum, Ulrich Krause, Heinrich Niederhausen, Przemyslaw Prusinkiewicz und Richard F. Voss, die Teile des Manuskripts durchgesehen haben. Gisela Gründl war uns bei der Auswahl und Organisation der Fremdabbildungen behilflich.

Das Buch wurde in TEX und LATEX von den Autoren produziert, wobei bis auf einige Halbtonbilder alle Figuren in die entsprechenden Dateien integriert wurden.

Schließlich bedanken wir uns für die ausgesprochen angenehme Zusammenarbeit mit den Mitarbeitern der Verlage Klett-Cotta (Stuttgart) und Springer (Heidelberg).

Heinz-Otto Peitgen, Hartmut Jürgens, Dietmar Saupe

Bremen, Oktober 1993

Autoren

Heinz-Otto Peitgen. *1945 in Bruch, BRD. Dr. rer. nat. 1973, Habilitation 1976, beides an der Universität Bonn. Forschung auf den Gebieten Topologie, nichtlineare Analysis, dynamische Systeme, numerische Mathematik, Chaostherorie, Physik und fraktale Geometrie. Seit 1977 Professor für Mathematik an der Universität Bremen, von 1985 bis 1991 außerdem an der University of California in Santa Cruz und seit 1991 an der Florida Atlantic University in Boca Raton. Gastprofessuren in Belgien, Italien, Mexiko, Brasilien und USA. Direktor des Zentrums für Komplexe Systeme und Visualisierung an der Universität Bremen. Autor und Herausgeber mehrerer Publikationen über Chaos und Fraktale, sowie Herausgeber verschiedener mathematischer Fachzeitschriften.

Hartmut Jürgens. *1955 in Bremen. Dr. rer. nat. 1983 an der Universität Bremen. Forschung auf den Gebieten dynamische Systeme, mathematische Methoden der Computergraphik und experimentelle Mathematik. Von 1984 bis 1985 Systemberater in der Computerindustrie, seit 1985 Leiter des Graphik-Labors am Zentrum für Komplexe Systeme und Visualisierung der Universität Bremen. Autor und Herausgeber von mehreren Publikationen über Chaos und Fraktale.

Dietmar Saupe. *1954 in Bremen. Dr. rer. nat. 1982, Habilitation 1993, beides an der Universität Bremen. Hochschulassistent in Mathematik an der Universität von Kalifornien in Santa Cruz von 1985 bis 1987, an der Universität Bremen von 1987 bis 1993, seit 1993 Professor für Informatik an der Universität Freiburg. Forschung auf den Gebieten dynamische Systeme, mathematische Methoden der Computergraphik und experimentelle Mathematik. Autor und Herausgeber von mehreren Publikationen über Chaos und Fraktale.

Übersetzerin

Anna M. Rodenhausen. *1966 in Gießen. Diplom in Mathematik 1991 an der Universität Heidelberg. Danach wissenschaftliche Mitarbeiterin an der Universität Heidelberg und seit 1992 im Zentrum für Komplexe Systeme und Visualisierung an der Universität Bremen.

Inhaltsverzeichnis

Vorwort

Philosophische Reflexionen über Chaos und Ordnung

Bernulf Kanitscheider[1]

I. Zufall und Erkenntnisgrenzen

Im Jahre 1872 hielt der berühmte Physiologe und Mediziner Emil du Bois-Reymond einen Vortrag mit dem Titel: Über die Grenzen des Naturerkennens.[2] Damals versuchte du Bois-Reymond eine grundsätzliche Abschätzung zu geben, welche von den anstehenden ungelösten Problemen der Naturwissenschaft *absolut unlösbar seien* und welche nur schwierig, unübersichtlich, aber *prinzipiell doch lösbar* wären.

1872 hielt er das Problem der *Herkunft und des Aufbaus der Materie* sowie auch die *Entstehung des Bewußtseins* für absolut unlösbar — hier gelte für alle Zukunft ein sicheres *ignorabimus.*

1880 in einem späteren Vortrag über die sieben Welträtsel wurde er noch skeptischer und bezeichnete auch den *Ursprung der Bewegung* und die *Willensfreiheit* als unüberwindliche Rätsel.

Andererseits nannte er die scheinbar *teleologische Verfassung* der Natur, *den Ursprung von Sprache und Denken* sowie die *Entstehung des Lebens* als Bereiche des völligen Nichtwissens, aber er wollte hier die grundsätzliche Lösbarkeit nicht ausschließen — hinsichtlich dieser Fragen müssen wir nur unser Unwissen bekennen: *ignoramus.* Du Bois-Reymonds apodiktische Erklärungsskepsis verwundert uns heute nicht.

Er urteilte seiner Zeit entsprechend vom *mechanistischen Weltbild* aus. Zu dessen wesentlichen Elementen gehörte neben dem atomistischen Aufbau der Materie und einer statischen Raumzeitstruktur auch eine in Zukunft und Vergangenheit *berechenbare Zustandsentwicklung* der Systeme. Diese drei Elemente fügten sich relativ homogen zueinander. Die Ergebnisse der Chemie legten den Atomismus nahe, die Mechanik ließ physikalische Prozesse in einem undynamischen, von Ewigkeit zu Ewigkeit unveränderlichen apriorisch vorgegebenen Raum ablaufen, und die materiellen Systeme konnten

---

[1] Professor für Philosophie der Naturwissenschaften, Justus-Liebig-Universität Gießen, Otto-Behaghel-Straße 10c, 35394 Gießen

[2] Du Bois-Reymond war ein bedeutender Naturforscher des 19. Jh., dessen Hauptverdienst es war, die physikalischen Methoden und Begriffe in die Elektrophysiologie eingeführt zu haben. Darüber hinaus hatte er ein breites kulturphilosophisches Interesse. Eine weitläufige Diskussion mit vielen Stellungnahmen lösten seine beiden Analysen über die Reichweite der wissenschaftlichen Erkenntnis aus. (Vgl.: E. Du Bois-Reymond, *Vorträge über Philosophie und Gesellschaft,* Hamburg, Felix Meiner, 1974)

in ihrer Zustandsänderung im Intervall $-\infty \leq t \leq +\infty$ berechnet werden, wenn man sie nur einmal zu einem Zeitpunkt t_0 kannte. Implizit steckt in der Berechenbarkeit die Mathematisierbarkeit, d.h. die Anwendbarkeit von Geometrie und Arithmetik auf die Realität. Letztere muß sogar als der umfassendste und fundamentalste Zug des mechanistischen Weltbildes angesehen werden.[3]

Von dieser Physik her lag es nahe, die Sphären der Materie, des Lebens und der seelischen und geistigen Phänomene durch einen tiefen Graben getrennt anzusehen. Da für diese phänomenologisch so stark disparaten Bereiche keine evolutiven Übergänge denkbar waren, lag es nahe, sie strukturell und stofflich einer dem Wesen nach völlig unterschiedlichen Ontologie zuzuordnen.

Newtons Mechanik hatte mehr als 200 Jahre eine Vorbildfunktion für alle naturwissenschaftlichen Theorien. Seine paradigmatische Wirkung strahlte aus bis in die Ökonomie, wo *Adam Smith* das Bild der Maschine für das Verstehen intellektueller Systeme wie auch der Gesellschaft heranzog: „Die menschliche Gesellschaft erscheint wie eine großartige Maschine, deren gleichmäßige, harmonische Bewegung tausend angenehme Wirkungen hervorbringt."[4]

Die Ordnungsparameter dieser „gesellschaftlichen Maschine", die letztlich alle soziale Organisation hervorbringt, sind zwar *effektiv*, d.h. aus praktischen Gründen nicht durchschaubar, sie wirken nach Smiths Metapher wie eine „unsichtbare Hand". Dennoch bleiben die individuellen spontanen Handlungen, die das Analogon zu den Kräften in einem mechanischen System darstellen, grundsätzlich berechenbar, wie es dem Ideal des Mechanizismus entspricht.[5] Dies ist auch der Grund, warum die „unsichtbare Hand" nicht unbesehen als Vorläufer der modernen Selbstorganisationstheorien angesehen werden kann, weil bei Smith das schöpferische Zufallselement fehlt.

Die Reichweite der mechanistischen Begriffsbildung sieht man noch eindrucksvoller an Joseph Priestleys Bemühungen, das philosophische Problem der menschlichen Freiheit über ein mechanisches Modell zu lösen.[6] Von Thomas Hobbes beeinflußt, geht Priestley davon aus, daß geistige Aktivitäten Gehirnprozesse sind, also materielle Vorgänge, für die konsequenterweise Newtons Theorie als umfassende Theorie der materiellen Welt zuständig ist. Dies bedeutet, daß auch der menschliche Wille und seine Entscheidungen dieser Mechanik unterworfen sind, was Priestley dazu führt, den Versöhnungsstandpunkt von Determinismus und Freiheit zu verteidigen.[7] Danach kann eine Handlung, auch wenn sie verursacht wurde, durchaus frei sein. Die Freiheit besteht darin, jene Handlungen auszuführen, die den eigenen Motiven entsprechen.

---

[3] Dijksterhuis, E.J., *Die Mechanisierung des Weltbildes,* Veröffentlichungen der Gesellschaft für internationale Wissenschaftsgeschichte (1952), Heft 1, S. 33–63

[4] „Human society ... appears like a great, an immense machine, whose regular and harmonious movements produce a thousand agreeable effects." (A. Smith, *The Theory of Moral Sentiments 1759,* New York 1966, S. 463)

[5] Skinner, A. St. und Adam Smith, *Philosophy and Science,* Scottisch Journal of Political Economy 19 (1972), S. 307

[6] Priestley, J., *The Doctrine of Philosophical Necessity Illustrated,* London 1777

[7] B. Kanitscheider, *Vom mechanistischen Weltbild zum kreativen Universum,* Darmstadt, Wissenschaftliche Buchgesellschaft, 1993, S. 24f.

In der *Physik* selbst hatte sich die Mechanik in den Händen von hochkarätigen Mathematikern wie Pierre Simon de Laplace, Joseph de Lagrange und William Hamilton zu einem Instrument mit extremer Leistungsfähigkeit entwickelt.

Insbesondere im Bereich der *Himmelsmechanik*, als Störungstheorie verfeinert, wurden solche frappierenden Erfolge erzielt, daß die metaphysische Grundannahme plausibel wurde, das Universum sei auf allen Realitätsebenen nach mechanischen Prinzipien aufgebaut. Das mechanistische Weltbild leitete die Entwürfe der Theoretiker selbst noch dann, als sich neue Phänomenbereiche ankündigten. Dies wurde im 19. Jahrhundert deutlich, als die *Elektrodynamik* und die *Thermodynamik* zur klassischen Physik hinzutraten. Für das elektromagnetische Feld und für den Träger der Lichtwellen versuchte *James Clerk Maxwell* mechanische Modelle zu finden. Er dachte dabei an eine Übertragung der elektromagnetischen Wechselwirkung durch eine Art Kugellager, das unter Ausnutzung der klassischen mechanischen Kategorien von Druck und Stoß das Feld charakterisiert. Für die irreversiblen Vorgänge der Wärmelehre bemühte sich *Ludwig Boltzmann* um eine Erklärung mittels der statistischen Mechanik. In größter Reinheit hat *Pierre Simon de Laplace* das Programm der mechanischen Naturerklärung zum Ziel der Wissenschaft schlechthin erklärt. Er verteidigte den Grundsatz, daß man mit der Newtonschen Mechanik bereits im Besitz der wahren, unüberholbaren Gesetzesmuster der Natur sei. Zwar bleibe es Aufgabe der Forschung, die in der Materie wirkenden Kräfte herauszufinden, aber wenn diese auf empirischem Wege bestimmt seien, dann lieferten die universellen Bewegungsgesetze, so meinte Laplace, alle Beschreibungen möglicher Veränderungen der Natur. Die Welt sei eine mechanische Uhr, für die die Gesetzesstruktur bekannt sei, und auch der Mensch mit seinen seelischen und geistigen Funktionen sei letzten Endes, d.h., wenn man im Besitz ausreichender empirischer Daten wäre, kausal-mechanistisch verstehbar.[8]

Es ist zu vermuten, daß Laplace zu seiner Zeit gar nicht übersehen hat, daß sein Erkenntnisideal eine Fülle von Voraussetzungen einschließt. Um dieses klassische Ideal konsequent durchzuführen, muß er nicht nur eine deterministische Welt annehmen, die aus massiven Teilchen aufgebaut ist, für welche Newtonsche Bewegungsgleichungen gelten,[9] er braucht auch die Kenntnis aller Kräfte und aller Anfangs- und Randbedingungen mit absoluter Genauigkeit. Diese Anfangsdaten müssen gespeichert, mathematisch verarbeitet und so die Grundgleichungen gelöst werden, dann wäre der Lauf der Welt in allen Einzelheiten eindeutig bestimmt, und der Dämon — oder moderner, ein Supercomputer — könnte alle Ereignisse in Vergangenheit und Zukunft berechnen.

Wenn man noch die Voraussetzung hinzufügt, daß auch der Mensch aus Teilchen aufgebaut ist, fügt sich auch das Seelisch-Geistige in die Berechenbarkeit ein.

Diesen Schluß hat in erster Linie Julien Offray de La Mettrie vollzogen, der in seinem Werk „L'homme machine“ von 1748 schreibt: „Der Körper des Menschen ist eine Maschine, die ihre Triebfedern selbst spannt, ein lebendiger Inbegriff der ewigen Bewegung. Die zugeführte Nahrung sorgt dafür, daß sie im Gang bleibt. Ohne Nahrung

[8] Laplace, P. S. de, *Philosophischer Versuch über die Wahrscheinlichkeiten*, Übers. v. N. Schwaiger, Leipzig, Duncker & Humblot, 1886

[9] Dies ist z.B. nicht für die masselosen Lichtteilchen, die Photonen, der Fall.

verliert die Seele zunehmend an Kraft, bis sie sich noch einmal kurz aufbäumt und dann an Entkräftung stirbt..."[10] Diese extrem zugespitzte Fassung einer mechanistischen Erklärung mentaler Funktionen war zu einfach, um sich durchsetzen zu können, darüber hinaus lief sie auch der gesamten spiritualistisch orientierten Tradition zuwider, so daß an eine Akzeptanz im abendländischen Raum nicht zu denken war.

Trotz des Ideals der Berechenbarkeit kannte man auch im Zeitalter des Mechanismus die Bedeutung des *Zufalls*. Laplace wußte natürlich wie alle seine Zeitgenossen, daß die Himmelsmechanik einen besonders idealen Glücksfall für die Wissenschaft darstellt, bei dem die Ereignisabfolgen durch eine kleine Zahl von gut bestimmbaren Parametern festgelegt ist. In der terrestrischen Physik ist die Vielfalt der bestimmenden Ursachen für die Ereignisse hingegen so groß und so unübersichtlich, daß die Vollkommenheit der astronomischen Vorhersage niemals erreicht werden kann.

Der Zufall und die Nichtberechenbarkeit, wie wir sie alltäglich in den komplexen Phänomenen erfahren, gründen aus klassischer Perspektive in der *menschlichen Unkenntnis* über die wahren Ursachen. Die Verschlungenheit und Verknotung der vielfältigen Ursachen verlangt die Verwendung der Kategorie der Wahrscheinlichkeit in der Naturerkenntnis. Es ist also *die Schwäche und die Endlichkeit des menschlichen Geistes*, die die Kategorie der Wahrscheinlichkeit erzwingt. Auf der Ebene der Dinge jedoch hat der Zufall im Erklärungsschema der klassischen Mechanik keinen Platz. Alles ist nach Druck und Stoß durch mechanische Gesetze bestimmt,[11] und mit vollständiger Kenntnis der wirkenden Kräfte und Anfangsbedingungen wäre das Universum in Zukunft und Vergangenheit berechenbar.

Wie dominierend die Modellbildung mittels Druck und Stoß war, sieht man daran, daß René Descartes diese mechanischen Größen in sein Hirnfunktionsmodell einbaute. Entsprechend damaliger Tradition war Descartes überzeugt, daß der menschliche Geist (spiritus animalis) nach Art eines Hauches oder einer feinen Flamme zu denken sei.[12] Dieser Seelenstoff verteilte sich über sehr kleine Löcher in den Wänden der Hirnventrikel auf die Nervenfasern. Die Nerven bestehen bei Descartes aus kleinen Röhrchen, in denen sich feinste Fäden befinden. Die sensorische Signalleitung erklärt er als eine Übertragung eines direkten *mechanischen Zuges* an den Nervenfäden innerhalb der Nervenröhren. Obwohl Descartes' Gehirnmodell von den zeitgenössischen Anatomen scharf kritisiert wurde, blieben jedoch alle Naturforscher der damaligen Epoche dabei, das Gehirn als Maschine anzusehen.

So lesen wir bei Nicolaus Steno, einem dänischen Anatom des 17. Jahrhunderts: „Da aber das Gehirn eine Maschine ist, darf man nicht hoffen, auf anderem Wege seinen künstlichen Aufbau zu verstehen als bei anderen Maschinen", „Es gibt nur zwei Wege, um zur Kenntnis einer Maschine zu kommen: entweder erklärt uns der Erbauer

---

[10] La Mettrie, J. O. de, *Der Mensch als Maschine*, Übers. v. B.A. Laska, Nürnberg, LSR-Verlag, 1985, Seite 26

[11] Merleau-Ponty, J., *Der Mechanismus — Blüte und Niedergang einer Naturphilosophie*, in B. Kanitscheider (Hrsg.), *Moderne Naturphilosophie*, Würzburg, Königshausen & Neumann, 1984, Seiten 127–140

[12] Descartes, R., *Tractatus de homine*, Übers. v. K.E. Rothschuh, Heidelberg: Verlag Lambert Schneider, 1969

den künstlichen Aufbau, oder wir nehmen sie bis in die kleinsten Bestandteile auseinander...“[13]

Es nimmt nicht wunder, daß die Geisteswissenschaften mit diesem Bild des Menschen als einer speziellen Maschine nichts anfangen konnten, zumal sie, nach der gängigen Auffassung von *menschlicher Freiheit*, der Meinung waren, daß in dem deterministischen Ablauf, dem letzten Endes auch der Mensch unterworfen ist, kein Platz für echte *Entscheidung* und damit für wahre *Moralität* vorhanden sei. Die Versöhnungskonzeption, wonach eine Entscheidung verursacht sein kann und dennoch frei, hat, obwohl, wie gesehen, bereits durch Priestley im 18. Jahrhundert entworfen, in der idealistischen philosophischen Tradition nie richtig Akzeptanz finden können. So gingen die Auffassungen über die Natur des Menschen in der wissenschaftlichen und philosophischen Perspektive weit auseinander.

Eine wissenschaftsgeschichtliche Tatsache, die man vielfach beobachten kann, zeigte sich auch hier überdeutlich: Wenn eine neue Idee auftritt, muß diese nicht nur geäußert, sie muß von der Umgebung auch verstanden und von der intellektuellen Gemeinschaft verstärkt werden. Im Jahre 1903 wies *Henri Poincaré* auf einen entscheidenden Unterschied beim Ablauf mechanischer Systeme hin: Selbst in einem deterministischen System können wir dessen Anfangszustand nur näherungsweise kennen. Wenn wir dann den Endzustand mit der gleichen Approximation vorhersagen können, liegt ein besonders günstiger Fall vor. Es kann aber auch sein, daß kleine Unterschiede in den Anfangsbedingungen sehr große Veränderungen in den sich daraus entwickelnden Zuständen hervorrufen. Dann wird die Vorhersage unmöglich, und wir haben auch hier eine Situation vor uns, die dem Zufall gleichkommt.[14] Zu jener Zeit verstand niemand die Tragweite von Poincarés Unterscheidung, die wir heute mit dem Begriff *starke* und *schwache Kausalität* belegen.

Laplace hatte für seinen Dämon nur das schwache Prinzip der Kausalität verwendet, denn dieser kennt die Orte und Geschwindigkeiten aller Teilchen mit absoluter Genauigkeit. Die klassische Physik machte aber mehr oder weniger stillschweigend von dem starken Prinzip der Kausalität — „Ähnliche Ursachen haben ähnliche Wirkungen“ — Gebrauch. Nur wenige Denker wie z.B. James Clerk Maxwell sahen weiter. Dieser hatte bereits 1873 im Zusammenhang mit der Frage, ob Determinismus und Willensfreiheit vereinbar wären, darauf hingewiesen, daß es auch im Rahmen einer deterministischen Physik Fälle von instabilen Systemen gibt, bei denen eine infinitesimale Variation des Anfangszustandes in endlicher Zeit eine makroskopische Veränderung des Endzustandes mit sich bringt:[15]

> *Es ist ganz offensichtlich, daß die Existenz instabiler Bedingungen die Vorhersage künftiger Ereignisse unmöglich macht, wenn unser Wissen über den gegenwärtigen Zustand nur ein angenähertes und kein genaues ist ...*

[13] Steno, N., *Opera philosophica II, 16,* zitiert nach O.J. Grüsser, *Vom Ort der Seele,* in: Aus Forschung und Medizin 5(1) (1990), S. 75–96 , Zitat S. 85

[14] Poincaré, H., *Wissenschaft und Methode,* Leipzig; Berlin: Teubner, 1914, S. 57

[15] Maxwell, J.C., *Science and Free Will,* in: Campbell, Lewis; Garnett, William, *The Life of James Clerk Maxwell,* New York, Johnson Reprint Corporation, 1969, pp. 434–444, Chapter XIV

In einem seiner späten Werke „Matter and Motion" von 1877 kommt Maxwell auf den Satz „daß ähnliche Ursachen ähnliche Wirkungen hervorbringen" zu sprechen. Er weist aber bereits deutlich darauf hin, daß nur *in einem Teil der Phänomene* diese Situation vorliegt:[16]

> *Aber es gibt andere Fälle, bei denen eine kleine anfängliche Variation sehr große Veränderungen im Endzustand des Systems hervorrufen kann, wie ja auch die Verschiebung von „Punkten" eine Eisenbahn dazu bringen kann, in eine andere hineinzufahren, anstatt den richtigen Weg einzuhalten.*

Nach Maxwell ist gerade das *Wettergeschehen*, weil es eine Art Anhäufung lokaler Instabilitäten darstellt, überhaupt nicht durch Gesetze erfaßbar. Nur dort, wo Stabilität in den Phänomenen vorliege, könne gesetzesartige Beschreibung Erfolg haben. Wie zukunftsträchtig sein Beispiel war, lernte man erst schätzen, als Edward Lorenz in seinen Arbeiten auf den chaotischen Charakter des Wetters stieß.

Obwohl man also schon lange vor der sytematischen Untersuchung chaotischer Zustandsentwicklungen um grundsätzlich nicht berechenbare Vorgänge wußte, hielt sich noch lange die metaphysische Überzeugung, daß das Universum nach Art eines Planetensystems oder eines harmonischen Oszillators[17] aufgebaut sei; trotz der Kenntnis von Bereichen, in denen die Nichtberechenbarkeit geradezu gefordert war — nämlich beim *Glücksspiel.* Bei Roulette und Würfeln macht sich derjenige, der den Lauf der Kugel oder den Fall der Würfel voraussehen kann, geradezu verdächtig. Für diese Spiele ist der Zufall konstitutiv. Solche Situationen sah man unter dem Einfluß des klassischen Paradigmas jedoch nicht als Einwände gegen die universelle Laplace-Berechenbarkeit des Universums an.

Dabei zeigte es sich später, daß nur kleine strukturelle Änderungen an einem mechanistischen System bereits enorme qualitative Neuheiten erzeugen können. Wenn man z.B. zum früher erwähnten *harmonischen Oszillator* eine rücktreibende Kraft, die proportional zur dritten Potenz der Auslenkung aus der Ruhelage ist, hinzufügt (dies bewirkt, daß das System bei geringen Auslenkungen schwächer, bei großen Auslenkungen stärker zum Mittelpunkt hingezogen wird), dann verhält sich dieser sogenannte *anharmonische Oszillator* für einen bestimmten Bereich der Anfangsbedingungen wie ein nichtberechenbares System. Wenn zwei anharmonische Oszillatoren mit sehr ähnlichen Anfangsbedingungen gestartet werden, so entfernen sich ihre Bahnkurse bald so weit voneinander, daß eine Vorhersage der Entwicklung des Systems unmöglich wird. Bereits die Verschiebung von 1g Masse auf dem Sirius würde den anharmonischen Oszillator so weit stören, daß sein Verhalten nach 80 Schwingungen völlig anders als ohne diese Störung verläuft.[18]

---

[16] Maxwell, J.C., *Matter and Motion (1877),* New York, Macmillan, 1920, S. 13

[17] Ein harmonischer Oszillator ist das einfachste schwingungsfähige Gebilde der Mechanik, bei dem die rücktreibende Kraft proportional der Auslenkung aus der Ruhelage ist.

[18] Sexl, R. U., *Order and Chaos,* in: G. Radnitzky (Hrsg.), *Centripetal Forces in the Sciences,* New York, Paragon House, 1988, S. 144–156

Es wurde damals auch kaum gesehen, daß mit allen jenen Phänomenen, bei denen eine extrem empfindliche Abhängigkeit von kleinen Variationen der Anfangsbedingungen vorliegt, der Begriff des *Objekts oder mechanischen Systems* zu verschwimmen beginnt. Wenn das starke Kausalprinzip — „Ähnliche Ursachen haben ähnliche Wirkungen" — nicht mehr erfüllt ist, können winzige Einflüsse aus extrem entfernten Bereichen des Universums die eine oder andere Zustandsveränderung liefern. Wenn die Bewegung einer Fliege auf dem Sirius bereits einen irdischen Oszillator stört oder der Flügelschlag eines Schmetterlings in Brasilien einen Tornado in Texas auszulösen vermag — wofür der Meteorologe Edward Lorenz dann den Ausdruck Schmetterlingseffekt eingeführt hat —, dann hat dies zur Folge, daß die *Separabilität* klassischer Systeme drastisch eingeschränkt wird. Die dynamische Koppelung, vor allem durch die niemals abschirmbare Gravitationswechselwirkung, macht es bei instabilen Situationen unmöglich, von einem wirklich absolut getrennten lokalen Objekt zu sprechen. Die dynamische Empfindlichkeit macht es unmöglich, ein System vom Rest des Universums zu isolieren, um seine inneren Eigenschaften zu studieren. Separabilität ist nun aber eine zentrale Voraussetzung für die empirische Untersuchung eines Systems. Wenn es so wäre, daß nur das „Ganze das Wahre" sein könnte, wie G.W.F. Hegel behauptet hat,[19] gäbe es nur ein wissenschaftliches Objekt, das Universum. Entweder es gelänge, dessen Grundgesetz mit einem Schlag zu erraten, oder alles Erkenntnisbemühen wäre umsonst. De facto sind nicht alle Systeme von der genannten extremen Sensibilität, glücklicherweise gibt es zumindest eine partielle Abtrennbarkeit von Teilsystemen des Universums, die sich so von äußeren Einflüssen abschirmen lassen, daß man mit ihnen experimentieren kann.

Dies alles hätte man sich schon zu Anfang unseres Jahrhunderts überlegen können. Jedoch, so ist zu vermuten, wurde damals die metatheoretische Diskussion völlig durch die *Quantendebatte* dominiert. Im Rahmen der Quantenmechanik ergab sich nun in der Tat ein neuer Ort für die Rolle des Zufalls, aber aus völlig anderen Gründen, die nichts mit den klassischen Instabilitäten zu tun haben. Diese Theorie besagt, daß kanonisch-konjugierte, dynamische Variablen wie Ort und Impuls, aber auch Energie und Zeit nicht zugleich scharfe Werte einnehmen können.

Die *Heisenbergschen Streurelationen*, die ihren Grund in der Nichtvertauschbarkeit dieser dynamischen Variablen haben, führten den Zufall auf der Gesetzesebene ein. Es ist nun nicht mehr Sache des unvollständigen, aber im Prinzip erreichbaren Wissens, wenn die kausale Entwicklung eines Quantensystems nicht berechnet werden kann. Die Quantenmechanik entstand zuerst als eine Theorie, die sich mit den atomaren Konstituenten der Materie befaßte. Sie war eine Theorie des sehr Kleinen, ihre Übertragung auf Felder führte dann zu den modernen Elementarteilchentheorien und zur Hochenergiephysik. Atomare Systeme und Quantenfelder enthalten sicher die gesetzesartigen Zufallsprozesse. Der Prototyp eines Zufallsprozesses ist der radioaktive Zerfall. Der Zeitpunkt des Zerfalls eines individuellen instabilen Atoms ist grundsätzlich aus seinem Anfangszustand nicht bestimmbar, obwohl der Zerfallsvorgang für eine große Zahl von gleichartigen Teilchen nach einer strengen statistischen Gesetzmäßigkeit verläuft. Der

[19] G.W.F. Hegel, *Phänomenologie des Geistes*, Sämtliche Werke, hrsg. von Hermann Glockner. Stuttgart, Fr. Frommanns Verlag, 1932, Vorrede, S. 24

Kausalzusammenhang zwischen Vergangenheit und Zukunft wurde damit zwar nicht völlig aufgehoben, aber doch stark abgeschwächt.

Die Physik bewegte sich zu Beginn unseres Jahrhunderts aber auch auf den zweiten großen Problembereich zu, den des sehr Großen. In der *Kosmologie* war der Ort, wo die Relativitätstheorie ihren natürlichen Anwendungsbereich hatte. In beiden Gebieten wurden große Erfolge erzielt. Mit Hilfe des Formalismus der Quantenfeldtheorie konnte man mit äußerster Präzision die Energieniveaus der Atome und Kerne berechnen, die kosmologischen Modelle der Allgemeinen Relativitätstheorie fanden hervorragende astrophysikalische Bestätigung.[20]

In der ersten großen Weltbildtransformation des 20. Jahrhunderts bewegte sich also die Physik bevorzugt auf den *Mikrokosmos* und *Megakosmos* zu, während der *Mesokosmos* bis vor kurzem ein Fremdling in dieser Wissenschaft blieb: die Objekte der mittleren Größenordnung mit ihren unübersehbar vielfältigen Eigenschaften, kurz das *Reich des Komplexen*. Unsere Welt offenbart eine hierarchische Vielfalt von hochgeordneter Komplexität. Bereits die Gebilde mit der größten bekannten Ausdehnung, die Galaxien, zeigen keine Zufallsverteilung, sondern eine räumliche Netzformation mit lokalen Zusammenballungen und großen Zwischenräumen. Auf der galaktischen Ebene selbst herrschten vielfältige Arten von Musterbildung vor, wobei die Morphologie der Galaxien stark von der materiellen Beschaffenheit des Gases und des Staubes, die sie aufbauen, abhängt. Die Spiralarme der Galaxien sind die auffälligsten permanenten Strukturen in dieser Größenordnung.

Auf der stellaren Ebene fallen vor allem die Muster in den turbulenten Vorgängen der Sonnenatmosphäre auf. Unter Turbulenz steigt die im Kern durch Fusion H $\rightarrow$ He produzierte Energie zur Photospäre auf, von der wir unser Licht erhalten. Das scheinbar regellose Brodeln der Gasmassen bildet einen Ordnungszustand, bei dem die Sonne sich am effektivsten abkühlt, nämlich durch Konvektion.

Wenn wir die Satellitenbilder der Wolkenformation unserer terrestrischen Atmosphäre durchsehen, drängen sich als Muster Wirbelstraßen und sehr stabile Tiefdruckzonen auf. So können wir bis in immer kleinere Dimensionen die Musterbildung verfolgen.

Man schätzte die Erkenntnissituation in diesem komplexen Bereich lange Zeit falsch ein. Komplexität, so meinte man, sei nur eine undurchschaubare Überlagerung von vielen, für sich jeweils einfachen Prozessen. Es seien also nur pragmatische Gründe, die verhinderten, das exakte Verhalten von komplexen Systemen zu prognostizieren. Diese heute als irrig erkannte Vorstellung kann man sich gut am Paradebeispiel eines komplexen Gebildes veranschaulichen, nämlich an der *Bewegung einer Flüssigkeit*. Für ganz spezielle Randbedingungen ist die Wasserbewegung in einem Fluß vorhersehbar und aus den Gleichungen ableitbar — dann nämlich, wenn die Bewegung stetig, glatt und wirbelfrei erfolgt, kurz, wenn sie laminar ist. Unter den meisten Umständen, die in der Realität auftreten, ist sie jedoch verwirbelt, diskontinuierlich, schaumartig — kurz: turbulent. Ein Gebirgsbach, trotz festliegender Felsblöcke und konstanter Wassermenge,

[20] Vease B. Kanitscheider, *Kosmologie. Geschichte und Systematik in philosophischer Perspektive,* 2. Aufl. Stuttgart, Philipp Reclam jun., 1991

zeigt ein aus den Grundgleichungen nicht ableitbares Zufallsverhalten. Lange Zeit deutete man die Zufallsbewegung einer turbulenten Flüssigkeit als eine Überlagerung vieler unabhängiger Schwingungen. Ein höherer Grad an Turbulenz — mehr Schaumkronen im Gebirgsbach — bedeutet danach eine Verschränkung einer größeren Zahl von Oszillationen, jede von ihnen mit einer einfachen, berechenbaren Struktur ausgestattet. Diese frühe Hypothese vom Ursprung des Zufallsverhaltens in deterministischen Systemen ließ sich nicht halten. Man fand bald Beispiele einfacher mechanischer Systeme wie bestimmter Pendelbewegungen, die für einen großen Bereich von Randbedingungen ein Zufallsverhalten an den Tag legen. Auch der schon früher erwähnte anharmonische Oszillator gehört dazu.

Sogar im *Bereich der Himmelsmechanik*, dem ursprünglichen Modellfall der Laplace-Berechenbarkeit, fand man immer häufiger Zufallsphänomene. Ausgangspunkt war dabei das Ziel, die Stabilität unseres Sonnensystems zu beweisen. Dämpfen sich kleine Störungen mit langer Periode weg, oder schaukeln sie sich resonanzartig auf, so daß letzten Endes die Stabilität der planetaren Ellipsenbahnen in Gefahr ist? Bereits Poincaré hatte für ein System, das aus drei Körpern besteht, gezeigt, daß dieses zur Klasse der nichtintegrablen Hamiltonschen Systeme gehört und nicht die einfache Struktur einer Zwei-Körper Kepler-Bewegung aufweist.

Erst vor wenigen Jahrzehnten griff man Poincarés Problem wieder auf, um die Frage der Langzeitstabilität zu lösen. Die himmelsmechanischen Instabilitäten sind dabei vom Typ des *konservativen Chaos*, weil die Bewegungsenergie erhalten bleibt und nicht durch innere Reibung verloren geht, im Gegensatz zum *dissipativen Chaos*, das bei offenen Systemen mit Energie-Materie-Austausch mit der Umgebung auftritt. Durch den Beweis des sogenannten KAM-Theorems, das nach den Mathematikern Andrej Kolmogorow, Wladimir Arnold und Jürgen Moser seinen Namen hat, wurde allerdings gezeigt, daß das konservative Chaos nicht überhand nimmt, solange die gegenseitigen Störungen der Planetenkörper klein bleiben.[21] Ob allerdings das Sonnensystem die Bedingungen des KAM-Theorems erfüllt, ist gegenwärtig noch umstritten. Simulationen des französischen Astrophysikers Jacques Laskar auf Supercomputern für die Entwicklung des Sonnensystems über einen Zeitraum von 200 Millionen Jahre hin deuten eher auf die Existenz eines konservativen Chaos'. Der einfache Hinweis auf die Existenz des Menschen nach 5 Milliarden Jahren Stabilität des Sonnensystems reicht jedenfalls nicht aus, um die geordnete Zukunft zu garantieren. Ursache des Chaos, sowohl bei abgeschlossenen als auch bei offenen Systemen, ist in jedem Fall die Nichtlinearität der Dynamik, die erst wieder im atomaren Bereich gebremst wird durch die linearen dynamischen Prozesse der Quantenmechanik.

Der Saturnmond Hyperion, der eine irreguläre längliche Form und ca. 200 km Durchmesser besitzt, taumelt in wild schlingernden Bewegungen auf einer stark elliptischen Bahn um seinen Planeten. Auch im Asteroiden-Gürtel gibt es eine Fülle kleiner Himmelskörper mit nicht berechenbaren Bahnen.[22] Als dramatisches Ergebnis der Simula-

---

[21] Vladimir I. Arnold, *Mathematical Methods of Classical Mechanics,* New York-Heidelberg: Springer, 1978

[22] Vgl. W. Baier, *Chaoten im Sonnensystem,* in: Sterne und Weltraum 28 (1989), Nr. 7–8, S. 416

tion von Asteroiden-Bahnen ergab sich, daß Körper, die 100 000 Jahre gleichmäßig die Sonne umkreist hatten, plötzlich auf eine chaotische Bahn überwechselten; mehr noch, daß die chaotischen Asteroiden sogar die Marsbahn Richtung Erde überquerten.

Für das Lösungsverhalten deterministischer Gleichungssysteme mit extremer Empfindlichkeit der Anfangsbedingungen hat man den Terminus *chaotisch* eingeführt. Chaos ist ein griechischer Term mit einer langen Begriffsgeschichte[23] *τό χάος* bezeichnet bei Hesiod den gähnenden Abgrund, der am Anfang der Weltentstehung zwischen Himmel und Erde aufriß. Er hat dann im Laufe der jahrtausendelangen Philosophiegeschichte mannigfache Transformation erfahren: Bei Aristoteles wird er als leerer Raum gefaßt, in der Stoa verstand man unter Chaos Unbestimmtheit, Formlosigkeit und Unordnung, bei Augustinus steht Chaos schlicht für Hölle (horridum Chaos inferni), wo in der undurchsichtigen Finsternis die Mächte der Unterwelt ihren Streit austragen. Bei Paracelsus wird Chaos zum Urstoff der Schöpfung und bei den Mystikern wie J. Böhme zum metaphysischen Urgrund aller Dinge. Nur langsam in der Geschichte der Philosophie setzt sich die Idee durch, daß das Chaos auch eine Quelle von Ordnung sein könnte.

Eine solche aktive Bedeutung von Chaos findet sich bei F.W.J. Schelling, der es nicht nur als primordiale Unordnung begreift, sondern als eine metaphysische Einheit geistiger Potenzen, bei der das Auseinandertreten und die Verschiedenheit noch bevorstehen. Später läßt F. Nietzsche Zarathustra den zukunftsweisenden Satz sagen: „Ich sage euch, man muß noch Chaos in sich haben, um einen tanzenden Stern gebären zu können."[24]

Nietzsche hat sogar einen erst jüngst in der chaotischen Kosmologie verwendeten Gedanken vorweggenommen, wonach alle materiellen Welten Schwankungsvorgänge in einem umfassenden Quantenchaos sind. „Der Gesamtcharakter der Welt ist dagegen in alle Ewigkeit Chaos."[25] In dieser Perspektive ist die umfassende Realität der leere schwankende Raum, alle Materie und alle daraus geformten Strukturen sind winzige Fluktuationen von verschwindender Größenordnung.

Unter dem Einfluß der neukantianischen Philosophie geht der Gedanke des schöpferischen Chaos verloren, er mußte in den Naturwissenschaften erst wieder neu entdeckt werden.

Wie immer auch die Explikation von Chaos in Abhängigkeit vom philosophischen Kontext aus gefaßt wurde, den meisten älteren Denkern wurde klar, daß man mit einer völlig gesetzlosen, irrationalen, unintelligiblen Entität kaum Erklärungsleistung erzielen kann. Wenn mit dieser Entität etwas erklärt werden soll, muß sie irgendwelche inneren Strukturen, d.h. rationalisierbare Elemente enthalten, sie kann nicht die absolute Negation aller Gesetzesartigkeit darstellen. Wir werden sehen, daß der moderne Chaosbegriff genau diese Forderung erfüllt, seine neuartige fraktale Geometrie erlaubt das Eindringen in die vordem verschlossenen Bereiche der Komplexität.

[23] Ritter, J., *Historisches Wörterbuch der Philosophie I,* Darmstadt, Wissenschaftliche Buchgesellschaft, 1971, S. 979ff

[24] Nietzsche, F., *Also sprach Zarathustra,* „Kritische Studienausgabe" (USA), Bd. 4, München, Berlin: dtv, de Gruyter, 1988, S. 19

[25] Nietzsche, F., *Zarathustra,* Musarion Ausgabe Bd. 13, S. 13

II. Deterministisches Chaos

Ein moderner Vorschlag zur Klärung war deshalb, *Chaos* als Zufälligkeit im Sinne der algorithmischen Komplexitätstheorie von Andrej Kolmogorow, Gregory Chaitin und Ray Solomonov zu verwenden.[26] Wir nehmen ein physikalisches System, das durch eine Zustandsvariable Q beschrieben werden kann. Die Größe Q kann man dann auch als digitale Folge S ausdrücken. S und damit Q sind genau dann zufällig, wenn das kürzeste Computerprogramm, das S wiedergeben kann, im Kopierbefehl besteht: „drucke S“.

Als Beispiel kann man sich die Dezimalstellen der Zahl π vor Augen halten, die ja nicht mit 3.14 abbrechen und die auch nicht durch $22/7$ vereinfacht werden kann, sondern eine unendliche nichtperiodische Folge von Ziffern darstellt, die keine innere Regelhaftigkeit besitzt. Die Schlüsseleigenschaft der Zufälligkeit und damit der Chaotizität besteht somit in der *Nichtabkürzbarkeit des Computerprogramms.* Damit klärt sich auf, daß deterministische Zufälligkeit keinen Widerspruch in sich darstellt, wie man dies von der Quantenmechanik her vielleicht denken könnte. Makroskopisch kann die Welt determiniert *und* zufällig sein. *Determiniert* heißt dabei, daß die Existenz und Eindeutigkeit der klassischen Bahnen der physikalischen Systeme erhalten bleiben. Die *Zufälligkeit* drückt aus, daß die chaotischen Bahnen nicht durch einen Algorithmus berechnet werden können, der einfacher ist als der simple Druckbefehl. Im allgemeinen enthalten dynamische Systeme beide Fälle: Zufälligkeit und Berechenbarkeit. Bestimmte einfache Lösungen der deterministischen Gleichungen wie der harmonische Oszillator oder die Kepler-Bahnen entsprechen hochgeordneten Bewegungsformen, bei denen asymptotische Zukunftsvorhersehbarkeit vorhanden ist. Diese Sonderfälle sind aber nur wie Inseln im Meer der Nichtberechenbarkeit.

Wenn ausnahmsweise diese Lösungssituation vorliegt, muß nur *wenig Information* in Form von Anfangsbedingungen in das System eingegeben werden, um *viel Information* in Form von zeitlicher Entwicklung herauszubekommen. Bei komplexen dynamischen Systemen (z.B. die früher erwähnten Glücksspiele wie Roulette) braucht man zur Bahnberechnung ebensoviel Informationseingabe, wie man letzten Endes erhält. Dies ist der Grund, warum man das Roulette einfach laufen lassen muß, um den Endzustand zu erfahren; im vorhinein die Zahl zu prognostizieren, auf die die Kugel fällt, ist unmöglich.

Dennoch bleibt bei solchen chaotischen Zufallssystemen die Determiniertheit und damit die Existenz und Eindeutigkeit der klassischen Bahnen erhalten, obwohl die *Vorhersehbarkeit* verloren geht.

Zu betonen ist, daß diese neue Quelle der Zufälligkeit nichts mit temporärem Nichtwissen oder praktischer Unzulänglichkeit unseres Erkenntnisvermögens zu tun hat, sondern eine fundamentale Unbestimmtheit darstellt, die wir nicht überschreiten können.

Genausowenig wie wir die Quantenzufälligkeit nicht umgehen können, weil eben das Wirkungsquantum de facto $h \neq 0$ ist, was zur Folge hat, daß nicht alle dynamischen Variablen vertauschbar sind.

[26] Vgl. dazu P. Cvitanovic (Hrsg.), *Universality in Chaos,* Bristol, Adam Hilger, 1984

Joseph Ford, ein bekannter amerikanischer Chaostheoretiker, hat die Erkenntnissituation dramatisch ausgedrückt:[27]

> *Chaos stellt eine äußerste Begrenzung menschlicher Fähigkeiten dar. Chaos wird stets ein Mysterium bleiben, vielleicht das endgültige, allumfassende Mysterium.*

Die Verwendung des Begriffes Mysterium darf jedoch nicht die falsche Vorstellung der Gesetz- und Regellosigkeit des Chaos erwecken, was man in Hinblick auf das früher genannte Beispiel der transzendenten Zahl π sofort einsieht: Natürlich gibt es einen Algorithmus, um beliebig viele Stellen dieser reellen Zahl zu berechnen, man kann jedoch nicht im vorhinein, also ohne den Rechengang wirklich durchzuführen, z.B. die millionste Stelle prognostizieren. Gerade die Tatsache, daß eine solche Abkürzung des Verfahrens unmöglich ist, drückt die Zufälligkeit der Ziffernfolge aus.

Das Mysterium hindert uns in diesem Fall also nicht, der Quelle des Zufalls weiter nachzugehen. Wenn man den Grund des Auftretens dieser klassischen Zufälligkeit weiter verfolgt, ergibt sich, daß er letzten Endes in dem *Zahlkörper* liegt, der in der klassischen Mechanik verwendet wird. Anfangszustände werden durch reelle Zahlen wiedergegeben und fast alle reellen Zahlen sind durch Zufallsfolgen von Dezimalstellen charakterisiert. Die Unberechenbarkeit dieser Zahlen und die Unbeschreibbarkeit von Anfangszuständen mit solchen Zahlen sind die eigentliche Quelle der Unvorhersehbarkeit jener dynamischen Systeme, die auf dem Körper der reellen Zahlen aufbauen. Solche mathematischen Objekte sind für endliche Vernunftwesen und unvollkommene Beobachter nicht vollständig handhabbar. Um noch einmal Ford zu zitieren:[28]

> *Es ist deshalb wirklich angemessen, die Newtonsche Dynamik schließlich den Göttern zurückzugeben, denen sie gestohlen wurde; denn sie ist es ja, die die fehlende Information liefern könnte, die jenseits des menschlichen Verständnishorizonts liegt.*

Man muß sogar fragen, ob nicht auch die Unsterblichen Probleme mit der Vorhersage klassisch dynamischer Systeme hätten. Selbst wenn man dem Laplaceschen Dämon alle Fähigkeiten zugesteht, Dezimalstellen zu berechnen, sollte man doch verlangen können, daß die resultierende Information im Universum selbst gespeichert werden kann. Selbst das ist nicht möglich, der Dämon müßte seine Berechnung außerhalb des Universums durchführen. Dies wußte allerdings auch schon Laplace, deshalb hat er ihm übermenschliche Fähigkeiten und Möglichkeiten zugewiesen.

Von Seiten der Philosophie aus gesehen, ist die eben geschilderte *destruktive erkenntnislimitierende Konsequenz* und das erneute Auftreten von Zufall in der Natur von hoher Bedeutsamkeit. Die Grenzen der Erkenntnis, das Maß der Berechenbarkeit der Natur und die Reichweite der Vernunft sind immer klassische philosophische Frage-

---

[27] Ford, J., *What is chaos, that we should be mindful of it?* In: P. Davies (Hrsg.), *The New Physics*, Cambridge: Cambridge University Press, 1989, S. 348–372, Zitat S. 351

[28] Ford, J., a.a.O., S. 354

stellungen gewesen. Denken wir nur daran, daß I. Kant die Frage „Was können wir wissen?“ als eine der drei Kernprobleme der Philosophie angesehen hat.[29]

Von diesem Aspekt der Chaostheorie aus ergibt sich eine recht dramatische Antwort auf die Kantische Frage; soweit jedenfalls die klassische Mechanik reicht, ist die Langzeitberechenbarkeit nur in Sonderfällen gegeben. Die ferne Zukunft allgemeiner dynamischer Systeme bleibt uns verschlossen.

Dennoch möchte ich dem, was man die *konstruktive Bedeutung des Chaos* nennen kann, noch mehr philosophisches Gewicht zumessen, vor allem deshalb, weil sie uns zum Verständnis der Morphogenese von Systemen höherer Komplexität und zum Menschen führt. Davor sei nochmals betont, daß Chaos im modernen Sinne der Theorie dynamischer Systeme nicht Gesetzlosigkeit bedeutet, die uns zur völligen Sprachlosigkeit verurteilt, sondern daß sich im chaotischen Bereich neue formale Strukturen zeigen, die eine hohe Anwendungsrelevanz für die Analyse komplexer Systeme besitzen. Die Bewegungsgleichungen, die zum Chaos führen, sind dabei in jedem Fall nichtlinear, d.h. daß folgendes Ordnungsprinzip der Naturbeschreibung hier sicher nicht mehr gilt. Wenn ein Naturvorgang in der Form $X_1(t)$ ablaufen kann und in der Form $X_2(t)$, dann ist auch die additive Zusammenfügung $X_1(t) + X_2(t)$ ein möglicher Prozeß der Natur. Dies nennt man Linearität.

An Stelle der Linearität tritt jedoch ein neuartiges Prinzip auf, nämlich das der *Selbstähnlichkeit*,[30] das durch eine andersartige Geometrie beschrieben wird, für die Benoit Mandelbrot den Begriff *Fraktal* geprägt hat. Fraktale sind in der lebendigen Natur z.B. bei Farnen deutlich sichtbar, aber auch in all den Fällen, wo die gleichen Strukturen in verschiedenen Größenordnungen, ineinandergeschachtelt wie bei einer russischen Puppe, wiederkehren. Wenn man nicht darauf hingewiesen wird, merkt man es oft gar nicht, daß Ausschnitte einer Struktur ihr selbst gleichen. Ein Ast ähnelt dem ganzen Baum, ein Zweig dem Ast, die Äderung im Blatt dem Zweig. Die meisten natürlichen Formen wie Pflanzen, Wolken oder Gebirge haben im Unterschied zu Gebilden der klassischen euklidischen Geometrie wie Kegel, Kugel, Pyramide fraktale Eigenschaften. Die Begrenzungslinien euklidischer Objekte sind völlig glatt, wohingegen die fraktalen Gebilde eine unendliche Rauhigkeit aufweisen — bei jeder Vergrößerung zeigen sich feinere Strukturen. Eine Küstenlinie ist ein solch typisches vielfach gebrochenes Gebilde, dessen Länge von der Feinheit des gewählten Maßstabes abhängt. Beim Wetter zeigt eine Kurve der Luftdruckschwankungen in jedem Zeitmaßstab wieder neue Schwankungen. In der fraktalen Geometrie verwendet man auch einen anderen Dimensionsbegriff. Wenn man aus einer Linie das mittlere Drittel ausschneidet, aus den verbleibenden Stücken wiederum jeweils das mittlere Drittel entfernt und diesen Prozeß unendlich oft fortsetzt, enthält die sogenannte Cantor-Menge eine Menge mit unendlich vielen einzelnen Punkten, heute auch Staub-Fraktal genannt. Die Dimension

---

[29] „Alles Interesse meiner Vernunft (...) vereinigt sich in folgenden drei Fragen: 1. Was kann ich wissen? 2. Was soll ich tun? 3. Was darf ich hoffen? (I. Kant, *Kritik der reinen Vernunft A 805,* Hamburg, Felix Meiner, 1956, S. 728)

[30] Großmann, S., *Selbstähnlichkeit: Das Strukturgesetz im und vor dem Chaos,* in: Physikalische Blätter 45 (1989), S. 172–180

der Cantor-Menge beträgt $D = 0.6309$. Wenn man bei einem gleichseitigen Dreieck auf das mittlere Drittel jeder Seite wieder ein gleichseitiges Dreieck aufsetzt und mit diesem den gleichen Vorgang unendlich oft wiederholt, entwickelt sich ein schneeflockenartiges Gebilde, das von einer unendlich langen Kurve begrenzt wird und die Dimension $D = 1.26$ besitzt.

Die Langzeitentwicklung eines dynamischen Systems veranschaulicht man in der Mechanik durch eine geometrische Darstellung im Phasenraum, nämlich durch den sogenannten Attraktor. Es ist jener Zielpunkt der Bewegung eines dynamischen Systems, auf das hin es sich im Laufe der Zeit entwickelt. In diesem abstrakten Raum kann nun der Attraktor des Systems eine einfache geometrische Konfiguration wie einen Fixpunkt, einen Grenzzyklus oder einen Torus darstellen. Wenn dies so ist, liegt der Fall einer Langzeitberechenbarkeit vor. Wenn jedoch dieser Attraktor eine komplizierte selbstähnliche Konfiguration im Zustandsraum einnimmt, der die Struktur eines Fraktals besitzt, liegt ein Fall von Chaos vor. Wie beim Kneten eines Teiges werden die Anfangslagen aller Zutaten immer stärker verflochten, die Information über den Anfangszustand geht völlig verloren. Ein solcher sogenannter seltsamer Attraktor besitzt die Geometrie eines Fraktals und kündet das Vorhandensein von Chaos an. Obwohl also die chaotische Zustandsentwicklung einerseits die Kenntnis der Zukunft des Systems beschränkt, erlaubt sie auf einer tieferen Ebene der Beschreibung eine geometrische, d.h. mathematische Erfassung. So liefert gerade die fraktale Dimension des seltsamen Attraktors ein Maß für den Grad der Chaotizität des dynamischen Systems. Wieder sehen wir, daß auch das *Chaos nomologisierbar, d.h. gesetzesartig erschließbar* ist. In allen dynamischen Systemen, die einen chaotischen Attraktor besitzen, hängt die Entwicklung empfindlich von den Anfangsbedingungen ab, aber wie schnell sich die Bewegungszustände bei kleinen Fehlern trennen, ist durchaus verschieden. Es gibt exponentielles Fehlerwachstum aller Grade.

In bestimmten Fällen liefert die Einsicht in die Stärke der Gesetzesartigkeit eines Bereiches auch eine *psychologische Entlastung* für die Wissenschaftler. Dies war der Fall, als der Meteorologe Edward Lorenz 1963 in Gleichungen, mit denen er das unvorhersehbare Verhalten des Wetters modellierte, einen seltsamen Attraktor fand und damit 86 Jahre nach Maxwell dessen Vermutung bezüglich der Instabilität des Wetters bestätigte.[31] Er zeigte damit, daß die vielen Fehlschläge, Langfristprognosen für die Entwicklung der Atmosphäre zu erstellen, systembedingt und nicht kenntnisbedingt sind. Ein dynamisches System, das einen seltsamen Attraktor besitzt, zerstört die ursprüngliche Information, die seinen Anfangszustand charakterisiert, dadurch, daß seine Trajektorien, d.h. seine Bahnen, eine schnelle Faltung erfahren. Diese Durchmischung von weit getrennten Bahnen verstärkt mikroskopische Fluktuationen und verschmiert sie so über den gesamten Zustandsraum, daß nach kürzester Zeit der kausale Zusammenhang von Vergangenheit und Zukunft verlorengeht.

[31] Lorenz, E. N., *Deterministic Nonperiodic Flow,* in: Journal of the Atmospheric Sciences 20 (1963), S. 130–141

III. Reichweite des Chaos

Ein aktives Forschungsgebiet ergibt sich aus der Frage nach der *Reichweite der chaotischen Zustandsentwicklungen.* Ist das Chaos auf den mesokosmischen Bereich der komplexen Systeme mittlerer Größenordnung beschränkt, oder setzt es sich in das sehr Kleine bzw. das sehr Große fort? Intensiv wird heute nach der Existenz des *Quantenchaos* gefahndet. Primera vista erscheint seine Existenz eher unglaubwürdig, weil die Quantenmechanik eine lineare Theorie ist und Chaos doch explizit als Konsequenz einer nichtlinearen Dynamik gilt. Da es in der Quantenmechanik kein Analogon zu den klassischen Trajektorien gibt, kann man sich auch schwer vorstellen, was deren schneller Faltung zu einer fraktalen Struktur entsprechen könne. Obwohl die Forschungen intensiv geführt werden, scheint sich so etwas wie eine *Quantenunterdrückung der Chaotizität* abzuzeichnen, und zwar in jenem Bereich, der durch die Größenordnung des Wirkungsquantums h gekennzeichnet ist.[32]

Anders liegt der Fall in den kosmischen Dimensionen. Einsteins Gravitationstheorie ist hochgradig nichtlinear, und schon deshalb muß man erwarten, daß hier chaotische Phänomene auftauchen. Eine Lösung der Feldgleichungen, das sogenannte *Mixmaster-Universum,*[33] weist dann auch genau die typische hohe Empfindlichkeit der Anfangsbedingungen für winzige Variationen auf.

Wie der Name dieses von Charles Misner gefundenen Weltmodells besagt, zeigt diese Raumzeit einen bizarren Wechsel von expansiven und kontrahierenden Phasen, so daß die Materie in diesem Universum wie mit einem Rührstab durcheinandergemischt wird. Die Mixmaster-Schwingungen sind nun hochsensibel für kleinste Veränderungen der Anfangssituation. Die Entwicklung zeigt das charakteristische exponentielle Auseinanderlaufen anfänglich eng benachbarter Bahnen. Diese lokale Instabilität der Bewegung verhindert die Berechnung des Langzeitverhaltens der Mixmaster-Schwingungen. Charles Misner hatte in den sechziger Jahren das Mixmaster-Modell im Rahmen seines Forschungsprogramms einer chaotischen Kosmologie entwickelt mit dem Ziel, die heutige Homogenität und Isotropie des Universums zu erklären.[34] Das Universum wäre danach wirklich ein System, das seine Anfangsbedingungen vergessen hat. In welchem Zustand es auch gestartet wurde, immer endet es zu späten Zeiten in einer gleichförmigen Materieverteilung. Das Projekt konnte aus thermodynamischen Gründen nicht erfolgreich abgeschlossen werden, die philosophische Idee ging aber später auf das inflationäre Szenarium über, insbesondere auf das Modell der chaotischen Inflation von Andrei Linde. In diesem kosmologischen Szenarium entstehen aus dem Vakuum durch Selbstverstärkung der Schwankungen immer neue Universen der verschiedensten Art. Wenn man will, kann man in der chaotischen Inflation eine Realisierung von Nietzsches früher genannten Idee sehen, daß der kosmologische Grundzustand der Welt das Chaos ist.

[32] Wunner, G., *Gibt es Chaos in der Quantenmechanik?* In: Physikalische Blätter 45 (1989), S. 139–145

[33] Barrow, J.D., *Chaos in the Einstein Equations,* Physical Review Letters 6 (1981), pp. 963–966

[34] Misner, Ch. W., *Mixmaster Universe,* in: Physical Review Letters 22 (1969), pp. 1071–1074

IV. Kreatives Chaos

Aber nicht die kosmologische Dimension des Chaos, sondern gerade seine Rolle im Mesokosmos unserer natürlichen Umwelt führt zu jenen Konsequenzen, die Brücken zwischen Natur- und Geisteswissenschaft errichten können. Dabei ist es gerade der kreative Aspekt des Chaos, der die höheren Lebensformen der Natur betrifft und der besser in der Lage ist als je zuvor, die Kluft zwischen den zwei Kulturen zu verringern.[35] Die morphogenetische Disposition des Chaos, wie sie Nietzsche seherisch im Zarathustra ausgesprochen hat, ist in der Lage, die unbelebte Natur und die soziokulturelle Realität zu verbinden, weil alle niederen und höheren Formen der Komplexität durch den gleichen Entstehungsmechanismus verbunden sind.

Philosophen wie Blaise Pascal,[36] aber auch Naturwissenschaftler wie Erwin Schrödinger[37] und Jacques Monod haben immer wieder den Menschen als einen *Fremdling in der übrigen Natur geortet.* Sie haben ihrem Erschrecken über die Beziehungslosigkeit, mit der das reflektierende Lebewesen seiner Umgebung gegenübersteht, Ausdruck gegeben. Besonders dramatisch hat es Monod ausgedrückt:[38]

> *S'il accepte ce message dans son entière signification, il faut bien que l'Homme enfin se réveile de son rève millénaire pour découvrir sa totale solitude, son étrangeté radicale. Il sait maintenant que, comme un Tzigane, il est en marge de l'univers où il doit vivre. Univers sourd à sa musique, indifférent à ses espoirs comme à ses souffrances ou à ses crimes.*

In einem gewissen Sinne hat die Physik des 19. Jahrhunderts diesen Eindruck hervorgerufen, das anfängliche 20. Jahrhundert ihn vielleicht noch verstärkt. Es existierte keine Brücke zwischen den *ungerichteten Prozessen der Mechanik*, der Elektrodynamik und den offensichtlich einsinnig gerichteten Vorgängen der lebenden und bewußten Systeme, in denen Wachstum von Komplexität, Verzweigung von Typen sowie die Entstehung von neuen Qualitäten zur Charakteristik gehörten. Allerdings stieß man bereits im 19. Jahrhundert auf einen Unterschied in den Prozessen, nämlich den von *reversiblen* und *irreversiblen*, der sich als entscheidend herausstellen sollte. Aus dem Bemühen, den Wirkungsgrad von Wärmekraftmaschinen zu verbessern, entwickelte sich eine neue physikalische Disziplin, die *Thermodynamik*, die dem Unterschied zwischen den umkehrbaren und unumkehrbaren Vorgängen Rechnung trug. Man fand eine Zustandsgröße für physikalische Systeme, für die Rudolf Clausius 1865 den Namen *Entropie* prägte, ein künstliches Wort, das vom griechischen Wort *τρόπος* (die Wende, Umkehr) abgeleitet ist. In der Thermodynamik besagt der erste Hauptsatz nur die Unzerstörbarkeit

[35] Snow, C.P., *Die zwei Kulturen,* Stuttgart, Klett, 1967

[36] Pascal, B., *Pensées,* Fragment 91, in: *Oeuvres Complétes,* hrsg. von J. Chevalier, Paris, Editions Gallimard, 1954, S. 1113

[37] Schrödinger, E., *Die Besonderheit des Weltbildes der Naturwissenschaft,* in: Acta physica Austriaca / Österreiche Akademie der Wissenschaften, Supplementum, Wien, Springer, S. 201–245

[38] Monod, J., *Le hasard et la nécessité: essai sur la philosophie naturelle de la biologie moderne,* Paris, Editions du Seuil, 1970, S. 187–188 (dt. Zufall und Notwendigkeit).

der Energie, während der zweite Hauptsatz ausdrückt, daß alle abgeschlossenen Systeme sich in einer unumkehrbaren Zustandsfolge auf das Gleichgewichtsstadium der maximalen Entropie zubewegen. Erweitert man diesen Satz auf die Welt im Großen, ergibt sich daraus die Konsequenz des *Wärmetodes* für das Universum. Die Extrapolation des zweiten Hauptsatzes der Thermodynamik auf diese Welt im Großen hatte hohe Bedeutsamkeit für das Verhältnis von lebenden, bewußten und intelligenten Systemen einerseits und für die physiko-chemische Beschreibungsebene andererseits. Nicht nur daß die Konsequenz des Wärmetodes jeder Art von teleologischer Konzeption entgegengesetzt war — es wurde nun auch schwer verständlich, wie ein Universum, das nichts anderes kann, als langsam alle verfügbare Energie aufzuzehren, Strukturaufbau betreiben könne. Selbst wenn man die kosmologische Frage ausklammert, wie der Zustand niedriger Entropie in der Frühzeit des Universums zustande gekommen sei, kann die Entwicklung in Richtung auf den Endzustand maximaler Entropie nur im *Zerfall* von vorhandener Komplexität, aber nicht in *Morphogenese* bestehen. Sowohl im älteren teleologischen Denken als auch in Darwins kausal-mechanistischer Theorie war aber eine Art *Meliorismus* als Leitvorstellung maßgebend. Die Veränderung und Verzweigung der Arten — ob teleologisch oder kausal gedacht — schreitet weiter zu höheren Formen der Perfektion. Die körperlichen und geistigen Fähigkeiten aller Tiere, mit Einschluß des Menschen, wachsen unbegrenzt in der Zukunft; dieser Überzeugung war man sich völlig sicher.

Charles Darwin: „Weil sich die natürliche Selektion durch und zum Vorteil jedes Lebewesens durchsetzt, werden alle körperlichen und geistigen Anlagen die Tendenz haben, sich dr Vervollkommnung zu nähern.“[39]

Der Entropiesatz und vor allem seine Verallgemeinerung durch Hermann von Helmholtz im Jahre 1854 schien die Physik und die Biologie weiter auseinanderzutreiben als je zuvor.[40] Daran änderten auch die späteren wichtigen physikalischen Theorien wie Relativitätstheorie und Quantentheorie nichts. Im Gegenteil, Eddington untersuchte 1930 den Wärmetod im relativistischen Kontext und kam zu dem Schluß, daß sich darin die gleiche Situation wie bei Helmholtz zeigt.[41] Das expandierende Universum endet als eine sich immer weiter ausdünnende Gaskugel, in der zu sehr späten Zeiten kaum mehr irgendwelche nennenswerten Vorgänge ablaufen können. Alle freie Energie, die irgendwelche Arbeit leisten könnte, wird dann aufgebraucht sein.

Moderne Untersuchungen zur *physikalischen Eschatologie*, in der auch die Quantenzukunft mit einbezogen wird, zeichnen ein ähnliches Bild.[42] Die Instabilität des Protons und das Auftreten Schwarzer Löcher ändern zwar das qualitative Szenarium, verlängern auch die überblickbare Endzeit, jedoch nicht den vergänglichen Grundcharakter.

---

[39] Darwin, Ch., *On the Origin of species by means of natural selection,* 2. Aufl., London, 1860, S. 486

[40] Helmholtz, H. von, *Über die Wechselwirkung der Naturkräfte,* in: Vorträge und Reden, Braunschweig, Vieweg, 4, S. 24–59

[41] Eddington, Arthur S., *The End of the World: from the Standpoint of Mathematical Physics,* in: Nature 127 (1931), pp. 447–455

[42] Vgl. Barrow, J.D. und Tipler, F., *The Anthropic Cosmological Principle,* Oxford, Oxford University Press, 1986, S. 613

Diese Grundstimmung der Vergänglichkeit hat auch philosophische Systeme ergriffen, die weiter von der eigentlichen Naturwissenschaft entfernt waren. Sie spiegelt sich z.B. im Perspektivismus von Ortega y Gasset, wonach das menschliche Leben ein vergänglicher Standpunkt ist, von dem aus die Welt angeblickt wird, der aber selber dem Fluß der Dinge unterworfen ist:[43]

> *No pensamos, no necesitamos pensar que nuestra filosofía sea la definitiva, sino que la sumergimos, como cualquiera otra,* en el flujo histórico de lo corruptible. *Esto significa que vemos toda filosofía como constitutivamente un error — la nuestra como las demás. So wie alles Lebendige wird auch jede Philosophie im Strom des historischen Flusses alles Lebendigen untergehen.*

Sub specie aeternitatis führt sicher kein Weg am Zerfall aller komplexen Strukturen vorbei — und auch aller Ideen, seien sie philosophischer oder wissenschaftlicher Natur. Dennoch durchläuft ein Universum wie unseres eine nach menschlichen Maßstäben extrem lange Phase des Strukturaufbaus. Ortega hat sich vielleicht etwas zu sehr an der negativen Perspektive der Spätzeitvergänglichkeit orientiert und zu wenig an die lange Epoche der Strukturbildung gedacht.

Es fragt sich, wie nun dieser Widerspruch zu lösen sei zwischen einer Biologie, die deutliche Hinweise auf Milliarden Jahre lang andauernde Strukturbildungsprozesse lieferte, und einer Physik, die nur den Zerfall der Strukturen beschreiben konnte.

Dies war zweifelsohne eine unhaltbare Situation für die Naturwissenschaft im ganzen. In jedem Fall behandeln Physik und Biologie nur künstlich und aus Gründen der Arbeitsteilung abgetrennte Aspekte einer einheitlichen Natur selbst. Es muß als ein wirklicher Erkenntnisfortschritt angesehen werden, daß, wie wir im folgenden sehen werden, dieser Antagonismus heute als überwunden gelten kann. Als Konsequenz dieser Lösung ergab sich zugleich eine neue *Einschätzung der Rolle des Menschen* im Gesamtsystem der Natur. Der Irrtum des 19. Jahrhunderts, das jenen Gegensatz hervorgebracht hatte, lag nicht eigentlich darin, daß man einer falschen Theorie zu lange gefolgt war, sondern übersehen hatte, daß die klassische Thermodynamik nur für einen begrenzten Anwendungsbereich zuständig ist. Sie wurde nicht eigentlich widerlegt, sondern sie mußte erweitert werden. Die Gleichgewichtsthermodynamik des 19. Jahrhundert stellte sich als Grenzfall einer allgemeineren Thermodynamik des Ungleichgewichts heraus.

In sehr langen Zeiträumen betrachtet, bleibt der Zerfall aller komplexen Strukturen unausweichlich, das Endergebnis unseres Universums ist in jedem Fall eine sich abkühlende, expandierende Strahlung ohne irgendwelche lokalen Materie-Konfigurationen oder Energiequellen. Auf dem Weg zum Zerfall kann das Universum jedoch *außerordentlich lange Phasen des Strukturaufbaus* besitzen, in denen Situationen fern vom Gleichgewicht auftreten, die der generellen Zerfallstendenz entgegengerichtet sind; dies ist das kosmische Intervall der Selbstorganisation.

---

[43] Ortega y Gasset, José, *Ideas para una Historía de la Filosofía,* Buenos Aires 1944, S. 55

V. Die Idee der Selbstorganisation

Schon lange hat man sich mit dem Problem beschäftigt, wie es sich erklären läßt, daß komplexe Strukturen entstehen. Bereits Kant spricht von Selbstorganisation:[44]

> *Man sagt von der Natur und ihrem Vermögen in organisierten Produkten bei weitem zu wenig, wenn man dieses ein Analogon der Kunst nennt; denn da denkt man sich den Künstler (ein vernünftiges Wesen) außer ihr. Sie organisiert sich vielmehr selbst und in jeder Spezies ihrer organisierten Produkte, zwar nach einerlei Exemplar im ganzen, aber doch auch mit schicklichen Abweichungen, die die Selbsterhaltung nach den Umständen erfordert.*

Er mußte aber angesichts des damaligen Standes der Naturwissenschaft die Fähigkeit der Materie zur Selbstorganisation als „unerforschliche Eigenschaft" der Natur auffassen. Viel mehr als Begriffe zu prägen, welche diese seltsame Entwicklungstendenz wiedergibt, konnten die Philosophen damit nicht. Im Grunde waren es Worterklärungen nach aristotelischem Vorbild, auch wenn Schelling von der ursprünglichen Produktivität der Natur spricht.[45] Komplexität war vor dem Entstehen der Ungleichgewichtsthermodynamik ein dunkles, rätselhaftes Kapitel der Naturerklärung. So konnte es auch nicht entschieden werden, ob der ursprünglichen Produktivität eine eigene, nichtphysikalische Kraft entspricht oder sie durch ein ausgeklügeltes Zusammenwirken mehrerer physikalischer Kräfte dargestellt werden kann, wie es sich heute letztlich bewahrheitet hat.

Die modernen Selbstorganisationstheorien haben viele Wurzeln, zu denen die Kybernetik (Norbert Wiener), die Informationstheorie (Claude E. Shannon) und die allgemeine Systemtheorie (L. v. Bertalanffy) zu rechnen sind. Eine wichtige Anregung ging von Heinz von Foerster aus, der nicht nur mit Hilfe von Shannons Informationstheorie ein Maß für Ordnung entwarf, sondern auch die Idee hatte, daß Ordnung durch Störung induziert werden könne.[46] Jedes System wird andauernd von seiner Umgebung in verschiedenster Weise gestört, was sich meist zum Nachteil des Systems auswächst; in bestimmten Fällen jedoch, wenn die innere Dynamik des Systems es gestattet, kann eine Störung aus der Umwelt ausgewählt werden, um durch Einbau in die innere Struktur zum Wachstum von Ordnung zu führen.

Wirklich an Form gewann aber das Selbstorganisationskonzept erst in den Händen von Ilya Prigogine und seinen Mitarbeitern der sogenannten belgischen Schule. Schon seit den vierziger Jahren arbeitete Prigogine an den Problemen der irreversiblen Thermodynamik. Im Jahre 1971 gelang es ihm, deren Formalismus auf Ungleichgewichtspro-

---

[44] Kant, I., *Kritik der Urteilskraft 65,* B 293, 6. Aufl. hrsg. v. K. Vorländer. Leipzig 1924, S. 237

[45] Schelling, F.W.J. von, *Sämtliche Werke,* hrsg. von Manfred Schröter. 2. Hauptband: Schriften zur Naturphilosophie 1799–1801, München, Beck, 1927, III, S. 284.

[46] Foerster, H. von, *On Self-Organizing Systems and their Environment,* in: M.C. Yovits (Hrsg.); S. Cameron (Hrsg.): *Self Organizing Systems,* London, Pergamon Press, 1960, S. 31

zesse zu übertragen[47] und zu beweisen, daß fern vom thermodynamischen Gleichgewicht sich der Materiefluß in raumzeitlich organisierten Strukturen transformieren kann.

Zuerst ließen sich Selbstorganisationsvorgänge an chemischen Beispielen demonstrieren, an chemischen Uhren oder bestimmten chemischen Reaktionen, wo sich fern vom Gleichgewicht ab einem bestimmten kritischen Punkt kohärentes Verhalten der Elemente einstellte. Die Übertragung auf lebende Systeme bot sich relativ natürlich an.[48]

Es klingt fast trivial, daß lebende Systeme niemals von ihrer Umgebung getrennt sein dürfen, wenn sie weiter existieren sollen. Austausch von Energie und Materie mit der Umgebung ist konstitutiv für die Erhaltung der Lebensvorgänge. Ob es eine Amöbe, ein Mensch, eine Stadt, eine Sozietät oder unser Planet selbst ist, unabdingbare Voraussetzung von Entstehung, Aufrechterhaltung und Stabilität des Systems ist der Austausch von Materie und Energie mit der Umgebung. Ein entscheidendes Element im Verhalten der Systeme fern vom Gleichgewicht ist dabei das Vorhandensein einer rückkoppelnden Wechselwirkung zwischen den Elementen des Systems (Molekülen in der Chemie, Zellen beim Organismus, Neuronen im Gehirn und menschliche Individuen in der Gesellschaft). Wenn diese Wechselwirkung existiert, dann sieht man, daß ab einem bestimmten kritischen Wert des Energie- und Materieflusses spontane Strukturentstehung stattfindet. Diese Strukturen sind nicht von der Art der Gleichgewichtsstrukturen bei einem Kristall, der, wenn er sich einmal gebildet hat, ohne weiteren Fluß von Masseenergie durch die Grenzen des Systems existieren kann, ohne zu zerfallen. Ungleichgewichtsstrukturen hingegen können nur durch die konstante Dissipation von Energie aufrechterhalten werden. Deswegen hat Prigogine dafür den Namen „dissipative Strukturen“ eingeführt.

Dissipative Strukturen sind die Manifestation von Selbstorganisationsvorgängen, die in den einzelnen Realitätsschichten verschiedene Formen annehmen kann. Bei chemischen Systemen sind es rhythmische Veränderungen der Zusammensetzung oder in der Konzentration. Dabei handelt es sich um die kohärente Bewegung von Milliarden Molekülen, aber ganz und gar nicht um molekulare Unordnung. Alle lebenden und sozialen Systeme besitzen die nichtlinearen rückgekoppelten Wechselwirkungen zwischen ihren Elementen, seien es die komplizierte katalytische Wirkung von Enzymen und Nukleotiden, die chemischen Wechselwirkungen von Insektengesellschaften oder die zielgerichteten Handlungen einer menschlichen Population. Die Entwicklung der dissipativen Strukturen hat dabei zwei komplementäre Aspekte. In einer Phase verändert sich das System deterministisch, die Mittelwerte der Variablen folgen einer kausalen Entwicklung, während in einer zweiten Phase eine Schwankung des Systems so verstärkt wird, daß die globale Struktur schlagartig umbricht. Gerade durch die Schwankungen kommt das unvorhersehbare, stochastische chaotische Element in den Prozeß der Morphogenese. Diese Duplizität der Dynamik läßt sich auch auf der sozialen Ebene konstatieren.

[47] Prigogine, I. und P. Glansdorff, *Thermodynamic Theory of Structure, Stability and Fluctuations,* New York, John Wiley & Sons, 1971

[48] Prigogine, I., P.M. Allen und R. Herman, *Long Term Trends and the Evolution of Complexity,* New York, Pergamon Press, 1977

Auch Gesellschaften besitzen eine komplexe nichtlineare Wechselwirkung zwischen ihren Elementen, wenn die Individuen ihre Ziele zwischen Kooperation und Konflikt zu erreichen suchen. Lokale Verhaltensschwankungen wie Erfindungen, neue Ideen oder Überzeugungen können durch die Umgebung unterdrückt oder verstärkt werden.

Das ehrgeizige Projekt im Rahmen der neuen Thermodynamik ist die Erklärung der Entstehung des Lebens auf der Erde. Entscheidend sind hier die experimentellen Untersuchungen des Göttinger Molekularbiologen Manfred Eigen geworden, der darauf aufbauend eine Theorie der molekularen Evolution entworfen hat.[49] Ihr zufolge müssen vor ca. 4 Milliarden Jahren in einem Gemisch von Wasser und organischen Molekülen informationstragende Moleküle entstanden sein, die sich auf gesetzmäßige Art vermehren konnten. Die Nukleinsäuren — das sind jene Makromoleküle, die im Zellkern die Erbinformation tragen — hatten Vorläufer, die in dem molekularen Urgemisch einer Konkurrenzsituation bei ihrer Vervielfältigung ausgesetzt waren. Die ersten informationstragenden Moleküle gingen nach Eigens Theorie einen Kooperationsverbund ein, den er Hyperzyklus nennt.

Der Hyperzyklus ist ein Kreis aus informationstragenden Molekülen, die sich selbst katalysieren. Jeder der molekularen Informationsträger fördert die Entstehung anderer Moleküle, und diese Kette kann sich zu einem beliebig großen Kreis schließen, wenn während des katalytischen Prozesses ein Vorgängermolekül erneut entsteht. Nach diesem Modell ist es im Prinzip möglich, in einer thermodynamischen Ungleichgewichtssituation die Information, die in organischen Systemen steckt, schrittweise zu erzeugen.

In vieler Hinsicht dazu kongruent — wenngleich nicht in dem Einsatz des mathematischen Formalismus — läuft der Ansatz des Stuttgarter Physikers Herman Haken, der seine neue Lehre vom Zusammenwirken „Synergetik" genannt hat.[50] Hakens paradigmatisches Ausgangsmodell ist der Laser. Bei diesem Instrument zur Erzeugung monochromatischen Lichts läßt sich detailliert verfolgen, wie durch das Zusammenwirken vieler unabhängiger Teile (der Elektronen) kohärentes Verhalten (Laserlicht) entsteht, wenn man bestimmte Randbedingungen (korrekt angebrachte Spiegel und eine ausreichende Energiezufuhr) vorgibt. Gewöhnliches Licht aus der Glühlampe besteht aus einem Gemisch von Wellen mit unterschiedlicher Frequenz und Phase. Die einzelnen Atome senden die Photonen spontan und völlig unkorreliert aus. Laserlicht besitzt jedoch eine hohe Kohärenz. Die gesamte Energie des elektrischen Feldes steckt in einem monochromatischen Wellenzug. Dies gründet darin, daß die das Laserlicht emittierenden Atome alle im gleichen Takt schwingen. Wesentlich für den Selbstorganisationsgedanken ist dabei, daß diese Koordination nicht durch einen externen Befehl, sondern durch den Laser selbst geleistet wird. Der sich durchsetzende Schwingungsmodus zwingt („versklavt", wie Haken es nennt) die einzelnen Laseratome zur Kooperation.

Die Synergetik ist nun eine Theorie, die Kooperationen von Teilen eines Systems in den verschiedensten Bereichen analysiert und nachzuweisen versucht, daß das Zusam-

[49] Eigen, M., *Stufen zum Leben. Die frühe Evolution im Visier der Molekularbiologie,* München: Piper, 1987

[50] Haken, H., *Synergetik. Eine Einführung,* Berlin, Springer, 1983

menwirken unabhängig von der materialen Beschaffenheit der Elemente grundsätzlich gleichen Verhaltensmustern folgt. Es gibt also allgemeine Gesetze, die kollektive Effekte auf allen Realitätsebenen regieren, so verschieden die Systeme auch sein mögen. In der Physik handelt es sich um Musterbildung in Flüssigkeiten oder atmosphärische Regelmäßigkeiten wie Wolkenformationen, in der Astrophysik z.B. um die Spiralarme der Galaxien, in der Chemie um Musterbildung bei der Verbindung verschiedener Stoffe, in der Biologie sind neuronale Netzwerke, Koordinationen von Muskelbewegungen und Herzschlag betroffen, in der Ökologie der Wettbewerb und die Kooperation zwischen den Arten, in der Ökonomie die Institution des Marktes. Überall wo es sich um Musterbildungen, gleich welcher Form, handelt, kann im Prinzip die Synergetik Anwendung finden.[51]

Die Art und Weise, wie neue makroskopische Ordnungszustände erreicht werden, scheint dabei in den verschiedenen Bereichen sehr ähnlich zu sein. Immer gibt es im System interne Fluktuationen, seien es Quantenschwankungen bei materiellen Systemen, Mutationen in der Biologie oder Innovationen in der Ökonomie. Damit testet das System verschiedene Arten kollektiver Bewegung aus. Die Fluktuationen sind stochastischer Natur, unvorhersehbar und der kreative Keim der Veränderung makroskopischer Ordnung.

Ein dynamisches System kann nun viele Konfigurationen oder Verhaltensmuster, auch *Moden* genannt, einnehmen. Unter ihnen existiert eine Art Wettbewerbssituation. Wenn sich nun die äußeren Parameter des Systems, die die Randbedingungen vorgeben, ändern, springt das System in einen neuen kollektiven Modus. Größen, die kollektive Moden beschreiben, werden Ordnungsparameter oder Ordner genannt. Sie „versklaven" die mikroskopischen Untersysteme, wobei dieser Terminus wertneutral zu denken ist. Versklavung bedeutet nur eine bestimmte Beziehung zwischen einer gegebenen makroskopischen Ordnung und dem Verhalten des Individuums. Wird z.B. ein Kind in einen bestimmten Kulturraum hineingeboren, so wird es durch dessen Sprache, Lebensstil, Religion versklavt. Die Ordnung der Kultur kann jedoch ohne die individuellen Kulturträger nicht leben. Ordnungsparameter und das Verhalten der Individuen bedingen sich gegenseitig.

Es muß also als das Verdienst der neuen Selbstorganisationstheorien wie etwa der *Synergetik* angesehen werden, den Aufbaumechanismus in der früher erwähnten kosmologischen Durchgangsepoche entschlüsselt zu haben. Er setzt sich zusammen aus Prozessen, die eben weit entfernt vom thermodynamischen Gleichgewicht erfolgen, bei denen offene Systeme Materie und Strahlung mit der Umgebung austauschen und bei denen sich nach einer Art Wettbewerb zwischen mehreren Bewegungskonfigurationen eine neue Struktur durchsetzt, die als stabiles Ergebnis des Selbstorganisationsvorganges in der Welt manifest bleibt.

Die Tragweite aller Konzepte der Selbstorganisation liegt nun darin, daß man versuchen kann, dieses abstrakte Modell der Morphogenese in den verschiedensten Ebenen

[51] Haken, H., *Synergetik und die Einheit der Wissenschaft,* in: W. Saltzer (Hrsg.), *Zur Einheit der Naturwissenschaft,* Darmstadt: Wissenschaftliche Buchgesellschaft, 1990, S. 61–79

der Realität anzuwenden, indem man die Parameter jeweils angepaßt interpretiert. Allerdings ist darauf hinzuweisen, daß jede solche Übertragung bzw. semantische Neuinterpretation der Aufstellung einer *neuen Theorie* gleichkommt. Die Behauptung analoger Verhältnisse in benachbarten Bereichen hat durchaus hypothetischen Charakter und muß im einzelnen nachgewiesen werden. Schwierig ist die Beurteilung natürlich vor allem dort, wo anstatt *quantitativer* Gleichungen nur *qualitative* Zusammenhänge angeführt werden können.

Dennoch ist überraschend, daß qualitative Modelle, die ihren Ursprung in der quantitativen Analyse von chemischen und physikalischen Systemen haben, nicht nur auf die Ebene individueller Lebewesen, sondern auch auf deren *Gemeinwesen* übertragen werden können. Gesellschaften lassen sich als spontane Ordnungen deuten. Die komplexen nichtlinearen Wechselwirkungen zwischen ihren Elementen bestehen in der Kooperation und in den Konflikten bei dem Versuch der Individuen, ihre Ziele in der Gruppe durchzusetzen. Lokale Schwankungen im Verhalten der Gruppe, eine Erfindung, eine Idee, ein neuer Glaube, können entweder durch die Gesellschaft weggedämpft, d.h. unterdrückt werden, oder dieser neue Modus wird durch die Umgebung so verstärkt, daß die ganze Gemeinschaft davon erfaßt und entsprechend umgestaltet wird.

Wenn diese Übertragung standhält, so liefert sie hervorragendes Argumentationsmaterial für ein traditionsbeladenes philosophisches Problem, nämlich das des *Naturalismus*. Dies ist die philosophische Position, daß unser Universum ein kausal geschlossenes System ist und daß alle inneren Probleme und erklärungsheischenden Fragen mit den Mitteln dieses kosmischen Systems gelöst werden können.[52]

Es ist darauf hinzuweisen, daß dieses sogenannte *schwache Prinzip des Naturalismus* sich nicht im Gegensatz zu religiöser Transzendenz befindet, es drückt nur die innerweltliche kausale Geschlossenheit des Universums aus. Davon zu unterscheiden ist das *starke Prinzip des Naturalismus*, das behauptet, daß der materielle, raumzeitlich organisierte Kosmos das einzig Existierende sei.[53] Der starke Naturalismus läßt sich jedoch aus der Wissenschaft heraus nicht begründen, eine transzendente Einbettung der naturalen Welt, die der religiöse Glaube anstrebt, ist deshalb grundsätzlich möglich.

Es geht also in unserer Welt in dem Sinne „mit rechten Dingen" zu, daß das materielle Universum mit seiner Raumzeit- und Kausalstruktur so *epistemologisch autonom* ist, daß es selber alle Agentien bereitstellt, um die Entstehung, Aufrechterhaltung und Entwicklung der darin vorhandenen Strukturen, einschließlich der Vernunft und der Erkenntnis des Menschen, zu erklären. Der Naturalismus hat vor allem in der analytischen Philosophie eine lange Tradition und besitzt renommierte Vertreter.

John Dewey betont bereits, daß die Erfahrung nicht nur von der Natur handelt, sondern selbst auch ein Stück Natur ist: „... experience is *of* as well as *in* nature..."[54] Sein berühmtester Schüler ist der analytische Philosoph Willard Van Orman Quine, der

[52] Für Details vgl. B. Kanitscheider, *Naturalismus und wissenschaftliche Weltorientierung*, in: LOGOS: im Erscheinen

[53] Vease David M. Armstrong, *Naturalistische Metaphysik*, in: B. Kanitscheider (Hg.), *Moderne Naturphilosophie*, Würzburg, Königshausen & Neumann, 1984, S. 83–94

[54] Dewey, J. B., *Experience and Nature*, New York, Dover, 1958, S. 49

aus seiner Kritik des empiristischen Begründungsprogrammes heraus immer vertreten hat, daß die Ideen der Menschen über die Welt auch ein Teil dieser Welt sind und deshalb mit den gleichen Methoden studiert werden können und sollen. „I hold that knowledge, mind and meaning are part of the same world that they have to do with, und that they are to be studied in the same empirical spirit that animates natural science."[55] Deshalb kann es grundsätzlich nur *eine* Gesamttheorie der Natur geben, innerhalb deren das Wissen über die Welt als ein Teil derselben zu führen ist. Dann ist es auch keine unerlaubte Kompetenzüberschreitung der Naturwissenschaft, eine Theorie zu entwerfen, die die Entstehung, Entwicklung und Aufrechterhaltung von neuronalen Systemen beschreibt, die der Ideation fähig sind und in deren Rahmen Gedanken einen Status innerhalb der Welt besitzen.

Nun liefert gerade ein systemtheoretischer Ansatz wie die Synergetik gute Gründe für ein *naturalistisches Weltverständnis*, wobei der eliminative Materialismus und der radikale Reduktionismus vermieden werden, weil die Theorie ja gerade verstehen läßt, wie neue und *emergente Eigenschaften* in höheren Phasen der Komplexitätsentwicklung zustande kommen. Solche Theorien bewahren die *ontologische Einheit der Natur*, ohne den *Pluralismus* der Qualitäten in den verschiedenen Realitätsschichten aufgeben zu müssen. Die Mannigfaltigkeit und Buntheit der Hierarchie komplexer Systeme bleiben erhalten, werden aber nach dynamischen Gesetzen erklärbar.

Die Kritiker des naturalistischen Standpunktes haben immer eingewandt, daß zumindest die höchsten Leistungen des menschlichen Geistes wie die *Vernunft* nicht als historisch gewordene Funktionen des Gehirns gedeutet werden können. Doch die Naturwissenschaftler antworteten auf ihre Weise, nämlich mit einem expliziten mathematisch ausgearbeiteten Modell. O. Lumsden und E. Wilson legten einen Ansatz zu einer *Naturgeschichte des Denkens* vor, bei dem die geistigen Fähigkeiten des Menschen als das Ergebnis einer biologisch-kulturellen *Koevolution* verstanden werden. Zwar wird nach wie vor die biologische Trägerbasis der Intellektualität betont, dennoch nimmt die autonome Ebene des Kulturellen selbst am Evolutionsprozeß teil. Das deutet m.E. auf eine besondere Konvergenz von biologischer und soziokultureller Modellbildung hin.[56]

Lebensphilosophisch orientierte Denker wie z.B. Ortega y Gasset haben, diese naturwissenschaftlichen Modelle der Vernunft antizipierend, bereits die Abhängigkeit der Vernunft von dem biologischen Trägersystem bemerkt. Ortega kennzeichnet die Vernunft als eine Form und Funktion des Lebens und die Kultur als ein biologisches Werkzeug — eine Überzeugung, die ganz in die Richtung der Soziobiologie deutet:[57]

> *Das Thema unserer Zeit besteht darin, die Vernunft der Vitalität zu unterwerfen, sie innerhalb der Biologie anzusiedeln, sie der Spontanität unterzuordnen. Die Vernunft ist nur eine Form und eine Funktion des Lebens. Die Kultur ist nur ein biologisches Instrument und nichts weiter.*

---

[55] Quine, W. Van Orman, *Epistemology Naturalized,* in: Ontological Relativity and Other Essays. New York: Columbia UP, 1969, S. 69–90

[56] Lumsden, O. / E.O. Wilson, *Das Feuer des Prometheus,* München, Piper, 1983

[57] Ortega y Gasset: *Prólogo, Ideas para una Historia de la Filosofía,* en: E. Bréhier, *Historia de la Filosofía,* Buenos Aires 1944, S. 56

Vermutlich würden Lumsden und Wilson geneigt sein, das „nichts weiter" einzuschränken, denn die Eigenständigkeit des Kulturellen ist in dem Koevolutionsmodell durchaus gewährleistet.

Es läßt sich also durchaus die *autonome Gesetzlichkeit* der mentalen und soziokulturellen Ebene bewahren, auf der anderen Seite braucht man auch nicht auf die biologische Verankerung des menschlichen Geistes zu verzichten.

Es muß ebenfalls als bemerkenswertes Zusammenlaufen von naturwissenschaftlicher und gesellschaftstheoretischer Form der Modellbildung angesehen werden, daß die philosophische und soziologische Analyse in bezug auf die Dynamik gesellschaftlicher Systeme in ähnliche Richtung weisen, wie wir sie schon von chemischen und physikalischen Beispielen her kennen. Menschliches Verhalten und gesellschaftliche Entwicklung haben auch an einer dualen Entwicklung teil: Längere, kontinuierliche, deterministische Abschnitte wechseln mit revolutionären, stochastischen Umbrüchen. Gerade das *Zufallsmoment* verhindert in Geschichte und Gesellschaft echte Prognosen, wie Karl Popper immer wieder betont hat.[58] Wenn ein Gesellschaftssystem einen Phasenübergang etwa in Form einer Revolution erleidet, ist das Ergebnis nicht prognostizierbar.

Der entscheidende Berührungspunkt der naturwissenschaftlichen und gesellschaftstheoretischen Betrachtungsweise ist die *spontane Ordnung* in der menschlichen Gesellschaft. Wesentlich ist dabei, daß die Sozialordnung nicht das Produkt einer *rationalen Planung*, nicht die bewußte und gezielte Schöpfung eines immateriellen Geistes ist, sondern daß kulturelle Einrichtungen und gesellschaftliche Institutionen sich durch die Wechselwirkung vieler Individuen bei Vorliegen bestimmter Randbedingungen einfach *von selbst* ergeben.

Der *konstruktive Rationalismus*, der die Ordnung der Gesellschaft als Ergebnis einer teleologisch agierenden Intelligenz ansieht, greift deshalb zu kurz, weil in der spontanen Ordnungsentstehung das *verteilte Wissen aller* Menschen bei der Strukturentstehung umgesetzt werden kann in einer Weise, wie es geplante Konstruktionen *eines* Menschen nie könnte. Man kann hier durchaus die Parallele zum Selbstorganisationsprozeß im Laser ziehen. Keine höhere Instanz sagt den einzelnen Elektronen, welchen Schwingungsmodus sie einnehmen müssen. Ein Modus setzt sich von selbst durch und erzeugt die spontane Ordnung des monochromatischen Laserlichtes. Das permanente Mißtrauen in die ungeplante Ordnungsentstehung gründet sich in der *platonischen Tradition*, wonach nur die höchste Idee oder eine übernatürliche Vernunft Ordnung generieren kann. Es ist ein Ergebnis der *postmodernen* Naturwissenschaft — jener Wissenschaft, die *nach* der modernen Wissenschaft der Relativitätstheorie und der Quantenmechanik kam —, daß komplexe Strukturen wie *Leben*, *Bewußtsein*, *Geist*, *Erkenntnis*, aber auch moralische *Normen*, *Religion* sowie die *Sprache* auf solch natürliche Weise auftauchen konnten. Gerade die Entstehung und die Ausdifferenzierung der menschlichen Sprache lassen sich sehr glaubwürdig nach dem obigen Muster der Morphogenese verstehen. Diese wurde niemals als bewußte Planung von einem Individuum oder einer menschlichen Gruppe geschaffen, sondern sie entstand einfach. Ihre Differenzierung und ihre Veränderung

---

[58] Popper, K. R., *Das Elend des Historizismus,* 5. Aufl. Tübingen, Mohr, 1979, S. 83ff

können als Verstärkung einer lokalen Schwankung, z.B. eines informationsübertragenden *Tiersignals* angesehen werden. Der tägliche Gebrauch der Sprache von zahllosen menschlichen Individuen verstärkte sich über Jahrtausende durch das Sprechvermögen und die Praxis der Interkommunikation.

Im Bereich der Ökonomie hat *Friedrich von Hayek* schon 1964 gezeigt,[59] daß auch der freie Markt eine spontane Ordnung darstellt, die durch nichtlokale (dezentralisierte) Handlungen vieler Individuen entstanden ist, wobei der Markt viel mehr Informationen erhält, als ein Individuum jemals fassen könnte:[60]

> *Es ist eigentlich merkwürdig, wie wenig Erstaunen die Tatsache erweckt hat, daß der Mensch gelernt hat, eine Ordnung seiner Tätigkeiten hervorzubringen, von der die Erhaltung eines großen Teils der heutigen Menschheit abhängt, die aber die Kenntnisse irgendeines Menschen oder alles, was je von einem individuellen Gehirn erfaßt werden kann, weit übersteigt.*

Die *freie Marktwirtschaft* ist somit eine spontan entstandene komplexe Ordnung, die zwar auf den *zielgerichteten* Handlungen der Elemente dieser Ordnung beruht, jedoch selbst *nicht zielgerichtet* ist und deshalb auch gar nicht planmäßig verändert werden kann. Der Markt verknüpft die Handlungen und Ziele der einzelnen Menschen *zu einem geordneten Ganzen*. Das Gesamtsystem entwickelt sich jedoch in eine Richtung, die niemand vorhersagen kann, weil das Wissen, das im System verteilt ist und die Ordnung aufrechterhält, die Fassungskraft eines Individuums weit übersteigt. Daraus folgt natürlich auch, daß dann, wenn ein Individuum der Gemeinschaft trotz dieser inneren Eigenschaften dieses Systems versucht, die Gesellschaftsordnung *planmäßig* zu steuern, es die Komplexität des Systems drastisch reduzieren muß, weil dieser einzelne Mensch nur sein eigenes, viel geringeres Wissen bei der Planung von Veränderungen einsetzen kann.

Christian von Weizsäcker hat darauf hingewiesen,[61] daß es gerade das *hohe Maß an Chaos ist, das dem freien Markt seine hohe Effizienz verleiht.* Im *kapitalistischen Wirtschaftsprozeß* resultieren aus dem unkoordinierten, zufälligen Zusammentreffen der individuellen Aktivitäten die konkreten Strukturen und Institutionen der Wirtschaft. Kein Einzelgehirn lenkt alle Entscheidungen, was wie produziert werden soll und wie man die Ware verteilt. Das differenzierte und komplexe Wirtschaftsgeschehen vollzieht sich bei fast *vollständiger Anarchie*.

Bislang sind wir ausschließlich der Frage nachgegangen, ob sich im *deskriptiven* Kontext Parallelen zwischen den verschiedenen Realitätsschichten in bezug auf die Frage „Ordnungsentstehung" finden lassen.

Davon logisch unabhängig ist die *normative* Frage, ob man *dem Markt seine völlige Autonomie lassen kann*, weil Wertgesichtspunkte dagegen sprechen. Den Vertretern

---

59 Hayek, F.A. von, *The Theory of Complex Phenomena*, in: M. Bunge (Hrsg.), *The Critical Approach to Science and Philosophy*, New York, The Free Press of Glencoe, 1964

60 Hayek, F.A. von, *Sitte, Ordnung und Nahrung*, in: Gießener Universitätsblätter 1, 1 (1983), S. 23–29

61 Weizsäcker, C.C. von, *Ordnung und Chaos in der Wirtschaft*, in: W. Gerok (Hrsg.), *Ordnung und Chaos in der unbelebten und belebten Natur*, Stuttgart, Hirzel, 1989, S. 43–58

der neoliberalistischen Ökonomie wird heute ja permanent vorgeworfen, daß der freie Markt der Hauptfeind der Umwelt ist und daß nur der Staat mit starken Interventionen den *Schutz der Umwelt* übernehmen und der Bewahrer der natürlichen Resourcen sein kann. Kritik am liberalistischen Wirtschaftskonzept wurde auch laut von *Ökonomen aus anderen Wirtschaftsräumen.* So hat der argentinische Ökonom Raúl Prebisch, Initiator und Direktor der Cepal (Comisión Económica para América Latina), die Unübertragbarkeit der Ideen Friedrich von Hayeks und Milton Friedmans auf Lateinamerika betont und einen Plan zur Entwicklung von Iberoamerika vorgelegt.[62] Jedoch ist bei allen steuernden Maßnahmen, bei allen Plänen, bei denen der Laisser-faire-Grundsatz eingeschränkt wird, die *Existenz eines theoretischen Modells* vorausgesetzt, auf Grund dessen das komplexe System Gesellschaft mit allen seinen Zufallselementen rekonstruiert wird. Wenn man „social engineering“ (James Buchanan) betreiben will, muß man die Auswirkung der Steuerungsmaßnahmen vorhersehen können, wenn man nicht den hohen Ordnungsgrad des Gesellschaftssystems gefährden will.

Die Modellversuche sind nicht gerade ermutigend, ab einem bestimmten Komplexitätsgrad scheinen alle Planungsmaßnahmen zur *Destabilisierung des Systems* zu führen,[63] was bedeutet, daß sein ökonomischer Wirkungsgrad sinkt. Dies würde der Lösung von Umweltproblemen keineswegs zugute kommen, denn gerade dort sind hohe Investitionskosten involviert und wollen diese Gelder auch erwirtschaftet sein. Eine *schwache Ökonomie* ist keine erfolgversprechende Basis für die Bewältigung der Umweltprobleme. Das Mißtrauen, das gewöhnlich dem Laisser-faire-Grundsatz entgegengebracht wird, entstammt sicher den *alltäglichen Kleingruppenerfahrungen.* In der Familie, bei der Kindererziehung, beim Umgang mit den nächsten Bekannten müssen Ziele bewußt angestrebt und organisiert werden. Von daher ist es verständlich, daß man sich schwer vorstellen kann, daß sich in *Großgruppen*, die Millionen von Menschen umfassen, Ordnung von selbst einstellen soll, ohne daß von einer zentralen Stelle Organisation erfolgt.

Aus der Einsicht in das chaotische Moment unserer komplexen Wirtschaftsordnung ergeben sich sogar gewisse *normative Handlungsperspektiven.* Bei der Etablierung von Normen in einer Gesellschaft muß man berücksichtigen, daß empirische Populationen innere Strukturen besitzen, will die normengebende Instanz eine gewisse Befolgungsrate, d.h. eine gewisse Akzeptanz der Norm erreichen. In diesem Falle ist es die chaotische Struktur des komplexen Systems Gesellschaft, das einer geplanten Steuerung Grenzen setzt.[64] Planung der Entwicklung des gesamten Gesellschaftssystems ist deshalb undurchführbar, weil es das theoretische Wissen nicht gibt, das das praktische Wissen aller Individuen in den einzelnen Entscheidungssituationen abdeckt.

---

[62] Prebisch, Raúl, *Diálogo acerca de Friedman y Hayek (desde el punto de vista periférico,* in: Revista de la Cepal 15 (1981). Diesen Hinweis verdanke ich Mario Bunge in seiner kritischen Würdigung des Werkes Hayeks anläßlich seines Ablebens (M. Bunge, *Hayek: ¿economista o ideólogo?* En: Opinion del Dia. Montevideo Domingo 13. September 1992)

[63] Dörner, D., *Die Logik des Mißlingens,* Reinbek: Rowohlt, 1989

[64] Kanitscheider, B., *Soziobiologie und Ethik,* in: E. Braun (Hrsg.), *Wissenschaft und Ethik,* Bern - Frankfurt - New York, Peter Lang, 1986, S. 81–116

Der Kern der politischen Ökonomie des Liberalismus läßt sich aus dem Zufallselement der gesellschaftlichen Dynamik verstehen. Weil die komplexe Ordnung alles übertrifft, was bewußte Organisation eines einzelnen hätte hervorbringen können, ist es verfehlt zu behaupten, daß wir die moderne Gesellschaft bewußt planen müssen, weil sie so komplex geworden ist.

Nicht nur von Hayek, sondern auch andere Theoretiker der Ökonomie wie James Buchanan betonen immer wieder, daß der hohe Ordnungsgrad unseres liberalen Gesellschaftssystems nur dann erhalten werden kann, wenn wir diese Ordnung nicht durch „social engineering" destabilisieren.[65] Die Freiheit des Individuums, die minimale Einengung seiner spontanen Entschlüsse und die komplexe Ordnung stehen in einem gegenseitigen Stützungsverhältnis. Individuelle Freiheit repräsentiert das Moment des Chaos. Eine freie Gesellschaft nutzt die Spontaneität der Ordnungskräfte. Die Kenntnisse und die Geschicklichkeiten aller Mitglieder der Gesellschaft nutzt man am besten, wenn man ihren Handlungsspielraum nicht einengt und sie nicht einer zentralen Steuerung unterwirft, die die Entwicklung der Gesellschaft nach einem fertig vorgegebenen Zielkatalog steuert. Man sage nicht, daß es sich hier ja nur um die ökonomische Freiheit handele. Aus den politischen Erfahrungen mit der sozialistischen Vergangenheit unserer neuen Länder wissen wir genau, daß alle Freiheiten zusammenhängen. „Freiheit ist etwas Ganzheitliches, alles, was die Freiheit in einem Teil unseres Lebens eingeschränkt, wird wahrscheinlich die Freiheit in anderen Bereichen beeinflussen", schrieb Milton Friedman schon vor 10 Jahren.[66]

Wenn Freiheit des Handelns so am ehesten in einer demokratischen Gesellschaft mit einer marktwirtschaftlich orientierten Ökonomie realisiert werden kann, so bedeutet dies nicht, daß Freiheit an Akausalität oder Zufall gebunden ist. Vor kurzem hat der Physiker Paul Davies zu begründen versucht, daß durch das chaotische Verhalten klassischer deterministischer Systeme eine Basis für die Freiheit des Willens gegeben sei: „Chaos scheint eine Brücke darzustellen zwischen den deterministischen Gesetzen der Physik und den Gesetzen des Zufalls; man kann daraus schließen, daß das Universum im genuinen Sinne kreativ ist und daß die Behauptung eines freien Willens eine reale Grundlage hat.[67] Schon im Verlauf der Diskussion um den Quantenindeterminismus haben einige Autoren wie auch Karl Popper sich dafür ausgesprochen, daß durch das neue Zufallselement eine Befreiung vom „Alptraum des Determinismus" gewonnen worden und nun endlich Raum für Spontaneität und freie Entscheidung und damit für wahre Moralität gegeben sei. Schon damals stellten die Kritiker wie Moritz Schlick und Rudolf Carnap

[65] „Der Regreß ad infinitum, der mit der Einstellung verknüpft ist, was man die „Gemeinwohl-Attitüde" nennt, schreitet voran. Wenn etwas mißlingt, soll die Regierung steuernd eingreifen. Wenn die regulierenden Instanzen versagen, werden neue Eingriffe gefordert usw. Diese Entwicklung ist zum Teil die unvermeidliche Folge der allgemeinen Unfähigkeit, den einfachen Laisser-faire-Grundsatz zu verstehen, wonach Resultate, die durch unbeeinflußte Interaktion erzielt werden, oft den Ergebnissen direkter politischer Intervention überlegen sein können und es auch sind." (J. M. Buchanan, *Die Grenzen der Freiheit,* Tübingen, J.C.B. Mohr, 1984, S. 130)

[66] Friedman, M. und R., *Free to choose: A Personal Statement,* London, Harcourt Brace Jovanovich, 1980, S. 69

[67] Davies, P., *Chaos Frees the Universe,* in: New Scientist 128 (6. 10. 1990), Nr. 1737, pp. 48–51

fest, daß die Unvereinbarkeit von Freiheit und Determinismus gar nicht existiert. Nimmt man Freiheit in dem ursprünglichen Sinn, wie sie auch im Alltag gebraucht wird, so bedeutet sie einfach nur die Möglichkeit, in Einklang mit den eigenen Strebungen zu handeln. Man ist dann frei, wenn keine Gefängnismauern, keine Ketten, aber auch kein psychischer oder sozialer Druck der Umgebung einen daran hindern, zu tun, was den eigenen Wünschen entspricht. Diese Wünsche dürfen ruhig Ursachen haben, seien sie aus Anlagen oder Erziehung, akausale Löcher im Wirkungszusammenhang der Natur werden dafür nicht gebraucht. Freiheit ist also Abwesenheit von Zwang, nicht mehr. Freiheit ist nicht nur vereinbar mit der deterministischen Verfassung der Natur, letztere ist sogar Voraussetzung für moralische Verantwortlichkeit.

Wenn wir in einer reinen Quantenwelt lebten oder in einem perfekten klassischen Chaos, also keine Auswirkung irgendeiner Handlung übersehen könnten, wären wir auch für keine unserer Taten verantwortlich. Für zielgerichtetes Handeln ist es notwendig, den kausalen Zusammenhang zwischen Ereignissen abzuschätzen; ein gewisses Maß an Trajektorienstabilität in unserer Welt benötigen wir daher, um von moralischer Verantwortung sprechen zu können. De facto *ist* unsere Welt eine Mischung von Kausalität und Zufall, und deshalb sind Freiheit, aber auch Verantwortung in ihr gewährleistet.

Zum Schluß dieses Abschnitts sei noch ein Wort zur ethischen Dimension des freien Marktes gesagt. Der Vorwurf des *Sozialdarwinismus* ist eine der ernstesten ethischen Kritiken am freien Markt. Dagegen lassen sich jedoch klare Erwiderungen finden.[68] Es ist ein fundamentaler Unterschied zwischen der Gesetzesvorschrift einer Regierung und der Entscheidung des Individuums innerhalb des Marktes. Gegenüber einer staatlichen Legislation ist der Bürger, der damit nicht einverstanden ist, so gut wie ohnmächtig. Behörden dazu zu bringen, an den Gesetzen etwas zu ändern, ist zeitaufwendig und fast unmöglich. Im Gegensatz dazu kann jedes Individuum durch seine Teilnahme am Markt Einfluß auf dessen Struktur nehmen, denn dieser wurde nicht durch Entscheidungen der Macht eingefroren.

Der Markt ist keine starke Institution, die unerbittliche Richtersprüche fällt, sondern eine dynamische und flexible Struktur, das Ergebnis aller Kauf- und Investitionsentscheidungen der Bürger, die ihr Geld in Ware umsetzen können, wie sie wollen. Der Markt ist auch kein Gebilde, gegen das man kämpfen muß, um seine individuellen Wünsche zu realisieren. Der freie Markt ist damit — und dies ist jetzt ethisch relevant — das Gegenteil einer „Gesellschaft des Dschungels", in der jeder gegen jeden kämpft. Nach dem sogenannte Gesetz des Dschungels gewinnt ein Mensch das, was er einem anderen abjagt. An der Grenze des Überlebens gibt es einen realen Kampf ums Dasein, wobei der Stärkere den Schwächeren vernichtet. Beim freien Markt gewinnt der Einzelne, wenn er den anderen Menschen etwas zukommen läßt. Darüber hinaus ist er frei, seinen Lebensstandard zu wählen, er kann sich selbstzufrieden auch mit wenig begnügen.

Gerade vermittels der friedlichen Kooperation des Marktes gewinnen alle durch die Vermehrung der Arbeitsteilung und die Investition von Kapital. Wenn man unterschiedslos vom „Überleben des Stärksten" beim Dschungel und beim Markt spricht, vergißt

[68] Rothbart, Murray N., *Power & Market,* New York, New York University Press, 1977

man, daß im Dschungel der Stärkste jener ist, der am geschicktesten seine brutale Kraft zum Schaden der anderen einsetzt, wohingegen der Stärkste beim Markt der Kompetenteste ist, der der Gesellschaft am besten dient, indem er neue Verdienstmöglichkeiten für alle aufbaut.

Der Dschungel ist der Ort, wo einige Lebewesen Gewalt über die anderen haben und alle am Existenzminimum leben. Der Markt dagegen ist der Ort, wo alle Menschen, indem sie an sich selber und ihren Vorteil denken, die anderen mitbedienen und dadurch zugleich das allgemeine Lebensniveau erhöhen. Weil die Gesamtmenge des Erwirtschafteten größer ist, kann sich die Marktgesellschaft den Luxus der Wohltätigkeit leisten. So gesehen, ist der Markt von sich aus sozial. Der destruktive Kampf des Dschungels ums Überleben wurde in einen kooperativen Wettbewerb verwandelt, der allen dient, der auch den Schwachen nützt, der das soziale Netz ermöglicht. Der Schwache hat allen Grund, den Dschungel zu fürchten, aber er kann vertrauen, daß der Markt die Mittel hervorbringt, die ihn überleben lassen. Darüber hinaus erwirtschaftet der Markt erst jene Mittel, die eine Muße ermöglichen, also den Freiraum, in dem Kultur stattfinden kann, etwas, wofür im Urwald gerade kein Platz ist.

Kommen wir zu einem Resümee: Ich habe das ökonomische Beispiel etwas breiter ausgeführt, weil ich es als eine äußerst bemerkenswerte intellektuelle Entwicklung ansehe, daß die Rolle des Menschen und seiner gesellschaftlichen Funktionen aus zwei Richtungen, aus der politischen Ökonomie und aus der naturwissenschaftlichen Systemtheorie, so konvergent gesehen wird. Dies ist sicher kein Zufall. Die Hinweise werden immer stärker, daß die biologische und die soziokulturelle Ordnung nur die *verschiedenen Realisationen des gleichen Grundmusters* der Natur repräsentieren. Um dies einzusehen, muß man allerdings die klassischen Disziplinen der Physik überschreiten. Man braucht Theorien über Schwankungen, Instabilitäten, Verzweigungen, Kooperationen und das nichtlokale Zusammenwirken von Elementen des Systems wie die Synergetik, um die Phänomene der Ordnung, der Komplexität und der emergenten Neuheit in den Griff zu bekommen.

Vom philosophischen Standpunkt scheint mir wichtig, daß damit die traditionell emotional so stark beladene *Reduktionsproblematik* weitgehend entschärft wird. Der Mensch und seine soziokulturellen Besonderheiten sind nicht einfach ein Spezialfall der Physik, er ist nicht nur eine schwierig zu lösende Rechenaufgabe wie etwa die exakte Lösung der Schrödinger-Gleichung für ein Eisenatom. Komplexe Systeme mit eigenen inneren Freiheitsgraden und nichtlinearer Dynamik in den Wechselwirkungen gehören zu einem eigenen thermodynamischen Bereich. Trotz ihrer Eigenständigkeit sind lebende, neuronale und soziale Systeme *keine Ausnahmen von Naturgesetzen*, die nur deswegen funktionieren, weil besondere Vitalkräfte und spirituelle Agentien die physikalischen Gesetze außer Kraft setzen. Die lebendigen Züge der Realität sind dann in Einklang mit den physikalischen Gesetzen, wenn man die Besonderheit des Ungleichgewichtes und der Nichtlinearität in Rechnung stellt. Der Gegensatz im Reich der Natur zwischen Materie, Leben und Geist ist damit nur ein *Artefakt*, der durch das Heranziehen unzuständiger Naturgesetze zustande gekommen ist. Nur dadurch erschien es, daß die Idee der Evolution, welche im 19. Jahrhundert entstand, so verschieden und scheinbar gegensätzlich interpretiert wurde. Irreversibilität und Evolution im Sinne der Physik, entdeckt durch Carnot und Clausius, verband man immer mit der Auflösung von Strukturen, wohingegen biologische und soziologische Evolution — erklärt durch Darwin und Spencer — gleich von Anfang an mit dem Wachstum von Komplexität verknüpft wurden. Nun scheint sich der Gegensatz zwischen der Evolution des anorganischen und des organischen Bereiches zu lösen. Noch in *Jacques Monods* berühmtem Werk „Zufall und Notwendigkeit" erscheint Leben — und damit auch der Mensch — als Ergebnis unwahrscheinlicher Anfangsbedingungen. Leben ist wohl in Monods Ansatz mit den Gesetzen der Physik *vereinbar*, aber einfach nur deshalb, weil die Anfangsbedingungen Setzungen sind, die man normalerweise als unerforschlich betrachtet. Leben läßt sich jedoch nach Monods Vorgehen nicht aus den physikalischen Gesetzen gewinnen, denn diese befassen sich normalerweise nicht mit den Anfangsbedingungen.

Vom Ansatz einer Systemtheorie wie der *Synergetik* her liegen lebende Prozesse *nicht nur nicht außerhalb der Natur*, im Gegenteil, sie *folgen jenen Naturgesetzen*, die die entsprechenden nichtlinearen Wechselwirkungen und Bedingungen fern vom Gleichgewicht spezifizieren. Damit ist ein gesetzmäßiges Verstehen des Aufbaus von funktionaler und strukturaler Ordnung möglich. Hier ist zu betonen, daß der Strukturaufbau in vielen kleinen Schritten erfolgt. Wenn sich ein System durch Erhöhung des Energieflusses immer weiter vom Gleichgewicht entfernt, kann sich eine einzelne Lösung in eine weitere Lösungsmannigfaltigkeit verzweigen. Makroskopische, lebendige Strukturen wie der Mensch haben selbstredend viele Verzweigungen hinter sich, dementsprechend besitzt auch die funktionale Ordnung eines Lebewesens wie des Menschen eine Autonomie, die scheinbar den physikalischen Gesetzen widerspricht. Makroskopische Strukturen, die am weiten Ende einer Hierarchie von Phasenübergängen liegen, haben eine so hohe strukturale und funktionale Eigenheit, daß die Täuschung entsteht, sie würden aus der Natur herausfallen. Dies mag auch der Ursprung von *dualistischen Theorien über das Wesen des Menschen* sein, wie sie etwa Descartes oder Kant vorgeschlagen haben. Aus den dualistischen Theorien über die Natur des Menschen können wir eine methodische Lehre ziehen: Erkenntnis wird besonders dann schwierig, wenn das kognitive System dem Objekt zu nahe ist. Hier gibt es wohlbekannte Beispiele selbst aus der Physik. Die Astronomen hatten bis vor kurzem die größten Schwierigkeiten, die wahre Struktur unserer Milchstraße zu erkennen, und zwar deshalb, weil wir uns mitten in dieser Galaxis befinden. Die Spiralstruktur des Andromeda-Nebels ist leicht und auf jeder guten Photographie unmittelbar abzulesen. In unserer eigenen Galaxis müssen wir dagegen mit hoher theoretischer Abstraktion und sehr indirekten Methoden den korrekten Aufbau erschließen. So steht es auch mit der Natur des Menschen. Der unmittelbare Erlebniseindruck von uns selbst und unseren Mitmenschen verstellt uns den Blick und verzerrt das Bild. Nichtkognitives, wertendes Interesse verhindert die objektivierende Abstraktion. Zu beteiligt ist der Mensch, wenn es um sein eigenes Wesen geht. *Der Objektivität* ist es sehr dienlich, wenn er sich aus einiger Entfernung betrachtet, vor allem wenn er seine eigene Existenz in einen größeren Naturzusammenhang einbettet. Genau dies tut die systemtheoretische Perspektive, sie macht Differenz und Gleichheit der Naturobjekte deutlich. Damit lassen sich die vom evolutionären Standpunkt unverständlichen philosophischen dualistischen Naturauffassungen vermeiden. Wenn ein mundus sensibilis und ein mundus intelligibilis (Kant) oder eine res extensa und eine res cogitans

(Descartes) nebeneinander und vom Ursprung her unbezogen aufeinander existieren, läßt sich ein solches ontologisches Konzept vom Evolutionsprinzip her nicht verstehen. *In einem einheitlichen Verständnis des Menschen müssen seine Besonderheiten auf die Natur kausal bezogen werden.* Dies ist im Rahmen der modernen Strukturentstehungstheorien nun möglich, ohne den naturalistischen Rahmen zu verlassen. Man muß keine Armee von Maxwell-Dämonen mehr bemühen, um ein physikalisches System daran zu hindern, in den Zustand maximaler Unordnung überzugehen. Gegeben die richtige thermodynamische Situation, entwickelt das System alle jene Besonderheiten, die die traditionelle Philosophie so oft veranlaßt haben, den Menschen aus dem Gesamtverband der Natur herauszuheben und ihn als Fremdling der Natur gegenüberzustellen. Die neuen Theorien der Selbstorganisation bauen jedoch Brücken, die den gesamten Bereich des Lebendigen mit Einschluß seiner sozialen Aktivitäten umspannen. Eine solche Theorie hat nicht nur eine erklärende Aufgabe, sie reduziert auch die eigenartige Fremdheit der Menschen, die diese immer wieder gegenüber der materiellen Natur empfunden haben. Dies kann man als die philosophische Funktion der Selbstorganisation auffassen. Noch 1979 hat Jacques Monod das Bild des Menschen als eines Zigeuners am Rande des Universums geprägt, als Ausdruck seiner absoluten Zufälligkeit und des Fehlens gesetzmäßiger Beziehungen. Inzwischen haben sich die Anzeichen verdichtet, daß der Mensch eher als Ausdruck der hohen schöpferischen Kraft der Natur zu sehen ist, die zumindest über eine lange Zeit in der Lage ist, Komplexität aufzubauen. Dieses Strukturwachstum vollzieht sich gesetzesartig und verstehbar. Der Zufall ist dabei involviert, aber er wird durch die gesetzesartig wirkende Selektion der Umgebung in bestimmte Bahnen gelenkt. So gesehen, kann die Naturwissenschaft dazu führen, den Menschen in den richtigen Proportionen zum Universum zu sehen. Hat er auch keine ausgezeichnete Position, so ist er doch ein durchaus erstaunliches Ergebnis.

Ich bin sicher, daß viele Leute durch diese naturalistische Einbettung des Menschen *gekränkt* sein werden. Wie *Sigmund Freud* schon 1917 bemerkt hat,[69] wurde die Eigenliebe des Menschen mehrfach von Ergebnissen der Wissenschaft getroffen. Kopernikus zerstörte die narzistische Illusion, daß der Mensch den Mittelpunkt des Weltalls bewohnt. Charles Darwin gelang es, die Überheblichkeit des Menschen gegenüber dem Tierreich zu reduzieren, indem er ihn durch die Phylogenie in die Gesamtheit der Organismen einband.

Aus der Idee der Selbstorganisation kann man in Fortsetzung der biologischen Kränkung eine weitere Erniedrigung des menschlichen Narzißmus ableiten, da mit diesem durchgehenden Strukturentstehungskonzept auch die *höchsten Funktionen und Leistungen des Menschen an seine biologische Natur stetig angeschlossen werden.* Freud hat übrigens als dritte Kränkung noch die psychologische Demütigung des Menschen angeführt, die dieser durch die Psychonalyse erfuhr, die zeigte, daß unser immer als souverän angesehenes Ich keineswegs in der Lage ist, das Triebleben der Sexualität in uns voll zu bändigen. Es ist zu vermuten, daß in der Zukunft die Wissenschaft weitere Kränkungen unserer Eitelkeit mit sich bringen wird, indem sie aufweist, daß wir

[69] Freud, S., *Gesammelte Werke I: Vorlesungen zur Einführung in die Psychoanalyse,* Frankfurt, Fischer, 1969, S. 284

Eigenschaften, auf die wir stolz sind, *gar nicht oder nicht allein haben.*[70] Das Computermodell des Geistes ist zweifelsohne ein solcher Kandidat. Wie dem auch sein wird, Grund zur Besorgnis ist durch die Aufklärungsarbeit der Wissenschaft nicht gegeben. Wenn eine Selbstorganisationstheorie ältere metaphysische Illusionen auflösen kann und der Mensch an jene Stelle in der Natur gerückt wird, die ihm zukommt, so ist dies ein durchaus respektables anthropologisches Folgeresultat dieser Wissenschaft. Der kindliche Zentralitätsglaube wird dadurch Schritt für Schritt transformiert in die Überzeugung des Erwachsenenalters, in der die Teile der Welt ihren natürlichen Ort einnehmen. Wenn den neuen Selbstorganisationstheorien dies gelingt, hat sie viel erreicht.

[70] Vollmer, G., *Die vierte bis siebte Kränkung des Menschen — Gehirn, Evolution und Menschenbild,* in: H. Grabes (Hg.), *Wissenschaft und neues Weltbild,* Gießen, Ferber, 1992, S. 91–108

Kapitel 1

Deterministisches Chaos: Sensitivität, Mischen und Periodische Punkte

Der Computer ist außerstande, eine Gefühlsregung zum Ausdruck zu bringen. Er kann zwar genaue mathematische Beziehungen darstellen, aber zu einem Stirnrunzeln ist er nicht fähig.

Frank Zappa

Die mathematische Forschung über Chaos kann mindestens bis 1890 zurückverfolgt werden. Zu dieser Zeit beschäftigte sich Henri Poincaré mit der Stabilität des Sonnensystems. Er fragte sich, ob die Planeten auf ihren gegenwärtigen Bahnen bleiben würden, oder ob einer von ihnen in die ewige Dunkelheit abschweifen bzw. in die Sonne hereinstürzen könnte. Er hat keine endgültige Antwort auf diese Frage gefunden, aber er hat eine neue analytische Methode angeregt, eine geometrische Betrachtungsweise der Dynamik. Heute sind seine Ideen in die Topologie eingeflossen, deren Gegenstand die Theorie der stetigen Deformationen ist. Poincaré entdeckte zum ersten Mal Chaos in der Bewegung dreier Körper, deren gegenseitigen Gravitionskräfte aufeinander wirken.

Andere Wissenschaftler folgten den bahnbrechenden Ideen von Poincaré. In der früheren Sowjetunion machte beispielsweise der Mathematiker Andrey Kolmogorow grundlegende Fortschritte im Hinblick auf die unregelmäßigen Eigenschaften dynamischer Systeme. Um 1960 entwickelte der amerikanische Mathematiker Stephen Smale eine Klassifikation aller typischen Verhaltensweisen von dynamischen Systemen. Durch Smales Betrachtungsweise hat Chaos den Stellenwert eines natürlichen Phänomens gefunden, das mit dem geordnenten Verhalten periodischer Zyklen gleichberechtigt ist.

Es folgten praktische Anwendungen des Konzeptes Chaos als natürliches Phänomen. Zum Beispiel fließt eine Flüssigkeit manchmal ruhig und glatt, aber manchmal entstehen ohne offensichtlichen Grund Turbulenzen. 1970 schlugen die beiden europäischen Mathematiker David Ruelle und Floris Takens als Erklärung vor, Turbulenzen als ein Beispiel für dynamisches Chaos zu betrachten. Etwa zu der gleichen Zeit begann Chaos in der Wissenschaft eine breite Beachtung zu finden. Experimentelle Wissenschaftler, insbesondere die amerikanischen Physiker Harry Swinney und Jerry Golub sowie der französische Physiker Albert Libchaber, zeigten, daß Ruelle und Takens teilweise Recht hatten. Chaos tritt tatsächlich in Turbulenzen auf, jedoch nicht genau auf die Weise, wie sie von Ruelle und Takens beschrieben wurde.

Durch diese Arbeiten wurden wichtige Fragen aufgeworfen. Wie können chaotische Modelle experimentell überprüft werden, und wie können verschiedene Arten von Chaos voneinander unterschieden werden? Die herkömmliche Methode zur Überprüfung einer Theorie besteht darin, lange Beobachtungsreihen anzufertigen und die Ergebnisse mit den theoretischen Vorhersagen zu vergleichen. In der Gegenwart von Chaos werden die Ergebnisse jedoch durch den Schmetterlingseffekt entkräftet. Selbst die geringsten Störungen verursachen letztlich enorme Abweichungen der Resultate.

In diesem Kapitel wollen wir einige dieser Fragestellungen genauer behandeln. Wie kann man den Begriff des Chaos fassen? Wie kann man sich davon überzeugen, daß das, was chaotisch aussieht, auch wirklich chaotisch ist und nicht nur sehr kompliziert, aber genau vorhersagbar? Wie können wir zum Beispiel von einer scheinbar chaotischen Zeitreihe sagen, ob sie nicht möglicherweise doch periodisch ist, nur eben mit einer sehr langen Periode? Was sind die Merkmale von Chaos? Wie können sie gemessen werden? Wie groß ist die Aussagekraft numerischer Rechnungen in der Gegenwart von Chaos? Wie können wir Beispiele für Chaos finden, die sich intuitiv verstehen lassen?

Es gibt viele dynamische Systeme, die Chaos hervorbringen können. In diesem und in dem nächsten Kapitel soll jedoch die Iteration nur einer speziellen Funktion im Mittelpunkt unserer Darstellung stehen. Es ist die quadratische Funktion, die in unterschiedlichen Weisen vorkommt, zum Beispiel in der Form $x \to ax(1-x)$. Diese Wahl mag zunächst recht willkürlich erscheinen, da sie für die vielen anderen chaotischen Systeme, die in der Mathematik untersucht und in der Physik beobachtet werden, scheinbar keine Bedeutung hat. Es hat sich aber herausgestellt, daß die qualitativen Phänomene dieser quadratischen Funktion ganz generell kennzeichnend für Chaos in dynamischen Systemen sind. Darüberhinaus können die Eigenschaften chaotischer Systeme anhand der quadratischen Funktion mit einfachen Mitteln beobachtet und vollständig mathematisch analysiert werden. Daher ist es ausgesprochen sinnvoll, sich mit der quadratischen Iteration zu beschäftigen, und wir werden später in Kapitel 3 sehen, wie sie uns als grundlegender Baustein für Chaos in anderen Systemen wiederbegegnet.

1.1 Die Zeichen von Chaos: Sensitivität

Das Hauptproblem — Sensitivität gegen Stabilität

In Kapitel 1 von *Bausteine des Chaos — Fraktale* haben wir eine große Überraschung erlebt. Der Computer, Paradebeispiel für Genauigkeit und Zuverläßigkeit, wurde durch den einfachen Rückkopplungsprozeß mit dem quadratischen Iterator aus der Bahn geworfen. Das größte Problem für Computer im Umgang mit Chaos ist die extreme Sensitivität eines Iterators. Sie spiegelt sich in einer Vielzahl von unerwarteten numerischen Phämonenen wieder, die uns zu der Einsicht bringen, daß man mit der Interpretation eines Computeroutputs sehr vorsichtig sein muß. Wir wollen nun einige der Schwierigkeiten vorstellen, mit denen ein Computer in der Gegenwart von Chaos nicht fertigwerden kann.

Erste Zeitreihe

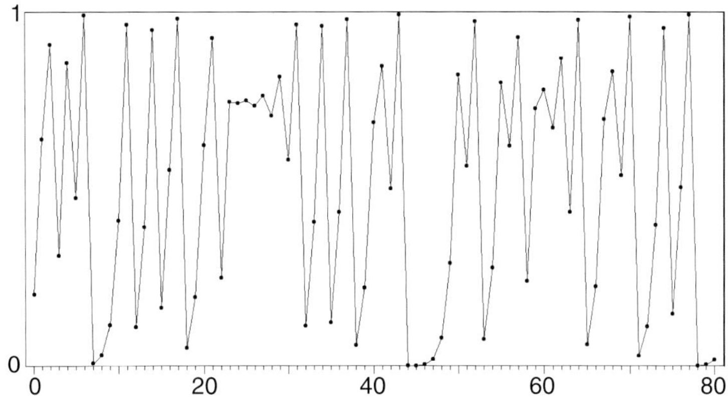

Abb. 1.1 : Zeitreihe des quadratischen Iterators $x \to ax(1-x)$ mit Startwert $x_0 = 0.2027$ und Parameter $a = 4$.

Wir haben drei verschiedene Versionen des quadratischen Iterators gesehen: $x \to x^2 + c$ (für $c = -2$), $p \to p + rp(1-p)$ (für $r = 3$) and $x \to ax(1-x)$ (für $a = 4$). In diesem Kapitel wollen wir unsere Diskussion hauptsächlich auf den quadratischen Iterator der Form $x \to ax(1-x)$ aufbauen. Wir fangen bei einigen recht einfachen Experimenten mit Zeitreihen an. Abbildung 1.1 zeigt die Zeitreihe von x-Werten, die mit $x_0 = 0.2027$ anfängt, wobei der Parameter $a = 4$ gewählt wurde. Diese Zeitreihe nennt man die *Bahn* von x_0. Auf der horizontalen Achse ist die Anzahl der Iterationen abgetragen, während auf der vertikalen Achse die Amplitude gegeben ist, die zwischen 0 und 1 liegt. Die Punkte sind durch Geradenstücke miteinander verbunden. Das Bild zeigt ein unregelmäßiges Muster, ähnlich dem von Aktienkursen, die bekanntermaßen schwer vorherzusagen sind. Das einzige, was offensichtlich zu sein scheint, ist die Tatsache, daß sich die Amplitude stets zwischen 0 und 1 befindet. Das ergibt sich aus der Formel $ax(1-x)$: Wenn x zwischen 0 und 1 liegt, dann muß für Parameterwerte $0 \leq a \leq 4$ auch $ax(1-x)$ zwischen 0 und 1 liegen.

Zweite Zeitreihe

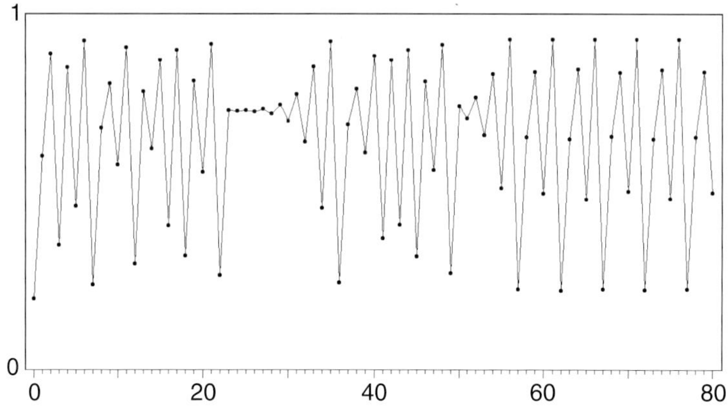

Abb. 1.2 : Zeitreihe für den quadratischen Iterator mit Startwert $x_0 = 0.2027$ und Parameter $a = 3.742718$.

Nun wollen wir uns die zweite Zeitreihe in Abbildung 1.2 betrachten, für die der gleiche Startwert verwendet wurde. Der einzige Unterschied liegt in der Wahl von a. Auf den ersten Blick sieht der Graph ebenso chaotisch aus wie der erste. Dies ist aber in keiner Weise zutreffend: Qualitativ betrachtet könnten die beiden Zeitreihen nicht unterschiedlicher sein. Wenn man sich das letzte Viertel des zweiten Graphen genauer ansieht, wird man eine Periodizität erkennen. In der Tat vermittelt das Bild den Eindruck, daß die Bahn von x_0 periodisch wird, wobei die Periode anscheinend die Länge 5 oder 10 hat.[1] Nach jeder fünften oder zehnten Iteration scheint die gleiche Amplitude aufzutreten, und die Zyklen wiederholen sich. Obwohl diese Art von Verhalten nicht völlig trivial ist, kann ein Computer solche letztlich periodische Bahnen ohne Probleme berechnen. Wir werden das Szenario periodischer Punkte ausführlich im nächsten Kapitel diskutieren. Trotzdem wollen wir aber schon an dieser Stelle den wesentlichen Unterschied deutlich machen.

[1] Wenn man die numerischen Werte der Iterierten genauer ansieht, wird man feststellen, daß die tatsächliche Periodenlänge 20 ist.

Stabilität

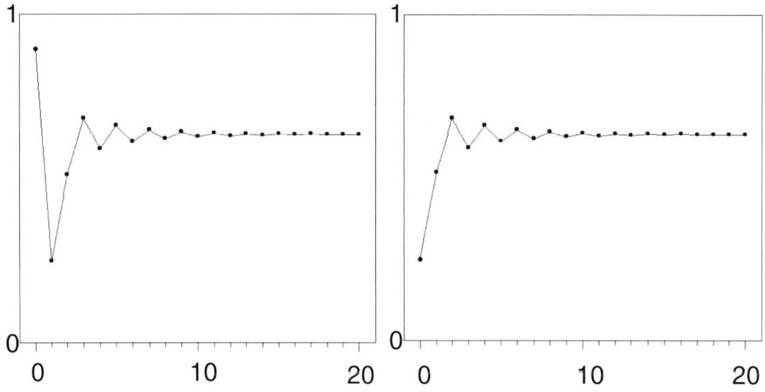

Abb. 1.3 : Nichtsensitives, stabiles Verhalten: Alle Anfangswerte zwischen 0 und 1 ergeben den gleichen Endzustand. $a = 2.75$.

Konvergenz gegen einen Punkt

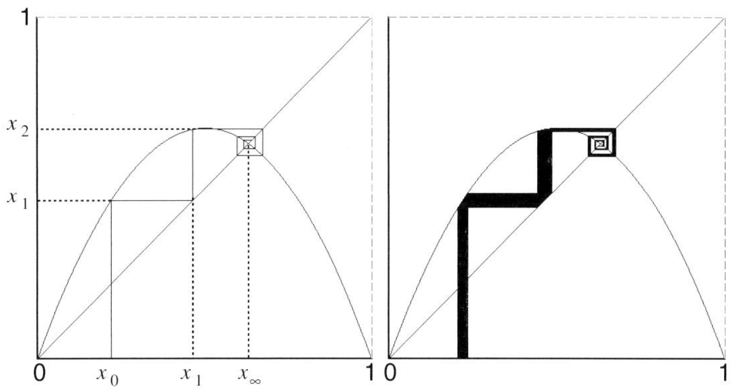

Abb. 1.4 : Grafische Iteration eines Anfangswerts konvergiert gegen den Schnittpunkt von Parabel und Diagonale (links). Auf der rechten Seite wird ein ganzes Intervall von Anfangswerten auf den endgültigen Zustand zusammengezogen.

Abbildung 1.3 zeigt einen ähnlichen, jedoch einfacheren Fall. Die Bahnen, die hier gezeigt werden, konvergieren gegen einen einzigen Wert x_∞ und nicht gegen einen periodischen Zykel. Es spielt keine Rolle, wo wir mit der Iteration anfangen, wir gelangen immer zu dem gleichen *Endzustand*. Der zugrunde liegende Mechanismus kann auch gut durch *grafische Iteration* veranschaulicht werden. Diese Methode hatten wir im ersten Kapitel unseres Buches *Bausteine des Chaos — Fraktale* erklärt.[2] Wir fassen kurz zusammen: Der linke Teil

[2] Vergleiche S. 72 f.

des Bildes 1.4 zeigt die grafische Iteration, die mit dem Startwert $x_0 = 0.22$ anfängt. Die Parabel ist der Graph der Funktion $ax(1-x)$. Sie ist die Kurve, auf der alle Punkte der Form (x_n, x_{n+1}) liegen, denn aufgrund der Definition muß gelten

$$x_{n+1} = ax_n(1 - x_n).$$

Daher hat die Parabel über x_0 die Höhe x_1. Auf der gleichen Höhe finden wir auf der Diagonale den Punkt (x_1, x_1). Über diesem Punkt hat die Parabel die Höhe x_2 usw. Wenn man mit der grafischen Iteration fortfährt, kommt man zum Schnittpunkt der Parabel mit der Diagonalen, und dies ist der Punkt (x_∞, x_∞).

In der rechten Hälfte von Abbildung 1.4 wiederholen wir das Experiment in einer Variation. Wir iterieren nicht nur den Anfangswert $x_0 = 0.22$, sondern alle Werte zwischen $x_0 - 0.015$ und $x_0 + 0.015$. Wir iterieren sozusagen ein ganzes Intervall, also ein Intervall der Breite 0.03. Wir beobachten, daß alle Anfangswerte in dem Intervall wieder Bahnen erzeugen, die gegen denselben Endzustand konvergieren, und das ist ein Beispiel für Stabilität, die man sicherlich nicht in der Gegenwart von Chaos finden kann.

Sensitivität verstärkt die geringste Abweichung

Wenn jedoch Sensitivität vorliegt, wird jede Abweichung verstärkt, selbst wenn sie noch so klein ist. Das haben wir schon in Kapitel 1 gesehen, als wir den Versuch von Lorenz nachvollzogen haben. Wir veranschaulichen uns die Wirkung der Sensitivität, indem wir den Parameter $a = 4$ wählen und den in Abbildung 1.4 dargestellten Versuch wiederholen. Dadurch erhalten wir Abbildung 1.5. Schon nach wenigen Iterationen ist das ursprünglich kleine Intervall beträchtlich angewachsen. Würde man noch ein paar weitere Iterationen durchführen, wäre bereits das ganze Intervall [0,1] überdeckt. Um uns davon zu überzeugen, daß dies nichts mit der Größe des Startintervalls zutun hat, das möglicherweise zu groß gewählt sein könnte, wiederholen wir das Experiment mit einem kleineren Anfangsintervall. Auf der rechten Seite von Abbildung 1.5 ist die Breite des Intervalls lediglich 0.0005, also kleiner als in der Imitation des Versuchs von Lorenz. Was dort in einer Tabelle von Zahlen gezeigt wurde, kann man nun hier bei der grafischen Iteration sehen: Selbst die kleinste Abweichung wird im Lauf der Iteration drastisch anwachsen.

Wir fassen zusammen: Sensitivität zieht nach sich, daß ein beliebig kleines Intervall von Anfangswerten durch Iteration deutlich vergrößert wird. Präzise bezeichnet man dieses Verhalten als *sensitive Abhängigkeit von den Anfangsbedingungen*. Für den quadratischen Iterator, den wir hier diskutieren, ist es sogar zutreffend, daß jedes beliebige Anfangsintervall sich unter Iteration auf ganz [0,1] ausweitet.

Sensitivität

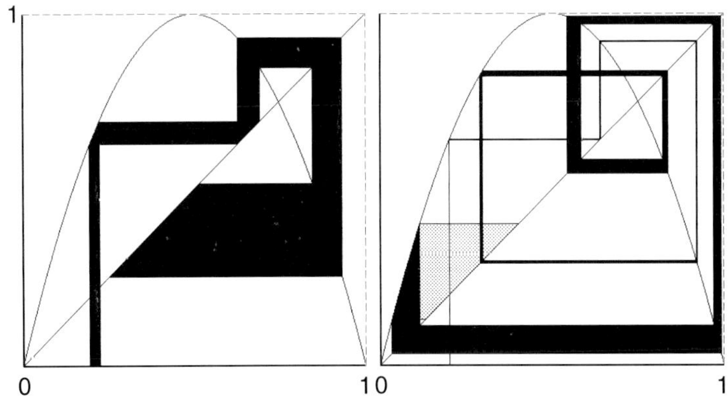

Abb. 1.5 : Sensitivität veranschaulicht durch grafische Iteration: Im Lauf der Iteration wächst die kleinste Abweichung dramatisch an (links). Der Versuch wurde mit einem noch kleineren Intervall von Anfangswerten wiederholt (rechts).

Beispiel einer linearen Transformation

Die Eigenschaft der Sensitivität ist zentral für die mathematische Charakterisierung Chaos. Dennoch führt uns Sensitivität nicht *automatisch* zu Chaos. Es müssen weitere Eigenschaften hinzukommen, um den Begriff Chaos zu fassen. Es gibt sensitive Systeme, die sich nicht chaotisch verhalten. Das kann man mit Hilfe des simplen Beispiels $x \to cx$ einsehen, wobei c größer als 1 ist. Diese Transformation ist linear und zeigt sensitive Abhängigkeit von den Anfangsbedingungen. Jede Abweichung wird durch Iteration verstärkt (siehe Abbildung 1.6). Für einen gegebenen Startwert x_0 haben wir nach n Iterationen $x_n = c^n x_0$. Die Verstärkung von Abweichungen bei anderen Anfangswerten x_0 vollzieht sich in der gleichen Größenordnung. Gegeben sei eine Anfangsabweichung von $E_0 = \varepsilon$, d.h. wir iterieren einen Startwert $u_0 = x_0 + E_0$ und bekommen nach n Iterationen $u_n = c^n(x_0 + E_0)$. Der Fehler hat sich also zu

$$E_n = u_n - x_n = c^n(x_0 + \varepsilon) - c^n x_0 = c^n \varepsilon.$$

entwickelt. Somit vergrößert sich eine Abweichung von ε bei jeder Iteration um den Faktor $c > 1$. Das System ist sensitiv, aber sicherlich nicht chaotisch.

Die Charakterisierung von Lorenz

Der Meteorologe Lorenz beschreibt die Sensitivität von chaotischen Systemen auf eine Weise, die es erlaubt, zwischen dem wilden quadratischen Iterator und der zahmen linearen Transformation zu unterscheiden. Für chaotische Systeme ist es typisch, daß eine gegebene Abweichung im Lauf der Entwicklung so groß wird wie das „Bezugssignal“ selbst. Betrachten wir noch einmal den quadratischen Iterator

Sensitivität in linearen Systemen

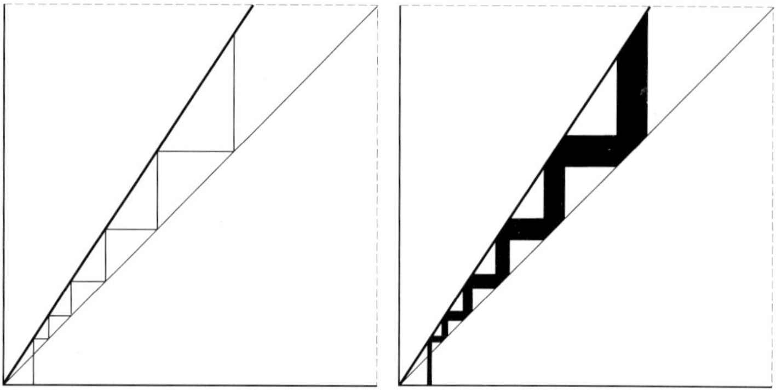

Abb. 1.6 : Iteration der linearen Transformation $x \to 1.5x$. Links: Einzelner Anfangswert; rechts: Intervall von Anfangswerten.

($a = 4$) und den Startwert $x_0 = 0.202$. Ausgehend von einer sehr kleinen Abweichung von $\varepsilon = 10^{-6}$ finden wir einen nahegelegenen Anfangswert $u_0 = 0.202001$. Abbildung 1.7 zeigt die entsprechende Zeitreihe $x_0, x_1, x_2, x_3, \ldots$ (oben), $u_0, u_1, u_2, u_3, \ldots$ (Mitte), und die Entwicklung der Absolutbeträge der Abweichungen $|u_n - x_n|$ (unten). Mit anderen Worten wird oben die Originaliteration gezeigt, in der Mitte die Iteration mit gestörtem Anfangswert, und unten wird die Entwicklung der Differenz zwischen beiden Zeitreihen verzeichnet.

Am Anfang bleibt der Fehler sehr klein. Während der ersten 15 Iterationen kann man ihn in unserem Bild nicht von Null unterscheiden. Obwohl der Fehler in diesem Zeitraum bereits anwächst, bleibt er zu klein, um in dem Diagramm sichtbar zu werden. Wenn er jedoch eine kritische Größe überschritten hat, schnellt er explosionsartig in die Höhe. Ab diesem Zeitpunkt verhält sich die Differenz der beiden Zeitreihen ebenso sprunghaft und unregelmäßig wie die Zeitreihen selbst. Außerdem ist die Amplitude des Fehlers von der gleichen Größenordnung wie die Amplitude der beiden Zeitreihen, nämlich 1. Dieses Verhalten ist typisch für chaotische Systeme.

Wir möchten dies der Fehlerentwicklung bei der linearen Transformation $x \to cx$ gegenüberstellen. Hier wachsen Fehler und wahrer Wert in einem überschaubaren und harmonischen Verhältnis zueinander an. Die Beziehung zwischen wahrem Wert und Fehler bleibt zu jedem Zeitpunkt die gleiche. Der *relative* Fehler ist nämlich

$$\frac{E_n}{x_n} = \frac{c^n \varepsilon}{c^n x_0} = \frac{\varepsilon}{x_0} = \text{const.}$$

Die Iteration ist daher harmlos und kann ohne weiteres von einem Computer ausgeführt werden, solange die Werte im Bereich der auf der Maschine darstellbaren Zahlen bleibt.

Fehlerentwicklung

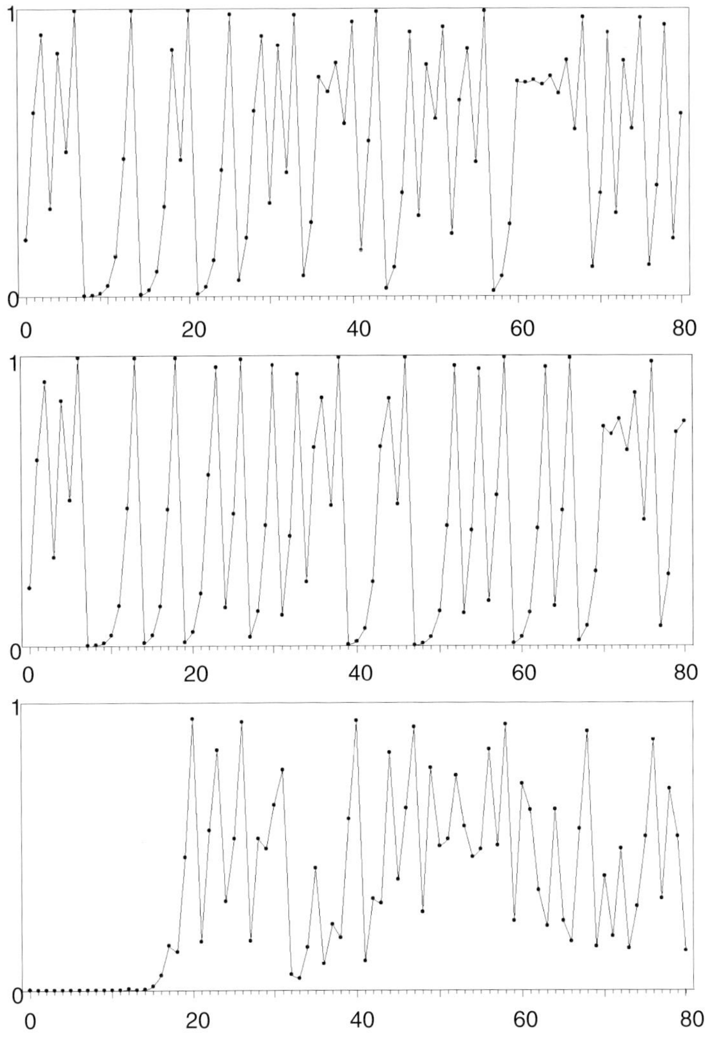

Abb. 1.7 : Die quadratische Iteration $x \to 4x(1-x)$ für zwei Anfangswerte, die sich um 10^{-6} unterscheiden (oben und Mitte). Unten ist die absolute Differenz der beiden Zeitreihen aufgetragen.

Analyse der Fehlerfortpflanzung

Das Phänomen der sensitiven Anhängigkeit von den Anfangsbedingungen, wie es oben beschrieben wird, ist eine *qualitative* Eigenschaft chaotischer Systeme. Eine der treibenden Kräfte in der Wissenschaft war stets, neuentdeckte Eigenschaften auch zu *quantifizieren*. Wie soll das aber hier möglich sein, wenn man es mit einer Fehlerfortpflanzung zu tun hat, wie wir sie oben besprochen haben?

Wir betrachten zunächst die Fehlerfortpflanzung in dem einfachen linearen System $x \to cx$. Bei jeder Iteration wächst der Fehler um den Faktor c. Daher ist

$$\left|\frac{E_n}{E_0}\right| = c^n. \tag{1.1}$$

Das Experiment in Abbildung 1.7 zeigt deutlich, daß ein vergleichbar einfaches Gesetz für die Fehlerfortpflanzung des quadratischen Iterators $x \to 4x(1-x)$ nicht zu erwarten ist. Andererseits muß der Fehler innerhalb der ungefähr 15 ersten Iterationen einigermaßen gleichmäßig angestiegen sein. Dies gibt Anlaß für einen weiteren Versuch. Wir zählen die Anzahl der Iterationen, die nötig sind, bis der Fehler eine bestimmte Schwelle zum ersten Mal überschritten hat. Wir führen dies mit dem Schwellenwert 0.1 für verschiedene Anfangswerte und Anfangsfehler durch. Wir wählen drei Anfangswerte, 0.202, 0.347 und 0.869, sowie jeweils vier unterschiedliche Anfangsfehler. Somit erhalten wir insgesamt zwölf verschiedenen Fälle. In Tabelle 1.8 werden die Ergebnisse festgehalten.

Fehlerfortpflanzung

x_0	Fehler E_0	Schritte n	Fehler E_n	Exponent
0.202	0.001000	9	0.25622	0.61623
0.202	0.000100	11	−0.12355	0.64720
0.202	0.000010	15	0.25730	0.67703
0.202	0.000001	17	0.15866	0.70438
0.347	0.001000	7	−0.12331	0.68781
0.347	0.000100	11	−0.18555	0.68417
0.347	0.000010	15	0.31390	0.69028
0.347	0.000001	18	0.19490	0.67668
0.869	0.001000	8	−0.25072	0.69054
0.869	0.000100	10	0.14068	0.72491
0.869	0.000010	13	0.11428	0.71876
0.869	0.000001	18	0.32095	0.70439

Tab. 1.8 : Für die drei Startwerte $x_0 = 0.202, 0.347, 0.869$ werden die ersten etwa 20 Punkte ihrer Bahn berechnet. Diese wurden dann verglichen mit den Bahnen gestörter Anfangwerte, wobei wir jeweils vier verschiedene Anfangsfehler E_0 ausprobiert haben. Nach jeweils n Schritten ist der Fehler so groß geworden, daß der Schwellenwert 0.1 zum ersten Mal überschritten wurde (siehe Spalten 'Schritte n' und 'Fehler E_n'). Die letzte Spalte kann als Maß dafür gelten, wie sehr der Fehler bei jedem Iterationsschritt anwächst (siehe Text zur Erklärung dieses Exponenten).

Wenn wir zum Beispiel die Iteration mit dem richtigen Anfangswert 0.202 starten und dies mit der Iteration des gestörten Anfangswerts 0.203 vergleichen, dann wächst der Fehler von 0.001 in $n = 9$ Schritten zu $E_n = 0.25622$ an (siehe die erste Zeile in der Tabelle).

Um ein Maß für das Fehlerwachstum abzuleiten, wollen wir uns Gleichung (1.1) noch einmal ansehen. Darin wird das Verhältnis E_n/E_0 zu dem Faktor c in Beziehung gesetzt, der die Ausbreitung des Fehlers charakterisiert. In unserem Experiment oben haben wir E_n und E_0 in die Tabelle aufgenommen, und wir können diese beiden Werte nun so behandeln, als wären sie von einer linearen Transformation erzeugt worden. Wir können dadurch einen zugehörigen Faktor c finden, der den Wachstumsprozeß des Fehlers numerisch kennzeichnet. Um eine geeignete Formel zu erhalten, nehmen wir auf beiden Seiten von Gleichung (1.1) den natürlichen Logarithmus

$$\ln\left|\frac{E_n}{E_0}\right| = n \ln c.$$

Teilen durch n ergibt

$$\ln c = \frac{1}{n} \ln\left|\frac{E_n}{E_0}\right|. \tag{1.2}$$

Die Größe auf der rechten Seite gibt uns also im linearen Fall den Logarithmus der Fehlerwachstumskonstante c. Unter Voraussetzung dieses Ansatzes ist diese Zahl ist in der letzten Spalte von Tabelle 1.8 aufgezeichnet, die mit 'Exponent' überschrieben ist. Es ist interessant festzustellen, daß alle Ergebnisse im Bereich von 0.7 liegen. Der Faktor c ist daher

$$c \approx e^{0.7} \approx 2.$$

Das Ergebnis des Experiments ist somit das folgende:

- *Durch den quadratischen Iterator $x \to 4x(1-x)$ werden kleine Fehler bei jeder Iteration ungefähr verdoppelt.*

Allerdings können sich die Fehler nur dann verdoppeln, wenn sie genügend klein sind. Weiterhin verdoppelt sich der Fehler nur im Durchschnitt. Es gibt Punkte im Intervall [0,1], in deren Umgebung sich Fehler nicht vergrößern, sondern sogar verkleinern. Das ist zum Beispiel für den Punkt $x = 0.5$ der Fall, in dessen Umgebung der Graph der Parabel sehr flach ist. In der Nähe der Endpunkte des Intervalls [0,1] hingegen verstärken sich Fehler bei jeder Iteration beinahe um den Faktor 4.

Der Ljapunov Exponent

Die obigen Überlegungen führen uns direkt zum Konzept des *Ljapunov-Exponenten* $\lambda(x_0)$. Durch ihn wird das durchschnittliche Wachstum infinitesimal kleiner Fehler in der Umgebung von x_0 quantifiziert. In Gleichung (1.2) und in Tabelle 1.8 haben wir eine Methode zur Approximation des Exponenten dargestellt. Es ist interessant, daß der Exponent scheinbar nicht von dem Punkt x_0 abhängt. Wie können

Alexander M. Ljapunov

Abb. 1.9 : Alexander Michailowitsch Ljapunov, 1857–1918.

wir nun die Berechnung genauer durchführen? Um das durchschnittliche Wachstum eines Fehlers zu bestimmen, wäre es ratsam, wesentlich mehr Iterationen in Betracht zu ziehen als lediglich neun oder zwölf, wie wir das in Tabelle 1.8 getan haben. Offensichtlich müssen wir dann aber mit einem *äußerst* kleinen Anfangsfehler E_0 beginnen, weil er sich bei jedem Iterationsschritt in etwa verdoppeln wird, solange bis er den kritischen Wert 0.1 zum ersten Mal überschritten hat. Es ist klar, daß dieser Ansatz nicht sehr weit führen wird. Selbst wenn wir den Anfangsfehler so gering halten, wie es die Genauigkeit des Rechners gerade noch zuläßt (das bewegt sich in der Größenordnug 10^{-12}), dürfen wir nicht erwarten, daß wir wesentlich mehr Iterationen durchführen können, jedenfalls nicht hundert oder gar tausend. Wir müssen uns daher eine andere Methode überlegen. Angenommen wir arbeiten mit einem beliebig kleinen Anfangsfehler E_0. Zunächst schreiben wir den Faktor E_n/E_0 für die gesamte Fehlerverstärkung als

$$\left|\frac{E_n}{E_0}\right| = \left|\frac{E_n}{E_{n-1}}\right| \cdot \left|\frac{E_{n-1}}{E_{n-2}}\right| \cdots \left|\frac{E_1}{E_0}\right|$$

und versuchen nun jeden Faktor einzeln abzuschätzen. Setzen wir dazu zunächst einmal voraus, daß wir dafür schon ein geeignetes numerisches Verfahren haben. Wenn wir dann aber die gesamte Fehlerverstärkung berechnen wollen, müssen wir alle Faktoren miteinander multiplizieren, wodurch sich sicherlich eine Zahl ergeben wird, die viel zu groß ist, um durch eine gewöhnliche Computerzahl dargestellt zu werden, und es würde ein Überlauffehler entstehen. Glücklicherweise können wir diese Schwierigkeit umgehen, weil wir eigentlich nur an dem geometrischen Mittel der Faktoren interessiert sind bzw. an dem Logarithmus des geometrischen Mittels (siehe Gleichung (1.2)). In einer Gleichung ausgedrückt heißt dies

$$\begin{aligned}\frac{1}{n}\ln\left|\frac{E_n}{E_0}\right| &= \frac{1}{n}\ln\left|\frac{E_n}{E_{n-1}}\cdot\frac{E_{n-1}}{E_{n-2}}\cdots\frac{E_1}{E_0}\right| \\ &= \frac{1}{n}\sum_{k=1}^{n}\ln\left|\frac{E_k}{E_{k-1}}\right| .\end{aligned}$$

Beim Aufsummieren der Logarithmen aller Verstärkungsfaktoren wird das Überlaufproblem nicht auftreten.

Wie können wir nun die einzelnen Fehlerverstärkungsfaktoren nach jeder Iteration abschätzen? Betrachten wir

$$\left|\frac{E_{k+1}}{E_k}\right| .$$

Durch diese Größe wird beschrieben, wie sehr ein kleiner Fehler E_k von x_k, der $k$ten Iterierten, in der darauffolgenden Iteration vergrößert oder verkleinert wird. Dieser Fehlerverstärkungsfaktor ist im wesentlichen unabhängig von der Größe der Fehlers E_k, solange dieser klein genug ist. Wenn wir uns einen Fehler in x_k vorstellen, der nur halb so groß ist, d.h. $E_k/2$, dann können wir erwarten, daß auch der Fehler in x_{k+1} etwa halb so groß ist, d.h. $E_{k+1}/2$. Es spielt also keine wesentliche Rolle, ob wir die genaue Zahl E_k benutzen oder irgendeinen kleinen Fehler ε, sagen wir zum Beispiel $\varepsilon = 0.001$.[3] Damit haben wir die Lösung unseres Problems schon fast gefunden. Wir wählen einen beliebig kleinen Fehler ε und schätzen die Fehlerverstärkungsfaktoren $|E_{k+1}/E_k|$ auf $|\tilde{E}_{k+1}|/\varepsilon$, wobei

$$\tilde{E}_{k+1} = f(x_k + \varepsilon) - f(x_k),$$

[3] Um dieses Argument zu rechtfertigen, stelle man sich einen Fehler $E_k = \varepsilon$ vor, d.h. $\tilde{x}_k = x_k + \varepsilon$. Sei $f(x) = 4x(1-x)$. Dann ist der Fehler E_{k+1} in x_{k+1}

$$\begin{aligned}E_{k+1} &= f(\tilde{x}_k) - f(x_k) = \tilde{x}_{k+1} - x_{k+1} \\ &= 4(x_k+\varepsilon)(1-x_k-\varepsilon) - 4x_k(1-x_k) \\ &= 4\varepsilon(1-2x_k) - 4\varepsilon^2 .\end{aligned}$$

Durch Teilen des Fehlers durch E_k erhält man $E_{k+1}/E_k = 4(1-2x_k) - 4\varepsilon$, und diese Größe kann nach oben durch $4(1-2x_k)$ abgeschätzt werden. Der Term -4ε ist vergleichsweise klein. Daher können wir erkennen, daß der Fehlerverstärkungsfaktor E_{k+1}/E_k nicht wesentlich von ε abhängt. Der Faktor ist durch $4(1-2x_k)$ gegeben.

und $f(x) = 4x(1-x)$ der quadratische Iterator ist. Wir brauchen uns keine Gedanken über das Wachstum dieser Faktoren zu machen und können so viele Fehlerverstärkungsfaktoren berechnen, wie wir wollen.

Zusammenfassend können wir sagen, daß wir eine durchführbare Methode hergeleitet haben, mit der man den Ljapunov-Exponenten zuverlässiger bestimmen kann, indem man den Mittelwert über viele Iterationen bildet. Die Gleichung für diesen Vorgang sieht folgendermaßen aus:

$$\frac{1}{n} \ln \left| \frac{E_n}{E_0} \right| \approx \frac{1}{n} \sum_{k=1}^{n} \ln \left| \frac{\tilde{E}_k}{\varepsilon} \right| .$$

In Tabelle 1.10 haben wir das Verfahren für die schon vorher in Tabelle 1.8 gewählten Anfangswerte dargestellt.

Berechnen des Ljapunov-Exponenten

Iterationen	$x_0 = 0.202$	$x_0 = 0.347$	$x_0 = 0.869$
10	0.62475	0.68873	0.72803
100	0.69435	0.69360	0.69708
1000	0.69368	0.69199	0.69004
10000	0.69322	0.69290	0.69337
100000	0.69307	0.69306	0.69327

Tab. 1.10 : Für drei Startwerte x_0 (vergleiche Tabelle 1.8) wurden die Ljapunov-Exponenten berechnet, indem über die Fehlerverstärkungsfaktoren gemittelt wurde. Die Anzahl der Iterationen wurde variiert. Mit wachsenden Iterationszahlen konvergiert der Exponent gegen $\lambda(x_0) = \ln 2 = 0.69314\ldots$ Bei jedem Iterationsprozeß wurde ein Fehler von $\varepsilon = 0.001$ verwendet. Mit kleineren ε-Werten ist die Konvergenz sogar noch schneller.

Mit Hilfe dieser genaueren Analyse haben wir als Ergebnis die Zahl $\lambda(x_0) = 0.693$ erhalten. Damit haben wir für den quadratischen Iterator die sensitive Abhängigkeit von den Anfangsbedingungen erfolgreich quantifiziert. Wir sind nun in der Lage, die Sensitivität, die wir hier gefunden haben, mit der in anderen chaotischen Systemen vergleichen zu können.

Der Ljapunov-Exponent $\lambda(x_0)$ ist ein sehr aussagekräftiger experimenteller Hinweis darauf, ob man es mit instabilem, chaotischem Verhalten zu tun hat oder ob stabiles, vorhersagbares Verhalten vorliegt. Außerdem liefert der Ljapunov-Exponent eine Quantifizierung dieser Eigenschaften. Die Sensitivität im Hinblick auf kleine Änderungen in den Anfangsbedingungen ist dann gegeben, wenn der Ljapunov-Exponent positiv ist, und umso ausgeprägter, je größer der Exponent ist. Wir bemerken hier noch, daß sich das Konzept der Ljapunov-Exponenten in verallgemeinerter Form auf eine Vielzahl dynamischer Systeme in der Mathematik und in den Naturwissenschaft überhaupt anwenden läßt. Er ist der Schlüssel beim Aufspüren und Quantifizieren chaotischen Verhaltens überhaupt.[4]

Der Ljapunov-Exponent für differenzierbare Transformationen

Für eine genaue mathematische Charakterisierung des Ljapunov-Exponenten ist Differentialrechnung erforderlich. Im folgenden Abschnitt wollen wir davon ausgehen, daß wir eine differenzierbare Transformation f iterieren, was natürlich der Fall ist, wenn f ein Polynom ist, so wie die quadratische Funktion $f(x) = ax(1-x)$. Bei der Iteration haben wir $x_{n+1} = f(x_n)$ für $n = 0, 1, 2, \ldots$ Die Gleichung (1.2) wird uns zu einer geeigneten Definition führen. Zunächst schreiben wir das relative Fehlerwachstum als Produkt

$$\frac{E_n}{E_0} = \frac{E_n}{E_{n-1}} \cdot \frac{E_{n-1}}{E_{n-2}} \cdots \frac{E_1}{E_0}$$

und nehmen erst den Absolutbetrag und dann den natürlichen Logarithmus

$$\frac{1}{n} \ln \left| \frac{E_n}{E_0} \right| = \frac{1}{n} \sum_{k=1}^{n} \ln \left| \frac{E_k}{E_{k-1}} \right| .$$

Nach Definition des Fehlerterms haben wir

$$\frac{E_k}{E_{k-1}} = \frac{f(x_{k-1} + E_{k-1}) - f(x_{k-1})}{E_{k-1}}$$

und aus der Differentialrechnung wissen wir, daß

$$\lim_{E_0 \to 0} \frac{E_k}{E_{k-1}} = f'(x_{k-1}).$$

Es gilt also

$$\lim_{E_0 \to 0} \frac{1}{n} \sum_{k=1}^{n} \ln \left| \frac{E_k}{E_{k-1}} \right| = \frac{1}{n} \sum_{k=1}^{n} \ln |f'(x_{k-1})|.$$

Wenn wir $n \to \infty$ gehen lassen, erhalten wir den Ljapunov-Exponenten

$$\lambda(x_0) = \lim_{n \to \infty} \frac{1}{n} \sum_{k=1}^{n} \ln |f'(x_{k-1})|. \qquad (1.3)$$

Wir wollen eine explizite Formel für den Ljapunov-Exponenten $\lambda(x_0)$ angeben, wenn die Bahn von x_0 periodisch von der Länge $m > 0$ ist. Dann ist

$$x_m = f^m(x_0) = x_0.$$

Wegen der Periodizität gilt

$$\lambda(x_0) = \frac{1}{m} \sum_{k=1}^{m} \ln |f'(x_{k-1})|.$$

[4] Siehe zum Beispiel H. G. Schuster, *Deterministic Chaos*, Physik-Verlag, Weinheim und VCH Publishers, New York, 1984.

Das ist der Fall, weil das arithmetische Mittel aller logarithmierten Fehlerverstärkungsfaktoren innerhalb eines Periodendurchlaufs der gleiche ist, wie das Mittel, das über zwei, drei oder mehr Perioden gebildet wird, und daher gleich dem Ausdruck in Gleichung (1.3). Wenn darüberhinaus x_0 ein Fixpunkt ist, d.h. $m = 1$, bekommen wir

$$\lambda(x_0) = \ln |f'(x_0)|.$$

Für einen 2er-Zyklus ist der Ljapunov-Exponent

$$\lambda(x_0) = \lambda(x_1) = \frac{1}{2}(\ln |f'(x_0)| + \ln |f'(x_1)|).$$

Schließlich schreiben wir die Definition für den quadratischen Iterator noch um. Wenn $f(x) = ax(1-x)$, erhält man allgemein

$$\begin{aligned}\lambda(x_0) &= \lim_{n\to\infty} \frac{1}{n} \sum_{k=1}^{n} \ln |a - 2ax_{k-1}| \\ &= \ln a + \lim_{n\to\infty} \frac{1}{n} \sum_{k=0}^{n-1} \ln |1 - 2x_k|.\end{aligned}$$

Man sollte sich merken, daß $x = 0$ ein Fixpunkt des quadratischen Iterators ist, so daß wir $\lambda(0) = \ln a$ erhalten (und analog $\lambda(1) = \ln a$). Für $a = 4$ ist das ungefähr 1.39, was uns die Instabilität dieser beiden Fixpunkte anzeigt. Für die meisten anderen Punkte[5] x zwischen 0 und 1 berechnen wir $\lambda(x) \approx 0.693$.

[5] Um technisch genauer zu sein, erwähnen wir noch, daß für $a = 4$ alle Punkte x, deren Bahn schließlich im Fixpunkt 0 endet, den Ljapunov-Exponenten $\lambda(x) = \ln 4$ haben. Die Menge solcher Punkte x liegt dicht im Intervall [0,1]. Andererseits haben fast alle Punkte im Intervall [0,1] den Ljapunov-Exponenten $\ln 2 \approx 0.693$. Dies bedeutet, daß ein zufällig gewählter Anfangswert (fast sicher) eine Bahn haben wird, die das Interval [0,1] dicht ausfüllt, und der Ljapunov-Exponent ist $\ln 2$.

1.2 Die Zeichen von Chaos: Mischen und periodische Punkte

Wir wollen uns nun dem *Mischungsverhalten* des quadratischen Iterators zuwenden. In Abbildung 1.5 haben wir schon gesehen, wie ein kleiner Fehler im Lauf der Iteration verstärkt wird. Wir können dieses Bild aber auch unter einem geringfügig anderen Blickwinkel betrachten. Die Punkte aus dem kleinen Interval mit Anfangswerten werden schließlich über das ganze Intervall [0,1] verteilt. In der Tat können wir mit einem beliebig kleinen Anfangsinterval anfangen, und trotzdem werden die Punkte daraus im Lauf der Iteration über das gesamte Einheitsintervall verstreut.

Mischen

Eine intuitive Art, das Mischungsverhalten als Begriff zu präzisieren, besteht nun darin, das Einheitsintervall in Teilintervalle zu unterteilen und zu fordern, daß man von jedem Teilintervall durch Iteration in ein beliebiges anderes Zielintervall gelangen kann. Wenn diese Forderung für alle endlichen Unterteilungen des Intervalls [0,1] erfüllt ist, sagen wir, das System ist mischend.

Wir wollen als Beispiel für $f(x) = 4x(1-x)$ die Unterteilung von $I = [0,1]$ in zehn Teilintervalle der Länge 1/10 untersuchen.

$$I_k = \left[\frac{k-1}{10}, \frac{k}{10}\right], \quad k = 1, \ldots, 10.$$

Beginnt man mit dem Anfangsintervall $I_2 = [0.1, 0.2]$, so erreicht man durch Iteration der quadratischen Funktion die Teilintervalle, die in der Tabelle 1.11 verzeichnet sind.

Intervalle, die von Teilintervall I_2 erreicht werden

Iteration n	Intervall	I_1	I_2	I_3	I_4	I_5	I_6	I_7	I_8	I_9	I_{10}
		erreichte Intervalle									
0	$[0.100, 0.200]$		•								
1	$[0.360, 0.640]$				•	•	•	•			
2	$[0.922, 1.000]$										•
3	$[0.000, 0.289]$	•	•	•							
4	$[0.000, 0.822]$	•	•	•	•	•	•	•	•	•	

Tab. 1.11 : Das Teilintervall $I_2 = [0.1, 0.2]$ wird viermal iteriert. Die Teilintervalle, die bei den entsprechenden Iterationen erreicht werden, sind mit einem schwarzen Punkt markiert.

Nach der ersten Iteration werden die Teilintervalle I_4 bis I_7 erreicht. Bei der nächsten Iteration entstehen nur Punkte aus dem Teilintervall I_{10}. Bei der dritten und vierten Iteration entstehen schließlich Punkte aus allen verbleibenden Teilintervallen I_1, I_3, I_8, and I_9. Wir hätten ein ähnliches Ergebnis bekommen, wenn wir mit einem von I_2 unterschiedlichen Teilintervall angefangen hätten oder wenn wir eine

Unterteilung in 100, 1000 oder mehr Teilintervalle verwendet hätten. Genau das charakterisiert die Eigenschaft des Systems, mischend zu sein. Salopp gesagt bedeutet Mischen: ‚Man kommt von überall nach überall.‘

Die Definition

Etwas formaler beschreiben wir die Mischungseigenschaft folgendermaßen:

- *Für je zwei offene Intervalle I und J (die beliebig klein sein dürfen, aber eine positive Länge haben müssen) kann man Anfangswerte in I finden, die durch Iteration nach J gelangen.*

In Abbildung 1.12 wird das Mischungsverhalten des quadratischen Iterators für den Wert $a = 4$ veranschaulicht. Wir zeigen zwei sehr kleine Intervalle I und J. Man kann die Bahn eines Startwertes aus I verfolgen, der nach 11 Iterationsschritten das Intervall J trifft. Mit einem vergleichbaren Vorgang hat man es zu tun, wenn man einen Tropfen Milch in einer Tasse Kaffee verrührt oder wenn man eine kleine Portion Gewürz sorgfältig im Teig verknetet. Mit dieser Art des Mischens wollen wir uns ausführlicher in Abschnitt 1.4 beschäftigen.

Von I nach J

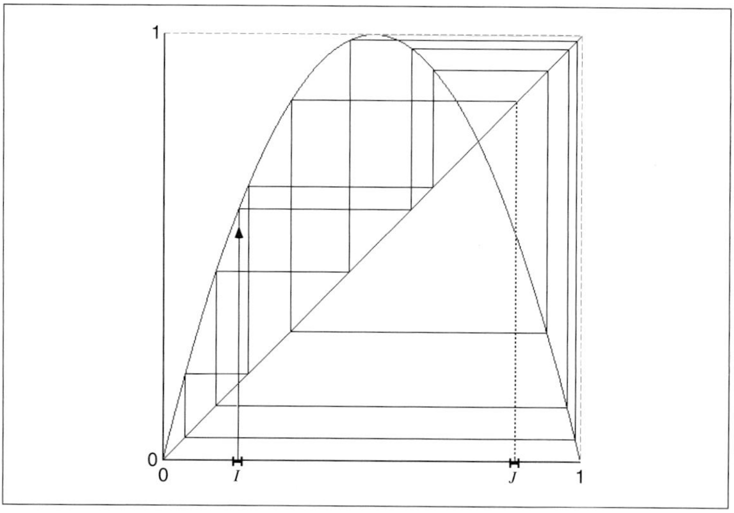

Abb. 1.12 : Mischen: Die Iteration eines Anfangswertes aus dem Intervall I ergibt Werte, die über das ganze Einheitsintervall verteilt sind. Für ein beliebiges Intervall J gibt es Punkte in I, deren Bahn durch J läuft. In diesem Beispiel genügen elf Iterationen. Der Parameter ist $a = 4$.

Die Mischungseigenschaft messen

Gegeben sei ein kleines Intervall I von Anfangswerten und ein kleines Zielintervall J. Wenn wir Punkte aus I wählen und ihre Bahn berechnen, können wir feststellen, ob die Bahn Punkte mit dem Zielintervall J gemeinsam hat. Einige Bahnen werden mehr Zeit benötigen als andere, um das Ziel zu erreichen, und es gibt möglicherweise sogar Anfangswerte, deren Bahn das Zielintervall niemals trifft. Wir werden ein numerisches Experiment machen, um einige statistische Daten über das Verhalten dieser Bahnen zu sammeln. Dabei werden wir ein interessantes Exponentialgesetz erhalten.[6]

Wir wählen zunächst 10 000 Startwerte, die gleichmäßig im Intervall I verteilt sind, und verfolgen ihre Bahnen bis sie das Zielintervall getroffen haben. Nach einer gewissen Anzahl von Iterationen bleiben also nur noch einige Bahnen übrig, die wir weiterverfolgen. Wie viele verbleibende Bahnen wird es nach, sagen wir, 100 Iterationen geben? Und nach 1000 Iterationen? Gibt es ein Potenzgesetz, nach dem die Anzahl der Verbleibenden abfällt? Die Antworten auf diese Fragen hängen in der Tat von der Wahl der beiden Intervalle I und J ab. Zum Beispiel ist es möglich, die Intervalle so auszusuchen, daß bereits nach der ersten Iteration alle Bahnen im Zielintervall enden. Dieser Fall wäre aber sehr uninteressant. Wir wollen daher das Intervall I sehr klein halten und J so wählen, daß zumindest innerhalb der ersten dreißig Iterationen keine Bahn das Zielintervall J erreicht. Nehmen wir zum Beispiel

$$I = [0.2, 0.2 + 10^{-11}], \quad J = [0.68, 0.69].$$

Während der ersten 36 Iterationen erreicht keine der ursprünglichen 10 000 Bahnen das Zielintervall. In den folgenden Iterationen haben einige Bahnen schließlich Erfolg: Bei der 37ten Iteration treffen 63 von ihnen die Zielmenge, danach wieder 63, dann 62, wieder 63 usw.. Wenn die Anzahl der verbleibenden Bahnen auf die Hälfte abgefallen ist, erwarten wir, daß sich auch der Abfall der verbleibenden Bahnen etwa auf die Hälfte von 63 pro Iteration reduziert hat. Tatsächlich registrieren wir nach 133 Iterationen einen Abfall um 31 von 5037 auf 5006 Bahnen. Das veranlaßt uns zu der Hypothese, daß die Anzahl $B(n)$ der verbleibenden Bahnen exponentiell mit der Anzahl n der Iterationen abfällt, entsprechend dem Gesetz

$$B(n) \propto e^{-\frac{n}{\tau}}. \tag{1.4}$$

Die Zahl τ kann als Schätzung für die Anzahl der Iterationen interpretiert werden, die erforderlich sind, um die verbleibenden Bahnen um den Faktor $1/e \approx 0.368$ zu reduzieren. Man nennt τ oft die *durchschnittliche Lebenszeit* der Bahnen. Um uns von der Gültigkeit der Formel zu überzeugen, erstellen wir ein semi-logarithmisches Diagramm, in dem $\log B(n)$ gegen n abgetragen ist (siehe Abbildung 1.13).

[6] Ein solches Experiment wurde von James Yorke sowie von Robert Shaw durchgeführt (siehe R. Shaw, *Strange attractors, chaotic behavior, and information flow,* Z. Naturforsch. 36a (1981) 80–112).

Verbleibende Bahnen

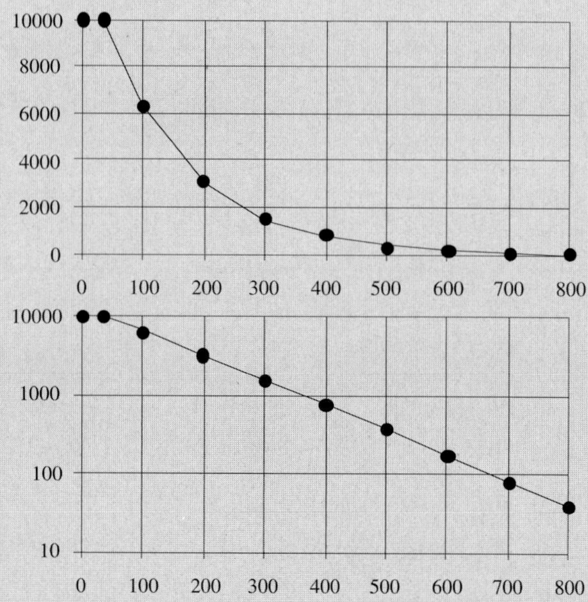

Abb. 1.13 : Verbleibende Bahnen $B(n)$ sind mit der entsprechenden Anzahl n von Iterationen aufgetragen. Unten sind die gleichen Daten logarithmisch dargestellt.

Nach einer anfänglichen Übergangsphase von 36 Iterationen nimmt der Logarithmus $\log B(n)$ linear ab, wodurch sich die Hypothese vom exponentiellen Abfall der verbleibenden Bahnen bestätigt. Aufgrund der Ergebnisse $B(100) = 6346$ und $B(600) = 171$ schätzen wir

$$\tau \approx 138 \text{ Iterationen.}$$

Wir können die Ergebnisse nun folgendermaßen zusammenfassen: Die Information, die in einem kleinen Anfangsintervall enthalten ist, bleibt für eine gewisse Anzahl von Iterationen erhalten, die von der Größe und Position des Intervalls I abhängt. Danach ist es nicht länger möglich, zu erkennen, daß die Bahnen zu Anfang sehr nahe beieinander gelegen haben. Wenn dieser Zustand erst einmal erreicht ist, dann nimmt die Anzahl der verbleibenden Bahnen exponentiell ab, in diesem Fall um den Faktor $1/e$ bei 138 Iterationen. Der Faktor hängt von der Wahl des Zielintervalls J ab. Im folgenden Abschnitt werden wir Histogramme und invariante Verteilungen ableiten, durch die sich die numerischen Ergebnisse bestätigen werden, die wir hier präsentiert haben.

Kleine Intervalle breiten sich durch Iteration auf $[0,1]$ aus

Der quadratische Iterator zeigt nicht nur ein Mischungsverhalten im oben beschriebenen Sinn. Er hat die wesentlich stärkere Eigenschaft, die Punkte aus einem winzig kleinen Intervall I bei Iteration über das gesamte Einheitsintervall [0,1] zu verstreuen. Wenn man untersucht, wie sich ein kleines Intervall unter Iteration verhält, stellt man fest, daß bei jedem Iterationsschritt wieder ein Intervall entsteht. Dabei variiert die Größe und Lage dieser Intervalle im Einheitsintervall. Kleine Intervalle werden im Durchschnitt wachsen, und nach einer endlichen Anzahl von Iterationen wird das ganze Einheitsintervall überdeckt sein. Wenn man zum Beispiel eine einzige weitere Iteration von $I_2 = [0.1, 0.2]$ in Tabelle 1.11 ausführt, erhält man bereits das ganze Intervall $[0,1]$.

$$f^5([0.1, 0.2]) = f([0.000, 0.822]) = [0, 1].$$

Mit anderen Worten hat jeder Punkt aus $[0,1]$ Urbilder in dem kleinen Anfangsintervall I. Jedes noch so kleine Teilintervall wird im Lauf der Iteration das ganze Einheitsintervall überdecken. Die nächste Frage stellt sich nun auf ganz natürliche Weise. Wie viele Iterationen sind durchschnittlich erforderlich, um das gesamte Intervall $[0,1]$ zu überdecken, wenn man mit Intervallen einer fest vorgegebenen Länge anfängt? Tabelle 1.14 liefert uns Hinweise auf die Antwort. Wir beginnen mit zwei disjunkten Intervallen der Länge $1/2$. Schon bei der ersten Iteration erhält man $[0,1]$. Wir verdoppeln die Anzahl der Intervalle immer wieder und ermitteln die durchschnittliche Anzahl der Iterationen, die man ausführen muß, um $[0,1]$ zu überdecken: 2.5, 4.0, 5.12, ...

Teilintervalle weiten sich auf das Einheitsintervall aus

N	k	N	k	N	k	N	k
2	1.00	32	6.19	512	10.27	8192	14.28
4	2.50	64	7.25	1024	11.28	16384	15.28
8	4.00	128	8.25	2048	12.28	32768	16.28
16	5.12	256	9.27	4096	13.28	65536	17.28

Tab. 1.14 : N bezeichnet die Anzahl der Teilintervalle von $[0,1]$, und k ist die durchschnittliche Anzahl der Iterationen von $f(x) = 4x(1-x)$, die erforderlich sind, bis das Einheitsintervall $[0,1]$ überdeckt ist.

Das Ergebnis ist überraschend klar. Wenn die Anzahl der Intervalle verdoppelt wird, d.h. ihre Länge halbiert wird, scheint die durchschnittliche Anzahl der Iterationen genau um 1 anzuwachsen. Das ist kein Zufall. Denken wir daran, daß die numerische Berechnung des Ljapunov-Exponenten $\lambda = \ln 2$ ergeben hat, was bedeutet, daß kleine Fehler etwa durch den Faktor 2 verstärkt werden. Dies ist lediglich eine andere Formulierung der Beobachtungen, die wir zuvor schon gemacht haben.

Periodische Punkte sind typisch für Chaos ...

Wir wissen schon, daß es auch Punkte gibt, die eine vollkommen andere Natur haben: Es sind die *periodischen Punkte*. Wenn wir die Iteration mit einem periodischen Punkt anfangen, gibt es nur eine endliche Anzahl von Intervallen, die immer wieder aufgesucht werden. Theoretisch können wir sogar in jedem Intervall unendlich viele solcher periodischen Punkte finden. Trotz Sensitivität und der Mischungseigenschaft ist die Existenz periodischer Punkte in jedem noch so kleinen Teilintervall eine weitere zentrale Bedingung für Chaos, und wir wollen sie als nächstes diskutieren. Am Ende dieses Kapitels wollen wir außerdem verstehen, wie man die periodischen Punkte mit einer einfachen Formel finden kann. Diese Formel liefert uns zum Beispiel für $a = 4$, daß

$$\sin^2\frac{\pi}{7} \to \sin^2\frac{2\pi}{7} \to \sin^2\frac{4\pi}{7} \to \sin^2\frac{\pi}{7} \to \ldots$$

ein Zyklus des quadratischen Iterators mit der Periode drei ist. Einer der drei Punkte, nämlich $\sin^2\frac{\pi}{7}$, ist aus dem Intervall I aus Abbildung 1.12. Obwohl das Intervall I sehr klein ist, enthält es also einen Punkt der Periode drei in unmittelbarer Nähe von Punkten, deren Bahn im Intervall $[0, 1]$ dicht liegt. Welches Verhalten werden wir wohl vorfinden, wenn wir einen Punkt aus dem Einheitsintervall zufällig auswählen?

... aber er kann nicht entdeckt werden

Angenommen, wir haben $\sin^2(\pi/7) = 0.1882550\ldots$ als Startwert genommen. Diese Zahl kann sicherlich nicht exakt auf dem Computer dargestellt werden. Der Fehler für die Darstellung dieser Zahl bei einfacher Gleitkommagenauigkeit beträgt ungefähr 0.00000005.[7] Wir ahnen schon, was aufgrund der sensitiven Abhängigkeit von den Anfangsbedingungen passieren wird. Bei jedem Iterationsschritt wird sich der Fehler etwa verdoppeln. Nach zwanzig Iterationen hat sich der Fehler ungefähr um eine Million verstärkt, d.h. wir haben etwa 1/20. Das bedeutet, daß wir uns höchstens für die ersten zwanzig Iterationen in der Nähe des Dreierzyklus befinden werden, aber dann schlägt die Sensitivität wieder zu, wie wir in Abbildung 1.15 auf überzeugende Weise sehen können. Das gleiche Problem wird für alle anderen instabilen periodischen Bahnen, die wir berechnen können, ebenfalls auftreten. Selbst wenn ein periodischer Punkt im Computer genau repräsentiert werden kann, wird möglicherweise nach der ersten Iteration schon ein winziger Rundungsfehler entstehen und dann eine zunehmende Abweichung von der exakten periodischenBahn zur

[7] Die Zahl hängt von der speziellen Maschine ab.

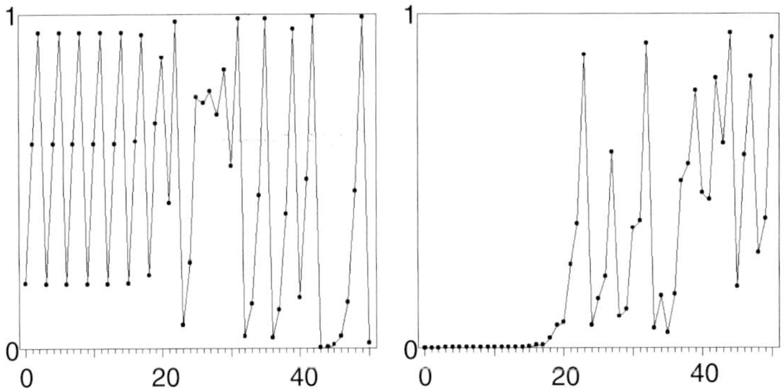

Ein instabiler 3er-Zyklus

Abb. 1.15 : Die Sensitivität macht sich erneut bemerkbar: Wir sehen die Bahn eines periodischen Punktes mit Periodenlänge 3, wie sie von einem Computer berechnet wurde. Durch Rundungsfehler und Sensitivität weicht die Bahn, die der Computer gefunden hat, von dem wahren Zyklus ab (etwa in der Mitte der linken Zeitreihe). Auf der rechten Seite kann man die Fehlerentwicklung sehen.

Folge haben.[8] Zusammenfassend können wir aus diesen Überlegungen schließen, daß es keine Möglichkeit gibt, in einem sensitiven System periodische Punkte mit dem Computer zu entdecken.

[8] Es gibt einige wenige Ausnahmen, nämlich genau dann, wenn der vollständige Zyklus exakt vom Rechner dargestellt werden kann. Für den quadratischen Iterator ist dies der Fall, wenn der Anfangswert $x_0 = 0$ ist. Dann sind alle anderen Punkte in der periodischen Bahn ebenfalls Null, so daß kein Rundungsfehler auftreten kann.

1.3 Ergodische Bahnen und Histogramme

Ergodische Bahnen

Für die Diskussion des Mischungsverhaltens verwenden wir kleine Intervalle und betrachten sie im Verlauf der Iteration. Aber warum nehmen wir nicht einfach einen einzigen Punkt? Diese Frage erscheint gerechtfertigt, wenn man sich Abbildung 1.16 ansieht. Hier haben wir die Iteration des Startwertes fortgesetzt, durch den wir in Abbildung 1.12 vom Intervall I ins Zielintervall J gelangt sind. Man bekommt den Eindruck, daß die Bahn dieses Anfangswertes das ganze Einheitsintervall ausfüllt. So etwas haben wir schon bei der Iteration von kleinen Teilintervallen erlebt. Wir werden nun sehen, daß tatsächlich jedes beliebig kleine Intervall unendlich viele Punkte von diesem Typ enthält.[9] Wenn man sie iteriert, erhält man eine Bahn, die über das ganze Intervall [0,1] gleichmäßig verteilt ist. Bei der Iteration entstehen Punkte $x_0, x_1, x_2 \ldots$, die jedem Punkt im Einheitsintervall beliebig nahe kommen. Solche Bahnen nennt man *ergodisch*. Aber wir müssen vorsichtig sein: Nicht alle Anfangswerte aus einem Intervall wie I haben ergodische Bahnen. Zum Beispiel haben periodische Punkte und ihre Urbilder Bahnen, die nur aus endlich vielen Punkten bestehen, und die daher sicher nicht alle Teilintervalle von $[0, 1]$ treffen können.

Berechnung eines Histogramms

Wir werden versuchen, eine numerische Methode zu finden, mit der man Ergodizität aufdecken kann. Hier ist ein einfaches Experiment. Wir nehmen einen Anfangspunkt x_0 und iterieren unsere quadratische Funktion $m = 10^6$ Mal. Wir wollen sehen, durch welche Teile des Einheitsintervalls die Bahn läuft und wie oft. Wieder unterteilen wir $[0, 1]$ in eine sehr große Anzahl N von kleinen Teilintervallen, die gegeben sind durch

$$I_k = \left[\frac{k-1}{N}, \frac{k}{N}\right), \quad k = 1, \ldots, N.$$

Wir zählen dann, wie viele der Iterierten $x_0, \ldots, x_m$ in jedes Intervall I_k fallen. Sei diese Zahl n_k. Natürlich möchten wir gerne ein Ergebnis bekommen, das von der Länge m der Bahn unabhängig ist. Wir halten fest, daß die Bahn $m + 1$ Elemente hat und definieren

$$\mu_k = \frac{n_k N}{m+1}.$$

Diese Zahlen μ_k variieren definitionsgemäß zwischen 0 und N, und ihre Summe ist N.

$$\mu_1 + \mu_2 + \cdots \mu_N = N.$$

[9] Dabei handelt es sich nur um ein theoretisches Ergebnis. Weil auf dem Computer nur endlich viele Zahlen dargestellt werden können, ist es keinesfalls möglich, alle Zahlen im Einheitsintervall beliebig genau darzustellen.

Eine ergodische Bahn

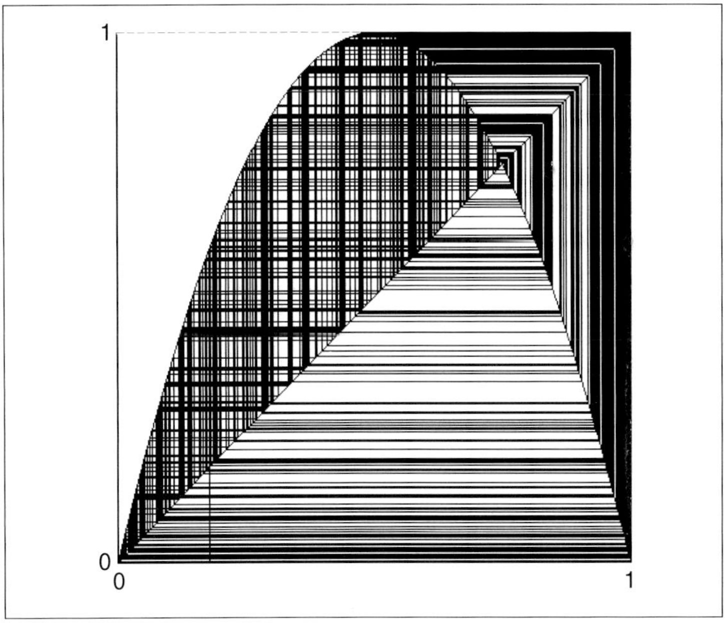

Abb. 1.16 : Die Bahn aus Abbildung 1.12 ist hier über einige hundert Iterationen weiterverfolgt worden. Sie füllt das Einheitsintervall dicht aus.

Dies bedeutet, daß man μ_k/N als Wahrscheinlichkeiten interpretieren kann: Es sind die Wahrscheinlichkeiten dafür, daß wir das Intervall I_k korrekt raten, in das ein zufällig gewählter Punkt aus $x_0, x_1, \ldots x_m$ hineinfällt. Wir können nun Spalten der Höhe μ_k und Breite $1/N$ in einem Histogramm aufzeichnen, wie es in Abbildung 1.17 zu sehen ist, wo wir $m = 10^6$ und $N = 600$ gewählt haben. Die Spalten überdecken eine Fläche vom Betrag 1.

Ein Histogramm für das Mischungsverhalten

Wir sehen eine Verteilung der μ_k, die symmetrisch bezüglich 1/2 ist und die in der Mitte flach ist, während sie an den Randpunkten 0 und 1 sehr steil ansteigt. Daran erkennen wir, daß im Lauf der quadratischen Iteration $x \to 4x(1-x)$ die Wahrscheinlichkeit, einen Punkt in der Nähe von 0 oder 1 zu bekommen, wesentlich größer ist, als die Wahrscheinlichkeit, daß ein Bahnpunkt in die Mitte des Einheitsintervalls fällt. Wenn man das gleiche Experiment mit anderen Anfangswerten x_0 durchführt, entstehen dabei Histogramme, die von dem oben dargestellten nicht unterschieden werden können. Wenn wir die Anzahl N von Teilintervallen und die Länge m der Bahn wachsen lassen, behält das Histogramm die gleiche Gestalt wie in Abbildung 1.17 und wird lediglich glatter. Als Grenzwert würden

Verteilung einer Bahn

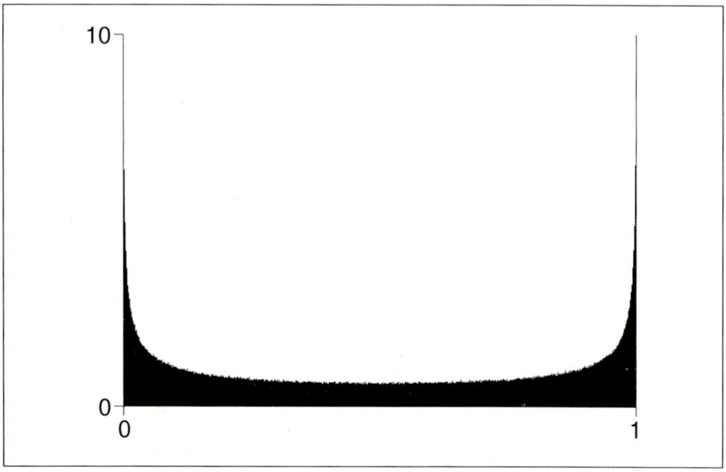

Abb. 1.17 : Verteilung der Bahn $x_0, \ldots, x_m$. Für 600 verschiedene Teilintervalle von $[0, 1]$ wurde gezählt, wie oft die Bahn die jeweiligen Intervalle durchläuft. Die Anzahl der Treffer in einem Intervall ist proportional zu der Fläche der Spalten, die oberhalb des Intervalls abgetragen sind. Die Gesamtfläche beträgt 1.

wir die wohlbekannte Kurve

$$\nu(x) = \frac{1}{\pi\sqrt{x(1-x)}}. \tag{1.5}$$

erhalten.

Herleitung der invarianten Verteilung

Es sei X eine Zufallsvariable mit der Dichte $\nu(x) = 1/(\pi\sqrt{x(1-x)})$. Wir wollen nachprüfen, daß $Y = f(X) = 4X(1-X)$ die gleiche Verteilung hat.

Der Schlüssel für diese Eigenschaft liegt darin, daß die Wahrscheinlichkeitsdichte einer Funktionalgleichung genügen muß, die wir im folgenden ableiten. Betrachten wir die Wahrscheinlichkeit für ein kleines Intervall J der Länge Δy mit Mittelpunkt $y = 4x(1-x)$. Sie beträgt

$$P(Y \in J) \approx \nu(y)\Delta y.$$

Wenn eine Bahn in das kleine Intervall um y gelangen soll, muß sie zuerst durch die beiden kleinen Intervalle I_1 um x und I_2 um $1-x$ gelaufen sein. Wie klein diese beiden Intervalle sein müssen, hängt davon ab, wie groß man Δy gewählt hat, und wie groß die Steigung der logistischen Parabel $4x(1-x)$ an den Stellen x und $1-x$ ist (siehe Abbildung 1.18). Je größer die Steigung ist, desto näher muß die Bahn an x und an $1-x$ vorbeikommen. Genauer bedeutet das, wenn Δx_1 und Δx_2 die Länge der beiden Intervalle I_1 und I_2 bezeichnet,

$$\Delta y \approx |f'(x)|\Delta x_1, \quad \Delta y \approx |f'(1-x)|\Delta x_2. \tag{1.6}$$

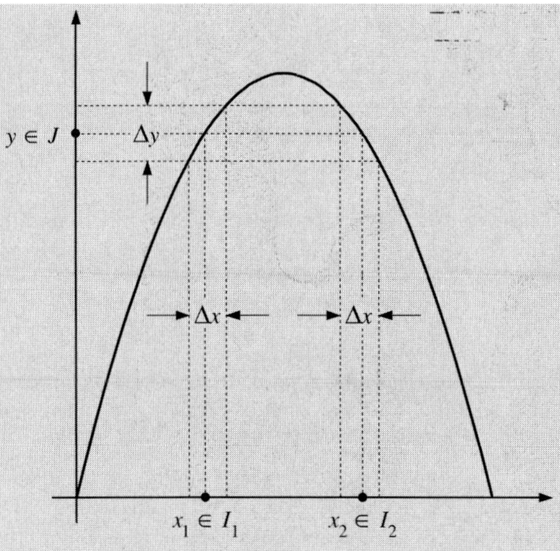

Abb. 1.18 : Der Punkt y hat zwei Urbilder, $x_1 = x$ and $x_2 = 1 - x$. Um das Intervall J der Länge Δy zu treffen, muß eine Bahn zuerst durch I_1 oder I_2 laufen.

Mit anderen Worten, die Wahrscheinlichkeit, einen Punkt der Bahn in der Umgebung von y zu finden, ist die Summe der Wahrscheinlichkeiten dafür, daß sich Punkte in den Intervallen I_1 und I_2 um x und $1 - x$ befinden. Daher gilt

$$\begin{aligned} P(Y \in J) &= P(X \in I_1) + P(X \in I_2) \\ &\approx \nu(x)\Delta x_1 + \nu(1-x)\Delta x_2. \end{aligned} \tag{1.7}$$

Wir wollen die drei Gleichungen zusammenfassen. Zuerst ersetzen wir $P(Y \in J)$ in Gleichung (1.7) durch $\nu(y)\Delta y$. Dann lösen wir Gleichung (1.6) für Δx_1 und Δx_2 und setzen die Ergebnisse in Gleichung (1.7) ein. Schließlich teilen wir durch Δy und erhalten die folgende Funktionalgleichung:

$$\nu(y) = \frac{\nu(x)}{|f'(x)|} + \frac{\nu(1-x)}{|f'(1-x)|}. \tag{1.8}$$

Sie wird *Frobenius-Perron-Gleichung* genannt. Wir überzeugen uns nun davon, daß diese Gleichung richtig bleibt, wenn die Dichtefunktion

$$\nu(x) = \frac{1}{(\pi\sqrt{x(1-x)})}$$

eingesetzt wird. Unter Verwendung der Gleichheit

$$1 - 4x(1-x) = (2x-1)^2$$

berechnen wir die linke Seite von Gleichung (1.8).

$$\begin{aligned}\nu(y) &= \nu(4x(1-x))\\ &= \frac{1}{\pi\sqrt{4x(1-x)(1-4x(1-x))}}\\ &= \frac{1}{2\pi|2x-1|\cdot\sqrt{x(1-x)}}.\end{aligned}$$

Wir beobachten, daß $\nu(1-x)=\nu(x)$, und daß aus $f'(1-x)=-f'(x)$ die Gleichung $|f'(1-x)|=|f'(x)|=4|1-2x|$ folgt. Damit berechnen wir die rechte Seite von Gleichung (1.8).

$$\begin{aligned}\frac{\nu(x)}{|f'(x)|}+\frac{\nu(1-x)}{|f'(1-x)|} &= \frac{2\nu(x)}{|f'(x)|}\\ &= \frac{2}{\pi\sqrt{x(1-x)}\cdot 4|1-2x|}.\end{aligned}$$

Dadurch ist die Gleichheit beider Seiten für die gegebene Verteilung ν bewiesen. Darüberhinaus kann gezeigt werden, daß $\nu(x) = 1/(\pi\sqrt{x(1-x)})$ die einzige Dichtefunktion ist, die diese Funktionalgleichung erfüllt.[10]

Weiterhin erhalten wir die invariante Verteilung auch durch Iteration des entsprechenden Frobenius-Perron-Operators.[11] Die rechte Seite der Funktionalgleichung kann nämlich als Operator interpretiert werden, durch den jeder Wahrscheinlichkeitsdichte ν eine neue Dichte $\Phi(\nu)$ zugeordnet wird.

$$\Phi(\nu)(y) = \sum_{x\in f^{-1}(y)} \frac{\nu(x)}{|f'(x)|},\quad y\in[0,1].$$

Wenn wir mit einer beliebigen Wahrscheinlichkeitsdichte ν_0 anfangen, können wir den Frobenius-Perron-Operator Φ iterieren.

$$\nu_{k+1} = \Phi(\nu_k),\quad k = 0,1,2,\ldots$$

Bei dieser Iteration erhält man eine Folge von Wahrscheinlichkeitsverteilungen, die sehr schnell gegen die invariante Verteilung $\nu(x) = 1/(\pi\sqrt{x(1-x)})$ konvergiert.

---

[10] Siehe P. Collet, J.-P. Eckmann, *Iterated Maps on the Interval as Dynamical Systems,* Birkhäuser, Boston, 1980.

[11] Siehe zum Beispiel R. Shaw, *Strange attractors, chaotic behavior, and information flow,* Z. Naturforsch. 36a (1981) 80–112.

Geschwindigkeit des exponentiellen Zerfalls

Wir wenden die invariante Dichtefunktion $\nu(x)$ an, um den Parameter τ im Exponentialgesetz in Gleichung (1.4) für den Abfall der verbleibenden Bahnen zu schätzen. Dazu betrachten wir die Vereinigung aller Anfangswerte sowie ihrer Bahnen und lassen das Zielintervall für einen Augenblick außer acht. Nach wenigen Iterationen (hier sind es etwa 36) sind die Punkte im ganzen Intervall verstreut mit einer Verteilung, die näherungsweise durch Gleichung (1.5) gegeben ist. Wir fragen nun, wie viele dieser Punkte in das Zielintervall $J = [0.68, 0.69]$ hineinfallen. Dazu nehmen wir zuerst den Wert der invarianten Verteilung im Mittelpunkt des Intervalls und multiplizieren ihn mit der Länge des Intervalls, d.h.

$$\frac{\nu(0.685)}{100} = \frac{1}{100\pi\sqrt{0.685(1-0.685)}} \approx 0.0068525.$$

Diese Zahl muß noch mit der ursprünglichen Anzahl der Startwerte multipliziert werden. [12]

Wenn man also mit 10 000 Punkten anfängt, werden ungefähr 68.525 Punkte pro Iteration entfernt, was mit dem Ergebnis von 63 Punkten grob übereinstimmt, das wir auf numerischem Weg bekommen haben. Zur Schätzung von τ müssen wir die Anzahl der Iterationen berechnen, die notwendig sind, um die Anzahl der verbleibenden Punkte auf einen Anteil von $1/e$ zu reduzieren, wenn man davon ausgeht, daß ein Anteil von 0.0068525 aller Punkte pro Iteration entfernt werden. Daher lösen wir die Gleichung

$$(1 - 0.0068525)^{\tau} = \frac{1}{e}$$

nach τ auf. Das Ergebnis ist $\tau \approx 145$ Iterationen, was wiederum in Einklang mit unseren numerischen Resultaten steht.

Prüfen auf Ergodizität

Wenn wir zumindest von einem experimentellen Standpunkt aus sicher sein wollen, daß eine gegebene Bahn wirklich ergodisch ist, müssen wir eine Folge von Versuchen machen, die das Ergebnis von Abbildung 1.17 genauer darstellt. Eine Möglichkeit dies anzugehen, besteht darin, ein beliebiges Teilintervall von $[0, 1]$ zu nehmen, zum Beispiel $[0.4, 0.5]$, dieses Intervall wiederum in N Unterintervalle zu unterteilen, und das Zählexperiment zu wiederholen. Wir nehmen hier wiederum $N = 600$ Teilintervalle. Wir erhöhen sozusagen die Auflösung um den Faktor 10. Natürlich müssen wir auch einen entsprechend längeren Abschnitt der Bahn in Betracht ziehen, um genug

[12] Der genaue Erwartungswert dieser Zahl ist

$$\int_{0.68}^{0.69} \frac{1}{\pi\sqrt{x(1-x)}}\,dx = \left[\frac{2}{\pi}\arctan\sqrt{\frac{x}{1-x}}\right]_{0.68}^{0.69} \approx 0.0068527$$

multipliziert mit der gesamten Anzahl der Punkte.

Histogramm-ausschnitt

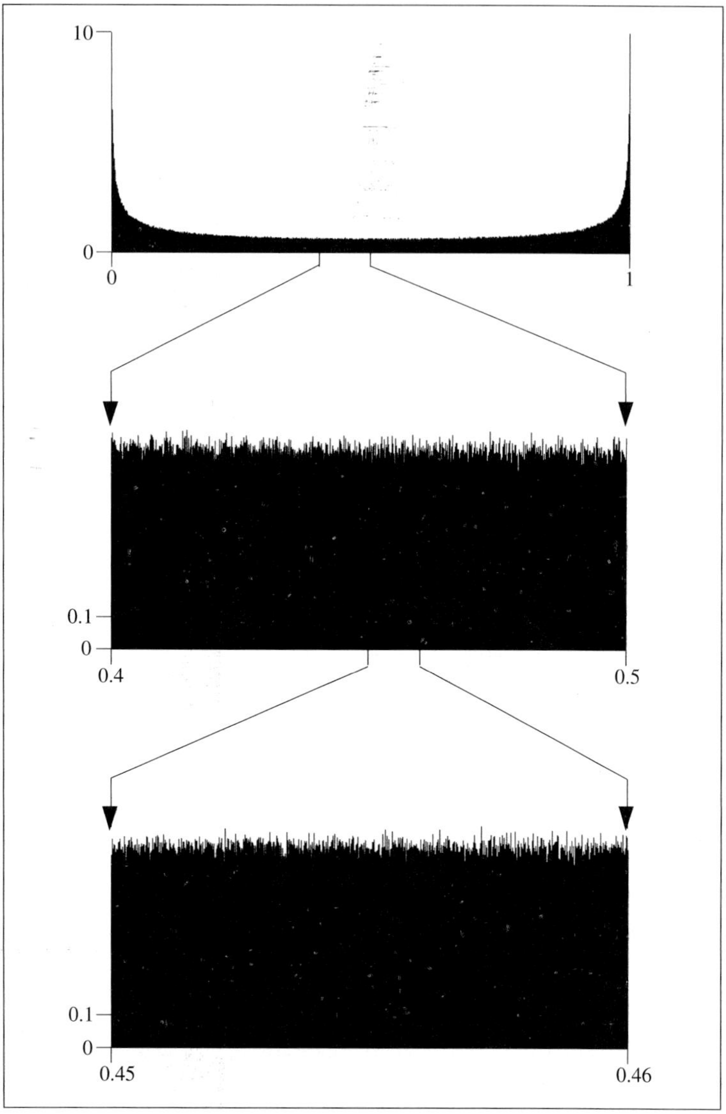

Abb. 1.19 : Histogramm für das Intervall $[0.4, 0.5]$ und das Intervall $[0.45, 0.46]$ mit einer entsprechend 10fachen bzw. 100fachen Auflösung.

Daten für eine statistische Auswertung zur Verfügung zu haben. Wenn wir immer noch feststellen können, daß das Teilintervall $[0.4, 0.5]$ überall positive Werte μ_k hat, ist dies ein weiterer Schritt, um die Annahme zu bestätigen, daß wir es mit einer ergodischen Bahn zu tun haben. Abbildung 1.19 zeigt die Resultate.

Histogramm mit einfacher Genauigkeit

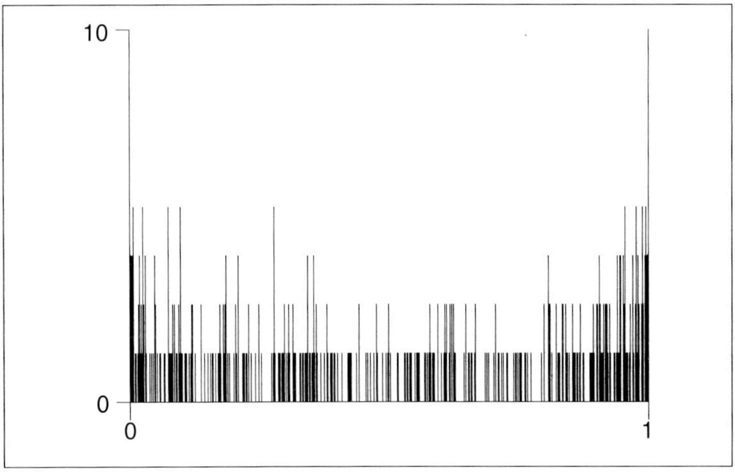

Abb. 1.20 : Histogramm von 5000 Iterationen für $a = 4$ mit Anfangswert $x_0 = \sin(2)$. Es wurde mit einfach genauer Arithmetik gerechnet.

Wir fassen zusammen, was wir unseren bisherigen Experimenten entnehmen können. Wenn wir einen Anfangswert aus $[0, 1]$ numerisch iterieren, der sich von 0, $1/2$ und 1 unterscheidet, sehen wir immer ergodisches Verhalten. Insbesondere finden wir keine periodischen Punkte, obwohl es sie theoretisch geben müßte. Doch nun werden wir durch die Versuche, die im folgenden behandelt werden, alles, was gerade besprochen wurde, auf den Kopf stellen. Daran soll deutlich werden, wie heikel es ist, Aussagen über Chaos auf der Grundlage von Experimenten mit dem Computer zu machen.

Ein falsches Histogramm

Als wir die ersten flüchtigen Versuche im Berechnen von Histogrammen machten, wie zum Beispiel in Abbildung 1.17, waren wir nicht vorsichtig genug und mußten eine große Überraschung erleben. Unsere Berechnungen wurden mit BASIC (da wir gleichzeitig nach einfachen Experimenten für den Leser suchten) bei einer Arithmetik mit einfacher Genauigkeit ausgeführt, und als Startwert, in dem sich eine gewisse Willkür widerspiegeln sollte, haben wir $x_0 = \sin(2)$ genommen. Wenn wir uns das dabei entstandene Histogramm in Abbildung 1.20 anschauen, finden wir absolut nicht, was wir erwartet haben.

Unterschiedlich große Lücken sind in dem Histogramm zu sehen. Sie entstehen, weil verschiedene kleine Teilintervalle keine Punkte mit der Bahn von $x_0 = \sin(2)$ gemeinsam haben. Wir wiederholen das Experiment mit einem anderen Startwert $x_0 = 0.55$ und erhalten dabei ein Ergebnis, das uns schon eher zufriedenstellt (siehe Abbildung 1.21). Aber sollte das Histogramm nicht von dem Anfangswert unabhängig sein?

Ein weiteres Histogramm mit einfacher Genauigkeit

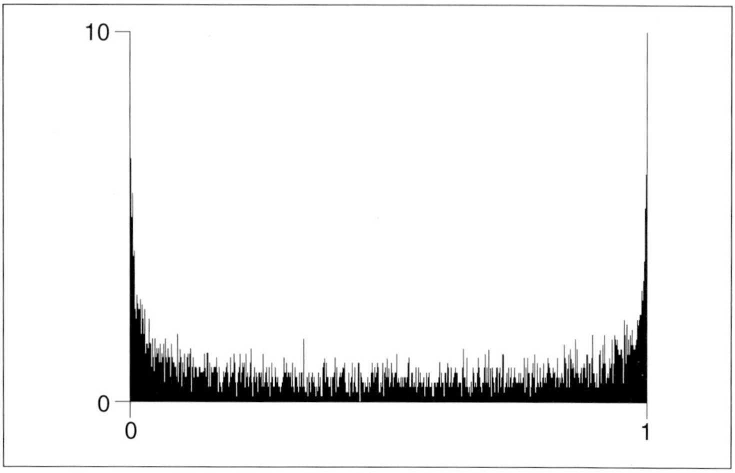

Abb. 1.21 : Histogramm für 5000 Iterationen für $a = 4$ mit Anfangswert $x_0 = 0.55$. Auch hier wurde mit einfacher Genauigkeit gerechnet.

Möglicherweise haben wir nicht oft genug iteriert? Wir erhöhen m von $m = 10^5$ auf $m = 10^6$ und erhalten damit exakt die gleichen Bilder. Offensichtlich ist also wirklich etwas falsch. Aber was? Das falsche Histogramm und seine Stabilität bei der wachsenden Zahl m von Iterationen lassen vermuten, daß die Iteration von $x_0 = \sin(2)$ in einem periodischen Zyklus endet. Aber widerspricht das nicht dem, was wir bisher ausgeführt haben? Sollten nicht winzige, unvermeidbare Fehler in der Rechnung grundsätzlich zur Folge haben, daß wir niemals einen periodischen Zyklus erreichen? Unglücklicherweise überhaupt nicht!

Unser nächstes Experiment wird dies bestätigen. Wir stellen uns die folgenden Fragen: Wenn die Anfangswerte über das ganze Intervall $[0, 1]$ verteilt sind, $x_0 = i/600, i = 1, \dots 599$, gibt es dann für jedes x_0 eine periodische Bahn, in die man durch Iteration gelangen wird? Und wenn das stimmt, wie lang sind dann die Perioden? Die Ausführung des Versuchs ist sehr einfach. Wir haben x_0 genau 5000 Mal iteriert und sind davon ausgegangen, daß der letzte Punkt x_{5000} bereits ein periodischer Punkt ist. Um die zugehörige Periode zu finden, haben wir weitere 10000 Iterationen ausgeführt und bei jeder Iteration geprüft, ob x_n gleich x_{5000} ist. Wenn zum ersten Mal ein solches x_n gefunden wurde, haben wir die Periodenlänge auf $n-5000$ bestimmt.

Periodische Zyklen

Tatsächlich finden wir heraus, daß jeder dieser Anfangswerte letztlich in einer Periode endet, deren Länge 1, 436, 836 oder 4344 ist. In Abbildung 1.22 (oben) kann man sehen, welche periodischen Zyklen schließlich von den verschiedenen Anfangswerten ausgehend erreicht

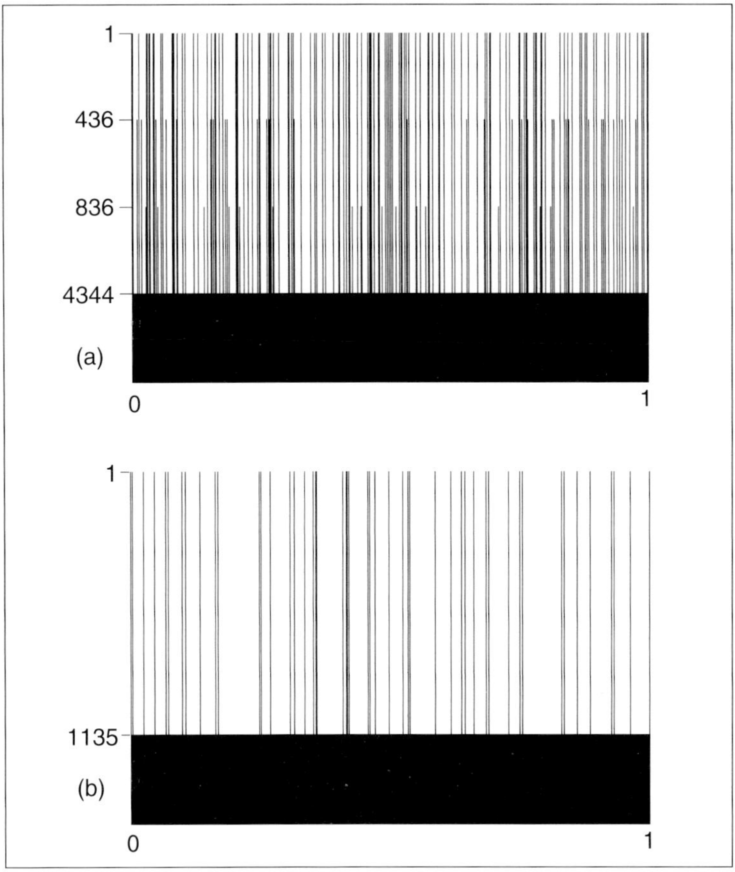

Und schließlich Periodizität

Abb. 1.22 : (a) Implementierung von $4x(1-x)$; Perioden der Länge 1, 436, 836, 4344; (b) Implementierung von $4x - 4x^2$; Perioden der Länge 1, 1135.

werden. Die meisten Startwerte enden in einem Zyklus der Länge 4344. Übrigends, der Anfangswert $x_0 = \sin(2)$ mündet in einen Zyklus der Länge 436, der somit gerade noch kurz genug ist, um in Abbildung 1.20 vollständig wiedergegeben zu werden. Nachdem wir diese Erfahrung gemacht haben, haben wir die Implementierung der quadratischen Funktion in der Kodierung geändert. An Stelle von $4x(1-x)$ haben wir $4x-4x^2$ verwendet, was mathematisch natürlich dasselbe ist, aber für den Versuch einen gravierenden Unterschied zur Folge hat. Dies kann man im unteren Teil von Abbildung 1.22 sehen. Fast alle Anfangswerte enden nun in einem Zyklus der Periode 1135, und manche enden im Fixpunkt 0, was der Periodenlänge 1 in der Abbildung entspricht.

Was können wir nun daraus schließen? Erneut haben wir es mit dem Phänomen der Sensitivität zutun, so daß sich die Computerexperimente als wertlos und irreführend erweisen. Die periodischen Bahnen, die wir sehen, sind einfach nur Artefakte der Berechnung. Sie sind das Ergebnis systematischer Rundungsfehler bzw. Abbruchfehler, die durch einfaches Abschneiden von Ziffern zustande kommen. Diese scheinen aber praktisch bedeutungslos zu werden, sobald die Genauigkeit der Arithmetik erhöht wird, wie zum Beispiel in Abbildung 1.17; hier wurde mit doppelter Genauigkeit gerechnet.

Arithmetik mit sehr niedriger Genauigkeit

Wir werden den Mechanismus, durch den die periodischen Bahnen entstehen, ein wenig genauer untersuchen. Damit wir klarer erkennen können, worin der Kern des Problems besteht, setzen wir die Genauigkeit der zu Grunde liegenden Arithmetik drastisch herunter. In Abbildung 1.23 zeigen wir eine Situation, in der wir nur 25 verschiedene Werte $v_0 \dots v_{24}$ zwischen $v_0 = 0$ und $v_{24} = 1$ unterscheiden. Unsere Absicht ist zu zeigen, wie sich das Abschneiden von Ziffern auswirkt.[13]

In diesem Beispiel werden alle reellen Zahlen zwischen v_n und v_{n+1} durch den Wert v_n dargestellt. Wenn das Ergebnis einer Anwendung von $4x(1-x)$ zwischen v_n und v_{n+1} liegt, betrachten wir entsprechend v_n als zugehörigen Funktionswert. Auf diese Weise erhalten wir eine Treppenfunktion, durch die die Parabel in Abbildung 1.23 approximiert wird. Tabelle 1.24 enthält die charakteristischen Daten der Treppenfunktion aus Abbildung 1.23. Für die 25 Punkte $v_0, \dots, v_{24}$ sind die Indizes der transformierten Werte aufgelistet, zum Beispiel $v_0 \to v_0$, $v_1 \to v_3$, $v_2 \to v_7$, und so weiter.

Wir betrachten die Iteration von v_5. Durch diesen Wert werden in unserem Versuch alle reellen Zahlen zwischen $5/24 \approx 0.2083$ und $6/24 = 0.25$ repräsentiert, wobei die letzte Zahl ausgeschlossen ist. Im allgemeinen werden durch v_k alle Zahlen $r + k/24$ repräsentiert, wobei $r \in [0, 1/24)$ ist. Der quadratische Iterator transformiert diesen Abschnitt reeller Zahlen in das Intervall von $95/144 \approx 0.6697$ bis $3/4 = 0.75$. Die Größe des Intervalls ist also um den Faktor $13/6 \approx 2.17$ angestiegen. Ein Anstieg in dieser Größenordnung entspricht unseren Erwartungen aufgrund der Untersuchungen über die sensitive Abhängigkeit von den Anfangsbedingungen. Aber was wir

[13] Die meisten Computer, die man heute verwendet, schneiden die Ziffern einer Zahl nicht einfach ab, sondern runden statt dessen. Dies bedeutet, daß die letzte signifikante Ziffer in Abhängigkeit ihrer Größe geändert werden kann. Wenn ein Rechner beispielsweise mit einer Genauigkeit von 5 Dezimalstellen rechnet, wird die Zahl 3.14159265 als 3.1415 gespeichert, wenn hinter den ersten vier signifikanten Ziffern einfach abgeschnitten wird. Statt dessen ist das Resultat 3.1416, wenn gerundet wird.

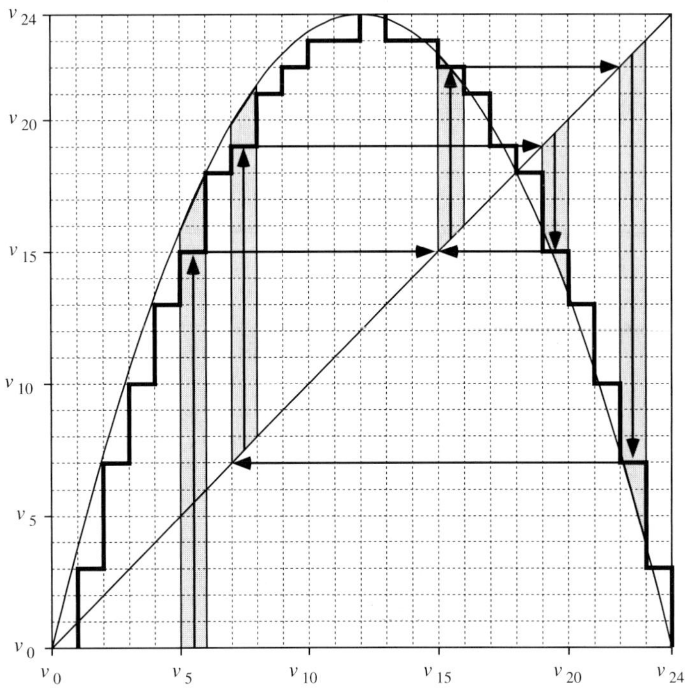

Gitterarithmetik

Abb. 1.23 : Grafische Iteration auf einem groben Gitter. Die Parabel $4x(1-x)$ wird zu einer Treppenfunktion. Die Tabelle unten hält das Wesentliche dieser Funktion fest, durch die die Parabel angenähert wird. Für die 25 Punkte $v_0, \ldots, v_{24}$ sind die Indizes der transformierten Punkte aufgelistet (zum Beispiel $v_{17} \rightarrow v_{19}$).

Treppenfunktion

0	0	5	15	10	23	15	22	20	13
1	3	6	18	11	23	16	21	21	10
2	7	7	19	12	24	17	19	22	7
3	10	8	21	13	23	18	18	23	3
4	13	9	22	14	23	19	15	24	0

Tab. 1.24 : Es sind lediglich die Indizes der transformierten Werte verzeichnet. Man liest $v_0 \rightarrow v_0$, $v_1 \rightarrow v_3$, $v_2 \rightarrow v_7$ usw.

beobachten, wenn wir mit unserer geringen Genauigkeit rechnen, unterscheidet sich von diesem theoretischen Ergebnis enorm: v_5 wird einfach auf v_{15} abgebildet. Der nächste Schritt in der Iteration führt uns zu v_{22}, dann kommen wir zu v_7, dann zu v_{19} und letztlich wieder zu v_{15}. Wir haben also einen periodischen 4er-Zyklus erhalten. Wir können ebenso einen 3er-Zyklus finden (v_3,v_{10},v_{23}) und zwei

Eine vollständige Darstellung

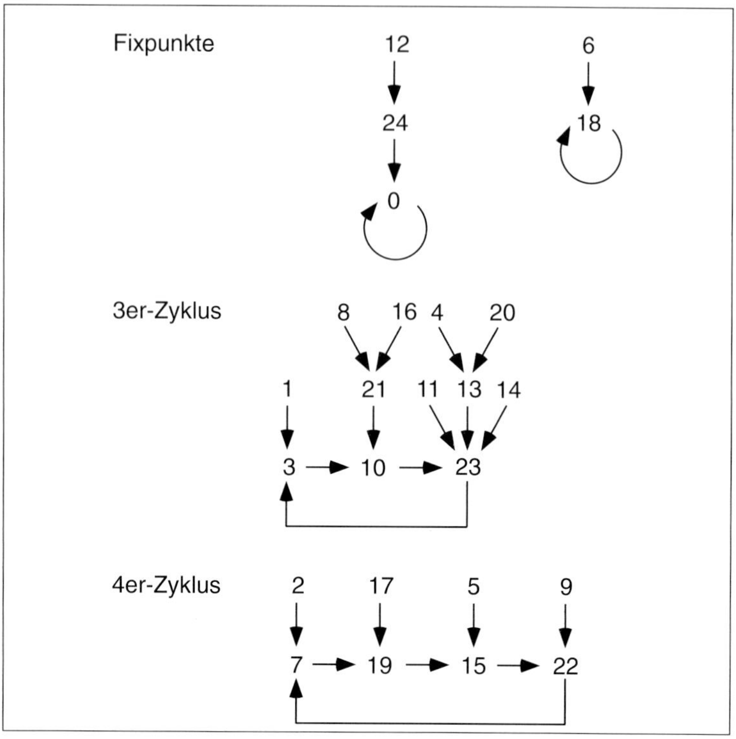

Abb. 1.25 : Die Arithmetik mit geringer Genauigkeit läßt nur vier verschiedene Möglichkeiten von langzeitlichem Verhalten für die quadratische Iteration zu. Es gibt zwei Fixpunkte und zwei Zyklen der Länge drei bzw. vier. Die Abbildung zeigt eine vollständige Auflistung aller Zuordnungen, wie sie aus Tabelle 1.24 entnommen werden können. Die Bahnen können gelesen werden, indem man den Pfeilen folgt. Statt der vollständigen Bezeichnungen sind nur die Indizes angegeben (zum Beispiel entspricht 15 dem Wert v_{15}).

Fixpunkte (v_0 und v_{18}). Weitere periodische Zyklen gibt es nicht. Insbesondere gibt es keine 2er-Zyklen. Alle Anfangswerte erreichen bei dieser Iteration eine der oben genannten periodischen Zyklen oder Fixpunkte. Diese Ergebnisse sind in Abbildung 1.25 zusammengefaßt.

Periodische Bahnen sind Artefakte

Wenn wir die Genauigkeit unserer Arithmetik erhöhen (vielleicht auf 100 oder 1000 verschiedene Werte) wird sich alles verändern. Die periodischen Bahnen, die wir oben gefunden hatten, verschwinden, und statt dessen tauchen neue auf. Die periodischen Zyklen sind sozusagen Artefakte des Rechnens mit endlicher Genauigkeit. In der Tat können die gleichen Mechanismen beobachtet werden, wenn man mit Gleitkomma-Arithmetik rechnet. Bei der Iteration von $4x(1-x)$ laufen mehr und mehr Bahnen ineinander, so daß schließlich nur noch einige wenige periodische Zyklen übrig bleiben. Durch dieses Ergebnis wird ersichtlich, wie Abbildung 1.22 zustande kommt.

Auf welchem Weg sind wir zu dem 'guten' Histogramm in Abbildung 1.17 gekommen? Wir haben die doppelt genaue Arithmetik der einfach genauen vorgezogen. Trotzdem haben wir es aber noch immer mit dem Phänomen zu tun, daß jede Bahn letztlich in einem periodischen Zyklus endet. Es gibt keinen Ausweg für dieses Problem, weil ein Computer, wenn auch sehr viele, dennoch nur endlich viele Zahlen darstellen kann. Die Zyklen, die bei doppelter Genauigkeit auftreten, unterscheiden sich jedoch von denen, die wir bei einfacher Genauigkeit finden können. Die Periode dieser Zyklen ist so groß, daß das Experiment nicht unmittelbar gestört wird. Wir haben für verschiedene Stichproben von Anfangswerten überprüft, wie lange es dauert, bis periodische Zyklen entstehen, und wir haben festgestellt, daß dies nicht innerhalb der ersten Milliarde von Iterationen geschieht.

1.4 Eine Metapher für Chaos: Das Kneten von Teig

Allgemein kann man zwar sagen, daß die Analyse von chaotischen Systemen extrem schwierig ist. In dem speziellen Fall des quadratischen Iterators, den wir hier stellvertretend für viele andere chaotische Systeme untersucht haben, ist es jedoch möglich, auf eine schöne und anschauliche Weise chaotisches Verhalten wirklich zu verstehen. Zunächst werden wir die erforderlichen Vorbereitungen treffen, um eine der wichtigsten Metaphern der Chaostheorie zu verstehen: Das Kneten von Teig. Es sorgt dafür, daß eine kleine Portion Gewürz, die man in den Teig schüttet, gleichmäßig überall im Teig verteilt wird.

Eine Definition für Chaos

Während eine allgemeine Definition für Chaos, die sich auf die Mehrzahl aller interessanten Fälle anwenden läßt, noch nicht gefunden worden ist, stimmen die Mathematiker zumindest in dem speziellen Fall der Iteration einer Funktion darin überein, daß drei Eigenschaften kennzeichnend für Chaos sind:[14]

1. Sensitive Abhängigkeit von den Anfangsbedingungen,
2. Mischen,
3. Periodische Punkte, die dicht liegen.

Das Kneten von Teig vermittelt einen intuitiven Zugang zu diesen mathematischen Eigenschaften chaotischer Systeme. Darüberhinaus werden wir sehen, daß der Prozeß des Knetens viele Gemeinsamkeiten mit dem quadratischen Iterator hat. Auf diese Weise kann das Szenario von Chaos, das wir bis hierher behandelt haben, ohne höhere Mathematik vollständig verstanden werden.

Kneten: Ein deterministischer Vorgang

Es gibt eigentlich nichts Zufälliges im Knetprozeß. Vielmehr wiederholt der Bäcker einen bestimmten Vorgang immer und immer wieder. Beim Kneten wird der Teig mehrfach gestreckt und gefaltet. Obwohl sich dieser Prozeß nach einer deterministischen Regel vollzieht, hat das Ergebnisse viele Eigenschaften, die so aussehen, als wären sie durch Zufall entstanden. Wir wollen sehen, warum sich dies so verhält.

Kneten durch Strecken und Falten

Wir betrachten eine Situation etwas genauer, die so stark idealisiert ist, daß sie selbst von einem sehr gut ausgebildeten Bäcker kaum realisiert werden kann. Der Teig wird genau auf die doppelte Länge gestreckt und anschließend in der Mitte umgefaltet. Abbildung 1.27 zeigt eine Seitenansicht dieses Vorgangs. Wir wollen uns ansehen, wie sich diese Form des Knetens auf verschiede Bereiche des Teigs auswirkt. Dazu teilen wir den Teig in zwölf Blöcke und führen den

[14] Siehe R. L. Devaney, *An Introduction to Chaotic Dynamical Systems*, Addison-Wesley, Redwood City, zweite Auflage, 1989. Devaney verwendet die Bezeichnung *transitivity* anstelle von Mischen.

Kneten mit dem Nudelholz

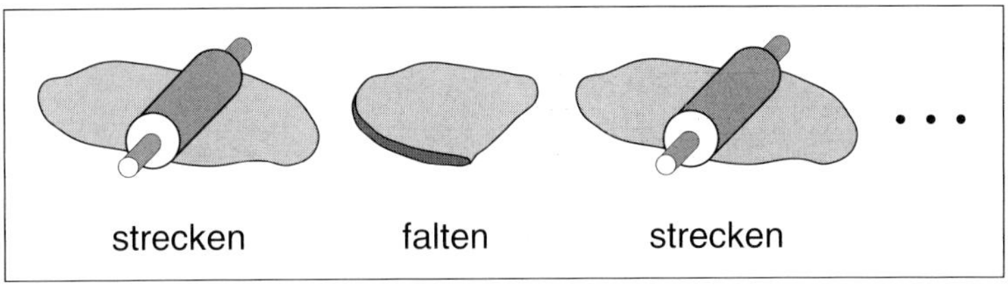

Abb. 1.26 : Kneten als Rückkopplungsprozeß: Strecken, Falten, Strecken, Falten und so weiter.

Strecken und Falten

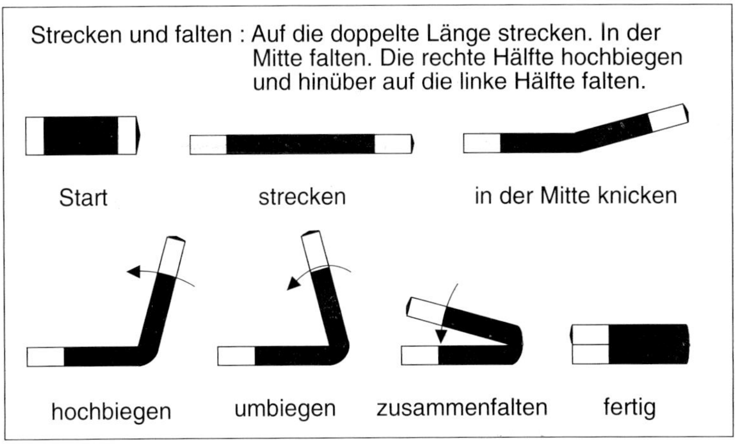

Abb. 1.27 : Gleichmäßiges Kneten durch Strecken und Falten.

Vorgang des Streckens und Faltens durch (siehe Abbildung 1.28). Die Teigschichten, die dabei entstehen, sehen schon ein wenig vermischt aus.

Wir idealisieren die Situation noch weiter. Stellen wir uns vor, daß mit unendlich dünnen Teigschichten geknetet wird, so daß beim Falten die Dicke der Schichten unverändert bleibt. Aufgrund dieser Vorstellung werden wir den Teig durch eine Strecke darstellen. In Abbildung 1.29 sind verschiedene Stadien des Knetens zusammen mit den entsprechenden Streckenstücken festgehalten. Wir markieren zwei Salzkörner und verfolgen ihre Spur. Zuerst sind die beiden Körner ziemlich nahe beieinander. Wo aber werden sie sich nach einem mehrfach wiederholten Kneten befinden? Es ist sehr wahrscheinlich, daß wir sie an zwei Stellen im Teig wiederfinden, die weit voneinander entfernt liegen. In der Tat handelt es sich hierbei um die Auswirkung der Mischungseigenschaft. *Nachbarschaftsbeziehungen* werden beim Kneten zerstört. Salzkörner, die zu Anfang nahe beieinanderliegen, werden nach einiger Zeit mit großer Wahrschein-

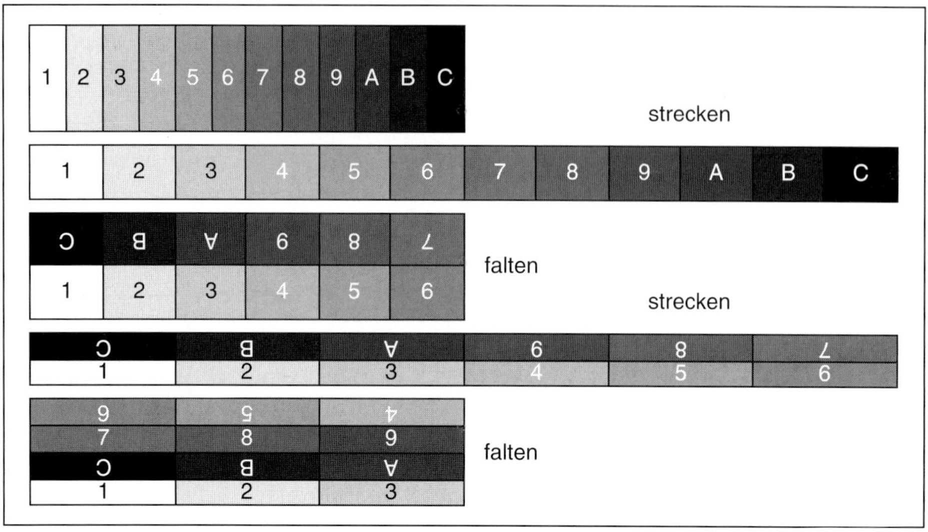

Abb. 1.28 : Die beiden Vorgänge Strecken und Falten angewendet auf 12 beschriftete Blöcke von Teig.

lichkeit keine Nachbarn mehr sein. Das ist eine Folge der *sensitiven Abhängigkeit von den Anfangsbedingungen*. Kleine Abweichungen in der Ausgangsposition führen im Lauf des Knetens zu großen Unterschieden.

Kneten durch Strecken, Schneiden und Kleben

Wir wollen uns mit einem weiteren Knetvorgang beschäftigen. Der Teig soll wieder gleichmäßig auf die doppelte Länge gestreckt, aber dann soll er nicht gefaltet, sondern in der Mitte auseinandergeschnitten werden, und die beiden Teile sollen übereinandergeklebt werden (siehe Abbildung 1.30).

Wenn wir das Strecken und Falten mit dem Strecken, Schneiden und Kleben vergleichen, erwarten wir, daß sowohl durch den einen als auch durch den anderen Vorgang alle Teilchen gut vermischt werden, aber das dies auf zwei verschiedene Arten geschieht, durch die sehr unterschiedliches Iterationsverhalten zustande kommt. Daher überrascht es uns, daß beide Knetvorgänge völlig gleiche Resultate liefern! Eine erste Vorstellung von dieser Tatsache soll durch Abbildung 1.31 vermittelt werden. Wieder teilen wir den Teig in zwölf gleich große Blöcke ein und wenden eine Streck-, Schneide und Klebeoperation und anschließend eine Streck- und Faltoperation an. Das Ergebnis vergleichen wir mit dem, das wir durch zweimaliges Strecken und Falten erhalten, und stellen fest, daß die beiden Resultate exakt übereinstimmen, wenn man die Unterschiede in der vertikalen Anordnung der Blöcke außer acht läßt.

Kneten

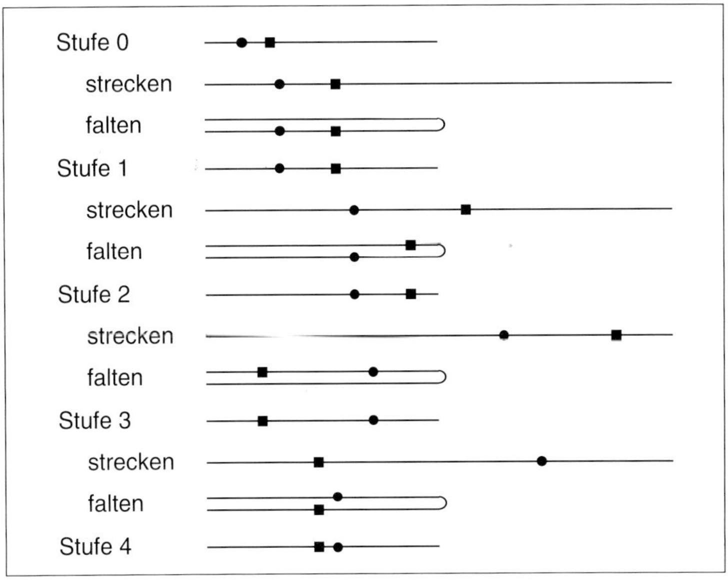

Abb. 1.29 : Zwei Salzkörner, dargestellt durch einen Punkt und ein Quadrat, werden im Prozeß des Streckens und Faltens über vier Stadien verfolgt. Sie werden dabei durch den gesamten Teig vermischt.

Strecken, Schneiden und Kleben

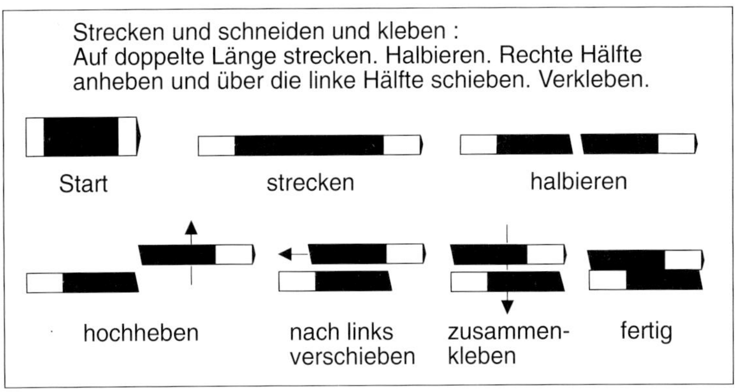

Abb. 1.30 : Gleichmäßiges Kneten durch Strecken, Schneiden und Kleben.

Das bringt uns erneut dazu, die Dicke des Teigs zu vernachlässigen. Von nun an stellen wir uns also den Teig durch eine Strecke repräsentiert vor. Ebenso wird das Ergebnis eines Knetvorgangs — zum Beispiel Strecken, Schneiden und Kleben — durch eine gerade Linie dargestellt, ungeachtet der Dicke des Teigs. Damit haben wir den ersten Schritt in der Entwicklung eines mathematischen Modells für das Kneten vollzogen. Wir nehmen das Intervall $[0, 1]$ als Aus-

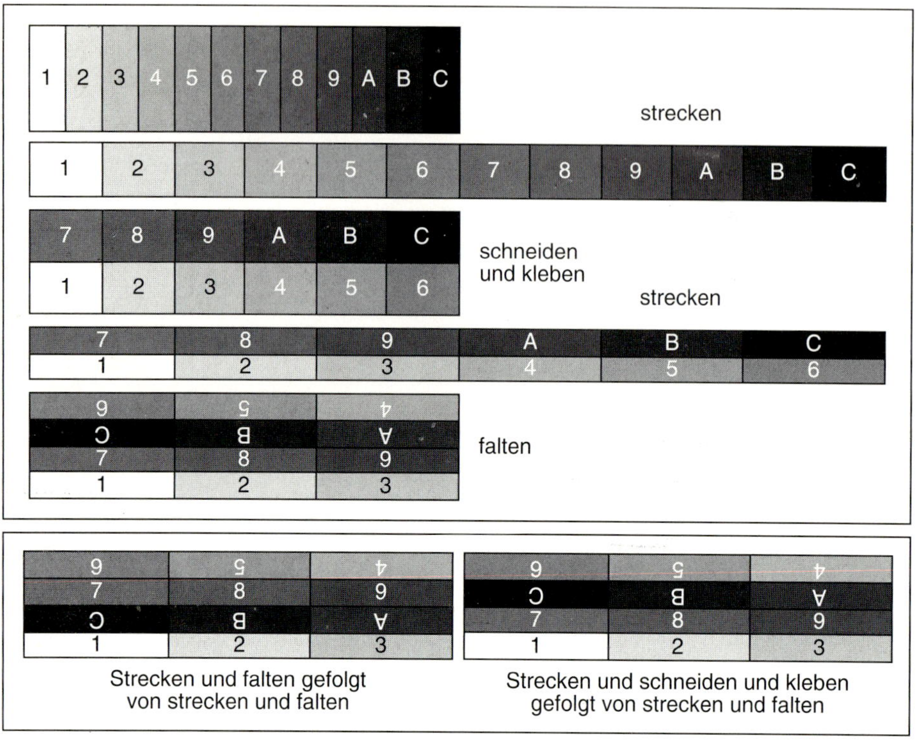

Abb. 1.31 : Im Anschluß an eine Streck-, Schneide- und Klebeoperation wird eine Streck- und Faltoperation auf 12 gekennzeichnete Teigblöcke angewendet. Die horizontale Ordnung der Blöcke, die sich daraus ergibt, ist identisch mit der, die man durch zweimaliges Strecken und Falten erhält (siehe Abbildung 1.28).

gangsstrecke, um den Teig zu modellieren. Damit können wir untersuchen, was die beiden unterschiedlichen Knetvorgänge bewirken. Wir verwenden den Buchstaben T für die Streck- und Faltoperation und den Buchstaben S für die Streck-, Schneide- und Klebeoperation.

Als Beispiel verfolgen wir ein Teilchen über mehrere Knetvorgänge. Beim ersten Mal wenden wir die Streck- und Faltoperation T dreimal an (siehe Abbildung 1.32, links), und beim zweiten Mal werden zuerst zwei Streck-, Schneide- und Klebevorgänge S durchgeführt und schließlich eine Streck- und Faltoperation T (siehe Abbildung 1.32, rechts). Wir beobachten, daß das Teilchen in beiden Fällen exakt die gleiche Position erreicht, obwohl die beiden Wege dorthin sich zwischendurch unterscheiden. Wenn sich das Teilchen zuerst an der Stelle x befindet, bedeutet das

$$T(T(T(x))) = T(S(S(x))).$$

Die Spur eines Teilchens

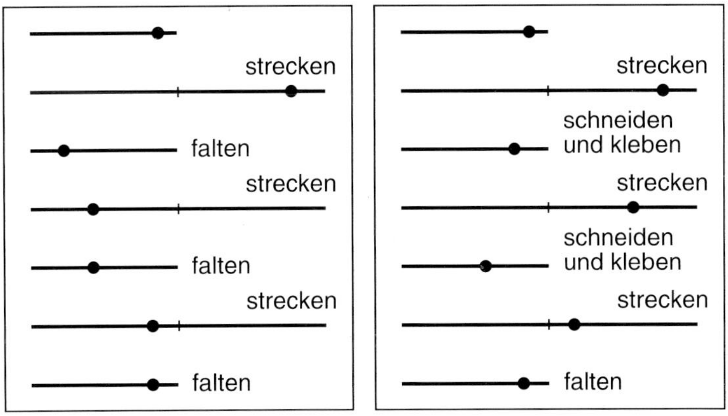

Abb. 1.32 : Das Intervall $[0, 1]$ oben ist das Model für den Teig. Wir verfolgen den Weg eines Teilchens an der Stelle $x = 9/10$ bei den folgenden Knetoperationen: Auf der linken Seite wird T, T, T, angewendet und auf der rechten Seite T, T, S.

Diese Beobachtung zusammen mit dem Ergebnis aus Abbildung 1.31 läßt uns vermuten, daß ein Knetvorgang durch den anderen ersetzt werden kann (siehe Seite 79).

Ersetzungseigenschaft

Fakt. *N Streck- und Faltvorgänge T, d.h.:* [15]

$$T^N = \underbrace{TT \cdots T}_{N \text{ mal}}$$

liefern die gleiche Substanz in jeder vertikalen Spalte wie das $N-1$-fache Anwenden der Streck-, Schneide- und Klebeoperation S mit einem anschließenden Streck- und Faltvorgang T, d.h.:

$$TS^{N-1} = T\,\underbrace{SS \cdots S}_{N-1 \text{ mal}}.$$

Formel für Strecken und Falten

Das mathematische Modell für das Kneten eines eindimensional dargestellten Teigs ist durch eine Funktion gegeben. Der Streck- und Faltvorgang wird durch die folgende Funktion dargestellt, für die wir ebenfalls den Buchstaben T verwenden werden:

$$T(x) = \begin{cases} 2x & \text{wenn } x \le 0.5 \\ -2x + 2 & \text{wenn } x > 0.5. \end{cases} \tag{1.9}$$

[15] In der üblichen mathematischen Notationsweise liest man die Hintereinanderausführung von Operatoren wie $TSSS$ von rechts nach links. In diesem Beispiel wird also zuerst dreimal S angewendet und danach einmal T.

Zeltfunktion

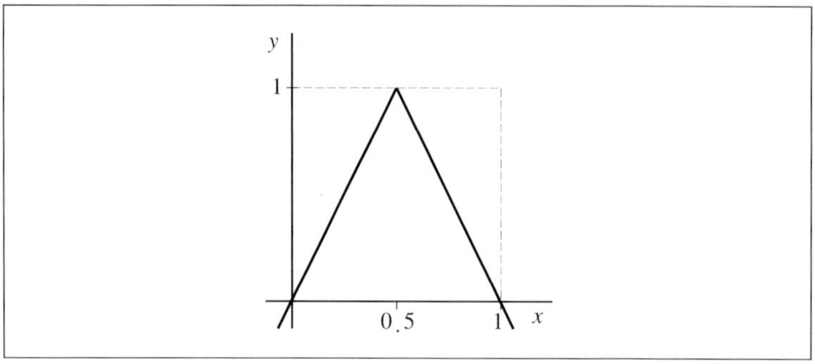

Abb. 1.33 : Der Graph der stückweise linearen Zeltfunktion aus Gleichung (1.9), die der Streck- und Faltoperation entspricht.

Sägezahnfunktion

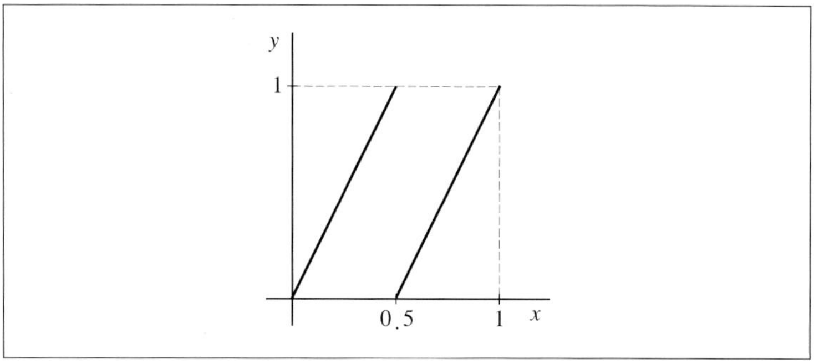

Abb. 1.34 : Der Graph der Sägezahnfunktion aus Gleichung (1.10), die der Streck-, Schneide- und Klebeoperation entspricht.

In Abbildung 1.33 ist der Graph dieser Transformation zu sehen, die aufgrund ihrer Gestalt *Zeltfunktion* genannt wird. Ihr Graph sieht wie eine Vereinfachung der Parabel aus.

Das Modell erklärt sich fast von allein. Der Teig wird durch das Einheitsintervall $[0, 1]$ dargestellt. Dem Streckprozeß wird durch den Faktor 2 Rechnung getragen. Die erste Hälfte des Intervalls wird lediglich gestreckt und nicht gefaltet. Deshalb ist der erste Teil der Definition von T schon fertig: Für $x \leq 1/2$ ist $T(x) = 2x$. Die zweite Hälfte von $[0, 1]$ wird durch das Strecken zu [1,2] transformiert und muß daher am linken Randpunkt zurückgefaltet werden. Das ist dasselbe wie Falten an der Stelle $x = 0$, d.h. multiplizieren mit -1 und um zwei Einheiten verschieben. Daher erhalten wir für $x \geq 1/2$ die Definition $T(x) = -2x + 2$.

Formel für Strecken, Schneiden und Kleben

Das Modell für die Streck-, Schneide- und Klebeoperation besteht aus einer weiteren elementaren mathematischen Abbildung, der *Sägezahnfunktion* S, die ebenfalls für alle Zahlen x aus dem Einheitsintervall definiert ist:

$$S(x) = \begin{cases} 2x & \text{wenn } x < 0.5 \\ 2x - 1 & \text{wenn } x \geq 0.5 \end{cases} . \tag{1.10}$$

Der Graph dieser Funktion, der in Abbildung 1.34 zu sehen ist, läßt erkennen, wie die Transformation zu ihrem Namen gekommen ist. Die Überprüfung des Modells ist einfach, und wir verzichten darauf, sie detailliert auszuführen.[16]

Ersetzungseigenschaft der Knetoperationen

Wie wir schon angekündigt haben, beweisen wir nun die Ersetzungseigenschaft der Knetoperatoren. Dazu verwenden wir ihre mathematischen Beschreibungen. Sei T die stückweise lineare Zeltfunktion (1.9) und S die Sägezahnfunktion (1.10). Durch einfaches Nachrechnen können wir für jedes x aus $[0, 1]$ überprüfen, daß

$$TT(x) = TS(x). \tag{1.11}$$

Das ist in Abbildung 1.35 veranschaulicht. Trotzdem wollen wir noch das Beispiel $x = 0.9$ ansehen. Dann gilt

$$\begin{aligned} T(0.9) &= -2 \cdot 0.9 + 2 = 0.2, \\ T(0.2) &= 2 \cdot 0.2 = 0.4. \end{aligned}$$

Auf der anderen Seite haben wir

$$\begin{aligned} S(0.9) &= 2 \cdot 0.9 - 1 = 0.8, \\ T(0.8) &= -2 \cdot 0.8 + 2 = 0.4. \end{aligned}$$

Wir überprüfen Gleichung (1.11) nun formal. Für die Berechnung der linken Seite unterscheiden wir vier Fälle.

$$\begin{aligned} T(T(x)) &= T(2x) &&= 4x && \text{für } 0 \leq x \leq 0.25, \\ T(T(x)) &= T(2x) &&= -4x + 2 && \text{für } 0.25 < x \leq 0.5, \\ T(T(x)) &= T(-2x + 2) &&= 4x - 2 && \text{für } 0.5 < x \leq 0.75, \\ T(T(x)) &= T(-2x + 2) &&= -4x + 4 && \text{für } 0.75 < x \leq 1. \end{aligned}$$

[16] Nur für den Punkt $x = 1/2$ ist es nicht offensichtlich, wie der zugehörige Wert der Sägezahnfuktion $S(1/2)$ definiert werden soll. Wir zerschneiden den Teig genau an der Stelle $1/2$. Der rechte Endpunkt der linken Teighälfte, der gerade 1/2 ist, wandert zum Punkt $x = 1$. Der linke Endpunkt der rechten Teighälfte, der ebenfalls $1/2$ ist, gelangt aber zum Punkt $x = 0$. Wir müssen uns also entscheiden, ob wir $S(1/2) = 0$ oder $S(1/2) = 1$ definieren wollen. Alle folgenden Ausführungen können aber sowohl für die eine als auch für die andere Version gemacht werden, wobei nur geringfügige Unterscheidungen notwendig sind. Wir haben uns für die erste Möglichkeit entschieden, weil die Diskussion dadurch etwas einfacher wird.

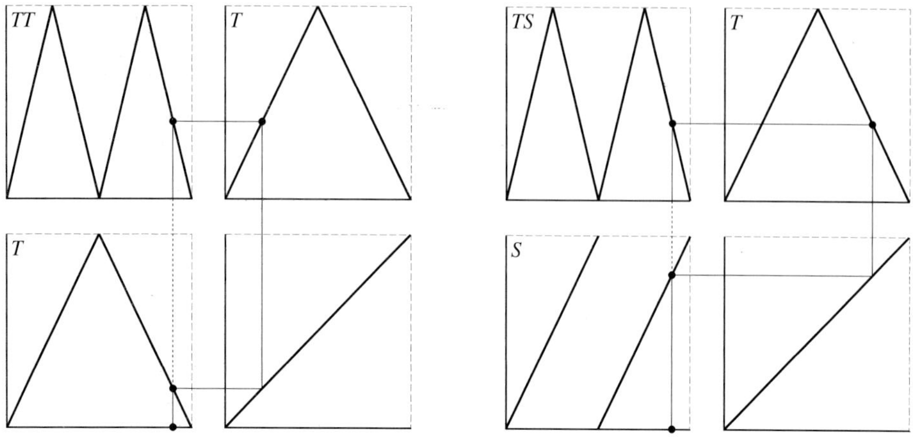

Abb. 1.35 : Die Hintereinanderausführung zweier Zeltfunktionen (links) und die Anwendung der Zeltfunktion im Anschluß an die Sägezahnfunktion (rechts). Beide Anwendungen liefern dasselbe Ergebnis, ein doppeltes Zelt. Der Graph im linken unteren Teil auf jeder Seite zeigt für ein gegebenes x den Wert $T(x)$ (links) oder $S(x)$ (rechts), der dann oben zu $T(T(x))$ (links) bzw. $T(S(x))$ (rechts) führt. Beide Ergebnisse sind gleich, wodurch die Ersetzungseigenschaft bewiesen wird.

Analog berechnen wir die rechte Seite und erhalten

$$\begin{aligned} T(S(x)) &= T(2x) &&= 4x && \text{für } 0 \leq x \leq 0.25, \\ T(S(x)) &= T(2x) &&= -4x+2 && \text{für } 0.25 < x < 0.5, \\ T(S(x)) &= T(2x-1) &&= 4x-2 && \text{für } 0.5 \leq x \leq 0.75, \\ T(S(x)) &= T(2x-1) &&= -4x+4 && \text{für } 0.75 < x \leq 1, \end{aligned}$$

womit der Beweis beendet ist. (Man beachte, daß $-4x + 2 = 4x - 2$ ist für $x = 0.5$.)

Die Identität in Gleichung (1.11) ist der Schlüssel, mit dem man die entsprechenden Identitäten für weitere Iterationen elegant erhält. Zum Beispiel

$$TTT(x) = TSS(x),$$

oder

$$TTTT(x) = TSSS(x),$$

und so weiter. Wenn wir auf beiden Seiten von

$$TT(x) = TS(x),$$

T anwenden, erhalten wir

$$TTT(x) = TTS(x).$$

Nun können wir auf der rechten Seite TT durch TS ersetzen und bekommen

$$TTT(x) = TSS(x).$$

Diesen Vorgang kann man beliebig oft wiederholen. Dies bedeutet, daß N Iterationen von T — Strecken und Falten — zu dem gleichen Resultat führen wie eine Anwendung von T im Anschluß an $N-1$ Iterationen von S — Strecken, Schneiden und Kleben. Das verstehen wir unter der Ersetzungseigenschaft.

Kneten und der quadratische Iterator

Wir werden nun ein Argument einführen, durch das die Verbindung zwischen dem Rückkopplungssystem $x \to 4x(1-x)$ und dem Kneten von Teig hergestellt wird. Wenn wir die Transformation $y = 4x(1-x)$ in einem xy-Koordinatensystem aufzeichnen, erhalten wir die logistische Parabel, die in Abbildung 1.36 dargestellt ist.

Wir interessieren uns hierbei nur für x-Werte zwischen 0 und 1. Die zugehörigen y-Werte variieren dann ebenfalls zwischen 0 und 1. Genauer gesagt wächst y monoton an für $x < 1/2$, und für $x > 1/2$ fällt y momoton ab. Wir beobachten, daß das Intervall $[0, 1/2]$ von der x-Achse auf des Intervall $[0, 1]$ der y-Achse gestreckt wird, und entsprechendes gilt für das Intervall $[1/2, 1]$. Die Funktion $y = 4x(1-x)$ streckt also beide Intervalle auf das Doppelte ihrer ursprünglichen Länge.

Die logistische Parabel

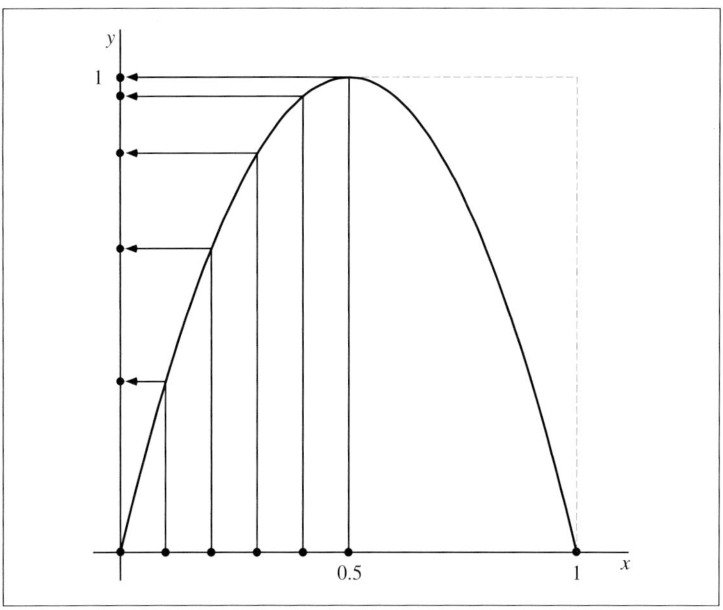

Abb. 1.36 : Graph der logistischen Parabel $y = 4x(1-x)$.

Nichtlineares Strecken mit der Parabel

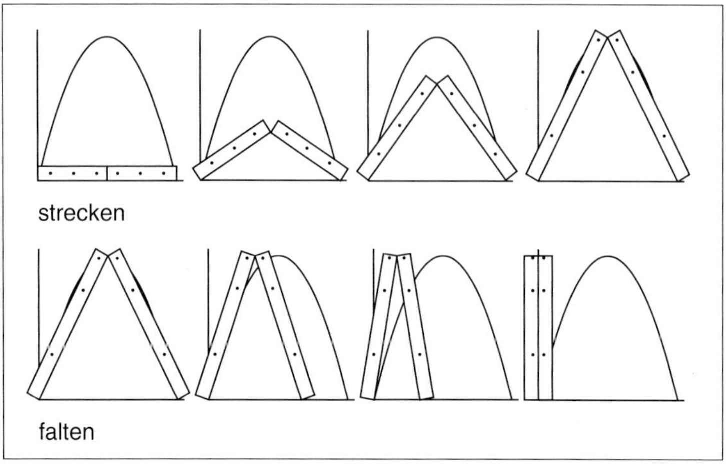

Abb. 1.37 : Interpretation der quadratischen Funktion als einen Streck- und Faltvorgang unter der Verwendung von elastischen Stäben.

Nichtlineares Strecken

Das Strecken ist in diesem Fall jedoch nicht linear. Kleine Intervalle, die sich in der Nähe von 0 oder 1 befinden, werden sehr stark gestreckt, während solche, die nahe am Mittelpunkt 1/2 liegen, zusammengedrückt werden. Um dies zu veranschaulichen, haben wir auf der x-Achse in regelmäßigen Abständen Markierungen aufgetragen. In Abbildung 1.36 können wir jedoch sehen, daß die zugehörigen Intervalle mit Bildpunkten auf der y-Achse nicht alle die gleiche Länge haben.

Wir sind nun soweit, daß wir den Zusammenhang zum Kneten herstellen können. Was geschieht, wenn wir die Funktion $4x(1-x)$ auf das Intervall $[0,1]$ anwenden? Wir wissen schon, daß jede Hälfte des Intervalls auf ihre doppelte Länge gestreckt wird. Wenn wir darüberhinaus kontrollieren, was mit den Endpunkten passiert, dann stellen wir fest: $0 \to 0$, $1/2 \to 1$, $1 \to 0$. Das bedeutet, daß das Resultat einer Anwendung von $4x(1-x)$ auf das Intervall $[0,1]$ als Ergebnis einer Streck- und Faltoperation interpretiert werden kann (siehe Abbildung 1.37). Die Iteration von $x \to 4x(1-x)$ ist demnach verwandt mit der linearen Streck- und Faltoperation. Wir werden noch sehen, daß es sich um einen sehr nahen Verwandtschaftsgrad handelt.

Um das chaotische Verhalten des quadratischen Iterators zu verstehen, werden wir das Iterationsverhalten der Zeltfunktion untersuchen und zeigen, daß beides identisch ist. Ziel dieses Abschnitts ist es, ein zentrales Hilfsmittel zu entwickeln, eine wichtige Formel, die es uns ermöglicht, jede Iterierte der Zeltfunktion auf direktem Weg zu berechnen, ohne vorher die entsprechende Anzahl von Iterationen ausführen zu müssen. Wir werden also für alle x_0 und alle k einen expliziten Ausdruck für $T^k(x_0)$ herleiten. Durch die Ersetzungseigenschaft von Zelt- und Sägezahnfunktion, die wir zuvor beschrieben haben, wird der erste Teil unseres Problems gelöst. Wir erhalten nämlich $T^k(x_0) = TS^{k-1}(x_0)$. Es gilt also nur noch eine Formel für die explizite Berechnung der $k-1$ten Iterierten $S^{k-1}(x_0)$ der Sägezahnfunktion zu finden.

Eine neue Notation für die Sägezahnfunktion

Man kann die Sägezahnfunktion über eine elegante Formel anders als in Gleichung (1.10) definieren. Dabei wird eine Funktion verwendet, die den nicht-ganzzahligen Anteil $\text{Frac}\,(x)$ einer Zahl x berechnet.[17]

$$\text{Frac}\,(x) = x - k, \quad \text{wenn} \quad k \leq x < k+1, \\ k \text{ eine ganze Zahl.} \tag{1.12}$$

Ein paar Beispiele für die Auswertung dieser Funktion sind

$$\begin{aligned} \text{Frac}\,(0.4) &= 0.4, \\ \text{Frac}\,(5.123) &= 0.123, \\ \text{Frac}\,(18) &= 0, \\ \text{Frac}\,\big(24/7\big) &= 3/7. \end{aligned}$$

Mit dieser Notation kann die Sägezahnfunktion als

$$S(x) = \text{Frac}\,(2x) \quad \text{für} \quad 0 \leq x < 1 \tag{1.13}$$

geschrieben werden, wie man leicht überprüfen kann. Wenn $0 \leq x < 1/2$, dann ist $0 \leq S(x) = 2x < 1$ und $\text{Frac}\,(2x) = 2x$, und diese beiden Ergebnisse stimmen überein. Wenn aber $1/2 \leq x < 1$ gilt, dann ist $0 \leq S(x) = 2x - 1 < 1$, und daher $1 \leq 2x < 2$ und $\text{Frac}\,(2x) = 2x - 1$, so daß die Resultate auch hier identisch sind. Nur für den Punkt $x = 1$ läßt sich die Formel in Gleichung (1.13) nicht anwenden, aber das soll uns nicht weiter stören, da 1 Fixpunkt der Sägezahnfunktion S ist, und es keinen weiteren Punkt im Einheitsintervall gibt, der auf diesen Fixpunkt abgebildet wird. Die Dynamik der Iteration von S spielt sich also auf zwei voneinander unabhängigen Bereichen ab: Auf dem Intervall $[0, 1)$, das den Punkt 1 nicht enthält, und auf der einelementigen Menge 1. Interessant ist dabei nur die Dynamik auf dem Intervall $[0, 1)$. Wir verlieren keine wesentliche Information, wenn wir den Punkt 1 in den folgenden Betrachtungen vernachlässigen. Wir werden meistens die Definition der Sägezahnfunktion aus Gleichung (1.13) verwenden.

Der erste Vorteil, der sich aus der Frac-Fassung der Sägezahnfunktion ergibt, ist die Tatsache, daß die Iteration dieser Funktion

[17] In der mathematischen Literatur wird der nicht-ganzzahlige Anteil einer Zahl x mit Hilfe der modulo-Funktion ausgedrückt. Man schreibt $\text{Frac}\,(x) = x \bmod 1$.

nun in geschlossener Form möglich ist. Was bedeutet das? Wenn wir mit einem Wert $0 \leq x_0 < 1$ anfangen und

$$x_1 = \text{Frac}\,(2x_0)\,,$$

berechnen, dann ist

$$x_2 = \text{Frac}\,(2x_1)\,,$$

und so weiter. Allgemein gilt

$$x_{k+1} = \text{Frac}\,(2x_k)\,, \quad k = 0, 1, 2, 3, \ldots$$

Müssen wir den Iterationsprozeß k Mal durchführen, wenn wir den Wert x_k für einen sehr großen Wert k wissen wollen? Glücklicherweise nicht. Es ist möglich, x_k allein in Abhängigkeit von x_0 explizit darzustellen. Das Ergebnis der folgenden Rechnungen lautet nämlich in geschlossener Form einfach

$$x_k = \text{Frac}\left(2^k x_0\right). \tag{1.14}$$

Wir sehen uns ein Beispiel an. Wir iterieren $x_0 = 8/25$ zehnmal unter der Sägezahnfunktion und überprüfen dabei die geschlossene Form.

k	x_k	$2^k x_0$	Prüfe $x_k = \text{Frac}\left(2^k x_0\right)$
0	$8/25$	$8/25$	$8 = 0 \cdot 25 + 8$
1	$16/25$	$16/25$	$16 = 0 \cdot 25 + 16$
2	$7/25$	$32/25$	$32 = 1 \cdot 25 + 7$
3	$14/25$	$64/25$	$64 = 2 \cdot 25 + 14$
4	$3/25$	$128/25$	$128 = 5 \cdot 25 + 3$
5	$6/25$	$256/25$	$256 = 10 \cdot 25 + 6$
6	$12/25$	$512/25$	$512 = 20 \cdot 25 + 12$
7	$24/25$	$1024/25$	$1024 = 40 \cdot 25 + 24$
8	$23/25$	$2048/25$	$2048 = 81 \cdot 25 + 23$
9	$21/25$	$4096/25$	$4096 = 163 \cdot 25 + 21$
10	$17/25$	$8192/25$	$8192 = 327 \cdot 25 + 17$

Herleitung der Iteration in geschlossener Form

Die geschlossene Form in Gleichung (1.14) für die Iteration der Sägezahnfunktion aus Gleichung (1.13) ergibt sich aus zwei grundlegenden Eigenschaften des Frac-Operators. Sei m eine ganze Zahl. Dann ist

$$\begin{aligned} \text{Frac}\,(x+m) &= \text{Frac}\,(x)\,, \\ \text{Frac}\,(mx) &= \text{Frac}\,(m\,\text{Frac}\,(x))\,. \end{aligned}$$

Die erste Gleichheit folgt unmittelbar aus der Definition in Gleichung (1.12). Um die andere Formel zu überprüfen, suchen wir diejenige ganze

Zahl k, für die $k \leq x < k+1$ erfüllt ist. Dann gilt $\text{Frac}(x) = x - k$, und damit

$$\begin{aligned}\text{Frac}(m\text{Frac}(x)) &= \text{Frac}\big(m(x-k)\big) = \text{Frac}(mx - mk) \\ &= \text{Frac}(mx)\,,\end{aligned}$$

wobei die letzte Gleichheit aus der zuerst genannten Eigenschaft folgt. Mit Hilfe dieser Ergebnisse zeigen wir die Gültigkeit der Gleichung (1.14) für die Iteration in geschlossener Form durch Induktion. Die erste Iterierte

$$x_1 = \text{Frac}(2x_0)$$

liegt bereits in geschlossener Form vor, wie behauptet wurde. Für den Induktionsschritt von k auf $k+1$ gehen wir davon aus, daß die Induktionsannahme

$$x_k = \text{Frac}\left(2^k x_0\right)$$

gültig ist. Dann berechnen wir

$$\begin{aligned}x_{k+1} &= \text{Frac}(2x_k) = \text{Frac}\left(2\,\text{Frac}\left(2^k x_0\right)\right) \\ &= \text{Frac}\left(2^{k+1} x_0\right)\end{aligned}$$

unter Verwendung der zweiten Eigenschaft der Frac-Funktion in der letzten Gleichung. Damit ist der Induktionsbeweis abgeschlossen.

Wir raten davon ab, die geschlossene Form bei der numerischen Berechnung von Iterierten der Sägezahnfunktion zu verwenden. Die Potenzen von 2, die man dazu benötigt, wachsen nämlich extrem schnell an und werden zum Rechnen zu unhandlich. Die Iteration in der geschlossenen Form ist jedoch — wie wir im nächsten Abschnitt sehen werden — für die theoretische Untersuchung chaotischer Systeme ausgesprochen wertvoll.

Direkte Berechnung aller Iterierten der Zeltfunktion

Wir haben nun die beiden Werkzeuge herausgearbeitet, die wir brauchen, um das endgültige Ergebnis dieses Abschnitts zu behandeln. Es sind die Ersetzungseigenschaft der beiden Knetoperationen und die geschlossene Form für die Iteration der Sägezahnfunktion. Angenommen, wir haben x_0 und möchten wissen, wie der Wert x_k nach k Streck- und Faltoperationen T aussieht. Ohne die Ersetzungseigenschaft gäbe es keine andere Möglichkeit, dies herauszufinden, als alle Iterationen bishin zur $k$ten mühsam auszurechnen. Die Ersetzungseigenschaft erlaubt es uns aber, zunächst die ersten $k-1$ Iterationen der Streck-, Schneide- und Klebeoperation S zu berechnen; dies machen wir in einem Schnellverfahren, das wir aus Gleichung (1.14) ableiten können:

$$y = S^{k-1}(x_0) = \text{Frac}\left(2^{k-1} x_0\right).$$

Wenn man anschließend noch einmal die Streck- und Faltoperation T anwendet, ergibt sich

$$x_k = T(y) = \begin{cases} 2y & \text{für } \; y \leq 0.5 \\ -2y+2 & \text{für } \; y > 0.5. \end{cases}$$

Statt $k$mal zu iterieren, brauchen wir nur eine Potenz von 2 auszurechnen und zwei Multiplikationen sowie eine Addition durchzuführen. Den nicht-ganzzahligen Anteil einer Zahl zu ermitteln, ist mit keinerlei Aufwand verbunden. Man muß nur den ganzzahligen Anteil vernachlässigen.

Wir veranschaulichen den Vorgang anhand eines Beispiels. Der Punkt $x_0 = 8/25$ ist ein periodischer Punkt der Zeltfunktion und hat die Periodenlänge 10. Das können wir nun überprüfen, ohne wirklich zehnmal zu iterieren. Statt dessen berechnen wir x_{10} direkt nach der oben beschriebenen Methode für $k = 10$. Dabei erhalten wir

$$\begin{aligned} y &= S^9(x_0) = \text{Frac}\left(2^9 \cdot 8/25\right) = \text{Frac}\left(4096/25\right) \\ &= \text{Frac}\left(163 + 21/25\right) = 21/25. \end{aligned}$$

Das Ergebnis $y = 21/25$ ist größer als 1/2. Daher gilt

$$x_{10} = T(y) = -2y + 2 = -42/25 + 2 = 8/25.$$

Wie gewünscht: $x_{10} = x_0$!

Zusammenfassung

Wir fassen die mathematischen Resultate aus diesem Abschnitt zusammen. Sie werden im folgenden Verwendung finden. Die Sägezahnfunktion

$$S(x) = \begin{cases} 2x & \text{wenn } x < 0.5 \\ 2x - 1 & \text{wenn } x \geq 0.5 \end{cases}$$

ist das mathematische Modell für die Streck-, Schneide-, und Klebeoperation. Das Konzept des nicht-ganzzahligen Anteils einer Zahl

$$\text{Frac}\,(x) = x - k, \quad \text{wenn} \quad k \leq x < k + 1, \quad k \text{ eine ganze Zahl},$$

ermöglicht es uns, die vereinfachte Form

$$S(x) = \text{Frac}\,(2x) \quad \text{für} \quad 0 \leq x < 1.$$

für die Sägezahnfunktion zu finden. Für die $k$te Iterierte erhält man die explizite Formel

$$S^k(x_0) = \text{Frac}\left(2^k x_0\right).$$

Die Zeltfunktion

$$T(x) = \begin{cases} 2x & \text{wenn } x \leq 0.5 \\ -2x + 2 & \text{wenn } x > 0.5 \end{cases}$$

ist das mathematische Modell für den Knetvorgang des Streckens und Faltens. Über die Ersetzungseigenschaft wird der Zusammenhang zwischen den beiden Knetprozessen hergestellt. Eine $k$fache Anwendung der Zeltfunktion T liefert dasselbe Ergebnis wie eine einmalige

Anwendung von T im Anschluß an eine $k-1$fache Anwendung der Sägezahnfunktion S, d.h.:

$$T^k(x) = TS^{k-1}(x).$$

Diese Gleichheit macht nun auch eine direkte Berechnung aller Iterierten der Zeltfunktion T möglich. Man setzt

$$y = S^{k-1}(x_0) - \text{Frac}\left(2^{k-1}x_0\right)$$

und berechnet dann

$$x_k = T^k(x_0) = T(y) = \begin{cases} 2y & \text{wenn} \quad y \leq 0.5 \\ -2y + 2 & \text{wenn} \quad y > 0.5. \end{cases}$$

1.5 Analyse von Chaos: Sensitivität, Mischen und periodische Punkte

Wir sind jetzt gut genug vorbereitet, um einen weiteren Schritt in unserem Konzept zu vollziehen, mit dem das Chaos bei der quadratischen Iteration aufgeschlüsselt werden soll. Wir fangen damit an, die Eigenschaften von Chaos zu studieren, die bei der Iteration der Sägezahnfunktion auftreten, wobei wir die Darstellung in der geschlossenen Form verwenden. Durch des Studiums der Sägezahnfunktion werden wir die zentralen Eigenschaften von Chaos ableiten: Sensitivität, die Mischungseigenschaft und dichte periodische Punkte. Die Ersetzungsregel erlaubt uns, diese Resultate auf die Zeltfunktion zu übertragen. Schließlich beenden wir die Analyse von Chaos, indem wir eine weitere Äquivalenz ausschöpfen: Die Äquivalenz zwischen der Zeltfunktion und dem quadratischen Iterator.

Wir geben zunächst eine neue Interpretation der Sägezahnfunktion

$$S(x) = \text{Frac}\,(2x) \quad \text{für} \quad 0 \leq x < 1,$$

bei der wir eine reelle Zahl x zwischen 0 und 1 binär darstellen. Wir erinnern daran, daß jedes x aus dem Einheitsintervall als $x = 0, a_1 a_2 a_3 \ldots$ geschrieben werden kann, wobei alle a_k *binäre Ziffern* sind. Dies bedeutet, daß jedes a_k entweder 0 oder 1 ist, und

$$x = a_1 2^{-1} + a_2 2^{-2} + a_3 2^{-3} + \cdots .$$

Zum Beispiel ist $1/2 = 0.100\ldots$, $3/4 = 0.1100\ldots$, $1/3 = 0.\overline{01}$ (der Strich über den beiden Ziffern bedeutet, daß diese Ziffern sich periodisch wiederholen), zum Beispiel $1/7 = 0.\overline{001}$. Eine nützliche Beobachtung über die binäre Darstellung von Zahlen ist die folgende. Es seien x und y Zahlen aus dem Einheitsintervall mit binären Entwicklungen $x = 0.a_1 a_2 a_3 \ldots$ und $y = 0.b_1 b_2 b_3 \ldots$ Dann gilt

$$|x - y| \leq 2^{-k} \tag{1.15}$$

sofern x und y in den ersten k binären Ziffern übereinstimmen, d.h. $a_i = b_i$ für $i = 1, \ldots, k$.[18]

Der Shiftoperator

Was bedeutet die Iteration der Sägezahnfunktion in der Sprache des Rechnens mit binären Zahlen? Multiplikation mit 2 bedeutet nichts anderes, als von $0.a_1 a_2 a_3 \ldots$ zu $a_1.a_2 a_3 \ldots$ überzugehen.

[18] Um diese Eigenschaft einzusehen, nehmen wir an, daß $x > y$ ist und berechnen

$$\begin{aligned} |x - y| &= |0.a_1 a_2 a_3 \ldots - 0.b_1 b_2 b_3 \ldots| \\ &\leq |0.a_1 \ldots a_k \overline{1} - 0.b_1 \ldots b_k \overline{0}| = |0.0 \ldots 0\overline{1}| = 2^{-k}. \end{aligned}$$

Eine Anwendung der Sägezahnfunktion läßt sich also ganz einfach ausführen, indem man alle binären Ziffern um eine Stelle nach links verschiebt und die Ziffer streicht, die dabei vor das Komma rutscht.

$$x = 0.a_1a_2a_3\ldots \to S(x) = 0.a_2a_3a_4\ldots \tag{1.16}$$

Wegen dieses mechanischen Vorgangs wird die Funktion auch *Shiftoperator* genannt, wenn sie auf binäre Zahlen angewendet wird. Die Ergebnisse für unsere Beispiele stellen wir in Tabelle 1.38 zusammen.

Shiftoperator

x_0	x_0, binär	$x_1 = S(x_0)$, binär	x_1
1/2	0.1	0.0	0
3/4	0.11	0.1	1/2
1/3	$0.\overline{01}$	$0.\overline{10}$	2/3
1/7	$0.\overline{001}$	$0.\overline{010}$	2/7

Tab. 1.38 : Vier Beispiele für die Wirkung des Shiftoperators.

Ausschließen von Doppeldeutigkeit

Zunächst müssen wir ein technisches Problem lösen. Die binäre Entwicklung einer Zahl ist im allgemeinen nicht eindeutig. Zum Beispiel hat die Zahl 0.5 zwei verschiedene binäre Darstellungen, nämlich 0.1 und $0.0111\ldots = 0.0\overline{1}$. Die Anwendung des Shiftoperators liefert zwei unterschiedliche Ergebnisse, je nachdem, ob man 0.5 durch 0.1 oder $0.0\overline{1}$ dargestellt hat. Um zum richtigen Ergebnis zu kommen, entscheiden wir uns, grundsätzlich keine binäre Darstellung zuzulassen, bei der sich die Ziffer 1 periodisch wiederholt. Wir repräsentieren also 1/2 durch $1/2 = 0.1$ und 1/4 durch $1/4 = 0.01$ anstelle von $1/2 = 0.0\overline{1}$ oder $1/4 = 0.00\overline{1}$.[19]

Binäre Kodierung einer Zahl

Wie kann man die binäre Darstellung einer Dezimalzahl oder einer rationalen Zahl finden? Zu diesem Zweck gibt es mehrere Algorithmen. Der Leser wird möglicherweise überrascht sein, daß der Shiftoperator hierzu als Hilfsmittel verwendet werden kann. In diesem Zusammenhang kann er als binäre Kodierungsfunktion verstanden werden. Wir zeigen hier die Einzelheiten.

[19] An dieser Stelle wollen wir zwei Bemerkungen einfügen. Zum einen impliziert unsere Konvention, alle Binärentwicklungen mit einer periodischen Wiederholung der Ziffer 1 auszuschließen, daß die Zahl 1.0 nicht in der Form $0.111\ldots$ dargestellt werden kann. Dies muß uns aber nicht weiter stören, da wir ohnehin schon festgestellt haben, daß der Punkt $x = 1$ für die Dynamik der Sägezahnfunktion uninteressant ist. Zum anderen verweisen wir auf die Fußnote von Seite 79 und bemerken, daß wir alle endlichen Binärdarstellungen, d.h. Zahlen $0.a_1a_2a_3\ldots$, die mit einer periodischen Wiederholung der Ziffer 0 enden, ausschließen müßten, wenn wir uns für die alternative Definition der Sägezahnfunktion mit $S(1/2) = 1$ entschieden hätten.

Angenommen, wir wollen die Binärdarstellung einer Zahl x mit $0 \leq x < 1$ herausfinden. Wir setzen $x_0 = x$ und fangen mit der Iteration des Shiftoperators an. Wir berechnen also

$$x_{n+1} = \mathrm{Frac}\,(2x_n)\,, \quad n = 0, 1, \ldots$$

Die binäre Darstellung von x ist dann gegeben durch

$$0.a_0a_1a_2\ldots$$

wobei die binäre Ziffer a_k in Beziehung zu der $k$ten Iterierten x_k steht:

$$a_k = \begin{cases} 0 & \text{wenn } x_k < 1/2 \\ 1 & \text{sonst.} \end{cases}$$

Sehen wir uns die beiden Beispiele $3/4$ und $1/7$ an. Im ersten Fall ergibt die Iteration $3/4$, $1/2$, 0, 0, 0, ... Die binäre Kodierung von $3/4$ ist daher 0.11000... Für $1/7$ erhalten wir den periodischen Zyklus $1/7$, $2/7$, $4/7$, $1/7$, ... Die binäre Kodierung ist deshalb ebenfalls periodisch, nämlich $0.001001\ldots = 0.\overline{001}$.

Die Bewegung eines Salzkorns im Teig beim Kneten durch Strecken, Schneiden und Kleben kann nun mit Hilfe von Gleichung (1.16) verfolgt werden. Wir sprechen auch vom *Shift auf zwei Symbolen*. Die Dynamik, mit der wir es hier zu tun haben, ist sehr kompliziert, auch wenn sie auf den ersten Blick simpel aussieht. Wir beschäftigen uns nun mit den drei charakteristischen Eigenschaften von Chaos bei der Iteration von Funktionen: Sensitivität, Mischen und dichte, periodische Punkte. Alle diese Eigenschaften können für das Kneten durch Strecken, Schneiden und Kleben nachgewiesen werden.

Sensitivität in den Anfangsbedingungen

Wir nehmen einen Anfangswert $x_0 = 0.a_1a_2a_3\ldots$ und stellen ihn jedoch nur auf N Ziffern genau dar. Es sei zum Beispiel $N = 100$. Die Differenz zwischen der hundertstelligen Approximation und dem genauen Wert beträgt somit höchstens 2^{-100}, und erscheint uns somit klein und belanglos. Man kann die Differenz der beiden Zahlen als winzigen Meßfehler interpretieren. Da wir die Ziffern $a_{101}a_{102}a_{103}\ldots$ nicht kennen, stellen wir uns vor, daß für jede dieser Ziffern eine Münze geworfen wird, und je nachdem ob Kopf oder Zahl erscheint, setzen wir die entsprechende Ziffer 0 oder 1. Somit können wir sagen, daß wir unseren Anfangswert nur bis zu einem bestimmten Genauigkeitsgrad kennen. Die Ungenauigkeit, die sich erst ab der 101ten Ziffer bemerkbar macht, nennen wir auch manchmal Rauschen. Wir fangen jetzt an zu iterieren, wie es in Gleichung (1.16) angegeben ist.

Am Anfang verläuft alles harmlos. Aber wenn wir mit der Iteration fortfahren, rücken die zufälligen Ziffern immer näher an den Binärpunkt heran, und nach genau 100 Iterationen erhalten wir nur noch Ergebnisse, die vollständig durch Zufall zustande kommen. Dieses Phänomen entsteht durch die sensitive Abhängigkeit von den Anfangsbedingungen und dient uns als Hinweis auf die Eigenschaften der entsprechenden Knetoperation.

Wir können nun eine Aussage über die gleichmäßige Verteilung von Gewürz im Teig machen. Wenn das Gewürz ursprünglich als Klumpen in den Teig kommt, entsprechen die Koordinaten der Gewürzteilchen Zahlen der Form $0.a_1a_2\ldots a_ka_{k+1}\ldots$, wobci dic ersten k Ziffern bei allen Teilchen übereinstimmen. Die weiteren Ziffern sind gleichmäßig verteilt, weil die Teilchen im Klumpen bunt vermischt sind. Nach k Anwendungen des Shiftoperators sind dic gemeinsamen Koordinaten verloren gegangen, und nur die zufälligen Ziffern sind übrig geblieben. Daran kann man erkennen, daß die Teilchen schließlich im ganzen Teig gleichmäßig verteilt sind.

Sensitivität — eine genauere Beschreibung

Eine genauere Definition von Sensitivität ist die folgende: Für einen gegebenen Punkt x_0 zwischen 0 und 1 existiert beliebig nahe bei x_0 ein Punkt y_0, so daß sich die Iterierten von x_0 und y_0 schließlich um einen festen Schwellenwert unterscheiden. Dieser Schwellenwert ist für alle Punkte x_0 im Einheitsintervall der gleiche, und man nennt ihn *Sensitivitätskonstante*. Wohlbemerkt wird nicht verlangt, daß *alle* Bahnen, die in der Nähe von x_0 anfangen, von der Bahn von x_0 wegdriften. Vielmehr muß es zu jedem x_0 nur eine solche Bahn geben. Wir werden nun zeigen, daß diese Definition von Sensitivität für den Shiftoperator erfüllt ist. Wir behaupten, daß wir als Sensitivitätskonstante die Zahl 1/2 wählen können. Ein kleinerer Wert ist dann natürlich auch zulässig. Wir konstruieren einen zufälligen Anfangswert in seiner binären Darstellung indem wir würfeln und für jeden geraden Wurf eine 0 und für jeden ungeraden Wurf eine 1 aufschreiben. Das Ergebnis könnte folgendermaßen aussehen:

$$x_0 = 0.01011010111000011001\ldots$$

Jetzt versuchen wir in der Nähe von x_0 eine Zahl y_0 zu finden, deren Bahn sich irgendwann mindestens um den Schwellenwert von der Bahn von x_0 unterscheidet. Um diese Zahl y_0 zu erhalten, nehmen wir x_0 und ändern in der Binärdarstellung lediglich eine einzige Ziffer. Wenn wir erreichen wollen, daß y_0 von x_0 einen Abstand hat, der nicht größer ist als 2^{-5}, genügt es, die sechste Ziffer von x_0 umzukehren, d.h.:

$$y_0 = 0.01011110111000011001\ldots$$

Nach fünf Iterationen haben wir

$$x_5 = 0.010111000011001\ldots \leq \frac{1}{2}$$

und

$$y_5 = 0.110111000011001\ldots = x_5 + \frac{1}{2}$$

Daher gilt für die Differenz wie gewünscht

$$|y_5 - x_5| = \frac{1}{2}.$$

Offensichtlich können wir Zahlen mit der gleichen Eigenschaft in beliebiger Nähe von x_0 finden. Alles, was wir zu tun haben, ist eine binäre Ziffer umzukehren, die von hinreichend hoher Ordnung sein muß. Irgendwann im Verlauf der Iteration wird diese Ziffer direkt hinter dem Komma stehen, so daß die Differenz der Bahnen genau $1/2$ beträgt. Alle weiteren Iterierten von x_0 und y_0 sind dann identisch. Es genügt jedoch laut Definition, daß die kritische Differenz einmal erreicht wird. Natürlich kann man mit einer ähnlichen Strategie auch Punkte in der Nähe von x_0 konstruieren, deren Bahn sich ab einer bestimmten Iterierten stets signifikant von der Bahn von x_0 unterscheidet.

Periodische Punkte ...

Wir widmen uns nun dem Verständnis eines anderen Phänomens, das im Zusammenhang mit Chaos auftritt. Wir sehen uns einen Punkt mit einer periodischen Binärentwicklung genauer an:

$$x_0 = 0.\overline{a_1 a_2 a_3 \ldots a_k}.$$

Wir haben es also mit einer unendlichen Folge von binären Ziffern zu tun, die sich nach der $k$ten Ziffer periodisch wiederholt. Für die Iteration des Shiftoperators bedeutet dies, daß man nach k Iterationen erneut x_0 erhält. Nach weiteren k Iterationen erreichen wir wieder

Ein Zyklus der Periode 4

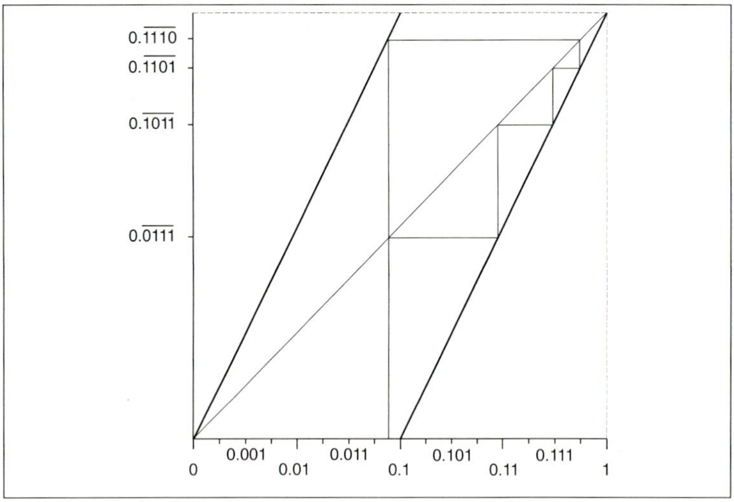

Abb. 1.39 : Der Punkt $0.\overline{0111}$ ist ein periodischer Punkt. Die Binärdarstellung läßt es zu, das Iterationsverhalten unmittelbar abzulesen. Hier haben wir die Iteration grafisch dargestellt.

x_0. Offensichtlich ist x_0 bei der Iteration der Shiftabbildung ein periodischer Punkt. Es ist klar, daß wir auf entsprechende Weise Zyklen von jeder Länge konstruieren können. Was jedoch noch wichtiger ist, wir können für jedes x_0 in beliebiger Nähe von x_0 einen Punkt w_0 finden, der periodisch ist. Wir zeigen, wie man einen solchen Punkt findet.

... liegen dicht

Es sei ein Punkt $x_0 = 0.a_1a_2a_3\ldots$ gegeben. Dann wählen wir einen periodischen Punkt

$$w_0 = 0.\overline{a_1a_2a_3\ldots a_k}.$$

Die Punkte x_0 und w_0 stimmen dann in den ersten k Ziffern überein und unterscheiden sich daher höchstens um 2^{-k}. Dies bedeutet, daß beliebig nahe beim vorgegebenen Punkt x_0 ein periodischer Punkt zu finden ist. Wir sagen, *periodische Punkte liegen dicht.* Ein Beispiel für einen periodischen Punkt kann man in Abbildung 1.39 sehen. Wir werden ein weiteres Beispiel etwas genauer besprechen. Wir wollen die irrationale Zahl

$$\frac{1}{\pi} = 0.3183098861\ldots$$

durch periodische Punkte approximieren. In der Binärdarstellung ist

$$\frac{1}{\pi} = 0.010100010111110011000001101101\ldots$$

Indem wir von Schritt zu Schritt längere Perioden zulassen, können wir diesen Anfangswert so genau approximieren, wie wir wollen. In der Tabelle unten haben wir die ersten 5, 10, 15, 20 und 25 binären Ziffern von $1/\pi$ genommen und periodisch wiederholt, um die Annäherungen zu erhalten, die wir in der Tabelle auch als Dezimalzahlen aufgeführt haben.

Anfangspunkt		Differenz	Periode
Binärzahl	Bruch	$\lvert x_0 - 1/\pi \rvert$	
0.0101000101111100110000011 ...	$1/\pi$	$0.000 \cdot 2^0$	—
$0.\overline{01010}$	$10/31$	$0.137 \cdot 2^{-5}$	5
$0.\overline{0101000101}$	$325/1023$	$0.632 \cdot 2^{-10}$	10
$0.\overline{010100010111110}$	$10430/32767$	$0.060 \cdot 2^{-15}$	15
$0.\overline{01010001011111001100}$	$333772/1048575$	$0.211 \cdot 2^{-20}$	20
$0.\overline{0101000101111100110000011}$	$10680707/33554431$	$0.113 \cdot 2^{-25}$	25

Mischen

Die letzte Eigenschaft die wir besprechen werden, ist die *Mischungseigenschaft* (siehe Seite 52). Wir wählen zwei beliebig kleine Intervalle I und J. Unter der Mischungseigenschaft versteht man, daß man in I einen Startwert finden kann, dessen Bahn zu irgendeinem Zeitpunkt durch J läuft (siehe Abbildung 1.40). Es ist leicht, diese Eigenschaft für den Shiftoperator nachzuweisen.

Herleitung der Mischungseigenschaft

Wir wählen zwei Intervalle I und J und suchen eine Zahl $n > 0$, so daß I länger ist als $1/2^{n-1}$. Weiterhin sei

$$0.a_1a_2a_3\ldots$$

die Binärdarstellung des Mittelpunktes von I, und

$$y = 0.b_1b_2b_3\ldots$$

sei die Binärentwicklung eines Punktes y aus J. Wir konstruieren jetzt einen Punkt x_0 in I, der nach genau n Iterationen des Shiftoperators y trifft. Insbesondere erreicht die $n$te Iterierte von x_0 also das Intervall J, wodurch die Mischungseigenschaft bestätigt wird. Um x_0 zu definieren, kopieren wir die ersten n Ziffern des Mittelpunkts von I und hängen alle Ziffern des Zielpunkts y an:

$$x_0 = 0.a_1\ldots a_nb_1b_2b_3\ldots$$

Nun kontrollieren wir, daß sich x_0 vom Mittelpunkt von I um höchstens 2^{-n} unterscheidet. Das ist nicht mehr als die Länge einer Hälfte des Intervalls, so daß sich x_0 also selbst im Intervall I befinden muß. Außerdem haben wir nach n Iterationen

$$x_n = 0.b_1b_2b_3\ldots = y.$$

Damit haben wir sogar mehr bewiesen, als notwendig gewesen wäre, um sich von der Mischungseigenschaft zu überzeugen. Im Fall des Shiftoperators (Sägezahnfunktion) kann man *jeden* Punkt im Zielintervall J treffen.

Ergodisches Verhalten

Bisher haben wir die drei charakteristischen Eigenschaften von Chaos für die Sägezahnfunktion nachgewiesen: Sensitivität, dichte, periodische Punkte und die Mischungseigenschaft. Eng verwandt mit der Mischungseigenschaft ist *ergodisches Verhalten*. Ergodizität bedeutet hier, wenn man einen Punkt x_0 aus dem Einheitsintervall zufällig auswählt, werden durch wiederholtes Anwenden des Shiftoperators fast sicher[20] Zahlen erzeugt, die jeder Zahl im Einheitsintervall beliebig nahe kommen. Zahlen x_0 mit einer periodischen

[20] Der Fachausdruck „fast sicher" bedeutet, daß die Wahrscheinlichkeit für das Eintreten eines Ereignisses 1 ist. Wenn wir zum Beispiel eine zufällige Zahl aus dem Einheitsintervall auswählen, dann ist sie fast sicher irrational.

Binärentwicklung zeigen dieses Verhalten natürlich nicht, so daß sie einerseits dicht liegen, aber andererseits wegen der Ergodizität im Einheitsintervall sehr schwach vertreten sind.

Beispiel für Ergodizität

Typische Zahlen sehen eher wie diese aus:

$$x_0 = 0.0100011011000001010011100101110111 0000\ldots$$

Wie ist dieses Muster zustande gekommen? Hier ist die Regel: Direkt hinter den Binärpunkt schreibt man alle Zahlen, die durch eine binäre Ziffer dargestellt werden können. Das sind 0 und 1. Dann schreibt man alle Folgen von zwei Binärziffern, also 00, 01, 10 und 11. Im nächsten Schritt verfährt man auf die gleiche Weise mit den Folgen von drei binären Ziffern (000, 001, 010, 011, 100, 101, 110, 111), und so weiter. Offensichtlich entstehen bei der Iteration der Zahl, die wir dabei erhalten, Zahlen, die jede vorgegebene reelle Zahl beliebig genau approximieren. Wir wollen tatsächlich eine Zahl y aus dem Einheitsintervall auswählen und sie in ihre Binärdarstellung entwickeln.

$$y = 0.a_1a_2a_3\ldots$$

Durch Abschneiden der Entwicklung nach k Ziffern bekommt man eine Zahl

$$z = 0.a_1a_2\ldots a_k,$$

die nahe bei y liegt:

$$|z - y| \leq 2^{-k}.$$

Die Folge von Ziffern $a_1a_2\ldots a_k$ muß in der Entwicklung von x_0 vorkommen, weil x_0 gerade so konstruiert wurde. Nach einer ausreichenden Zahl von Iterationen der Shiftfunktion wird $a_1a_2\ldots a_k$ als Folge der k ersten signifikanten Ziffern hinter dem Komma stehen. Wir erhalten also eine Zahl, die in den ersten k Ziffern sowohl mit y als auch mit z übereinstimmt, und die daher nahe bei y und z liegt.

Die Wahl des Punktes x_0 mag sehr speziell erscheinen. Dennoch hat eine zufällige Auswahl der Ziffern von x_0 den gleichen Effekt. Die zugehörige Bahn ist fast sicher ergodisch. Um dies einzusehen, muß man sich klar machen, daß in einer zufällig erzeugten Zahlenfolge jede Folge von k Ziffern mit gleicher Wahrscheinlichkeit vorkommt. Jede Folge von k Ziffern wird also an irgendeiner Stelle in der Binärentwicklung einer zufälligen Zahl x_0 auftauchen, und damit können wir unsere Argumentation wie oben fortsetzen.

Nächster Schritt: Chaos für die Zeltfunktion

Wir haben gesehen, daß die Sägezahnfunktion S (bzw. der Shiftoperator oder das Kneten durch Strecken, Schneiden und Kleben) die drei kennzeichnenden Eigenschaften von Chaos aufweist. Jetzt wollen wir fortfahren, indem wir Chaos für die Zeltfunktion T (oder das Kneten durch Strecken und Falten) nachweisen. Wir erinnern daran, daß die Iteration von T wegen der Ersetzungseigenschaft durch die

Iteration von S erhalten werden kann. Um die $k$te Iterierte von T zu berechenen, wenden wir zuerst $k-1$ mal die Shiftabbildung auf den binären Ziffern an und führen anschließend eine Streck- und Faltoperation T aus. Das gesamte komplizierte dynamische Verhalten von S — sensitive Abhängigkeit, dichte periodische Punkte und die Mischungseigenschaft — kann direkt auf die Streck- und Faltoperation T übertragen werden. Als erstes Beispiel untersuchen wir, auf welche Weise ein periodischer Punkt der Shiftabbildung einen periodischen Punkt für die Streck- und Faltoperation erzeugt. Oder anders ausgedrückt: Wir wollen sehen, wie sich Fragen, auf die es scheinbar unmöglich ist, eine Antwort zu finden, in unglaublich einfache Fragen umgewandelt werden können.

Periodische Punkte für Strecken und Falten

Angenommen wir fragen: Welche Punkte sind bei der Iteration der Zeltfunktion T periodisch? Oder genauer: Wie kann man zu einer gegebenen ganzen Zahl n einen Punkt x_0 finden, so daß $x_n = x_0$ ist? Dabei ist $x_i = T(x_{i-1})$ für $i = 1, \ldots, n$. Wir behaupten, daß wir lediglich einen periodischen Punkt w_0 der Sägezahnfunktion suchen müssen, dessen Bahn eine Periode der Länge n hat. Wenn wir auf diesen Punkt w_0 die Zeltfunktion T anwenden, erhalten wir bereits einen periodischen Punkt $x_0 = T(w_0)$ von T. Wir wollen prüfen, ob tatsächlich $x_0 = x_n$ ist, wobei wir unsere Definition von x_0 und die Ersetzungseigenschaft der beiden Knetoperationen zu Hilfe nehmen.

$$\begin{aligned} x_n &= T^n(x_0) = T^n(T(w_0)) = T^{n+1}(w_0) \\ &= T(S^n(w_0)) = T(w_0) = x_0. \end{aligned}$$

Es stimmt also: Wenn w_0 ein periodischer Punkt für die Shiftabbildung ist, dann ist $x_0 = T(w_0)$ ein periodischer Punkt für die Streck- und Faltoperation T, dessen Bahn außerdem die gleiche Periodenlänge hat.[21]

Unter Verwendung von diesem Ergebnis ist es einfach zu begründen, daß die periodischen Punkte von T im Einheitsintervall dicht liegen. Ebenso ist es zwar ein wenig technisch aber nicht schwer, die sensitive Abhängigkeit von den Anfangsbedingungen und die Mischungseigenschaft für die Zeltfunktion nachzuweisen. Eine detaillierte Ausführung hierzu findet man im folgenden technischen Abschnitt.

Chaos für die Zeltfunktion

Das Ziel dieses technischen Abschnitts ist es, die drei charakteristischen Eigenschaften von Chaos für die Iteration der Zeltfunktion T nachzuweisen: dichte, periodische Punkte, Sensitivität und die Mischungseigenschaft.

[21] Um sicherzustellen, daß n zudem die *minimale* Periodenlänge ist, d.h.: $x_m \neq x_0$ für $m = 1, \ldots, n-1$, müssen verschiedene Einschränkungen in Bezug auf die Wahl der binären Ziffern von $w_0 = 0.\overline{a_1 \ldots a_n}$ gemacht werden.

Binärdarstellung der Zeltfunktion

Wie in der Analyse von Chaos für die Sägezahnfunktion ist die Darstellung der Zeltabbildung im Binärsystem grundlegend für die Diskussion der drei Eigenschaften von Chaos. Wir erinnern daran, daß die Zeltfunktion definiert ist als

$$T(x) = \begin{cases} 2x & \text{wenn } x \leq 0.5 \\ -2x+2 & \text{wenn } x > 0.5. \end{cases}$$

Sei

$$x = 0.a_1a_2a_3\ldots$$

die binäre Darstellung von $x \in [0,1]$. Wenn $x < 1/2$ ist, stimmen Zeltfunktion und Sägezahnfunktion überein. Daher gilt

$$T(x) = 0.a_2a_3a_4\ldots \quad \text{für } x < 1/2.$$

Wenn $x \geq 1/2$ ist, ist $S(x) = 2x - 1$ und

$$\begin{aligned} T(x) &= -2x + 2 = 1 - (2x - 1) \\ &= 1 - S(x) = 1 - 0.a_2a_3a_4\ldots \end{aligned}$$

Wir führen die duale binäre Ziffer a^* ein:

$$a^* = \begin{cases} 1 & \text{wenn } a = 0 \\ 0 & \text{wenn } a = 1. \end{cases}$$

Mit dieser Bezeichnung haben wir $T(x) = 0.a_2^*a_3^*a_4^*\ldots$ für den Fall $x \geq 1/2$, weil

$$0.a_2a_3a_4\ldots + 0.a_2^*a_3^*a_4^*\ldots = 0.111\ldots = 1.$$

Die *Binärdarstellung der Zeltfunktion* ist daher

$$T(0.a_1a_2a_3\ldots) = \begin{cases} 0.a_2a_3a_4\ldots & \text{wenn } a_1 = 0 \\ 0.a_2^*a_3^*a_4^*\ldots & \text{wenn } a_1 = 1. \end{cases}$$

Was die Mehrdeutigkeit der binären Darstellungen anbetrifft, so müssen wir nur darauf achten, daß 1/2 durch 0.1 dargestellt wird. Die oben angegebene binäre Fassung von T läßt sich sogar auf $x = 1$ anwenden, wenn man 1 durch 0.111... darstellt.

Dichte periodische Punkte

Wir beginnen mit der Untersuchung von Chaos bei den periodischen Punkten. Wir haben bereits gezeigt, daß ein periodischer Punkt $w \in [0,1)$ der Sägezahnfunktion S mit $S^n(w) = w$ einen periodischen Punkt $x = T(w)$ von T induziert. Um zu beweisen, daß diese periodischen Punkte von T dicht liegen, zeigen wir, daß man periodische Punkte finden kann, die mit einer beliebigen Ziffernfolge $a_1\ldots a_n$ anfangen. Der Punkt $w = 0.\overline{0a_1\ldots a_n} < 1/2$ ist periodisch unter S mit Periode $n+1$. Weil T mit der Shiftfunktion übereinstimmt, sofern die erste Ziffer nach dem Komma 0 ist, gilt $x = T(w) = 0.\overline{a_1\ldots a_n0}$, und zudem ist x ein periodischer Punkt von T, dessen Periodenlänge $n+1$ ist.

Als Beispiel nehmen wir das Intervall $I = [27/32, 28/32]$, das aus allen binären Zahlen besteht, deren Ziffernfolge mit 0.11011 anfängt, und suchen einen periodischen Punkt in I. Der Mittelpunkt des Intervalls ist $55/64 = 0.110111$. Genauso wie oben wählen wir

$$x = T(0.\overline{0110111}) = 0.\overline{1101110} = \frac{110}{127} \in I.$$

Tatsächlich ist x aus I und periodisch. Die Länge der Periode ist 7.

Sensitive Abhängigkeit von den Anfangsbedingungen

Wir fahren fort mit der *sensitiven Abhängigkeit von den Anfangsbedingungen*. Sei $x_0 = 0.a_1a_2a_3\ldots$ ein beliebiger Anfangswert aus dem Einheitsintervall in seiner Binärentwicklung. Für festes $n > 0$ suchen wir einen Punkt z_0 in der Nähe von x_0, so daß $|z_0 - x_0| \leq 2^{-n}$ ist, und die Bahnen von x_0 und z_0 sich zu einem Zeitpunkt in der Iteration um den Schwellenwert $\varepsilon = 1/2$ unterscheiden. Wir wählen

$$z_0 = 0.a_1\ldots a_n a^*_{n+1}a_{n+2}a_{n+3}a_{n+4}\ldots$$

d.h., wir kehren die binäre Ziffer an der Stelle $n+1$ um. Wegen (1.15) erhalten wir $|z_0 - x_0| \leq 2^{-n}$ und behaupten, daß $|z_n - x_n| = 1/2$. Im Beweis behandeln wir die beiden Fälle $a_n = 0$ und $a_n = 1$ getrennt.
Fall $a_n = 0$. Dann gilt

$$\begin{aligned} x_n &= T^n(x_0) = T(S^{n-1}(x_0)) = T(0.a_na_{n+1}a_{n+2}\ldots) \\ &= T(0.0a_{n+1}a_{n+2}a_{n+3}\ldots) = 0.a_{n+1}a_{n+2}a_{n+3}\ldots \\ z_n &= T^n(z_0) = T(S^{n-1}(z_0)) = T(0.a_na^*_{n+1}a_{n+2}a_{n+3}\ldots) \\ &= T(0.0a^*_{n+1}a_{n+2}a_{n+3}\ldots) = 0.a^*_{n+1}a_{n+2}a_{n+3}a_{n+4}\ldots, \end{aligned}$$

und die Behauptung ist bewiesen.
Fall $a_n = 1$. Dann ist

$$\begin{aligned} x_n &= T(0.1a_{n+1}a_{n+2}a_{n+3}\ldots) = 0.a^*_{n+1}a^*_{n+2}a^*_{n+3}\ldots \\ z_n &= T(0.1a^*_{n+1}a_{n+2}a_{n+3}\ldots) = 0.a_{n+1}a^*_{n+2}a^*_{n+3}\ldots, \end{aligned}$$

und wir haben auch in diesem Fall die Behauptung bewiesen.

Als Beispiel nehmen wir uns wieder das Intervall $I = [27/32, 28/32]$ mit Mittelpunkt $x_0 = 0.110111\overline{0}$ und $n = 6$. Wir suchen also nach einem Anfangswert z_0 in I, dessen sechste Iterierte unter der Zeltfunktion sich um den Schwellenwert 1/2 von der sechsten Iterierten von x_0 unterscheidet. Dazu kehren wir die siebte binäre Ziffer von x_0 um und erhalten $z_0 = 0.1101111$ und berechnen

$$\begin{aligned} x_6 &= T^6(x_0) = T(S^5(0.110111\overline{0})) = T(0.1\overline{0}) = 0.\overline{1} = 1 \\ z_6 &= T^6(z_0) = T(S^5(0.1101111\overline{0})) = T(0.11\overline{0}) \\ &= 0.0\overline{1} = 0.1\overline{0} = 1/2 \end{aligned}$$

Daher gilt $|z_6 - x_6| = 1/2$, wie verlangt war.

Mischen

Wir schließen diesen Abschnitt mit der Besprechung der Mischungseigenschaft ab. Gegeben seien zwei kleine Intervalle I und J im Einheitsintervall. Es ist immer möglich eine so große Zahl n und binäre Ziffern $a_1\ldots a_n$ und $b_1\ldots b_n$ zu finden, so daß alle Zahlen, deren Binärentwicklung mit $a_1\ldots a_n$ anfängt, in I liegen, und alle Zahlen, deren binäre Darstellung mit $b_1\ldots b_n$ beginnt, in J. Nun geben wir einen Punkt x_0 in I an, dessen $n$te Iterierte in J liegt. Wieder behandeln wir die beiden Fälle $a_n = 0$ und $a_n = 1$ getrennt.

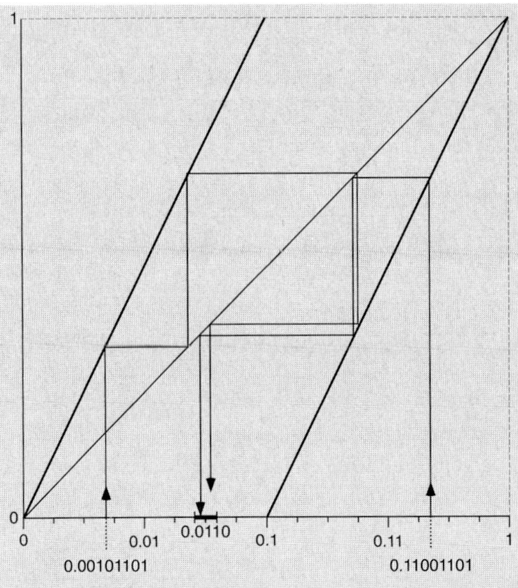

Abb. 1.40 : Mit der Mischungseigenschaft ist gemeint, daß man jedes gegebene Intervall von jedem beliebigen anderen Intervall aus erreichen kann. Hier sind zwei Beispiele, wie man ein kleines Intervall mit Mittelpunkt 0.0110 erreichen kann.

Fall $a_n = 0$. Wir wählen dann $x_0 = 0.a_1 \ldots a_n b_1 \ldots b_n$ und überprüfen

$$\begin{aligned} x_n &= T^n(x_0) = T(S^{n-1}(x_0)) = T(0.a_n b_1 \ldots b_n) \\ &= T(0.0 b_1 \ldots b_n) = 0.b_1 \ldots b_n \in J. \end{aligned}$$

Fall $a_n = 1$. Dann wählen wir $x_0 = 0.a_1 \ldots a_n b_1^* \ldots b_n^*$ und überprüfen

$$\begin{aligned} x_n &= T^n(x_0) = T(S^{n-1}(x_0)) = T(0.a_n b_1^* \ldots b_n^*) \\ &= T(0.1 b_1^* \ldots b_n^*) = 0.b_1 \ldots b_n 111 \ldots \in J. \end{aligned}$$

Als Beispiel nehmen wir $I = [27/32, 28/32]$ wie gehabt und $J = [14/32, 15/32]$. Jetzt ist $n = 5$, und alle binären Zahlen der Form $0.11011\ldots$ liegen in I und alle binären Zahlen der Form $0.01110\ldots$ in J. Da $a_5 = 1$ ist, nehmen wir

$$x_0 = 0.110110^*1^*1^*1^*0^* = 0.1101110001.$$

Dann ist

$$\begin{aligned} x_5 &= T^5(x_0) = T(S^4(x_0)) = T(0.110001) \\ &= T(0.01110\overline{1}) \in J. \end{aligned}$$

Wir haben damit die Eigenschaften von Chaos für die Zeltfunktion nachgewiesen, indem wir unsere Kenntnisse über die Shiftabbildung und den Zusammenhang zwischen Sägezahn- und Zeltfunktion ausgeschöpft haben.

1.6 Chaos für den quadratischen Iterator

Letzter Schritt Was wir in den letzten Abschnitten besprochen haben, scheint auf den ersten Blick sehr speziell zu sein. In Wirklichkeit ist jedoch das Gegenteil zutreffend. Dieser Abschnitt ist der *Äquivalenz* zwischen der Iteration des linearen Knetoperators, der durch die Zeltfunktion gegeben ist, und der quadratischen Iteration $x \to 4x(1-x)$ zugedacht, die für nichtlineares Kneten steht. Das gesamte komplexe Verhalten, das wir zuerst für die binäre Shiftabbildung und dann für die Zeltfunktion nachgewiesen haben, werden wir auch für den quadratischen Iterator feststellen können. In mancherlei Hinsicht werden dadurch die theoretischen Hintergründe für die Experimente aus dem ersten Teil dieses Kapitels transparent: Wir finden sensitive Abhängigkeit von den Anfangsbedingungen, die Mischungseigenschaft, und wir werden sowohl ergodische als auch periodische Punkte bestimmen. Damit wird sich der Kreis in unserer Darstellung von Chaos und Kneten schließen.

Koordinatentransformation

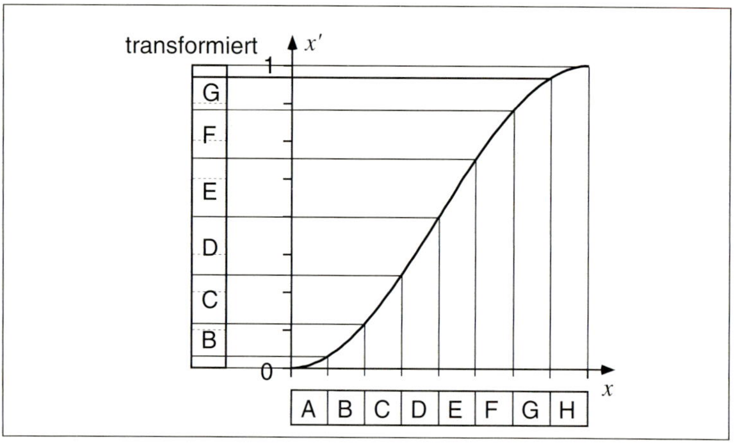

Abb. 1.41 : Die Funktion $h(x) = \sin^2(\pi x/2)$ ist eine Koordinatentransformation. Für jedes x gibt es genau einen zugehörigen Wert $x' = h(x)$ und umgekehrt. Wie es entlang der Achsen angezeigt ist, verändern Intervalle unter der Transformation ihre Länge.

Zeltfunktion und Parabel Die Äquivalenz zwischen der Iteration der Zeltfunktion und der quadratischen Iteration wird durch einen nichtlinearen Koordinatenwechsel hergestellt, der durch

$$x' = h(x) = \sin^2\left(\frac{\pi x}{2}\right)$$

gegeben ist. Bevor wir darauf zu sprechen kommen, warum dies so ist, werden wir erklären, was es eigentlich bedeutet. Der S-förmige

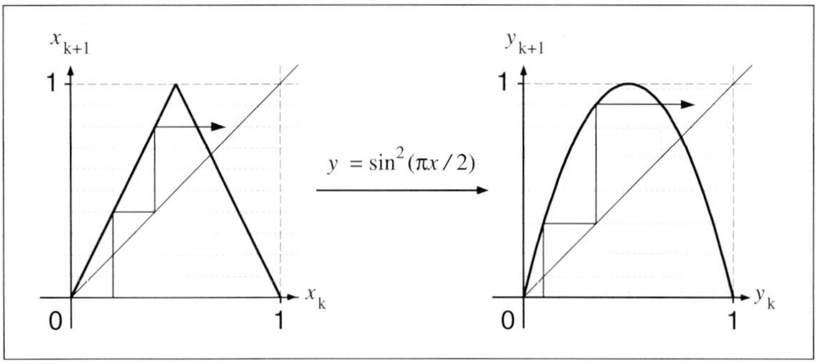

Transformation der grafischen Iteration

Abb. 1.42 : Wenn man die Koordinaten entsprechend der Funktion $h(x)$ ändert, wird der Graph der Zeltfunktion in den Graphen der quadratischen Funktion $f(x) = 4x(1-x)$ transformiert. Darüberhinaus wird die grafische Iteration von T (links) in die grafische Iteration der Parabel $f(x) = 4x(1-x)$ (rechts) transformiert, ebenfalls durch Anwendung von h. Die beiden Bahnen im rechten und im linken Bild sind äquivalent.

Graph der Funktion h ist in Abbildung 1.41 dargestellt. Wir halten fest, daß das Einheitsintervall *injektiv* auf sich selbst abgebildet wird. Dies bedeutet, daß für alle $x' \in [0,1]$ genau ein $x \in [0,1]$ existiert, so daß $x' = h(x)$ ist. Wie wird nun die Dynamik der Zeltfunktion durch die Funktion h in die Dynamik des quadratischen Iterators übergeführt? Betrachten wir einen Anfangswert x_0 und seine Bahn $x_0, x_1, x_2, \ldots$ unter der Zeltfunktion, das bedeutet

$$x_1 = T(x_0), x_2 = T^2(x_0), \ldots, x_k = T^k(x_0), \ldots \tag{1.17}$$

Der transformierte Anfangswert ist

$$x'_0 = h(x_0).$$

Der Wert x'_0 ist sozusagen der Anfangswert x_0 in seinen neuen Koordinaten, denen nämlich, die zu der Iteration der Parabel gehören. Nun berechnen wir die Iterierten von $y_0 = x'_0$ unter der quadratischen Funktion $f(x) = 4x(1-x)$ und erhalten

$$y_1 = f(y_0), y_2 = f^2(y_0), \ldots, y_k = f^k(y_0), \ldots$$

Wir behaupten, daß dies tatsächlich die gleiche Bahn ist wie in Gleichung (1.17), allerdings ist sie hier in ihren neuen Koordinaten gegeben (siehe Abbildung 1.42). Es ist also nicht nur $y_0 = h(x_0)$, sondern auch

$$y_1 = h(x_1), y_2 = h(x_2), \ldots, y_k = h(x_k), \ldots$$

Durch die Iteration von x_0 unter T entsteht eine Bahn, die — nach dem Koordinatenwechsel — die gleiche ist wie die von $y_0 = x'_0 =$

Kontrolle der Äquivalenz

k	$x_k = T^k(x_0)$	$x'_k = \sin^2(\pi x_k/2)$	$y_k = f^k(y_0)$
0	8/25	0.232	0.232
1	16/25	0.713	0.713
2	18/25	0.819	0.819
3	14/25	0.594	0.594
4	22/25	0.965	0.965
5	6/25	0.136	0.136
6	12/25	0.469	0.469
7	24/25	0.996	0.996
8	2/25	0.016	0.016
9	4/25	0.062	0.062

Tab. 1.43 : Die Tabelle zeigt die ersten neun Iterationen von $x_0 = 8/25$ unter T, die entsprechenden Iterationen von $y_0 = x'_0$ unter f und zur Kontrolle die transformierten Zahlen $x'_k = h(x_k)$.

$h(x_0)$ unter der quadratischen Funktion f. Mit Hilfe der Funktionen f und T kann diese Äquivalenz durch die folgende *Funktionalgleichung* ausgedrückt werden:

$$f^k(h(x)) = h(T^k(x)), \quad k = 1, 2, \ldots \tag{1.18}$$

für alle $x \in [0, 1]$.

Beispiel

Wir sehen uns als Beispiel die Iteration von $x_0 = 8/25$ an. Die Daten für die ersten neun Iterationen haben wir schon in Tabelle 1.43 angegeben, und die Äquivalenz ist in Abbildung 1.44 grafisch dargestellt. Tatsächlich finden wir heraus, daß die neuen Koordinaten der Bahn von x_0 unter der Zeltfunktion vollständig mit der Bahn von x'_0 unter dem quadratischen Iterator übereinstimmen.

Sensitivität kann die Äquivalenz zerstören

Dennoch muß dieses Ergebnis mit Vorsicht betrachtet werden! Obwohl die Behauptung, daß die beiden rechten Spalten in Tabelle 1.43 — wie oft man auch iteriert — gleich sind, mathematisch vollständig begründet werden kann, dürfen wir nicht erwarten, daß die Äquivalenz auch in der Praxis zu beobachten ist, wenn eine große Anzahl von Iterierten mit einem Taschenrechner oder Computer berechnet wird. Der Grund hierfür ist wieder die sensitive Abhängigkeit von den Anfangsbedingungen. Zwar kann $x_0 = 8/25$ exakt im Rechner dargestellt werden, aber nicht x'_0, und zusätzlich stellen sich bei jedem Iterationsschritt kleine Fehler neu ein, die von der Genauigkeit der Arithmetik abhängen. Nach einer endlichen Anzahl von Iterationen werden wir schließlich auf numerischem Weg eine Bahn erhalten, die mit der wirklichen Bahn von x'_0 nichts mehr zu tun hat. Die numerische Bestätigung für die Gleichheit der beiden Bahnen wird also durch Chaos verhindert.

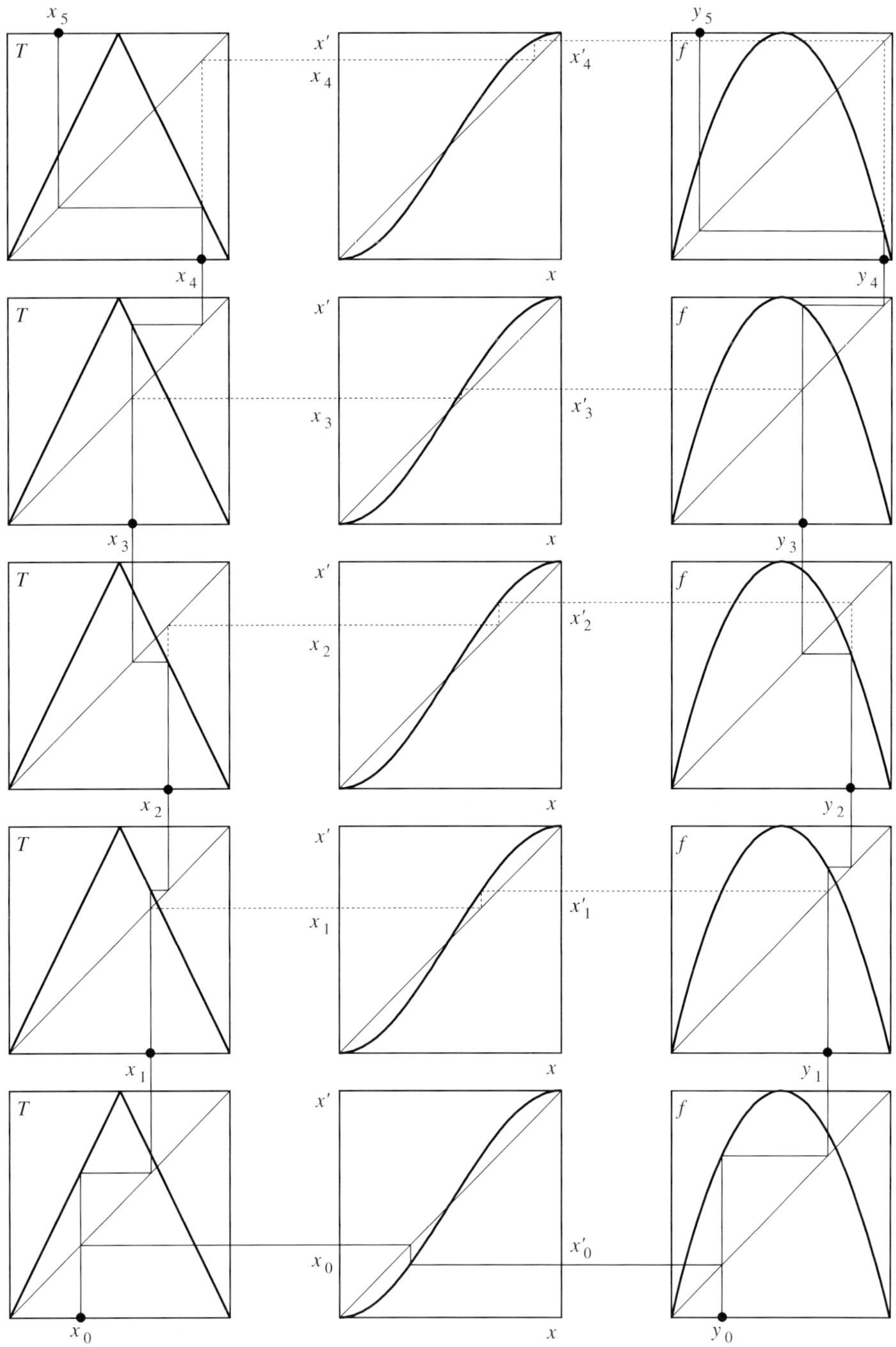

Abb. 1.44 : Die ersten Iterationen von x_0 unter der Zeltfunktion, die man aus Tabelle 1.43 entnehmen kann, und die entsprechenden Iterationen von x'_0 unter der Parabel.

Die Äquivalenz zwischen Zeltfunktion und quadratischem Iterator

In diesem Abschnitt führen wir den mathematischen Hintergrund der Äquivalenz zwischen der quadratischen Iteration und der Iteration der Zeltfunktion genauer aus. Um zu sehen, daß die Iterationen wirklich gleich sind, müssen wir lediglich die bekannten trigonometrischen Gleichungen

$$\sin^2\alpha + \cos^2\alpha = 1 \quad \text{und} \quad \sin 2\alpha = 2\,\sin\alpha\cos\alpha.$$

anwenden. Durch die Iteration eines Anfangswerts x_0 unter der Zeltfunktion und der Iteration des entsprechenden transformierten Werts $x_0' = \sin^2(x_0\pi/2)$ unter der Parabel $f(x) = 4x(1-x)$ werden zwei Bahnen produziert, die durch die Funktion $x' = h(x) = \sin^2\big(x\pi/2\big)$ ineinander übergeführt werden.

Um dies algebraisch zu begründen, nehmen wir für die Zeltfunktion den Startwert x_0 und für die Parabel $y_0 = x_0'$. Entsprechend bezeichnet $x_0, x_1, \ldots$ die Iteration unter der Zeltfunktion und $y_0, y_1, \ldots$ die Iteration unter der Parabel. Wir zeigen durch Induktion, daß tatsächlich $y_k = x_k' = h(x_k)$ für *alle* natürlichen Zahlen $k = 0, 1, 2, \ldots$ gilt, womit die Äquivalenz der beiden Bahnen bewiesen ist.

Wir ersetzen y_0 in der quadratischen Gleichung durch den transformierten Ausdruck $y_0 = \sin^2(x_0\pi/2)$ und erhalten

$$y_1 = 4y_0(1-y_0) = 4\sin^2\left(\frac{\pi x_0}{2}\right)\left(1-\sin^2\left(\frac{\pi x_0}{2}\right)\right).$$

Durch Anwendung der trigonometrischen Gleichung $\cos^2\alpha = 1 - \sin^2\alpha$ kommen wir zu

$$y_1 = 4\sin^2\left(\frac{\pi x_0}{2}\right)\cos^2\left(\frac{\pi x_0}{2}\right).$$

Dies kann mit der Winkelverdoppelungsgleichung $\sin 2\alpha = 2\sin\alpha\cos\alpha$ vereinfacht werden zu

$$y_1 = \sin^2(x_0\pi).$$

Die erste Iterierte von x_0 unter der Zeltfunktion ist $x_1 = T(x_0)$. Wir zeigen nun, daß x_1 und y_1 wirklich gleich sind, nachdem die Koordinatentransformation auf x_1 angewendet wurde, d.h.:

$$x_1' = y_1,$$

wobei $x_1' = h(x_1)$ ist. Zuerst behandeln wir den Fall $0 \le x_0 \le 1/2$. Dann ist $x_1 = T(x_0) = 2x_0$ und

$$x_1' = \sin^2\left(\frac{\pi x_1}{2}\right) = \sin^2(x_0\pi) = y_1.$$

Anderenfalls, wenn $1/2 < x_0 \le 1$ ist, erhalten wir $x_1 = T(x_0) = 2 - 2x_0$, und damit

$$x_1' = \sin^2\left(\frac{\pi x_1}{2}\right) = \sin^2(\pi - x_0\pi).$$

Wir vereinfachen zuerst unter Verwendung von $\sin^2(\alpha+\pi) = \sin^2(\alpha)$ und dann durch $\sin^2(-\alpha) = \sin^2\alpha$ und erhalten dadurch

$$x_1' = \sin^2(-x_0\pi) = \sin^2(x_0\pi) = y_1.$$

Dieses Ergebnis zeigt, daß $x'_1 = y_1$ ist, und der Schluß $x'_k = y_k$ für alle k folgt durch Induktion. Daher ist $x'_k = h(T^k(x_0))$ und $y_k = f^k(h(x_0))$, und wir haben die Funktionalgleichung (1.18) bewiesen.

Auf ähnliche Weise ist es auch möglich, eine Formel zu finden, durch die die Iteration der Sägezahnfunktion zur Iteration des quadratischen Iterators in Beziehung gesetzt wird. Dazu verwendet man die Transformation $h(x) = \sin^2(x_0\pi)$. Die zugehörige Funktionalgleichung ist wieder $f^k(h(x)) = h(S^k(x))$. Wir wollen jedoch festhalten, daß durch h in diesem Fall keine Äquivalenz hergestellt wird, weil h nicht injektiv ist. Deshalb können wir nur Rückschlüsse von den Eigenschaften von S auf die Eigenschaften von f ziehen, und nicht umgekehrt. Auf Einzelheiten wollen wir an dieser Stelle nicht näher eingehen.

Die Äquivalenz ausnutzen: Periodische Punkte finden

Wenn wir die Gleichung anwenden, die wir zuvor für den Koordinatenwechsel angegeben haben, können wir die periodischen Punkte des quadratischen Iterators ohne Schwierigkeiten angeben. Alles, was wir dazu brauchen, ist ein *periodischer Punkt* der Zeltfunktion, den wir x_0 nennen. Wir wenden dann die Koordinatentransformation an und erhalten $\sin^2(\pi x_0/2)$. Wir wissen nun sicher, daß dies ein periodischer Punkt für den quadratischen Iterator ist. Zum Beispiel ist $x_0 = 2/7$ ein periodischer Punkt der Zeltfunktion mit Periodenlänge drei:

$$2/7 \to 4/7 \to 6/7 \to 2/7.$$

Daher ist der Anfangswert $\sin^2(\pi/7) = 0.188255099\ldots$ ein periodischer Punkt des quadratischen Iterators, dessen Periode ebenfalls drei ist. Das ist der Zyklus, der uns schon auf Seite 56 im ersten Abschnitt dieses Kapitels begegnet ist.

Vom Chaos für T zum Chaos für f

Die Iterationen der Zeltfunktion und des quadratischen Iterators sind daher vollkommen gleich. Alle Eigenschaften von Chaos können deshalb auch bei der Iteration von $f(x) = 4x(1-x)$ gefunden werden.

- Periodische Punkte der Zeltfunktion entsprechen den periodischen Punkten der Parabel.
- Punkte, die sich mischend verhalten, indem sie von einem gegebenen Intervall im Lauf der Iteration in ein fest vorgegebenes anderes Intervall gelangen, entsprechen Punkten, die das gleiche Verhalten für die Parabel aufweisen.
- Punkte, die sensitives Verhalten für die Zeltfunktion zeigen, entsprechen Punkten, die sich der Iteration der quadratischen Funktion sensitiv verhalten.

Wir weisen darauf hin, daß diese Eigenschaften nicht selbstverständlich sind. Im folgenden technischen Abschnitt geben wir den Beweis für die ersten beiden Eigenschaften.

Dichte periodische Punkte und die Mischungseigenschaft

Es sei T die Zeltfunktion, $f(x) = 4x(1-x)$ die quadratische Funktion und $h(x) = \sin^2(\pi x/2)$ die Koordinatentransformation. Die Funktionalgleichung $f^k(h(x)) = h(T^k(x))$ für $k = 1, 2, \ldots$ und $x \in [0,1]$ wurde zuvor schon gezeigt. Ferner wissen wir, daß die periodischen Punkte von T in $[0,1]$ dicht liegen, und daß T mischend ist.

(a) Wir behaupten, daß die periodischen Punkte von f in $[0,1]$ dicht liegen. Sei $y \in [0,1]$. Wir werden zeigen, daß es eine Folge periodischer Punkte für f gibt, deren Grenzwert y ist. Wir können das Urbild x von y unter h nehmen, d.h.: $h(x) = y$. Dies ist möglich, weil jeder Punkt genau ein Urbild unter h hat. Da die periodischen Punkte von T in $[0,1]$ dicht liegen, können wir eine Folge von Punkten $x_1, x_2, \ldots$ mit Grenzwert x finden, so daß jedes x_k periodisch ist mit der Periode p_k.[22] Daher ist $T^{p_k}(x_k) = x_k$ für $k = 1, 2, \ldots$ Wir behaupten, daß die Folge $y_1, y_2, \ldots$ mit $y_k = h(x_k)$ aus periodischen Punkten besteht und den Grenzwert y hat. Die erste Behauptung folgt aus der Funktionalgleichung $f^k h = hT^k$. Es gilt

$$f^{p_k}(y_k) = f^{p_k}(h(x_k)) = h(T^{p_k}(x_k)) = h(x_k) = y_k.$$

Die zweite Behauptung folgt, weil h stetig ist.[23]

(b) Wir behaupten nun, daß die Funktion f mischend ist. Seien U und V zwei offene Intervalle in $[0,1]$. Wir müssen einen Punkt $y \in U$ finden und eine natürliche Zahl k, so daß $f^k(y) \in V$ ist. Wir nehmen die Urbilder $A = h^{-1}(U) = \{x \in [0,1] \mid h(x) \in U\}$ und $B = h^{-1}(V)$. A und B sind offen, weil h stetig ist. Es gibt daher eine natürliche Zahl k und ein $x \in A$, so daß $T^k(x) \in B$ ist, weil T mischend ist. Wir setzen $y = h(x)$. Nun wenden wir die Funktionalgleichung an und erhalten $f^k(y) = f^k(h(x)) = h(T^k(x))$. Weil $T^k(x) \in B$ ist, können wir auf $h(T^k(x)) \in h(B) = V$ schließen. Somit ist f mischend.

Diese Beweise lassen sich leicht führen und erfordern lediglich eine geschickte Anwendung der Definitionen und der Funktionalgleichung $f^k h(x) = hT^k(x)$. Die Existenz dichtliegender periodischer Punkte für die Zeltfunktion sowie die Äquivalenz zwischen T und f haben also zur Folge, daß auch die periodischen Punkte von f dicht liegen. Die Mischungseigenschaft für T liefert zusammen mit der Äquivalenz zwischen T und f die Mischungseigenschaft auch

---

[22] Wir merken an, daß im Gegensatz zu unserer üblichen Notationsweise die Folge $x_1, x_2, \ldots$ *keine* Bahn unter T ist.

[23] Eine Möglichkeit, die Stetigkeit einer Funktion $f : X \to X$ zu definieren, wobei X beispielsweise eine Teilmenge der reellen Zahlen sein kann, ist die folgende: Die Funktion f heißt stetig, wenn für jedes $x \in X$ und jede Folge von Zahlen $x_1, x_2, \ldots$ mit Grenzwert x die Folge der Bildpunkte $f(x_1), f(x_2), \ldots$ gegen den Grenzwert $f(x)$ konvergiert. Eine äquivalente Definition sagt, daß eine Funktion f genau dann stetig ist, wenn für jede offene Menge U in X das Urbild $f^{-1}(U) = \{x \in X \mid f(x) \in U\}$ offen ist in X. Eine Teilmenge U der reellen Zahlen $\mathbf{R}$ heißt offen, wenn für jedes $x \in U$ ein offenes Intervall I existiert, das x enthält und ganz in U liegt.

für f. Diese Vorgehensweise führt jedoch im allgemeinen *nicht* für die dritte kennzeichnende Eigenschaft chaotischer Systeme zum Ziel. Das zeigen wir anhand eines einfachen Gegenbeispiels.

Sensitivität: Gegenbeispiel

Die Iteration der Funktion

$$f(x) = 2x, \quad x \in [1, \infty)$$

und

$$g(y) = y + \log 2, \quad y \in [0, \infty)$$

sind äquivalent aufgrund der Koordinatentransformation

$$h(x) = \log x.$$

Tatsächlich ist $h : [1, \infty) \to [0, \infty)$ eine stetige, injektive und surjektive Funktion,[24] und die Umkehrfunktion von h, $h^{-1}(y) = e^y$, ist ebenfalls stetig. Ferner gilt

$$h(f(x)) = g(h(x)) \quad \text{für alle} \quad x \in [1, \infty),$$

denn

$$\log 2x = \log x + \log 2.$$

Daher kommen wir zu der Funktionalgleichung $h(f^k(x)) = g^k(h(x))$ für $k = 1, 2 \ldots$ Wir weisen darauf hin, daß f sensitiv ist, was für g aber nicht zutrifft, weil g einfach eine Verschiebung ist. Anfangsfehler werden im Lauf der Iteration von f verstärkt wie Potenzen von 2, aber bei der Iteration von g bleiben Anfangsfehler unverändert. Aus dieser Beobachtung kann man folgern, daß sich die Sensitivität eines dynamischen Systems nicht durch Koordinatentransformation auf ein anderes System übertragen läßt. Dies steht im Gegensatz dazu, daß dichtliegende periodische Punkte und die Mischungseigenschaft bei Koordinatenwechsel erhalten bleiben.

Die Sensitivität des quadratischen Iterators kann also nicht allein durch die Sensitivität von T zusammen mit der Äquivalenz von f und T nachgewiesen werden. In diesem Fall müssen wir ausnutzen, daß die quadratische Funktion auf einem kompakten Intervall definiert ist. Dies ist die entscheidende Eigenschaft, die bei dem Gegenbeispiel nicht erfüllt ist.

---

[24] Eine Funktion $f : X \to Y$ ist genau dann *surjektiv*, wenn für jedes $y \in Y$ ein $x \in X$ existiert, so daß $f(x) = y$ ist. Dies bedeutet, daß alle Punkte von Y im Bild von f liegen. Zur Definition von *injektiv* siehe Seite 101.

Herleitung der Sensitivität

Wir behaupten, daß f sensitiv ist. Es sei y ein beliebiger Punkt in $[0, 1]$. Wir zeigen, daß eine Folge von Anfangswerten $y_1, y_2, \ldots$ existiert, die gegen y konvergiert, so daß die zugehörigen Bahnen sich von der Bahn von y mindestens um einen Schwellenwert $\delta_f > 0$ unterscheiden. Wir wählen x als das Urbild von y unter h, d.h. $h(x) = y$. Da nun T sensitiv ist, existiert eine Sensitivitätskonstante $\delta_T > 0$ und eine Folge von Anfangswerten $x_1, x_2, \ldots$ für T mit Grenzwert x, so daß die zugehörigen Bahnen unter T sich von der Bahn von x mindestens um den Abstand δ_T entfernen. Genauer gesagt bedeutet dies, daß für jeden Anfangspunkt x_k eine natürliche Zahl n_k existiert, so daß die $n_k$te Iterierte von x_k unter T sich von der $n_k$ten Iterierten von x mindestens um δ_T unterscheidet:

$$|T^{n_k}(x_k) - T^{n_k}(x)| \geq \delta_T. \tag{1.19}$$

Wir definieren

$$\delta_f = \inf\{|h(x) - h(y)| \mid |x - y| \geq \delta_T,\ x, y \in [0, 1]\}.$$

Weil $h(x) = \sin^2\left(\pi x/2\right)$ eine streng monoton wachsende Funktion ist, können wir schließen, daß δ_f das Minimum der stetigen Funktion $h(x) - h(x - \delta_T)$ ist, die für $\delta_T \leq x \leq 1$ definiert ist. In unserem Fall ist das Minimum $\delta_f = h(\delta_T) > 0$.[25]

Wir betrachten nun die Folge $y_1, y_2, \ldots$ mit $y_k = h(x_k)$, d.h., wir wenden die Koordinatentransformation auf die Folge von Anfangswerten für T an. Weil die Funktion h stetig ist, wissen wir, daß die Folge der Bildpunkte einen Grenzwert hat, nämlich

$$\lim_{k\to\infty} y_k = \lim_{k\to\infty} h(x_k) = h(x) = y.$$

Durch Anwendung der Funktionalgleichung $f^{n_k}h = hT^{n_k}$ gelangen wir zu folgendem Ergebnis:

$$\begin{aligned} |f^{n_k}(y_k) - f^{n_k}(y)| &= |f^{n_k}(h(x_k)) - f^{n_k}(h(x))| \\ &= |h(T^{n_k}(x_k)) - h(T^{n_k}(x))|. \end{aligned}$$

Aufgrund der Ungleichung (1.19) und der Definition von δ_f erhalten wir

$$|f^{n_k}(y_k) - f^{n_k}(y)| \geq \delta_f.$$

Daher erreicht die Bahn des Anfangspunkts y_k nach n_k Iterationen einen Abstand von der Bahn von y, der größer oder gleich δ_f ist. Da die Folge der y_k gegen y konvergiert, haben wir in beliebiger Nähe von y Punkte mit dieser Eigenschaft gefunden. Somit ist f an der Stelle y sensitiv.

[25] Auf diese Weise läßt sich δ in dem Gegenbeispiel, das wir vorhin angeführt haben, und bei dem der Koordinatenwechsel, der durch $h(x) = \log x$ gegeben war, nicht definieren. In diesem Fall gilt $\inf\{|h(x) - h(y)| \mid |x - y| \geq \delta_T,\ x, y > 1\} = 0$. Das ist der Grund dafür, daß sich der Beweis nicht auf das Gegenbeispiel anwenden läßt.

Sensitivität folgt aus der Mischungseigenschaft und dichten periodischen Punkten

Es gibt eine weitere, elegante Möglichkeit, Sensitivität nachzuweisen, die sich nicht nur auf den quadratischen Iterator, sondern auf viele ähnliche Fälle anwenden läßt. Die Methode hierfür ist erst kürzlich in einer Gruppe von fünf australischen Mathematikern entwickelt worden.[26] Sie haben durch ein Theorem bewiesen, daß die Mischungseigenschaft zusammen mit dichtliegenden, periodischen Punkten die dritte zentrale Eigenschaft von Chaos, die sensitive Abhängigkeit von den Anfangsbedingungen, bereits einschließen. Mit anderen Worten, wenn f eine chaotische Abbildung ist und g aus f durch einen Koordinatenwechsel hervorgegangen ist, d.h. $f(h(x)) = h(g(x))$, dann ist auch g chaotisch. Es ist daher gar nicht nötig, die Sensitivität von f aus der von T herzuleiten. Der Beweis zu dem Theorem der australischen Mathematiker ist technisch, aber nicht schwierig, und wir werden ihn im nächsten Abschnitt behandeln.

Chaos für die Gauß-Abbildung

Wir schließen den Abschnitt mit dem Beispiel einer chaotischen Abbildung, die der quadratischen Funktion insofern ähnlich ist, als sie eine vollständige Analyse der qualitativen und quantitativen Eigenschaften von Chaos zuläßt. Die Abbildung ist

$$G(x) = \begin{cases} 0 & \text{wenn } x = 0 \\ \text{Frac}\left(\frac{1}{x}\right) = \frac{1}{x} \bmod 1 & \text{wenn } x \in (0,1) \end{cases}$$

und wird *Gauß-Abbildung* genannt. Die Iteration von G ist verwandt mit der Kettenbruchentwicklung reeller Zahlen (siehe Band 1, Kapitel 3). Für $x_0 \in [0, 1)$ sei

$$x_{k+1} = G(x_k), \quad k = 0, 1, 2, \ldots$$

Dann gibt es eine entsprechende Folge von Zahlen $n_1, n_2, \ldots$ mit

$$n_{k+1} = \frac{1}{x_k} - x_{k+1}.$$

Das bedeutet, $x_{k+1} = G(x_k)$ ist der nicht-ganzzahlige Anteil von $1/x_k$, während n_{k+1} der ganzzahlige Anteil von $1/x_k$ ist. Es ist eine leichte Übung für den Leser, zu überprüfen, daß die Kettenbruchzerlegung von x_0 einfach durch

$$x = [n_1, n_2, n_3, \ldots] = \cfrac{1}{n_1 + \cfrac{1}{n_2 + \cfrac{1}{n_3 + \cfrac{1}{n_4 + \cdots}}}}$$

[26] J. Banks, J. Brooks, G. Cairns, G. Davis, P. Stacey, *On Devaney's definition of chaos,* American Math. Monthly 99.4 (1992) 332–334.

gegeben ist. Man verwende dazu die Gleichung

$$[n_1, \ldots, n_k] = \frac{1}{n_1 + [n_2, \ldots, n_k]}.$$

Wir stellen fest, daß die Iteration der Gauß-Abbildung abbricht, d.h., sie endet im Fixpunkt 0, sofern x_0 eine rationale Zahl ist. Für eine irrationale Zahl x_0 trifft die Folge $x_k, k = 0, 1, 2, \ldots$ diesen Fixpunkt niemals, und es ist

$$x_0 = \lim_{k \to \infty} [n_1, n_2, \ldots, n_k].$$

Mit Hilfe von Kettenbrüchen kann die Gauß-Abbildung als

$$G([n_1, n_2, n_3, \ldots]) = [n_2, n_3, n_4, \ldots]$$

geschrieben werden, wodurch eine Analogie zu der Shiftabbildung hergestellt wird, die zu dem quadratischen Iterator gehört. In der Tat können die drei Eigenschaften von Chaos — dichte, periodische Punkte, Mischungseigenschaft und Sensitivität — auf ähnliche Weise wie für die Shiftabbildung nachgewiesen werden.[27] Weiterhin weiß man, daß der Ljapunov-Exponent der Gauß-Abbildung für fast alle Anfangswerte im Einheitsintervall gleich $\pi^2/6 \log 2 \approx 2.373 > 0$ ist. Die invariante Verteilung von G war Gauß bereits bekannt. Ausgehend von einer gleichmäßigen Verteilung von Anfangswerten x_0 untersuchte Gauß die Verteilungen F_1 von x_1, F_2 von x_2, und so weiter. Die invariante Verteilung F_∞ erhält man als Grenzwert der Verteilungen F_k, wenn k gegen ∞ strebt,

$$F_\infty(x) = \log_2(1 + x).$$

Ein Problem, mit dem sich Gauß beschäftigt hat, das er jedoch nicht zu seiner Zufriedenheit lösen konnte, betraf die Geschwindigkeit, mit der die Grenzverteilung F_∞ erreicht wird. Erst viele Jahre später konnte diese Frage zufriedenstellend beantwortet werden.[28]

---

[27] Siehe R. M. Corless, *Continued fractions and chaos,* American Math. Monthly 99, 3 (1992) 203–215.

[28] Eine Darstellung der Geschichte dieses Problems findet man in D. E. Knuth, *The Art of Computer Programming, Volume 2, Seminumerical Algorithms,* Addison-Wesley, Reading, Massachusetts, 1981, Seiten 345–349.

1.7 Sensitivität folgt aus der Mischungseigenschaft und dichten, periodischen Punkten

Wie vererbt sich Chaos?

Indem wir Chaos über die drei fundamentalen Eigenschaften definiert haben, sind wir der Vorlage von Devaneys Buch gefolgt.[29] Wir haben zuvor gesehen, daß man diese Eigenschaften, Mischungseigenschaft, dichte, periodische Punkte und Sensitivität, für die Sägezahnfunktion leicht zeigen kann. Dann haben wir die Funktionalgleichung $TS = TT$ angewendet, um auch für die Zeltfunktion T Chaos nachzuweisen. Die Frage, welche der drei Eigenschaften von Chaos voneinander unabhängig sind, erscheint in diesem Zusammenhang nützlich und natürlich. Es wäre denkbar, daß eine oder zwei der charakteristischen Eigenschaften von Chaos die dritte bereits zur Folge haben. Eine weitere naheliegende Frage ist, wie sich Chaos vererbt. Wenn f eine chaotische Abbildung ist und g mit f in Beziehung steht, kann man dann davon ausgehen, daß auch g chaotisch ist? Wir beantworten diese grundlegenden Fragen in Anlehnung an eine kurze, elementare Abhandlung, die erst kürzlich erschienen ist.[30] Wir haben in den letzten Abschnitten verschiedene Beispiele von chaotischen Abbildungen gesehen, die alle miteinander in Beziehung stehen. Zunächst wollen wir präzisieren, was es bedeutet, wenn zwei Abbildungen miteinander in Beziehung stehen. Geeignete Konzepte, um dies zu beschreiben, sind *topologische Konjugation* und *topologische Semikonjugation*. Die Diskussion kann in voller Allgemeinheit durchgeführt werden, aber wir bevorzugen es der Einfachheit halber, bei unseren Abbildungen zu bleiben, die auf den reellen Zahlen definiert sind.

Seien X und Y zwei Teilmengen der reellen Zahlen und f und g Abbildungen, $f : X \to X$ und $g : Y \to Y$. Dann heißen f und g *topologisch konjugiert*, wenn f und g stetig sind und ein Homöomorphismus $h : X \to Y$ existiert, so daß die Funktionalgleichung

$$h(f(x)) = g(h(x))$$

für alle $x \in X$ erfüllt ist.

Definitionen

Die Abbildung $f : X \to Y$ heißt *stetig*, wenn für jedes $x \in X$ und jede Folge $x_1, x_2, \ldots$ in X mit Grenzwert x die Folge der Bildpunkte $f(x_1), f(x_2), \ldots$ den Grenzwert $f(x)$ hat. Eine äquivalente Definition ist die folgende. Die Abbildung f ist genau dann stetig, wenn für jede

[29] R. Devaney, *An Introduction to Chaotic Dynamical Systems, Second Edition*, Addison-Wesley, Redwood City, CA, 1989.

[30] J. Banks, J. Brooks, G. Cairns, G. Davis, P. Stacey, *On Devaney's definition of chaos*, American Math. Monthly 99.4 (1992) 332–334.

offene Menge U in Y das Urbild $f^{-1}(U) = \{x \in X \mid f(x) \in U\}$ offen in X ist. Eine Teilmenge V der reellen Zahlen $\mathbf{R}$ heißt *offen*, wenn für jedes $x \in V$ ein offenes Intervall I existiert, das x enthält und ganz in V liegt. Wenn X eine beliebige Teilmenge von $\mathbf{R}$ ist, können wir auch auf X offene Mengen einführen. Eine Teilmenge U von X heißt offen in X, wenn eine offene Menge V der reelen Zahlen $\mathbf{R}$ existiert, so daß $U = X \cap V$.

Eine Abbildung $h : X \to Y$ ist ein *Homöomorphismus*, wenn h stetig, injektiv und surjektiv ist, und wenn die Umkehrabbildung h^{-1} ebenfalls stetig ist.

Wir bemerken, daß topologische Konjugiertheit eine *Äquivalenzrelation* ist. Dies bedeutet, daß die folgenden Eigenschaften erfüllt sind:

a) f ist topologisch konjugiert zu f.
b) Wenn f topologisch konjugiert zu g ist, dann ist g topologisch konjugiert zu f.
c) Wenn f topologisch konjugiert zu g ist und g topologisch konjugiert zu h, dann ist f topologisch konjugiert zu h.

Um Eigenschaft a) zu zeigen, nimmt man als Homöomorphismus die Identität. Für b) nimmt man h^{-1} als Homöomorphismus, und aus $hf = gh$ folgt $h^{-1}g = fh^{-1}$. Für c) sei h_1 ein Homöomorphismus mit der Eigenschaft $h_1 f = g h_1$ und h_2 ein Homöomorphismus mit $h_2 g = h h_2$. Dann genügt $h_2 h_1$ der Funktionalgleichung $h_2 h_1 f = h h_2 h_1$.

Wir werden uns eine Klasse von Beispielen ansehen. In verschiedenen Abschnitten haben wir bereits die Dynamik von $x \to ax(1-x)$ zu der von $z \to z^2 + c$ in Beziehung gesetzt. Wir zeigen nun, daß für jedes Polynom zweiten Grades wie $f(x) = \alpha x^2 + \beta x + \gamma$ ein Homöomorphismus h existiert, so daß

$$h(f(x)) = g(h(x)) \quad \text{für alle} \quad x \in \mathbf{R},$$

wobei $g(x) = x^2 + c$. Darüberhinaus kann h als affin lineare Abbildung $h(x) = mx + n$ gewählt werden. Es ist leicht, zu überprüfen, daß

$$m = \alpha, \quad n = \frac{\beta}{2}, \quad c = \alpha\gamma + \frac{\beta}{2}\left(1 - \frac{\beta}{2}\right).$$

Äquivalenz der quadratischen Polynome

Wir leiten die Koeffizienten von h aus der Annahme ab, daß h die Gestalt $h(x) = mx + n$ hat und der Funktionalgleichung $h(f(x)) = g(h(x))$ genügt, wobei $f(x) = \alpha x^2 + \beta x + \gamma$ und $g(x) = x^2 + c$. Unter Verwendung der expliziten Formeln von f, g und h führt dies zu

$$\begin{aligned} m\alpha x^2 + m\beta x + m\gamma + n &= (mx + n)^2 + c \\ &= m^2 x^2 + 2mnx + n^2 + c. \end{aligned}$$

Durch Koeffizientenvergleich erhält man

$$m = \alpha, \quad n = \frac{\beta}{2}, \quad c = \alpha\gamma + \frac{\beta}{2}\left(1 - \frac{\beta}{2}\right).$$

Wenn man, zum Beispiel, das logistische Populationsmodell

$$f(x) = x + rx(1-x) = -rx^2 + (r+1)x,$$

betrachtet, bekommt man $\alpha = -r$, $\beta = r+1$ und $\gamma = 0$. Daraus läßt sich die topologisch konjugierte Funktion $g(x) = x^2 + c$ ableiten mit

$$c = \alpha\gamma + \frac{\beta}{2}\left(1 - \frac{\beta}{2}\right) = \frac{r+1}{2}\left(1 - \frac{r+1}{2}\right) = \frac{1-r^2}{4},$$

wodurch unser Ergebnis von Band 1, Kapitel 1 auf Seite 68 bestätigt wird.

Es hat reichhaltige Konsequenzen, wenn f und g topologisch konjugiert sind. Zum Beispiel ist g mischend, wenn f die Mischungseigenschaft hat, und umgekehrt. Ebenso hat g dichte, periodische Punkte, wenn f periodische Punkte besitzt, die dicht liegen, und umgekehrt. Der Grund dafür ist, daß die Mischungseigenschaft und die Existenz dichter, periodischer Punkte topologische Eigenschaften sind. Wir erinnern daran, daß die sensitive Abhängigkeit von den Anfangsbedingungen sich im allgemeinen bei topologischer Konjugiertheit nicht überträgt.

Zurück zu Sägezahn- und Zeltfunktion

Als wir die chaotischen Eigenschaften der Sägezahn- und Zeltfunktion untersucht haben, haben wir die grundlegende Beziehung $TT = TS$ festgestellt. Wenn wir nun $h = T$ setzen, bekommen wir eine Funktionalgleichung der Form $hS = Th$. Wenn man diese Gleichung verwenden will, um topologische Konjugiertheit nachzuweisen, steht jedoch eine Schwierigkeit im Weg. Die Funktion T ist zwar stetig, aber S ist nicht stetig. Wäre h ein Homöomorphismus, dann wäre S aufgrund der Gleichung $hS = Th$, die zu $S = h^{-1}Th$ äquivalent wäre, ebenfalls stetig. Dies trifft jedoch nicht zu; h ist also kein Homöomorphismus. Die Abbildung h ist stetig und surjektiv, aber nicht injektiv, denn jedes $y \in [0,1]$ hat zwei Urbilder x_1 und x_2 mit $x_1 \neq x_2$ und $h(x_1) = h(x_2) = y$, sofern $y \neq 1$ ist. Daher gibt es für h keine Umkehrabbildung. Diese Situation zwingt uns, das Konzept der topologischen Konjugation auf geeignete Weise zu modifizieren.

Topologische Semikonjugation

Seien X und Y zwei Teilmengen der reellen Zahlen und f und g Abbildungen, $f : X \to X$ und $g : Y \to Y$. Dann ist g genau dann *topologisch semikonjugiert* zu f, wenn eine stetige, surjektive Abbildung $h : X \to Y$ existiert, mit der die Funktionalgleichung

$$h(f(x)) = g(h(x))$$

für alle $x \in X$ erfüllt ist.

Wir weisen daraufhin, daß es sich nicht um eine Äquivalenzrelation handelt. Wenn g semikonjugiert zu f ist, ist es trotzdem möglich, daß f nicht semikonjugiert zu g ist. Darüberhinaus ist bei topologischer Semikonjugiertheit nicht verlangt, daß f und g stetig sind.

Genau diese Situation finden wir für S und T vor, wie wir in den vorhergehenden Abschnitten gesehen haben. Das Verhältnis zwischen S und T läßt sich nun ganz einfach beschreiben, indem man sagt, daß T semikonjugiert zu S ist. Wir fassen nun die wichtigsten Schlüße zusammen, die sich daraus ergeben.

Fakt. *Die Funktionalgleichung $hf = gh$ impliziert $hf^n = g^n h$ für jede natürliche Zahl n.*

Tatsächlich folgt aus $hf = gh$ die Gleichung $ghf = g^2 h$ und zusammen mit $gh = hf$ kommt man zu dem Ergebnis $hf^2 = g^2 h$. Mit derselben Argumentationsweise erhält man den allgemeinen Fall durch Induktion.

Durch das nächste Fakt wird deutlich, daß unsere Herleitung der chaotischen Eigenschaften von T aus denen von S in Abschnitt 1.5 auf einem sehr viel allgemeineren Hintergrund eingeordnet werden kann.

Fakt. *Es sei g semikonjugiert zu f über eine stetige und surjektive Funktion h. Außerdem sei f mischend und habe dichtliegende, periodische Punkte. Dann ist auch g mischend und hat dichtliegende, periodische Punkte.*

Dichte, periodische Punkte und die Mischungseigenschaft werden vererbt

Wir werden das obige Fakt beweisen. Dazu nehmen wir $f : X \to X$ und $g : Y \to Y$.

(a) Die periodischen Punkte von g liegen dicht in Y: Sei $y \in Y$. Wir zeigen, daß eine Folge periodischer Punkte von g existiert mit Grenzwert y. Dazu wählen wir x als ein Urbild von y unter h, d.h. $h(x) = y$, was möglich ist, weil h surjektiv ist. Weil die periodischen Punkte von f in X dicht liegen, finden wir eine Folge $x_1, x_2, \ldots$ mit Grenzwert x und der Eigenschaft, daß für geeignete Zahlen n_k $f^{n_k}(x_k) = x_k$ ist. Mit anderen Worten, x_k ist periodisch mit Periode n_k. Wir behaupten, die Folge $\{y_n\}$ mit $y_n = h(x_n)$ hat den Grenzwert y und ist eine Folge periodischer Punkte von g. Die erste Behauptung ist richtig, weil h stetig ist. Die zweite Behauptung ergibt sich unmittelbar aus der Funktionalgleichung $hf^n = g^n h$. Es gilt

$$g^{n_k}(y_n) = g^{n_k}(h(x_n)) = h(f^{n_k}(x_n)) = h(x_n) = y_n.$$

(b) Die Abbildung g ist mischend: Seien U und V zwei offene Mengen in Y. Wir müssen ein $y \in U$ und eine natürliche Zahl n finden, so daß $g^n(y) \in V$ ist. Zuerst nehmen wir die Urbilder $A = h^{-1}(U)$ und $B = h^{-1}(V)$. Diese beiden Mengen sind offen, weil h stetig ist. Daher existiert eine natürliche Zahl n und ein $x \in A$, so daß $f^n(x) \in B$, weil f mischend ist. Wir setzen $y = h(x)$, wenden die Funktionalgleichung an und erhalten $g^n(y) = g^n(h(x)) = h(f^n(x))$. Außerdem ist $f^n(x) \in B$, so daß wir daraus $h(f^n(x)) \in h(B) = V$ schließen können.

Sind die Eigenschaften von Chaos unabhängig?

Zum Schluß widmen wir uns noch der Frage, ob die drei Eigenschaften von Chaos voneinander unabhängig sind. Wir folgen dabei der Darstellungsweise einer Veröffentlichung, die erst kürzlich erschienen ist.[31]

Fakt. *Sei X eine beliebige Teilmenge der reellen Zahlen und $f : X \to X$ eine stetige Funktion, die dichte, periodische Punkte besitzt und die Mischungseigenschaft hat. Dann zeigt f auch sensitive Abhängigkeit von den Anfangsbedingungen.*

Mit diesem Fakt und dem, was wir zuvor über die Vererbung der Mischungseigenschaft und dichter, periodischer Punkte gesagt haben, kommen wir nun zu dem folgenden, schönen Ergebnis: Wenn f chaotisch ist und g topologisch semikonjugiert zu f, dann ist mit f auch g chaotisch.[32]

Sensitivität folgt aus der Mischungseigenschaft und dichten, periodischen Punkten

Wir wollen den Beweis dieses Fakts skizzieren. Dazu müssen wir ein $\delta > 0$ finden, so daß für jedes $x \in X$ und jede offene Teilmenge J in X, die x enthält, ein Punkt z in J und eine natürliche Zahl n existieren, so daß $|f^n(x) - f^n(z)| > \delta$ ist. Der Beweis besteht aus zwei Schritten.

Zunächst gibt es ein $\delta_0 > 0$ derart, daß für jedes $x \in X$ ein periodischer Punkt $p \in X$ zu finden ist, der die Eigenschaft $|f^k(p) - x| \geq \delta_0/2$ hat für alle $k = 0, 1, 2, \ldots$ Wir beweisen diese Aussage über einen Widerspruch. Wir nehmen zwei beliebige periodische Punkte r und s mit disjunkten Bahnen, d.h. $f^k(r) \neq f^l(s)$ für alle k, l, und definieren δ_0 als Abstand zwischen den beiden Bahnen:

$$\delta_0 = \min\{|f^k(r) - f^l(s)| \mid k, l \in \{0, 1, 2, \ldots\}\}.$$

Jetzt sei $x \in X$. Wir zeigen, daß x mindestens einen Abstand von $\delta_0/2$ zumindest zu einer der beiden Bahnen hat. Angenommen, das Gegenteil wäre der Fall. Dann wäre der Abstand von x sowohl zu der Bahn von r als auch zu der Bahn von s kleiner als $\delta_0/2$. Dies bedeutet in Formeln, daß für geeignete Zahlen k und l die Ungleichungen $|x - f^k(r)| < \delta_0/2$ und $|x - f^l(s)| < \delta_0/2$ erfüllt sind. Wegen der Dreiecksungleichung erhält man dann

$$\begin{aligned} |f^k(r) - f^l(s)| &= |f^k(r) - x + x - f^l(s)| \\ &\leq |f^k(r) - x| + |x - f^l(s)| \\ &< \tfrac{\delta_0}{2} + \tfrac{\delta_0}{2} = \delta_0. \end{aligned}$$

Das ist jedoch ein Widerspruch zu unserer Definition von δ_0. Unsere erste Behauptung ist damit bewiesen.

Als zweites zeigen wir die sensitive Abhängigkeit von den Anfangsbedingungen für f, wobei wir die Sensitivitätskonstante $\delta = \delta_0/8$ nehmen.

[31] J. Banks, J. Brooks, G. Cairns, G. Davis, P. Stacey, *On Devaney's definition of chaos,* American Math. Monthly 99,4 (1992) 332–334.

[32] Diese Aussage kann für beliebige metrische Räume verallgemeinert werden (siehe die Veröffentlichung von Banks et al.).

Dazu sei x ein Punkt aus X und J eine offene Teilmenge von X, die x enthält. Da die periodischen Punkte von f dicht in X liegen, finden wir einen periodischen Punkt p in $U = J \cap (x-\delta, x+\delta)$. Es sei n die Periode von p. Es gibt nun einen periodischen Punkt $q \in X$, dessen Bahn einen Abstand von mindestens $4\delta = \delta_0/2$ von x hat. Wir setzen

$$\begin{aligned} W_i &= (f^i(q) - \delta, f^i(q) + \delta) \cap X, \quad i = 1, \ldots, n, \\ V &= f^{-1}(W_1) \cap f^{-2}(W_2) \cap \cdots \cap f^{-n}(W_n), \end{aligned}$$

wobei mit $f^{-i}(A) = \{z \in X \mid f^i(z) \in A\}$ das $i$te Urbild der Menge A unter f bezeichnet wird. Wir halten fest, daß V nicht leer ist, weil $q \in V$ ist. Darüberhinaus ist V offen, weil f eine stetige Funktion ist.[33] Da f mischend ist, können wir eine Zahl k und ein $y \in U$ finden, so daß $f^k(y) \in V$ ist. Wir wählen j als den ganzzahligen Anteil von $1 + k/n$. Damit gilt $1 \leq nj - k \leq n$. Aufgrund der Konstruktion wissen wir, daß der Punkt

$$f^{nj}(y) = f^{nj-k}(f^k(y)) \in f^{nj-k}(V)$$

in der offenen Menge W_{nj-k} enthalten ist. Andererseits gilt $f^{nj}(p) = p$, so daß man mit der Dreiecksungleichung schließen kann:[34]

$$\begin{aligned} |f^{nj}(p) - f^{nj}(y)| &= |p - f^{nj}(y)| \\ &= |x - f^{nj-k}(q) + f^{nj-k}(q) - f^{nj}(y) + p - x| \\ &\geq |x - f^{nj-k}(q)| - |f^{nj-k}(q) - f^{nj}(y)| - |p - x|. \end{aligned}$$

Weil $p \in (x - \delta, x + \delta)$ ist, und

$$f^{nj}(y) \in (f^{nj-k}(q) - \delta, f^{nj-k}(q) + \delta) \cap X,$$

erhalten wir

$$|f^{nj}(p) - f^{nj}(y)| \geq 4\delta - \delta - \delta = 2\delta.$$

Daraus ergibt sich, daß entweder $|f^{nj}(x) - f^{nj}(y)| \geq \delta$ oder $|f^{nj}(x) - f^{nj}(p)| \geq \delta$ gelten muß. Wenn nämlich beide Abstände echt kleiner als δ wären, käme man über die Dreiecksungleichung zu

$$\begin{aligned} |f^{nj}(p) - f^{nj}(y)| &= |f^{nj}(p) - f^{nj}(x) + f^{nj}(x) - f^{nj}(y)| \\ &\leq |f^{nj}(p) - f^{nj}(x)| + |f^{nj}(x) - f^{nj}(y)| \\ &< 2\delta, \end{aligned}$$

aber das wäre ein Widerspruch. Da $p, y \in U \subset J$ ist, wissen wir, daß die njte Iterierte von f an der Stelle p oder y von der njten Iterierten von f an der Stelle x einen Abstand von mindestens δ hat.

---

[33] Dies bedeutet, daß für jedes x in V ein offenes Intervall I existiert, das x enthält, so daß $I \cap X$ ganz in V liegt. Um einzusehen, daß V offen ist, stellen wir zuerst fest, daß W_i in X offen ist. Damit ist auch $f^{-i}(W_i)$ als Urbild einer offenen Menge unter einer stetigen Abbildung offen. Schließlich ist auch der Durchschnitt endlich vieler offener Mengen wieder offen.

[34] $|a + b| \geq |a| - |b|$.

Der Leser hat sich vielleicht schon darüber gewundert, daß die Vererbung von Chaos unter topologischer Semikonjugation für eine beliebige Teilmenge X der reellen Zahlengeraden behandelt wurde, und nicht einfach nur für Intervalle reeller Zahlen. Der Grund dafür ist, daß wir den Abschnitt mit einem Beispiel abschließen werden, in dem wir die zuvor besprochenen Ergebnisse über die Vererbung von Chaos auf eine Funktion anwenden möchten, die nicht auf einem Intervall definiert ist:

$$T(x) = \begin{cases} 3x & \text{wenn } x \leq 0.5 \\ 3 - 3x & \text{wenn } x > 0.5. \end{cases}$$

Diese Abbildung ist uns schon aus *Bausteine des Chaos — Fraktale*, Kapitel 2 vertraut (siehe Seite 96/97), als wir gezeigt haben, daß T die Cantor-Menge invariant läßt. Das bedeutet, wenn $x \in C$ ist, dann ist $T(x) \in C$. Wir erinnern daran, daß die Cantor-Menge C aus allen Zahlen $x \in [0, 1]$ besteht, die eine triadische Entwicklung der Form

$$x = \sum_{i=1}^{\infty} a_i 3^{-i} \quad \text{mit} \quad a_i \in \{0, 2\}$$

zulassen. Wir beweisen, daß T auf der Cantor-Menge chaotisch ist. Dazu führen wir eine Sägezahnfunktion $S : [0, 1] \to [0, 1]$ mit drei Zähnen ein:

$$S(x) = \begin{cases} 3x & \text{wenn } 0 \leq x < 1/3 \\ 3x - 1 & \text{wenn } 1/3 \leq x < 2/3 \\ 3x - 2 & \text{wenn } 2/3 \leq x \leq 1. \end{cases}$$

In der Sprache der triadischen Darstellung von Zahlen ist die Sägezahnabbildung S einfach der Shiftoperator, d.h.:

$$S(0.a_1 a_2 a_3 \ldots) = 0.a_2 a_3 a_4 \ldots$$

Darüberhinaus läßt S die Cantor-Menge C invariant, $S(C) = C$, und S ist chaotisch auf C aufgrund der gleichen Argumente, die wir zum Nachweis der chaotischen Eigenschaften unserer alten Sägezahnfunktion auf $[0, 1]$ in Abschnitt 1.5 angeführt haben. Schließlich beobachten wir, daß es eine Semikonjugation $h : C \to C$ zwischen T und S besteht. Genauer gesagt haben wir mit $h = T$ die Gleichheit $Th = hS$. Deshalb ist auch die Zeltabbildung T chaotisch auf der Cantor-Menge.

1.8 Die Numerik von Chaos: Der Mühe wert oder nicht?

In Kapitel 1 von *Bausteine des Chaos — Fraktale* und ebenso in diesem Kapitel haben wir gezeigt, daß das theoretische Verhalten der Iteration chaotischer Systeme oftmals beträchtlich vom rechnerischen Verhalten abweicht. Dies hat im Wesentlichen zwei Gründe. Zum einen macht sich die Sensitivität bemerkbar, die eines der Hauptmerkmale chaotischer Systeme ist, und zum anderen spielt die eingeschränkte Genauigkeit beim Rechnen mit Gleitkommazahlen auf dem Computer eine Rolle. Es ist also völlig berechtigt, sich die Frage zu stellen, ob es überhaupt Sinn hat, Bahnen für chaotische Systeme mit dem Computer zu berechnen. Genau genommen sind tatsächlich alle Werte, die mit dem Computer berechnet werden, irgendwann falsch. Für die ersten Iterationen bleiben die Fehler gering, aber sie wachsen sehr schnell an und erreichen die gleiche Größenordnung wie die korrekten Werte in der Bahn. Was hat es also für einen Sinn, Bahnen chaotischer Systeme mit dem Computer zu berechnen? Die Antwort ist auf den ersten Blick überraschend und erscheint beinahe absurd. Obwohl die Bahn, die vom Computer berechnet wird, grundsätzlich falsch ist, ist sie gleichermaßen korrekt, indem sie eine wahre Bahn desselben chaotischen Systems erstaunlich gut approximiert. Weiterhin bleibt diese Approximation nicht nur während der ersten Iterationen gut, sondern für alle Zeiten! Dies bedeutet, daß eine Bahn, die mit dem Computer berechnet wird, immer in der Nähe einer wahren Bahn bleibt, so wie der Schatten eines Wanderers immer dort bleibt, wo sich auch der Wanderer gerade aufhält. Wie ist das möglich, wo wir es doch mit Sensitivität zu tun haben? Es erscheint uns widersprüchlich, aber wenn die Aussage über die Beschattung einer Bahn wirklich wahr ist, was wir auf den folgenden Seiten beweisen werden, dann können wir die Frage aus der Überschrift dieses Abschnitts im positiven Sinn beantworten.

Bevor wir auf Einzelheiten des *Beschattungslemmas*[35] eingehen, wie es im Kreise der Chaosforscher genannt wird, wollen wir die Aufmerksamkeit noch auf ein anderes Problem richten, das uns klar macht, daß man Bahnen, die mit dem Computer berechnet wurden, mit Vorsicht betrachten muß. Im letzten Abschnitt haben wir deutlich gemacht, daß die Shiftoperation ein grundlegender Mechanismus zur Erzeugung von Chaos ist. Vielleicht hat schon der eine oder andere Leser versucht, den Shiftoperator auf seinem Taschenrechner oder Computer zu implementieren. Möglicherweise sind die Bahnen, die

[35] Im Englischen sagt man *Shadowing Lemma*.

er damit berechnet hat, zu seinem großen Erstaunen keineswegs chaotisch gewesen. Was wird wohl passieren, wenn man den Shiftoperator auf dem Computer iteriert?

Der Shiftoperator auf dem Computer

Die meisten Leute, die schon ein wenig Erfahrung mit den internen Abläufen in einem Computer haben, werden diese Frage ziemlich langweilig finden. Unabhängig vom genauen Anfangswert wird man nach wenigen Iterationen den Fixpunkt 0 erhalten. Der Grund hierfür ist simpel. Ein Computer speichert reelle Zahlen im Binärsystem und schneidet ihre binäre Entwicklung nach einer gewissen Anzahl von Ziffern einfach ab. Es können also nur binäre Zahlen der Form

$$x_0 = 0.a_1a_2a_3 \ldots a_m000 \ldots$$

gespeichert werden, wobei die Ziffern a_k jeweils 0 oder 1 sind, und m ist eine Konstante, die von der gewählten Genauigkeit und dem Typ des Rechners abhängt. Nach m Iterationen des Shiftoperators erhalten wir offensichtlich das Ergebnis $x_m = 0$. Wir dürfen also nicht erwarten, auf dem Computer ergodisches oder periodisches Verhalten beobachten zu können. Wir wollen unsere Aussagen jedoch mit einem Experiment auf dem Computer illustrieren.

Die meisten Leute halten einen Taschenrechner für einen Computer, der nur ein wenig kleiner ist. Wir geben als Beispiel 0.6 in einen Taschenrechner ein und fangen an, die ersten Iterationen der Shiftabbildung zu berechnen. Zuerst multiplizieren wir mit 2, subtrahieren 1 und erhalten $x_1 = 0.2$. Im nächsten Schritt kommen wir zu dem Ergebnis $x_2 = 0.4$, dann erhalten wir $x_3 = 0.8$, $x_4 = 0.6$ und dann erneut $x_5 = 0.2$, usw. Was wir sehen, ist eine vollständige periodische Bahn! Dies steht im Widerspruch zu der Erwartung, daß wir am Ende nur noch Null erhalten.

Dieses Experiment kann jeder leicht nachprüfen. Wir haben verschiedene Taschenrechner ausprobiert und sind immer zu dem gleichen Resultat gekommen. Man kann das gleiche Experiment auch mit dem Personalcomputer machen, wenn man keinen Taschenrechner zur Hand hat, zum Beispiel in Form eines kleinen BASIC Programms. Das Ergebnis, das man mit diesem Programm erhalten wird, hängt von dem BASIC Interpreter ab, den man verwendet. Einige Interpreter rechnen in binärer Arithmetik, und nach 22 Iterationen erhält man das Ergebnis 0. Andere Interpreter arbeiten eher wie ein Taschenrechner, und man wird periodisches Verhalten sehen. Wodurch kommt nun das periodische Verhalten zustande?

Der Trick eines Taschenrechners ...

Die meisten Taschenrechner rechnen in binär kodierter Dezimalarithmetik. Dies bedeutet, daß die Ziffern einer Dezimalzahl in vier Bits pro Ziffer binär kodiert sind. Auf diese Weise ist es bis zu einer gewissen Anzahl von Ziffern möglich, eine Dezimalzahl exakt zu kodieren. Zum Beispiel ist die Zahl 0.6 durch 0.0110 kodiert. Die binäre Kodierung von 6 ist einfach 110. Wir vergleichen dies mit der gewöhnlichen binären Kodierung von 0.6. Das ist die periodische Entwicklung 0.100110011001... Die exakte Darstellung auf dem Computer würde unendlich viele binäre Ziffern erfordern, die jedoch nicht zur Verfügung stehen. Deshalb kann die Zahl 0.6 nicht exakt binär kodiert werden, während sie aber mit binär kodierten Dezimalziffern exakt kodiert werden kann. Dies überträgt sich auf die Iteration des Shiftoperators. In der binären Kodierung können wir nur solche Dezimalzahlen genau darstellen, die eine endliche Entwicklung haben (zum Beispiel ist 0.375 in binärer Kodierung die Zahl 0.011), und daher führt jede Iteration zum Fixpunkt 0. Unter Verwendung von binärer Dezimalarithmetik können jedoch auch solche Zahlen exakt dargestellt werden, die eine unendliche binäre Entwicklung haben (wie 0.6), und daher sehen wir periodisches Verhalten.

...funktioniert nicht bei Chaos

Es muß aber gewarnt werden. Dieser Trick ändert nichts an dem eigentlichen Problem. Sensitivität ist im Spiel, und die Schwierigkeiten, die dadurch entstehen, können nicht umgangen werden, solange man mit endlicher Genauigkeit rechnet. Wir erinnern an die Experimente aus *Bausteine des Chaos — Fraktale*, Kapitel 1. Die Genauigkeit eines Taschenrechners ist in Wirklichkeit eine Täuschung. Die Wahl eines einfachen Anfangswertes wie 1/3 bringt den scheinbar trickreichen Taschenrechner bereits zum Versagen.

Das Beschattungslemma

Wir zeigen nun, wie es dazu kommt, daß jede computerberechnete Bahn eines chaotischen Systems trotz der Sensitivität eine wahre Bahn des gleichen Systems gut approximiert. Da der quadratische Iterator zur Shiftabbildung äquivalent ist, werden wir uns auf diese konzentrieren.

Gegeben sei ein Anfangswert x_0 und die zugehörige exakte Bahn

$$x_{k+1} = \mathrm{Frac}\,(2x_k)\,, \quad k = 0, 1, \ldots,$$

die man bei der Iteration des Shiftoperators erhält. Nun lassen wir beim Anfangswert x_0 und bei jeder Iteration einen gewissen Fehler zu, der ja im allgemeinen beim Iterieren in Computern im Rahmen von Rundungsfehlern immer entsteht.[36] Zum einen kann der Anfangswert x_0 möglicherweise nicht genau dargestellt werden. Ein Rechner kann dann stattdessen nur mit einer Zahl y_0 rechnen, die nahe bei x_0 liegt. Den Fehler, der bei dieser Annäherung gemacht wird, nennen wir ε_0.

$$y_0 = x_0 + \varepsilon_0 .$$

[36] Wie wir zuvor ausgeführt haben, treten keine Rundungsfehler auf, wenn man die spezielle Funktion Frac $(2x)$ auf einem Rechner iteriert. Trotzdem betrachten wir hier Fehler in jeder Iteration, um Einsicht in das allgemeine Verhalten zu erlangen.

Auf der Grundlage des Wertes y_0 wird eine Bahn berechnet, die wir mit $y_0, y_1, y_2, \ldots$ bezeichnen. Natürlich handelt es sich dabei nicht um die genaue Bahn von y_0, weil in jedem Iterationsschritt ein neuer Fehler auftritt. Wir nennen den Fehler in der $k$ten Iteration ε_k. Genauer gesagt definieren wir

$$y_k = \text{Frac}\left(2y_{k-1} + \varepsilon_k\right).$$

Aufgrund unserer Diskussion von Sensitivität ist es klar, daß sich jeder Fehler, der irgendwo auftaucht, im darauffolgenden Iterationsschritt verdoppelt. Nach wenigen Iterationen besteht keinerlei Beziehung mehr zwischen der Bahn, die ausgerechnet wird, und einer der Bahnen von x_0 oder y_0. Trotzdem können wir zeigen, daß eine tatsächliche Bahn bei z_0 in der Nähe von x_0 und y_0 anfängt, die für alle Zeiten von der fehlerbehafteten Folge gut approximiert wird! Die Situation ist in Abbildung 1.45 skizziert. Die einzige einschränkende Annahme,

Der Schatten der berechneten Bahn

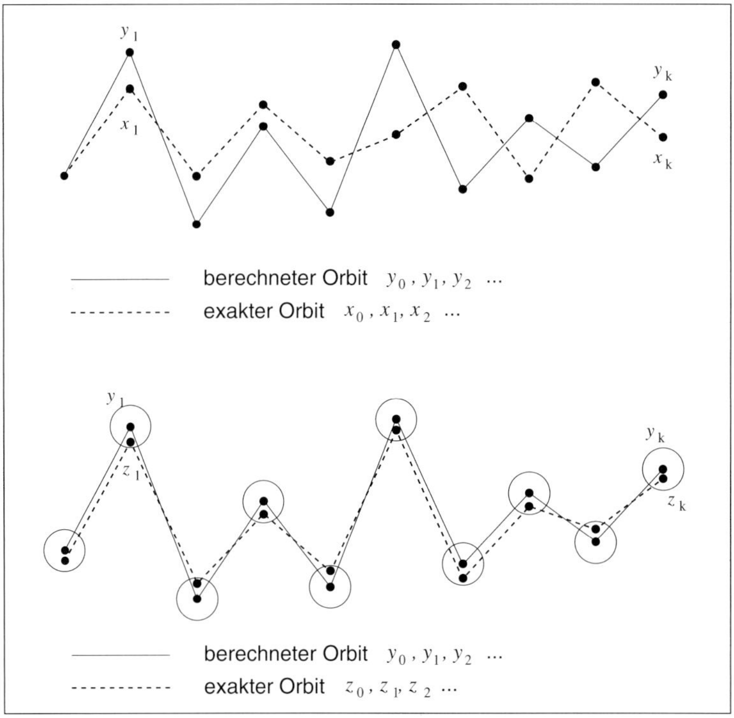

Abb. 1.45 : Wenn man x_0 als Startwert nimmt, wäre die exakte Bahn $x_0, x_1, \ldots, x_n$. Die approximierende Folge $y_0, y_1, y_2 \ldots$ fängt bei y_0 mit einem Abstand von x_0 an, der kleiner ist als ε, und weicht schnell von der exakten Bahn ab. Trotzdem befindet sich im ε-Schatten der Bahn $y_0, y_1, \ldots, y_n$ eine exakte Bahn, die an der Stelle z_0 anfängt.

die wir machen müssen, um diese Behauptung zu beweisen und den Anfangswert z_0 zu finden, ist, daß alle Fehler ε_k durch eine positive Konstante $\varepsilon > 0$ beschränkt sind,

$$|\varepsilon_k| \leq \varepsilon, \quad k = 0, 1, 2, \ldots$$

Die Konsequenz ist, daß sich die exakte Bahn, die von z_0 erzeugt wird, niemals um mehr als ε von der Bahn von y_0 unterscheidet. In der $k$ten Iteration haben wir

$$|z_k - y_k| \leq \varepsilon. \tag{1.20}$$

Herleitung des Beschattungslemmas

Der Beweis des Beschattungslemmas, wie wir ihn hier formulieren werden, erfordert einen erheblichen Aufwand an Anwendung mathematischer Formeln. Der Leser sollte sich dadurch nicht abschrecken lassen, denn jeder Schritt ist elementar, und die grundlegenden Ideen sind einfach nachzuvollziehen. Um mit der Herleitung zu beginnen, nehmen wir einen Anfangswert x_0 und berechnen eine Folge von n Punkten mit dem Shiftoperator unter Einbeziehung von kleinen Fehlern. Wir geben sie hier der Vollständigkeit halber an:

$$\begin{aligned} y_0 &= x_0 + \varepsilon_0 \\ y_1 &= \operatorname{Frac}(2y_0 + \varepsilon_1) \\ &\vdots \\ y_n &= \operatorname{Frac}(2y_{n-1} + \varepsilon_n)\,. \end{aligned}$$

Die Fehler ε_k sind durch $\varepsilon > 0$ beschränkt,

$$|\varepsilon_k| \leq \varepsilon, \quad k = 0, 1, \ldots, n.$$

Wir können die Punkte y_k mit Hilfe von x_0 und den Fehlern ausdrücken, indem wir die Eigenschaften der Frac-Funktion von Seite 84 ausnutzen:

$$\begin{aligned} y_0 &= x_0 + \varepsilon_0 \\ y_1 &= \operatorname{Frac}\big(2(x_0 + \varepsilon_0) + \varepsilon_1\big) \\ &= \operatorname{Frac}(2x_0 + 2\varepsilon_0 + \varepsilon_1) \\ y_2 &= \operatorname{Frac}\big(2(2x_0 + 2\varepsilon_0 + \varepsilon_1) + \varepsilon_2\big) \\ &= \operatorname{Frac}(4x_0 + 4\varepsilon_0 + 2\varepsilon_1 + \varepsilon_2)\,. \end{aligned}$$

In jeder Iteration müssen wir das vorhergehende Ergebnis mit 2 multiplizieren und den entsprechenden Fehlerterm hinzuaddieren. Im $k$ten Schritt erhalten wir also

$$y_k = \operatorname{Frac}\big(2^k x_0 + 2^k \varepsilon_0 + 2^{k-1}\varepsilon_1 + \cdots + 2\varepsilon_{k-1} + \varepsilon_k\big)\,.$$

Bequemer läßt sich dies in mathematischer Schreibweise als

$$y_k = \operatorname{Frac}\left(2^k x_0 + \sum_{i=0}^{k} 2^{k-i}\varepsilon_i\right) \tag{1.21}$$

darstellen. Insbesondere kommt man in der letzten Iteration $k = n$ zu dem Resultat

$$y_n = \text{Frac}\left(2^n x_0 + \sum_{i=0}^{n} 2^{n-i}\varepsilon_i\right).$$

Nun können wir den Anfangswert z_0 der exakten Bahn bestimmen, deren Schatten wir als $y_0, \ldots, y_n$ berechnet haben. Die Idee besteht einfach darin, z_0 als denjenigen Punkt zu definieren, der durch die Multiplikation mit 2^n genau das Argument der Frac-Funktion in der letzten Formel ergibt. Dieser Punkt ist

$$\begin{aligned} z_0 &= \text{Frac}\left(x_0 + \sum_{i=0}^{n} 2^{-i}\varepsilon_i\right) \\ &= \text{Frac}\left(x_0 + \varepsilon_0 + \frac{\varepsilon_1}{2} + \frac{\varepsilon_2}{4} + \cdots + \frac{\varepsilon_n}{2^n}\right). \end{aligned} \tag{1.22}$$

Mit dieser Wahl haben wir sichergestellt, daß $z_n = y_n$ ist. Der Fehler zwischen der gerechneten Bahn $y_0, \ldots, y_n$ und der wahren Bahn $z_0, \ldots, z_n$ ist in der letzten Iteration gleich Null. Um die Abweichung zwischen der Bahn von z_0 und der Bahn $y_0, \ldots y_n$ in den weiteren Iterationen zu analysieren, geben wir eine explizite Formel für die exakte $k$te Iterierte z_k an:

$$\begin{aligned} z_k = \text{Frac}\left(2^k z_0\right) &= \text{Frac}\left(2^k\left(x_0 + \sum_{i=0}^{n} 2^{-i}\varepsilon_i\right)\right) \\ &= \text{Frac}\left(2^k x_0 + \sum_{i=0}^{n} 2^{k-i}\varepsilon_i\right). \end{aligned} \tag{1.23}$$

Bevor wir die Differenz zwischen den $k$ten Iterierten y_k und z_k bestimmen können, betrachten wir zuerst die Differenz Δ_k in den Argumenten der Frac-Funktion in Gleichung (1.21) und Gleichung (1.23) etwas genauer:

$$\begin{aligned} \Delta_k &= \left(2^k x_0 + \sum_{i=0}^{n} 2^{k-i}\varepsilon_i\right) - \left(2^k x_0 + \sum_{i=0}^{k} 2^{k-i}\varepsilon_i\right) \\ &= \sum_{i=k+1}^{n} 2^{k-i}\varepsilon_i. \end{aligned}$$

Eine obere Schranke für diesen Ausdruck bekommen wir, indem wir die Fehler ε_i durch ε ersetzen und berechnen

$$\begin{aligned} |\Delta_k| &\le \sum_{i=k+1}^{n} 2^{k-i}|\varepsilon_i| \le \sum_{i=k+1}^{n} 2^{k-i}\varepsilon \\ &= \varepsilon\left(\frac{1}{2} + \frac{1}{4} + \cdots + \frac{1}{2^{n-k}}\right) < \varepsilon. \end{aligned}$$

An dieser Stelle ist Vorsicht geboten, denn wir können aus diesen Ungleichungen nicht schließen, daß $|z_k - y_k| \le \varepsilon$ ist für alle $k = 0, \ldots, n$, obwohl dies in den meisten Fällen zutrifft. Der Grund hierfür ist die

Unstetigkeit der Frac-Funktion an ganzzahligen Punkten. Wenn das Argument in Gleichung (1.21) etwas unterhalb einer ganzen Zahl liegt, und das Argument in Gleichung (1.23) etwas überhalb dieser ganzen Zahl, erhalten wir $|z_k - y_k| \approx 1 > \varepsilon$. Für eine formal korrekte Lösung des Problems müßten wir eine neue Metrik auf dem Einheitsintervall einführen, bei der die Punkte 0 und 1 identifiziert sind. Mit anderen Worten machen wir das Einheitsintervall zu einem Kreis mit Umfang 1. Bei dieser Konstruktion überträgt sich die Nähe der Argumente von (1.21) und (1.23) auf z_k und y_k, wie wir behauptet haben. Streng genommen müssen die Aussagen aus Gleichung (1.20) in diesem Sinn modifiziert werden, um richtig zu sein.

Darüberhinaus führt eine direkte Modifikation zu einem Beweis der Behauptung für alle Zahlen $k = 0, 1, 2, \ldots$ Wir müssen nur den Grenzübergang für $n \to \infty$ in Gleichung (1.22) vollziehen und erhalten dann

$$\begin{aligned} |\Delta_k| &= \left| \sum_{i=k+1}^{\infty} 2^{k-i} \varepsilon_i \right| \leq \sum_{i=k+1}^{\infty} 2^{k-i} |\varepsilon_i| \\ &\leq \varepsilon \sum_{i=k+1}^{\infty} 2^{k-i} |\varepsilon_i| = \varepsilon, \end{aligned}$$

und der Rest folgt wie zuvor.

Wir fassen zusammen und interpretieren die Resultate. Wir haben gesehen, daß beim Vergleich von exakten Bahnen und solchen, bei denen in jedem Schritt ein kleiner Fehler toleriert wird, die Differenz der beiden Bahnen so rapide anwächst, daß typischerweise jegliche Beziehung zwischen den Bahnen vollständig verschwindet. Dennoch gestaltet sich die Iteration unseres Systems so reichhaltig, daß wir innerhalb des Schattens der gerechneten Bahn eine exakte Bahn finden können, die zu jedem Zeitpunkt im Verlauf der Iteration in der Nähe bleibt. Das ist eine überaus erstaunliche Tatsache, vor allem, wenn man berücksichtigt, daß die genaue Größe der zugelassenen Fehler in der Bahn gar keine Rolle spielt, solange sie nur überall beschränkt bleibt. Dies bedeutet, daß die Fehler ε_k in jedem Schritt der Iteration durch einen Zufallszahlengenerator erzeugt werden könnten, wenn $|\varepsilon_k| < \varepsilon$ für eine passende Wahl von ε erfüllt ist.[37]

Andererseits sollte uns das Beschattungslemma nicht zu der Annahme verleiten, daß es Wege gibt, auf denen man den Folgen von Sensitivität in chaotischen Systemen entkommen kann. Es liefert auch keinen Nutzen für Aussagen über das Langzeitverhalten chaotischer Systeme. In jedem Fall bestätigt uns das Beschattungslemma aber,

[37] Eine vollständige Beschreibung der Beschattungseigenschaft für Zeltfunktionen wird von E. Coven, I. Kan, J. A. Yorke in *Pseudo-orbit shadowing in the family of tent maps,* Trans. Amer. Math. Soc. 308,1 (1988) 227–241 gegeben.

daß statistische Eigenschaften chaotischer Systeme, die durch Experimente auf dem Computer gemessen werden, tatsächlich Aussagekraft haben.

Das Beschattungslemmas behält auch in vielen anderen chaotischen Systemen seine Gültigkeit. Die Konsequenzen davon können ausgesprochen dramatisch formuliert werden: Wenn die Beschattungseigenschaft gegeben ist, können auch scheinbar willkürlich angelegte Prognosen von dem deterministisch angelegten Modell unterstützt werden.

1.9 Programm des Kapitels: Zeitreihen und Fehlerentwicklung

Wir haben uns am Anfang des Kapitels mit Lorenz' Vergleich des iterativen Verhaltens von Signalen und Fehlern in chaotischen Systemen beschäftigt.[38] Die Fehlerentwicklung in einem chaotischen System verläuft ähnlich der Entwicklung des Signals im Verlauf der Iteration. Durch das Programm dieses Kapitels wird dieser Aspekt für den quadratischen Iterator

$$x_{n+1} = f_a(x_n)$$

noch einmal besonders beleuchtet, wobei

$$f_a(x) = ax(1 - x), 1 \leq a \leq 4.$$

Wenn das Programm gestartet wird, hat der Benutzer drei verschiedene Eingaben zu machen:

- den Modus `Signal` (0) oder `Fehler` (1),
- den Parameter a der Funktion $f_a(x) = ax(1 - x)$,
- den Anfangswert x_0.

Wenn man den Modus auf 0 setzt, also den Modus `Signal` auswählt, berechnet das Programm die Iterationen des eingegebenen Anfangswerts x_0 bei einfacher Genauigkeit. Als Ausgabe erscheint die Zeitreihe, die entsteht, wenn man die Werte x_n gegen die Anzahl n der Iterationsschritte abträgt. Wenn man den Modus auf 1 setzt, sich also für den Modus `Fehler` entscheidet, berechnet das Programm die Iteration von x_0 sowohl bei einfacher als auch bei doppelter Genauigkeit. Die Ausgabe besteht in diesem Fall aus einem Graphen, in dem die Differenz der Ergebnisse in den jeweiligen Iterationsschritten gezeichnet ist. Wenn $x_0, x_1, x_2, \ldots$ die Bahn von x_0 bezeichnet, die der Computer bei einfacher Genauigkeit berechnet, und $y_0, y_1, y_2, \ldots$ die entsprechende Bahn von $y_0 = x_0$ ist, die bei doppelter Genauigkeit berechnet wurde, dann wird die Differenz

$$|y_0 - x_0|, |y_1 - x_1|, |y_2 - x_2|, \ldots, |y_n - x_n|, \ldots$$

auf der vertikalen Achse gegen die Anzahl n der Iterationsschritte auf der horizontalen Achse abgetragen. Für Parameterwerte unterhalb des Feigenbaum-Punkts $a = s_\infty = 3.5699456\ldots$ sollte diese Differenz von 0 nicht zu unterscheiden sein, da das System für solche Parameterwerte nicht sensitiv ist.[39] Das Langzeitverhalten ist daher das

[38] Siehe Seite 41.

[39] Die Bedeutung des Feigenbaum-Punkts wird im nächsten Kapitel behandelt.

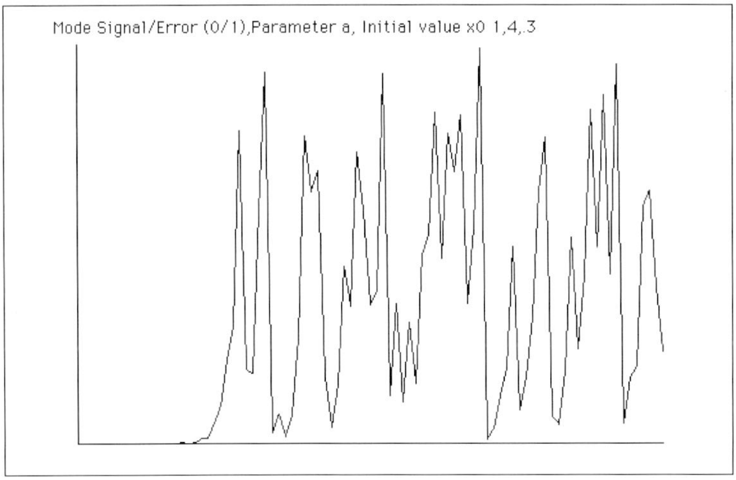

Bildschirm-ausgabe des Programms

Abb. 1.46 : Nachdem wir das Programm gestartet haben, werfen wir einen Blick auf den Bildschirm. In diesem Fall befindet sich das Programm im `Fehler`-Modus und berechnet die Iterationen für den Anfangswert $x_0 = 0.3$ und den Parameter $a = 4$. Auf dem Bildschirm wird die Differenz der Iterationen bei einfacher gegenüber doppelter Genauigkeit ausgegeben.

gleiche, ungeachtet der Fehler, die bei der Iteration in einfacher bzw. doppelter Genauigkeit entstehen. Für Parameterwerte wie $a = 3.7$ oder $a = 4$ finden wir jedoch Sensitivität in unserem System, und die Outputs für diese Werte unterschieden sich drastisch von denjenigen für Parameterwerte unterhalb des Feigenbaum-Punkts (siehe Abbildung 1.46).

Zuerst zeichnet das Programm ein Koordinatensystem und den Startwert, der im Ursprung liegt, wenn man den Modus auf 1 gesetzt hat. Wir bemerken, daß das Programm mit einer rechteckigen Bildschirmfläche arbeitet. Die Breite `w` ist 1.5 mal so groß wie die Höhe `h`. Als nächstes beginnen wir mit der Iteration (das geschieht in der `FOR`-Schleife für `i`). Wir beobachten, daß die Auswertung der Iterationsschritte ebenfalls in einer `FOR`-Schleife ausgeführt wird, wodurch es uns möglich ist, anstelle der Funktion f_a ihre m-fache Potenz f_a^m zu verwenden. Die Variable `m` sollte daher am Anfang des Programms auf einen geeigneten Wert gesetzt werden.

Das Programm ist dem für die *grafische Iteration* sehr ähnlich, das wir in Kapitel 1 von *Bausteine des Chaos — Fraktale* vorgestellt haben. Es ist interessant, vergleichbare Experimente mit beiden Programmen bei gleichen Parameterwerten durchzuführen. Das Programm aus *Bausteine des Chaos — Fraktale*, Kapitel 1 zeigt die grafische Iteration, während das Programm aus diesem Kapitel die zugehörigen Zeitreihen aufzeichnet.

BASIC Programm **Zeitreihen**
Titel Zeitreihen und Fehlerentwicklung für den quadratischen Iterator

```
REM doppelt genaue Variablen dxn#, da#
left = 20
h = 300
w = 1.5*h
dw = 5
m = 1
INPUT ,Mode (0/1), Parameter a, Initial value x0', mode, a, x0
xn = x0
dxn# = x0
da# = a

REM Zeichnen von Koordinaten und Startwert
LINE (left,left) - STEP (0,h)
LINE - STEP (w,0)
IF mode = 0 THEN PSET (left,left+(1-xn)*h)
IF mode = 1 THEN PSET (left,left+h)

FOR i = 1 TO w/dw
    REM Berechnung der Iteration
    FOR k = 1 TO m
        xn= a * xn * (1 - xn)
    NEXT k
    IF mode = 1 GOTO 100
        REM Zeichnen der Iteration
        LINE - (left+i*dw,left+(1-xn)*h)
        GOTO 200
100 REM Berechnung der zweiten Iteration
        FOR k = 1 TO m
            dxn#= da# * dxn# * (1 - dxn#)
        NEXT k
        REM Zeichnen der Differenz
        LINE - (left+i*dw,left+(1-ABS(xn-dxn#))*h)
200 NEXT i
END
```

Im `Fehler`-Modus führt das Programm die Iteration zusätzlich bei doppelter Genauigkeit aus (siehe Label 100). Wir stellen fest, daß der Zusatz `#` in den Bezeichnungen `dxn#` und `da#` diese Variablen als Variablen vom doppeltgenauen Typ definiert. Schließlich wird der Absolutbetrag der Differenz zwischen der einfachgenauen Iteration `xn` und der doppeltgenauen Iteration `dxn#` verzeichenet.

Wir schlagen dem Leser vor, das Programm so zu ändern, daß man ein weiteres Experiment durchführen kann, das wir in diesem Kapitel beschrieben haben. Der Leser sollte versuchen, die Auswirkungen der beiden unterschiedlichen Implementierungen $f_a(x) = a \cdot x \cdot (1 - x)$ und $f_a(x) = a \cdot x - a \cdot x \cdot x$ zu vergleichen. Für beide Implementierungen sollte man einfachgenaue Arithmetik verwenden (d.h., man sollte den Zusatz # in den Bezeichnungen `dxn#` und `da#` löschen), oder es sollte für beide Implementierungen doppelt genaue Arithmetik verwendet werden. Kann man eine Vorhersage über den qualitativen Unterschied zwischen den Ergebnissen machen, die wir erwarten?

Kapitel 2

Ordnung und Chaos: Periodenverdopplung und ihr Spiegelbild im Chaos

...gerade deshalb gibt es Gott, weil die Natur, vor allem im Chaos, nicht von selbst geordnet und regelmäßig ihren Gang nehmen kann.
Immanuel Kant

Wege ins Chaos

Die Chaostheorie wurde im ausgehenden 19. Jahrhundert durch den großen französischen Mathematiker Henri Poincaré ins Leben gerufen, der durch einige grundlegende Ideen und Begriffe wichtige Impulse dafür gegeben hat, daß diese neue Forschungsrichtung entstehen konnte. Weiterhin ist die Forschung auf diesem Gebiet gerade in der letzten Zeit erfolgreich vorangeschritten und hat viele faszinierende Ergebnisse hervorgebracht. Das möglicherweise schönste und wichtigste dieser Ergebnisse wird uns als Thema durch dieses Kapitels begleiten. Es ist als *Weg von der Ordnung ins Chaos* oder *Feigenbaumsche Universalität* bekannt geworden.

In den Wissenschaften hat man Chaos und Ordnung für lange Zeit als Gegensatzpaar angesehen. Für beide Begriffe sind spezielle Untersuchungsmethoden und Theorien entwickelt worden. Naturgesetze wie das Newtonsche Gesetz oder das Keplersche Gesetz zeigen den hohen Stellenwert, den die Ordnung in der Wissenschaft eingenommen hat. Chaos hingegen wurde als vollkommen andere Seite der Natur verstanden, die durch einfache — und selbst durch komplizierte — Gesetze nicht beschrieben werden kann. Chaos galt also nicht als ein hoher Grad von Komplexität oder als komplexere Form der Ordnung, sondern als ein Zustand, in dem jegliche Naturgesetze ihre Gültigkeit verlieren. Eine herausfordernde Wirkung hatte jedoch die Beobachtung, daß eine Vielzahl natürlicher Systeme offenbar ohne Schwierigkeit vom einen in den anderen Zustand übergehen können: vom laminaren Fluß in einen turbulenten Fluß, vom regelmäßigen in einen ungleichmäßigen Herzschlag, von Vorhersagbarkeit in Unvorhersagbarkeit.

Zeitreihe und Endzustand

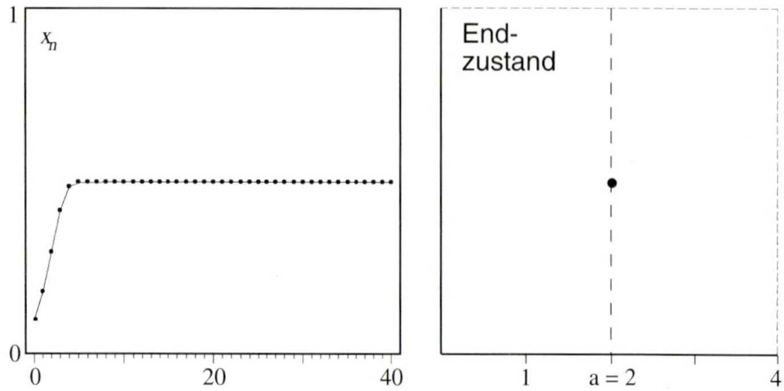

Abb. 2.1 : Das Langzeitverhalten des quadratischen Iterators für $a = 2$: Skizze der Zeitreihe (links) und des Endzustands (rechts).

Eine der großen Überraschungen, die wir bei der Untersuchung des quadratischen Iterators

$$x_{n+1} = ax_n(1 - x_n), \quad n = 0, 1, 2, \ldots \tag{2.1}$$

erlebt haben, geht auf die Tatsache zurück, daß beide antagonistischen Zustände durch ein *einziges* Gesetz ausgedrückt werden können. Eine noch größere Überraschung war die Entdeckung, daß es einen wohldefinierten Fahrplan gibt, der uns vom einen Zustand — von der Ordnung — in den anderen — ins Chaos — führt. Darüber hinaus hat man entdeckt, daß dieser Fahrplan *universell* ist. „Fahrplan" bedeutet, daß es abrupte qualitative Änderungen — sogenannte Verzweigungen — gibt, die den Übergang von der Ordnung ins Chaos kennzeichnen, und „universell" bedeutet, daß diese Verzweigungen in vielen natürlichen Systemen sowohl qualitativ als auch quantitativ gefunden werden können.

Langzeitverhalten

Der folgende Versuch mit Hilfe des Computers ermöglicht eine Reihe bemerkenswerter, wissenschaftlicher Entdeckungen. Wir werden bald sehen, daß sich aus dem Experiment weitaus mehr Fragen ergeben, als wir beantworten können. Einige von ihnen sind bis heute nicht gelöst worden und stellen für die Forschung besonders hartnäckige Probleme dar. Hier nun der Versuch. Wir wollen das Verhalten des quadratischen Iterators (2.1) für alle Parameterwerte a zwischen 1 und 4 untersuchen. Genauer gesagt interessieren wir uns nur für das Langzeitverhalten, denn wir wollen wissen, was mit einer Iterierten x_n passiert, wenn die Abhängigkeit von der ursprünglichen Wahl des Anfangswerts x_0 annähernd auf Null abgefallen ist.

Solange der Anfangswert x_0 im Intervall $[0, 1]$ liegt, ist es klar, daß auch Werte, die bei der Iteration entstehen, aus diesem Intervall kommen. Was erhalten wir zum Beispiel für $a = 2$? In Abbildung 2.1

Endzustand-Diagramm

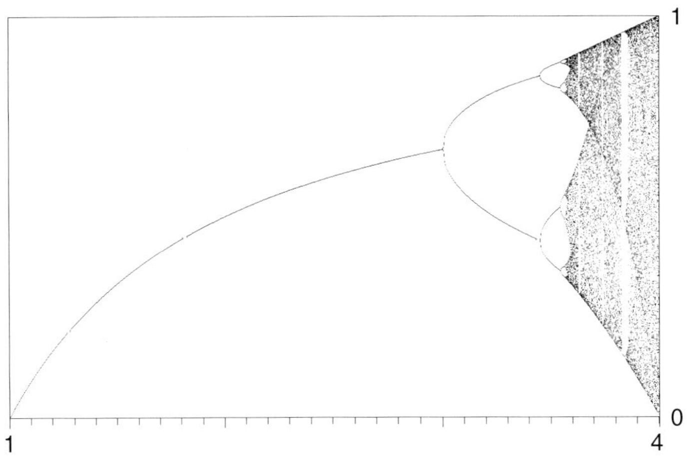

Abb. 2.2 : Endzustand-Diagramm für den quadratischen Iterator (2.1) und Parameterwerte a zwischen 1 und 4.

(links) wird die Zeitreihe für diesen Parameter a und einen zufällig ausgewählten Anfangswert x_0 dargestellt. Nach einer Übergangsphase von einigen Iterationen strebt die Bahn auf einen Fixpunkt zu, den wir *Endzustand* nennen. Wenn wir den Versuch für verschiedene Anfangswerte x_0 zwischen 0 und 1 wiederholen, erreichen wir immer wieder den gleichen Endzustand, den Wert 0.5. Diesen Wert zeichnen wir in ein *Endzustand-Diagramm* ein. Wir tragen den Endzustand gegen den Parameter a ab. In Abbildung 2.1 (rechts) haben wir auf diese Weise den Punkt ($a = 2$, Endzustand $= 0.5$) markiert.

Das Feigenbaum-Diagramm

Nun werden wir das Diagramm vervollständigen. Aber wie können wir den Endzustand der Iteration für einen speziellen Parameter a berechnen? Hier skizzieren wir ein Verfahren, das für einen ersten Entwurf gut geeignet ist.

1. Wir wählen einen zufälligen Anfangswert x_0 aus dem Intervall $[0, 1]$ und berechnen, sagen wir, 200 Iterationen $x_1, x_2, \ldots, x_{200}$.
2. Wir lassen die ersten 100 Iterationen $x_1, x_2, \ldots, x_{100}$ außer Acht.
3. Wir zeichnen die verbleibenden Iterationen $x_{101}, \ldots, x_{200}$ in das Diagramm ein.

Wenn man nach diesem Programm nur für den Parameter $a = 2$ verfährt, erhält man das Diagramm aus Abbildung 2.1 (rechts). Alle eingetragenen Punkte x_{101} bis x_{200} fallen hierbei praktisch auf den einen Punkt $(2, 0.5)$. Abbildung 2.2 zeigt die Ergebnisse für alle Parameterwerte zwischen 1 und 4. Wir stellen fest, daß für Parameterwerte $a > 3$ der Endzustand nicht mehr nur aus einem Punkt besteht, sondern aus zwei, vier oder noch mehr Punkten. Für $a = 4$ finden wir schließlich das Chaos, das wir im vorhergehenden Kapitel behandelt haben, und die Punkte, die zum Endzustand gehören, füllen das gesamte Intervall [0,1] dicht aus. Das Bild in Abbildung 2.2 wird auch oft *Feigenbaum-Diagramm* genannt, weil es Ergebnisse aus dem grundlegenden Werk des Physikers Mitchell Feigenbaum zusammenfaßt. Das Diagramm stellt ein überaus bemerkenswertes Fraktal dar, und wir werden später sehen, daß es mit der berühmten Mandelbrot-Menge in einem engen Zusammenhang steht.

Das Feigenbaum-Diagramm ist zur wichtigsten Ikone der Chaostheorie geworden. Es wird vermutlich ein Meilenstein werden, der dem wissenschaftlichen Fortschritt in diesem Jahrhundert Ausdruck verleiht. Das Diagramm wurde von Computer erzeugt, und es könnte auch auf keine andere Weise entstehen. Um seine reichhaltige, detaillierte Struktur sichtbar werden zu lassen, ist der Computer als Hilfsmittel unentbehrlich. Ohne Computer hätte man die vielen schönen, mathematischen Eigenschaften dieser Struktur sicherlich niemals entdeckt, und sie müßten auch weiterhin im Dunkeln bleiben. Die Erfolge der modernen Chaostheorie wären ohne Computer unvorstellbar.

Eine der wesentlichen Strukturen, die man im Feigenbaum-Diagramm 2.2 erkennen kann, ist die eines verzweigten Baums, der die qualitativen Veränderungen im dynamischen Verhalten des Iterators $x \to ax(1-x)$ beschreibt. Wir sehen, wie sich der Hauptstamm in zwei große Äste verzweigt, und diese beiden Äste gabeln sich wiederum in zwei neue Äste, und dieser Prozeß setzt sich immer weiter fort. Das ist der Bereich der Periodenverdopplung im Feigenbaum-Diagramm.

Periodenverdopplung

Wir werden zunächst grob erklären, was Periodenverdopplung bedeutet. In dem Bereich, in dem wir nur einen Ast sehen, strebt das Langzeitverhalten des Systems gegen einen einzigen Endzustand, der allerdings von dem Parameter a abhängt. Dieser Endzustand wird erreicht, unabhängig vom Anfangswert x_0, mit dem wir beginnen. Wenn wir zwei Äste sehen, bedeutet dies, daß das Langzeitverhalten zwischen zwei verschiedenen Endzuständen regelmäßig hin und her springt. Dies nennen wir *periodisches Verhalten.* Da wir es mit zwei Endzuständen zu tun haben, sagen wir, daß die *Periode* zwei vorliegt. Wenn wir im folgenden Abschnitt vier Äste sehen, wissen wir, daß die Periode des Endzustandes von zwei auf vier angewachsen ist. Dies verstehen wir unter Periodenverdopplung: $1 \to 2 \to 4 \to 8 \to 16 \to \cdots$ Hinter der Periodenverdopplungs-Kaskade sehen wir auf der rechten Seite der Abbildung eine Struktur mit vielfältigen Details und bemerkenswerten Mustern. Chaos beginnt sich einzustellen, und für $a = 4$ wird Chaos schließlich das ganze Intervall von 0 bis 1 beherrschen.

Die Beschaffenheit des Feigenbaum-Diagramms hat sowohl qualitative als auch quantitative Merkmale. Die qualtitativen Eigenschaften können am besten mit den Methoden der fraktalen Geometrie analysiert werden. Das Diagramm, das wir in Abbildung 2.2 sehen, hat eine selbstähnliche Struktur. Dies bedeutet, wie wir nun zeigen werden, daß der Fahrplan von der Ordnung ins Chaos ein höchstgradig komplexer Fahrplan mit unendlich viel Detail ist.

Abbildung 2.3 zeigt eine Folge von Vergrößerungen des Feigenbaum-Diagramms. Zu Anfang sehen wir eine Reproduktion der Abbildung 2.2 und vergrößern den Inhalt des rechteckigen Fensters, das im Anfangsdiagramm eingezeichnet ist. Das vergrößerte Rechteck ist direkt unter dem Anfangsdiagramm abgebildet, und wir können uns davon überzeugen, daß es tatsächlich genau wie das ursprüngliche Diagramm aussieht. Wir vergrößern nun das Rechteck, das im zweiten Bild eingezeichnet ist und erhalten dabei das dritte Diagramm. Die vierte Vergrößerung ist die letzte in unserer Darstellung. Theoretisch könnten wir unendlich oft auf diese Weise fortfahren, was wir symbolisch angedeutet haben, indem wir die beiden folgenden Vergrößerungsfenster im untersten Bild eingezeichnet haben. Wir erkennen, daß das Diagramm eine selbstähnliche Struktur hat.

Um einen Geschmack von den quantitativen Eigenschaften des Diagramms zu bekommen, wollen wir uns ansehen, daß die Äste in der Periodenverdopplungskaskade immer kürzer werden, wenn man das Diagramm von links nach rechts betrachtet. Es ist ein verlockender Gedanke, sich vorzustellen, daß die Länge der Äste in Richtung der a-Achse so abnimmt, daß das Längenverhältnis zweier aufeinanderfolgender Äste einem geometrischen Gesetz gehorcht. Wenn dies der Fall wäre, hätte es vielfältige Konsequenzen.

Der Feigenbaum-Punkt

Zunächst gäbe es einen kritischen Wert, d.h. einen Parameter a, auf dessen rechter Seite die Äste des Baums nicht weiter wachsen können. Dieser kritische Wert würde das Ende des Bereichs markieren, in dem sich die Perioden verdoppeln. Ein solcher kritischer Wert existiert wirklich. Man bezeichnet ihn als *Feigenbaum-Punkt* $a = s_\infty = 3.5699456\ldots$ Dies ist genau die a-Koordinate des Punktes, gegen den die Folge der Rechtecke in Abbildung 2.3 konvergiert. Der Feigenbaum-Punkt unterteilt das Endzustand-Diagramm in zwei Teile, die sich grundlegend voneinander unterscheiden. Während sich auf der linken Seite der Periodenverdopplungsbaum befindet, ist die rechte Seite von Chaos bedeckt. Dennoch herrscht auch auf der rechten Seite kein vollständiges Chaos; auch hier ist eine Vielfalt schöner Strukturen versteckt, die wir im folgenden Kapitel aufdecken wollen.

Selbstähnlichkeit im Feigenbaum-Diagramm

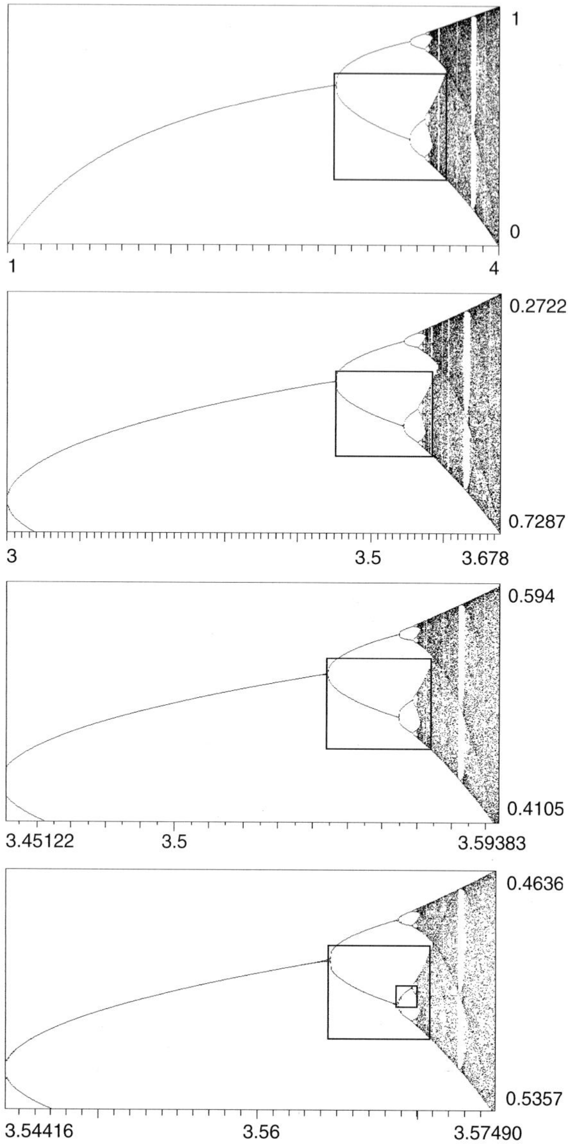

Abb. 2.3 : Durch eine Folge von Vergrößerungen des Endzustand-Diagramms für den quadratischen Iterator wird die selbstähnliche Struktur des Diagramms sichtbar. Wir weisen darauf hin, daß die vertikalen Werte in der ersten und dritten Vergrößerung umgekehrt wurden; hiermit soll der Tatsache Rechnung getragen werden, daß das vorhergehende Diagramm gespiegelt wurde. Die zweite Vergrößerung ist somit auch eine vertikale Umkehrung der ersten; die Werte sind deshalb wieder in ihrer natürlichen Anordnung dargestellt.

Feigenbaums δ

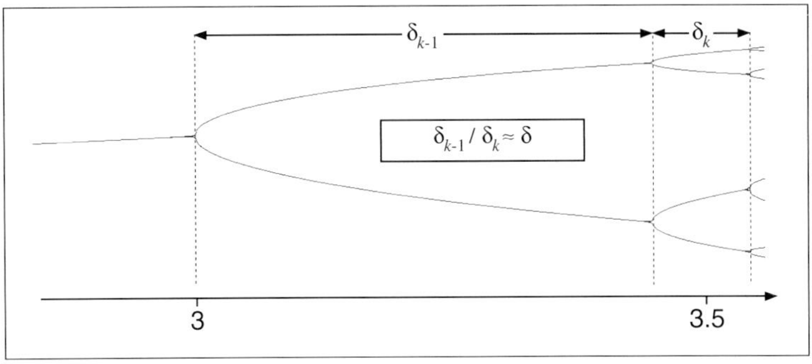

Abb. 2.4 : Das Verhältnis δ_{k-1}/δ_k der Langen zweier aufeinanderfolgender Äste strebt gegen die Feigenbaumkonstante δ.

Die Feigenbaum-Konstante und Universalität

Weiterhin kann man das Gesetz, mit dem sich die Art der Periodenverdopplung quantifizieren läßt, — sofern es ein solches Gesetz überhaupt gibt — mit den entsprechenden Gesetzen vergleichen, die sich bei den anderen Iteratoren beobachten lassen. Experimente, durch die alle diese faszinierenden Ideen überprüft werden konnten, wurden von Feigenbaum um 1975 durchgeführt, und zur großen Überraschung der wissenschaftlichen Gemeinschaft hat er herausgefunden, daß das Gesetz unmittelbar aus dem Verzweigungsverhalten abgeleitet werden kann und daß es sich auch für viele andere Iteratoren als gültig erweist. Natürlich haben diese Entdeckungen eine ganz neue mathematische Forschungsrichtung angeregt. Das Gesetz, das Feigenbaum gefunden hat, kann streng genommen durch eine einzige Zahl zum Ausdruck gebracht werden. Durch erste numerische Experimente hat Feigenbaum diese Zahl als $\delta = 4.6692\ldots$ gemessen, und später hat er herausgefunden, daß sie für alle Iteratoren einer bestimmten Familie gleich ist. Diese Zahl δ wurde als *Feigenbaum-Konstante* bekannt, und die Tatsache, daß sie in vielen anderen Systemen ebenfalls auftritt, wird mit *Universalität* bezeichnet.

Grob ausgedrückt ist die Bedeutung der Feigenbaum-Konstante die folgende: Wenn wir die Länge zweier aufeinanderfolgender Äste in Richtung der a-Achse messen, dann ist ihr Verhältnis zueinander ungefähr δ (siehe Abbildung 2.4). Diese Zahl kann auch in der Folge von Vergrößerungen in Abbildung 2.3 gefunden werden; δ ist der Vergrößerungsfaktor von einer Vergrößerung zur nächsten.

Die Zahl $\delta = 4.6692\ldots$ ist im Umfeld von Chaos eine Konstante von ähnlich großer Bedeutung wie die Zahl π in der herkömmlichen Geometrie. Feigenbaums Entdeckung war eine der ersten von vielen Fußspuren, an denen wir heute Zeichen des Chaos erkennen können. Die Zahl δ kann in vielen unterschiedlichen Systemen beobachtet werden, zum Beispiel beim tropfenden Wasserhahn, bei der Oszillation

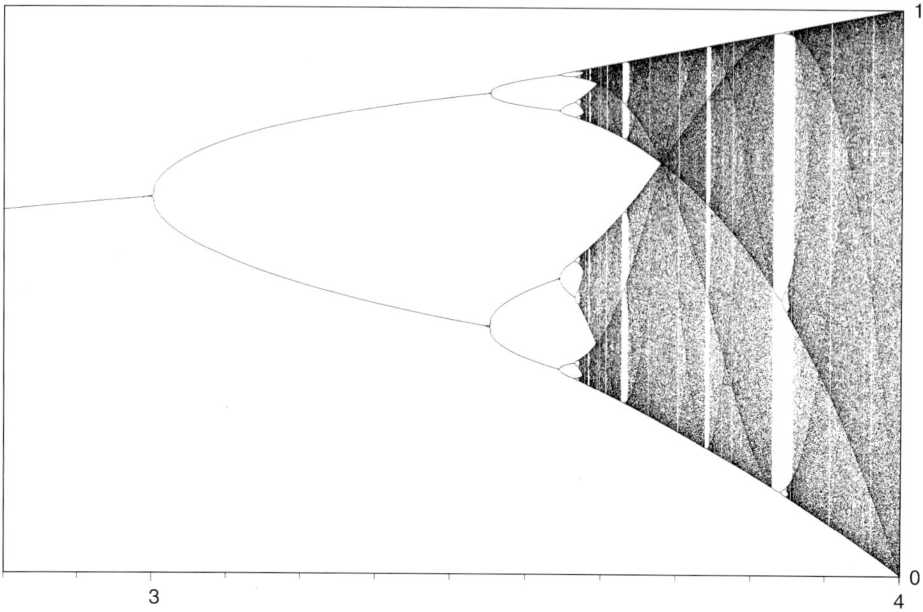

Abb. 2.5 : Endzustand-Diagramm für den quadratischen Iterator (2.1) und Parameterwerte a zwischen 2.8 und 4.

von flüssigem Helium und bei den Fluktuationen einer Mottenpopulation. Es ist eine vorhersagbare Konstante in der Welt des Chaos.

Eine mögliche und ausgesprochen sinnvolle Interpretation der Universalität von δ besteht darin, δ für Vorhersagen zu nutzen. Zum Beispiel kann man durch einfaches Messen zweier aufeinanderfolgender, periodenverdoppelnder Verzweigungen die Verzweigungen im Anschluß daran voraussagen, und ebenso kann man im voraus berechnen, wo sich der kritische Wert für a befinden muß, jenseits dem das Chaos eintritt. Diese Interpretation wurde einige Jahre im Anschluß an die Arbeit von Feigenbaum in der Tat zu einer Errungenschaft mit unglaublichen Konsequenzen, als nämlich experimentelle Physiker entdeckten, daß das Szenario der Periodenverdopplung und der Wert δ in vielen konkreten physikalischen Systemen tatsächlich eine Rolle spielen, wie zum Beispiel beim dynamischen Verhalten von Flüssigkeiten. Mit anderen Worten, man erkannte plötzlich, daß die Universalität von δ nicht nur in einfachen, mathematischen Modellen gilt, sondern daß sie sich ebenso in konkreten physikalischen Phänomenen niederschlägt. Bald setzte eine Art Goldrausch in den experimentellen Wissenschaften ein, und der Bereich derjenigen Phänomene, in denen die Universalität von δ Gültigkeit hat, wurde immer umfangreicher. Gleichzeitig kam man zu der Einsicht, daß dies nicht der einzige universelle Aspekt in der Struktur des Diagramms 2.2 ist, sondern daß es darin noch viele weitere qualitative sowie quantitative universelle Eigenschaften gibt. Im wesentlichen kann man sagen: Sobald sich ein System (insbesondere ein komplexes System, das in der Natur wirklich vorkommt) so verhält, daß man Periodenverdopplungen beobachten kann, kann man mit größter Wahrscheinlichkeit sogar die vollständige Struktur eines Feigenbaum-Diagramms darin entdecken. Obwohl der quadratische Iterator in mancherlei Hinsicht viel zu einfach ist, um ausreichend Informationen über konkrete Systeme wiedergeben zu können, so enthält er doch auf verblüffende Weise die wesentlichen Information darüber, wie sich innerhalb solcher Systeme chaotisches Verhalten entfaltet.

Diese Entdeckung ist von herausragender Bedeutung und veranschaulicht Schönheit und Abenteuer, welche im mathematischen Denken zu finden sind.

2.1 Erster Schritt von der Ordnung ins Chaos: Stabile Fixpunkte

Der Abschnitt, der sich im Endzustand-Diagramm links vom Feigenbaum-Punkt s_∞ befindet, ist ein selbstähnlicher, fraktaler Baum (siehe Abbildung 2.6). Er beschreibt das Szenario der *Periodenverdopplung* für den quadratischen Iterator, das von sehr einfacher, regelmäßiger Dynamik in eine völlig andere Art dynamischen Verhaltens überleitet. Wir wollen versuchen, den Mechanismus zu verstehen, auf dessen Grundlage die selbstähnliche Struktur des Baums entsteht.

Der Periodenverdopplungs-Baum

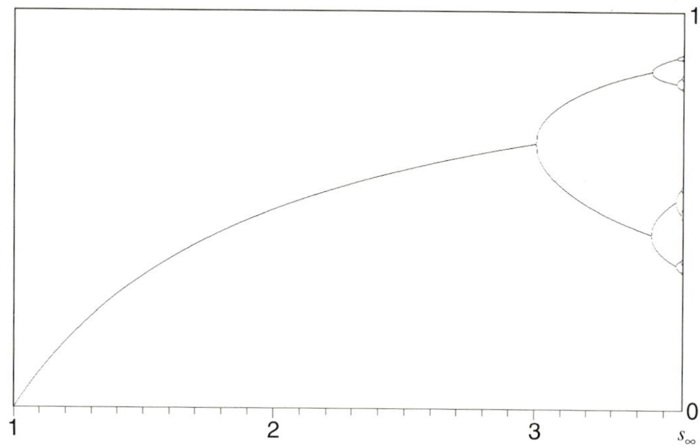

Abb. 2.6 : Der erste Abschnitt im Endzustand-Diagramm — der Periodenverdopplungsbaum.

Am Stamm ...

Wir beginnen mit unserer Darstellung am „Stamm“ des Baums, dem Abschnitt, der zwischen $a = 1$ und $a = 3$ liegt. Dieser Abschnitt repräsentiert eine sehr einfache Dynamik, in der sich die Iteration stets auf einen einzigen stabilen Ruhepunkt zubewegt. In Abbildung 2.7 zeigen wir zwei typische Beispiele. Im linken Bild ist die Zeitreihe für den Anfangswert 0.1 und Parameter $a = 1.75$ aufgezeichnet. Die Iteration führt zu einem Endzustand, den wir mit $A(1.75)$ bezeichnen. In diesem Fall hat der Endzustand einfach den Wert $3/7$. Auch wenn wir mit einem beliebigen anderen Startwert anfangen, erhalten wir diesen Grenzwert. Das Bild auf der rechten Seite zeigt die Situation für $a = 2.75$. In diesem Fall ist der Endzustand $A(2.75) = 7/11$, aber diesmal wird er im Verlauf der Iteration nicht von einer einzigen Richtung aus erreicht; die Bahn nähert sich dem Endzustand vielmehr abwechselnd von oben und von unten.

Stabilität des Endzustands

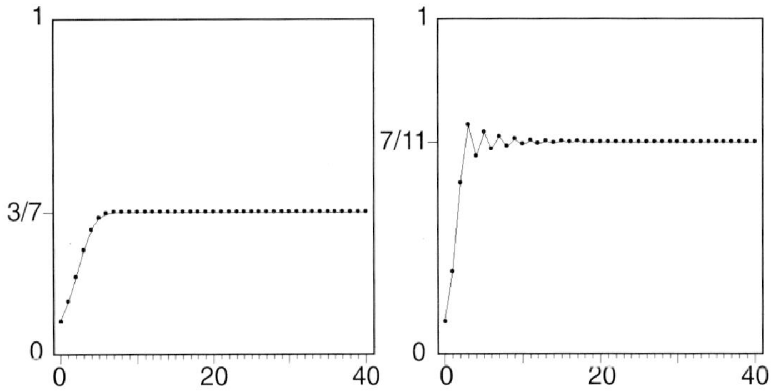

Abb. 2.7 : Stabiles Verhalten von Zeitreihen für den Anfangswert 0.1 und Parameterwerte $a = 1.75$ (links) und $a = 2.75$ (rechts).

In beiden Fällen haben wir eine Situation, die vom Standpunkt der Vorhersagbarkeit aus nicht besser sein könnte. Es spielt keine Rolle, welchen Anfangswert wir auswählen; wir können voraussagen, daß sich die Bahn nach vielen Iterationen in der Nähe des Attraktors $A(a)$ befinden wird. Dieser Punkt scheint mit magischen Kräften ausgestattet zu sein, die alle Bahnen unabhängig von der Wahl des Anfangswerts x_0 anziehen.

Um die Notation einfach zu halten, wollen wir in diesem Kapitel das Symbol f_a für die quadratische Funktion

$$f_a(x) = ax(1 - x)$$

verwenden.

... ein stabiler Fixpunkt

Was kann man beobachten, wenn man die Iteration der quadratischen Funktion f_a mit dem Attraktor $x_0 = A(a)$ startet? In diesem Fall wären alle Iterierten gleich: $x_0 = x_1 = x_2 = \ldots$ Mit anderen Worten wäre x_0 Fixpunkt von f_a (manchmal sagt man auch Ruhepunkt). Daher müßte x_0 die Fixpunktgleichung $f_a(x) = x$ erfüllen,

$$ax(1 - x) = x. \tag{2.2}$$

Für diese Gleichung gibt es zwei Lösungen, die wir mit p_0 und p_a bezeichnen, nämlich

$$p_0 = 0 \quad \text{und} \quad p_a = \frac{a - 1}{a}.$$

Außerdem stellen wir fest, aus $x_0 = 1$ folgt $x_1 = x_2 = \cdots = 0$. Wir sagen, 1 ist ein *Urbild* des Fixpunkts $p_0 = 0$. Aber $x_0 = 0$ und $x_0 = 1$ sind die beiden einzigen Anfangswerte, die im Verlauf der Iteration auf Null gehen; alle anderen Werte streben gegen $p_a = (a - 1)/a$.

Grafische Iteration in der Nähe eines stabilen Fixpunkts

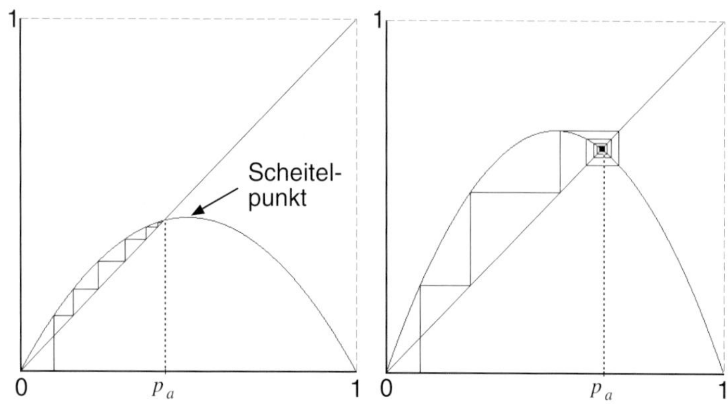

Abb. 2.8 : Grafische Iteration für $a = 1.75$ (links) und $a = 2.75$ (rechts). In beiden Fällen fangen wir mit $x_0 = 0.1$ an. Die Iteration strebt gegen $p_a = (a-1)/a$; das ist $3/7$ (links) und $7/11$ (rechts).

Tatsächlich, wenn wir einen Wert x_0 zwischen 0 und $(a-1)/a$ nehmen, dann ist $x_1 > x_0$ für alle Parameter $a > 1$.[1] Die Iteration wird vom Ruhepunkt $p_0 = 0$ abgestoßen. Wir sagen, p_0 ist ein *abstoßender* oder *instabiler Fixpunkt*. Andererseits ist $p_a = (a-1)/a$ ein *attraktiver* oder *stabiler Fixpunkt* für alle Parameterwerte a zwischen 1 und 3.[2] Wir wollen diese Behauptungen durch grafische Iteration überprüfen (siehe Abbildung 2.8). Wir erinnern daran, daß die Iteration hierbei von einem Weg repräsentiert wird, auf dem horizontale und vertikale Schritte rechtwinklig aufeinanderfolgen, und den wir von nun an aus Bequemlichkeit eine *Polylinie* nennen werden (siehe *Bausteine des Chaos — Fraktale*, Kapitel 1, Seite 72). Das linke Bild zeigt die Situation für $a = 1.75$. Die Parabel $ax(1-x)$ schneidet die Winkelhalbierende an den Fixpunkten $p_0 = 0$ und $p_a = (a-1)/a$. Zwischen diesen Werten liegt die Parabel oberhalb der Winkelhalbierenden, aber ihr Scheitelpunkt liegt unterhalb der Winkelhalbierenden. Daher wird die Iteration stets von 0 abgestoßen. Auf der rechten Seite ist die Polylinie zwischen der Parabel und der Winkelhalbierenden gefangen und bewegt sich daher direkt auf den zweiten Schnittpunkt zu, der sich an der Stelle $(a-1)/a$ befindet.

Das rechte Bild in Abbildung 2.8 zeigt die Situation für $a = 2.75$. In diesem Fall schneidet die Winkelhalbierende die Parabel

---

[1] Angenommen, $0 < x_0 < p_a = (a-1)/a$. Wir berechnen $x_1 - x_0 = ax_0(1-x_0) - x_0 = x_0(a - ax_0 - 1)$. Aus dieser Annahme folgt $a - 1 > ax_0$, und daher $a - ax_0 - 1 > 0$ und $x_1 - x_0 > 0$. Wir erhalten also $x_1 > x_0$.

[2] Für $a > 3$ verliert dieser Punkt jedoch seine Stabilität, wie wir später noch sehen werden.

erst hinter ihrem Scheitelpunkt. Daher beginnt die Polylinie, sich um den Schnittpunkt zu winden. Die Spirale ist nach innen gerichtet; der Prozeß bewegt sich wiederum auf den Punkt $(a-1)/a$ zu. Wir sehen also, daß der Fixpunkt noch immer attraktiv ist, obwohl sich das lokale Verhalten, d.h. die Art, wie sich eine Bahn auf den Fixpunkt zubewegt, geändert hat. Die Windungen der Polylinie erklären die Oszillationen, die wir schon in Abbildung 2.7 beobachtet haben.

Vier Typen lokalen Verhaltens

In diesem Abschnitt stellen wir vier grundlegende Typen von Iterationsverhalten in der Nähe eines Fixpunkts vor. Als Beispiel betrachten wir den linearen Rückkopplungsprozeß

$$x_{n+1} = sx_n.$$

Die Funktion, die wir iterieren, ist also $x \to sx$, und ihr Graph ist eine gerade Linie, die die Diagonale im Ursprung schneidet. Einen weiteren Schnittpunkt gibt es nicht, wenn $s \neq 1$. Anhand der Steigung der Geraden, die wir mit s bezeichnen, können wir vier Arten von Iterationsverhalten unterscheiden:

S1: $0 < s < 1$ Die Iteration verläuft wie eine Treppe, die sich dem stabilen Fixpunkt 0 von außen nach innen nähert.

S2: $-1 < s < 0$ Die Iteration verläuft wie eine Spirale, die sich dem stabilen Fixpunkt 0 von außen nach innen nähert.

U1: $s > 1$ Die Iteration bewegt sich in Form einer Treppe vom instabilen Fixpunkt 0 weg.

U2: $s < -1$ Die Iteration bewegt sich in Form einer Spirale vom instabilen Fixpunkt 0 weg.

Die Fälle $s = \pm 1$ sind gesondert zu behandeln. Wenn $s = 1$ ist, ist jeder Punkt ein Fixpunkt, während für $s = -1$ alle Bahnen die Form $x, -x, x, -x, \ldots$ haben.

Wir fahren mit den *nichtlinearen* Systemen fort. Der Typ eines Fixpunkts x^* in einem nichtlinearen Rückkopplungsprozeß $x_{n+1} = f(x_n)$ kann durch die Ableitung $f'(x^*)$ charakterisiert werden, die als Steigung des Graphen von f an der Stelle x^* interpretiert werden kann. Im Fall einer linearen Abbildung $x \to sx$ ist das dynamische Verhalten in der Nähe des Fixpunkts durch den Parameter s bestimmt. Für nichtlineare Abbildungen ist die gleiche Charakterisierung mit Hilfe der Ableitung $f'(x^*)$ möglich. Insbesondere wird der Fixpunkt attraktiv, wenn $|f'(x^*)| < 1$ und abstoßend, wenn $|f'(x^*)| > 1$.

Wir wollen diese Ergebnisse auf die beiden Fixpunkte $p_0 = 0$ und $p_a = (a-1)/a$ des quadratischen Iterators $x \to f_a(x) = ax(1-x)$ anwenden. Die Ableitung der Abbildung f_a ist durch

$$f_a'(x) = a(1-2x)$$

gegeben. Zuerst betrachten wir den Fixpunkt $p_0 = 0$. Dann ist die Ablei-

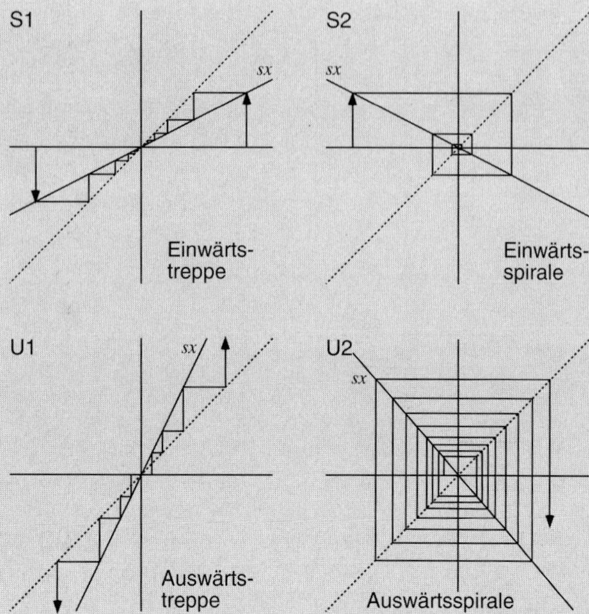

Abb. 2.9 : Ob der Fixpunkt im Ursprung stabil ist (oben) oder instabil (unten) hängt von der Steigung ab, die die Funktion am Fixpunkt hat.

tung $f_a'(0) = a$. Daher gilt

$$\begin{aligned} |f'(p_0)| &< 1 \quad \text{für} \quad 0 \le a < 1 \\ |f'(p_0)| &= 1 \quad \text{für} \quad a = 1 \\ |f'(p_0)| &> 1 \quad \text{für} \quad a > 1. \end{aligned}$$

Demnach verliert der Fixpunkt p_0 seine Stabilität und wird zu einem abstoßenden Fixpunkt, sobald der Parameter a von $a < 1$ nach $a > 1$ übergeht. Um den anderen Fixpunkt zu untersuchen, berechnen wir die Ableitung

$$f_a'(p_a) = 2 - a.$$

Damit erhalten wir für diesen Fixpunkt

Parameter	Ableitung	Typ des Fixpunkts
$0 \le a < 1$	$1 < f'(p_a) \le 2$	abstoßend
$1 < a < 2$	$0 < f'(p_a) < 1$	stabil (Treppe nach innen)
$2 < a < 3$	$-1 < f'(p_a) < 0$	stabil (Spirale nach innen)
$3 < a \le 4$	$-2 \le f'(p_a) < -1$	abstoßend (Spirale nach außen)

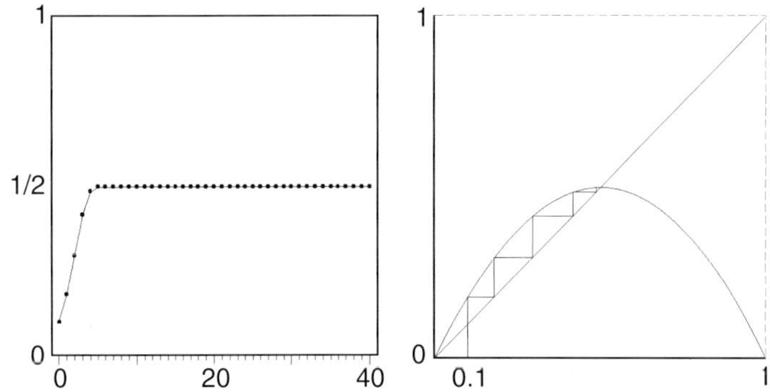

Iteration mit einem superattraktiven Fixpunkt

Abb. 2.10 : Für $a = 2$ kommt es zu einer superattraktiven Situation. Die grafische Iteration veranschaulicht, wie die Bahn direkt in den Fixpunkt läuft.

Wir können uns nun fragen, ob es einen Parameter a gibt, bei dem sich das Verhalten am Ruhepunkt qualitativ ändert. Ja, dies trifft zu. Das Iterationsverhalten wird durch eine Spirale beschrieben, sobald der Scheitelpunkt der Parabel auf die rechte Seite des rechten Schnittpunkts von Parabel und Winkelhalbierender rückt. Wir suchen also nach dem Parameterwert a, bei dem der rechte Schnittpunkt mit dem Scheitelpunkt der Parabel zusammenfällt. Da die Parabel ihr Maximum an der Stelle $x_{\text{max}} = 0.5$ annimmt, müssen wir die Gleichung $0.5 = 0.5a(1 - 0.5)$ lösen.

Der superattraktive Fall

Die Lösung dieser Gleichung ist $a = 2$. Abbildung 2.10 zeigt diese Situation. Im linken Bild sieht man die Zeitreihe für den Anfangswert 0.1. Wenn man sie mit der Zeitreihe für $a = 1.75$ und $a = 2.75$ (siehe Abbildung 2.7) vergleicht, erkennt man, daß der anziehende Fixpunkt für $a = 2$ scheinbar schneller erreicht wird. Dieser Eindruck wird auch von der grafischen Iteration bestätigt, denn wenn sich die Polylinie dem Fixpunkt nähert, stürzt sie extrem schnell auf den Fixpunkt zu. Darum wird dieser Punkt *superattraktiv* genannt. Dieser Fall ist allerdings sehr speziell. Im Intervall $[1, 3]$ gibt es nur den Parameter $a = s_1 = 2$, für den diese Situation eintritt.

Es erscheint vernünftig anzunehmen, daß die Iteration für einen gegebenen Anfangswert x_0 den anziehenden Fixpunkt am schnellsten erreicht, wenn der Parameter a vom superattraktiven Typ ist. Für die meisten Anfangswerte x_0 ist dies auch tatsächlich zutreffend, aber dennoch gibt es eine Anzahl von Ausnahmen. Im Abbildung 2.11 kann man zwei Fälle sehen, in denen der Fixpunkt ebenfalls sehr schnell erreicht wird (vergleiche Abbildung 2.7). Auf der linken Seite (für $a = 1.75$) fangen wir mit $x_0 = 4/7$ an. Wir erhalten den Fixpunkt

Eine direkte Annäherung an den Fixpunkt

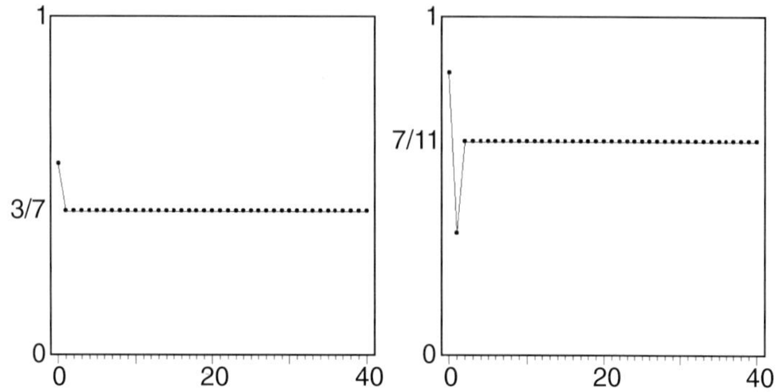

Abb. 2.11 : Beispiele für Anfangswerte, deren Iteration den Fixpunkt unmittelbar trifft: $x_0 = 0.5714\ldots$ und $a = 1.75$ (links) sowie $x_0 = 0.8432\ldots$ und $a = 2.75$ (rechts).

schon nach einem einzigen Iterationsschritt.[3] Auf der rechten Seite ($a = 2.75$) setzen wir $x_0 = 0.8432\ldots$ und erhalten den Fixpunkt nach zwei Iterationsschritten. Es erscheint vielleicht paradox, aber im superattraktiven Fall $a = 2$ ist dieses Verhalten nicht möglich; es gibt keine Anfangswerte x_0, die den Fixpunkt nach einer endlichen Anzahl von Iterationen direkt treffen.

Superattraktive Fixpunkte

Wir haben den Fixpunkt x^* eines nichtlinearen Rückkopplungssystems $x_{n+1} = f(x_n)$ durch seine Ableitung $f'(x^*)$ charakterisiert. Der Fixpunkt ist stabil, wenn $|f'(x^*)| < 1$ ist. Der Fixpunkt heißt *superattraktiv*, wenn der Fall $f'(x^*) = 0$ eintritt. Wir sehen uns nun am Beispiel des quadratischen Iterators $f_a(x) = ax(1-x)$ an, was passiert, wenn die Iteration sich einem solchen Ruhepunkt nähert. Der Fixpunkt, der in Frage kommt, ist $x^* = p_a = (a-1)/a$. Wir fangen mit der Iteration in unmittelbarer Nähe von p_a an; wir setzen

$$x_0 = \frac{a-1}{a} + \varepsilon.$$

Dies ist der Fixpunkt, der um den Betrag ε gestört wurde. Wir erhalten dann $x_1 = ax_0(1-x_0)$ indem wir berechnen

$$x_1 = \frac{a-1}{a} + 2\varepsilon - a\varepsilon - a\varepsilon^2.$$

Der Fixpunkt ist nun anziehend, wenn

$$|2\varepsilon - a\varepsilon - a\varepsilon^2| < |\varepsilon|.$$

[3] Wir wollen uns davon überzeugen, daß für $a = 7/4$ der Fixpunkt $p_a = (a-1)/a = 3/7$ schon nach einer Iteration erreicht werden kann. Mit dem Startwert $x_0 = 4/7$ erhalten wir $x_1 = 7/4 \cdot 4/7 \cdot (1 - 4/7) = 3/7 = p_a$.

In diesem Fall wird x_1 näher bei x^* liegen als x_0, und x_2 wird noch näher bei x^* liegen, wie man mit Hilfe derselben Argumentation einsehen kann, und so weiter. Dies ist immer der Fall, wenn $1 < a < 3$ ist und ε genügend klein gewählt wurde. Im speziellen Fall für $a = 2$ erhält man für den Ausdruck auf der linken Seite $2\varepsilon^2$, woran wir erkennen, daß die Anfangsstörung ε quadratisch abnimmt. Dies hat zur Folge, daß die Anzahl der Ziffern, die bei Vergleich von p_a und x_k übereinstimmen, sich in jedem Iterationsschritt verdoppelt. Andererseits erkennt man nun, daß für $a \neq 2$ der lineare Term $2\varepsilon - a\varepsilon$ stehenbleibt, so daß die Abnahme der Störung langsamer erfolgt. Somit wird deutlich, warum wir den Fixpunkt im Fall $a = 2$ superattraktiv nennen.

Zeitprofil

Diese Beobachtungen führen zu der Frage, wie lange es dauert, bis die Iteration eines beliebigen Anfangswerts den Fixpunkt erreicht. Wir werden ein Experiment machen, um diese Frage zu untersuchen. Innerhalb des Einheitsintervalls wählen wir in gleichmäßigen Abständen Anfangswerte

$$x_0 = \frac{k}{600}, \quad k = 1, 2, \ldots, 599.$$

Jeden dieser Anfangswerte iterieren wir und zählen die Iterationsschritte, die notwendig sind, um in die Nähe des Fixpunkts $(1-a)/a$ zu gelangen, wobei wir jeden Abstand tolerieren, der kleiner ist als $1/6000$. Für jede Iterationsfolge erhalten wir als Ergebnis eine Anzahl $N_a(x_0)$, die vom Anfangswert x_0 und dem Parameter a abhängt. Die Ergebnisse stellen wir in einem Diagramm dar, das wir *Zeitprofil* nennen. Auf der horizontalen Achse sind die Startwerte x_0 markiert, und oberhalb jedes Startwerts x_0 zeichnen wir eine Säule ein, deren Höhe die Anzahl $N_a(x_0)$ der benötigten Iterationen wiedergibt. In

Zeitprofil für den superattraktiven Fall

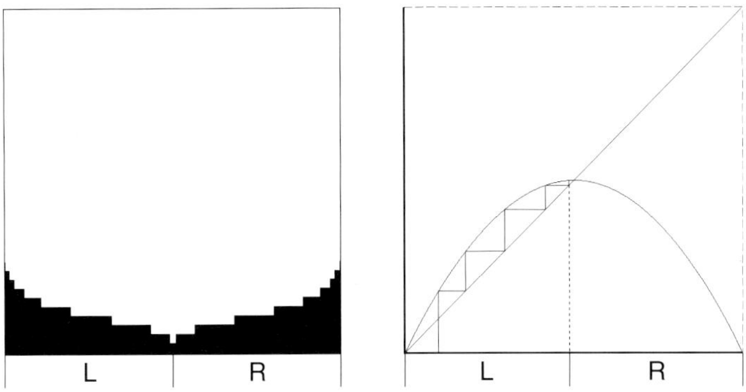

Abb. 2.12 : Zeitprofil für den superattraktiven Fall $a = s_1 = 2$ und die grafische Iteration einer typischen Bahn ($x_0 = 0.1$).

Zeitprofil
$a = 1.75$

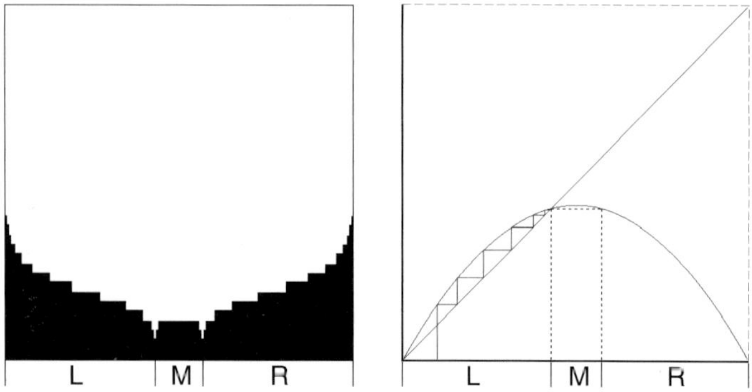

Abb. 2.13 : Zeitprofil für $a = 1.75$ sowie die grafische Iteration einer typischen Bahn ($x_0 = 0.1$).

Abbildung 2.12 ist das Zeitprofil für den superattraktiven Fall $a = 2$ dargestellt.

Das Diagramm ist talförmig, was in Einklang mit unseren ersten intuitiven Einschätzungen steht. Der Attraktor $A(2) = 0.5$ liegt im Mittelpunkt des Intervalls genau dort, wo das Tal seinen tiefsten Punkt hat. Die Anzahl $N_a(x_0)$ steigt an, wenn x_0 sich fort vom Mittelpunkt zu einem der beiden Endpunkte des Einheitsintervalls bewegt. Es ist bemerkenswert, daß die Parabel des quadratischen Iterators die gleiche Symmetrie aufweist wie das zugehörige Zeitprofil. Wir können dies überprüfen, indem wir die Iteration eines Startwerts $x_0 = c$ aus der linken Hälfte L des Einheitsintervalls mit der Iteration seines symmetrischen Gegenstücks $x_0 = 1 - c$ aus der rechten Hälfte R vergleichen. In beiden Fällen erhält man beim ersten Iterationsschritt $x_1 = ac(1 - c)$ (dieser Wert liegt auf der linken Seite). Daher sind $N_a(c)$ und $N_a(1 - c)$ gleich, und das Tal ist infolgedessen symmetrisch.

Wir untersuchen nun das Zeitprofil für Parameterwerte a unterhalb des superattraktiven Falls, zum Beispiel $a = 1.75$ (siehe Abbildung 2.13). Überraschenderweise kann man zwei kleine Untertäler innerhalb des großen Tals erkennen, und dazwischen befindet sich ein Hügel mit einer flachen Spitze. Weitere Versuche für Parameterwerte a zwischen 1 und 2 führen zu dem gleichen Ergebnis: Zwei tiefe Untertäler innerhalb des großen Tals. Die Ursache für dieses Verhalten kann auch hier wieder mit Hilfe der grafischen Iteration untersucht werden, die ebenfalls in Abbildung 2.13 dargestellt ist.

Jeder Anfangswert x_0, der aus dem linken Intervall gewählt wird, erzeugt eine Polylinie, die sich auf den Fixpunkt $p_a = (a - 1)/a = 3/7$ zubewegt. Die Anzahl der Treppenstufen, die erforderlich sind, um nahe an den Attraktor heranzukommen, wächst an, wenn wir mit x_0 näher an den linken Endpunkt 0 des Einheitsintervalls heranrücken. Dadurch läßt sich auch der steile Steigungswinkel am linken Rand des Zeitprofils erklären. Was geschieht aber mit Punkten aus dem verbleibenden Teil des Einheitsintervalls? Die grafische Iteration verdeutlicht, daß es genau einen Startwert $x_0 > 1/2$ gibt, so daß der erste Iterationsschritt

$$x_1 = \frac{7}{4}x_0(1 - x_0)$$

den Fixpunkt $x_1 = 3/7$ trifft. Dies bedeutet, daß x_0 ein Urbild des Fixpunkts ist. Wenn man die quadratische Gleichung

$$\frac{3}{7} = \frac{7}{4}x_0(1 - x_0)$$

löst, erhält man zwei Lösungen, nämlich den Fixpunkt $x_0 = 3/7$ selbst, sowie $x_0 = 4/7$. In der Sprache der grafischen Iteration läßt sich dies so formulieren, daß die Parabel an beiden Punkten die gleiche Höhe hat. Die beiden Untertäler im Zeitprofil befinden sich genau an diesen beiden Punkten.

Der Gipfel in der Mitte des Zeitprofils

Allgemein fragen wir nun danach, in welchen Fällen die erste Iterierte x_1 mit dem Fixpunkt $(a-1)/a$ übereinstimmt. Die Antwort bekommt man mit Hilfe der Gleichung

$$\frac{a-1}{a} = ax_0(1 - x_0)$$

oder

$$x_0^2 - x_0 + \frac{a-1}{a^2} = 0,$$

die ergibt

$$x_0 = \frac{a-1}{a} \text{ und } x_0 = \frac{1}{a}.$$

Gestützt durch diese Ergebnisse führen wir nun neben dem Intervall L noch die Intervalle R und M ein.

$$L = \left(0, \frac{a-1}{a}\right), \quad M = \left(\frac{a-1}{a}, \frac{1}{a}\right), \quad R = \left(\frac{1}{a}, 1\right).$$

Bei der grafischen Iteration von Anfangswerten x_0 aus dem Mittelintervall M entstehen Polylinien, die sich auf den Attraktor zubewegen, der sich jeweils im Schnittpunkt der Parabel mit der Diagonalen befindet. Die Anzahl der Iterationen, die man benötigt, um den Attraktor p_a anzunähern, ist umso größer, je näher x_0 an 1/2 gewählt wird, und sie ist umso geringer, ja näher man mit x_0 an die Endpunkte des Intervalls M heranrückt. Auf diese Weise entsteht im Zeitprofil

Zeitprofil
$a = 2.75$

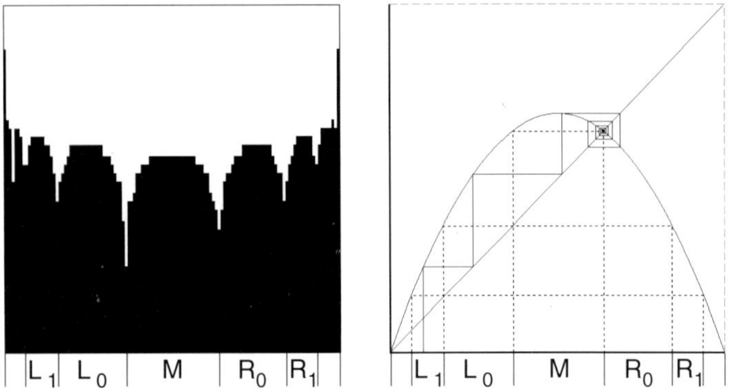

Abb. 2.14 : Das Zeitprofil für $a = 2.75$ und die grafische Iteration einer typischen Bahn ($x_0 = 0.1$).

der Hügel bei $x = 1/2$. Und schließlich können wir feststellen, daß alle Anfangswerte aus dem Intervall R im ersten Iterationsschritt in das Intervall L abgebildet werden, so daß für die Untersuchung ihrer Iteration die gleiche Argumentation zum Ziel führt, wie für die Punkte aus L. Dadurch wird die hohe Steigung am rechten Rand des Zeitprofils erklärt.

Oberhalb des superattraktiven Falls

Im superattraktiven Fall ($a = 2$) sind die beiden Endpunkte $(a - 1)/a$ und $1/a$ des Mittelintervalls identisch. Daher löst sich das Intervall M vollständig auf, und die beiden Untertäler bilden ein großes Tal. Wir werden uns nun ansehen, was passiert, wenn der Parameter a noch weiter anwächst. In Abbildung 2.14 sind die Ergebnisse für $a = 2.75$ dargestellt. Wir sehen hier viele Untertäler (theoretisch sind es sogar unendlich viele), zwischen denen sich jeweils Bergspitzen befinden. Weitere Experimente würden diese Resultate für alle Parameter a zwischen 2 und 3 bestätigen. Wieder wollen wir sehen, wie sich die grafische Iteration in dieser Situation verhält.

Während der Fixpunkt $p_a = (a - 1)/a$ für Parameterwerte a unterhalb von 2 immer auf der linken Seite vom Scheitelpunkt 1/2 der Parabel liegt, befindet er sich nun auf der rechten Seite, also jenseits des Maximums der Parabel. Dies hat bemerkenswerte Konsequenzen. Ebenso wird die Hälfte gewechselt, in der das Urbild des Fixpunkts liegt. Der Punkt $1/a$ ist nun links von 1/2, was zur Folge hat, daß die Diagonale an dieser Stelle unterhalb der Parabel verläuft. Offensichtlich existieren also Urbilder von $1/a$, d.h. Lösungen der Gleichung $ax(1 - x) = 1/a$. Wenn x_0 eine solche Lösung ist, dann sind $x_1 = 1/a$ und $x_2 = (a - 1)/a$. Dies bedeutet, daß die Iteration von x_0 den Fixpunkt in genau zwei Schritten erreicht. Tatsächlich erhalten wir für $a > 2$ zwei Lösungen der quadratischen Gleichung

$ax(1-x) = 1/a$, nämlich

$$\alpha_1 = \frac{1}{2} - \frac{1}{2a}\sqrt{a^2-4}$$

$$\beta_1 = \frac{1}{2} + \frac{1}{2a}\sqrt{a^2-4},$$

die für $a > 2$ symmetrisch zum Punkt 1/2 liegen. Man sollte im Hinterkopf behalten, daß diese Lösungen nur für Parameterwerte $a \geq 2$ definiert sind. Durch die Lösungen kommt man zu der Einteilung in drei interessante Intervalle:

$$L_0 = \left(\alpha_1, \frac{1}{a}\right), \quad M = \left(\frac{1}{a}, \frac{a-1}{a}\right), \quad R_0 = \left(\frac{a-1}{a}, \beta_1\right),$$

die zu den drei Hügeln gehören, die sich in der Mitte des Einheitsintervalls befinden. Wir suchen jetzt nach den Urbildern von α_1: α_2 und β_2, dann nach den Urbildern von α_2 und fahren auf diese Weise fort. Die Täler im Zeitprofil befinden sich exakt an diesen Stellen α_k und β_k. Für einen gegebenen Anfangswert $x_0 = \alpha_k$ oder $x_0 = \beta_k$ sind die ersten $k+1$ Iterationen

$$\alpha_{k-1}, \alpha_{k-2}, \ldots, \alpha_1, \frac{1}{a}, \frac{a-1}{a}.$$

Daher ist der Fixpunkt nach $k+1$ Iterationen erreicht.

Urbilder von p_a und zugehörige Iterationsmuster

Für a zwischen 2 und 3 läßt sich das Iterationsverhalten wie folgt beschreiben: Wenn wir uns in M befinden, führt der nächste Iterationsschritt nach R_0, und ein weiterer Iterationsschritt führt zurück nach M und so weiter. Dadurch wird erklärt, wie derjenige Teil der Polylinie in Abbildung 2.14 zustande kommt, der die Gestalt einer Spirale hat. Wenn wir in L_0 mit der Iteration beginnen, führt der nächste Iterationsschritt ebenfalls nach M. Wir können diese Beobachtung erweitern, indem wir die iterierten Urbilder von p_a nehmen, um eine vollständige Unterteilung des Einheitsintervalls zu erhalten. Mit α_0 und β_0 wie oben definieren wir implizit eine Folge $\alpha_1, \alpha_2, \ldots$ und $\beta_1, \beta_2, \ldots$ durch die Gleichungen

$$f_a(\alpha_k) = f_a(\beta_k) = \alpha_{k-1}, \quad \alpha_k < \beta_k, \quad k = 1, 2, \ldots$$

Diese Gleichungen können aber auch explizit gelöst werden:

$$\alpha_k = \tfrac{1}{2} - \sqrt{\tfrac{1}{4} - \tfrac{\alpha_{k-1}}{a}}$$
$$\beta_k = \tfrac{1}{2} + \sqrt{\tfrac{1}{4} - \tfrac{\alpha_{k-1}}{a}}$$

für $k = 1, 2, \ldots$ Für diese Zahlen gibt es eine Ordnung

$$\cdots < \alpha_3 < \alpha_2 < \alpha_1 < \alpha_0 < \beta_0 < \beta_1 < \beta_2 < \beta_3 < \cdots.$$

Diese Urbilder geben die Positionen der kleinen Täler im Zeitprofil an. Die Werte definieren Intervalle $L_k = (\alpha_{k+1}, \alpha_k)$ und $R_k = (\beta_k, \beta_{k+1})$. Die

Intervalle L_k überdecken den linken Teil des Einheitsintervalls von 0 bis $1/a$, während die Intervalle R_k den gesamten rechten Teil von $(a-1)/a$ bis 1 überdecken.

Hat man diese Intervalle erst einmal gefunden, läßt sich das Iterationsverhalten einfach beschreiben:

$$\begin{aligned}&L_k \to L_{k-1} \to L_{k-2} \to \cdots \to L_0 \to M\\ &M \to R_0 \to M\\ &R_k \to L_{k-1}.\end{aligned}$$

Daraus ergibt sich eine Erklärung für die unendliche Anzahl von Hügeln in unserem Zeitprofil. Jeder Hügel entspricht einem der Intervalle L_k, R_k oder M. Wir setzen dies in Kontrast zum dynamischen Verhalten des quadratischen Iterators für Parameterwerte unterhalb von 2. Für $1 < a < 2$ erhalten wir:

$$\begin{aligned}&L \to L\\ &M \to M\\ &R \to L.\end{aligned}$$

Im superattraktiven Fall ($a = 2$) hat man lediglich

$$\begin{aligned}&L \to L\\ &R \to L.\end{aligned}$$

Das Iterationsverhalten vollzieht sich demnach für Parameterwerte oberhalb des superattraktiven Falls ($a = 2$) nach einem wesentlich komplizierteren Muster.

2.2 Der nächste Schritt von der Ordnung ins Chaos: Das Szenario der Periodenverdopplung

Nachdem wir uns mit der Dynamik des quadratischen Iterators f_a für Parameterwerte zwischen 1 und 3 umfassend beschäftigt haben, fahren wir mit unseren Untersuchungen fort, indem wir Werte für a zulassen, die größer sind als 3. Für $a > 3$ ist der Fixpunkt $p_a = (a-1)/a$ nicht mehr stabil, sondern abstoßend. Gibt es statt dessen einen anderen Attraktor, der die Rolle von p_a übernimmt?

Stabile Oszillation

Zunächst sehen wir uns an, was für das Beispiel $a = 3.1$ passiert (siehe Abbildung 2.15). Wir sehen dabei eine Zeitreihe, die ein völlig anderes Verhalten zeigt. Wir beobachten eine Oszillation wie im Fall von a-Werten zwischen 2 und 3, aber die Oszillation strebt nicht letztlich zu einem einzigen Punkt, sondern stabilisiert sich statt dessen an zwei verschiedenen Stellen; an einem tieferen Wert $x_t(a)$ und einem höheren Wert $x_h(a)$. Im Endzustand-Diagramm erhalten wir daher gerade diese beiden Werte für den Parameter $a = 3.1$.

Zeitreihe $a = 3.1$

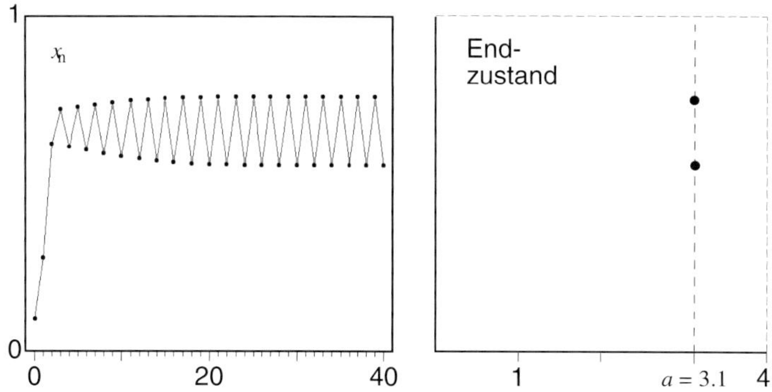

Abb. 2.15 : Zeitreihe für $a = 3.1$ und den Anfangswert 0.1. Die Iteration führt zu einem Endzustand, der aus zwei verschiedenen Punkten $x_t(a)$ und $x_h(a)$ besteht.

Wir nehmen wieder die grafische Iteration zu Hilfe, um zu einem tieferen Verständnis zu kommen. In Abbildung 2.16 haben wir die beiden Anfangswerte $x_0 = 0.075$ (links) und $x_0 = 0.65$ (rechts) genommen. Dabei können wir tatsächlich ein neues Phänomen beobachten. Im linken Bild erkennen wir zunächst eine Treppe, wie wir sie schon mehrfach gesehen haben. Dann entwickelt sich die Polylinie jedoch zu einer nach innen gerichteten Spirale, die sich langsam auf die periodische Schleife zubewegt, die letztlich unendlich oft wiederholt wird. Der Anfangswert x_0 im rechten Bild befindet sich in

Grafische Iteration
$a = 3.1$

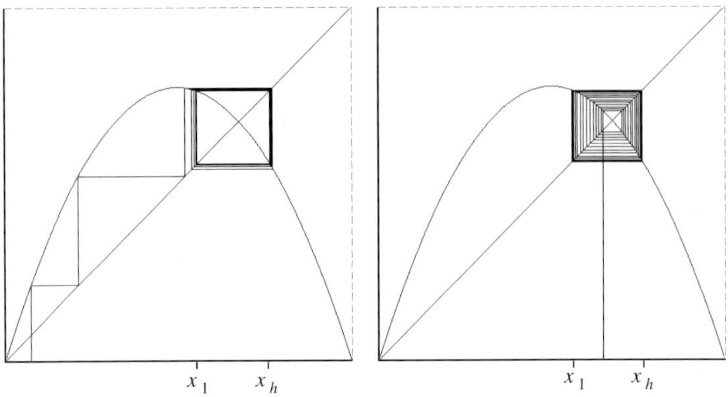

Abb. 2.16 : Der periodische Zyklus $\{x_t, x_h\}$ ist der Attraktor des quadratischen Iterators für den Parameter $a = 3.1$. Auf der linken Seite ist der Startwert $x_0 = 0.075$ und auf der rechten Seite $x_0 = 0.65$.

der Nähe des instabilen Fixpunkts p_a. Seine Bahn windet sich nach außen und strebt zu der gleichen Schleife, die auch im linken Bild zu sehen ist. Während für $a < 3$ der Fixpunkt p_a alle Bahnen anzieht, wird dieser Punkt abstoßend, sobald a größer wird als 3. Iterationen, die in der Nähe von p_a beginnen, werden abgestoßen. Der Fixpunkt p_a verliert seine Stabilität, wenn a die Grenze $b_1 = 3$ überschreitet. Dieser spezielle Parameterwert wird *Verzweigungspunkt* genannt.

Wir fassen zusammen, was wir für das Endzustand-Diagramm soweit herausgefunden haben (siehe Abbildung 2.17). Der Punkt p_a- $= (a - 1)/a$ ist Attraktor für alle Iterationen bei Parameterwerten $1 < a < 3$, ungeachtet dessen, an welcher Stelle im Intervall (0,1) die Iteration anfängt. Formal besteht der Attraktor aus nur einem einzigen Punkt, nämlich

$$A(a) = \{p_a\} \quad \text{für} \quad 1 < a < 3.$$

Für $a > 3$ existiert p_a noch immer. Daher wird eine Iteration, die genau an diesem Punkt anfängt, für immer dort bleiben: $p_a = x_0 = x_1 \cdots$. [4] Auf jeden Fall ist p_a abstoßend und gehört daher *nicht* zum Endzustand $A(a)$. Die Eigenschaft, anziehend zu sein, wird von der Schleife übernommen, die zwischen den beiden Werten $x_t(a)$ und $x_h(a)$ oszilliert. Der Endzustand besteht also aus diesen beiden Punkten

$$A(a) = \{x_t(a), x_h(a)\} \quad \text{für} \quad a > 3.$$

[4] Das gleiche gilt für den anderen Fixpunkt des Iterators, $p_0 = 0$, der für Parameterwerte $a > 1$ instabil ist.

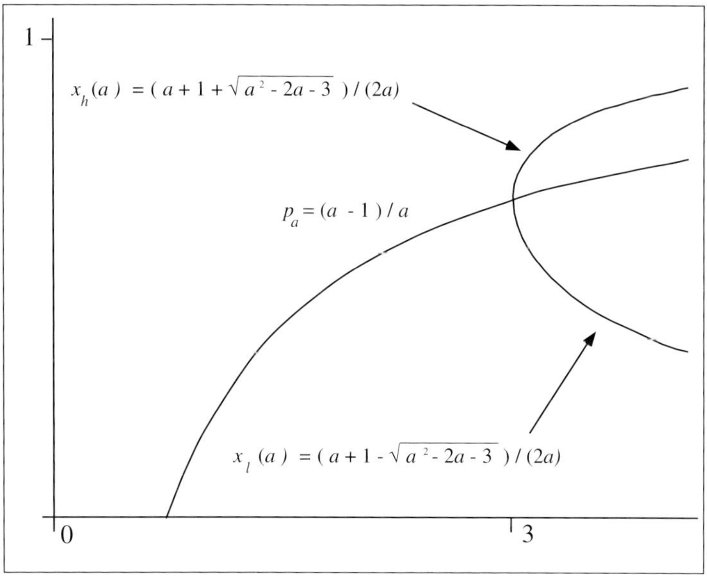

Abb. 2.17 : In diesem Verzweigungsdiagramm sind die Fixpunkte p_a und die 2-Zyklen $\{x_t(a), x_h(a)\}$ dargestellt.

Wir nennen das Paar $\{x_t(a), x_h(a)\}$ einen *2er-Zyklus* oder eine *Bahn der Periode zwei*. Das Paar hat die Eigenschaft, daß x_t auf x_h abgebildet wird und umgekehrt. Diese Tatsache kann für eine explizite Berechnung dieser beiden Zahlen genutzt werden (siehe unten). Diese periodische Bahn existiert für alle Parameter $3 < a \leq 4$. Genau wie der Fixpunkt p_a an der Stelle $b_1 = 3$ seine Stabilität verliert, verliert allerdings auch der 2er-Zyklus seine Stabilität an irgendeinem Punkt $b_2 > 3$; damit wollen wir uns im folgenden beschäftigen.

Explizite Berechnung von Verzweigungen

Wir haben bereits die Fixpunkte des quadratischen Iterators berechnet. Für den 2er-Zyklus können wir ebenso eine direkte Rechnung durchführen. Wenn wir wieder $f_a(x) = ax(1-x)$ setzen, müssen wir nur die Lösungen der Gleichung $f_a(f_a(x)) = x$ bestimmen. Das ist eine Gleichung vierter Ordnung:

$$-a^3x^4 + 2a^3x^3 - (a^2 + a^3)x^2 + (a^2 - 1)x = 0.$$

Das sieht kompliziert aus, aber glücklicherweise kennen wir bereits zwei Lösungen. Es sind die Fixpunkte der Iteration, die die Gleichung $f_a(x) = x$ lösen, nämlich 0 und $(a-1)/a$. Die Lösung $x = 0$ erlaubt uns, die Gleichung zu einer Gleichung dritten Grades zu vereinfachen:

$$-a^3x^3 + 2a^3x^2 - (a^2 + a^3)x + (a^2 - 1) = 0.$$

Da wir auch die zweite Lösung $(a-1)/a$ schon kennen, dividieren wir diese Gleichung nun durch den Linearfaktor $x - (a-1)/a$, wodurch wir eine Gleichung zweiten Grades erhalten:

$$-a^3x^2 + (a^2 + a^3)x - (a^2 + a) = 0,$$

oder, wenn man durch $-a^3$ dividiert,

$$x^2 - \frac{a+1}{a}x + \frac{a+1}{a^2} = 0.$$

Die Wurzeln dieser quadratischen Gleichung sind

$$x_h(a) = \frac{a+1+\sqrt{a^2-2a-3}}{2a}$$
$$x_t(a) = \frac{a+1-\sqrt{a^2-2a-3}}{2a}.$$

Wenn wir nur Parameter zwischen 0 und 4 betrachten, stellen wir fest, daß diese Lösungen nur für $a \geq 3$ definiert sind. Für $a = 3$ erhalten wir außerdem $x_t(a) = x_h(a) = (a-1)/a$, d.h. die beiden Lösungen verzweigen sich am Fixpunkt p_a. In Abbildung 2.17 zeigen wir ein Verzweigungsdiagramm mit den explizit ausgerechneten Lösungen.

Man sollte beachten, daß die Lösung $p_a = (a-1)/a$ für $a > 3$ nicht zu sehen ist. Dies entspricht der Tatsache, daß dieser Fixpunkt zwar noch weiterhin existiert, aber nicht mehr stabil ist. Die Iteration wird für $a > 3$ von diesem Fixpunkt abgestoßen.

Weitere Zeitprofile

In Abbildung 2.18 sind die Ergebnisse eines weiteren Experiments dargestellt, das mit den Zeitprofilen, die wir bisher berechnet haben, im Zusammenhang steht. Wir nehmen hier wieder eine Stichprobe von Anfangswerten aus dem Einheitsintervall, die wir iterieren, und dabei zählen wir für jeden Startwert die Anzahl der Iterationen, die erforderlich sind, bis die Bahn dicht genug an den 2er-Zyklus herangekommen ist. In der Praxis brechen wir die Iteration ab, sobald x_k und x_{k+2} nahe genug beieinander liegen. Dies ist der Fall, wenn $|x_{k+2} - x_k| < \varepsilon$, wobei ε eine irgendeine kleine Zahl ist, zum Beispiel $\varepsilon = 1/6000$. Für die Abbildung haben wir drei Parameter ausgewählt:

$$a = 3.1, \quad a = 1 + \sqrt{5} \approx 3.236, \quad a = 3.4.$$

Die Ergebnisse sind wesentlich komplizierter als die Zeitprofile für Parameter zwischen 1 und 3. Insbesondere zwei Phänomene sind besonders bemerkenswert.

- Die Untertäler, die man für Parameter unterhalb von $a = 3$ finden konnte (siehe Abbildung 2.14), sind zu Spitzen geworden.
- Die Bereiche in der Mitte zwischen den beiden inneren Spitzen bei $1/a$ und $(a-1)/a$ sehen aus wie komprimierte Versionen der vollständigen Diagramme aus den Abbildungen 2.12 bis 2.14. Sie entsprechen den Diagrammen in Abbildung 2.18, die zu den Parameterwerten $a = 3.1$, $a \approx 3.236$ und $a = 3.4$ gehören.

Zeitprofile
$a > 3$

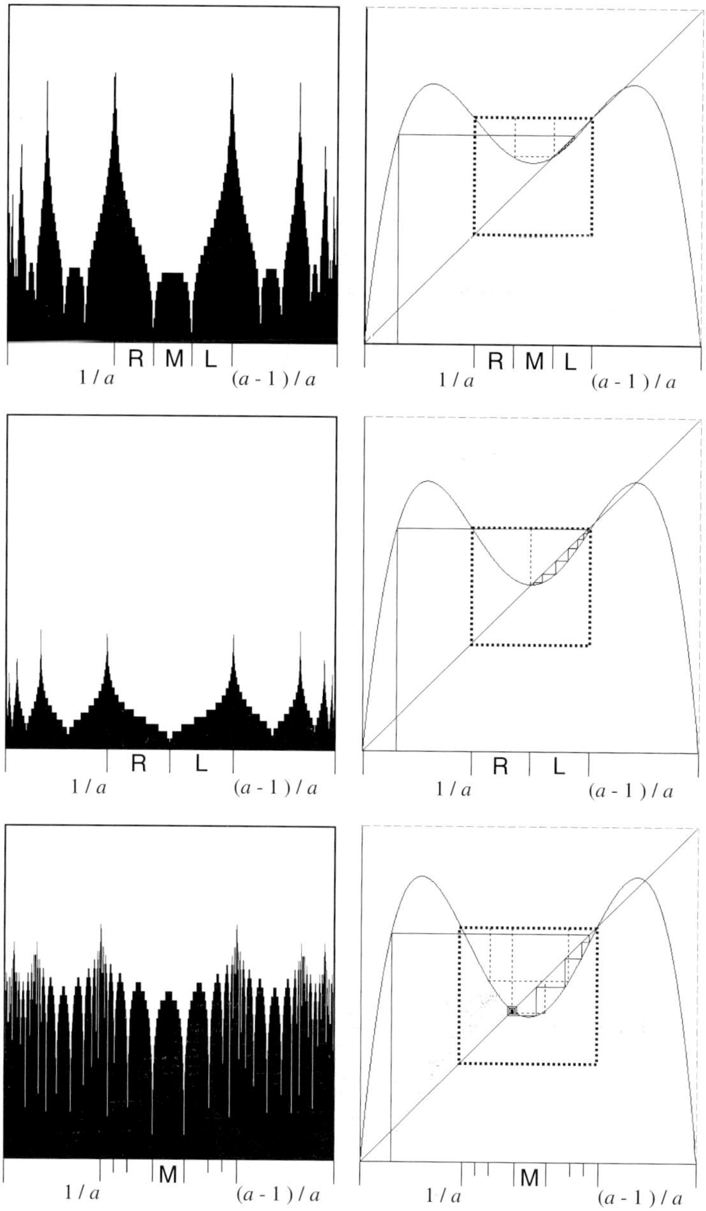

Abb. 2.18 : Zeitprofile für $a = 3.1$ (oben), $a = 3.236$ (Mitte) und $a = 3.4$ (unten). Man sollte die Ähnlichkeit der Abschnitte zwischen $1/a$ und $(a-1)/a$ mit den Zeitprofilen in den Abbildungen 2.12, 2.13 und 2.14 beachten, deretwegen die Bezeichnungen L und R vertauscht wurden.

Die Spitzen bei α_k und β_k

Für diese umwerfende Ähnlichkeit muß es einen Grund geben. Wir erinnern daran, daß 0 für Parameterwerte $a > 1$ abstoßend ist und 1 Urbild von 0 ist. Für $a > 3$ finden wir nun heraus, daß $p_a = (a-1)/a$ abstoßend ist und daß $1/a$ Urbild von p_a ist. Dies erklärt schon bis zu einem gewissen Grad, warum sich die Spitzen, die in den Abbildungen 2.12 bis 2.14 an den Stellen 0 und 1 zu sehen waren, nun an den Stellen $1/a$ und $(a-1)/a$ befinden. Die weiteren Spitzen im neuen Diagramm befinden sich an den Stellen α_k und β_k, die wir bereits als iterierte Urbilder des Fixpunkts p_a eingeführt haben. Spitzen stehen für eine hohe Anzahl von Iterationen. Daß sie sich nun gerade an den iterierten Urbildern des Fixpunkts befinden, scheint ein Widerspruch zu sein. Wenn man mit der Iteration an einem der Punkte $x_0 = \alpha_k$ oder $x_0 = \beta_k$ anfängt, kommt man nach genau $k+1$ Iterationsschritten zum Fixpunkt p_a, es ist also $x_{k+1} = p_a$. Die nächsten Iterationen sind dann $x_{k+2} = x_{k+3} = p_a$, und daher ist

$$|x_{k+3} - x_{k+1}| < \varepsilon$$

erfüllt. Für die Anzahl der Iterationen müßte also gelten

$$N_a(\alpha_k) = N_a(\beta_k) = k + 3,$$

und diese Anzahl ist außerordentlich niedrig verglichen mit den numerischen Ergebnissen, aufgrund derer wir die Spitzen in unserem Diagramm erhalten haben. Da der Fixpunkt instabil ist, kann dieses Verhalten numerisch nicht beobachtet werden. Um es sichtbar zu machen, müßten wir mit unendlicher Genauigkeit rechnen, und ebenso müßten die Startwerte unendlich genau dargestellt werden. Da dies aber nicht möglich ist, können wir das Iterationsverhalten an den iterierten Urbildern des Fixpunkts nicht sichtbar machen. Wenn man andererseits die Iteration mit einem Punkt in unmittelbarer Nähe von einem der Punkte α_k oder β_k anfängt, liegt die $(k+1)$te Iterierte nahe beim Fixpunkt p_a. Je näher der Anfangswert an eine der Zahlen α_k oder β_k herankommt, desto mehr Iterationen sind schließlich erforderlich, um die zugehörige Bahn von dem abstoßenden Fixpunkt fortzubewegen. Auf diese Weise kommen die Spitzen zustande, die wir in den Abbildungen sehen können.

Die Iteration von f_a

Es gibt noch mehr zu den Ähnlichkeiten zu sagen, die wir beobachten können. Dazu sehen wir uns die grafischen Iterationen an, die rechts von den Zeitprofilen abgebildet sind. Sie zeigen typische Bahnen, aber nicht für den quadratischen Iterator $x_n = f_a(x_{n-1})$, sondern für den Fall, daß er zweimal hintereinander ausgeführt wird: $f_a(f_a(x))$; (d.h. wir betrachten den Iterator $x_n = f_a(f_a(x_{n-1}))$). Vorübergehend wollen wir diese Verkettung die *zweite Iteration* von f_a nennen, und wir schreiben dies als

$$f_a^2(x) = f_a(f_a(x)).$$

Man sollte das nicht mit dem Quadrat der Werte von $f_a(x)$ durcheinanderbringen! Der Graph von $f_a^2(x)$ ergibt sich durch das Polynom vierten Grades

$$\begin{aligned} f_a^2(x) &= a^2x(1-x)(1-ax(1-x)) \\ &= -a^3x^4 + 2a^3x^3 - (a^2+a^3)x^2 + a^2x \end{aligned}$$

der in den Abbildungen dargestellt ist. Die zweite Iteration von f_a hat vier Fixpunkte: $\{0, p_a, x_t(a), x_h(a)\}$. Es sind die beiden Fixpunkte von f_a und die beiden Elemente des 2er-Zyklus. In der Abbildung sind sie als Schnittpunkte des Graphen mit der Winkelhalbierenden zu sehen. Zwischen $1/a$ und $(a-1)/a$ haben wir in Abbildung 2.18 ein Quadrat eingezeichnet, um die Aufmerksamkeit des Lesers auf diesen Abschnitt des Graphen zu lenken. Sieht der Inhalt des Quadrats nicht aus wie die umgekehrte Parabel von $f_a(x)$, mit der wir inzwischen gut vertraut sind? Tatsächlich können wir beobachten, daß sich die Polylinie, durch die die Iteration repräsentiert wird, in diesem Abschnitt ähnlich verhält, wie wir es schon bei der Iteration von $f_a(x)$ gesehen haben.

Wir wollen die Graphen von $f_a(x)$ und $f_a^2(x)$ systematischer miteinander vergleichen (siehe Abbildungen 2.19 und 2.20). Wir fangen mit $a = 1$ an. Das ist der Parameter, bei dem der Fixpunkt $p_0 = 0$ von $f_a(x)$ instabil wird, und bei dem ein neuer Fixpunkt auftaucht, der für alle Parameterwerte $a > 1$ existiert. In diesem Fall sieht der Graph von $f_a^2(x)$ ein wenig flacher aus als der von $f_a(x)$, und die Fixpunkte von $f_a^2(x)$ und $f_a(x)$ sind die gleichen. Für die Parameterwahl $a = s_1 = 2$ erhalten wir den superattraktiven Fall für $f_a(x)$. Der neue Fixpunkt p_a und der kritische Punkt $x_{\text{max}} = 1/2$ stimmen überein. Der Graph von $f_a^2(x)$ erreicht nun die gleiche Höhe, aber seine Spitze ist ausgesprochen flach.

Bei $a = b_1 = 3$ verliert der Fixpunkt p_a von $f_a(x)$ seine Stabilität.[5] Ebenso verliert für $f_a^2(x)$ der Fixpunkt p_a seine Stabilität, aber für $a > 3$ entstehen zwei neue, zusätzliche Fixpunkte: $x_t(a)$ und $x_h(a)$. Es ist deutlich zu erkennen, daß der Teil des Graphen, der von dem gepunkteten Quadrat eingeschlossen wird, wie der Graph von $f_a(x)$ für $a = 1$ aussieht. Die Verzweigung bei $b_1 = 3$ wird *periodenverdoppelnde Verzweigung* genannt; an einer solchen Stelle wird ein Fixpunkt instabil und es entsteht ein 2er-Zyklus.

Bei $a = s_2 = 1 + \sqrt{5}$ haben wir den superattraktiven Fall für $f_a^2(x)$: Der Fixpunkt $x_t(a)$ und der kritische Punkt $x_{\text{crit}} = 0.5$ sind identisch. Für $f_a(x)$ bedeutet dies, daß die Iteration von x_{crit} nach zwei Schritten wieder zu x_{crit} zurückführt. Wenn wir den Parameter a weiter auf $a = b_2 \approx 3.4495$ anwachsen lassen, wird der Fixpunkt

[5] Die Ableitung ist $|f_a'(p_a)| = 1$.

f_a und f_a^2

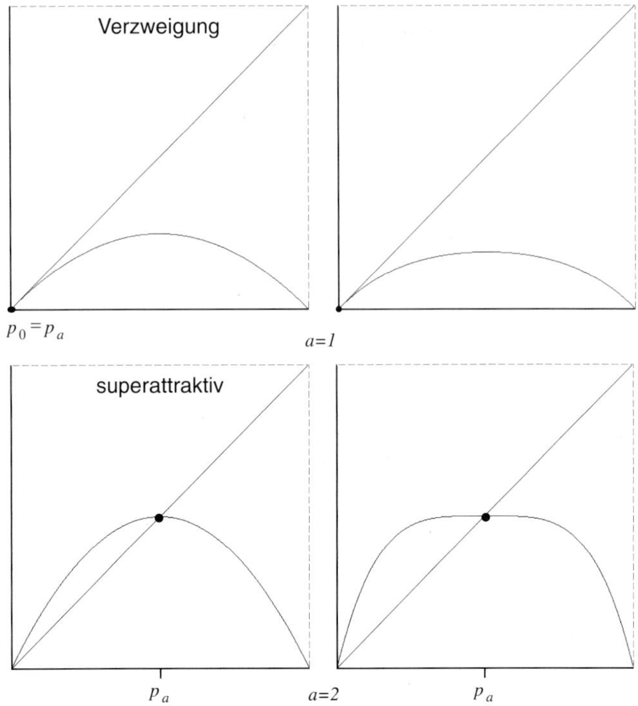

Abb. 2.19 : Vergleich von $f_a(x)$ (links) und $f_a^2(x)$ (rechts) für $a = 1$ und $a = 2$.

$x_t(a)$ von $f_a^2(x)$ ebenfalls instabil. Mit anderen Worten, alle Veränderungen, die wir für $f_a(x)$ beobachten, wenn wir den Parameter a zwischen 1 und 3 variieren, können auch für $f_a^2(x)$ beobachtet werden, wenn sich der Parameter a zwischen $a = b_1 = 3$ und $a = b_2$ bewegt. Dies kann man in der folgenden Tabelle nachvollziehen:

a	$f_a(x)$	$f_a^2(x)$
1	Verzweigung von p_a	
2	superattraktiver Fall, $p_a = x_{\text{crit}}$	
3	p_a wird instabil	Verzweigung von x_t und x_h
3.236	$(f_a(f_a(x_{\text{crit}})) = x_{\text{crit}})$	superattraktiver Fall, $x_t = x_{\text{crit}}$
3.449		x_t wird instabil

Was wird wohl passieren, wenn man a größer werden läßt als b_2? Wir werden Fixpunkte von $f_a^2(f_a^2(x))$ finden, die sich bei $x_t(a)$

f_a und f_a^2

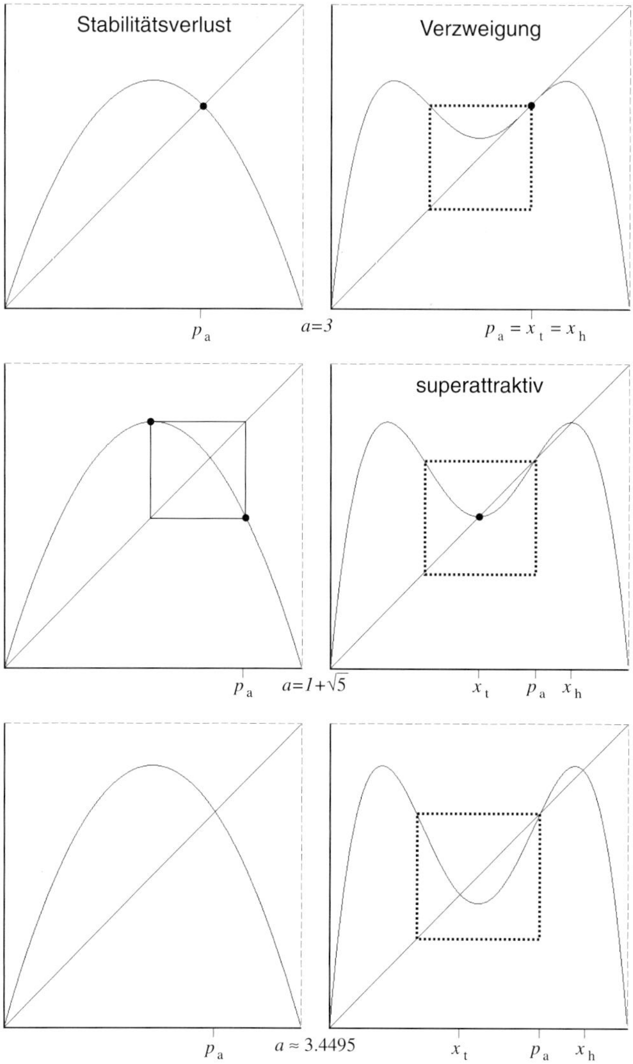

Abb. 2.20 : Vergleich von $f_a(x)$ (links) und $f_a^2(x)$ (rechts) für $a = 3$ bis $a = 3.4496$.

verzweigen (und ebenso bei $x_h(a)$). Wendet man die Verkettung f_a^2 zweimal hintereinander auf den Punkt x an, ist dies nichts anderes als die vierte Iteration von f_a (angewendet auf den Punkt x), also $f_a(f_a(f_a(f_a(x))))$; dies wird kurz als f_a^4 geschrieben. Die neuen stabilen Fixpunkte von f_a^4 sind äquivalent mit der Entstehung eines stabilen Zyklus von f_a der Länge vier. Wenn wir den Parameter noch

Periodenverdopplungsbaum

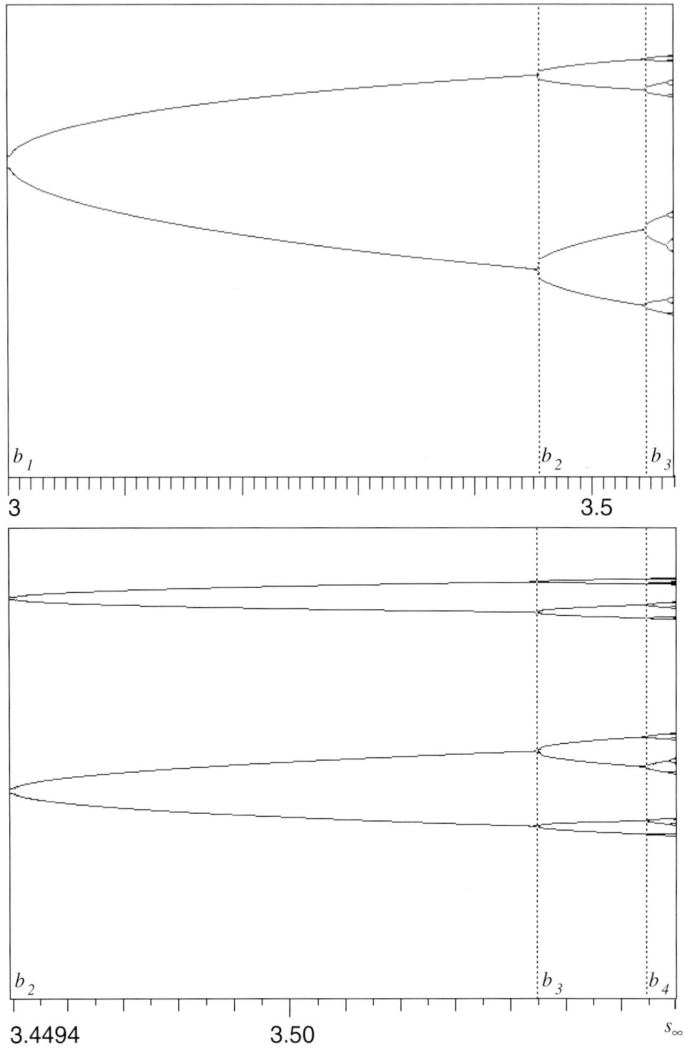

Abb. 2.21 : Zwei Vergrößerungen des Periodenverdopplungsbaums. Man achte auf die relative Position der Punkte b_1, b_2, b_3 und b_4, die anzeigt, daß $(b_2 - b_1)/(b_3 - b_2) \approx (b_3 - b_2)/(b_4 - b_3)$.

weiter anwachsen lassen, geht die Stabilität erneut verloren, und es entsteht ein Zyklus von f_a der Periode acht und so weiter. Wie zuvor nennen wir die Verzweigungen periodenverdoppelnd. Die Perioden der attraktiven Zyklen sind 1, 2, 4, 8, 16, 32, ...

Perioden-verdoppelnde Verzweigungs-reihen

Bei diesem Prozeß entstehen zwei Folgen wichtiger Parameter.

- Die Parameter $s_1, s_2, s_3, \ldots$, für die wir superattraktive Fälle für $f_a, f_a^2, f_a^4, \ldots$ erhalten. Für diese Parameter ist der kritische Punkt $x_{\text{crit}} = 0.5$ ein Fixpunkt von $f_{s_1}, f_{s_2}^2, f_{s_3}^4$ usw.
- Die Folge $b_1, b_2, b_3, \ldots$ von Parameterwerten, für die wir eine periodenverdoppelnde Verzweigung erhalten.

Die Folgen fangen an mit $s_1 = 2, s_2 = 3.236\ldots$, $b_1 = 3$ und $b_2 = 3.449490\ldots$, und wir wissen schon, daß diese Folgen gegen den Feigenbaum-Punkt s_∞ konvergieren (wir erinnern an die Selbstähnlichkeit, die wir im Endzustand-Diagramm beobachtet haben). Wir behandeln die Folge der periodenverdoppelnden Verzweigungen noch etwas ausführlicher. Es scheint, als ob sich der Abstand d_k zwischen zwei aufeinanderfolgenden Verzweigungspunken

$$d_k = b_{k+1} - b_k, \ k = 1, 2, 3, \ldots$$

rapide verkleinert. Das kann auch in Abbildung 2.21 beobachtet werden, wo wir den Periodenverdopplungsbaum vergrößert haben, um einige weitere seiner Verzweigungspunkte zeigen zu können. Eine erste Vermutung lautet, daß diese Verkleinerung geometrisch ist, d.h.

$$\frac{d_k}{d_{k+1}} = \delta.$$

In diesem Fall würden die Verzweigungspunkte b_k eine konvergente Folge

$$b_k = b_1 + d_1 \left(1 + \frac{1}{\delta} + \cdots + \frac{1}{\delta^{k-2}}\right), \quad k = 2, 3, \ldots$$

mit Grenzwert

$$b_\infty = b_1 + d_1 \frac{\delta}{\delta - 1}.$$

bilden. Leider verhält es sich nicht ganz so einfach. Zum Beispiel gilt

$$\begin{aligned}
d_1 &= b_2 - b_1 = 3.449489\ldots - 3.0 && \approx 4.4949 \cdot 10^{-1}\\
d_2 &= b_3 - b_2 = 3.544090\ldots - 3.449490\ldots && \approx 9.4611 \cdot 10^{-2}\\
d_3 &= b_4 - b_3 = 3.564407\ldots - 3.544090\ldots && \approx 2.0316 \cdot 10^{-2}\\
d_4 &= b_5 - b_4 = 3.568759\ldots - 3.564407\ldots && \approx 4.3521 \cdot 10^{-3}\\
d_5 &= b_6 - b_5 = 3.569692\ldots - 3.568759\ldots && \approx 9.3219 \cdot 10^{-4}\\
d_6 &= b_7 - b_6 = 3.569891\ldots - 3.569692\ldots && \approx 1.9964 \cdot 10^{-4}.
\end{aligned}$$

Aufgrund dieser Werte berechnen wir

$$\begin{aligned}
d_1/d_2 &= 4.7514\ldots\\
d_2/d_3 &= 4.6562\ldots\\
d_3/d_4 &= 4.6682\ldots\\
d_4/d_5 &= 4.6687\ldots
\end{aligned}$$

Daher ist die Abnahme der d_k von Verzweigung zu Verzweigung nicht exakt geometrisch, sondern nur annähernd geometrisch. Dies bedeutet, daß der Quotient $\delta_k = d_k/d_{k+1}$ mit wachsendem k konvergiert. Feigenbaum hat berechnet, daß[6]

$$\lim_{k\to\infty} \delta_k = \delta = 4.6692016091029\ldots$$

Eine universelle Konstante

Zunächst scheint dies einfach eine Zahl zu sein, die auf eine gewisse Weise bezeichnend für das Iterationsverhalten in unserem speziellen Beispiel ist, für die quadratische Iteration. Es ist zu erwarten, daß die Zahl δ von diesem speziellen Modell abhängt, ebenso wie der Wert des Feigenbaum-Punkts $s_\infty = 3.5699456\ldots$ Das Wesen der Feigenbaumschen Zahl $\delta = 4.669202\ldots$, die im Oktober 1975 entdeckt wurde, ist jedoch völlig anders. Die Feigenbaum-Zahl ist universell, d.h. sie ist für eine große Klasse verschiedener Iteratoren gleich. Zur Anerkennung der Verdienste Feigenbaums wird die Zahl nun *Feigenbaum-Konstante* genannt.

Berechnung der Feigenbaum-Konstante

Auf den ersten Blick erscheint es schwierig, die Folge der Verzweigungsparameter $b_1, b_2, b_3, \ldots$ auszurechnen, die wir zur Berechnung von δ benötigen. Feigenbaum machte seine ersten Versuche lediglich mit einem Taschenrechner; es steckt also keinerlei schwarze Magie dahinter. In diesem technischen Abschnitt geben wir einen Algorithmus an, mit dem man δ aus der Folge $s_1, s_2, s_3, \ldots$ der superattraktiven Parameter berechnen kann. Diese sind leichter zu finden als die Verzweigungsparameter[7] Die Rechnung baut auf der Formel

$$\delta = \lim_{n\to\infty} \frac{s_n - s_{n-1}}{s_{n-1} - s_{n-2}}$$

auf, wobei $s_1, s_2, s_3, \ldots$ die superattraktiven Parameter sind, die zu den periodischen Zyklen der Länge $1, 2, 4, 8, \ldots$ gehören. Indem wir die Verzweigungsparameter durch die superattraktiven Parameter ersetzen, erhalten wir die gleiche Konstante δ. Wir kennen schon die ersten beiden Parameter

$$s_1 = 2, \quad s_2 = 1 + \sqrt{5} \approx 3.236067978.$$

Die weiteren Parameter $s_3, s_4, \ldots$ können unter Verwendung des Newton-Verfahrens aus einer entsprechenden nichtlinearen Gleichung numerisch bestimmt werden. Dazu erinnern wir daran, daß der superattraktive Parameter s_n durch eine zugehörige periodische Bahn mit der minimalen

[6] Siehe M. J. Feigenbaum, *Quantitative universality for a class of nonlinear transformations,* J. Stat. Phys. 19 (1978) 25–52.

[7] Wir gehen hier davon aus, daß der Leser mit den Grundlagen der Differentialrechnung (insbesondere mit der Produktregel) und dem eindimensionalen Newton-Verfahren vertraut ist.

Periode von 2^{n-1} charakterisiert werden kann, die die Eigenschaft hat, daß der kritische Wert $x_{\text{crit}} = \frac{1}{2}$ ein Element des Zyklus ist. Daher ist s_n eine Lösung der Gleichung

$$f_a^{2^{n-1}}\left(\frac{1}{2}\right) = \frac{1}{2}, \tag{2.3}$$

wobei hier die Unbekannte der Parameter a ist. Man sollte auf jeden Fall beachten, daß $a = s_1, s_2, \ldots, s_{n-1}$ ebenfalls Lösungen derselben Gleichung darstellen, weil für diese Parameter der Punkt $x_0 = \frac{1}{2}$ ebenfalls periodisch ist — jedoch mit einer minimalen Periode, die kleiner ist als 2^{n-1}. Bei der numerischen Lösung von Gleichung (2.3) für $a = s_n$ muß man daher darauf achten, daß man nicht eine der irrelevanten Lösungen hervorbringt.

Mit dem Newton-Verfahren kann man im Prinzip Nullstellen differenzierbarer Funktionen annähern, und in unserem Fall können wir das Verfahren auf die Funktion

$$g(a) = f_a^{2^{n-1}}\left(\frac{1}{2}\right) - \frac{1}{2}$$

anwenden. Die Methode besteht darin, die Funktion

$$\mathcal{N}(a) = a - \frac{g(a)}{g'(a)}$$

zu iterieren, wobei mit $g'(a)$ die Ableitung der Funktion g nach der Variablen a gemeint ist. Für eine Anfangsschätzung $a^{(0)}$ berechnen wir also die Folge $a^{(0)}, a^{(1)}, a^{(2)}, \ldots$ wobei

$$a^{(k+1)} = \mathcal{N}(a^{(k)}), \quad k = 0, 1, 2, \ldots$$

Wenn diese Folge konvergiert, ist der Grenzwert eine Lösung der Gleichung $g(a) = 0$. Unter geeigneten Bedingungen kann man sicher sein, daß die Folge konvergiert, sofern die Anfangsschätzung nahe genug bei der Lösung liegt. Wir stellen uns nun folgende drei Fragen:

- Wie berechnet man $g(a)$ und $g'(a)$ für einen gegebenen Parameter a?
- Wie findet man einen geeigneten Startwert $a^{(0)}$ in der Nähe der (unbekannten) Lösung s_n?
- Wie kann man entscheiden, wann man die Iteration im Newton-Verfahren abbrechen kann? Oder anders ausgedrückt: Unter welchen Bedingungen akzeptieren wir $a^{(k)}$ als hinreichende Annäherung an s_n?

Wir behandeln diese Fragen der Reihe nach. Zuerst führen wir die Bezeichnung $x_0, x_1, x_2, \ldots$ für die kritische Bahn ein, d.h.

$$x_0 = \frac{1}{2}, \quad x_{k+1} = f_a(x_k) = a x_k (1 - x_k) \tag{2.4}$$

für $k = 0, 1, 2, \ldots$ Diese Zahlen hängen natürlich vom Parameter a ab. Genauer können wir uns diese Zahlen als *Funktionen* von a vorstellen, $x_k = x_k(a)$. Wir setzen

$$N = 2^{n-1}$$

und können nun schreiben

$$g(a) = x_N - \frac{1}{2}.$$

Nun kann $g(a)$ unter Verwendung der Iteration aus Gleichung (2.4) berechnet werden. Um die Ableitung von g zu berechnen, müssen wir $x_N = x_N(a)$ differenzieren. Um deutlich zu machen, daß nach dem Parameter a differenziert werden muß, schreiben wir

$$g'(a) = x'_N.$$

Wieder müssen wir auf die Iteration zurückgreifen. Zunächst bemerken wir, daß x_0 die Konstante $\frac{1}{2}$ ist und daher nicht von a abhängt. Somit ist $x'_0 = 0$. Dann betrachten wir $x_{k+1} = ax_k(1 - x_k)$, wenden die Produktregel auf die drei Faktoren a, x_k und $1 - x_k$ an und erhalten

$$\begin{aligned} x'_{k+1} &= \big(ax_k(1 - x_k)\big)' \\ &= x_k(1 - x_k) + a(1 - x_k)x'_k - ax_kx'_k \\ &= x_k(1 - x_k) + a(1 - 2x_k)x'_k \end{aligned}$$

für $k = 0, 1, 2, \ldots$ Insgesamt müssen wir also gleichzeitig die beiden Iterationen

$$\begin{aligned} x_{k+1} &= ax_k(1 - x_k) & x_0 &= \tfrac{1}{2} \\ x'_{k+1} &= x_k(1 - x_k) + a(1 - 2x_k)x'_k & x'_0 &= 0 \end{aligned}$$

für $k = 0, \ldots, N - 1$ ausführen, um $g(a)$ und $g'(a)$ zu erhalten.

Geeignete Anfangswerte für diese Methode kann man leicht finden. Wenn man die Folge von superattraktiven Parametern schon bis zu $s_1, \ldots, s_n$ berechnet hat, kann man die Feigenbaum-Konstante durch

$$\delta_n = \frac{s_{n-1} - s_{n-2}}{s_n - s_{n-1}}.$$

abschätzen. Mit diesem Resultat finden wir eine Schätzung für den nächsten Parameter s_{n+1} durch

$$s_{n+1}^{(0)} = s_n + \frac{s_n - s_{n-1}}{\delta_n}.$$

Dieser Wert weicht kaum vom wahren Wert von s_{n+1} ab, und schon einige wenige Iterationen des Newton-Verfahrens reichen aus, um die neue Schätzung mit größtmöglicher Genauigkeit zu erhalten. Zu Anfang, bevor irgendwelche Iterationen ausgeführt wurden, stehen uns nur zwei Werte s_1 und s_2 zur Verfügung, welche nicht ausreichen, um die Schätzung δ_2 von δ auszurechnen. Wir setzen daher einfach $\delta_2 = 4$.

Zuletzt wollen wir uns noch mit der Fehlerabschätzung im Newton-Verfahren beschäftigen. Im üblichen Ansatz hierfür verwendet man die Relation

$$s_n - s_n^{(k)} \approx s_n^{(k+1)} - s_n^{(k)}.$$

Wir beenden also die Iteration, sobald die Schatzung $(s_n^{(k+1)} - s_n^{(k)})/s_n^{(k)}$ für den relativen Fehler von der gleichen Ordnung ist wie die Rechengenauigkeit der Maschine, auf der wir rechnen.[8] Weitere Iterationen würden die Qualitität des Resultats nicht mehr verbessern. Wir setzen deshalb $s_n = s_n^{(k+1)}$.

In der folgenden Tabelle sind die Ergebnisse eingetragen, die wir bei doppelt-genauem Rechnen erhalten haben. In der Spalte mit der Überschrift # ist die Anzahl der Iterationen angegeben, die erforderlich waren, um die superattraktiven Parameter anzunähern.

n	s_n	#	δ_n
1	2.000000000000000000		
2	3.236067977499789696		4.0000000000
3	3.498561699327701520	6	4.7089430135
4	3.554643880189573995	1	4.6805191559
5	3.566667594798299166	1	4.6642974062
6	3.569243531637110338	4	4.6677055227
7	3.569795293749944621	4	4.6685641853
8	3.569913465422348515	3	4.6691571813
9	3.569938774233305491	3	4.6691910025
10	3.569944194608064931	3	4.6691994706
11	3.569945355486468581	3	4.6692011346
12	3.569945604111078447	3	4.6692015094
13	3.569945657358856505	3	4.6692015880
14	3.569945668762899979	3	4.6692016018
15	3.569945671205296863	2	4.6692016148

Man sieht, daß das Verfahren sehr schnell konvergiert. Der aufwändigste Teil des Verfahrens besteht in der Berechnung von x_N und x'_N. Schon bei $n = 15$ erhalten wir eine Approximation von δ, die in den ersten acht Ziffern richtig ist. Der Computer, der hier verwendet wurde, rechnet mit einer Genauigkeit von $2^{-63} \approx 1.08 \cdot 10^{-19}$, das entspricht 19 signifikanten Dezimalziffern. Bei dieser Genauigkeit hat es keinen Sinn, die Tabelle für größere Indizes n fortzusetzen, da die Veränderung der nachfolgenden Werte von s_n, also die Differenz $s_n - s_{n-1}$, weniger als halb so viele signifikante Ziffern haben wird; dies weist auf einen beträchtlichen Fehler bei der Berechnung des Näherungswertes für δ_n hin, je nachdem, mit wievielen Stellen hinter dem Komma man rechnet.

Universalität von δ

Die Feigenbaum-Konstante $\delta = 4.6692\ldots$ ist universell. Dies bedeutet, daß sie exakt die gleiche ist für eine ganze Klasse von Iterationen, welche von Funktionen erzeugt werden, die der quadratischen Funktion in gewisser Weise ähnlich sind. Solche Funktionen sind etwa $f(x) = \sin(\pi x)$

[8] Dies ist die kleinste Zahl 2^{-i}, für die der Ausdruck $1 + 2^{-i}$ in der Arithmetik der Maschine noch von der Zahl 1 unterschieden werden kann.

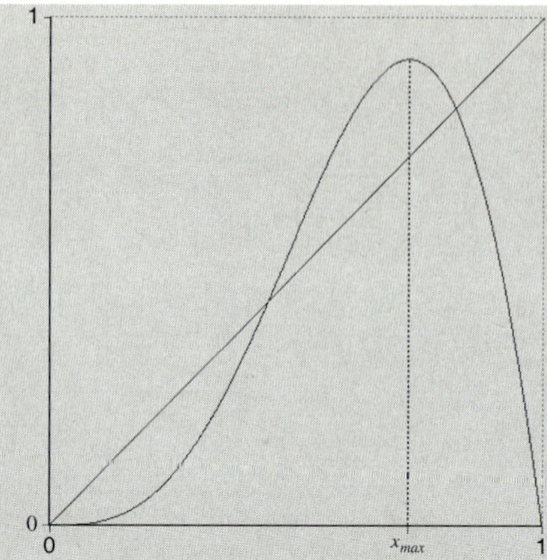

Abb. 2.22 : Graph von $g_a(x) = ax^2 \sin(\pi x)$ für $a = 2.3$.

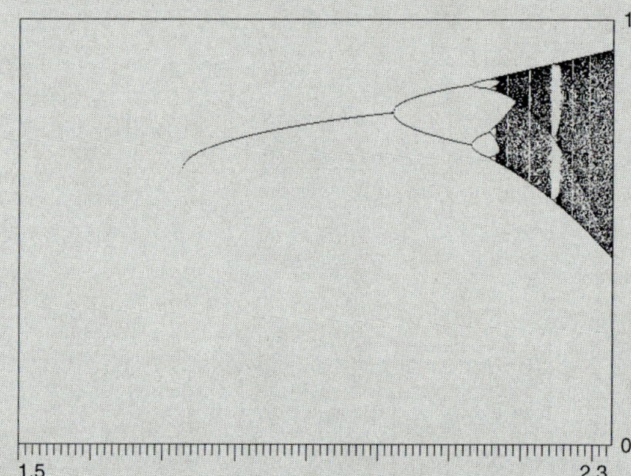

Abb. 2.23 : Das Endzustand-Diagramm von $g_a(x) = ax^2 \sin(\pi x)$ für Werte von a zwischen 1.5 und 2.3265. Wieder können wir ein Szenario beobachten, das dem Szenario für den quadratischen Iterator in Abbildung 2.2 ähnlich ist. Etwa an der Stelle $a = 1.7263$ beginnt der Periodenverdopplungsbaum. Für Parameterwerte, die kleiner als diese Zahl sind, besteht der Endzustand aus dem attraktiven Fixpunkt 0.

oder $g_a(x) = ax^2 \sin(\pi x)$, um ein Beispiel zu nennen, das nicht symmetrisch ist (siehe Abbildung 2.22; hier ist diese Funktion für $a = 2.3$ gezeigt). Die Klasse dieser Funktionen ist durch folgende Eigenschaften charakterisiert:

- f ist eine glatte Funktion, die das Intervall $[0, 1]$ auf die reellen Zahlen abbildet.

- f hat ein Maximum an der Stelle x_m, und es gilt $f''(x_m) \neq 0$.
- f ist monoton in den Teilintervallen $[0, x_m)$ und $(x_m, 1]$.
- f hat eine negative Schwarzsche Ableitung, d.h. $S_f(x) < 0$ für alle x aus $[0, 1]$, wobei

$$S_f(x) = \frac{f'''(x)}{f'(x)} - \frac{3}{2}\left(\frac{f''(x)}{f'(x)}\right)^2 .$$

Wenn man die Verzweigungspunkte des Periodenverdopplungsbaums für eine Funktion dieser Klasse berechnet, bildet die Differenz d_k der Verzweigungsparameter b_k eine asymptotisch geometrische Folge. Wieder konvergieren die Quotienten d_k/d_{k+1} gegen δ:

$$\lim_{k\to\infty} \frac{d_k}{d_{k+1}} = \delta = 4.6692\ldots$$

In Abbildung 2.23 ist das Endzustand-Diagramm für die Iteration von $g_a(x) = ax^2 \sin(\pi x)$ aus Abbildung 2.22 dargestellt.

Für einige Zeit galt diese Universalität als mathematisches Phänomen, aber es hat sich herausgestellt, daß die Feigenbaum-Konstante darüber hinaus eine wichtige naturwissenschaftliche Bedeutung hat. Es wurde vermutet, daß diese Zahl in vielen physikalischen Experimenten tatsächlich verifizierbar ist, obwohl zunächst keineswegs offensichtlich war, was ein wirkliches physikalisches Experiment mit

Universalität der Feigenbaum-Konstante

Experimentelle Meßwerte für Periodenverdopplungen		
Experiment	Anzahl der Perioden-verdopplungen	δ
Hydrodynamik:		
Wasser	4	4.3 ± 0.8
Helium	4	3.5 ± 0.15
Quecksilber	4	4.4 ± 0.1
Electronik:		
Diode	5	4.3 ± 0.1
Transistor	4	4.7 ± 0.3
Josephson	4	4.4 ± 0.3
Laser:		
Laser Rückkopplung	3	4.3 ± 0.3
Akustik:		
Helium	3	4.8 ± 0.6

Tab. 2.24 : Ergebnisse von Versuchen, in denen Periodenverdopplung eine Rolle spielt. Die Zahlen in der dritten Spalte sollte man mit der Feigenbaum-Konstante $\delta = 4.669\ldots$ vergleichen. Die Tabelle wurde entnommen und übersetzt aus P. Cvitanović, *Universality in Chaos,* Adam Hilger, Bristol, 1984.

dem einfachen Iterationsprozeß zu tun haben sollte. Dennoch war diese Vermutung richtig. Um 1980 führten verschiedene Physiker eine Vielzahl ausgeklügelter Experimente in den Bereichen der Hydrodynamik, Elektronik, Laserphysik sowie der Akustik durch und entdeckten dabei periodenverdoppelnde Verzweigungen. Insbesondere kamen sie zu dem überraschenden Ergebnis, daß die zugehörigen Zahlen d_k/d_{k+1} tatsächlich numerisch eine bemerkenswerte Übereinstimmung mit der Feigenbaum-Konstante $\delta = 4.669\ldots$ aufzuweisen hatten (siehe Tabelle 2.24).

2.3 Der Feigenbaum-Punkt: Eintritt ins Chaos

Wir haben dieses Kapitel damit begonnen, daß eine selbstähnliche Struktur im Endzustand-Diagramm des quadratischen Iterators beschrieben wurde (siehe Abbildung 2.3). Diese Art von Selbstähnlichkeit ist bereits im ersten Teil des Diagramms zu erkennen, im Periodenverdopplungs-Baum, der sich zwischen $a = 1$ und $a = s_\infty$, dem Feigenbaum-Punkt erstreckt. Es handelt sich in diesem Fall jedoch nicht um eine strenge Form der Selbstähnlichkeit: Obwohl die Äste des Baums wie kleine Kopien des ganzen Baums aussehen, gibt es andere Teile, so wie der Stamm, für die das offensichtlich nicht zutrifft. Auch die Äste des Baums sind keine genauen Kopien des ganzen Baums. Wir müssen den Begriff „Selbstähnlichkeit" in diesem Zusammenhang auf eine eher intuitive Weise verwenden, ohne Anspruch auf Genauigkeit. Im Gegensatz dazu konnte die Selbstähnlichkeit im Adressenbaum des Sierpinski-Dreiecks oder der Cantor-Menge in unserem Buch *Fraktale — Bausteine des Chaos* in den Kapiteln 2, 3 und 5 präzise beschrieben werden. In diesen Fällen sind die „kleinen Kopien" wirklich exakte Kopien des Ganzen.

Selbstähnlichkeit im Periodenverdopplungs-Baum

Im Periodenverdopplungs-Baum ist alles wesentlich komplizierter. Zunächst haben wir festgestellt, daß die Folge der Differenzen d_k zwischen den Verzweigungsparametern nicht streng geometrisch ist. Mit anderen Worten, wenn wir Vergrößerungen herstellen wie in Abbilldung 2.3, ändern sich die Skalierungsfaktoren von Vergrößerung zu Vergrößerung und nähern sich dabei dem Faktor $\delta = 4.669\ldots$. Dies gilt jedoch nur für die Skalierung des Parameters a in horizontaler Richtung. Auf der vertikalen Achse müssen wir (im Limes) etwa mit 2.3 skalieren.

In Abbildung 2.25 haben wir diese Skalierungsfaktoren 4.669... und 2.3 verwendet, um eine schematische Darstellung des Periodenverdoppelungsbaums zu erhalten, der diese Skalierungseigenschaften in allen Stadien zeigt. Man sollte beachten, daß die Blätter des Baums eine streng selbstähnliche Cantor-Menge bilden.[9]

Wenn wir diesen Baum mit dem ursprünglichen Verzweigungsbaum vergleichen, fällt die nichtlineare Verzerrung ins Auge. Hier sind Äste des gleichen Stadiums wirklich vollkommen gleich, während sie im ursprünglichen Verzweigungsbaum unterschiedliche Größen haben. Dennoch können wir ausfindig machen, welche Äste einander entsprechen. Die Blätter des originalen Baums bilden

[9] Die fraktale Dimension D dieser speziellen Cantor-Menge wurde von Peter Grassberger auf $0.5376 < D < 0.5386$ abgeschätzt (siehe P. Grassberger und I. Procaccia, *Measuring the strangeness of strange attractors*, Physica 9D (1983) 189–208).

Perioden-verdopplungs-Baum

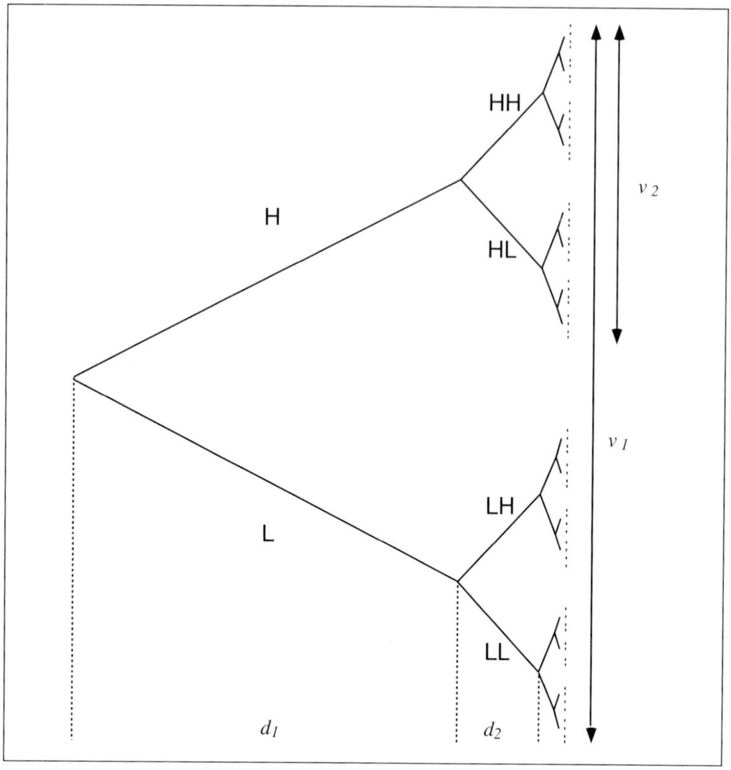

Abb. 2.25 : Schematische Darstellung des Periodenverdopplungs-Baums mit Skalierungsfaktoren $d_1/d_2 = 4.669$. Die vertikale Ausdehnung des vollständigen Baums ist v_1, und die vertikale Ausdehnung des oberen großen Asts erstreckt sich über v_2. Der Quotient der beiden Zahlen beträgt $v_1/v_2 = 2.3$. Es ist deutlich zu erkennen, daß die Blätter dieses Baums eine streng selbstähnliche Cantor-Menge bilden.

ebenfalls eine Cantor-Menge. Dies geschieht alles direkt in der Nähe des Feigenbaum-Punkts s_∞, wo das Endzustand-Diagramm eine völlig neue Qualität gewinnt als für Parameterwerte, die kleiner sind als s_∞.

Dynamik am Feigenbaum-Punkt

Für alle Parameterwerte a zwischen 3 und s_∞ beobachten wir stabile periodische Bahnen als Endzustände. Es ist nun natürlich zu fragen, welche Art dynamischen Verhaltens man am Punkt $a = s_\infty$ finden kann. Das ist jedoch ein schwieriges Problem. Betrachtet man einen Anfangswert x_0 aus dem Endzustand, der Cantor-Menge, dann gehört die gesamte Bahn von x_0 ebenfalls zur Cantor-Menge. Dies erinnert uns an das Chaos-Spiel für das Sierpinski-Dreieck. In unserem Buch *Fraktale — Bausteine des Chaos* haben wir in Kapitel 6 unendliche symbolische Adressen verwendet, um Punkte im Sierpinski-

Dreieck anzugeben und den Iterationsprozeß zu beschreiben. Es wird sich herausstellen, daß die gleiche Technik auch verwendet werden kann, um die Dynamik auf der Cantor-Menge am Feigenbaum-Punkt zu analysieren.

Adressen für die Äste

Wir werden Adressen für die Äste und Blätter im Periodenverdopplungs-Baum einführen, wie wir es zuvor schon für andere binäre Bäume getan haben. Zunächst bezeichnen wir den unteren der beiden Hauptäste mit T (für tief) und den oberen mit H (für hoch). Wenn sich die beiden Äste in vier neue aufspalten, bezeichnen wir die oberen beiden Äste mit HH und HT und die beiden unteren mit TH und TT. Dies ist das zweite Stadium unserer Adressenhierarchie. In Abbildung 2.25 haben wir diese Bezeichnungen für den schematischen Baum schon angegeben. Die Äste in der dritten Etappe erhalten die Bezeichnungen HHH, HHT, HTH, HTT, THH, THT, TTH und TTT. Im allgemeinen bekommen wir in der $k$ten Etappe 2^k Unteräste, die mit Adressen aus k Buchstaben versehen sind. Die Blätter haben dann schließlich Adressen aus unendlichen Buchstabenfolgen. Die ersten k Buchstaben dieser Adressen geben den Unterast im $k$ten Stadium an, zu dem das Blatt gehört.

Beschreibung der Dynamik durch Adressen

Wir können nun anfangen, die Dynamik von Bahnen auf der Cantor-Menge bei $a = s_\infty$ mit Hilfe von Adressen zu beschreiben. Für alle Parameter a zwischen $b_1 = 3$ und $b_2 = 3.4495$ haben wir eine stabile periodische Oszillation der Periode zwei. Dies ist der Bereich von Parametern, in dem eine Adresse mit nur einem Buchstaben ausreicht: Wir oszillieren zwischen dem H-Ast und dem T-Ast.

In der rechten Hälfte von Abbildung 2.26 ist der superattraktive Fall als Beispiel für die Oszillation dargestellt. Das Diagramm auf der linken Seite zeigt die entsprechenden Abbildungen zwischen den Adressen: T wird auf H abgebildet (das wird durch das graue Quadrat links oben angezeigt) und H wird auf T abgebildet (was durch das graue Quadrat rechts unten angedeutet wird).

Wir kommen nun zur nächstes Etappe ($b_2 < a < b_3$), in der wir eine Oszillation zwischen vier verschiedenen Werten beobachten. Zur Beschreibung benötigen wir Adressen mit zwei Buchstaben. Die rechte Seite von Abbildung 2.27 zeigt den superattraktiven Fall. Wenn wir die Polylinie verfolgen, können wir die zugehörige Abbildung zwischen den Adressen ablesen:

$$HH \to TT \to HT \to TH \to HH.$$

Diese Transformation ist im linken Bild von Abbildung 2.27 dargestellt.

Der Leser mag sich wundern, daß man ausgerechnet diese Folge erhält, und nicht beispielsweise $HH \to HT \to TH \to TT \to HH$ oder $HH \to TH \to HT \to TT \to HH$. Tatsächlich können wir diese anderen Fälle wie folgt ausschließen.

Dynamik mit Periode 2 — Erste Etappe

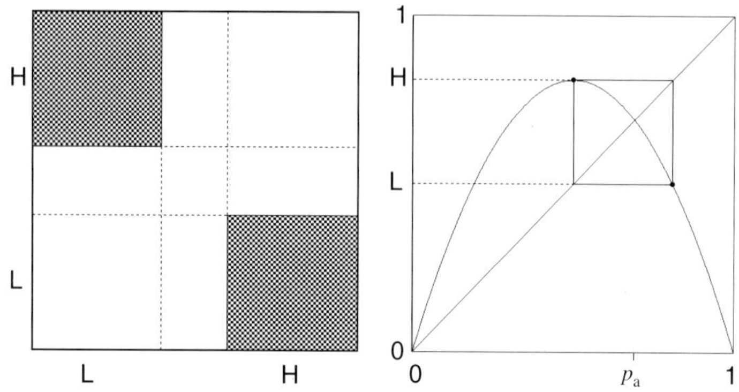

Abb. 2.26 : Oszillation mit Periode 2: T wird auf H abgebildet, und H wird auf T abgebildet.

Dynamik mit Periode 4 — Zweite Etappe

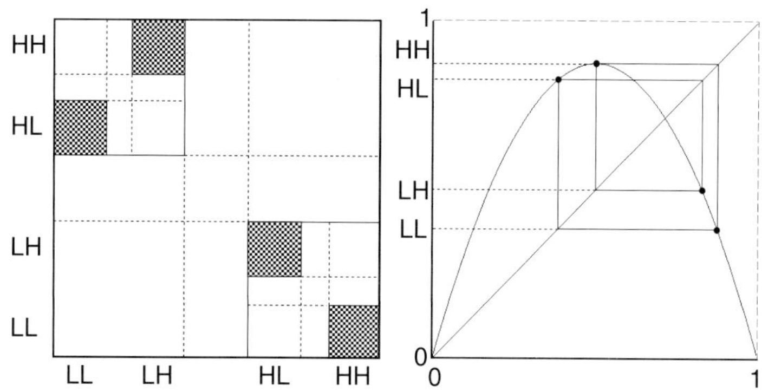

Abb. 2.27 : Oszillation mit Periode 4: $HH \to TT \to HT \to TH \to HH$.

Zuerst beobachten wir, daß die Iteration stets zwischen Adressen, die mit H anfangen, und solchen, die mit T anfangen, oszillieren muß. Dieses Verhalten überträgt sich von der Oszillation zwischen H und T, die sich in den 4er-Zyklus verzweigt. Weiterhin stellen wir fest, daß die höchste Adresse HH in die niedrigste, also in TT übergehen muß. Diese beiden Beobachtungen bestimmen bereits die ganze Folge. Natürlich sind diese Sachverhalte auch direkt aus dem Diagramm ersichtlich. Die grauen Quadrate aus dem vorigen Diagramm in Abbildung 2.26 sind nun verfeinert, entsprechend der Tatsache, daß die Bahn nach wie vor zwischen dem höchsten und dem tiefsten Ast oszilliert. Außerdem zeigt das Quadrat in der unteren rechten Ecke an, daß die höchste Adresse auf die niedrigste abgebildet wird.

Von der Periode 8 bis zum Feigenbaum-Punkt

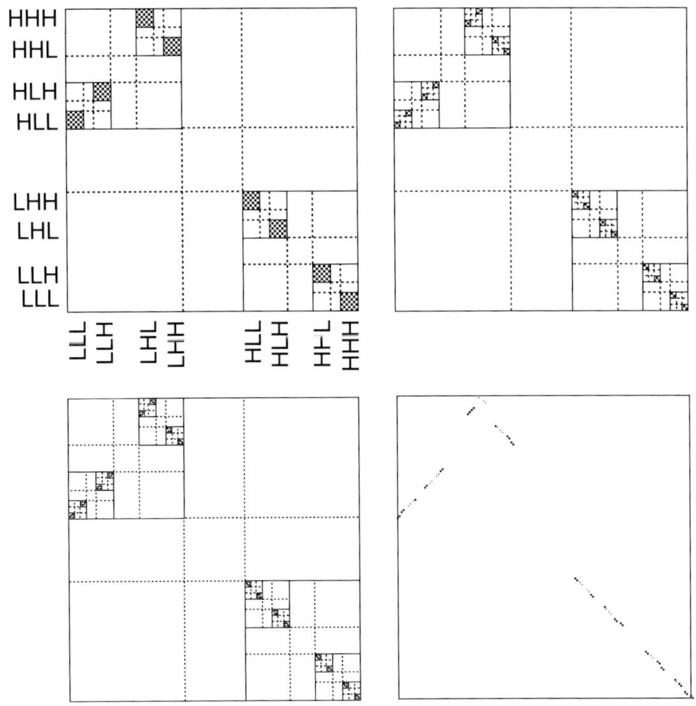

Abb. 2.28 : Diagramme für die Periode 8 (oben links), die Periode 16 (oben rechts) und die Periode 32 (unten links). Das Diagramm rechts unten zeigt die Abbildung zwischen unendlichen Adressen. Sie beschreibt die Dynamik am Feigenbaum-Punkt.

Die gleiche Argumentation erlaubt uns, die Adressenfolge zu bestimmen, die Zyklen der Länge 8 beschreibt, welche sich aus dem 4er-Zyklus heraus gabeln. In Abbildung **??** zeigen wir das zugehörige Diagramm (oben links) und die Diagramme für die beiden darauffolgenden Etappen. Im letzten Diagramm ist die Abbildung zwischen den unendlichen Adressen dargestellt: eine Abbildung zwischen den Punkten einer Cantor-Menge. Sie beschreibt die symbolische Dynamik des quadratischen Iterators am Feigenbaum-Punkt s_∞.

Diagramme und symbolische Dynamik

Es sei A_k die Menge aller Adressen mit k Buchstaben (gebildet mit den Buchstaben H und T) und A_∞ die Menge aller unendlicher Adressen. Die Dynamik einer periodischen Bahn kann beschrieben werden, indem die Adressen als Abbildung f_k: $A_k \to A_k$ angegeben werden. So kann ein 4er-Zyklus etwa dargestellt werden durch

$$f_2(HH) = TT,$$
$$f_2(TT) = HT,$$
$$f_2(HT) = TH,$$
$$f_2(TH) = HH.$$

Diese Transformation wird im Diagramm für die zweite Etappe veranschaulicht (siehe Abbildung 2.27). Für jede Etappe unterteilen wir die Achsen des Diagramms wie bei der Konstruktion einer Cantor-Menge. Als Grenzobjekt erhalten wir dann ein Diagramm, in dem die Abbildung $f_\infty : A_\infty \to A_\infty$ als Abbildung zwischen den Punkten einer Cantor-Menge dargestellt ist. Schon wenn man die Abbildungsdiagramme der ersten Stadien miteinander vergleicht, wird offensichtlich, daß eine klare Struktur in diesen Diagrammen deutlich ausgeprägt ist. Zuerst wollen wir uns die Verfeinerung des unteren rechten Quadrats im Diagramm für die erste Etappe ansehen. In der dritten Etappe wird deutlich, daß sich eine Diagonale von Quadraten herausbildet. Für die entsprechenden Adressen, die mit H anfangen, erhalten wir also die Abbildungsvorschrift

$$f_\infty(HX_2X_3X_4\ldots) = TX_2^K X_3^K X_4^K \ldots, \tag{2.5}$$

wobei mit X^K das Komplement von X gemeint ist (d.h. X^K ist H, wenn X gleich T, und X^K ist T, wenn X gleich H ist). Als nächstes wollen wir die Verfeinerung der beiden oberen Quadrate aus dem Diagramm 2.27 für die zweite Etappe untersuchen. Die Verfeinerung des grauen Quadrats, das sich ganz links befindet, geht in eine Diagonale grauer Quadrate über (siehe Abbildung 2.28). Wieder können wir eine entsprechende Abbildungsvorschrift formulieren, diesmal für alle Adressen, die mit TT anfangen:

$$f_\infty(TTX_3X_4X_5\ldots) = HTX_3X_4X_5\ldots \tag{2.6}$$

Die Verfeinerung des obersten grauen Quadrats ist nicht ganz so einfach, aber dafür umso interessanter, weil an dieser Stelle Selbstähnlichkeit eingebaut wird. Die Verfeinerung dieses grauen Quadrats, das im dritten Stadium gezeigt wird, ist lediglich eine verkleinerte Kopie des gesamten Quadrats im ersten Stadium. Allgemein ist das $k$te Stadium dieses Quadrats eine verkleinerte Kopie des gesamten Quadrats im $k-2$ten Stadium. Beim Grenzübergang entsteht daraus Selbstähnlichkeit im Abbildungsdiagramm für f_∞: Der Graph von f_∞ ist für solche Adressen, die mit TH anfangen, einfach eine verkleinerte Kopie des gesamten Graphen. Um die Abbildung für eine Adresse anzugeben, die mit $THX_3X_4X_5\ldots$ anfängt, schreiben wir zuerst HH, lassen die ersten beiden Buchstaben der ursprünglichen Adresse fallen und wenden auf die verbeibende Buchstabenfolge f_∞ an. Schließlich hängen wir das Ergebnis $f_\infty(X_3X_4X_5\ldots)$ an die beiden Anfangsbuchstaben HH an. Wir erhalten somit

$$f_\infty(THX_3X_4X_5\ldots) = HHf_\infty(X_3X_4X_5\ldots). \tag{2.7}$$

Wir wollen explizit vormachen, wie die Abbildung zwischen den Adressen wirkt, wenn man nur die ersten fünf Buchstaben einbezieht.

Schritt	Adresse	Regel	Schritt	Adresse	Regel
0	$TTTTT$	(2.6)	16	$TTTTH$	(2.6)
1	$HTTTT$	(2.5)	17	$HTTTH$	(2.5)
2	$THHHH$	(2.7)	18	$THHHT$	(2.7)
3	$HHTTT$	(2.5)	19	$HHTTH$	(2.5)
4	$TTHHH$	(2.6)	20	$TTHHT$	(2.6)
5	$HTHHH$	(2.5)	21	$HTHHT$	(2.5)
6	$THTTT$	(2.7)	22	$THTTH$	(2.7)
7	$HHHTT$	(2.5)	23	$HHHTH$	(2.5)
8	$TTTHH$	(2.6)	24	$TTTHT$	(2.6)
9	$HTTHH$	(2.5)	25	$HTTHT$	(2.5)
10	$THHTT$	(2.7)	26	$THHTH$	(2.7)
11	$HHTHH$	(2.5)	27	$HHTHT$	(2.5)
12	$TTHTT$	(2.6)	28	$TTHTH$	(2.6)
13	$HTHTT$	(2.5)	29	$HTHTH$	(2.5)
14	$THTHH$	(2.7)	30	$THTHT$	(2.7)
15	$HHHHT$	(2.5)	31	$HHHHH$	(2.5)
			32	$TTTTT$	(2.6)

Die rekursive Regel (2.7) wird zweimal in den Schritten 14 und 30 angewendet. Außerdem kommt diese Regel in Schritt 30 ($THTHT$) möglicherweise mehrere Male zur Anwendung; dies hängt von den Buchstaben ab, die den ersten fünf Zeichen folgen. Nach 32 Iterationen werden die ursprünglichen Adressen mit fünf Buchstaben wiederholt. Dies trifft jedoch nur für die ersten fünf Buchstaben zu; die weiteren können sich verändert haben. Es ist tatsächlich so, daß jede Anzahl n von Leitbuchstaben in der Adresse einer Bahn einen Zyklus aus allen möglichen 2^n Kombinationen durchlaufen muß. Die Bahn kann also nicht periodisch sein. Außerdem kommt die Bahn jedem Punkt im Adressenraum beliebig nahe.

Am Feigenbaum-Punkt ist der Endzustand des Iterators durch eine unendlich lange, nichtperiodische Bahn in einer Cantor-Menge gegeben, die jedem Punkt der Cantor-Menge beliebig nahe kommt. Man kann sagen, daß dies ein erster Hinweis auf Chaos ist. Wir befinden uns nun am Eingangstor zum Chaos.

Wir kommen nun zu den selbstähnlichen Strukturen, die sich im Wechsel der Dynamik herausbilden, wenn der Parameter a anwächst. Wir erinnern daran, daß wir für Parameterwerte a aus dem Intervall $(1, 3)$ nur einen attraktiven Fixpunkt an der Stelle $p_a = (a-1)/a$ haben, und alle Bahnen, die zu Anfangswerten zwischen 0 und 1 gehören, konvergieren gegen diesen Fixpunkt. Die Art der Konvergenz wechselt an der Stelle $a = s_1 = 2$, wo wir es mit dem superattraktiven Fall zu tun haben. Für Parameter oberhalb von s_1 werden die Startwerte direkt (monoton) vom attraktiven Fixpunkt angezogen, während die Bahnen für Parameter unterhalb von s_1 um den Fixpunkt oszillieren. Bei $a = b_1 = 3.0$ wird der Fixpunkt p_a instabil, und statt dessen entsteht ein attraktiver 2er-Zyklus. Der alte Fixpunkt p_a exi-

Ähnlichkeit zur Parabel

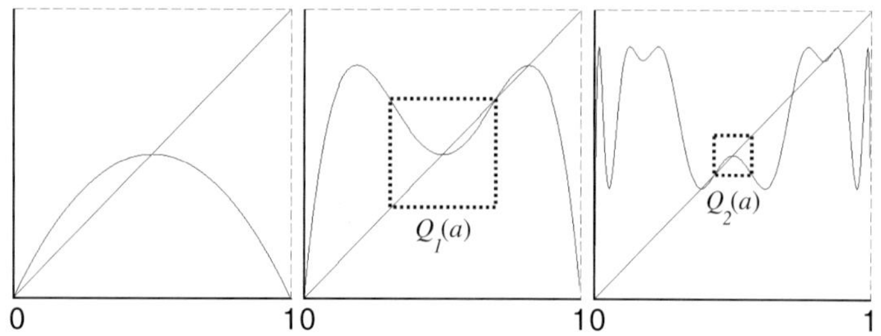

Abb. 2.29 : $f_{s_1}(x)$ zusammen mit den Graphen von $f_{s_2}^2(x)$ und $f_{s_3}^4(x)$ für die superattraktiven Parameter s_1, s_2 und s_3.

Vergrößerungen

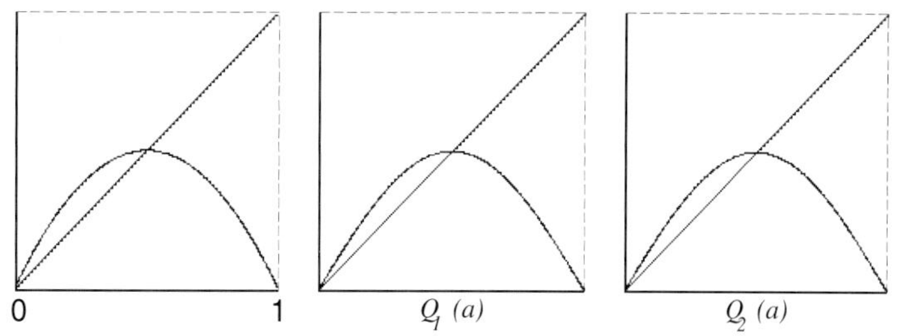

Abb. 2.30 : Ähnlichkeit zwischen dem Graphen von f_{s_1} und Vergrößerungen von $f_{s_2}^2$ (umgekehrt) und $f_{s_3}^4$. Die Bilder sind Vergrößerungen der gepunkteten Quadrate aus Abbildung 2.29. Nur der Graph auf der linken Seite gehört zu einer Parabel. Die beiden anderen gehören zu Polynomen vierten oder achten Grades.

stiert zwar noch weiterhin, aber er ist nun abstoßend. Jetzt durchläuft der 2er-Zyklus alle Veränderungen, die wir zuvor für den Fixpunkt beobachtet haben. Besonders sollte man beachten, daß es bei $a = s_2$ wieder einen superattraktiven Fall gibt. Schließlich wird der 2er-Zyklus bei $a = b_2$ instabil. Ab dann wiederholt sich das Ganze für den 4er-Zyklus, und so weiter.

Ähnlichkeitsmechanismen im Wechsel der Dynamik

An jeder periodenverdoppelnden Verzweigung wird die Dynamik der Iteration wesentlich komplizierter, obwohl jedesmal der gleiche Mechanismus zugrunde liegt. Dies hängt mit der Ähnlichkeit des Graphen von $f_a(x) = ax(1-x)$ (Parabel) mit Abschnitten aus den Graphen der iterierten Abbildungen $f_a^2(x)$, $f_a^4(x)$, $f_a^8(x)$, ... für entsprechend größere Werte von a zusammen. In Abbildung 2.29 ist diese Ähnlichkeit zwischen den Graphen von f_a (für $a = s_1 = 2$), $f_a^2(x)$ (für $a = s_2 \approx 3.236$) und $f_a^4(x)$ (für $a = s_3 \approx 3.498$) dargestellt.

Eine neue universelle Funktion

Die Ähnlichkeit der Graphen wird wesentlich eindrucksvoller sichtbar, wenn man die gepunkteten Quadrate aus Abbildung 2.29 vergrößert. Wir vergrößern die Quadrate so lange, bis sie genau ins Einheitsquadrat hereinpassen. Dies sieht man in Abbildung 2.30, auf der von links nach rechts die Graphen von $f_{s_1}(x)$ und Vergrößerungen von $f_{s_2}^2(x)$ und $f_{s_3}^4(x)$ dargestellt werden. Wenn man $f_{s_2}^2(x)$ vergrößert, muß man den Graphen zusätzlich sowohl horizontal als auch vertikal spiegeln. Wenn wir dies für alle Werte s_k durchführen und die zugehörigen Verkettungen von f_{s_k} anwenden, erhalten wir eine Folge von Vergrößerungen, die den Graphen einer neuen Funktion f_∞ approximiert. Wenn man die Graphen aus 2.30 miteinander vergleicht, ist es praktisch kaum möglich, irgendwelche Unterschiede wahrzunehmen. Tatsächlich ist die neue Funktion, die dabei entsteht, ebenso universell wie die Konstante $\delta = 4.669\ldots$

Ein Reskalierungsoperator

Wir werden den Prozeß des Vergrößerns etwas genauer und unter einem veränderten Blickwinkel betrachten: Wie kommt man von f_{s_1} zu dem vergrößerten Graphen von $f_{s_2}^2(x)$? Dieser Vorgang ist in Abbildung 2.31 dargestellt.

Man kann diesen Prozeß formalisieren, indem man einen Operator Φ auf Funktionen wie den f_a definiert. Dieser Operator bildet den Graphen von f_a auf den Graphen von $\Phi(f_a)$ ab. In dieser Hinsicht verhält er sich wie der Hutchinson-Operator (siehe *Fraktale — Bausteine des Chaos*, Kapitel 5), der ebenfalls keine Funktion ist, die auf Zahlen wirkt, sondern auf ganzen Bildern. Es gibt noch eine weitere Gemeinsamkeit zwischen den beiden Operatoren. Wenn man sie iteriert, produziert ein spezieller Hutchinson-Operator H ein Bild, das nicht vom Anfangsbild abhängt. Weiterhin ist das Bild schon durch den Operator eindeutig be-

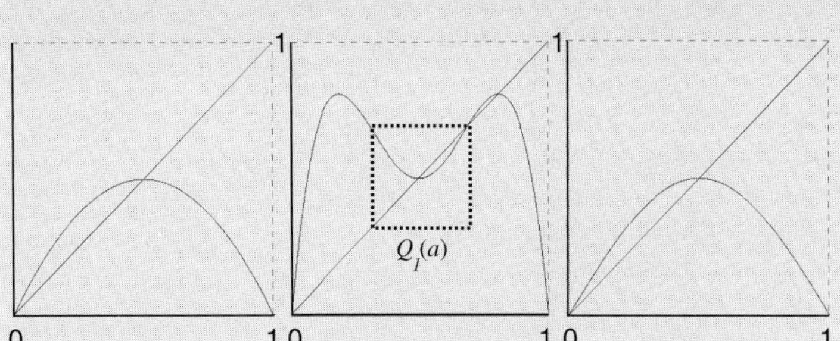

Abb. 2.31 : Wir fangen beim Graphen von f_{s_1} an (links). Im nächsten Schritt (Mitte) kommen wir zu f_{s_2} und betrachten die Hintereinanderausführung dieser Funktion, also $f_{s_2}(f_{s_2}(x))$. Das mit Punkten umrandete Quadrat ist auf der rechten Seite vergrößert dargestellt. Dabei wurde der Skalierungsfaktor $s_2/(s_2-2)$ verwendet, und zusätzlich wurde der Graph im Quadrat sowohl horizontal als auch vertikal gespiegelt.

stimmt, nämlich als sein Fixpunkt $I = H(I)$. Für Φ gibt es ebenfals eine solche Invarianzeigenschaft:

$$f_\infty = \Phi(f_\infty).$$

Darüber hinaus können wir mit den Graphen anderer Funktionen starten, wie zum Beispiel mit $g_a(x) = ax^2 \sin \pi x$, und die Iteration von Φ wird uns trotzdem zur universellen Funktion f_∞ führen. Sogar δ hat etwas mit dem Operator Φ zu tun. Die Zahl δ ist der sogenannte *Eigenwert* von Φ, an dem man die Art und Weise ablesen kann, wie die Iteration den Fixpunkt annähert.

Das Geheimnis, das hinter der Universalität von f_∞ und δ und damit hinter der selbstähnlichen Struktur des Endzustand-Diagramms, am Feigenbaum-Punkt steckt, ist der Operator Φ. Er hält das Wesentliche fest, was sich bei diesem Prozeß abspielt. Wir lassen jedoch die mathematischen Einzelheiten aus, da dazu Techniken erforderlich wären, die den Umfang dieses Buchs sprengen würden.[10]

Wenn man die Funktion $x_{n+1} = ax_n^2 \sin(\pi x_n)$ anstelle der quadratischen Funktion iteriert, haben alle Beobachtungen, die wir bisher gemacht haben, genaue Entsprechungen. Die wichtigen Parameter a, b_k und s_k haben lediglich andere Werte. Die Konstante δ und die Funktion f_∞ bleiben aber unverändert. Um diese Art der Universalität nachzuweisen, wäre die Anwendung tiefgehender mathematischer Methoden erforderlich, und man war auf die Genialität einiger der besten lebenden Mathematiker und Physiker ebenso angewiesen wie auf ausführliche Experimente mit Hilfe des Computers.

Wir kommen nun darauf zurück, was wir im Endzustand-Diagramm beobachtet haben, als wir uns mit der Selbstähnlichkeit beschäftigt haben, die darin zu finden war. Wir haben gesehen, daß bei den Vergrößerungen, die in Abbildung 2.3 gezeigt sind, eine Skalierung um die universelle Konstante $\delta = 4.669\ldots$ in Richtung des Parameters a erforderlich ist. Ebenso können wir nun eine Aussage darüber machen, was sich hinter der Skalierung auf der vertikalen Achse verbirgt. Dabei handelt es sich tatsächlich um die gleichen Skalierungsfaktoren, die wir in den Vergrößerungen von $f_{s_2}^2$ oder $f_{s_3}^4$ verwendet haben, um f_{s_1} mit $f_{s_2}^2$ vergleichen zu können, $f_{s_2}^2$ mit $f_{s_3}^4$ und so weiter.

---

[10] Siehe P. Collet und J.-P. Eckmann, *Iterated Maps on the Interval as Dynamical Systems,* Birkhäuser, Boston, 1980 sowie M. Feigenbaum, *Universal behavior in nonlinear systems,* Physica 7D (1983) 16–39, auch in: D. Campbell und H. Rose (Hrsg.), *Order in Chaos*, North-Holland, Amsterdam, 1983.

Tafel 1: Das Pendelexperiment aus Abschnitt 10.8. Die Attraktionsgebiete der drei Magneten wurden rot, blau und gelb gefärbt.

Tafel 2: Vergrößerung aus Tafel 1. Die verschachtelte Struktur der drei Attraktionsgebiete wird deutlich.

Tafel 3: Natürliche Eisformation am Kilimanjaro, © John Reader.

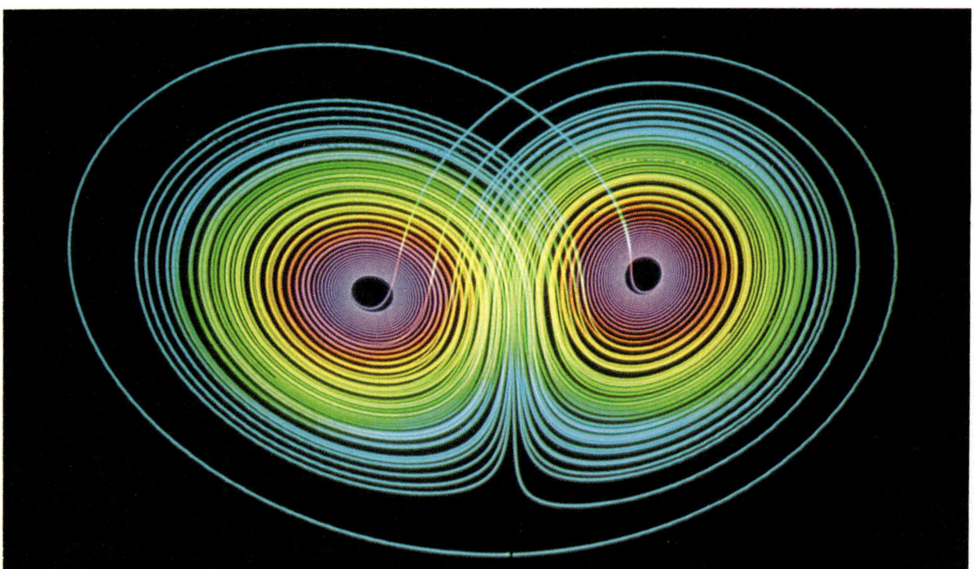

Tafel 4: Zwei Bahnenkurven auf dem Lorenzattraktor. Die Farbe kennzeichnet den Abstand zu instabilen Ruhelagen.

Tafel 5: 3D-Darstellung eines Details des Potentials der Mandelbrotmenge mit durch Zufalls-Fraktale erzeugten Wolken, Titelbild des Buchs *The Science of Fractal Images,* Springer-Verlag, New York, 1988.

Tafel 6: Ursprüngliche Vergrößerung der Mandelbrotmenge, die als Grundlage der Darstellung aus Tafel 5 diente, Titelbild des *Scientific American,* August 1985.

Tafel 7: Variation der Graphik aus Tafel 5.

Tafel 8: zweiseitig Detail des Potentials der Mandelbrotmenge, mit sehr hoher Auflösung berechnet.

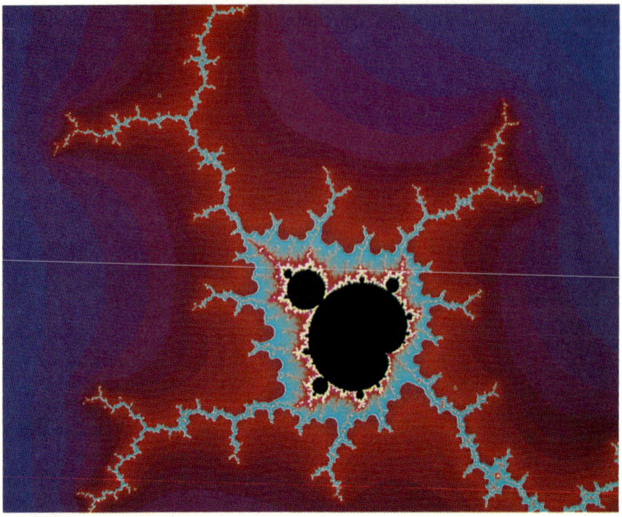

Tafel 9: Vier verschiedene Darstellungen desselben Details der Mandelbrotmenge. Die Färbung des obersten Bildes wurde mit der Fluchtzeitmethode berechnet und entspricht Equipotentiallinien. Die 3D-Darstellung in der Mitte zeigt das Potential der Mandelbrotmenge, Titelbild des Buchs *The Beauty of Fractals.* In der Graphik unten links wurden Schätzungen des Abstands zur Mandelbrotmenge als Farbwert kodiert. Dagegen werden unten rechts die gleichen Schätzungen als Höhenprofil dargestellt.

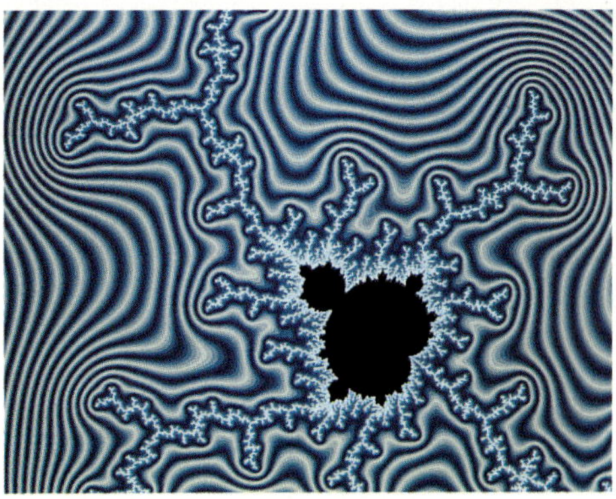

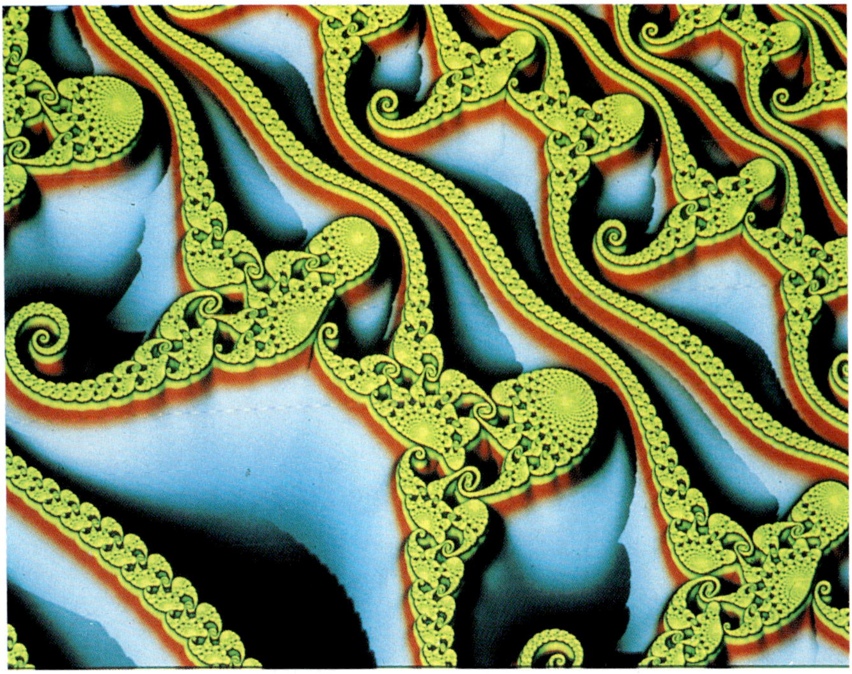

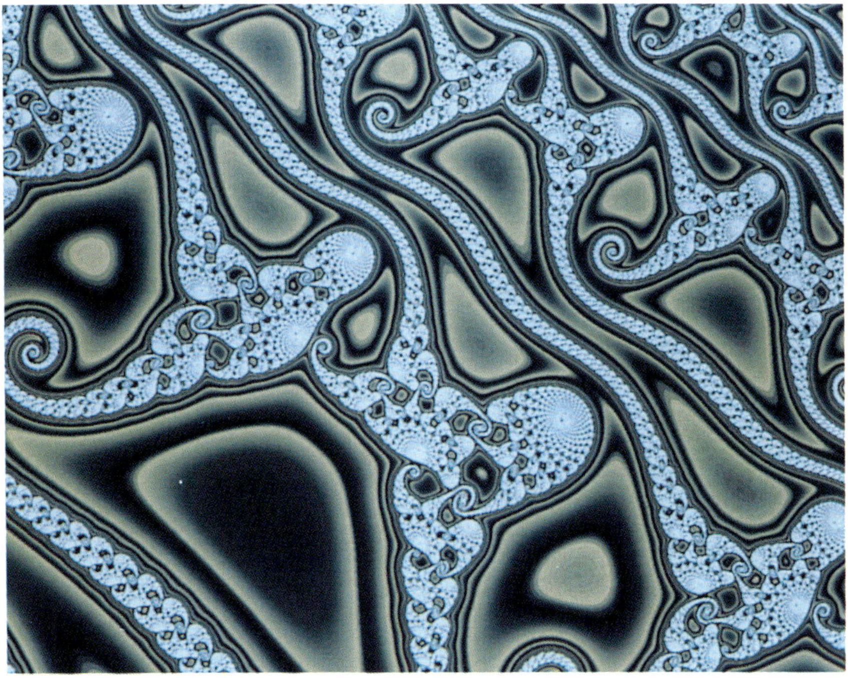

Tafel 10: Zwei verschiedene Darstellungen eines Details der Mandelbrotmenge. Die obere 3D-Darstellung zeigt das Ergebnis von Abstandsschätzungen zur Menge als Höhenprofil. Die untere Graphik kodiert das Ergebnis der Schätzungen in Form zugehöriger Farbwerte.

Tafel 11: zweiseitig 3D-Darstellung der Distanz zur Mandelbrotmenge (Höhe entspricht Distanz). Das kleine Insert zeigt eine Vergrößerung am Rande der Mandelbrotmenge.

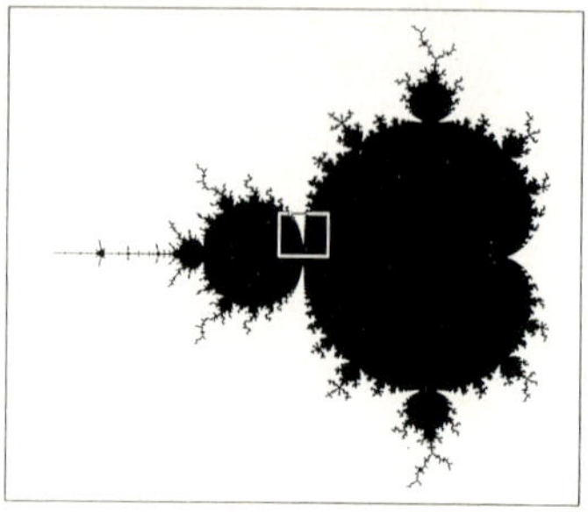

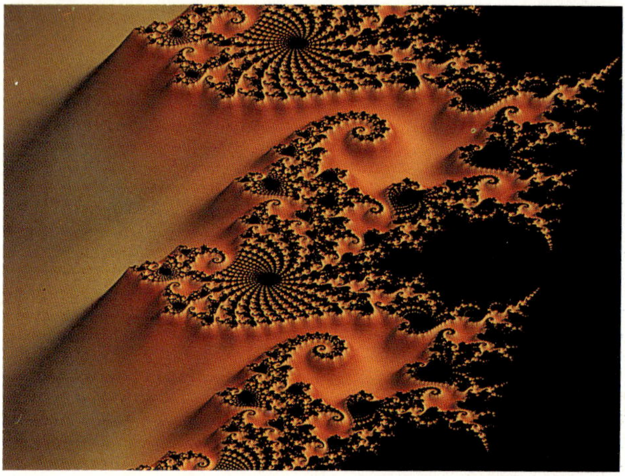

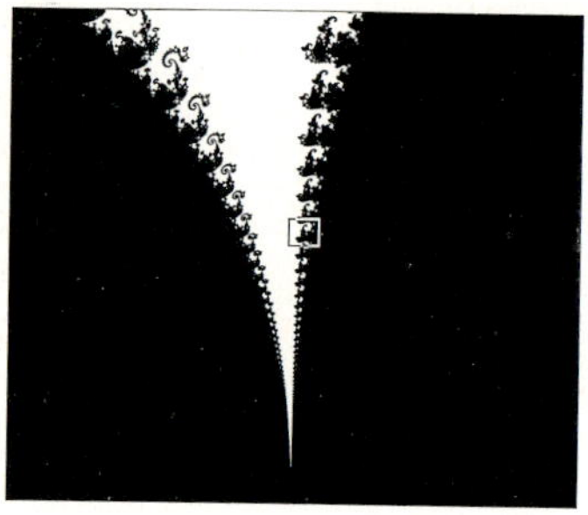

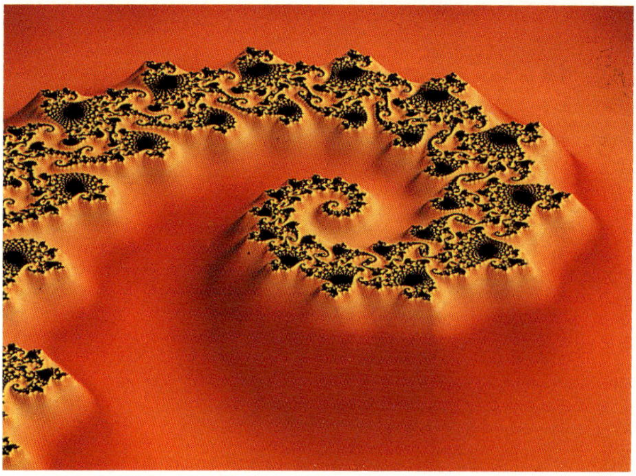

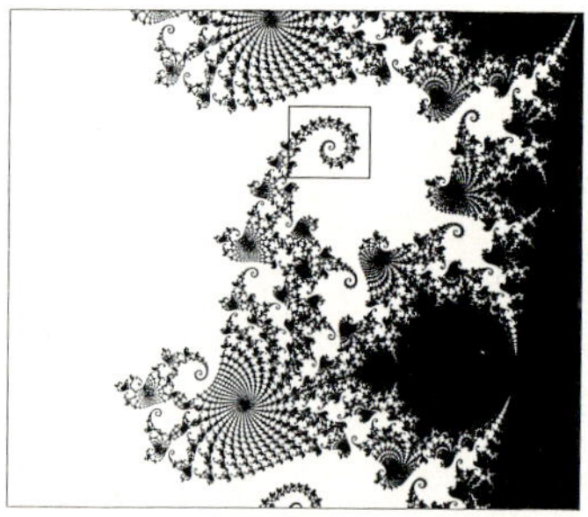

Tafel 12: 3D-Zoomsequenz von Details am Rande der Mandelbrotmenge. Höhe entspricht Distanz. In den Schwarz-Weiß Bildern ist der jeweilige Ort der Vergrößerung markiert.

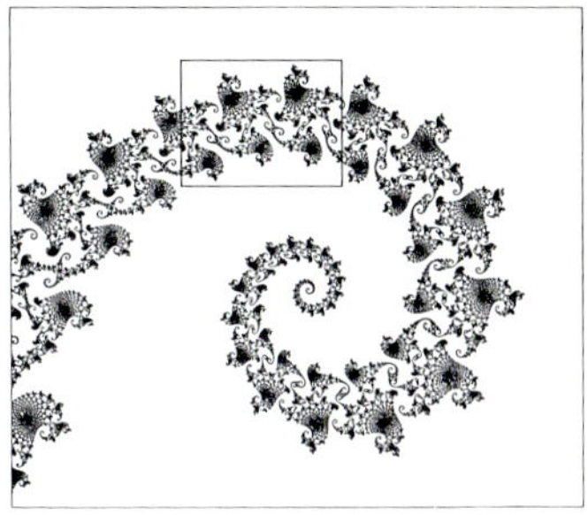
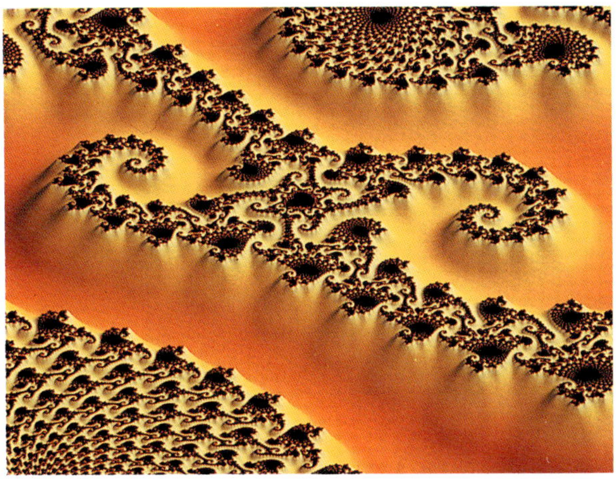

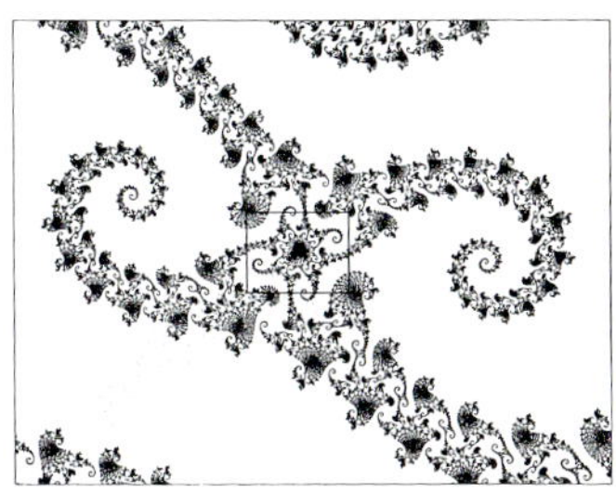

Tafel 13: Weiterführung der Sequenz aus Tafel 12. Die Größe der letzten Vergrößerung beträgt ungefähr 0.000015.

Tafel 14: 3-dimensionaler Schnitt einer Juliamenge im 4-dimensionalen Raum der Quarternionen, © R. Lichtenberger

Tafel 15: Weitere Ansicht der gleichen Juliamenge mit freigelegtem 2-dimensionalen Anschnitt, der die zugehörige Juliamenge der komplexen Zahlenebene sichtbar macht.

2.4 Vom Chaos zur Ordnung: Ein Spiegelbild

Wir beschäftigen uns nun mit dem zweiten Abschnitt im Endzustand-Diagramm, dem Bereich der Parameter zwischen dem Feigenbaum-Punkt s_∞ und dem Wert $a = 4$ (siehe Abbildung 2.32). Wir nennen diesen Teil das chaotische Spiegelbild des Periodenverdopplungs-Baums. Tatsächlich tauchen Merkmale der Periodenverdopplung dort auf, wenn auch in umgekehrter Reihenfolge, aber das ist noch nicht alles. Überall wo Chaos herrscht, werden die Dinge unendlich viel komplizierter. Während wir im ersten Abschnitt des Endzustand-Diagramms die Dynamik für jeden Parameter a vorhersagen können, haben wir hier größte Schwierigkeiten, stabiles periodisches Verhalten von chaotischem Verhalten zu unterscheiden.

Endzustand-Diagramm, Teil 2

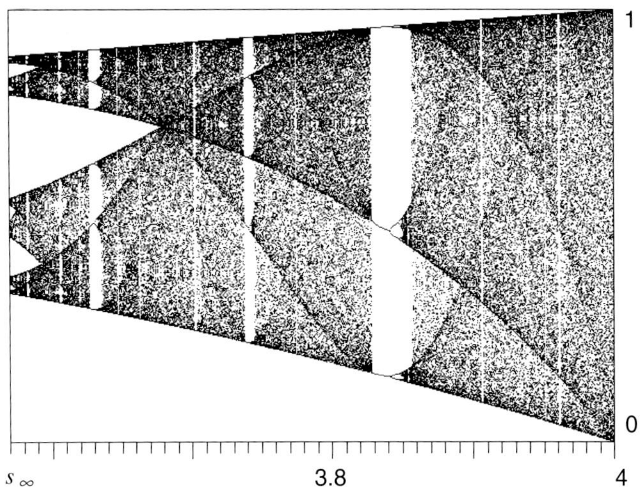

Abb. 2.32 : Der zweite Teil des Endzustand-Diagramms für den quadratischen Iterator.

Das Spalten von Bändern

Wir haben die Situation für den Parameter $a = 4$ in Kapitel 1 schon recht detailliert untersucht. Dies ist der Parameter, bei dem sich der Graph von $f_a(x) = ax(1-x)$ über das ganze Einheitsquadrat erstreckt, und wir können überall im Einheitsintervall Chaos beobachten. Im Endzustand-Diagramm kann man diese Eigenschaft an der scheinbar zufälligen Verteilung der Punkte erkennen, die gleichmäßig den Bereich zwischen 0 und 1 überdeckt. Dieses Verhalten findet man jedoch nicht für jeden Parameter aus dem zweiten Abschnitt des Diagramms. Das Chaos scheint durch Fenster der Ordnung unterbrochen zu werden, an denen der Endzustand auf wenige Punkte zusammenfällt, die zu einer attraktiven periodischen Bahn gehören.

Weiterhin wird das Diagramm von einer tieferliegenden Struktur von Bändern durchzogen, die zustande kommen, weil die Punkte nicht auf jeder vertikalen Linie gleichmäßig verteilt sind. Die Punkte scheinen sich entlang gewisser Linien zu verdichten, von denen Bänder begrenzt werden, durch die ein bestimmtes chaotisches Verhalten zusammengefaßt wird. Für $a = 4$ gibt es nur ein einziges solches Band, das das ganze Intervall $[0, 1]$ überspannt. Wenn der Parameter a abfällt, verengt sich das Band langsam. Beim Parameter m_1 spaltet sich das Band in zwei Teile auf, und bei $a = m_2$ spalten sich diese beiden Bänder wiederum in vier neue Bänder auf (siehe Abbildung 2.33).

Verschmelzungspunkte

Wir vergrößern nun das Diagramm zwischen den Parametern s_∞ und m_1 innerhalb des Bereichs, der im oberen Bild der Abbildung 2.33 durch ein Fenster umrahmt ist. Dabei finden wir weitere Punkte, an denen sich Bänder spalten. Es gibt tatsächlich eine unendliche fallende Folge von Parametern $m_1, m_2, m_3, \ldots$, an denen sich Bänder in 2, 4, 8, ... (allgemein 2^k) neue Bänder spalten. Dieses Phänomen kann als weitere Konsequenz der Selbstähnlichkeit im Endzustand-Diagramm am Feigenbaum-Punkt angesehen werden. Daher konvergiert die Folge der m_k gegen den Feigenbaum-Punkt $m_\infty = s_\infty$. Außerdem können wir das Ergebnis des folgenden Versuchs von Großmann und Thomae schon erraten.[11] Sie haben versucht herauszufinden, ob die Abstände der Verschmelzungspunkte $d_k = m_{k+1} - m_k$ einem speziellen Wachstumsgesetz gehorchen. Sie vermuteten, daß dies ein ähnliches Gesetz sein würde wie das, welches wir für die Folgen der superattraktiven Parameter s_k und der periodenverdoppelnden Verzweigungspunkte b_k besprochen haben. Und tatsächlich ist es ihnen gelungen nachzuweisen, daß der Quotient d_k/d_{k+1} gegen die universelle Konstante $\delta = 4.669\ldots$ konvergiert, wenn die Zahl k anwächst.

Wir wollen diese Bänder ein wenig genauer untersuchen. Welche Art der Veränderung verbirgt sich hinter dem Aufspalten (oder Verschmelzen) der Bänder? In Abbildung 2.34 (oben) wird eine typische Zeitreihe von f_a für $a = 3.67$ gezeigt. Dieser Wert für a liegt etwas unterhalb von $a = m_1$. Die Bedeutung der beiden Bänder wird sofort deutlich: Obwohl die Dynamik chaotisch ist, oszilliert die dargestellte Bahn von Iterationsschritt zu Iterationsschritt zwischen den beiden Bändern hin und her. Wenn wir also die Dynamik von f_a^2 betrachten, sehen wir Punkte, die sich entweder im einen oder im

[11] Siehe S. Großmann und S. Thomae, *Invariant distributions and stationary correlation functions of one-dimensional discrete processes*, Zeitschrift für Naturforschung 32 (1977) 1353–1363.

Das Spalten von Bändern

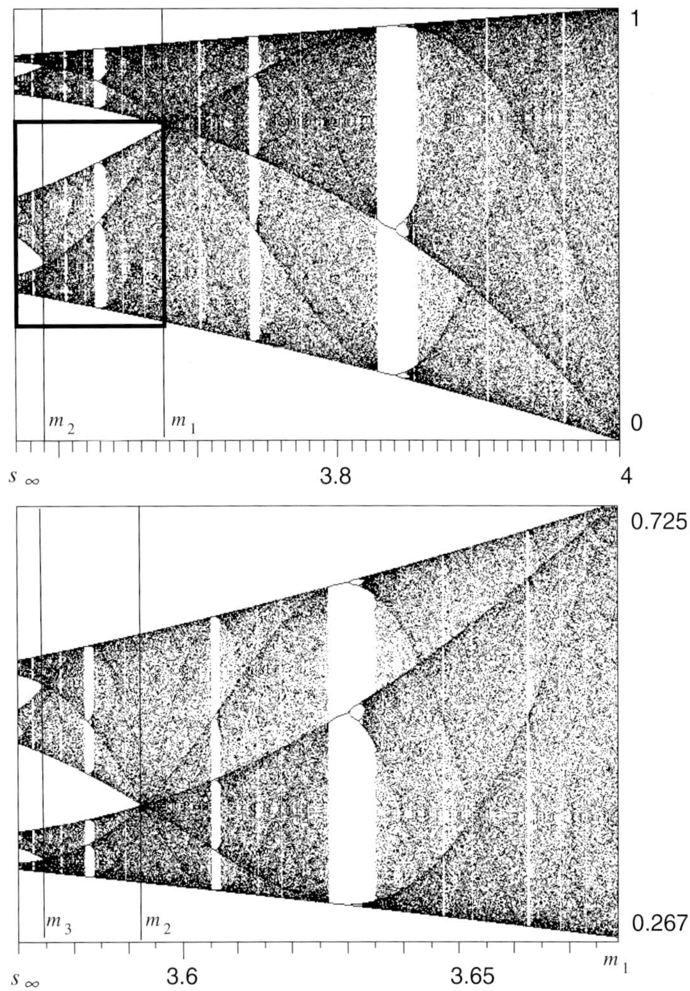

Abb. 2.33 : Wenn man das Diagramm in dem schwarz umrandeten Fenster in der Nähe des Feigenbaum-Punkts vergrößert, werden weitere Parameter sichtbar, an denen sich Bänder spalten.

anderen Band chaotisch bewegen. Dies ist in den beiden unteren Bildern von Abbildung 2.34 dargestellt. Zusammenfassend kann man sagen, daß die Aufspaltung des ersten Bands gleichermaßen so etwas wie ein periodenverdoppelnde Verzweigung ist.

Der Leser wird sich an unseren Histogrammversuch aus Kapitel 1 erinnern. Dort haben wir die Mischungseigenschaft der Chaosparabel sichtbar gemacht, indem wir gemessen haben, wie oft die Iteration einer Bahn in ein bestimmtes Teilintervall von $[0, 1]$ fällt (wir haben

Zeitreihe für $a = 3.67$

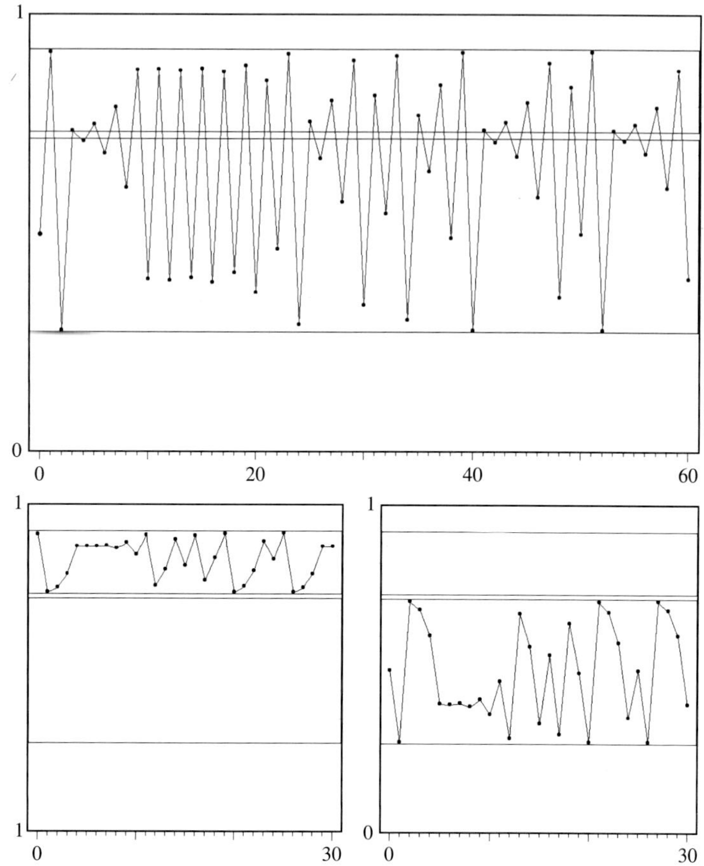

Abb. 2.34 : Zeitreihe für $a = 3.67$ (etwas unterhalb von m_1). Die Bahn oszilliert von Schritt zu Schritt zwischen den beiden markierten Bändern (oben). Innerhalb eines Bands sieht die Dynamik chaotisch aus. In den beiden unteren Bildern ist f_a^2 dargestellt.

$[0, 1]$ in gleichgroße Teilintervalle aufgeteilt und dann gezählt, wie oft jedes Teilintervall im Verlauf der Iteration von der Bahn getroffen wurde). In Abbildung 2.35 ist der gleiche Versuch für $a = m_1$ dargestellt und mit dem Histogramm für $a = 4$ verglichen. Die Variationsbreite der beiden Bänder bei $a = m_1$ ist deutlich zu sehen und erinnert an das Bild, das entsteht, wenn man zwei unterschiedlich skalierte Kopien des Diagramms für $a = 4$ aneinanderfügt.

Vergleich mit f_a^2

Wir wollen noch einmal f_a und f_a^2 mit Hilfe der grafischen Iteration miteinander vergleichen. Abbildung 2.37 zeigt die Ergebnisse für $a = 4$ (oben) und für $a = m_1$ (unten). Die Parabel im oberen

Mischungs-Histogramm

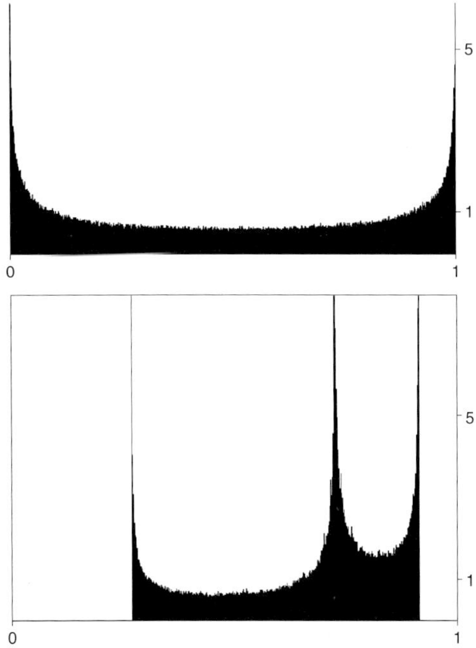

Abb. 2.35 : Das Histogramm für $a = m_1 = 3.6785$ (unten) erinnert an zwei skalierte Kopien des Histogramms für $a = 4$ (oben), die aneinandergefügt wurden.

linken Bild wollen wir logistische Parabel nennen. Sie ist der Graph von $4x(1-x)$. Die logistische Parabel ist dadurch gekennzeichnet, daß ihr Graph genau in das Einheitsquadrat hineinpaßt, dessen Diagonale gleichzeitig die Winkelhalbierende des x-y-Koordinatensystems ist. Wir stellen fest, daß man für $a = m_1$ logistische Parabeln im Graphen von f_a^2 finden kann (unten rechts in Abbildung 2.37). Das ist eigentlich nicht ganz richtig, weil f_a^2 in Wirklichkeit keine Parabel ist, sondern ein Polynom vierten Grades, dessen Graph an der Stelle, an der wir Quadrate eingezeichnet haben, wie eine Parabel aussieht. Wenn die Iteration von $f_{m_1}^2(x)$ erst einmal in eines dieser Gebiete vorgedrungen ist, bleibt sie in dem Bereich gefangen, und wir haben chaotisches Verhalten zu erwarten, das sich zum Beispiel im gesamten Intervall $(1/a, (a-1)/a)$ beobachten läßt. Dies entspricht dem unteren Band, das im Endzustand-Diagramm rechts für $a = m_1$ zu sehen ist. Das obere Band gehört zu dem Teil des Graphen von f_a^2, der durch das kleine Quadrat in Abbildung 2.37 gekennzeichnet ist. Auch in diesem Abschnitt bleibt die Iteration eingeschlossen und erstreckt sich über das Intervall $((a-1)/a, a/4)$.

Ein weiteres Histogramm

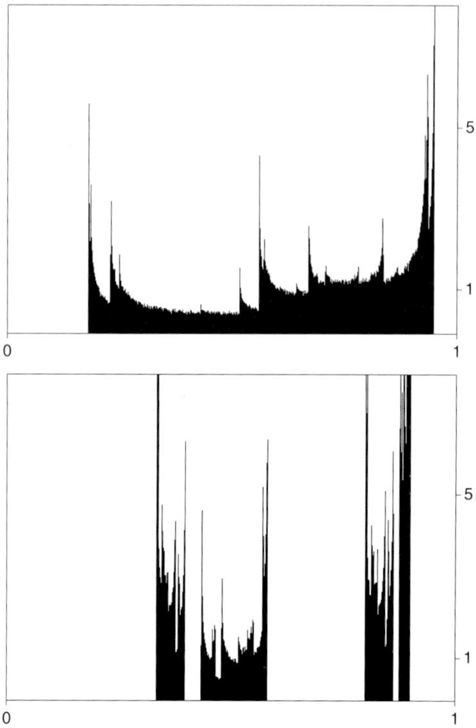

Abb. 2.36 : Mischungs-Histogramm für den Parameter $a = 3.7$ (oben), der etwas größer ist als m_1 und für den Wert $a = 3.585$ (unten), der kleiner ist als m_2.

Nun kann der Leser erraten, welche Situation man für alle weiteren Parameter $a = m_k$ vorfinden wird. In allen diesen Fällen findet man eine logistische Parabel (d.h. im Graphen von $f^4_{m_2}(x)$, im Graphen von $f^8_{m_3}(x)$, usw.). Dies erklärt jedoch nur das dynamische Verhalten, das wir an den speziellen Parameterwerten $a = m_k$ beobachten können. Andererseits scheint es möglich zu sein, die Bänder auch zwischen diesen Werten zu verfolgen. Auf irgendeine Weise schimmern sie durch den gesamten zweiten Teil des Endzustand-Diagramms, und hinter dieser Beobachtung ist ein weiterer Mechanismus verborgen.

Linien kritischer Werte

In Abbildung 2.38 zeigen wir die grafische Iteration einiger Anfangswerte, die wir in gleichmäßigen Abständen in der Nähe von 0.5 gewählt haben. Für jeden Startwert haben wir drei Iterationen durchgeführt und haben das Ergebnis auf der rechten Seite des Graphen eingezeichnet. Zunächst halten wir fest, daß die Iteration niemals das gepunktete Quadrat verläßt. Dies bedeutet insbesondere, daß die Punkte des Endzustand-Diagramms innerhalb des Intervalls zwischen

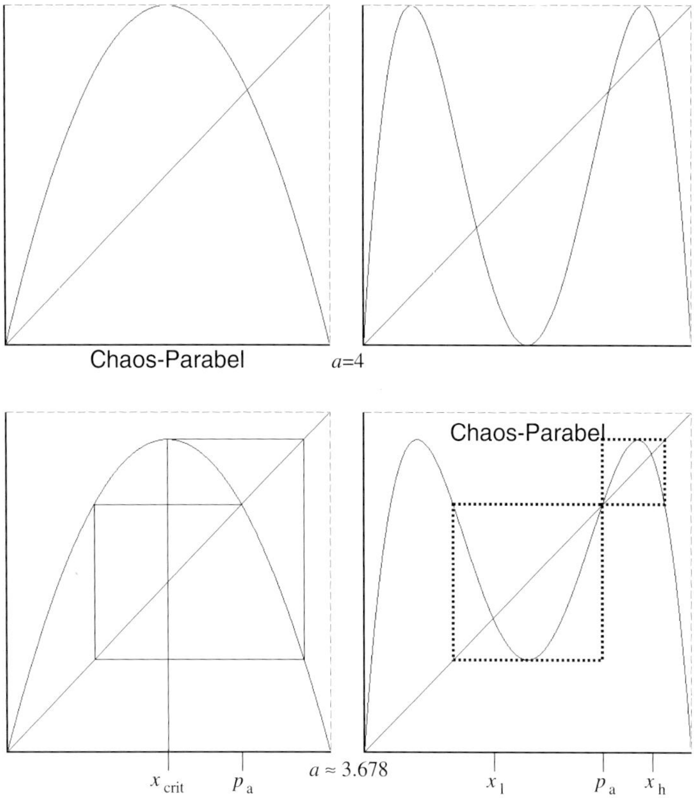

f_a und f_a^2

Abb. 2.37 : Vergleich von f_a und f_a^2 für $a = 4$ und $a = m_1$. Im Graphen von f_a^2 findet man zwei kleine Teilstücke (sie sind von den gepunkteten Quadraten eingeschlossen), die der Parabel für $a = 4$ ähnlich sind.

dem kritischen Wert $v_a = f_a(0.5)$ und $f_a(v_a)$ liegen müssen. Außerdem beobachten wir, daß sich die Iterierten an diesen Punkten ein wenig verdichten. Das passiert, weil die Parabel bei 0.5 ihren Scheitelpunkt hat, wodurch Bahnen, die nahe beieinanderliegen, zusammengedrückt werden.

In unserem Histogramm erwarten wir daher eine Spitze an der Stelle $v_a = f_a(0.5)$. Weiterhin sollte es auch bei der nächsten Iterierten, also bei $f_a(v_a) = f_a^2(0.5)$, eine Spitze geben, und ebenso bei der nächsten, $f_a^2(v_a)$, und so weiter. Für $a = 4$ ist jedoch $v_a = 1$, und alle weiteren Iterierten sind 0. Es ist daher vernünftig, nur zwei Spitzen an den Stellen 0 und 1 zu erwarten. Andererseits erhält man für $a = m_1$ den Fixpunkt $f_a^2(v_a) = p_a = (a-1)/a$ von f_a, so daß alle weiteren Iterationen gleich sind. Daher sollte es drei Spitzen geben, und zwar an den Stellen v_a, $f_a(v_a)$ und $f_a^2(v_a) = p_a$. Tatsächlich

Anfangswerte in der Nähe von 0.5

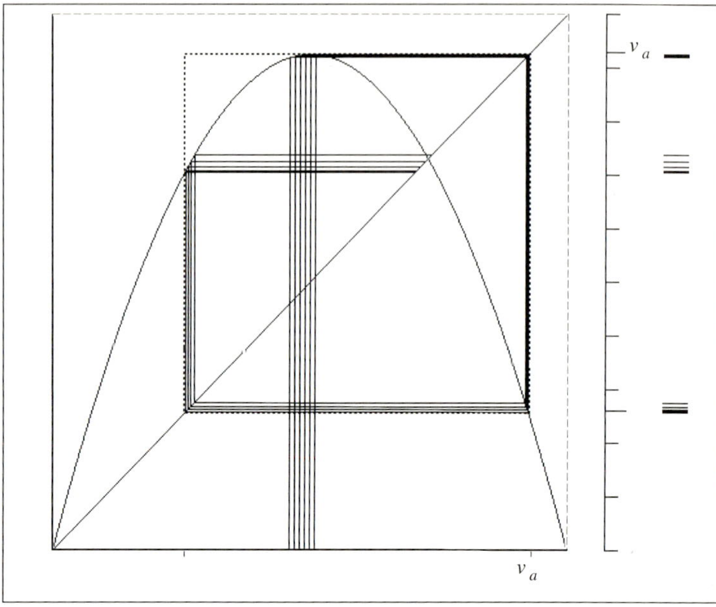

Abb. 2.38 : Grafische Iteration einiger Startwerte, die in gleichmäßigen Abständen aus der Umgebung von 0.5 gewählt wurden. Die ersten drei Iterierten verdichten sich bei $v_a = f_a(0.5)$, $f_a(v_a)$ und $f_a^2(v_a)$

handelt es sich hier um genau das, was wir in Abbildung 2.35 sehen. Wir kommen also zu der Vermutung, daß das, was wir als Linien der Verdichtung in den Abbildungen 2.32 und 2.33 durchschimmern sehen, die Spur der Iterierten des kritischen Werts v_a sein könnte.

In Abbildung 2.39 ist der Versuch dargestellt, durch den diese Vermutung bestätigt wird. Wir berechnen die ersten acht Iterierten von 0.5 für Parameter aus dem Bereich zwischen s_∞ und 4. Das obere Bild zeigt die ersten vier Iterierten (d.h. v_a bis $f_a^3(v_a)$). Diese Linien entsprechen offensichtlich den Hauptstreifen, die man im Endzustand-Diagramm in den Abbildung 2.32 und 2.33 durchschimmern sieht. Das untere Bild zeigt alle acht Iterierten, so daß man auch die Entstehung der feineren Bandstrukturen erkennen kann.

Obwohl diese kritischen Linien (d.h. die Iterierten $f_a^k(v_a)$ der kritischen Werte $v_a = f_a(0.5)$) erklären, warum wir die Bandstrukturen im Endzustand-Diagramm wahrnehmen, dürfen wir daraus nicht schließen, daß die vollständigen Linien, wie wir sie in Abbildung 2.39 sehen, Teile des Endzustand-Diagramms sind. Bereits für v_a trifft dies nicht zu, wie in Abbildung 2.40 verdeutlicht ist, die eine Vergrößerung des Diagramms in der Nähe der Linie kritischer Werte v_a zeigt. Die Endzustände werden von dieser Linie begrenzt, aber

Kritische Linien

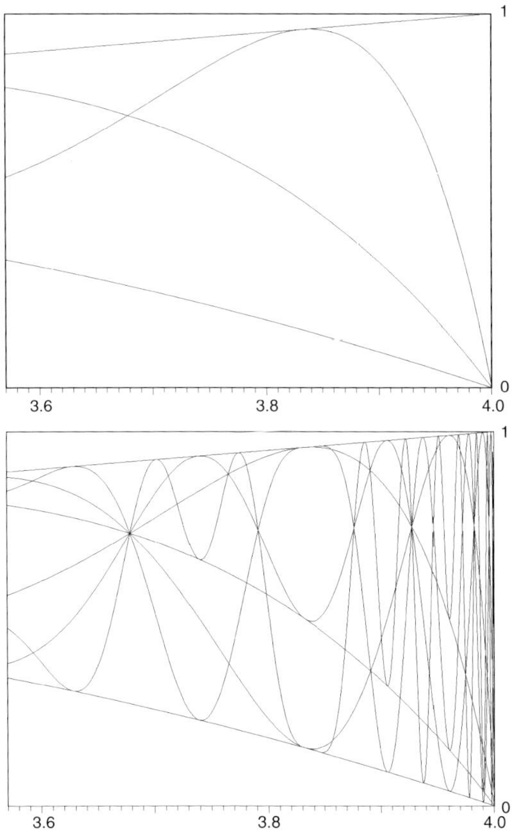

Abb. 2.39 : Die Iterierten des kritischen Werts v_a für den zweiten Abschnitt des Endzustand-Diagramms, der auf der rechten Seite des Feigenbaum-Punkts liegt: v_a, $f_a(v_a)$, $f_a^2(v_a)$ und $f_a^3(v_a)$ (oben) und v_a bis $f_a^7(v_a)$ (unten).

wir können zweifellos erkennen, daß der Endzustand von einem bestimmten Parameter an[12] (ungefähr bei $a \approx 3.82843$) aus einem stabilen periodischen Zyklus besteht, von dem man in der Vergrößerung allerdings nur einen einzigen Zweig sehen kann.

Periodische Fenster

Diese Vergrößerung zeigt einen kleinen Teil von einem der kleinen Fenster, die die chaotischen Bereiche im Endzustand-Diagramm unterbrechen.[13] Es gibt unendlich viele solcher Fenster, die alle

[12] Genauer ist der Parameter $a = 1 + \sqrt{8} \approx 3.828427125$ (vgl. Abschnitt 2.5).

[13] Der Name „Fenster" wurde zuerst in R. M. Mays viel beachteter Veröffentlichung *Simple mathematical models with very complicated dynamics,* Nature 261 (1976) 459–467, verwendet.

Das Fenster der Periode 3

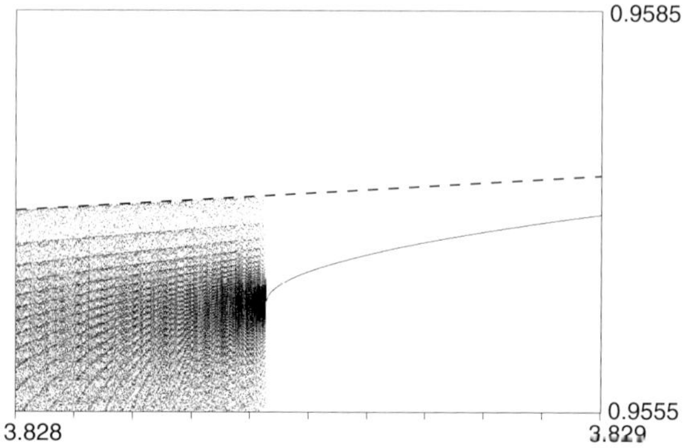

Abb. 2.40 : Vergrößerung des Abschnitts zwischen $a = 3.828$ und $a = 3.829$ im Endzustand-Diagramm in der Nähe der Linie kritischer Werte v_a, die als gestrichelte Linie markiert ist.

zu stabilen periodischen Bahnen gehören. Das Fenster zwischen $a \approx 3.828$ und $a \approx 3.857$ tritt allerdings am deutlichsten hervor; es ist das sogenannte Fenster der Periode 3.[14] In Abbildung 2.41 haben wir nicht nur dieses Fenster angedeutet, sondern ebenfalls die Fenster der Periode 5 und 7 sowie das Fenster der Periode 6. Zuerst wollen wir aber das Fenster der Periode 3 ein bißchen genauer betrachten. Der untere Teil der Abbildung zeigt zwei aufeinanderfolgende Vergrößerungen des Bereichs, der jeweils schwarz umrandet ist.

Noch einmal Selbstähnlichkeit

Wieder können wir Selbstähnlichkeit entdecken. Bei jeder Vergrößerung erkennen wir kleinere, neue Kopien des gesamten Diagramms. Außerdem können wir das vollständige Szenario von Periodenverdopplung, Chaos und Bänderspaltung entdecken (allerdings wieder in einer wesentlich kleineren Größenordnung). Und wieder verbergen sich dahinter die gleichen Mechanismen, mit denen wir uns zuvor schon beschäftigt haben. Es gibt nur einen wichtigen Unterschied: Hier baut alles auf $f_a^3(x)$ auf, und nicht auf $f_a(x)$ wie bisher. Die Periodenverdopplung beginnt da, wo die drei Fixpunkte von $f_a^3(x)$ ihre Stabilität verlieren, und sechs neue Fixpunkte von $f_a^6(x)$ entstehen (d.h. für f_a haben wir dort einen 6er-Zyklus). Wenn a weiter anwächst, wird jeder der stabilen Fixpunkte von f_a^6 eine periodenverdoppelnde Verzweigung durchlaufen (d.h., wir werden für f_a attraktive Zyklen der Länge $3 \cdot 2^2$ erhalten) und so weiter. Die

[14] Im Englischen *period-three window*.

Periodische Fenster

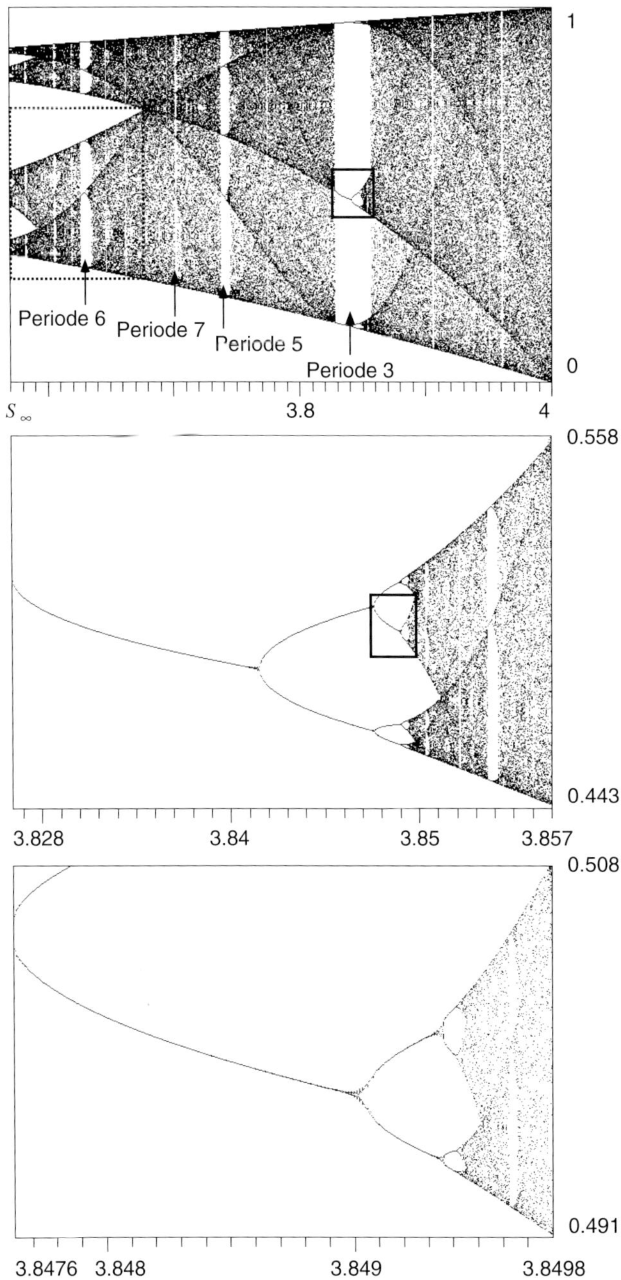

Abb. 2.41 : Zwei aufeinanderfolgende Vergrößerungen aus dem Fenster der Periode 3. Es beginnt bei $a = 1 + \sqrt{8} \approx 3.8284$ und erstreckt sich bis $a \approx 3.857$.

Die dritte Iterierte f_a^3

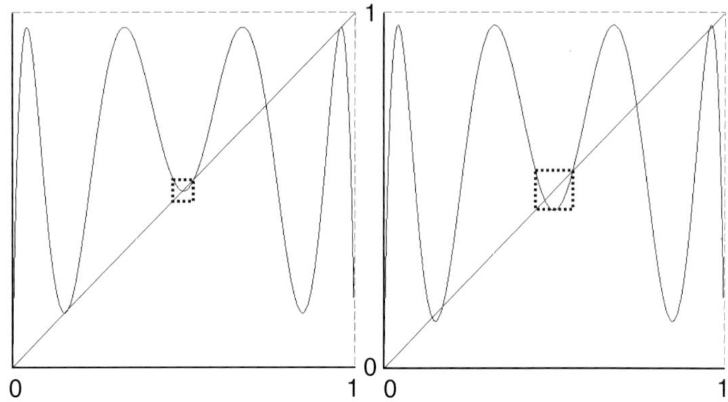

Abb. 2.42 : Der Graph der dritten Iterierten f_a^3 von f_a. Links sehen wir den superattraktiven Fall und rechts vollständig ausgeprägtes Chaos.

relative Länge des Intervalls, für das diese stabilen Zyklen existieren, wird wiederum durch die universelle Zahl $\delta = 4.669\ldots$ bestimmt. Am Ende dieses Szenarios der Periodenverdopplung, in der Nähe von $a = 3.8415\ldots$, befindet sich erneut ein Übergang zu chaotischem Verhalten, wie wir ihn in ähnlicher Weise am Feigenbaum-Punkt s_∞ vorfinden.

Wir werfen einen Blick auf einige Graphen von f_a^3. In Abbildung 2.42 (links) haben wir den superattraktiven Fall dargestellt. Am Mittelpunkt beobachten wir wieder einen kleinen Bereich, der wie eine kleine Parabel aussieht. Tatsächlich sind die Veränderungen in diesem kleinen Bereich für das gesamte Szenario der Periodenverdopplung verantwortlich, das bei $a \approx 3.857$ endet und vollständig in Chaos übergeht, wie es im mittleren Teil von Abbildung 2.41 zu sehen ist. Der zugehörige Graph von f_a^3 ist auf der rechten Seite von Abbildung 2.42 dargestellt. In der Mitte ist tatsächlich wieder eine logistische Parabel sichtbar!

Wenn wir irgendein anderes periodisches Fenster vergrößern, würden wir exakt die gleichen Beobachtungen machen, aber wir würden alles in einem kleineren Maßstab wiederfinden. Zwischen dem Fenster der Periode 3 und dem Verschmelzungspunkt m_1 gibt es unendlich viele Fenster für alle ungeraden Zahlen (also für 3, 5, 7, 9, 11 ...), die jedoch in umgekehrter Reihenfolge (d.h. 3 ist rechts von 5 usw.) auftreten. Wenn die Periode anwächst, verkleinert sich die Größe der Fenster rapide. Das Fenster der Periode 9 kann man bereits kaum noch erkennen.

Die Charkovsky-Folge

Sind dies die einzigen periodischen Fenster? Natürlich nicht! Wir haben doch schon etwas von Selbstähnlichkeit gehört oder nicht? Betrachten wir den linken Teil des Diagramms in Abbildung 2.41 (oben), den wir mit einem gestrichelten Rechteck eingerahmt haben. In diesem Teil finden wir alles wieder, nun aber mit einer verdoppelten Periode. Mit anderen Worten, es beginnt mit einem Fenster der Periode 6, dann kommt ein Fenster der Periode 10 usw. Allgemein formuliert finden wir in diesem Schritt ein Fenster der Periode $2 \cdot k$ für alle ungeraden Zahlen $k \geq 3$. Wir fassen zusammen: Die Selbstähnlichkeit bringt eine Folge von Fenstern zum Vorschein, deren Perioden

$3, 5, 7, 9, 11, 13, \ldots$	(alle ungeraden Zahlen)
$2 \cdot 3, 2 \cdot 5, 2 \cdot 7, 2 \cdot 11, \ldots$	(alle Zahlen $2 \cdot k$, k ungerade)
$4 \cdot 3, 4 \cdot 5, 4 \cdot 7, 4 \cdot 11, \ldots$	(alle Zahlen $2^2 \cdot k$, k ungerade)
$\ldots$	(alle Zahlen $2^n \cdot k$, k ungerade)
$\ldots 2^4, 2^3, 2^2, 2, 1$	(alle Potenzen von 2)

genau in dieser Reihenfolge von rechts nach links im Endzustand-Diagramm vorkommen. Eigentlich fällt die Folge in der letzten Zeile etwas aus dem Rahmen. Sie repräsentiert die Periodenverdopplung am Anfang des Diagramms (man kann sagen, daß dies das letzte periodische Fenster ist). Diese seltsame Folge ist nach dem russischen Mathematiker Alexander N. Charkovsky benannt und ist das Kernstück einiger bemerkenswerter Ergebnisse über periodische Punkte von Rückkopplungssystemen. Aber wir wollen zu unserer Frage zurückkehren: Sind dies die einzigen periodischen Fenster? Der Leser erwartet vermutlich schon, daß dies bei weitem nicht alles ist. Und tatsächlich ist bekannt, daß man in jedem Parameterintervall ein periodisches Fenster und damit einen stabilen periodischen Zyklus finden kann.

Die Charkovsky-Folge und periodische Punkte

Im Jahr 1964 führte Charkovsky seine berühmte Folge

$$3 \rhd 5 \rhd 7 \rhd 9 \rhd \cdots \rhd$$
$$2 \cdot 3 \rhd 2 \cdot 5 \rhd 2 \cdot 7 \rhd 2 \cdot 9 \rhd \cdots \rhd$$
$$4 \cdot 3 \rhd 4 \cdot 5 \rhd 4 \cdot 7 \rhd 4 \cdot 9 \rhd \cdots \rhd$$
$$\cdots \rhd 2^5 \rhd 2^4 \rhd 2^3 \rhd 2^2 \rhd 2 \rhd 1.$$

ein. Sie ist durch das Symbol $\rhd$ geordnet. Wenn a vor b steht, schreibt man $a \rhd b$. Charkovsky war in der Lage, einige bemerkenswerte Ergebnisse wie zum Beispiel das folgende zu beweisen.

Angenommen, f bildet ein Intervall I auf sich selbst ab und hat einen Punkt der Periode k (d.h., es gibt ein x in I, so daß $f^k(x) = x$ ist). Dann hat f Punkte der Periode m für jedes m mit der Eigenschaft $k \rhd m$.

Die Konsequenzen dieses überraschenden Resultats sind vielfältig: Wenn f einen Punkt der Periode 3 hat, dann hat f Punkte jeder Periode. Wenn f einen Punkt der Periode $k \neq 2^n$ hat, dann hat f unendlich viele periodische Punkte.

2.5 Intermittenz und Krise: Hintertüren ins Chaos

Periodische Fenster unterbrechen die chaotischen Bereiche in extremer Weise. Am Anfang eines solchen Fensters findet ein abrupter und dramatischer Wechsel im Langzeitverhalten des quadratischen Iterators statt. Wir wollen als Beispiel die Umgebung des Parameters

$$a = w_3 = 1 + \sqrt{8} \approx 3.82843$$

am Anfang des Fensters der Periode 3 betrachten. Für Parameter a, die geringfügig oberhalb von w_3 liegen, existiert ein stabiler Zyklus der Periode 3. Sobald wir andererseits den Parameter a kleiner werden lassen, so daß er sich etwas unterhalb von w_3 befindet, geraten wir unmittelbar ins Chaos herein, das sich über das ganze Intervall $(f_a(v_a), v_a)$ erstreckt.[15] Verglichen mit dem Weg über die periodenverdoppelnden Verzweigungen ist dies ein vollkommen anderer Weg ins Chaos.

Der beschwerliche Weg ins Chaos

Aber die Situation ist sogar wesentlich schlimmer. Das Chaos für Parameter unterhalb von w_3 kommt erst im Langzeitverhalten zum Vorschein. Das Kurzzeitverhalten täuscht fälschlicherweise stabile periodische Bahnen vor. Dies ist in Abbildung 2.43 dargestellt, wo man die Zeitreihe von $x_0 = 0.5$ für $a = 3.82812 < w_3$ sehen kann. Für mehr als 50 Iterationen sieht die Bahn vollkommen stabil und vorhersagbar aus, aber dann verfällt sie plötzlich in chaotische Oszillation.

Dieser Versuch vermittelt einen ersten Eindruck von dem, was man unter *Intermittenz* versteht — einen neuen Typ von Iterationsverhalten. Was sind die Bestandteile von Intermittenz? Der erste ist die sogenannte *Tangentialverzweigung von Fixpunkten.* Wir werden an einem Beispiel erklären, das uns schon aus Abschnitt 2.2 vertraut ist, was damit gemeint ist. Wir betrachten den Iterator

$$g_a(x) = ax^2 \sin \pi x,$$

den wir verwendet haben, um die Universalität von δ zu veranschaulichen. Der Leser sollte sich die Abbildung 2.23 nun noch einmal ansehen, in der das Endzustand-Diagramm für g_a dargestellt ist. Man beachte, daß der periodenverdoppelnde Verzweigungsbaum ungefähr bei $a \approx 1.7264$ aus dem Nichts zu entstehen scheint. Was geschieht aber für Parameter, die kleiner sind als 1.7264? Nun, wir werfen einen Blick auf die zugehörige grafische Iteration.

Zunächst sieht man in Abbildung 2.44 die Situation für $a = 1.6$ (oben links). In diesem Fall führt die Iteration aller Anfangswerte

[15] Wir erinnern daran, daß v_a der kritische Wert $v_a = f_a(0.5)$ ist.

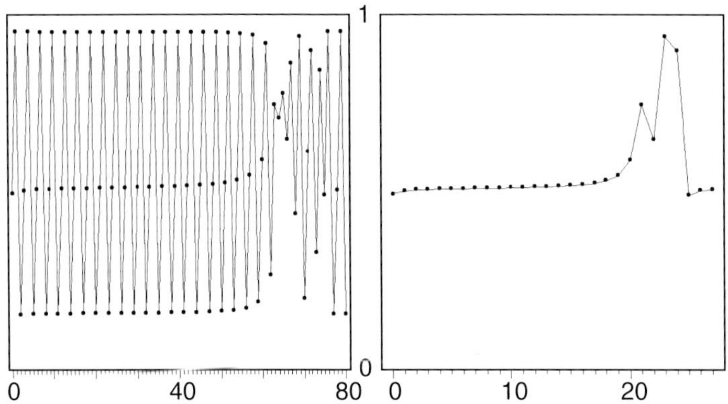

Intermittierende Zeitreihe

Abb. 2.43 : Zeitreihe von $x_0 = 0.5$ für $a = 3.82812$: Iteration von f_a (links) und Iteration von f_a^3 (rechts). Im Graphen auf der rechten Seite ist die Zeitachse mit dem Faktor 3 skaliert, damit ein besserer Vergleich möglich ist.

letztendlich zum attraktiven Fixpunkt 0. Wir lassen nun den Parameter a anwachsen und beobachten, wie der Graph von g_a immer näher an die Winkelhalbierende heranrückt (oben rechts). Schließlich, bei

$$a = a^* \approx 1.7264289398722975$$

(unten links) berührt die Winkelhalbierende den Graphen tangential an der Stelle

$$x = x^* \approx 0.6457736765434055.$$

Lassen wir den Parameter noch weiter anwachsen (unten rechts), sehen wir, daß die Winkelhalbierende den Graphen in der Nähe von x^* schneidet. Es gibt nun zwei neue Fixpunkte, einen stabilen und einen instabilen.

Tangentialverzweigung

Der neue stabile Fixpunkt entspricht dem Stamm im Szenario der Periodenverdopplungen, das wir im Endzustand-Diagramm von g_a gefunden haben. Wenn der Parameter a weiter anwächst, wird der Fixpunkt an einem bestimmten Parameterwert instabil, und es entsteht ein stabiler Zyklus der Länge 2. Später werden stabile Zyklen der Länge 4 auftreten, und so wird es auf die gewohnte Weise weitergehen. Das gepunktete Quadrat aus Abbildung 2.44 (unten rechts) umfaßt wieder einen Teil des Graphen, der der Parabel erstaunlich ähnlich ist. Und tatsächlich geht das vertraute Aussehen des Endzustand-Diagramms auf diesen Graphen zurück. Wir wollen aber wieder auf die beiden Fixpunkte zurückkommen. Wenn wir den Parameter verkleinern, bis wir a^* erhalten, vereinen sich die beiden Fixpunkte in einem einzigen

Grafische Iteration für $g_a(x)$

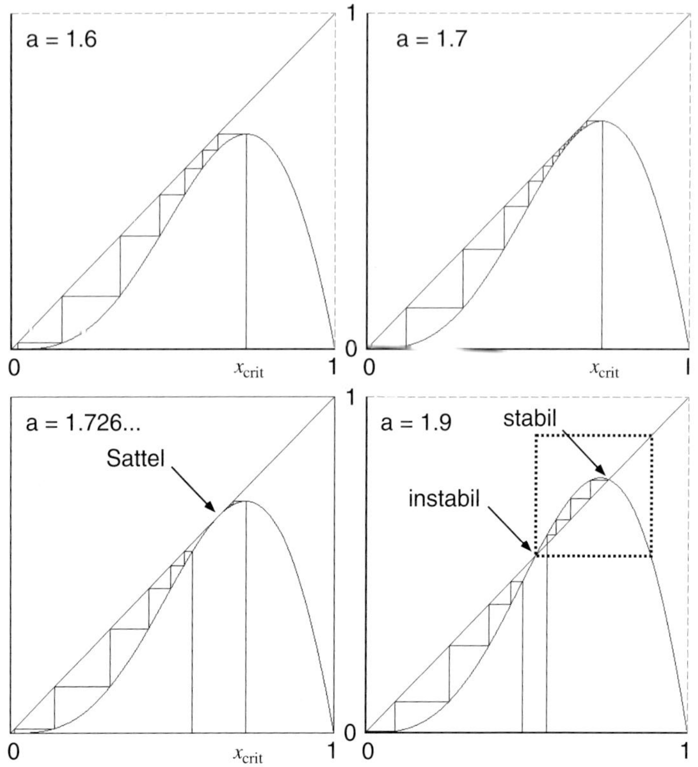

Abb. 2.44 : Diese Folge von Graphen zeigt die Tangentialverzweigung für $g_a(x) = ax^2 \sin \pi x$ in der Nähe von $a^* \approx 1.7264$. Für Parameter unterhalb dieses Wertes (oben links und rechts) konvergieren alle Bahnen gegen den Ursprung. Rechts von der Verzweigung (unten links) berührt die Winkelhalbierende den Graphen von g_a tangential. Dort befindet sich ein neuer Fixpunkt, der Bahnen auf der rechten Seite anzieht und Bahnen auf der linken Seite abstößt. Für Parameter, die größer sind als a^*, existieren zwei neue Fixpunkte, von denen der eine stabil und der andere instabil ist.

Punkt an der Stelle x^*, den man einen *Sattelpunkt* nennt. Wenn wir a noch weiter verkleinern, verschwindet auch dieser Punkt. Diesen Vorgang nennen wir *Tangentialverzweigung.* [16]

Wir weisen darauf hin, daß der Punkt x^* weder anziehend noch abstoßend ist. Statt dessen werden Werte oberhalb von x^* angezogen und Punkte unterhalb von x^* abgestoßen. Wenn wir die Iteration insbesondere mit $x_0 = x_{\text{crit}}$ anfangen (d.h. mit dem x-Wert, der zum

[16] In einigen Texten ist die Bezeichnung *Sattelknotenverzweigung* gebräuchlich.

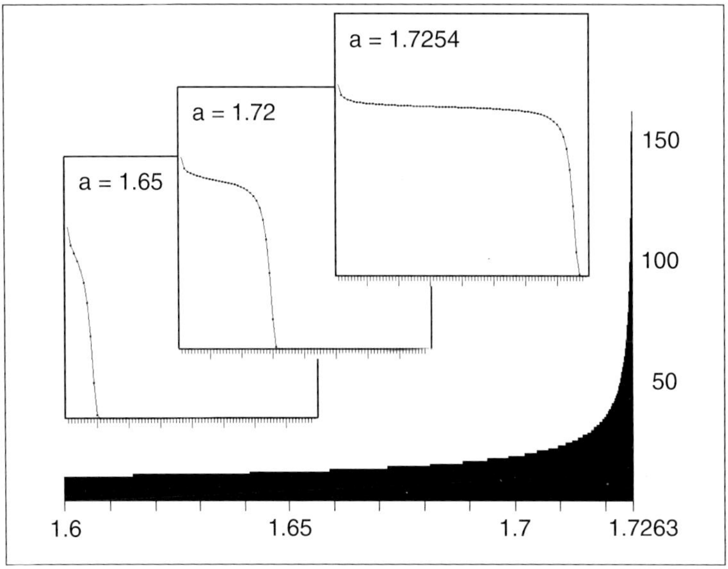

Auswertung der Zeitreihe

Abb. 2.45 : Die Anzahl der Iterierten, die erforderlich ist, um x_k in eine ε-Umgebung des Fixpunkts 0 zu bringen ($eps = 10^{-8}$), wobei $x_0 = x_{\text{crit}}$ ist, für $x_{n+1} = g_a(x_n) = ax_n^2 \sin \pi x_n$. Die eingefügten Bilder zeigen die zugehörigen Zeitreihen für $a = 1.65$, $a = 1.71$ und $a = 1.7254$, woraus ersichtlich wird, wie die Iteration über viele Iterationsschritte in der Nähe des Punkts x^* verweilt, wo der Graph von g_a die Winkelhalbierende berührt, wenn $a^* \approx 1.7264$ ist.

Maximum von g_a gehört), würde die Bahn gegen den Fixpunkt x^* konvergieren und nicht gegen 0 (siehe Abbildung 2.44, unten links). Wenn wir aber den Parameter a nur ein winziges Stück kleiner werden lassen, verschwindet der Fixpunkt. Zunächst öffnet sich lediglich ein sehr enger Kanal (oben rechts). Wenn wir erneut die Iteration von x_{crit} verfolgen, beobachten wir, daß die Bahn für eine gewisse Zeit zwischen dem Graphen und der Winkelhalbierenden gefangen gehalten wird; sie kreuzt dort genau wie ein Segelboot in einem engen Kanal. Letzendlich verläßt die Bahn den Kanal aber wieder und erreicht den Fixpunkt 0.

Anzahl der Wenden

Wenn wir den Parameter a noch kleiner werden lassen, wird der Kanal, der zu Anfang eng war, immer breiter, und daher sind immer weniger Wenden erforderlich, bis die Bahn den Kanal passiert hat, und der Fixpunkt 0 kann schneller erreicht werden. Dieser Zusammenhang zwischen Parameterwerten a unterhalb von a^* und der Anzahl der Wenden, die zum Durchqueren des Kanals benötigt werden, ist in Abbildung 2.45 dargestellt. Wir variieren den Parameter a zwischen 1.6 und a^* und starten die Iteration jeweils mit dem Punkt

Anzahl der intermittierenden Iterationen

k	$a_k = a^* - 10^{-k}$	$N(a_k)$	$N(a_k)\sqrt{a^* - a_k}$
0	0.7264289398723	4	4.00000
1	1.6264289398723	10	3.16228
2	1.7164289398723	26	2.60000
3	1.7254289398723	77	2.43496
4	1.7263289398723	238	2.38000
5	1.7264189398723	749	2.36855
6	1.7264279398723	2 363	2.36300
7	1.7264288398723	7 467	2.36127
8	1.7264289298723	23 608	2.36080
9	1.7264289388723	74 649	2.36061
10	1.7264289397723	236 056	2.36056
11	1.7264289398623	746 469	2.36054
12	1.7264289398713	2 360 537	2.36054
13	1.7264289398722	7 464 659	2.36053

Tab. 2.46 : Für eine Folge von Parametern $a_k, k = 0 \ldots, 13$, die die Tangentialverzweigung bei a^* von unten approximieren, berechnen wir die Anzahl der Iterationen $N(a_k)$, die benötigt werden, bis die Bahn des kritischen Punktes $x_{\text{crit}} \approx 0.7286$ eine kleine Umgebung von 0 erreicht. In der letzten Spalte ist das Produkt $N(a_k)\sqrt{a^* - a_k}$ verzeichnet, an dem wir erkennen können, daß die rasch ansteigende Anzahl der Iterationen einem Wurzelgesetz gehorcht.

$x_0 = x_{\text{crit}} \approx 0.7286$. Wir zählen die Iterationsschritte $N(a)$ die erforderlich sind, bis die Bahn eine kleine Umgebung des attraktiven Fixpunkts 0 erreicht. Wenn a in die Nähe von a^* kommt, steigt die Anzahl der Iterationsschritte rapide an. Wie rapide die Anzahl der Iterationen anwächst, kann man der Tabelle 2.46 entnehmen. In der letzten Spalte ist das Produkt $N(a)\sqrt{a^* - a}$ eingetragen, das etwa gegen 2.36 konvergiert, wenn der Parameter a sich a^* nähert. Daraus können wir schließen, daß der Anstieg der Iterationsschritte durch ein Wurzelgesetz beschrieben wird,

$$N(a) \approx \frac{2.36}{\sqrt{a^* - a}}. \tag{2.8}$$

Wenn wir, mit anderen Worten, den Abstand zwischen a und a^* um den Faktor 1/100 verringern, steigt die Anzahl der Iterationen um den Faktor 10 an.

Was können wir aus diesem Experiment lernen? Wenn sich ein Iterator nahe an einer Tangentialverzweigung befindet, ist es beinahe unmöglich, zwischen Kurzzeit– und Langzeitverhalten zu unterscheiden. Der Endzustand läßt sich nur durch eine unglaublich große Zahl von Iterationen ermitteln; möglicherweise sind mehr Iterationen als in unserem Versuch erforderlich, oder gar mehr, als der zeitliche Rahmen und der Computer zuläßt.

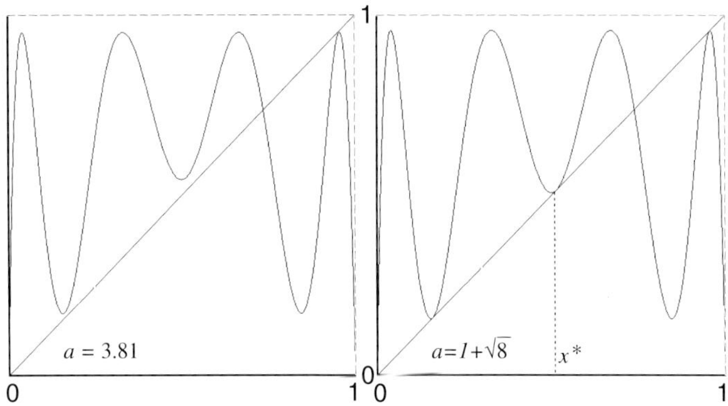

Tangentialverzweigung

Abb. 2.47 : Tangentialverzweigung für f_a^3 bei $a = 1 + \sqrt{8}$.

Wir wenden uns wieder dem quadratischen Iterator zu. In Abbildung 2.47 sieht man den Graphen von f_a^3 für

$$a = w_3 = 1 + \sqrt{8} \approx 3.828427125$$

und für den geringfügig kleineren Parameterwert $a = 3.81$. Wir können tatsächlich eine Tangentialverzweigung bei $a = w_3$ mit einem Sattelpunkt bei x^* beobachten. Es ist deutlich zu erkennen, daß dieser Punkt etwas rechts von 1/2 liegt. Wir weisen auch darauf hin, daß der Graph die Winkelhalbierende an zwei weiteren Stellen berührt, nämlich bei $f_a(x^*)$ und $f_a^2(x^*)$. Diese Punkte bilden den entsprechenden 3er-Zyklus für f_a. In Abbildung 2.42 haben wir schon gesehen, was passiert, wenn wir den Parameter a noch weiter anwachsen lassen: Der Sattelpunkt spaltet sich in einen stabilen und einen instabilen Fixpunkt, und schließlich könnten wir eine kleine Kopie der logistischen Parabel erkennen. Mit anderen Worten entsteht an der der Tangentialverzweigung bei $a = w_3$ ein Periodenverdopplungsszenario, Chaos und Bänderspaltung, wie wir es im Fenster der Periode 3 beobachtet haben.

Intermittenz

Um das Verhalten des quadratischen Iterators für Parameterwerte unterhalb der Tangentialverzweigung zu untersuchen, berechnen wir eine lange Zeitreihe (siehe 2.48). Das Experiment zeigt regelmäßig wiederkehrende Phasen beinahe ruhenden Verhaltens für f_a^3, die annähernd zyklischem Verhalten der Periode 3 von f_a entsprechen. Diese Phasen der Stabilität — auch *laminare Phasen* genannt — wechseln sich mit unberechenbarem, chaotischem Verhalten ab. Dieses dramatische Wechselspiel zwischen Ausbruch von Chaos und annähernd periodischem Verhalten nennt man *Intermittenz*.

Intermittenz in Zeitreihen

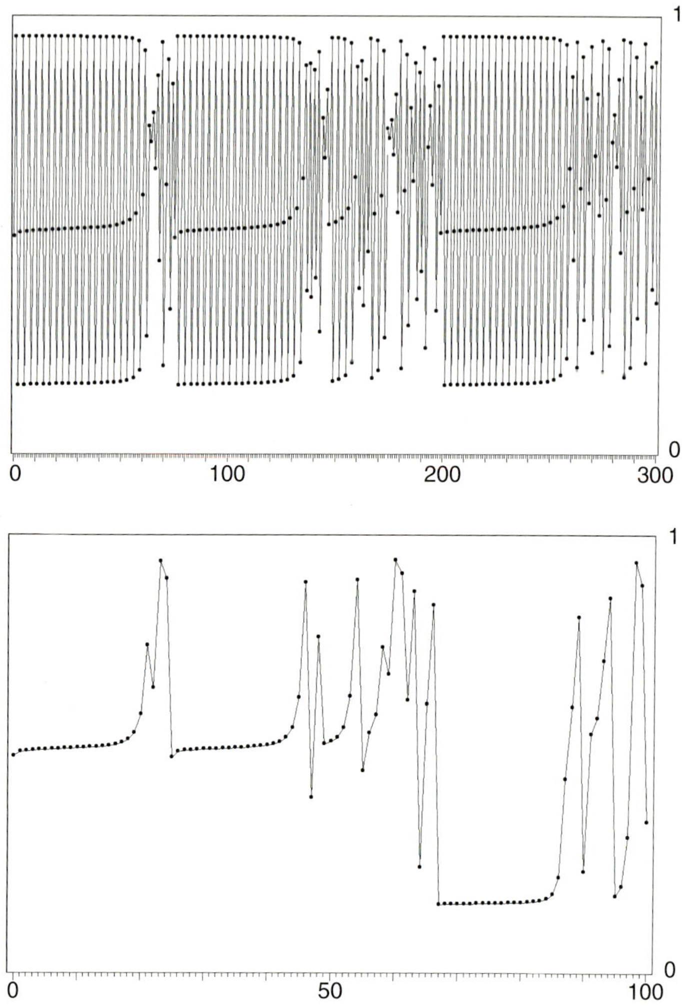

Abb. 2.48 : Zeitreihen für $x_0 = 0.5$ und $a = 3.82812$: Ungefähr 300 Iterationen von f_a (oben) und die entsprechenden 100 Iterationen von f_a^3 (unten). Die Zeitachse ist um den Faktor 3 gestreckt, damit ein besserer Vergleich möglich ist.

Die nahezu stabilen Abschnitte der Zeitreihe entsprechen Phasen, in denen sich die Iteration nahe bei x^* befindet, wo die Bahn wie ein Segelboot gegen den Wind durch einen engen Kanal kreuzen muß. Was geschieht aber, wenn das Boot diese engen Stellen durchquert hat? Und was ist es für ein Mechanismus, der die Iteration immer wieder aufs neue in die geordneten Phasen zurückzwingt? Wir kommen nun zu der zweiten Eigenschaft von Intermittenz: *homokline Punkte*.

Homokline Punkte

Homokline Punkte wurden von dem großen französischen Mathematiker Henry Poincaré zu Ende des letzten Jahrhunderts entdeckt, als er seine berühmten Studien über die Stabilität des Sonnensystems betrieb. Poincaré hatte bereits verstanden, daß die homoklinen Punkte Chaos erzeugen. Der geeignete Rahmen für eine mathematische Beschreibung wurde allerdings erst um 1960 von Stephen Smale geschaffen. Homokline Punkte tauchen im Zusammenhang mit Sattelpunkten auf. Wir haben gesehen, daß Sattelpunkte stabile und instabile Teile haben. Vage ausgedrückt ist ein homokliner Punkt ein Punkt, der zu beiden Teilen gehört.

Homokline Punkte

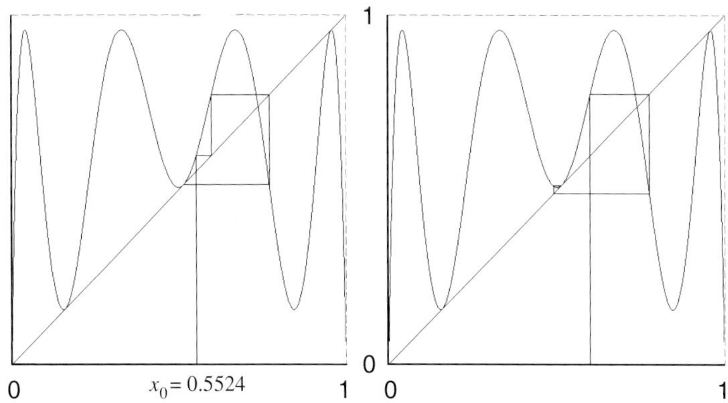

Abb. 2.49 : Zwei homokline Punkte für $a = 1 + \sqrt{8}$.

Wir kommen auf unser konkretes Beispiel zurück, auf den Sattelpunkt von f_a^3 für $a = w_3$ bei x^*. In diesem Fall ist ein homokliner Punkt als ein Punkt x_0 auf der abstoßenden Seite des Sattelpunkts definiert, der im Verlauf der Iteration schließlich auf x^* abgebildet wird, oder aber die stabile Seite des Sattelpunkts erreicht. Formal kann man das folgendermaßen ausdrücken: Entweder existiert eine Zahl k, so daß $x_k = x^*$ oder $x_k \to x^*$ wenn $k \to \infty$. In Abbildung 2.49 zeigen wir ein Beispiel für jeden dieser beiden Fälle. Es gibt unendlich viele homokline Punkte, und sie liegen sogar dicht in einem kleinen Intervall auf der instabilen Seite des Sattelpunkts.

Wir betrachten nun einen homoklinen Punkt als Startwert für die Iteration bei einem Parameter a, der geringfügig unterhalb von w_3 liegt. Der Sattelpunkt ist nun verschwunden, aber die Bahn des früheren homoklinen Punkts hat ihr Verhalten kaum verändert, jedenfalls nicht innerhalb einer endlichen Anzahl von Iterationsschritten zu

Anfang der Iteration. Diese Bahn wird von der ehemals instabilen Seite von x^* auf die stabile Seite führen. Nun stellen wir uns die Bahn eines Startwerts x_0 vor, der gerade den engen Kanal passiert hat. Sie wird unvermeidlich in die Nähe eines homoklinen Punkts auf der instabilen Seite kommen, der die Bahn dann auf die stabile Seite zurückführt. Wir haben es also mit intermittierendem Verhalten zu tun. Es gibt für die Iteration nur eine Möglichkeit, diesem Verhalten zu entkommen, genau dann nämlich, wenn die Bahn entweder den instabilen Fixpunkt oder einen der periodischen Punkte trifft (zum Beispiel $p_a = (a-1)/a$). Die Wahrscheinlichkeit, daß dies passiert, ist jedoch Null.

Das Skalierungsgesetz der Intermittenz

Wenn sich der Parameter a von unten kommend w_3 nähert, wird die laminare Phase immer länger. Letztendlich verschwindet jeglicher intermittierende Ausbruch von Chaos und nur das asymptotisch periodische Verhalten bleibt. Die durchschnittliche Anzahl der Iterationen, in denen eine Bahn in der laminaren Phase verweilt, strebt daher gegen unendlich. Außerdem folgt sie einem Gesetz, das die gleiche Qualität hat wie das Wurzelgesetz, das wir für die Tangentialverzweigungen für g_a in Gleichung (2.8) gefunden haben; die Anzahl ist proportional zu

$$\frac{1}{\sqrt{w_3 - a}}.$$

Diese Beziehung kann analytisch hergeleitet werden.[17]

Natürlich ist die Nachbarschaft von w_3 nur ein Beispiel für Intermittenz. Die gleichen Beobachtungen kann man ebenso für alle anderen periodischen Fenster machen.

Zusammenbruch von Chaos in der Krise

Das Szenario der Periodenverdopplung ist der Hauptweg ins Chaos. Als erste Alternative haben wir Intermittenz, die Hintertür zum Chaos, vorgestellt. Es gibt noch einen weiteren wichtigen Weg, der mit der Intermittenz eng verwandt ist: Die Krise. Beim Einsetzen einer Krise — wenn ein Parameter des Systems geeignet variiert — kann ein chaotischer Bereich zugleich abstoßend werden. Ein typisches Phänomen besteht darin, daß sich Bahnen, die in einem zuvor chaotischen Bereich anfangen, nur über wenige Iterationen chaotisch verhalten. Schließlich bricht das chaotische Verhalten ab, und das Langzeitverhalten der Bahn ist vollkommen bestimmt und vorhersagbar. Eine Krise kann im quadratischen System $x \to ax(1-x)$ beim Randparameter $a = 4$ beobachtet werden. Bei allem, was wir bisher

[17] Siehe Y. Pomeau und P. Manneville, *Intermittent transition to turbulence in dissipative dynamical systems,* Commun. Math. Phys. 74 (1980) 189–197. Siehe auch R. W. Leven, B.-P. Koch und B. Pompe, *Chaos in Dissipativen Systemen,* Vieweg, Braunschweig, 1989.

Fliehende Bahnen

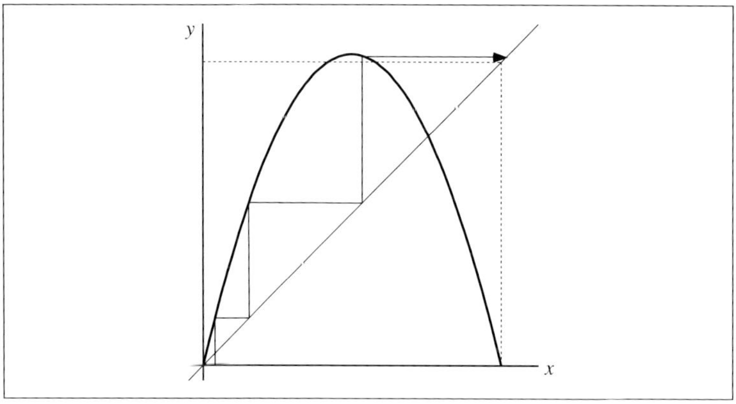

Abb. 2.50 : Für den quadratischen Iterator $x \to ax(1-x)$ und $a > 4$ entkommen die meisten Bahnen aus dem Einheitsintervall durch die Lücke am Scheitelpunkt der Parabel.

über den quadratischen Iterator gesagt haben, haben wir Parameter, die rechts von diesem Krisenpunkt liegen, außer acht gelassen. Aber was passiert nun für $a > 4$? Ein flüchtiger Blick auf die entsprechende grafische Iteration (siehe Abbildung 2.50) verrät uns, daß das Einheitsquadrat, in dem das Modell für reines Chaos enthalten war, an der Stelle $a = 4$ von der Parabel gesprengt wird. Die Parabel ist nicht länger vom Einheitsintervall eingeschlossen, da Punkte aus der Umgebung des kritischen Werts $x = 0.5$ auf Punkte außerhalb des Einheitsintervalls abgebildet werden; von dort aus streben Bahnen außerordentlich schnell entlang der negativen Achse ins Unendliche. Aber auch alle Urbilder dieses Intervalls streben fort und hinterlassen fast keine Bahnen, die für alle Zeiten im Einheitsintervall bleiben. [18]

Chaotische Transienten

Abbildung 2.51 gibt eine typische Bahn für $a = 4.001$ wieder. Wir beobachten, daß die Bahn über eine große Anzahl von Iterationen chaotisch aussieht, bis sie letztlich das Einheitsintervall verläßt und divergiert. Bahnen von diesem Typ nennt man *chaotische Transienten*. Mit anderen Worten wirft das Chaos — das für diesen Parameterwert eigentlich gar nicht mehr existiert — noch immer einen unheimlichen Schatten auf die Bahnen. Nur im Langzeitverhalten verschwindet dieses Phantom. Aber wieviele Iterationen sind bis dahin notwendig? Oder wie lange dauert das Leben eines chaotischen Transienten? Diese Zahl hängt natürlich nicht nur von der Wahl des Anfangswerts ab, sondern vor allem davon, wie nahe der Parameter $a > 4$ bei 4 liegt.

[18] Es bleibt wirklich nur eine Cantormenge. Wir greifen dieses Szenario etwas detaillierter in Abschnitt 4.8 wieder auf.

Beispiel

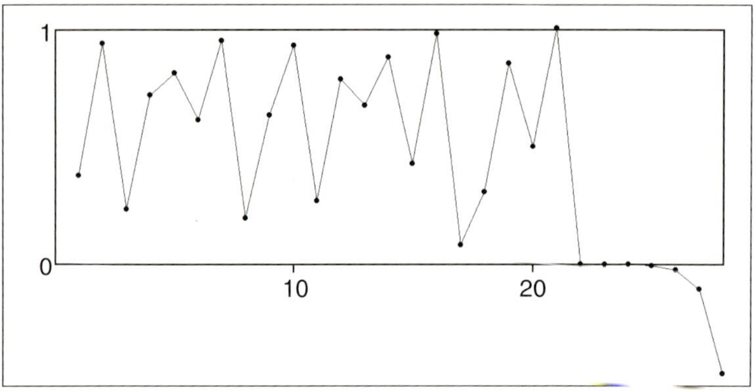

Abb. 2.51 : Zeitreihe einer Bahn, die bei $x_0 \approx 0.38$ anfängt für $a = 4.001$.

So entkommt etwa der Anfangswert $x_0 = 0.5$ mit nur einem einzigen Schritt aus dem Einheitsintervall, während die Bahnen der Fixpunkte 0 und 1 ebenso wie ihre Urbilder natürlich nicht entkommen können. Wenn darüber hinaus die Differenz $a - 4$ groß ist, entkommen große Bereiche des Einheitsintervalls in nur wenigen Iterationsschritten, da nur ein relativ kleiner Teil der Parabel im Einheitsquadrat enthalten bleibt. Die erste Schwierigkeit kann ausgeglichen werden, indem man Anfangswerte auswählt, die gleichmäßig im Einheitsintervall verteilt sind, und für ihre Bahnen eine durchschnittliche Fluchtzeit berechnet. Die Abhängigkeit dieser durchschnittlichen Fluchtzeit vom Parameter a wird in einem weiteren interessanten Potenzgesetz zusammengefaßt.

Lebensdauer eines chaotischen Transienten

Wir machen ein numerisches Experiment, um dieses Potenzgesetz für Parameter oberhalb der Krise aufzudecken. Wir nehmen 10 000 Anfangswerte, die in gleichmäßigen Abständen im Einheitsintervall verteilt sind, und berechnen ihre Bahnen, bis sie aus dem Einheitsintervall entkommen sind. In Tabelle 2.52 sind die durchschnittlichen Fluchtzeiten angegeben, die man für eine absteigende Folge von Parametern oberhalb von $a = 4$ erhält.

Wenn man die Daten in ein doppelt-logarithmisches Diagramm einträgt, kommt das Potenzgesetz zum Vorschein (siehe Abbildung 2.53), das man hier an der geraden Linie erkennen kann. Die Steigung, die man erhält, beträgt etwa $1/2$. Daher ist das Potenzgesetz

$$\text{durchschnittliche Lebensdauer } E_a \propto (a-4)^{-\frac{1}{2}},$$

und wir nennen $\frac{1}{2}$ den kritischen Exponenten des chaotischen Transienten. Die letzte Spalte von Tabelle 2.52 enthält das Produkt $E_a\sqrt{a-4}$, und wir sehen, daß es sich dem Wert 3.1 nähert, wenn der Parameter a den Wert $a = 4$ approximiert. Daher ist dies der

k	$a = 4 + 10^{-k}$	E_a	$E_a\sqrt{a-4}$
0	5.000000	2.307	2.307
1	4.100000	7.728	2.444
2	4.010000	26.996	2.700
3	4.001000	93.432	2.955
4	4.000100	307.607	3.076
5	4.000010	1017.663	3.218
6	4.000001	3118.888	3.119

Durchschnittliche Fluchtzeit in der Nähe einer Krise

Tab. 2.52 : Fluchtzeiten E_a gemittelt über 10 000 Bahnen für eine absteigende Folge von Parametern $a = 4 + 10^{-k}$, $k = 0, \ldots, 6$.

Fluchtzeit gegen Parameter

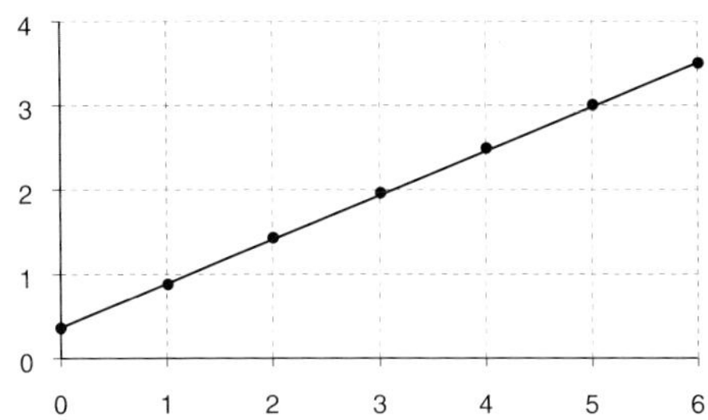

Abb. 2.53 : Darstellung der Fluchtzeit E_a aus 2.52 versus $1/(a-4)$ bei einem logarithmischen Maßstab (Basis 10) auf beiden Achsen. Die Steigung der Geraden beträgt ungefähr $1/2$.

Proportionalitätsfaktor im Potenzgesetz

$$E_a \approx 3.1(a-4)^{-\frac{1}{2}}.$$

Wir können außerdem ein Argument anführen, das diese numerischen Ergebnisse untermauert.[19] Es stützt sich auf die Annahme, daß die relative Anzahl der Bahnen, die aus dem Einheitsintervall entkommen, annähernd proportional ist zur Länge des kleinen Intervalls um $x = \frac{1}{2}$, in dem die Parabel $ax(1-x)$ den Wert 1 überschreitet (dies ist derjenige Teil des Einheitsintervalls, der schon bei der ersten Iteration aus dem Einheitsintervall entkommt). Infolgedessen sollte die durchschnittliche Fluchtzeit umgekehrt proportional zu der Länge dieses Intervalls sein. Um die Länge des Intervalls zu berechnen, müssen wir die Gleichung $ax(1-x) = 1$ lösen; dies ergibt

$$x_{1,2} = \frac{1}{2} \pm \sqrt{\frac{1}{4} - \frac{1}{a}}.$$

[19] Man vergleiche dies mit der ähnlichen Begründung auf Seite 63 für die Lebenszeit einer Bahn im Versuch zur Mischungseigenschaft.

Das gesuchte Intervall ist also $[x_1, x_2]$. Es sei $a = 4 + \varepsilon$. Dann hat das Intervall die Länge

$$x_2 - x_1 = 2\sqrt{\frac{1}{4} - \frac{1}{a}} = \frac{\sqrt{\varepsilon}}{2} \cdot \frac{1}{\sqrt{1 + \frac{\varepsilon}{4}}}.$$

Der zweite Faktor konvergiert gegen 1, wenn ε gegen 0 strebt. Die Länge des Intervalls ist daher (asymptotisch) proportional zu $\sqrt{\varepsilon} = \varepsilon^{\frac{1}{2}}$. Wir erhalten also den gleichen kritischen Exponenten $\frac{1}{2}$ wie in unserem numerischen Experiment.

Randkrise Wir betrachten nun die Krise, die eintritt, wenn der Parameter a den kritischen Wert $a = 4$ überschreitet, noch unter einem weiteren Gesichtspunkt. Unterhalb des kritischen Parameters sind die Bahnen im Intervall eingeschlossen, das vom kritischen Wert $v_a = a/4$ und dessen Bild $f_a(v_a)$ begrenzt ist. Bahnen, die zwischen 0 und 1 außerhalb dieses Intervalls beginnen, nähern sich schnell dem Endzustand, der sich innerhalb des Intervalls befindet. Es gibt eine einzige Ausnahme, nämlich den abstoßenden Fixpunkt 0. Er befindet sich unmittelbar auf dem Rand zwischen Anfangswerten, deren Bahnen gegen die invariante Menge im Einheitsintervall konvergieren, und solchen, deren Bahnen divergieren.[20] Genau bei $a = 4$ prallt der Endzustand mit dem abstoßenden Fixpunkt 0 aufeinander, und der chaotische Bereich verschwindet plötzlich. Diese Art von Krise nennt man daher auch Randkrise.[21]

Zum Abschluß wollen wir erwähnen, daß die Phänomene Intermittenz und Krise hier nur für das allereinfachste Modell, für den quadratischen Iterator, behandelt wurden. Natürlich tauchen diese Phänomene auch in vielen anderen mathematischen Systemen auf, die von diesem einfachen Fall weit entfernt liegen. Außerdem wurden Intermittenz und Krise auch in vielen physikalischen Experimenten beobachtet, zum Beispiel beim Fluß durch ein Rohr, wenn ein Kompaß von einem magnetischen Feld beeinflußt wird, bei elektronischen Oszillatoren, Lasern, thermischer Konvektion in flüssigen Kristallen und in vielen weiteren Situationen.[22]

[20] Dies sind die *negativen* Anfangswerte.

[21] Es gibt weitere Typen von Krisen, zum Beispiel die *innere Krise*, in der eine plötzliche Ausweitung chaotischer Streifen stattfindet. Eine solche Krise finden wir bei dem Parameter, der das Fenster der Periode 3 begrenzt. Um einen Überblick über verschiedene Arten von Krisen zu bekommen, empfehlen wir C. Grebogi, E. Ott, J. A. Yorke, *Crises, sudden changes in chaotic attractors, and transient chaos,* Physica 7D (1983) 181–200.

[22] Zu Literaturangaben und einem Überblick über die Theorie der chaotischen Transienten siehe T. Tél, *Transient chaos,* in Kürze veröffentlicht in: *Directions in Chaos III,* B.-L.Hao (Hrsg.), World Scientific Publishing Company, Singapore.

2.6 Programm des Kapitels: Endzustand-Diagramm

Wir haben den faszinierenden Fahrplan von der Ordnung ins Chaos behandelt, und anhand des Endzustand-Diagramms für den quadratischen Iterator untersucht. Das Programm zu diesem Kapitel gibt dem Leser die Möglichkeit, den Fahrplan von der Ordnung ins Chaos selbständig zu erforschen. Er kann die Diagramme, die in diesem Kapitel gezeigt wurden, selbst erstellen und die verschiedenen Bereiche der Parameter nach eigener Wahl untersuchen.

Das Programm berechnet das Endzustand-Diagramm (Feigenbaum-Diagramm) für einen gegebenen Bereich von Parametern (von `astart` bis `aend`) und zeichnet den Endzustand in einem Maßstab, so daß sich die gesamte Variationsbreite der Parameter (von `xbottom` bis `xtop`) genau über die Höhe des Bildschirms (gegeben durch `h`) erstreckt. Man kann den Bereich zu Beginn des Programms auswählen.

Bildschirmausgabe des Programms

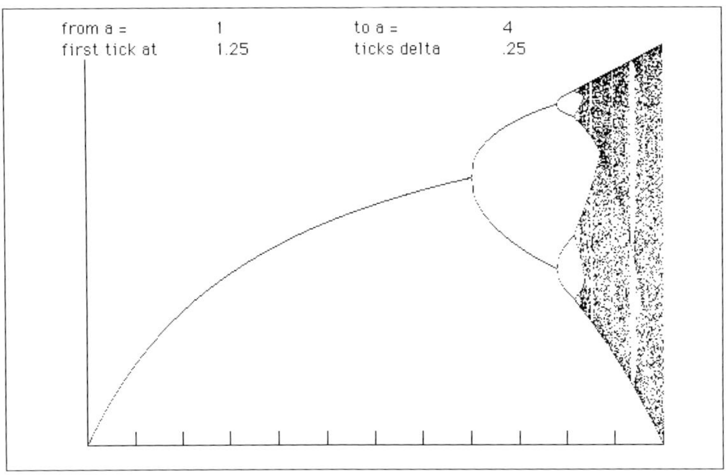

Abb. 2.54 : Ausgabe des Programms „Feigenbaum".

Zuerst zeichnet das Programm ein Koordinatensystem mit Markierungsstrichen auf der horizontalen Achse. Dadurch ist ein besseres Ablesen derjenigen Bereiche von Parametern möglich, die man etwas ausführlicher untersuchen möchte. Der Abstand zwischen den Markierungsstrichen ist abhängig von der ausgewählten Variationsbreite der Parameter entweder 0.1×10^d, 0.25×10^d oder 0.5×10^d. Er ist so bemessen, daß 10 bis 25 Punkte gezeichnet werden. Das Programm druckt die Variationsbreite der Parameter aus, den Parameterwert, der durch die erste Markierung begrenzt wird, und die Differenz zwischen zwei aufeinanderfolgenden Markierungsstrichen.

BASIC Programm **Feigenbaum**
Titel Berechnung und Zeichnung eines Endzustand-Diagramms

```
left = 20
h = 300
w = 1.5 * h
dx = 2
iter = 200
hide = 100
astart = 1
aend = 4
xbottom = 0
xtop = 1
dw = w/(aend-astart)
dh = h/(xtop-xbottom)

REM Zeichne Koordinaten und Markierungsstriche
LINE (left,left) - STEP (0,h)
LINE - STEP (w,0)
d = INT(LOG(aend-astart)/LOG(10))
td = 10^d / 10
IF (aend-astart)/td > 50 THEN td = 5*td
IF (aend-astart)/td > 25 THEN td = 2.5*td
ts = td*(INT(astart/td)+1)
FOR i = 0 TO (aend-astart)/td - 1
    a = i*td + ts
    LINE (left+dw*(a-astart),left+h) - STEP (0,-10)
NEXT i
PRINT ,,from a =‘‘, astart, ,,to a =‘‘, aend
PRINT ,,first tick at‘‘, ts, ,, ticks delta‘‘, td

REM Berechne Iteration und zeichne den Endzustand
xn = .01
FOR i = 1 TO w/dx
    a = astart + i*dx / dw
    FOR k = 1 TO iter
        xn= a*xn*(1-xn)
        IF k < hide GOTO 100
        IF xn > xtop GOTO 100
        IF xn < xbottom GOTO 100
            PSET (left+i*dx,left+(xtop-xn)*dh)
100  NEXT k
NEXT i
END
```

Als nächstes bestimmt das Programm die Endzustände für den gegebenen Bereich von Parametern. Von der Stelle `astart` beginnend, geht es in horizontaler Richtung bei jedem Schritt um `dx` Pixel weiter und berechnet den zugehörigen Parameterwert. Für jeden Parameter wird der Anfangswert `xn` eine gewisse Anzahl von Schritten iteriert (gegeben durch `iter`). Die Zahl `hide` gibt an, wieviele Schritte ohne grafische Anzeige vollzogen werden, d.h. nicht gezeichnet werden. Die übrigen Schritte werden im Diagramm eingezeichnet, wenn ihr Wert `xn` zwischen `xbottom` und `xtop` liegt. Der Wert von `iter` und `hide` kann am Anfang des Programms geändert werden. Die Zeit, die man benötigt, um das Programm auszuführen, ist proportional zum Wert von `iter`. Daher ist es ratsam, die Anzahl der Iterationen für jeden Parameter geeignet anzupassen. Wenn diese Zahl klein ist, ist die Anzahl der Punkte, die tatsächlich gezeichnet werden, d.h. die Differenz `iter` – `hide`, möglicherweise zu gering; dies hat zur Folge, daß das Diagramm ziemlich unvollständig gezeichnet wird, vor allem für Parameterbereiche aus dem chaotischen Teil hinter dem Feigenbaum-Punkt. Wenn die Zahl `hide` (die kleiner sein muß als `iter`) zu klein gewählt ist, befindet sich die Iteration womöglich noch in der Übergangsphase, so daß die Punkte in der Zeichnung einen ziemlich falschen Eindruck vom Feigenbaum-Diagramm vermitteln.

Wenn man den Bereich der Werte `xn` ändern will, die eingezeichnet werden, (d.h. `xbottom` und `xtop`), ist es nützlich, auch auf der vertikalen Achse Markierungsstriche anzubringen. Dadurch wird ein leichteres Ablesen der geeigneten Werte aus dem Diagramm ermöglicht. Im Programm sind die entsprechenden Zeilen nicht enthalten, weil wir uns bemüht haben, es kurz zu halten. Wenn man das Programm in dieser Hinsicht erweitern möchte, kann man einfach den Teil kopieren, in dem die Markierungen auf der horizontalen Achse berechnet und gezeichnet werden (von der Zuweisung `d = ...` bis zum Ausdruck `NEXT i`). Der Grafikbefehl muß dann geändert werden zu

```
LINE(left,left+h-dh*(a-xbottom)) - STEP(10,0),
```

und die Variable `astart` muß in allen Befehlen durch `xbottom` ersetzt werden, sowie `aend` durch `xtop`.

Das Programm kann auch verwendet werden, um kritische Linien wie in Abbildung 2.39 zu zeichnen. Zu diesem Zweck muß man `xn` für jeden neuen Parameter wieder auf den ursprünglichen Wert 0.5 (den kritischen Wert) setzen (und zwar direkt vor der Schleife `FOR k = ...`). Außerdem sollte man die Variable `hide` auf 0 setzen, weil wir in diesem Fall alle Iterierten sehen möchten, und die Anzahl der Iterationen `iter` sollte klein sein.

Kapitel 3

Seltsame Attraktoren: Schauplatz für Chaos

In der Geschichte von Wissenschaft und Technik hat es niemals ein derart allgegenwärtiges Phänomen gegeben, niemals solch ein universelles Paradigma oder einen Bereich, der so interdisziplinär wäre, wie der des Chaos. Bisher steht Chaos lediglich für die Spitze eines gewaltigen Eisbergs, unter dem sich eine wesentlich feinere Struktur von unermeßlicher Komplexität verbirgt, ein geometrisches Labyrinth endloser Verschlingungen und eine surrealistische Landschaft außerordentlicher Schönheit. Das Grundgestein, auf dem dieses Gebiet lokaler sowie globaler Verzweigungen verankert liegt, ist die alles beherrschende Nichtlinearität, die in vergangenen Zeiten von Technikern und Wissenschaftlern aus angewandten Disziplinen bedenkenlos linearisiert wurde, womit sie ihre einzige Gelegenheit eingebüßt haben, sich mit der Realität auseinanderzusetzen.

Leon O. Chua[1]

Nachdem wir das Phänomen des Chaos und die Wege, die ins Chaos führen, in einer „einfachen" eindimensionalen Fassung behandelt haben, fahren wir nun fort mit der Darstellung von Chaos in zwei- oder mehrdimensionalen dynamischen Systemen. Diese Systeme sind für die Naturwissenschaften von größerer Relevanz, denn nur in den seltensten Fällen können Prozesse mit einer einzigen Zustandsvariablen beschrieben werden. Eine außerordentlich wichtige Rolle spielt in diesem Zusammenhang der Begriff des *seltsamen Attraktors*.

Um überhaupt über seltsame Attraktoren sprechen zu können, betrachten wir einen ganz speziellen Typ dynamischer Systeme: Die dissipativen Systeme, d.h. Systeme mit einer besonderen Art von Reibung. Das wesentliche Merkmal dissipativer Systeme ist der Verlust von Energie. Zum Beispiel wird ein Pendel, das in der Luft schwingt, Dissipation aufweisen. Die Energie nimmt durch die verschiedenen Arten der Reibung, die das Pendel erfährt, stetig ab. Im Gegensatz dazu sprechen wir von konservativen dynamischen Systemen, wenn die Energie erhalten bleibt. Zum Beispiel ist die Reibung, die die

[1] In: International Journal of Bifurcation and Chaos, Vol. 1, No. 1 (1991) 1–2.

Himmelskörper erfahren, so gering, daß wir ihre Bewegung als konservativ ansehen; es geht keine Energie verloren.

Der mathematischen Entwicklung zu Folge wurden Physiker und Mathematiker zu der Annahme verleitet, daß sich das Langzeitverhalten dissipativer Systeme auf einfache Bewegungsmuster wie Fixpunkte und Grenzzyklen einpendelt. Im Gegensatz dazu haben jedoch die seltsamen Attraktoren, die ebenfalls die Bewegungsmuster im Langzeitverhalten dissipativer Systeme beschreiben, eine hochkomplexe Struktur und zeigen alle Zeichen des Chaos. Sie widersetzen sich massiv jeglichem intuitiven Verstehen, und wir werden nun zeigen, daß wir überall von ihnen umgeben sind. Es scheint, als ob plötzlich eine ganz neue Welt bisher unsichtbarer Existenzen um uns herumschwirrt. Darüber hinaus sind seltsame Attraktoren der Punkt, an dem sich Chaos und Fraktale auf unvermeidliche und natürliche Weise treffen: Als geometrische Objekte sind seltsame Attraktoren Fraktale, und als dynamische Objekte sind seltsame Attraktoren chaotisch. Es gibt nun einen völlig neuen sowohl experimentellen als auch theoretischen Zweig der Naturwissenschaft, der sich mit seltsamen Attraktoren, ihrer Klassifikation, der Messung ihrer quantitativen Eigenschaften, ihrer Rekonstruktion aus physikalischen Daten und vielen weiteren Fragestellungen dieser Art beschäftigt. Zweifellos befindet sich jedoch das mathematische Verständnis seltsamer Attraktoren noch in den Anfängen, und es wird eine der größten Herausforderungen für die mathematische Generation der Zukunft sein, seltsame Attraktoren vollständig zu verstehen. Unter keinen Umständen ist es eine leichte Angelegenheit, auch nur den Begriff eines seltsamen Attraktors richtig zu verstehen. Man ist in der Tat noch nicht einmal zu einer endgültigen mathematischen Definition seltsamer Attraktoren gekommen. Die Mathematik wird oftmals als diejenige Wissenschaft charakterisiert, die wissenschaftlichen Zwecken Begriffsbildungen und Konzepte von ewigem Wert hervorbringt: Ableitungen, Stetigkeit, Potenzen und Logarithmen sind Beispiele dafür. Die Begriffe Chaos, Fraktale und seltsame Attraktoren sind keine mathematischen Begriffsbildungen in diesem Sinn, weil man sich über ihre endgültige Definition bisher noch nicht geeinigt hat.

Seltsame Attraktoren sind zu einem *außerordentlich* populären Forschungsgegenstand geworden, der nicht nur das Interesse von Mathematikern und Physikern erweckt, sondern auch die Aufmerksamkeit aller anderen Naturwissenschaften und sogar der Sozialwissenschaften auf sich zieht. Ursache für die überwältigende Popularität von Chaos und seltsamen Attraktoren sind die großen Erwartungen, mit denen von Seiten der Forschung an dieses Gebiet herangetreten wird. Viele Wissenschaftler hegen die Hoffnung, das wunderbare Schauspiel des Klimas auf unserem Planeten durch das Sinnbild seltsamer Attraktoren ebenso verstehen zu können wie die menschliche Hirntätigkeit. Weiterhin hoffen sie, mit diesem Hilfsmittel das Geheimnis zu enthüllen, das hinter turbulenten Flüssigkeiten steckt. Turbulenz in Flüssigkeiten — eines der größten ungelösten Probleme der theoretischen Physik — begegnet uns in unserem Alltag zum Beispiel, wenn wir den Gummipfropfen aus dem Küchenausguß ziehen. Zuerst sehen wir das Wasser gleichmäßig und glatt fließen. Wenn der Wasserstrom jedoch anwächst, beginnt die Flüssigkeit mit einem Mal ohne Gesetzmäßigkeit heftig zu wirbeln und zu sprudeln: Es entsteht Turbulenz. Wichtiger und für technische Anwendungen relevanter ist die Turbulenz, die in den Düsentriebwerken eines Flugzeugs oder an einer Schiffsschraube entsteht oder an großen Wasserpumpen, wo Turbulenz sogar die Antriebsblätter aus Metall zerfressen kann. Ferner gibt es chemische Reaktionen, die in der Zeit periodisch sind. Im Jahr 1971 fragte David Ruelle, einer der herausragendsten Wissenschaftler der Chaostheorie, einen Spezialisten, ob er es für möglich hielte, eine chemische Reaktion ausfindig zu machen, die chaotisch von der Zeit abhängt. Er soll geantwortet haben, daß ein experimenteller Chemiker, der bei der Untersuchung einer chemischen Reaktion zu chaotischen Aufzeichnungen käme, diese Daten in der Überzeugung wegwerfen würde, daß seine Experimente nicht erfolgreich waren.[2] Diese Geisteshaltung war jedoch nicht nur typisch für die experimentelle Chemie, sondern gleichermaßen für alle Naturwissenschaften. Aber bald nachdem sich die Neuigkeiten über seltsame Attraktoren in den frühen siebziger Jahren in den wissenschaftlichen Laboratorien auf der ganzen Welt herumgesprochen hatten, hat sich dies grundlegend geändert. Die Forscher nahmen diesen neuen Gegenstand zur Kenntnis und konzentrierten sich von nun an auch auf die unregelmäßigen Muster in Prozessen, die sie zuvor als falsche Messungen abgeurteilt und ignoriert hatten. Wir kennen nun eine Reihe von Beispielen für chaotisches Verhalten, das sogar schon in einfachen Reaktionssystemen beobachtet werden kann. In der Physik wurden ebenfalls zahlreiche seltsame Attraktoren entdeckt, die dem Lorenzattraktor ähnlich sind (den wir in diesem Kapitel zu einem späteren Zeitpunkt behandeln werden), und das Konzept der seltsamen Attraktoren findet beinahe in allen Zweigen der Wissenschaft Verwendung, von der Astronomie bis hin zur Zoologie.

Ein Teil der Faszinationskraft, die von den Konzepten des Chaos und seltsamer Attraktoren ausgeht, wird vermutlich durch den Zauber ausgelöst, der den Namen dieser Phänomene anhaftet. Das Wort „Chaos" wurde in einem Artikel von Tien-Yien Li und James A.

---

[2] Nach D. Ruelle, *Strange Attractors,* Math. Intelligencer 2 (1980) 126–137.

Deterministic Nonperiodic Flow

Edward N. Lorenz

Massachusetts Institute of Technology

(Manuscript received 18 November 1962, in revised form 7 January 1963)

Abstract

Finite systems of deterministic ordinary nonlinear differential equations may be designed to represent forced dissipative hydrodynamic flow. Solutions of these equations can be identified with trajectories in phase space. For those systems with bounded solutions, it is found that nonperiodic solutions are ordinarily unstable with respect to small modifications, so that slightly differing initial states can evolve into considerably different states. Systems with bounded solutions are shown to possess bounded numerical solutions.

A simple system representing cellular convection is solved numerically. All of the solutions are found to be unstable, and almost all of them are nonperiodic.

The feasibility of very-long-range weather prediction is examined in the light of these results.

Abb. 3.1 : Zusammenfassung der Veröffentlichung von Lorenz, durch die den chaotischen, seltsamen Attraktoren der Weg bereitet wurde.

Yorke mit dem Titel *Period 3 implies chaos* eingeführt,[3] während der Ausdruck „seltsamer Attraktor" bis ins Jahr 1971 zurückverfolgt werden kann. Wir wollen noch einmal zitieren, was Ruelle im *Mathematical Intelligencer* schreibt. „Es verhält sich offenbar so, daß der Begriff ‚seltsamer Attraktor' in gedruckter Fassung erstmals in einer Veröffentlichung von Floris Takens (aus Groningen) und mir vorlag.[4] Ich fragte Floris Takens, ob er es war, der diesen bemerkenswerten, erfolgreichen Ausdruck erfunden habe, woraufhin er folgende Antwort gab: ‚Hast Du jemals Gott gefragt, warum er dieses verdammte Universum geschaffen hat? ... Ich kann mich an nichts mehr erinnern... Ich erfinde, ohne mich später daran zu erinnern.' Die Schöpfung seltsamer Attraktoren ist daher von Wolken und Dunkelheit umgeben. Wie auch immer, der Name klingt zauberhaft und hervorragend auf diese erstaunlichen Objekte abgestimmt, von denen wir so wenig verstehen."

Der erste seltsame Attraktor, der jemals in den Naturwissenschaften als solcher erkannt wurde, ist der Lorenz-Attraktor. Dies war im Jahr 1962. Die Arbeit darüber wurde im *Journal of the Atmospheric Sciences* veröffentlicht, das für gewöhnlich nicht von Physikern und Mathematikern gelesen wird. Unnötigerweise wurde die Forschung über Chaos somit für ungefähr zehn Jahre unterbrochen, bis

[3] Li, T. Y. und Yorke, J. A., *Period 3 implies chaos,* American Mathematical Monthly 82 (1975) 985–992.

[4] D. Ruelle und F. Takens, *On the nature of turbulence,* Comm. Math. Phys. 20 (1971) 167–192 und 23 (1971) 343–344.

man sich über die tatsächlichen Auswirkungen der Entdeckung von Lorenz bewußt wurde. Obwohl der Lorenz-Attraktor einer derjenigen seltsamen Attraktoren ist, die uns schon am längsten bekannt sind, sind diverse grundlegende Fragen über diesen Gegenstandsbereich noch immer nicht beantwortet. Der berühmte Mathematiker Stephen Smale, der über mehrere Jahrzehnte einer der führenden Pioniere im Bereich dynamischer Systeme und im Umfeld der Chaosforschung war, stellte letztens anläßlich seines sechzigsten Geburtstags zehn der wesentlichen, offenen Probleme derzeitiger Forschung vor. Eines davon ist die Frage nach einem Beweis für das geometrische Modell, das John Guckenheimer und Philip Holmes für den Lorenz-Attraktor entworfen haben.[5]

Es ist erfreulich, das wir für ein gegebenes dynamisches System wie das Lorenz-System die Attraktoren in unseren Computergrafiken auf dem Bildschirm sehen können. Wenn beispielsweise ein Physiker in einem konkreten Versuch Messungen erstellt, erhält er keine Gleichungen, sondern lange, verworrene Zahlenfolgen. Seine Aufgabe ist es dann, herauszufinden, welche Art der Dynamik sich hinter dieser Szenerie verbirgt und ob es vielleicht ein seltsamer Attraktor ist, der für die unregelmäßigen, rauschenden Daten verantwortlich ist. Eine der faszinierendsten Errungenschaften der Chaostheorie ist die Entdeckung einer überschaubaren Methode, die Lösung dieses Problems in Angriff zu nehmen. Dies ist die *Rekonstruktion chaotischer Attraktoren.* Diese Methode führt zu Algorithmen, mit denen man numerische Größen wie Dimension und Ljapunov-Exponent bestimmen kann; diese sind ein Maß dafür, wie chaotisch und seltsam ein gegebener Attraktor ist.

Seltsame Attraktoren ermöglichen ein neues Verständnis für nichtlineare Effekte. Darüber hinaus haben sie oft ästhetische Reize. Daher ist es nicht verwunderlich, daß dieses Gebiet Wissenschaftler aller Fachrichtungen anzieht. Seltsame Attraktoren sind ein *aktueller Forschungsgegenstand* und werden es vorläufig auch weiterhin bleiben. Die Fülle an Literatur, die zum Thema Chaos verfaßt wurde, übersteigt zweifellos die Lesekapazität einer einzelnen Person. Computer werden eingesetzt, um die Dynamik seltsamer Attraktoren zu erforschen; Computer werden auch benötigt, um die Datenbanken über diese gewaltigen Mengen an Literatur zu speichern. Eine (unvollständige) Liste, die von Hao Bai-Lin veröffentlicht wurde, enthält 117 Bücher, Tagungsberichte und Sammelbände sowie die unglaubliche Zahl von

[5] J. Guckenheimer und P. Holmes, *Nonlinear Oscillations, Dynamical Systems, and Bifurcations of Vector Fields,* Springer-Verlag, New York, 1983 (siehe Abschnitt 5.7.).

2244 Veröffentlichungen in Fachzeitschriften. Es ist daher eine hervorragende Leistung von Hao, daß es ihm gelungen ist, diejenigen Veröffentlichungen zusammenzustellen, die den größten Einfluß auf die Forschung ausgeübt haben, und sie zusammen mit eher einführenden Werken und einer Bibliografie in einem großen Band von Nachdrucken mit dem Titel *Chaos II* zusammenzustellen.[6] Sie enthält zum Beispiel die Originalarbeiten von Feigenbaum, Hénon, Lorenz und May, um nur ein paar zu nennen.

[6] Hao, B. L., *Chaos II,* World Scientific, Singapore, 1990. Eine noch größere Bibliografie über Chaos mit über 7000 Literaturhinweisen hat Zhang Shu-yu zusammengestellt in *Bibliography on Chaos — Directions in Chaos Vol. 5,* World Scientific, Singapore, 1991.

3.1 Ein diskretes dynamisches System in zwei Dimensionen: Der Hénon-Attraktor

In Kapitel 1 haben wir unsere Analyse des chaotischen Verhaltens bei der Iteration der quadratischen Abbildung mit Hilfe des Knetens erklärt (siehe Abschnitt 1.4). Die Dynamik konnte durch eine Streck- und Faltoperation modelliert werden. Natürlich hat wirklicher Teig eine gewisse Dicke, die wir in diesem Modell außer acht lassen mußten. Hier werden wir nun eine besonders einfache Transformation kennen lernen, bei der es nicht notwendig ist, diese zusätzliche Dimension zu vernachlässigen. Sie wurde 1976 von dem französischen Astronom Michel Hénon[7] als vereinfachtes Modell für das Lorenz-System eingeführt, das Gegenstand von Abschnitt 3.4 sein wird. Die Einfachheit der Hénon-Abbildung macht das System für die nun folgenden Experimente und Untersuchungen mit und ohne Computer besonders geeignet. Darüber hinaus ist die freundlich wirbelnde, bumerangförmige Gestalt des Attraktors von ansprechender Ästhetik (siehe Abbildung 3.2). Dieses Objekt ist uns als *Hénon-Attraktor* bekannt. Er ist neben der Mandelbrot-Menge, dem Feigenbaum-Diagramm und dem Lorenz-Attraktor ein weiteres Sinnbild für die Chaostheorie.

Auf eine Weise, die wir noch näher spezifizieren werden, leitet das Hénon-System von der eindimensionalen Dynamik des quadratischen Iterators zu höherdimensionalen seltsamen Attraktoren über. Es ist einfach genug, um eine Analyse von Chaos zu betreiben, die der Analyse bei der logistischen Abbildung ähnlich ist. Aber es hat auch Merkmale, die bei komplizierteren Attraktoren wie dem Lorenz-Attraktor zu finden sind, über den man jedoch nicht annähernd so viel weiß wie über den Hénon-Attraktor.

Das Modell

Die Streck- und Faltwirkung im Hénon-System findet in zwei Dimensionen statt, wobei die Koordinaten mit x und y bezeichnet werden. Die Abbildung ist daher eine Transformation in der Ebene, die genauso wirkt wie *eine* der affinen Transformationen aus unserem Paradigma, der Mehrfach-Verkleinerungs-Kopier-Maschine (siehe *Bausteine des Chaos — Fraktale*, Kapitel 1). Hénon hat explizit die Abbildung

$$H(x, y) = (y + 1 - ax^2, bx) \tag{3.1}$$

angegeben, wobei a und b Parameter sind, die geeignet zu wählen sind. In diesem System besteht eine Bahn aus einem Startwert (x_0, y_0) und dessen Iterierten

$$(x_{k+1}, y_{k+1}) = (y_k + 1 - ax_k^2, bx_k), \quad k = 0, 1, 2, \ldots$$

[7] Siehe M. Hénon, *A two-dimensional mapping with a strange attractor*, Comm. Math. Phys. 50 (1976) 69–77.

Der Hénon-Attraktor

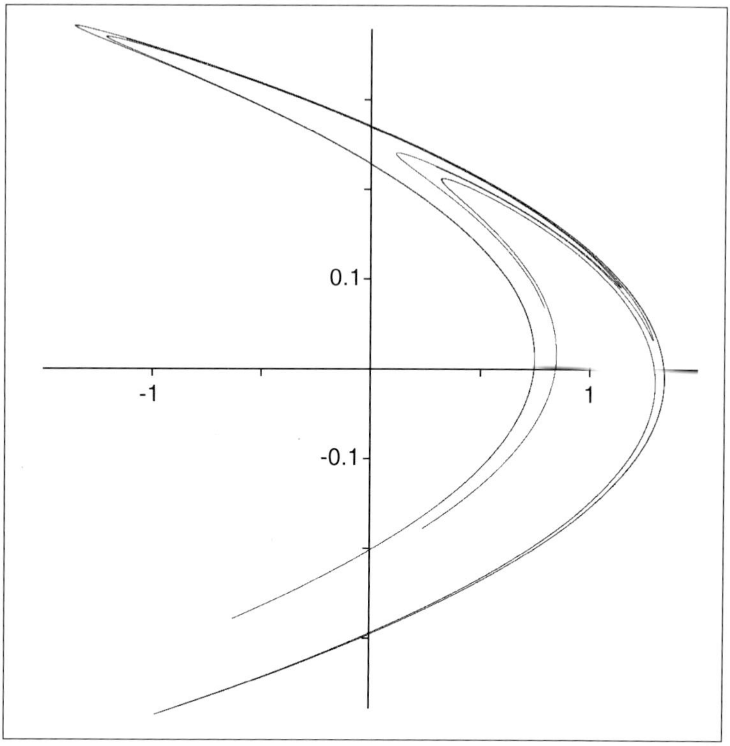

Abb. 3.2 : Die Abbildung zeigt 100 000 Punkte, die aus der Bahn des Anfangswerts (0,0) im Hénon-Systems berechnet wurden (die ersten 100 Punkte wurden ausgelassen). Der Bereich, der hier dargestellt wird, ist $-1.5 \leq x \leq 1.5$ und $-0.4 \leq y \leq 0.4$.

Ähnlich wie bei der logistischen Gleichung hängt diese Dynamik maßgeblich von der Wahl der Konstanten a und b ab sowie außerdem vom Startwert (x_0, y_0). Für einige Parameter streben beinahe alle Bahnen gegen einen eindeutigen periodischen Zyklus, während für andere Wahlen der Parameter Chaos zu herrschen scheint. Hénon hat die Parameterwerte

$$a = 1.4 \quad \text{und} \quad b = 0.3.$$

verwendet.

Drei Schritte des Streckens und Faltens

Wir werden uns nun mit dieser Abbildung beschäftigen, um Übereinstimmungen mit der Streck- und Faltoperation festzustellen. Wir können die Anwendung der Abbildung H in drei Schritte aufteilen, wie wir es in Abbildung 3.3 veranschaulicht haben.

Zerlegung der Hénon-Abbildung

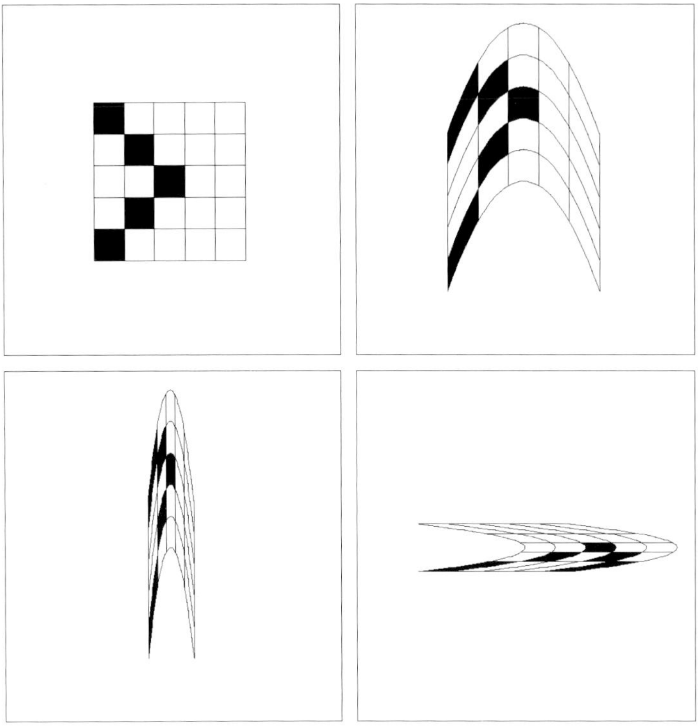

Abb. 3.3 : Das Gitterquadrat auf der linken Seite (oben) wird in drei Schritten transformiert: Eine nicht-lineare Biegung in Richtung der y-Achse (oben rechts), eine Kontraktion entlang der x-Achse (unten links) und eine Spiegelung an der Diagonalen (unten rechts). Der dargestellte Bereich ist $-2.2 \leq x \leq 2.2$ und $-2.2 \leq y \leq 2.2$.

1. **Umbiegen.** Der erste Schritt besteht aus einer nichtlinearen Biegung in Richtung der y-Koordinate, die durch die Gleichung

   $$H_1(x, y) = (x, y + 1 - ax^2)$$

   beschrieben wird. Zum Beispiel wird eine horizontale Linie unter dieser Abbildung zu einer nach unten geöffneten Parabel mit Scheitelpunkt bei $(0, y + 1)$. Im Gegensatz dazu bestehen die beiden verbleibenden Schritte aus linearen Abbildungen.
2. **Kontraktion in x-Richtung.** Als nächstes wird eine Kontraktion in x-Richtung durchgeführt, die durch

   $$H_2(x, y) = (bx, y)$$

   gegeben ist. Der Kontraktionsfaktor ist der Parameter b, der für den Hénon-Attraktor den Wert 0.3 hat.

Die „MVKM“ für Hénon

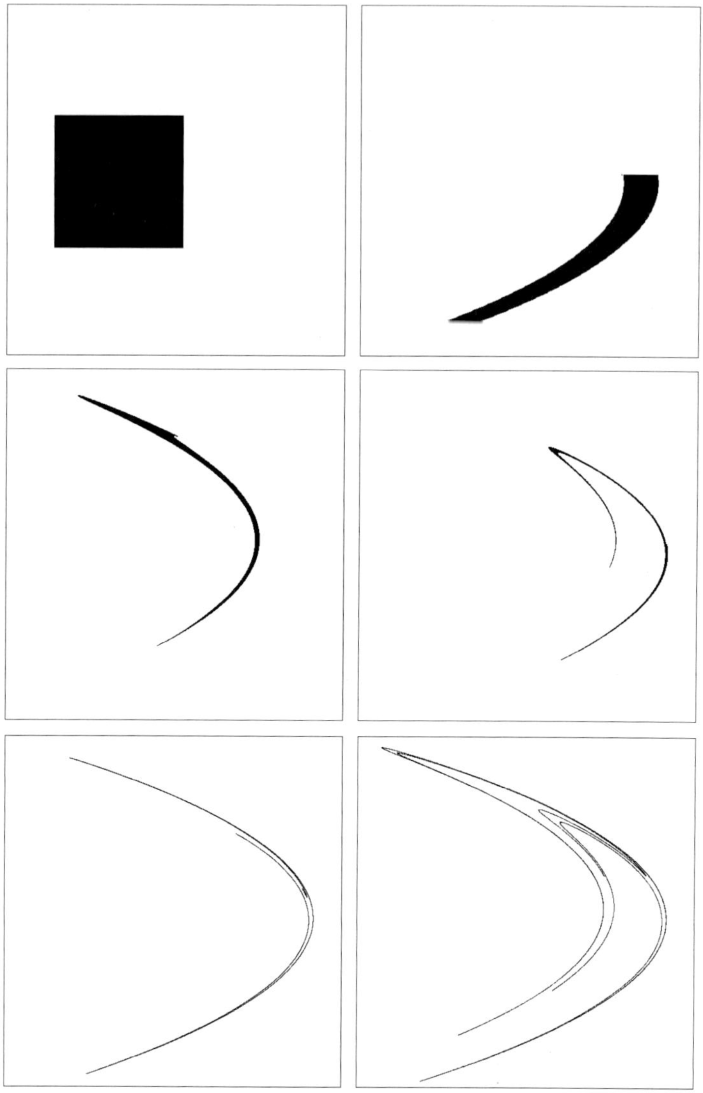

Abb. 3.4 : Die Hénon-Abbildung wird auf ein Quadrat angewendet (digitalisiert in einem Feld von 100 $\times$ 100 Punkten in regelmäßigen Abständen). Die Ergebnisse nach 0, 1, 2, 3, 5 und 10 Iterationen werden von oben links nach unten rechts Zeile für Zeile dargestellt. Man beachte, daß sich das Anfangsquadrat im oberen linken Teil von dem Quadrat in Abbildung 3.3 unterscheidet, was zur Folge hat, daß die Faltung erst nach mehreren Anwendungen der Transformation sichtbar wird. Der dargestellte Bereich ist $-1.5 \leq x \leq 1.5$ und $-0.4 \leq y \leq 0.4$.

Invarianz des Hénon-Attraktors

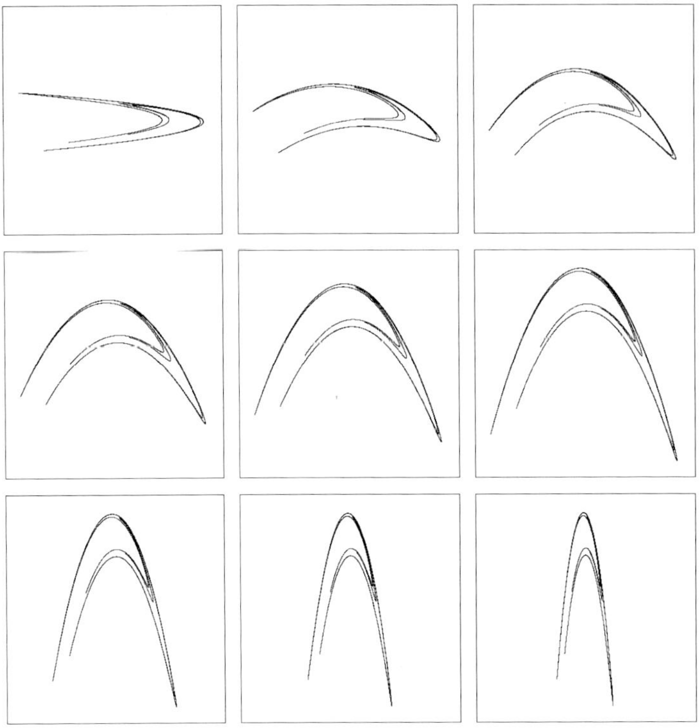

Abb. 3.5 : Anwendung der Hénon-Abbildung auf den Hénon-Attraktor. Die beiden oberen Zeilen der Abbildung zeigen, wie der Attraktor (oben links) entsprechend der Transformation $H_1(x, y) = (x, y + 1 - ax^2)$ gestreckt wird. In der unteren Zeile wird die Hénon-Abbildung mit dem Faltprozeß $H_2(x, y) = (bx, y)$ fortgesetzt. Wenn man die untere rechte Abbildung an der Diagonalen spiegelt (oder um 90 Grad im Uhrzeigersinn dreht und anschließend horizontal spiegelt), erhält man wieder den Attraktor, mit dem wir oben links angefangen haben. In Abbildung 3.6 kann man sehen, wie die Abbildung auf einige Beispielpunkte wirkt. Der dargestellte Bereich ist $-1.5 \leq x \leq 1.5$ und $-1.5 \leq y \leq 1.5$.

3. **Spiegelung.** Zum Schluß wird an der Diagonalen gespiegelt:

$$H_3(x, y) = (y, x).$$

Durch die Verkettung dieser drei Abbildungen kommt man zum gleichen Ergebnis wie bei der direkten Anwendung der Hénon-Abbildung aus Gleichung (3.1), d.h.

$$H(x, y) = H_3(H_2(H_1(x, y))).$$

Invarianz des Hénon-Attraktors

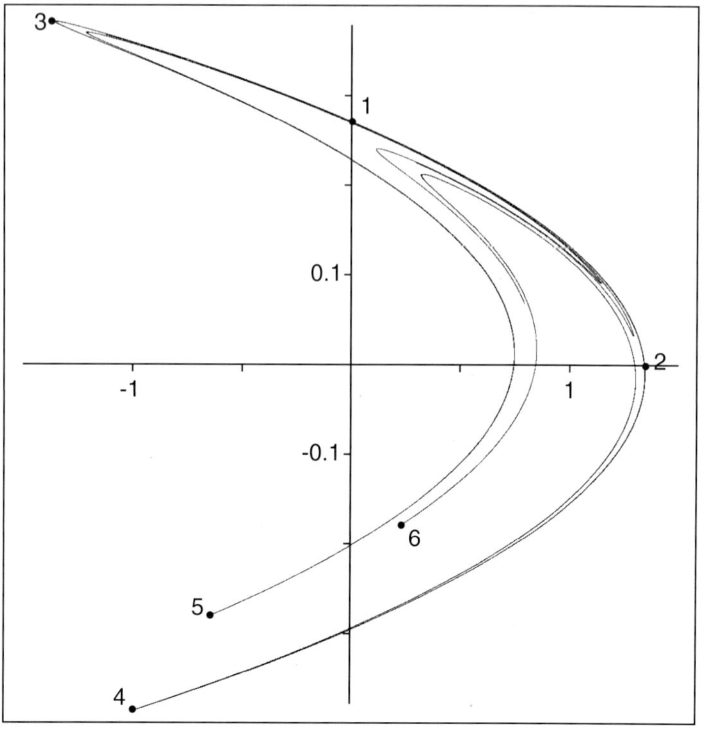

Abb. 3.6 : Sechs Punkte auf dem Hénon-Attraktor wurden mit den Zahlen 1 bis 6 gekennzeichnet. Nach dem Strecken, Falten und Spiegeln unter der Hénon-Abbildung kommt Punkt 1 bei Punkt 2 an, Punkt 2 kommt bei Punkt 3 an und so weiter. Mit anderen Worten wurden die Anfangspunkte als aufeinanderfolgende Punkte einer Bahn gewählt. Man sollte versuchen, diese Dynamik auch in Abbildung 3.5 zu verfolgen. Der dargestellte Bereich ist $-1.5 \leq x \leq 1.5$ und $-0.4 \leq y \leq 0.4$.

In der Sprache des Knetens können wir sagen, daß der erste Schritt das Strecken des Teigs ist. Eine Person hält den Teig in der Mitte fest, während eine andere die beiden Enden des Teigs herunterzieht. Im zweiten Schritt wird der Teig zusammengefaltet, d.h. die zweite Person legt die beiden Enden übereinander. Zum Schluß wird der Teig auf den Tisch zurückgelegt und umgeschlagen.

Der Attraktor kommt zum Vorschein

Wir sehen uns nun an, wie die wiederholte Anwendung dieser Transformationen wirkt. Wir nehmen eine beliebige Figur in der Ebene, zum Beispiel ein Quadrat, und wenden mehrfach die Abbildung H an (siehe Abbildung 3.4). Natürlich wird das Quadrat dabei mächtig verformt, und schon nach wenigen Schritten kann man es gar nicht mehr erkennen. Wenn man noch viele weitere Iterationsschritte ausführt, taucht eine sonderbare Figur auf — der Hénon-Attraktor. Dieser Attraktor muß eine Teilmenge der Ebene sein, die bezüglich des Knetens invariant ist. Die Folge der Bilder in Abbildung 3.5 veranschaulicht, wie die verschiedenen Teile des Attraktors ineinander abgebildet werden.

So wie der logistische Iterator periodische Attraktoren haben kann, die alle Bahnen anziehen, die in der Nähe starten, zieht auch der Hénon-Attraktor nahegelegene Bahnen in sich herein. Darüber hinaus ist es typisch, daß diese Bahnen den Attraktor dicht ausfüllen.

Nicht alle Punkte werden angezogen

Aber wie können wir sicher sein, daß dieses Phänomen nicht von der speziellen Wahl des Anfangswerts abhängt? Schließlich ist die Abbildung von Hénon quadratisch, und wenn x_0 groß ist, wird x_1 noch viel größer werden, und nach wiederholten Anwendungen von H wird sich die Bahn von x_0 jenseits aller Grenzen befinden. Wenn man zum Beispiel mit $x_0 = 10$ und $y_0 = 0$ startet, erhält man

$$\begin{aligned} x_0 &= 10.00 & y_0 &= 0.00 \\ x_1 &= -139.00 & y_1 &= 3.00 \\ x_2 &= -27\,045.40 & y_2 &= -41.70 \\ x_3 &= -1\,024\,035\,166.32 & y_3 &= -8113.62 \end{aligned}$$

und es ist offensichtlich, daß die Bahn ins Unendliche strebt. Der Anfangswert für x_0 muß nicht einmal besonders groß sein, damit dieser Effekt eintritt. Die Bahn von (1.292, 0.0) entkommt ebenfalls, obwohl sich der Startwert schon recht nahe am Attraktor befindet.

Ein Gefangenenbereich

Obwohl viele Bahnen ins Unendliche streben, können wir von einem Attraktor sprechen, denn es existiert ein sogenannter *Gefangenenbereich* R, aus dem keine Bahnen entkommen können. Bahnen, die in diesem Bereich starten, müssen daher gegen eine Grenzmenge konvergieren. Dieser Bereich ist von Hénon vorsichtig als Viereck beschrieben worden. Er ist in Abbildung 3.7 dargestellt. Unter Verwendung elementarer Algebra kann man nachprüfen, daß das Bild dieses Gefangenenbereichs, das man nach einmaliger Anwendung von H erhält, tatsächlich wieder ganz im Gefangenenbereich enthalten ist ($H(R) \subset R$). Bei wiederholten Anwendungen von H können daher ebenfalls nur Teilmengen des Gefangenenbereichs entstehen. Keine Bahn kann entkommen. Natürlich liegt auch der Hénon-Attraktor selbst in diesem Gefangenenbereich. Wir können ihn nun definieren als

$$A = \bigcap_{k=0}^{\infty} H^k(R),$$

wobei mit H^k wie üblich die k-fache Verkettung von H gemeint ist.

Der Gefangenenbereich von Hénon

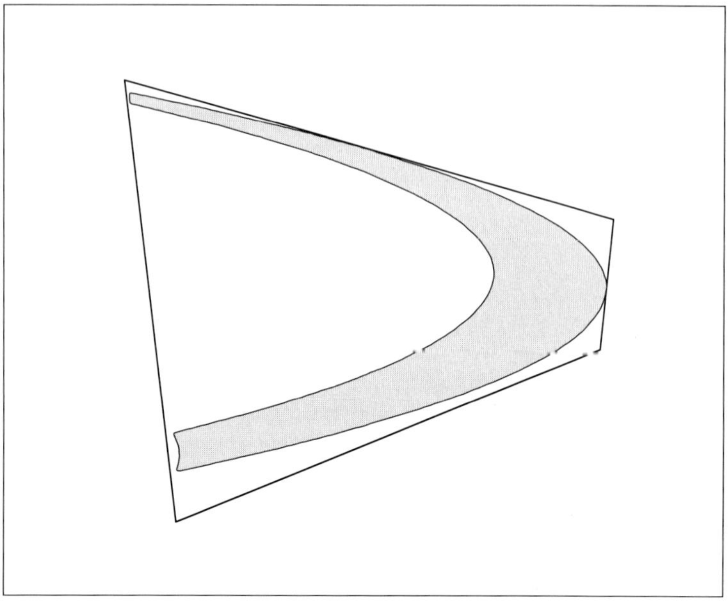

Abb. 3.7 : Der Gefangenenbereich ist viereckig mit den Eckpunkten $P_1 = (-1.33, 0.42)$, $P_2 = (1.32, 0.133)$, $P_3 = (1.245, -0.14)$ und $P_4 = (-1.06, -0.5)$. Auch sein Bild ist dargestellt; es ist vollständig im Gefangenenbereich enthalten. Eine Bahn, die innerhalb des Gefangenenbereichs startet, kann diesen Bereich niemals verlassen.

Das Attraktionsgebiet Wir wissen nun, daß es einerseits Punkte gibt, die im Verlauf der Iteration ins Unendliche streben, und daß es andererseits einen Gefangenenbereich gibt, aus dem keine Bahn entkommen kann. Es ist nun natürlich, sich zu fragen, welche Punkte aus der Ebene Bahnen haben, die letztlich vom Gefangenenbereich angezogen werden. Die Menge aller dieser Punkte ist das sogenannte *Attraktionsgebiet* von A. Es ist offensichtlich, daß der Gefangenenbereich selbst im Attraktionsgebiet enthalten sein muß. Abbildung 3.8 vermittelt einen Eindruck.[8] Attraktionsgebiete werden in den beiden verbleibenden Kapiteln im Mittelpunkt unseres Interesses stehen.

Das Gebiet schrumpft Wenn wir uns noch einmal Abbildung 3.7 betrachten, können wir feststellen, wie das viereckige Gebiet unter Anwendung der Transformation zusammenschrumpft. Das gleiche gilt für das Quadrat in Abbildung 3.4. Diese Beobachtung kann mathematisch überprüft werden (vgl. den folgenden technischen Abschnitt). Das Ergebnis besteht

[8] Bilder dieser Art wurden zuerst in S. D. Feit, *Characteristic exponents and strange attractors,* Comm. Math. Phys. 61 (1978) 249–260, veröffentlicht.

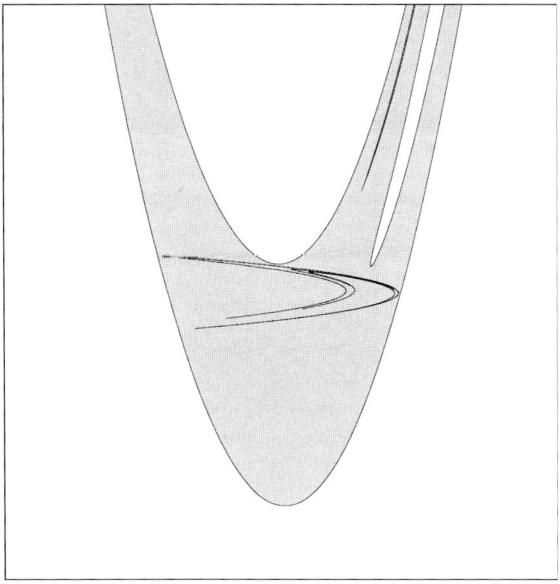

Attraktionsgebiet

Abb. 3.8 : Der Rand des Attraktionsgebiets für den Hénon-Attraktor, der in der Mitte gezeigt wird, ist schattiert dargestellt. Wir sehen hier den Bereich $-3 \leq x \leq 3$ und $3 \leq y \leq 3$.

darin, daß jedes Gebiet, das wir uns vorgeben, bei einmaliger Iteration um den Faktor $b = 0.3$ zusammenschrumpft. Wenn man also ein Gebiet der Fläche 1 nimmt, erhält man nach zwei Iterationen ein Gebiet der Fläche 0.09. Nach k Iterationen hat sich die Fläche auf 0.3^k reduziert. Wenn wir dies auf den Gefangenenbereich anwenden, kommen wir zu dem Schluß, daß der Attraktor A, der in allen Iterationen des Gefangenenbereichs enthalten sein muß, nur eine Teilmenge der Ebene überdecken kann, deren Fläche gleich Null ist.

Die Flächenabnahme

Wir stellen uns eine Matrix

$$T = \begin{pmatrix} a & b \\ c & d \end{pmatrix}$$

vor und ein Parallelogramm, das von den beiden Spaltenvektoren der Matrix aufgespannt wird. Ein Ergebnis aus den Grundlagen der linearen Algebra besagt, daß die Fläche des Paralellogramms

$$A = |\det T| = |ad - bc|,$$

der Absolutbetrag der Determinante zu der Matrix T ist. Dies ist außerdem der Faktor, um den die Fläche eines Gebiets anwächst, wenn die Abbildung angewendet wird, die durch die Matrix T gegeben ist. Die

Hénon-Abbildung ist zwar nicht linear, aber ein ähnliches Resultat gilt lokal für die Linearisierung der Hénon-Abbildung. Die Fläche eines kleinen Gebiets in der Nähe eines Punktes $P = (x, y)$ nimmt um den Faktor ab, der durch den Absolutbetrag der Determinante der Jacobi-Matrix für die Hénon-Abbildung an diesem Punkt bestimmt wird. Dies ist

$$|\det DT(x,y)| = \left|\det \begin{pmatrix} -2ax & 1 \\ b & 0 \end{pmatrix}\right| = |b|.$$

Da $|b|$ eine Konstante ist, die von der Lage des Punkts P nicht abhängt, verändert sich die Fläche gleichmäßig um diesen Faktor.

Wie seltsam ist der Attraktor?

Wir werden nun erklären, was es bedeutet, daß der Hénon-Attraktor ein seltsamer Attraktor ist. Wir werden Aspekte beleuchten, die miteinander verknüpft sind: Die sensitive Abhängigkeit von den Anfangsbedingungen und die fraktale Struktur. Anschließend werden wir eine vorläufige mathematische Definition für das Konzept des seltsamen Attraktors vorstellen.

Sensitive Abhängigkeit von den Anfangsbedingungen

Um ein Bild des Attraktors zu erhalten, genügt es, die Bahn eines einzigen, zufällig ausgewählten Anfangswerts aus dem Gefangenenbereich zu berechnen. Nimmt man einen anderen Anfangswert, erhält man das gleiche visuelle Ergebnis, wenn man ungefähr die ersten hundert Iterationen außer acht läßt, die erforderlich sind, um die Bahn nahe genug an den Attraktor kommen zu lassen. Obwohl zwei verschiedene Bahnen das gleiche Grenzobjekt erzeugen, gibt es typischerweise keinerlei Korrelation zwischen ihnen, auch dann nicht, wenn die beiden Anfangswerte sehr dicht beieinander liegen (siehe Abbildungen 3.9 und 3.10). Streng genommen ist dies nicht ganz richtig. Wenn zum Beispiel der zweite Anfangswert zufällig ein Punkt aus der Bahn des ersten ist (der sich so nahe beim ersten Anfangswert befinden kann, wie wir wollen), sind die beiden Bahnen natürlich korreliert, wie man in Abbildung 3.11 sehen kann. Damit ist gemeint, daß fast alle zufälligen Anfangswerte, die beliebig nahe am ersten Startwert gewählt werden können, Bahnen erzeugen, die mit der Bahn des ersten Anfangswert nicht korreliert sind.

Zoom in die fraktale Struktur

Der erste Blick auf den Hénon-Attraktor vermittelt den Eindruck einer Ansammlung weniger Kurven, die wie Abschnitte aus Parabeln aussehen. Dieser erste Eindruck ist aber eine krasse Fehleinschätzung, wovon wir uns durch einen Blick auf die Vergrößerungen in Abbildung 3.12 überzeugen können. Je mehr wir einen Teil des Attraktors vergrößern, desto mehr „Kurven“ werden sichtbar. Der Hénon-Attraktor besteht also aus unendlich vielen parabelähnlichen Schichten. Wenn wir uns an die Knetwirkung dieser Abbildung erinnern, sehen wir, daß diese unendlich detaillierte Struktur eines Blätterteigs eigentlich in einem sinnvollen Zusammenhang steht. Angenommen, es gibt mindestens eine parabelähnliche Kurve im Inneren des At-

Sensitivität

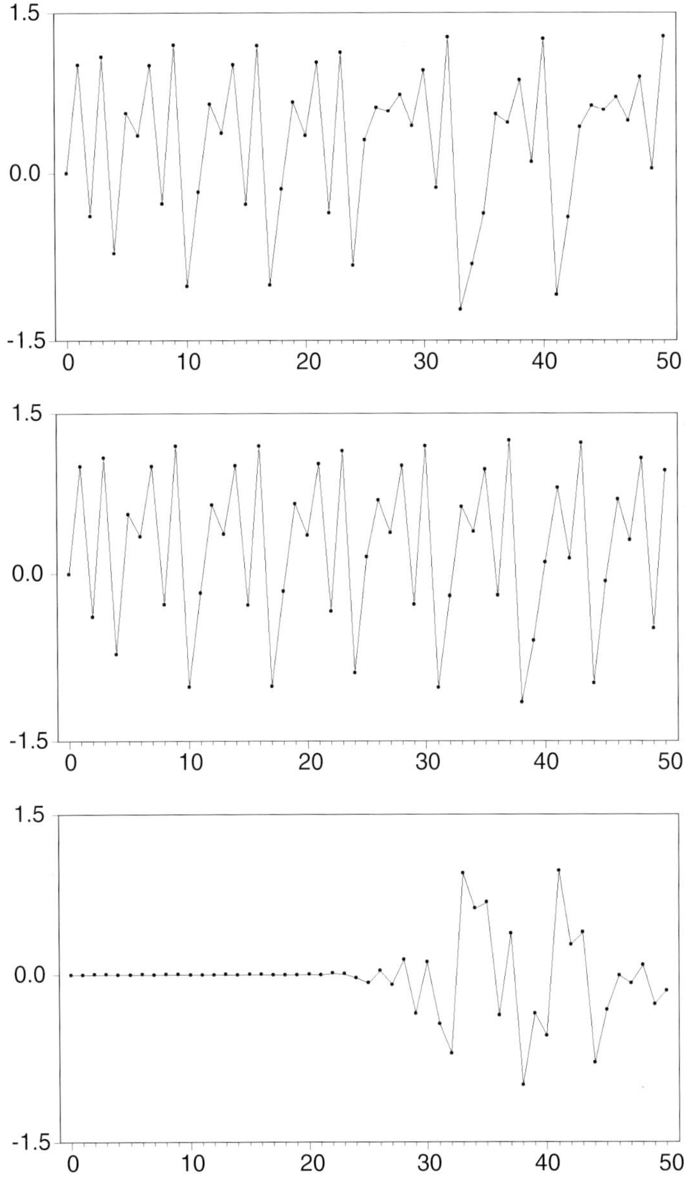

Abb. 3.9 : Um die sensitive Abhängigkeit von den Anfangbedingungen zu veranschaulichen, berechnen wir zwei Bahnen $(x_0, y_0), (x_1, y_1), \ldots$ und (x'_0, y'_0), (x'_1, y'_1), $\ldots$ mit Anfangswerten $(x_0, y_0) = (0, 0)$ und $(x'_0, y'_0) = (0.00001, 0)$. Wir zeichnen drei Zeitreihen: Die Werte x_k (oben), x'_k (Mitte) und die Differenz $|x_k - x'_k|$ (unten). Am Anfang können die Zeitreihen nicht unterschieden werden, aber nach einer gewissen Anzahl von Iterationen nimmt die Differenz plötzlich sehr stark zu, und dieser „Fehler“ wird so groß wie das „Signal“ selbst — eine Folge der Sensitivität.

Keine Korrelation zwischen Bahnen

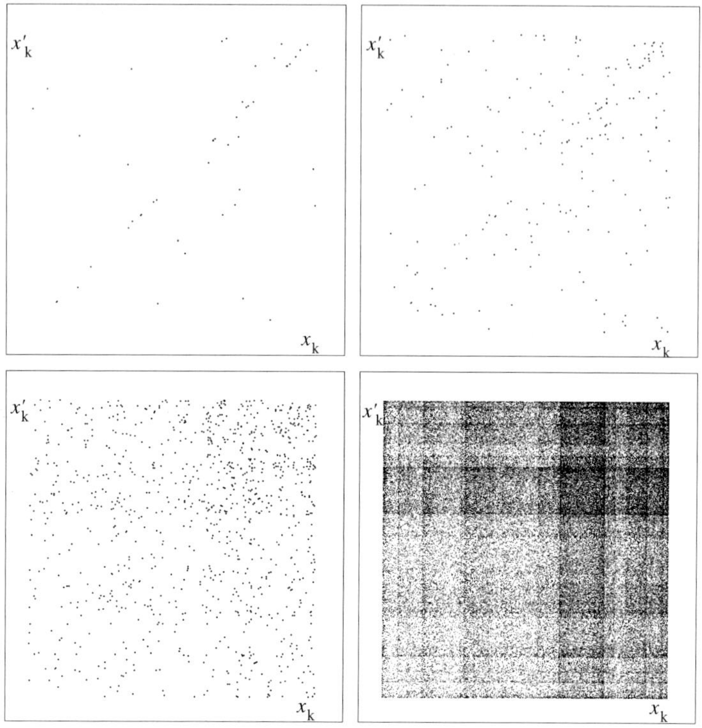

Abb. 3.10 : Um uns einen weiteren Effekt der Sensitivität klar zu machen, vergleichen wir noch einmal die beiden Bahnen (x_0, y_0), (x_1, y_1), ... und (x'_0, y'_0), (x'_1, y'_1), ... mit den Anfangswerten wie in Abbildung 3.9. Wir zeichnen die Punkte (x_k, x'_k) für die ersten 50, 200, 1 000 und 100 000 Iterationen ein (von oben links nach unten rechts). Diese Punkte füllen ein Quadrat dicht aus. Ähnliche Resultate erhalten wir, wenn wir die zweiten Koordinaten der Bahnen gegeneinander abtragen. Der Bereich, der hier dargestellt ist, ist das Quadrat $-1.5 \leq x \leq 1.5$ und $1.5 \leq y \leq 1.5$.

traktors. Durch das Strecken und Falten dieser Kurve entsteht eine neue Kurve, die aus einer Parabel mit zwei Schichten besteht, die folglich beide selbst zum Attraktor gehören.[9] Die nächste Iteration erzeugt eine Struktur mit vier Schichten, danach erhalten wir acht und so weiter. Wenn wir alle Bilder der Ausgangsparabel betrachten, erhalten wir daher unendlich viele Schichten, die alle zum Attraktor

[9] Diese beiden Schichten sind separat; sie dürfen sich weder überlappen noch schneiden. Der Grund hierfür lautet, daß zwei verschiedene Punkte niemals auf den gleichen Bildpunkt abgebildet werden. Die Hénon-Abbildung ist nämlich injektiv, wie wir später noch zeigen werden.

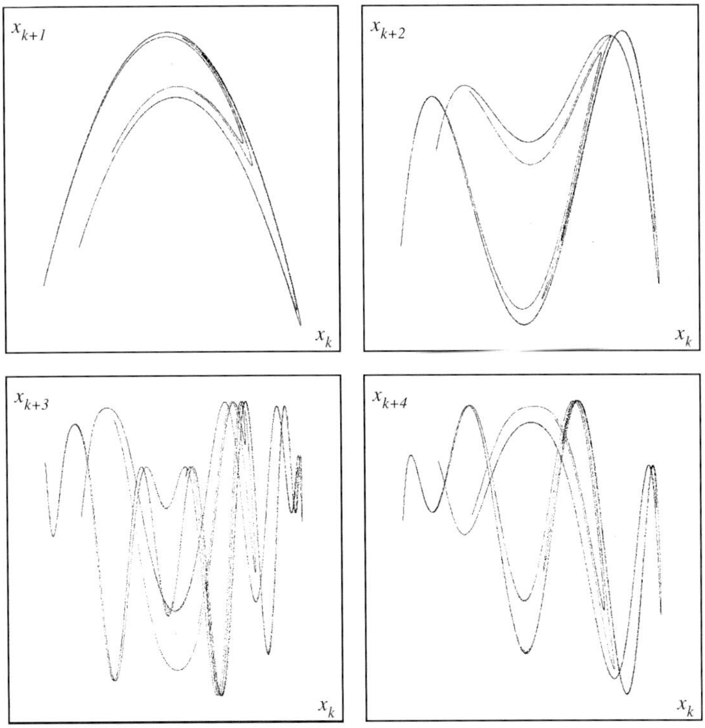

Korrelation ist möglich

Abb. 3.11 : Diese Bilder zeigen, daß das Ergebnis aus Abbildung 3.10 von der Wahl der Anfangswerte abhängt. Hier wählen wir für den Startwert (x'_0, y'_0) der zweiten Bahn die $m$te Iterierte der ursprünglichen Bahn, d.h. (x_m, y_m). Wir zeichnen also letztlich die Punkte (x_k, x_{k+m}) ein, $k = 0, 1, 2, \ldots$ Die Zahl m ist 1 (oben links), 2 (oben rechts), 3 (unten links) und 4 (unten rechts). Man beachte, daß wir die Anfangswerte aller Bahnen so nahe beieinander wählen können, wie wir wollen, indem wir sie aus einer beliebig kleinen Umgebung eines abstoßenden Fixpunkts nehmen. In allen Bildern sieht man, daß in der Gesamtheit aller Punkte eine klare Struktur erkennbar ist. Eigentlich handelt es sich dabei einfach nur um modifizierte Fassungen des Hénon-Attraktors (vgl. mit der Darstellung über die Rekonstruktion eines seltsamen Attraktors aus Zeitreihen in Abschnitt 3.7).

gehören. Dies sehen wir in den Bildern, die entstehen, wenn wir den Attraktor an einem Punkt vergrößern. Entsprechend der Faltwirkung in der Hénon-Abbildung erinnert ein Querschnitt durch den Hénon-Attraktor an eine Cantor-Menge. Wir können sagen, daß die Schnitte durch den Hénon-Attraktor, wie sie in Abbildung 3.12 zu sehen sind,

Vergrößerungen des Hénon-Attraktors

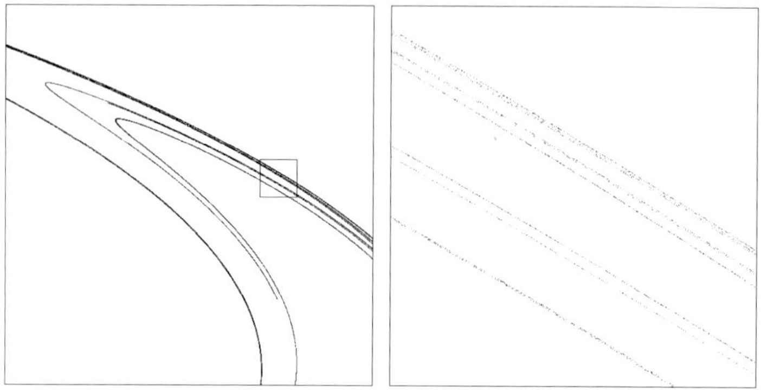

Abb. 3.12 : Zwei aufeinanderfolgende Vergrößerungen des Hénon-Attraktors. Es wurden die gleichen 100 000 Punkte verwendet wie in Abbildung 3.2. Die Bereiche, die dargestellt werden, sind $0 \leq x \leq 1$ und $0 \leq y \leq 0.3$ auf der linken Seite und $0.7 \leq x \leq 0.8$ und $0.15 \leq y \leq 0.18$ auf der rechten Seite.

Kreuzprodukte eines Intervalls mit einer Cantor-Menge sind.[10]

Rückwärtsiteration

Im Gegensatz zu ihrem eindimensionalen Verwandten, dem quadratischen Iterator, hat die Hénon-Abbildung eine Umkehrung. Dies entspricht der Tatsache, daß es für einen gegebenen Anfangswert nicht nur eine eindeutige Bahn gibt, die durch Iteration entsteht, sondern daß es auch eine eindeutige Folge von Vorgängern gibt. Die Vorwärtsiteration eines Punkts ist durch die Gleichungen

$$\begin{aligned} x_{n+1} &= y_n + 1 - ax_n^2 \\ y_{n+1} &= bx_n \end{aligned}$$

gegeben, die wir nun nach x_n und y_n auflösen:

$$\begin{aligned} x_n &= \frac{y_{n+1}}{b} \\ y_n &= x_{n+1} + \frac{a}{b^2}\, y_{n+1}^2 - 1. \end{aligned}$$

Unter Verwendung dieser letzten beiden Gleichungen können wir nun für jeden Anfangswert (x_0, y_0) die *Rückwärtsbahn* berechnen, d.h. (x_{-k}, y_{-k}) für $k = 0, 1, 2, \ldots$ Obwohl es keinen mathematischen Beweis dafür gibt, gilt es aufgrund numerischer Untersuchungen als erwiesen, daß alle Rückwärtsbahnen ins Unendliche streben, mit Ausnahme derjenigen, die entweder im Attraktor anfangen oder in einer instabilen, invarianten Menge. Da diese besonderen Punkte einen Bereich überdecken, dessen Fläche das Maß Null hat, kann dieser

[10] Dies bedeutet, daß wir uns jeden Punkt in der Cantor-Menge durch ein kleines, vertikales Geradenstück ersetzt denken.

Fall beim Rückwärtsiterieren fast nie numerisch beobachtet werden. Selbst durch einen verschwindend kleinen Rundungsfehler im Lauf der Berechnung wird eine solche Bahn aus dem Attraktor herausgeworfen, so daß sie letztlich ins Unendliche abschweift. Genauer bedeutet dies, daß $y_k \to \infty$, wenn $k \to -\infty$.

Die fraktale Dimension

Wieder kann man in den Vergrößerungen in Abbildung 3.12 eine Cantor-ähnliche Struktur paralleler Linien erkennen. Der Attraktor ist ohne Zweifel ein Fraktal. Wir berechnen die Box-Dimension wie üblich, indem wir den Attraktor durch ein Gitter mit variierender Maschenweite überdecken und diejenigen Zellen zählen, die Teile des Attraktors enthalten (siehe *Bausteine des Chaos — Fraktale*, Kapitel 4). Das Resultat ist eine Dimension von etwa 1.28, eine Zahl, die deutlich größer ist als 1. Wir kommen auf des Thema Dimension erneut in Abschnitt 3.6 zu sprechen. Es mag den Leser verwundern, daß diese Zahl nicht mit der Dimension der Cantor-Menge übereinstimmt, zu der 1 hinzuaddiert wurde, also

$$1 + \frac{\log 2}{\log 3} \approx 1.6309.$$

Dies hängt damit zusammen, daß $\log 2/\log 3$ die Dimension nur einer speziellen Cantor-Menge ist, der klassischen Cantor-Menge nämlich, die man erhält, indem man sukzessiv das mittlere Drittel verbleibender Intervalle entfernt. Wir können diese Konstruktion verändern, wenn wir jedes Intervall nicht in 3, sondern in p gleiche Teile teilen, von denen wir nur das erste und letzte stehen lassen, und die übrigen entfernen. Dabei entsteht eine Cantor-Menge mit der Dimension $\log 2/\log p$. Zum Beispiel erhalten wir für $p = 12$ die um 1 erhöhte Dimension

$$1 + \frac{\log 2}{\log 12} \approx 1.2789,$$

die mit der numerisch berechneten Dimension des Hénon-Attraktors schon sehr viel besser übereinstimmt.

Charakterisierung seltsamer Attraktoren

Bis hierher haben wir verschiedene Eigenschaften der Hénon-Abbildung behandelt. Wir fassen nun zusammen: Es gibt einen Gefangenenbereich, innerhalb dessen alle Anfangswerte Bahnen haben, die gegen den Attraktor konvergieren. Diese Bahnen hängen sensitiv von den Anfangswerten ab, und jede einzelne dieser Bahnen scheint allen Punkten des Attraktors beliebig nahe zu kommen. Weiterhin hat der Attraktor eine fraktale Struktur. Dies sind die vier wesentlichen Eigenschaften, die kennzeichnend für einen seltsamen Attraktor sind und die wir nun in einer Liste zusammenfassen werden. Obwohl seltsame Attraktoren typischerweise in Räumen mit einer höheren Dimension als zwei auftreten, werden wir unsere Darstellung der Einfachheit halber auf den zweidimensionalen Fall beschränken, der sich zumindest auf den Hénon-Attraktor anwenden läßt. Es sei daher eine Transformation $T(x, y)$ in der Ebene mit Variablen x und y gegeben. Eine beschränkte Menge A in der Ebene ist ein chaotischer und seltsamer Attraktor der Transformation T, wenn eine Menge R mit den folgenden Eigenschaften existiert.[11]

Vier Eigenschaften

1. **Attraktor.** R ist eine Umgebung von A, d.h. für jeden Punkt (x, y) aus A existiert eine kleine Kreisscheibe mit Mittelpunkt (x, y), die ganz in R enthalten ist. Dies hat insbesondere zur Folge, daß A in R enthalten ist. R ist ein Gefangenenbereich, d.h. jede Bahn, die in R anfängt, bleibt für alle Iterationen in R. Außerdem nähert sich die Bahn der Menge A und bleibt so nahe bei A, wie wir wünschen. Unter diesen Voraussetzungen ist A ein *Attraktor.*
2. **Sensitivität.** Bahnen, die in R anfangen, hängen sensitiv von den Anfangsbedingungen ab. Das macht A zu einem *chaotischen* Attraktor.
3. **Fraktal.** Der Attraktor hat eine fraktale Struktur und wird daher *seltsamer Attraktor* genannt.
4. **Mischen.** A kann nicht in zwei verschiedene Attraktoren aufgespalten werden.[12] Es gibt Anfangspunkte in R, deren Bahnen jedem Punkt im Attraktor A beliebig nahe kommen.

Wir betonen ausdrücklich, daß dieser Versuch einer Definition nur ein allererster Ansatz ist. Unter Mathematikern ist die Diskussion über eine geeignete Definition noch immer im Gang, und wir haben auf Klarheit in dieser Frage sicherlich noch so lange zu warten, bis eine Art Durchbruch im Verständnis seltsamer Attraktoren erreicht ist.[13]

In der Tat sieht die Situation ziemlich hoffnungslos aus. Bis jetzt weiß niemand, ob der Attraktor der Hénon-Abbildung für $a = 1.4$ und $b = 0.3$ wirklich ein seltsamer Attraktor im Sinn der obigen oder einer ähnlichen Definition ist, obwohl intensive numerische Untersuchungen durchgeführt wurden, deren Ergebnisse durchweg für eine positive Antwort sprechen. Dies unterstreicht den unvollkommenen Stand der Forschung. Wenn wir zum Beispiel vermuten, daß die experimentellen Beobachtungen auf eine attraktive periodische Bahn zurückzuführen sind, die eine *sehr* lange Periode hat, werden wir, sofern diese Vermutung richtig ist, niemals in der Lage sein, die Länge

[11] Mit Ausnahme von Teil 3, den wir hier ergänzt haben, wurde diese Definition in D. Ruelle, *Strange attractors,* Math. Intelligencer 2 (1980) 126–137, gegeben.

[12] Vorsicht! Dies bedeutet nicht, daß der Attraktor eine zusammenhängende Menge ist.

[13] Siehe die Erörterung auf den Seiten 255–259 in J. Guckenheimer und P. Holmes, *Nonlinear Oscillations, Dynamical Systems, and Bifurcations of Vector Fields,* Springer-Verlag, New York, 1983.

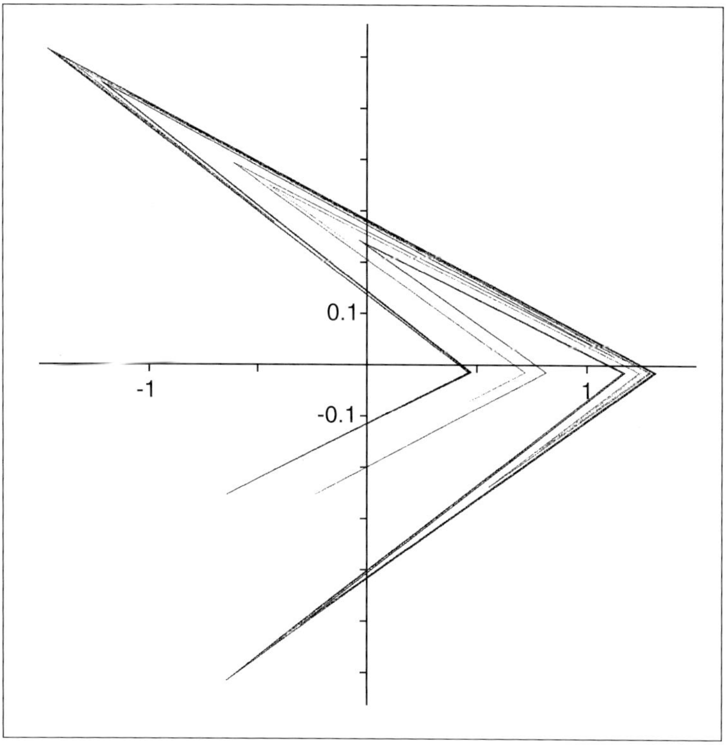

Der seltsame Attraktor von Lozi

Abb. 3.13 : Der Attraktor der Lozi-Abbildung aus Gleichung (3.2) mit $a = 1.7$ und $b = 0.5$. Der dargestellte Bereich ist $-1.5 \leq x \leq 1.5$ und $-0.75 \leq y \leq 0.75$. 100 000 Punkte wurden gezeichnet.

dieser Periode zu bestimmen, weil die Bahn durch Rundungsfehler in der Rechnung zu sehr gestört würde.

Das stückweise lineare Modell von Lozi

Dennoch ist die Situation vielleicht nicht ganz so trostlos, wie es uns im Moment vorkommt. Der erste Schritt in Richtung einer Lösung wurde von Michal Misiurewicz gemacht.[14] Er hat eine frühere Vermutung von René Lozi[15] bewiesen, der die Hypothese aufgestellt hatte, daß eine modifizierte Version der Hénon-Abbildung tatsächlich einen seltsamen Attraktor besitzt. Diese vereinfachte Transformation

[14] M. Misiurewicz, *Strange attractors for the Lozi mappings*, in *Nonlinear Dynamics*, R. H. G. Helleman (Hrsg.), Annals of the New York Academy of Sciences 357 (1980) 348–358.

[15] R. Lozi, *Un attracteur étrange (?) du type attracteur de Hénon*, J. Phys. (Paris) 39 (Coll. C5) (1978) 9–10.

ist durch die Gleichung

$$\tilde{H}(x, y) = (1 + y - a|x|, bx) \tag{3.2}$$

gegeben, und Lozi hat als Parameter die Werte $a = 1.7$ und $b = 0.5$ vorgeschlagen (siehe Abbildung 3.13). Der einzige Unterschied zwischen den Transformationen von Lozi und Hénon ist, daß der Term x^2 durch $|x|$ ersetzt wurde. Da die Abbildung durch diese Modifikation für $x < 0$ und $x > 0$ linear wird, war es für Misiurewicz möglich, die Analyse abzuschließen und die Existenz eines seltsamen Attraktors zu bestätigen.

Die Dynamik

Ein Zweck, zu dem die Hénon-Abbildung nützlich ist, ist die Verallgemeinerung des quadratischen Iterators auf zwei Dimensionen. Für die spezielle Wahl von $b = 0$ reduziert sich die Hénon-Abbildung auf

$$\begin{aligned} x_{n+1} &= 1 - ax_n^2 \\ y_{n+1} &= 0. \end{aligned}$$

Die beiden Koordinaten sind unabhängig, und in diesem Fall ist nur die x-Koordinate für die Dynamik relevant. Dieser Iterator

$$x \to 1 - ax^2$$

ist quadratisch und äquivalent zum logistischen Iterator

$$z \to rz(1 - z),$$

wobei wir den Buchstaben r gewählt haben, um Verwechselungen mit dem Parameter a aus der Hénon-Abbildung zu vermeiden. Im Fall $b = 0$ erhält man also mit der Hénon-Abbildung einfach nur eine neue Fassung des Feigenbaum-Szenarios (siehe Kapitel 2) für den quadratischen Iterator.

Äquivalenz von $1 - ax^2$ und $rz(1 - z)$

In unserem Buch *Bausteine des Chaos — Fraktale* haben wir in Kapitel 1 die Äquivalenz der quadratischen Iteration $x \to x^2 + c$ mit dem logistischen Iterator $p \to p + rp(1 + p)$ und $z \to rz(1 - z)$ bewiesen (siehe die Seiten 68 und 69). Wir folgen hier der gleichen Argumentationsweise, um zu zeigen, daß die Familie $x \to 1 - ax^2$, die nichts anderes ist als die Hénon-Abbildung im Spezialfall $b = 0$, zu den anderen quadratischen Iteratoren äquivalent ist. Wir zeigen, daß

$$x_{n+1} = 1 - ax_n^2 \tag{3.3}$$

identisch ist zu

$$z_{n+1} = rz_n(1 - z_n), \tag{3.4}$$

wenn man

$$x_n = \frac{r}{a}(z_n - \frac{1}{2}) \quad \text{und} \quad a = \frac{r(r-2)}{4} \tag{3.5}$$

setzt. Um diese Behauptung zu überprüfen, berechnen wir x_{n+1} in Abhängigkeit von z_n unter Verwendung der Gleichungen (3.3) und (3.5) und überprüfen das Ergebnis mit dem, das wir aus den Gleichungen (3.4) und (3.5) erhalten. Diese Rechnung ergibt

$$\begin{aligned} x_{n+1} &= 1 - a x_n^2 = 1 - a \frac{r^2}{a^2}\left(z_n - \frac{1}{2}\right)^2 \\ &= -\frac{r^2}{a} z_n^2 + \frac{r^2}{a} z_n + 1 - \frac{r^2}{4a} \end{aligned}$$

und auf der anderen Seite

$$\begin{aligned} x_{n+1} &= \frac{r}{a}\left(z_{n+1} - \frac{1}{2}\right) = \frac{r}{a}\left(r z_n (1 - z_n) - \frac{1}{2}\right) \\ &= -\frac{r^2}{a} z_n^2 + \frac{r^2}{a} z_n - \frac{r}{2a}. \end{aligned}$$

Es bleibt zu zeigen, daß

$$1 - \frac{r^2}{4a} = -\frac{r}{2a}$$

ist, was unmittelbar aus $a = r(r-2)/4$ folgt.

Der Fall $b = 0$ bringt also nichts Neues. Was passiert aber, wenn $b \neq 0$ ist? Mehrere interessante Fragen kommen auf. Welche Auswirkung hat diese Wahl zum Beispiel auf die Dynamik? Gibt es weiterhin ein Feigenbaum-Szenario? Wenn ja, was passiert mit der universellen Feigenbaum-Konstante? Wie paßt der Hénon-Attraktor in dieses Bild? Und sind vielleicht noch andere Attraktoren denkbar, außer denen, auf die man durch das Feigenbaum-Szenario schließen kann? Da die Hénon-Abbildung so leicht zu implementieren ist, können wir diesen Fragen nach und nach bis zu einem gewissen Grad auf experimentellem Weg nachgehen.

Die Tangentialverzweigung

Wir fangen an, die Fixpunkte der Hénon-Abbildung zu untersuchen, die sich als Lösungen des Gleichungssystems

$$\begin{aligned} x &= 1 + y - a x^2 \\ y &= b x. \end{aligned}$$

bestimmen lassen. Es gibt zwei Lösungen, nämlich (x_1, y_1) und (x_2, y_2).

$$\begin{aligned} x_{1,2} &= \frac{b - 1 \pm \sqrt{(b-1)^2 + 4a}}{2a} \\ y_{1,2} &= b x_{1,2}. \end{aligned}$$

Von nun an wollen wir nur noch den Parameter $b = 0.3$ betrachten, der von Hénon angegeben wurde. Die Diskriminante $(b-1)^2 + 4a$ ist negativ, wenn

$$a < a_0 = -\frac{(b-1)^2}{4} = -0.1225.$$

In diesem Fall gibt es keine Fixpunkte. Nur wenn a größer wird als $a_0 = -0.1225$, existieren beide Fixpunkte (x_1, y_1) und (x_2, y_2), und der erste von ihnen ist attraktiv. Dies ist exakt die Situation der Tangentialverzweigung (oder Sattelknotenverzweigung), die wir in Kapitel 2 auf Seite 195 besprochen haben.

Die Periodenverdopplungs-Kaskade

k	Periode	Parameter a_k	δ
0	1	−0.122 5	
1	2	0.367 5	
2	4	0.912 5	4.844
3	8	1.026	4.3269
4	16	1.051	4.696
5	32	1.056 536	4.636
6	64	1.057 730 83	4.7748
7	128	1.057 980 893 1	4.6696
8	256	1.058 034 452 15	4.6691
9	512	1.058 045 923 04	4.6691
10	1024	1.058 048 379 80	4.6694
11	2048	1.058 048 905 931	

Tab. 3.14 : Parameter a_k für die Periodenverdopplungs-Kaskade der Hénon-Abbildung (3.1) für $b = 0.3$. Diese Folge von Parametern ist fast geometrisch. Die letzte Spalte enthält die Näherung für die entsprechende Zahl δ. In der $k$ten Zeile wird diese Näherung durch $(a_k - a_{k-1})/(a_{k+1} - a_k)$ berechnet.

Das Feigenbaum-Szenario

Wenn der Parameter a weiter anwächst, wird der attraktive Fixpunkt schließlich instabil, und ein attraktiver Zyklus der Länge 2 entsteht. Der Übergang ereignet sich an der Stelle $a_1 = 0.3675$.[16] Wie nicht anders zu erwarten, erscheint für die Hénon-Abbildung, wenn man bei festgewähltem Wert $b = 0.3$ den Parameter a ansteigen läßt, die gesamte Folge periodenverdoppelnder Verzweigungen, die uns schon vom quadratischen Iterator vertraut ist (siehe Abbildung 3.15

[16] Dieser Wert kann direkt aus der Linearisierung (d.h. der Ableitung) der Hénon-Abbildung am attraktiven Fixpunkt (x_1, y_1) bestimmt werden. Ihre Eigenwerte sind $\lambda_{1,2} = -ax_1 \pm (a^2x_1^2 + b)^{1/2}$, und genau bei $a_1 = 3(b-1)^2/4 = 0.3675$ ist der zweite Eigenwert $\lambda_2 = -1$, was der Hinweis auf eine periodenverdoppelnde Verzweigung ist.

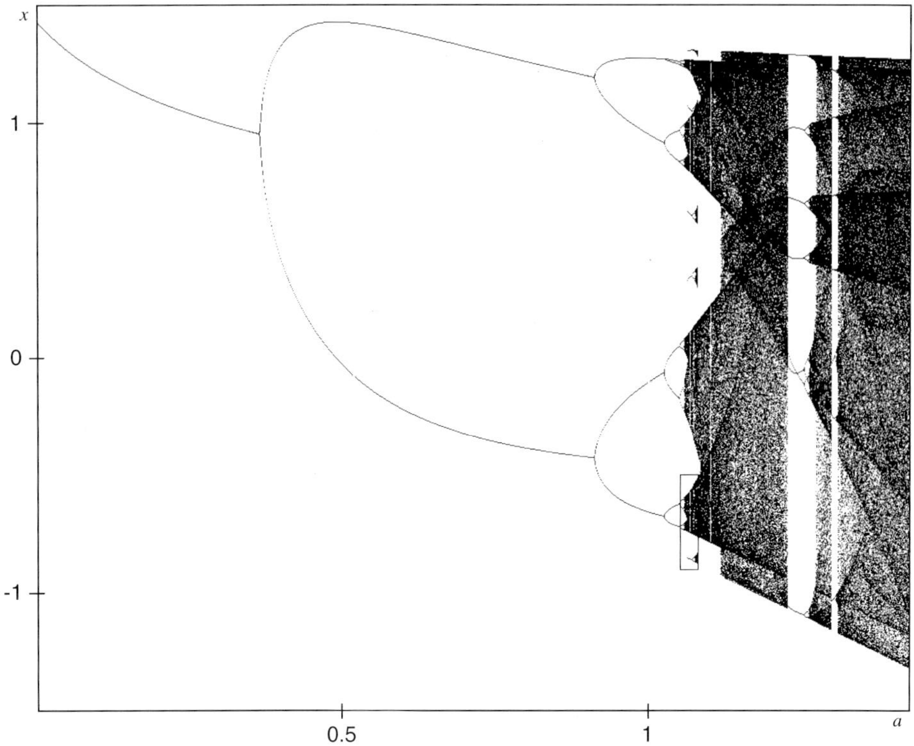

Abb. 3.15 : Wir fixieren den Parameter $b = 0.3$ in der Hénon-Abbildung (3.1). Der Graph hat als horizontale Achse den Bereich der Parameter $0 < a < 1.5$. Für jeden Wert von a wurden verschiedene Anfangswerte genommen und iteriert. Man beachte die kleinen merkwürdigen Flecken bei Parameterwerten um 1.08. Der unterste ist von der kleinen Box umrahmt. Eine Vergrößerung hiervon ist in Abbildung 3.16 dargestellt, in der ein neues, vollständiges Feigenbaum-Szenario zum Vorschein kommt.

und Tabelle 3.14).[17] Die Folge von Parametern für die periodenverdoppelnden Verzweigungen ist wie bei der quadratischen Iteration fast geometrisch. Die Tabelle bestätigt außerdem, daß man auch in diesem zweidimensionalen System auf die Feigenbaum-Konstante 4.6692... stößt.

Zwei Attraktoren

Wir sind in Versuchung anzunehmen, daß sich alles genauso wie im eindimensionalen Fall verhält. Dies ist jedoch nicht zutreffend.

[17] Die Tabelle ist entnommen aus B. Derrida, A. Gervois, Y. Pomeau, *Universal metric properties of bifurcations of endomorphisms*, J. Phys. A: Math. Gen. 12, 3 (1979) 269–296.

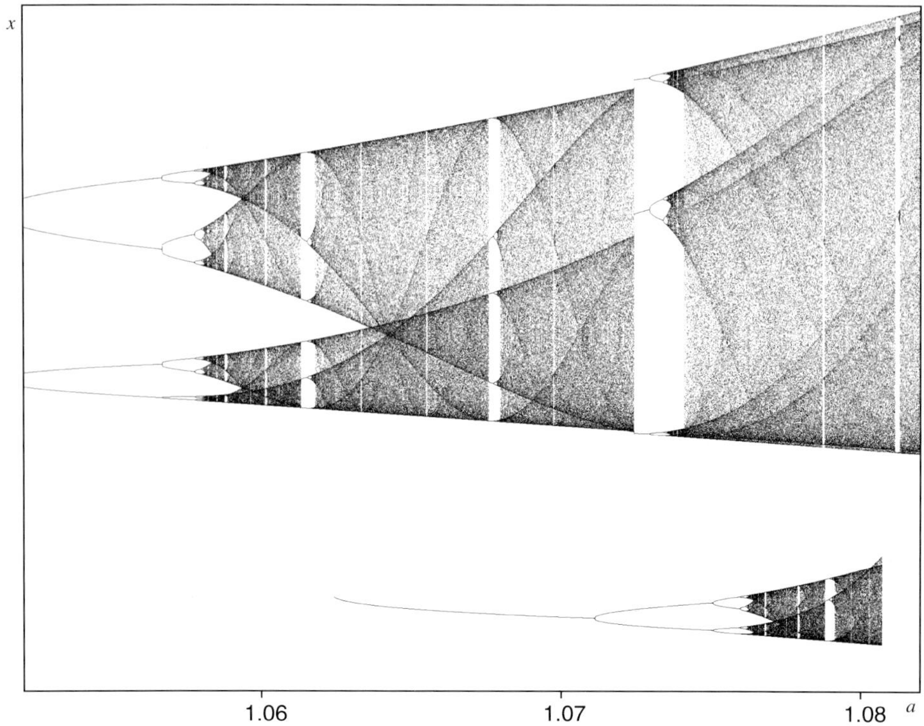

Abb. 3.16 : Der kleine, umrahmte Bereich aus Abbildung 3.15 läßt uns in vergrößerter Form erkennen, daß es zwei koexistierende Attraktoren gibt, die in der nächsten Abbildung dargestellt sind.

Ein wichtiges Merkmal, das nur im zweidimensionalen Fall auftritt, kann man dem Endzustands-Diagramm entnehmen. Ungefähr bei $a = 1.8$ finden wir im Diagramm der Abbildung 3.16 kleine losgelöste Verzweigungsbäume. Diese gehören zu einem separaten Attraktor. Für Parameter um 1.08 existieren daher zwei Attraktoren mit zugehörigen Attraktionsgebieten (siehe Abbildung 3.17). Eine solche Situation kann in der eindimensionalen quadratischen Iteration nicht auftreten.[18]

[18] Eine sehr ausführliche Untersuchung über das Szenario auftauchender und verschwindender seltsamer Attraktoren wurde durchgeführt in C. Simó, *On the Hénon-Pomeau attractor*, Journal of Statistical Physics 21,4 (1979) 465–494 (siehe auch F. R. Marotto, *Chaotic behavior in the Hénon mapping*, Comm. Math. Phys. 68 (1979) 187–194).

Koexistenz zweier Attraktoren

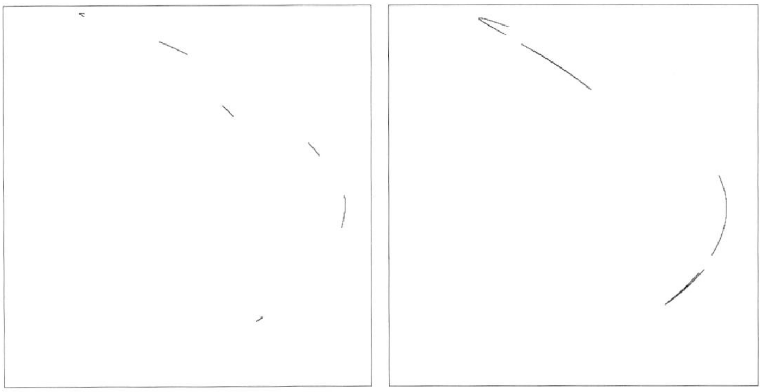

Abb. 3.17 : Für $a = 1.08$ und $b = 0.3$ gibt es zwei separate Attraktoren. Der linke Attraktor gehört zum unteren Stück von Abbildung 3.16 (Anfangswert $(0.5, 0.0)$), während der rechte Attraktor zum Hauptast im Endzustands-Diagramm gehört (Anfangswert $(-0.1111, -0.105555)$).

Der nächste Schritt

Ein spektakulärer Erfolg beim Beweisen der Ergebnisse, die bei Computerexperimenten zu Tage getreten sind, erzielten Michael Benedicks und Lennart Carleson im Jahre 1991.[19] Sie waren in der Lage zu zeigen, daß sich die chaotische Dynamik, die man im Fall $b = 0$ vorfindet, für kleine Werte $b > 0$ überträgt. Für jedes genügend kleine $b > 0$ gibt es viele Parameter a, so daß man eine zweifellos chaotische Dynamik beobachten kann. Wenn man den Parameter a zufällig auswählt, erhält man mit positiver Wahrscheinlichkeit einen Parameter a, für den die Dynamik chaotisch ist. Der Beweis für diesen Sachverhalt enthält jedoch keine Hinweise, wo man diese Parameter a genau finden kann. Das werden wir vielleicht niemals herausfinden.

[19] M. Benedicks und L. Carleson, *The dynamics of the Hénon map,* Annals of Mathematics 133,1 (1991) 73–169.

3.2 Differentialgleichungen als zeitkontinuierliche dynamische Systeme

Differentialgleichungen haben sich zu der Sprache entwickelt, in der die moderne Wissenschaft die Naturgesetze beschreibt. Zahlreiche Phänomene können durch diese Sprache erfolgreich zum Ausdruck gebracht werden. Darunter befinden sich die Gesetze, denen die Bewegung der Planeten folgt, die Gesetze des Elektromagnetismus, die die Bahn eines Elementarteilchens im Beschleuniger beschreiben, und den Luftstrom, der ein Flugzeug trägt, die Modelle zur Erzeugung von Blutzellen im Knochenmark sowie die mathematischen Gleichungen zur numerischen Wettervorhersage. Es ist keine elementare Mathematik, die hinter den Differentialgleichungen steckt, sondern eine der großen Errungenschaften, denen erst durch die das revolutionäre Differentialkalkül von Leibniz und Newton der Weg bereitet wurde.

Lorenz entdeckte seinen seltsamen Attraktor bei der numerischen Untersuchung einiger Differentialgleichungen, die er aus einem mathematischen Modell zur Wettersimulation entnommen und verfeinert hatte. Obwohl der Gegenstand der Differentialgleichungen schon ungefähr 300 Jahre alt ist, und die Forschungsergebnisse ganze Bibliotheken füllen, hätte es niemand für möglich gehalten, daß sich Differentialgleichungen so chaotisch verhalten könnten, wie es Lorenz in seinem Versuch herausgefunden hat. Und trotz der ausgereiften Theorie der Differentialgleichungen hat man die Entdeckung von Lorenz von mathematischer Seite noch nicht vollständig verstanden.

Wir haben nicht die Absicht, in diesem Buch eine Einführung in die Theorie der Differentialgleichungen zu geben. Daher haben wir es nach Möglichkeit vermieden, auf Methoden der Differentialrechnung zurückzugreifen. Daraus sollte man nicht schließen, daß wir die Bedeutung der Differentialrechnung nicht anerkennen. Warum sollten wir ihre Verdienste nicht achten, wo sich doch ein großer Teil unserer eigenen Forschungsarbeit mit Differentialgleichungen befaßt? Wir wollten jedoch versuchen, die wesentlichen Ideen über Fraktale und Chaos ohne Rückgriff auf diesen vom Standpunkt der Schule eher fortgeschrittenen Zweig der Mathematik zu vermitteln. An dieser Stelle können wir es jedoch nicht vermeiden, auf dieses Gebiet zurückzugreifen. Wir werden dem Leser daher einen flüchtigen Einblick geben, wozu man Differentialgleichungen anwendet, ohne jedoch auf ihre Geschichte einzugehen und ohne allzu sehr in die Tiefe zu gehen.

Der numerische Ansatz

Da Lorenz seine Entdeckungen bei der numerischen Berechnung von Differentialgleichungen gemacht hat, ist es angebracht auch hier von numerischer Seite an Differentialgleichungen heranzugehen. Wir greifen hierbei auf unsere alte Bekannte zurück, auf die logistische

Gleichung

$$p_{n+1} = p_n + rp_n(1 - p_n) \tag{3.6}$$

mit Anfangswert p_0. Wir bringen diese Gleichung in die Form

$$p_{n+1} - p_n = rp_n(1 - p_n). \tag{3.7}$$

Auf der linken Seite haben wir das Wachstum von einer Generation zur nächsten, wobei p_n die Größe der Population zum Zeitpunkt n bezeichnet. Wir wollen dieselbe Abhängigkeit nun auf leicht veränderte Weise zum Ausdruck bringen, indem wir ab jetzt $p(n)$ schreiben und nicht mehr p_n wie bisher. Wenn die Zeit in diskreten Schritten $n = 1, 2, 3\ldots$ gemessen wird, bevorzugen wir wie vorher die alte Notationsweise. Wir interpretieren die Zeit jetzt aber als stetige Größe und wählen daher die alternative Schreibweise. Angenommen, die Populationsgrößen $p(t)$ und $p(t+\Delta t)$ seien gegeben, wobei Δt ein kleiner Zuwachs ist. Auf der Grundlage dieser beiden Zahlen können wir die gesamte Veränderung der Populationsgröße pro Zeiteinheit, d.h. pro Generation, schätzen als

$$\frac{p(t + \Delta t) - p(t)}{\Delta t} \tag{3.8}$$

Wenn wir in Gleichung (3.7) n durch t ersetzen, erhalten wir daraus eine modifizierte logistische Gleichung

$$\frac{p(t + \Delta t) - p(t)}{\Delta t} = rp(t)(1 - p(t)).$$

Man beachte, das in Gleichung (3.7) $\Delta t = 1$ ist.

Berechnung von Zeitreihen für verschiedene Schrittweiten

Wir können die Größe der Population $p(t+\Delta t)$ aus der Population zum Zeitpunkt t berechnen, indem wir die Gleichung

$$\begin{aligned} p(t + \Delta t) &= p(t) + \Delta t\, r\, p(t)(1 - p(t)) \\ p(0) &= p_0 \end{aligned} \tag{3.9}$$

lösen. Für einen gegebenen Anfangswert p_0, einen Parameter r und die Schrittweite Δt kann man mit dieser Gleichung eine vollständige Tabelle mit den Populationsgrößen $p(k\Delta t)$, $k = 0, 1, 2, \ldots$ bestimmen. In Abbildung 3.18 sieht man den Graphen für $r = 3$. Die Populationsgrößen sind für vier verschiedene Schrittweiten und jeweils drei Anfangswerte gegen die Zeit abgetragen. Wenn Δt kleiner wird, konvergiert die Iteration in immer kleineren Schritten gegen 1. Die Zeitreihe, die wir erhalten, sieht mehr und mehr aus wie eine glatte Kurve, und dafür gibt es einen tieferen Grund. Bei $\Delta t \to 0$ vollzieht die Iteration in Gleichung (3.9) den Übergang in die Welt der Differentialgleichungen. Die Gleichung kann als eine stufenweise numerische Approximation dieser Differentialgleichung betrachtet werden.

Verhulst-Dynamik

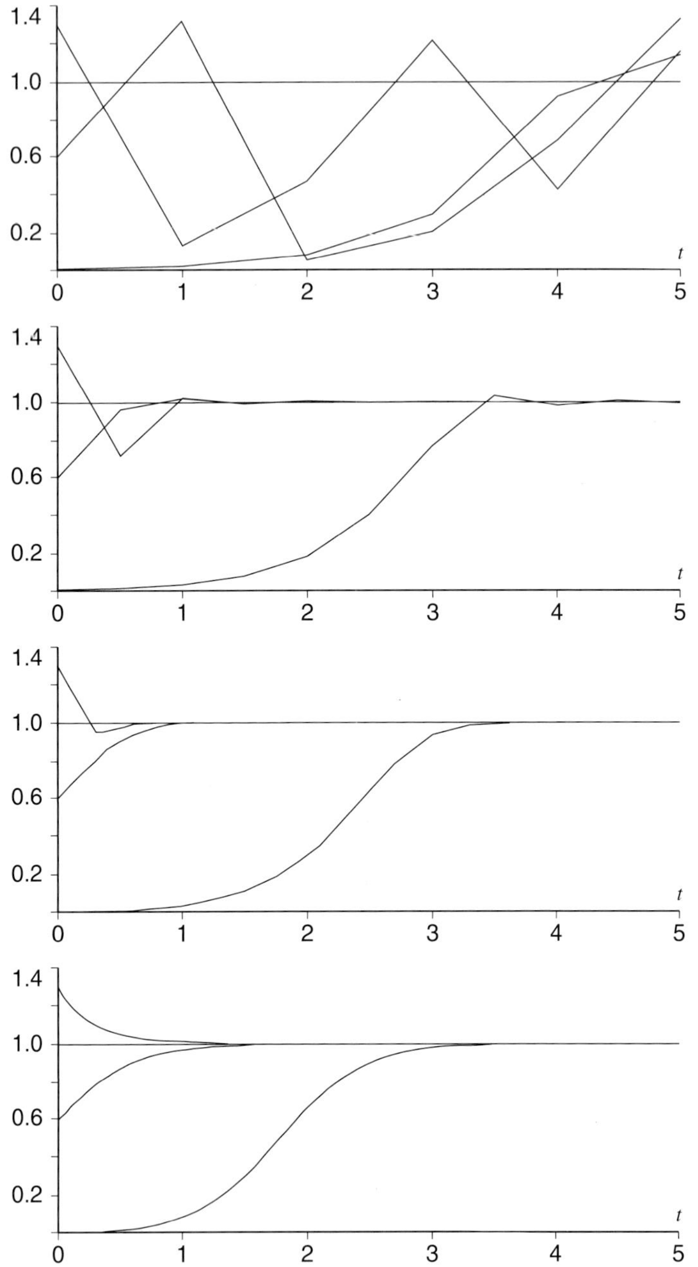

Abb. 3.18 : In jedem Diagramm wurden verschiedenen Anfangswerte genommen und iteriert. Die Schrittweiten sind $\Delta t = 1.0, 0.5, 0.1, 0.001$ (von oben nach unten).

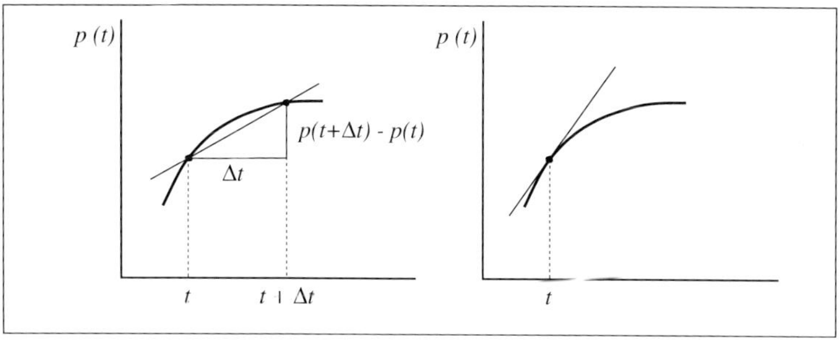

Sekante und Tangente

Abb. 3.19 : Die Steigungen von Sekante und Tangente als Grenzwert von Sekanten bei $\Delta t \to 0$.

Tatsächlich ist das, was wir hier sehen, das bekannte Euler-Verfahren; das nur eines von vielen Verfahren ist, mit dem man eine Differentialgleichung numerisch annähern kann.

Übergang zur Differentialgleichung

Wir nehmen an, daß die Entwicklung der Population durch eine glatte Kurve $p(t)$ beschrieben wird. Die Schätzung (3.8) für die Änderung der Population pro Zeiteinheit kann dann graphisch als Steigung der Sekanten interpretiert werden, die durch die Punkte $(t, p(t))$ und $(t+\Delta t, p(t+\Delta t))$ verläuft (siehe Abbildung 3.19). Wenn wir $\Delta t \to 0$ gehen lassen, nähert sich die Sekante der Tangente an die Kurve $p(t)$ im Punkt $(t, p(t))$. Die Steigung der Tangenten erkennt man, wenn man in (3.8) $\Delta t \to 0$ gehen läßt. Wir sagen, daß $p(t)$ in $(t, p(t))$ eine Tangente mit der Steigung m hat, vorausgesetzt, der Grenzwert

$$\lim_{\Delta t \to 0} \frac{p(t+\Delta t) - p(t)}{\Delta t} = m$$

existiert. Dieser Grenzwert wird mit $p'(t)$ bezeichnet und *Ableitung* von $p(t)$ an der Stelle t genannt. Wenn man den Ausdruck $(p(t+\Delta t) - p(t))/\Delta t$ durch die Ableitung $p'(t)$ ersetzt, kommt man beim Grenzübergang zu einer *Differentialgleichung* für $p(t)$,

$$\begin{aligned} p'(t) &= rp(t)(1 - p(t)) \\ p(0) &= p_0. \end{aligned} \tag{3.10}$$

Mit anderen Worten bedeutet Gleichung (3.10), daß wir nach einer Funktion $p(t)$ suchen, so daß $p(0) = p_0$ ist, und daß für jedes $t > 0$ der Graph $(t, p(t))$ von $p(t)$ eine Tangente mit der Steigung $rp(t)(1-p(t))$ hat. Eine solche Funktion $p(t)$ nennt man Lösung der Differentialgleichung (3.10) zum Anfangswert $p(0) = p_0$. Eine Aufgabe wie Gleichung (3.10) wird *Anfangswertproblem* genannt. Diese spezielle Gleichung kann analytisch gelöst werden. Das Langzeitverhalten der Lösung hängt nicht vom Parameter r ab. Die Lösung für einen gegebenen Anfangswert $p_0 > 0$ strebt monoton[20] gegen die vollständig gesättigte Populationsgröße $p = 1$. Dies kann man im unteren Teil von Abbildung 3.18 sehen, wo Approximationen dargestellt sind, die der wahren Lösung schon recht nahe kommen.

Lösung der Differentialgleichung

Da die rechte Seite von Gleichung (3.10) nichtlinear ist, ist dies ein Beispiel für eine nichtlineare Differentialgleichung. Für gewöhnlich ist es schwer oder gar unmöglich, explizite Lösungen für nichtlineare Differentialgleichungen zu finden, obwohl eine ausführliche Theorie über das Lösen von Differentialgleichungen zur Verfügung steht. In unserem Fall sind wir glücklicherweise in der Lage, Gleichung (3.10) in eine lineare Differentialgleichung umzuwandeln, indem wir die Variable

$$x(t) = \frac{1}{p(t)}.$$

einführen. Mit formaler Rechnung erhalten wir unter Verwendung von Gleichung (3.10)

$$x'(t) = -\frac{p'(t)}{(p(t))^2} = -\frac{rp(t)(1-p(t))}{(p(t))^2} = -rx(t) + r.$$

Wenn wir $x_0 = 1/p_0$ setzen, kommen wir zum Anfangswertproblem

$$\begin{aligned} x'(t) &= -rx(t) + r \\ x(0) &= x_0. \end{aligned}$$

Diese lineare Differentialgleichung hat die explizite Lösung

$$x(t) = 1 - (1 - x_0)e^{-rt}.$$

Aus dieser Gleichung lesen wir für $0 < x_0 < 1$ ab, daß $0 < x(t) < 1$ für alle Zeiten $t > 0$ und für $r > 0$ erfüllt ist. Außerdem nähert sich die Lösung der Konstanten 1, $x(t) \to 1$, wenn $t \to \infty$. Ebenso ist $x(t) > 1$ für alle $t > 0$, wenn $x_0 > 1$, und wieder gilt $x(t) \to 1$, wenn $t \to \infty$. Dies überträgt sich direkt auf die Populationen $p(t) = 1/x(t)$, die Lösungen der Differentialgleichung (3.10). Wir haben

$$p(t) = \frac{1}{x(t)} = \frac{1}{1 - (1 - \frac{1}{p_0})e^{-rt}} = \frac{p_0 e^{rt}}{p_0 e^{rt} - p_0 + 1}$$

und in jedem Fall wird die Population zur Sättigung kommen, $p(t) \to 1$. Die verschiedenen Wahlen von $r > 0$ nehmen nur Einfluß darauf, wie schnell die Sättigung erreicht wird.

[20] Wenn $p_0 < 1$ ist, dann ist die Lösung $p(t)$ eine monoton wachsende Funktion. Für Anfangswerte $p_0 > 1$ ist die Lösung monoton fallend. In beiden Fällen ist $\lim_{t\to\infty} p(t) = 1$.

Wahre Lösung im Vergleich zur Approximation

Dies unterscheidet sich erheblich vom diskreten Modell aus Gleichung (3.9), wo wir gesehen haben, daß die numerische Lösung maßgeblich von der Wahl der Schrittweite Δt abhängt. Wenn die Schrittweite groß ist, wie im oberen Bild von Abbildung 3.18, ist die Lösung nicht monoton und erreicht auch nicht die Sättigung $p = 1$. Wir werden erklären, warum dies der Fall ist. Wir vergleichen die numerische Lösung

$$p(t + \Delta t) = p(t) + \Delta t\, r\, p(t)(1 - p(t))$$

mit der ursprünglichen logistischen Gleichung

$$p_{n+1} = p_n + rp_n(1 - p_n).$$

Man beachte, daß diese Gleichungen für $\Delta t = 1$ übereinstimmen. Oder, wenn man es anders interpretiert, bedeutet dies, daß sich das Wachstumsgesetz für beliebige Zeitschritte einfach auf das Originalmodell von Verhulst reduziert, wenn man Δtr durch den Parameter r ersetzt. Wir wissen bereits aus den Kapiteln 1 und 2, daß eine Veränderung des Parameters r das Verhalten der zugehörigen Bahnen dramatisch beeinflußt. Wenn wir zum Beispiel $r = 3$ wählen,[21] haben wir chaotische Bahnen für $\Delta t = 1$, während wir für $0 < \Delta t < 2/3$ Bahnen erhalten, die gegen 1 konvergieren. Man betrachte Abbildung 3.20 um diesen Wechsel im Verhalten anhand der grafischen Iteration zu verstehen.

Grafische Iteration

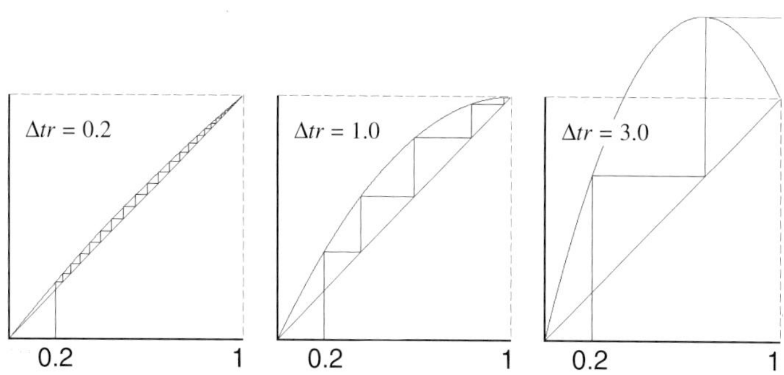

Abb. 3.20 : Iteration von $p(t + \Delta t) = p(t) + \Delta trp(t)(1 - p(t))$ für verschiedenen Werte von Δtr, die den Werten in den drei unteren Bildern in Abbildung 3.18 entsprechen.

---

[21] Wir erinnern daran, daß die logistische Gleichung zum quadratischen Iterator $x_{n+1} = ax_n(1-x_n)$ äquivalent ist, wenn man $x_n = rp_n/(r+1)$ und $a = r+1$ nimmt (siehe *Bausteine des Chaos — Fraktale*, Kapitel 1, Seite 68).

Stabilitätsbedingungen

Für die numerische Approximation der Differentialgleichung bedeutet dies, daß wir für einen gegebenen Parameter r die Schrittweite Δt so einschränken müssen, daß

$$\Delta tr < 2 \quad \text{oder} \quad \Delta t < \frac{2}{r} \tag{3.11}$$

erfüllt ist, damit man letztlich die Konvergenz gegen die Sättigung $p = 1$ erhält. Eine Bedingung wie diese nennt man *Stabilitätsbedingung* für die numerische Näherung. Bedingungen dieser Art wurden erstmals von Richard Courant, Hans Lewy und Kurt Otto Friedrichs beobachtet und gaben Anfangsimpulse für die Entwicklung der *numerischen Stabilitätsanalyse*.

Das Verhältnis der Differentialgleichung (3.10) zu ihrer numerischen Näherung in Gleichung (3.6) ist ausgesprochen heikel. Die Stabilitätsbedingung in Gleichung (3.11) spiegelt dies wieder. Ebenso kommt es durch die Tatsache zum Ausdruck, daß das stetige Modell in Gleichung (3.10), obwohl es selbst nicht linear ist, mit einem linearen Modell in Beziehung gesetzt werden kann. Dies steht im krassen Gegensatz zur diskreten Näherung aus Gleichung (3.6), die tatsächlich nichtlinear ist. Daran wird deutlich, daß ein Grenzübergang — oder ein Übergang zu diskreter Approximaton — den Charakter eines Problems maßgeblich verändern kann, ein Faktum, das erst in der letzten Zeit ins Bewußtsein der numerischen Analytiker gerückt ist. Dies haben wir ebenfalls der Chaostheorie zu verdanken.

Numerische Methoden

Differentialgleichungen wie $x'(t) = f(x(t))$ gehören zu den wichtigsten Hilfsmitteln, um Vorgänge in den Naturwissenschaften, insbesondere in der Physik, zu modellieren. Daher erfreut sich die mathematische Forschung über die unterschiedlichen Typen von Differentialgleichungen wachsender Beliebtheit. Trotzdem ist für die meisten Differentialgleichungen keine Lösung bekannt, die sich in Form von einer allgemeinen Gleichung aufschreiben ließe. Es ist nur möglich, die Lösung mit Hilfe eines Computers numerisch zu approximieren, was auch vielfach praktiziert wird. Für diese Aufgabe stehen zahlreiche numerische Methoden zur Verfügung. Die erste ist gegeben durch

$$x_{k+1} = x_k + \Delta t f(x_k),$$

und wir haben sie zuvor schon als *Euler-Verfahren* eingeführt. Entsprechend wird der Schritt von einem Punkt x_k zum nächsten x_{k+1} *Euler-Schritt* genannt. Je kleiner die Schrittweite Δt ist, desto genauer wird die Lösung. Das Euler-Verfahren ist von erster Ordnung, was bedeutet, daß der Fehler der numerischen Lösung im Vergleich zur richtigen Lösung der Differentialgleichung zur Schrittweite Δt proportional ist. In einem Verfahren zweiter Ordnung ist der Fehler proportional zum Quadrat der Schrittweite Δt^2. Solche Verfahren sind dem Euler-Verfahren überlegen, weil der Fehler hier um den Faktor 1/4 pro Zeiteinheit abnimmt, wenn man die Schrittweite halbiert. Mit anderen Worten können wir bei einem Verfahren zweiter Ordnung eine wesentlich größere Schrittweite nehmen, um die gleiche Genauigkeit zu erreichen, und somit können wir uns im Vergleich mit dem Euler-Verfahren einen enormen Rechenaufwand ersparen. Als Beispiel für ein Verfahren zweiter Ordnung wollen wir das *Trapezverfahren* oder *Heunsche Verfahren* nennen, das folgendermaßen aussieht:

$$x_{k+1} = x_k + \frac{\Delta t}{2}(f(x_k) + f(x_k + \Delta t f(x_k))).$$

Beide Methoden können auch angewendet werden, wenn die Variable x ein Vektor mit mehreren Komponenten ist, was im folgenden der Fall sein wird. Beinahe alle Bücher über numerische Verfahren schließen eine Analyse dieser und anderer Verfahren ein. Es gibt viele Computerprogramme für Verfahren höherer Ordnung, die sogar die Schrittweite an die lokalen Eigenschaften der Lösung anpassen.[22]

Kein Chaos in den Dimensionen 1 **und** 2

Ein grundlegender Unterschied zwischen dem diskreten System in Gleichung (3.6) und seinem stetigen Gegenstück aus Gleichung (3.10) besteht in der Tatsache, daß es für die Dynamik der Differentialgleichung vollkommen unmöglich ist, chaotisches Verhalten zu zeigen. Der Grund dafür liegt darin, daß sich zwei Trajektorien (siehe im unteren Teil von Abbildung 3.18 für $\Delta t \to 0$) niemals schneiden können. Dies ist sehr wichtig.

Wie man es auch immer betrachtet, das Leben in der wirklichen Welt ist nicht so einfach. In fast keinem physikalischen System kann ein Zustand mit nur einer Variablen beschrieben werden, wie es für die Population im Verhulst-Modell möglich ist. Für gewöhnlich sind zwei, drei oder mehr (manchmal sogar sehr viel mehr) Variablen erforderlich. Um zum Beispiel die Bewegung eines Pendels vorherzusagen, das in der Ebene schwingt, müssen wir den Winkel für die Auslenkung und den Drehimpuls kennen (abgesehen vom Aufbau des Pendels). Oder um die Bahn eines Asteroids zu berechnen, müssen wir seine Position und Geschwindigkeit kennen, und jede dieser Größen hat drei Komponenten, eine für jede Richtung im dreidimensionalen Raum. Insgesamt benötigt man also sechs Variablen. Es stellt sich heraus, daß wir Systeme mit mindestens drei Dimensionen betrachten müssen, um Chaos in einem stetigen dynamischen System zu finden. Wie im eindimensionalen Fall dürfen sich nämlich Trajektorien nicht schneiden, was zur Folge hat, daß sich Trajektorien in der Ebene nicht chaotisch verhalten können. Sie konvergieren typischerweise gegen einen Punkt, streben ins Unendliche oder winden

[22] Für die meisten Abbildungen und Rechnungen in diesem Buch haben wir die Programme aus *Numerical Recipes in C* von W. H. Press, B. P. Flannery, S. A. Teukolsky, W. T. Vetterling, Cambridge University Press, Cambridge, 1988, verwendet.

sich wie eine Spirale um eine Schleife.[23] In drei Dimensionen kann jedoch Chaos vorkommen, und es herrscht eine allgemeine Übereinstimmung darüber, daß in den dynamischen Systemen, die die Natur beschreiben, chaotisches Verhalten keineswegs eine Ausnahme, sondern die Regel ist.

Näherungsverfahren für drei Dimensionen

Wir werden daher kurz einen eher allgemeinen Standpunkt darstellen, der dem Verständnis des Werks von Lorenz entgegenkommt. Wir betrachten die Differentialgleichung

$$\begin{aligned} x'(t) &= f(x(t)) \\ x(0) &= x_0, \end{aligned}$$

wobei $f(x)$ eine beliebige Funktion ist. Wie nehmen wir die Lösung dieser Gleichung in Angriff? Ebenso, wie wir es für den speziellen Fall von oben getan haben. Wir wenden das numerische Euler-Verfahren

$$\begin{aligned} \frac{x(t+\Delta t) - x(t)}{\Delta t} &= f(x(t)) \\ x(0) &= x_0 \end{aligned}$$

für kleines Δt an und bilden den Grenzwert für $\Delta t \to 0$. Wenn wir dies im Hinterkopf behalten, können wir einen Schritt weiter gehen und uns mit Systemen von Differentialgleichungen beschäftigen. Wir nehmen reellwertige Funktionen $f(x, y, z)$, $g(x, y, z)$ und $h(x, y, z)$, und betrachten das System

$$\begin{aligned} x'(t) &= f(x(t), y(t), z(t)), & x(0) &= x_0 \\ y'(t) &= g(x(t), y(t), z(t)), & y(0) &= y_0 \\ z'(t) &= h(x(t), y(t), z(t)), & z(0) &= z_0. \end{aligned}$$

Ebenso wie für eine Gleichung stellen wir nun ein System von numerischen Näherungen auf

$$\begin{aligned} \frac{x(t+\Delta t) - x(t)}{\Delta t} &= f(x(t), y(t), z(t)), & x(0) &= x_0 \\ \frac{y(t+\Delta t) - y(t)}{\Delta t} &= g(x(t), y(t), z(t)), & y(0) &= y_0 \\ \frac{z(t+\Delta t) - z(t)}{\Delta t} &= h(x(t), y(t), z(t)), & z(0) &= z_0 \end{aligned}$$

und konstruieren Lösungen, indem wir $\Delta t \to 0$ gehen lassen.

[23] Ein wichtiger Gegenstand für das Verständnis dynamischer Systeme in der Ebene ist die Theorie von Poincaré-Bendixson (siehe Kapitel 2 in M. W. Hirsch und S. Smale, *Differential Equations, Dynamical Systems, and Linear Algebra,* Academic Press, New York, 1974).

3.3 Der Rössler-Attraktor

Das Modell von Rössler

Im Jahr 1976 entdeckte Otto E. Rössler ein besonders einfaches System, in dem auf eine denkbar elementare geometrische Weise Chaos in einem zeitkontinuierlichen System konstruiert wird. Bevor wir den Lorenz-Attraktor genauer behandeln, werden wir uns daher mit den Ideen von Rössler beschäftigen.[24] Er verwendete das Differentialgleichungssystem

$$\begin{aligned} x' &= -(y+z) \\ y' &= x + ay \\ z' &= b + xz - cz, \end{aligned} \tag{3.12}$$

wobei die drei Koeffizienten a, b, c Konstanten sind, die geeignet gewählt werden können. In diesem Abschnitt werden wir die Parameter a und b festhalten und nur c variieren lassen.

$$a = 0.2, \quad b = 0.2.$$

Otto E. Rössler

Abb. 3.21 : Otto. E. Rössler

[24] Rössler, O. E., *An equation for continuous chaos,* Phys. Lett. 57A (1976) 397–398.

Eine Trajektorie

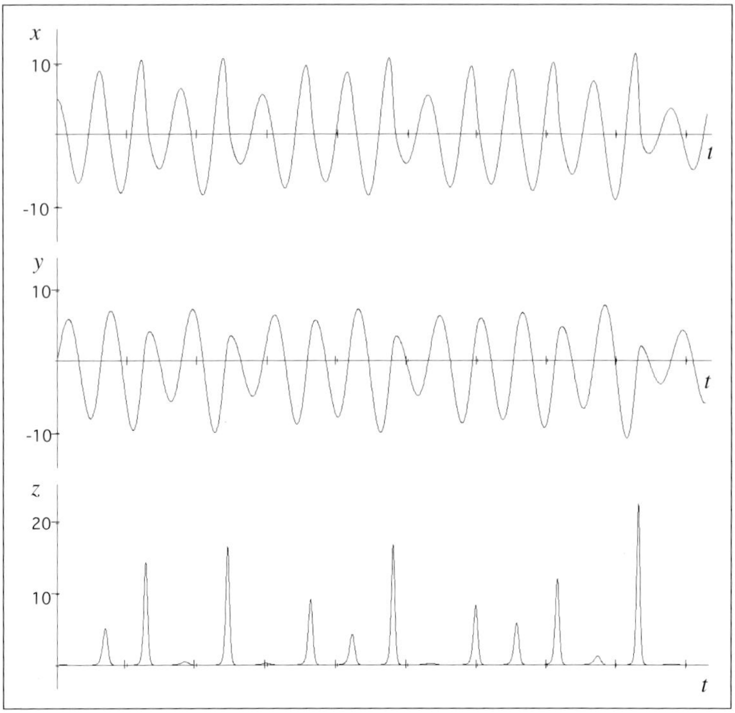

Abb. 3.22 : Für das Rössler-System aus Gleichung (3.12) entstehen mit der Anfangsbedingung $(-1, 0, 0)$ die Kurven $x(t)$, $y(t)$ und $z(t)$ in Abhängigkeit der Zeit t. Der Parameter ist $c = 5.7$.

Dieses System ist vom gleichen Typ wie das stetige Verhulst-System in Gleichung (3.10) mit dem Unterschied, daß wir hier drei Variablen x, y und z gegeben haben anstelle der einen Variablen p für die Population. Wir können das System in Gleichung (3.12) daher als System von Bewegungsgesetzen für einen Punkt mit den Koordinaten (x, y, z) im dreidimensionalen Raum auffassen. Bei gegebenen Anfangskoordinaten (x_0, y_0, z_0) definiert das System eine eindeutige Trajektorie, die durch die Zeit t parametrisiert ist und die Gleichung zu allen Zeiten erfüllt. Wenn wir die Koordinaten dieser Trajektorie zum Zeitpunkt t mit $(x(t), y(t), z(t))$ bezeichnen, bedeutet dies

$$\begin{aligned} x'(t) &= -(y(t) + z(t)) & x(0) &= x_0 \\ y'(t) &= x(t) + ay(t) & y(0) &= y_0 \\ z'(t) &= b + x(t)z(t) - cz(t) & z(0) &= z_0. \end{aligned}$$

In Abbildung 3.22 sind diese drei Komponenten $x(t)$, $y(t)$, $z(t)$ in Abhängigkeit der Zeit t als Kurven dargestellt. Allerdings ist es aufschlußreicher, diese Trajektorie mit den Koordinaten (x, y, z) im dreidimensionalen Raum aufzuzeichnen und aufeinanderfolgende Punkte

Der Rössler-Attraktor

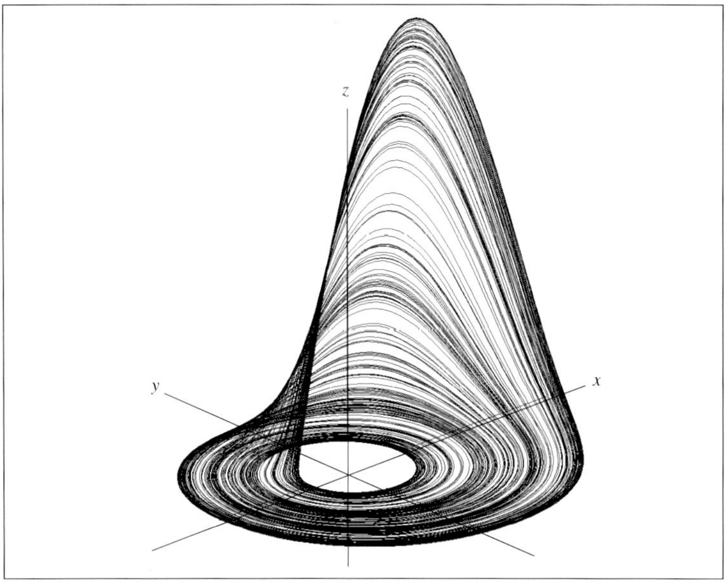

Abb. 3.23 : Die Trajektorie aus Abbildung 3.22 ist hier im dreidimensionalen Raum dargestellt, so daß man einen ersten Eindruck vom Rössler-Attraktor bekommen kann. In Abbildung 3.24 sind zwei Projektionen dargestellt.

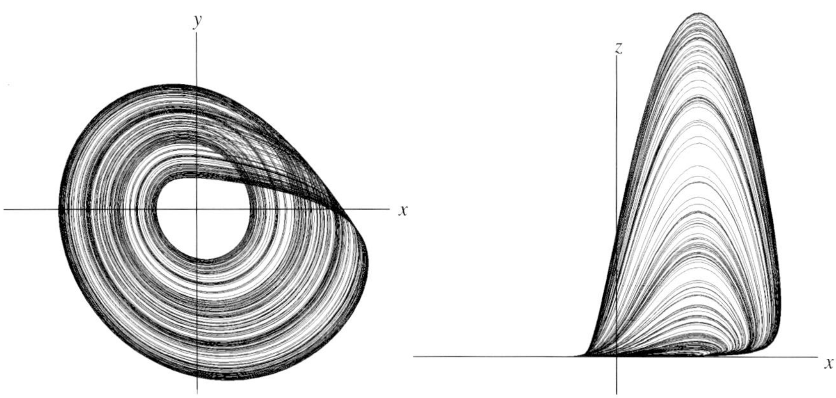

Abb. 3.24 : Der Rössler-Attraktor, Ansicht von oben (links) und von der Seite (rechts).

durch kleine Geradenstücke miteinander zu verbinden. Man bekommt dann einen ersten Eindruck vom Rössler-Attraktor (siehe Abbildung 3.23). Die Bahnen auf dem Attraktor winden sich aus dem Ursprung heraus und halten sich meistens in der Nähe der xy-Ebene auf. Wenn der Abstand einer Bahn vom Ursprung einen kritischen Wert über-

Dynamik auf dem Attraktor

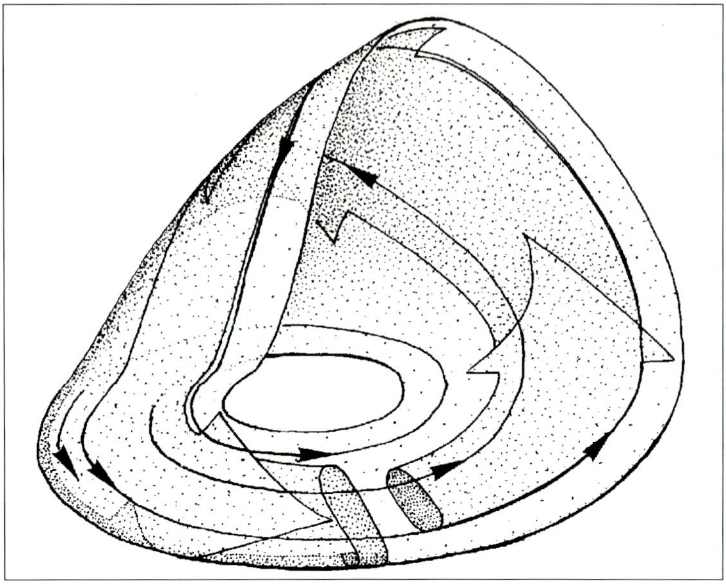

Abb. 3.25 : Schematische Darstellung der Dynamik auf dem Rössler-Attraktor. Mit freundlicher Genehmigung entnommen aus R. H. Abraham, C. D. Shaw, *Dynamics, The Geometry of Behavior,* Teil 2: *Chaotic Behavior,* 1983, Aerial Press, Santa Cruz, zweite Auflage Addison-Wesley, 1992.

steigt, wird die Bahn aus der xy-Ebene herausgetragen. Nachdem sie dann einen gewissen maximalen z-Wert erreicht hat, wird sie in den Teil des Attraktors zurückgeworfen, der sich nahe der xy-Ebene um den Ursprung windet. Je größer bei diesem Ausflug die Auslenkung in z-Richtung ist, desto näher kommt die Bahn an den Ursprung zurück, windet sich von neuem, wird hochgeschleudert und wieder zurückgeworfen. Dieser Prozeß wiederholt sich immer wieder (siehe Abbildung 3.25).

Die Attraktivität

Wir werfen zuerst einen Blick auf die Phänomenologie des Attraktors mit Hilfe einiger einfacher numerischer Experimente. Später versuchen wir dann zu verstehen, wie sich die Grundlage für die Effekte, die wir beobachten werden, bereits in den Gleichungen erkennen läßt. Zunächst stellen wir fest, daß wir es tatsächlich mit einem Attraktor zu tun haben. Wenn wir eine Lösung der Differentialgleichung an einem anderen Punkt in unmittelbarer Umgebung des Gebildes in Abbildung 3.23 starten lassen, erhalten wir genau das gleiche Resultat. Nur der erste Teil der Trajektorie verläuft in deutlicher Entfernung des Gebildes, weil eine Übergangsphase erforderlich ist, in der sich die Lösung dem Attraktor hinreichend nähert.

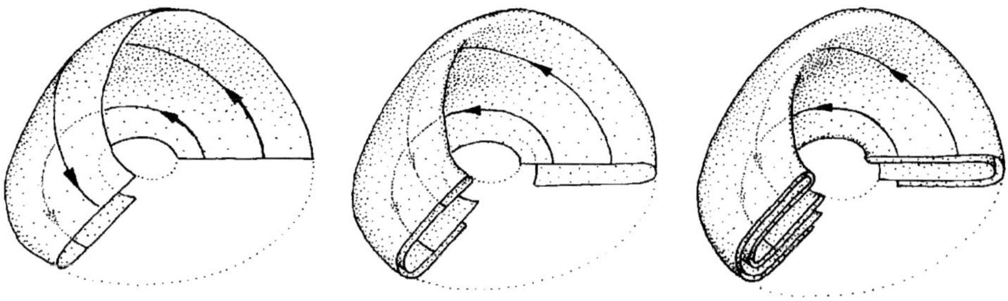

Abb. 3.26 : Drei Iterationen der Streck- und Faltoperation sind hier für eine Strecke als Anfangsobjekt veranschaulicht. Mit Erlaubnis nachgedruckt aus R. H. Abraham, C. D. Shaw, *Dynamics, The Geometry of Behavior,* Teil 2: *Chaotic Behavior,* 1983, Aerial Press, Santa Cruz, zweite Auflage Addison-Wesley, 1992.

Die Knetabbildung

Um das chaotische Verhalten der Dynamik im Rössler-Attraktor besser zu verstehen, werden wir nun zeigen, wie die nichtlineare Streck- und Faltoperation in diesem System versteckt liegt. Anhand der Bilder gewinnt man schon den Eindruck, daß der Attraktor die Struktur von einem *gefalteten Band* hat. Wenn man im Querschnitt durch dieses Band in der Nähe der negativen x-Achse startet, kann man zwei Dinge beobachten (siehe Abbildung 3.26).

1. Während sich das Band etwa eine halbe Umdrehung um den Mittelpunkt windet, wächst seine Breite an. In der Analogie zum Kneten entspricht dies dem Vorgang des Streckens.
2. In der Nähe der positiven x-Achse ist das Band mehr als doppelt so breit, und der äußere Teil beginnt sich überzufalten und schließlich den inneren Teil und ebenso Teile des „Lochs" in der Mitte zu überdecken. Ungefähr nach einer weiteren halben Drehung ist die Faltoperation abgeschlossen, und der Prozeß fängt an, sich zu wiederholen.

Die eindimensionale Wiederkehrabbildung

Mit anderen Worten ist das, was wir hier in drei Dimensionen sehen, im wesentlichen das gleiche wie die Iteration der Streck- und Faltoperation. Daher muß es auch eine direkte Verbindung zur quadratischen Iteration[25]

$$x \to rx(1-x)$$

geben, weil ihre Dynamik nichts anderes ist als wiederholte Streck- und Faltoperationen. Wir wollen diese Verbindung aufdecken und

[25] Wir haben den Parameter hier r genannt, um eine Verwechslung mit dem Parameter a des Rössler-Systems zu vermeiden.

Ein Papiermodell für den Rössler-Attraktor

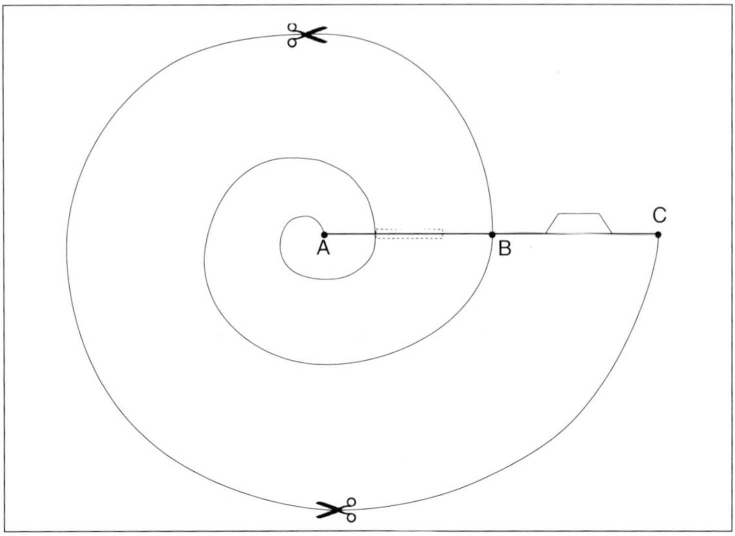

Abb. 3.27 : Um ein dreidimensionales Papiermodell für den Rössler-Attraktor anzufertigen, kann man nach dem folgenden Plan vorgehen 1. Man mache eine Photokopie der Zeichnung und vergrößere dabei um den Faktor zwei. 2. Mit einer Schere schneide man die Figur entlang der äußeren Linie aus. 3. Man schneide einen kleinen Schlitz an der Stelle, die zwischen den Punkten A und B gekennzeichnet ist. 4. Am Punkt B falte man so, daß Punkt C auf Punkt A zu liegen kommt. 5. Man schiebe die kleine Lasche zwischen den Punkten B und C durch den Schlitz und klebe sie auf der Unterseite der Figur fest. Jetzt können wir den Trajektorien des Systems folgen. Diejenige, die schon aufgezeichnet ist, ist periodisch. Sie dreht sich dreimal um den Mittelpunkt, bevor sie sich periodisch fortsetzt. Hinweis: Man sieht die Linien nur auf einer Seite des Papiers. Das Modell ist noch anschaulicher, wenn man die Linien auch auf der anderen Seite nachzieht, bevor man die Figur ausschneidet.

explizit darstellen. Wir erinnern daran, daß der Zusammenhang zwischen dem Kneten und der quadratischen Iteration ausgesprochen elementar war: Der Wert x bezeichnet ein Teilchen im Teig, und $rx(1-x)$ ist die Position des Teilchens nach einmaligem Strecken und Falten. Hier können wir auf dieselbe Weise vorgehen. Wir definieren einen Querschnitt durch das Rösslersche Band als Bezugsrahmen — zum Beispiel der Teil des Attraktors, den man durch einen Schnitt entlang der negativen x-Achse erhält, wo die x-Werte der Trajektorien ihr Minimum annehmen.[26] Das Band ist ziemlich flach,

[26] Wir stellen uns vor, daß die Ebene durch die Gleichung $y + z = 0$ gegeben ist. Dies hat zur Folge, daß an Punkten, an denen Trajektorien die Ebene durchstoßen,

Die Lorenz-Abbildung für den Rössler-Attraktor

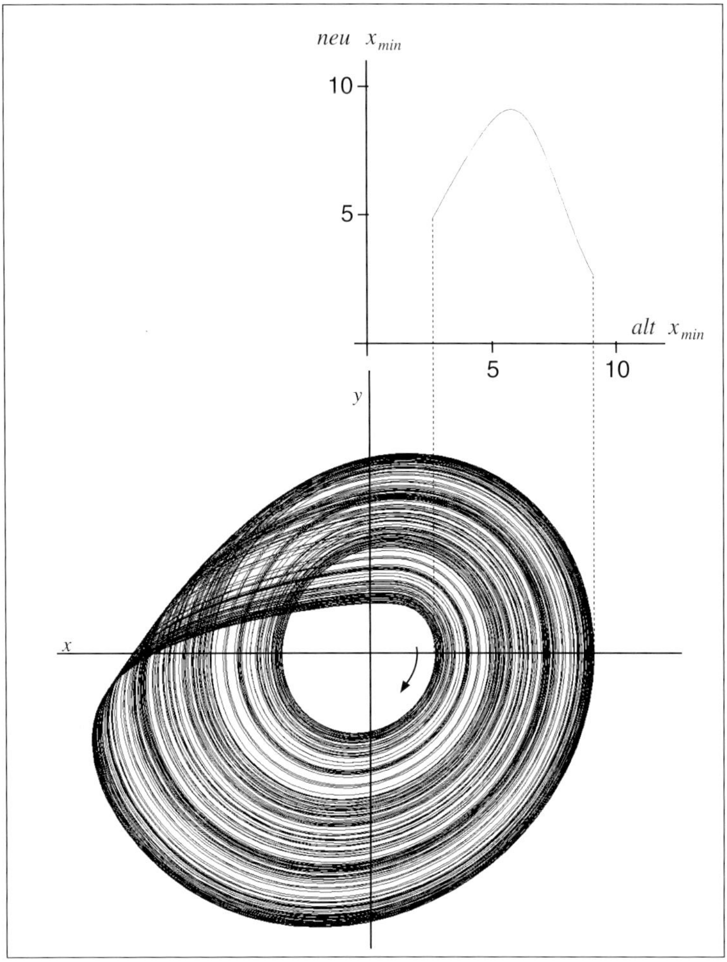

Abb. 3.28 : Eine Trajektorie hat lokale Minima für x-Werte in der Nähe der negativen x-Achse. Nach einer Drehung um den Attraktor wird das nächste Minimum erreicht. Der Graph oberhalb des Attraktors, die Lorenz-Abbildung dieses Systems, zeigt den neuen x-Wert als Funktion des alten.

und daher können wir die Punkte im Schnitt des Attraktors mit der Halbebene durch den Absolutbetrag ihrer x-Koordinate identifizieren. Wir betrachten diese Punkte als Anfangswerte und verfolgen ihre Trajektorien auf dem Band, bis sie das nächste Mal die Halbebene

der Wert $x'(t)$ gleich Null ist. Die Ebene schneidet die Trajektorien daher genau an den Maxima und Minima ihrer x-Werte.

treffen. Wir erreichen dabei eine neue Position mit einer neuen x-Koordinate. Um die Streck- und Faltoperation aufzuzeichnen, können wir den Absolutbetrag des neuen x-Werts im Vergleich zum alten in ein Diagramm eintragen. Wenn wir diesen Vorgang für eine lange Trajektorie auf dem Rösslerschen Band durchführen, sollten wir eine gute Darstellung der Streck- und Faltdynamik erhalten, die im gleichen Sinn ist wie die Parabel in der grafischen Iteration (siehe Abbildung 3.28). Außerdem sieht man in der Abbildung tatsächlich eine Figur, die einer Parabel sehr ähnlich ist! Eine Funktion, die diese Zeichnung modelliert, nennt man eine *Lorenz-Abbildung*. Sie stellt eine Verbindung zwischen der Dynamik eines stetigen Systems und der diskreten Dynamik von Abbildungen auf einem Intervall her.[27] Nachdem diese Verbindung erst einmal klar geworden ist, kann sie als Schnellverfahren genutzt werden, mit dem die Dynamik des stetigen Systems bestimmt werden kann. Statt der Trajektorie des Differentialgleichungssystems mit möglicherweise großem Rechenaufwand zu folgen, genügt es nun, einfach die Lorenz-Abbildung auszuwerten (oder einen Schritt in der grafischen Iteration auszuführen), um zum gleichen Ergebnis zu kommen. Darüber hinaus ist es in der Regel wesentlich leichter, die Eigenschaften der Lorenz-Abbildung zu analysieren, als die Dynamik der entsprechenden Differentialgleichung zu untersuchen. Daher sind uns die Resultate aus den Kapiteln 1 und 2, die sich auf das chaotische Verhalten von Funktionen auf dem Intervall beziehen, hilfreich um die Dynamik der komplizierteren stetigen Systeme zu verstehen.

Wir könnten daraus schließen, daß sich das Chaos aus der Iteration der quadratischen Funktion durch die Lorenz-Abbildung auf das Rösslersche Band überträgt. Wenn wir natürlich einen der Parameter a, b oder c im Rössler-System ändern, ändert sich auch entsprechend der parabel-ähnliche Graph der Lorenz-Abbildung. Insbesondere erwarten wir Periodizität im Rösslerschen Band und infolgedessen einen periodischen Attraktor der Lorenz-Abbildung, der zu einer periodischen Schleife im Phasenraum (x, y, z) der stetigen Differentialgleichung gehört (siehe Abbildung 3.29).

Das Feigenbaum-Experiment

Wir vollziehen den nächsten logischen Schritt in der Folge dieser Experimente: Wir erstellen ein Diagramm, das dem Feigenbaum-Diagramm ähnlich ist. Gehen die Paralellen zwischen dem quadratischen Iterator und dem Rössler-System so weit, daß sich die Periodenverdopplungskaskade oder sogar die Feigenbaum-Konstante

[27] Die Entdeckung dieses quasi eindimensionalen Charakters in der Dynamik eines Differentialgleichungssystems wurde von Lorenz gemacht (siehe der folgende Abschnitt 3.4).

Eine periodische Lösung

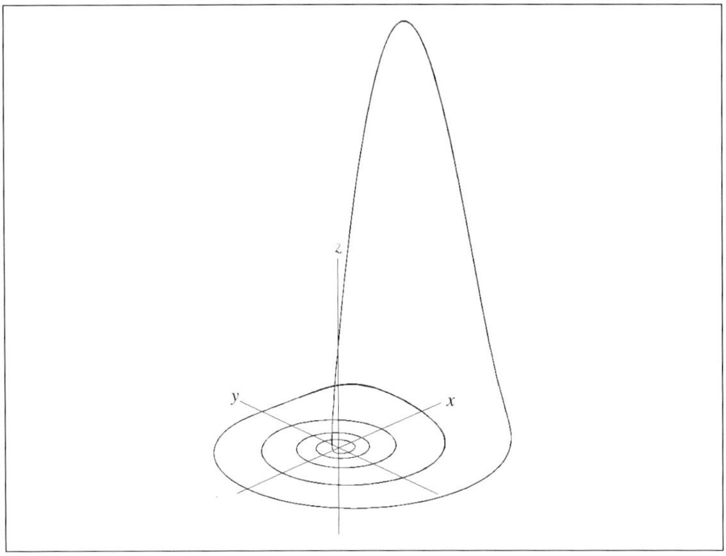

Abb. 3.29 : Eine attraktive periodische Lösung für das Rössler-System mit dem Parameter $c = 8.0$.

4.6692... reproduziert? Wir behaupten nicht, daß wir dieses Experiment mit größtmöglicher numerischer Sorgfalt durchgeführt haben, aber die Resultate aus Abbildung 3.30 legen die Vermutung nahe, daß dies der Fall ist. Wir finden erneut das gesamte Spektrum wesentlicher dynamischer Eigenschaften des quadratischen Iterators.

Wie seltsam ist der Attraktor?

Dies mag dem Leser wie das Ende der Geschichte über chaotische Attraktoren vorkommen; wir haben jedoch eine grundlegende Einschränkung des eindimensionalen Modells in unserer Besprechung ausgelassen. Die Lorenzabbildung ist nur ein Modell und als solches prinzipiell *nicht exakt*. Wäre das Modell exakt, hätte dies zur Folge, daß viele Anfangswerte aus dem Schnitt durch das Band paarweise den gleichen Punkt treffen würden, wenn sie einmal unter der Lorenz-Abbildung iteriert werden. (Bei einer Parabel werden zwei Punkte auf einen abgebildet.[28]) Das würde gegen die fundamentale Eigenschaft des stetigen Systems verstoßen, die wir zuvor besprochen haben, und die besagt, daß sich Trajektorien nicht schneiden dürfen. Wenn sie nur einen einzigen Punkt gemeinsam haben, müssen sie von diesem Punkt an für alle Zeiten übereinstimmen. Und dies läßt sich in beiden Richtungen auf die Trajektorien anwenden, vorwärts und

[28] Wenn man die Gleichung $rx(1-x)$ verwendet, sind diese Punkte $x_0 = 0.5 + d$ und $x_0 = 0.5 - d$, wobei d eine beliebige Zahl ist.

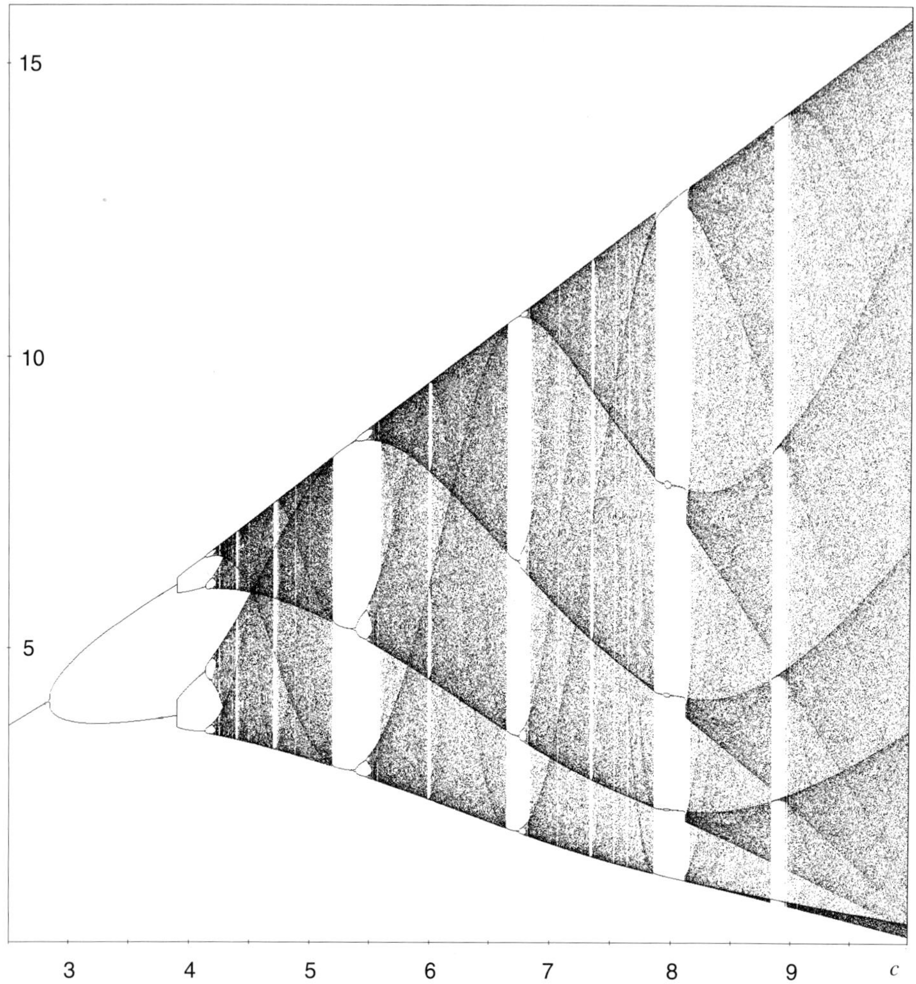

Abb. 3.30 : Feigenbaum-Diagramm für das Rössler-System. Das Bild zeigt den Bereich der Parameter $2.5 < c < 10.0$. In vertikaler Richtung werden die Absolutbeträge der minimalen x-Werte der zugehörigen Trajektorien auf dem Attraktor gezeigt. Dies entspricht der Projektion des Diagramms für die Lorenz-Abbildung, wie es in Abbildung 3.28 auf der vertikalen Achse gegeben ist. Zu Anfang, für kleine Werte für c, besteht der Attraktor aus einer periodischen Bahn, die nur ein lokales Minimum in x-Richtung hat, d.h., er ist einfach eine Schleife. Wenn der Parameter c anwächst, durchläuft diese periodische Bahn eine periodenverdoppelnde Verzweigung. Wenn man dies für $c = 8$ überprüft, findet man 5 Punkte im Diagramm, was der periodischen Lösung aus Abbildung 3.29 entspricht, die 5 Schleifen hat.

rückwärts. Was geschieht also wirklich? Sicherlich sind unsere Experimente auch nicht vollkommen falsch. Ähnliche Untersuchungen, die zu den gleichen qualitativen Ergebnissen geführt haben, wurden von zahlreichen Wissenschaftlern mit besserer Genauigkeit und größerem Aufwand durchgeführt. Da der gefaltete Teil des Rösslerschen Bands nicht richtig mit dem anderen Teil verschmelzen kann, sind wir genötigt, daraus zu schließen, daß die Teile zumindest *außerordentlich* nahe aneinander kommen. Und tatsächlich: die beiden Teile des Bands können sich so nahe kommen, wie wir es wollen. Was wir also in den Bildern nach einer Drehung um den Attraktor sehen, ist nicht einfach nur ein Band, sondern zwei sehr dicht aufeinanderliegende Schichten des Bands. Nach einer weiteren Rotation falten sich diese beiden Schichten (die man auseinanderhalten muß) abermals um und bilden vier Schichten. Danach erhalten wir acht Schichten und so weiter. Was wir daher schließlich sehen, ist ein Band mit unendlich vielen übereinanderliegenden Schichten, wie ein Stapel extradünner Pfannekuchen, die eigenartig miteinander verschlungen und kompakt aufeinandergelegt wurden. Wissenschaftlicher formuliert ist es eine *Cantor-Menge aus Schichten.* Und weil diese Schichten so dicht beieinander liegen, können wir sie im Phasenportrait oder in Abbildung 3.28, aus der wir die Lorenz-Abbildung entnommen haben, nicht wahrnehmen. Nur wenn wir mit übermäßig großer Genauigkeit arbeiten, haben wir die Möglichkeit, einen Blick auf diese Schichten zu werfen. Mit anderen Worten muß die fraktale Dimension eines Attraktors aus der Rössler-Familie $2 + \varepsilon$ sein, wobei ε eine außerordentlich kleine Zahl ist.[29] Es ist der fraktale Charakter, der den Rössler-Attraktor als einen *seltsamen* Attraktor kennzeichnet.

Poincarésche Schnitte

Die eindimensionale Lorenz-Abbildung ist eine Vereinfachung der konkreten Dynamik im Rössler-System. Die Punkte, die sich im Diagramm für den Schnitt durch das Rösslersche Band in Abbildung 3.28 anhäufen, liegen *nicht* genau auf einer Kurve. Sie befinden sich sehr nahe an einer Kurve, die wie eine Parabel aussieht, so nahe, daß man sie mit bloßem Auge nicht von der Kurve unterscheiden kann. Um eine diskrete Abbildung zu konstruieren, die die wirkliche Dynamik wiederspiegelt, stellen wir uns ein Rechteck vor, das einen Schnitt durch das Rösslersche Band enthält, und das von der z-Achse und dem negativen Teil der x-Achse aufgespannt wird. Dieses Rechteck ist *transversal* zum Fluß des Differentialgleichungssystems. Dies bedeutet, daß die Trajektorien geradewegs durch das Rechteck laufen, und es nicht tangential berühren. Eine Fläche mit dieser Eigenschaft nennt man auch einen *Poincaréschen Schnitt.*[30]

[29] Man kann berechnen, daß die Dimension zwischen 2.01 und 2.02 liegt.

[30] Nach Jules-Henri Poincaré (1854–1912), der die Grundlagen zur heutigen Theorie dynamischer Systeme gelegt hat.

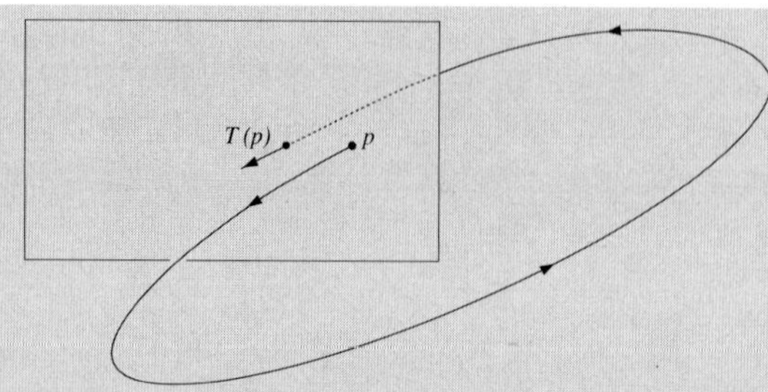

Abb. 3.31 : Die Poincaré-Abbildung bildet den Punkt p auf $T(p)$ ab. $T(p)$ ist als derjenige Punkt definiert, an dem die Trajektorie, die bei p anfängt, zum erstenmal wieder auf den Poincaréschen Schnitt trifft.

Die Dynamik des Systems kann mit einer Transformation T beschrieben werden, die auf einem solchen Schnitt definiert ist. Gegeben sei ein Anfangswert p auf dem Schnitt. Wir folgen seiner Trajektorie, bis sie den Schnitt erneut trifft. Der Punkt, an dem die Trajektorie auf den Schnitt zum ersten Mal trifft, bezeichnen wir mit $T(p)$. Auf dieselbe Weise ist $T(p)$ für alle anderen Punkte auf dem Poincaréschen Schnitt definiert. Die Abbildung T nennt man eine *Poincaré-Abbildung* (siehe Abbildung 3.31). Anstelle einer „vollständigen" Trajektorie betrachten wir die entsprechenden Iterierten der Poincaré-Abbildung. Zum Beispiel entspricht eine periodische Trajektorie einem Fixpunkt oder einem Zyklus der Poincaré-Abbildung.

Wie die Differentialgleichung wirkt

Um zu erklären, wie die Differentialgleichungen

$$\begin{aligned} x' &= -(y+z) \\ y' &= x + ay \\ z' &= b + xz - cz \end{aligned}$$

des Rössler-Systems Trajektorien des Typs hervorbringt, den wir zuvor besprochen haben, geben wir die Erklärung von J. M. T. Thompson and H. B. Stewart aus ihrem Buch *Nonlinear Dynamics and Chaos,* Wiley, Chichester, 1986, S. 235–236, wieder. Dieses einfache autonome System hat nur einen einzigen nichtlinearen Term, das Produkt von x und z in der dritten Gleichung. Jeder Term in diesen Gleichungen trägt dazu bei, die gewünschte globale Struktur der Trajektorien zu erzeugen. Wenn wir nun zunächst die beiden ersten Gleichungen betrachten, wollen wir für einen Moment annehmen, z sei so klein, daß man es vernachlässigen kann. Dann kann das Untersystem

$$\begin{aligned} x' &= -y \\ y' &= x + ay \end{aligned}$$

in einen linearen Oszillator zweiter Ordnung

$$x'' - ax' + x = 0$$

umgeformt werden. Bei negativem a hat dieser Oszillator negative Dämpfung, und für $0 < a < 2$ befindet sich im Ursprung eine instabile Ruhelage, von der sich Bahnen des Untersystems spiralförmig wegbewegen. Daher winden sich auch die Trajektorien des gesamten Differentialgleichungssystems erster Ordnung in der Nähe der xy-Ebene vom Ursprung aus nach außen. Trajektorien, die dicht beieinander liegen, laufen aus diesem Grund auseinander, was ein erster Bestandteil der Mischungseigenschaft von Chaos ist.

Das Auseinanderlaufen wird allein durch lineare Terme verursacht. Wenn aber das gesamte System der drei Gleichungen linear wäre, würde das Auseinanderlaufen für alle Zeiten andauern, während sich alle Trajektorien immer weiter vom Ursprung entfernen. Damit der Vorgang des Auseinanderlaufens auf einen beschränkten Attraktor eingedämmt wird, ist der nichtlineare Term erforderlich. Die Konstante c in der dritten Gleichung dient als kritischer Wert, bei dem das nichtlineare Falten einsetzt. Wenn wir die dritte Gleichung gesondert betrachten, können wir folgendes feststellen: Immer wenn der Wert von x kleiner ist als die Konstante c, ist der Koeffizient von z negativ, und das Untersystem für z ist stabil und bringt z in die Nähe eines Wertes, der etwa bei $b/(c - x)$ liegt. Wenn x größer wird als c, tritt z in der dritten Gleichung mit einem positiven Faktor multipliziert auf, und das Untersystem für z, das zuvor konvergent war, divergiert nun. Wenn man $b > 0$ wählt, bekommt man diese Divergenz in Richtung positiver z-Werte.

Die Wirkung hiervon wird in Abbildung 3.23 gezeigt. Eine Trajektorie windet sich nach außen, während sie jedoch scheinbar in einer Ebene nahe bei oder sogar parallel zur xy-Ebene verweilt. Wenn x genügend anwächst, tritt das z-Untersystem in Kraft, und die Trajektorie schnellt empor. Wenn z groß genug wird, kommt der Term für z in der ersten Gleichung ins Spiel, und x' wird stark negativ, wodurch die Trajektorie zu kleineren x-Werten zurückgeworfen wird. Wenn x letztendlich kleiner wird als c, wird die z-Variable stabilisiert, und die Trajektorie landet wieder in der Nähe der xy-Ebene. Durch die Rückkopplung zwischen z und der Gleichung für x werden die Trajektorien zurückgefaltet und wieder in die Nähe des Ursprungs gebracht, wo sie von neuem anfangen, sich nach außen zu winden.

3.4 Der Lorenz-Attraktor

Das Rössler-System ist ein ausgesprochen künstliches System, das allein aus der Absicht heraus konstruiert wurde, ein Modell für einen seltsamen Attraktor zu entwerfen, für das man lediglich auf die allereinfachsten Mechanismen zurückgreifen muß, die Chaos erzeugen: Strecken und Falten. Natürlich kannte Rössler das Lorenz-System, das bereits 13 Jahre vorher veröffentlicht wurde, und eigentlich kann man sagen, daß der Rössler-Attraktor ein Modell für den Lorenz-Attraktor ist.

Edward N. Lorenz

Abb. 3.32 : Edward N. Lorenz ist Meteorologe, der über ein gutes mathematisches Hintergrundwissen verfügt. In Harvard war er Schüler von George D. Birkhoff, einem der Väter der modernen Chaostheorie.

Das Lorenz-System

Das Gleichungssystem, das Lorenz aufgestellt hat, sieht keineswegs komplizierter aus als das von Rössler. Es lautet:

$$\begin{aligned} x' &= -\sigma x + \sigma y \\ y' &= Rx - y - xz \\ z' &= -Bz + xy. \end{aligned} \tag{3.13}$$

Die Zahlen σ, B und R sind die physikalischen Parameter, die von Lorenz auf

$$\sigma = 10, \quad B = \frac{8}{3}, \quad R = 28$$

Der Lorenz-Attraktor

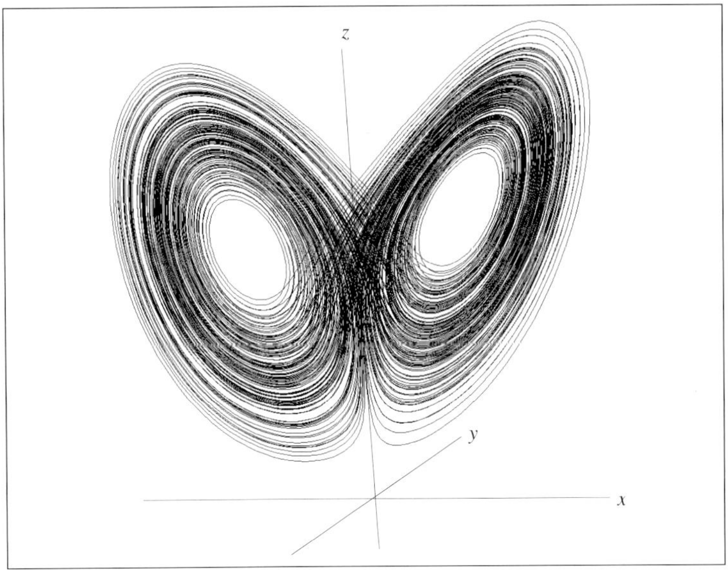

Abb. 3.33 : Einige Trajektorien auf dem Lorenz-Attraktor.

festgelegt wurden. In Abbildung 3.33 ist der zugehörige Attraktor dargestellt, den wir heute den Lorenz-Attraktor nennen. Seine geometrischen Eigenschaften sind etwas komplizierter als die des Rösslerschen Bands. Es gibt zwei Teile, in denen sich Trajektorien spiralförmig nach außen winden. Wenn der Abstand einer Lösung zum Mittelpunkt einer solchen Spirale einen bestimmten kritischen Schwellenwert überschreitet, wird die Lösung aus der Spirale herausgeschleudert und von der anderen Spirale angezogen, wo sie sich erneut nach außen windet und sich das ganze Schauspiel wiederholt. Die Anzahl der Umdrehungen, die eine Trajektorie innerhalb einer Spirale zurücklegt, ist nicht festgelegt. Sie kann zum Beispiel für zwei Umdrehungen in der einen Spirale bleiben, sich dann dreimal um den Mittelpunkt der anderen winden, danach wieder für zehn Umdrehungen in der ersten Spirale bleiben und so weiter. Wir vermuten sogar, daß es für jede Folge positiver ganzer Zahlen, die nicht zu groß sind, wie zum Beispiel für $3, 11, 7, \ldots$ eine Trajektorie auf dem Lorenz-Attraktor existiert, die sich genau so oft abwechselnd auf den beiden Spiralen dreht, wie es die Zahlenfolge vorgibt. Insbesondere gibt es also eine Trajektorie, die sich zuerst dreimal auf der rechten Spirale dreht, dann elfmal auf der linken, dann wieder siebenmal auf der rechten und so weiter.

Das physikalische Modell von Lorenz

Worin besteht die Verbindung zwischen diesen wild umherwirbelnden Lösungen und der Wettervorhersage, mit der sich Lorenz beschäftigte? Sicherlich sind diese Trajektorien unangebracht, die Wege von Luftströmen zu beschreiben! Anderenfalls würde sich der Lorenz-Attraktor ähnlich verhalten wie ein schwarzes Loch in der Astrophysik: Er würde die gesamte Atmosphäre aufsaugen, nichts als Leere um sich herum hinterlassen und den ganzen Planeten Erde verwüsten. Weit sind wir jedoch nicht von der Wahrheit entfernt. Das Lorenz-Modell ist tatsächlich ein Modell für thermische Konvektion, durch die nicht nur die Bewegung viskoser Flüssigkeiten beschrieben wird, sondern auch die Verteilung von Hitze, die treibende Kraft thermischer Konvektion.

Wenn Luft in der Nähe der Erdoberfläche erwärmt wird, steigt sie auf. Dies ist ein wichtiger Faktor für die atmosphärische Wetterküche. Konvektive Luftströme können sich anstauen, wobei verschiedene Arten von Konvektionszellen entstehen, und unter hinreichender Krafteinwirkung kommt turbulente Bewegung in der Atmosphäre auf. Beispiele für Konvektionszellen sind walzenförmige Gebilde sowie sogenannte *Bénardsche Zellen*, deren Struktur von oben betrachtet Bienenwaben gleicht. In diesen hexagonalen Zellen steigt angewärmte Flüssigkeit in der Mitte auf, kühlt weiter oben wieder ab und sinkt am Rand der Zellen wieder nach unten. Das Lorenz-System hängt eher mit dem walzenförmigen Bewegungstyp in viskosen Flüssigkeiten zusammen, wobei eine der Dimensionen unter der Annahme vernachlässigt werden kann, daß die walzenartigen Konvektionszellen bis ins Unendliche reichen. Das mathematische Modell für die Flüssigkeitsbewegung wurde ursprünglich 1916 von Lord Rayleigh[31] entdeckt. Es geht davon aus, daß sich die ganze Konvektion auf einem rechteckigen Gebiet abspielt, dessen Unterseite erhitzt wird, so daß der Temperaturunterschied zwischen Ober- und Unterseite konstant bleibt. Bei bestimmten Parameterkonfigurationen stellt sich dabei heraus, daß die Lösungen der Modellgleichungen eine ziemlich spezielle Form haben, die Rayleigh bereits bekannt war. Lorenz nahm diese speziellen Lösungen, betrachtete ihre Amplitude als zeitabhängig, setzte sie ins Rayleigh-Modell ein, ließ alle Terme außer acht, die die spezielle Form nicht hatten[32] und kam so zu einem Differentialgleichungssystem für die Amplituden (siehe Gleichung (3.13)).[33]

---

[31] Lord Rayleigh, *On convective currents in a horizontal layer of fluid when the higher temperature is on the under side,* Phil. Mag. 32 (1916) 529–546.

[32] Abgesehen von einem besonderen Term, der mit der Temperaturverteilung zusammenhängt.

[33] Eine andere Interpretation besteht darin, daß die Lösungen der Rayleigh-Gleichungen als Fourier-Reihen mit zeitabhängigen Koeffizienten geschrieben werden können. Wenn man diese Reihen anstelle der ursprünglichen Variablen

Die Bedeutung von x, y und z

Es ist beinahe unmöglich herauszufinden, wofür die Variablen x, y und z im Lorenz-System genau eingesetzt werden, ohne die Veröffentlichung von Lorenz im Original zu Rate zu ziehen. Wir werden nun ein paar technische Einzelheiten sowie Visualisierungen des Vorgangs der Konvektion behandeln, der von Lorenz untersucht wurde. Wie wir schon erwähnt haben, befassen wir uns mit Konvektionsströmungen und der Temperaturverteilung auf einem rechteckigen Gebiet, bei dem der Temperaturunterschied ΔT zwischen Ober- und Unterseite konstant gehalten wird. Es wird davon ausgegangen, daß die Dynamik in allen Schnitten parallel zum Rechteck diesselbe ist. Die Gleichungen für das allgemeinere dreidimensionale Problem wurde von Lord Rayleigh ausgearbeitet. Die Vereinfachung auf den zweidimensionalen Fall, die wir hier betrachten wollen, stammt von B. Saltzman.[34]

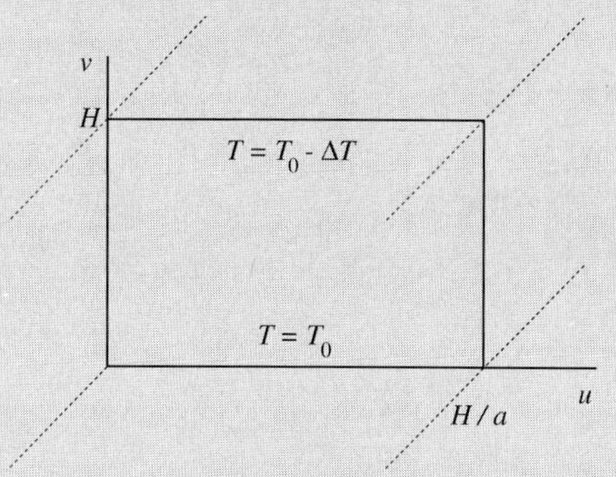

Abb. 3.34 : Querschnitt durch einen Quader, in dem die Lorenz-Gleichungen den Flüssigkeitsstrom und die Temperaturverteilung modellieren.

Wir verzichten darauf, diese Formeln anzugeben, und statt dessen stellen wir eine Methode zur Annäherung an die Lösung vor, mit der Lorenz gearbeitet hat. Dabei wird eine sogenannte Strömungsfunktion Ψ verwendet sowie eine Temperaturfunktion. Die Variablen in diesen Funktionen sind die räumlichen Koordinaten u und v und die Zeit t. Anstelle der Temperatur wird die Temperaturdifferenz Θ zum Temperaturprofil im Stadium ohne Konvektion verwendet, bei dem die Temperatur von einem Wert T_0 an der Unterseite bis $T_0 - \Delta T$ an der Oberseite linear abnimmt (siehe Abbildung 3.34).

verwendet, bekommt man ein System, das unendlich viele Gleichungen enthält. Wenn man nur die drei wichtigsten Gleichungen nimmt, erhält man das Lorenz-System aus Gleichung (3.13).

[34] B. Saltzman, *Finite amplitude free convection as an initial value problem*, J. Atmos. Sci. 19 (1962) 329–341.

Wir wollen diese kompliziert aussehenden Gleichungen zunächst angeben und dann erklären.

$$
\begin{aligned}
\frac{a}{(1+a^2)\kappa}\Psi(u,v,t) &= x(t)\sqrt{2}\sin\left(\frac{\pi a}{H}u\right)\sin\left(\frac{\pi}{H}v\right)\\
\frac{\pi R_a}{R_c \Delta T}\Theta(u,v,t) &= y(t)\sqrt{2}\cos\left(\frac{\pi a}{H}u\right)\sin\left(\frac{\pi}{H}v\right)\\
&\quad -z(t)\sin\left(\frac{2\pi}{H}v\right).
\end{aligned}
\tag{3.14}
$$

Die Symbole, die dabei verwendet werden, haben die folgende Bedeutung.

$\Psi = \Psi(u,v,t)$	Strömungsfunktion
$\Theta = \Theta(u,v,t)$	lokale Temperaturdifferenz
u	horizontale räumliche Koordinate
v	vertikale räumliche Koordinate
$x(t), y(t), z(t)$	zeitabhängige Koeffizienten (Amplituden)
t	Zeit
H	Tiefe der Flüssigkeitsschicht (Maximum von v)
a	geometrischer Parameter (fixiert bei $a = 1/\sqrt{2}$)
κ	thermische Konduktivität
R_a	Rayleigh-Zahl
R_c	kritischer Wert von R_a ($R_c = \pi^4(1+a^2)^3/a^2$)
ΔT	absolute Temperaturdifferenz

Das rechteckige Gebiet hat Koordinaten u zwischen 0 und $H/a = \sqrt{2}H$, sowie v zwischen 0 und H. Die Strömungsfunktion Ψ wird im folgenden Sinne interpretiert. Ψ ist ein skalares Vektorfeld, und die Flüssigkeitsbewegung zum Zeitpunkt t_0 erscheint entlang der Isoklinen $\Psi(u,v,t_0) = \text{k}$. Um ein Bild von der Flüssigkeitsbewegung zu bekommen, können wir daher einfach die Isoklinen aufzeichnen (siehe Abbildung 3.35). Genauer ist die Geschwindigkeit V der Flüssigkeit an einem Punkt (u,v) im Raum zum Zeitpunkt t gegeben durch

$$
V(u,v,t) = \begin{pmatrix} -\dfrac{d}{dv}\Psi(u,v,t) \\ \dfrac{d}{du}\Psi(u,v,t) \end{pmatrix}.
$$

Das zugehörige Temperaturprofil ist durch $\Theta(u,v,t)$ gegeben und kann direkt aus der Gleichung (3.14) abgelesen werden.

Wenn man diese Form der Lösung verwendet, reduzieren sich Saltzmans Gleichungen auf das System von Lorenz, das nur die unbekannten zeitabhängigen Koeffizienten enthält. Wir erinnern an das System

$$
\begin{aligned}
x' &= -\sigma x + \sigma y\\
y' &= Rx - y - xz\\
z' &= -Bz + xy,
\end{aligned}
$$

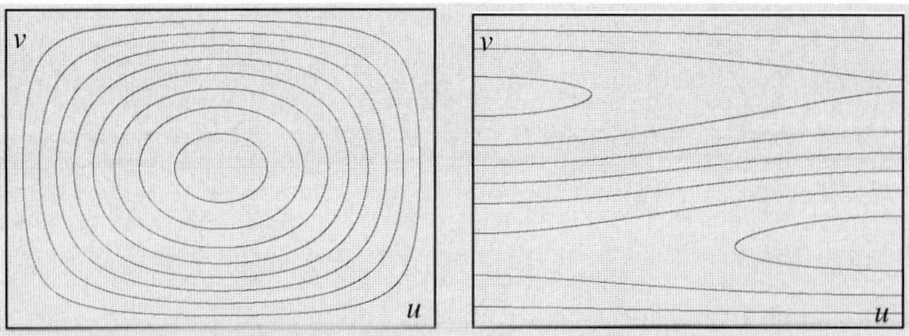

Abb. 3.35 : Stromlinien von Konvektionsströmen (links) und das zugehörige Temperaturprofil (rechts) im beständigen Stadium.

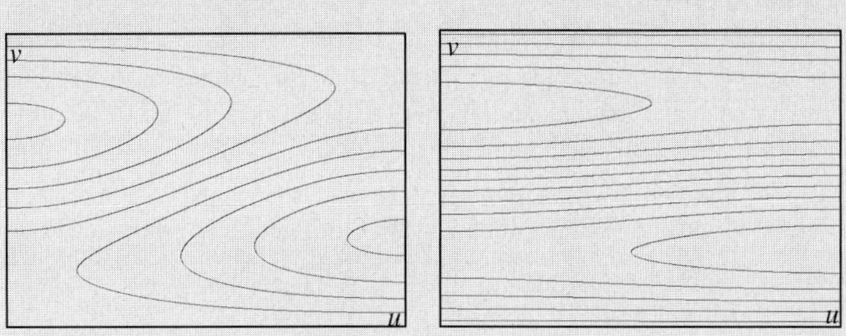

Abb. 3.36 : Die zugehörigen Zustandsvariablen (x, y, z) sind (2.403, 4.892, 4.673) (links) und $(16.610, 7.428, 45.428)$ (rechts).

das die drei Parameter σ, die Prandtl-Zahl $R = R_a/R_c$ und $B = 4/(1 + a^2) = 8/3$ enthält.[35] Lorenz gibt dafür die folgende Erklärung: „In diesen Gleichungen ist x proportional zur Intensität der Konvektionsbewegung, während y proportional ist zur Temperaturdifferenz zwischen den aufsteigenden und den absteigenden Strömen. Gleiche Vorzeichen von x und y zeigen an, daß warme Flüssigkeit aufsteigt und kalte Flüssigkeit absteigt.“

Lorenz wählte die Parameter $\sigma = 10$ und $R = 28$. Für diese Wahl gibt es zwei Ruhelagen der Differentialgleichung; das sind Werte für x, y, z, die konstant bleiben (außer dem Ursprung $(0, 0, 0)$). Diese sind

$$(6\sqrt{2}, 6\sqrt{2}, 27) \quad \text{und} \quad (-6\sqrt{2}, -6\sqrt{2}, 27)$$

und sie entsprechen den Mittelpunkten der beiden Löcher im Attraktor aus Abbildung 3.33. Diesen Lösungen sind periodische Konvektionsströme zugeordnet. Wir veranschaulichen die erste dieser Lösungen in Abbildung 3.35. Weitere Punkte im Phasenraum entsprechen anderen Konvektionsströmen und Temperaturprofilen. Zwei Beispiele für Punkte auf dem Lorenz-Attraktor sind in Abbildung 3.36 gegeben. Wenn man

[35] Die Ableitungen x', y', z' werden bezüglich der umparametrisierten Zeit $\tau = \pi^2(1 + a^2)\kappa t/H^2$ gebildet.

einen Punkt entlang seiner Trajektorie auf dem Lorenz-Attraktor verfolgt, muß man seine Koordinaten daher so interpretieren, wie sie in Gleichung (3.14) und den Abbildungen gegeben sind. Mit diesen Bemerkungen wollen wir die Erörterung der physikalischen Bedeutung des Lorenz-Modells abschließen.[36]

Wie sich gezeigt hat, sind mehrere gravierende Schritte zur Vereinfachung erforderlich, bevor man das endgültige Gleichungssystem erhält. Man kann also mit gutem Recht behaupten, daß die Lösungen des Systems für den wirklichen Konvektionsprozeß keinerlei Relevanz mehr haben. Es war jedoch nicht die Absicht von Lorenz, das Modell so genau wie möglich zu halten. Ganz im Gegenteil: Nachdem er erst einmal einen seltsamen Attraktor gefunden hatte (im komplexen System), war er bemüht, ein möglichst elementares System aus den Konvektionsgleichungen abzuleiten, das noch immer die extreme sensitive Abhängigkeit von den Anfangsbedingungen zeigt, die eines der Merkmale von Chaos ist.

Ein Modell für die Lorenz-Dynamik

Der chaoserzeugende Mechanismus im Lorenz-System ist ein wenig komplizierter als der im Rössler-System. Anstelle der Streck- und Faltoperation, haben wir es hier mit einer Streck-, Spalt- und Verschmelzungsoperation zu tun, wie es im Modell in Abbildung 3.37 gezeigt wird. In den beiden Spiralen findet eine Streckung statt. Beide gestreckten Bänder spalten sich entlang der horizontalen Linie in der Mitte, die eine Hälfte kommt zur linken Spirale zurück und die andere zur rechten. In der darauffolgenden Umdrehung verschmelzen die beiden Bänder auf beiden Seiten, und der Kreislauf ist beendet. Ähnlich wie die Lorenz-Abbildung für das gefaltete Band kann hier eine Lorenz-Abbildung für Punkte auf dem in der Abbildung eingetragenen mittleren Geradenstück I definiert werden. Die Resultate sind im unteren Teil der Abbildung dargestellt.

Die grafische Iteration mit diesem Graphen entspricht der Dynamik von Punkten (x, y, z) auf dem Attraktor. Die linke Seite davon gehört zur linken Spirale des Attraktors und die andere Seite zur rechten Spirale. Es gibt einen Zusammenhang zwischen diesem eindimensionalen Modell und der Shiftabbildung in Kapitel 1, $x \to \text{Frac}\,(2x) = 2x \bmod 1$, aus der wir die grundlegenden Eigenschaften von Chaos abgeleitet haben: Sensitive Abhängigkeit von

[36] Für weitere Einzelheiten und Literaturstellen siehe die Originalarbeit von E. N. Lorenz, *Deterministic nonperiodic flow,* J. Atmos. Sci. 20 (1963) 130–141. Das Buch von J. M. T. Thompson und H. B. Stewart, *Nonlinear Dynamics and Chaos,* Wiley, Chichester, 1986, enthält eine breite Einführung und wesentlich mehr Material über die Geometrie, die dem Attraktor zugrunde liegt, sowie über den Weg ins Chaos.

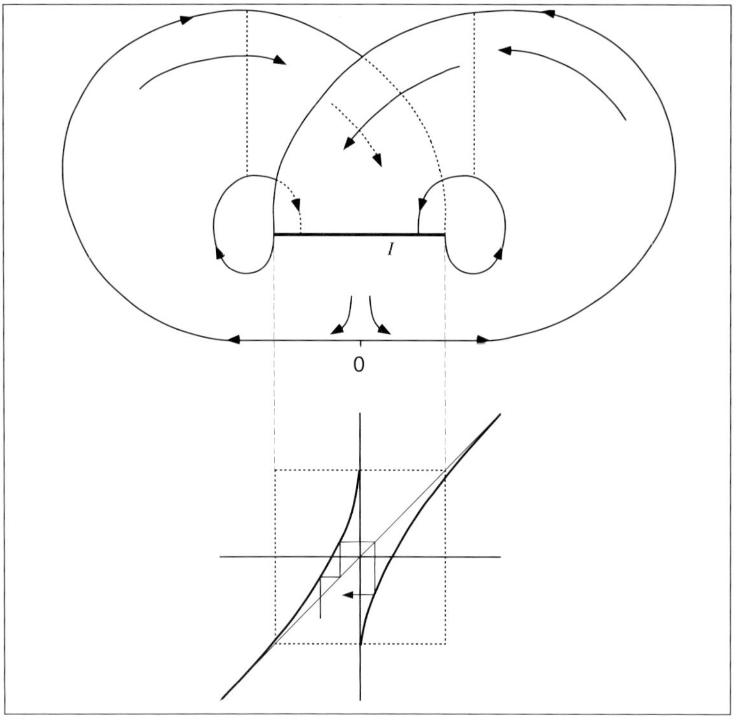

Modell für die Dynamik der Lorenz-Abbildung

Abb. 3.37 : Eine schematische Darstellung vom Streck-, Spalt- und Verschmelzungsprozeß in der Dynamik des Lorenz-Attraktors wird oben gezeigt. Die Lorenz-Abbildung des Systems, die unten gezeigt wird, modelliert den Streck-, Spalt- und Verschmelzungsprozeß, wie er auf dem Intervall I beobachtet werden kann. Jede grafische Iteration entspricht einer Drehung um eine der beiden Spiralen des Attraktors.

den Anfangsbedingungen, die Mischungseigenschaft und dichte, periodische Punkte.

Eine weitere Lorenz-Abbildung

Ursprünglich hatte Lorenz ein anderes eindimensionales Modell vorgeschlagen. Er hatte beobachtet, „daß eine Trajektorie eine Spirale nur dann verläßt, wenn sie einen kritischen Abstand von ihrem Mittelpunkt erreicht. Darüber hinaus scheint das Ausmaß, in dem dieser kritische Wert überschritten wird, den Punkt zu bestimmen, an dem die Trajektorie in die nächste Spirale eintritt. Dieser Punkt wiederum entscheidet über die Anzahl der Drehungen, die durchlaufen werden, bevor die Spirale aufs neue gewechselt wird.“ Er hat dann gefolgert, daß der der maximale z-Wert allein ausreicht, um das Maximum der nächsten Umdrehung zu berechnen. Um diese Idee zu überprüfen, zeichnete er wie in Abbildung 3.38 eine große Zahl von Punkten in ein Koordinatensystem ein, deren Koordinaten aus zwei aufeinan-

Die Lorenz-Abbildung

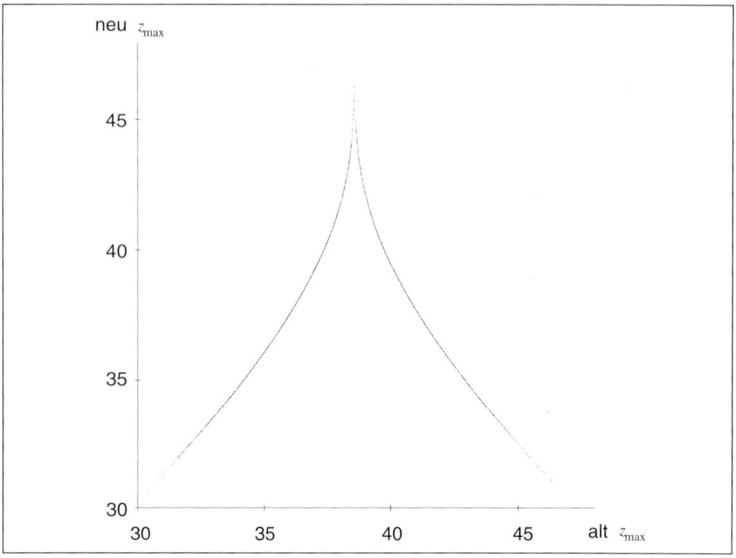

Abb. 3.38 : Die Lorenz-Abbildung für das Lorenz-System modelliert die Dynamik auf dem Attraktor, wie sie auf der gepunkteten vertikalen Linie in Abbildung 3.37 beobachtet werden kann. Aus diesem Blickwinkel kann sie als Streck- und Faltprozeß beschrieben werden.

derfolgenden maximalen z-Werten einer Trajektorie bestehen. Damit war die erste Lorenz-Abbildung entstanden.[37] Die Punkte scheinen auf einer Kurve zu liegen, und wenn man den aktuellen maximalen z-Wert kennt, kann die grafische Iteration verwendet werden, um den maximalen z-Wert der nächsten Umdrehung vorherzusagen. Die Ähnlichkeit des Graphen mit der Zeltfunktion ist ziemlich offensichtlich, und die Veröffentlichung von Lorenz fährt mit einem kurzen Exkurs über die chaotische Dynamik der Zeltfunktion fort. Lorenz kommt zu dem Schluß, daß es unendlich viele Trajektorien geben muß, die zu dem gehören, was er einen nichtperiodischen, deterministischen Fluß nennt und was wir nun als Chaos bezeichnen.

Cantor-Menge und fraktale Dimension

Wieder sind die Lorenz-Abbildungen aus den Abbildungen 3.37 und 3.38 nur Modelle für eine wirklich zweidimensionale Poincaré-Abbildung. Wenn solche eindimensionalen Modelle exakt wären,

[37] Es gibt eine Fläche, die alle Punkte (x, y, z) mit einem maximalen z-Wert einer entsprechenden Trajektorie enthält. An einem solchen Maximum muß die Ableitung z' notwendigerweise verschwinden. Aufgrund von Gleichung (3.13) gilt also $xy - Bz = 0$ oder $z = xy/B$. Diese Gleichung beschreibt eine Fläche, den Graphen der Funktion xy/B. Ein Teil dieser Fläche kann als geeigneter Poincaréscher Schnitt für das Lorenz-System interpretiert werden.

Eine periodische Lösung

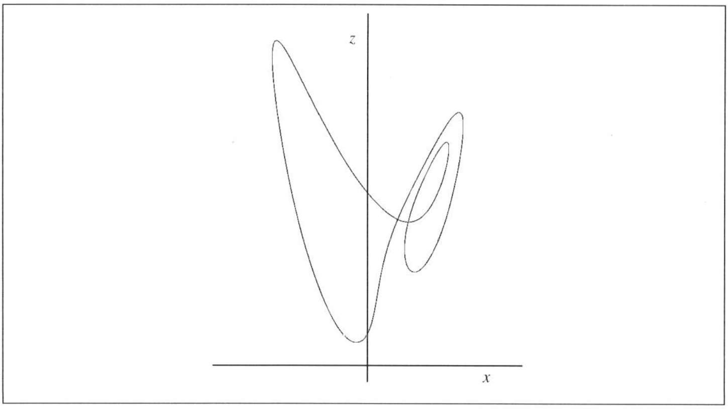

Abb. 3.39 : Eine stabile periodische Lösung von Lorenz' System für den Parameter $R = 100.5$, die auf die xz-Ebene projeziert wurde.

hätte dies eine perfekte Verschmelzung der beiden spiralförmigen Flächen zur Folge, was jedoch der Eindeutigkeit von Lösungen für Differentialgleichungssysteme widersprechen würde. Ähnlich wie bei den Bändern im Rössler-Attraktor kommen diese Flächen so dicht aneinander, daß das Auge sie nicht voneinander unterscheiden kann, obwohl sie aus den genannten Gründen nicht vollständig miteinander verschmelzen können. Wieder findet man die Struktur einer Cantor-Menge in diesen Flächen, was zu einer fraktalen Dimension führt, die geringfügig größer ist als 2.[38]

Änderung des Parameters R

Am Ende dieses Abschnitts wollen wir uns ansehen, welche Phänomene zu Tage treten, wenn man den Parameter R im Lorenz-Modell ändert. Es gibt eine große Zahl periodischer Lösungen, von denen einige stabil und anziehend sind und andere instabil und abstoßend. Für einige Parameter koexistieren Chaos und stabiles Gleichgewicht. Die ganze Palette von Eigenschaften, die der Besprechung eigentlich wert wären, können wir hier nicht einschließen, weil es zu viel Zeit in Anspruch nehmen würde. An dieser Stelle können wir nur wenige Aspekte beleuchten (siehe Abbildung 3.40); für weitere Einzelheiten können wir nur auf die Literatur verweisen.[39]

[38] Die Dimension wurde bestimmt als 2.073 (siehe E. N. Lorenz, *The local structure of a chaotic attractor in four dimensions,* Physica 13D (1984) 90–104).

[39] Siehe zum Beispiel das Buch von C. Sparrow, *The Lorenz Equations: Bifurcations, Chaos, and Strange Attractors,* Springer-Verlag, New York, 1982.

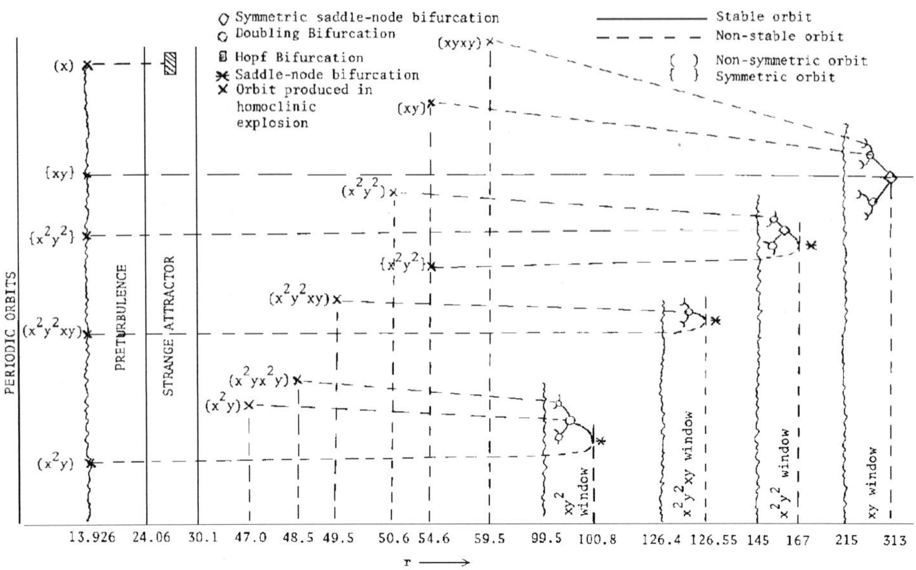

Abb. 3.40 : Das Verzweigungsdiagramm zeigt ein paar der kürzeren periodischen Trajektorien. Mit freundlicher Genehmigung des Verlegers reproduziert aus C. Sparrow, *The Lorenz Equations: Bifurcations, Chaos, and Strange Attractors,* Springer-Verlag, New York, 1982, Seite 99.

Periodenverdopplungsfenster und die Feigenbaum-Zahl

Wir betrachten zuerst den Bereich von Parametern $99.524 < R < 100.795$. Hier können wir ein Periodenverdopplungsszenario ähnlich dem für den Rössler-Attraktor beobachten. Die Kaskade von Verzweigungen entsteht, wenn wir den Parameter R kleiner werden lassen. Abbildung 3.39 zeigt die Projektion einer attraktiven periodischen Bahn, die man für $R = 100.5$ erhält. Sie windet sich zweimal im positiven Halbraum $x > 0$ und anschließend einmal im negativen Halbraum $x < 0$, bevor sie sich periodisch wiederholt. Diese Lösung würde man x^2y-Lösung nennen, wenn man sich an die Benennungskonventionen hält, die in der Literatur teilweise gebräuchlich sind.[40] Wenn wir den Parameter R auf $R \approx 99.98$ heruntersetzen, geht diese Lösung über in eine periodische Lösung mit der doppelten Periode vom Typ $x^2yx^2y = (x^2y)^2$. Dies geschieht auf die gleiche

[40] In der Abkürzung x^ky^l steht x für eine Umdrehung um den Fixpunkt im Halbraum $x > 0$ und der Buchstabe y für eine Drehung im anderen Halbraum. In unserem Beispiel kommen also zunächst k Drehungen vom Typ x und im Anschluß l Drehungen vom Typ y. Die Notation kann auf längere Symbolketten wie etwa xy^2xy^3 erweitert werden.

Intermittenz

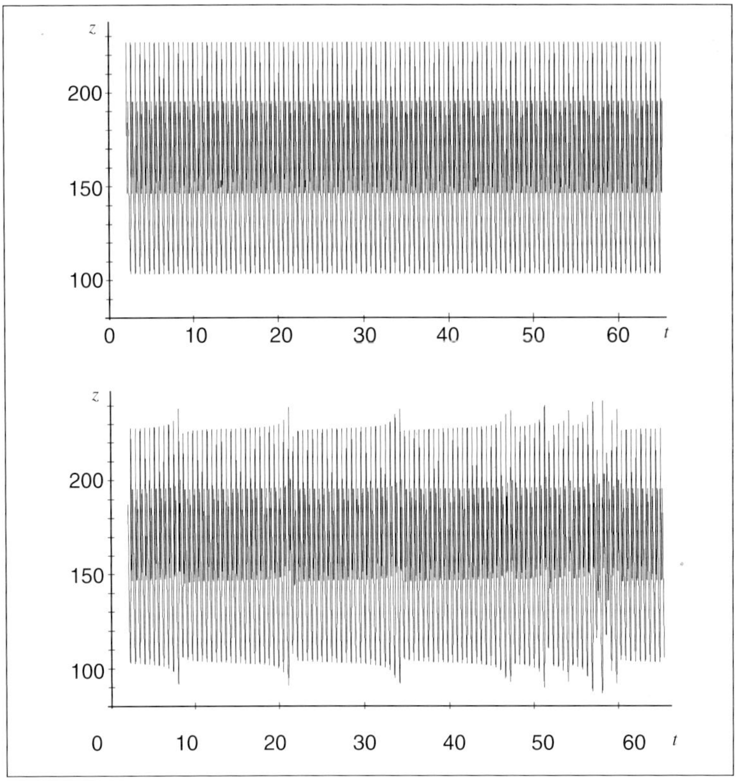

Abb. 3.41 : Intermittenz im Lorenz-System. Für den Parameter $R = 166$ gibt es eine periodische Lösung (oben), während die Lösungen für $R = 166.2$ zwar ähnlich aussehen, aber durch plötzliche Ausbrüche von Chaos sporadisch unterbrochen werden (unten).

Weise wie bei der Verzweigung periodischer Lösungen im Rössler-System. Weitere periodenverdoppelnde Verzweigungen können beobachtet werden, wenn wir den Parameter R noch weiter herabsetzen, wie es in der folgenden Tabelle dargestellt ist.

Parameter R	Typ der Lösung
100.795	x^2y
99.98	$(x^2y)^2$
99.629	$(x^2y)^4$
99.547	$(x^2y)^8$
99.529	$(x^2y)^{16}$
99.5255	$(x^2y)^{32}$

Auf der Grundlage genauerer Rechnungen konnte die Feigenbaum-

Eine Krise des Lorenz-Attraktors

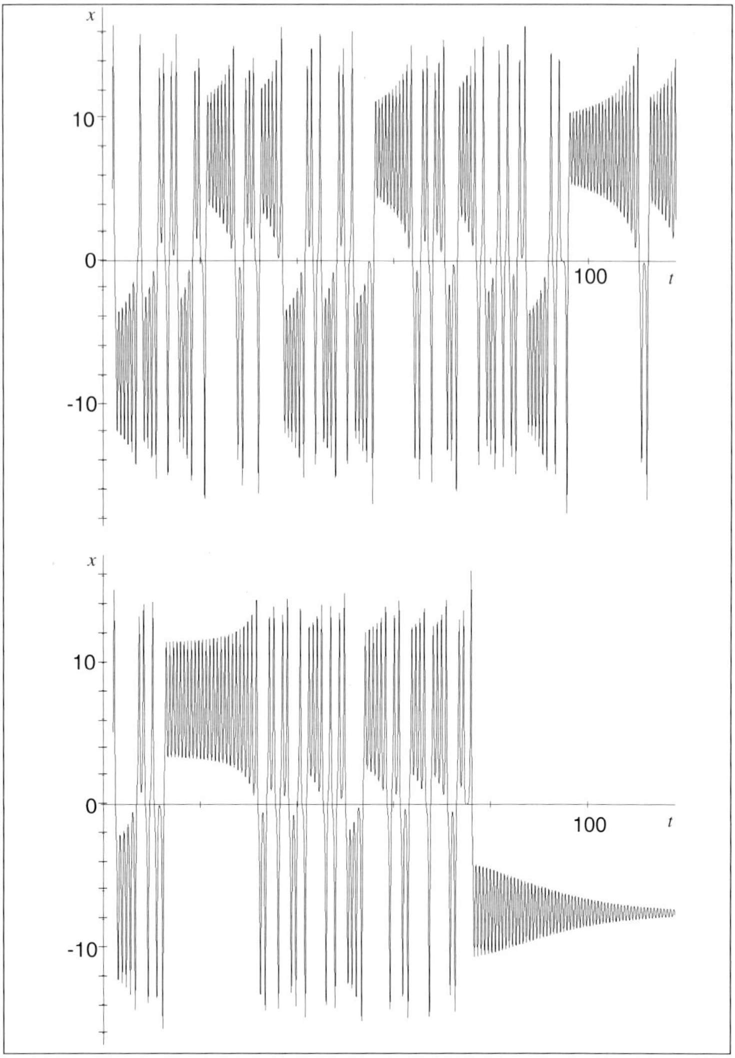

Abb. 3.42 : Für $R = 25$ (oben) gibt es einen seltsamen Attraktor für das Lorenz-System. Wenn der Parameter auf $R = 22.4$ herabgesetzt wird (unten), gerät der Attraktor in eine Krise. Die Trajektorien sehen nur in einer anfänglichen Übergangsphase chaotisch aus. Danach nähern sie sich einem atrraktiven Fixpunkt.

Zahl, die zu diesem System gehört, bestimmt werden. Das Ergebnis ist $\delta \approx 4.67$, eine Zahl, die bei dieser Genauigkeit nicht von Feigenbaums berühmter Zahl 4.6692... unterschieden werden kann.[41] Es gibt noch andere Fenster mit periodenverdoppelnden Verzweigungen für den Parameter R. Um einen Eindruck von den komplizierten Szenarien zu geben, reproduzieren wir ein Schaubild, das von Colin Sparrow zusammengestellt wurde (siehe Abbildung 3.40).

Intermittenz

Da wir wissen, daß die Dynamik der Systeme von Rössler und Lorenz eng mit der eindimensionalen Iteration quadratischer Funktionen zusammenhängen, überrascht es uns nicht übermäßig, auch die Hintertüren ins Chaos wiederzufinden, die wir in Kapitel 2 behandelt haben: Intermittenz und Krise. Wir erinnern daran, das Intermittenz das Phänomen bezeichnet, bei dem eine Lösung die meiste Zeit in der Nähe einer periodischen Lösung verweilt, aber sporadisch plötzlichen, unberechenbaren Ausbrüchen von Chaos unterliegt. Wenn ein Parameterwert nur geringfügig gestört wird, können die Ausbrüche von Chaos verschwinden, und nur das periodische Verhalten bleibt. Dieses Phänomen kann, zum Beispiel, im Lorenz-System für die Parameter $R = 166.2$ und $R = 166.0$ beobachtet werden (siehe Abbildung 3.41).

Krisen

Wenn eine periodische Lösung sich in das Chaos einmischt, entsteht eine intermittente Trajektorie. In diesem Fall setzt sich des Chaos durch. Es gibt aber auch den Fall, daß der Attraktor entartet (zerstört wird), wenn er von einer periodischen Trajektorie der Attraktivität beraubt wird. Was vom Chaos übrig bleibt, sind lange Übergangsphasen, in denen sich die Lösungen, die sich letztlich der periodischen Trajektorie nähern, chaotisch verhalten. Man sagt, daß sich der chaotische Attraktor in einer Krise befindet. Auch dieses Phänomen kann im Lorenz-System entdeckt werden (siehe Abbildung 3.42). Intermittenz und Krise sind keineswegs auf den quadratischen Iterator und das Lorenz-System beschränkt, sondern können in vielen anderen mathematischen und physikalischen Systemen beobachtet werden.[42]

---

[41] V. Franceschini, *A Feigenbaum sequence of bifurcations in the Lorenz model*, Jour. Stat. Phys. 22 (1980) 397–406.

[42] Siehe T. Tél, *Transient chaos*, in *Directions in Chaos III*, B.-L. Hao (Hrsg.), World Scientific Publishing Company, Singapore.

3.5 Quantitative Charakterisierung der seltsamen chaotischen Attraktoren: Ljapunov-Exponenten

In der Welt, in der wir leben, sind wir daran gewöhnt, daß alle Dinge gemessen werden können und müssen. Dies geschieht in Einheiten von Mark und Pfennig, Sekunden und Jahrhunderten, Metern und Lichtjahren, Milligramm und Tonnen und so weiter. Daher ist es folgerichtig und in der Tat auch notwendig, neben den qualitativen Merkmalen auch quantitative Eigenschaften von Attraktoren in dynamischen Systemen zu ermitteln. Vor allem von Physikern wurden zu diesem Zweck recht spezielle Ansätze ausgearbeitet, die für Personen, die mit dieser Materie nicht vertraut sind, schwer zu verstehen sind.

Ein Liter Attraktion?

Mit welchen Fragen können wir an dieses Gebiet herangehen, die die Aussicht haben, zu einer brauchbaren quantitativen Beschreibung der Attraktoren zu führen? Im Umgang mit chaotischen Attraktoren kommen einem sofort zwei Aspekte in den Sinn. Einerseits zieht ein *Attraktor* Punkte in der Umgebung an, und andererseits müssen die Bahnen in einem wirklich chaotischen Attraktor wegen der sensitiven Abhängigkeit von den Anfangsbedingungen divergieren. Dies führt uns dazu, die durchschnittliche Anziehung und Abstoßung durch die sogenannten Ljapunov-Zahlen und -Exponenten zu messen, mit denen wir schon in Kapitel 1 zu tun hatten. Attraktoren in zwei oder mehreren Dimensionen haben immer mehrere Ljapunov-Exponenten. Wir werden sehen, daß ein negativer Ljapunov-Exponent für jeden Attraktor auftreten muß, während ein positiver Exponent den Attraktor zusätzlich als einen chaotischen Attraktor kennzeichnet.

Ein Kilo Seltsamkeit?

Die nächste Frage, die beantwortet werden soll, lautet: Wie *seltsam* ist ein seltsamer Attraktor? An dieser Stelle sollte der fraktale Charakter eines Attraktors auf irgendeine Weise ins Spiel kommen. Die Größe der entsprechenden fraktalen Dimension ist daher von besonderer Bedeutung für die Quantifizierung des Seltsamen. Diese Dimensionen sind Gegenstand des nächsten Abschnitts.

Der erste Ljapunov-Exponent für den Hénon-Attraktor

Zu Anfang setzen wir uns das Ziel, die sensitive Abhängigkeit von den Anfangsbedingungen für eine diskrete Abbildung wie die Hénon-Abbildung aus dem ersten Abschnitt dieses Kapitels zu quantifizieren. Wir wenden dieselbe Technik an wie für die quadratische Abbildung $4x(1-x)$ in Abschnitt 1.1.[43] Wir rufen uns die grundlegende Idee kurz ins Gedächtnis zurück. Wenn man die Bahn, die zu einem bestimmten Anfangsbedingung gehört, mit der Bahn vergleicht, die mit dem um den Fehler E_0 gestörten Anfangswert beginnt, können wir verfolgen, wie sich der Fehler im Verlauf der Iteration zu

[43] Vielleicht ist es eine gute Idee, an dieser Stelle die letzten Seiten des Abschnitts noch einmal durchzulesen.

$E_1, E_2, \ldots$ verstärkt. Der Fehlerverstärkungsfaktor $|E_n/E_0|$ wird als ein „Teleskop-Produkt"

$$\left|\frac{E_n}{E_0}\right| = \left|\frac{E_n}{E_{n-1}}\right| \left|\frac{E_{n-1}}{E_{n-2}}\right| \cdots \left|\frac{E_1}{E_0}\right| .$$

geschrieben. Der Ljapunov-Exponent beschreibt das durchschnittliche logarithmische Wachstum des relativen Fehlers pro Iteration. Um einen wohldefinierten Exponenten zu erhalten, müssen wir die Größe des Anfangsfehlers gegen Null gehen lassen,

$$\lambda = \lim_{n\to\infty} \lim_{E_0\to 0} \frac{1}{n} \sum_{k=1}^{n} \log \left|\frac{E_k}{E_{k-1}}\right| .$$

In der Praxis können wir die Größe des Fehlers E_{k-1} in jedem Iterationsschritt auf eine geeignete Zahl ε renormieren. Wir kommen so zum Ljapunov-Exponenten λ, der für eine gegebene Bahn anzeigt, wie schnell Bahnen, die in ihrer Nähe starten, näher herankommen oder sich entfernen. Mit anderen Worten wird ein kleiner Fehler in den Anfangsbedingungen in jedem Iterationsschritt (im Durchschnitt) um den Faktor e^{λ} skaliert. Ein positiver Exponent bedeutet daher, daß sich Bahnen, die nahe beieinander starten, voneinander entfernen, während ein negativer Exponent anzeigt, daß Bahnen zusammenlaufen, was wir für einen chaotischen Attraktor nicht erwarten würden.

Für die zweidimensionale Hénon-Abbildung ist die Situation allerdings viel komplizierter als im eindimensionalen Fall, der durch den quadratischen Iterator gegeben ist. In einer Dimension muß ein Fehler entweder positiv oder negativ sein, und wir erwarten, daß die Fehlerverstärkungsfaktoren in beiden Fällen gleich sind. Aber hier — im Hénon-System — wird ein Punkt durch zwei Zahlen (x, y) dargestellt, und ein Fehler vom Betrag ε läßt stets die Möglichkeiten

$$(\tilde{x}, \tilde{y}) = (x + \varepsilon \cos\phi, y + \varepsilon \sin\phi) \tag{3.15}$$

offen, wobei ϕ ein beliebiger Winkel ist. Es ist nicht a priori klar, daß Fehler in unterschiedliche Richtungen dieselbe Wirkung haben. Wir wollen daher numerisch untersuchen, wie es sich auswirkt, wenn man den Winkel ϕ variiert. Dabei kommt das folgende Verfahren zur Anwendung. Für eine Menge gegebener Parameter ε, ϕ und eine Zahl N von Iterationen, führen wir die folgenden Schritte durch:

Der Algorithmus

1. **Initialisierung.** Man wähle den Anfangswert $(0, 0)$ und iteriere die Hénon-Abbildung 100mal. Der Punkt, an dem man ankommt, liegt genau auf dem Hénon-Attraktor oder zumindest so nahe daran, daß die Differenz vom Rechner nicht mehr dargestellt werden kann. Man initialisiere einen Summenspeicher auf den Wert Null (um die Summe über die Logarithmen der Fehlerverstärkungsfaktoren zu speichern).

Renormierung

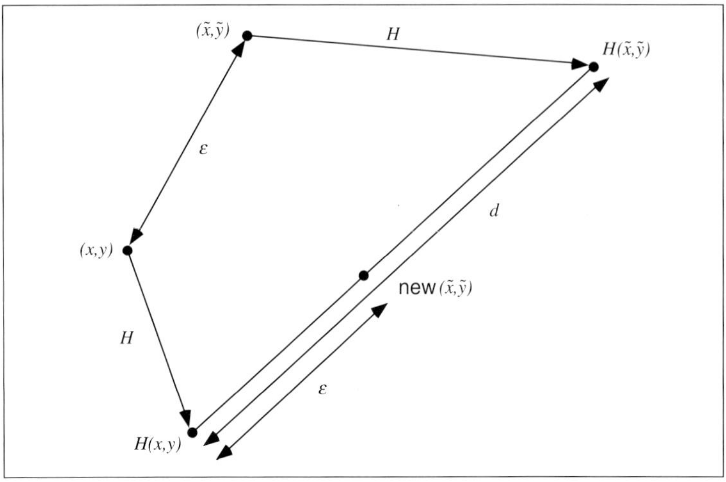

Abb. 3.43 : Der Renormierungsschritt in der Berechnung eines einzelnen Ljapunov-Exponenten.

2. **Anfangsfehler.** Man berechne den gestörten Punkt $(\tilde{x}, \tilde{y})$ entsprechend der Gleichung (3.15).
3. **Transformation.** Man iteriere beide Punkte einmal, d.h., man berechne die Punkte $H(x, y)$ und $H(\tilde{x}, \tilde{y})$ und bestimme den Abstand d zwischen diesen beiden Punkten.
4. **Fehlerverstärkung.** Der Fehler um den Betrag ε ist um den Faktor d/ε angestiegen (oder abgefallen). Wir akkumulieren den Logarithmus dieses Faktors im Summenspeicher.
5. **Renormierung.** Man bewege den Punkt $H(\tilde{x}, \tilde{y})$ entlang der Geraden durch $H(x, y)$, so daß der Abstand zwischen beiden Punkten gleich ε wird (siehe Abbildung 3.43). Man ersetze den alten (exakten) Punkt (x, y) durch seinen Nachfolger $H(x, y)$ und ersetze $(\tilde{x}, \tilde{y})$ durch den eben konstruierten Punkt, der die Rolle des gestörten Werts im nächsten Iterationsschritt übernimmt.
6. **Schleife.** Man gehe zurück zu Schritt 3 bis N Iterationen erfolgt sind.
7. **Ergebnis.** Das Mittel über die Logarithmen der Fehlerverstärkungsfaktoren ist der Exponent. Man teile daher den Inhalt des Speichers durch N.

Die Richtung der Fehler muß erhalten bleiben

Es ist wichtig zu betonen, daß wir in der Renormierung in Schritt 5 die *Richtung des Fehlers* beibehalten müssen, während wir die Größe des Fehlers auf ε heruntersetzen. Anderenfalls könnten wir den Fehlerverstärkungsfaktor $|E_{k+1}|/|E_k|$ nicht korrekt bestimmen. Fehler in verschiedenen Richtungen erzeugen unterschiedliche Verstärkungsfaktoren. Wir wollen dies anhand eines Beispiels klar machen. Der

Iterationen	$\phi = 0$	$\phi = \pi/2$	$\phi = \pi$	$\phi = 3\pi/2$
10	0.31253	0.23086	0.31261	0.23078
100	0.40709	0.39891	0.40708	0.39892
1 000	0.42403	0.42321	0.42403	0.42321
10 000	0.41867	0.41858	0.41866	0.41859
100 000	0.42015	0.42013	0.42014	0.42014

Tab. 3.44 : Die Berechnung eines Ljapunov-Exponenten unter Verwendung verschiedener Anfangsfehler vom Betrag $\varepsilon = 0.00001$ und einer wachsenden Zahl von Iterationen.

Einfachheit halber nehmen wir den Anfangswert (0,0) und betrachten die Startwerte $(\varepsilon, 0)$ und $(0, \varepsilon)$, die beide um einen Fehler der Größe ε gestört sind. Die transformierten Punkte sind

$$\begin{aligned} H(0,0) &= (1,0) \\ H(\varepsilon,0) &= (1 - a\varepsilon^2, b\varepsilon) \\ H(0,\varepsilon) &= (1 + \varepsilon, 0). \end{aligned}$$

Die Größe des Fehlers in der Iterierten von $(\varepsilon, 0)$ ist der Abstand zwischen $H(0,0)$ und $H(\varepsilon, 0)$, der ungefähr $b\varepsilon$ beträgt. Auf der anderen Seite ist die Größe des Fehlers in $H(0, \varepsilon)$ gleich ε. Deshalb sind diese beiden Fehler offensichtlich verschieden und würden somit unterschiedliche Fehlerverstärkungsfaktoren produzieren. Wenn wir daher den wirklichen Fehler durch einen kleineren ersetzen, müssen wir darauf achten, daß die Richtung des Fehlers unverändert bleibt.

Berechnung der Ljapunov-Zahl

In Tabelle 3.44 sind die Ergebnisse eingetragen, die man für die vier Winkel 0, $\pi/2$, π und $3\pi/2$ erhält. Dies bedeutet, daß die Anfangswerte in Schritt 2 jeweils um den Betrag ε nach Osten, Norden, Westen und Süden verschoben wurden.

Das Ergebnis ist überraschend, aber offensichtlich. Wenn die Anzahl der Iterationen ansteigt, konvergieren die berechneten Exponenten gegen dieselbe Zahl, unabhängig von der Richtung des Anfangsfehlers, d.h. unabhängig vom Winkel ϕ, der verwendet wurde. Darüber hinaus können wir uns anhand eines geringfügig modifizierten Experiments davon überzeugen, daß es keine Rolle spielt, an welchem Punkt auf dem Attraktor wir mit der Berechnung des Exponenten anfangen; die Folge der Logarithmen von Fehlerverstärkungsfaktoren konvergiert stets gegen die gleiche Zahl.[44]

[44] Zum Beispiel können wir $(0, 0)$ in Schritt 1 durch einen anderen Anfangswert ersetzen, oder wir lassen mehr als 100 vorbereitende Iterationen zu. Wenn wir natürlich an einem Fixpunkt des Attraktors oder einer periodischen Bahn anfangen und sich der Computer bei der Berechnung nicht durch Rundungsfehler von der periodischen Bahn entfernt, haben wir einen anderen Exponenten als Ergebnis zu erwarten. Allerdings ist die Wahrscheinlichkeit, daß ein solcher Fall in der Praxis eintritt, gleich Null.

Die instabilen Richtungen

Abb. 3.45 : Zwei Punkte aus einer Bahn auf dem Hénon-Attraktor sind zusammen mit Geradenabschnitten dargestellt, die anzeigen, in welche Richtungen Abweichungen am meisten verstärkt werden. Diese Richtungsvektoren tauchen in der Berechnung des Ljapunov-Exponenten in natürlicher Weise auf (vgl. Abbildung 3.43).

Dieser Ljapunov-Exponent ist $\lambda \approx 0.42$, und wir können dies so interpretieren, daß kleine Abweichungen in den Anfangsbedingungen im Durchschnitt um den Faktor $e^{\lambda} \approx 1.52$ verstärkt werden, wobei der Durchschnitt über eine lange Bahn genommen wird, die den ganzen Hénon-Attraktor „überdeckt". Wir haben vorher festgestellt, daß die Abweichungen in verschiedenen Richtungen unterschiedlich verstärkt werden. Was der Ljapunov-Exponent mißt, ist die maximale durchschnittliche Fehlerverstärkung. In Abbildung 3.45 haben wir diese Richtungen an zwei Punkten auf dem Attraktor als Geradenabschnitte veranschaulicht. Es scheint sich so zu verhalten, daß die Richtungen, die am wenigsten stabil sind, tangential zum Attraktor verlaufen.

Das exakte Verfahren zur Berechnung des Exponenten

Die Berechnung des Ljapunov-Exponenten mit dem zuvor beschriebenen Algorithmus ist in einer Beziehung unbefriedigend. Die Wahl der Größe ε, auf die wir den Fehler nach jeder Iteration renormieren, könnte sich nämlich auf das Ergebnis auswirken. Was uns wirklich interessiert, ist der Verstärkungsfaktor für infinitesimal kleine Fehler, den wir erhalten, wenn wir den Grenzübergang $\varepsilon \to 0$ vollziehen. Um diese Mehrdeutigkeit aus dem Spiel zu bringen, benötigen wir die Ableitung der Hénon-Abbildung. In Matrixschreibweise ist sie gegeben durch

$$DH(x,y) = \begin{pmatrix} -2ax & 1 \\ b & 0 \end{pmatrix}.$$

Unter Verwendung der Ableitung können wir berechnen, wie ein infinitesimal kleiner Fehler in einem Punkt (x, y) auf dem Attraktor bei einmaliger Iteration transformiert wird. Wenn die Richtung des Fehlers durch den Vektor (dx, dy) gegeben ist, multiplizieren wir diesen Vektor mit der Ableitungsmatrix

$$\begin{pmatrix} -2ax & 1 \\ b & 0 \end{pmatrix} \begin{pmatrix} dx \\ dy \end{pmatrix} = \begin{pmatrix} -2ax \cdot dx + dy \\ b \cdot dx \end{pmatrix}. \tag{3.16}$$

Der Verstärkungsfaktor ist durch den Quotienten der Längen beider Vektoren (dx, dy) und $(-2ax \cdot dx + dy, b \cdot dx)$ bestimmt. Wenn man diesen Zugang verwendet, erhält man das folgende modifizierte Verfahren zur Berechnung des Exponenten.

Iterationen	$\varepsilon = 0.1$	$\varepsilon = 0.01$	$\varepsilon = 0.001$	$\varepsilon \to 0$
10	0.41660	0.26115	0.30848	0.31257
100	0.45323	0.40951	0.40766	0.40709
1 000	0.42586	0.42356	0.42403	0.42403
10 000	0.41669	0.41740	0.41885	0.41866
100 000	0.41936	0.42030	0.42021	0.42015
1 000 000	0.41906	0.41918	0.41922	0.41924

Tab. 3.46 : Die Resultate der Berechnung von Ljapunov-Exponenten für Fehler unterschiedlicher Größe werden mit den Ergebnissen verglichen, die man mit dem Verfahren erhält, in dem die Ableitung der Hénon-Abbildung verwendet wird (letzte Spalte). Es fällt auf, daß die Resultate, die man mit Hilfe der Ableitung erhält, ein wenig größer sind.

1. **Initialisierung.** Man iteriere den Anfangswert $(0,0)$ 100mal, wobei man (x, y) erhält. Man setze einen Speicher auf Null.
2. **Anfangsfehler.** Für einen beliebigen Winkel ϕ betrachte man $(dx, dy) = (\cos\phi, \sin\phi)$, die Richtung des Fehlers.
3. **Transformation.** Man berechne den transformierten Fehler entsprechend der Gleichung (3.16) und iteriere (x, y), d.h., man bestimme den Punkt $H(x, y)$ und den transformierten Fehler $(-2ax \cdot \cos\phi + \sin\phi, b \cdot \cos\phi)$.

4. **Fehlerverstärkung.** Der Fehler ist nun angestiegen (oder abgefallen), nämlich um den Faktor $d = \sqrt{(-2ax \cdot \cos\phi + \sin\phi)^2 + (b \cdot \cos\phi)^2}$. Man akkumuliere den Logarithmus dieses Faktors.
5. **Renormierung.** Man ersetze den Punkt (x, y) durch seinen Nachfolger $H(x, y)$ und ersetze die Richtung des Fehlers $(\cos\phi, \sin\phi)$ durch den neuen Richtungsvektor $(-2ax \cdot \cos\phi + \sin\phi, b \cdot \cos\phi)/d$.
6. **Schleife.** Man gehe zurück zu Schritt 3 bis N Iterationen durchgeführt wurden.
7. **Ergebnis.** Man dividiere den den Speicherinhalt durch N.

Der zweite Ljapunov-Exponent

Eine Quantifizierung des chaotischen Verhaltens auf dem Attraktor kann auf die gleiche Weise gefunden werden wie für die quadratische Abbildung. Sie kann in Form eines positiven Ljapunov-Exponenten zum Ausdruck gebracht werden. Wir kommen nun zu unserer zweiten Frage, die sich auf die Geschwindigkeit bezieht, mit der Punkte aus der Umgebung des Attraktors angezogen werden.

Um dies auszudrücken, benötigen wir den zweiten Ljapunov-Exponenten. Wir stellen uns eine kleine Kreisscheibe mit Durchmesser d vor, deren Mittelpunkt auf dem Attraktor liegt, und betrachten ihr Bild nach einmaliger Anwendung der Hénon-Abbildung (siehe Abbildung 3.47), das wie eine leicht verformte Ellipse aussieht. Der Mittelpunkt (x, y) wird auf den Punkt $H(x, y)$ im Inneren der Ellipse abgebildet, der ebenfalls auf dem Attraktor liegt. Derjenige Schnitt durch die Kreisscheibe, der sich in Richtung der stärksten Fehlerverstärkung befindet, wird auf die längere Achse der Ellipse abgebildet. Die kürzere Achse gibt ein Maß dafür, wie sehr Punkte in der Nähe von (x, y) bei einer Iteration angezogen werden. Wir haben eigentlich schon alle Informationen, die wir zur Berechnung der durchschnittlichen Anziehung benötigen, zur Hand. Zweierlei Informationen sind für uns von Interesse:

1. Die Länge der größeren Achse der Ellipse ergibt sich im Durchschnitt, wenn man den Durchmesser der Kreisscheibe um die Ljapunov-Zahl $e^{\lambda} \approx 1.52$ streckt.
2. Die Fläche der Ellipse ist genau 0.3mal so groß wie die Fläche der Kreisscheibe (siehe Seite 224).

Da die Fläche einer Ellipse proportional ist zum Produkt aus den Längen der beiden Achsen, muß die Länge der kürzeren Achse ungefähr $0.3/1.52 \approx 0.197$ betragen. Nun können wir das Ergebnis formulieren. Im Durchschnitt werden kleine Kreisscheiben, deren Mittelpunkt auf dem Hénon-Attraktor liegt, um den Faktor $e^{0.42} \approx 1.52$ gestreckt und in die andere Richtung um den Faktor 0.197 gestaucht. Dies veranlaßt uns, den Ljapunov-Exponenten 0.42 zu λ_1 umzubenennen und einen zweiten Ljapunov-Exponenten $\lambda_2 < \lambda_1$ einzuführen, so daß die zugehörige Ljapunov-Zahl $e^{\lambda_2} = 0.197$ ist. Wir wählen

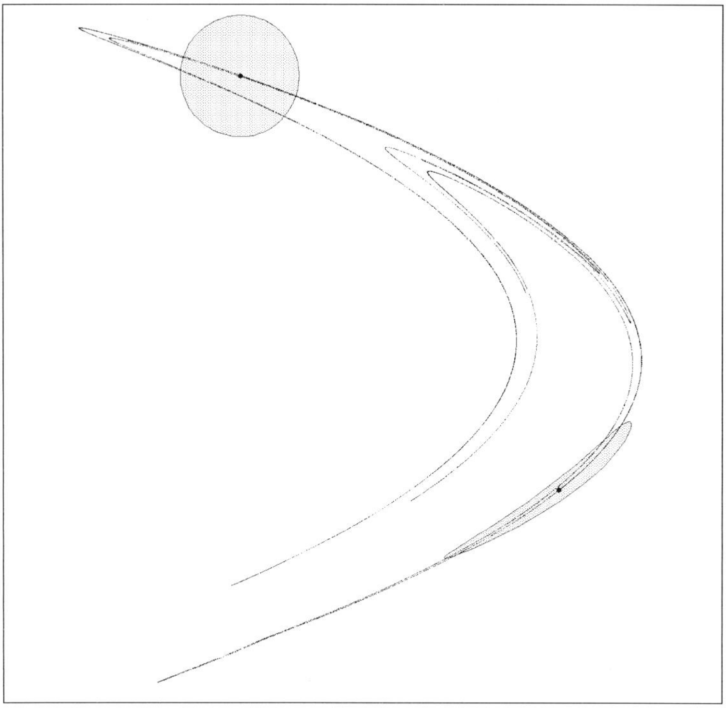

Verformung einer Kreisscheibe

Abb. 3.47 : Eine kleine Kreisscheibe, deren Mittelpunkt auf dem Hénon-Attraktor liegt, und ihr Bild nach einmaliger Anwendung der Abbildung.

den neuen Exponenten so, daß das Produkt $e^{\lambda_1+\lambda_2}$ gleich dem Faktor 0.3 ist, der die Flächenänderung pro Iteration beschreibt. Diese Definitionen sind in der folgenden Tabelle übersichtlich dargestellt.

Ljapunov-Exponent	Ljapunov-Zahl	Interpretation
$\lambda_1 \approx 0.42$	$e^{\lambda_1} \approx 1.52$	Fehlerverstärkung
$\lambda_2 \approx -1.62$	$e^{\lambda_2} \approx 0.197$	Kontraktionsfaktor
$\lambda_1 + \lambda_2 \approx -1.20$	$e^{\lambda_1+\lambda_2} = 0.3$	Flächenreduktionsfaktor

Es gibt zwei Ljapunov-Exponenten für Attraktoren zweidimensionaler Systeme. Wenn eine Abbildung in drei Dimensionen definiert ist, gibt es drei Ljapunov-Exponenten $\lambda_1, \lambda_2, \lambda_3$. Intuitiv können wir sie dadurch definieren, daß wir fordern

1. e^{λ_1} ist der maximale durchschnittliche Fehlerverstärkungsfaktor.
2. $e^{\lambda_1+\lambda_2}$ ist der maximale durchschnittliche Faktor, um den sich eine Fläche verändert.
3. $e^{\lambda_1+\lambda_2+\lambda_3}$ ist der maximale durchschnittliche Faktor, um den sich pro Iteration das Volumen ändert.

Die Exponenten sind geordnet,

$$\lambda_1 \geq \lambda_2 \geq \lambda_3.$$

Positive Exponenten lassen auf Streckung in einer bestimmten Richtung schließen, während negative Exponenten Hinweise auf die Stauchung in irgendeiner Richtung sind. Algorithmen für ihre Berechnung kann man auf der Grundlage der obigen Definitionen herleiten.[45]

Der erste Ljapunov-Exponent für stetige Systeme

Statt die technischen Einzelheiten bei der expliziten numerischen Berechnung einiger Ljapunov-Exponenten zu behandeln, wollen wir uns mit den Ljapunov-Exponenten von Attraktoren dreidimensionaler Differentialgleichungssysteme wie das Rössler- und Lorenz-System beschäftigen. Wir gehen genauso vor, wie im Fall diskreter Systeme. Wenn eine Trajektorie auf dem Attraktor gegeben ist, können wir ihre Anfangsbedingungen ein wenig stören und beobachten, wie die gestörte Trajektorie allmälich von der ursprünglichen Trajektorie divergiert. Nachdem ein gewisser Zeitabschnitt der Länge τ verstrichen ist, können wir abbrechen und die Differenz auswerten, die bis zu diesem Zeitpunkt erreicht wurde, den Fehler renormieren und fortfahren (siehe Abbildung 3.48).

Das gleiche Ergebnis erhält man, wenn man die Transformation betrachtet, durch die sich ein Anfangswert entlang seiner Trajektorie um den Abstand τ verschiebt, der dem Zeitintervall entspricht. Dieser Operator kann behandelt werden wie eine gewöhnliche diskrete Abbildung. Wenn man sie iteriert, entstehen Punkte auf dem Attraktor, die schließlich den ganzen Attraktor dicht ausfüllen. Außerdem hat die Abbildung drei Ljapunov-Exponenten, von denen der größte mit dem gleichen Algorithmus wie zuvor berechnet werden kann (mit dem einzigen Unterschied, daß wir es hier nicht nur mit zwei, sondern mit drei Exponenten zu tun haben). In Tabelle 3.49 sind die Ergebnisse einer solchen Rechnung für $\tau = 1$ dargestellt. Im numerischen Verfahren gibt es zwei Parameter, die Größe ε, auf die ein Fehler in jedem Schritt renormiert wird (siehe die Spaltenüberschriften), und

[45] Siehe zum Beispiel:
1. Benettin, G. L. und L. Galgani, A. Giorgilli, J.-M. Strelcyn, *Lyapunov characteristic exponents for smooth dynamical systems and for Hamiltonian systems; a method for computing all of them. Part 1: Theory, Part 2: Numerical application,* Meccanica 15, 9 (1980) 21.
2. Eckmann, J.-P. und D. Ruelle, *Ergodic theory of chaos and strange attractors,* Reviews of Modern Physics 57, 3 (1985) 617–656.
3. Leven, R. W., B.-P. Koch und B. Pompe, *Chaos in Dissipativen Systemen,* Vieweg, Braunschweig, 1989.
4. Parker, T. S. und L. O. Chua, *Practical Numerical Algorithms for Chaotic Systems,* Springer-Verlag, New York, 1989. Dieser letzte Literaturhinweis enthält auch einen Pseudo-Algorthmus für eine Implementierung.

Renormierung

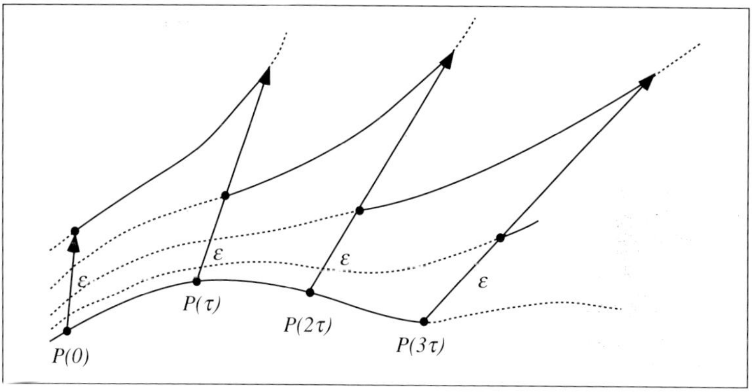

Abb. 3.48 : Renormierung von Fehlern entlang einer Trajektorie.

$\Delta t = 1/N$	$\varepsilon = 0.1$	$\varepsilon = 0.01$	$\varepsilon = 0.001$	$\varepsilon = 0.0001$
1/50	1.478	1.463	1.458	1.458
1/100	1.048	1.048	1.044	1.043
1/200	0.970	0.956	0.954	0.953
1/400	0.939	0.940	0.936	0.935

Tab. 3.49 : Die Berechnung des Ljapunov-Exponenten für das Lorenz-System für verschiedene Schrittweiten Δt und Genauigkeiten ε.

die Weite Δt der Euler-Schritte bei der Integration der Differentialgleichung (siehe erste Spalte). Wählt man $\Delta t = 1/N$, dann bedeutet dies, daß man N Euler-Schritte benötigt, um der Trajektorie über den Zeitabschnitt $\tau = 1$ zu folgen. Abhängig von den Wahlen dieser Parameter erhalten wir unterschiedliche Ergebnisse, wenn man mit insgesamt 10 000 Zeiteinheiten für den ersten Ljapunov-Exponenten rechnet. In einem weiteren Versuch haben wir die Länge der Trajektorie anwachsen lassen, die wir als Grundlage unserer Rechnung verwendet haben.[46] Insbesondere sehen wir, daß die numerischen Ergebnisse am meisten von der Weite der Euler-Schritte abhängt. An dieser Stelle können wir nur sagen, daß der größte Ljapunov-Exponent bei $\lambda_1 \approx 0.9$ zu liegen scheint. Die numerischen Mängel des Verfahrens können unter Verwendung ausgereifterer Techniken fast vollständig beseitigt werden.

[46] Wenn man $\varepsilon = 0.00001$ wählt und $N = 400$ Euler-Schritte pro Zeiteinheit nimmt, sind die Resultate $\lambda_1 = 0.93061$ nach 100 Zeiteinheiten, 0.93456 nach 200 Einheiten, 0.93470 nach 10 000 Einheiten und 0.93572 nach 100 000 Zeiteinheiten.

Aufheben der Diskrepanz

Die numerischen Schwierigkeiten können mit Hilfe zweier Techniken gelöst werden. Mit der ersten kann man den Grenzfall $\varepsilon = 0$ durchführen. Wie im Fall der Ljapunov-Exponenten für diskrete Abbildungen greifen wir auf die Ableitung zurück. Wenn Φ_τ die Abbildung bezeichnet, die einen Anfangswert um τ Zeiteinheiten auf seiner Trajektorie verschiebt (das nennt man den *Fluß*), brauchen wir die Ableitung von Φ_τ, um zu berechnen, wie stark ein infinitesimal kleiner Fehler in den Anfangsbedingungen verstärkt wird. Ebenso wie Φ_τ nicht explizit gegeben ist, sondern nur als Ergebnis einer numerischen Integration, so verhält es sich auch mit der Entwicklung infinitesimaler Fehler. Mit anderen Worten müssen wir ein weiteres Anfangswertproblem lösen, um die Fehlerverstärkungsfaktoren zu berechnen. Dieses zusätzliche System wird *Variationsgleichung* genannt. Es enthält die Ableitungen der Terme, die in der Originalgleichung auftreten. Wir können die Herleitung dieses Systems an dieser Stelle nicht erklären;[47] statt dessen wollen wir die Variationsgleichung für das Lorenz-System erläutern, um dem Leser einen Eindruck von diesem Vorgang zu vermitteln. Wir erinnern uns an das Lorenz-System

$$\begin{aligned} x' &= -\sigma x + \sigma y \\ y' &= Rx - y - xz \\ z' &= -Bz + xy. \end{aligned}$$

Es sei $x = x(t), y = y(t), z = z(t)$ eine spezielle Lösung, zum Beispiel eine Trajektorie auf dem Attraktor. Die Entwicklung eines Fehlers (dx, dy, dz) entlang dieser Trajektorie wird von der Variationsgleichung bestimmt, die wir hier in Matritzenschreibweise angeben:

$$\begin{pmatrix} dx' \\ dy' \\ dz' \end{pmatrix} = \begin{pmatrix} -\sigma & \sigma & 0 \\ R-z & -1 & -x \\ y & x & -B \end{pmatrix} \begin{pmatrix} dx \\ dy \\ dz \end{pmatrix}.$$

Dies ist ein lineares Differentialgleichungssystem, dessen Koeffizienten, die in der Matrix eingetragen sind, von der Zeit abhängen (die Symbole x, y, z müssen durch die Koordinaten der Trajektorie ersetzt werden, damit man die Variationsgleichung korrekt auswerten kann). In einer Computer/-implementierung können sowohl die Trajektorie als auch die Fehlerentwicklung unter Verwendung eines Integrationsverfahrens simultan gelöst werden. Damit sind wir beim zweiten Gegenstand angelangt. Anstelle des primitiven Euler-Verfahrens zur Lösung des Anfangswertproblems sollten wir ein besseres Verfahren verwenden. Zum Beispiel ist das Runge-Kutta-Verfahren mit adaptiver Schrittweite eine geeignete Alternative. Durch ein solches verbessertes Verfahren wird die Genauigkeit wesentlich erhöht, ohne daß zusätzliche Rechenzeit erforderlich wäre.

[47] Hierzu braucht man die Theorie der Differentialgleichungen (siehe zum Beispiel M. W. Hirsch, S. Smale, *Differential Equations, Dynamical Systems, and Linear Algebra,* Academic Press, New York, 1974).

Der zweite Ljapunov-Exponent für stetige Systeme

Wir schließen den Abschnitt über Ljapunov-Exponenten mit einigen Bemerkungen über den zweiten und den dritten Exponenten des Lorenz-Systems. Wie wir in unseren numerischen Experimenten gesehen haben, die in Tabelle 3.49 zusammengestellt sind, wächst eine beliebige Abweichung vom Anfangswert exponentiell an. Im Durchschnitt wird ein Fehler pro Zeiteinheit um den Faktor $e^{0.9} \approx 2.5$ verstärkt. Allerdings ist dies nur das „generische" Ergebnis, das wir in Simulationen erwarten, die mit einem zufälligen Anfangswert starten. Aber es gibt auch spezielle Richtungen von Fehlern, so daß die gestörten Trajektorien im idealen mathematischen System (ohne irgendwelche systematischen Fehler aus numerischen Vorgängen) nicht von der Ausgangstrajektorie divergieren. Die erste Richtung dieser Art ist durch den Geschwindigkeitsvektor der Trajektorie gegeben. Um es klarer auszudrücken, stellen wir uns eine Trajektorie $(x(t), y(t), z(t))$ auf dem Attraktor vor und die gestörte Trajektorie $(\tilde{x}(t), \tilde{y}(t), \tilde{z}(t))$ mit Anfangsbedingung

$$\tilde{x}(0) = x(\delta), \;\; \tilde{y}(0) = y(\delta), \;\; \tilde{z}(0) = z(\delta)$$

für $\delta > 0$. Mit anderen Worten wählen wir den Fehler in den Anfangsbedingungen genau so, daß die neue Trajektorie auf der alten startet, jedoch um eine kurze Zeit δ verschoben. Werden diese beiden Trajektorien divergieren? Die Antwort lautet natürlich „Nein"! Bis auf eine kleine zeitliche Verschiebung sind sie identisch, d.h.

$$\begin{aligned}\tilde{x}(t) &= x(t+\delta)\\ \tilde{y}(t) &= y(t+\delta)\\ \tilde{z}(t) &= z(t+\delta).\end{aligned}$$

Die beiden Punkte $(x(t), y(t), z(t))$ und $(\tilde{x}(t), \tilde{y}(t), \tilde{z}(t))$ bewegen sich daher in enger Beziehung zueinander auf den Spiralen des Attraktors. Manchmal kommen sie einander näher und manchmal laufen sie wieder weiter auseinander. *Im Durchschnitt* können sich die Trajektorien jedoch weder voneinander entfernen noch einander näherkommen. Bei der Berechnung des Ljapunov-Exponenten würde sich in einem solchen Fall der durchschnittliche Verstärkungsfaktor 1 ergeben, und der Logarithmus hiervon ist 0. Dies ist daher der zweite Ljapunov-Exponent des Lorenz-Systems, $\lambda_2 = 0$. Er weist darauf hin, daß es eine Richtung gibt, in der Fehler erhalten bleiben. Dies ist die Richtung der Tangente an die Trajektorie.

Eine andere Interpretation des Ljapunov-Exponenten sagt etwas darüber aus, wie sich eine Fläche verformt, wenn man dem Fluß des Systems folgt. Wir betrachten ein kleines Parallelogramm, dessen eine Seite in Richtung der Trajektorie verläuft und dessen andere Seite in Richtung des maximalen Ljapunov-Exponenten zeigt. Wenn man dem Fluß des Systems folgt, wird die eine Seite um den Faktor

$e^{\lambda_1} > 1$ gestreckt, während die andere (im Durchschnitt) konstant bleibt. Daher kann $\lambda_1 + \lambda_2$ als Faktor interpretiert werden, um den sich eine Fläche pro Zeiteinheit im Durchschnitt verändert.[48] Übrigens können diese Argumente immer angewendet werden, wenn der Attraktor zu einem dynamischen System gehört, das durch eine Differentialgleichung gegeben ist. Zum Beispiel ist daher auch einer der Ljapunov-Exponenten für den Rössler-Attraktor gleich Null.

Der dritte Ljapunov-Exponent für stetige Systeme

Das einzige, was nun noch zu messen bleibt, ist die Geschwindigkeit, mit der Punkte aus der Umgebung des Lorenz-Attraktors vom Attraktor angezogen werden. Ähnlich wie bei der Methode, die wir für den Hénon-Attraktor genutzt haben, können wir diese Geschwindigkeit unter Verwendung des Faktors r untersuchen, um den sich das Volumen bei einer Iteration zusammenzieht. Wenn man das Konzept, das wir eben vorgestellt haben, erweitert, betrachten wir ein kleines Parallelogramm und fügen einen weiteren Vektor hinzu, der rechtwinklig auf den beiden Vektoren steht, die wir schon haben, so daß ein kleines Volumenelement entsteht. In dieser dritten Richtung werden Abstände um den Faktor e^{λ_3} gestaucht, wobei sich der Volumenkontraktionsfaktor r aus dem Produkt

$$e^{\lambda_1} e^{\lambda_2} e^{\lambda_3} = r$$

bestimmen läßt. Aus dieser Formel kann man den dritten Ljapunov-Exponenten λ_3 leicht berechnen.

Im Fall des Lorenz-Attraktors müssen wir den Faktor für die Volumenkontraktion nicht numerisch ausrechnen, weil uns ein elementares Resultat der Vektoranalysis weiterhilft,[49] das für unser System besagt, daß die Geschwindigkeit der Volumenänderung konstant ist und unabhängig von der speziellen Wahl des Volumens. Weiterhin ist diese Geschwindigkeit durch

$$r = e^{-(\sigma+B+1)} = e^{-(10+8/3+1)}$$

gegeben. Dies bedeutet, daß die Summe der drei Ljapunov-Exponenten gleich dem Exponenten aus der obigen Gleichung sein muß, d.h.

$$\lambda_1 + \lambda_2 + \lambda_3 = -\left(13 + \frac{2}{3}\right).$$

[48] Wir haben dies bereits oben erwähnt. Wenn man einem zufällig gewählten Flächenelement auf seiner Trajektorie folgt (mit einer geeigneten Renormierungstechnik), konvergiert es auf die Weise, die wir hier beschrieben haben.

[49] Das Maß für die Veränderung des Volumenelements in einem Vektorfeld ist durch die Divergenz gegeben. Wenn $x' = F_1(x, y, z)$, $y' = F_2(x, y, z)$, $z' = F_3(x, y, z)$ ein dreidimensionales System ist, ist die Divergenz div $F = \partial F_1/\partial x + \partial F_2/\partial y + \partial F_3/\partial z$ (siehe V. I. Arnold, *Ordinary Differential Equations,* MIT Press, Cambridge, 1973).

Daher erhalten wir mit $\lambda_1 \approx 0.9$, $\lambda_2 = 0$ das Ergebnis

$$\lambda_3 \approx -12.8.$$

Eine Trajektorie, die in der Nähe des Lorenz-Attraktors anfängt, nähert sich dem Attraktor also unglaublich schnell; der Abstand vom Attraktor nimmt um den Faktor $e^{-12.8} \approx 2.8 \cdot 10^{-6}$ pro Zeiteinheit ab.

Invarianz der Exponenten

Eine letzte Bemerkung sollte noch im Hinblick auf andere Koordinatensysteme gemacht werden. Zum Beispiel können wir den Lorenz-Attraktor um den Faktor 2 in x-Richtung strecken. Wir wollen sicherlich nicht behaupten, daß man dadurch ein völlig neues Objekt erhält. Daher erwarten wir, daß die dynamischen Eigenschaften, die durch die Ljapunov-Exponenten beschrieben werden, unverändert bleiben. Diese wichtige Invarianzeigenschaft ist gesichert, selbst wenn der Koordinatenwechsel nicht einfach nur linear ist.

Zusammenfassung

Wir fassen die wesentlichen Aspekte der Ljapunov-Exponenten zusammen, die für die Untersuchung seltsamer Attraktoren relevant sind.

1. Ein Attraktor wird als chaotisch anerkannt, wenn er einen positiven Ljapunov-Exponenten hat.
2. Sowohl diskrete als auch stetige Systeme haben so viele Ljapunov-Exponenten wie der zugrunde liegende Raum Dimensionen hat.
3. Wenn der Attraktor zu einem System von drei Differentialgleichungen gehört, ist der zweite Ljapunov-Exponent gleich Null.
4. Die Summe aller Ljapunov-Exponenten gibt an, wie schnell die Fläche (in zweidimensionalen Systemen) oder das Volumen (in dreidimensionalen Systemen) schrumpft. Die Summe ist negativ.
5. Wir haben eine direktes numerisches Verfahren zur Berechnung des ersten, größten Ljapunov-Exponenten vorgestellt.
6. Die Ljapunov-Exponenten sind unabhängig von der Wahl der Koordinaten.

In einigen Fällen, so wie in denen, die wir hier behandelt haben, können alle Ljapunov-Exponenten aus dem größten hergeleitet werden, der leicht aus den numerischen Experimenten geschätzt werden kann. Es gibt kompliziertere Algorithmen für ihre Berechnung, wenn solche Information nicht zur Verfügung steht (siehe die angegebene Literatur).[50]

[50] Eine neuere Untersuchung und einen Vergleich verschiedener Algorithmen findet man in K. Geist, U. Parlitz, W. Lauterborn, *Comparison of Different Methods for Computing Lyapunov Exponents*, Progress of Theoretical Physics 83,5 (1990) 875–893.

3.6 Quantitative Charakterisierung chaotischer Attraktoren: Dimensionen

Während der wesentliche Zweck der Ljapunov-Exponenten darin besteht, die dynamischen Eigenschaften von Bahnen und Trajektorien auf Attraktoren zu charakterisieren, ist das Konzept der fraktalen Dimension darauf ausgerichtet, die Geometrie des Attraktors zu beschreiben. Es hat sich jedoch herausgestellt, daß es extrem schwierig ist, die gewöhnliche Boxdimension für seltsame Attraktoren zu berechnen. Aus diesem Grund wurden andere Arten fraktaler Dimensionen entwickelt, die zur Anwendung auf seltsame Attraktoren besser geeignet sind. Zwei neue Dimensionsbegriffe kamen zur Boxdimension hinzu; man nennt sie Informations- und Korrelationsdimension. Sie sind so entwickelt worden, daß sie nicht nur die fraktale Geometrie des jeweiligen Objekts widerspiegeln, sondern auch die Dynamik, die sich darin abspielt.

Nachdem erst einmal verschiedenen konkurrierende Dimensionsbegriffe ins Spiel gebracht waren, wurde es zu einem heißdiskutierten Forschungsgegenstand, Ordnung unter diesen verschiedenen Zahlen herzustellen. Zusammenhänge zwischen den unterschiedlichen Dimensionen und den Ljapunov-Exponenten wurden angegeben. Einige davon waren offensichtlich, und andere mußten erst bewiesen werden, und wieder andere sind bis heute offen geblieben so wie die berühmte Vermutung von James L. Kaplan und James A. Yorke, die bislang erst teilweise bewiesen werden konnte. Darüber hinaus sind die unterschiedlichen Dimensionsbegriffe über ein ganzes stetiges Spektrum von Dimensionen miteinander verbunden.

Bevor wir unsere Untersuchungen beginnen, nehmen wir die Boxdimension aus Kapitel 4 in unserem Buch *Bausteine des Chaos — Fraktale* zu Hilfe und wenden sie auf den Hénon-Attraktor an. Die Abbildung aus Abschnitt 3.1 macht deutlich, daß der Hénon-Attraktor die Gestalt einer Cantor-Menge von Linien hat. Dies legt die Vermutung nahe, daß seine fraktale Dimension irgendwo zwischen 1 und 2 liegt.

Boxdimension des Hénon-Attraktors

Um diese Dimension zu berechnen, suchen wir zunächst ein rechteckiges Gebiet, in dem der ganze Attraktor enthalten ist.[51] Dieses Gebiet wird in kleine Quadrate der Kantenlänge s unterteilt. Wir zählen diejenigen Quadrate, die einen Teil des Hénon-Attraktors enthalten und bezeichnen ihre Anzahl mit $N(s)$. Wenn wir diesen Vorgang für

[51] Zum Beispiel das Rechteck, das durch $-1.5 \leq x \leq 1.5$ und $-0.4 \leq y \leq 0.4$ gegeben ist.

kleinere Werte von s wiederholen, erwarten wir, daß die Anzahl $N(s)$ wie eine Potenz von s anwächst,

$$N(s) \propto s^{-D_f},$$

und dabei ist D_f die Boxdimension.[52] Für gewöhnlich wird eine ungeheuer große Anzahl von Iterationen der Hénon-Abbildung berechnet, um den Attraktor zu bestimmen. Nach jeder Iteration überprüfen wir, ob der Punkt, den wir erhalten, in einem Quadrat liegt, das wir bisher noch nicht erreicht hatten; wenn dies der Fall ist, erhöhen wir unsere Zählung um 1 (die ersten, sagen wir hundert Iterationen, die man benötigt, um nahe genug an den Attraktor heranzukommen, lassen wir außer acht). Wenn wir alle Quadrate erreicht haben, die Punkte mit dem Attraktor gemeinsam haben, brechen wir den Vorgang ab und wiederholen alles für Quadrate mit einer kleineren Kantenlänge s. Schließlich berechnen wir D_f aus dem Potenzgesetz als Steigung des Graphen von $\log N(s)$ gegen $\log 1/s$. Das klingt ziemlich harmlos, oder nicht? Wir wollen es also versuchen!

Es gibt allerdings ein Problem. Angenommen, wir entschließen uns, eine gewisse Anzahl, zum Beispiel 1 000 000 Iterationen durchzuführen. Wenn wir die Quadrate der Kantenlänge s zählen, erhalten wir eine Anzahl $N(s)$, die anwächst, wenn die Kantenlänge s abnimmt. Es gibt jedoch eine bestimmte kleine Größe s^*, so daß alle Zahlen $N(s)$ mit $s < s^*$ gleich sind, nämlich $N(s) = 1\,000\,000$. Das liegt daran, daß letztlich jede Iterierte in einer der Boxen enthalten ist.[53] Wir haben die Berechnung für die kleine Zahl von 1000 Punkte ausgeführt und das Ergebnis in Abbildung 3.50 dargestellt. Das Diagramm zeigt Punkte, die offensichtlich eher auf einer Kurve liegen als auf einer geraden Linie. Wie können wir eine Gerade finden, die auf diese Daten paßt? Wir haben drei Möglichkeiten, von denen jedoch keine befriedigend ist.

1. Wenn wir den flachen Teil der Kurve außer acht lassen, der die Ergebnisse enthält, die wir bei einem Gitter mit hoher Auflösung gewonnen haben, kommen wir zu einem systematischen Fehler, da wir nur mit groben Gittern arbeiten.
2. Wenn wir die Gerade so durch die Daten legen, daß nur die Ergebnisse für die hohe Auflösung beachtet werden, ist die Steigung der Geraden Null. Entsprechend ist dann auch die fraktale Dimension, die wir bestimmen, $D_f = 0$. Dies is aber nur die Boxdimension

[52] In diesem Abschnitt verwenden wir die Bezeichnung D_f für die Boxdimension, die eigentlich die gebräuchlichste Fassung der fraktalen Dimension ist.

[53] Um dies einzusehen, nehme man s^* als den minimalen Abstand zwischen je zwei Punkten auf der berechneten Bahn.

Doppeltlogarithmisches Diagramm

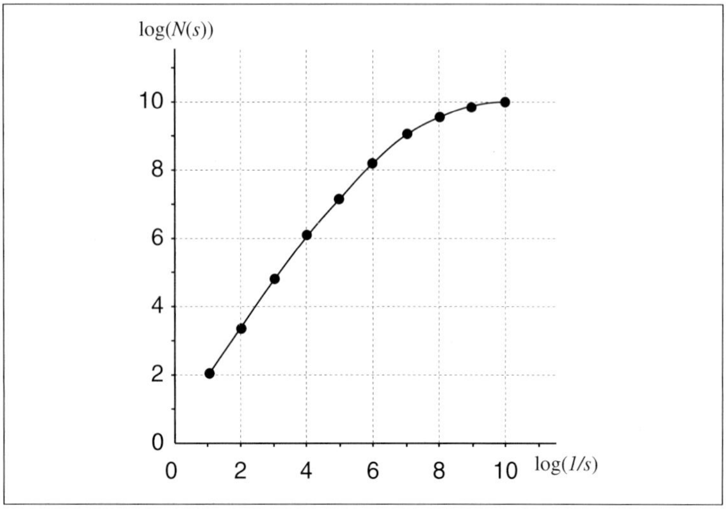

Abb. 3.50 : Der Logarithmus der Anzahl von Boxen $\log_2 N(s)$ für den Hénon-Attraktor ist gegen $\log_2 1/s$ abgetragen. Man beachte, wie die Kurve für kleine Werte von $1/s$ flacher wird; das ist gerade der Bereich, in dem die Boxdimension (die Steigung der Kurve) eigentlich relativ genau bestimmt werden sollte. Daher sind Daten wie diese für die direkte Berechnung der Dimension unbrauchbar. Um diesen Effekt deutlich hervorzuheben, haben wir die Abbildung aus Daten erstellt, die von einer Bahn mit nur 1000 Punkten stammen.

für die Menge der 1 000 000 Punkte und nicht die Boxdimension des ganzen Hénon-Attraktors.

3. Wir können die Entscheidung einem Programm überlassen, das alle Datenpunkte gleich behandelt. Das Ergebnis wird jedoch eine Interpolation der beiden falschen Resultate sein, die wir mit den Methoden 1. und 2. erhalten.

In jedem Fall kommen wir also zu einer Zahl, von der wir nicht beurteilen können, ob sie wirklich die fraktale Dimension des Hénon-Attraktors angibt oder ob sie nur ein Artefakt der unzulänglichen Rechenverfahren ist.

Das Problem mit der Boxdimension

Was wir gerade gesehen haben, ist ein ernsthaftes Problem, das die Wissenschaftler veranlaßt hat, für viele Attraktoren von der Berechnung der Boxdimension abzusehen. Was ist aber der Kern des Problems? Es scheint so, als ob wir die Anzahl der Iterationen an die Verfeinerung von s anpassen müßsen. Je kleiner wir s werden lassen, desto mehr Iterationen müssen wir durchführen, um die Anzahl $N(s)$ der Quadrate zu bestimmen, die Teile des Attraktors enthalten. Aber wie viele Iterationen reichen aus? Angenommen wir finden nach 14 365 811 Iterationen noch eine Box, die wir vorher noch nicht erreicht hatten. Ist dies wohl die letzte, die wir finden, wenn wir mit der Iteration fortfahren? Es gibt keine Möglichkeit, darüber zu entscheiden. Aber wir müssen trotzdem zu einer Entscheidung kommen. Wir können zum Beispiel weitere 100 000 Iterationen ausführen; wenn wir dabei keine neuen Quadrate mehr treffen, geben wir uns zufrieden und brechen die Iteration ab. Aber schon wenn wir nach den 100 000 Iterationen nur noch eine weitere ausführen, können wir eventuell feststellen, daß wir uns geirrt haben. Wir müssen an dieser Stelle einsehen, daß es nicht möglich ist, $N(s)$ direkt zu berechnen. Das einzige, was wir zuverlässig bestimmen können, ist eine Zahl $N(s, n)$, die von der Anzahl der Iterationen abhängt.[54] In Tabelle 3.51 ist diese Abhängigkeit wiedergegeben. $N(s, n)$ ist die Anzahl der Quadrate mit Kantenlänge s, die eine oder mehrere Iterierte aus der Bahn der Länge n auf dem Hénon-Attraktor enthält.[55]

Iterationen n	$N(s,n)$ $s = 1/8$	$N(s,n)$ $s = 1/16$	$N(s,n)$ $s = 1/32$	$N(s,n)$ $s = 1/64$
100	27	41	64	77
1 000	28	68	151	310
10 000	28	69	168	380
100 000	28	69	169	391
1 000 000	28	69	169	395

Tab. 3.51 : Anzahl der belegten Boxen.

Was können wir nun über die Ergebnisse in dieser Tabelle sagen? Die Zahlen bestätigen, daß unsere Vorbehalte gegen diese Methode berechtigt waren. Bei einer Auflösung von $s = 1/8$ erhalten wir nach 100 Iterationen 27 Quadrate, während der nächsten 900 Iterationen kommt nur ein Quadrat hinzu, und im Verlauf von 1 000 000 weiteren Iterationen wird kein Quadrat mehr getroffen. Wir müssen daher annehmen, daß $N(1/8) = 28$ ist. Das Bild ändert sich jedoch, wenn wir die Auflösung erhöhen. Bei $s = 1/64$ (was noch immer kein Wert ist, der für eine vernünftige Untersuchung klein genug wäre) finden wir während der ersten 100 000 Iterationen 391 Quadrate und vier weitere Quadrate in den darauffolgenden 900 000 Iterationen. Wie

[54] In geringerem Ausmaß hängt die Anzahl der Quadrate auch vom Anfangswert der Bahn ab sowie von der Position des Gitters, durch das die Quadrate definiert werden.

[55] Um genauer zu sein, wurden die Zahlen in dieser Tabelle unter Verwendung von rechteckigen Boxen berechnet. Der Wert $s = 1/16$ bedeutet zum Beispiel, daß wir den Bereich, der in Abbildung 3.2 dargestellt ist, in 16×16 Rechtecke unterteilt haben, die in der Abbildung als Quadrate wiedergegeben werden.

Anzahl der Boxen in Beziehung zur Anzahl der Iterationen

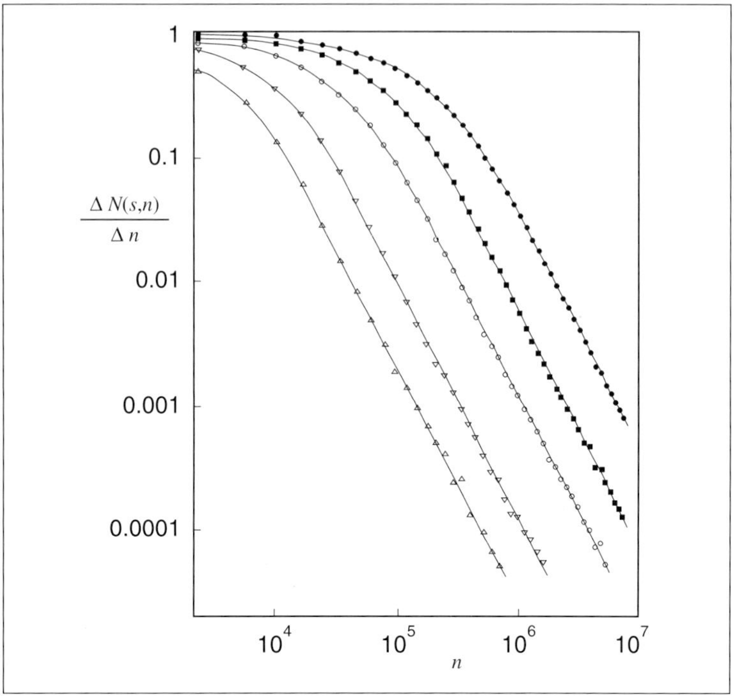

Abb. 3.52 : Die Abbildung wurde entnommen aus P. Grassberger, *On the fractal dimension of the Hénon attractor,* Physics Letters 97A (1983) 224–226. Veränderungen von $\Delta N(s,n)/\Delta n$ wurden über fünf Durchgänge und fünf verschiedene Kantenlängen gemittelt. Es wird deutlich, daß eine Gerade durch die Daten gelegt werden kann, vor allem für große n, wodurch das Potenzgesetz aus Gleichung (3.17) bestätigt wird.

viele Iterationen müssen wir ausführen? Für den Hénon-Attraktor sind Iterationen nicht besonders aufwändig, und die Zahlen, die in der Literatur zitiert werden, liegen typischerweise in der Größenordnung von zehn Millionen.[56] Für viele andere Systeme wären eine Million Iterationen weit außerhalb dessen, was hinsichtlich der Rechenzeit darstellbar wäre. Aber für die Hénon-Abbildung sind 100 Millionen Iterationen möglicherweise nicht ausreichend, wenn wir nach Ergebnissen für feinere Auflösungen suchen. Das Problem, das wir zuvor umrissen haben, existiert also tatsächlich in der Praxis, und es sollte eine Lösung dafür gefunden werden.

Analyse des Problems

Durch neue Phänomene werden neue Fragen aufgeworfen, und dies ist auch hier der Fall. Wir sollten nicht untersuchen, wie die Zahl

[56] In unserem Fall kommt man sogar mit zehn Millionen Iterationen zum gleichen Ergebnis wie mit der ersten Million, die in der Tabelle verzeichnet ist.

$N(s,n)$ von der Anzahl der Iterationen n abhängt. Wenn wir diese Abhängigkeit bis zu einer gewissen Genauigkeit kennen, können wir möglicherweise aus den Zahlen $N(s,n)$ extrapolieren, um zu einer Schätzung von

$$N(s) = \lim_{n \to \infty} N(s,n)$$

zu gelangen, die man zur Berechnung der Dimension braucht. Diese Möglichkeit wurde 1983 in einer Veröffentlichung von Peter Grassberger angeschnitten.[57] Die von ihm in tabellarischer Form aufgeführten Daten lassen auf ein Verhalten der Form

$$N(s,n) \approx N(s) - \text{const} \cdot s^{-\alpha} n^{-\beta} \tag{3.17}$$

schließen, wenn die Anzahl n der Iterationen groß genug ist.[58] Um diese Vermutung zu überprüfen, betrachten wir die Wachstumsrate von $N(s,n)$, wenn n anwächst. Falls Gleichung (3.17) stimmt, sollte diese Wachstumsrate dem Gesetz

$$\frac{\Delta N(s,n)}{\Delta n} \approx \text{const} \cdot s^{-\alpha} n^{-\beta-1}$$

entsprechen, wobei die Konstante eine andere ist als die in Gleichung (3.17). Gegeben sei eine Tabelle mit Werten $N(s,n)$ für verschiedene Kantenlängen s und Iterationen n. Wir können die Wachstumsrate bestimmen, wenn wir einen Zuwachs Δn nehmen, der nicht zu klein ist. Die Daten können in doppeltlogarithmische Diagramme eingetragen werden, wobei $\Delta N(s,n)/\Delta n$ gegen s und n abgetragen wird. Wenn in diesen Diagrammen gerade Linien zum Vorschein kommen, wird unsere Annahme gestützt, und man erhält die Koeffizienten α und β aus den entsprechenden Steigungen (siehe Abbildung 3.52). Grassberger führte eine solche Untersuchung über fünf Durchgänge mit jeweils 7.5 Millionen Iterationen und unter Verwendung von fünf verschiedenen Kantenlängen s durch. Seine Ergebnisse sind positiv, und seine Schätzungen für die Exponenten lauten

$$\alpha = 2.42 \pm 0.15 \quad \text{und} \quad \beta = 0.89 \pm 0.03.$$

[57] P. Grassberger, *On the fractal dimension of the Hénon attractor,* Physics Letters 97A (1983) 224–226.

[58] Eine heuristische Herleitung eines solchen Skalierungsverhaltens findet man bei W. E. Caswell und J. A. Yorke in der Veröffentlichung *Invisible errors in dimension calculations: geometric and systematic effects,* in: *Dimensions and Entropies in Chaotic Systems,* G. Mayer-Kress (Hrsg.), Springer-Verlag, Berlin, 1989 (zweite Auflage), S. 123–136.

Wie man die Dimension aus α und β bestimmt

Nachdem man α und β bestimmt hat, kann auf der Grundlage zweier Messungen, zum Beispiel $N(s_0, n_0)$ und $N(s_0, 2n_0)$ eine Schätzung für $N(s)$ wie folgt berechnet werden. Die Konstante in Gleichung (3.17) wollen wir mit γ_1 bezeichnen. Wir nehmen an, daß

$$\begin{aligned} N(s_0, n_0) &= N(s_0) - \gamma_1 s_0^{-\alpha} n_0^{-\beta} \\ N(s_0, 2n_0) &= N(s_0) - \gamma_1 s_0^{-\alpha} 2^{-\beta} n_0^{-\beta}. \end{aligned}$$

Wir schätzen die Konstante γ_1, indem wir diese Gleichungen nach γ_1 auflösen,

$$\gamma_1 = \frac{N(s_0, 2n_0) - N(s_0, n_0)}{(1 - 2^{-\beta}) s_0^{-\alpha} n_0^{-\beta}},$$

und man kommt zu dem Ergebnis (mit Variablen s und n)

$$N(s) = N(s, n) + \gamma_1 s^{-\alpha} n^{-\beta},$$

wobei die Parameter α, β und γ_1 auf der rechten Seite bekannt sind. Zum Beispiel berechnete Grassberger $N(s) = 238,513 \pm 200$ für $s = 0.0169/60$. Die Berechnung der Boxdimension kann dann auf die gleiche Weise durchgeführt werden. Mit einer weiteren Proportionalitätskonstante γ_2 nehmen wir an, daß

$$\begin{aligned} N(s) &= \gamma_2 s^{-D_f} \\ N(2s) &= \gamma_2 2^{-D_f} s^{-D_f}. \end{aligned}$$

Daher gilt

$$\frac{N(s)}{N(2s)} = 2^{D_f}$$

und es folgt

$$D_f = \frac{\log N(s) - \log N(2s)}{\log 2}.$$

Es können mehrere solcher Rechnungen durchgeführt und verglichen werden, damit man die Dimension D_f schätzen kann, wenn s gegen 0 geht.

Das Ergebnis Diese Schätzungen für α und β auf der Grundlage der Messungen für $N(s, n)$ sind hinreichend, um zuerst $N(s)$ zu extrapolieren und danach die Boxdimension zu berechnen. Grassberger hat die Zahl

$$D_f = 1.28 \pm 0.01$$

als Dimension des Hénon-Attraktors angegeben.[59]

[59] Frühere Berechnungen, die mit der direkten Methode des Zählens von Quadraten durchgeführt wurden, haben das Ergebnis $D_f = 1.26$ erbracht; dies ist jedoch zu niedrig (siehe D. A. Russell, J. D. Hanson, E. Ott, *Dimension of strange attractors,* Phys. Rev. Lett. 45 (1980) 1175–1178).

Warum man Alternativen zur Boxdimension braucht

Es ist offensichtlich, daß das oben beschriebene Verfahren recht aufwendig ist, selbst in dem relativ einfachen zweidimensionalen Fall, den wir hier betrachtet haben. Typischerweise gehören Attraktoren aber zu wesentlich komplexeren Systemen, bei denen sogar die Berechnung von Trajektorien nur unter Zuhilfenahme numerischer Näherungsverfahren möglich ist. Außerdem kann die Dimension in anderen Fällen beträchtlich größer sein als 1.28, vielleicht in der Größenordnung von 4 oder 5 oder sogar noch größer, wodurch ein ungleich höherer Arbeitsaufwand entsteht. Alles in allem ist die Boxdimension ein schönes Konzept, aber bei der Berechnung treten zu viele Schwierigkeiten auf, als daß man auf die Zuverlässigkeit der numerischen Ergebnisse vertrauen könnte.

Es gibt einen weiteren Grund, anderen Dimensionsbegriffen den Vorzug zu geben. Wenn wir eine Bahn betrachten, deren Punkte auf dem Attraktor dicht liegen, bemerken wir, daß es Bereiche gibt, in denen die Bahn sich häufiger aufhält als in anderen. Zum Beispiel zählte Grassberger bei einer mittleren Kantenlänge s in einem Durchgang mit 7 500 000 Punkten, daß ungefähr 40 000 Quadrate erreicht wurden. Daraus kann man einen Durchschnitt von 190 Punkten pro Box errechnen. Aber wie Abbildung 3.52 (mittlere Kurve) zeigt, kann man innerhalb der letzten Million von Iterationen erwarten, daß ungefähr alle 10 000 Iterationen eine leere Box getroffen wird. Wenn wir am Ende der Rechnung angekommen sind, enthalten diese Quadrate sehr viel weniger Punkte als die durchschnittliche Anzahl von 190. Die Boxdimension ignoriert derartige Unterschiede; wenn ein Quadrat getroffen wurde, wird es genau einmal gezählt, und dabei spielt es keine Rolle, wie viele Punkte aus der Bahn sich darin befinden. Kurz gesagt wird die Verteilung der Punkte einer Bahn bei der Boxdimension nicht berücksichtigt (vergleiche Abbildung 3.53).

Das natürliche Maß

Um diese Mängel der fraktalen Dimension möglichst schnell zu überwinden, sollten wir den Boxen je nach Anzahl der Punkte, die sich darin befinden, unterschiedliches Gewicht geben. Wir gehen einen Schritt weiter und führen ein allgemeines Konzept ein, das man Maß nennt.[60] Wir betrachten eine offene Teilmenge B eines Raums X, in dem sich ein Attraktor befindet, zum Beispiel eine Teilmenge B der Ebene oder des dreidimensionalen euklidischen Raums. Typische Bahnen, die wir bei unseren Untersuchungen mit dem Computer beobachtet haben, füllen den Attraktor dicht aus. Wenn fast alle exakten Bahnen, die auf dem Attraktor oder in seiner Nähe starten,

[60] Für eine mathematische Abhandlung über Maße (und Ljapunov-Exponenten), die auch Ergodentheorie mit einschließt, siehe R. Mañé, *Ergodic Theory and Differentiable Dynamics*, Springer-Verlag, Heidelberg, 1987.

Dichteverteilung

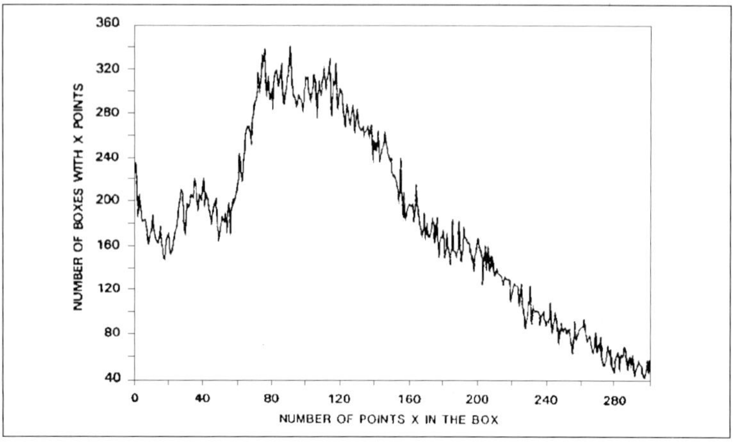

Abb. 3.53 : Es wurden 44 Millionen Punkte einer Bahn auf dem Hénon-Attraktor berechnet, und dabei wurden die Häufigkeiten gezählt, mit denen Quadrate der Kantenlänge 0.000125 getroffen werden. Eine solche Dichteverteilung kann als Basis zur Berechnung der Dimension dienen. Die Abbildung ist entnommen aus W. E. Caswell und J. A. Yorke, *Invisible errors in dimension calculations: geometric and systematic effects,* in: *Dimensions and Entropies in Chaotic Systems,* G. Mayer-Kress (ed.), Springer-Verlag, Berlin, 1986 und 1989, S. 123–136.

den Attraktor schließlich dicht ausfüllen, nennt man das System *ergodisch*. Wir können zählen, wie oft eine Bahn $x_0, x_1, x_2, \ldots \in X$ die Teilmenge B trifft, und es ist natürlich anzunehmen, daß sich der Prozentsatz der Punkte, die in B fallen, stabilisiert, je mehr Iterationen wir durchführen. Diesen Prozentsatz nennt man das *natürliche Maß* $\mu(B)$ des Systems. Formal gilt

$$\mu(B) = \lim_{n\to\infty} \frac{1}{n+1} \sum_{k=0}^{n} \mathbf{1}_B(x_k), \qquad (3.18)$$

wobei $\mathbf{1}_B(x)$ eine Funktion ist, die die Werte 0 und 1 annimmt, je nachdem, ob x in B liegt oder nicht. Das bedeutet

$$\mathbf{1}_B(x) = \begin{cases} 1 & \text{wenn } x \in B \\ 0 & \text{sonst} \end{cases}$$

und $\sum_{k=0}^{n} \mathbf{1}_B(x_k)$ ist die Anzahl der Punkte $x_0, \ldots, x_n$ aus der (endlichen) Bahn, die in B fallen.

Das natürliche Maß kann als ein Mittel verstanden werden, mit dem die *Masse* eines Teils des Attraktors quantifiziert werden kann. Wir betrachten eine Bahn auf dem Hénon-Attraktor und stellen uns vor, daß wir an jedem Punkt der Bahn ein Sandkorn fallen lassen. An manchen Stellen wird sich der Sand schneller ansammeln als an anderen. Das Gewicht des Sandes, der sich in der Teilmenge B anhäuft, wird durch das Produkt von $\mu(B)$ und dem gesamten Gewicht des verteilten Sands angenähert. Indem man der Bahn folgt und immer mehr Sandkörner ausstreut, erhält man eine Näherung, die zunehmend genauer wird.

Mehr über das natürliche Maß

Das natürliche Maß ist ein *invariantes* Maß. Für das System

$$x_{k+1} = f(x_k)$$

bedeutet dies, wenn $f^{-1}(B)$ die Menge der Punkte bezeichnet, die nach einer Iteration in B landen (das Urbild von B), daß das Maß von $f^{-1}(B)$ das gleiche ist wie das von B,

$$\mu(f^{-1}(B)) = \mu(B).$$

Dies ist einleuchtend, wenn wir uns vor Augen halten, daß das natürliche Maß von den statistischen Eigenschaften einer langen Bahn erzeugt wird: Für jeden Punkt der Bahn, der in $f^{-1}(B)$ fällt, gibt es auch einen Punkt in B, nämlich sein Nachfolger. Wir weisen darauf hin, daß diese Bedingung genau dann, wenn die Abbildung f injektiv und surjektiv ist (d.h. für jeden Punkt y gibt es genau einen Punkt x, so daß $f(x) = y$ ist, siehe Seiten 101 und 107), äquvalent ist zu

$$\mu(B) = \mu(f(B)).$$

Für eine gegebene stetige Abbildung f gibt es mindestens ein invariantes Maß. Im allgemeinen existieren allerdings mehrere invariante Maße. Wenn f zum Beispiel einen Fixpunkt $x^* = f(x^*)$ hat, und $f(x) \neq x^*$ für alle $x \neq x^*$, dann ist das Dirac-Maß ein invariantes Maß, das definiert ist durch $\delta(B) = 1$, wenn x^* in B ist, und ansonsten $\delta(B) = 0$. Wenn der Fixpunkt jedoch abstoßend ist, was in der Regel der Fall ist, wenn x^* auf dem Attraktor liegt, ist das Dirac-Maß für die Praxis nicht von Bedeutung, weil es fast keine Bahnen gibt, die dieses Maß im Sinn von Gleichung (3.18) erzeugen. Ein dynamisches System, das durch die Abbildung f gegeben ist, und ein zugehöriges invariantes Maß μ heißen *ergodisch*, wenn fast alle Bahnen μ erzeugen.[61]

---

[61] Genauer gesagt, sei f eine Abbildung, die auf einer Teilmenge A des n-dimensionalen euklidischen Raums definiert ist und μ ein invariantes Maß. Weiterhin sei g eine beliebige Funktion auf A, die reelle Werte annimmt (zum Beispiel die Funktion $\mathbf{1}_B$ von oben). Dann ist das System, das durch f, A und μ gegeben ist, ergodisch, wenn für fast alle Bahnen (d.h. für fast alle Anfangswerte x_0 in einer Menge $A_0 \subset A$ mit $\mu(A_0) = 1$) der durchschnittliche Wert von g derselbe ist wie der durchschnittliche Wert von g, der bezüglich des Maßes μ gemittelt wurde. Dies läßt sich in einer Gleichung zusammenfassen:

$$\lim_{m\to\infty} \frac{1}{m+1} \sum_{k=0}^{m} g(x_k) = \int_A g(x) d\mu(x).$$

In diesem Fall nennt man μ das *natürliche Maß*. Das natürliche Maß kann auch für stetige dynamische Systeme definiert werden. In diesem Fall ist das Maß $\mu(B)$ die relative Zeit, in der sich eine Trajektorie $x(t)$ in der Teilmenge B aufhält. Formal beschrieben:

$$\mu(B) = \lim_{t\to\infty} \frac{1}{t} \int_0^t \mathbf{1}_B(x(s))ds.$$

Das natürliche Maß charakterisiert die statistischen Eigenschaften des Langzeitverhaltens in einem Iterationsprozeß, und wir wollen es in einen neuen fraktalen Dimensionsbegriff eingliedern. Um dies zu erreichen, wird das Zählen der Quadrate durch ein Zählvorgang ersetzt, bei dem jede Box ihr natürliches Maß als Gewicht bekommt. Dadurch werden Quadrate, die von der Bahn häufig durchlaufen werden, in der Rechnung stärker berücksichtigt als solche, in denen sich die Bahn nur selten aufhält. Wenn wir dies durch Gleichungen beschreiben, ersetzen wir $\log N(s)$ durch

$$I(s) = \sum_{k=1}^{N(s)} \mu(B_k) \log_2 \frac{1}{\mu(B_k)}. \tag{3.19}$$

Die Summe läuft hier über alle $N(s)$ Boxen B_k der Kantenlänge s, die den Attraktor überdecken.[62] Diese Größe $I(s)$ gibt an, wieviel Information erforderlich ist, um einen Punkt auf dem Attraktor mit der Genauigkeit s aufzufinden; oder anders ausgedrückt ist es die Information, die man bei einer Messung erhält, die bis auf eine Unschärfe vom Betrag s genau ist.

Wieviel Information enthalten 4.3 Bits?

Bevor wir die Ergebnisse in einer Rechnung präsentieren, wollen wir mit Hilfe eines Spiels eine Interpretation der Information vermitteln. Auf dem Attraktor wird auf der Grundlage des natürlichen Maßes ein zufälliger Punkt gewählt. Zum Beispiel können wir die Iteration des zugehörigen dynamischen Systems auf dem Computer starten. An einer bestimmten Stelle entscheiden wir uns, einen Knopf zu drücken, der das Programm anhält und den aktuellen Punkt aus der Bahn ausgibt. Dieser Punkt befindet sich in einer bestimmten Box B_k. Angenommen, ein „Detektiv“ versucht diese Box B_k zu bestimmen. Er kennt alle Boxen und ihre zugehörigen Wahrscheinlichkeiten. Er darf Fragen über den Ausgang des Experiments stellen, die wir mit „Ja“ oder mit „Nein“ beantworten können. Zum Beispiel

[62] Der Logarithmus wird zur Basis 2 genommen. Häufig wird die Definition mit dem natürlichen Logarithmus festgelegt. Der Unterschied besteht aber nur in einem Proportionalitätsfaktor. Der Vorteil der Definition mit dem Logarithmus zur Basis 2 liegt darin, daß man das Ergebnis $I(s)$ in der Einheit von Bits erhält (siehe unten).

kann er fragen: „Ist die Box, die in Frage kommt, unter den Boxen B_1 bis B_{100}?“ Nach einer endlichen Anzahl von Fragen weiß der Detektiv, in welcher Box B_k der zufällige Punkt liegt, und das Spiel kann wiederholt werden. Es gibt für den Detektiv eine optimale Strategie, diese Fragen zu stellen, und die Information $I(s)$ ist ein Maß dafür, wie erfolgreich diese Strategie ist. Die Information ist nämlich die *durchschnittliche Anzahl der Fragen* die man stellen muß, um die richtige Box zu ermitteln. Wir geben ein einfaches Beispiel. Es gibt acht Boxen, die von B_0 bis B_7 durchnummeriert sind, und die alle das gleiche Maß μ haben, d.h. $\mu(B_k) = 1/8$ für $k = 0, \ldots, 7$. Welches ist die optimale Strategie, die Box zu entdecken, die den zufälligen Punkt enthält? Der Detektiv wird versuchen, die Fragen so zu stellen, daß nach jeder Antwort die Anzahl der Boxen, die in Frage kommen, um die Hälfte reduziert wird. Daher kann er zuerst fragen, ob es eine der Boxen B_0, B_1, B_2 oder B_3 ist. Angenommen, die Antwort ist „Ja“. Dann wäre die nächste Frage, ob es eine der beiden Boxen B_0 oder B_1 ist. Wenn die zweite Antwort „Nein“ ist, stellt sich nur noch die Frage, ob es sich um die Box B_2 oder um B_3 handelt. Drei Fragen reichen aus, um die richtige Box herauszufinden. Es spielt außerdem keine Rolle, in welcher Box der unbekannte Punkt liegt. In jedem Fall sind drei Fragen ausreichend, um die Box zu finden. Es gibt keine bessere Strategie. Der Informationsgehalt ist also $I = 3$.

Um die Sache komplizierter zu machen, wollen wir eine der Boxen auslassen und die Wahrscheinlichkeiten der verbleibenden Boxen entsprechend auf $\mu(B_k) = 1/7$ setzen. Wenn wir nach der gleichen Strategie verfahren wie für 8 Boxen, finden wir wieder heraus, daß drei Fragen ausreichen, um die richtige Box zu bestimmen. Nur in einem Fall gelingt es, schon mit zwei Fragen auszukommen.[63] Im Durchschnitt werden wir also eine Zahl zwischen 2 und 3 (etwa 2.857) erhalten. Wir können die durchschnittliche Anzahl der Fragen, die gestellt werden müssen, noch weiter reduzieren, wenn wir die verschiedene unbekannte Boxen gleichzeitig betrachten (siehe unten). Das optimale Ergebnis ist $\log_2 7 \approx 2.807$, und dies ist genau das, was durch Gleichung (3.19) beschrieben wird.

[63] Die erste Frage bestimmt, in welcher der Mengen $\{0, 1, 2, 3\}$ oder $\{4, 5, 6\}$ sich die unbekannte Zahl befindet. Die zweite Frage unterscheidet zwischen $\{0, 1\}$, $\{2, 3\}$, $\{4, 5\}$ und $\{6\}$. Im letzten Fall $\{6\}$ sind wir bereits fertig. Wenn die Zahl kleiner ist als 6, müssen wir noch eine weitere Frage stellen. Die durchschnittliche Zahl von Fragen ist daher $3 \cdot 6/7 + 2 \cdot 1/7 = 20/7 \approx 2.857 < 3$.

Die Informationstheorie von Shannon

Warum bezeichnen wir diese Größe $I(s)$ in Gleichung (3.19) als ein Maß für die Information? Und welches sind die physikalischen Einheiten einer solchen Information? Der theoretische Ursprung der Informationstheorie wurde 1948 von Claude Shannon gegeben.[64] Wir geben einen heuristischen Einblick, wobei wir wieder mit den 8 Boxen von vorhin anfangen wollen. Die Folge der Indizes der Boxen, die Zahlen 0,..., 7, können wir in binärer Schreibweise notieren. Wir benötigen dazu drei Bits pro Zahl:

$$000, 001, 010, 011, 100, 101, 110, 111.$$

Wenn wir diese Notation verwenden, lauten die Fragen des Detektivs: „Ist die erste Ziffer im Kode der unbekannten Box gleich 1? Und die zweite? Und die dritte?" Nach diesen drei Fragen ist die Box bekannt. Mit anderen Worten brauchen wir drei binäre Zahlen, um die acht verschiedenen Ausgänge zu kodieren. Der Informationsgehalt ist daher $I = \log_2 8 = 3$ und wird in der Einheit Bit gemessen. Dies bedeutet, daß die Information I die durchschnittliche Länge der Worte angibt, die wir erhalten, wenn wir die möglichen Ausgänge in binären Ziffern kodieren. In unserem Fall ist das Ergebnis offensichtlich, weil die Anzahl möglicher Ausgäge eine Potenz von 2 ist und alle Ereignisse gleichwahrscheinlich sind.

Wir fahren fort, indem wir auf andere Ereignisse mit gleichen Wahrscheinlichkeiten verallgemeinern. Betrachten wir zum Beispiel eine Situation mit drei möglichen Ausgängen A, B und C, von denen jeder mit Wahrscheinlichkeit 1/3 vorkommt. Wir benötigen nicht mehr als zwei Fragen, um den richtigen Ausgang des Experiments festzustellen. Die erste Frage unterscheidet zwischen $\{A, B\}$ und $\{C\}$, und die zweite bestimmt, ob es sich um A oder B handelt, wenn der erste Fall zutreffend war. Wir fassen den Vorgang in der folgenden Tabelle zusammen, die sich auf die beiden Fragen „Ist es die Menge C?" und „Ist es die Menge B?" bezieht. Dabei steht 0 für die Antwort „Nein" und 1 für „Ja".

Ereignis	Wahrscheinlichkeit	Fragen 1	Fragen 2	Anzahl der Fragen
A	1/3	0	0	2
B	1/3	0	1	2
C	1/3	1		1

Um die durchschnittliche Anzahl der Fragen zu berechnen, die gestellt werden müssen, summieren wir über die Produkte der Wahrscheinlichkeiten mit der Anzahl der Fragen für jede Zeile,

$$2 \cdot \frac{1}{3} + 2 \cdot \frac{1}{3} + 1 \cdot \frac{1}{3} = \frac{5}{3} \approx 1.667.$$

[64] Der Techniker und Mathematiker Claude Elwood Shannon wurde zu einem Pionier in der Computerwissenschaft. Er führte eine mathematische Theorie über die Kapazität von Kommunikationssystemen (communication channels) ein. Er arbeitete an den Bell Laboratories und seit 1956 als Professor am Massachusetts Institute of Technology.

Gleichung (3.19) verrät uns jedoch, daß eine optimale Strategie nur

$$I = \sum_{k=1}^{3} \frac{1}{3} \log_2 3 = \log_2 3 \approx 1.585$$

Fragen im Durchschnitt erfordert. Wie können wir die Strategie verbessern? Da wir Mittelwerte bilden, gehen wir davon aus, daß das Experiment viele Male durchgeführt wird, fassen die Ereignisse paarweise zusammen, und stellen die Fragen für beide Ereignisse. In unserem Fall sind diese Paare AA, AB, AC, BA, ..., CB, CC. Wir verwenden dann die Strategie, die in der folgenden Tabelle umrissen wird.

Ereignis	Wahrschein-lichkeit	Fragen 1	2	3	4	Anzahl der Fragen
AA	1/9	0	0	0		3
AB	1/9	0	0	1		3
AC	1/9	0	1	0		3
BA	1/9	0	1	1		3
BB	1/9	1	0	0		3
BC	1/9	1	0	1		3
CA	1/9	1	1	0	0	4
CB	1/9	1	1	0	1	4
CC	1/9	1	1	1		3

Neun Fälle können unterschieden werden. In sieben Fällen sind drei Fragen ausreichend, während für die verbleibenden beiden Fälle vier Fragen erforderlich sind. Der Durchschnitt ist daher

$$7 \cdot 3 \cdot \frac{1}{9} + 2 \cdot 4 \cdot \frac{1}{9} = \frac{29}{9}.$$

Da wir immer zwei Ereignisse gleichzeitig bestimmen, teilen wir durch zwei und erhalten

$$\frac{29}{18} \approx 1.611$$

Fragen pro Ereignis. Das ist eine Verbesserung um 0.056 gegenüber der einfachen Strategie, aber das Ergebnis ist noch immer nicht optimal. Wir fahren nun fort und betrachten anstelle von Paaren Tripel möglicher Ausgänge, danach Quadrupel und so weiter. Dadurch verbessern wir unseren Durchschnitt. Die Methode besteht darin, die möglichen Ereignisse jeweils in zwei Gruppen einzuteilen, so daß die gesamte Wahrscheinlichkeit in jeder Gruppe möglichst nahe bei 0.5 liegt. Shannons Ergebnisse lassen schließen, daß wir am Ende als optimalen Durchschnitt $\log_2 3$ erhalten.

Es spielt darüberhinaus keine Rolle, ob die Ereignisse wirklich gleich verteilt sind oder nicht. Wir versetzen uns in die Situation mit $N = 8$ Boxen zurück und fragen uns, wieviel Information in einer Mitteilung enthalten ist, die besagt, daß das Ereignis 2 oder 3 war. Diese Information sollte die gleiche Anzahl von Bits enthalten wie die Ausgänge „0 oder

1", „4 oder 5" und „6 oder 7". Es gibt vier solcher Fälle, und daher ist die Anzahl der Bits in dieser Information $\log_2 4 = 2$. Man beachte, daß $p = 2/N = 1/4$ die Wahrscheinlichkeit dafür ist, daß das Ereignis eintritt; wir können unser Resultat aber auch auf eine andere Art auszudrücken, indem wir sagen, daß die Information

$$\log_2 \frac{1}{p} \text{ Bits}$$

enthält. Eigentlich kann dies auch in allgemeineren Situationen genutzt werden. Betrachten wir zum Beispiel die Information, daß der Ausgang eines Experiments eines von M Ereignissen aus einer Gesamtzahl von N möglichen, gleichwahrscheinlichen Ereignissen ist. Die Wahrscheinlichkeit für ein solches Ergebnis ist $p = M/N$, und der Informationsgehalt ist wieder $\log_2 1/p$ Bits. Um es anschaulich zu machen, nehmen wir $M = 3$ und $N = 24$. Die Information enthält dann $\log_2 24/3 = \log_2 8 = 3$ Bits. Oder, wenn wir $N = 22$ setzen, erhalten wir $\log_2 22/3 \approx 2.874$ Bits.

Wir können einen Schritt weiter gehen und eine Menge von Ereignissen betrachten, die mit unterschiedlichen Wahrscheinlichkeiten auftreten. Wir verwenden die Bezeichnungen $B_1, \ldots, B_N$ für die Ereignisse und $p_1, \ldots, p_N$ für ihre Wahrscheinlichkeiten, von denen wir voraussetzen, daß ihre Summe 1 ist. Folgen wir unserer Argumentation, die wir zuvor beschrieben haben, so können wir sagen, daß die Information, die in einer Messung B_k enthalten ist, $\log_2 1/p_k$ Bits beträgt. Wir fragen nun auch in diesem Fall nach dem durchschnittlichen Informationsgehalt. Der Durchschnitt ist nicht einfach das arithmetische Mittel $1/N \sum \log_2 1/p_k$, weil die Ereignisse nicht gleichwahrscheinlich sind. Daher erwarten wir, daß die Information, die wir erhalten, die gewichtete Summe

$$I = \sum_{k=1}^{N} p_k \log_2 \frac{1}{p_k}$$

ist, und die Einheit, in der wir messen, sind Bits.[65]

Wir nehmen zum Beispiel die unabhängigen Ereignisse A mit Wahrscheinlichkeit 1/8 und B mit Wahrscheinlichkeit 7/8. Nach Shannon ist die Information

$$\frac{1}{8} \log_2 8 + \frac{7}{8} \log_2 \frac{8}{7} \approx 0.544.$$

Wenn man je drei aufeinanderfolgende Ereignisse in Gruppen zusammenfaßt, kann man nach der folgenden Strategie vorgehen:

[65] Wenn wir mit dem natürlichen Logarithmus arbeiten, ist die Information in Einheiten von $1/\log 2 \approx 1.44$ Bits gegeben.

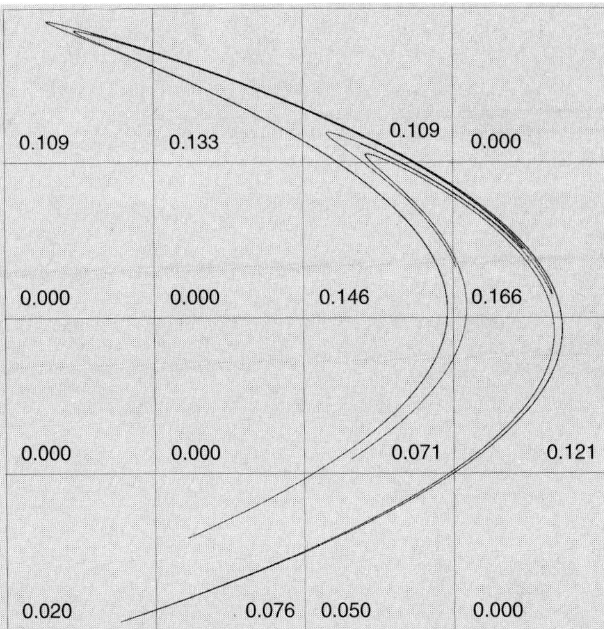

Abb. 3.54 : Der Hénon-Attraktor wird in 16 Quadrate unterteilt. Die Zahlen geben das natürliche Maß der Quadrate an.

Ereignis	Wahrschein-lichkeit	Fragen 1	2	3	4	5	Anzahl der Fragen
AAA	1/512	0	0	0	0	0	5
AAB	7/512	0	0	0	0	1	5
ABA	7/512	0	0	0	1	0	5
BAA	7/512	0	0	0	1	1	5
ABB	49/512	0	0	1			3
BAB	49/512	0	1	0			3
BBA	49/512	0	1	1			3
BBB	343/512	1					1

Der Durchschnitt, der sich dabei ergibt, beträgt ein Drittel von

$$\frac{5}{512} + 3 \cdot \frac{5 \cdot 7}{512} + 3 \cdot \frac{3 \cdot 49}{512} + \frac{343}{512} = \frac{894}{512},$$

also ungefähr $298/512 \approx 0.582$, und dieses Ergebnis liegt sehr nahe am theoretisch optimalen Wert.

Abschließend wollen wir ein Beispiel geben, wie diese Gleichung auf das natürliche Maß eines seltsamen Attraktors angewendet wird. In Abbildung 3.54 sehen wir, wie der Hénon-Attraktor in 16 Quadrate unterteilt ist. Wir haben eine lange Bahn berechnet und ihre statistischen Eigenschaften, die wir dabei ermittelt haben, in den Wahrscheinlichkeiten zusammengefaßt, die wir den Quadraten zugeordnet haben. In dieser Anordnung enthält die Information, daß sich ein Punkt im oberen linken Quadrat befindet, $\log_2 1/0.109 \approx 3.198$ Bits. Der durchschnittliche Informationsgehalt pro Messung beträgt

$$\begin{aligned}&0.109 \log_2 1/0.109 + 0.133 \log_2 1/0.133 +\\&0.109 \log_2 1/0.109 + 0.146 \log_2 1/0.146 +\\&0.166 \log_2 1/0.166 + 0.071 \log_2 1/0.071 +\\&0.121 \log_2 1/0.121 + 0.020 \log_2 1/0.020 +\\&0.076 \log_2 1/0.076 + 0.050 \log_2 1/0.050 = 3.168 \text{ Bits.}\end{aligned}$$

Dieses Ergebnis stimmt mit der Zahl $I(s_2)$ in Tabelle 3.55 überein.

k	s_k	$N(s_k)$	$I(s_k)$	D_I
1	1/2	4	1.840	
2	1/4	10	3.168	1.328
3	1/8	28	4.481	1.313
4	1/16	69	5.624	1.143
5	1/32	169	6.877	1.253
6	1/64	395	8.145	1.268
7	1/128	917	9.371	1.226
8	1/256	2181	10.580	1.209
9	1/512	5053	11.797	1.217
10	1/1024	12064	13.039	1.242

Tab. 3.55 : Wir haben 10 000 000 Iterationen durchgeführt und Gitter von bis zu 1024×1024 Boxen verwendet, um den Bereich $-1.5 \leq x \leq 1.5$ und $-0.4 \leq y \leq 0.4$ zu überdecken. Mit diesen Daten haben wir die Anzahl der nichtleeren Boxen $N(s_k)$ und die Information $I(s_k)$ unter Verwendung von Gleichung (3.19) berechnet. Die letzte Spalte enthält Schätzungen für die Informationsdimension. Der Eintrag in der $k$ten Zeile der letzten Spalte (D_I) wurde durch $I(s_k) - I(s_{k-1})$ berechnet.

Wenn die Kantenlänge s der Boxen abnimmt, steigt die Information $I(s)$ natürlich an. In Tabelle 3.55 ist ein erster, grober numerischer Entwurf zur Auswertung dieser Information für den Hénon-Attraktor zusammengefaßt. In Abbildung 3.56 zeichnen wir die Information $I(s_k)$ gegen den Logarithmus des Inversen zu $\log_2(1/s_k) = k$ auf.[66] Die Daten entsprechen wieder einem Potenzgesetz. $I(s)$

[66] Um es genauer zu sagen: Man sollte beachten, daß die Boxen, die wir verwendet haben, keine Quadrate sind, sondern Rechtecke, die so gewählt wurden, daß 2^k mal 2^k von ihnen den angegebenen Bereich überdecken, der den Attraktor enthält. Daher ist $1/s_k$ weder die Höhe noch die Breite einer Box, sondern irgendein Vielfaches davon. Das haben wir nur deshalb so gehandhabt, weil sich die Notation dadurch vereinfacht. Auf die Berechnung der Dimension hat es keinen Einfluß.

Information gegen Kantenlänge

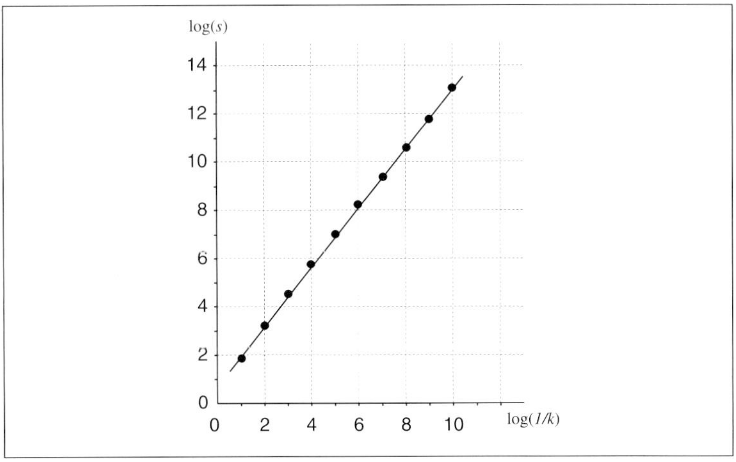

Abb. 3.56 : Die Information $I(s_k)$ ist gegen den Index k in Tabelle 3.55 abgetragen. Die Steigung der Geraden liegt bei 1.2.

wächst nämlich mit $1/s$ logarithmisch an, wenn $s \to 0$. Anders ausgedrückt,

$$I(s) \approx I_0 + D_I \log_2 \frac{1}{s}$$

wobei I_0 eine Konstante ist und D_I die Steigung der Geraden in der Skizze, in der $I(s)$ gegen $\log_2 1/s$ abgetragen wurde. Die Zahl D_I charakterisiert den Anstieg der Information. Es ist der Betrag der Information, die man zusätzlich erhält, wenn man die Auflösung des Gitters, mit dem man den Attraktor unterteilt hat, verdoppelt. D_I wird als *Informationsdimension* bezeichnet. In unserem Fall liegt D_I zwischen 1.21 und 1.24. Genau wie die fraktale Dimension (Boxdimension) ist D_I keine ganze Zahl[67]; ein weiterer Grund, den Hénon-Attraktor als

[67] Die Boxdimension einer Menge, die kein Fraktal ist, wie zum Beispiel ein Intervall oder ein Quadrat, ist eine ganze Zahl. Die entsprechende Aussage gilt auch für die Informationsdimension. Betrachten wir einmal das Einheitsintervall mit dem konstanten Maß μ. Wir wählen $s_k = 2^{-k}$ und berechnen die Information $I(s_k)$. Für jede Box (in diesem Fall sind die Boxen Intervalle) B der Länge s_k haben wir $\mu(B) = 2^{-k}$. Daher gilt

$$I(s_k) = \sum_{l=1}^{2^k} \mu(B_l) \log_2 \frac{1}{\mu(B_l)} = \sum_{l=1}^{2^k} 2^{-k} \log_2 2^k = k = \log_2 \frac{1}{s_k}$$

und daher ist die Informationsdimension D_I gleich 1.

ein Fraktal zu betrachten und ihn den seltsamen Attraktoren zuzuordnen. Eigentlich ist die Informationsdimension D_I eine untere Grenze für die fraktale Dimension (Boxdimension) D_f,

$$D_I \leq D_f.$$

Dies wird von unserer groben Schätzung $D_I = 1.23 \pm 0.02$ und Grassbergers Ergebnis $D_f = 1.28 \pm 0.01$ bestätigt.

Informations- und Boxdimension

Die Ungleichung $D_I \leq D_f$ zwischen Informations- und Boxdimension kann auch auf direktem Weg gezeigt werden. Sie folgt aus elementaren Ungleichungen für das arithmetische und das geometrische Mittel. Es seien $a_1, \ldots, a_N$ positive Zahlen. Dann ist ihr geometrisches Mittel kleiner oder gleich ihrem arithmetischen Mittel,

$$\sqrt[N]{\prod_{k=1}^{N} a_k} \leq \frac{1}{N} \sum_{k=1}^{N} a_k.$$

Für den Vergleich der beiden Dimensionen brauchen wir eine Verallgemeinerung. Wenn p_k positive Zahlen sind (Wahrscheinlichkeiten) mit $p_1 + \cdots + p_N = 1$, dann gilt

$$\prod_{k=1}^{N} a_k^{p_k} \leq \sum_{k=1}^{N} p_k a_k.$$

Gleichheit haben wir dann und nur dann, wenn alle Zahlen a_k gleich sind. Für unsere Anwendung setzen wir $a_k = 1/p_k$ und erhalten

$$\prod_{k=1}^{N(s)} \left(\frac{1}{p_k}\right)^{p_k} \leq \sum_{k=1}^{N(s)} p_k \frac{1}{p_k} = N(s).$$

Wenn wir auf beiden Seiten die Logarithmen nehmen, erhalten wir

$$I(s) = \sum_{k=1}^{N(s)} p_k \log_2 \frac{1}{p_k} \leq \log_2 N(s).$$

Unter Verwendung dieses Resultats und der Definition von Boxdimension und Informationsdimension in der Form

$$D_I = \lim_{s \to 0} \frac{I(s)}{\log_2 1/s} \quad \text{und} \quad D_f = \lim_{s \to 0} \frac{\log_2 N(s)}{\log_2 1/s}$$

können wir den Beweis der Ungleichung $D_I \leq D_f$ beenden.

Die Massendimension

Es gibt noch einen weiteren interessanten Dimensionsbegriff, der mit der Informationsdimension in engem Zusammenhang steht. Es ist die lokale Dimension oder Massendimension. Stellen wir uns einen Punkt (x, y) auf dem Attraktor vor und eine Kreisscheibe $B_r(x, y)$ mit Radius r, deren Mittelpunkt (x, y) ist. Die Wahrscheinlichkeit oder Masse, die in dieser Kreisscheibe enthalten ist, beträgt $\mu(B_r(x, y))$. Die lokale Dimension am Punkt (x, y) ist der Exponent α im Potenzgesetz, das beschreibt, wie schnell die Masse abfällt, wenn wir den Radius kleiner werden lassen und schließlich gegen Null gehen lassen,

$$\mu(B_r(x, y)) \propto r^\alpha.$$

Mit anderen Worten,

$$\alpha = \lim_{r \to 0} \frac{\log \mu(B_r(x, y))}{\log r}.$$

Diesen Exponenten α nennt man auch den Hölder-Exponenten am Punkt (x, y). Wenn dieses Skalierungsgesetz für alle Punkte auf dem Attraktor mit dem gleichen α erfüllt ist, ist der Attraktor ein *homogenes Fraktal.* Es kommt jedoch sehr oft vor, daß der Hölder-Exponent nicht für alle Punkte auf dem Attraktor gleich ist, und in diesem Fall bezeichnet man den Attraktor als ein *inhomogenenes Fraktal* oder als ein *Multifraktal* (siehe Anhang über Multifraktale).[68]

Ein Spektrum von Dimensionen

Die Boxdimension und die Informationsdimension können in eine ganze Schar von Dimensionen eingebettet werden, die man *Rényi-Dimensionen* nennt. Diese Dimensionen haben unter den Physikern während der letzten zehn Jahre viel Aufmerksamkeit erregt.[69] Die Idee besteht darin, die Gleichung für die Informationsdimension $I(s)$ in Gleichung (3.19) zu modifizieren und somit die Rényi-Information $q$ter Ordnung

$$I_q(s) = \frac{1}{1-q} \log_2 \sum_{k=1}^{N(s)} p_k^q \tag{3.20}$$

für $q \geq 0$ zu bestimmen, wobei wir mit $p_k = \mu(B_k)$ abgekürzt haben. Nur Boxen B_k mit positivem Maß ($p_k > 0$) müssen in dieser Summe berücksichtigt werden. Die Rényi-Dimension D_q für den Parameter q ist definiert als

$$D_q = \lim_{s \to 0} \frac{I_q(s)}{\log_2 1/s}. \tag{3.21}$$

---

[68] Vergleiche D. Ruelle, *Chaotic Evolution and Strange Attractors,* Cambridge University Press, Cambridge, 1989.

[69] Dieser Teil unserer Darstellung orientiert sich an R. W. Leven, B.-P. Koch und B. Pompe, *Chaos in Dissipativen Systemen,* Vieweg, Braunschweig, 1989.

Wir wollen die Untersuchung mit den beiden Spezialfällen $q = 0$ und $q = 1$ beginnen. Es folgt unmittelbar aus den obigen Definitionen, daß $I_0(s) = \log_2 N(s)$ ist, der Logarithmus der Anzahl der nichtleeren Boxen mit der Kantenlänge s zur Basis zwei. Die Rényi-Dimension D_0 ist also nichts anderes als die gewöhnliche fraktale Dimension (Boxdimension)

$$D_0 = D_f.$$

Wir betrachten nun $q = 1$. Hier kann Gleichung (3.20) nicht ohne weiteres angewendet werden, weil der Nenner $1 - q$ verschwindet. Dieses Problem kann gelöst werden, indem wir den Grenzwert von $I_q(s)$ für $q \to 1$ bilden. Gemäß der Regel von l'Hospital[70] haben wir

$$\lim_{q \to 1} I_q(s) = -\lim_{q \to 1} \frac{\sum p_k^q \log p_k}{\sum p_k^q \log 2} = \sum_{k=1}^{N(s)} p_k \log_2 \frac{1}{p_k}.$$

Das ist gerade die Information $I(s)$, die wir oben ausführlich besprochen haben! Es folgt daher

$$D_1 = D_I.$$

Wir haben schon gezeigt, daß $D_0 \geq D_1$ ist. Die Rényi-Dimension ist sogar eine monoton fallenden Funktion, d.h.

$$D_p \geq D_q \quad \text{wenn} \quad p < q.$$

Wenn D_q für wachsende Parameter $q \geq 0$ streng abnimmt, wird das Maß auf dem Attraktor inhomogen oder *multifraktal* genannt (siehe der Anhang über Multifraktale). Dies kann sogar dann der Fall sein, wenn die lokale Dimension D_p für fast alle Punkte gleich ist.

Wenn wir D_q für ganze Zahlen $q \geq 2$ berechnen, gibt es eine Alternative zur direkten Herleitung, die auf die Gleichungen (3.20) und (3.21) zurückgreift. Der Term p_k^q ist die Wahrscheinlichkeit, daß q Punkte, die bezüglich des natürlichen Maßes zufällig auf dem Attraktor gewählt werden, in der gleichen Box B_k liegen. Weiterhin kann die Summe $\sum p_k^q$ interpretiert werden als die Wahrscheinlichkeit, daß die q Punkte gemeinsam in irgendeiner der Boxen B_k der Kantenlänge s liegen. Auf welchem Weg können wir zu einer solchen Stichprobe kommen? Das natürliche Maß auf dem Attraktor kann fast aus jeder Bahn abgeleitet werden, die auf dem Attraktor verläuft, und wir können einfach q Punkte aus einer solchen Bahn auswählen. Die Wahrscheinlichkeit, daß q Punkte in der gleichen Box liegen, ist proportional zu der relativen Zahl $C_q(s)$ von q-Tupeln, für die alle Abstände, die paarweise gebildet werden, durch die Kantenlänge s beschränkt sind. Wir wollen jedoch ein wenig genauer

[70] Die Regel von l'Hospital dient zur Berechnung unbestimmter Funktionswerte. Wenn $\lim_{x \to a} f(x) = \lim_{x \to a} g(x) = 0$ ist und $f'(x)/g'(x)$ einen Grenzwert hat, wenn x gegen a strebt, dann konvergiert $f(x)/g(x)$ gegen den gleichen Grenzwert.

sein. Wir betrachten einen endlichen Abschnitt einer Bahn $x_0, x_1, \ldots, x_m$ (wobei jedes x_k ein Punkt in einem euklidischen Raum ist) und definieren $T_q(m, s)$ als die Anzahl der q-Tupel $(x_{i_1}, x_{i_2}, \ldots, x_{i_q})$ verschiedener Punkte aus der Bahn, die die Bedingung

$$d(x_{i_k}, x_{i_l}) < s \quad \text{für} \quad k, l = 1, \ldots, q$$

erfüllen, wobei $d(x, y)$ den euklidischen Abstand zwischen den Punkten x und y bezeichnet. Dann setzen wir

$$C_q(s) = \lim_{m \to \infty} \frac{T_q(m, s)}{m^q}.$$

Wir haben dann

$$\sum_{k=1}^{N(s)} p_k^q \propto C_q(s),$$

und es folgt, daß

$$D_q = \frac{1}{1-q} \lim_{s \to 0} \frac{\log_2 C_q(s)}{\log_2 1/s}. \tag{3.22}$$

Im Spezialfall $q = 2$ haben wir Paare von Punkten, und $C_2(s)$ ist eine Art Korrelation zwischen Punktpaaren. Daher nennt man D_2 auch die *Korrelationsdimension.*

Auf der Grundlage numerischer Experimente, die um 1978 durchgeführt wurden, kamen James L. Kaplan und James A. Yorke zu dem Schluß, daß es in den meisten Fällen möglich ist, die Dimension eines seltsamen Attraktors vorherzusagen, wenn man die Ljapunov-Exponenten der zugehörigen Abbildung kennt.[71] Obwohl ihre Formel für die Dimension nicht streng bewiesen ist (außer in einigen Spezialfällen), ebnet sie der Untersuchung von Dimensionen für zahlreiche dynamische Systeme den Weg. Die sogenannte *Vermutung von Kaplan-Yorke* wurde vielfach untersucht und in zahlreichen wissenschaftlichen Veröffentlichungen besprochen.[72] Sie ist zu einem ungeheuer wichtigen Gegenstand geworden, weil in vielen dynamischen Systemen die verschiedenen Dimensionen der Attraktoren schwer zu berechnen sind. Dagegen bekommt man auf die Ljapunov-Exponenten relativ leicht Zugriff.

---

[71] J. L. Kaplan und J. A. Yorke, *Chaotic behavior of multidimensional difference equations,* in: *Functional Differential Equations and Approximation of Fixed Points,* H.-O. Peitgen und H. O. Walther (Hrsg.), Springer-Verlag, Heidelberg, 1979.

[72] Siehe zum Beispiel D. A. Russell, J. D. Hanson, E. Ott, *Dimension of strange attractors,* Phys. Rev. Lett. 45 (1980) 1175–1178.

Die Ljapunov-Dimension

Was ist nun eigentlich die Vermutung von Kaplan-Yorke? Wir betrachten ein dynamisches System

$$x_{k+1} = f(x_k),$$

wobei f eine Abbildung im n-dimensionalen euklidischen Raum ist. Angenommen, f hat n Ljapunov-Exponenten, die der Größe nach geordnet sind,

$$\lambda_1 \geq \lambda_2 \geq \cdots \geq \lambda_n.$$

Wir definieren eine Funktion

$$k \to \gamma(k) = \lambda_1 + \lambda_2 + \cdots + \lambda_k$$

für ganze Zahlen $k = 1, \ldots, n$. Außerdem setzen wir $\gamma(0) = 0$ und erweitern γ auf alle reellen Zahlen $0 \leq d \leq n$, so daß ihr Graph zwischen zwei aufeinanderfolgenden ganzen Zahlen linear ist (siehe Abbildung 3.57). Weil die Exponenten geordnet sind, ist der Graph von $\gamma(d)$ konkav, und es gibt genau einen Punkt $d^* > 0$, an dem $\gamma(d^*) = 0$ ist. Diesen Wert nennen wir die *Ljapunov-Dimension*

$$D_L = \max\{d > 0 \mid \gamma(d) \geq 0\}.$$

Genauer gesagt ist die Ljapunov-Dimension definiert als

$$D_L = m + \frac{1}{|\lambda_{m+1}|} \sum_{k=1}^{m} \lambda_k, \tag{3.23}$$

wobei m die größte ganze Zahl ist mit $\gamma(m) = \lambda_1 + \cdots + \lambda_m \geq 0$. (Im Fall von $\lambda_1 < 0$ setzen wir einfach $D_L = 0$.)

Definition der Ljapunov-Dimension

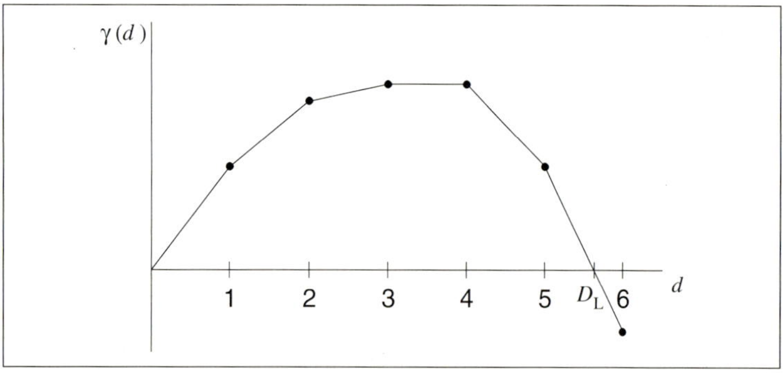

Abb. 3.57 : Berechnung der Ljapunov-Dimension D_L. Die Funktion $\gamma(d)$ ist eine Interpolation von der Summe der Ljapunov-Exponenten.

Der Fluß einer Box

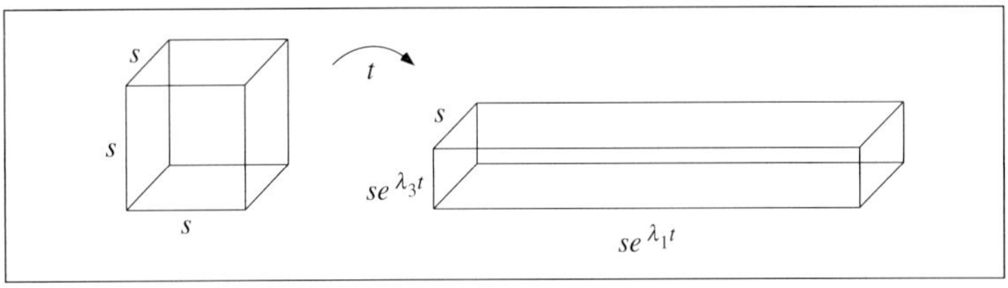

Abb. 3.58 : Ein Würfel wird auf einer Trajektorie eines seltsamen Attraktors wie dem Lorenz-Attraktor positioniert. Nach einem Zeitabschnitt der Länge t ist er zu einem Quader verformt worden, dessen Kantenlängen in der Zeichnung angezeigt sind.

Die Vermutung von Kaplan-Yorke

Die Vermutung, die von Kaplan und Yorke ausgesprochen wurde, besagt, daß Ljapunov-Dimension und Informationsdimension D_I generell gleich sind.[73] Statt eine heuristische Motivation für die Vermutung anzugeben, wie man sie in der zitierten Literatur nachlesen kann, wollen wir uns hier auf einen Spezialfall konzentrieren, nämlich auf den Fall stetiger dynamischer Systeme in drei Dimensionen, wie zum Beispiel das Lorenz-System. Damit geht nichts verloren, da dieser Fall bereits alle wesentlichen Bestandteile enthält, die auch in der Originalfassung eine maßgebliche Rolle spielen. Wir können ohne weiteres davon ausgehen, daß die drei Ljapunov-Exponenten den Bedingungen

$$\lambda_1 > 0, \quad \lambda_2 = 0, \quad \lambda_3 < 0$$

genügen und

$$\lambda_1 + \lambda_2 + \lambda_3 < 0.$$

Dies ist die typische Situation, wie zum Beispiel in den Systemen von Rössler und Lorenz. Wir betrachten einen kleinen Würfel der Kantenlänge s und beobachten, wie sich dieser kleine Würfel im Fluß des Systems verändert (siehe Abbildung 3.58). Der Einfachheit halber nehmen wir an, daß sich solche Würfel entsprechend der Ljapunov-Exponenten folgendermaßen verhalten. Eine Seite des Würfels wird gestreckt auf $se^{\lambda_1 t}$, wobei λ_1 der größte positive Exponent des Systems ist und $t \geq 0$ die Zeit bezeichnet. Die zweite Seite bleibt

[73] In ihrer Veröffentlichung von 1979 haben sie angenommen, daß $D_L = D_f$, wobei D_f die fraktale Dimension ist (Boxdimension). Später haben sie diesen Gedanken jedoch aufgegeben und vermutet, daß $D_L = D_I$. Die historischen Hintergründe und eine heuristische Darstellung (die zu technisch ist, um hier wiedergegeben zu werden) kann man nachlesen in P. Frederickson, J. L. Kaplan, S. D. Yorke, J. A. Yorke, *The Lyapunov dimension of strange attractors,* Journal of Differential Equations 49 (1983) 185–207.

unverändert, weil wir davon ausgegangen sind, daß der zweite Exponent $\lambda_2 = 0$ ist. Die dritte Seite wird auf die Länge $se^{\lambda_3 t}$ gestaucht. Diesen verzerrten Würfel füllen wir nun mit kleineren Würfeln aus. Um sicherzustellen, daß die kleineren Würfel gut in den Quader hineinpassen, wählen wir die Kantenlänge der kleinen Würfel gleich der kürzesten Seite des verformten Würfels, $s(t) = se^{\lambda_3 t}$. Wie viele dieser kleinen Würfel benötigen wir, um den verzerrten Würfel auszufüllen? Das Volumen des ursprünglichen Würfels wird um den Faktor

$$e^{(\lambda_1+\lambda_2+\lambda_3)t} = e^{(\lambda_1+\lambda_3)t}$$

verringert, so daß das Volumen des Quaders

$$e^{(\lambda_1+\lambda_3)t}s^3$$

beträgt. Die kleinen Würfel haben das Volumen

$$\left(e^{\lambda_3 t}\right)^3 s^3 = e^{3\lambda_3 t}s^3.$$

Um eine Schätzung für die Anzahl $N(s(t))$ der kleinen Würfel zu bekommen, die erforderlich sind, um den verformten Würfel nach dem Zeitabschnitt der Länge t zu überdecken, müssen wir diese beiden Zahlen durch einander dividieren und erhalten

$$N(s(t)) = e^{(\lambda_1 - 2\lambda_3)t}.$$

Wenn wir die Zeit t anwachsen lassen, werden wir zwei Dinge beobachten können:

- Das Bild des ursprünglichen Würfels der Kantenlänge s approximiert den Attraktor und überdeckt ihn vollständig. Je länger wir warten, desto besser wird die Approximation.
- Die Kantenlänge der kleinen Würfel, die man braucht, um das Bild des Originalwürfels auszufüllen, fällt rapide auf Null ab, $s(t) = se^{\lambda_3 t} \to 0$ as $t \to \infty$, weil $\lambda_3 < 0$.

Daher können wir die Boxdimension schätzen, indem wir $N(s(t))$ mit $1/s(t)$ für $t \to \infty$ bei doppelt logarithmischem Maßstab vergleichen. Mit anderen Worten erwarten wir, daß

$$D_f = \lim_{t\to\infty} \frac{\log N(s(t))}{\log 1/s(t)} = \lim_{t\to\infty} \frac{(\lambda_1 - 2\lambda_3)t}{-\lambda_3 t - \log s} = 2 + \frac{\lambda_1}{|\lambda_3|}.$$

Die rechte Seite ist genau die Ljapunov-Dimension, wie sie in Gleichung (3.23) gegeben ist. Dies unterstützt die ursprüngliche Vermutung, daß $D_f = D_L$ ist. Es scheint jedoch so zu sein, daß die Würfel, die wir in dieser Herleitung verwendet haben, eher geeignet sind, Bereiche im Raum auszufüllen, die ein großes natürliches Maß haben, als Bereiche mit extrem kleinem natürlichem Maß. Daher wurde die Vermutung umgewandelt in $D_I = D_L$.

Eine exakte Bestätigung der Vermutung von Kaplan-Yorke

Als weitere Stütze der Vermutung von Kaplan-Yorke, und um einen tieferen Einblick zu bekommen, besprechen wir das Beispiel einer zweidimensionalen Abbildung, für die die Ljapunov-Dimension sowohl mit der Boxdimension als auch mit der Informationsdimension genau übereinstimmt.[74] Es wird ein System konstruiert mit

$$\lambda_1 > 0 \quad \text{und} \quad \lambda_1 + \lambda_2 < 0,$$

so daß wir für die Ljapunov-Dimension

$$D_L = 1 + \frac{\lambda_1}{|\lambda_2|}$$

erhalten. Um die Abbildung in geeigneter Form aufzuschreiben, verwenden wir den Operator Frac, der den nicht-ganzzahligen Anteil einer Zahl berechnet,[75] und sein Gegenstück Int, durch den der ganzzahlige Anteil einer Zahl angegeben wird. Es ist also $\text{Int}(x)$ eine ganze Zahl mit

$$\text{Int}(x) + \text{Frac}\,(x) = x \quad \text{und} \quad 0 \leq \text{Frac}\,(x) < 1.$$

Mit diesen Definitionen ist die Abbildung gegeben durch

$$\begin{aligned} x_{k+1} &= \mu_2 x_k + \frac{\text{Int}(\mu_1 y_k)}{\mu_1} \\ y_{k+1} &= \text{Frac}\,(\mu_1 y_k)\,. \end{aligned}$$

Wir wählen eine ganze Zahl $\mu_1 > 1$ und eine Zahl μ_2 mit

$$0 < \mu_2 < \frac{1}{\mu_1}.$$

Aufschlußreicher als diese Gleichungen ist Abbildung 3.59, in der die Wirkung dieser Transformation in zwei Schritten für das Beispiel $\mu_1 = 3$ und $\mu_2 = 1/6$ veranschaulicht ist. Das Einheitsquadrat wird auf sich selbst abgebildet, wobei μ_1 vertikale Streifen der Breite μ_2 entstehen. Je häufiger die Abbildung angewendet wird, desto dünnere Streifen entstehen, und sie befinden sich jeweils innerhalb der Streifen, die im vorhergehenden Schritt entstanden sind. Nach $k$maligem Anwenden der Abbildung haben wir μ_1^k Streifen der Breite μ_2^k. Der Attraktor besteht daher aus unendlich vielen vertikalen Linien. Ein horizontaler Schnitt durch den Attraktor ist offensichtlich eine Cantor-Menge. Um die Boxdimension zu berechnen, überdecken wir den Attraktor mit Quadraten der Kantenlänge $s = \mu_2^k$. Wenn man $1/\mu_2^k$ Quadrate übereinanderlegt, kann man einen vertikalen Streifen im $k$ten Schritt des Konstruktionsverfahren vollständig überdecken. Die gesamte Zahl von Quadraten, die erforderlich sind, um den Attraktor zu überdecken, beträgt

$$\frac{\mu_1^k}{\mu_2^k}.$$

[74] Dieses Beispiel wurde angeführt in D. A. Russell, J. D. Hanson, E. Ott, *Dimension of strange attractors*, Phys. Rev. Lett. 45 (1980) 1175-1178.

[75] Dieser Operator wurde auf Seite 83 in Kapitel 1 eingeführt.

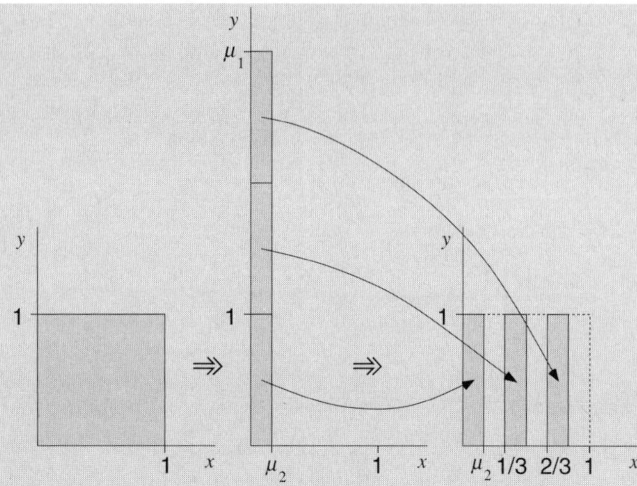

Abb. 3.59 : Beispiel für eine Abbildung, deren Ljapunov-Exponenten explizit berechnet werden können. Im Zwischenstadium, das in der Mitte dargestellt ist, sieht man das Einheitsquadrat, nachdem es einer affinen linearen Abbildung unterzogen wurde. Die Breite wurde um den Faktor $\mu_2 = 1/6$ gestaucht, und die Höhe um den Faktor $\mu_1 = 3$ gestreckt. Im letzten Schritt wurde der lange Streifen in μ_1 Teile zerschnitten, die erneut im Einheitsquadrat angeordnet werden, wie es auf der rechten Seite der Abbildung zu sehen ist.

Wenn wir den Grenzwert $k \to \infty$ bilden, erhalten wir für die Dimension

$$\begin{aligned} D_f &= \lim_{k\to\infty} \frac{\log \mu_1^k/\mu_2^k}{\log \mu_2^{-k}} = \lim_{k\to\infty} \frac{k\log\mu_1 - k\log\mu_2}{-k\log\mu_2} \\ &= 1 + \frac{\log\mu_1}{|\log\mu_2|}. \end{aligned}$$

Um die Ljapunov-Exponenten der Abbildung zu bestimmen, stellen wir fest, daß Abweichungen in der x-Richtung um den Faktor $\mu_2 < 1$ gedämpft werden, während Fehler in der y-Richtung um den Faktor $\mu_1 > 1$ verstärkt werden. Dies bedeutet, daß die Ableitungsmatrix eine Diagonalmatrix mit den Einträgen μ_2 und μ_1 ist. Die Ljapunov-Exponenten sind daher $\lambda_1 = \log\mu_1$ und $\lambda_2 = \log\mu_2$. Wir stellen fest, daß unsere Ergebnisse für die Boxdimension und die Ljapunov-Dimension gleich sind. In diesem Fall stimmt auch die Informationsdimension mit diesen beiden Dimensionen überein, weil das natürliche invariante Maß auf der Cantor-Menge aus Linien „uniform“ ist.

Probleme in höheren Dimensionen

Der wesentliche Nutzen der Ljapunov-Dimension macht sich in Systemen bemerkbar, deren Attraktor eine besonders hohe Dimension hat, sagen wir 10 und höher. In diesen Fällen ist es ein wirklich hoffnungsloses Unterfangen, die Boxdimension oder die Informationsdimension auf die herkömmliche Weise zu bestimmen. Ljapunov-Exponenten können jedoch noch immer mit befriedigender Genauigkeit berechnet werden.[76] Wir wollen die grundlegenden Schwierigkeiten behandeln, die bei höheren Dimensionen auftreten. Betrachten wir den Vorgang des Zählens von Boxen im gröbsten Stadium. Wir berechnen eine Bahn von, sagen wir, insgesamt M Punkten, indem wir eine gegebene diskrete Abbildung verwenden und uns die Zahlen $N(s)$ und $N(s/2)$ der Boxen mit Kantenlänge s und $s/2$, die man benötigt, um die berechnete Bahn zu überdecken. Aus diesen beiden Zahlen kann die Dimension D mit den üblichen Methoden geschätzt werden. Damit wir zu einem Ergebnis kommen, auf das wir bis zu einem gewissen Grad vertrauen können, sollten wir fordern, daß $N(s)$ nicht zu klein ist. Zum Beispiel sollte $N(s)$ von der Größenordnung 2^{10} (ungefähr 1000) sein. Dann haben wir zu erwarten, daß

$$N(s/2) \approx 2^D N(s) \approx 2^{D+10},$$

wobei D die fraktale Dimension ist. Um so viele Boxen zu erhalten, brauchen wir mindestens die gleiche Anzahl von Iterationen in der Bahn, also mindestens

$$M \geq 2^{D+10}.$$

Wir nehmen nun an, daß der Attraktor, den wir betrachten, eine außerordentlich hohe Dimension hat, zum Beispiel $D = 20$. Das hat zur Folge, daß die Länge der Bahn mindestens 2^{30} betragen muß, was in der Größenordnung von einer Milliarde liegt, eine Zahl die bei unserem komplexen System und dem heutigen Stand der Technik beinahe unerreichbar ist. Und selbst, wenn wir so eine lange Bahn berechnen könnten, wäre es ausgesprochen fragwürdig, ob man von einem einzigen Skalierungsfaktor von 1000 auf 1 000 000 000 Boxen auf eine Dimension von $D = 20$ schließen kann. Wir sehen also, daß hohe Dimensionen tatsächlich Schwierigkeiten mit sich bringen, und nur die Ljapunov-Dimension ist ein Kandidat, für den es ein durchführbares Verfahren gibt, die Dimension zu messen.

Frage der Genauigkeit

Ein weiteres Problem, das beim Berechnen der Dimension auftritt, und sogar schon für niedrige Dimensionen, ist die Genauigkeit

[76] Siehe D. Farmer, *Chaotic attractors of an infinite-dimensional system,* Physica 4D (1982) 366–393.

der Ergebnisse. In vielen Veröffentlichungen kann man Sätze lesen wie „Die Dimension des Attraktors beträgt $D = 1.234 \pm 0.005$.“ Wir können mit Recht fragen, was diese Aussage wirklich bedeutet. Ein typischer Vorgang beim Berechnen der Dimension ist, die Daten in ein doppeltlogarithmisches Diagramm einzutragen und eine Gerade an die Einträge im Diagramm anzupassen. Die Steigung dieser Geraden (und damit die Dimension) schätzt man in der Regel, indem man das sogenannte Verfahren der kleinsten Quadrate anwendet. Dieser Methode liegt die Annahme zugrunde, daß die gemessenen Datenpunkte entlang einer Geraden verteilt sind, wobei Fehler, die aufgrund natürlicher Schwankungen zustande kommen, normalverteilt sind. Die Fehlergrenze wie ± 0.005 zeigt dann die Standardabweichung von der geschätzten Steigung der Geraden an. Keine der Annahmen dieses Modells sind jedoch für unsere Anwendung verifiziert. Nur in der mathematisch idealisierten Theorie trifft es zu, daß die Daten auf einer geraden Linie liegen und die Ungenauigkeiten lediglich aus fehlerhaften Meßtechniken resultieren. In der Praxis gibt es untere und obere Grenzen für die Boxlängen s und zwischen diesen Grenzen sind verschiedene Steigungen in unterschiedlichen Bereichen angemessen. Dies ist insbesondere richtig, wenn die Messungen von einem konkreten physikalischen Experiment stammen. Darüber hinaus gibt es bisher keine Theorie, mit der man die statistischen Schwankungen dieser Messungen bezüglich der angepaßten Geraden analysieren kann. Alles in allem kann man sagen, daß Messungen von Dimensionen mit einem gesunden Maß an Skepsis interpretiert werden müssen.[77]

[77] Siehe dazu zum Beispiel W. E. Caswell und J. A. Yorke, *Invisible errors in dimension calculations: geometric and systematic effects,* in: *Dimensions and Entropies in Chaotic Systems,* G. Mayer-Kress (Hrsg.), Springer-Verlag, Berlin, 1986 und 1989, Seiten 123–136 sowie K. Judd und A. I. Mees, *Estimating dimensions with confidence,* International Journal of Bifurcation and Chaos 1,2 (1991) 467–470.

3.7 Die Rekonstruktion seltsamer Attraktoren

Das Verständnis natürlicher Prozesse beginnt keineswegs beim Aufstellen von Gleichungen für ein dynamisches System. Ganz im Gegenteil erhält man derartige Modelle in der Regel erst am Ende langwieriger Bemühungen, bei denen Untersuchungsgegenstände identifiziert, lange Reihen von oftmals komplizierten, umfangreichenen Versuchen erstellt, Computersimulationen durchgeführt und letztendlich alle Resultate mathematisch analysiert werden. Irgendwann taucht im Laufe dieses Vorgangs die Frage nach Ordnung und Chaos auf. Zuvor ist jedoch zu klären, wie wir den gemessenen Daten entnehmen können, ob die Phänomene, die wir beobachten, von einer deterministischen Gleichung beherrscht werden oder ob die Daten nichts anderes wiedergeben als ein Rauschen ohne jegliche Struktur? Wir wollen sozusagen wissen, ob eine gegebene Zahlenfolge von einem Attraktor stammt, und wenn ja, möchten wir diesen Attraktor anhand von Ljapunov-Exponenten und Dimension quantifizieren, so daß wir gegebenenfalls von einem chaotischen, seltsamen Attraktor sprechen können.

Stellen wir uns eine etwas einfachere Situation vor; wir haben einen „schwarzen Kasten", in dem sich ein stetiges dynamisches System befindet. Wir können nur in diskreten Zeitschritten eine Information über das System einholen und den Wert von einer der Zustandsvariablen des Systems erfahren. Wählen wir zum Beispiel einen Zeitabschnitt τ aus und eine der Variablen, die wir mit $z(t)$ bezeichnen wollen. Wenn wir den „schwarzen Kasten" befragen, erhalten wir eine Zahlenfolge

$$z_0 = z(0), z_1 = z(\tau), z_2 = z(2\tau), z_3 = z(3\tau), \ldots \qquad (3.24)$$

Können wir anhand dieser Daten ein aussagekräftiges Bild eines zugehörigen Attraktors rekonstruieren? Können wir etwas über seine Dimension und die Ljapunov-Exponenten aussagen? Im ersten Moment hat man den Eindruck, dies wäre ein recht hoffnungsloses Unternehmen.

Zufälliges und deterministisches Verhalten

Die Aussichten sind jedoch nicht so trübe, wie es zunächst erscheint. Wir führen zunächst ein Beispiel an. Abbildung 3.60 zeigt drei Zeitreihen, die alle mehr oder weniger zufällig aussehen. Sollte jedoch eine unter ihnen tatsächlich deterministisch sein, müßten die Zahlen irgendeiner Regel gehorchen. Mit anderen Worten müßte sich z_k aus der Vergangenheit des Systems bestimmen lassen, so daß wir hoffen können, daß sich z_k in der Form

$$z_k = \Psi(z_{k-1}, z_{k-2}, z_{k-3}, \ldots)$$

beschreiben läßt, wobei Ψ eine bislang unbekannte Abbildung bezeichnet. Wir wollen ein wenig optimistischer sein und annehmen,

Zufällige Daten oder nicht?

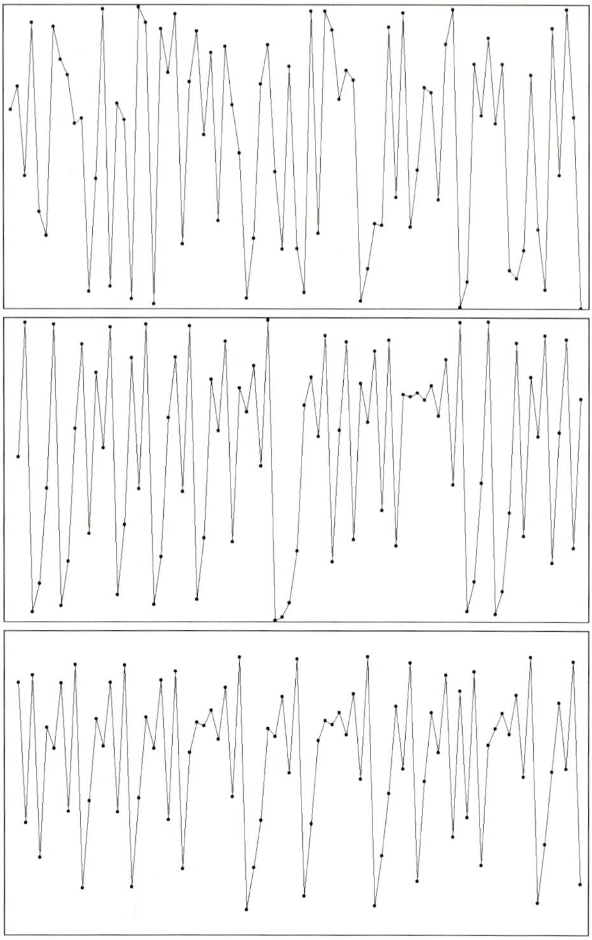

Abb. 3.60 : Drei Zahlenfolgen, die einem „schwarzen Kasten" entnommen wurden. Welche von ihnen sind zufällig und welche sind deterministisch? Oder sind sie alle zufällig?

daß z_k stark von seinem Vorgänger z_{k-1} abhängt und nur geringfügig (oder überhaupt nicht) von allen früheren Vorgängern. Um diese Annahme zu überprüfen, erstellen wir Diagramme, wie sie in Abbildung 3.61 gezeigt werden, in denen z_k gegen z_{k-1} abgetragen wird. Das Ergebnis ist ausgesprochen klar. Für die erste Zahlenfolge ist keinerlei Struktur zu erkennen. Die Punkte, die man für die zweite Zeitreihe erhält, liegen offensichtlich auf einer Kurve, die wie eine Parabel aussieht. Daraus können wir schließen, daß die Daten durch die grafische Iteration einer Funktion erzeugt wurden, deren Graph die Parabel ist,

Rekonstruktionsversuche

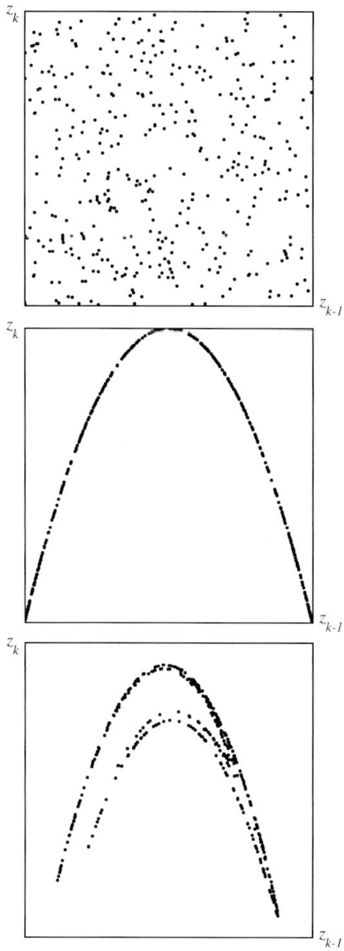

Abb. 3.61 : Die Bilder zeigen Punkte z_k gegen z_{k-1} für die drei Zeitreihen aus Abbildung 3.60. Dieser Test zeigt, daß die erste Zahlenfolge offensichtlich zufällig ist, während die zweite von einem einfachen eindimensionalen dynamischen System erzeugt wurde. Im dritten Bild sehen wir eine Struktur, hinter der sich ein seltsamer Attraktor vermuten läßt.

die wir im mittleren Bild dieser Abbildung sehen. In der Tat haben wir die Gleichung $4x(1-x)$ der generischen Parabel verwendet, um diese Daten zu erzeugen. Dieser simple Vorgang macht es uns bereits möglich, die zufällig aussehenden Daten zu entwirren und die deterministische quadratische Gleichung aufzudecken, mit der sie erzeugt wurden. Wird aber solch ein billiger Trick auch in konkreten Anwendungen funktionieren, wenn mehrere Variablen im „schwar-

Rekonstruktion des Rössler-Attraktors

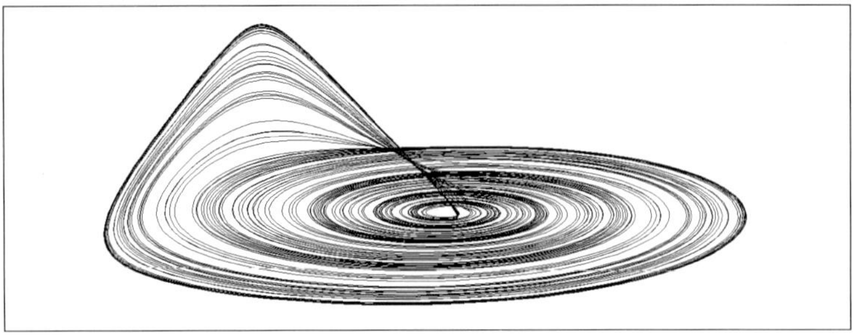

Abb. 3.62 : Wenn wir eine zeitliche Verschiebung um $T = 0.5$ verwenden, erhalten wir Bild eines Phasenraums, der eine Rekonstruktion des Rössler-Attraktors ist.

zen Kasten" versteckt sind oder wenn die Beziehung zwischen Gegenwart und Vergangenheit komplizierteren Gesetzen gehorcht? Die dritte Zeitreihe ist ein Beispiel für einen solchen Fall. Das zugehörige Diagramm, in dem z_k gegen z_{k-1} abgetragen wurde, zeigt eine Ansammlung von Punkten, die im Gegensatz zu der ersten, zufälligen Zeitreihe nicht über das gesamte Quadrat verteilt sind. Man kann deutlich eine Struktur erkennen, die jedoch nicht durch den Graphen einer Funktion beschrieben werden kann. Sie kann aber als Attraktor eines Systems interpretiert werden, das den Daten zugrunde liegt. Diese grundlegende Erkenntnis gibt Anlaß zu weiteren numerischen Untersuchungen.[78]

Rekonstruktion des Phasenraums

Diese Methode zur Zeitreihenanalyse führt deshalb zu nützlichen Ergebnissen. Es ist eine bemerkenswerte Tatsache, daß eine direkte Erweiterung dieses außerordentlich simplen Vorgangs bereits ermöglicht, die geometrische Beschaffenheit *jedes* zugrunde liegenden Attraktors zurückzugewinnen.[79] Wir wollen das Rössler-System im „schwarzen Kasten" verstecken, das System laufen lassen und wieder annehmen, daß wir die Folge in Gleichung (3.24) erhalten. Wir wählen nun eine zeitliche Verzögerung T (ein Vielfaches von τ) und

[78] Die Struktur, die man im unteren Bild der Abbildung 3.61 erkennen kann, scheint etwas mit dem Hénon-Attraktor zu tun zu haben. Die Zeitreihe $z_0, z_1, z_2, \ldots$ wurde tatsächlich unter Verwendung des Hénon-Systems $(x_{k+1}, y_{k+1}) = H(x_k, y_k)$ erzeugt (siehe Abschnitt 3.1), indem $z_k = x_k, k = 0, 1, 2, \ldots$ gesetzt wurde.

[79] Dieses Verfahren wurde von David Ruelle eingeführt (siehe N. H. Packard, J. P. Crutchfield, J. D. Farmer, R. S. Shaw, *Geometry from a time series,* Phys. Rev. Lett. 45 (1980) 712–716).

Verschiedene Zeitabstände

Abb. 3.63 : Ein Zeitabstand im Rekonstruktionsprozeß sollte weder zu klein noch zu groß sein. Hier haben wir für den Rössler-Attraktor $T = 10$ (oben) und $T = 0.1$ (unten) genommen.

betrachten die Folge der Vektoren

$$\begin{array}{l}(z(0), z(T), z(2T)) \\ (z(\tau), z(\tau + T), z(\tau + 2T)) \\ (z(2\tau), z(2\tau + T), z(2\tau + 2T)) \\ \vdots \\ (z(k\tau), z(k\tau + T), z(k\tau + 2T)).\end{array}$$

Wenn wir diese Vektoren im dreidimensionalen Raum durch Geradenabschnitte verbinden, erhalten wir Abbildung 3.62. Die wesentlichen Merkmale des Rössler-Attraktors sind deutlich erkennbar.

Rekonstruktion des Lorenz-Attraktors

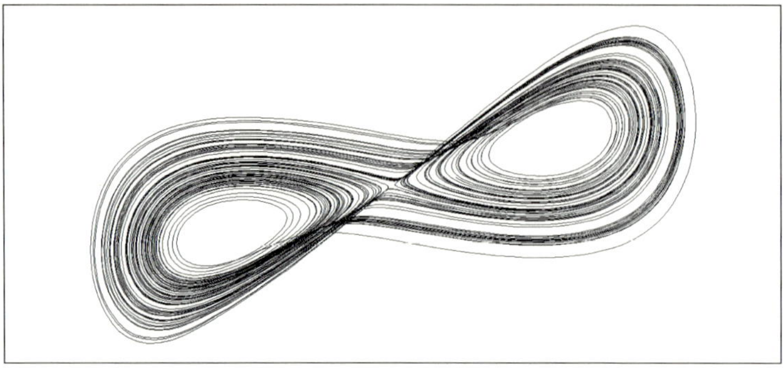

Abb. 3.64 : Eine Rekonstruktion des Lorenz-Attraktor anhand einer Zeitreihe für die x-Koordinate. Wir haben $T = 0.05$ verwendet.

Das Rekonstruktionsprinzip

Dies ist kein Zufall! Seltsame Attraktoren können theoretisch immer mit diesem Verfahren naturgetreu rekonstruiert werden. Wenn wir jedoch im dreidimensionalen Raum arbeiten, können wir nicht erwarten, daß sich das Verfahren anwenden läßt, wenn die Dimension des Attraktors größer als 3 ist. In einem solchen Fall würde eine dichte Teilmenge des dreidimensionalen Raums ausgefüllt. Wir müssen dann einfach auf höherdimensionale Räume übergehen, indem wir Vektoren

$$u(t) = (z(t), z(t+T), \ldots, z(t+2NT)) \tag{3.25}$$

mit $2N+1$ Komponenten verwenden. Wenn N groß genug gewählt wurde, paßt der Attraktor in den Raum hinein, mit dem wir arbeiten. Einigen Sätzen von Ricardo Mañé und Floris Takens zufolge ist dies sicher möglich, wenn die Dimension des Attraktors nicht größer ist als N.[80] Die Wahl des Zeitabschnitts T ist hierbei beinahe gleichgültig. In der Praxis gibt es jedoch Einschränkungen. Wenn T ziemlich klein ist, haben die Vektoren fast gleiche Komponenten, was zur Folge hat, daß sich der rekonstruierte Attraktor sehr nahe an der Diagonalen des Raums befindet. Wenn T auf der anderen Seite sehr groß gewählt wird, ist kaum Korrelation zwischen den Komponenten der Vektoren, und die Trajektorien auf dem Attraktor scheinen überall im Phasenraum herumzuwandern, so daß man die Struktur des Attraktors kaum entdecken kann. In Abbildung 3.63 haben wir zwei verschiedene Zeitabschnitte T gewählt, um diese beiden Sachverhalte zu veranschaulichen.

[80] Mañé, R., *On the dimension of the compact invariant set of certain nonlinear maps,* in: *Dynamical Systems and Turbulence, Warwick 1980,* Lecture Notes in Mathematics 898, Springer-Verlag (1981) 230–242. Takens, F., *Detecting strange attractors in turbulence,* in: *Dynamical Systems and Turbulence, Warwick 1980,* Lecture Notes in Mathematics 898, Springer-Verlag (1981) 366–381.

Rekonstruktion des Lorenz-Attraktors

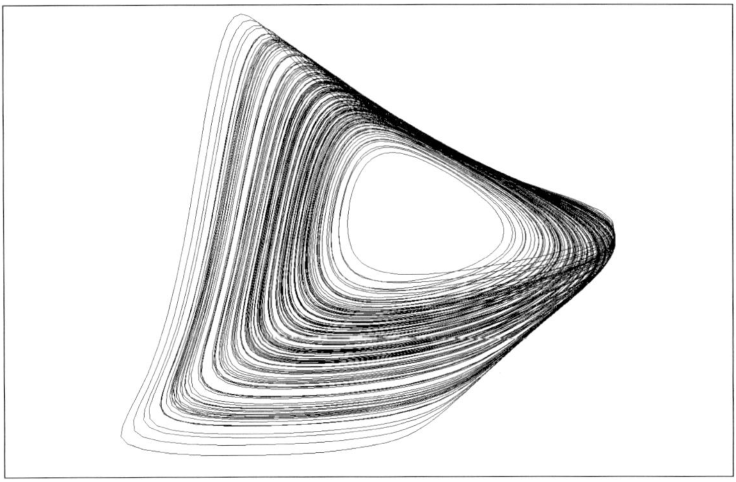

Abb. 3.65 : Eine andere Rekonstruktion des Lorenz-Attraktors basiert auf einer Zeitreihe für die z-Koordinate. Wir haben $T = 0.2$ gesetzt. Das Bild bringt zum Vorschein, daß die Struktur des Rössler-Attraktors, die an ein gefaltetes Band erinnert, im Lorenz-Attraktor versteckt ist.

Die Rekonstruktion seltsamer Attraktoren kann als Koordinatenwechsel interpretiert werden. Häufig ist der Attraktor in einem unendlich-dimensionalen Raum definiert (zum Beispiel in einem Funktionenraum).[81] In diesem Fall läuft die Rekonstruktion auf das gleiche heraus wie eine Projektion auf einen endlichdimensionalen euklidischen Vektorraum. Da die Wahl der Dimension $2N + 1$ für den Einbettungsraum groß genug ist, können wir sicher sein, daß die Projektion injektiv ist. Dies bedeutet, daß jeder Punkt auf dem projizierten Attraktor genau einem Punkt auf dem ursprünglichen Attraktor entspricht. Wir sehen mit anderen Worten eine getreue Wiedergabe und kein Bild, in dem Teile des Attraktors aufeinander fallen. Daher ist der rekonstruierte Attraktor zwar nicht mit dem Original identisch, aber er ist eine mehr oder weniger verzerrte Kopie (siehe Abbildungen 3.64 und 3.65, in denen Rekonstruktionen des Lorenz-Attraktors dargestellt sind). Weiterhin hat ein

[81] Doyne Farmer führt eine tiefgehende Untersuchung zur Rekonstruktion seltsamer Attraktoren in einem unendlich-dimensionalen Raum durch, in der auch Ljapunov-Exponenten und Dimensionen berechnet werden. Siehe D. Farmer, *Chaotic attractors of an infinite-dimensional system,* Physica 4D (1982) 366–393. Diese Untersuchung wird fortgesetzt in P. Grassberger und I. Procaccia, *Measuring the strangeness of strange attractors,* Physica 9D (1983) 189–208.

Koordinatenwechsel[82] keinen Einfluß auf die Dimension oder die Ljapunov-Exponenten. Daher sollten wir in der Lage sein, auch diese Information einer Zeitreihe mit nur einer Variablen zu entnehmen.

Im folgenden skizzieren wir die Berechnung von Ljapunov-Exponenten aus einer Zeitreihe. Die Berechnung der Dimension auf der Grundlage der Rekonstruktion bringt keine zusätzlichen Schwierigkeiten mit sich. Die Methoden, die in Abschnitt 3.6 dargestellt wurden, können daher angewendet werden.

Ljapunov-Exponenten aus Zeitreihen

Das Problem, Ljapunov-Exponenten aus Zeitreihen ohne explizite Kenntnis der zugrunde liegenden dynamischen Gleichungen zu ermitteln, stellte sich Mitte der Achtzigerjahre und wurde auch in diesem Zeitraum gelöst. Der erste Algorithmus wurde von A. Wolf et al. angegeben[83] und ist in Abbildung 3.66 dargestellt. Er ist eine direkte Verallgemeinerung der Methode für explizit gegebene dynamische Systeme, wie sie in Abschnitt 3.5 behandelt wurde. Die Methode kann so erweitert werden, daß auch die anderen Ljapunov-Exponenten berechnet werden können. Dazu ist es erforderlich, mehr als eine Bahn neben der ursprünglichen Bahn zu verfolgen. Eine alternative, fortgeschrittene Methode, die eine Annäherung an Ableitungsmatritzen nach der Methode der kleinsten Quadrate verwendet, wurde von Jean-Pierre Eckmann und David Ruelle angegeben.[84] Sie bietet einige Vorzüge und entspricht dem aktuellen Stand der Wissenschaft.

Berechnung der Exponenten

Für eine gegebene Folge in der Form von Gleichung (3.24) konstruieren wir zuerst eine Einbettung entsprechend Gleichung (3.25) und erhalten dabei eine endliche Folge

$$u(0), u(\tau), u(2\tau), \ldots$$

von Vektoren mit $2N + 1$ Komponenten. Sie bilden die grundlegenden Daten, auf denen die Methode aufbaut. Wir nennen dies die *Referenzbahn.* Wenn wir eine explizite Gleichung hätten, die diese Bahn erzeugt, könnten wir mit $u(0)$ anfangen, einen kleinen Fehler zu $u(0)$ hinzuaddieren und damit $v(0)$ erhalten. Unter Verwendung der Gleichung könnten wir weiterhin $v(\tau)$ berechnen und mit $u(\tau)$ vergleichen, den Fehlerverstärkungsfaktor berechnen und dann im nächsten Zeitschritt auf die gleiche Weise fortfahren. Das wesentliche Problem besteht darin, daß wir keine Gleichung

[82] Sowohl der Koordinatenwechsel als auch seine Umkehrung muß Lipschitz-stetig sein (siehe *Bausteine des Chaos — Fraktale*, Kapitel 4).

[83] A. Wolf, J. B. Swift, H. L. Swinney, J. A. Vastano, *Determining Lyapunov exponents from a time series,* Physica 16D (1985) 285–317.

[84] Siehe J.-P. Eckmann, S. O. Kamphorst, D. Ruelle, S. Ciliberto, *Liapunov exponents from time series,* Phys. Rev. 34A (1986) 4971–4979. Unabhängig davon wurde die Methode fast gleichzeitig veröffentlicht von M. Sano und Y. Sawada, *Measurement of the Lyapunov spectrum from a chaotic time series,* Phys. Rev. Lett. 55 (1985) 1082.

Die Wolfsche Methode

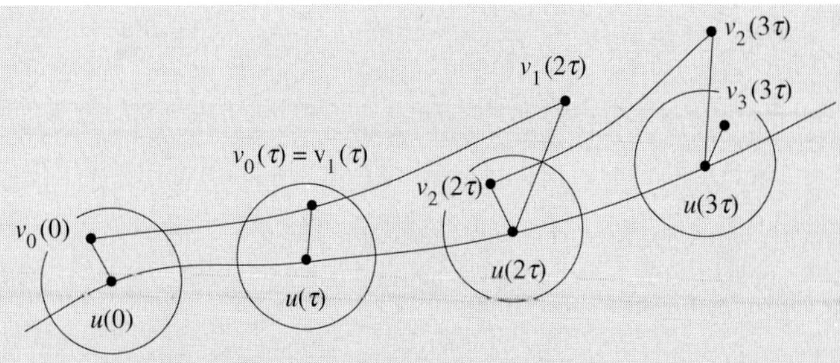

Abb. 3.66 : Für eine diskrete Zeitreihe muß der Renormierungsvorgang modifiziert werden.

haben, mit der wir $v(\tau)$ berechnen können, sondern nur eine endliche Folge von Punkten aus der Referenzbahn. Aus dieser Folge können wir jedoch einen Punkt $u(k_0\tau)$ auswählen, der den gewünschten Anfangswert $v(0)$ annähert, d.h.

$$|u(k_0\tau) - u(0)| < \delta$$

für eine a priori gewählte Schranke $\delta > 0$. Wir wollen diesen Punkt umbenennen in

$$v_0(0) = u(k_0\tau).$$

Wir kennen die Nachfolger dieses Punkts, nämlich

$$v_0(j\tau) = u((k_0 + j)\tau), \quad j = 1, 2, 3, \ldots$$

Nun haben wir zwei Bahnen, die wir miteinander vergleichen können. Der logarithmierte Fehlerverstärkungsfaktor für den ersten Zeitabschnitt ist

$$l_0 = \frac{1}{\tau} \log \frac{||v_0(\tau) - v_0(0)||}{||u(\tau) - u(0)||},$$

wobei die Norm $||\cdot||$ die euklidische Länge eines Vektors angibt. Danach wiederholen wir den Vorgang für den nächsten Punkt $u(\tau)$ der Referenzbahn. An diesem Punkt müssen wir einen weiteren Punkt $v_1(\tau)$ aus der Bahn bestimmen, der einen Fehler in einer ähnlichen Richtung enthält wie der Fehler zwischen $v_0(\tau)$ und $u(\tau)$. Falls unsere vorhergehende Bahn immer noch nahe bei der Refernzbahn liegt, fahren wir einfach so fort und setzen $v_1(\tau) = v_0(\tau)$. Daraus ergibt sich ein Fehlerverstärkungsfaktor l_1. Fahren wir fort, erhalten wir Faktoren $l_2, l_3, \ldots, l_{m-1}$ bis die Daten erschöpft sind. Als nächstes ermitteln wir den Mittelwert der logarithmierten Fehlerverstärkungsfaktoren

$$\lambda = \frac{1}{m} \sum_{j=0}^{m-1} l_j$$

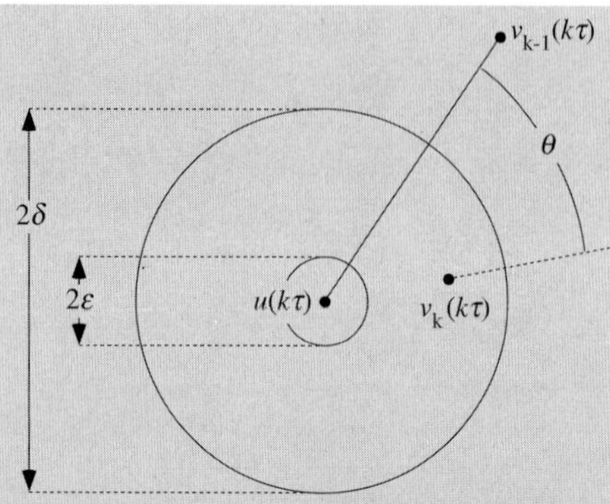

Abb. 3.67 : Auswahl eines Punktes aus der Referenzbahn in einem Kegel.

über die gesamte Referenzbahn. Dadurch erhalten wir eine Näherung für den größten Ljapunov-Exponenten.

An dieser Stelle sollten einige wichtige, technische Anmerkungen zu dieser Methode gemacht werden. Zunächst muß man berücksichtigen, daß die Daten in einem gewissen Umfang mit Rauschen behaftet sind, wenn sie von einer konkreten physikalischen Messung stammen. Daher dürfen wir die gestörten Punkte $v_k(k\tau)$ nicht zu dicht am Referenzpunkt $u(k\tau)$ wählen, weil das Rauschen sonst die Wirkung des Streckens auf dem chaotischen Attraktor übertönen würde. Andererseits sollten wir den Fehler nicht zu stark anwachsen lassen, um zu vermeiden, daß nichtlineare Effekte auftreten. In der Praxis sollten wir also einen minimalen Fehler ε und einen maximalen Fehler δ vorschreiben und fordern, daß

$$\varepsilon < |u(k\tau) - v_k(k\tau)| < \delta$$

gilt, wie es in Abbildung 3.66 veranschaulicht wird. Wenn wir $v_k(k\tau)$ wählen, sollte dieser Fehler dem Fehler des vorherigen Punkts $v_{k-1}(k\tau)$ entsprechen. Dies wird erreicht, wenn man den Winkel θ in Abbildung 3.67 minimiert. Es kann jedoch der Fall auftreten, daß überhaupt keine Punkte aus der Referenzbahn in dem Kreisring enthalten sind. Dann muß man erneut mit irgendeinem Punkt in der Nähe von $u(k\tau)$ anfangen. Wenn dies nur selten vorkommt, kann man davon ausgehen, daß es keine dramatischen negativen Auswirkungen auf das Ergebnis hat. Allerdings hängt das Resultat von der Wahl der Zeitspanne τ ab. Wenn wir τ durch ein Vielfaches von sich selbst ersetzt, erhält man eine andere Näherung für den größten Ljapunov-Exponenten. Alles in allem tauchen in der Methode viele Parameter auf, die geeignet aufeinander abgestimmt werden müssen.[85]

[85] Die zeitliche Verzögerung τ sollte optimal ausgewählt werden (siehe A. M. Fraser und H. L. Swinney, *Independent coordinates for strange attractors from mutual information,* Phys. Rev. A 33 (1986) 1034–1040).

Das Experiment von Michael Faraday

Wir schließen diesen Abschnitt mit einer eindrucksvollen Anwendung der Rekonstruktionsmethode, die wir zuvor besprochen haben. Wir wenden sie auf ein physikalisches System an, das man mit *akustischer Turbulenz* bezeichnet. Aus verschiedener Sicht ist dieses Beispiel sehr interessant. Auf der einen Seite beinhaltet es eine überzeugende Rekonstruktion zusammen mit einer erfolgreichen Berechnung der Dimension und der Exponenten. Andererseits stellt es eine Verbindung her zur ersten, historischen Beobachtung der Periodenverdopplungskaskade, die den Weg ins Chaos beschreibt. Es ist ein Versuch von Michael Faraday[86] mit einem periodisch angeregten nichtlinearen System, der auf das Jahr 1831 zurückgeht.[87] Faraday konstruierte eine große, 18 Fuß lange schwingende Platte, auf der sich eine flache Schicht mit Wasser befand. Er beobachtete, daß „Anhäufungen" von Flüssigkeit in einer schwappenden Bewegung oszillieren. Insbesondere berichtete er, daß die Haufen mit derselben Frequenz schwingen wie die Platte oder aber erst nach jeweils zwei vollständigen Schwingungen der tragenden Fläche wiederkehrten. Er beobachtete sozusagen den ersten Schritt in der Periodenverdopplungskaskade. Später, im Jahr 1883, bestätigte Lord Rayleigh diese Ergebnisse, und heute sind die ausgereiften Methoden der Chaostheorie sowie moderne, computergesteuerte Experimente dazu geeignet, den Übergang von der Ordnung ins Chaos in ähnlichen Systemen zu untersuchen.[88]

Akustisches Chaos in ultrasonischer Kavitation

Zur Veranschaulichung haben wir in diesem Abschnitt eines dieser Experimente ausgewählt, über die von Werner Lauterborn und Joachim Holzfuss berichtet wird. Es untersucht akustisches Chaos in ultrasonischer Kavitation, das sich als zischendes Rauschen bemerkbar macht, wenn Flüssigkeit durch intensive Beschallung angeregt wird. Das Rauschen stammt vom Aufbrechen der Flüssigkeitsstruktur, durch das eine organisierte Wolke kleiner Blasen entsteht, die einer komplizierten Dynamik unterliegt. Bei diesem Experiment bleibt die Frequenz des Tons der Beschallung konstant, während die Lautstärke im Bruchteil einer Sekunde von Null auf einen hohen Wert ansteigt. Eine Spektralanalyse des Rauschens, das abgegeben wird, zeigt stark ausgeprägte subharmonische Spektrallinien bei 1/2, 1/4 und auch bei 1/3 der Anregungsfrequenz, bevor am Ende des Versuchs das zischende Breitbandrauschen bei höheren Amplituden der Beschallung auftritt.[89]

---

[86] Michael Faraday (1791–1867), britischer Physiker, erforschte den Elektromagnetismus und erfand den Dynamo.

[87] M. Faraday, *On a peculiar class of acoustical figures, and on certain forms assumed by groups of particles upon vibrating elastic surfaces,* Phil. Trans. Roy. Soc. London 121 (1831) 299–340.

[88] Nach Literaturhinweisen kann man in den historischen Notizen nachsehen, die in W. Lauterborn und J. Holzfuss, *Acoustic chaos,* International Journal of Bifurcation and Chaos 1,1 (1991) 13–26, veröffentlicht sind.

[89] Die ersten Beobachtungen dieser Art gehen auf R. Esche im Jahr 1952 zurück.

Aufbau für akustisches Chaos

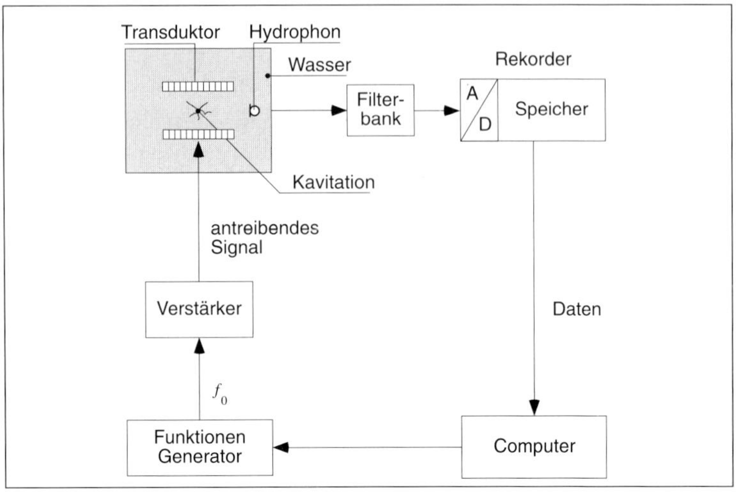

Abb. 3.68 : Versuchsaufbau für eine akustische Messung angeregter Flüssigkeiten.

Die Spektrallinien und das Rauschen sind Hinweise auf die Periodenverdopplungskaskade und das Feigenbaum-Szenario.

Der Versuchsaufbau ist in Abbildung 3.68 dargestellt.[90] Das Wasser im Container muß mit speziellen Zusätzen präpariert werden. Die Beschallung, die treibende Kraft für das Experiment, wird in einem zylindrischen Transduktor von etwa 7.5 cm Länge und Durchmesser erzeugt. Die Spannung, die an den Transduktor angelegt wird, wird vom Computer gesteuert. Schließlich wird der Ton, der bei dem Experiment in der Flüssigkeit entsteht, von einem Hydrofon aufgefangen, elektronisch gefiltert und in den Speicher des Computers gegeben, um später verarbeitet zu werden. Ein solcher Versuch läuft ungefähr in einer Viertelsekunde ab.

Zur Rekonstruktion des Phasenraums für den gemessenen Schalldruck $p(t)$ reicht es aus, einen dreidimesionalen Aufbau zu betrachten, d.h. Vektoren $(p(t), p(t+T), p(t+2T))$, wobei die zeitliche Verschiebung T etwa ein Zehntel der Periode der Anregung betragen sollte. Abbildung 3.69 zeigt sechs verschiedene Rekonstruktionen für unterschiedliche Anregungsintensitäten. Wenn wir der Interpretation von Lauterborn und Holzfuss folgen, spaltet sich die Trajektorie in Teil (a) zunächst in zwei Bänder (b) und dann in vier Bänder

[90] Unsere Darstellung folgt der bereits erwähnten Veröffentlichung von W. Lauterborn und J. Holzfuss. Die Abbildungen 3.68, 3.69 und 3.70 wurden mit ihrer freundlichen Genehmigung reproduziert.

Rekonstruktion

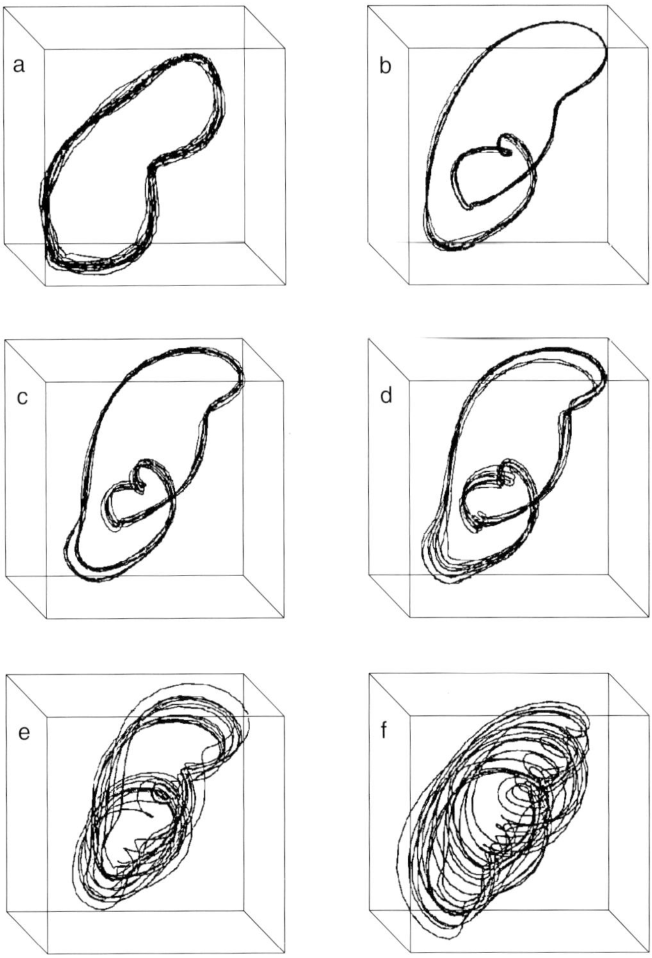

Abb. 3.69 : Rekonstruktion des Phasenraums periodischer Trajektorien und ein chaotischer Attraktor.

(c) auf. Diese Struktur bricht ab, wenn die Spannung weiter heraufgesetzt wird (siehe Bilder (d) bis (f)). Das zischende Rauschen in dem Experiment ist daher kein stochastisches Rauschen, sondern steht im Zusammenhang mit ausgesprochen nichtlinearer Dynamik. Dies hat sich auch bei der Berechnung von Dimensionen und Ljapunov-Exponenten weiter bestätigt (siehe Abbildung 3.70). Zum Beispiel sind für den seltsamen Attraktor aus Abbildung 3.69 (f) die ersten drei Ljapunov-Exponenten $\lambda_1 = 1.9$, $\lambda_2 = 0$ und $\lambda_3 = -3.0$. Mit diesen Werten ergibt sich eine Ljapunov-Dimension von $D_L \approx 2.7$ in Übereinstimmung mit Abbildung 3.70.

Dimension

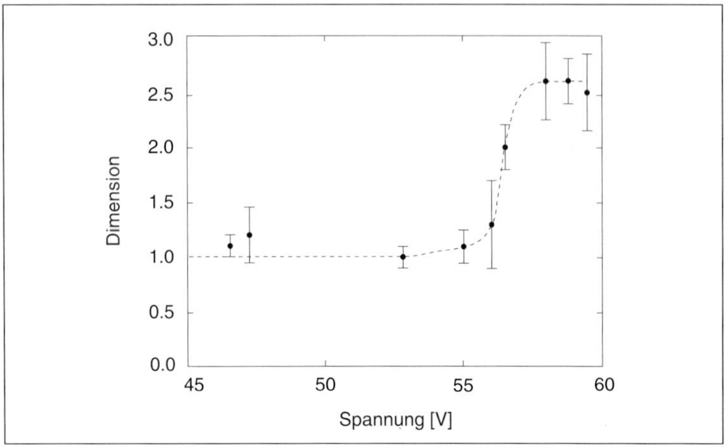

Abb. 3.70 : Fraktale Dimension gegen die Spannung der Anregung. Bei hohen Spannungen liegt die Dimension zwischen 2 und 3. Die Dimension wurde als Durchschnitt über die punktweise Dimension berechnet (siehe Seite 309), die an verschiedenen Punkten des Attraktors bestimmt wurde.

Akustisches Chaos ist nur eines von vielen Beispielen, das auf überzeugende Weise veranschaulicht, daß die Methoden und Begriffe der Chaostheorie erfolgreich auf Probleme angewendet werden können, die nur wenige Jahrzehnte zuvor als zu hartnäckig angesehen und verworfen worden wären.[91] Die Chaostheorie hat uns die Augen geöffnet und gezeigt, wo man hinsehen muß, um all die reichhaltigen Strukturen zu finden, die auf Naturgesetze schließen lassen, die vor gar nicht allzu langer Zeit noch im Verborgenen lagen.

[91] Ein Beispiel ist die Rekonstruktion chaotischer Attraktoren in der Hydrodynamik. Sie wird von von Tom Mullin beschrieben in: *Chaos in physical systems,* in: *Fractals and Chaos,* A. J. Crilly, R. A. Earnshaw, H. Jones (Hrsg.), Springer-Verlag, New York, 1991. Im einleitenden Text von F. C. Moon, *Chaotic Vibrations,* John Wiley & Sons, New York, 1987, werden verschiedene Beispiele für Chaos in mechanischen Systemen angeführt.

3.8 Fraktale Ränder zwischen Attraktionsgebieten

Sensitive Abhängigkeit von den Anfangsbedingungen ist eine der kennzeichnenden Eigenschaften von Chaos. In diesem letzten Abschnitt des Kapitels über seltsame Attraktoren behandeln wir noch eine andere Art der Sensitivität, nämlich die sogenannte *Endzustands-Sensitivität*. Dieses Phänomen kann auftreten, wenn verschiedene koexistente Attraktoren vorhanden sind. Wir haben solche Fälle bereits für bestimmte Parameterbereiche bei der Hénon-Abbildung gesehen.[92] Bei diesen Attraktoren kann es sich um seltsame Attraktoren handeln oder auch einfach um attraktive Fixpunkte einer Abbildung. Wenn man sich mit einer solchen Abbildung beschäftigt, wird die Bahn (oder Trajektorie) eines gegebenen Anfangswerts typischerweise gegen einen der beiden Attraktoren konvergieren. Daher muß es einen *Rand* zwischen den zugehörigen Attraktionsgebieten geben. Solche Ränder sind häufig Fraktale.

Sowohl physikalisch als auch numerisch kann ein Anfangswert nur bis zu einer gewissen Genauigkeit s bestimmt werden. Wenn alle Bahnen, die innerhalb eines Abstands vom Anfangswert starten, der nicht größer ist als s, gegen den *gleichen* Attraktor konvergieren, ist es nicht schwer, den Endzustand des Anfangswerts vorherzusagen. Wenn aber einige dieser Bahnen gegen den einen Attraktor konvergieren und die übrigen gegen den anderen Attraktor, tritt eine Schwierigkeit auf. Wir können dann den Endzustand, der zu dem Anfangswert gehört, nicht mehr sicher vorhersagen. Offensichtlich verschärft sich diese Schwierigkeit, sobald die fraktale Dimension der Ränder, die zu den Attraktionsgebieten gehören, größer wird. Daher stellen fraktale Ränder von Attraktionsgebieten, deren fraktale Dimension groß ist, ein wachsendes Hindernis für die Vorhersagbarkeit in nichtlinearen Systemen dar, in denen verschiedene Attraktoren vorhanden sind. Mit anderen Worten bekommt die fraktale Dimension in dieser Situation eine unmittelbare dynamische Bedeutung.

Wie groß ist der unsichere Bereich?

Wenn eine kritische Zahl $s > 0$ gegeben ist, nennen wir einen Anfangswert *unsicher*, wenn es im Abstand von höchstens s einen anderen Anfangswert gibt, der zu einem anderen Attraktor konvergiert. Wir können nun fragen, wie groß die Fläche (oder das Volumen) der Menge $A(s)$ ist, die alle unsicheren Anfangswerte enthält. In der einfachen Situation, die in Abbildung 3.71 dargestellt ist, ist diese Fläche durch ein Band der Breite $2s$ entlang des (glatten) Randes der Attraktionsgebiete gegeben und ist daher proportional zu s. Dies bedeutet, daß sich die Fläche der unsicheren Anfangswerte um den Faktor 1/2 verringert, wenn wir die Genauigkeit für die Anfangswerte verdoppeln.

[92] Siehe Abbildung 3.15.

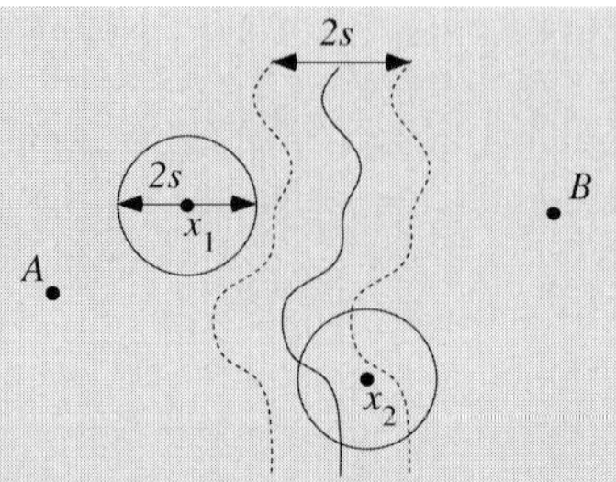

Abb. 3.71 : Sichere und unsichere Anfangswerte. Zwei Attraktoren (A und B) mit Attraktionsgebieten, die von einer glatten Kurve berandet werden. Der Anfangswert x_1 trägt eine Unsicherheit vom Betrag 1. Er ist sicher, während x_2 unsicher ist. Der Bereich, in dem sich die unsicheren Punkte befinden, ist ein Band der Breite $2s$ entlang des Randes der Attraktionsgebiete.

Wenn der Rand der Attraktionsgebiete jedoch ein Fraktal ist, wird man ein komplizierteres Skalierungsgesetz erhalten. Um dies einzusehen, wollen wir auf die Boxdimension zurückgreifen (siehe *Bausteine des Chaos — Fraktale*, Kapitel 4). Die Größe des Bereichs, in dem sich die unsicheren Anfangswerte befinden, ist ungefähr die gleiche, wie die Fläche (oder das Volumen) $A(s)$ der $N(s)$ Boxen mit Kantenlänge s, die man benötigt, um den Rand der Attraktionsgebiete zu überdecken. Wenn D_f die fraktale Dimension bezeichnet und d die euklidische Dimension des umgebenden Raums, kommen wir zu dem Ergebnis, daß die Zahl $N(s)$ proportional ist zu $1/s^{D_f}$ und

$$A(s) \approx N(s) \cdot s^d \propto s^{d-D_f} = s^\alpha .$$

Der Exponent

$$\alpha = d - D_f$$

heißt der *Unsicherheitsexponent*, und weil $D_f \geq d - 1$ ist, können wir schließen, daß $0 < \alpha \leq 1$.

Wir werden eine weitere Interpretation dieses Exponenten angeben. Angenommen, wir wollen die Größe des Gebiets, in dem sich die unsicheren Anfangspunkte befinden, um den Faktor 1/10 verringern, indem wir die Genauigkeit erhöhen, mit der wir die Startwerte messen und approximieren. Wie viele zusätzliche Ziffern müssen wir hierfür als signifikant betrachten? Wenn r die erforderliche Genauigkeit ist, dann ist $r^\alpha = s^\alpha/10$. Nehmen wir den Logarithmus zur Basis 10, erhalten wir

$$\log_{10} r = \log_{10} s - \frac{1}{\alpha}.$$

Daher müssen wir $1/\alpha$ Ziffern zusätzlich in Betracht ziehen, um unser Ziel zu erreichen. Wenn der Unsicherheitsexponent α klein ist, kann es alsoo außerordentlich mühsam sein, die Genauigkeit zu erhöhen.

Aufbau des Pendels

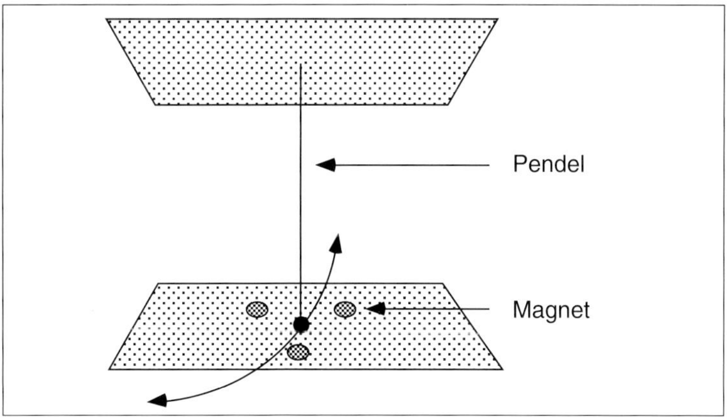

Abb. 3.72 : Die Metallkugel des Pendels schwingt über drei Magneten.

Der Pendelversuch

Im verbleibenden Teil dieses Abschnitts besprechen wir einen konkreten physikalischen Versuch, bei dem fraktale Ränder zwischen Attraktionsgebieten tatsächlich auftreten. Stellen wir uns eine Metallkugel vor, die an einem Band befestigt ist, das von der Zimmerdecke herabhängt. Dieses Pendel schwingt in alle Richtungen, und wir können die Länge des Bandes so wählen, daß die Kugel sehr dicht über dem Boden schwingt. Auf dem Boden ordnen wir in der Nähe der Ruhepositionen des Pendels drei starke Magneten an (siehe Abbildung 3.72). Wenn wir die Kugel dicht an einen der Magneten halten, spüren wir die anziehenden Kräfte; wenn wir die Kugel loslassen, bleibt sie in ihrer Position. Wenn wir die Kugel an einer anderen Stelle loslassen, können wir beobachten, wie das Pendel so lange vor und zurück schwingt, bis der Weg der Kugel in die Nähe eines Magneten führt. Die Richtung der Bewegung wird sich in einem solchen Moment durch die Wirkung der Anziehungskräfte drastisch ändern. Allgemein kann man sagen, daß das Pendel recht ungleichmäßig schwingt und daß man seine Bewegung kaum vorhersagen kann. Aber letztendlich kommt die Kugel aufgrund der Reibung, die im System auftritt, zur Ruhe (Luftwiderstand, innere Reibung der Saite, die Befestigung und so weiter). Wenn man Lust hat, kann man versuchen, vorherzusagen, welcher der Magneten die Kugel zu guter Letzt anziehen wird. Für einige Ausgangspositionen wird es nicht schwierig sein, eine zuverlässige Vorhersage zu treffen, während es für andere nahezu unmöglich ist. Dieser Versuch veranschaulicht die Endzustands-Sensitivität, von der wir zuvor gesprochen haben.

Trajektorien und Reibung

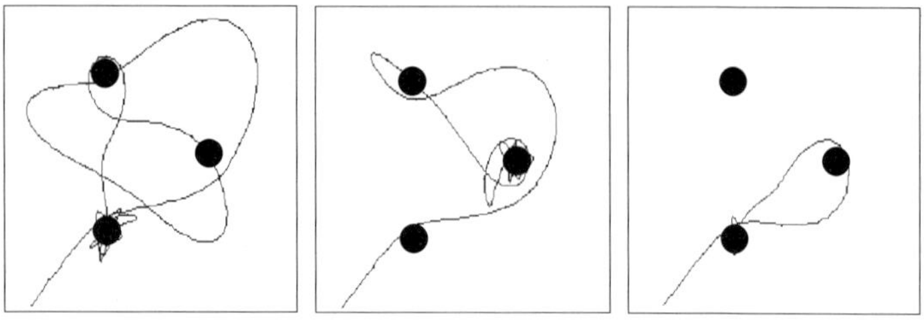

Abb. 3.73 : Die Ansicht von oben auf die Bewegung des Pendels. Gleiche Anfangswerte unten links, aber verschiedene Reibungsparameter (geringe Reibung links und starke Reibung rechts.) Man beachte, daß der endgültige Ruhepunkt des Pendels in den drei Experimenten nicht derselbe ist.

Trajektorien und Gravitationskraft

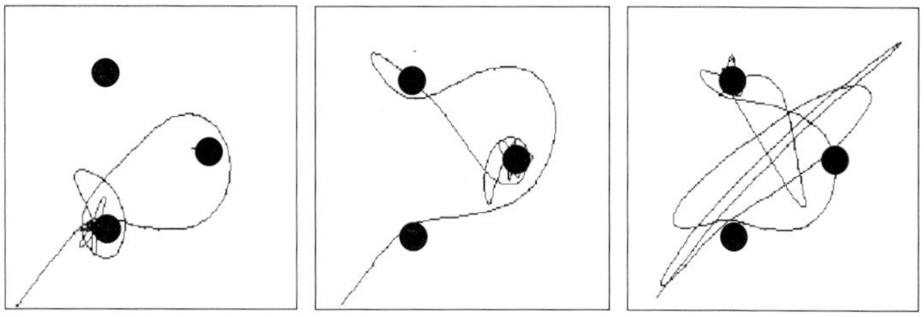

Abb. 3.74 : Ansicht von oben auf die Bewegung des Pendels. Gleiche Anfangswerte und verschiedene Parameter für die Gravitation. Die Kraft, die das Pendel in seine Ruhelage im Mittelpunkt zieht, ist links gering und rechts stark gewählt.

Ein Computermodell ist erforderlich

Trotz dieser Schwierigkeiten, die hier naturgemäß auftreten, sollten wir versuchen, möglichst viele Versuche mit dem Pendel durchzuführen, um eine Karte zu zeichnen, der man die endgültigen Ruhepunkte der Kugel für alle Anfangswerte, die wir probiert haben, entnehmen kann. Natürlich wäre dies ein sehr langer, ermüdender physikalischer Versuch, wenn man das Experiment für, sagen wir, 100×100 Startwerte durchführen wollte. Deshalb ziehen wir es vor, das Experiment mit dem Computer zu simulieren. Dies erfordert ein mathematisches Model für die Pendelbewegung und die Implementierung von Programmen zur Lösung der zugrunde liegenden Gleichungen. Unsere zentralen Annahmen sind die folgenden:

- Die Länge des Pendels ist lang im Vergleich zum Abstand von den Magneten. Der Einfachheit halber nehmen wir daher an, daß sich die Metallkugel auf einer Ebene bewegt und nicht auf der Oberfläche einer Kugel mit großem Radius.
- Die Magneten sind punktförmige Attraktoren, die in einem geringen

Attraktionsgebiete

Abb. 3.75 : Attraktionsgebiete für das Pendel über den drei Magneten. Für jeden der drei Magneten ist in einem der Bilder das zugehörige Attraktionsgebiet schwarz dargestellt. Das vierte Bild zeigt die Grenze zwischen den drei Attraktionsgebieten. Diese Grenze ist nicht einfach eine Linie, sondern hat eine Cantor-ähnliche Struktur, wie in der Vergrößerung in den Abbildungen 3.79 und 3.80 deutlich wird (siehe auch die Farbtafeln 27 und 28).

Abstand zur Ebene, auf der sich das Pendel bewegt, in Form eines gleichseitigen Dreiecks angeordnet sind.

- Die Kraft, die von einem Magneten auf die Metallkugel ausgeübt wird, ist proportional zum inversen quadratischen Abstand zwischen der Kugel und dem Magneten.

Systemparameter

Die Voraussetzungen sind durch eine Differentialgleichung zweiter Ordnung in zwei Veränderlichen realisiert. Es gibt mehrere Parameter in dem Modell. Zum Beispiel ist der Betrag der Reibung im Pendel ein Parameter, der in einem Computerprogramm leicht geändert werden kann, sogar dann, wenn es bereits läuft. Demgegenüber ist es ziemlich schwierig oder sogar unmöglich, die Reibung innerhalb eines physikalischen Versuchs zu ändern (wir müßten hierfür ein Pendel betrachten, das in einer Flüssigkeit aufgehängt ist). Ein weiterer

Ränder von Attraktionsgebieten bei geringer Reibung

Abb. 3.76 : Eine Folge von Bildern, die die fraktalen Ränder der Attraktionsgebiete für wachsende Reibungsparameter (0.2, 0.3, 0.4, 0.5 von links oben nach rechts unten) beschreibt. Wenn man die Reibung anwachsen läßt, ergeben sich kleinere Gebiete mit unsicheren Punkten. Das Verhalten von Systemen mit hoher Reibung läßt sich also leichter vorhersagen als das Verhalten von Systemen mit geringer Reibung.

Parameter ist die Intensität der Kraft, die das Pendel in seine mittlere Ruhelage zwingt. Die Abbildungen 3.73 und 3.74 zeigen die Ergebnisse für einige Trajektorien bei unterschiedlichen Parameterkombinationen.

Attraktionsgebiete

Wir kommen nun zum wichtigsten Teil unseres Versuchs mit dem Pendel, zum Einzeichnen der Attraktionsgebiete. Wir können hier drei Diagramme erstellen (eines für jeden Magneten), in denen zusammengefaßt wird, welche Anfangswerte das Pendel in welche Ruhelage bringen. Die Mengen dieser Punkte sind die sogenannten Attraktionsgebiete. Die drei Magneten treten für alle Punkte der Ebene in Konkurrenz, und es ist keineswegs klar, wie die Ebene durch die Magneten unterteilt wird. In Abbildung 3.75 kann man das Ergebnis des Experiments ansehen. Man beachte, daß die Vereinigung der drei schwarz dargestellten Gebiete die gesamte Ebene ausfüllt.[93] Die Ränder der Attraktionsgebiete sind im vierten Bild gezeigt. Obwohl es so aussieht, als bestünden die Ränder lediglich aus ein paar Linien, wird in einer Vergrößerung deulich, daß sie tatsächlich eine ungeheuer komplizierte Struktur haben (siehe Abbildung 3.80), die an eine Cantor-Menge erinnert. Überall, wo zwei Attraktionsgebiete aneinanderstoßen, entdecken wir bei genauerem Hinsehen, daß auch das dritte Attraktionsgebiet dazwischen vertreten ist, und dies setzt sich bis ins Unendliche fort.

Wir können auch beobachten, daß die fraktale Struktur der Attraktionsgebiete deutlicher zu Tage tritt, wenn wir den Reibungsparameter in der Computersimulation heruntersetzen (siehe Abbildung 3.76).

Die Bewegungsgleichung des Pendels über drei Magneten

Die Punktmasse des Pendels bewegt sich in der xy-Ebene, und die Magneten sind unterhalb der xy-Ebene positioniert, sagen wir, mit einem Abstand vom Betrag d zur Ebene. Stellen wir uns also vor, daß das sich Pendel in der Position $(x, y, 0)$ befindet, und der erste Magnet an der Stelle $(x_1, y_1, -d)$. Dem zweiten Gesetz von Coulomb entsprechend gehen wir davon aus, daß die Kraft, die der Magnet auf das Pendel ausübt, umgekehrt proportional ist zum Quadrat des Abstands zwischen dem Pendel und dem Magneten, d.h. proportional zu

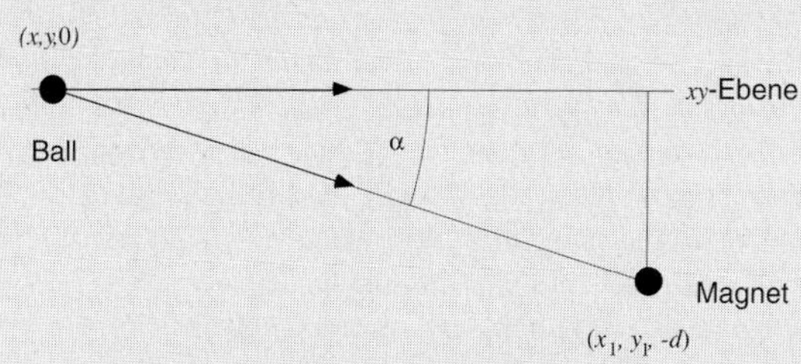

Abb. 3.77 : Die Wirkung der Anziehungskraft eines Magneten auf das Pendel.

[93] Theoretisch ist es auch möglich, daß das Pendel über einem weiteren, vierten Punkt zur Ruhe kommt, nämlich der Ruhelage senkrecht unter der Aufhängung des Pendels. Wenn wir zum Beispiel sehr schwache Magneten verwenden und sie in einem bestimmten Abstand vom natürlichen Ruhepunkt des Pendels anordnen, kann die Kugel an diesem Punkt anhalten, gerade so, als würden die drei Magneten überhaupt nicht existieren. In den Versuchen, die wir hier besprochen haben, sind wir davon ausgegangen, daß die Magneten so stark sind, daß der vierte Ruhepunkt instabil ist. Eine winzig kleine Abweichung wird derart vergrößert werden, daß die Kugel von einem der drei Ruhepunkte oberhalb der Magneten angezogen wird. Der vierte, instabile Ruhepunkt kann deshalb numerisch nicht beobachtet werden. Er befindet sich genau in der Mitte der Bilder in Abbildung 3.75.

Ränder von Attraktionsgebieten bei niedriger Federkonstante

Abb. 3.78 : Die fraktalen Ränder von Attraktionsgebieten ändern sich mit der Wahl der Federkonstanten C. Hier haben wir die Werte 0.3, 0.2, 0.1, 0.0 (von links oben nach rechts unten) verwendet. Das Pendel bringt Komplexität in das System. Je dominanter die selbsterhaltende Kraft des Pendels ist, desto größer wird die Menge der unsicheren Anfangspunkte.

$$\frac{1}{(x_1 - x)^2 + (y_1 - y)^2 + d^2}.$$

Die Pendelbewegung ist jedoch auf die xy-Ebene beschränkt, und deshalb müssen wir die Kraft mit dem Cosinus des Winkels α multiplizieren, der in Abbildung 3.77 eingezeichnet ist.

Nach einigen Umformungen mit Hilfe elementarer trigonometrischer Gleichungen kommen wir zu dem Ergebnis, daß die Kraft, die in der xy-Ebene wirkt, zu

$$\frac{1}{\left(\sqrt{(x_1 - x)^2 + (y_1 - y)^2 + d^2}\right)^3} \begin{pmatrix} x_1 - x \\ y_1 - y \end{pmatrix}.$$

proportional ist. Dies ist ein Vektor in der xy-Ebene. Es gibt noch zwei weitere Kräfte, die wir in Betracht ziehen müssen, nämlich die Gravitationskraft, die die Kugel in den Ursprung der xy-Ebene zurückzieht,

Abb. 3.79 : Wir sehen das gleiche Bild wie in Abbildung 3.75, jedoch in der vierfachen Auflösung mit 2048 $\times$ 2048 Pixeln.

und die Reibungskraft. Die Gravitationskraft kann einfach als eine Kraft modelliert werden, die proportional ist zu

$$-\begin{pmatrix} x \\ y \end{pmatrix},$$

wobei die Reibungskraft entgegengesetzt zur Bewegung wirkt und zur Geschwindigkeit proportional ist. Der Reibungsvektor muß daher proportional sein zu

$$-\begin{pmatrix} x' \\ y' \end{pmatrix}.$$

Vergrößerung der Ränder von Attraktionsgebieten

Abb. 3.80 : Diese Vergrößerung eines Teils aus Abbildung 3.75 bringt die Cantor-ähnliche Struktur der Ränder zwischen den Attraktionsgebieten im Versuch mit dem Pendel zum Vorschein.

Die Kräfte, über die wir hier gesprochen haben, lassen sich unter Verwendung des Newtonschen Gesetzes in einer Differentialgleichung aufsummieren, durch das der Zusammenhang zwischen der gesamten Kraft und der Beschleunigung der Masse beschrieben wird. Mit der Anordnung dreier Magneten unter den Punkten (x_1, y_1), (x_2, y_2) und (x_3, y_3) wird die gesamte Kraft als Summe über drei Terme beschrieben. Nachdem man alle Terme auf die linke Seite der Gleichung gebracht hat, erhält man

$$x'' + Rx' - \sum_{i=1}^{3} \frac{x_i - x}{\left(\sqrt{(x_1 - x)^2 + (y_1 - y)^2 + d^2}\right)^3} + Cx = 0$$

$$y'' + Ry' - \sum_{i=1}^{3} \frac{y_i - y}{\left(\sqrt{(x_i - x)^2 + (y_i - y)^2 + d^2}\right)^3} + Cy = 0.$$

Dies ist ein System von zwei gewöhnlichen Differentialgleichungen zweiter Ordnung. Die Lösung des zugehörigen Anfangswertproblems erfordert eine Festlegung der Ausgangsposition (x, y) und der Anfangsgeschwindigkeit (x', y'). In unserem Versuch variiert die Ausgangsposition über einem quadratischen Gebiet, das die Position der Magneten umschließt; die Anfangsgeschwindigkeit wurde immer auf Null gesetzt.

Das numerische Verfahren, das verwendet wird, um ein solches Anfangswertproblem zu lösen, kann verschiedene Formen annehmen. Jedes Standardlehrbuch der numerischen Analysis wird eine Reihe von Methoden enthalten, unter denen man auswählen kann, angefangen vom einfachen Euler-Verfahren, das wir in diesem Fall wegen eines ernstzunehmenden Mangels an Stabilität nicht empfehlen können, bis hin zu komplexeren Algorithmen wie das adaptive Runge-Kutta-Verfahren.[94]

[94] Eine gute Quelle für Literaturhinweise und Algorithmen, die auch Algorithmen in drei verschiedenen Programmiersprachen enthält, findet sich in *Numerical Recipes*, W. H. Press, B. P. Flannery, S. A. Teukolsky, W. T. Vetterling, Cambridge University Press, Cambridge, 1986.

3.9 Programm des Kapitels: Der Rössler-Attraktor

Wir haben den Rössler-Attraktor als ein fundamentales Beispiel für einen seltsamen Attraktor eingeführt. Das Programm des Kapitels ist ein kleines BASIC-Programm, mit dem man den Rössler-Attraktor erzeugen kann, und das leicht modifiziert werden kann, um auch andere Beispiele wie den Lorenz-Attraktor zu untersuchen.

Die Parameter des Programms sind so gewählt, daß der klassische Rössler-Attraktor erzeugt wird. Jeder der Parameter kann jedoch abgeändert werden. Wenn man zum Beispiel den Parameter `c` (siehe das Diagramm aus Abbildung 3.30) auf `c = 8` setzt, erhält man einen periodischen Attraktor.

Bildschirmausgabe des Programms

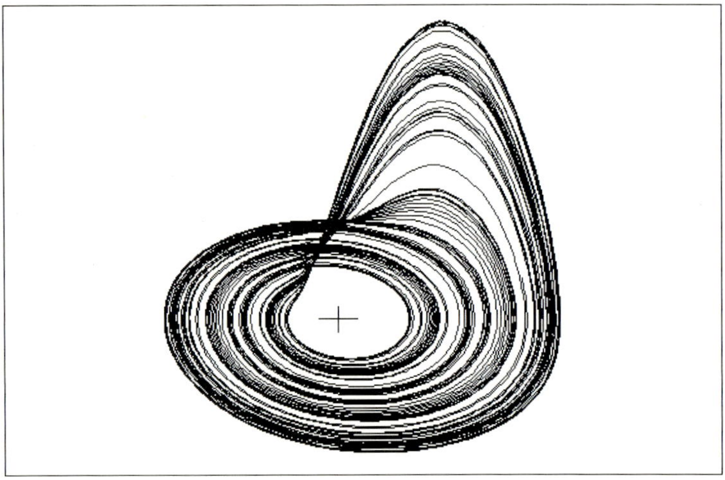

Abb. 3.81 : Ausgabe des Programms „Attraktor".

Für die Intergration der Gleichung verwendet das Programm das Heun-Verfahren.[95] Die Berechnung beginnt bei einem gegebenen Startwert, der nicht notwendigerweise auf dem Attraktor liegen muß. Das Anfangsstück der Trajektorie, in dem sich die Lösung dem Attraktor genügend nähert, wird nicht eingezeichnet. Die Anzahl derjenigen Punkte, die zu Anfang nicht gezeichnet werden, wird durch die Variable `hide` festgelegt. Während der Zeit, in der noch keine Punkte gezeichnet werden, wird die Größe des Attraktors berechnet, die man zum Schluß für die Darstellung des Attraktors auf dem Bildschirm benötigt. Mit anderen Worten spürt das Programm geeignete

[95] Siehe Seite 246.

BASIC Programm **Attraktor**
Titel Berechnung eines seltsamen Attraktors

```
left = 20 : w = 300
a = .2 : b = .2 : c = 5.7
dt = .04 : dt2 = dt/2
xmin = 1000 : xmax = -1000 : ymin = 1000 : ymax = -1000
yn = 1
hide = 2000
FOR i = 1 TO 100000!
    REM Integration mit dem Heun-Verfahren
    GOSUB 500
    xn0 = xn : yn0 = yn : zn0 = zn
    xfn0 = xfn : yfn0 = yfn : zfn0 = zfn
    xn = xn0 + dt*xfn0
    yn = yn0 + dt*yfn0
    zn = zn0 + dt*zfn0
    GOSUB 500
    xn = xn0 + dt2*(xfn + xfn0)
    yn = yn0 + dt2*(yfn + yfn0)
    zn = zn0 + dt2*(zfn + zfn0)
    IF i < hide GOTO 100
        LINE -(left+xfac*(xn-xmin), left+w-yfac*(yn+zn-ymin))
        GOTO 200
        REM Finde den Bereich für x und y+z
100     IF xn > xmax THEN xmax = xn
        IF xn < xmin THEN xmin = xn
        IF yn+zn > ymax THEN ymax = yn+zn
        IF yn+zn < ymin THEN ymin = yn+zn
        IF i < hide-1 GOTO 200
            REM Zeichne die Achsen des Koordinatensystems
            xfac = w/(xmax-xmin)
            yfac = w/(ymax-ymin)
            PSET (left-xfac*(1+xmin), left+w+yfac*ymin)
            LINE -(left+xfac*(1-xmin), left+w+yfac*ymin)
            PSET (left-xfac*xmin, left+w-yfac*(1-ymin))
            LINE -(left-xfac*xmin, left+w+yfac*(1+ymin))
            PSET (left+xfac*(xn-xmin), left+w-yfac*(yn+zn-ymin))
200 NEXT i
END
REM Werte die Funktion am aktuellen Punkt aus
500 xfn = - yn - zn
    yfn = xn + a*yn
    zfn = b+xn*zn-c*zn
    RETURN
```

maximale und minimale Werte der Lösung auf.[96] Schließlich wird ein Koordinatensystem gezeichnet (von $x = -1$ bis $x = 1$ und von $y = -1$ bis $y = 1$). Die ganze Zeichnung wird so skaliert, daß der Bereich von `xmin` bis `xmax` und von `ymin` bis `ymax` auf die Fläche eines Bildschirms paßt, dessen Höhe und Breite gleich `w` ist. Man sollte beobachten, daß auf der vertikalen Achse die Summe der y- und z-Koordinate eingezeichnet wird. Dadurch wird eine Aufsicht auf den Attraktor aus einem Winkel von 45 Grad simuliert.

Am Ende des Programms gibt es ein Unterprogramm, das eine Definition des Differentialgleichungssystems enthält, mit dem wir arbeiten. Es sind die Gleichungen für das Rössler-System. Wenn man statt dessen das Lorenz-System untersuchen möchte, sollte man diesen Teil abändern zu

```
zfn = a * (yn - zn)
yfn = c*zn - yn - zn*xn
xfn = -b*xn + zn*yn
```

Den klassischen Lorenz-Attraktor[97] erhält man für die Parameter

`a = 10` (für σ)
`b = 2.667` (für B)
`c = 28` (für R).

Man sollte jedoch die Schrittweite bei der Integration heruntersetzen (`dt = 0.02`) um ein glatteres Bild vom Attraktor zu erzeugen.

[96] Bei Label 100 findet man den Algorithmus, der nach maximalen und minimalen Werten von `xn` und der Summe `yn + zn` sucht.

[97] Wenn man dies mit den Originalgleichungen vergleicht, wird man feststellen, daß wir x- und z-Koordinate miteinander vertauscht haben. Wenn man die Originalgleichung verwenden will, müßte das Programm so abgeändert werden, daß es in horizontaler Richtung $x + y$ zeichnet und z in vertikaler Richtung, damit man eine schöne Ansicht von dem Attraktor erhält.

Kapitel 4

Julia-Mengen: Fraktale Ränder von Attraktionsgebieten

Ich muß sagen, jedesmal wenn ich 1980 meinen Freunden erzählt habe, daß ich gerade angefangen habe, mit J. H. Hubbard die Polynome vom Grad 2 in einer komplexen Variablen zu untersuchen (und genauer gesagt die Polynome der Form $z \to z^2 + c$), haben sie mich verständnislos angestarrt und gefragt: Glaubst du denn, du hast Aussicht, irgend etwas Neues zu entdecken? Aber gerade diese simple Familie von Polynomen ist es, die dafür verantwortlich ist, jene Objekte zu erzeugen, die so kompliziert sind — nicht chaotisch, sondern im Gegenteil: streng organisiert nach hochentwickelten kombinatorischen Gesetzen.[1]

Adrien Douady

Ziel dieses Kapitels ist es zu zeigen, wie durch Experimente in der mathematischen Forschung auf natürliche Weise eine Tür geöffnet wird, hinter der sich eine scheinbar unerschöpfliche Fundgrube phantastischer Figuren und Bilder verbirgt. Ihre ästhetische Wirkung geht von Strukturen aus, die jenseits der Vorstellungskraft liegen, die aber gleichzeitig eigenartig bekannt aussehen. Die Ideen, die wir hier vorstellen, sind Teil eines Gebiets, dem ein weltweites Interesse in der Mathematik entgegengebracht wird, den sogenannten *komplexen* dynamischen Systemen. Sie sind für Ordnung und Chaos verantwortlich, sowohl in Konkurrenz als auch in Koexistenz. Sie zeigen, wie ein Zustand in den anderen übergeht und wie überwältigend komplex der Übergangsbereich im allgemeinen aussieht. Ein Phänomen, das man bei vielen komplexen dynamischen Systemen beobachten kann, ist die Tatsache, daß verschiedene Gebiete bei der Aufteilung der Ebene miteinander konkurrieren. Das Ergebnis dieses Wettbewerbs ist in den seltensten Fällen ein einfacher Rand, der Gebiete voneinander

[1] Adrien Douady, *Julia sets and the Mandelbrot set*, in: The Beauty of Fractals, H.-O. Peitgen, P. H. Richter, Springer-Verlag, Heidelberg, 1986.

abgrenzt. Für gewöhnlich ergeben sich selbst in den kleinsten Bereichen unbeschreiblich filigrane Verwicklungen, und es findet ein endloser Wettbewerb zwischen den konkurrierenden Bereichen statt. In Kapitel 1 von *Bausteine des Chaos — Fraktale* sowie in den Kapiteln 1 und 2 dieses Buches haben wir den quadratischen Iterator untersucht und festgestellt, daß er das wichtigste Paradigma ist, das Chaos in deterministischen dynamischen Systemen beschreibt. Nun werden wir sehen, daß der quadratische Iterator auch Ausgangspunkt für ausdrucksvolle Fraktale ist. In der letzten Zeit hat kaum eine Entdeckung in der experimentellen Mathematik so viel Aufregung verursacht wie die Mandelbrot-Menge. Sie ist der Ursprung aller dieser Untersuchungen. Heute, etwa zehn Jahre nachdem Adrien Douady und John Hamal Hubbard ihre Forschung über die Mandelbrot-Menge aufgenommen haben, hat man viele erstaunliche Erkenntnisse über diese Menge gewonnen, über das „komplizierteste Objekt, das die Mathematik jemals gesehen hat". Ein großer Teil des Fortschritts in diesem Gebiet geht auf die Arbeit dieser beiden Wissenschaftler zurück.

Am Anfang dieses Kapitels beschäftigen wir uns in nichtformeller Weise mit den Rändern zwischen Attraktionsgebieten (Abschnitt 4.1), wir geben eine kurze Einführung in die komplexen Zahlen (Abschnitt 4.2) sowie eine Einführung in die Methoden zur Untersuchung komplexer quadratischer Gleichungen (Abschnitt 4.3). Der Leser, der mit diesen Begriffen und Methoden schon vertraut ist, sollte diese Abschnitte nur kurz überfliegen und gleich zu Abschnitt 4.4 übergehen, in dem es schließlich um die Julia-Mengen geht.

4.1 Julia-Mengen als Ränder zwischen Attraktionsgebieten

Regeln für das Pixelspiel

In Abschnitt 3.8 haben wir einen physikalischen Versuch beschrieben, bei dem ein Pendel über drei Magneten schwingt. Dieser Versuch ist ein Beispiel aus der Physik, in dem Attraktionsgebiete miteinander in Konkurrenz treten. Das zugehörige dynamische System ist durch physikalische Gesetze bestimmt, die in Form von einer Differentialgleichung gegeben sind. Wir betrachten nun ein Spiel, in dem die dynamischen Gesetze wesentlich einfacher sind. Sie sind als Regeln in einer Tabelle festgehalten. Stellen wir uns ein quadratisches Spielbrett vor, dessen Felder wie beim Schachspiel nummeriert sind. Zum Beispiel bezeichnet A1 das linke untere Quadrat, und C8 ist das achte Quadrat in der dritten Zeile. In jedes Quadrat schreiben wir die Koordinaten des darauffolgenden Quadrats, wie es in Abbildung 4.1 gezeigt ist. Das Spiel läuft nach den folgenden Regeln ab: Wir setzen einen Stein auf ein beliebiges Anfangsfeld, lesen die Koordinaten, die auf diesem Quadrat angegeben sind und bewegen den Stein in die entsprechende Richtung. Der Vorgang wird dann wiederholt.

Aufbau des Pixelspiels

Wenn wir diese einfachen Regeln verstanden haben, können wir uns fragen, welche Muster möglich sind, denen die Dynamik in diesem Spiel folgen kann. Die Antwort ist ziemlich einfach. Angenommen, der Spieler darf niemals Züge außerhalb des Bretts machen, d.h., alle Richtungen, in die er sich bewegen könnte, sind als Koordinaten auf dem Spielbrett verzeichnet. Dann gibt es zwei alternative Möglichkeiten, wie die Bewegung des Steins ablaufen kann:

- Der Stein wird angehalten, d.h., er erreicht ein Quadrat, auf dem die Koordinaten angegeben sind, die gerade zu diesem Quadrat selbst gehören. Ein solches Quadrat kann Fixpunkt genannt werden.
- Anderenfalls muß die Folge der Quadrate, die der Stein durchläuft, an irgendeinem Zeitpunkt periodisch werden. Dies muß so sein, weil nur endlich viele Quadrate auf dem Spielbrett zur Verfügung stehen und der Stein daher nach endlich vielen Schritten ein Quadrat erreichen muß, auf dem er schon einmal gewesen ist. Von diesem Zeitpunkt an ist die Folge periodisch.

Wir führen diesen Vorgang für alle Quadrate auf dem Brett durch. Das Ergebnis ist in Abbildung 4.2 dargestellt. Zusammenfassend kann man sagen, daß auf dem Bild folgendes zu sehen ist:

- Es gibt drei Quadrate, die fest bleiben (Fixpunkte), nämlich B3, F10 und K3.
- Alle Trajektorien (das sind alle Folgen, die an irgendeinem Quadrat auf dem Brett anfangen) enden bei einem dieser drei Quadrate. Es gibt keine Zyklen.

Bewegungen im Pixelspiel

L	K 2	K 3	K 3	K 4	K 4	I 5	I 6	I 7	I 8	I 8	I 9
K	K 3	K 3	X	K 3	I 3	H 4	H 5	G 7	H 8	H 9	H 9
I	I 3	I 3	K 4	K 3	I 2	G 3	F 5	F 7	F 8	G 9	G 10
H	H 3	I 4	K 5	L 3	K 1	D 2	B 5	D 7	F 9	F 9	G 10
G	G 4	H 5	K 7	K 6	L 2	A 2	C 7	C 10	E 10	F 10	F 10
F	F 4	F 6	F 9	F 10	F 11	F 11	F 11	F 11	F 11	X	F 10
E	E 4	D 5	B 7	B 6	A 2	L 2	I 7	I 10	G 10	F 10	F 10
D	D 3	C 4	B 5	A 3	B 1	H 2	K 5	H 7	F 9	F 9	E 10
C	C 3	C 3	B 4	B 3	C 2	E 3	F 5	F 7	F 8	E 9	E 10
B	B 3	B 3	X	B 3	C 3	D 4	D 5	E 7	D 8	D 9	D 9
A	B 2	B 3	B 3	B 4	B 4	C 5	C 6	C 7	C 8	C 8	C 9
	1	2	3	4	5	6	7	8	9	10	11

Abb. 4.1 : Jedes Quadrat enthält die Koordinaten des nächsten Quadrats. Man sucht sich ein beliebiges Anfangsquadrat aus und folgt den Koordinaten, die in den jeweiligen Quadraten angegeben sind. Erreicht dieser Weg jemals einen Endpunkt, und wenn ja, wo?

- Für jedes feste Quadrat (Fixpunkt) wie zum Beispiel das Quadrat B3 gibt es ein *Attraktionsgebiet*, das aus allen Anfangsquadraten besteht, deren Trajektorie schließlich bei einem Fixpunkt endet. Die Attraktionsgebiete haben mehrere Komponenten.

Wir können den Einträgen auf dem Spielbrett noch eine Information hinzufügen, nämlich die Anzahl der Schritte, die erforderlich sind, um den Stein von einem Anfangsquadrat zum endgültigen Quadrat, dem Fixpunkt, zu bewegen. Dies kommt in Abbildung 4.2 durch die numerischen Einträge in den Quadraten zum Ausdruck. Es scheint so, als ob um so mehr Schritte benötigt werden, je weiter ein Quadrat am Rand des Attraktionsgebiets liegt.

Julia-Mengen und das Pixelspiel

Dieses einfache Spiel deutet bereits auf das grundlegende Verfahren hin, das der Berechnung von Julia-Mengen zugrunde liegt. Die Quadrate entsprechen den endlich vielen Punkten in der Ebene, die vom Computer dargestellt werden können und deren Zahl natürlich außerordentlich groß sein kann. Die Regeln, die den Übergang von einem Quadrat zum nächsten beschreiben, sind nicht durch eine Tabelle, sondern durch eine Gleichung gegeben. Wie der Leser vielleicht schon erraten hat, wurden die Übergangsregeln für unser Pixelspiel

Ergebnisse des Pixelspiels

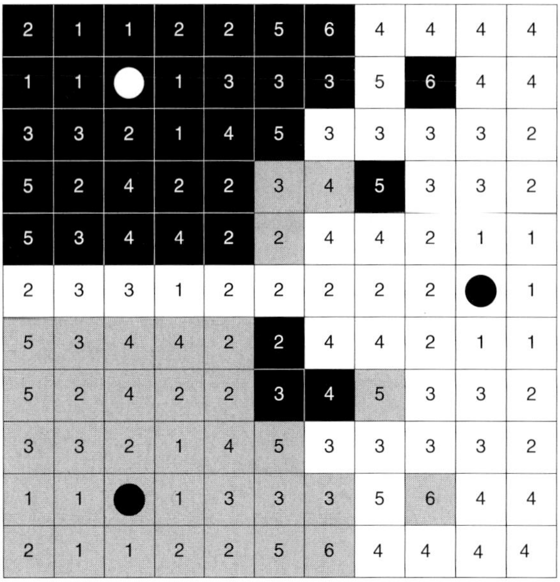

Abb. 4.2 : Diese Abbildung faßt die Ergebnisse des Pixelspiels aus der vorhergehenden Abbildung zusammen. Es gibt drei feste Quadrate (die mit einem großen Punkt markiert sind), die jeweils mit einem Attraktionsgebiet (schwarz, weiß und grau) umgeben sind. Die Zahlen in den Quadraten zeigen die Anzahl der Schritte an, die erforderlich sind, um das endgültige Quadrat zu erreichen.

aus einer Gleichung abgeleitet, die zu einer Julia-Menge mit drei Attraktionsgebieten gehört.

Komplexe Polynome als Übergangsfunktionen

Mit der mathematischen Analyse der dynamischen Eigenschaften, wie sie in unserem einfachen Pixelspiel zu beobachten sind, beschäftigt sich die Theorie der dynamischen Systeme. Es gibt mehrere Klassen dynamischer Systeme. In Abschnitt 3.8 haben wir zum Beispiel das mathematische Modell für ein Pendel betrachtet — eine sogenannte gewöhnliche Differentialgleichung in der Sprache der Mathematik. Populationsmodelle in der Biologie sind weitere Beispiele für dynamische Systeme; es sind diskrete dynamische Systeme, die auf der Iteration einer reellen Funktion beruhen können (einer Funktion mit einer reellen Variablen und reellen Werten, also $z \to z + rz(1-z)$, wie sie in Kapitel 1 von *Bausteine der Chaos — Fraktale* besprochen wurden). Wenn die Übergangsfunktion von einem Zustand des Systems zum nächsten als komplexes Polynom gegeben ist oder als komplexe rationale Funktion, dann wird der zugehörige theoretische Hintergrund durch die Theorie der Julia-Mengen bereitgestellt.

Cayleys Arbeit

Desiderata and Suggestions.

By Professor Cayley, *Cambridge, England.*

No. 3.—THE NEWTON-FOURIER IMAGINARY PROBLEM.

The Newtonian method as completed by Fourier, or say the Newton-Fourier method, for the solution of a numerical equation by successive approximations, relates to an equation $f(x) = 0$, with real coefficients, and to the determination of a certain real root thereof a by means of an assumed approximate real value ξ satisfying prescribed conditions: we then, from ξ, derive a nearer approximate value ξ_1 by the formula $\xi_1 = \xi - \frac{f(\xi)}{f'(\xi)}$; and thence, in like manner, $\xi_1, \xi_2, \xi_3, \ldots$ approximating more and more nearly to the required root a.

In connexion herewith, throwing aside the restrictions as to reality, we have what I call the Newton-Fourier Imaginary Problem, as follows.

Take $f(u)$, a given rational and integral function of u, with real or imaginary coefficients; ξ, a given real or imaginary value, and from this derive ξ_1 by the formula $\xi_1 = \xi - \frac{f(\xi)}{f'(\xi)}$, and thence $\xi_1, \xi_2, \xi_3, \ldots$ each from the preceding one by the like formula.

A given imaginary quantity $x + iy$ may be represented by a point the coordinates of which are (x, y): the roots of the equation are thus represented by given points $A, B, C \ldots$, and the values $\xi, \xi_1, \xi_2 \ldots$ by points $P, P_1, P_2, \ldots$ the first of which is assumed at pleasure, and the others each from the preceding one by the like given geometrical construction. The problem is to determine the regions of the plane, such that P being taken at pleasure anywhere within one region we arrive ultimately at the point A; anywhere within another region at the point B; and so for the several points representing the roots of the equation.

The solution is easy and elegant in the case of a quadric equation, but the next succeeding case of the cubic equation appears to present considerable difficulty.

Cambridge, *March 3d, 1879.*

36 97

Abb. 4.3 : Die Originalarbeit mit dem Titel *The Newton-Fourier Imaginary Problem* von Sir Arthur Cayley, 1879.

Gaston Julia und Pierre Fatou

Der Name Julia-Menge geht auf den französischen Mathematiker Gaston Julia (1893–1978) zurück (vergleiche Bild auf Seite 147 unseres Buches *Bausteine des Chaos — Fraktale*), der wesentliche Beiträge zu dieser Theorie geleistet hat, während er sich in einem Militärkrankenhaus von seinen Kriegsverletzungen erholte. Während des ersten Weltkriegs hatte er als Offizier gedient. Am 25. Januar entschied das deutsche Hauptquartier den Geburtstag des Kaisers mit einem Angriff auf die französische Front zu „feiern", bei dem 1000 Soldaten gefangen genommen werden sollten. Der Angriff fand tatsächlich statt und war unbeschreiblich grausam, aber das Ziel wurde nicht erreicht. Auf beiden Seiten wurden viele Soldaten verwundet und getötet. Julia war einer derjenigen, die schwer verwundet wurden. Er verlor bei dem Angriff seine Nase und trug danach einen schwarzen Lederstreifen über seinem Gesicht. Zur gleichen Zeit arbeitete Julias Konkurrent Pierre Fatou (1878–1929) an einer umfangreichen Arbeit mit Ergebnissen aus dem Bereich der komplexen Iteration.[2] Diese frühen Ergebnisse wurden zunächst weltweit in der Mathematik gefeiert und dann aber praktisch völlig vergessen. Erst durch die Arbeit von Mandelbrot wurden sie in den achtziger Jahren wieder populär. Die immensen Fortschritte, die Julia und Fatou erreichten, müssen um so mehr gewürdigt werden, weil es zu dieser Zeit noch keine Computer gab, die beim Verständnis dieser komplizierten Materie hätten helfen können. Statt dessen mußten sie sich vollständig auf ihre Vorstellungskraft verlassen. Ein wesentlicher Teil von Julias Arbeit ist beeinflußt durch einen Artikel des bedeutenden britischen Mathematikers Sir Arthur Cayley, der nicht länger ist als eine Seite. Cayley veröffentlichte 1879 einen Beitrag über das „Newton-Fouriersche Problem" (siehe Abbildung 4.3).[3] Wenn man die Wurzeln von $z^3 - 1 = 0$ mit dem Newton-Verfahren berechnet, gerät man in eine Konkurrenzsituation, die der im Pendelversuch sehr ähnlich ist.

Cayleys Problem

Cayleys Problem ist dem Versuch mit dem Pendel über den drei Magneten in der Ebene sehr verwandt, über das wir am Ende des vorhergehenden Kapitels ausführlich berichtet haben. Wir haben uns die Frage gestellt, über welchem Magneten das Pendel in seine Ruhelage kommen wird. Cayley betrachtete das Newton-Verfahren und fragte sich, gegen welche Lösungen der Gleichung $z^3 - 1 = 0$ das Verfahren in der komplexen Ebene[4] konvergieren wird, wenn man mit einem willkürlichen Anfangswert beginnt. Die Gleichung $z^3 - 1 = 0$ hat drei Lösungen: $\{1, e^{2\pi i/3}, e^{4\pi i/3}\}$. Das Newton-Verfahren ist für diese Gleichung durch die Iteration von

$$z_{n+1} = z_n - \frac{z_n^3 - 1}{3z_n^2} \tag{4.1}$$

gegeben. Die grundlegenden Eigenschaften des Verfahrens haben zur Folge, daß sich die drei Lösungen der kubischen Gleichung bei der Iteration wie die Magneten im Pendelversuch verhalten. Julia hat verstanden, daß die drei zugehörigen Attraktionsgebiete einen gemeinsamen Rand haben. Die Position jedes Randpunkts gleicht der Lage eines Punktes, an

[2] Neben seinen Arbeiten im Bereich der Astronomie am Pariser Observatorium war Pierre J. L. Fatou sehr produktiv in der Mathematik. Auf ihn gehen zahlreiche Ergebnisse zurück, insbesondere in der komplexen Analysis.

[3] Arthur Cayley, *The Newton-Fourier imaginary problem,* American Journal of Mathematics 2, 1879.

[4] Komplexe Zahlen werden im nächsten Abschnitt eingeführt.

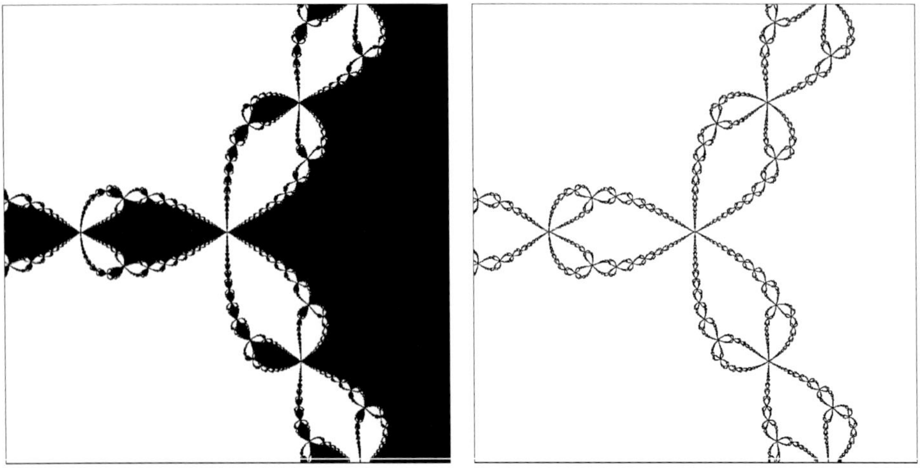

Abb. 4.4 : Die Abbildung zeigt die Attraktionsgebiete für das Newton-Verfahren, das auf die Gleichung $z^3 - 1 = 0$ angewendet wird. Links ist das Attraktionsgebiet für die Lösung $z = 1$ schwarz dargestellt, während rechts nur die Ränder der drei Attraktionsgebiete abgebildet sind. Dies ist ein Beispiel für eine Julia-Menge.

dem drei Länder aneinandergrenzen. Dies bedeutet, daß man in der Nähe von jedem Randpunkt Punkte aus allen drei Attraktionsgebieten finden kann.[5]

Eigentlich wurde für unser Pixelspiel in den Abbildungen 4.1 und 4.2 eine Variante des Newton-Verfahrens angewendet. Die Pixel entsprechen Quadraten in der komplexen Ebene, deren Mittelpunkte als Punkte z_n genommen werden, und die Koordinaten des Zielquadrats werden durch die komplexe Zahl z_{n+1} bestimmt, die bei der Iteration der Gleichung 4.1 entsteht.

Bevor man in der Lage ist, Julia-Mengen zu berechnen, muß man Sicherheit im Umgang mit komplexen Zahlen gewinnen. Auf den folgenden Seiten geben wir dem Leser eine kurze Einführung und machen ihn mit den ausgesuchten Eigenschaften komplexer Zahlen vertraut. Diejenigen Leser, die sich mit komplexen Zahlen bereits auskennen, können die nächsten Abschnitte überspringen.

[5] Einen neueren Sammelband mit Veröffentlichungen, in denen das Newton-Verfahren als dynamisches System behandelt wird, findet man in *Newton's Method and Dynamical Systems,* H.-O. Peitgen (Herausgeber), Kluver Academic Publishers, Dordrecht, 1989. Siehe auch H.-O. Peitgen, P. H. Richter, *The Beauty of Fractals,* Springer-Verlag, Heidelberg, 1986, Kapitel 6 und 7.

4.2 Komplexe Zahlen — eine kurze Einführung

Die komplexen Zahlen sind ein Zahlensystem, das die reellen Zahlen umfaßt, mit denen wir gewöhnt sind zu rechnen. Der historische Anlaß dafür, die reellen Zahlen zu erweitern, ergab sich aus dem Wunsch, auch solche algebraischen Gleichungen lösen zu können, die unter den herkömmlichen reellen Zahlen keine Lösung haben. Zum Beispiel ist die Lösung der Gleichung $x^2 + 1 = 0$ keine reelle Zahl, weil es im Bereich der reellen Zahlen nicht möglich ist, die Wurzel aus einer negativen Zahl zu ziehen. Aus diesem Grund wurde eine symbolische Lösung i eingeführt, die man die *imaginäre Einheit* nennt und die die gewünschte Eigenschaft

$$i^2 = -1$$

hat. Eine komplexe Zahl z hat zwei Komponenten, die *Realteil* und *Imaginärteil* genannt werden. Wir schreiben

$$z = x + yi,$$

wobei $Re(z) = x$ den Realteil und $Im(z) = y$ den Imaginärteil bezeichnet; dabei ist i ist die imaginäre Einheit.

Die Arithmetik komplexer Zahlen ist eine unmittelbare Erweiterung der Arithmetik reeller Zahlen. Wir addieren zwei Zahlen $z = x + yi$ und $w = u + vi$, indem Realteil und Imaginärteil separat miteinander addiert werden:

$$z + w = (x + yi) + (u + vi) = (x + u) + (y + v)i.$$

Die beiden Zahlen werden durch

$$\begin{aligned} z \cdot w &= (x + yi) \cdot (u + vi) = xu + xvi + yui + yvi^2 \\ &= (xu - yv) + (xv + yu)i \end{aligned}$$

miteinander multipliziert. Der Term yvi^2 trägt zum Realteil des Produktes bei, weil $i^2 = -1$ ist.

Einbettung der reellen Zahlen

Wir betrachten einen Spezialfall. Wir wählen nämlich die komplexen Zahlen z und w so, daß ihr Imaginärteil Null ist, d.h.

$$z = x + 0i = x \quad \text{und} \quad w = u + 0i = u.$$

Wenn man die Addition und Multiplikation von z und w nach den Rechenregeln für komplexe Zahlen durchführt, erhält man

$$\begin{aligned} z + w &= (x + u) + (0 + 0)i = x + u, \\ z \cdot w &= (xu - 0 \cdot 0) + (x \cdot 0 + u \cdot 0)i = xu. \end{aligned}$$

Man sieht also, daß die reellen Zahlen auch als komplexe Zahlen aufgefaßt werden können, nämlich als diejenigen komplexen Zahlen, deren Imaginärteil Null ist. Alle Rechenregeln für komplexe Zahlen

Eine komplexe Zahl

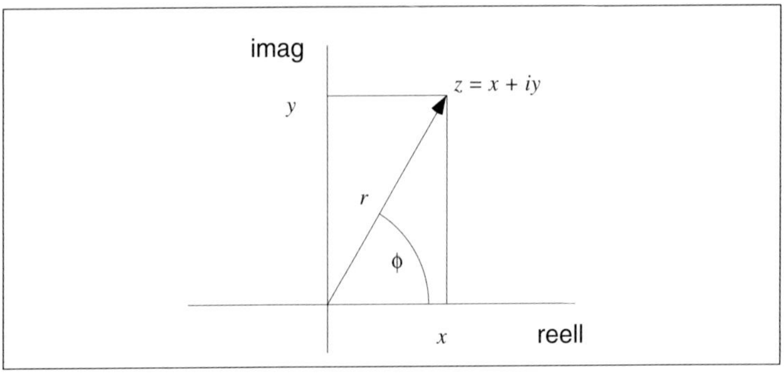

Abb. 4.5 : Die komplexe Zahl z entspricht einem Punkt in der Ebene mit den Koordinaten x und y. Die Länge des Vektors vom Ursprung zum Punkt z ist durch $r = |z| = \sqrt{x^2 + y^2}$ gegeben und wird Absolutbetrag oder Radius von z genannt. Der Winkel ϕ, den der Vektor gegen den Uhrzeigersinn mit der positiven reellen Achse einschließt, bezeichnet man als Argument arg z.

lassen sich auch für die reellen Zahlen anwenden, wenn man sie als komplexe Zahlen auffaßt, und die Ergebnisse, die man dabei erhält, stehen in Einklang mit den Ergebnissen, die sich bei der gewöhnlichen Addition und Multiplikation reeller Zahlen ergeben. Es gibt jedoch einen wesentlichen Unterschied zwischen reellen und komplexen Zahlen. Weil man zwischen positiven und negativen reellen Zahlen unterscheidet, gibt es die Möglichkeit auf den reellen Zahlen eine Ordnung einzuführen. Wenn zwei reelle Zahlen x und y gegeben sind, die nicht identisch sind, gilt entweder $x < y$ oder $y < x$. Für die komplexen Zahlen existiert eine solche Ordnung nicht.

Komplexe Zahlen als Punkte in der Ebene

Während die reellen Zahlen geometrisch als Punkte auf einer Geraden interpretiert werden können, ist es üblich, die komplexen Zahlen mit den Punkten in der Ebene zu identifizieren. Die Koordinaten einer komplexen Zahl sind ihr Realteil und Imaginärteil (siehe Abbildung 4.5). Wir können eine komplexe Zahl $z = x + yi$ also als Vektor

$$z = \begin{pmatrix} x \\ y \end{pmatrix} = \begin{pmatrix} \text{Realteil} \\ \text{Imaginärteil} \end{pmatrix}$$

schreiben, wobei x und y die *kartesischen Koordinaten* von z sind.

Polarkoordinaten

Die Länge des Vektors, der zu einer komplexen Zahl z gehört, wird *Absolutbetrag* oder *Radius* $r = |z|$ genannt. Für $z = x + yi$ ist er durch

$$r = |z| = \sqrt{x^2 + y^2}$$

gegeben. Der Winkel ϕ, den der Vektor gegen den Uhrzeigersinn mit der positiven reellen Achse einschließt, ist das sogenannte Argument

$$\phi = \arg z.$$

Komplexe Addition

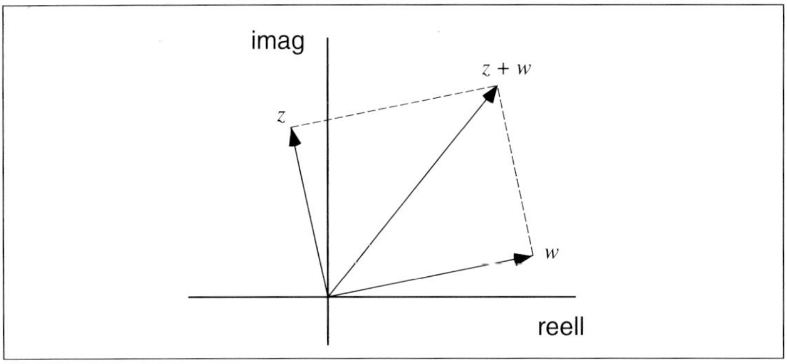

Abb. 4.6 : Die Addition zweier komplexer Zahlen ist identisch mit der Addition der beiden Vektoren, die vom Ursprung des Koordinatensystems zu den beiden Zahlen zeigen.

Komplexe Multiplikation

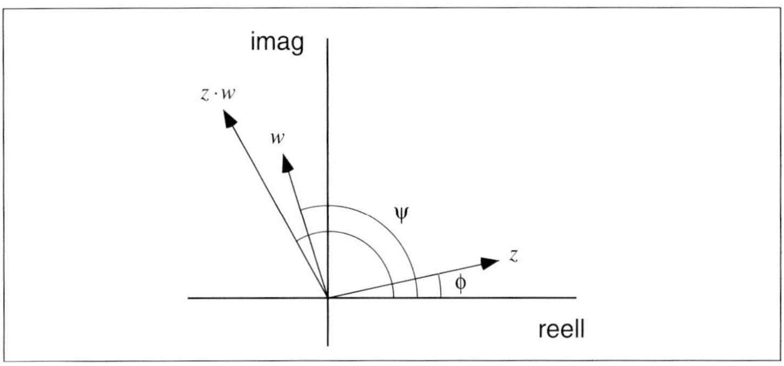

Abb. 4.7 : Die Multiplikation zweier komplexer Zahlen. Das Produkt ist derjenige Punkt, dessen Argument die Summe der Argumente beider Faktoren ist und dessen Absolutbetrag (oder Abstand vom Ursprung der Ebene) durch das Produkt der Absolutbeträge beider Faktoren gegeben ist.

Es gibt daher zwei Möglichkeiten, eine komplexe Zahl z anzugeben. Entweder verwendet man ihre kartesischen Koordinaten $x = \text{real}(z)$ und $y = \text{imag}(z)$ oder man verwendet ihre sogenannten *Polarkoordinaten*, d.h. den Radius $r = |z|$ und das Argument $\phi = \arg z$. Mit Hilfe der trigonometrischen Funktionen sinus und cosinus können wir schreiben

$$z = r(\cos\phi + i\sin\phi).$$

Die Umwandlung von Polarkoordinaten in kartesische Koordinaten ist daher durch

$$x = r\cos\phi$$
$$y = r\sin\phi$$

gegeben. Die Umwandlung von kartesischen Koordinaten in Polarkoordinaten ist jedoch ein wenig komplizierter.

Umwandlung in Polarkoordinaten

Ein Punkt in der xy-Ebene kann wie üblich durch seine x- und y-Koordinaten angegeben werden. Alternativ dazu hat man die *Polarkoordinaten*, die einen Punkt (x, y) (beziehungsweise eine komplexe Zahl $z = x + yi$) durch seinen Absolutbetrag $r = |z|$ und den Winkel ϕ zwischen der positiven x-Achse und dem Vektor charakterisieren, der vom Ursprung zum Punkt (x, y) zeigt. Der Winkel ist das sogenannte *Argument* von z. Es gilt die Gleichung

$$z = r(\cos\phi + i\sin\phi).$$

Es ist jedoch ratsam, vorsichtig zu sein, weil das Argument nicht eindeutig definiert ist. Wenn der Punkt z der Nullpunkt ist, können alle Winkel verwendet werden, und anderenfalls ist das Argument nur bis auf ganzzahlige Vielfache von 2π bestimmt. Die Argumente ϕ und $\phi + 2\pi$ beschreiben also dasselbe. Die Transformationsformeln für die Polarkoordinaten sind durch folgende Gleichungen gegeben:

$$r = \sqrt{x^2 + y^2}$$
$$\sin\phi = \frac{y}{r} \quad \text{und} \quad \cos\phi = \frac{x}{r}.$$

Die zweite Gleichung ist nicht explizit, sondern definiert das Argument ϕ in Abhängigkeit von $\sin\phi$ und $\cos\phi$. In der Praxis würden wir die Arcustangensfunktion auf y/x anwenden, um den Winkel zwischen $-\pi/2$ und $\pi/2$ zu berechnen (wobei wir davon ausgehen, daß $x \neq 0$ ist). Man muß dann noch entscheiden, ob das Argument dieser Winkel ist oder die Summe dieses Winkels mit π. Explizit ist der Algorithmus der folgende:

```
if (x > 0) then
   phi = arctan(y/x)
else if (x < 0) then
   phi = pi + arctan(y/x)
else if (y > 0) then
   phi = pi/2
else if (y < 0) then
   phi = -pi/2
else
   print "Argument nicht definiert: x = y = 0."
end if
```

Geometrie der Multiplikation

Wenn man Polarkoordinaten verwendet, gibt es eine elegante geometrische Interpretation für die Multiplikation zweier komplexer Zahlen. Wir betrachten die beiden komplexen Zahlen

$$z = r(\cos\phi + i\sin\phi)$$
$$w = s(\cos\psi + i\sin\psi)$$

und ihr Produkt zw. Die Polarkoordinaten des Produkts sind dann leicht zu finden. Der Radius des Produkts ist gleich dem Produkt der beiden Radien r und s, und das Argument des Produkts ist einfach die Summe $\phi + \psi$ der Argumente beider Faktoren. Daher ist

$$z \cdot w = rs(\cos(\phi + \psi) + i \sin(\phi + \psi)). \tag{4.2}$$

Das Multiplizieren zweier komplexer Zahlen ist also gleichbedeutend mit dem Addieren der zugehörigen Winkel und dem Multiplizieren der beiden Radien (siehe Abbildung 4.7).

Herleitung

Es bleibt zu zeigen, daß die geometrische Interpretation mit der ursprünglichen Definition des Produkts zweier komplexer Zahlen übereinstimmt. Es sei

$$\begin{aligned} z &= x + yi = r(\cos\phi + i\sin\phi) \\ w &= u + vi = s(\cos\psi + i\sin\psi). \end{aligned}$$

Mit benutzen die folgenden trigonometrischen Identitäten:

$$\begin{aligned} \cos(\phi + \psi) &= \cos\phi\cos\psi - \sin\phi\sin\psi \\ \sin(\phi + \psi) &= \sin\phi\cos\psi + \sin\psi\cos\phi. \end{aligned}$$

Wir kommen zu Gleichung (4.2), indem wir berechnen

$$\begin{aligned} zw &= (xu - yv) + (xv + uy)i \\ &= r\cos\phi \cdot s\cos\psi - r\sin\phi \cdot s\sin\psi \\ &\quad + (r\cos\phi \cdot s\sin\psi + s\cos\psi \cdot r\sin\phi)i \\ &= rs(\cos\phi\cos\psi - \sin\phi\sin\psi) \\ &\quad + rs(\sin\phi\cos\psi + \sin\psi\cos\phi)i \\ &= rs(\cos(\phi + \psi) + \sin(\phi + \psi))i. \end{aligned}$$

Die Eulersche Schreibweise

In enger Beziehung zur Darstellung in Polarkoordinaten steht die Eulersche Schreibweise für komplexe Zahlen. In dieser Notation wird eine komplexe Zahl mit Radius 1 und Argument ϕ als

$$e^{i\phi} = \cos\phi + i\sin\phi$$

geschrieben. Die Darstellung einer komplexen Zahl in ihren Polarkoordinaten mit Radius r und Argument ϕ läßt sich durch $re^{i\phi}$ bequem angeben. Mit dieser Definition übertragen sich die Regeln für die Exponentialfunktion mit reellen Exponenten auf die Exponentialfunktion mit komplexen Exponenten. Es gilt zum Beispiel

$$\begin{aligned} e^{a+bi} &= e^a(\cos b + i\sin b) \\ re^{i\phi} \cdot se^{i\psi} &= rs\ e^{(\phi+\psi)i}. \end{aligned}$$

Es ist bemerkenswert, daß wir mit komplexen Zahlen beinahe auf die gleiche Weise rechnen können wie mit reellen Zahlen, mit denen wir vertraut sind. Zum Beispiel gelten die allgemeinen Gesetze wie das Kommutativgesetz, das Assoziativgesetz und das Distributivgesetz.

Komplexe Konjugation

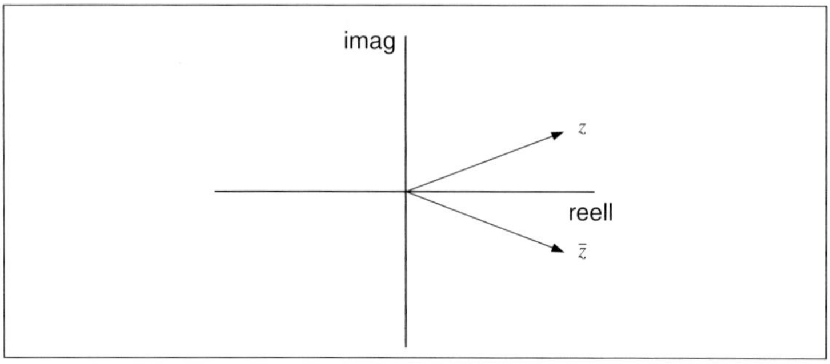

Abb. 4.8 : Für eine komplexe Zahl $z = x + yi$ ist die komplexe Konjugierte die Zahl $\bar{z} = x - yi$, und das Produkt dieser beiden Zahlen ist $z \cdot \bar{z} = x^2 + y^2 = |z|^2$, das Quadrat des Absolutbetrags von z.

Subtraktion und Division

Wir geben schließlich noch die Regeln für die Subtraktion und die Division komplexer Zahlen an. Die Regel für die Subtraktion entspricht der Additionsregel

$$z - w = (x - u) + (y - v)i,$$

während die Division ein wenig komplizierter ist. Die Division ist natürlich die Umkehrung der Multiplikation. Geometrisch entspricht die Division durch eine komplexe Zahl mit Radius $r > 0$ und Argument ϕ einer Skalierung um den inversen Faktor $1/r$ und einer Drehung (im Uhrzeigersinn) um den Winkel ϕ. In Polarkoordinaten läßt sich dies folgendermaßen ausdrücken:

$$\begin{aligned} \frac{z}{w} &= \frac{r(\cos\phi + i\sin\phi)}{s(\cos\psi + i\sin\psi)} \\ &= \frac{r}{s}\left(\cos(\phi - \psi) + i\sin(\phi - \psi)\right). \end{aligned}$$

Um die Gleichung für die Division auch für die kartesischen Koordinaten herzuleiten, ist es hilfreich die sogenannte *komplex konjugierte* Zahl $\bar{z}$ einzuführen. Wenn $z = x + yi$ ist, dann ist $\bar{z} = x - yi$. In der komplexen Zahlenebene ist $\bar{z}$ daher das Spiegelbild des Punktes z, wenn an der x-Achse gespiegelt wird (siehe Abbildung 4.8). Es ist genau dann $z = \bar{z}$, wenn z eine reelle Zahl ist. Außerdem gilt

$$z \cdot \bar{z} = x^2 + y^2 = |z|^2.$$

Nun berechnen wir für $w \neq 0$

$$\frac{z}{w} = \frac{z\bar{w}}{w\bar{w}} = \frac{z\bar{w}}{|w|^2} = \frac{xu + yv}{u^2 + v^2} + \frac{-xv + uy}{u^2 + v^2}i.$$

Eine Division ist daher rechnerisch aufwendiger als eine Multiplikation.

Über den Aufwand der Division

Im Schema für die komplexe Division, das wir soeben hergeleitet haben, werden insgesamt acht Multiplikations- und Divisionsschritte durchgeführt. Es ist möglich diese Zahl wie folgt auf sechs Schritte zu reduzieren. Zuerst berechnen wir

$$q = \frac{v}{u}$$

und multiplizieren Zähler und Nenner mit $1 - qi$ und erhalten dabei

$$\frac{z}{w} = \frac{x + yq}{u + vq} + \frac{y - xq}{u + vq}i.$$

Dieser Vorgang ist numerisch stabil für $|u| \geq |v|$. Anderenfalls, für $|u| < |v|$, kommt man zum Ziel, wenn man Zähler und Nenner mit $u/v - i$ multipliziert. Es ist bewiesen, daß man die Anzahl der Multiplikationen und Divisionen im Divisionsprozeß zweier komplexer Zahlen nicht noch weiter reduzieren kann. Ob diese Verbesserung einen praktischen Nutzen hat, hängt sehr stark von der Hardware des Computers ab, mit dem wir rechnen, und von der gewünschten Genauigkeit. Additionen haben wir bisher nicht gezählt, obwohl sie auf manchen Rechnern ebenso zeitaufwendig sind wie Multiplikationen.

Der unendlich ferne Punkt

Die Mathematiker betrachten die komplexe Zahlenebene gerne als Sphäre, als die sogenannte *Riemannsche Zahlenkugel*. Dies ist gerechtfertigt, wenn man die punktierte Sphäre mit der Ebene identifiziert, ähnlich wie man eine Karte der Erde herstellt (siehe Abbildung 4.9). Bei dieser Identifizierung entspricht jedem Punkt in der Ebene

Stereografische Projektion

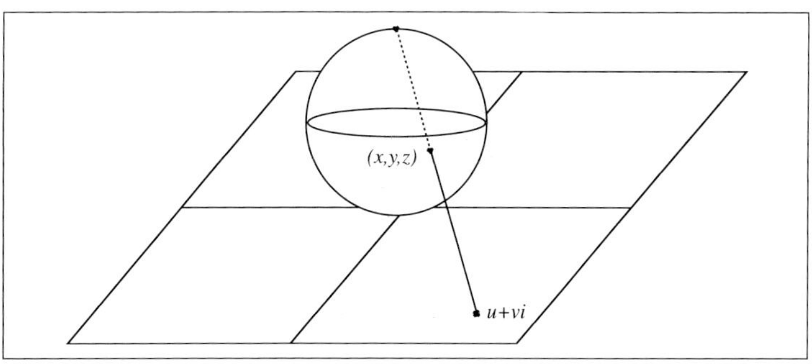

Abb. 4.9 : Die stereografische Projektion ist ein Verfahren, mit dem man eine ebene Karte der Sphäre erhalten kann. Wir haben hier eine Sphäre mit dem Radius 1 genommen, deren Südpol auf dem Ursprung der komplexen Zahlenebene aufliegt. Für jeden Punkt (x, y, z) auf der Sphäre (mit Ausnahme des Nordpols) gibt es einen zugehörigen Projektionspunkt $u + vi$ in der Ebene. Um diesen Punkt zu finden, betrachtet man eine Gerade, die durch den Nordpol der Späre und durch den Punkt (x, y, z) läuft. An der Stelle, an der die Gerade dir komplexe Ebene durchstößt, befindet sich der Projektionspunkt $u + vi$ von (x, y, z).

ein eindeutig bestimmter Punkt auf der Sphäre, und jedem Punkt auf der Sphäre, mit Ausnahme des Nordpols, entspricht ein eindeutig bestimmter Punkt in der Ebene. Wir machen folgende Beobachtung: Je weiter ein Punkt in der Ebene vom Ursprung entfernt liegt, desto näher befindet sich der zugehörige Punkt auf der Sphäre am Nordpol. In diesem Sinn bezeichnen die Mathematiker den Nordpol auf der Sphäre als *unendlich fernen Punkt*.

Die stereografische Projektion

Es gibt eine Transformation, durch die die komplexe Zahl $u + vi$ definiert wird, die einem Punkt (x, y, z) auf der Sphäre entspricht. Um präzise zu sein, wählen wir eine Sphäre mit dem Radius 1 und legen den Südpol der Sphäre am Ursprung der komplexen Zahlenebene. Die z-Achse zeigt durch die Pole hindurch nach oben. Unter diesen Voraussetzungen ist die Transformation durch die Gleichung

$$P(x, y, z) = \frac{2}{2-z}(x + yi)$$

gegeben. Daher ist

$$u = \frac{2}{2-z}x \quad \text{und} \quad v = \frac{2}{2-z}y.$$

Wenn der Punkt $u+vi$ in der Ebene gegeben ist und man den zugehörigen Punkt (x, y, z) auf der Sphäre bestimmen will, benötigt man die Umkehrabbildung dieser Transformation. Die zugehörige Gleichung ist

$$P^{-1}(u + iv) = \frac{1}{u^2 + v^2 + 4}(4v, 4u, 2u^2 + 2v^2).$$

Als Beispiel betrachten wir die komplexe Zahl $u + vi = \sqrt{2}(1 - i)$. Die letzte Gleichung für die Umkehrabbildung gibt den zugehörigen Punkt auf der Sphäre an:

$$x = \frac{\sqrt{2}}{2}, \quad y = -\frac{\sqrt{2}}{2}, \quad z = 1.$$

Dieser Punkt liegt auf dem Äquator. Wenn man die Transformation P auf diesen Punkt anwendet, erhält man natürlich wieder die ursprüngliche komplexe Zahl $\sqrt{2}(1 - i)$, von der wir ausgegangen sind.

Die z-Komponente der Umkehrabbildung P^{-1} ist durch

$$z = \frac{2(u^2 + v^2)}{u^2 + v^2 + 4}$$

gegeben. Wenn sich der Punkt $u + vi$ ins Unendliche bewegt, d.h., wenn $u^2 + v^2$ über alle Grenzen anwächst, dann nähert sich die z-Komponente der Zahl 2:

$$\lim_{u^2+v^2\to\infty} \frac{2(u^2 + v^2)}{u^2 + v^2 + 4} = 2.$$

Der Punkt auf der Sphäre gleitet daher in den Nordpol, der aus diesem Grund auch unendlich ferner Punkt genannt wird.

4.3 Komplexe Wurzeln und quadratische Gleichungen

Komplexe Quadratwurzeln

Mit der Interpretation der komplexen Multiplikation, die wir im vorhergehenden Abschnitt gegeben haben, ergibt sich auch eine geometrische Erklärung dafür, wie man die Quadratwurzel einer komplexen Zahl $z = r(\cos\phi + i\sin\phi)$ zu berechnen hat. Wir müssen das Argument durch 2 teilen und die Wurzel des Absolutbetrags nehmen:

$$\sqrt{z} = \sqrt{r}\left(\cos\frac{\phi}{2} + i\sin\frac{\phi}{2}\right).$$

Außer für $z = 0$ gibt es immer zwei Wurzeln, nämlich $\sqrt{z}$ wie in der Gleichung und $-\sqrt{z}$,

$$\begin{aligned} -\sqrt{z} &= -\sqrt{r}\left(\cos\frac{\phi}{2} + i\sin\frac{\phi}{2}\right) \\ &= \sqrt{r}\left(\cos\left(\frac{\phi}{2} + \pi\right) + i\sin\left(\frac{\phi}{2} + \pi\right)\right). \end{aligned}$$

Bei den meisten Anwendungen, die für Julia-Mengen von Bedeutung sind, werden wir jedoch an Stelle der Polarkoordinaten eher kartesische Koordinaten (x, y) verwenden. Es ist möglich, zunächst einen Koordinatenwechsel durchzuführen, um die Polarkoordinaten zu bekommen, dann die Wurzel zu berechnen und schließlich einen weiteren Koordinatenwechsel durchzuführen, um wieder zu kartesischen Koordinaten überzugehen. Diese Verfahrensweise ist ziemlich mühselig, und wir werden deshalb einen effizienteren Algorithmus herleiten, um die komplexe Wurzel zu ziehen. Es sei

$$w = u + vi$$

die komplexe Zahl, deren Wurzel

$$z = \sqrt{w} = x + yi$$

wir bestimmen wollen. Wir haben

$$z^2 = (x^2 - y^2) + (2xy)i,$$

und damit $z^2 = w$ gilt, müssen die beiden Gleichungen

$$\begin{aligned} u &= x^2 - y^2 \\ v &= 2xy \end{aligned}$$

erfüllt sein. Wir lösen dieses Gleichungssystem nun für x und y. Wenn man die zweite Gleichung nach y auflöst, ergibt sich

$$y = \frac{v}{2x}$$

und wenn man dieses Ergebnis in der ersten Gleichung einsetzt, erhält man

$$u = x^2 - \frac{v^2}{4x^2}.$$

Wenn man die Terme dieser Gleichung voneinander trennt, kommt man zu einer biquadratischen Gleichung für x,

$$x^4 - ux^2 - \frac{v^2}{4} = 0.$$

Diese Gleichung lösen wir nun mit der Standardformel für quadratische Gleichungen nach x^2 auf. Es gibt einen Spezialfall, nämlich $v = 0$, den wir etwas später behandeln werden. Zunächst wollen wir also davon ausgehen, daß v nicht Null ist. Wir erhalten dann

$$x^2 = \frac{u + \sqrt{u^2 + v^2}}{2}.$$

Es läßt sich erkennen, daß die rechte Seite immer positiv ist, weil die Wurzel von $u^2 + v^2$ immer größer als $|u|$ ist. Wir verwenden hier nur das Pluszeichen vor der Wurzel, weil wir mit dem Minuszeichen auf der rechten Seite zu einem negativen Ergebnis kommen würden, so daß die Lösung für x nicht reell wäre. Wir ziehen noch einmal die Wurzel, setzen das Resultat in die Gleichung für y ein und erhalten so das endgültige Ergebnis

$$x = \pm\frac{\sqrt{2}}{2}\sqrt{u + \sqrt{u^2 + v^2}},$$
$$y = \frac{v}{2x}.$$

Man sollte beachten, daß dadurch zwei symmetrische Lösungen angegeben werden, ein Paar (x, y) für jedes Vorzeichen im ersten Ausdruck.

Der Spezialfall $v = 0$ ist natürlich sehr einfach. In diesem Fall müssen wir nur die Wurzel aus einer (nicht unbedingt positiven) reellen Zahl ziehen. Wenn $u \geq 0$ ist, haben wir

$$x = \sqrt{u},$$
$$y = 0,$$

während wir für $u < 0$

$$x = 0,$$
$$y = \sqrt{-u}$$

erhalten.

Fehler bei der Berechnung

Die Formeln, die wir hergeleitet haben, sind zwar mathematisch korrekt, können aber erhebliche Einschränkungen aufweisen, wenn sie auf dem Computer implementiert werden. Angenommen, v ist im Vergleich mit dem negativen Wert von u sehr klein, zum Beispiel $u = -10^6$ und $v = 10^{-6}$. Dann ist $u^2 + v^2 = 10^{12} + 10^{-12}$, und obwohl u^2 und v^2 mit dem Computer exakt berechnet werden können, kann ihre Summe nicht korrekt als einfach-genaue oder gar als doppelt-genaue Gleitkommazahl mit 32 Bits bzw. 64 Bits Genauigkeit dargestellt werden. Wenn man nämlich die Zahl $10^{12} + 10^{-12}$ darstellen möchte, benötigt man 24 signifikante Dezimalziffern. Die Maschine rundet deshalb und kommt zu dem Ergebnis $u^2 + v^2 = 10^{12}$. Als Folge davon erhält man für

$$x = \frac{\sqrt{2}}{2}\sqrt{-10^6 + \sqrt{10^{12} + 10^{-12}}}$$

als Ergebnis 0. Das ist aber falsch, da

$$\sqrt{10^{12} + 10^{-12}} \approx 10^6 + 0.5 \cdot 10^{-18}$$

und somit

$$x \approx \sqrt{\frac{10^{-18}}{4}} = 0.5 \cdot 10^{-9}.$$

Der relative Fehler des Wertes, den wir für x berechnet haben, beträgt daher 100 Prozent. Dies mag nicht so schlimm klingen, da der absolute Fehler in der Tat sehr klein ist. Aber das Schlimmste steht noch bevor. Bei der Auswertung von $y = v/(2x)$ tritt eine Division durch Null auf — ein Fehler, der das Programm für gewöhnlich sehr unerwartet trifft. Das Problem, auf das wir hier gestoßen sind, ist eine Folge dessen, was die numerischen Analytiker als *Verlust der Signifikanz* oder *Ausfall der signifikanten Ziffern* bezeichnen.

In unserem Fall gibt es glücklicherweise ein Mittel gegen dieses Problem. Die Lösung des Wurzelproblems $u = x^2 - y^2$, $v = 2xy$ kann auch als

$$y = \pm\frac{\sqrt{2}}{2}\sqrt{-u + \sqrt{u^2 + v^2}},$$
$$x = \frac{v}{2y}$$

geschrieben werden. Dieses Ergebnis läßt sich auf ähnliche Weise herleiten wie unsere erste Lösung, und wir werden auf die Einzelheiten nicht näher eingehen. Wir nehmen wieder an, daß $|v|$ im Vergleich zu u klein ist. Die zweite Lösung zeigt ebenfalls einen Verlust der Signifikanz, nämlich wenn $u > 0$ ist, während es im vorherigen Fall einen Verlust der Signifikanz für $u < 0$ gab. Wir können den Verlust der Signifikanz daher erfolgreich umgehen, wenn wir uns entweder für die eine oder für die andere Methode entscheiden, je nachdem, ob das Vorzeichen von u positiv oder negativ ist. Man kann überprüfen, daß wir für unser spezielles Beispiel $u = -10^6$, $v = 10^{-6}$ tatsächlich $y = 10^3$ und $x = 0.5 \cdot 10^{-9}$ erhalten.

Der vollständige Algorithmus

Im folgenden technischen Abschnitt ist ein vollständiger Algorithmus für das Ziehen komplexer Wurzeln umrissen, der auch die Spezialfälle $u = 0$ und $v = 0$ in Betracht zieht. Es wird hier nur eine Wurzel berechnet, nämlich diejenige, deren Realteil positiv ist (wenn der Realteil nicht Null ist). Die andere Wurzel ist bis auf die Vorzeichen von x und y identisch. Der Algorithmus arbeitet sehr schnell. Im wesentlichen werden hierbei nur zwei reelle Wurzeln für eine komplexe Wurzel ersetzt, und dabei wird ein Verlust der Signifikanz vermieden.

Algorithmus zur Berechnung der Wurzel von $u + vi$

Durch den folgenden Algorithmus kann die komplexe Wurzel mit nichtnegativem Realteil berechnet werden.

```
if (u > 0) then
   x = sqrt((u + sqrt(u*u + v*v))/2)
   y = v / (2*x)
else if (u < 0) then
   y = sign(v) * sqrt((-u + sqrt(u*u + v*v))/2)
   x = v / (2*y)
else
   x = sqrt(abs(v)/2)
   if (x > 0) then
      y = v / (2*x)
   else
      y = 0
   end if
end if
```

Die Funktionen `sqrt`, `sign` und `abs` sind die positive reelle Quadratwurzel, das Vorzeichen und der Absolutbetrag für reelle Zahlen. Das Vorzeichen von v ist $+1$, wenn $v \geq 0$ und ansonsten -1. Durch den Faktor `sign(v)` wird sichergestellt, daß die Wurzel, die berechnet wird, einen nichtnegativen Realteil hat.

Das Lösen komplexer quadratischer Gleichungen

Mit diesem Hilfsmittel zur Berechnung komplexer Quadratwurzeln können wir jede quadratische Gleichung mit der gleichen Formel wie für reelle Zahlen lösen. Wenn die Gleichung

$$az^2 + bz + c = 0$$

mit komplexen Koeffizienten gelöst werden soll, können wir die Lösungen als

$$z_{1,2} = \frac{-b \pm \sqrt{b^2 - 4ac}}{2a}$$

schreiben. Ähnlich wie im Fall einer komplexen Wurzel kann ein Verlust der Signifikanz eintreten, wenn $|4ac|$ im Vergleich zu $|b^2|$ groß ist.

Wie wir gezeigt haben, haben polynomiale Gleichungen zweiten Grades zwei komplexe Wurzeln. Allgemein hat jedes Polynom vom Grad $n \geq 1$ genau n komplexe Nullstellen, wobei die Nullstellen mit ihren Vielfachheiten gezählt werden müssen. Zum Beispiel wird in der quadratischen Gleichung $b^2 = 4ac$ die Wurzel $z_1 = z_2$ als Doppelwurzel gezählt.

Wir stellen noch ein weiteres Beispiel dar, auf das wir in einem anderen Abschnitt wieder zurückkommen werden. Wir wollen die Gleichung

$$z^2 - z + c = 0$$

bis zu einer Genauigkeit von drei Dezimalstellen lösen, wobei $c = -1/2 + (1/2)\,i$. Mit der Standardformel erhält man (wenn man $a = 1$ und $b = -1$ setzt)

$$z_{1,2} = \frac{1 \pm \sqrt{1 - 4c}}{2} = \frac{1 \pm \sqrt{3 - 2i}}{2}.$$

Jetzt kann der Algorithmus zur Berechnung der Quadratwurzel von $3 - 2i$ angewendet werden (dabei haben wir $u = 3$ und $v = -2$). Daher ergibt sich

$$x = \sqrt{\frac{u + \sqrt{u^2 + v^2}}{2}} = \sqrt{\frac{3 + \sqrt{13}}{2}} \approx 1.817$$

$$y = \frac{v}{2x} \approx \frac{-2}{2 \cdot 1.817} \approx -0.550$$

und somit

$$\sqrt{3 - 2i} \approx \pm(1.817 - 0.550i).$$

Wenn man dieses Ergebnis in den Ausdruck für z_1 und z_2 einsetzt, erhält man

$$z_{1,2} \approx \frac{1 \pm (1.817 - 0.550i)}{2},$$

also

$$z_1 \approx 1.408 - 0.275i,$$
$$z_2 \approx -0.408 + 0.275i.$$

4.4 Gefangene und Fliehende

Wir sind jetzt gut genug vorbereitet, um zum eigentlichen Inhalt dieses Kapitels zu kommen: zu den Julia-Mengen. Das einfachste Beispiel für einen nichtlinearen Iterationsprozeß im Bereich der komplexen Zahlen ist durch die Transformation

$$z \to z^2$$

gegeben. Geometrisch bedeutet das Quadrieren einer komplexen Zahl, daß die Länge von z auf die gewohnte Weise quadriert wird, und der Winkel $\arg z$ von z verdoppelt wird (mod 2π). In der folgenden Tabelle sind drei Beispiele angegeben. Wir nehmen einen Anfangswert innerhalb des Einheitskreises, d.h. eine komplexe Zahl, deren Betrag kleiner ist als 1, und einen weiteren Anfangswert, der auf dem Einheitskreis liegt, und schließlich einen dritten Anfangswert, der sich außerhalb des Einheitskreises befindet.[6] Das Quadrieren von z ergibt z^2, und erneutes Quadrieren ergibt z^4 und so weiter. Die Resultate kann man der Tabelle entnehmen.

Die Dynamik von $z \to z^2$

	Länge	Winkel	Länge	Winkel	Länge	Winkel
z	0.8	10°	1.0	10°	1.5	50°
z^2	0.64	20°	1.0	20°	2.25	100°
z^4	0.4096	40°	1.0	40°	5.06	200°
z^8	0.1678	80°	1.0	80°	25.63	40°
z^{16}	0.0281	160°	1.0	160°	656.90	80°
z^{32}	0.0008	320°	1.0	320°	431439.89	160°

Tab. 4.10 : Die Iteration von drei Anfangswerten bei einfachem Quadrieren, $z \to z^2$.

In Tabelle 4.10 ist das dynamische Verhalten bei drei unterschiedlichen Anfangswerten verzeichnet. In allen drei Fällen können wir beobachten, daß die Folge der Iterierten um den Ursprung kreist. Der Anfangswert aus dem Inneren des Einheitskreises erzeugt eine Folge von Punkten, die gegen den Ursprung strebt. Die Bahn des Anfangswerts, der genau auf dem Einheitskreis liegt, bleibt für alle Zeiten auf dem Einheitskreis. Bei der Iteration des Anfangswerts, der außerhalb des Einheitskreises gewählt wurde, entstehen Zahlen, deren Beträge von Iterationsschritt zu Iterationsschritt weiter anwachsen (siehe auch Abbildung 4.11). Wenn ein Anfangswert zum Beispiel den Absolutbetrag 10 hat, dann ist der Betrag der ersten

[6] Der Einheitskreis ist die Menge derjenigen Punkte in der komplexen Ebene, die den Abstand 1 vom Ursprung haben, d.h. $\{x + yi \mid x^2 + y^2 = 1\}$.

Die Iteration von $z \to z^2$

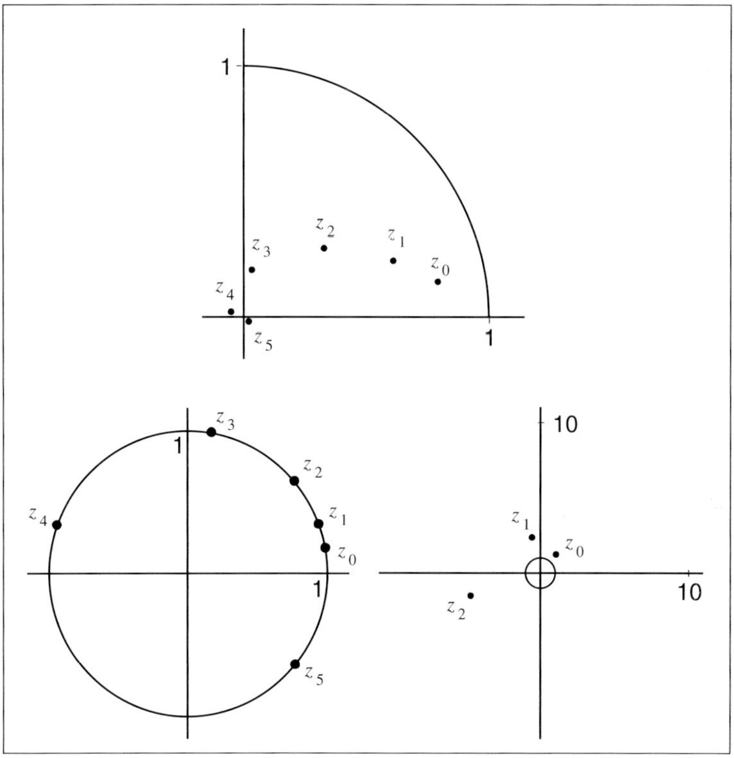

Abb. 4.11 : Es werden die drei Anfangswerte aus Tabelle 4.10 iteriert.

Iterierten $100 = 10^2$, der Betrag der zweiten Iterierten $10\,000 = 10^4$, der Betrag der dritten $100\,000\,000 = 10^8$, der Betrag der vierten $10\,000\,000\,000\,000\,000 = 10^{16}$, der Betrag der fünften Iterierten $100\,000\,000\,000\,000\,000\,000\,000\,000\,000\,000 = 10^{32}$ und so weiter. In nur wenigen Iterationsschritten wächst der Absolutbetrag der Iterierten ins Unermeßliche.

Gefangenenmenge und Fluchtmenge

Wir stoßen dabei auf eine wichtige dynamische Dichotomie: die Anfangswerte aus der komplexen Zahlenebene sind in zwei Mengen unterteilt. Die erste Menge enthält alle Punkte, die bei der Iteration ins Unendliche fliehen. Deshalb nennen wir sie die *Fluchtmenge* F. Die Iteration der anderen Anfangswerte bleibt für alle Zeiten innerhalb eines beschränkten Gebiets, und die Menge, die diese Punkte enthält, wird infolge dessen *Gefangenenmenge* G genannt. Man kann feststellen, daß es sich bei G um die Kreisscheibe mit dem Radius 1 um den Nullpunkt handelt und daß F das Äußere dieser Kreisscheibe ist.[7] Der Rand zwischen F und G ist der Einheitskreis. In diesem Zusammenhang wird er auch die *Julia-Menge* der Iteration von $z \to z^2$ genannt.

Für Anfangswerte in der Julia-Menge, d.h. für Punkte mit der Eigenschaft $|z| = 1$, entstehen bei der Iteration nur Punkte, die wieder auf dem Einheitskreis liegen. Mit anderen Worten ist die Julia-Menge *invariant* unter der Iteration.

Zwei Attraktionsgebiete

Es ist bemerkenswert, daß das Innere von P als Attraktionsgebiet interpretiert werden kann. Der Attraktor ist der Nullpunkt. Wenn wir unsere Aufmerksamkeit auf Anfangswerte z_0 aus den reellen Zahlen einschränken, kann dieses Verhalten mit Hilfe von grafischer Iteration veranschaulicht werden (siehe Abbildung 4.12).

Grafische Iteration für $z \to z^2$

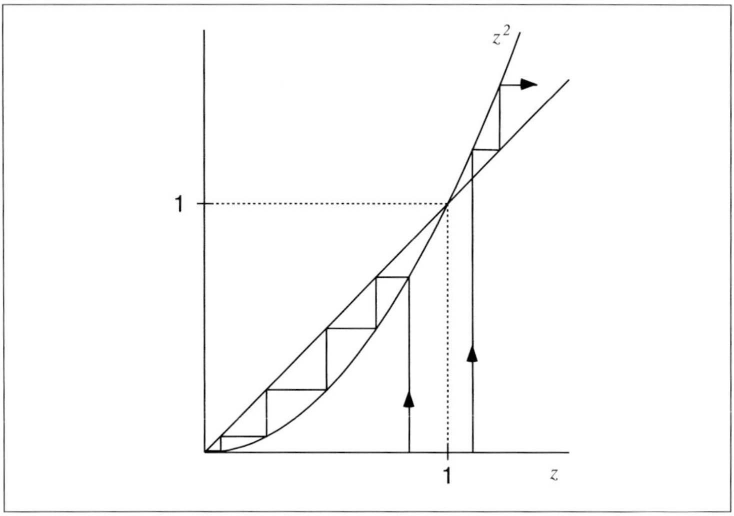

Abb. 4.12 : Anfangswerte z_0 mit $|z_0| < 1$ konvergieren mit großer Geschwindigkeit zum Ursprung, während Punkte mit $|z_0| > 1$ ins Unendliche streben.

Fixpunkte und Attraktionsgebiete

Es sollte darauf hingewiesen werden, daß die Iteration zwei Fixpunkte hat, nämlich 0 und 1. Der Fixpunkt 0 ist jedoch anziehend und 1 ist abstoßend, d.h., wenn wir mit der Iteration in der Nähe von 1 anfangen, zum Beispiel mit $z_0 = 1 + \varepsilon$, dann ist z_1 etwa doppelt so weit von 1 entfernt wie z_0, $z_1 = (1 + \varepsilon)^2 \approx 1 + 2\varepsilon$. Wenn wir die Iteration von z^2 auf der Sphäre betrachten, so wie es im vorhergehenden Abschnitt erklärt wurde, ist der Nordpol Attraktor für

[7] Man vergleiche mit dem Abschnitt über die Cantor-Menge als Gefangenenmenge in Kapitel 2 von *Bausteine des Chaos — Fraktale*.

die Dynamik von $z \to z^2$. Entsprechend kann die Fluchtmenge F als Attraktionsgebiet interpretiert werden, als Attraktionsgebiet des unendlich fernen Punkts. Die Dichotomie der Dynamik besteht also darin, daß wir Bahnen $z_0, z_1, z_2, \ldots$ haben, die ins Unendliche fliehen, und andere Bahnen, die in einem beschränkten Bereich bleiben.

Vom Standpunkt der Riemannschen Zahlenkugel gibt es zwei Attraktoren, den Ursprung 0 und den unendlich fernen Punkt, und ihre Attraktionsgebiete sind die offene Kreisscheibe, beziehungsweise alles, was außerhalb vom Einheitskreis liegt. Indessen wandern die Randpunkte, die auf dem Einheitkreis liegen, für alle Zeiten auf dem Kreis umher. Der Rand, den die beiden Attraktionsgebiete gemeinsam haben, ist die Julia-Menge. In diesem einfachen Beispiel ist die Julia-Menge ein Kreis und somit ein Objekt der klassischen euklidischen Geometrie. Dieser Fall ist jedoch ziemlich außergewöhnlich, weil die Julia-Menge kein Fraktal wie die meisten anderen Julia-Mengen ist. Abgesehen von dieser Eigenschaft zeigt der Kreis aber alle typischen Kennzeichen der Julia-Mengen: Er ist der Rand zwischen den Attraktionsgebieten und die Dynamik darauf ist chaotisch. Die Dynamik von $z \to z^2$ auf dem Einheitskreis ist durch die Winkelverdopplung $\Phi \to 2\Phi(\text{mod}2\pi)$ beschrieben, und diese Abbildung wurde in Kapitel 1 als Musterbeispiel für Chaos besprochen.

Julia-Mengen für die quadratische Familie $f_c(z) = z^2 + c$

Der Spezialfall $z \to z^2$ ist das Eingangstor zu einem erstaunlich vielfältigen Zoo mit wunderschönen fraktalen Julia-Mengen. Eine Abteilung in diesem Zoo der Julia-Mengen wird von der Iteration von $f_c(z) = z^2 + c$ bestritten, wobei c ein komplexer Parameter ist. Die Julia-Menge von $z \to z^2$ steht im Mittelpunkt dieser Klasse; der Parameter c hat hier den Wert 0. So wie der Einheitskreis der Rand der Fluchtmenge für $f_0(z) = z^2$ ist, sind andere Julia-Mengen die Ränder der Fluchtmenge von $z \to z^2 + c$, wobei der Parameter c im Bereich der komplexen Zahlen variiert werden kann. Dies kann als Definition der Julia-Mengen angesehen werden. Um diese anderen Julia-Mengen sehen zu können, brauchen wir einen besonderen Hinweis, wie wir sie betrachten müssen. Wir wollen uns daher mit den Hilfsmitteln hierfür beschäftigen. In Wirklichkeit handelt es sich nur um eine Visualisierung der Fluchtmenge F für eine beliebige Wahl von c, denn was dann übrig bleibt, ist die Gefangenenmenge G, und der gemeinsame Rand zwischen F und G ist die Julia-Menge.

Die Definition

Wir beschäftigen uns zuerst mit einigen weiteren, genaueren Definitionen. Die Fluchtmenge für den Parameter c ist

$$F_c = \{z_0 \ : \ |z_n| \to \infty \text{ wenn } n \to \infty\}.$$

In dieser Definition ist die Bahn $z_0, z_1, z_2, \ldots$ des Anfangspunktes z_0 natürlich durch

$$z_{n+1} = z_n^2 + c, \ n = 0, 1, 2, \ldots$$

Drei fliehende Punkte

	Bahn 1		Bahn 2		Bahn 3	
	x	y	x	y	x	y
z_0	1.00	0.00	0.50	0.25	0.00	0.88
z_1	0.50	0.50	-0.31	0.75	-1.27	0.50
z_2	-0.50	1.00	-0.96	0.03	0.87	-0.77
z_3	-1.25	-0.50	0.43	0.44	-0.34	-0.85
z_4	0.81	1.75	-0.51	0.88	-1.12	1.07
z_5	-2.90	3.34	-1.01	-0.39	-0.41	-1.90
z_6	-3.26	-18.91	0.37	1.30	-3.93	2.04
z_7	-347.46	123.68	-2.04	1.46	10.79	-15.52
z_8			1.53	-5.46	-124.77	-334.49
z_9			-28.01	-16.27		

Tab. 4.13 : Die Iteration von drei Anfangspunkten für $z \to z^2 + c$, $c = -0.5 + 0.5i$. Alle drei Bahnen fliehen ins Unendliche.

Drei gefangene Punkte

	Bahn 1		Bahn 2		Bahn 3	
	x	y	x	y	x	y
z_0	0.000	0.000	0.500	-0.250	-0.250	0.500
z_1	-0.500	0.500	-0.313	0.250	-0.688	0.250
z_2	-0.500	0.000	-0.465	0.344	-0.090	0.156
z_3	-0.250	0.500	-0.402	0.180	-0.516	0.472
z_4	-0.688	0.250	-0.371	0.355	-0.456	0.013
z_5	-0.090	0.156	-0.488	0.237	-0.292	0.488
z_{100}	-0.473	0.291	-0.393	0.290	-0.438	0.217
z_{200}	-0.394	0.279	-0.411	0.271	-0.409	0.290
z_{300}	-0.411	0.273	-0.409	0.276	-0.407	0.272
z_{400}	-0.408	0.276	-0.409	0.275	-0.409	0.276
z_{500}	-0.409	0.275	-0.409	0.275	-0.409	0.275

Tab. 4.14 : Die Iteration von drei Anfangspunkten für $z \to z^2 + c$, $c = -0.5+0.5i$. Keiner der drei Punkte flieht ins Unendliche. Vielmehr scheinen alle drei Bahnen gegen einen Punkt $z \approx 0.41 + 0.28i$ zu konvergieren.

gegeben. Die Gefangenenmenge für den Parameter c ist

$$G_c = \{z_0 \mid z_0 \notin F_c\};$$

sie ist das Komplement von F_c. Die Julia-Menge für den Parameter c ist der Rand der Fluchtmenge F_c. Ein Punkt ist Randpunkt, wenn man in beliebiger Nähe von ihm sowohl Punkte aus der Gefangenenmenge finden kann, wie auch solche, die zur Fluchtmenge gehören.

Eine erste fraktale Julia-Menge

Als erstes Beispiel wählen wir $c = -0.5 + 0.5i$ und untersuchen die Bahnen einiger Anfangspunkte (siehe Tabellen 4.13 und 4.14). Wir können zwei grundlegende Verhaltensweisen beobachten. In der ersten Tabelle sind Punkte verzeichnet, deren Bahnen ins Unendliche fliehen. Die Punkte aus der zweiten Tabelle fliehen nicht, sondern kommen letzendlich an einem bestimmten Punkt zur Ruhe, nämlich

Gefangenenmenge für $c = -0.5 + 0.5i$

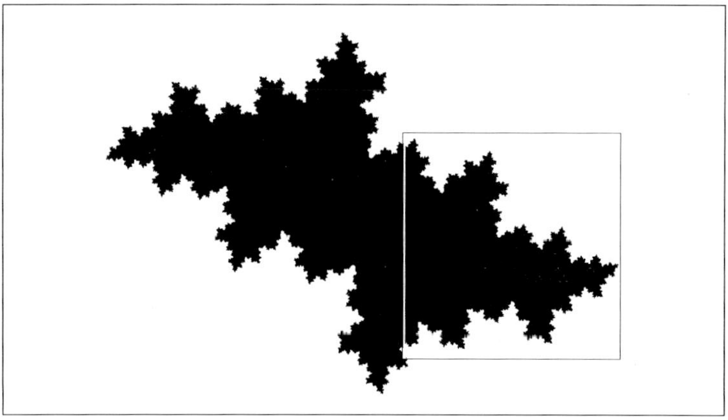

Abb. 4.15 : Die Gefangenenmenge für $z \to z^2 + c$, $c = -0.5 + 0.5i$ ist schwarz dargestellt. Punkte, die außerhalb liegen, fliehen ins Unendliche. Das eingerahmte Gebiet ist in Abbildung 4.16 vergrößert.

bei $z \approx -0.408 + 0.275i$. Das zeigt an, daß wir wieder zwei Attraktionsgebiete haben, aber keiner der anziehenden Punkte ist der Nullpunkt wie bisher. In Abschnitt 4.7 werden wir den Fixpunkt (Ruhelage) der Iteration als Lösung einer Gleichung berechnen.

Abbildung 4.15 zeigt die Ergebnisse eines ausgedehnten Experiments, bei dem alle Punkte in der komplexen Ebene getestet werden. Die Gefangenenmenge ist schwarz abgebildet, während alles, was weiß dargestellt ist, zur Fluchtmenge gehört. Infolgedessen ist der Rand des schwarzen Gebiets die Julia-Menge. Die Randkurve ist offensichtlich eine typische fraktale Menge. Es spielt keine Rolle, wie sehr wir das Gebiet in der Umgebung der Julia-Menge vergrößern, es werden immer weitere Details auftauchen, die uns an das erinnern, was wir schon gesehen haben (siehe Abbildung 4.16).

Der Punkt, der niemals wiederkehrt

Der Schlüssel zur Berechnung der Fluchtmenge F_c ist die Beobachtung, daß die Punkte z_k einer Bahn mit Sicherheit ins Unendliche fliehen, sobald ihr Absolutbetrag groß genug ist. Dies erscheint offensichtlich, weil das Quadrat einer großen Zahl noch größer ist als die Zahl selbst, und die Addition der Konstanten c hat darauf keinen nennenswerten Einfluß. Im nächsten Schritt der Iteration von $z \to z^2 + c$ tritt dieser Effekt sogar noch stärker hervor. Als Ergebnis können wir festhalten, daß bei der Iteration von großen Zahlen z die Konstante c vernachlässigt werden kann, und es bleibt uns die Abbildung $z \to z^2$, die wir genau kennen. Aber wie groß muß eine Iterierte sein, damit wir sicher sein können, daß die Bahn ins Unendliche entweicht? Glücklicherweise gibt es auf diese Frage eine optimale Antwort. Es gibt eine berechenbare Zahl $r(c)$, die vom Parameter c abhängt. Wir

Vergrößerungen der Gefangenenmenge für $c = -0.5 + 0.5i$

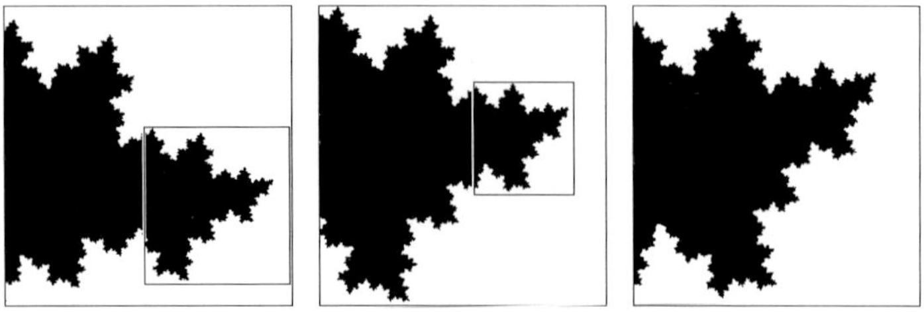

Abb. 4.16 : Die Gefangenenmenge für $z \to z^2 + c$, $c = -0.5 + 0.5i$ aus Abbildung 4.15 wird in der Nähe eines Randpunkts wiederholt vergrößert. Jedes Bild (von links nach rechts) ist eine Vergrößerung des kleinen umrahmten Gebiets aus dem verhergehenden Bild.

können zeigen, daß man die Zahl $r(c)$ als Maximum des Absolutbetrags von $|c|$ und 2 nehmen kann:

$$r(c) = \max(|c|, 2).$$

Wenn der Betrag von $|z_k|$ die Zahl $r(c)$ übersteigt, können wir uns daher sicher sein, daß die Iteration ins Unendliche entkommt. Der Algorithmus, durch den entschieden wird, ob ein Punkt z_0 zur Gefangenenmenge oder zur Fluchtmenge gehört, läuft also folgendermaßen ab. Wenn der Absolutbetrag irgendeiner Iterierten z_k den Wert $r(c)$ überschreitet, bricht der Algorithmus ab und gibt als Ergebnis aus, daß der Anfangspunkt zur Fluchtmenge gehört. Es ist klar, daß die Beträge der Iterierten eines Punktes, der ins Unendliche flieht, von irgendeinem Iterationsschritt an größer sein müssen als der kritische Wert $r(c)$. Anderenfalls wäre es für die Punkte einer Bahn niemals möglich, sich weit fort zu bewegen, und man müßte davon ausgehen, daß der Anfangswert ein Gefangener ist. Mit diesem Kriterium werden daher wirklich alle fliehenden Punkte ausfindig gemacht. Es kann jedoch in der Praxis vorkommen, daß es sehr lange dauert, bis eine Bahn die Kreisscheibe mit dem Radius $r(c)$ verläßt. Für praktische Experimente schreiben wir daher eine maximale Anzahl von Iterationen vor; wenn die Iterierten eines Punktes während dieser Anzahl von Iterationen nicht aus der Kreisscheibe mit dem Radius $r(c)$ entkommen, dann nehmen wir an — unter Inkaufnahme eines Restrisikos — daß der Anfangspunkt nicht zum Attraktionsgebiet des unendlich fernen Punkts gehört, sondern zur Gefangenenmenge.

Der Schwellenwert $r(c)$

Wir zeigen nun das folgende Kriterium:

Es sei z eine komplexe Zahl, deren Absolutbetrag nicht kleiner ist als $|c|$ und nicht kleiner als 2. Dann ist z ein Punkt aus der Fluchtmenge für die Iteration $z \to z^2 + c$.

Für einen gegebenen Parameter c setzen wir $r(c) = \max(|c|, 2)$. Für den

Anfangswert z der Iteration nehmen wir also an, daß

$$|z| \geq |c| \text{ und } |z| > 2$$

erfüllt ist. Dann existiert eine (möglicherweise) kleine, aber positive Zahl $\varepsilon > 0$ mit $|z| = 2+\varepsilon$. Aus der Dreiecksungleichung für komplexe Zahlen folgt

$$|z^2| = |z^2 + c - c| < |z^2 + c| + |c|.$$

Wenn man diese Ungleichung nach $|z^2 + c|$ auflöst und weiterrechnet, erhält man

$$\begin{aligned} |z^2 + c| &\geq |z^2| - |c| \\ &= |z|^2 - |c| \\ &\geq |z|^2 - |z| \\ &= (|z| - 1)|z| \\ &= (1 + \varepsilon)|z|. \end{aligned}$$

Wenn wir einmal iterieren, wächst der Absolutbetrag daher mindestens um den Faktor $1 + \varepsilon$ an. Der Betrag der $k$ten Iterierten von z ist daher mindestens $(1 + \varepsilon)^k$ mal so groß wie z. Der Absolutbetrag wächst also offensichtlich über alle Grenzen, und z gehört zum Attraktionsgebiet des unendlich fernen Punkts.

Aus diesem Ergebnis folgt unmittelbar, daß die Bahn ins Unendliche fliehen muß, sobald nur irgendein Punkt aus der Bahn für $z \to z^2 + c$ vom Betrag her größer ist als $r(c) = \max(|c|, 2)$; der Anfangswert dieser Bahn gehört dann zur Fluchtmenge.

Einkreisung der Gefangenenmenge

Wir stellen nun einen Algorithmus vor, der diese einfache Tatsache dazu nutzt, um die Gefangenenmenge zunehmend dichter einzukreisen. Zuerst wählen wir einen Parameter c und berechnen den Schwellenwert $r(c) = \max(|c|, 2)$. Wir definieren ein Gebiet in der komplexen Zahlenebene, daß für unsere Absicht von Interesse ist, und stellen es auf einem Pixelgitter als Computergrafik dar. Die Pixel entsprechen Anfangspunkten für die Bahnen, die wir als nächstes untersuchen wollen. Zunächst überprüfen wir, ob es Anfangspunkte z_0 gibt, deren Betrag größer ist als der kritische Wert $r(c)$. All diese Punkte können gleich zu Anfang gelöscht werden, weil sie schon als Punkte identifiziert werden konnten, die zur Fluchtmenge F_c gehören. Unsere erste Approximation der Gefangenenmenge G_c ist einfach die Kreisscheibe mit dem Radius $r(c)$ um den Nullpunkt. Für diese Approximation führen wir die Bezeichnung $Q_c^{(0)}$ ein,

$$Q_c^{(0)} = \{z_0 \ : \ |z_0| \leq r(c)\}.$$

Für alle verbleibenden Punkte oder Pixel führen wir nun eine Iteration durch und erhalten eine komplexe Zahl z_1 für jedes Pixel. Wieder können wir das Kriterium für fliehende Bahnen anwenden. Wenn der Absolutbetrag $|z_1|$ größer ist als $r(c)$, wird der zugehörige Punkt als

Einkreisung für $c = -0.5 + 0.5i$

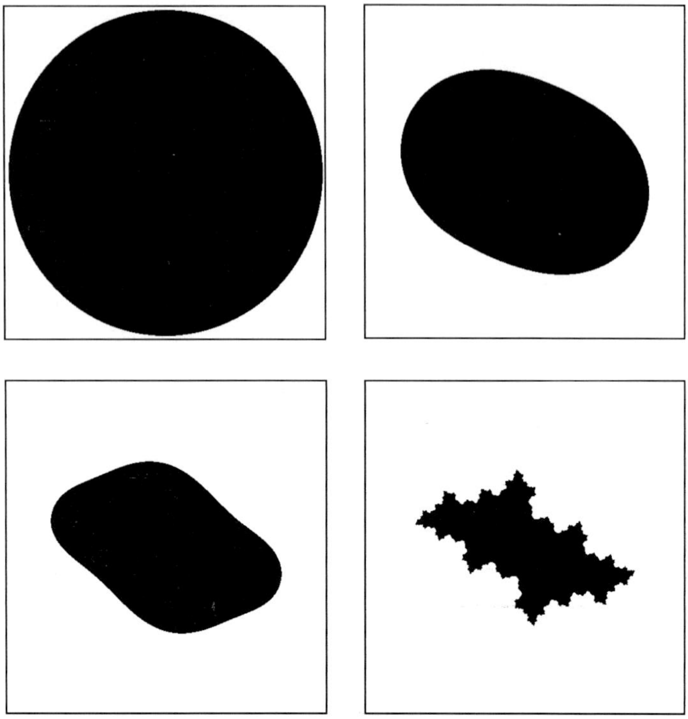

Abb. 4.17 : Die Gefangenenmenge für $c = -0.5 + 0.5i$ wird eingekreist. Die erste Annäherung $Q_c^{(0)}$ wird oben links gezeigt (eine Kreisscheibe mit dem Radius 2). Die weiteren Annäherungen sind $Q_c^{(-k)}$ für $k = 1$ (oben rechts), $k = 2$ (unten links) und $k = 10$ (unten rechts).

fliehender Punkt identifiziert und braucht nicht weiter betrachtet werden. Auf diese Weise bekommen wir eine verbesserte Approximation, die die Gefangenenmenge umschließt. Sie besteht aus allen Punkten, die nach einer Iteration von f_c noch immer in $Q_c^{(0)}$ liegen. Wir sagen, daß sie das Urbild von $Q_c^{(0)}$ bilden und verwenden die Schreibweise $Q_c^{(-1)}$.

$$Q_c^{(-1)} = \{z_0 \ : \ |z_1| \leq r(c)\} \, .$$

Als nächstes wiederholen wir den Vorgang für alle verbleibenden Punkte, wobei wir die nächste Approximation erhalten und so weiter. Bei jeder Iteration scheiden Punkte aus, und wir kommen der Gefangenenmenge damit immer näher. Formal schreiben wir

$$Q_c^{(-k)} = \{z_0 \mid |z_k| \leq r(c)\} \, , k = 0, 1, 2, \ldots$$

Einkreisung in wechselnden Farben

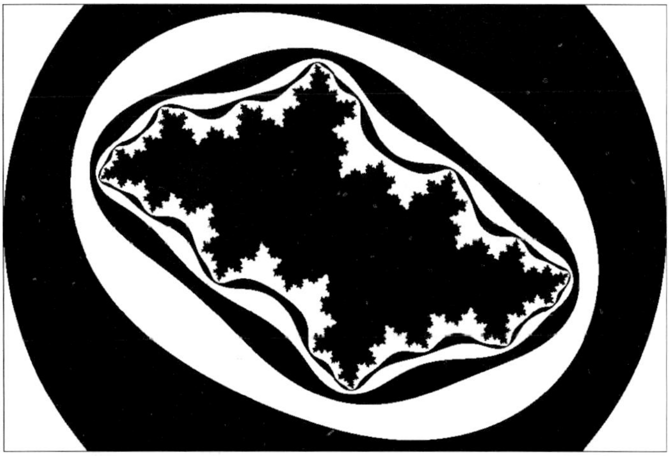

Abb. 4.18 : In der oberen Abbildung sind die Einkreisungen für die Gefangenenmenge von $c = -0.5 + 0.5i$ in wechselnden Einfärbungen übereinander gelegt. In schwarz: $Q_c^{(k)}$ mit $k = 0, -2, -4, -20$; in weiß: $Q_c^{(k)}$ mit $k = -1, -3, -5$. Die untere Abbildung zeigt einen Ausschnitt der Einkreisung. In schwarz ist $Q_c^{(k)}$ für $k = 0, -2, -4, -6, -20$ dargestellt und in weiß für $k = -1, -3, -5, -7$.

und

$$\lim_{k\to\infty} Q_c^{(-k)} = G_c.$$

Der Fall $c = 0$

Im Fall von $c = 0$ können wir diese Annäherungen explizit aufschreiben. Wir haben $r(c) = 2$ und die erste Approximation $Q_c^{(0)}$ ist die Kreisscheibe mit dem Radius 2. Die folgenden Approximationen sind ebenfalls Kreisscheiben. Zum Beispiel ist $Q_c^{(-1)}$ die Vereinigung aller

Einkreisungen

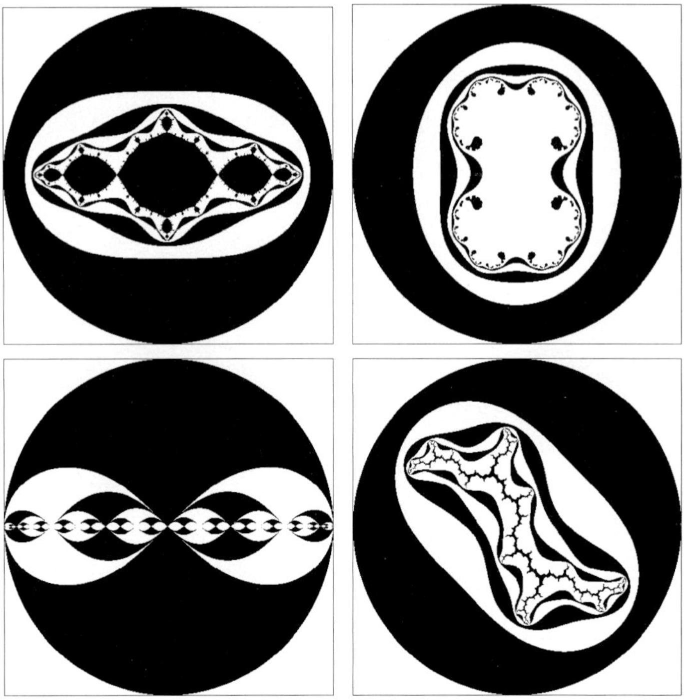

Abb. 4.19 : Einkreisungen für $c = -1$, 0.4, -2 und $c = i$ (von oben links nach unten rechts).

Punkte z, die die Bedingung $|z^2| \leq 2$ erfüllen. Dies ist die Menge aller Punkte z mit $|z| \leq \sqrt{2}$. Daher ist $Q_c^{(-1)}$ eine Kreisscheibe mit dem Radius $\sqrt{2}$. Der Radius der darauffolgenden Approximation $Q_c^{(-2)}$ ist $\sqrt{\sqrt{2}} = 2^{1/4}$. Eine allgemeine Gleichung ist

$$Q_c^{(-k)} = \left\{ z_0 \ : \ |z_0| \leq 2^{1/2^k} \right\}.$$

Die Folge der Radien $2^{1/2^k}$ konvergiert rapide gegen 1; dies ist der Radius der Gefangenenmenge G_c. Wir geben hier eine Aufzählung der Radien an, die zuerst auftreten: 2, 1.414, 1.189, 1.090, 1.044, 1.022, 1.011, 1.005, ...

Der Fall $c = -0.5 + 0.5i$

Wenn $c = -0.5 + 0.5i$ ist wie in den Abbildungen 4.15 und 4.16 können wir keine expliziten Gleichungen angeben, die die Approximationen der Gefangenenmenge beschreiben, aber wir können eine Folge von Bildern zeigen, auf denen zu sehen ist, wie die Gefangenenmenge zunehmend enger eingekreist wird (siehe Abbildung 4.17).

Übereinandergelegte Einkreisungen

Man kann die Einkreisungen übereinanderlegen, um sie miteinander vergleichen zu können. Man bekommt dann eine bessere Vorstellung davon, wie die Gefangenenmenge angenähert wird. Hierzu ist es notwendig, die Einkreisungen unterschiedlich zu schattieren, zum Beispiel kann man die Approximationen abwechselnd als schwarze oder als weiße Mengen darstellen. In Abbildung 4.18 zeigen wir Einkreisungen, die auf diese Weise übereinandergelegt wurden. $Q_c^{(0)}, Q_c^{(-2)}, Q_c^{(-4)}$ und $Q_c^{(-20)}$ sind schwarz dargestellt und $Q_c^{(-1)}, Q_c^{(-3)}$ und $Q_c^{(-5)}$ sind weiß.

In Abbildung 4.19 wurde dieser Vorgang für andere Parameter c wiederholt. Tatsächlich können wir eine Vielzahl ziemlich unterschiedlicher Ergebnisse beobachten. Für $c = -1$ haben wir eine zusammenhängende Julia-Menge (ein Stück), die der gemeinsame Rand zweier Attraktionsgebiete ist (das Attraktionsgebiet von Unendlich und das Attraktionsgebiet eines endlichen Attraktors, der in diesem Fall der 2er-Zyklus $-1, 0, -1, 0, \ldots$ ist). In anderen Fällen gibt es keinen endlichen Attraktor, die Gefangenenmenge hat keine inneren Punkte und ist mit der Julia-Menge identisch. Für $c = 0.4$ hat sich die Gefangenenmenge sogar in eine Punktwolke aufgelöst, während wir für $c = -2$ und $c = i$ beobachten können, daß die Julia-Menge eine zusammenhängende Menge ist. Damit haben wir gerade eine wichtige Dichotomie entdeckt: Gefangenenmengen sind entweder zusammenhängend oder aber Punktwolken. Dies wird in Abschnitt 4.8 ausführlicher behandelt.

Einzelheiten über die Implementierung des Pixelspiels

Pixelspiel-Algorithmen, um Julia-Mengen (und die Mandelbrotmenge) zu berechnen, sind durch einen Artikel in der mathematischen Rubrik des *Scientific American*[8] bekannt geworden. Wir wollen hier die Approximationen $Q_c^{(k)}$ der Gefangenenmenge visualisieren, indem wir ein Pixelfeld so einfärben, wie es in Abbildung 4.2 gezeigt ist. Ein Pixel mit den Koordinaten x und y wird schwarz schattiert, wenn $z = x + yi$ ein Anfangspunkt ist, der zu $Q_c^{(k)}$ gehört. Zu Anfang geben wir einen Überblick über den Algorithmus, für den wir die komplexe Schreibweise für die Variablen c und z verwenden. Bei einer Implementierung auf dem Computer müssen die komplexe Additionsregel und die Multiplikationsregel richtig angewendet werden.

```
R = max(|c|,2)
i = 0
while (i < k)
   if (|z| > R) then
      return (z gehoert zur Fluchtmenge)
```

[8] A. K. Dewdney, *Computer Recreations: A computer microscope zooms in for a look at the most complex object in mathematics,* Scientific American (August 1985) 16–25.

```
        end if
        z = z*z + c
        i = i + 1
    end while
    return (z geh"ort zu Q_c^(k))
```

Der Algorithmus erfordert die Iteration von `z*z + c`. Hier muß man ein wenig vorsichtig sein. Es seien `x` und `y` Realteil und Imaginärteil von `z` und `cr` und `ci` Realteil und Imaginärteil von `c`. Man macht leicht den Fehler

```
    x = x*x - y*y + cr
    y = 2*x*y + ci
```

zu schreiben. Dabei entsteht folgender Fehler: immer, wenn der neue Wert von `y` berechnet wird, ist der alte Wert von `x` schon verloren (vom neuen Wert überschrieben), und deshalb ist `2*x*y` nicht das, was man erwartet. Bei der korrekten Fassung verwendet man deshalb eine temporäre Variable, um den Wert von `x` festzuhalten, so wie in

```
    temp = x*x - y*y + cr
    y = 2*x*y + ci
    x = temp
```

Für eine effektive Implementierung ist an dieser Stelle ein Hinweis angebracht. Es ist weitaus effektiver zu überprüfen, ob $|z|^2 > R^2$ ist, als zu prüfen, ob $|z| > R$, weil $|z|^2 = x^2 + y^2$ und der Absolutbetrag von z eine Wurzel erfordert, durch die der Rechenaufwand erhöht wird. Außerdem können die Zahlen x^2 und y^2 für die nächste Iteration wiederverwendet werden, wodurch eine weitere Verkürzung der Rechenzeit erreicht wird. Im folgenden sind die Einzelheiten aufgeführt:

```
    R2 = max(|c|,2) * max(|c|,2)
    i = 0
    x2 = x*x
    y2 = y*y
    while (i < k)
        if (x2 + y2 > R2) then
            return (z gehoert zur Fluchtmenge)
        end if
        y = 2*x*y + ci
        x = x2 - y2 + cr
        i = i + 1
        x2 = x*x
        y2 = y*y
    end while
    return (z gehoert zu Q_c^(k))
```

Eine typische Implementierung des Pixelspiels zeigen wir im Programm des Kapitels, allerdings für die Mandelbrotmenge (siehe Abbschnitt 5.4).

4.5 Äquipotential- und Feldlinien für Julia-Mengen

Es hat sich herausgestellt, daß das Umschließen der Gefangenenmenge G_c mit den Einkreisungen $Q_c^{(-k)}$ ein ergiebiges Vorgehen ist. Wir werden nun sehen, wie wir dieses Verfahren verfeinern und zu einer wesentlich aussagekräftigeren Methode ausweiten können. Wir kommen dabei zu den Arbeiten von Douady und Hubbard. Mehr als 60 Jahre lag das überragende Werk von Julia und Fatou vom Anfang dieses Jahrhunderts zurück, bis es dazu kam, daß Douady und Hubbard neue Methoden entwickelten, um weitere Geheimnisse der Julia-Mengen aufzudecken. Dieses Ziel haben sie erreicht, indem sie eine Analogie aus Elektrostatik aufgegriffen haben.

Das elektrostatische Feld

Wir stellen uns die Gefangenenmenge als ein Stück Metall vor, das mit Elektronen geladen ist. Diese Ladung erzeugt ein *elektrostatisches Feld* im umgebenden Raum, das eine anziehende Kraft auf jede kleine Probeladung der entgegengesetzten Polarität ausübt. Das Feld ist durch Vektoren gegeben, die die Richtung und die Stärke der Kraft pro Einheit der Probeladung anzeigen (siehe Abbildung 4.20). Den Linien, die einen gegebenen Punkt in Richtung des angegebenen Vektors mit der Gefangenenmenge verbinden, folgen infinitesimal kleine Probeteilchen, wenn sie dem Feld ausgesetzt werden. Man nennt sie *Feldlinien*.

Das Feld eines Drahts

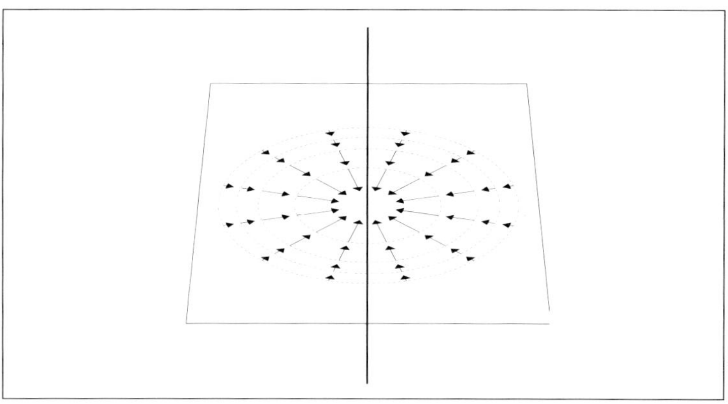

Abb. 4.20 : Das elektrostatische Feld eines Drahts ist im Querschnitt dargestellt.

Nun wird jedoch die Theorie der Elektrostatik auf Objekte und Ladungen im dreidimensionalen Raum angewendet, während Gefangenenmengen und Julia-Mengen im zweidimensionalen Raum der komplexen Zahlen eingebettet sind. Eine flache Gefangenenmenge, die sich im dreidimensionalen Raum befindet, hat jedoch ein elektrostatisches Feld, das in alle drei Richtungen des Raums ausstrahlt. Mit der

Absicht, später zu einer Theorie zurückzukommen, die zweidimensional ist, erweitern wir die Gefangenenmenge in die dritte Dimension; wir betrachten eine unendlich lange zylinderähnliche Menge, deren Querschnitt die Gefangenenmenge ist. Wir stellen uns vor, daß eine unendliche Ladungsmenge über die gesamte Länge gleichmäßig verteilt ist. Das elektrostatische Feld dieser erweiterten Gefangenenmenge ist für alle Querschnitte identisch, und jeder Querschnitt beschreibt daher das gesamte Feld vollständig.

Das Feld eines unendlichen Zylinders

Im Prinzip können wir das elektrostatische Feld mit dem Coulombschen Gesetz berechnen; es besagt, daß die Kraft zwischen zwei geladenen Teilchen proportional ist zum Produkt der beiden Ladungen und umgekehrt proportional zum Quadrat ihres Abstands. Das Feld einer Punktladung ist daher sphärisch: Alle Vektoren des Feldes zeigen zum Mittelpunkt, und die Feldstärke ist für alle Punkte auf der Sphäre, in deren Mittelpunkt sich die Punktladung befindet, die gleiche (sie ist umgekehrt proportional zum Quadrat des Radius). Aus diesem grundlegenden Prinzip folgt, daß das elektrostatische Feld eines unendlich langen, geraden Drahtes (mit Querschnitt Null) zylindrisch ist, und die Stärke ist umgekehrt proportional zum Abstand des Drahts (und nicht zum quadratischen Abstand). Außerdem ist das elektrostatische Feld das gleiche, wenn wir einen Draht betrachten, der eine gewisse Dicke hat (der Querschnitt kann zum Beispiel die Einheitskreisscheibe sein), wenn jeweils der Abstand zum Mittelpunkt des Drahts gemessen wird.

Die Potentialfunktion ...

Wenn ein Kraftfeld gegeben ist wie zum Beispiel ein elektrostatisches Feld, ist es nützlich die *potentielle Energie* eines Objekts in Abhängigkeit der externen Arbeit zu untersuchen, die erforderlich ist, um das Objekt gegen die Kräfte des Felds von einer Stelle zur anderen zu verschieben. Diese Idee taucht in der Newtonschen Mechanik im Zusammenhang mit dem Gravitationsfeld auf. In diesem Fall ist das Potential proportional zur Höhe; die Arbeit, die verrichtet werden muß, um ein Objekt von der Höhe h_0 zur Höhe h_1 zu bewegen, ist proportional zur *Höhendifferenz* $h_1 - h_0$. In einem elektrostatischen Feld gibt es auch eine Potentialfunktion, die es ermöglicht, die Arbeit zu berechnen, die erforderlich ist, um eine Probeladung von einem Punkt zum anderen zu bewegen, als Differenz des Potentials an diesen beiden Punkten zu berechnen. Dies hat natürlich zur Folge, daß die Arbeit vom speziellen Weg, auf dem man die Probeladung bewegt hat, unabhängig ist. Darüber hinaus erhalten wir die Energie zurück, wenn wir ein Teilchen in seine Ausgangsposition zurückbringen. Wenn die Energie erhalten bleibt, nennt man das elektrostatische Feld *konservativ*.

... und ihre Potentialflächen

Von besonderer Bedeutung sind die Äquipotentialflächen. Sie sind als die Flächen definiert, auf denen das Potential konstant ist. Beispielsweise sind die Äquipotentialflächen einer Punktladung Sphären, die Äquipotentialflächen des unendlich langen Drahts sind Zylinder. Die Äquipotentialflächen stehen überall rechtwinklig auf dem elektrostatischen Feld. In vielen Fällen kann ein System von Äquipotentialflächen und Feldlinien als spezielles System von Polarkoordinaten angesehen werden. Aufgrund der Definition der Äquipotentialflächen ist klar, daß keine externe Arbeit verrichtet werden muß, um eine Probeladung zu einem Punkt zu verschieben, der auf derselben Äquipotentialfläche liegt. Aber darüber hinaus vermitteln die Äquipotentialflächen einen Eindruck von der Intensität der Kraft: Die Intensität des Felds ist umgekehrt proportional zum Abstand zwischen den Äquipotentialflächen, die man für äquidistante Werte des Potentials einzeichnet. Wenn die Äquipotentialflächen dicht beieinander liegen, ist dies ein Zeichen für hohe Kraft, und weit auseinanderliegende Äquipotentialflächen stehen für geringe Kraft.

Die Berechnung des elektrostatischen Potentials setzt fortgeschrittene Kenntnisse der Differentialrechnung voraus. Die Arbeit, die verrichtet werden muß, um ein Teilchen in einem Feld zu bewegen, ist proportional zum aktiven Kraftfeld und zum Abstand, der zurückgelegt werden muß. Weil das Kraftfeld jedoch nicht konstant ist, muß diese Berechnung in der Praxis als Summation über viele Schritte durchgeführt werden, von denen jeder für die Arbeit steht, die benötigt wird, um ein Teilchen ein kleines Stück zu bewegen, auf dem das Feld annähernd konstant ist. Der Hintergrund für diese Berechnung ist die Theorie der Linienintegrale, und wir haben uns dafür entschieden, auf Einzelheiten nicht näher einzugehen.[9] Im allgemeinen ist die Komplexität der Berechnung zu groß, als daß es explizite Formeln geben könnte, mit denen man das elektrostatische Potential bestimmen kann. Es gibt jedoch einige Spezialfälle, nämlich das Potential einer Punktladung, das umgekehrt proportional ist zum Abstand, und das Potential des unendlich langen Drahts, das zum Logarithmus des Abstands proportional ist.[10]

[9] Jedes Lehrbuch über Elektrizität und Magnetismus, das fürs Grundstudium geeignet ist, sollte einen Abschnitt über das elektrostatische Potential enthalten und einige Beispiele für seine Berechnung.

[10] Der Leser, der mit Differentialrechnung vertraut ist, wird den Zusammenhang zum zugehörigen Kraftfeld erkennen. Wenn mit r der Abstand zur Punktladung oder zum Mittelpunkt des unendlich langen Drahts bezeichnet wird, dann sind die elektrischen Felder proportional zu $1/r^2$ beziehungsweise $1/r$. Wenn man diese Funktionen integriert, erhält man $1/r$ und $\log r$.

Potential der Einheitskreisscheibe

Wir kommen nun zu den Gefangenenmengen zurück, und wollen sehen, wie ihre Potentialfunktionen dazu beitragen können, die Dynamik der quadratischen Iteration besser zu verstehen. Diese durchschlagende Verbindung zwischen Dynamik und Potential wird durch die Theorie von Douady und Hubbard hergestellt. Sie läßt sich auf solche Fälle anwenden, bei denen die Gefangenenmenge und die Julia-Menge *zusammenhängend* sind. Dies hat zur Folge, daß alle Feldlinien auf die Gefangenenmenge zulaufen. Es gibt keine Ruhepunkte, an denen das Kraftfeld Null ist. Wir fangen damit an, uns dem wichtigen Beispiel der Einheitskreisscheibe zuzuwenden, der Gefangenenmenge von f_c für $c = 0$, $z \to z^2$, die einem unendlich langen Draht entspricht, dessen Querschnitt die Einheitskreisscheibe ist. Das elektrostatische Feld und das Potential werden von der dritten, vertikalen Dimension nicht beeinflußt. Im folgenden werden wir daher die dritte Dimension des physikalischen Aufbaus außer acht lassen und uns auf die zweidimensionale komplexe Ebene konzentrieren. Natürlich können die Feldlinien diese Ebene nicht verlassen. Außerdem schneiden die Äquipotentialflächen die komplexe Ebene als Kurven, die wir Äquipotentiallinien nennen. Wie wir zuvor schon erklärt haben, ist die Potentialfunktion logarithmisch, so daß wir für das Potential

$$p(z) = \log |z|$$

schreiben können, wobei die Basis des Logarithmus keine Rolle spielt.[11] Die Äquipotentiallinien sind konzentrische Kreise (gegeben durch $|z| = r$, wobei $r > 1$ der Radius ist), und die Feldlinien sind gerade Linien (gegeben durch $\arg z = \phi$, wobei ϕ der Winkel zwischen 0 und 2π ist). Mit anderen Worten wählen wir den Winkel Null für die Radiallinie, die an der Stelle $z = 1$ angeheftet ist, und wir identifizieren jede Feldlinie mit einem Winkel zwischen 0 und 2π, wobei wir gegen den Uhrzeigersinn vorgehen. In Abbildung 4.21 zeigen wir auch einige Äquipotentiallinien. Dies sind die Kreise mit $\log |z| = 2^k \log 2$. Wenn wir von Kreis zu Kreis nach außen gehen, wird das Potential $p(z)$ doppelt so groß. Man sollte im Hinterkopf behalten, daß die Gleichung für die Kreise $\log_2 |z| = 2^k$ lautet, wenn wir den Logarithmus zur Basis 2 verwenden, was wir daher im folgenden tun werden.

---

[11] Unter anderem ignoriert die Formel den Proportionalitätsfaktor, der von der Ladungsdichte des unendlich langen Drahts abhängt. Die Basis des Logarithmus zu wechseln bedeutet das gleiche wie einen anderen Faktor einzuführen, der sich weder auf die Äquipotentiallinien noch auf die Feldlinien auswirkt.

Potential der Einheitskreisscheibe

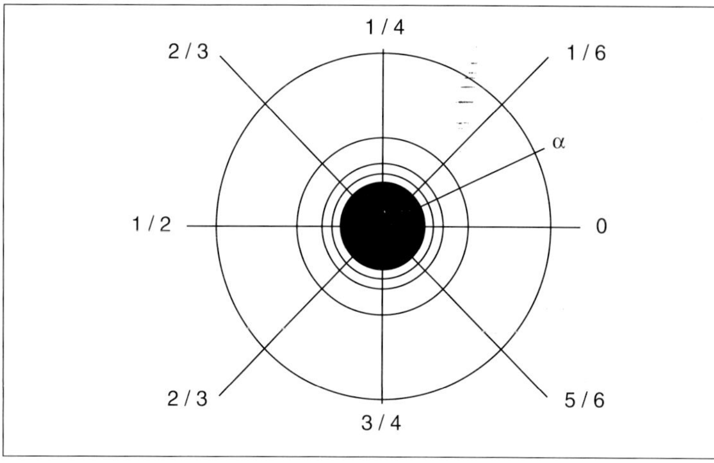

Abb. 4.21 : Feldlinien und Äquipotentiallinien für die Einheitskreisscheibe. Die Winkel der Feldlinien sind als Vielfache von 2π gegeben (d.h., $\phi = 2\pi\alpha$, $0 \leq \alpha \leq 1$).

Zusammenhängend gegenüber unzusammenhängend

Eine Menge heißt *zusammenhängend*, wenn sie nicht in zwei disjunkte, nichtleere Teilmengen zerlegt werden kann, die in der Topologie der Menge sowohl offen als auch abgeschlossen sind. Es gibt zahlreiche andere mathematische Zusammenhangsbegriffe. Beispielsweise nennt man eine Menge *wegweise zusammenhängend*, wenn je zwei Punkte der Menge durch einen Weg miteinander verbunden werden können, der ganz in der Menge enthalten ist. Die Eigenschaften zusammenhängend und wegweise zusammenhängend stimmen nicht überein. Es gibt Mengen, die zusammenhängend sind aber nicht wegweise zusammenhängend. Als Beispiel kann man die Menge A nehmen, die Vereinigung des Graphen der Funktion $f(x) = \sin 1/x$ mit der Strecke $\{(0, y) \mid -1 \leq y \leq +1\}$ ist (siehe Abbildung 4.22).

A ist zusammenhängend aber nicht wegweise zusammenhängend, weil ein Punkt auf dem Graphen und ein Punkt auf der Strecke nicht durch einen Weg miteinander verbunden werden können, der ganz in A enthalten ist! Auf der anderen Seite läßt sich eine Menge, die nicht zusammenhängend ist, in zwei disjunkte Teilmengen zerlegen. Insbesondere heißt eine Menge *total unzusammenhängend*, wenn ihre Zusammenhangskomponenten (dies sind die maximalen, zusammenhängenden Teilmengen) einzelne Punkte sind. Jede Menge aus endlich vielen Punkten ist total unzusammenhängend. Auch Mengen mit unendlich vielen Punkten können total unzusammenhängend sein; Beispiele sind die Menge $\{1/n \mid n = 1, 2, 3 \ldots\}$ oder die Menge der rationalen Zahlen innerhalb der reellen Zahlen. Bei diesen Beispielen sind die Mengen noch immer abzählbar. Die Cantor-Menge ist ein Beispiel für eine Menge, die sowohl total unzusammenhängend als auch überabzählbar ist (siehe *Bausteine des Chaos — Fraktale*, Abschnitt 2.1, Seite 85).

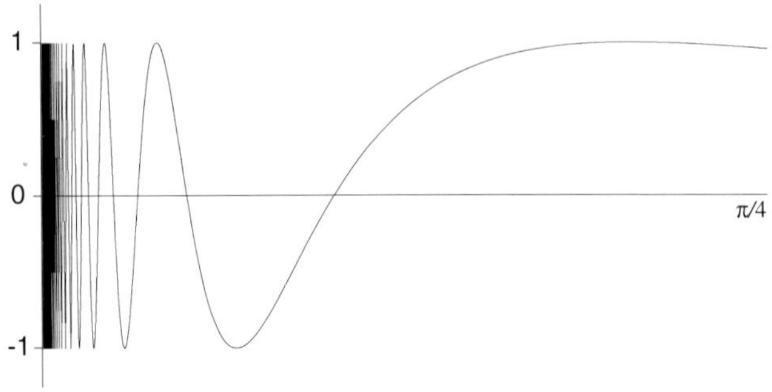

Abb. 4.22 : Der Graph der Funktion $\sin 1/x$ bildet zusammen mit einem Abschnitt der y-Achse eine Menge, die zusammenhängend ist, aber nicht wegweise zusammenhängend.

Iteration der Feldlinien

Die Feldlinien der Einheitskreisscheibe stehen in engem Zusammenhang zur Dynamik von f_c für $c = 0$, $z \to z^2$. Aus unserer Einführung in die komplexen Zahlen wissen wir, daß man beim Quadrieren einer komplexen Zahl z ihr Argument ϕ verdoppelt. Dies bedeutet, daß man bei der Iteration von Punkten, die auf einer Feldlinie mit dem Argument ϕ liegen, zu Ergebnissen kommt, die auf der Feldlinie liegen, deren Argument doppelt so groß ist. Daher werden Feldlinien in Feldlinien transformiert. Diese Transformation ist gegeben durch

$$\phi \to 2\phi \bmod 2\pi = \begin{cases} 2\phi, & \text{wenn } \phi < \pi \\ 2\phi - 2\pi & \text{sonst.} \end{cases}$$

Wenn man $\phi = 2\pi\alpha$ definiert mit $0 \leq \alpha \leq 1$, ist dies nichts anderes als die *Shiftabbildung*

$$\alpha \to \mathrm{Frac}\,(2\alpha)\,,$$

mit der wir schon gut vertraut sind, weil wir sie in Kapitel 1 ausführlich behandelt haben. Es hat sich herausgestellt, daß es hilfreich war, die Zahlen binär darzustellen, um die Eigenschaften der Iteration deutlich werden zu lassen. Auf die gleiche Weise werden wir nun in dieser Situation verfahren. Angenommen, wir haben die Binärentwicklung $1/3 = 0.\overline{0101}$. Das Anwenden der Shiftabbildung ist gleichbedeutend mit einem Verschieben der Ziffern:

$$\begin{array}{ll} \text{Schritt 1:} & 0.1\overline{01} = 2/3 \\ \text{Schritt 2:} & 0.\overline{01} = 1/3. \end{array}$$

Nach zwei Iterationsschritten kommt ein Anfangspunkt zur gleichen Feldlinie zurück. Dies entspricht einem 2er-Zyklus bei der Transformation der Feldlinien

$$\alpha_1 = \frac{1}{3} \quad \to \quad \alpha_2 = \frac{2}{3} \quad \to \quad \alpha_1 = \frac{1}{3} \quad \to \quad \cdots,$$

und diese Periodizität wird in der Binärentwicklung des Winkels sichtbar. Aus der Entwicklung von $1/6 = 0.0\overline{01}$ können wir ablesen, daß $\alpha = 1/6$ nach einem Iterationsschritt auf den Zyklus abgebildet wird, den wir gerade besprochen haben. Tatsächlich können alle Arten von Iterationsverhalten der Shiftabbildung auch bei der Transformation der Feldlinien gefunden werden: periodische Winkel (etwa wie 1/3), präperiodische Winkel (wie 1/6), aber auch sensitive Abhängigkeit von den Anfangsbedingungen und so weiter. Deshalb findet man die gleiche Dynamik auch bei den Punkten, die auf dem Einheitskreis (auf der Julia-Menge) liegen und an denen die Feldlinien enden.

Periodische und präperiodische Winkel

Rationale Zahlen $\alpha = p/q$ aus dem Einheitsintervall $(0 < \alpha < 1)$ können als unendliche periodische Dezimal- oder Binärbrüche geschrieben werden. Wir können α also in der Form

$$\alpha = 0.d_1 d_2 \ldots d_l \overline{d_{l+1} d_{l+2} \ldots d_{l+m}}$$

schreiben, wobei die d_i dezimale oder binäre Ziffern sind und die überstrichenen Ziffern periodisch wiederholt werden. An dieser Stelle betrachten wir nur binäre Ziffern.

Was passiert, wenn wir $\alpha \to 2\alpha \bmod 1$ iterieren? Dies kann unmittelbar aus der Binärentwicklung abgelesen werden. Im Fall $l = 0$ erhalten wir eine Bahn der Periode m:

$$\begin{aligned} \alpha_0 &= 0.\overline{d_1 d_2 \ldots d_m} \\ \alpha_1 &= 0.\overline{d_2 \ldots d_m d_1} \\ &\vdots \\ \alpha_{m-1} &= 0.\overline{d_m d_1 \ldots d_{m-1}} \\ \alpha_m &= 0.\overline{d_1 d_2 \ldots d_m} = \alpha_0 . \end{aligned}$$

Wenn $l > 0$ ist, dann ist α präperiodisch; l Iterationen müssen ausgeführt werden, bis man den periodischen Zyklus erreicht. Wir können α auch in der Form

$$\alpha = \frac{k}{2^l(2^m - 1)}$$

schreiben, wobei k eine ganze Zahl ist, die kleiner ist als $2^l(2^m - 1)$. Diese Schreibweise wollen wir kurz überprüfen. Zuerst betrachten wir noch einmal den Fall $l = 0$; dann ist $\alpha = 0.\overline{d_1 d_2 \ldots d_m}$. Mit

$$k = d_1 d_2 d_3 \ldots d_m = \sum_{i=1}^{m} d_i 2^{m-i}$$

erhalten wir $2^m \alpha = k + \alpha$. Wenn man diese Gleichung nach α auflöst, ergibt sich $\alpha = k/(2^m - 1)$. Der Fall $l > 1$ kann auf die gleiche Weise überprüft werden (in diesem Fall sei k die ganze Zahl $k = d_1 \ldots d_{l+m} = \alpha 2^l (2^m - 1)$).

Riemannscher Abbildungssatz

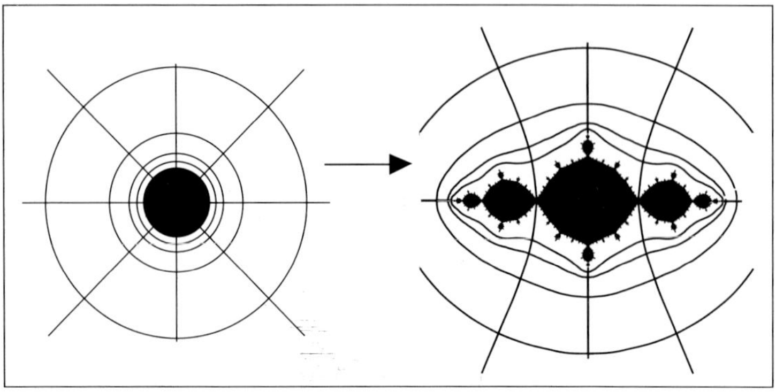

Abb. 4.23 : Eine bijektive Beziehung zwischen dem Potential der Einheitskreisscheibe und dem Potential einer beliebigen zusammenhängenden Gefangenenmenge.

Vom Potential von G_0 zum Potential von G_c

Es hat sich herausgestellt, daß das elektrostatische Potential das zentrale Hilfsmittel für die mathematische Analyse der Gefangenenmenge ist. Dies wurde von Adrien Douady und John H. Hubbard erarbeitet. Wenn die Gefangenenmenge G_c zusammenhängend ist, ist die Fluchtmenge F_c mit einem System von Feldlinien und Äquipotentiallinien ausgestattet (siehe Abbildung 4.24 für $c = -1$). Wir erinnern daran, daß das Potential der Gefangenenmenge G_0, der Einheitskreisscheibe, als gewöhnliches Polarkoordinatensystem interpretiert werden kann, das mit der Dynamik ausgestattet ist, die durch $z \to z^2$ gegeben ist. Das Schöne an der Arbeit von Douady und Hubbard[12] besteht darin, daß das Potential einer beliebigen zusammenhängenden Gefangenenmenge G_c als spezielles Polarkoordinatensystem der Fluchtmenge F_c interpretiert werden kann, das mit der Dynamik ausgestattet ist, die durch $z \to z^2 + c$ gegeben ist. Der Arbeit liegt ein berühmtes Ergebnis des deutschen Mathematikers Bernhard Riemann zugrunde, der Riemannsche Abbildungssatz, durch den die Möglichkeit gegeben ist, das Potential der Eiheitskreisscheibe zum Potential einer beliebigen zusammenhängenden Gefangenenmenge in Beziehung zu setzen: Äquipotentiallinien und Feldlinien von G_0 und G_c stehen zueinander in eindeutiger Beziehung. Weiterhin kann die Dynamik der Feldlinien von G_c auf die Dynamik der Feldlinien der Einheitskreisscheibe G_0 zurückgeführt werden, die von der binären Arithmetik der Transformation $\alpha \to \mathrm{Frac}\,(2\alpha)$ vollständig bestimmt wird.

Feldlinien für $z \to z^2 + c$

Wir wollen nun das Verfahren ausarbeiten, mit dem man die Feldlinien der Gefangenenmenge G_c entsprechend der Abbildung $z \to$

[12] A. Douady, J. H. Hubbard, *Étude dynamique des pôlynomes complexes,* Publications Mathematiques d'Orsay 84-02, Université de Paris-Sud, 1984.

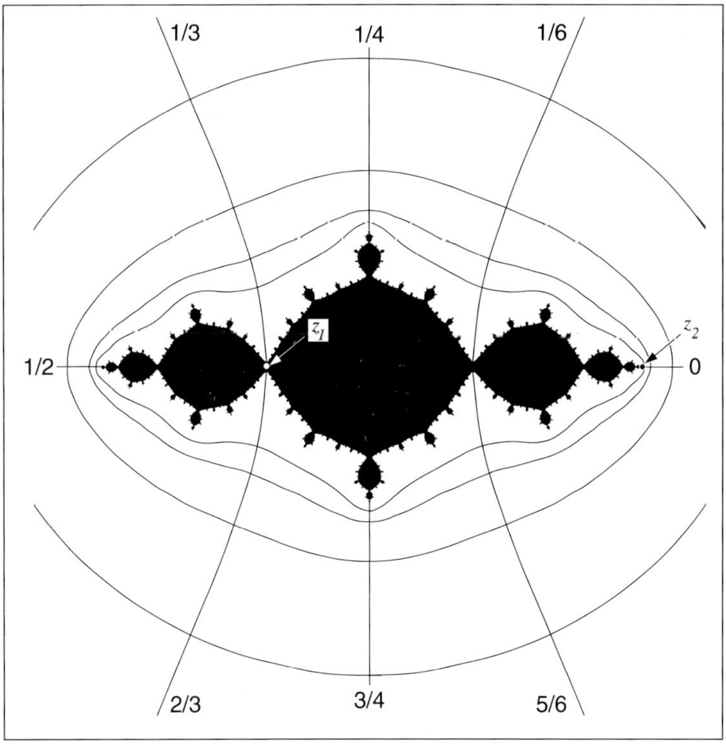

Potential und Feldlinien

Abb. 4.24 : Äquipotentiallinien und Feldlinien für $c = -1$. Die Winkel der Feldlinien sind als Vielfache von 2π angegeben.

$z^2 + c$ mit Bezeichnungen versehen kann. Hierfür gibt es im Prinzip viele Möglichkeiten, aber nur eine davon stellt die Verbindung zwischen der Dynamik von $z \to z^2$ in F_0 und der Dynamik von $z \to z^2 + c$ in F_c her. Das Ziel besteht darin, die Feldlinien durch Winkel $\alpha \in [0, 1)$ so zu beschreiben, daß eine Feldlinie mit dem Winkel α bei Anwendung der Abbildung $z \to z^2 + c$ in eine andere mit dem Winkel Frac (2α) transformiert wird. Die Feldlinie, von der wir ausgehen, entspricht der Feldlinie der Einheitskreisscheibe mit dem Winkel $\alpha = 0$, die den Rand der Kreisscheibe an der Stelle $z = 1$ trifft. Dieser Punkt hat in diesem Kontext die wichtige Eigenschaft, daß er Fixpunkt von $z \to z^2$ ist. Die ganze Feldlinie, die am Punkt $z = 1$ ankommt, wird unter der Dynamik von $z \to z^2$ auf sich selbst abgebildet. Außerdem ist bemerkenswert, daß $z = 1$ ein abstoßender Fixpunkt ist. Wir kommen nun zu $z \to z^2 + c$, wobei wir das Beispiel $c = -1$ betrachten (siehe Abbildung 4.24). Diese Abbildung hat zwei

Fixpunkte, nämlich

$$z_1 = \frac{1-\sqrt{5}}{2} \text{ und } z_2 = \frac{1+\sqrt{5}}{2}.$$

Sie befinden sich am rechten Ende der Gefangenenmenge von G_{-1} und am Einschnürungspunkt, der in Abbildung 4.24 markiert ist. Die Ableitungen von $f_c(z) = z^2 + c$ bei z_1 und z_2 sind $|1 \mp \sqrt{5}| > 1$. Daher sind beide Fixpunkte abstoßend und somit Punkte der Julia-Menge, die der Rand von G_{-1} ist. Wir erwarten daher, daß jeder Fixpunkt mit einer Feldlinie identifiziert wird. Es wäre natürlich, die Feldlinien von G_{-1} so zu definieren, daß der Winkel $\alpha = 0$ entweder z_1 oder z_2 entspricht. Aber für welchen Fixpunkt sollen wir uns entscheiden? Nun, wenn wir der Dynamik von $z \to z^2 - 1$ entsprechen wollen, müssen wir vorsichtig sein. Es gibt eine Feldlinie, die bei z_2 ankommt. Dies ist die Menge $\{z = x + 0i \mid x \geq z_2\}$. Wir können uns davon überzeugen, daß mit z auch $z^2 - 1$ auf dieser Halbgeraden liegt.[13] Mit anderen Worten bezeichnen wir diese Feldlinie mit $\alpha = 0$, weil sie unter der Transformation $z \to z^2 - 1$ invariant ist, genau wie die entsprechende Feldlinie von $z = 1$ unter $z \to z^2$ invariant ist. Es scheint dabei jedoch ein Problem aufzutreten. Was geschieht mit der Feldlinie (den Feldlinien), die bei z_1 ankommen? Wenn es zunächst nur eine Feldlinie gibt, die bei z_1 ankommt, dann bleibt sie auch invariant unter $z \to z^2 - 1$, entsprechend der Dynamik für Feldlinien. Das würde aber unsere Wahl für die Bezeichnung der Feldlinie stören, die mit z_2 identifiziert ist, weil es nur einen Winkel α gibt, so daß $\alpha = \text{Frac}\,(\alpha)$ ist, nämlich $\alpha = 0$, und diesen Winkel haben wir schon für die Feldlinie verwendet, die an der Stelle z_2 ankommt. Es gibt jedoch einen Weg, der uns aus dem Dilemma herausführt: Wir lassen zu, daß zwei Feldlinien bei z_1 ankommen; dies können wir in Abbildung 4.24 sehen. Dies bedeutet, daß G_{-1} am Punkt z_1 eingeschnürt sein muß. Durch $z \to z^2 - 1$ werden nun Feldlinien in Feldlinien transformiert, indem einfach der Winkel verdoppelt wird. Die beiden Feldlinien bei z_1 müssen daher aufeinander abgebildet werden. Es gibt nur zwei Winkel α_1 und α_2, die die Eigenschaft haben, daß $\alpha_1 = \text{Frac}\,(2\alpha_2)$ ist und $\alpha_2 = \text{Frac}\,(2\alpha_1)$, und dies sind die Winkel $\alpha_1 = 1/3$ und $\alpha_2 = 2/3$. Wir bezeichnen daher die beiden Linien, die am Fixpunkt z_1 ankommen mit $1/3$ und $2/3$. Wenn wir auf diese Weise fortfahren, können wir alle Einschnürungspunkte verstehen. Dies gibt Anlaß, die Gefangenenmenge G_{-1} selbst neu zu interpretieren. Das gleiche Verfahren läßt sich auch anwenden, wenn der Parameter c andere Werte annimmt. Ausschlaggebend ist nur, daß die Gefangenenmenge G_c zusammenhängend ist.

[13] Es sei $x \geq (1+\sqrt{5})/2$. Dann ist $x^2 - 1 \geq (6 + 2\sqrt{5})/4 - 1 = (1+\sqrt{5})/2$.

Wir fassen zusammen: Um die zusammenhängenden Julia-Mengen zu verstehen, muß man das Potential der Gefangenenmenge untersuchen und eine Analyse der zugehörigen Feldlinien unter der Dynamik von $z \to z^2 + c$ durchführen. Diese Dynamik ist gerade durch eine Verdopplung des Winkels gegeben. Um die Einzelheiten auszuarbeiten, muß man zunächst verstehen, an welchen Punkten der Julia-Menge die Feldlinien ankommen. A priori ist es nicht einmal klar, ob die Feldlinien überhaupt ankommen. Es hat sich herausgestellt, daß für eine besondere Klasse von Julia-Mengen[14] alle Feldlinien ankommen. In allen anderen Fällen ist nur bekannt, daß die Feldlinien, die zu *rationalen* Winkeln α gehören, auf dem Rand der Gefangenenmenge ankommen.

Zum Potential der Gefangenenmengen

Die Berechnung einer Potentialfunktion für zusammenhängende Gefangenenmengen steht in engem Zusammenhang zu den Einkreisungen der Gefangenenmenge. Wir erinnern daran, daß die Einkreisungen von Julia-Mengen, die wir im vorhergehenden Abschnitt besprochen haben, Approximationen der Gefangenenmenge waren, die durch

$$Q_c^{(-k)} = \{z_0 \mid |z_k| \leq r(c)\}\,, \text{ mit } z_{l+1} = z_l^2 + c$$

gegeben sind und auch als

$$Q_c^{(-k)} = \left\{z_0 \mid z_k \in Q_c^{(0)}\right\}$$

geschrieben werden können. Mit anderen Worten sind die $Q_c^{(-k)}$ die iterierten *Urbilder* von $Q_c^{(0)} = \{z \mid |z| \leq r(c)\}$, die Referenzmenge oder *Zielmenge* genannt werden. Wir können nun aber auch die *Bilder* von $Q_c^{(0)}$ betrachten, die mit

$$Q_c^{(k)} = \left\{z_k \mid z_0 \in Q_c^{(0)}\right\}$$

bezeichnet werden. Die gleiche Konstruktion kann durchgeführt werden, wenn man eine beliebige Referenzmenge R nimmt und für alle ganzen Zahlen k definiert

$$Q_c^{(k)}(R) = \{z_k \mid z_0 \in R\}\,.$$

Wenn k negativ ist, bezeichnet z_k ein Urbild von z_0, d.h., die $k$malige Iteration des Anfangswerts z_k ergibt den Wert z_0. Wenn wir den Spezialfall $c = 0$ betrachten und die Referenzmenge $R = Q_c^{(0)}$, dann sind die Bilder und Urbilder $Q_c^{(k)}(R)$ gerade die Kreisscheiben, die

[14] Die Klasse der lokal zusammenhängenden Julia-Mengen, siehe Abschnitt 5.2.

Einkreisungen $Q_c^{(k)}$

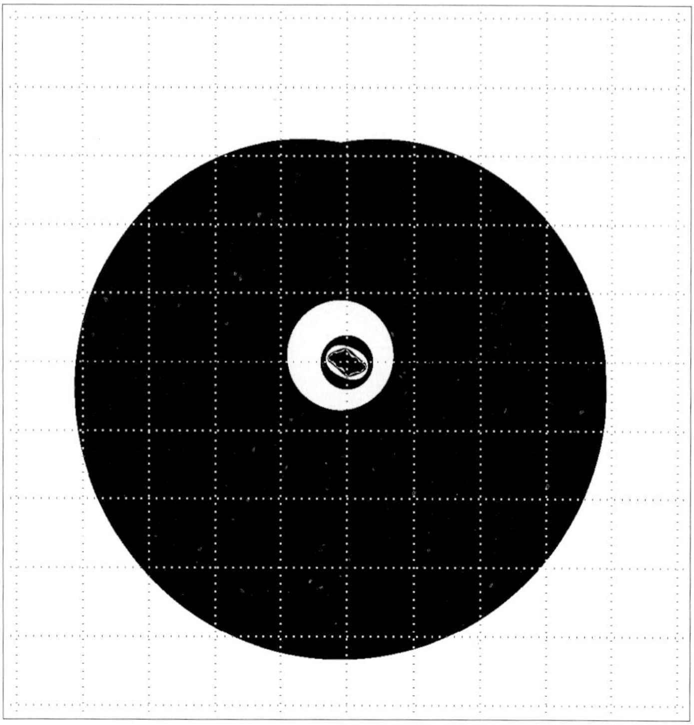

Abb. 4.25 : Die Einkreisungen für $c = -0.5 + 0.5i$ sind in wechselnden Schattierungen dargestellt: Wir sehen $Q_c^{(k)}$ für $k = 2, 1, 0, -1, -2$ und -3. Man sollte im Hinterkopf behalten, daß nur $Q_c^{(0)}$ ein Kreis ist.

von den Äquipotentiallinien begrenzt werden, die in Abbildung 4.21 dargestellt sind und mit

$$D^{(k)} = \left\{ z \mid \log_2 |z| \le 2^k \right\}$$

bezeichnet werden.

Auswahl der richtigen Referenzmenge

Wenn wir jedoch c so wählen, daß $c \neq 0$ ist, wird die Angelegenheit ein wenig komplizierter, aber auch interessanter. In diesem Fall können wir beobachten, daß nur die Referenzmenge $R = Q_c^{(0)}$ eine Kreisscheibe ist (siehe Abbildung 4.25). In der Tat zeigen die meisten Bilder, die von Julia-Mengen veröffentlicht wurden, die Mengen $Q_c^{(k)}(D^{(0)})$ in Schwarz und Weiß (oder mit einer geeigneten Farbkodierung). Mit anderen Worten verwenden sie die Kreisscheibe mit dem Radius $r = 2$ als Referenzmenge. Solche Bilder mögen ansprechend aussehen, aber sie haben einen großen Nachteil. Wenn $c \neq 0$ ist, können wir die Ränder von $Q_c^{(k)}$ nicht als Approximationen der Äquipotentiallinien betrachten. Dies ist klar, weil wir nicht erwarten

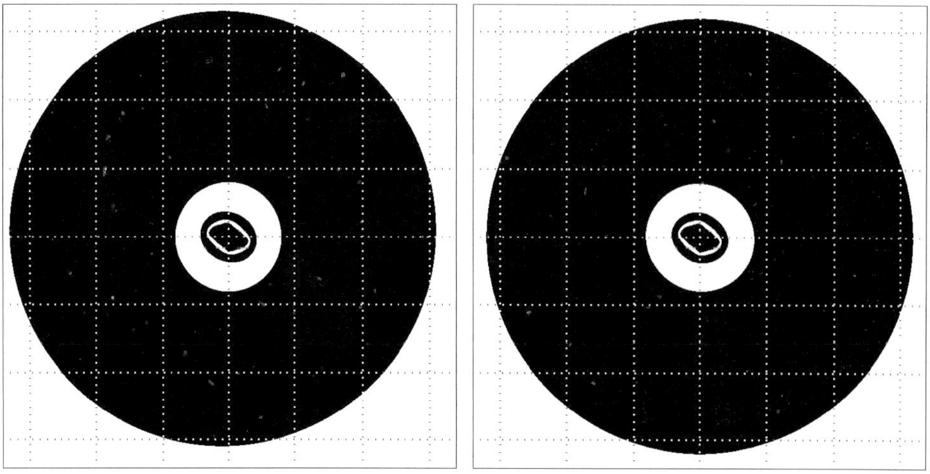

Abb. 4.26 : Approximation von $P_c^{(k)}$ durch $Q_c^{(k-1)}(D^{(1)})$ (links) und $Q_c^{(k-2)}(D^{(2)})$ (rechts).

können, daß der Kreis mit dem Radius 2 für alle Gefangenenmengen eine Äquipotentiallinie ist. Es gibt nur einen einzigen Fall, für den dies zutrifft, nämlich für $c = 0$. In allen anderen Fällen sind die Äquipotentiallinien keine Kreislinien. Nur wenn wir Äquipotentiallinien betrachten, die weit von der Gefangenenmenge entfernt liegen, haben wir es annähernd mit Kreislinien zu tun. Dieser Nachteil ist deutlich sichtbar. Wir können zum Beispiel beobachten, daß die Ränder der Mengen $Q_c^{(k)}$ in Abbildung 4.18 an manchen Stellen näher zusammenrücken und an anderen Stellen auseinanderlaufen, und dies geschieht auf ziemlich künstliche Weise und steht mit der angenäherten Gefangenenmenge in keinem Zusammenhang. Die Äquipotentiallinien sollten diese Art von Verhalten nicht zeigen. Das Problem ergibt sich aus der Wahl der Referenzmenge R. Wir betrachten noch einmal den Fall $c = 0$. Für diesen Parameter ist die Referenzmenge $R = Q_c^{(0)} = D^{(0)}$ nicht besonders außergewöhnlich. Wir könnten auch $R = Q_c^{(1)} = D^{(1)}$ nehmen oder $R = Q_c^{(2)} = D^{(2)}$ und würden im wesentlichen zum gleichen Ergebnis kommen. In der Tat hat man für den Spezialfall $c = 0$ die Gleichung

$$Q_c^{(k-l)}(D^{(l)}) = Q_c^{(k)}(D^{(0)}).$$

Wir können also behaupten, daß der Rand von $Q_c^{(k-l)}(D^{(l)})$ eine Potentiallinie ist, die vom Wert für l unabhängig ist. Für $c \neq 0$ trifft dies sicherlich nicht zu. Aber das Nächstbeste, auf das wir hoffen

Einkreisungen

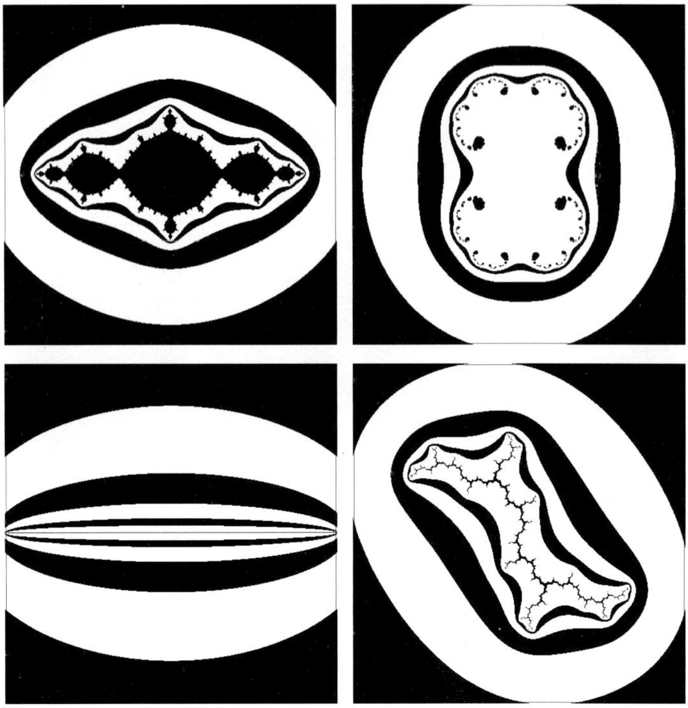

Abb. 4.27 : Einkreisungen von $P_c^{(k)}$ für $c = -1$, 0.4, -2 und i (von oben links nach unten rechts). Man sollte diese Bilder mit Abbildung 4.19 vergleichen. Man sollte beachten, daß die Julia-Menge für $c = 0.4$ nicht zusammenhängend ist. Das Bild muß deshalb mit Vorsicht interpretiert werden. In diesem Fall sind Feldlinien nicht einmal definiert.

können, führt uns glücklicherweise zum Ziel. Der Grenzwert

$$P_c^{(k)} = \lim_{l \to \infty} Q_c^{(k-l)}(D^{(l)})$$

existiert und sein Rand ist eine Äquipotentiallinie.[15] Abbildung 4.26 zeigt die Approximationen der Gefangenenmenge durch $Q_c^{(k-l)}(D^{(l)})$ für $l = 1$ und $l = 2$. Es ist in der Tat sogar für $l = 3$ schwierig, einen Unterschied zu $l = 2$ zu sehen. Man beachte, daß der Radius der Kreisscheibe $D^{(k)}$ den Wert 2^{2^k} hat. Der Radius von $D^{(3)}$ hat daher schon den Wert 256. In der Praxis können wir $Q_c^{(k-3)}(D^{(3)})$ als recht

[15] A. Douady, J. H. Hubbard, *Étude dynamique des pôlynomes complexes,* Publications Mathematiques d'Orsay 84-02, Université de Paris-Sud, 1984.

zufriedenstellende Annäherung an $P_c^{(k)}$ ansehen. Um formal genau zu sein, schreiben wir

$$P_c^{(k)} = \left\{ z_0 \;\middle|\; \lim_{l \to \infty} \frac{\log_2 |z_l|}{2^l} \leq 2^k \right\}. \tag{4.3}$$

Der Rand von $P_c^{(k)}$ ist tatsächlich eine Äquipotentiallinie, und die Potentialfunktion ist durch

$$p_c(z_0) = \lim_{l \to \infty} \frac{\log_2 |z_l|}{2^l}$$

gegeben. Es hat einen weiteren Vorteil, diese Funktion zu verwenden; wir sind in der Lage, die speziellen Annahmen bezüglich des Schwellenwerts $r(c)$ fallen zu lassen (der 2 ist, wenn c klein ist, und $|c|$, wenn $|c| > 2$). Er spielt bei der Definition der Mengen $P_c^{(k)}$ keine Rolle mehr, was auch zur Folge hat, daß die Einkreisungen der Gefangenenmenge G_c die zusätzliche Eigenschaft haben, daß sie gleichzeitig die Äquipotentiallinien approximieren.

Zerlegung in Niveaumengen

Die Potentialfunktion p_c und die Mengen $P_c^{(k)}$ führen zu einer natürlichen Zerlegung der Fluchtmenge F_c in *Niveaumengen*

$$N_c^k = \left\{ z \mid 2^{k-1} < p_c(z) \leq 2^k \right\}.$$

Für jede ganze Zahl k ist das, was von $P_c^{(k)}$ bleibt, wenn man $P_c^{(k-1)}$ entfernt. Mit anderen Worten transformiert $z \to z^2 + c$ die Niveaumenge N_c^k in N_c^{k+1}. Man sollte im Auge behalten, daß diese Niveaumengen Indizes k haben, die alle ganzen Zahlen durchlaufen. Die Niveaumengen mit großen positiven Indizes sind nahezu außerordentlich große Kreisringe, während diejenigen Niveaumengen, die sich nahe bei der Gefangenenmenge befinden, negative Indizes k mit einem hohen Absolutbetrag haben.

Die Niveaumengen geben einen wichtigen Aspekt der Dynamik wieder, nämlich die Größe der Iterierten. Der andere Aspekt, der die Feldlinien betrifft, kann durch eine passende Zerlegung der Niveaumengen veranschaulicht werden, die wir im folgenden Abschnitt behandeln werden.

4.6 Binäre Zerlegung, Feldlinien und Dynamik

Im vorigen Abschnitt haben wir die Fluchtmenge in ein unendliches System von Niveaumengen unterteilt. Wir können uns nun der binären Zerlegung dieser Niveaumengen N_c^k zuwenden, die uns die Möglichkeit eröffnet, Feldlinien und Dynamik miteinander zu verknüpfen.[16]

Binäre Zerlegung der Niveaumengen für $c = 0$

Wir betrachten wieder zuerst den Fall $c = 0$ und werden die Ergebnisse später verallgemeinern. Wir fangen an, eine Niveaumenge N_c^k in zwei Mengen

$$N_c^k(0) = \{z \in N_0^k \mid \text{Im}z \geq 0\}$$
$$N_c^k(1) = \{z \in N_0^k \mid \text{Im}z \leq 0\}$$

zu zerlegen, die aus der oberen und aus der unteren Hälfte von N_c^k bestehen.[17] Wir nennen diese Teilmengen *Zellen des ersten Stadiums* der Niveaumenge N_c^k und kennzeichnen sie mit 0 und 1. Wir können dies für alle Niveaumengen so halten, d.h. für alle ganzen Zahlen k. Wir wollen nun herausfinden, wie man das nächste Stadium der binären Zerlegung erhalten kann. Wir verfeinern $N_c^k(0)$ und $N_c^k(1)$ in vier Zellen, die jeweils mit zwei Ziffern gekennzeichnet sind:

$$N_c^k(00), N_c^k(01), N_c^k(10), N_c^k(11).$$

Diese vier Mengen sind als die Urbilder der Zellen des ersten Stadiums der nächsten Niveaumenge N_c^{k+1} definiert. Um es genauer zu formulieren, sind $N_c^k(00)$ und $N_c^k(10)$ die beiden Urbilder von $N_c^{k+1}(0)$, und $N_c^k(01)$ und $N_c^k(11)$ sind die beiden Urbilder von $N_c^{k+1}(1)$. Mit der Abbildung $f_c(z) = z^2 + c$ erhalten wir also für $c = 0$

$$f_c(N_c^k(00)) = f_c(N_c^k(10)) = N_c^{k+1}(0),$$
$$f_c(N_c^k(01)) = f_c(N_c^k(11)) = N_c^{k+1}(1).$$

Außerdem ordnen wir diese Zellen gegen den Uhrzeigersinn, wobei wir beim Winkel $\alpha = 0$ anfangen und die Bezeichnungen in der Reihenfolge 00, 01, 10 und 11 fortsetzen. Durch die Zellen des zweiten Stadiums wird daher tatsächlich eine Verfeinerung der Zellen des ersten Stadiums definiert, so daß die Eigenschaft

$$N_c^k(00) \cup N_c^k(01) = N_c^k(0)$$
$$N_c^k(10) \cup N_c^k(11) = N_c^k(1)$$

erfüllt ist.

---

[16] Die Idee der binären Zerlegung wurde eingeführt von H.-O. Peitgen, F. v. Haeseler, D. Saupe, in *Cayley's problem and Julia sets,* Mathematical Intelligencer 6.2 (1984) 11–20 und in H.-O. Peitgen und P. Richter, *The Beauty of Fractals,* Springer-Verlag, 1986.

[17] Diese Mengen sind nicht disjunkt; sie schneiden sich auf der reellen Achse. Für unsere Untersuchung ist dies jedoch nicht von Bedeutung.

Binäre Zerlegung für $c = 0$

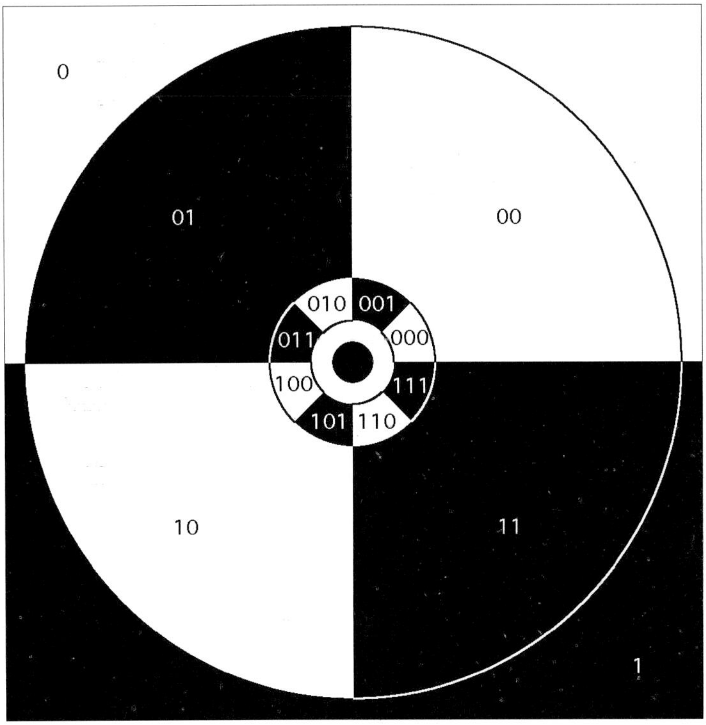

Abb. 4.28 : Die kleine schwarze Kreisscheibe in der Mitte ist die Einheitskreisscheibe. Der große Kreis hat den Radius 16. Abgebildet sind die beiden Zellen des ersten Stadiums der Niveaumenge N_c^3, die vier Zellen des zweiten Stadiums von N_c^2 und die acht Zellen des dritten Stadiums von N_c^1. Die Zellen sind je nach ihrer Bezeichnung schwarz oder weiß dargestellt. Gerade Bezeichnungen sind weiß wiedergegeben und ungerade Bezeichnungen schwarz.

Es gibt 2^n Zellen im $n$ten Stadium einer Niveaumenge. Ihre Bezeichnungen $b_n \dots b_1$ haben n binäre Ziffern. Wenn man diese Zellen im $n$ten Stadium kennt, können die Zellen des $(n+1)$ten Stadiums definiert werden. Eine Zelle $N_c^{k+1}(b_n \dots b_1)$ im $n$ten Stadium der Niveaumenge $k+1$ hat zwei Urbilder, die die Zellen des $(n+1)$ten Stadiums der Niveaumenge k sind,

$$N_c^k(0b_n \dots b_1) \text{ und } N_c^k(1b_n \dots b_1).$$

Bei der Orientierung dieser beiden Zellen, die vom Winkel $\alpha = 0$ ausgehend gegen den Uhrzeigersinn durchgeführt wird, kommt die Zelle $N_c^k(0b_n \dots b_1)$ zuerst. Die andere, $N_c^k(1b_n \dots b_1)$ ist gerade die Spiegelung von $N_c^k(0b_n \dots b_1)$ am Ursprung. Die binäre Zerlegung ist damit ein rekursiver Vorgang. Wenn wir damit anfangen, beispielsweise die Niveaumenge N_c^1 in Zellen des ersten Stadiums zu zerlegen, werden dadurch die Zellen des zweiten Stadiums von N_c^0 definiert, die wiederum die Zellen des dritten Stadiums von N_c^{-1} definieren und so weiter. Dies ist in Abbildung 4.28 veranschaulicht.

Bezeichnungen zeigen die Dynamik

Man sollte im Hinterkopf behalten, daß wir die Bezeichnungen der Zellen so gewählt haben, daß die Transformation der Zellen unmittelbar aus den Bezeichnungen abgelesen werden kann: Die Zelle aus dem $n$ten Stadium mit der Bezeichnung $b_n \ldots b_1$ aus der $k$ten Niveaumenge wird bei der Abbildung $z \to z^2$ in die Zelle des Stadiums $n-1$ mit der Bezeichnung $b_{n-1} \ldots b_1$ in der darauffolgenden Niveaumenge transformiert. Mit einer Gleichung läßt sich dies folgendermaßen ausdrücken:

$$f_c(N_c^k(b_n bn - 1 \ldots b_1)) = N_c^{k+1}(b_{n-1} \ldots b_1).$$

Die Wirkung, die einmaliges Anwenden der quadratischen Abbildung auf eine Zelle hat, wird durch einen Shift auf der Bezeichnung der Zelle nach links beschrieben, wenn man die erste Ziffer fallen läßt.

Approximation der Feldlinien

Die binäre Zerlegung erlaubt uns, beliebige Feldlinien des Potentials zu approximieren. Wenn wir zu immer weiteren Unterteilungen der Niveaumengen übergehen, konvergieren die Bezeichnungen dieser Zellen gegen die Binärentwicklung der Winkel, die den Feldlinien entsprechen, die durch diese Zellen laufen. Wir wollen zum Beispiel die Feldlinie ϕ_α mit der binären Entwicklung $\alpha = 0.01011\ldots$ identifizieren. Diese Feldlinie muß die Zellen durchlaufen, die mit 0, dann mit 01, dann mit 010, dann 0101, dann 01011 bezeichnet werden, und so weiter. In Abbildung 4.29 kann man versuchen, die Winkel für $\alpha = 0.\overline{01} = 1/3$ und für $\alpha = 0.\overline{10} = 2/3$ abzulesen.

Binäre Zerlegung der Niveaumengen für $c \neq 0$

Wir lassen nun zu, daß der Parameter c verändert wird. Wenn $|c|$ klein ist, dann unterscheidet sich die Gefangenenmenge kaum von einer Kreisscheibe, und die Feldlinien und Äquipotentiallinien sollten annähernd die gleichen sein wie für die Einheitskreisscheibe, die Gefangenenmenge für den Fall $c = 0$. In der Tat können wir beinahe nach dem gleichen Schema vorgehen wie für $c = 0$. Erst unterteilen wir N_c^k in $N_c^k(0)$ und $N_c^k(1)$ wie zuvor. Aber wenn wir die Zellen im zweiten Stadium berechnen, taucht eine Schwierigkeit auf. Wenn wir mit der Konstruktion genau wie für $c = 0$ fortfahren, werden wir niemals erreichen, daß

$$N_c^k(00) \cup N_c^k(01) = N_c^k(0),$$

und wir werden auch keine Zelle finden können, die von der x-Achse begrenzt wird, was Voraussetzung für eine natürliche Nummerierung der Zellen wäre. Das Problem entspricht der Tatsache, daß die Feldlinien im allgemeinen keine geraden Linien sind, und wir die Niveaumengen aber entlang der Feldlinien unterteilen wollen. Nur im

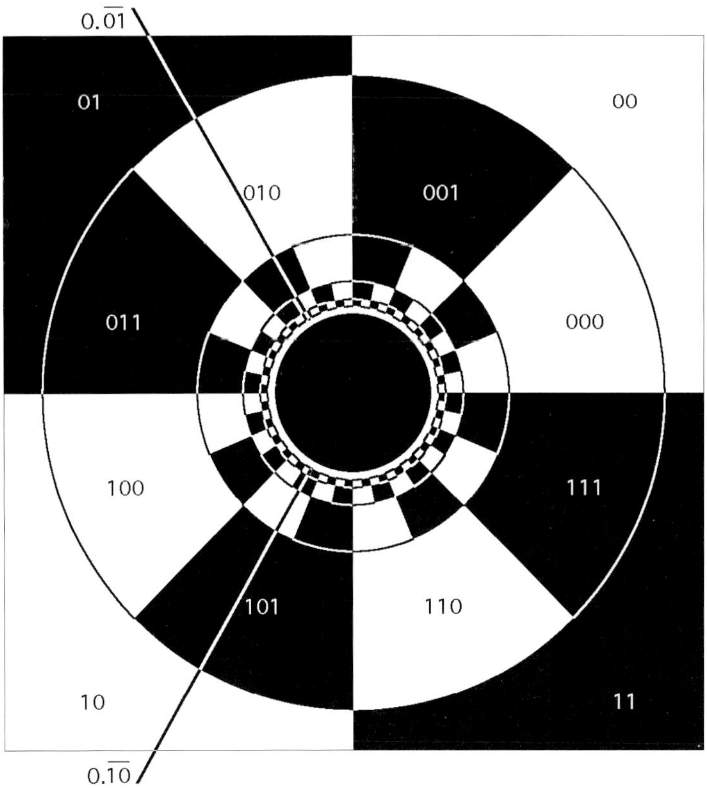

Binäre Zerlegung und Feldlinien

Abb. 4.29 : Die binäre Zerlegung gibt uns die Möglichkeit, den Winkel einer Feldlinie herauszufinden. Es sind die beiden Winkel 1/3 und 2/3 dargestellt mit den binären Entwicklungen 0.0101... und 0.1010..., die auch von den Bezeichnungen der Zellen abgelesen werden können, durch die die Feldlinien laufen.

Grenzprozeß, weit außerhalb der Gefangenenmenge werden die Feldlinien annähernd gerade. Wir kommen also zu einer Lösung des Problems, wenn wir die Zerlegung für Niveaumengen N_c^m mit hinreichend großem m beginnen. Wir nehmen den Durchschnitt von N_c^m und dem positiven Teil der reellen Achse als Strecke AB, die mit dem Teilstück einer Feldlinie übereinstimmt oder der Feldlinie zumindest außerordentlich nahe kommt. Wir ordnen dieser Feldlinie den Winkel $\alpha = 0$ zu, weil die Konstante c weit entfernt vom Ursprung die Iteration von f_c nicht wesentlich beeinflußt und die Situation daher beinahe dieselbe ist wie für das Potential der Einheitskreisscheibe, für das sich die Feldlinie mit dem Winkel Null auf der positiven reellen Achse befindet.

Der Winkel 0

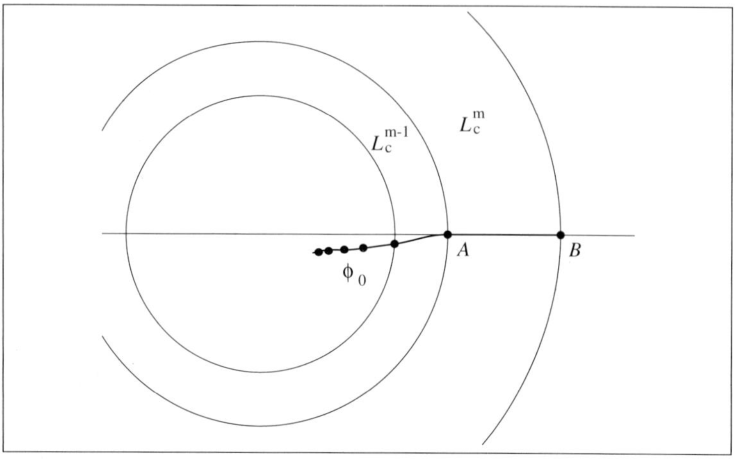

Abb. 4.30 : ϕ_0 läßt sich als Kette erzeugen, die aus den aneinandergefügten iterierten Urbildern des Geradenabschnitts AB besteht.

Aufgrund der Konstruktion haben wir

$$f_c(A) \approx B,$$

wobei man die Approximation so genau werden lassen kann, wie man möchte, indem man mit einer Niveaumenge N_c^m anfängt, für die m genügend groß ist. Die Strecke AB hat zwei Urbilder, die Kurven sind, und durch die Niveaumengen N_c^{m-1} laufen. Eines der Urbilder von B ist A, und daher ist eine der Urbildkurven mit der Strecke AB verbunden. Als nächstes betrachten wir die Urbilder dieser Kurve, eines der Urbilder ist mit der Kurve verbunden (siehe Abbildung 4.30). Wenn man auf diese Weise fortfährt und Abschnitte von Kurven aneinanderfügt, entsteht eine Kette von Kurven, die der Gefangenenmenge G_c zustrebt. Dies ist die Feldlinie ϕ_0 mit dem Winkel $\alpha = 0$. Wenn wir diese wichtige Feldlinie konstruiert haben, können wir damit anfangen, die Niveaumengen zu unterteilen und den Zellen Bezeichnungen zuzuordnen, wobei wir mit der Zelle beginnen, die an die Feldlinie mit dem Winkel Null angeheftet ist.

Aber es gibt noch eine weitere Schwierigkeit. Im allgemeinen (für $c \neq 0$) trifft es nicht zu, daß eine Zelle zwei disjunkte Urbilder hat, zwei Zellen in der nächsten Niveaumenge, die näher an der Gefangenenmenge liegt. Dies ist aber für die Konstruktion der binären Zerlegung der Niveaumengen erforderlich. Man hat herausgefunden, daß diese Bedingung für alle Werte von c erfüllt ist, die eine zusammenhängende Julia-Menge haben. Unzusammenhängende Julia-Mengen werden wir am Ende dieses Kapitels behandeln.

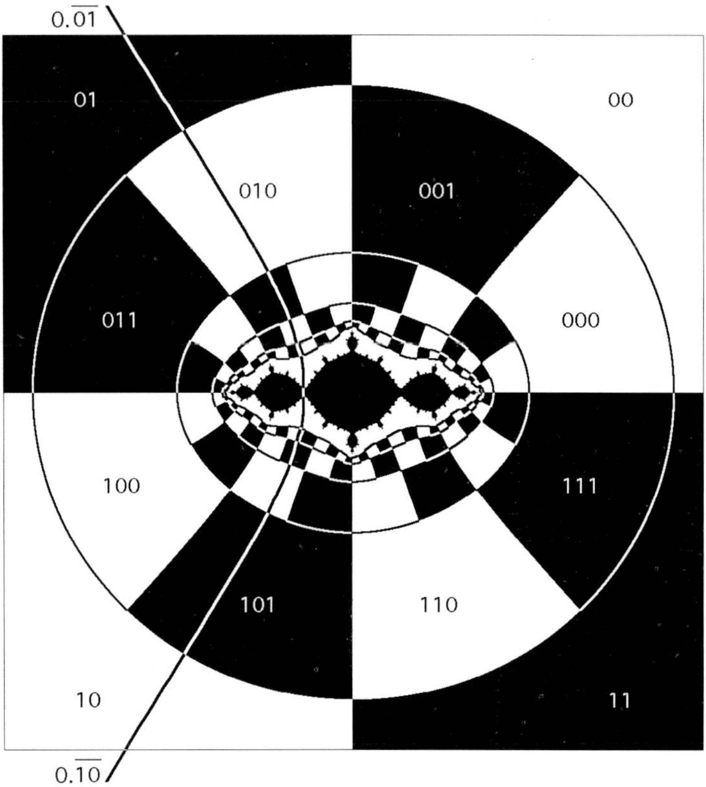

Binäre Zerlegung für $c = -1$

Abb. 4.31 : Es sind die beiden Feldlinien mit den Winkeln $1/3 = 0.0101\ldots$ und $2/3 = 0.1010\ldots$ dargestellt.

Entschlüsselung der Struktur von Julia-Mengen

Wir sind nun darauf vorbereitet, die Methode anzuwenden, die wir gerade beschrieben haben, um die Niveaumengen des elektrostatischen Potentials einer nichttrivialen (d.h. $c \neq 0$) zusammenhängenden Gefangenenmenge zu zerlegen. Als erstes Beispiel wählen wir $c = -1$. In Abbildung 4.31 wird die binäre Zerlegung der Fluchtmenge F_c in diesem Fall veranschaulicht. Zunächst tritt eine der Schwierigkeiten, die wir zuvor erwähnt haben, in diesem Beispiel gar nicht auf. Die Feldlinie mit dem Winkel Null ist Teil der positiven reellen Achse, so wie es auch für die Einheitskreisscheibe und $c = 0$ der Fall war. Das liegt daran, daß $c = -1$ ein reeller Parameter ist, und Urbilder reeller Zahlen $a > 0$ unter $f_c(z) = z^2 - 1$ sind ebenfalls reell.

Die Zellen in den Niveaumengen sind mit den gleichen Regeln kodiert wie für den Spezialfall $c = 0$, und in Abbildung 4.31 haben wir die binären Bezeichnungen gegen den Uhrzeigersinn angeordnet, wobei wir bei der ausgezeichneten Feldlinie mit dem Winkel $\alpha = 0$ begonnen haben. Auf der Grundlage der Konstruktion können wir Feldlinien approximieren, die Binärentwicklung ihrer Winkel ablesen und bestimmen, wie eine Feldlinie bei Anwendung der Abbildung $z \to z^2 + c$ transformiert wird. Zum Beispiel können wir die Binärentwicklung

$$\alpha = 0.d_1 d_2 d_3 \dots d_n \dots$$

für die Feldlinie ϕ_α aus der binären Darstellung ablesen. Jetzt ist die Frage, in welche Feldlinie ϕ_β die Feldlinie ϕ_α transformiert wird. Nun, offensichtlich haben wir die Bezeichnungen unserer Zellen in unserer binären Zerlegung so gewählt, daß sie die Dynamik von $z \to z^2 + c$ wiedergeben. Die Linie ϕ_β ist also genau die Feldlinie mit dem Winkel

$$\beta = 0.d_2 d_3 \dots d_n \dots .$$

Mit anderen Worten haben wir gerade eine der grundlegenden Beobachtungen von Douady und Hubbard rekonstruiert: Aus dem Blickwinkel der Feldliniendynamik in der Fluchtmenge F_c verhält sich die Dynamik von $z \to z^2 + c$, $c \neq 0$ wie eine Winkelverdopplung, genau wie im Fall $c = 0$.

Äquivalenz zu $z \to z^2$

Douady und Hubbard haben mit Hilfe des Riemannschen Abbildungssatzes streng mathematisch bewiesen, daß die Dynamik von $z \to z^2 + c$ auf der Fluchtmenge F_c zur Dynamik von $z \to z^2$ außerhalb der Einheitskreisscheibe äquivalent ist, sofern die Gefangenenmenge G_c zusammenhängend ist. Die binäre Zerlegung der Niveaumengen liefert einen visuellen Zugang zu diesem Ergebnis, das uns hilft, dem Werk von Douady und Hubbard in einer Analyse der Julia-Mengen (und auch der Mandelbrotmenge) ein Stück weit zu folgen.

Einschnürungsmodelle für $c = -1$ **und** $c = i$

Wir setzen unsere Untersuchung darüber fort, wie Kreisscheiben durch Feldlinien eingeschnürt werden, wie wir sie in Abschnitt 4.5 begonnen haben. Zuerst betrachten wir die Julia-Menge für $c = -1$. Wir haben bereits die Feldlinie ϕ_0 untersucht, die am abstoßenden Fixpunkt $z_2 = (1+\sqrt{5})/2$ endet. Nun betrachten wir die Feldlinie mit dem Winkel $\alpha = 1/2$. Entsprechend der Feldliniendynamik muß diese Feldlinie in eine Feldlinie mit dem Winkel 0 transformiert werden. Daher muß sie am Urbild von z_2 auf die Gefangenenmenge treffen. Die beiden Urbilder von z_2 sind z_2 selbst (weil z_2 Fixpunkt ist) und $-z_2$. Daher kommt die Feldlinie $\phi_{1/2}$ am Punkt $-z_2$ an. Wir haben auch die Feldlinien $\phi_{1/3}$ für $\alpha = 1/3$ und $\phi_{2/3}$ für $\alpha = 2/3$ besprochen, die am zweiten Fixpunkt $z_1 = (1-\sqrt{5})/2$ enden, der ebenfalls abstoßend ist. Das war ein Anzeichen dafür, daß die Gefangenenmenge G_c an der Stelle z_1 eingeschnürt wird. Die beiden Feldlinien $\phi_{1/3}$ und $\phi_{2/3}$ werden durch $z \to z^2 + c$ ineinander überführt.

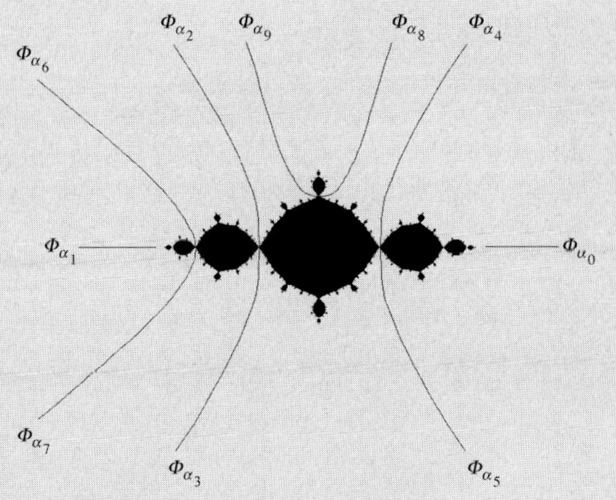

Abb. 4.32 : Eine Kreisscheibe wird durch Feldlinien eingeschnürt, die sich in einem abstoßenden Fixpunkt treffen, und von ihren iterierten Urbildern.

α	Winkel	Binärdarst.	β	Winkel	Binärdarst.
α_0	0	0.0	α_0	0	0.0
α_1	1/2	0.1	α_0	0	0.0
α_2	1/3	$0.\overline{01}$	α_3	2/3	$0.\overline{10}$
α_3	2/3	$0.\overline{10}$	α_2	1/3	$0.\overline{01}$
α_4	1/6	$0.0\overline{01}$	α_2	1/3	$0.\overline{01}$
α_5	5/6	$0.1\overline{10}$	α_3	2/3	$0.\overline{10}$
α_6	5/12	$0.01\overline{10}$	α_5	5/6	$0.1\overline{10}$
α_7	7/12	$0.10\overline{01}$	α_4	1/6	$0.0\overline{01}$
α_8	5/24	$0.001\overline{10}$	α_6	5/12	$0.0\overline{1}$
α_9	7/24	$0.010\overline{01}$	α_7	7/12	$0.10\overline{01}$

Tab. 4.33 : Wenn man die Abbildung $z \to z^2 + c$ mit $c = -1$ anwendet, werden Feldlinien mit dem Winkel α in Feldlinien mit dem Winkel β transformiert. Entsprechende Feldlinien sind zusammen mit den Einschnürungspunkten in Abbildung 4.32 dargestellt.

Wir können damit fortfahren, den Prozeß des Einschnürens zu verstehen, indem wir einfach nach Feldlinien suchen, die auf $\phi_{1/3}$ und $\phi_{2/3}$ abgebildet werden, oder indem wir nach den iterierten Urbildern von z_1 suchen. Wenn wir die Dynamik der Feldlinien zu Hilfe nehmen, finden wir weitere Stellen, an denen die Einheitskreisscheibe eingeschnürt wird. Diese sind in Tabelle 4.33 aufgeführt.

Sie erklären die Einschnürungspunkte in Abbildung 4.32. Wenn wir mit einer Kreisscheibe anfangen und zuerst an der Stelle einschnüren, an der die Feldlinien $\phi_{1/3}$ und $\phi_{2/3}$ aufeinander treffen, und dann an der Stelle, an der die Feldlinien $\phi_{1/6}$ und $\phi_{5/6}$ aufeinander treffen und so

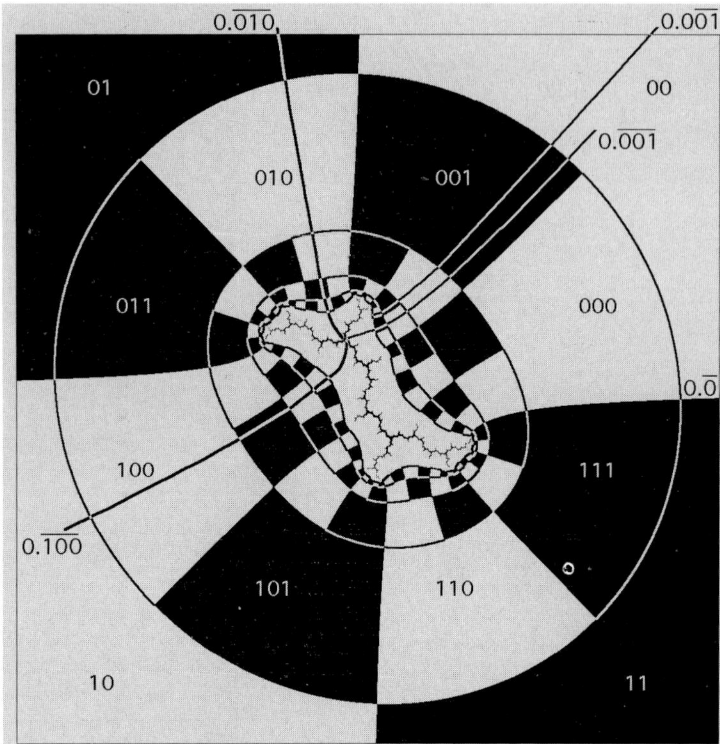

Abb. 4.34 : Die binäre Zerlegung für $c = i$ und die Feldlinien mit den Winkeln $1/6$ (endet am Punkt $z_0 = i$) und $1/7$, $2/7$ und $4/7$.

weiter, dann erhalten wir ein grobes Modell der Gefangenenmenge G_c für $c = -1$.

Schließlich kommen wir auf die Abbildung 4.34 zu sprechen, um den Vorgang für ein anderes Beispiel durchzuführen, nämlich für $c = i$. Man sollte beachten, daß die Feldlinie mit dem Winkel 0 *keine* gerade Linie ist. Aus der Abbildung können wir die binäre Entwicklung der Feldlinie erraten, die am Punkt $z_0 = i$ ankommt, und wir erhalten $\alpha = 0.0\overline{01} = 1/6$. Mit Hilfe der Winkel läßt sich ausdrücken, daß die Transformation dieser Feldlinie unter $z^2 + i$ durch

$$1/6 \to 1/3 \to 2/3 \to 1/3$$

gegeben ist.

Wenn wir die Dynamik von $z_0 = i$ unter der Abbildung $z \to z^2 + i$ verfolgen, erhalten wir

$$i \to -1 + i \to -i \to -1 + i$$

und diese Dynamik ist genau die gleiche — in beiden Fällen hat man einen präperiodischen Punkt der Periode zwei! Dies haben wir natürlich erwartet, und es ist eine Bestätigung dafür, daß wir den Winkel 1/6 richtig geraten haben.

Darüber hinaus gibt es wie im Fall von $c = -1$ zwei abstoßende Fixpunkte, nämlich

$$z_{1,2} = \frac{1 \pm \sqrt{1 - 4i}}{2}.$$

Einer dieser Fixpunkte entspricht dem Fixpunkt $z = 1$ für $z \to z^2$ und hat daher den Winkel $\alpha = 0$. Der andere ist ein Punkt, an dem sich drei Feldlinien treffen, und folglich müssen diese drei Feldlinien $\phi_{1/7}$, $\phi_{2/7}$ und $\phi_{4/7}$ untereinander permutiert werden. Wir berechnen daher $0.\overline{001} = 1/7$, $0.\overline{010} = 2/7$ und $0.\overline{100} = 4/7$.

4.7 Das Chaos-Spiel und Selbstähnlichkeit für Julia-Mengen

Das Verfahren, bei dem die Gefangenenmengen und die Julia-Mengen als ihre Ränder mit dem Pixelspiel berechnet werden, ist ziemlich langsam. Selbst auf modernen PCs und Workstations ist es nicht möglich, das Bild innerhalb von Sekunden auf den Bildschirm zu bekommen. Um schneller ein Bild von der Julia-Menge zu bekommen, auf dem im allgemeinen trotzdem genügend Details zu sehen sind, können wir das Chaos-Spiel verwenden, das wir in Kapitel 6 unseres Buches *Bausteine des Chaos — Fraktale* eingeführt haben. Zu diesem Zweck benötigen wir einen Satz von Transformationen, die eine Approximation der Julia-Menge erzeugen, wenn man sie iterativ auf einen Punkt anwendet. Im Gegensatz zu Kapitel 6 aus *Bausteine des Chaos — Fraktale* können diese Transformationen keine affinen Transformationen sein, denn schon ein einziger Blick auf unsere Abbildungen verrät uns, daß Julia-Mengen keine Merkmale affiner Selbstähnlichkeit aufweisen, die für iterierte Funktionensysteme typisch sind.

Julia-Mengen als Attraktoren

Die Idee, das Chaos-Spiel auf Julia-Mengen anzuwenden, ist nicht so weit hergeholt, wie man zunächst denken mag. Wenn Punkte aus der Fluchtmenge in der Nähe der Julia-Menge unter der Abbildung $z \to z^2 + c$ iteriert werden, entfernen sie sich von der Julia-Menge und streben ins Unendliche. Wir sagen daher, daß die Julia-Menge hinsichtlich der Abbildung $z \to z^2 + c$ abstoßend wirkt. Wir können uns nun mit der inversen Transformation befassen, d.h. mit der Transformation, die einen Punkt w auf z abbildet, wobei $w = z^2 + c$ ist. Wir iterieren daher genau genommen rückwärts. Hinsichtlich dieser inversen Transformation hat die Julia-Menge andere Eigenschaften; sie kann nicht weiterhin abstoßend wirken, sondern muß statt dessen die Rolle einer neuen Art von Attraktor übernehmen. Die Situation entspricht vollständig der Mehrfach-Verkleinerungs-Kopier-Maschine (MVKM), für die der Attraktor im Chaos-Spiel aus einer mehr oder weniger komplizierten geometrischen Punktmenge in der Ebene besteht. Es bleibt noch diefolgende Frage zu beantworten: Welches sind die richtigen umgekehrten Transformationen, die bei dieser Art des Chaos-Spiels angewandt werden müssen?

Zwei nichtlineare Transformatio-nen

Wir haben nun das folgende Problem zu lösen. Gegeben sei eine komplexe Zahl w. Welches sind ihre Urbilder z, so daß $w = z^2 + c$ ist? Wir müssen also die Gleichung

$$z^2 - w + c = 0$$

lösen. Dazu müssen wir nicht auf die allgemeine Formel für quadratische Gleichungen aus Abschnitt 4.3 zurückkommen, da die Gleichung

MVKM für Julia-Mengen

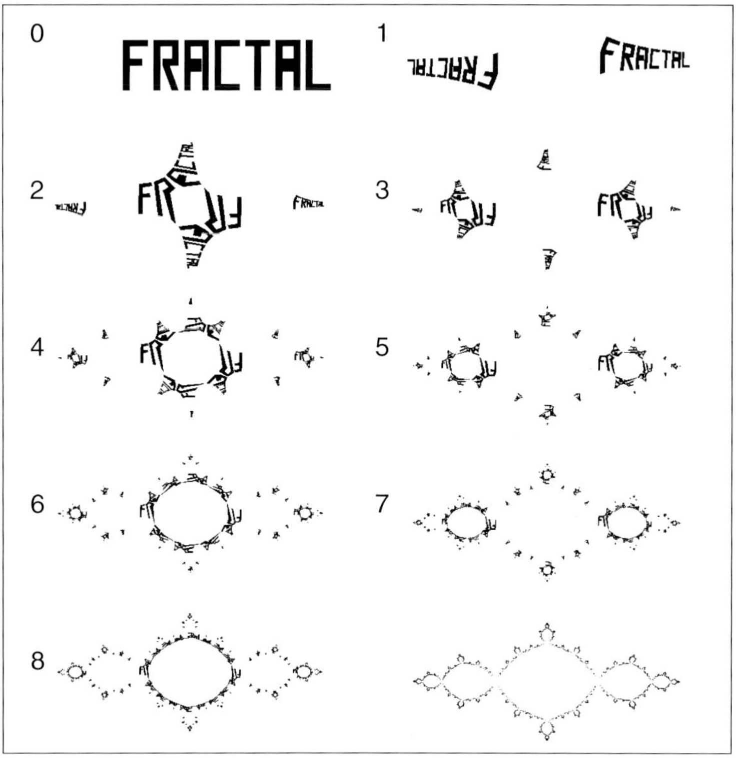

Abb. 4.35 : Die Mehrfach-Verkleinerungs-Kopier-Maschine (MVKM) mit den beiden nichtlinearen Linsen $\pm\sqrt{w-c}$ mit $c = -1$ wird auf ein Anfangsbild angewendet, das aus der Buchstabenfolge „Fractal" besteht. In jedem Schritt werden zwei verformte Kopien des Eingabebilds zusammengesetzt, die schnell gegen die entsprechende Julia-Menge konvergieren.

keinen linearen z-Anteil hat. Wir können sie einfach umschreiben als $z^2 = w - c$ und die komplexe Wurzel berechnen. Dabei erhalten wir

$$z_{1,2} = \pm\sqrt{w-c}.$$

Wir haben die Möglichkeit, entweder das Plus- oder das Minuszeichen auszuwählen, und damit gibt es für die Gleichung zwei Lösungen. Dies bedeutet, daß es im allgemeinen zwei Urbilder z für jeden Punkt w gibt (außer für $w = c$). Die MVKM hat daher zwei Transformationen:[18]

$$w \rightarrow +\sqrt{w-c} \quad \text{und} \quad w \rightarrow -\sqrt{w-c}.$$

[18] Vom heuristischen Standpunkt ist die Situation ziemlich klar. Wurzeln ziehen, zum Beispiel $\sqrt{100}$, bedeutet zu verkleinern, zumindest wenn die Zahlen groß sind.

Das Chaos-Spiel läuft für diese beiden Transformationen wie gewohnt ab. Zuerst nehmen wir einen beliebigen Anfangspunkt w. Dann wird eines der beiden Urbilder anhand der Formel, die war angegeben haben, zufällig ausgewählt, und w wird durch das Urbild ersetzt und auf dem Monitor gezeigt. Der Vorgang wird so lange wiederholt, bis genug Punkte auf dem Monitor zu sehen sind. Die ersten Punkte, die berechnet werden, sollten allerdings nicht auf dem Monitor erscheinen, da zunächst eine Übergangsperiode erforderlich ist, bis sich der zufällig ausgewählte Punkt der Julia-Menge hinreichend genähert hat. Wir können diese Phase überspringen, wenn wir unmittelbar bei der Julia-Menge anfangen. Glücklicherweise gibt es auf der Julia-Menge einen Punkt, der leicht bestimmt werden kann: ein abstoßender Fixpunkt.[19]

Ein Fixpunkt kann direkt aus der Gleichung $z = z^2 + c$ berechnet werden, ohne daß vorher iteriert werden muß. Man löst einfach die Gleichung

$$z^2 - z + c = 0$$

Wir wollen dies für $c = -0.5 + 0.5i$ durchführen. Diese Aufgabenstellung kennen wir bereits aus Abschnitt 4.3. Als Ergebnis haben wir die beiden Lösungen

$$\begin{aligned} z_1 &= 1.408 - 0.275i, \\ z_2 &= -0.408 + 0.275i \end{aligned}$$

erhalten. Die zweite Lösung z_2 ist ein anziehender Fixpunkt und sicherlich kein Punkt der Julia-Menge. Der andere Fixpunkt z_1 ist jedoch abstoßend (dies bedeutet, daß Punkte, die sich in der Nähe dieses Punktes befinden, bei der Iteration abgestoßen werden) und gehört zur Julia-Menge.

Ein Ableitungskriterium für anziehende und abstoßende Fixpunkte

Für die Unterscheidung zwischen anziehenden und abstoßenden Fixpunkten gibt es ein mathematisches Kriterium, für das eine numerische Untersuchung, ob ein Fixpunkt anziehend oder abstoßend ist, gar nicht erforderlich ist. Man benötigt dazu allerdings ein wenig Differentialrechnung, weil wir, um das Verfahren anwenden zu können, die Ableitung der Transformation $z \to z^2 + c$ am Fixpunkt z kennen müssen. Die Ableitung wird auf die gleiche Weise berechnet wie für reelle Funktionen; sie ist $2z$. Wenn man diese Zahl berechnet hat, kann der Fixpunkt klassifiziert werden: Der Fixpunkt ist *anziehend*, wenn der Absolutbetrag der Ableitung am Fixpunkt *kleiner als* 1 ist. Er ist *abstoßend*, wenn die Ableitung vom Betrag her *größer als* 1 ist. Im verbleibenden Fall, wenn der Betrag der

[19] Aus der Arbeit von Julia und Fatou ist bereits bekannt, daß jeder abstoßende periodische Punkt zur Julia-Menge gehört. Mehr noch: Die abstoßenden, periodischen Punkte liegen dicht in der Julia-Menge.

Ableitung am Fixpunkt genau 1 ist, kann keine Entscheidung getroffen werden. Diese Punkte, die man *indifferente* Punkte nennt, haben Anlaß zu tief gehender, mathematischer Forschung gegeben. Das Kriterium läßt sich nicht nur auf die quadratische Abbildung $z \to z^2 + c$ anwenden, sondern auch auf alle anderen Transformationen. Der Beweis dieses Kriteriums benutzt die Taylor-Entwicklung und ist nicht schwierig, und wir werden nicht näher darauf eingehen.

In unserem Beispiel der quadratischen Transformation mit $c = -0.5 + 0.5i$ und ihren beiden Fixpunkten $z_1 = 1.408 - 0.275i$ und $z_2 = -0.408 + 0.275i$ berechnen wir den Absolutbetrag der Ableitungen mit einer Genauigkeit von drei Stellen hinter dem Komma,

$$|2z_1| = |2.816 - 0.550i| = \sqrt{2.816^2 + 0.550^2} = 2.869$$

und

$$|2z_2| = |-0.816 + 0.550i| = \sqrt{0.816^2 + 0.550^2} = 0.984.$$

Das Ergebnis ist eindeutig: Der erste Fixpunkt z_1 ist abstoßend und der andere ist anziehend.

Abhängig von der Wahl des Parameters c kann die Ausführung des Algorithmus' für das Chaos-Spiel mehr oder weniger zufriedenstellend ausfallen. In einigen Fällen gibt es Bereiche in der Julia-Menge, die schwer zu erreichen sind. Die Julia-Menge sieht dann aus, als ob sie aus mehreren Teilen zusammengesetzt ist, obwohl sie in Wirklichkeit zusammenhängend ist. Es gibt eine Möglichkeit, das Verfahren zu modifizieren und damit zu verbessern. Das verbesserte Verfahren nennt man *modifizierte Rückwärtsiteration*.[20] In der nächsten Abbildung ist veranschaulicht, wie der Algorithmus abläuft und immer weitere Punkte berechnet werden.

Die Invarianz von Julia-Mengen

Julia-Mengen können als Attraktoren im Chaos-Spiel betrachtet werden, und dadurch wird eine wichtige Tasache verdeutlicht, die die Selbstähnlichkeit von Julia-Mengen betrifft. Wir erinnern daran, daß der Attraktor einer MVKM vollständig mit kleinen Kopien von sich selbst überdeckt wird. Diese kleinen Kopien sind nichts anderes als die Bilder des gesamten Attraktors nach Anwendung der Transformationen im iterierten Funktionensystem.[21] Die gleiche Eigenschaft

[20] Siehe Seite 178 in *The Science of Fractal Images*, H.-O. Peitgen, D. Saupe (Hrsg.), Springer-Verlag, New York, 1988.

[21] Wenn $w_1, w_2, \ldots, w_n$ die Kontraktionen sind und A der Attraktor, dann ist $A = \bigcup_{k=1}^{n} w_k(A)$. Dies wurde in Kapitel 5 von *Bausteine des Chaos — Fraktale* besprochen.

Verlauf des Chaos-Spiels

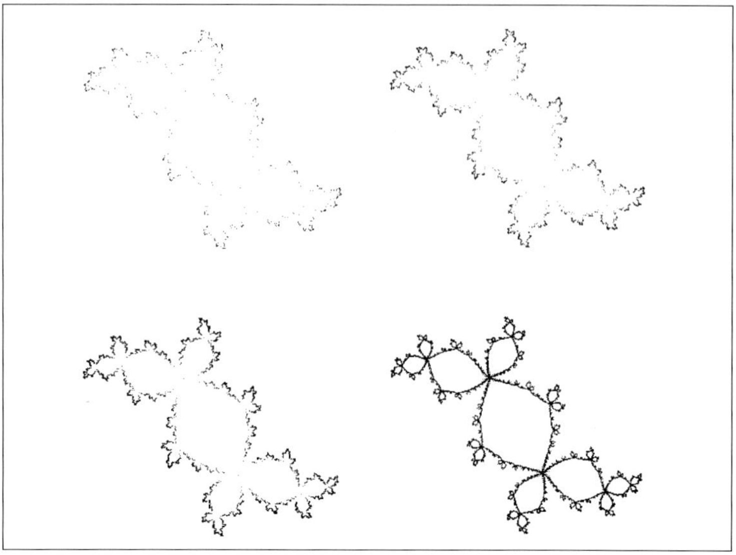

Abb. 4.36 : Berechnung der Julia-Menge für $c = 0.12 + 0.74i$ (die von Douady und Hubbard *Kaninchen* genannt wird). Obwohl der Verlauf des Chaos-Spiels in diesem Fall nicht besonders zufriedenstellend ist, entsteht sehr schnell ein erster Eindruck davon, wie die Julia-Menge aussieht. Das linke obere Bild zeigt 1000 Punkte und das rechte obere Bild 10 000 Punkte. Links unten wurden sogar 100 000 Punkte aus dem Verlauf des Chaos-Spiels eingezeichnet. Das Bild rechts unten wurde mit der modifizierten Umkehriteration erzeugt. Es sind lediglich 4750 Punkte eingezeichnet.

sollten wir auch hier beobachten können. Wenn wir also eine der beiden Transformationen unseres iterierten Funktionensystems für die Julia-Menge, nämlich

$$w \to +\sqrt{w-c}$$
$$w \to -\sqrt{w-c}$$

auf irgendeinen Punkt w in der Julia-Menge anwenden, dann erhalten wir wieder einen Punkt der Julia-Menge. Die Julia-Menge ist somit eine *invariante Menge* bezüglich der umgekehrten Transformationen zu $z \to z^2 + c$.

Wenn z wieder ein Punkt aus der Julia-Menge ist, können wir außerdem fragen, um welche Art von Punkt es sich bei dem Bild von z handelt, also bei dem Punkt $z^2 + c$. Dieser Punkt kann nicht zum Attraktionsgebiet von Unendlich gehören, weil sonst der Anfangspunkt z ebenfalls ein Punkt aus der Fluchtmenge sein müßte, aber z war als Punkt aus der Julia-Menge gewählt worden. Andererseit kann $z^2 + c$ auch nicht im Inneren der Gefangenenmenge liegen (falls dieses überhaupt existiert); also muß der Punkt $z^2 + c$ auf dem Rand

Selbstähnlichkeit einer Julia-Menge

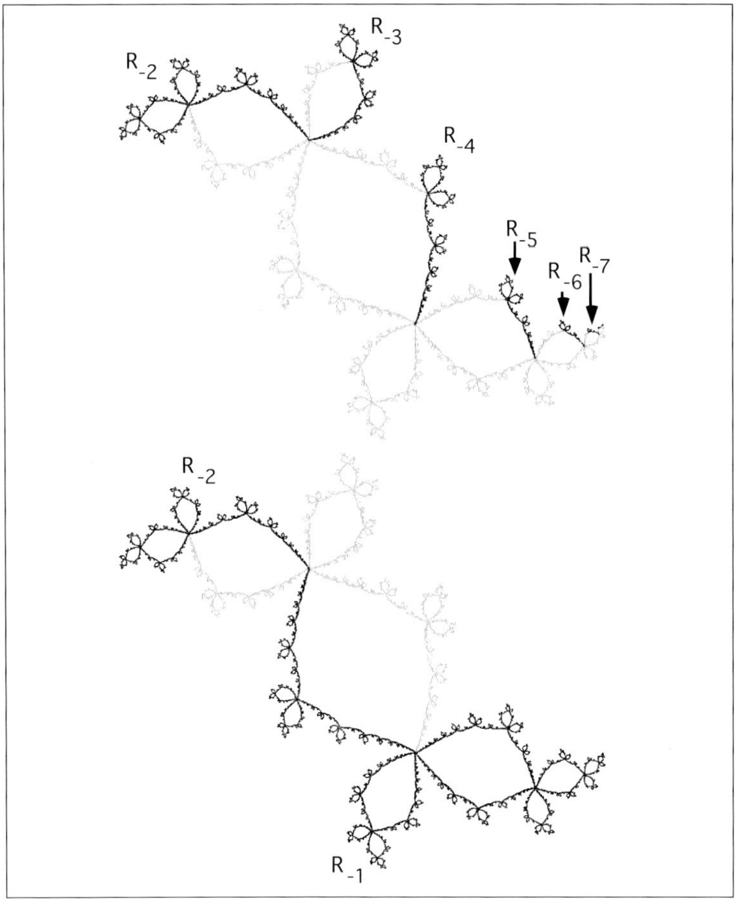

Abb. 4.37 : Die Selbstähnlichkeit einer Julia-Menge. Durch diese beiden Bilder wird veranschaulicht, wie ein winzig kleiner Ausschnitt aus der Julia-Menge, der hier mit R_{-7} bezeichnet wird, mehrere Male transformiert wird. Bei jeder Anwendung der Transformation $z \to z^2 + c$ wachsen die Teile der Julia-Menge an, die schon erreicht wurden. Sie sind hier fettgedruckt dargestellt und wurden mit R_{-6} bis R_{-1} bezeichnet. Nach sechs Iterationen erhalten wir das Ergebnis R_{-1}, und wir können erkennen, daß damit bereits die Hälfte der Julia-Menge erzeugt wurde. Nach einer einzigen weiteren Iteration erhalten wir bereits die gesamte Julia-Menge.

der Gefangenenmenge liegen. Der Grund dafür ist die Stetigkeit der quadratischen Abbildung: Beliebig nahe bei z gibt es Punkte aus der Fluchtmenge, und aufgrund der Stetigkeit von $z \to z^2 + c$ muß diese Nachbarschaftsbeziehung für die Menge der Bildpunkte erhalten bleiben. Zusammenfassend kann diese Beobachtung durch die Aussage beschrieben werden, daß die Julia-Menge nicht nur bezüglich der inversen Transformationen $w \to +\sqrt{w-c}$ und $w \to -\sqrt{w-c}$ invariant ist, sondern auch hinsichtlich der Abbildung $z \to z^2 + c$ selbst.

Die Selbstähnlichkeit der Julia-Mengen

Die Julia-Menge bleibt invariant sowohl bei der Vorwärtsiteration (bei Anwendung der Abbildung $z \to z^2 + c$) als auch bei der Rückwärtsiteration (bei Anwendung der beiden inversen Transformationen). Diese Eigenschaft, die eine der wesentlichen Eigenschaften von Julia-Mengen überhaupt ist, nennt man *vollständige Invarianz*. Die globale Struktur der Julia-Mengen muß also auch in den Bildern und Urbildern der Julia-Mengen auftauchen, wodurch die offensichtliche Selbstähnlichkeit erklärt wird. Diese Selbstähnlichkeit sollte nicht mit der strengen oder mit der affinen Selbstähnlichkeit verwechselt werden. Die Ähnlichkeit, mit der wir es hier zu tun haben, kommt durch eine *nichtlineare* Abbildung zustande, und daher sind die kleineren Kopien, die in der Julia-Menge enthalten sind, keine genauen Kopien der Julia-Menge, sondern stark verzerrte Kopien, die sogar auf sich selbst zurückgefaltet werden.

Dennoch gibt es einen Beweis für die folgende überraschende Eigenschaft (siehe Abbildung 4.37). Wir nehmen einen kleinen Teil der Julia-Menge, zum Beispiel ihren Schnitt mit einer kleinen Kreisscheibe, der natürlich nicht leer sein darf. Dann iterieren wir jeden Punkt in dieser Menge unter der Abbildung $z \to z^2 + c$ und erhalten dabei eine neue, typischerweise größere Teilmenge der Julia-Menge. Wenn man diesen Vorgang oft genug wiederholt, erhält man nach endlich vielen Schritten die vollständige Julia-Menge! Dies bedeutet, daß die unvorstellbar komplizierte Struktur der Julia-Menge bereits in jeder ihrer Teilmengen enthalten ist, wie klein die Teilmenge auch immer sein mag.

4.8 Der kritische Punkt und Julia-Mengen als Cantor-Mengen

Wir haben Julia-Mengen mit Hilfe von Einkreisungen $Q_c^{(k)}$ und $P_c^{(k)}$ visualisiert und sind dabei zu dem aussagekräftigen Gegenstandsbereich der Potentialfunktionen und Feldlinien gekommen. Diese Hilfsmittel lassen sich jedoch nur auf zusammenhängende Julia-Mengen und Gefangenenmengen anwenden. Wir möchten nun ein Verständnis für die Ursachen vermitteln, aufgrund derer diese Einschränkung notwendig ist.

Zu diesem Zweck kommen wir vorübergehend auf das Iterationsverhalten von $x \to ax(1-x)$ zurück, wobei a und x reelle Zahlen sind. Der Leser wird sich erinnern, daß die Dynamik dieser Iteration zur Dynamik von $z \to z^2 + c$ äquivalent ist, wobei z und c ebenfalls reelle Zahlen sind. Wenn $c \leq 1/4$ ist, können wir die eine Iteration in die andere überführen, indem wir folgende Ersetzungen vornehmen:

$$x_n = \frac{1}{2} - \frac{z_n}{a} \quad \text{und} \quad a = 1 + \sqrt{1-4c}. \tag{4.4}$$

Diese Äquivalenz verwenden wir später, um die Ergebnisse zu interpretieren, mit denen wir uns im folgenden beschäftigen werden. Welches sind die Gefangenenmengen für $x \to ax(1-x)$ und wie hängen sie vom Parameter a ab? Wir wollen unsere Einkreisungsversuche an diesen Fall anpassen, der uns nun interessiert. Wir fangen mit einem großen Intervall $Q_a^{(0)}$ an, so daß wir sicher sein können, daß es die Gefangenenmenge G_a enthält. Dann betrachten wir die iterierten Urbilder $Q_a^{(-k)}$, die im Grenzprozeß gegen die Gefangenenmenge G_a konvergieren. Durch explizites Rechnen wäre es nicht schwer, dies zu überprüfen, aber wir ziehen es vor, die Auswertung grafisch durchzuführen, um das Problem visuell zu verdeutlichen. Zu diesem Zweck führen wir die *grafische Rückwärtsiteration* ein. Wir haben einen Wert y gegeben, und wollen x so finden, daß die Gleichung $ax(1-x) = y$ erfüllt ist. Dies läuft auf das Lösen einer quadratischen Gleichung heraus, das wir auf folgende Weise grafisch durchführen wollen.

Grafische Rückwärtsiteration

Wir wählen ein y auf der y-Achse und zeichnen die horizontale Gerade durch diesen Punkt. Sie kann den Graphen von $g(x) = ax(1-x)$ in zwei Punkten, in einem Punkt oder überhaupt nicht schneiden. Danach zeichnen wir vertikale Linien von diesen Schnittpunkten bis zur x-Achse. Dort können wir die Lösungen der Gleichung ablesen. Es sind die Urbilder von y. Dieser Vorgang ist nichts anderes als die gewöhnliche grafische Iteration, die allerdings rückwärts ausgeführt wird. Wenn wir den Vorgang wiederholen wollen, zeichnen wir die vertikalen Linien nur bis zur Diagonalen und

Rückwärtsiteration — erster Schritt

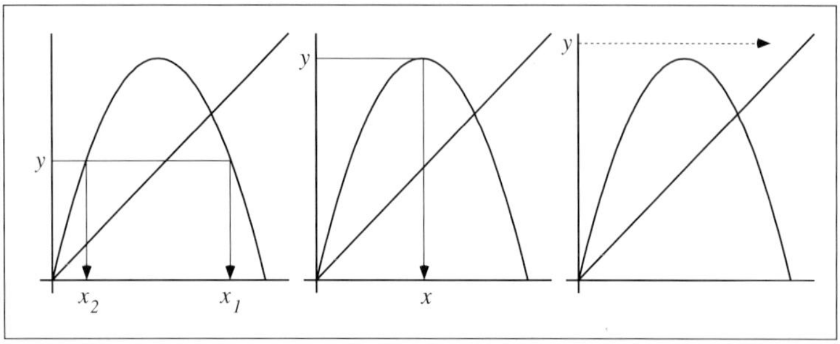

Abb. 4.38 : Drei Fälle, die bei der Rückwärtsiteration auftreten können: zwei Lösungen, eine Lösung und keine Lösung.

zeichnen dann wieder horizontale Linien, bis wir den Graphen treffen (siehe Abbildung 4.39). Auf diese Weise erzeugen wir Rückwärtsbahnen, die durch einen Baum beschrieben werden können: wenn y gegeben ist, können wir zwei Urbilder, ein Urbild oder überhaupt kein Urbild finden. Für jedes dieser Urbilder können wir wieder zwei, ein oder kein Urbild finden und so weiter. Wenn es kein Urbild gibt, wird der entsprechende Zweig an dieser Stelle abgeschnitten.[22]

Diese Methode wollen wir nun anwenden, um $Q_a^{(1)}$ zu finden, wenn $Q_a^{(0)}$ als großes Anfangsintervall gegeben ist.[23] In Abbildung 4.40 ist das Ergebnis für $a = 3.5$ dargestellt. Wir können beobachten, daß die $Q_a^{(-k)}$ eine Folge ineinandergeschachtelter Intervalle bilden, die zusammenschrumpfen und das Einheitsinterval immer enger umschließen; wenn wir unsere Aufmerksamkeit auf die reellen Zahlen beschränken, können wir also schließen, daß die Gefangenenmenge das Einheitsintervall $G_a = [0, 1]$ ist.

In der Tat hätten wir in diesem Beispiel ($a = 3.5$) sehr viel einfacher zum Ergebnis kommen können. Zuerst wollen wir beobachten, daß jedes $x_0 < 0$ eine Bahn hat, die ins Unendliche flieht. Alle Bahnen, die bei $x_0 > 1$ anfangen, fliehen dann ebenfalls, weil die erste Iterierte $x_1 < 0$ ist, und die folgenden Iterierten wie im ersten Fall auf der negativen Achse ins Unendliche streben. Weiterhin kann eine Bahn für Anfangswerte $0 \leq x_0 \leq 1$ nicht aus dem Einheitsintervall entkommen, weil $0 \leq x_1 = ax_0(1 - x_0) \leq 1$ ist, falls $0 \leq a \leq 4$.

---

[22] Wenn wir an Stelle der reellen Zahlen komplexe Zahlen verwenden, werden niemals Zweige abgeschnitten, weil man stets zwei Urbilder finden kann (außer für $y = c$, wo nur das Urbild $x = 0$ existiert). Bei der Rückwärtsiteration im komplexen Chaos-Spiel ist es daher immer möglich, zufällig zwischen zwei Möglichkeiten zu wählen.

[23] Man kann eigentlich jedes Intervall nehmen, das das Einheitsintervall $[0, 1]$ umfaßt.

Rückwärtsiteration — zwei Schritte

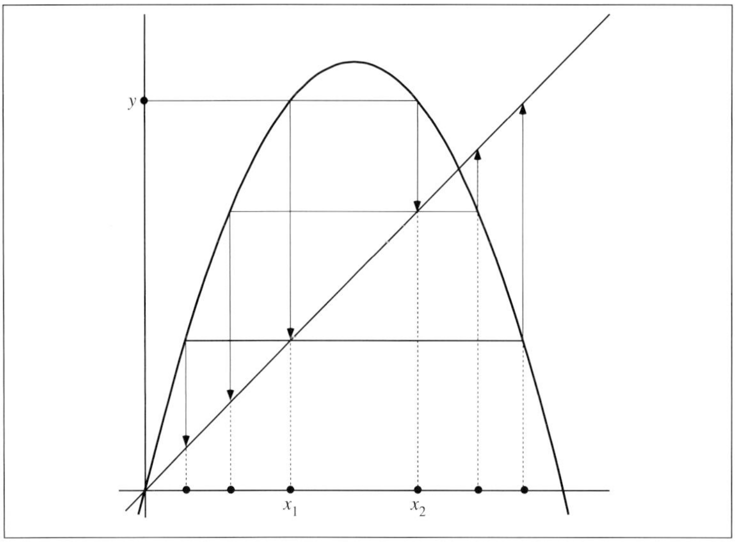

Abb. 4.39 : Zwei Schritte bei der Rückwärtsiteration. Es gibt zwei Urbilder von y, und es gibt vier Punkte, die nach zweimaliger Iteration auf y abgebildet werden.

Rückwärtsiteration eines Intervalls

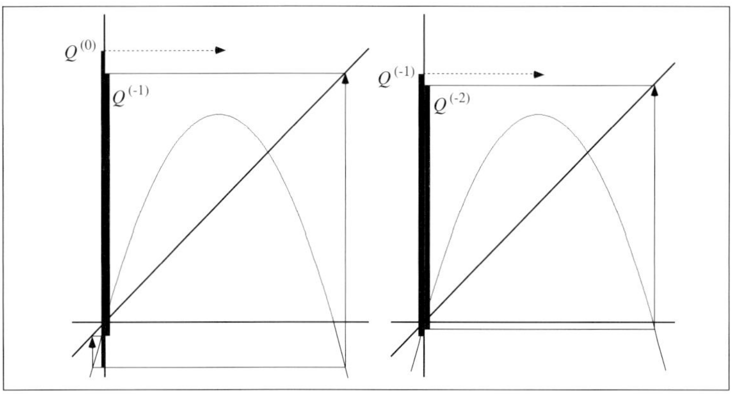

Abb. 4.40 : Einkreisungen durch Rückwärtsiteration. Hier wird ein ganzes Intervall rückwärts iteriert, das durch eine dicke Linie auf der y-Achse markiert und mit $Q^{(0)}$ bezeichnet ist. Auf der linken Seite sehen wir das Intervall nach einmaliger Iteration und auf der rechten Seite nach zwei Iterationsschritten ($a = 3.5$).

Wenn wir jedoch zum Beispiel $a = 4.5$ nehmen, hilft uns diese Argumentationsweise nicht weiter, obwohl es wahr ist, daß Bahnen, die außerhalb des Intervalls $[0, 1]$ anfangen, wie zuvor ins Unendliche fliehen. Wir betrachten nun die grafische Rückwärtsiteration eines

Einkreisungen durch Rückwärtsiteration

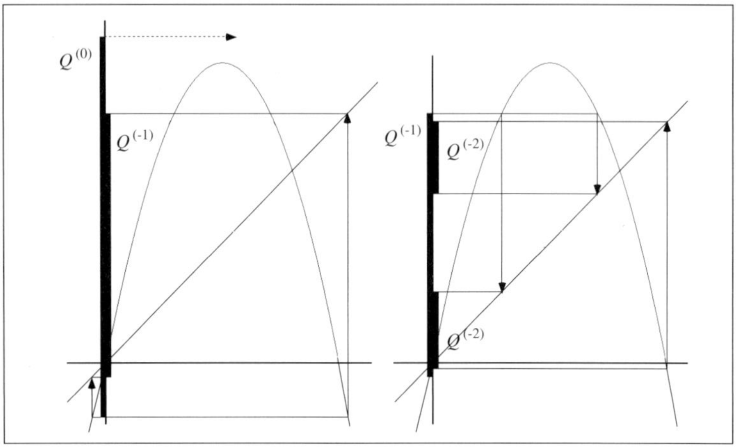

Abb. 4.41 : Bei zweimaliger Rückwärtsiteration des Intervalls $Q^{(0)}$ entstehen zwei Intervalle ($a = 4.5$).

großen Intervalls. Sein Urbild besteht aus zwei disjunkten Teilen (siehe Abbildung 4.41). Dies bringt uns zu der Vermutung, daß die Gefangenenmenge nicht zusammenhängend ist.

Um dies weiter zu untersuchen, führen wir einige weitere Rückwärtsiterationen durch (siehe Abbildung 4.42). Wir ordnen mehrere Graphen von $g(x) = ax(1 - x)$ für $a = 4.5$ so an, daß das Ergebnis des ersten Schritts für den zweiten Schritt übernommen werden kann, und so weiter. Wir machen eine außerordentlich wichtige Beobachtung: Die Einkreisungen $Q_a^{(-i)}$, die wir dabei erhalten, entsprechen der Konstruktion einer Cantor-Menge. Tatsächlich bedeutet dies, daß G_a eine Cantor-Menge ist. Warum nennen wir G_a eine „Cantor-Menge“? Für gewöhnlich meint man mit der Cantor-Menge diejenige Menge, die entsteht, wenn man aus einem Intervall das (offene) mittlere Drittel herausnimmt, aus den verbleibenden Intervallen erneut die mittleren Drittel entfernt und sukzessive so fortfährt. In dieser klassischen Cantor-Menge haben alle Stücke, die in einem bestimmten Konstruktionsstadium auftreten, die gleiche Länge, und das Grenzobjekt, das man dabei erhält, ist streng selbstähnlich. Bei unserer Konstruktion der Einkreisungen erhalten wir etwas Ähnliches. Der Unterschied besteht lediglich darin, daß die Stücke aus einem bestimmten Konstruktionsschritt nicht die gleiche Länge haben, und das Grenzobjekt ist deshalb nicht im strengen Sinn selbstähnlich. Es ist eine Cantor-Menge — aber ein wenig verzerrt.

Entstehung einer Cantor-Menge

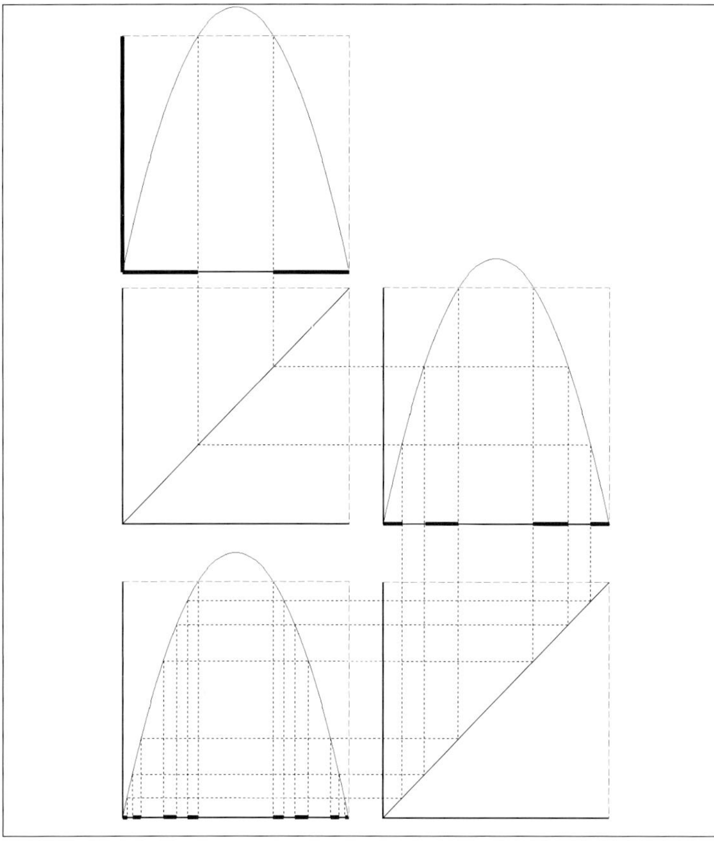

Abb. 4.42 : Bei der Rückwärtsiteration des Einheitsintervalls entstehen Einkreisungen der Cantor-Menge ($a = 4.5$).

Das Schicksal des kritischen Punktes ist ausschlaggebend

Wir fassen zusammen: Soeben haben wir gesehen, daß die Gefangenenmenge auf der reellen Geraden für $a = 3.5$ ein Intervall ist, während die Gefangenenmenge für $a = 4.5$ eine Cantor-Menge ist. Wenn wir a von 3.5 auf 4.5 anwachsen lassen, geschieht etwas, das einem Phasenübergang in dr Natur vergleichbar ist. An welchem Parameter a genau ist der Übergang? Um diese Frage zu beantworten, beobachten wir, daß sich das Urbild des Einheitsintervalls in zwei Teile auflöst, weil sich der Scheitelpunkt der Parabel $g(x) = ax(1-x)$ *oberhalb* des Einheitsquadrats $[0, 1] \times [0, 1]$ befindet. Die Koordinaten des Scheitelpunkts sind $(x, y) = (1/2, a/4)$. Es ist üblich, die x-Koordinate als *kritischen Punkt* zu bezeichnen, während man von der y-Koordinate als dem *kritischen Wert* der Funktion $g(x) = ax(1 - x)$ spricht. Die beiden Punkte sind durch die Eigenschaft charakterisiert, daß der kritische Wert nur ein Urbild hat, nämlich den kritischen Punkt

Kernquadrate

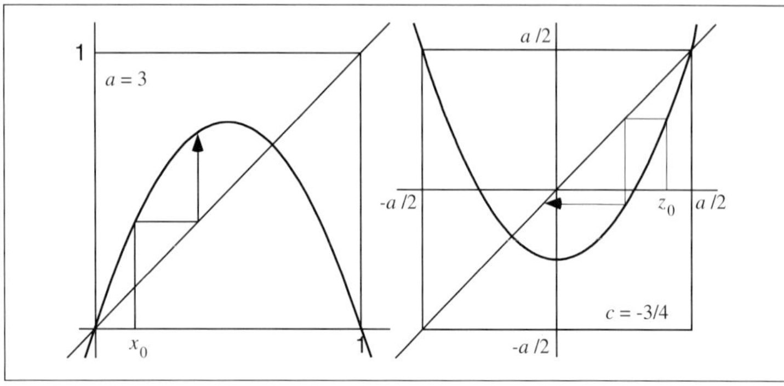

Abb. 4.43 : Grafische Iteration von $x \to ax(1-x)$ (links) und $z \to z^2 + c$ (rechts).

(vergleiche Abbildung 4.38). Das Schicksal des kritischen Punkts, d.h. das Langzeitverhalten der Bahn von $x_0 = 1/2$, der sogenannten *kritischen Bahn*

$$\frac{1}{2} \to \frac{a}{4} \to \frac{4a^2 - a^3}{16} \to \cdots,$$

entscheidet darüber, ob G_a ein Intervall ist (ein zusammenhängendes Stück) oder eine Cantor-Menge. Wenn $a \leq 4$ ist, ist der kritische Wert nicht größer als 1, denn es ist $a/4 \leq 1$, und daher bleibt die kritische Bahn für den gesamten Ablauf der Iteration im Einheitsintervall; G_a ist ein Intervall. Wenn jedoch $a > 4$ ist, also $a/4 > 1$, dann strebt die kritische Bahn gegen $-\infty$, und G_a ist eine Cantor-Menge.

Übertragung auf $z^2 + c$

Bisher haben wir nur den reellen Fall überprüft und die Iteration $x_{n+1} = ax_n(1 - x_n)$. Wir werden nun unsere Überlegungen auf die Iteration von $z_{n+1} = z_n^2 + c$ für reelle z_n übertragen. Gibt es ein Quadrat, das wie für die Iteration von x_n dem Einheitsquadrat entspricht? Dieses Quadrat ist in der Tat leicht zu finden, wenn man entweder die expliziten Transformationsformeln aus Gleichung (4.4) anwendet oder eine Analyse mit Hilfe der grafischen Iteration durchführt (siehe Abbildung 4.43). Das Quadrat ist bestimmt durch den rechten Schnittpunkt des Graphen von $f(z) = z^2 + c$ mit der Diagonalen, der sich bei der positiven Lösung von $z^2 + c = z$ befindet, also bei

$$z = \frac{1 + \sqrt{1 - 4c}}{2},$$

solange $c < 1/4$ ist. Diese Zahl ist identisch mit $a/2$, wie man mit Hilfe von Gleichung (4.4) erkennen kann. Das Quadrat erstreckt sich zwischen $-a/2$ und $a/2$, und wir werden es das *Kernquadrat* nennen.

Wo verläuft hier die kritische Bahn? Wir können wieder die Transformationsregeln aus Gleichung (4.4) anwenden und den entsprechenden Anfangspunkt berechnen: $z_0 = a(1/2 - x_0)$ für $x_0 = 1/2$, und

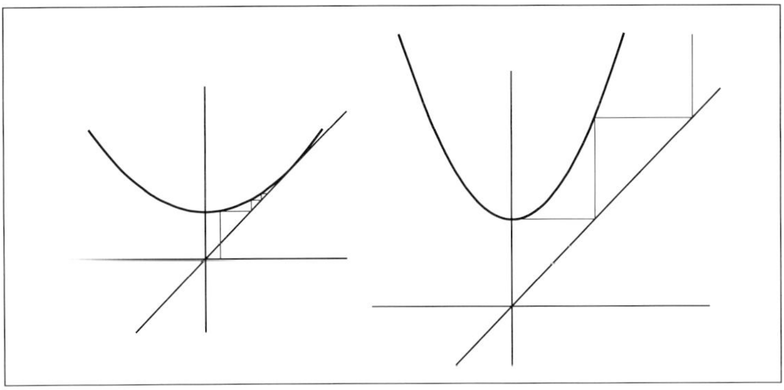

Bei $c = 1/4$

Abb. 4.44 : Wenn c groß ist, fliehen alle Bahnen ins Unendliche (rechts). Genau bei $c = 1/4$ berührt die Parabel die Winkelhalbierende, und es gibt einige Bahnen, die nicht fliehen (links).

dabei erhalten wir $z_0 = 0$. Alternativ hierzu können wir beobachten, daß die Gefangenenmenge G_c das Intervall $[-a/2, a/2]$ ist, solange das Minimum des Graphen von $f(z) = z^2 + c$ innerhalb des Kernquadrats in Abbildung 4.43 liegt. Mit anderen Worten ist die kritische Bahn nun die Bahn, die vom kritischen Punkt $z_0 = 0$ erzeugt wird,

$$0 \to c \to c^2 + c \to \cdots .$$

Auch hier haben wir wieder zu prüfen, ob die kritische Bahn ins Unendlich strebt oder nicht. Man sollte außerdem beachten, daß die Gefangenenmenge wie zuvor eine Cantor-Menge ist, wenn der kritische Wert c das Kernquadrat verläßt.

Diese Beobachtung führt uns zu einer Vermutung über alle reellen c-Werte, die zu einer zusammenhängenden Gefangenenmenge gehören. Zuerst beobachten wir, daß das Minimum des Graphen von $f(z)$ die Grundseite des Kernquadrats berührt, wenn $c = -a/2$ ist. Mit Hilfe der Transformationsregeln erkennt man, daß diese Gleichung identisch ist mit

$$c = -\frac{1 + \sqrt{1 - 4c}}{2} \tag{4.5}$$

und außerdem ist

$$\sqrt{1 - 4c} = -2c - 1.$$

Das Quadrieren der letzten Gleichung ergibt

$$1 - 4c = 4c^2 + 4c + 1$$

und damit

$$4c^2 + 8c = 0,$$

was gleichbedeutend ist mit

$$4c(c+2) = 0.$$

Zu dieser letzten Gleichung gibt es zwei Lösungen, nämlich $c = 0$ und $c = -2$. Aber nur die zweite ist auch eine Lösung der ursprünglichen Gleichung (4.5).[24] Der Scheitelpunkt der Parabel verläßt daher das Kernquadrat, wenn $c < -2$ ist. Wenn c hingegen sehr groß ist, befindet sich die Parabel vollständig oberhalb der Winkelhalbierenden, wie man es in Abbildung 4.44 (links) sehen kann, und die kritische Bahn flieht dann zweifelsfrei ins Unendliche. Der Übergang zwischen diesem Fall und dem Fall, in dem die kritische Bahn innerhalb der Gefangenenmenge bleibt, wird an einem ganz bestimmten Parameter c vollzogen. Genau bei diesem Parameter c berührt die Parabel die Winkelhalbierende (siehe den rechten Graph in Abbildung 4.44). Diese Konstellation tritt genau dann auf, wenn die beiden Schnittpunkte des Graphen von $f(z)$ mit der Diagonalen übereinstimmen, also wenn

$$\frac{1+\sqrt{1-4c}}{2} = \frac{1-\sqrt{1-4c}}{2}.$$

Dies ist der Fall, wenn $4c = 1$ ist, also für $c = 1/4$. Zusammenfassend kann man sagen, daß die Gefangenenmenge G_c zusammenhängend ist, wenn c im Intervall $[-2, 1/4]$ liegt.

Komplexe Parameter c

Wir machen nun den letzten Schritt in unserer Untersuchung und lassen auch zu, daß der Parameter c komplexe Werte annimmt. Wir wollen untersuchen, wie man in diesem Fall an der kritischen Bahn erkennen kann, welche Julia-Mengen Cantor-Mengen sind. Als wir uns die binäre Zerlegung der Niveaumengen angesehen haben, sind wir von der Annahme ausgegangen, daß jede Zelle einer Niveaumenge N_c^m zwei disjunkte Urbilder hat. Dadurch wurde die Zerlegung von N_c^{m-1} bestimmt, die wieder einen Ring von Zellen bildet, der die Gefangenenmenge einkreist. Was geschieht aber, wenn die Urbilder einer Zelle nicht disjunkt sind? Dies ist in Abbildung 4.45 veranschaulicht. Die Zelle mit der Bezeichnung 0110 hat nur eine Zelle als Urbild. Wegen der Symmetrie bezüglich des Nullpunkts enthält dieses Urbild den kritischen Punkt 0. Die ursprüngliche Zelle mit der Bezeichnung 0110 muß den kritischen Wert c enthalten. Wenn N_c^{m-1} an einer Zelle zusammengeklebt ist, hat diese Niveaumenge eine brezelförmige Gestalt. Diese Brezel umschließt zwei disjunkte Teile von $P_c^{(m-2)}$. Die Gefangenenmenge G_c läßt sich also in mindestens zwei disjunkte Teile zerlegen.

[24] Die andere Lösung, $c = 0$ ist ein Artifakt, das beim Quadrieren der Gleichung entstanden ist.

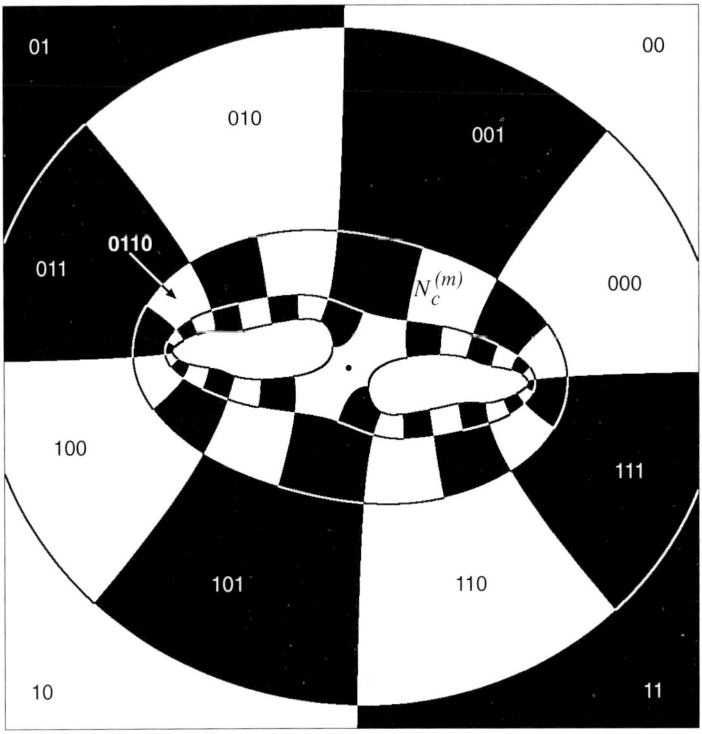

Abb. 4.45 : Wenn nicht alle Urbilder der Zellen von $N_c^{(m)}$ disjunkt sind, hat die Niveaumenge $N_c^{(m-1)}$ eine brezelförmige Gestalt.

Brezelförmige Niveaumengen

Konstruktion einer Cantor-Menge in der komplexen Ebene

Nun betrachten wir die Niveaumenge $N_c^{(m-2)}/!$. Es ist offensichtlich, daß sie ebenfalls in zwei disjunkte Teile zerlegt werden kann, und wir finden heraus, daß jeder dieser beiden Teile wiederum zwei Teile von $P_c^{(m-3)}$ enthält, was insgesamt vier Teile ergibt, von denen jeder einen Teil der Gefangenenmenge enthält, und so weiter. Wir beobachten wieder, genau wie im Fall der reellen Zahlen, daß dies die typische Konstruktion einer Cantor-Menge ist. Dies bedeutet, daß wir mit dieser Konstruktion eine Gefangenenmenge einkreisen, die eine Cantor-Menge in der komplexen Ebene ist (siehe Abbildung 4.46).

Was passiert nun in diesem Fall mit dem kritischen Punkt 0? Wir haben herausgefunden, daß der kritische Punkt in der Niveaumenge $N_c^{(m-1)}$ enthalten ist. Seine erste Iterierte liegt deshalb in $N_c^{(m)}$, seine zweite Iterierte in $N_c^{(m+1)}$ und so weiter. Die Absolutbeträge der Iterierten der kritischen Bahn werden daher unendlich groß. Wir haben damit gesehen, daß im komplexen Fall das Schicksal des kritischen Punkts ebenfalls entscheidend ist. Tatsächlich sind diese Beobach-

Eine Cantor-Menge in der komplexen Ebene

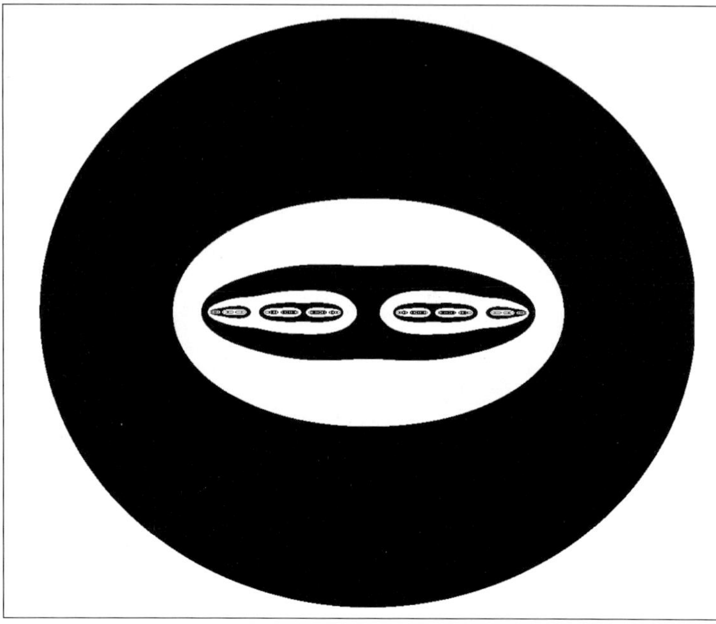

Abb. 4.46 : Für $c = -2.2$ ist die Gefangenenmenge eine Cantor-Menge.

tungen grundlegend für das Verständnis dessen gewesen, was wir nun die *strukturelle Dichotomie der Julia-Mengen* in der komplexen Ebene nennen, und was in den frühen Arbeiten von Julia und Fatou erforscht wurde. Die Julia-Mengen von $z \to z^2 + c$ sind entweder zusammenhängend, oder sie sind Cantor-Mengen. Diese Dichotomie wird im letzten Kapitel eine große Rolle spielen.

Einkreisungen der Gefangenenmenge und der kritische Punkt

Wir werden kurz zeigen, wie das Schicksal des kritischen Punkts ausschlaggebend für die Struktur der Julia-Menge ist. Wir haben uns mit einigen ersten Argumenten für folgende Tatsachen beschäftigt:

- Die Julia-Menge ist eine Cantor-Menge, genau dann, wenn die Iteration des kritischen Punkts 0 (vom Betrag her) ins Unendliche führt.
- Die Julia-Menge ist zusammenhängend, genau dann, wenn die Iteration des kritischen Punkts 0 beschränkt bleibt.

Die Gefangenenmenge G_c ist eine Teilmenge von $P_c^{(m)}$. Die Randkurve dieser Menge ist für genügend große m ein Kreis (oder zumindest so nahe bei einem Kreis, wie wir wollen). Die Einkreisung $P_c^{(m)}$ ist eine zusammenhängende Menge, die bezüglich des Nullpunkts symmetrisch ist. Welche Gestalt hat nun $P_c^{(k)}$ für $k < m$? Nun, wenn k nahe bei m liegt, ist die Menge einer Kreisscheibe sicherlich sehr ähnlich, aber gilt dies für alle Werte von k?

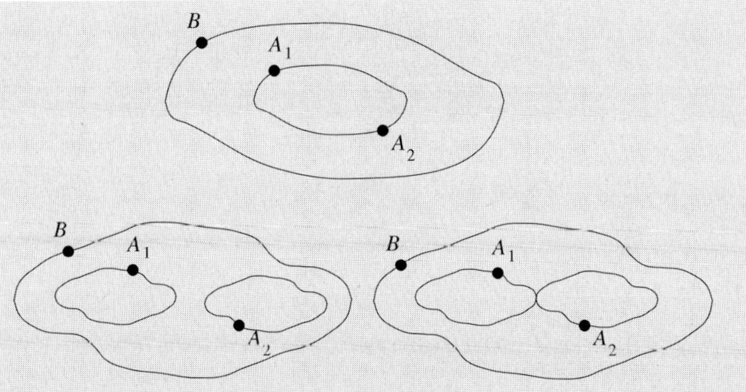

Abb. 4.47 : Die drei möglichen Urbilder einer kreisscheibenähnlichen Menge.

Die grundlegende Beobachtung besteht darin, daß es drei mögliche Fälle für die nächste Approximation $P_c^{(k-1)}$ gibt, wenn $P_c^{(k)}$ eine kreisscheibenähnliche Menge ist (d.h. eine verformte Kreisscheibe):

- $P_c^{(k-1)}$ ist kreisscheibenähnlich (und enthält den kritischen Punkt 0).
- $P_c^{(k-1)}$ besteht aus zwei disjunkten kreisscheibenähnlichen Teilmengen (und enthält den kritischen Punkt nicht).
- $P_c^{(k-1)}$ besteht aus zwei kreisscheibenähnlichen Teilmengen die sich genau an einem Punkt berühren (am kritischen Punkt 0), d.h. ihr Rand hat eine brezelförmige Gestalt.

Angenommen, wir würden einen Punkt B entlang des Randes von $P_c^{(k)}$ verschieben. Bezüglich der Abbildung $z \to z^2 + c$ hat der Punkt zwei symmetrische Urbilder, nämlich die beiden Quadratwurzeln $A_1(B)$ und $A_2(B) = -A_1(B)$ von $B - c$. Wir stellen uns vor, daß der Punkt B von B_0 ausgehend eine volle Umdrehung macht. Danach zeichnen die Punkte $A_1(B)$ und $A_2(B)$ den Rand von $P_c^{(k-1)}$ vollständig nach, der zum Nullpunkt symmetrisch ist. Wir wollen die Spur von $A_1(B)$ ein wenig genauer nachvollziehen. Es gibt zwei Fälle. Entweder kehrt die Wurzel wieder zur Ausgangsposition $A_1(B_0)$ zurück (Fall 1), oder sie endet am Punkt $A_2(B_0)$, der dazu symmetrisch gelegen ist (Fall 2).

Fall 1. Im ersten Fall hat die Wurzel eine kreisähnliche Menge D_1 umkreist. Weil die zweite Wurzel zur ersten symmetrisch ist, wird sie eine Kreisscheibe D_2 umkreisen, die symmetrisch zu D_1 ist. Wenn D_1 und D_2 disjunkt sind, dann besteht $P_c^{(k-1)}$ aus zwei kreisähnlichen Mengen, und der kritische Punkt 0 ist nicht in $P_c^{(k-1)}$ enthalten. Wenn D_1 und D_2 nicht disjunkt sind, können sie sich genau an einem Punkt berühren, nämlich am kritischen Punkt (der auf dem Rand von $P_c^{(k-1)}$ liegt).

Fall 2. Eine der Wurzeln beschreibt einen Weg von $A_1(B_0)$ nach $A_2(B_0)$, während die andere Wurzel dem Weg folgt, der hierzu symmetrisch gelegen ist, und der von $A_2(B_0)$ nach $A_1(B_0)$ führt. Diese Wege können sich

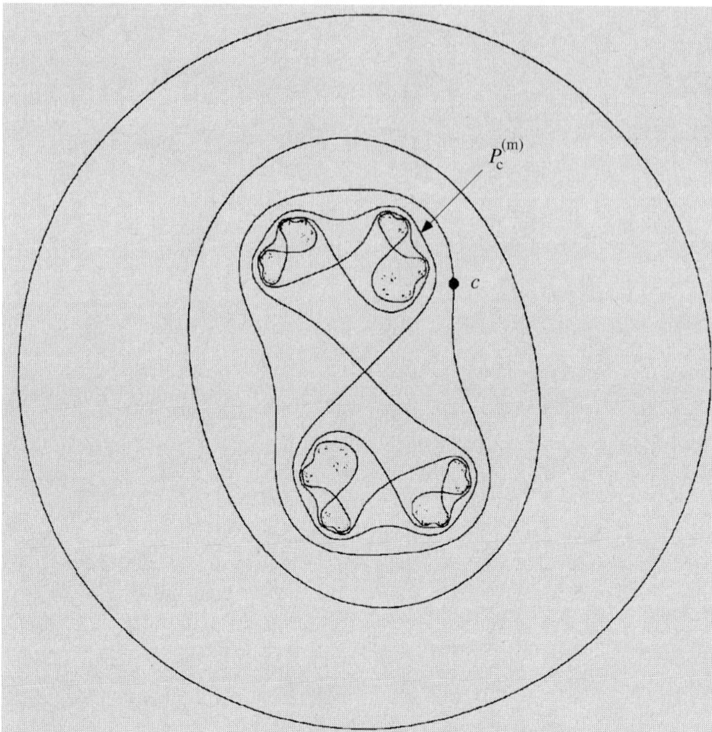

Abb. 4.48 : Diese Abbildung vermittelt einen Eindruck von der Gestalt einer Julia-Menge, die eine Cantor-Menge ist. Die Julia-Menge befindet sich jeweils in den Lappen der brezelförmigen Gebilde.

nicht schneiden, und daher bilden sie gemeinsam den Rand einer weiteren kreisähnlichen und symmetrischen Menge $P_c^{(k-1)}$. In diesem Fall liegt der kritische Punkt 0 im Inneren von $P_c^{(k-1)}$. In Abbildung 4.47 sind die drei Möglichkeiten dargestellt.

Wir wollen nun annehmen, daß alle $P_c^{(k)}$ zusammenhängende, kreisähnliche Mengen sind. Der kritische Punkt ist dann in allen diesen Mengen enthalten. Da die Gefangenenmenge G_c von den Mengen $P_c^{(k)}$ approximiert wird, können wir in diesem Fall schließen, daß P_c ebenfalls zusammenhängend ist, und daß der kritische Punkt in der Gefangenenmenge enthalten ist (anderenfalls kann er nicht in allen Mengen $P_c^{(k)}$ enthalten sein). Andererseits, wenn die Bahn des kritischen Punkts die Gefangenenmenge nicht verläßt, dann ist der kritische Punkt 0 in allen Mengen $P_c^{(k)}$ enthalten; daher müssen sie alle kreisähnlich sein.

Wir wollen schließlich noch die Alternative betrachten. Während $P_c^{(k)}$ für $k > m$ kreisähnlich ist, ist dies für $P_c^{(m)}$ nicht der Fall. $P_c^{(m)}$ besteht dann aus zwei disjunkten kreisähnlichen Mengen oder hat eine brezelförmige Gestalt. In diesem Fall ist der kritische Punkt entweder gar nicht in $P_c^{(m)}$ enthalten, oder er liegt auf dem Rand von $P_c^{(m)}$. In beiden Fällen gehört er zur Fluchtmenge. Auf der anderen Seite, wenn bei der Iteration des kritischen Punktes Werte entstehen, deren Betrag unendlich groß wird, kann der Punkt nicht zu allen Mengen $P_c^{(k)}$ gehören, was zur Folge hat, daß nicht alle diese Mengen kreisähnlich sind. Wenn nun $P_c^{(m)}$ aus zwei disjunkten kreisähnlichen Mengen besteht, muß $P_c^{(m-1)}$ aus vier disjunkten Teilmengen zusammengesetzt sein (ein Paar in der Komponente D_1 und ein Paar in der Komponente D_2). Dann setzt sich $P_c^{(m-2)}$ aus acht Komponenten zusammen und so weiter. Dies ist die typische Konstruktion einer Cantor-Menge. In Abbildung 4.48 wird die Konstruktion für den Fall veranschaulicht, in dem die Menge $P_c^{(m)}$ eine brezelförmige Gestalt hat.

4.9 Julia-Mengen in den Quaternionen

Die komplexen Zahlen sind eine zweidimensionale Erweiterung der reellen Zahlen. Es besteht die Möglichkeit, auch den Raum der komplexen Zahlen zu erweitern. Der Versuch des irischen Physikers und Mathematikers William R. Hamilton einen Zahlenraum einzuführen, in dem jede Zahl drei Komponenten hat, schlug jedoch fehl. Als Ausweg mußte er statt dessen gleich einen Zahlenraum mit vier Komponenten konstruieren. Dieser Zahlenraum, der im Jahr 1843 eingeführt wurde, ist der Raum H der Quaternionen. Ein Quaternion $x \in H$ kann durch das Symbol

$$x = x_0 + x_1 i + x_2 j + x_3 k$$

dargestellt werden, wobei mit j und k zwei zusätzliche imaginäre Einheiten bezeichnet werden, und x_0 bis x_3 stehen für die vier Komponenten des Quaternions. Daher ist x_0 der reelle Anteil und $x_0 + x_1 i$ der komplexe Anteil des Quaternions x. Beinahe alle Rechenregeln für reelle und komplexe Zahlen sind auch im Raum der Quaternionen gültig. Eine Ausnahme ist nur die Multiplikation, die nicht kommutativ ist, d.h. wenn x und y zwei Quaternionen sind, dann ist im allgemeinen $xy \neq yx$.

Rechenregeln für die Quaternionen

Es seien x und y zwei Quaternionen

$$x = x_0 + x_1 i + x_2 j + x_3 k$$
$$y = y_0 + y_1 i + y_2 j + y_3 k.$$

Dann ist ihre Summe

$$x + y = (x_0 + y_0) + (x_1 + y_1)i + (x_2 + y_2)j + (x_3 + y_3)k.$$

Das Produkt xy wird berechnet, indem x und y formal miteinander multipliziert werden, wobei das Distributivgesetz angewendet wird und die Konventionen

$$i^2 = j^2 = k^2 = -1$$
$$ij = -ji = k$$
$$jk = -kj = i$$
$$ki = -ik = j$$

berücksichtigt werden. Die Division von Quaternionen ist nicht definiert, aber sie ist auch nicht relevant für das, was wir in diesem Abschnitt besprechen wollen.

Mit diesen Definitionen können wir die Iteration $x \to x^2 + c$ für die Quaternionen interpretieren. Darüber hinaus können wir die Begriffe der Gefangenenmenge und der Fluchtmenge von den komplexen Zahlen auf die Quaternionen übertragen. Eine Julia-Menge in den Quaternionen ist folglich definiert als Rand einer Gefangenenmenge in den Quaternionen. Die Visualisierung von Julia-Mengen in den Quaternionen ist jedoch deutlich anspruchsvoller als im komplexen Fall, weil wir es hier mit fraktalen Objekten im vierdimensionalen Raum zu tun haben. Techniken für die Wiedergabe wurden 1982 von V. Alan Norton entwickelt; er stellte eine Sammlung eindrucksvoller Bilder zusammen.[25] Unter den Farbtafeln dieses Buches befinden sich zwei Bilder dieser Art.[26]

Wir werden einige weitere Details erklären, über die man Bescheid wissen muß, um zu verstehen, was auf diesen Bildern zu sehen ist. Zunächst stellen wir fest, daß wir vereinfachen können, indem wir den Parameter c aus den Quaternionen bei der Iteration von $x \to x^2 + c$ als komplexe Zahl wählen, d.h. als $c = x_0 + x_1 i$. Wenn nun der Anfangspunkt $x \in H$ komplex ist (d.h., wenn die dritte und vierte Komponente Null ist), dann bleibt die Bahn in der komplexen Ebene, und wir kommen zum gleichen Ergebnis, das wir auch bekommen hätten, wenn wir von Anfang an im Raum der komplexen Zahlen gearbeitet hätten. Dies bedeutet, wenn man die Julia-Menge in den Quaternionen auf die komplexe Zahlenebene einschränkt, erhält man die gewöhnliche komplexe Julia-Menge. Außerdem ist die Menge

$$H_0 = \{x \in H \mid x = x_0 + x_1 i + x_2 j\},$$

die alle Quaternionen enthält, deren letzte Komponente $x_3 = 0$ ist, invariant unter der Iteration. Mit anderen Worten, wenn $x \in H_0$ ist, dann ist auch $x^2 + c \in H_0$. In unserem ersten Versuch können wir die vierte Komponente der Quaternionen außer acht lassen und nur mit den ersten drei Komponenten arbeiten. Das Ergebnis ist eine dreidimensionale Julia-Menge. Ein Beispiel findet man auf der Farbtafel 16 für den Fall $c = 0.2809 + 0.53i$. Das Objekt ist entlang der komplexen Ebene aufgeschnitten, und wir können etwas erkennen,

[25] Siehe B. B. Mandelbrot, *The Fractal Geometry of Nature,* W. H. Freeman und Co., New York, 1982, und V. A. Norton, *Generation and display of geometric fractals in 3-D,* Computer Graphics 16, 3 (1982) 61–67. Eine neuere Arbeit, in der fortgeschrittene Techniken zur Wiedergabe beschrieben werden, ist J. C. Hart, D. J. Sandin, L. H. Kauffman, *Ray tracing deterministic 3-D fractals,* Computer Graphics 23, 3 (1989) 91–100.

[26] Die Bilder in Tafel 40 stammen aus der Diplomarbeit (1991) unseres Informatikstudenten Ralph Lichtenberger, die auf der Grundlage der Strahlenverfolgungsmethode basiert, die von Hart, Sandin und Kauffman in ihrer Arbeit eingeführt und die in der vorigen Fußnote erwähnt wurde.

was uns vertraut ist: eine kaninchenartige Julia-Menge (vergleiche Abbildung 4.36). In der dritten Dimension scheint die Julia-Menge eine außerordentlich komplizierte Struktur zu haben, die jedoch trotzdem einige Gesetzmäßigkeiten zeigt.[27] Dieses Bild zeigt nur einen dreidimensionalen Schnitt der gesamten Julia-Menge, der eine Teilmenge der vierdimensionalen Quaternionen ist. Damit man ein Gefühl für die vollständige Struktur der Julia-Menge bekommen kann, zeigen wir noch einen anderen Schnitt (siehe Farbtafel 1). Es ist bemerkenswert, daß auch hier im Schnitt des dargestellten Objekts wieder eine kaninchenartige Julia-Menge zu sehen ist.

[27] Die Julia-Menge enthält Kreise. Einen Beitrag dazu findet man in V. A. Norton, *Julia sets in the quaternions,* Computers and Graphics 13, 2 (1989) 267–278.

4.10 Programm des Kapitels: Julia-Mengen

Wir haben verschiedene Algorithmen besprochen, mit denen man Julia-Mengen visualisieren kann. Für das Programm dieses Kapitels haben wir einen Algorithmus für das Pixelspiel ausgesucht, der mit Hilfe der Rückwärtsiteration recht schnell einen ersten Eindruck von der Gestalt der Julia-Menge vermittelt. Allerdings dauert es für einige Parameter sehr lange, bis man alle Details erkennen kann.

Das Programm verwendet den Algorithmus zur Berechnung der komplexen Quadratwurzel mit nichtnegativem Realteil, den wir in Abschnitt 4.3 besprochen haben. Wie wir in 4.7 besprochen haben, ist es vernünftig, die Iteration des Chaos-Spiels beim abstoßenden Fixpunkt zu beginnen. Dieser gehört zur Julia-Menge. Die Fixpunkte bei der Iteration von $z^2 + c$ sind explizit gegeben als

$$z = 1/2 \pm \sqrt{1/4 - c}.$$

Der Fixpunkt ist abstoßend, wenn der Betrag $|z|$ größer ist als $1/2$. Die Ableitung $2z$ von $z^2 + c$ ist an diesem Punkt dann vom Betrag her größer als 1. Daher erhalten wir einen abstoßenden Fixpunkt, wenn wir die Wurzel $\sqrt{1/4 - c}$ aus der obigen Formel auswählen, die einen positiven Realteil hat.

Bildschirmausgabe des Programms

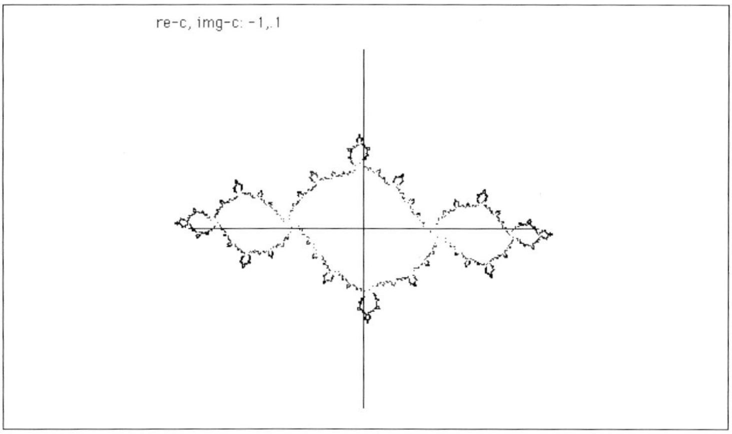

Abb. 4.49 : Ausgabe des Programms „Julia-Menge".

Das Programm setzt zuerst `xn = 0.25` (Realteil) und `yn = 0` (Imaginärteil), wodurch die komplexe Zahl $z = 1/4$ dargestellt wird. Dann wird die Wurzel von $z - c$ berechnet, die einen positiven Realteil hat. Im ersten Iterationsschritt addieren wir $1/2$ zum Ergebnis hinzu und erhalten den abstoßenden Fixpunkt, der Anfangswert für die nun

BASIC Programm **Julia-Mengen**
Titel Berechnung von Julia-Mengen mit Umkehriteration

```
left = 30
w = 300
s = w/3
orig = left + w/2
INPUT ,,re-c, img-c:‘‘, xc, yc
REM Zeichne Koordinatensystem
LINE (left,left+w/2) - (left+w,left+w/2)
LINE (left+w/2,left) - (left+w/2,left+w)

REM Fixpunkt ist Startwert der Iteration
xn = .25
yn = 0
FOR i = 1 TO 5000
    a = xn - xc
    b = yn - yc
    REM Berechne Wurzel mit positivem Realteil
    IF a > 0 GOTO 100
    IF a < 0 GOTO 150
        xn = SQR(ABS(b)/2)
        IF xn > 0 THEN yn = b/(2*xn) ELSE yn = 0
        GOTO 200
100     xn = SQR((SQR(a*a + b*b) + a)/2)
        yn = b / (2 * xn)
        GOTO 200
150     yn = SQR((SQR(a*a + b*b) - a)/2)
        IF b < 0 THEN yn = -yn
        xn = b / (2 * yn)
        REM Zuerst Berechnung des abstoßenden Fixpunkts
200 IF i = 1 THEN xn = xn + .5
    REM Zufällige Auswahl einer der beiden symmetrischen Wurzeln
    IF RND < .5 GOTO 300
        xn = -xn
        yn = -yn
300 PSET (xn*s + orig,-yn*s + orig)
NEXT i
END
```

folgende Iteration ist. Nachdem das Programm die Wurzel von $z - c$ berechnet hat, wählt es zufällig eine der beiden möglichen Wurzeln $\pm\sqrt{z-c}$ aus (mit Hilfe des Zufallszahlengenerators RND). Das Ergebnis wird schließlich als Punkt mit PSET eingezeichnet. Die Zeichnung ist so skaliert, daß der Einheitskreis (d.h. die Julia-Menge für $c = 0$) sich über 2/3 der Breite w der Fläche erstreckt, auf der gezeichnet wird.

Kapitel 5

Die Mandelbrot-Menge: Ordnung für die Julia-Mengen

Mit der Mandelbrot-Menge liefert die Natur (oder ist es die Mathematik, die sie beschreibt?) ein eindrucksvolles, visuelles Gegenstück zur musikalischen Idee von „Thema und Variation": Die gleichen Formen werden überall wiederholt, doch jede Wiederholung ist ein wenig anders. Es wäre niemals möglich gewesen, diese Eigenschaft der Iteration zu entdecken, wenn man darauf beschränkt gewesen wäre, die nötigen Rechnungen mit der Hand durchzuführen, und ich denke, daß niemand intelligent oder genial genug gewesen wäre, dieses reichhaltige und komplizierte Thema mit seinen Variationen zu „erfinden". Es kann uns nicht langweilig werden, weil stets etwas Neues auftaucht, und wir können den Faden nicht verlieren, weil jederzeit Vertrautes wiederkehrt. Wegen dieses konstant bleibenden Maßes an Neuigkeit kann man die Menge aber nicht wirklich als Fraktal im Sinne der üblichen Definitionen bezeichnen; wir sollten sie ein Grenzfraktal nennen, womit zum Ausdruck gebracht werden soll, daß viele Fraktale in ihr enthalten sind. Verglichen mit anderen Fraktalen ist die Struktur der Mandelbrot-Menge vielfältiger, ihre Harmonien sind reicher, und ihre Überraschungen sind verblüffender.

Benoit Mandelbrot[1]

Die Mandelbrot-Menge ist sicherlich das populärste Fraktal und möglicherweise sogar das populärste Objekt der zeitgenössischen Mathematik überhaupt. Manche Leute behaupten, daß sie nicht nur das schönste, sondern auch das komplizierteste Objekt ist, das jemals gesehen wurde, beziehungsweise sichtbar gemacht wurde. Seit Mandelbrot 1979 sein außergewöhnliches Experiment durchgeführt hat, haben es Tausende von Amateurwissenschaftlern auf der ganzen

[1] Herausgegeben im Rahmen eines Interviews für den Videofilm *Fraktale in Filmen und Gesprächen,* von H.-O. Peitgen, H. Jürgens, D. Saupe, C. Zahlten, Spektrum der Wissenschaften, Videothek, Heidelberg, 1990.

Benoit B. Mandelbrot

Abb. 5.1 : Benoit B. Mandelbrot.

Welt wiederholt.[2] Sie alle wollen sich in die unbegrenzte Vielfalt der Bilder vertiefen, die auf dem Bildschirm des Computers entstehen können. Manchmal sind mehrere Stunden erforderlich, um sie zu erzeugen, aber dies ist der Preis, den man zahlen muß, um etwas Neues und Phantastisches zu finden, das noch niemand zuvor gesehen hat.

Ist dieser Reichtum einfach ein großzügiges Geschenk der Mathematik an diejenigen, die gerne schöne Bilder bewundern oder hat diese offensichtliche Schönheit und Komplexität eine tiefere Bedeutung? Haben die bildhaften Merkmale der Mandelbrot-Menge ein mathematisches Gegenstück? Mit anderen Worten, erlaubt die Mandelbrot-Menge einen Einblick in das, was die Mathematiker manchmal als Ästhetik in der Mathematik bezeichnen? Die Antwort auf diese Frage ist natürlich ein eindeutiges „Ja"!

[2] Siehe B. B. Mandelbrot, *Fractal aspects of the iteration of $z \to \lambda z(1-z)$ for complex λ and z,* Annals of the New York Academy of Sciences 357 (1980) 249–259. Einen historischen Bericht über die Entdeckung findet man in den Beiträgen von Mandelbrot für *Bausteine des Chaos — Fraktale,* H.-O. Peitgen, H. Jürgens und D. Saupe, Klett-Cotta/Springer-Verlag, Stuttgart/Heidelberg, 1992, S. 1–9, und in *Fractals and the Rebirth of Iteration Theory* in *The Beauty of Fractals*, H.-O. Peitgen, P. H. Richter, Springer-Verlag, Heidelberg, 1986.

5.1 Von der strukturellen Dichotomie zur binären Zerlegung

Aus Kapitel 4 wissen wir, daß es für jeden Parameter c bei der Iteration von $z \to z^2 + c$ eine eindeutige Gefangenenmenge G_c und eine zugehörige Fluchtmenge F_c gibt. Außerdem haben wir Methoden kennengelernt, mit denen man die Bilder von G_c und F_c zeichnen kann. Die Äquipotential- und Feldlinien bringen die natürliche Struktur der Fluchtmenge F_c zum Vorschein. Dadurch kommen wir zu einem besseren Verständnis der Dynamik von $z \to z^2 + c$ in der Fluchtmenge und auf ihrem Rand, der Julia-Menge J_c. Aber bisher haben wir nur einen flüchtigen Blick auf die unendliche Vielfalt der Julia-Mengen geworfen, die sich erforschen lassen.

Metaphorisch ausgedrückt haben wir ein Bilderbuch vor uns liegen, dessen Seitenzahlen die komplexen Parameter c sind; auf jeder Seite ist die spezielle Julia-Menge J_c zu sehen, die zu dem jeweiligen Parameter c gehört. Wie viele Kapitel hat dieses endlose Buch? Und gibt es irgendein Ordnungsprinzip? Die Antwort auf die zweite Frage lautet „Ja", und sie ergibt sich bereits aus den mathematischen Meisterwerken von Julia und Fatou. Der Schlüssel zum Ordnungsprinzip ist die strukturelle Dichotomie. Sie garantiert uns, daß für jede Wahl des Parameters c sowohl die zugehörige Julia-Menge J_c als auch die Gefangenenmenge G_c entweder zusammenhängend sind oder eine Punktwolke (mathematisch: total unzusammenhängend).

Wir haben diese Dichotomie schon im vorhergehenden Kapitel behandelt. Wenn man im Fall einer total unzusammenhängenden Gefangenenmenge die zugehörigen Einkreisungen untersucht, kann man erklären, warum sich die zugehörige Julia-Menge als verallgemeinerte Cantor-Menge betrachten läßt. Das unendliche Bilderbuch mit Julia-Mengen kann in zwei Kapitel unterteilt werden: Das erste Kapitel beschäftigt sich mit allen zusammenhängenden Julia-Mengen und das zweite Kapitel mit allen Julia-Mengen, die total unzusammenhängend sind. In der Zeit um 1979 hatte Mandelbrot die Idee, diese Dichotomie innerhalb der komplexen Zahlenebene $\mathbf{C}$ zu veranschaulichen, in der c variiert wird. Das führte ihn auf die inzwischen nach ihm benannte *Mandelbrot-Menge*.

$$M = \{c \in \mathbf{C} \mid J_c \text{ ist zusammenhängend}\}.$$

Er stellte jeden Punkt (Pixel auf dem Bildschirm des Computers) in der Ebene der c-Werte entweder schwarz oder weiß dar, je nachdem, ob die zugehörige Julia-Menge eine zusammenhängende Menge oder eine Punktwolke war (siehe Abbildung 5.2). Das Ergebnis war ein schwarz-weißes Bild (siehe der kleine Ausschnitt in Abbildung 5.3), das nicht besonders eindrucksvoll oder vielversprechend aussah, weil die Techniken zum Erstellen von Computergrafiken zu dieser Zeit

Die Mandelbrot-Menge — Dichotomie der Julia-Mengen

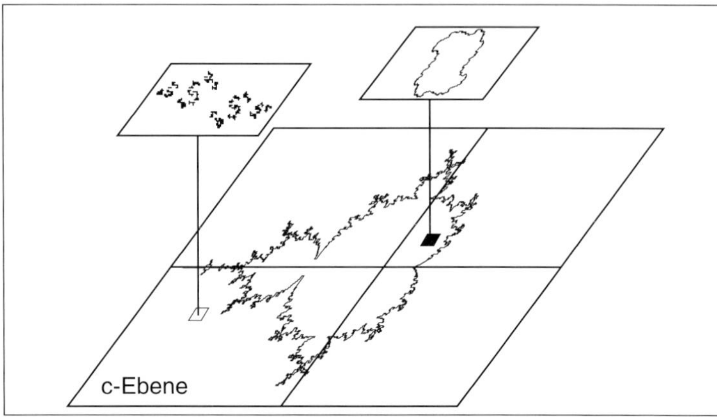

Abb. 5.2 : Zu jedem Punkt in der c-Ebene gehört eine Julia-Menge, wenn man ihn als Parameter c bei der Iteration von $z \to z^2 + c$ interpretiert. Der Punkt ist schwarz dargestellt, wenn die zugehörige Julia-Menge zusammenhängend ist, und er ist weiß dargestellt, wenn die Julia-Menge unzusammenhängend ist. Dies ist der Kern des Experiments, das 1979 von Mandelbrot durchgeführt wurde.

noch nicht sehr weit ausgereift waren. Trotzdem war sich Mandelbrot darüber im klaren, daß er eine Perle der Mathematik entdeckt hatte und trieb seine Forschung weiter voran. Er hat damit ein mathematisches Gebiet wiederbelebt, an dem für annähernd 60 Jahre kaum gearbeitet worden war.

Charakterisierung durch die Bahn des kritischen Punkts

Aber auf welche Weise ließ Mandelbrot den Computer entscheiden, ob ein Parameter c zur Mandelbrot-Menge gehört oder nicht? Er war zu dieser Zeit eine der wenigen Personen, die die Arbeiten von Julia und Fatou sehr gut kannten. Deshalb war er sich der Tatsache bewußt, daß es einen engen Zusammenhang zwischen der strukturellen Dichotomie der Julia-Mengen und dem Schicksal des kritischen Punkts gibt. Wir wollen uns diesen Sachverhalt, den wir in Abschnitt 4.8 besprochen haben, ins Gedächtnis zurückrufen:

Fakt. *Die Gefangenenmenge G_c ist genau dann zusammenhängend, wenn die kritische Bahn $0 \to c \to c^2 + c \to \cdots$ beschränkt ist.*

Diese Tatsache eröffnet eine alternative Möglichkeit, die Mandelbrot-Menge zu definieren. Um die Mandelbrot-Menge in seinem Experiment von 1979 zu beschreiben, definierte Mandelbrot

$$M = \left\{ c \in \mathbf{C} \mid c \to c^2 + c \to \cdots \text{ ist beschränkt} \right\}. \qquad (5.1)$$

Man beachte, daß diese Definition ähnlich ist, wie die Definition der Gefangenenmenge G_c (siehe Seite 371), die als

$$G_c = \left\{ z_0 \in \mathbf{C} \mid z_0 \to z_0^2 + c \to \cdots \text{ ist beschränkt} \right\}$$

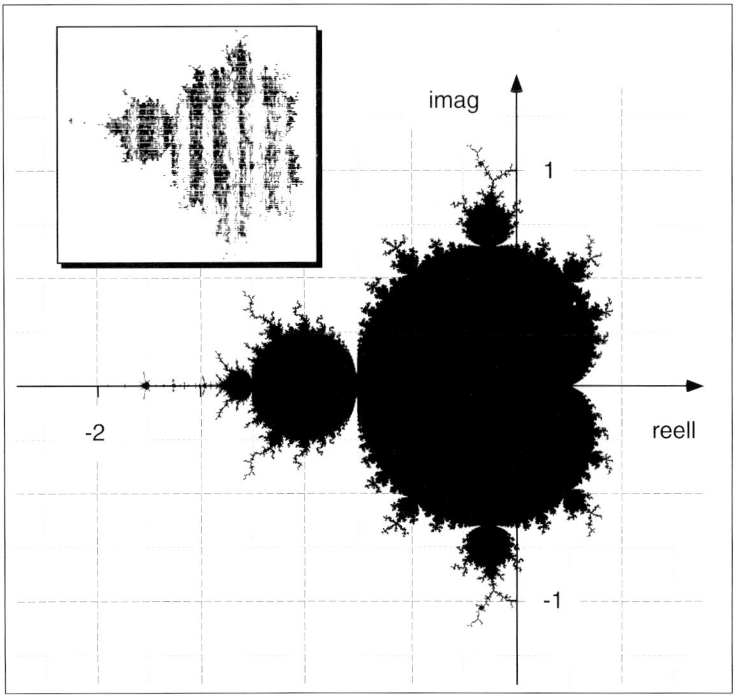

Die Mandelbrot-Menge — originale und zeitgemäße Wiedergabe

Abb. 5.3 : Auf dem kleinen Bild sieht man einen Originalausdruck von Mandelbrots Experiment. Das große Bild haben wir mit einem modernen Laserdrucker und mit einem Algorithmus hergestellt, der eine größere Genauigkeit erlaubt.

geschrieben werden kann. Während die Julia-Menge jedoch eine Teilmenge der Ebene ist, in der sich Anfangswerte z_0 und ihre Bahnen befinden, liegt die Mandelbrot-Menge in der Ebene der Parameterwerte c, und es ist nicht angebracht, in dieser Ebene irgendwelche Bahnen einzuzeichnen, die bei der Iteration von $z \to z^2 + c$ entstehen.

Die ersten Informationen über M

Wir können unseren Untersuchungen bereits einige Hinweise über die Mandelbrot-Menge entnehmen. Zunächst gehört alles, was sich außerhalb einer Kreisscheibe mit dem Radius 2 um den Ursprung befindet, nicht zur Mandelbrotmenge. Wenn $|c| > 2$ ist, flieht nämlich der kritische Punkt ins Unendliche (siehe der technische Abschnitt auf Seite 374), und die Julia-Menge ist eine Cantor-Menge. Außerdem haben wir in Kapitel 4 gesehen, daß die Iteration des kritischen Punkts für reelle Parameter c mit $-2 \leq c \leq 0.25$ beschränkt ist und die Julia-Menge daher eine zusammenhängende Menge ist. Das Intervall $[-2, 0.25]$ auf der reellen Achse, das in der Kreisscheibe mit dem

Abb. 5.4 : Eine zusammenhängende und eine unzusammenhängende Julia-Menge.

Radius 2 um den Ursprung enthalten ist, gehört deshalb zu M.[3]

Einkreisungen von M

Wie können wir für einen gegebenen Parameter c rechnerisch darüber entscheiden, ob die Bahn von c beschränkt ist, d.h., ob c zur Mandelbrot-Menge gehört oder nicht? Theoretisch ist es hierfür erforderlich, die gesamte kritische Bahn zu kennen, also unendlich viele Iterationen. Mit dem gleichen Problem haben wir es zu tun, wenn wir nachrechnen wollen, ob ein Anfangswert z_0 zur Gefangenenmenge gehört oder nicht. Wir betrachten daher wieder Einkreisungen M_k von M, die wir analog zu den Einkreisungen der Gefangenenmengen definieren können, nämlich als

$$M_k = \left\{ c \in \mathbf{C} \;\middle|\; \lim_{l \to \infty} \frac{\log_2 |z_l|}{2^l} \leq 2^k, \; z_0 = c \right\} \tag{5.2}$$

wobei

$$z_{l+1} = z_l^2 + c, \quad l = 0, 1, 2, \ldots$$

[3] Tatsächlich ist $c = -2$ der einzige Punkt der Mandelbrot-Menge, dessen Absolutbetrag 2 ist.

Einkreisungen von M

In diesem technischen Abschnitt leiten wir die Gleichung (5.2) her. Weil M in einer Kreisscheibe mit dem Radius 2 um den Ursprung enthalten ist, können wir einen Kreis R als Referenzmenge verwenden, dessen Radius größer oder gleich 2 ist. Wir setzen

$$T^{(-k)}(R) = \{c \in \mathbf{C} \mid z_k \in R,\ z_0 = c\}\,,\ k = 0, 1, 2, \ldots,$$

wobei $z_0, z_1, z_2, \ldots$ die kritische Bahn bezeichnet, also

$$z_{k+1} = z_k^2 + c, \quad z_0 = c, \quad k = 0, 1, 2, \ldots$$

Zuerst wollen wir uns in diesem Paragraphen davon überzeugen, daß wenn $z_k \in R$ ist mit $k \geq 1$, auch alle vorhergehenden Iterierten $z_0, z_1, \ldots, z_{k-1}$ innerhalb von R liegen. Es sei $r \geq 2$ der Radius der Kreisscheibe R. Wir betrachten den Fall $|c| \geq r$ mit dem Anfangswert $z_0 = c$. Es sei z_m irgendein Punkt aus der Bahn von z_0 mit der Eigenschaft $|z_m| \geq |c|$. Für den nächsten Punkt z_{m+1} aus der Bahn folgt

$$\begin{aligned} |z_{m+1}| &= |z_m^2 + c| \geq |z_m^2| - |c| \\ &\geq |z_m|^2 - |z_m| = (|z_m| - 1)|z_m| \\ &\geq (r-1)|z_m| \geq |z_m|. \end{aligned}$$

Da wir bereits wissen, daß $|z_0| = |c|$ ist, können wir daraus allgemein schließen, daß

$$r \leq |c| = |z_0| \leq |z_1| \leq |z_2| \leq \cdots$$

Anders ausgedrückt ist die Folge $|z_0|, |z_1|, |z_2|, \ldots$ monoton wachsend. Wenn sich z_m in der Kreisscheibe R befindet, müssen daher auch z_0 bis z_{m-1} in R liegen. Wir betrachten nun den verbleibenden Fall $|c| < r$ und gehen von der Annahme aus, daß $|z_m| > r$ ist, also $z_m \notin R$. Dann gilt

$$\begin{aligned} |z_{m+1}| &= |z_m^2 + c| \geq |z_m^2| - |c| \\ &> r^2 - r = (r-1)r \\ &= (1+\varepsilon)r > r. \end{aligned}$$

Mit Hilfe der Induktion folgt daraus, daß auch alle nachfolgenden Punkte aus der Bahn nicht in R liegen, d.h.

$$z_m, z_{m+1}, z_{m+2}, z_{m+3}, \ldots \notin R.$$

Wenn $z_k \in R$ ist, sind demnach auch alle Iterierten z_0 bis z_{k-1} in R, was wir beweisen wollten.

Mit anderen Worten besteht die Einkreisung $T^{(-k)}(R)$ genau aus denjenigen Parameterwerten c, für die alle ersten k Iterierten von $z_0 = c$ die Referenzmenge R treffen. Wir erinnern uns, daß nach der Beschreibung der Mandelbrot-Menge in Gleichung (5.1) ein Punkt c genau dann zu M gehört, wenn die gesamte kritische Bahn in der Referenzmenge liegt. Die Einkreisung $T^{(-k)}(R)$ ist also eine Approximation von M, die umso genauer wird, je mehr die Zahl k anwächst. Diesen wichtigen Sachverhalt wollen wir nun weiter ausarbeiten.

Wir haben bereits herausgefunden, daß M in einer Kreisscheibe mit dem Radius 2 um den Ursprung enthalten ist. Dies hat zur Folge, daß

M auch in der Referenzmenge R liegt (in der die Kreisscheibe mit dem Radius 2 enthalten ist). Dies bedeutet

$$M \subset R = T^{(0)}(R).$$

Nun ist $T^{(-1)}(R)$ die Menge aller Parameter c, für die der kritische Wert $z_0 = c$ *und* die erste Iterierte $z_1 = z_0^2 + c = c^2 + c$ in R liegen. Daher ist $T^{(-1)}(R)$ eine Teilmenge von $T^{(0)}(R)$. Außerdem ist M in $T^{(-1)}(R)$ enthalten:

$$M \subset T^{(-1)}(R) \subset T^{(0)}(R).$$

$T^{(-2)}(R)$ ist die Menge aller Parameter c, für die $z_0 = c$, $z_1 = z_0^2 + c$ *und* die zweite Iterierte $z_2 = z_1^2 + c$ in R liegen. Daher ist $T^{(-2)}(R)$ eine Teilmenge von $T^{(-1)}(R)$ und enthält M:

$$M \subset T^{(-2)}(R) \subset T^{(-1)}(R) \subset T^{(0)}(R).$$

Auf diese Weise kann man fortfahren und zunehmend genauere Einkreisungen $T^{(-k)}(R)$ für $k = 3, 4, 5\ldots$ konstruieren. Als Grenzmenge erhalten wir die Mandelbrot-Menge:

$$\bigcap_{k=0}^{\infty} T^{(-k)}(R) = M. \tag{5.3}$$

Es gibt einen wichtigen Unterschied zwischen den Einkreisungen der Gefangenenmengen und den Einkreisungen der Mandelbrot-Menge, den man im Hinterkopf behalten sollte, wenn man Bilder der Mandelbrot-Menge interpretieren möchte. Dieser Unterschied besteht darin, daß die Einkreisungen $T^{(-k)}(R)$ von M *keine* iterierten Urbilder von R hinsichtlich einer bestimmten Transformation sind (d.h. $T^{(-k)}(R)$ ist kein Bild von $T^{(-k-1)}(R)$).

Die Einkreisungen $T^{(-k)}(R)$ der Mandelbrot-Menge hängen natürlich außerdem von der Wahl der Referenzmenge R ab. Anstelle der Kreisscheibe, deren Radius größer oder gleich 2 ist, hätten wir auch eine Ellipse, ein Quadrat oder eine beliebige andere Menge nehmen können, solange sie die Eigenschaft in Gleichung (5.3) erfüllt. Um diese Mehrdeutigkeit zu vermeiden, gehen wir nun auf die gleiche Weise vor wie für die Gefangenenmengen. Wir wählen die Kreisscheiben

$$D^l = \left\{ z \mid \log_2 |z| \le 2^l \right\},\ l = 0, 1, 2, \ldots$$

als Referenzmengen R und definieren die $k$te Einkreisung von M für jede ganze Zahl k als

$$M_k = \lim_{l \to \infty} T^{(k-l)}(D^l).$$

Diese ziemlich abstrakte Formel wollen wir in eine Form bringen, zu der man leichter Zugang hat. Der Parameter c liegt in $T^{(k-l)}(D^l)$, wenn

$$\log_2 |z_{l-k}| \le 2^l$$

oder, wenn man durch 2^{l-k} teilt,

$$\frac{\log_2 |z_{l-k}|}{2^{l-k}} \leq 2^k.$$

In diesem Fall ist es dasselbe, den Grenzwert für $l \to \infty$ zu bilden oder den Grenzwert für $l - k \to \infty$. Daher erhalten wir

$$M_k = \left\{ c \in \mathbf{C} \;\middle|\; \lim_{l \to \infty} \frac{\log_2 |z_l|}{2^l} \leq 2^k,\ z_0 = c \right\},$$

wobei

$$z_{l+1} = z_l^2 + c, \quad z_0 = c.$$

Diese Form ist nun für eine Implementierung auf dem Computer geeignet. Darüber hinaus sehen wir deutlich die Analogie zu den Einkreisungen $P_c^{(k)}$ der Gefangenenmenge G_c (vgl. Gleichung (4.3)).

Für positive Indizes k sind die Einkreisungen M_k beinahe mit großen Kreisscheiben identisch. Dies entspricht der Tatsache, daß sich die Iteration von $z \to z^2 + c$ verhält wie die von $z \to z^2$, wenn $|z|$ sehr groß ist. Zum Beispiel ist M_3 annähernd eine Kreisscheibe mit dem Radius $2^8 = 256$. Mit anderen Worten können wir einen Parameter c als Element von M_k akzeptieren, wenn die ersten $k + 3$ Iterationen von $z_0 = c$ die Kreisscheibe mit dem Radius 256 nicht verlassen. Das Ergebnis ist in Abbildung 5.5 dargestellt, in der die Ränder der Einkreisungen M_0 bis M_{-10} abgebildet sind.

Ein einfacher Algorithmus für die Mandelbrot-Menge

Für einen gegebenen Parameter c muß die Bahn des kritischen Punktes $z = 0$ mit einem Algorithmus bestimmt werden. Wenn $|c| > 2$ ist, wissen wir schon, daß die Bahn flieht; daher kann ein Algorithmus sofort abbrechen und das Ergebnis zurückgeben, daß die Julia-Menge unzusammenhängend ist. Wir nehmen nun an, daß $|c| \leq 2$ ist. Im allereinfachsten Fall würde ein Algorithmus am Punkt $z_0 = c$ anfangen, die Abbildung $z \to z^2 + c$ zu iterieren, und würde die Punkte untersuchen, die bei der Iteration entstehen. Wenn ein Punkt aus der Bahn die Kreisscheibe mit dem Radius

$$R = \max(2, |c|) = 2$$

verläßt, kann man sicher sein, daß die Bahn ins Unendliche flieht,[4] und der Algorithmus kann wieder mit dem gleichen Ergebnis abbrechen wie zuvor (d.h. mit dem Ergebnis, daß c nicht in M liegt). Um unendliche Schleifen zu vermeiden, muß natürlich eine maximale Anzahl m von Iterationen vorgeschrieben werden, die nicht überschritten werden darf. Wenn man die Parameter bestimmen will, bei denen die Iteration die Menge

[4] Dies kann man in der Herleitung auf Seite 373 nachlesen.

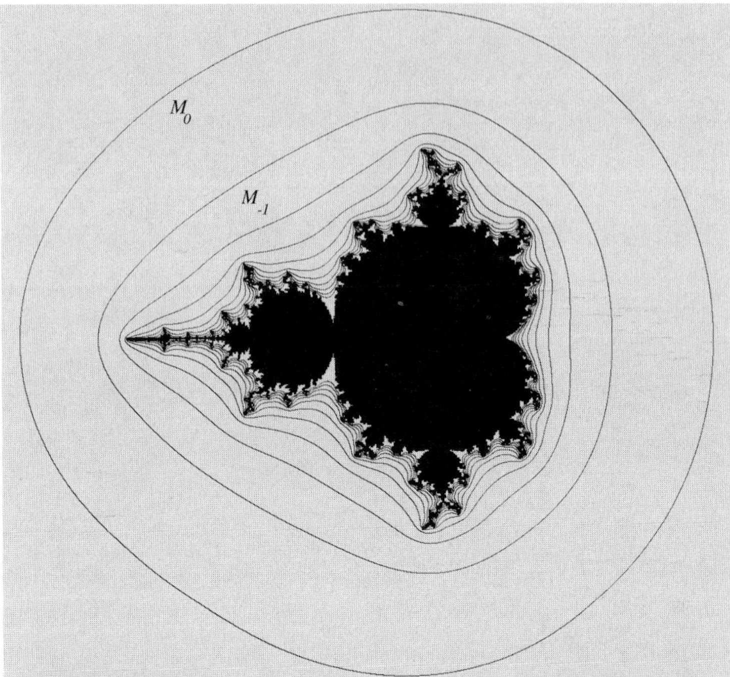

Abb. 5.5 : Die Mandelbrot-Menge M und ihre Approximation durch die Einkreisungen M_0 bis M_{-10}.

$R = \{c \in \mathbf{C} \mid |c| \leq 2\}$ innerhalb von m Schritten nicht verläßt, muß man einfach die Approximation $T^{(-m)}(R)$ von M berechnen. Als Schwellenwert für den Radius der Referenzmenge ziehen wir 256 der Zahl 2 vor, weil wir dann die Grenzen der Einkreisungen, die wir dabei erhalten, als Äquipotentiallinien der Mandelbrot-Menge interpretieren können. Mit wenigen Programmzeilen läßt sich überprüfen, ob ein Parameter c in einer Einkreisung der Mandelbrot-Menge liegt oder nicht.

```
k = 0
z = c
while (k < m)
    if (|z| > 256) then
       return (Julia-Menge unzusammenhaengend,
               c in M_{4-k})
    end if
    z = z*z + c
    k = k + 1
end while
return (Ergebnis = c in M_{4-m})
```

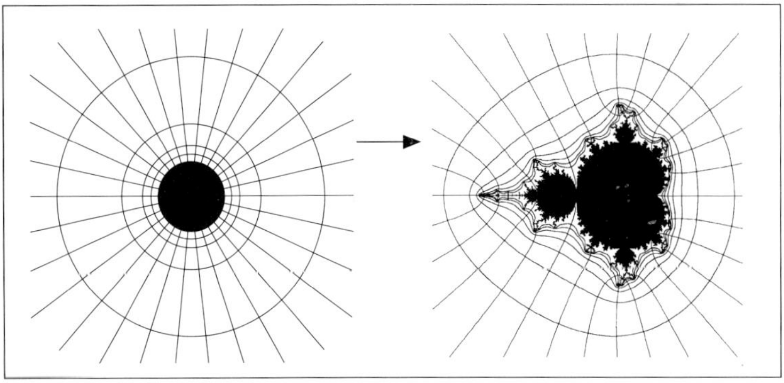

Äquipotential- und Feldlinien der Mandelbrot-Menge

Abb. 5.6 : Das System der Äquipotential- und Feldlinien liefert ein Polarkoordinatensystem für das Komplement der Mandelbrot-Menge.

Die Mandelbrot-Menge ist zusammenhängend

Der Begriff des Potentials hat bei der mathematischen Analyse der Mandelbrot-Menge eine wichtige Rolle gespielt. Um dieses Hilfsmittel anwenden zu können, müssen wir allerdings ausnutzen, daß die Mandelbrot-Menge zusammenhängend ist. Dies ist seit 1982 durch eine Veröffentlichung von Douady und Hubbard[5] bekannt, in der gezeigt wurde, daß die Einkreisungen der Mandelbrot-Menge immer Gebiete sind, die von kreisähnlichen Kurven begrenzt werden. Wenn man die Einkreisung geeignet konstruiert, kann man sogar zeigen, daß die Randkurven tatsächlich Äquipotentiallinien der Mandelbrotmenge sind. Dies ist der Fall für die Einkreisungen

$$M_k = \left\{ c \in \mathbf{C} \;\middle|\; \lim_{l \to \infty} \frac{\log_2 |z_l|}{2^l} \le 2^k, \; z_0 = c \right\}.$$

Die Ränder der Mengen M_k sind die Äquipotentiallinien der expliziten Potentialfunktion

$$p_M(c) = \lim_{l \to \infty} \frac{\log_2 |z_l|}{2^l},$$

wobei

$$z_l = z_{l-1}^2 + c, \quad z_0 = c.$$

Feldlinien und Einschnürungsmodell

Es gibt jedoch einen wesentlichen Unterschied zu den Einkreisungen der Gefangenenmengen. Wenn man die Einkreisungen einer Gefangenenmenge berechnet, hält man den Parameter c konstant und arbeitet nur mit einer einzigen Transformation, nämlich mit $z \to z^2 + c$.

[5] A. Douady, J. H. Hubbard, *Iteration des pôlynomes quadratiques complexes,* CRAS Paris 294 (1982) 123–126.

Bei der Einkreisung der Mandelbrot-Menge hält man den Anfangspunkt $z_0 = 0$ konstant, und ändert den Wert des Parameters c von Pixel zu Pixel. Dies bedeutet, daß wir den Einkreisungen keine Dynamik zuordnen können.

In gewisser Weise kann das System der Äquipotential- und Feldlinien als spezielles Polarkoordinatensystem für das Komplement der Mandelbrot-Menge angesehen werden (siehe Abbildung 5.6). Genauer ausgedrückt gibt es eine eindeutige Beziehung zwischen den Äquipotential- und Feldlinien der Einheitskreisscheibe und denen der Mandelbrot-Menge. Jede Feldlinie ist durch einen Winkel α gegeben, wobei $0 \leq \alpha < 1$ ist. In der Tat kann diese Entsprechung so hergestellt werden, daß die binäre Entwicklung von α im wesentlichen die Information darüber enthält, wo die Feldlinie ankommt, solange α eine rationale Zahl ist. Zum Beispiel ist der Punkt, an dem die Hauptknospe der Periode 2 am herzförmigen Hauptteil der Mandelbrot-Menge, der Kardioide,[6] angeheftet ist, ein Einschnürungspunkt. An diesem Punkt treffen zwei Feldlinien auf den Rand der Mandelbrot-Menge, deren Winkel $\alpha = 1/3$ und $\alpha = 2/3$ sind.

Wenn man die Einzelheiten dieses Feldlinienmodells verstanden hat, so kommt man nahezu zu einem vollständigen Verständnis des Einschnürungsmodells für die Mandelbrot-Menge.[7] Übrigens weiß man, daß jede Feldlinie mit einem rationalen Winkel α auf der Mandelbrot-Menge ankommt, während dies für irrationale Winkel im allgemeinen noch immer nicht bekannt ist. Dies hängt mit dem grundsätzlichen Problem zusammen, ob die Mandelbrot-Menge nicht nur zusammenhängend, sondern auch lokal zusammenhängend ist. Dabei handelt es sich um eines der vielen ungelösten Forschungsprobleme. Eine Vermutung, die ebenfalls etwas mit diesem Problem zu tun hat, wurde kürzlich von M. Shishikura bestätigt, einem jungen japanischen Mathematiker.[8] Er hat die Vermutung bewiesen, daß der Rand der Mandelbrot-Menge die fraktale Dimension 2 hat, wodurch in gewisser Weise die unglaubliche Komplexität charakterisiert wird, von der wir anhand der Vergrößerungen einen Eindruck bekommen haben.

[6] Die mathematische Beschreibung der Kardioide findet man in Gleichung (5.4).

[7] Siehe A. Douady, J. H. Hubbard, *Étude dynamique des pôlynomes complexes,* Publications Mathematiques d'Orsay 84-02, Université de Paris-Sud, 1984 (siehe auch H.-O. Peitgen und P. H. Richter, *The Beauty of Fractals*, Springer-Verlag, Heidelberg, 1986).

[8] M. Shishikura, *The Hausdorff dimension of the boundary of the Mandelbrot set and Julia sets,* SUNY Stony Brook, Institute for Mathematical Sciences, Vorabdruck Nr. 1991/7.

Potentialfunktion und Niveaumengen der Mandelbrot-Menge

Wir untersuchen nun die Niveaumengen

$$N^k = \{c \in \mathbf{C} \mid 2^{k-1} < p_M(c) \leq 2^k\}$$

für die Mandelbrot-Menge. Eine solche Niveaumenge N^k ist einfach die Differenz der Einkreisungen M_k und M_{k-1}.[9] Es gibt einen wesentlichen Unterschied zwischen diesen Niveaumengen und denen von Gefangenenmengen. Wenn wir die Niveaumengen der Gefangenenmengen berechnen, halten wir den Parameter c konstant und arbeiten nur mit einer einzigen Transformation, nämlich mit $z \to z^2+c$, während wir im Fall der Mandelbrot-Menge den Anfangspunkt $z_0 = 0$ konstant halten und den Wert des Parameters c von Pixel zu Pixel ändern. Die Interpretation, daß die $k$te Niveaumenge N^k in die nächste Niveaumenge N_{k+1} transformiert wird, die wir für die Niveaumengen der Gefangenenmengen gegeben haben, ist also nicht mehr möglich. Trotzdem können wir für jede Niveaumenge eine binäre Zerlegung in Zellen definieren, sogar dann, wenn auf den Zellen keine Dynamik definiert ist.

Binäre Zerlegung für M

Wir werden eine Niveaumenge N^k in 2^n Zellen zerlegen, die mit $N^k(b_1 b_2 \ldots b_n)$ bezeichnet werden, wobei die Ziffern b_i entweder 0 oder 1 sind. Die Zerlegung kann mit Hilfe zweier Kriterien definiert werden:

- Für alle $c \in N^k$ berechnen wir die $n$te Iterierte z_n von $z_0 = c$ unter der Abbildung $z \to z^2+c$ und überprüfen ihren Imaginärteil $\text{Im}(z_n)$. Wenn $\text{Im}(z_n) \geq 0$ ist, dann hat die Bezeichnung der zugehörigen Zelle die Form $b_1 \ldots b_{n-1}0$, und wenn der Imaginärteil negativ ist, hat die Bezeichnung die Form $b_1 \ldots b_{n-1}1$.
- Wir ordnen die 2^n Zellen gegen den Uhrzeigersinn an, wobei wir bei derjenigen Zelle anfangen, die an der reellen Achse aufliegt (am Winkel $\phi_0 = 0$), und setzen entsprechend die Bezeichnungen $0 \ldots 00, 0 \ldots 01, 0 \ldots 10, 0 \ldots 11 \ldots$ fest.

Wir beobachten, daß bei der Iteration von $z_0 = c$ für reelle, positive Parameter $c > 0$ nur reelle, positive Zahlen entstehen. Daher gibt es immer eine Zelle, die an die reelle Achse angrenzt, wovon wir im zweiten Kriterium stillschweigend ausgegangen waren. Als wir im vorhergehenden Kapitel die Niveaumengen einer Gefangenenmenge zerlegt haben, hätten wir nicht auf diese Weise argumentieren können. Es war die Berechnung der speziellen Feldlinie ϕ_0 erforderlich. Für die Mandelbrot-Menge erhalten wir die Feldlinie ϕ_0 ohne

[9] Man beachte, daß der einfache Algorithmus für die Mandelbrot-Menge, den wir zuvor besprochen haben, nicht nur dazu verwendet werden kann, die Einkreisungen M_k zu bestimmen, sondern auch die Niveaumengen N_k. Eigentlich gibt der Algorithmus die Nachricht aus, daß die Julia-Menge unzusammenhängend ist, und daß $c \in N_{4-k}$ ist. Weiterhin ist es nicht erforderlich, $p_M(c)$ auszuwerten.

Abb. 5.7 : Alle Niveaumengen sind in 64 Zellen zerlegt. Die Feldlinien treten deutlich hervor. Im rechten Bild werden auch die Niveaumengen sichtbar, weil mit wechselnden Farben gearbeitet wurde.

weiteres![10] Während wir einerseits einen Verlust hinnehmen mußten — die Zellen können nicht vom dynamischen Standpunkt aus interpretiert werden —, haben wir in anderer Hinsicht einen Gewinn.

In Abbildung 5.7 wird die Zerlegung der Niveaumengen N_2 bis N_{-1} in 64 Zellen gezeigt, so daß man einen Eindruck von den Feldlinien bekommen kann, die sich in der weiteren Umgebung der Mandelbrot-Menge M befinden. Je genauer wir jedoch den Rand der Mandelbrot-Menge M betrachten wollen, desto mehr Feldlinien sind dazu erforderlich. Eine schöne Lösung zu diesem Visualisierungsproblem erhalten wir, wenn wir die Niveaumenge N_k in 2 Zellen zerlegen, N_{k-1} in 4 Zellen, N_{k-2} in 8 Zellen und eine allgemeine Niveaumenge N_{k-l} in 2^{l+1} Zellen (siehe Abbildung 5.8). Auf diese Weise erhalten wir automatisch immer mehr Details, je genauer wir den Rand von M betrachten (siehe Abbildung 5.9). Wie für die Gefangenenmengen ist auch für die Mandelbrot-Menge ein geeignetes Einschnürungsmodell entworfen worden. Weil es jedoch keine dynamische Interpretation für die Zellen gibt, wäre es an dieser Stelle für ein besseres Verständnis erforderlich, sich intensiver mit der Arbeit von Douady und Hubbard zu beschäftigen.[11]

[10] Das liegt an der Tatsache, daß die Koeffizienten der Polynome, die für die Berechnung von ϕ_0 berechnet werden müssen, reell sind. Das gleiche gilt für die Julia-Mengen von reellen Parametern c; ihre Feldlinien für den Winkel 0 liegen

Binäre Zerlegung für die Mandelbrot-Menge

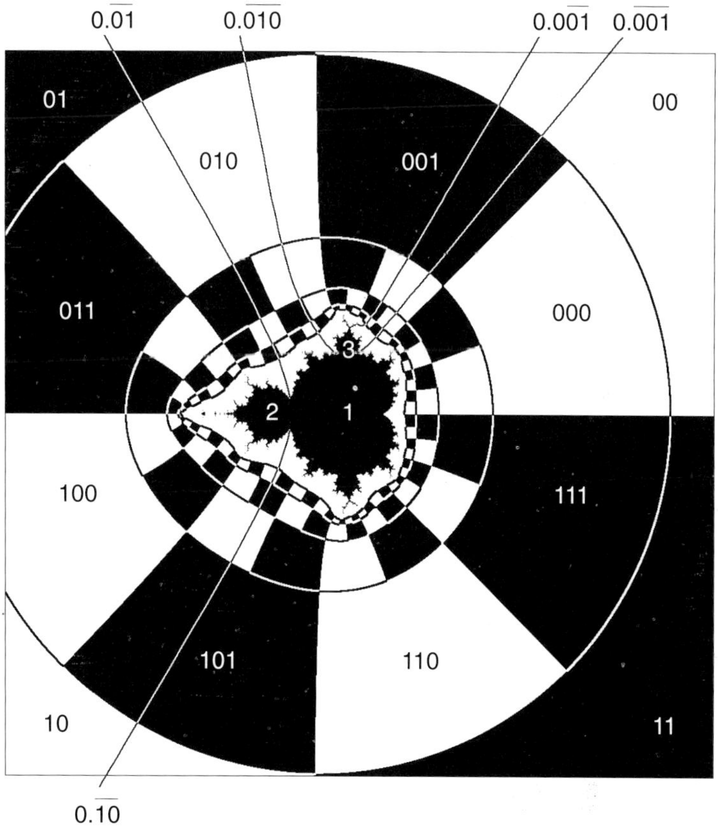

Abb. 5.8 : Für einige Niveaumengen wird die binäre Zerlegung mit den zugehörigen Bezeichnungen der Zellen gezeigt. Einige Feldlinien sind zusammen mit ihrem Winkel α in binärer Form dargestellt.

Einschnürungsmodell für die Mandelbrot-Menge

In Abschnitt 5.2 werden wir sehen, daß die Knospen am Hauptteil/Rumpf der Mandelbrot-Menge zu Gefangenenmengen gehören, die Attraktionsgebiete stabiler periodischer Bahnen sind. An den Punkten, an denen die Knospen angeheftet sind, befinden sich Einschnürungspunkte, an denen sich Feldlinien treffen. Ihre Winkel sind immer durch $\alpha = n/(2^m - 1)$ gegeben. So wird zum Beispiel die Hauptknospe, die stabile Zyklen der Periode 2 beschreibt, von den Feldlinien mit den Winkeln $\alpha = 1/3 = 0.\overline{01}$ und $\alpha = 2/3 = 0.\overline{10}$ eingeschnürt. Wie die Arbeit von Douady und Hub-

ebenfalls auf der positiven reellen Achse.

[11] Siehe A. Douady, *Systèmes dynamiques holomorphes,* Exposé no. 599 Séminaire Bourbaki 1982/83, Astérisque 105/106 (1983) 39–63.

Abb. 5.9 : Weitere Details der binären Zerlegung für die Mandelbrot-Menge.

bard zeigt, gibt es einen tieferen Grund für die Übereinstimmung, daß für die Knospe der Periode 2 tatsächlich $m = 2$ ist. In der Tat läßt sich dies als feststehende Regel formulieren: Für die Knospen der Periode 3 ist $m = 3$. Zum Beispiel haben die Winkel der oberen Knospe der Periode 3 die Form $\alpha = 1/7 = 0.\overline{001}$ und $\alpha = 2/7 = 0.\overline{010}$. Im allgemeinen ist eine Knospe der Periode m durch zwei Winkel der Form $\alpha = n/(2^m - 1)$ charakterisiert. Das Verständnis dieser Feldlinien ist der erste Schritt, der zu einem Einschnürungsmodell für die Mandelbrot-Menge führt. Dieser Zugang kann jedoch nicht zu einem vollständigen Verständnis der Mandelbrot-Menge verhelfen, weil es nicht bekannt ist, ob überhaupt alle Feldlinien auf der Mandelbrot-Menge ankommen. Wenn dies der Fall wäre, dann wäre der Rand der Mandelbrot-Menge lokal zusammenhängend, und dies ist noch immer eine offene Vermutung. Aber der Arbeit von Douady und Hubbard können wir zumindest entnehmen, daß alle Feldlinien mit rationalen Winkeln tatsächlich auf die Mandelbrot-Menge treffen, und dadurch wird bereits eine weitgehende Beschreibung der Mandelbrot-Menge ermöglicht. Wir haben schon die Bedeutung der rationalen Winkel mit ungeradem Nenner erwähnt. Nun wollen wir die Winkel mit geradem Nenner untersuchen, wie zum Beispiel $\alpha = 1/6 = 0.0\overline{01}$. Bezüglich der

Multiplikation mit 2 modulo 1 erhalten wir[12]

$$0.0\overline{01} \to 0.\overline{01} \to 0.\overline{10} \to 0.\overline{01},$$

und dies ist ein präperiodischer Zyklus der Länge 2. Dasselbe Verhalten kann man beobachten, wenn man die kritische Bahn $z_k = z_{k-1}^2 + c$ für $z_0 = i$ untersucht und für $k = 1, 2, 3, \ldots$ und $c = i$. Tatsächlich gilt

$$i \to -1 + i \to -i \to 1 + i.$$

Die allgemeine Regel ist die folgende: Wenn die kritische Bahn $z_k = z_{k-1}^2 + c$ für $z_0 = c$ und $k = 1, 2, 3, \ldots$ nach l Schritten periodisch wird, und die Periode gleich m ist oder m teilt, dann ist der Winkel der Feldlinie, die am Punkt c angeheftet ist, $\alpha = n/[2^l(2^m - 1)]$.

[12] Bei der Multiplikation modulo 1 wird nur der nicht-ganzzahlige Anteil berücksichtigt. Zum Beispiel ist $2 \cdot \frac{2}{3} \bmod 1 = \frac{4}{3} \bmod 1 = \frac{1}{3}$.

5.2 Die Mandelbrot-Menge — Eine Landkarte für die Julia-Mengen

Die Komplexität der Mandelbrot-Menge liegt auf einer anderen Ebene als die der Julia-Mengen. Einerseits hat die Mandelbrot-Menge eine ausgefülltes Inneres ohne jegliche Struktur, und andererseits wird sie von einem außerordentlich komplizierten Rand begrenzt, der eine unendliche Vielfalt unterschiedlichster Formen aufweist. Um einen ersten Eindruck von diesem Formenreichtum zu vermitteln, haben wir einige Bilder ausgewählt, die Ausschnitte aus der Nähe des Randes zeigen (Abbildung 5.10), und eine Folge von Bildern, die durch wiederholtes Zoomen entstanden ist (Abbildung 5.11).

Reise um die Mandelbrot-Menge

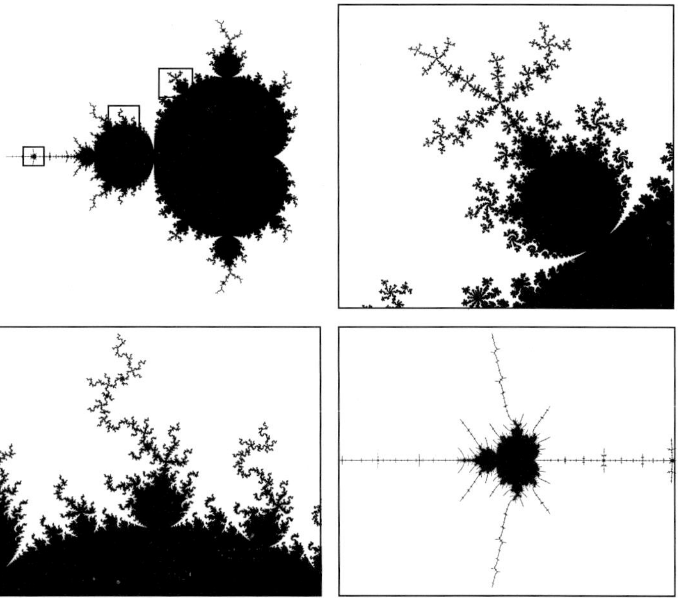

Abb. 5.10 : Eine Reise um die Mandelbrot-Menge mit den Stationen, die auf dem Anfangsbild eingezeichnet sind.

Die Knospen in der Mandelbrot-Menge

Das erste hervorstechende Merkmal der Mandelbrot-Menge sind ihre kleinen Knospen, die sich von dem großen, herzförmigen Hauptteil abheben. Diese Knospen haben eine Bedeutung für die zugehörigen Julia-Mengen. Wir wollen zuerst einen Blick auf den Hauptteil im zentralen Bereich der Menge werfen. Diese herzförmige Menge schneidet die reelle Achse im Intervall von -0.75 bis 0.25. Wir erinnern daran, daß die Julia-Menge für $c = 0$ ein Kreis ist, in dessen Mittelpunkt sich der attraktive Fixpunkt 0 befindet. Dieser Fixpunkt

Abb. 5.11 : Eine Folge von Bildern, die durch wiederholtes Zoomen in die Mandelbrot-Menge entstanden ist.

ist sogar *superattraktiv;* der kritische Punkt stimmt mit dem Fixpunkt überein (siehe Kapitel 2). Es ist eine Tatsache, daß die Parameter c, die auf der reellen Achse zwischen -0.75 und 0.25 liegen, genau diejenigen reellen Parameter sind, für die einer der Fixpunkte von $z \to z^2 + c$ ein Attraktor ist.[13] Es ist deshalb naheliegend, daß das große herzförmige Gebiet gerade diejenigen komplexen Parameter c enthält, für die einer der beiden Fixpunkte der Abbildung $z \to z^2 + c$ anziehend ist. In Abbildung 5.12 werden wir zwei Beispiele für Julia-Mengen geben, die zu Werten für c gehören, die diese Eigenschaft haben (siehe auch Abbildung 4.15). Man sollte dabei auf die Lage der Fixpunkte achten.

Attraktionsgebiete attraktiver Fixpunkte

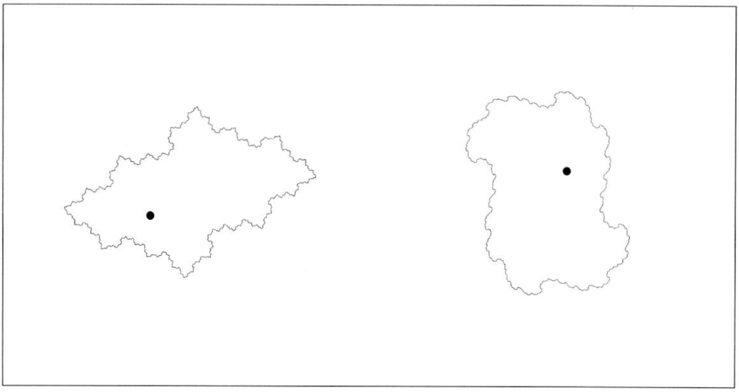

Abb. 5.12 : Julia-Mengen, die das Attraktionsgebiet eines attraktiven Fixpunkts beranden, der mit einem Punkt gekennzeichnet ist. Wir weisen darauf hin, daß der andere Fixpunkt abstoßend ist und in der Julia-Menge liegt. Die Parameter sind $c = -0.55 - 0.3i$ (links) und $c = 0.28 + 0.2i$ (rechts).

Die reellen Parameter $-0.75 < c < 0.25$

Die Fixpunkte bei der quadratischen Iteration $z \to z^2 + c$ sind durch die Gleichung

$$z_{1,2} = \frac{1 \pm \sqrt{1 - 4c}}{2}$$

gegeben. Die Ableitung von $z^2 + c$ an den Stellen z_1 und z_2 ist $2z_1$ beziehungsweise $2z_2$. Wenn c zwischen -0.75 und 0.25 variiert wird, bewegt sich $1 - 4c$ zwischen 4 und 0, so daß die Wurzel $\sqrt{1 - 4c}$ Werte zwischen 2 und 0 annimmt. Daher bewegt sich $1 - \sqrt{1 - 4c}$ zwischen

[13] Das Intervall $(-0.75, 0.25)$ von c-Werten für die Abbildung $z \to z^2 + c$ entspricht dem Intervall $(1, 3)$ für Werte von a für die Abbildung $x \to ax(1 - x)$ (siehe *Bausteine des Chaos — Fraktale*, Kapitel 1, S. 47 f).

-1 und 1, und der Absolutbetrag ist kleiner als 1, wodurch ein *attraktiver* Fixpunkt charakterisiert wird. Also ist der Fixpunkt $(1 - \sqrt{1-4c})/2$ für Werte von c zwischen -0.75 und 0.25 ein Attraktor.

Der Rand des herzförmigen Hauptteils

Wir können eine explizite Gleichung angeben, mit der das „Herz" der Mandelbrot-Menge beschrieben werden kann. Dafür verwenden wir das folgende Ableitungskriterium. Auf dem Rand ist der Betrag der Ableitung am Fixpunkts von $z \to z^2 + c$ gleich 1 (im Inneren des Herzens befinden sich diejenigen Parameter, für die einer der Fixpunkte eine Ableitung hat, die vom Betrag her kleiner als 1 ist).

Angenommen, z ist ein Fixpunkt von $z \to z^2 + c$. Dann erfüllt z die Gleichung

$$z^2 - z + c = 0.$$

Die Ableitung von $z \to z^2 + c$ an der Stelle z ist durch $2z$ gegeben, und diese Zahl können wir in Polarkoordinaten darstellen als

$$2z = re^{i\phi}$$

mit $r \geq 0$ und $0 \leq \phi < 2\pi$. Wir kombinieren die beiden Gleichungen und erhalten

$$\left(\frac{re^{i\phi}}{2}\right)^2 - \frac{re^{i\phi}}{2} + c = 0.$$

Diese Gleichung wird nun nach c aufgelöst:

$$c = \frac{1}{2}re^{i\phi} - \frac{1}{4}r^2e^{2i\phi}.$$

Wenn eine beliebige Zahl $re^{i\phi}$ gegeben ist, kann man mit diesem Ergebnis einen Parameter c bestimmen, so daß die Ableitung von $z \to z^2 + c$ an einem der zugehörigen Fixpunkte gerade diese Zahl annimmt. Zum Beispiel können wir Parameter mit $r < 1$ betrachten, um eine Darstellung vom Inneren des herzförmigen Hauptteils zu bekommen, während man für $r = 1$ seine Randkurve erhält. Wenn wir die Schreibweise $c = x + yi$ verwenden, können wir die obige Gleichung in ihren Realteil und Imaginärteil aufspalten (für $r = 1$):

$$\begin{aligned} x &= \frac{\cos\phi}{2} - \frac{\cos 2\phi}{4} \\ y &= \frac{\sin\phi}{2} - \frac{\sin 2\phi}{4}. \end{aligned} \qquad (5.4)$$

Diese letzten Gleichungen liefern bereits eine komplexe Zahl für jedes gegebene Argument ϕ. Diese Darstellung für eine Kurve nennt man *Parametrisierung* (in diesem Fall ist ϕ der Parameter der Kardioide). Hier sind einige Beispiele von Punkten, die auf der Kurve liegen (ϕ nimmt 5 verschiedene Werte an):

ϕ	x	y
0	0.25	0.0
$2\pi/5$	0.35676	0.32858
$2\pi/4$	0.25	0.5
$2\pi/3$	−0.12500	0.64952
π	−0.75	0.0

Es stellt sich heraus, daß bei den Parameterwerten

$$\phi = \frac{2\pi}{k}, \quad k = 2, 3, 4, 5, 6, \ldots$$

eine der Hauptknospen der Mandelbrot-Menge an den herzförmigen Mittelteil angeheftet sind. Außerdem sind die Perioden der attraktiven Zyklen, die zu diesen Knospen gehören, durch die Zahl k in $\phi = 2\pi/k$ gegeben.

Wir wollen eine abschließende Bemerkung machen. Die Fixpunkte von $z \to z^2 + c$ sind

$$z_{1,2} = \frac{1 \pm \sqrt{1-4c}}{2},$$

und die Ableitungen an diesen Punkten sind jeweils das Doppelte, nämlich $1 \pm \sqrt{1-4c}$. Dieser Darstellung kann man sofort entnehmen, daß, wenn eine Ableitung im Inneren des Einheitskreises liegt, die andere außerhalb liegen muß. Wenn einer der Fixpunkte anziehend ist, muß der andere daher abstoßend sein. Und wenn einer der Fixpunkte indifferent ist, d.h., die Ableitung von $z \to z^2 + c$ hat am Fixpunkt den Absolutbetrag 1, dann muß der andere ebenfalls abstoßend sein (außer in dem Fall, in dem die Fixpunkte übereinstimmen, d.h. für $c = 1/4$).

π und die Mandelbrot-Menge

Wir werden unsere Reise durch die Mandelbrot-Menge für einen Moment unterbrechen, um auf eine großartige Beobachtung aufmerksam zu machen, durch die eine Beziehung zwischen der Mandelbrot-Menge und der Zahl $\pi = 3.141592\ldots$ hergestellt wird. Diese Beobachtung ist das Ergebnis eines kleinen Experiments mit dem Computer, daß 1991 von Dave Boll durchgeführt wurde, und mit dem elektronischen, schwarzen Brett verbreitet wurde, das USENET genannt wird und weltweit an Schulen und Universitäten gelesen wird. Die folgenden Paragrafen sind direkt aus dieser Nachricht entnommen.[14]

Bolls Beobachtung

„Ich war gerade dabei, ein schnelles, schlampiges Programm zu schreiben, um zu untersuchen, ob der ‚Hals‘ der Mandelbrot-Menge an der Stelle $c = -0.75 + 0i$ tatsächlich keine Dicke hat.[15] Dementsprechend habe ich die Anzahl der Iterationen gezählt, die von

[14] Die Autoren haben geringfügige Änderungen vorgenommen, um den Text an die Notationen anzupassen, die in diesem Buch verwendet werden.

[15] Dies ist die Begründung dafür, daß sich der herzförmige Teil der Mandelbrot-Menge und die kreisförmige Hauptknospe auf der linken Seite genau in dem einen Punkt $c = -0.75 + 0i$ berühren.

Punkten der Form $-0.75 + \varepsilon i$ (ε eine kleine Zahl) benötigt werden, um zu entkommen. Hier ist eine Liste für einige spezielle ε-Werte:

ε	Iterationen
0.1	33
0.01	315
0.001	3143
0.0001	31417
0.00001	314160
0.000001	3141593
0.0000001	31415928

Drängt sich nicht der Verdacht auf, wenn man die Anzahl der Iteraionen betrachtet, daß es sich um eine besondere Zahl handelt? Was passiert, wenn man jeweils die Anzahl der Iterationen mit ε multipliziert? Man erhält die Zahl π mit einer Genauigkeit von $\pm\varepsilon$. Mein erster Gedanke war: „Was, zum Teufel, hat π hier verloren?"

Nach dem Motto „Im Zweifelfall weitermachen" habe ich das gleiche Experiment am Hinterteil der Mandelbrot-Menge fortgesetzt, am Punkt $c = 0.25 + 0i$, an dem sich der Einschnitt des herzförmigen Hauptteils befindet. Ich habe Punkte von der Form $c = 0.25 + \varepsilon + 0i$ ausprobiert, wobei ε wieder eine kleine Zahl war. Hier sind ein paar weitere Ergebnisse für verschiedene ε-Werte:

ε	Iterationen
0.1	8
0.01	30
0.001	97
0.0001	312
0.00001	991
0.000001	3140
0.0000001	9933
0.00000001	31414
0.000000001	99344
0.0000000001	314157
0.00000000001	993457
0.000000000001	3141625

Wieder findet man eine Beziehung vom gleichen Typ, diesmal ist

$$\lim_{\varepsilon \to 0} N(\varepsilon) \cdot \sqrt{\varepsilon} = \pi,$$

wobei $N(\varepsilon)$ die Anzahl der Iterationen ist. [...] Hat dies schon irgendjemand bemerkt? Was geht hier vor?"

Eine Näherung auf zwei Wegen

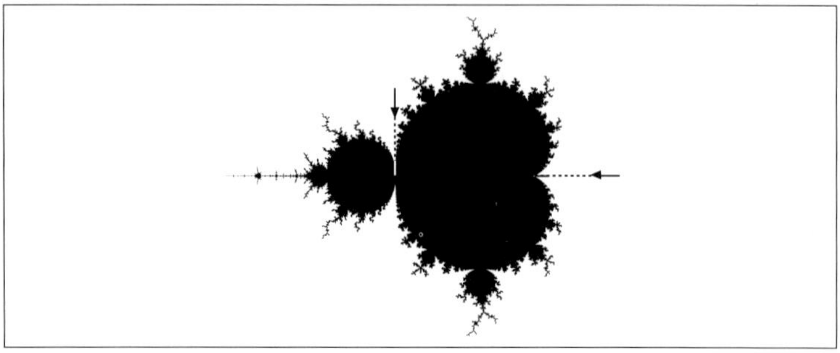

Abb. 5.13 : Die Tabellen mit den Ergebnissen aus Bolls Versuch enthalten die Anzahl der Iterationen für solche Parameterwerte, die sich der Mandelbrot-Menge entlang der gepunkteten Linien nähern.

Soviel zu Bolls Experiment. Zunächst hat er keine Antworten erhalten, wenn man von einigen wenigen absieht, die im wesentlichen den Kommentar „Das ist wirklich seltsam" enthielten. Ein Jahr später gab er seine Beobachtungen erneut über USENET bekannt,[16] und diesmal erhielt er einige Antworten mit Erklärungsversuchen. Man hat tatsächlich herausgefunden, daß das Auftreten von π in der Nähe von $c = 1/4$ im Zusammenhang mit Intermittenz schon lange vor 1991 bekannt war. Dies kann mit grafischer Iteration veranschaulicht werden, da bei den Berechnungen in der Nähe von $c = 1/4$ lediglich reelle Zahlen eine Rolle spielen (siehe Abbildung 5.14). Es ist einsichtig, daß es eine Verbindung zu der Tangentialverzweigung gibt, die wir bei der Untersuchung von Intermittenz in Abschnitt 2.5 betrachtet haben. Für diesen Fall haben wir schon gezeigt, daß $N(\varepsilon)\sqrt{\varepsilon}$ für die Iteration von $g_a(x) = ax^2 \sin(\pi x)$ gegen eine Konstante strebt, wenn a sich dem Verzweigungspunkt a^* nähert ($\varepsilon = a^* - a$). Diese Konstante ist jedoch ungefähr 2.36, während wir für die Iteration, die zur Mandelbrot-Menge gehört, erstaunlicherweise π erhalten. Im folgenden Abschnitt geben wir eine heuristische Erklärung für diese eigenartige Tatsache.[17]

[16] D. Boll, *Pi and the Mandelbrot set (again),* Artikel im USENET, <1992Feb26.222630.36612@yuma.acns.colostate.edu>.

[17] Diese Erklärung wurde in J. Guckenheimer, P. Holmes, *Nonlinear Oscillations, Dynamical Systems, and Bifurcations of Vector Fields,* Springer-Verlag, New York, 1983 (siehe Seite 344) gegeben und orientiert sich an der Veröffentlichung von Y. Pomeau und P. Manneville, *Intermittent transition to turbulence in dissipative dynamical systems,* Commun. Math. Phys. 74 (1980) 189–197, durch die die Untersuchung von Intermittenz angeregt wurde.

Tangentialverzweigung bei $c = 1/4$

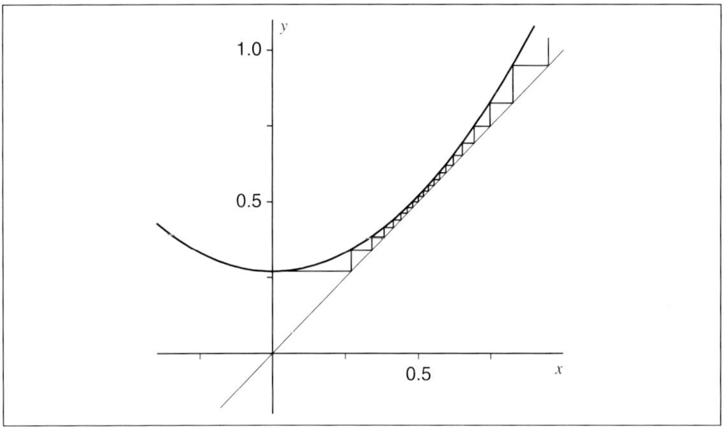

Abb. 5.14 : Im zweiten Versuch, der von Boll beschrieben wird, wird die Anzahl $N(\varepsilon)$ der Iterationen von $x \to x^2 + 1/4 + \varepsilon$ mit dem Anfangswert $x = 0$ im Verhältnis zu ε gemessen. Dabei erhält man $N(\varepsilon)\sqrt{\varepsilon} \to \pi$, wenn $\varepsilon \to 0$.

Warum ausgerechnet π?

Wir betrachten die Iteration

$$x_{k+1} = x_k^2 + \frac{1}{4} + \varepsilon, \quad x_0 = 0 \tag{5.5}$$

und interpretieren dies als eine Folge von Euler-Schritten für eine entsprechende Differentialgleichung

$$x'(t) = f_\varepsilon(x(t)).$$

Wir behaupten daher, daß die Iteration in der Form

$$x_{k+1} = x_k + hf_\varepsilon(x_k)$$

geschrieben werden kann für eine Funktion f_ε mit Parameter ε und Schrittweite h.[18] Wenn man die Schrittweite $h = 1$ verwendet, kann man diese Gleichung nach der Funktion f_ε auflösen und erhält dann

$$f_\varepsilon(x_k) = x_{k+1} - x_k = x_k^2 + \frac{1}{4} + \varepsilon - x_k.$$

Daher kommen wir zu der Differentialgleichung

$$x'(t) = x^2(t) - x(t) + \frac{1}{4} + \varepsilon. \tag{5.6}$$

Wir berechnen nun die Zeit t, die eine Lösung mit der Anfangsbedingung $x(0) = 0$ benötigt, bis sie bei $x(t) = 1$ ankommt. Wenn man dies in den

[18] Die x_k approximieren dann die Lösung $x(kh)$ der Differentialgleichung für $k = 0, 1, 2, \ldots$

Kontext der diskreten Iteration in Gleichung (5.5) übersetzt, ist die Zeit t die Anzahl der Euler-Schritte bis $x_k \geq 1$ ist, und diese Zahl entspricht der Anzahl der Iterationen im Computerexperiment. Für $\varepsilon \longrightarrow 0$ möchten wir zeigen, daß $\sqrt{\varepsilon}t \longrightarrow \pi$. Wir teilen Gleichung (5.6) durch die rechte Seite der Gleichung und integrieren von 0 bis t.

$$\int_0^t \frac{x'(s)}{x(s)^2 - x(s) + \frac{1}{4} + \varepsilon} ds = \int_0^t ds.$$

Wir wenden die Substitutionsregel an und ersetzen auf der linken Seite $x'(s)ds$ durch dx und t durch $x(t)$.

$$\int_0^{x(t)} \frac{dx}{x^2 - x + \frac{1}{4} + \varepsilon} = t. \tag{5.7}$$

Eine Stammfunktion ist gegeben durch

$$\frac{1}{\sqrt{\varepsilon}} \arctan\left(\frac{x}{\sqrt{\varepsilon}} - \frac{1}{2\sqrt{\varepsilon}}\right).$$

Wenn wir sie verwenden, um das bestimmte Integral in Gleichung (5.7) auszuwerten, und wenn wir mit $\sqrt{\varepsilon}$ multiplizieren, erhalten wir

$$\arctan\left(\frac{x(t)}{\sqrt{\varepsilon}} - \frac{1}{2\sqrt{\varepsilon}}\right) - \arctan\left(-\frac{1}{2\sqrt{\varepsilon}}\right) = \sqrt{\varepsilon}t.$$

Wir interessieren uns für den Zeitpunkt t, zu dem $x(t) = 1$ ist. Und wir erhalten

$$2\arctan\left(\frac{1}{2\sqrt{\varepsilon}}\right) = \sqrt{\varepsilon}t.$$

Wenn wir $\varepsilon \longrightarrow 0$ gehen lassen, strebt die linke Seite gegen π, und wir kommen zu dem Ergebnis

$$\lim_{\varepsilon \longrightarrow 0} \sqrt{\varepsilon}t = \pi.$$

Obwohl dies kein strenger Beweis ist, wird das Phänomen, das von Boll beobachtet wurde, zumindest plausibel gemacht. Um einen genauen Beweis zu führen, müßte man zeigen, daß beim Übergang von der stetigen Differentialgleichung zu der entsprechenden diskreten Iteration mit Hilfe der Euler-Schritte das asymptotische Verhalten nicht zerstört wird, das wir zuvor besprochen haben. Um das andere Experiment für den Punkt $c = -3/4$ zu untersuchen, kann man auf ähnliche Weise vorgehen, aber der Weg ist etwas komplizierter.[19]

Zwei Julia-Mengen aus der großen Knospe von M

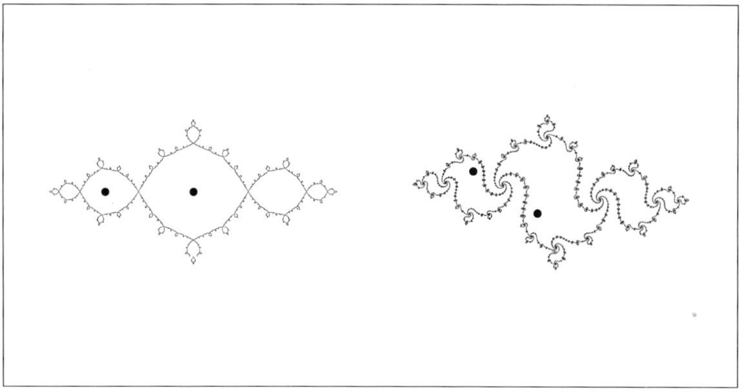

Abb. 5.15 : Julia-Mengen, die das Attraktionsgebiet eines attraktiven Zyklus der Periode 2 beranden (der mit großen Punkten gekennzeichnet ist). Links sehen wir bei $c = -1$ den superattraktiven Fall und rechts die Julia-Menge für $c = -0.83 + 0.16i$.

Die Kreisscheibe der Periode 2

Wir kommen nun zur Untersuchung der Mandelbrot-Menge selbst zurück. Am linken Ende des herzförmigen Gebiets (bei $c = -0.75$, wo man die Zahl π finden kann, wenn man die Anzahl der Iterationen zählt) gibt es eine Knospe. Sie ist eine vollständige Kreisscheibe mit Radius 0.25 um den Mittelpunkt $c = -1$. Abbildung 5.15 zeigt zwei Julia-Mengen für Parameter aus der Kreisscheibe. Für solche Parameter kann keiner der beiden Fixpunkte von $z \to z^2 + c$ attraktiv sein, weil sich c außerhalb des herzförmigen Hauptteils von M befindet. Wie sieht nun in diesem Fall die Dynamik bei der Iteration innerhalb der Gefangenenmenge aus? Dies werden wir mit einem Experiment überprüfen. Für $c = -1$ nehmen wir zwei Anfangspunkte in der Nähe der beiden Fixpunkte

$$z_{1,2} = \frac{1 \pm \sqrt{5}}{2}.$$

Es sind die Punkte

$$z_1 = +1.61803398\ldots$$
$$z_2 = -0.61803398\ldots$$

Zuerst bestätigt die Iteration, daß *keiner* der beiden Fixpunkte attraktiv ist.[20] In Tabelle 5.16 sind die ersten 16 Iterationen von zwei

[19] Siehe G. Edgar, *Pi and the Mandelbrot set,* Artikel im USENET, <1992Mar27.135743.28423@zaphod.mps.ohio-state.edu>.

[20] Hier kann wieder das Ableitungskriterium für anziehende und abstoßende Fixpunkte angewendet werden, um unsere Ergebnisse zu überprüfen. Die Beträge der Ableitungen sind $|2z_1|$ und $|2z_2|$. In der Tat sind diese Zahlen beide größer als 1. Deshalb sind beide Fixpunkte abstoßend.

Dynamik in der Nähe der Fixpunkte für $c = -1$

	Bahn 1		Bahn 2	
	x	y	x	y
z_0	1.62	0.00	−0.62	0.00
z_1	1.6244	0.00	−0.6156	0.00
z_2	1.63868	0.00	−0.62104	0.00
z_3	1.68523	0.00	−0.61431	0.00
z_4	1.84009	0.00	−0.62262	0.00
z_5	2.38593	0.00	−0.61235	0.00
z_6	4.69268	0.00	−0.62503	0.00
z_7	21.69268	0.00	−0.60933	0.00
z_8	440.89443	0.00	−0.62871	0.00
z_9	194386.8964	0.00	−0.60472	0.00
z_{10}		0.00	−0.63431	0.00
z_{11}		0.00	−0.59765	0.00
z_{12}		0.00	−0.64282	0.00
z_{13}		0.00	−0.58679	0.00
z_{14}		0.00	−0.65568	0.00
z_{15}		0.00	−0.57008	0.00
z_{16}		0.00	−0.54437	0.00

Tab. 5.16 : Die Iteration von $z \to z^2 + c$, $c = -1$, für zwei Anfangswerte in der Nähe der Fixpunkte $z_1 = 1.61803398\ldots$ und $z_2 = -0.618033988\ldots$ Beide Bahnen divergieren.

Anfangswerten verzeichnet, die mit gerundeten Werten für die Fixpunkte beginnen.

Während die Iteration der ersten Bahn ins Unendliche führt, wird bei der Iteration der zweiten Bahn die wesentliche Dynamik auf der Gefangenenmenge deutlich. In Tabelle 5.17 sind weitere 18 Iterationen dieser Bahn verzeichnet. Sie wird vom attraktiven Zyklus der Periode 2 beeinflußt.

$$0 \to -1 \to 0 \to \cdots$$

Alle Anfangswerte aus dem Inneren der Gefangenenmenge werden von diesem Zyklus angezogen, und die Julia-Menge berandet das Attraktionsgebiet dieser periodischen Bahn.

In der Tat erhalten wir für alle Parameter c aus dem Inneren der „Kreisscheibe der Periode 2“ einen attraktiven Zyklus der Länge 2, und die Julia-Menge ist der Rand des jeweiligen Attraktionsgebiets. Es ist bemerkenswert, daß der Parameter $c = -1$ in dieser Kreisscheibe ein besonderer Wert ist. An diesem Punkt stimmt der kritische Punkt mit einem der Punkte aus der periodischen Bahn überein. Diesen Punkt nennt man daher superattraktiv.

Dynamik in der Nähe der Fixpunkte (Fortsetzung)

	Bahn 2 (Fortsetzung)			Bahn 2 (Fortsetzung)	
	x	y		x	y
z_{17}	−0.70367	0.00	z_{26}	−0.11015	0.00
z_{18}	−0.50485	0.00	z_{27}	−0.98787	0.00
z_{19}	−0.74512	0.00	z_{28}	−0.02412	0.00
z_{20}	−0.44479	0.00	z_{29}	−0.99942	0.00
z_{21}	−0.80216	0.00	z_{30}	−0.00116	0.00
z_{22}	−0.35654	0.00	z_{31}	−1.00000	0.00
z_{23}	−0.87288	0.00	z_{32}	0.00000	0.00
z_{24}	−0.23808	0.00	z_{33}	−1.00000	0.00
z_{25}	−0.94332	0.00	z_{34}	0.00000	0.00

Tab. 5.17 : Die Berechnung der zweiten Bahn aus der vorhergehenden Tabelle 5.16 wird fortgesetzt. Sie konvergiert gegen die periodische Bahn, die zwischen 0 und −1 oszilliert.

Das Ableitungskriterium für den periodischen Zyklus

Das Ableitungskriterium für anziehende und abstoßende Fixpunkte (siehe Seite 408) kann auf periodische Zyklen verallgemeinert werden. Wir nehmen als Beispiel $c = -1$. Dann sind

$$z_0 = 0 \text{ und } z_1 = -1$$

periodische Punkte für $z \to z^2 - 1$. Sie sind daher *Fixpunkte*, wenn die Transformation *zweimal* hintereinander ausgeführt wird, also Fixpunkte von

$$z \to (z^2 - 1)^2 - 1 = z^4 - 2z^2.$$

Das Ableitungskriterium läßt sich nun auch auf Fixpunkte der zweimaligen Komposition der Transformation $z \to z^2$ anwenden. Wenn der Betrag der Ableitung der Komposition am Fixpunkt größer ist als 1, dann ist der Fixpunkt abstoßend. Wenn der Betrag kleiner ist als 1, dann ist der Fixpunkt ein Attraktor. In unserem Fall ist die Ableitung $4z^3 - 4z$. Wenn man die Ableitung an den beiden Fixpunkten berechnet, erhält man

$$|4z_0^3 - 4z_0| = 0 < 1$$

und

$$|4z_1^3 - 4z_1| = |-4+4| = 0 < 1.$$

Die Fixpunkte sind deshalb attraktiv für $z \to z^4 - 2z^2$. Das läßt sich nun auf die ursprüngliche Situation übertragen. Wir kommen also zu dem Ergebnis, daß der periodische Zyklus $0, -1, 0, -1, \ldots$ für die ursprüngliche Transformation $z \to z^2 - 1$ ebenfalls attraktiv ist.

Das Ableitungskriterium gibt uns nun die Möglichkeit die Kreisscheibe der Periode 2 zu berechnen, d.h. das Gebiet, in dem sich alle Parameter c befinden, für die es eine attraktive periodische Bahn der Länge 2 gibt. Zuerst leiten wir eine quadratische Gleichung für die periodischen Punkte her, deren (minimale) Periode 2 ist. Nach Definition muß jeder Punkt der Periode 2 die Gleichung

$$(z^2 + c)^2 + c - z = 0.$$

erfüllen. Wir weisen darauf hin, daß auch die beiden Fixpunkte diese Gleichung erfüllen, die durch $z^2 + c - z = 0$ gegeben sind. Das Polynom $z^2 + c - z$ muß also ein Teiler des Polynoms $(z^2 + c)^2 + c - z$ vom Grad 4 sein. Es gilt tatsächlich

$$(z^2 + c)^2 + c - z = (z^2 + z + 1 + c) \cdot (z^2 + c - z).$$

Daraus folgt, daß die Lösungen z_1 und z_2 von

$$z^2 + z + 1 + c = 0 \tag{5.8}$$

genau die Punkte der Periode 2 sind. Anders ausgedrückt haben wir

$$\begin{aligned} z_1^2 + c &= z_2 \\ z_2^2 + c &= z_1, \end{aligned}$$

wie man natürlich auch direkt nachrechnen kann, was allerdings sehr viel mühsamer ist. Wir berechnen nun die Ableitung der zweimal iterierten Transformation, d.h. von $z \to (z^2 + c)^2 + c$, am periodischen Punkt z_1 (indem wir die Kettenregel anwenden):

$$2(z_1^2 + c)2z_1 = 4z_1z_2.$$

(Die Ableitung an der Stelle z_2 ist damit identisch.) Es folgt aus dem Gesetz von Vieta, wenn man sie auf die Lösungen z_1, z_2 von Gleichung (5.8) anwendet, daß

$$z_1z_2 = 1 + c.$$

Die Ableitung, die wir zuvor berechnet haben, ist daher gleich $4(1 + c)$, und diese Größe ist vom Betrag her kleiner als 1, falls

$$|1 + c| < \frac{1}{4}.$$

Diese Ungleichung beschreibt aber eine Kreisscheibe mit dem Radius $1/4$ und dem Mittelpunkt $c = -1$, und wir kommen zu dem Ergebnis, daß genau für die Parameter c aus dieser Kreisscheibe die periodischen Punkte z_1 und z_2 attraktiv sind.

Die nächsten großen Knospen, die an den Seiten des herzförmigen Hauptteils von M haften, entsprechen zyklischem Verhalten der Periode 3. Als nächstes kommen Knospen, deren Parameter zu attraktiven Zyklen der Länge 4 gehören und so weiter. Abbildung 5.18 zeigt zwei Julia-Mengen, die Ränder der Attraktionsgebiete von Zyklen der Länge 3 und 4 sind. In Abbildung 5.19 wird ein Überblick über das periodische Verhalten gegeben, das den Knospen — oder

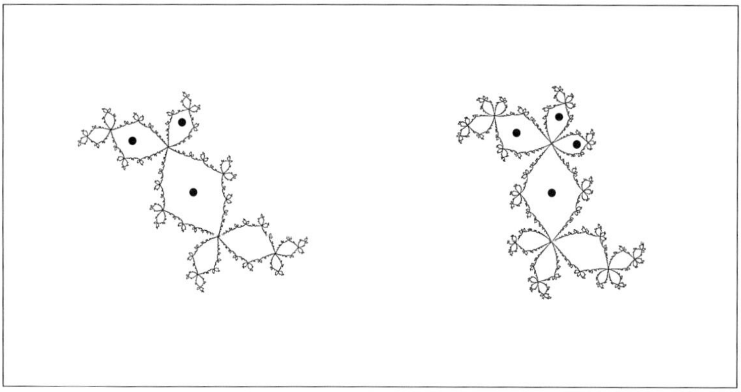

Zwei Julia-Mengen aus den nächsten Knospen von M

Abb. 5.18 : Julia-Mengen, von denen Atraktionsgebiete von periodischen Zyklen der Länge 3 und 4 berandet werden. Links haben wir $c = -0.13 + 0.76i$ und rechts $c = 0.28 + 0.53i$.

den *Atomen*, wie sie von Mandelbrot genannt werden — jeweils zuzuordnen ist. Es ist gut zu erkennen, daß alles streng organisiert ist. Jede Knospe trägt an ihrem Rand ein weiteres vollständiges Sortiment von kleineren Knospen mit den entsprechenden Folgen attraktiver periodischer Zyklen. Es gibt eine erstaunliche Regel für die Länge der Perioden, die zu den Knospen gehören. Wenn zwei Knospen der Perioden p und q gegeben sind, die an der Kardioide angeheftet sind, hat die größte Knospe, die dazwischen liegt, die Periode $p+q$. Ähnliche Regeln gelten für die Knospen, die an Knospen angeheftet sind.

Die Berührungspunkte der Knospen

Wir werfen noch einmal einen Blick auf die Punkte der Kardioide. Die Fixpunkte, die für Parameter innerhalb des herzförmigen Mittelstücks anziehend waren, verlieren diese Eigenschaft an der Kardioide, die den herzförmigen Hauptteil berandet. Den entsprechenden Fixpunkt nennt man dann indifferent. Mit anderen Worten wird die Iteration von $z \to z^2 + c$ in der Nähe dieses Punktes weder angezogen noch abgestoßen; sie hängt mit einer Drehung zusammen (siehe Gleichung (5.4)). In Abhängigkeit davon, ob der Drehwinkel Φ rational oder irrational ist, kann das Aussehen der zugehörigen Gefangenenmenge sehr unterschiedlich ausfallen. Darüber hinaus können bei einer Drehung um einen irrationalen Winkel mehrere extrem unterschiedliche Fälle unterschieden werden. Wir werden im folgenden nicht versuchen, alles über diese Klassifikation zu erörtern, was inzwischen darüber bekannt ist. Aber wir werden zumindest einige interessante Fälle aussuchen, um zu zeigen, wie ungeheuer kompliziert es ist, die Gefangenenmengen zu verstehen. An den Punkten, an denen die Knospen angeheftet sind, ist diese Drehung durch einen Winkel $\phi = 2\pi\alpha$ gegeben, der ein rationales Vielfaches von 2π ist

Die Mandelbrot-Menge und ihre Knospen

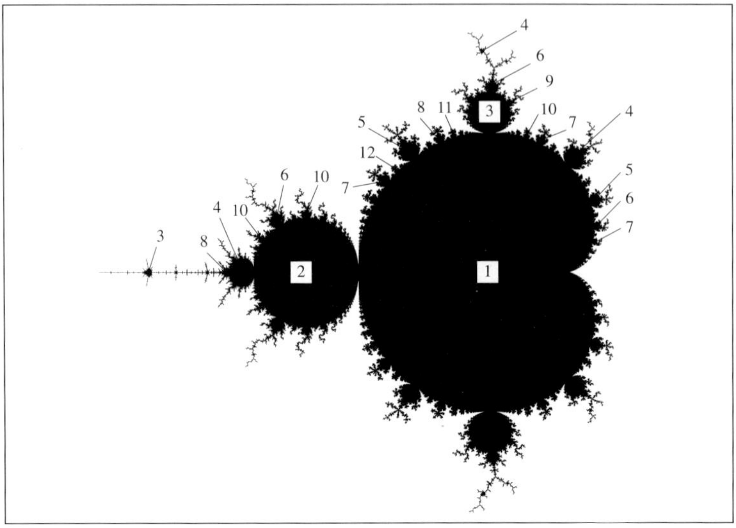

Abb. 5.19 : Die Knospen der Mandelbrot-Menge gehören zu Julia-Mengen, die Attraktionsgebiete periodischer Bahnen beranden. Die Zahlen in der Abbildung geben die Perioden dieser Bahnen an.

(d.h. α ist eine rationale Zahl). Zum Beispiel haben wir $\alpha = 1/2$ an dem Punkt, an dem die Kreisscheibe der Periode 2 mit dem herzförmigen Hauptteil verbunden ist, und wir haben $\alpha = 1/3$ an dem Punkt, an dem die Knospe der Periode 3 an der Oberseite der Kardioide angeheftet ist. In Abbildung 5.20 sind die Julia-Mengen für diese beiden Beispiele dargestellt.

Das Ableitungskriterium für indifferente Fixpunkte

Wir haben einen Fixpunkt z der Abbildung $z \to z^2 + c$ mit Hilfe der Ableitung $\lambda = 2z$ charakterisiert. Ein Fixpunkt ist

- *attraktiv* für $|\lambda| < 1$ und *abstoßend* für $|\lambda| > 1$.

Nun wenden wir uns dem Grenzfall zu. Wir nennen einen Fixpunkt *indifferent*, wenn der Betrag der Ableitung $|\lambda|$ gleich 1 ist. In diesem Fall ist die Ableitung durch das Argument $\phi = \arg \lambda$ bestimmt,

$$\lambda = \cos\phi + i \sin\phi$$

mit $0 \leq \phi < 2\pi$. Setzen wir wie gewöhnlich $\phi = 2\pi\alpha$, so nennen wir einen indifferenten Fixpunkt

- *rational indifferent* (*parabolisch*), wenn α eine rationale Zahl ist,
- *irrational indifferent*, wenn α eine irrationale Zahl ist.

Diese Charakterisierung kann leicht auf periodische Bahnen ausgeweitet werden. In diesem Fall überprüfen wir die Ableitung der zugehörigen iterierten Abbildung.

Parabolische Fixpunkte

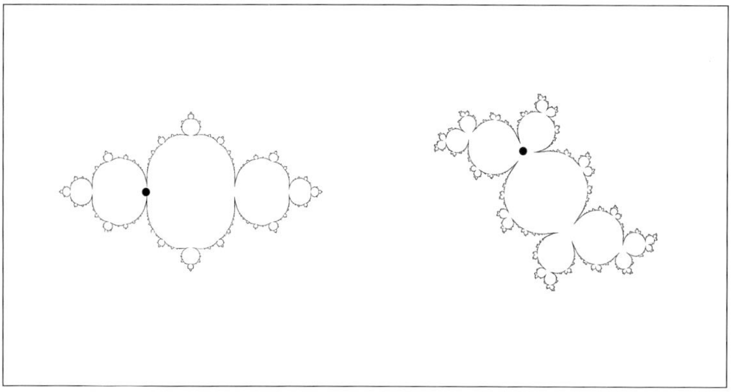

Abb. 5.20 : Julia-Mengen, die zu parabolischen Fixpunkten gehören. $c = 0.75 + i$ (links) und $c = -0.125 + 0.64925i$ (rechts). Dies ist der Punkt, an dem die Knospe der Periode 3 an den herzförmigen Mittelteil von M angeheftet ist.

Aber was geschieht, wenn der Fixpunkt indifferent und der Drehwinkel α (der Ableitung) irrational ist? Dies ist wirklich ein außerordentlich komlizierter Fall, in dem man Julia-Mengen erhalten kann, die man noch nicht im Entferntesten verstanden hat. Wir wollen uns zunächst aber noch ein wenig mit den Fällen beschäftigen, über die ein wenig mehr bekannt ist. Wir wissen, daß jede irrationale Zahl durch eine Folge rationaler Zahlen approximiert werden kann. Aber manche irrationalen Zahlen lassen sich besser und andere in einem gewissen Sinne schlechter durch rationale Zahlen approximieren.[21] Man hat herausgefunden, daß diese Unterschiede den Charakter der Julia-Menge, die zu einem Winkel α gehört, wesentlich beeinflussen. Wenn α eine irrationale Zahl ist, so daß jede Folge rationaler Zahlen, die α approximiert, nur langsam konvergiert (in einem gewissen Sinn), dann ist die Gefangenenmenge eine sogenannte *Siegel-Scheibe*.[22] Es hat sich herausgestellt, daß es unter allen irrationalen Zahlen eine Zahl gibt, die auffällig ist, weil sie am schwersten durch rationale Zahlen approximiert werden kann. Diese Zahl ist der goldene Schnitt $\alpha = (\sqrt{5} - 1)/2$. In Abbildung 5.22 ist die zugehörige

[21] Im technischen Abschnitt auf Seite 466 wird erklärt, welche Probleme bei der Approximation einer irrationalen Zahl durch rationale Zahlen auftreten können.

[22] Dieser Fall ist nach dem deutschen Mathematiker Carl Ludwig Siegel benannt, der Charakteristika für diesen Fall entdeckt und formuliert hat in *Iteration of analytic functions*, Ann. of Math. 43 (1942) 607–616. Genauer ausgedrückt ist die Siegel-Scheibe lediglich die kreisähnliche Komponente einer Gefangenenmenge, die den Fixpunkt enthält. Die übrigen Komponenten sind Urbilder dieser kreisähnlichen Komponente.

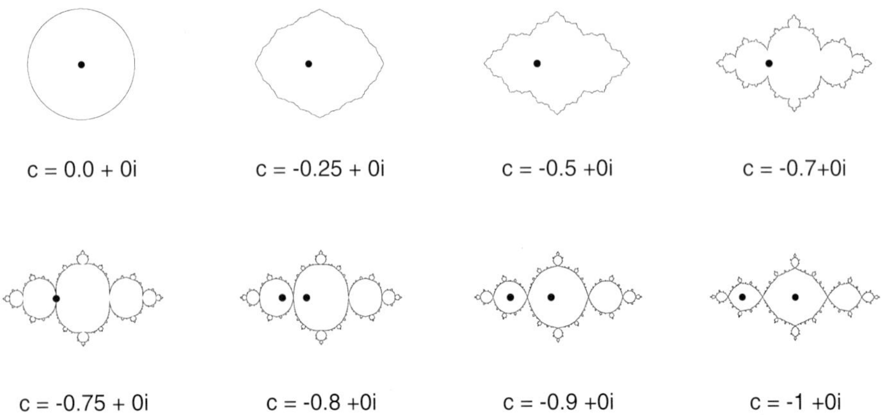

Abb. 5.21 : Von der Julia-Menge für $c = 0$ (dem Kreis) ausgehend lassen wir den Parameter c kleiner werden, bis wir bei $c = -1$ ankommen. Für $c = -0.75$ bekommt die Julia-Menge einen Einschnürungspunkt, und sie berandet von nun an für alle verbleibenden Parameter das Attraktionsgebiet eines Zyklus der Periode 2.

Gefangenenmenge dargestellt, die gleichzeitig die bekannteste Siegel-Scheibe ist. In diesem Fall liegt der indifferente Fixpunkt im Inneren der Gefangenenmenge, während es für die indifferenten Fälle mit rationalem Drehwinkel α bekannt ist, daß der Fixpunkt auf dem Rand der Gefangenenmenge liegt und damit zur Julia-Menge gehört. Wenn α_n, $n = 1, 2, \ldots$ eine Folge rationaler Zahlen ist, die den goldenen Schnitt α approximieren, unterscheiden sich die zugehörigen Julia-Mengen daher deutlich von der Julia-Menge, die zum Grenzwert α der Folge α_n, $n = 1, 2, \ldots$ gehört.

Bisher haben wir Julia-Mengen betrachtet, die zum attraktiven und zum superattraktiven Fall gehören, zum rational indifferenten Fall und zum Fall einer Siegel-Scheibe.[23] Alle diese Fälle sind durch

[23] Für eine Iteration, die allgemeiner als die quadratische Iteration durch eine rationale Funktion $f(x) = p(x)/q(x)$ gegeben ist, wobei p und q Polynome sind, gibt es sogar einen fünften Fall einer Gefangenenmenge mit nichtleerem Inneren. Die anderen vier Fälle sind der attraktive Fall, der superattraktive Fall, der rational indifferente Fall und der Fall einer Siegel-Scheibe. Dies ist ein Ergebnis, das teilweise auf Julia und Fatou zurückgeht und das von Dennis Sullivan vervollständigt wurde (siehe *Quasiconformal homeomorphisms and dynamics I,* Annals of Math. 122 (1985) 401–418). Der fünfte Fall ist ein sogenannter *Herman-Ring*, der nach M. R. Herman benannt wurde, welcher das erste Beispiel konstruiert hat (siehe M. Herman, *Exemples de fractions rationelles ayant une orbite dense sur la sph/'ere de Riemann,* Bull. Soc. Math. France 112 (1984) 93–142). Siehe auch

Eine Siegel-Scheibe

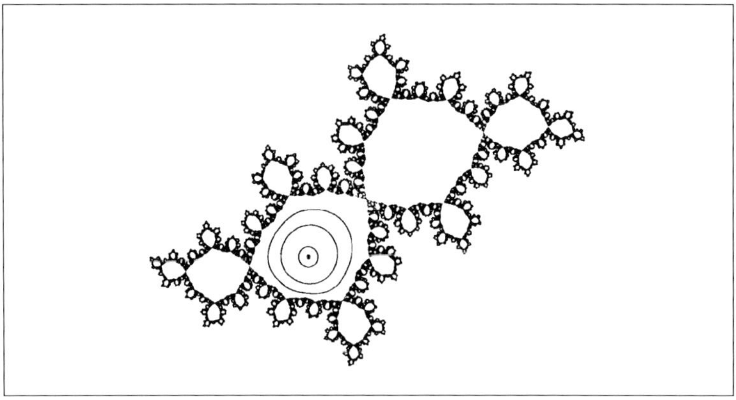

Abb. 5.22 : Die Julia-Menge, die zu $c \approx -0.3905407802 - 0.5867879073i$ gehört, ist eine Siegel-Scheibe. Wenn α der goldene Schnitt ist, kann man in Gleichung (5.4) auf Seite 451 $\phi = 2\pi\alpha \approx 3.883222077$ nehmen, um Real- und Imaginärteil von c zu erhalten. Die Dynamik in der Nähe des Fixpunkts ist durch invariante Kurven beschrieben, auf denen sich die Iteration wie eine Drehung um den Winkel α verhält.

Dendriten

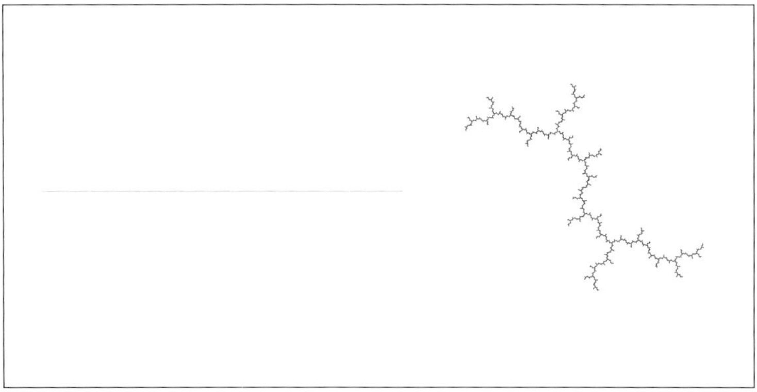

Abb. 5.23 : Für $c = -2$ ist die Julia-Menge der Abschnitt einer Geraden (links), und für $c = i$ ist sie ein recht typischer Vertreter aus der Klasse der Dendriten (rechts).

die Tatsache charakterisiert, daß die Gefangenenmenge ein nichtleeres Inneres hat. Neben den Gefangenenmengen, die total unzusammenhängend sind (mit Parameterwerten c, die nicht in M liegen), und solchen, die ein nichtleeres Inneres haben, gibt es außerdem

A. F. Beardon, *Iteration of Rational Functions*, Springer-Verlag, New York, 1991. Dieser Fall tritt jedoch für die Iteration von $z \to z^2 + c$ nicht ein.

Miniatur-Mandelbrot-Menge I

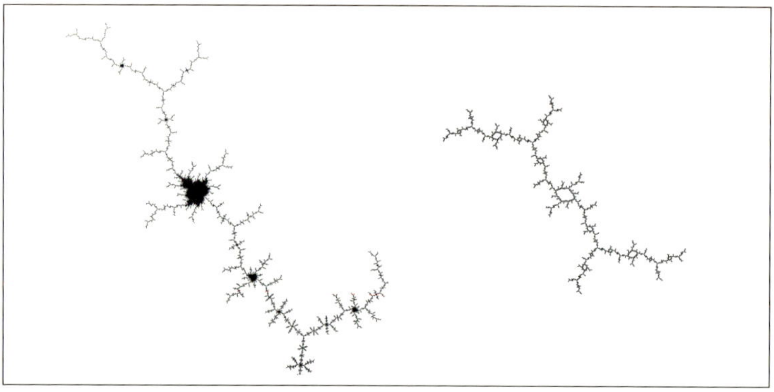

Abb. 5.25 : Vergrößerung einer sekundären Mandelbrot-Menge im oberen Bereich der Mandelbrot-Menge. Die Julia-Menge gehört zum Parameter $c = 0.159789 + 1.03332i$.

Miniatur-Mandelbrot-Menge II

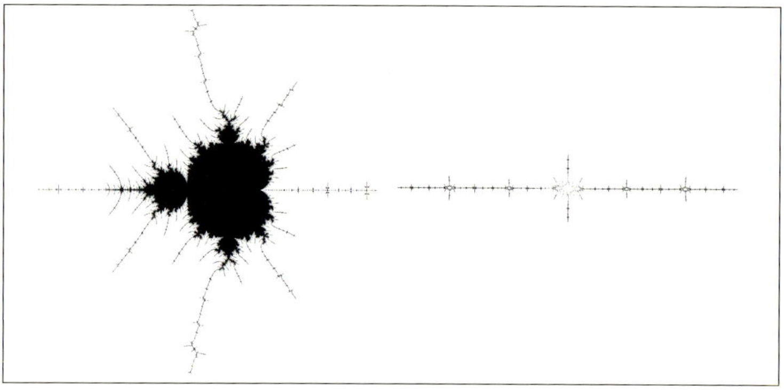

Abb. 5.26 : Vergrößerung einer sekundären Mandelbrot-Menge aus dem linken Bereich der Mandelbrot-Menge (der Spitze). Die Julia-Menge gehört zum Parameter $c = -1.77578$.

ren Bereichs der Mandelbrot-Menge dargestellt und eine zugehörige Julia-Menge. Das Innere der Gefangenenmenge wird von einem attraktiven 3er-Zyklus angezogen. Das gleiche gilt für unser anderes Beispiel einer sekundären Mandelbrot-Menge, die sich auf der reellen Achse befindet und in Abbildung 5.26 dargestellt ist.

Damit kommen wir auf die Abbildung $z \to z^2 + c$ für reelle Zahlen z und c zurück. In Kapitel 2 haben wir das Endzustand-Diagramm als Ordnungsprizip für das Langzeitverhalten des quadratischen Iterators besprochen. Abbildung 5.27 zeigt das Endzustand-Diagramm von von $z \to z^2 + c$ zusammen mit der Mandelbrot-Menge. Bei reellen Parametern aus dem herzförmigen Hauptteil von M sehen wir nur einen Zweig im Diagramm, der für den attraktiven Fixpunkt der vari-

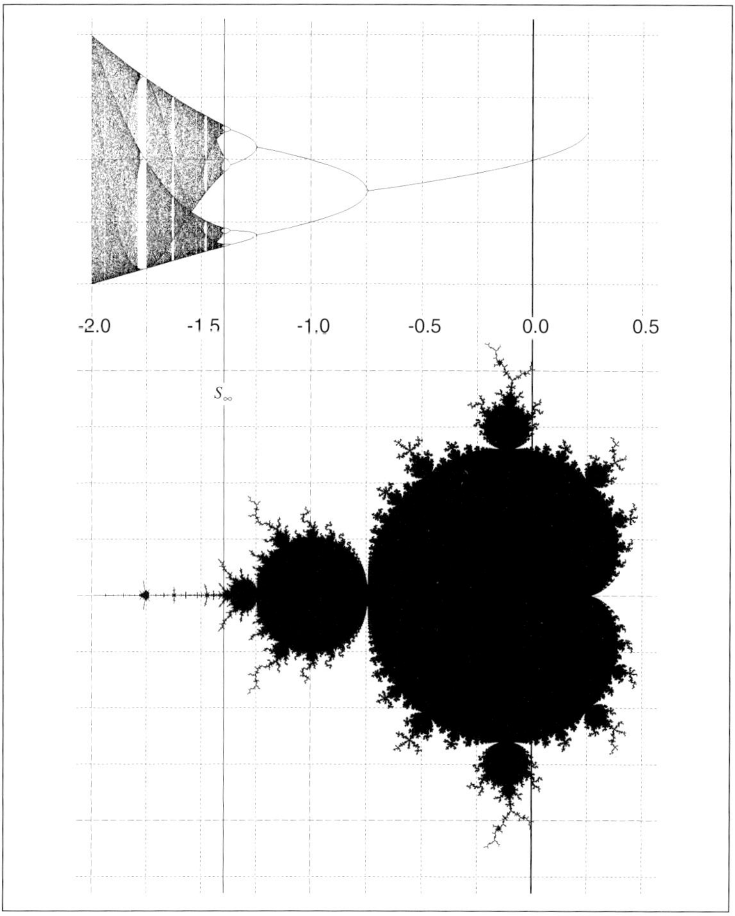

Endzustand-Diagramm und Mandelbrot-Menge

Abb. 5.27 : Das Endzustand-Diagramm von $z \to z^2 + c$ zusammen mit der Mandelbrot-Menge.

ierenden Parameter c steht. Wenn man das Diagramm von rechts nach links liest, spaltet sich dieser Zweig auf und kennzeichnet damit die beiden Punkte des periodischen Zyklus der Länge 2. Dies entspricht den reellen Parametern aus der „Knospe der Periode 2" von M. Wir beobachten, daß der vollständige Periodenverdopplungs-Baum einem System immer kleiner werdender Knospen von M entspricht, die vom herzförmigen Hauptteil ausgehend auf der reellen Achse angeordnet sind. Wir betrachten nun die periodischen Fenster im Endzustand-Diagramm. Sie entsprechen den sekundären Mandelbrot-Mengen an der Spitze von M.

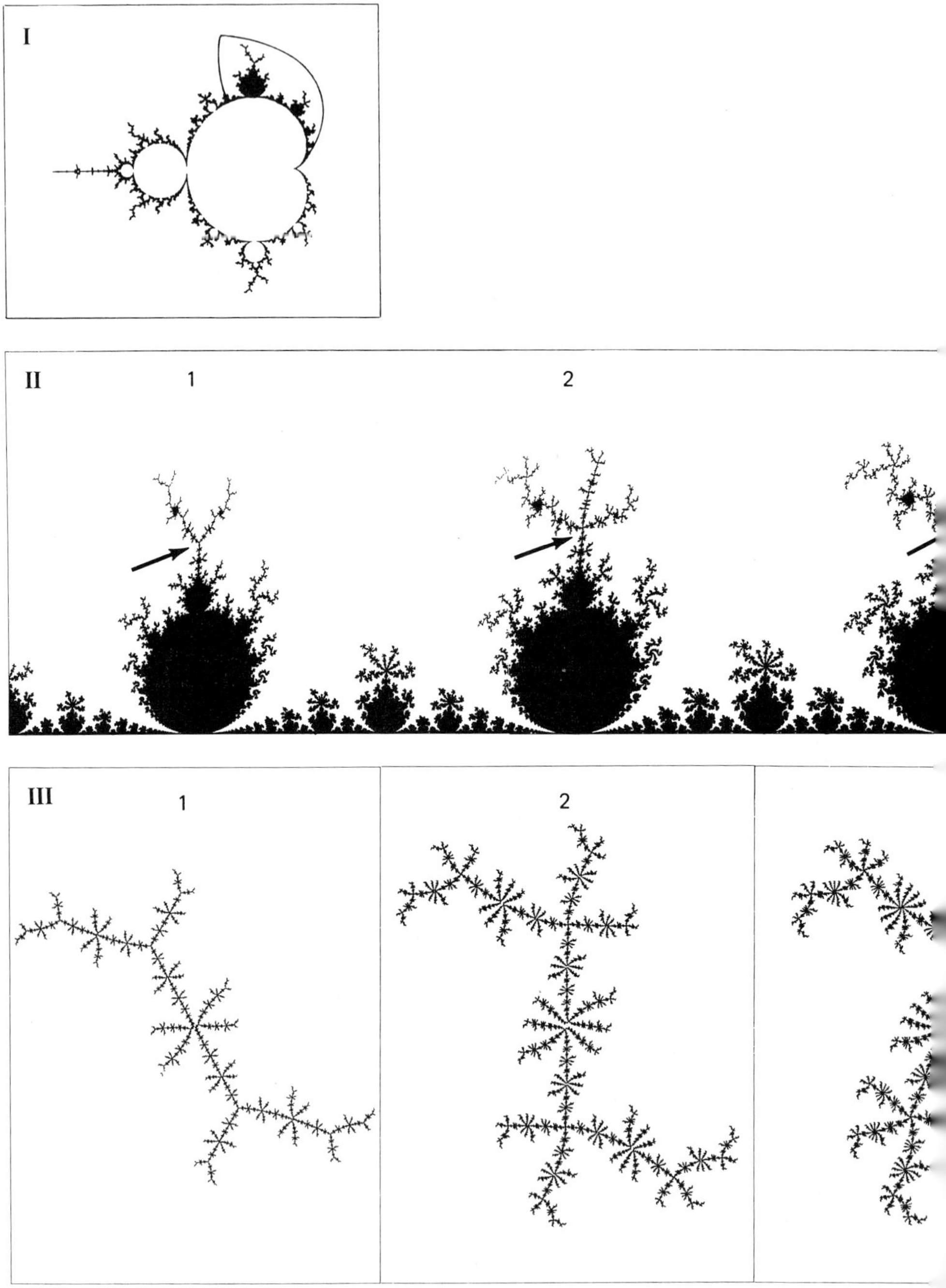
I
II
1
2
III
1
2

Abb. 5.28 : Die Entsprechung zwischen der Mandelbrot-Menge und den Julia-Mengen. Der Abschnitt der Mandelbrot-Menge, der in Bild I (oben) markiert ist, ist in Bild II (Mitte) vergrößert dargestellt. Der Vergrößerungsfaktor ist nicht uniform; er wächst von links nach rechts an, damit die kreisähnlichen Teile der Mandelbrot-Menge etwa in der gleichen Größe dargestellt werden können. Die Julia-Mengen, die für die Parameterwerte berechnet wurden, die mit den Pfeilen gekennzeichnet sind, sind unten schwarz dargestellt.

Zoom in die Mandelbrot-Menge

Abb. 5.29 : Diese 9 Bilder sind entstanden, indem in den Rand der Mandelbrot-Menge gezoomt wurde. Am Ende erhält man schließlich eine 300 000 000fache Vergrößerung.

5.3 Die Mandelbrot-Menge als Inhaltsverzeichnis

Wir haben im letzten Abschnitt gesehen, daß durch die Mandelbrot-Menge die strukturelle Dichotomie der Julia-Mengen des quadratischen Iterators $z \to z^2 + c$ visualisiert wird. Die Mandelbrot-Menge kann auch als Landkarte für alle möglichen Arten von Julia-Mengen angesehen werden. Diese Landkarte zeigt unglaublich viele Einzelheiten, und diese erstaunliche Eigenschaft der Mandelbrot-Menge — Mandelbrot hat dies bereits 1980 beobachtet und beschrieben — soll Gegenstand dieses Abschnitts sein.

Vergleich zwischen dem Rand von M und einigen Julia-Mengen

Wir betrachten die Folge der Bilder aus Abbildung 5.28. Der obere Teil dieser Abbildung zeigt einen Bereich entlang des Randes des herzförmigen Hauptteils von M, der wiederholt vergrößert wird (von links nach rechts wächst der Vergrößerungsfaktor von 1 auf ungefähr 6 an), und das Bild wird dabei so gestreckt, daß die Krümmung der Kardioide auf den Bildern als gerade Linie zu sehen ist. Wir sehen kreisähnliche Komponenten, aus denen dendritische Strukturen mit 2, 3, ..., 6 Hauptverzweigungen herauswachsen (von links nach rechts). Als speziellen c-Wert wählen wir nun jeweils den Hauptverzweigungspunkt dieser Dendriten, der mit Pfeilen gekennzeichnet ist. Für jeden dieser fünf c-Werte berechnen wir die zugehörige Julia-Menge, die dann im unteren Teil der Abbildung zu sehen ist.

Zoom in eine Julia-Menge

Abb. 5.30 : Ein Parameter c wurde aus der Mitte des letzten Bildes der vorigen Abbildung 5.29 ausgewählt. Wir berechnen aufeinanderfolgende Vergrößerungen, deren Mittelpunkte ungefähr beim Parameter c liegen wie für die Mandelbrot-Menge in Abbildung 5.29. Man achte darauf, daß zwischen diesen Ausschnitten aus den Julia-Mengen und den Vergrößerungen der Mandelbrot-Menge eine große Ähnlichkeit besteht. Die Endbilder können abgesehen vom Maßstab und einer Drehung praktisch nicht voneinander unterschieden werden.

Wir beobachten eine erstaunliche Ähnlichkeit in den Mustern und der Zusammensetzung der dendritischen Strukturen bei der Mandelbrot-Menge und bei den Julia-Mengen. Die Geometrie dieser Julia-Mengen ist auch in der Mandelbrot-Menge sichtbar, wenn wir sie an den entsprechenden Parameterwerten in geeigneter Form vergrößern. In diesem Sinn kann man die Mandelbrot-Menge auch als ein visuelles Inhaltsverzeichnis zum Buch der Julia-Mengen (siehe auch die Abbildungen 5.29 und 5.30) deuten.

Abbildung 5.31 zeigt ein weiteres Beispiel, das sich jedoch noch immer einem genauen mathematischen Verständnis widersetzt. Der obere Teil zeigt die Mandelbrot-Menge zusammen mit einer Vergrößerung um den c-Wert, der mit dem Fadenkreuz gekennzeichnet ist. Der Vergrößerungsfaktor liegt übrigens ungefähr bei 10^6, und das Ergebnis ist mit Bild (f) in Abbildung 5.11 identisch. Der untere Teil der Abbildung 5.31 zeigt die Julia-Menge für den c-Wert, der durch das Fadenkreuz gekennzeichnet ist, und eine Vergrößerung eines winzig kleinen Teils dieser Julia-Menge in der Umgebung dieses Punktes.

Der Vergrößerungsfaktor ist hier ungefähr 10^5, und das Bild, das man dabei erhält, ist hier um etwa 55 Grad im Uhrzeigersinn gedreht. Die Ähnlichkeit, die dabei erkennbar wird, ist beeindruckend und kann nicht zufällig sein. Wenn es eine systematische Beziehung zwischen den Vergrößerungen der Mandelbrot-Menge und den Vergrößerungen der entsprechenden Julia-Mengen gibt, kann sie aber in diesem Fall nicht leicht zu begreifen sein, denn sie trifft ja nur für die dekorativen Strukturen zu, die sich um die verschiedenen Zentren ranken.

In der Mitte der oberen Vergrößerung aus Abbildung 5.31 sieht man eine winzige Kopie der Mandelbrot-Menge, wie man in Abbildung 5.32 erkennen kann, während der Mittelteil der unteren linken Vergrößerung in Abbildung 5.31 eindeutig keine Mandelbrot-Menge ist. Die Ähnlichkeit zwischen der Mandelbrot-Menge und der speziellen Julia-Menge aus Abbildung 5.31 ist daher nur übergangsweise zu sehen, d.h., sie hängt vom Vergrößerungsfaktor ab.

Für eine Vielzahl von Julia-Mengen ist die Ähnlichkeit allerdings inzwischen vollständig und mit mathematischer Genauigkeit verstanden. Dies haben wir einer schönen Arbeit der chinesischen Mathematikerin Tan Lei zu verdanken.[29] Um uns an dieser Stelle mit ihren Ergebnissen beschäftigen zu können, benötigen wir einige neue Hilfsmittel. Insbesondere müssen wir unsere Vorstellung von Selbstähnlichkeit ausweiten.

Vergrößerung an einem speziellen Punkt

Um die Selbstähnlichkeit zwischen Julia-Mengen und der Mandelbrot-Menge zu erörtern, müssen wir auf eine sehr spezielle Weise vergrößern: Wir vergrößern an einem gegebenen Punkt, drehen um einen bestimmten Winkel und führen diesen Vorgang unendlich oft durch. Wir erinnern daran, daß ein Bild I (d.h. eine Teilmenge der Ebene) *selbstähnlich* ist, wenn es sich in Teile zerlegen läßt, die kleine Kopien des gesamten Bilds sind. Daher gilt

$$I = w_1(I) \cup w_2(I) \ldots \cup w_n(I),$$

wobei die w_i Ähnlichkeitstransformationen sind. Umgekehrt kann man durch geeignete Vergrößerungen (d.h. durch Skalieren und Drehen) dieser Kopien das gesamte Bild I wieder herstellen. Als Mittelpunkt der Vergrößerung können wir zum Beispiel den Punkt $z_0 = 0$ nehmen. Daher kann ein Skalierungsprozeß durch einen Faktor $\rho > 1$ beschrieben werden. Dabei bezeichnet ρI die Menge aller Punkte, die entsteht, wenn man jeden Punkt aus I mit ρ skaliert (d.h. $\rho I = \{\rho z \mid z \in I\}$). Wir nehmen nun an, daß wir ein Objekt I haben, das bezüglich der Skalierung um ρ invariant ist, also

$$I = \rho I.$$

[29] Tan, Lei, *Similarity between Mandelbrot set and Julia sets,* Commun. Math. Phys. 134 (1990) 587–617.

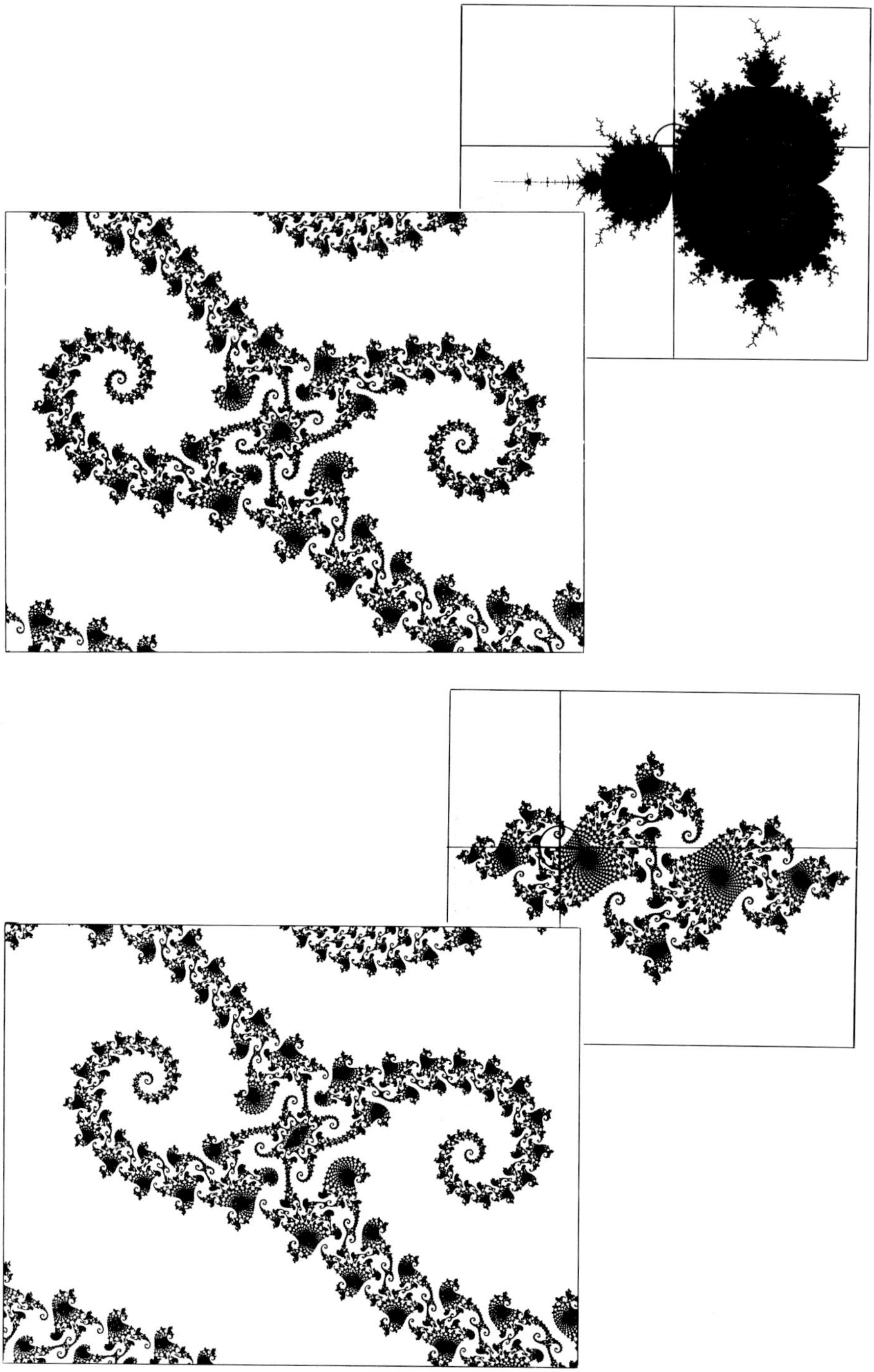

Abb. 5.31 : Ähnlichkeit zwischen einer Vergrößerung von M und der Vergrößerung der Julia-Menge J_c für $c = -0.745429 + 0.113008i$.

Vergrößerung der Mandelbrot-Menge

Abb. 5.32 : Eine Vergrößerung, deren Mittelpunkt bei $c = -0.7454285 + 0.1130089i$ liegt. Die Breite der Abbildung ist 0.000006.

Selbstähnlichkeit von Sternen

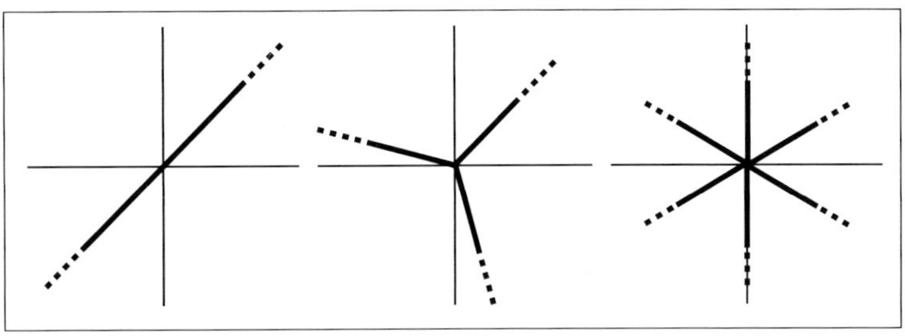

Abb. 5.33 : Die Strahlen reichen bis ins Unendliche. Die Sterne sind im Mittelpunkt selbstähnlich.

Natürlich muß sich ein Objekt, das dieser Bedingung genügt, bis ins Unendliche ausdehnen. Beispiele sind die unendlichen Sterne aus Abbildung 5.33. Wir lenken nun unsere Aufmerksamkeit nun auf die Umgebung des Punktes $z_0 = 0$. Wir wählen eine Kreisscheibe $D_r(z_0)$ mit Mittelpunkt z_0 und Radius r als Bereich, für den wir uns interessieren wollen. Wenn es eine Zahl $\varepsilon > 0$ gibt, so daß für alle Radien $r < \varepsilon$

$$D_r(0) \cap I \;=\; D_r(0) \cap \rho I$$

gilt, dann sagen wir, daß die Menge I am Nullpunkt *selbstähnlich* ist. Die unendlichen und endlichen Sterne (siehe Abbildung 5.33)

Vergrößerung der Julia-Menge

Abb. 5.34 : Eine Vergrößerung aus der Julia-Menge für $c = -0.7454285 + 0.1130089i$. Der Mittelpunkt der Abbildung liegt bei c, und die Breite des Bildes beträgt 0.000045.

sind Beispiele dafür.[30] Im allgemeinen können wir sogar zulassen, daß der Skalierungsfaktor ρ eine *komplexe* Zahl ist. In Kapitel 4 haben wir überlegt, daß die Multiplikation mit einer komplexen Zahl als Skalierung um den Faktor $|\rho|$ und Drehung um den Winkel $\phi = \arg \rho$ verstanden werden kann.[31] Dies bedeutet, daß die Multiplikation eines Objektes aus der komplexen Ebene mit einer komplexen Zahl ρ für $|\rho| > 1$ als Vergrößerung interpretiert werden kann. Sehen wir uns zum Beispiel Abbildung 5.33 an. Die Multiplikation könnte eine Drehung um ein Vielfaches von 120 Grad umfassen (rechts) oder um 60 Grad (links). Wir wollen uns jedoch nach weiteren interessanten Beispielen umsehen.

Man versuche sich ein Objekt vorzustellen, das am Punkt Null bei einer Skalierung mit dem goldenen Schnitt $g = (\sqrt{5} - 1)/2$ und bei einer Drehung um 90 Grad (d.h. $\rho = ge^{i\pi/2}$) selbstähnlich und das keines der sternähnlichen Objekte aus Abbildung 5.33 ist! In unserem Buch *Bausteine des Chaos — Fraktale* konnte man bereits ein derartiges Objekt in Kapitel 4 kennenlernen (vgl. Seite 232). Es ist die

[30] Ein weiteres Beispiel ist der Umschlag eines Buches, auf dem eine Hand zu sehen ist, die dasselbe Buch hält (siehe *Bausteine des Chaos — Fraktale*, Abbildung 3.11, S. 174).

[31] Wir erinnern daran, daß $\rho = |\rho|(\cos\phi + i\sin\phi) = |\rho|e^{i\phi}$ ist.

Verschiedene Skalierungswerte

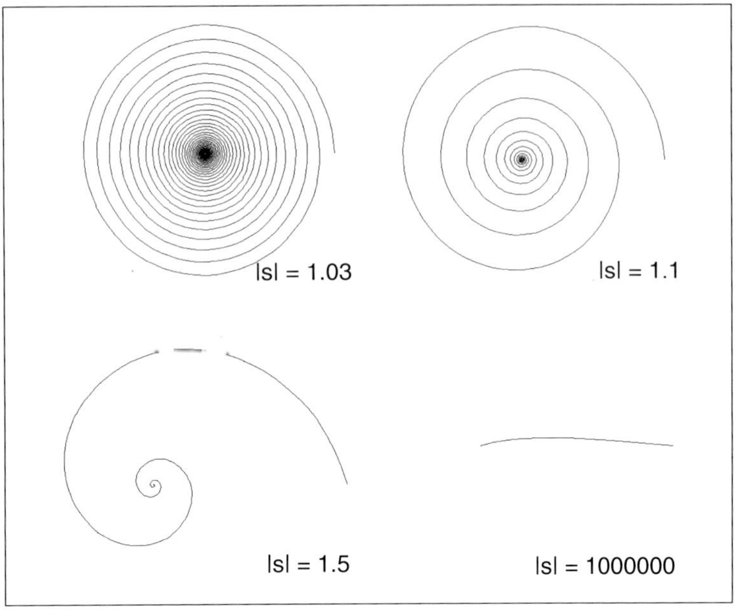

Abb. 5.35 : Die logarithmische Spirale mit $a = -0.019$, -0.061, -0.258 und -8.795 (von oben links nach unten rechts) ist invariant bei einer Drehung um 90 Grad (im Uhrzeigersinn) und bei einer Skalierung um $|\rho| = 1.03$, 1.1, 1.5 und 1 000 000.

goldene Spirale. In Abbildung 5.35 sind einige logarithmische Spiralen zusammengestellt. Wir erinnern daran, daß eine logarithmische Spirale am besten in Polarkoordinaten (r, ϕ) dargestellt werden kann. Die Gleichung, durch die die logarithmische Spirale beschrieben wird, lautet

$$\log r = a\phi,$$

wobei r den Radius der Spirale am Winkel ϕ bezeichnet. Mit dieser Notation kann man leicht erkennen, daß man beispielsweise eine Drehung um 90 Grad auch durch eine Skalierung um $e^{a\pi/2}$ erreichen kann. Beide Operationen führen zum gleichen Ergebnis. Mit anderen Worten ist die Spirale im Nullpunkt selbstähnlich bei der Multiplikation mit $\rho = e^{a\pi/2}e^{i\pi/2}$.[32] Wir beobachten, wie sich das Aussehen der dargestellten Spiralen bei Variation von a verändert. Die Spirale oben links ist beinahe kreisförmig, während wir unten rechts annähernd eine gerade Linie sehen. In diesem Fall kann man

[32] Dieses Ergebnis kann erweitert werden; die Spirale ist selbstähnlich bei der Multiplikation $e^{a\phi+i\phi}$ für alle Winkel ϕ.

Verschlungene Spiralen

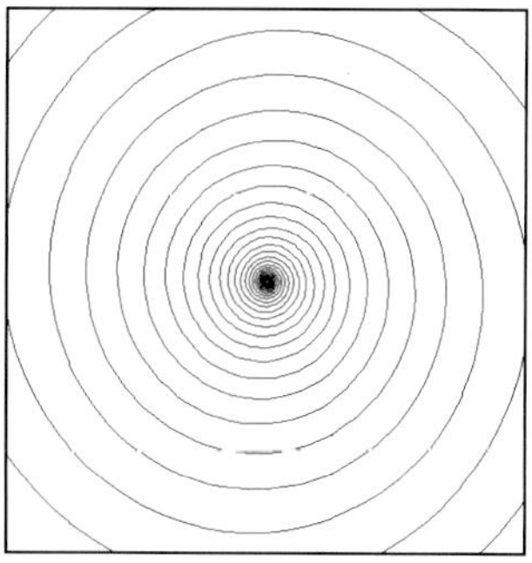

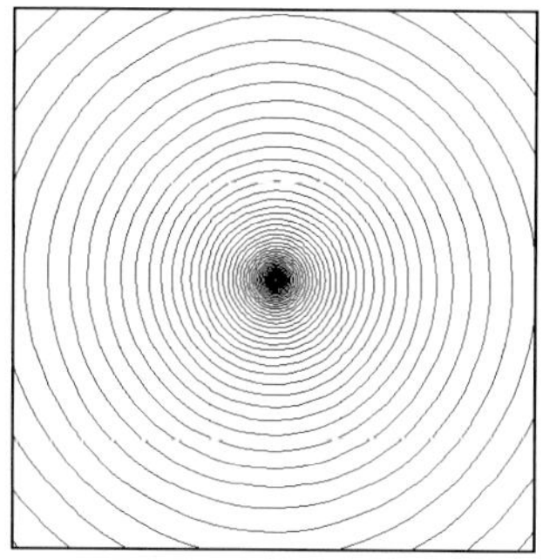

Abb. 5.36 : Eine der beiden Spiralen ist eine einfache Spirale, und die andere eine Doppelspirale, d.h. eine Zusammensetzung aus zwei logarithmischen Spiralen, die ineinander verschlungen sind. Kann man auf den ersten Blick entscheiden, welches Bild welche Spirale zeigt? Wenn nicht, dann sollte man versuchen einer der Spiralen für eine Windung zu folgen.

fast keine Drehung erkennen. Der Dehnungseffekt ist so stark, daß die Drehwirkung in der Visualisierung völlig verloren geht.

Logarithmische Spiralen sind gute Modelle, um einige der Muster zu beschreiben, die wir in der Mandelbrot-Menge finden können. Sogar Kombinationen von Spiralen wie etwa die Doppelspirale aus Abbildung 5.36 und weitere, kompliziertere Muster treten auf. Aber bevor wir auf diese schönen Bilder zurück kommen, werfen wir einen Blick auf Abbildung 5.37. Dies ist in der Tat eine phantastische Spirale oder nicht? Ist dort eine Spirale zu sehen? Welche Spirale? Gibt es überhaupt eine Spirale? Man bekommt sehr schnell einen Eindruck, daß allein die Welt der Spiralen so viel Verwirrung stiften kann, daß das ungeübte Auge leicht betrogen wird. Es ist daher erfreulich, daß man sich an ein Stück solide Mathematik halten kann, wenn man die Welt der Strukturen untersucht, die in der Mandelbrot-Menge auftauchen.

Wir wollen nun fortfahren, die Selbstähnlichkeit der Mandelbrot-Menge und der Julia-Mengen zu beschreiben. Bisher haben wir besprochen, was es bedeutet, wenn eine Menge I am Punkt $z_0 = 0$ selbstähnlich ist. In diesem Fall wird die Ähnlichkeitstransformation einfach durch die Multiplikation mit einer komplexen Zahl ρ beschrieben. Wenn $z_0 \neq 0$ ist, ist die Transformation, die aus einer Vergrößerung (möglicherweise mit einer Drehung) am Punkt z_0 besteht, technisch etwas aufwendiger. Zuerst müssen wir das Objekt um $-z_0$ verschieben, um das Zentrum z_0 der Vergrößerung in den Ursprung zu verlegen. Zu diesem Zweck führen wir die Notation

$$I - z_0 = \{z - z_0 \mid z \in I\}$$

Eine Spirale oder nicht?

Abb. 5.37 : Das Kunstwerk von Nicholas Wade wurde mit freundlicher Genehmigung des Künstlers reproduziert aus Nicholas Wade, *The Art and Science of Visual Illusions,* Routledge & Kegan Paul, London, 1982.

ein. Danach können wir vorgehen wie zuvor. Wir vergrößern und drehen, indem wir mit einer komplexen Zahl ρ multiplizieren. Mit anderen Worten fordern wir für die Selbstähnlichkeit am Punkt z_0, daß für alle genügend kleinen Radien $r > 0$ die Gleichung

$$D_r(0) \cap (I - z_0) = D_r(0) \cap \rho(I - z_0)$$

erfüllt ist.[33]

Asymptotische Selbstähnlichkeit an einem Punkt

Wir kommen zurück zur Mandelbrot-Menge M und den Julia-Mengen J_c. Leider ist es nicht richtig zu behaupten, daß M oder eine Julia-Menge J_c an einem ihrer Punkte selbstähnlich ist. Die lokale Struktur dieser Objekte ist ein wenig zu kompliziert, um vollständig selbstähnlich zu sein, aber es fehlt nicht viel. Die Selbstähnlichkeit an

[33] Alternativ könnte man die Ähnlichkeitstransformation $\theta(z) = \rho z + (1 - \rho)z_0$ anwenden. Dies ist eine Ähnlichkeitstransformation, die z_0 als Fixpunkt hat. Wir würden dann fordern, daß $D_r(z_0) \cap I = D_r(z_0) \cap \theta(I)$.

Selbstähnlichkeit eines Kreisbogens

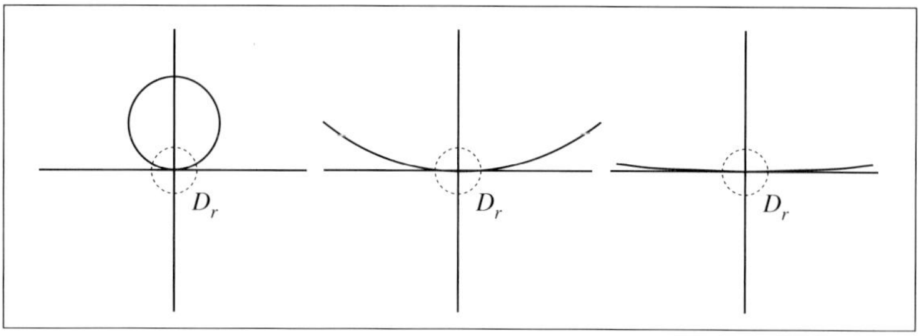

Abb. 5.38 : Der Kreis ist asymptotisch selbstähnlich an jedem seiner Punkte. Der gegebene Kreisbogen mit dem Radius 1 um den Mittelpunkt $z = i$ (links) wird um den Faktor $\rho = 5$ skaliert (Mitte) und das gleiche wird noch einmal wiederholt (rechts). Als Grenzobjekt erhält man den Abschnitt einer Geraden.

einem Punkt wird noch nicht nach einer einzigen Vergrößerung und Drehung deutlich. Die vergrößerte und gedrehte Kopie ist mit dem Original nicht identisch, nicht einmal in einer kleinen Umgebung des Zentrums der Vergrößerung. Wenn wir diesen Skalierungsvorgang allerdings wiederholt durchführen, *konvergieren* die Objekte, die dabei entstehen, gegen eine Menge, die an einem Punkt selbstähnlich ist. Deshalb nennen wir diese Eigenschaft der Mandelbrot-Menge und der Julia-Mengen *asymptotische Selbstähnlichkeit an einem Punkt*. Formal wird dies wie folgt beschrieben: Wir nennen I asymptotisch selbstähnlich an einem Punkt z_0, wenn

- es einen komplexen Skalierungsfaktor ρ mit $|\rho| > 1$ gibt, den wir *Multiplikator* nennen,
- einen kleinen Radius $r > 0$
- und ein Grenzobjekt L (eine Teilmenge der komplexen Ebene), das im Ursprung selbstähnlich ist,

so daß die Bedingung

$$\lim_{n \to \infty} D_r(0) \cap \rho^n(I - z_0) = L \cap D_r(0)$$

erfüllt ist.

Als einfaches Beispiel betrachten wir einen Kreis. Abbildung 5.38 zeigt den Kreis S mit Mittelpunkt $z_0 = i$, der in der komplexen Zahlenebene durch die Menge der Punkte $\{z \mid |z - i| = 1\}$ gegeben ist, und seine skalierten Kopien, für die der Skalierungsfaktor $\rho = 5$ verwendet wurde. Wir beobachten, daß sich am Schnitt von $\rho^n S$ und der Kreisscheibe $D_r(0)$ um den Ursprung ein Kreisbogen befindet, der bei der Skalierung von Schritt zu Schritt weiter gerade gebogen wird. Er konvergiert gegen die Strecke $L = D_r \cap \{(x + yi \mid y = 0\}$, wenn n anwächst.

Misiurewicz-Punkte

Die Ähnlichkeit zwischen Julia-Mengen und der Mandelbrot-Menge ist in der Nähe gewisser Punkte, die auf dem Rand der Mandelbrot-Menge liegen, vollständig bewiesen. Es sind die sogenannten Misiurewicz-Punkte. Wir werden zunächst die Eigenschaften dieser Punkte erklären.

Wir betrachten die Iteration $z_{n+1} = z_n^2 + c$ und nennen einen Anfangspunkt z_0 *präperiodisch*, wenn es ein $m \geq 1$ und ein $p \geq 1$ gibt, so daß $z_m = z_{m+p}$ ist. Dies bedeutet, daß die Bahn von z_0 nach m Iterationen periodisch wird mit der Periode p. Es ist wichtig, daß m *nicht 0 sein darf*, d.h., der Anfangspunkt darf selbst nicht zur periodischen Bahn gehören! Im Fall $m = 0$ ist der Anfangspunkt ein Punkt des periodischen Zyklus und ist damit periodisch und nicht präperiodisch. Wir kommen nun zur Definition der Misiurewicz-Punkte. Ein Parameterwert c wird *Misiurewicz-Punkt* genannt, wenn der kritische Punkt $z_0 = 0$ bei der Iteration von $z_{n+1} = z_n^2 + c$ präperiodisch ist.

Wenn c ein Misiurewicz-Punkt ist, dann flieht die kritische Bahn nicht. Deshalb liegen alle Misiurewicz-Punkte in der Mandelbrot-Menge. Aber Misiurewicz-Punkte haben noch andere Eigenschaften, die mathematisch bewiesen wurden.[34] Zum Beispiel:

- Wenn c ein Misiurewicz-Punkt ist, dann ist der zugehörige periodische Zyklus $z_m, z_{m+1}, \ldots, z_{m+p-1}$ abstoßend.
- Wenn c ein Misiurewicz-Punkt ist, stimmt die entsprechende Gefangenenmenge mit der Julia-Menge überein: $G_c = J_c$ (d.h., G_c hat keine inneren Punkte).
- Misiurewicz-Punkte liegen dicht auf dem Rand der Mandelbrot-Menge. Dies bedeutet, wenn wir irgendeinen Punkt vom Rand der Mandelbrot-Menge auswählen, finden wir in jeder beliebig kleinen Kreisscheibe um diesen Punkt einen Misiurewicz-Punkt auf dem Rand von M.

Wir erläutern dies anhand von zwei Beispielen für Misiurewicz-Punkte. Das erste Beispiel ist der Punkt $c = -2$. Es ist der Punkt, der auf der Spitze der Mandelbrot-Menge am weitesten links liegt. Die Bahn des kritischen Punktes ist

$$\begin{aligned} z_0 &= 0 \\ z_1 &= c = -2 \\ z_2 &= (-2)^2 - 2 = 2 \\ z_3 &= 2^2 - 2 = 2 \end{aligned}$$

Schon nach zwei Iterationen treffen wir einen abstoßenden Fixpunkt. In der Terminologie der Definition, die wir für einen präperiodischen Punkt gegeben haben, ist $m = 2$ und $p = 1$.

[34] Siehe A. Douady, J. H. Hubbard, *Etudes dynamiques des polynômes complexes I, II,* Publ. Math. d'Orsay 84-02 (1984), 85-02 (1985).

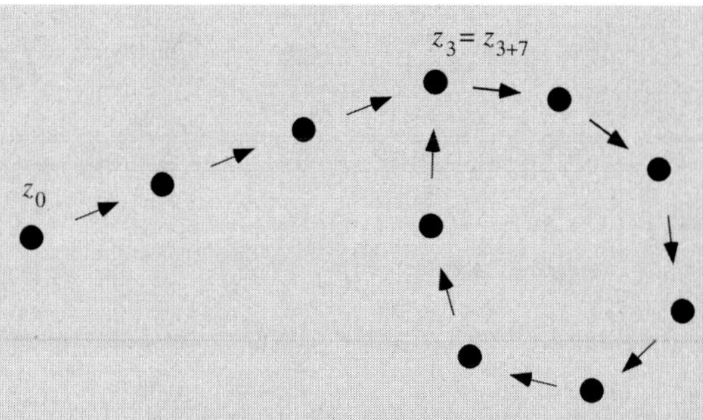

Abb. 5.39 : z_0, z_1 und z_2 sind präperiodische Punkte mit der Periode 7.

Das zweite Beispiel ist der Parameter $c = i = \sqrt{-1}$. Die Bahn des kritischen Punktes ist

$$
\begin{aligned}
z_0 &= 0\\
z_1 &= c = i\\
z_2 &= i^2 + i = -1 + i\\
z_3 &= (-1+i)^2 + i = -i\\
z_4 &= (-i)^2 + i = -1 + i
\end{aligned}
$$

In diesem Fall treffen wir nach zwei Iterationen einen Zyklus der Periode 2. In der Terminologie der Definition für einen präperiodischen Punkt haben wir $m = 2$ und $p = 2$.

Grob formuliert enthält die Arbeit von Tan Lei nun die Aussage:[35] Wenn $c \in M$ ein Misiurewicz-Punkt[36] ist, gilt das folgende:

- Die Julia-Menge J_c und die Mandelbrot-Menge sind beide asymptotisch selbstähnlich im Punkt $z_0 = c$, und sie haben den gleichen Multiplikator ρ.
- Die zugehörigen Grenzobjekte L_J und L_M sind im wesentlichen identisch; sie unterscheiden sich nur um eine Skalierung und um eine Drehung ($L_M = \lambda L_J$, wobei λ eine geeignete komplexe Zahl ist).

---

[35] Tan Lei, *Similarity between the Mandelbrot set and Julia sets,* Report Nr. 211, Institut für Dynamische Systeme, Universität Bremen, Juni 1989 und Commun. Math. Phys. 134 (1990) 587–617.

[36] Ein Parameter c ist ein Misiurewicz-Punkt, wenn der kritische Punkt $z_0 = 0$ von $z \to z^2 + c$ präperiodisch, aber nicht periodisch ist, d.h., die Iteration von z_0 führt zu einem periodischen Zyklus, der aber z_0 nicht enthält (siehe der vorige technische Abschnitt). Michal Misiurewicz ist ein polnischer Mathematiker, der durch seine Untersuchungen über die Dynamik eindimensionaler Abbildungen wie $x \to ax(1-x)$ bekannt wurde. Außerdem hat er gezeigt, daß das Modell für das Hénon-System von Lozi einen seltsamen Attraktor hat (siehe Abschnitt 3.1).

Ähnlichkeit an einem Misiurewicz-Punkt

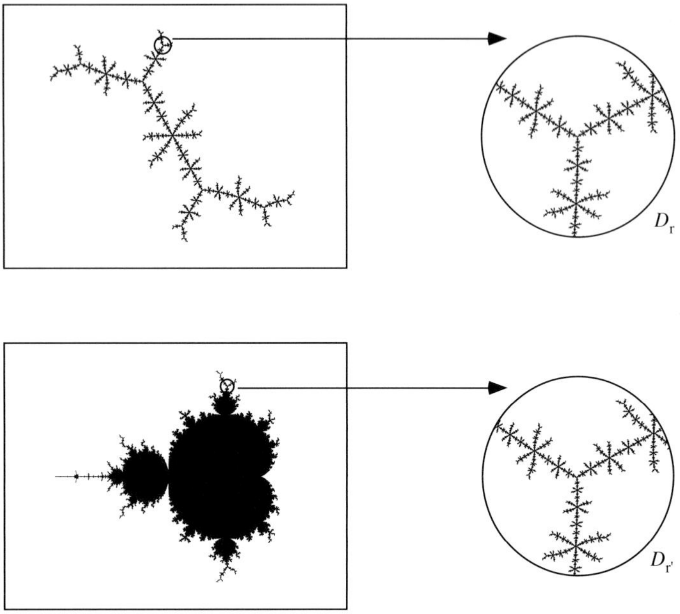

Abb. 5.40 : Der Punkt $\gamma \approx -0.1011 + 0.9563i$ ist ein Misiurewicz-Punkt. Diese Abbildung zeigt die Julia-Menge für $c = \gamma$ (oben) und die Mandelbrot-Menge (unten) jeweils mit der Vergrößerung einer kleinen Kreisscheibe mit dem Mittelpunkt $z = \gamma$ (oben rechts) und $c = \gamma$ (unten rechts). Die passende Reskalierungsoperation wurde entsprechend des Satzes von Tan Leis nur wenige Male an diesen Punkten durchgeführt, und die Ergebnisse können auf der rechten Seite miteinander verglichen werden. Tatsächlich sind die beiden Strukturen fast identisch. Nach weiteren Reskalierungsoperationen kann man die beiden Bilder praktisch nicht mehr voneinander unterscheiden.

Die zweite Aussage ist in Abbildung 5.40 für den Misiurewicz-Punkt $c \approx -0.1011 + 0.9563i$ veranschaulicht. Da Misiurewicz-Punkte auf dem Rand der Mandelbrot-Menge dicht liegen,[37] ist das Ergebnis von Tan Lei ziemlich aussagekräftig. In gewisser Hinsicht können wir in der Nähe aller dieser Punkte die Gestalt der entsprechenden Julia-Mengen bereits in der Mandelbrot-Menge erkennen. Oder wir können es so ausdrücken, daß der Rand von M ein visuelles *Inhaltsverzeichnis* für unendlich viele Julia-Mengen ist. Die Ähnlichkeit der Vergrößerungen in Abbildung 5.31 wird allerdings

[37] Dies bedeutet, daß in jeder Umgebung eines beliebigen Punktes auf dem Rand ein Misiurewicz-Punkt zu finden ist. Siehe A. Douady, J. H. Hubbard, *Étude dynamique des pôlynomes complexes,* Publications Mathematiques d'Orsay 84-02, Université de Paris-Sud, 1984.

Misiurewicz-Punkt i

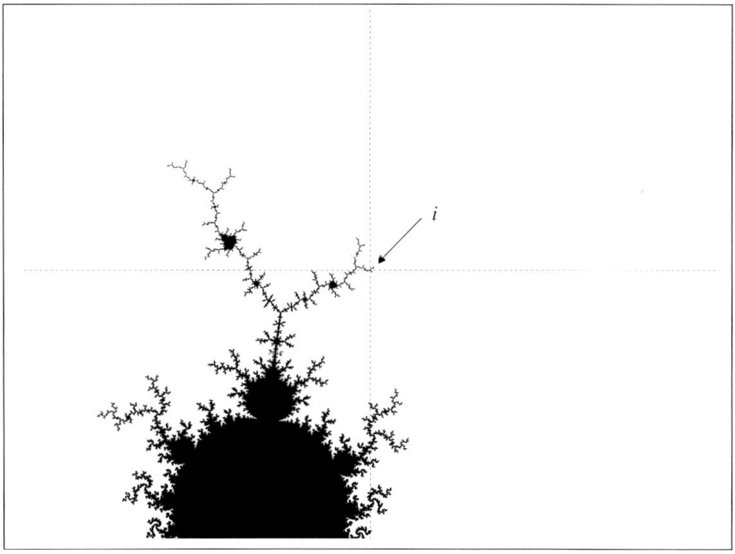

Abb. 5.41 : Die Mandelbrot-Menge in der Umgebung des Punktes $c = i$.

durch das Ergebnis von Tan Lei nicht erklärt, da der c-Wert nicht auf dem Rand von M, sondern im Inneren liegt.

Der Satz von Tan Lei

Die Einzelheiten des Satzes von Tan Lei können wir nicht besprechen, ohne den Begriff der Ableitung einer Funktion zu Hilfe zu nehmen. Es sei c ein Misiurewicz-Punkt. Aufgrund der Definition ist dann der kritische Punkt 0 präperiodisch. Wir betrachten die Bahn des kritischen Wertes $z_0 = c$ (d.h. wir lassen den Anfangswert der Bahn des kritischen Punktes außer acht). Wir bezeichnen mit $l \geq 0$ die minimale Anzahl der Iterationen, die erforderlich sind, bis man den ersten periodischen Punkt z_l erhält, und $p \geq 1$ ist die minimale Periode, so daß $z_{l+p} = z_l$ ist. Es sei $f_c(z) = z^2 + c$. Wir definieren den *Multiplikator* ρ *von* c als

$$\rho = (f_c^p)'(z_l),$$

wobei mit f_c^p die p-fache Komposition von f_c bezeichnet wird. Man sollte im Hinterkopf behalten, daß z_l ein Fixpunkt von f_c^p ist, der einem Zyklus der Periode p bei der Iteration von f_c entspricht. Das Ableitungskriterium besagt, daß der Fixpunkt (und der Zyklus) attraktiv ist, wenn der Betrag der Ableitung ρ kleiner ist als 1, und er ist abstoßend, wenn der Betrag der Ableitung größer ist als 1. Da die Bahn, die bei z_l anfängt, periodisch und abstoßend ist (weil c ein Misiurewicz-Punkt ist), muß $|\rho| > 1$ sein. Um den Multiplikator von c berechnen, verwenden wir die Kettenregel aus der Differentialrechnung. Wenn man sie einmal anwendet, erhält man

$$(f_c^p)'(z_l) = (f_c^{p-1})'(f(z_l)) \cdot f_c'(z_l).$$

Wenn man die Kettenregel wiederholt in gleicher Weise anwendet, erhält man

$$\rho = f_c'(z_{l+p-1}) \cdot f_c'(z_{l+p-2}) \cdots f_c'(z_l).$$

Mit anderen Worten: Man muß die periodische Bahn berechnen, die zu einem Misiurewicz-Punkt gehört, und muß dann die Ableitungen von $f_c(z) = z^2 + c$ an den Punkten des Zykus berechnen. Da $f_c'(z) = 2z$ ist, kommt man dabei zu einer einfachen Formel, nämlich zu

$$\begin{aligned}\rho &= 2z_{l+p-1} \cdot 2z_{l+p-2} \cdots 2z_l \\ &= 2^p \cdot z_{l+p-1}\, z_{l+p-2} \cdots z_l.\end{aligned}$$

Wir berechnen die Multiplikatoren ρ für die Beispiele $c = -2$ und $c = i$. Im ersten Fall bekommen wir $l = p = 1$ und $z_l = 2$. Daher ist $\rho = 2^1 \cdot z_l = 4$. Für $c = i$ erhalten wir $l = 1$, $p = 2$, $z_l = -1 + i$ und $z_{l+1} = -i$. Daher gilt

$$\rho = 2^2 z_l z_{l+1} = 4 \cdot (-1 + i) \cdot (-i) = 4 + 4i.$$

Somit ist $|\rho| = 4\sqrt{2} \approx 5.66$ und $\arg \rho = \pi/4$. Das Ergebnis ist, daß der Multiplikator ρ für $c = i$ einer Skalierung um etwa 5.66 und einer Drehung um den Winkel $\phi = 45$ Grad entspricht.
Der Satz von Tan Lei kann nun wie folgt ausgedrückt werden. Es sei c^* ein Misiurewicz-Punkt mit Multiplikator ρ.

- Es gibt abgeschlossene Teilmengen L_J und L_M der komplexen Ebene, so daß

$$\rho L_J = L_J \text{ und } \rho L_M = L_M.$$

- Die Julia-Menge J_{c^*} ist asymptotisch selbstähnlich am Punkt c^*, und es gibt ein $r > 0$, so daß

$$\lim_{n \to \infty} \rho^n (J_{c^*} - c^*) \cap D_r = L_J \cap D_r.$$

- Weiterhin ist die Mandelbrot-Menge asymptotisch selbstähnlich am Punkt c^*, und es existiert ein $r' > 0$, so daß $r > r'$ und

$$\lim_{n \to \infty} \rho^n (M - c^*) \cap D_{r'} = L_M \cap D_{r'}.$$

- Schließlich gibt es eine komplexe Zahl $\lambda \neq 0$, so daß

$$L_M \cap D_{r'} = \lambda L_J \cap D_{r'}$$

Die Grenzobjekte sind daher bis auf eine Skalierung und eine Drehung in der Nähe von 0 identisch.
Außerdem gibt es eine Formel, mit der man λ explizit berechnen kann, nämlich

$$\lambda = \frac{\frac{d}{dz} f_{c^*}^l(z)\big|_{z=c^*}}{\frac{d}{dc} f_c^l(c)\big|_{c=c^*} - \frac{d}{dc}\alpha(c)\big|_{c=c^*}}, \tag{5.11}$$

wobei $\alpha(c)$ der erste Punkt im periodischen Teil der Bahn ist und p die minimale Periodenlänge. Genauer gesagt ist $\alpha(c)$ die analytische Funktion, die die Gleichung

$$\alpha(c) = f_c^p(\alpha(c)) \text{ mit } \alpha(c^*) = f_{c^*}^l(c^*)$$

erfüllt. Durch implizites Differenzieren dieser (linken) Gleichung kann man die Ableitung von $\alpha(c)$ berechnen, die in Gleichung (5.11) gefragt ist.

Ist der Dendrit bei $c = i$ eine Spirale?

Wir schließen diesen Abschnitt mit zwei erstaunlichen Beobachtungen, die mit Hilfe der Theorie von Tan Lei erklärt werden können. Zuerst wollen wir uns noch einmal mit dem Misiurewicz-Punkt $c = i$ beschäftigen (siehe Abbildung 5.41). Im technischen Abschnitt haben wir den Multiplikator ρ von c bestimmt. Das Ergebnis war $\rho = 4+4i$, und dies bedeutet, daß die Ähnlichkeitstransformation, mit der man die Selbstähnlichkeit der Mandelbrot-Menge und der Julia-Menge bei $c = i$ beschrieben werden kann, durch einen Skalierungsfaktor von $\sqrt{32} \approx 5.66$ und eine Drehung um 45 Grad gegeben ist.

Wenn wir den Dendriten aus Abbildung 5.41 für $c = i$ genauer ansehen, begegnet uns scheinbar ein Widerspruch. Einerseits scheint es sich um einen gewöhnlichen Dendriten mit Verzweigungen zu handeln. Andererseits besagt das Ergebnis von Tan Lei, daß wir eigentlich eine Spirale sehen müßten, weil das Grenzobjekt L bei der Multiplikation mit ρ invariant ist, wobei $\arg \rho \neq 0$. Was hat dies aber grafisch zu bedeuten? Wir betrachten die logarithmische Spirale in Abbildung 5.42, die am Punkt 0 selbstähnlich ist mit dem gleichen komplexen Skalierungsfaktor ρ. Nun wird einiges verständlich: Es ist kaum zu erkennen, daß dies wirklich eine Spirale ist. Wegen des starken Dehnungseffekts geht die Drehwirkung beinahe vollständig verloren. Wenn wir noch einmal die Zahl ρ betrachten, ist dies nicht weiter verwunderlich, denn bei einer Drehung um 45 Grad wird die

Schnelle Spirale

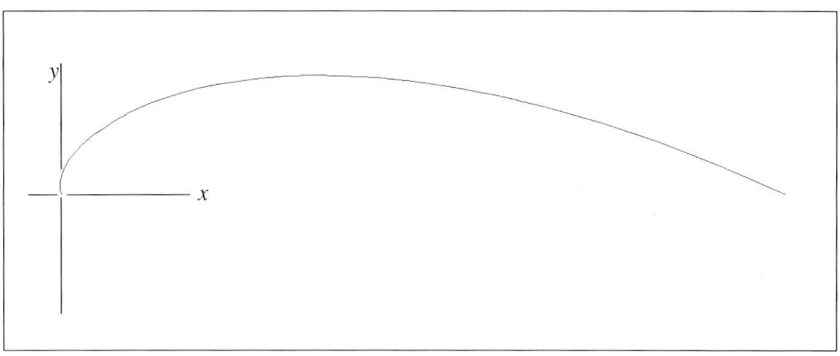

Abb. 5.42 : Die Abbildung zeigt eine Spirale, die bei einer Skalierung um $r \approx 5.66$ und gleichzeitiger Drehung um $\phi = 45$ Grad invariant ist.

Vergrößerung bei $c = i$

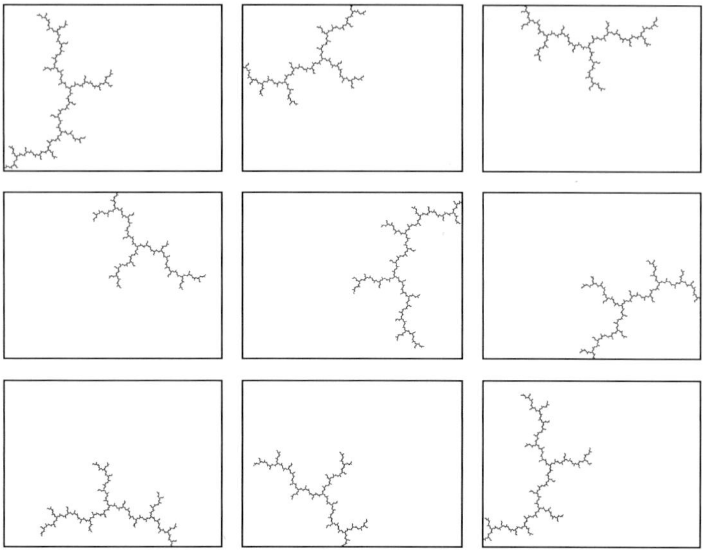

Abb. 5.43 : Aufeinanderfolgende Vergrößerungen um den Skalierungsfaktor $4\sqrt{2}$ bringen zum Vorschein, daß von Bild zu Bild eine Drehung um 45 Grad stattfindet.

Spirale um den Faktor $4\sqrt{2} \approx 5.66$ gestreckt; und bei einer vollen Umdrehung wird sie um die achte Potenz dieses Faktors gestreckt, nämlich um $(4\sqrt{2})^8 = 2^{20}$, und dies ist ungefähr eine Million!

Wir versuchen jetzt die gleiche spiralenartige Struktur an der Spitze des Dendriten für $c = i$ zu finden, von der wir nach Tan Lei ja wissen, daß sie dort vorhanden sein muß. In Abbildung 5.43 nehmen wir aufeinanderfolgende Vergrößerungen um den Punkt $c = i$ vor, und der Vergrößerungsfaktor ist jeweils $4\sqrt{2}$. Aber wir drehen nicht! Der Theorie von Tan Lei zufolge müßten wir beobachten können, daß der Dendrit, den wir dabei erhalten, aussieht, als wäre er von Schritt zu Schritt um 45 Grad gedreht worden. Nach acht Vergrößerungen müßten wir daher das gleiche Bild sehen, mit dem wir angefangen haben, und wir sehen es tatsächlich!

Schließlich betrachten wir noch eine weitere erstaunliche Konsequenz der Arbeit von Tan Lei. Wenn man in der Nähe des Randes der Mandelbrot-Menge vergrößert, entstehen — wie wir gesehen haben — typischerweise Bilder, die offensichtlich kleine Kopien der Mandelbrot-Menge enthalten. In der Tat ist bekannt, daß unendlich viele kleine Kopien der Mandelbrot-Menge den Randbereich von M

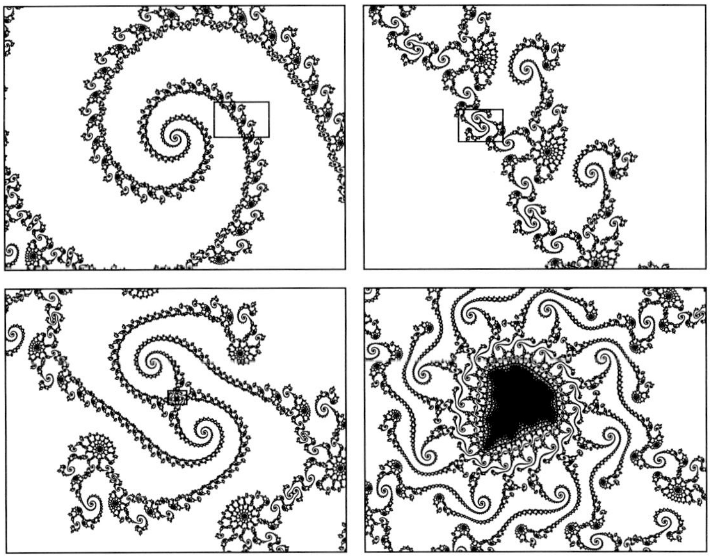

Verunreinigung mit kleinen Mandelbrot-Mengen

Abb. 5.44 : Diese Folge ist entstanden, indem in eine kleine Kopie der Mandelbrot-Menge gezoomt wurde. Ihr Durchmesser beträgt etwa 10^{-8}. Im Mittelpunkt der Spirale oben links befindet sich ein Misiurewicz-Punkt.

bevölkern.[38] In Abbildung 5.44 wird dies für einen typischen c-Wert bestätigt.

Die Existenz kleiner Kopien der Mandelbrot-Menge überall in der Umgebung ihres Randes scheint aber der Theorie von Tan Lei zu widersprechen, die besagt, daß in der Nähe von Misiurewicz-Punkten eine Ähnlichkeit zwischen der Mandelbrot-Menge und den entsprechenden Julia-Mengen besteht. Außerdem tritt die Ähnlichkeit zunehmend stärker hervor, wenn wir die Mandelbrot-Menge an einem Misiurewicz-Punkt vergrößern. Andererseits können Julia-Mengen keine kleinen Kopien der Mandelbrot-Menge enthalten; dies würde der Selbstähnlichkeit der Julia-Mengen widersprechen. Wenn wir die Mandelbrot-Menge an einem Misiurewicz-Punkt wiederholt vergrößern, werden wir daher immer weitere Kopien von M finden, während diese Kopien bei der Vergrößerung der entsprechenden Julia-Mengen nicht entstehen können (siehe Abbildung 5.45). Trotzdem wird im Ergebnis von Tan Lei zum Ausdruck gebracht, daß die beiden Strukturen nicht mehr unterschieden werden können, wenn der Vergrößerungsfaktor anwächst. Wie können wir diesen Widerspruch

[38] Siehe A. Douady, J. H. Hubbard, *Etudes dynamiques des polynômes complexes I, II,* Publ. Math. d'Orsay 84-02 (1984), 85-02 (1985).

Zwei Spiralen

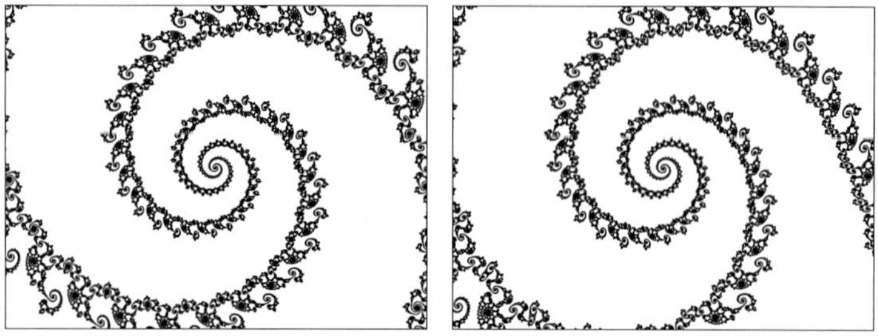

Abb. 5.45 : Eine Vergrößerung der Julia-Menge J_c zum Misiurewicz-Punkt $c = -0.77568377 + 0.13646737i$ ist auf der linken Seite dargestellt. Das Bild hat den Mittelpunkt c und die Breite 0.00036. Auf der rechten Seite ist eine Vergrößerung der Mandelbrot-Menge am selben Misiurewicz-Punkt abgebildet (die Breite ist 0.00048). Die Doppelspiralen sind beinahe identisch, obwohl auf der rechten Seite unendlich viele kleine Kopien der Mandelbrot-Menge zu finden sein müssen, und die linke Seite hingegen nicht eine einzige Kopie dieser Art enthalten kann (siehe Abbildung 5.44).

auflösen? Die Antwort ist überraschend und hat mit der Eigenart der asymptotischen Selbstähnlichkeit an einem Punkt z_0 zu tun.

Abbildung 5.46 zeigt ein ziemlich konstruiertes, aber instruktives Beispiel, das diesen „Widerspruch“ veranschaulicht. Wir betrachten eine Strecke der Länge 1, deren eines Ende sich im Ursprung befindet. Am anderen Ende heften wir ein Quadrat mit der Kantenlänge $d_0 = 1$ an. Dann teilen wir die Strecke in zwei gleichlange Intervalle. Das linke Intervall wird erneut halbiert, und diesen Vorgang führen wir wieder und immer wieder durch. Wir konstruieren also Halbierungspunkte bei

$$x_1 = \frac{1}{2},\ x_2 = \frac{1}{4},\ \ldots,\ x_n = \frac{1}{2^n},\ \ldots$$

An diesen Halbierungspunkten ordnen wir Quadrate T_n der Kantenlänge

$$d_1 = \frac{1}{4},\ d_2 = \frac{1}{16},\ \ldots,\ d_n = \frac{1}{2^{2n}},\ \ldots$$

an. Die Gesamtheit dieser Konstruktion ist unsere Menge B. Wir vergrößern nun wiederholt am Punkt 0, wobei wir jedesmal den Faktor $\rho = 2$ verwenden, und wir sehen uns an, was in der Kreisscheibe mit dem Radius 1 enthalten ist. Bei jeder Vergrößerung wird die Kantenlänge der Quadrate verdoppelt, aber auf der anderen Seite scheinen sich die Quadrate nach außen zu bewegen. Wir betrachten nun den Halbierungspunkt $x = 1/2^n$. Nach der ersten Vergrößerung haben wir an diesem Punkt das Quadrat T_{n+1}, das um den Faktor $\rho = 2$

Asymptotische Selbstähnlichkeit

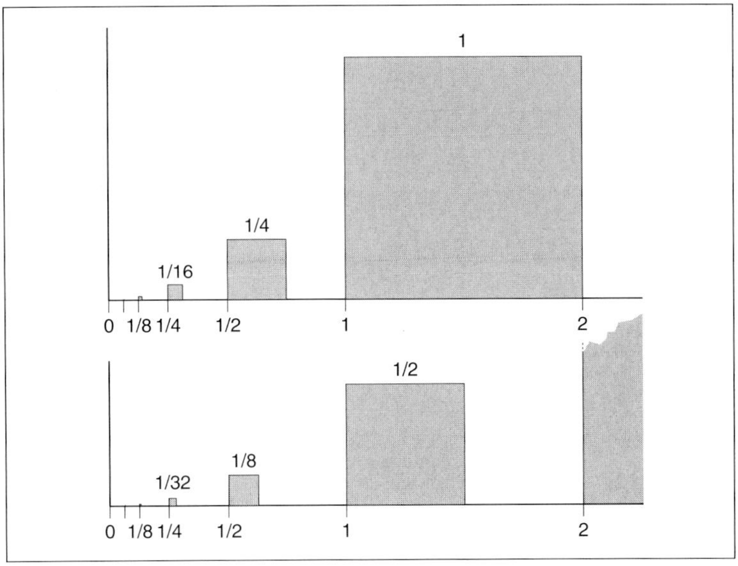

Abb. 5.46 : Dieses Objekt ist asymptotisch selbstähnlich am Nullpunkt, und das Grenzobjekt ist ein der Abschnitt einer Geraden. Den unteren Teil erhält man aus dem oberen durch eine Skalierung um den Faktor 2.

skaliert wurde. Dieses Quadrat ρT_{n+1} hat die Kantenlänge

$$2d_{n+1} = \frac{2}{2^{2(n+1)}} = \frac{1}{2^{2n+1}}.$$

Nach der zweiten Vergrößerung haben wir das Quadrat $\rho^2 T_{n+2}$ am Punkt $x = 2^{-n}$, das die Kantenlänge

$$2^2 d_{n+2} = \frac{2^2}{2^{2(n+2)}} = \frac{1}{2^{2n+2}}$$

hat. Im allgemeinen sehen wir nach k Iterationen am Punkt $x = 2^{-n}$ das Quadrat $\rho^k T_{n+k}$ mit der Kantenlänge

$$2^k d_{n+k} = \frac{2^k}{2^{2(n+k)}} = \frac{1}{2^{2n+k}}.$$

Daher nehmen diese Kantenlängen für $k \to \infty$ ab, und dies gilt für alle Halbierungspunkte. Mit anderen Worten haben wir gezeigt, daß unsere Menge B am Punkt 0 asymptotisch selbstähnlich ist, und das Grenzmodell L ist einfach eine Strecke der Länge 1, was außerordentlich überraschend ist, wenn man B mit L visuell vergleicht.

Dieser Effekt kommt dadurch zustande, daß die Größe der Quadrate in B wesentlich schneller abnimmt, als es von den wiederholten Vergrößerungen kompensiert werden kann. Wenn die Größe der

Quadrate in der Größenordnung abnehmen würde wie etwa die Größe der Zahlen in der Folge 1/2, 1/4, 1/8, ..., dann entstünde bei jeder Vergrößerung das gleiche Objekt in der Kreisscheibe vom Radius 1. In diesem Fall wäre B also selbstähnlich im Nullpunkt.

Wenn wir ein Grenzmodell, das am Punkt z_0 selbstähnlich ist, in der Nähe von z_0 mit „Unrat" verunreinigen und dabei sicher stellen, daß die Größe des „Unrats" in der Nähe des Punktes z_0 schnell genug abnimmt, erhalten wir eine Struktur, die am Punkt z_0 noch immer asymptotisch selbstähnlich ist! Dies haben wir an unserem Modell mit den Quadraten deutlich erkennen können. Da der „Unrat" vollkommen beliebig gewählt werden kann, solange nur seine Größe in der Nähe von z_0 hinreichend schnell abnimmt, steht das Grenzmodell L für eine ganze Klasse solcher Strukturen. Wir können einige Quadrate in unserer Menge B durch Dreiecke, andere durch Sechsecke oder andere, beliebige Strukturen ersetzen. Wenn nur die Größe der Strukturen geeignet gewählt wird, bleibt die Menge am Punkt z_0 asymptotisch selbstähnlich.

Damit wird erklärt, warum man in der oberen linken Doppelspirale in Abbildung 5.44 keine Kopien der Mandelbrot-Menge *sehen* kann. Wir werden eine solche Kopie niemals sehen, selbst wenn wir am Misiurewicz-Punkt $c^* \approx -0.7756838 + 0.1364674i$ vergrößern (er ist der Mittelpunkt der doppelten Spirale). Trotzdem gibt es unendlich viele kleine Kopien der Mandelbrot-Menge in diesem Bild, aber wir können sie nicht sehen, weil ihre Größe so rapide abnimmt, wenn wir uns dem Punkt c^* nähern. Oder, um es anders zu formulieren, die beiden Bilder in Abbildung 5.45 sind vom Standpunkt der Visualisierung gleich, d.h. die Zusammenstellung der Pixel. Aber zwischen den mathematischen Objekten, die zugrunde liegen, gibt es eine ganze Welt von Unterschieden.

Es ist interessant, dieses Ergebnis umzukehren: Wenn eine Menge B an einem Punkt asymptotisch selbstähnlich ist, und das Grenzobjekt L ist, dann bedeutet dies, daß die Größe der Verschmutzung in B in der Nähe dieses Punktes schnell genug abnehmen muß. Also liefert uns die Theorie von Tan Lei eine Schätzung dafür, wie klein die Kopien der Mandelbrot-Menge in der Nähe des Mittelpunktes c^* der Doppelspirale sein müssen. Die Größe der kleinen Mandelbrot-Mengen ist ideal ausgewogen; sie sind einerseits gerade noch groß genug, um nicht im Unsichtbaren zu verschwinden,[39] und andererseits sind sie so klein, daß sie trotz wiederholter Vergrößerungen nicht zum Vorschein kommen, wenn man um das Zentrum c^* vergrößert.

[39] Die Kopien der Mandelbrot-Menge können bei geeigneter Vergrößerung und Wahl eines passenden Zentrums sichtbar gemacht werden.

5.4 Programm des Kapitels: Die Mandelbrot-Menge

Computerprogramme, mit denen man die Mandelbrot-Menge wiedergeben und Vergrößerungen herstellen kann, sind außerordentlich weit verbreitet. Die meisten dieser Programme tasten einfach ein rechteckiges Feld von Pixeln ab. Jedes schwarze Pixel stellt einen Punkt der Mandelbrot-Menge dar.[40] Dieser einfache Vorgang kann mit dem Programm „Pixelspiel für die Mandelbrot-Menge“ implementiert werden, das sich am Ende dieses Abschnitts befindet. Der wesentliche Nachteil dieses Programms besteht darin, daß es sehr viel Zeit benötigt, besonders weil es als interpretiertes BASIC-Programm vorliegt. Das Programm des Kapitels tastet nicht jedes Pixel ab, sondern verwendet statt dessen einen völlig anderen Zugang. Es verfolgt die Ränder der Einkreisungen M_k, die wir in Abschnitt 5.1 besprochen haben. Mit anderen Worten folgen wir den Äquipotentiallinien, die durch $p_M(c) = 2^k$ gegeben sind. Sie kreisen die Mandelbrot-Menge M ein und approximieren ihren Rand. Dieser Vorgang läuft wesentlich schneller ab als der gewöhnliche Abtastalgorithmus im „Pixelspiel“.

Bildschirmausgabe des Programms

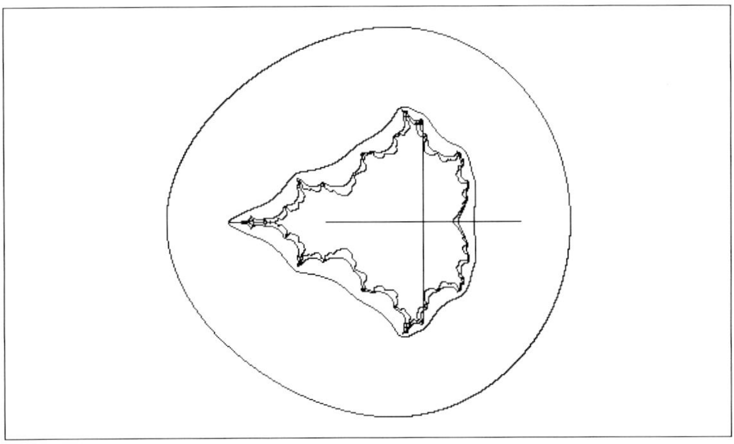

Abb. 5.47 : Ausgabe des Programms „Mandelbrot“ für die Niveaus $k = 0, -3, -6, -9$.

Die Grundlage für den Algorithmus besteht aus einer Triangulierung der komplexen Ebene zusammen mit einer raffinierten Kettenkonstruktion. Eine Triangulierung ist eine Aufteilung der Ebene

[40] Genauer formuliert wird bestimmt, ob ein Punkt zu einer bestimmten Einkreisung M_k gehört (zum Beispiel M_{-20}) oder nicht. In den meisten Programmen werden jedoch lediglich die Mengen $T^k(D^0)$ überprüft.

Triangulierung

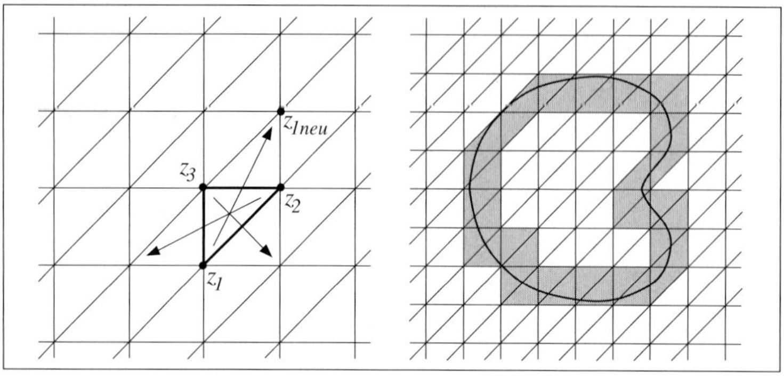

Abb. 5.48 : Die Grundlage des Algorithmus ist eine Triangulierung der komplexen Ebene, die man erhält, wenn man Eckpunkte von Dreiecken in geeigneter Weise spiegelt. Der Rand von M_k wird von einer Kette aus Dreiecken umschlossen, die diesen Rand schneiden.

in kleine Dreiecke (siehe Abbildung 5.48). Mit einem Dreieck, das durch seine drei Eckpunkte z_1, z_2 und z_3 gegeben ist, können wir bei regulären Triangulierungen wie in der Abbildung alle drei angrenzenden Dreiecke bestimmen, indem ein Eckpunkt am Mittelpunkt der gegenüberliegenden Seite gespiegelt wird. Wenn wir zum Beispiel z_1 spiegeln, erhalten wir

$$z_{1neu} = z_2 + z_3 - z_1,$$

und z_{1neu}, z_2 und z_3 sind die Eckpunkte eines angrenzenden Dreiecks der Triangulierung. Indem wir diesen Vorgang hinreichend oft wiederholen, können wir jedes beliebige Dreieck der Triangulierung erzeugen.

Unser Ziel besteht darin, dem Rand von M_k zu folgen, indem wir eine Kette von Dreiecken durchlaufen, die den Rand approximieren. Ein Dreieck heißt *vollständig*, wenn mindestens einer seiner drei Eckpunkte in M_k liegt (Label 1) und ein anderer außerhalb von M_k (Label 0). Eine solche Triangulierung muß den Rand von M_k unterteilen. Der Algorithmus muß eine Kette von vollständigen Dreiecken erzeugen, die den Rand von M_k überdecken. Das Prinzip ist ähnlich wie beim Entkommen aus einem Labyrinth in der Ebene. Man kann den Wegen des Labyrinths folgen und dabei immer mit der rechten Hand die Wand berühren (die dem Rand von M_k entspricht). Entweder man kommt zu der Stelle zurück, an der man losgelaufen ist, oder man findet einen Ausgang aus dem Labyrinth. Auf die gleiche Weise konstruieren wir eine Kette von Dreiecken, die den Rand von M_k unterteilen und einen Eckpunkt haben, der sich im Inneren von M_k befindet.

BASIC Programm **Mandelbrot**
Titel Äquipotentiallinien für die Mandelbrot-Menge

```
DIM x(3), y(3)
left = 20
w = 300
r = 2
s = 2*r/w
INPUT ,level k (start, end, step):‘, kstart, kend, kstep

REM Zeichne Koordinatenachsen
LINE (-1/s+left+w/2, left+w/2) - (1/s+left+w/2, left+w/2)
LINE (left+w/2, -1/s+left+w/2) - (left+w/2, 1/s+left+w/2)

FOR k = kstart TO kend STEP kstep

    REM Suche Rand der Niveau-Menge
    FOR i = 0 TO 10000
        rec = s*i + recen : imc = imcen
        GOSUB 500
        IF outside = 1 GOTO 100
    NEXT i
    END

    REM Lege Dreieck auf den Rand
100 vin = 1 : vout = 2 : vnew = 3
    x(vin) = i-1 : x(vout) = i : x(vnew) = i
    y(vin) = 0 : y(vout) = 0 : y(vnew) = 1
    xin = x(vin) : yin = y(vin) : xout = x(vout) : yout = y(vout)
    PSET (x(vin)+left+w/2, -y(vin)+left+w/2)

    REM Taste den Rand der Niveau-Menge ab
200 rec = s*x(vnew) + recen : imc = s*y(vnew) + imcen
    GOSUB 500
    IF outside = 1 GOTO 300
        LINE - (x(vnew)+left+w/2, -y(vnew)+left+w/2)
        vref = vin : vin = vnew : vnew = vref
        GOTO 400
300     vref = vout: vout = vnew : vnew = vref
400 x(vnew) = x(vin) + x(vout) - x(vref)
    y(vnew) = y(vin) + y(vout) - y(vref)
    IF x(vin) <> xin OR y(vin) <> yin GOTO 200
    IF x(vout) <> xout OR y(vout) <> yout GOTO 200
NEXT k
END
```

BASIC Programm **Mandelbrot-Test**
Titel Test für die Einkreisung M-k der Mandelbrot-Menge

```
REM Test zum Niveau k für die Mandelbrot-Menge
500 outside = 1
    re = rec : im = imc
    FOR j = 0 TO 2 - k
        re2 = re*re : im2 = im* im
        IF re2 + im2 > 256! THEN RETURN
        im = 2*re*im + imc
        re = re2 - im2 + rec
    NEXT j
    outside = 0
    RETURN
```

Vollständige Dreiecke

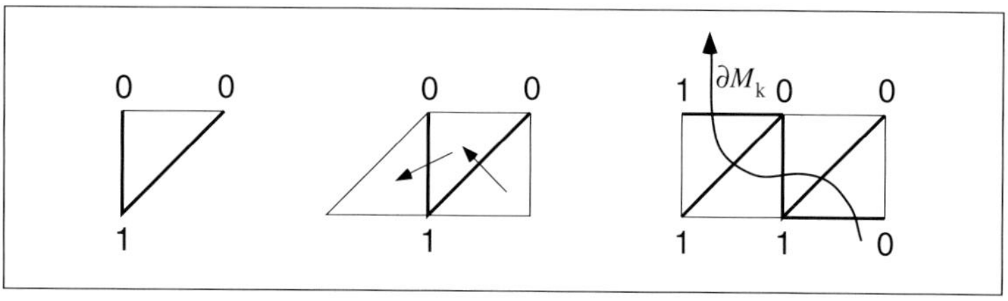

Abb. 5.49 : Ein vollständiges Dreieck hat genau zwei transversale Seiten. An diesen Seiten schließen sich zwei weitere vollständige Dreiecke an. Dadurch erhält man eine Kette aus Dreiecken, die dem Rand von M_k folgen.

Die Seite eines Dreiecks heißt *transversal*, wenn einer der Endpunkte im Inneren von M_k liegt und der andere außerhalb von M_k. Daher ist ein Dreieck vollständig, wenn es mindestens eine transversale Seite hat. Wir können genauer sein. Jedes Dreieck hat entweder *keine* oder genau *zwei* transversale Seiten.[41] Ein vollständiges Dreieck muß deshalb genau zwei benachbarte Dreiecke haben, die ebenfalls vollständig sind.[42] Daraus können wir schließen, daß jedes vollständige Dreieck ein Glied in einer Kette vollständiger Dreiecke ist. Aus diesen Beobachtungen können wir einen Algorithmus herleiten, mit dem man eine solche Kette berechnen kann. Angenommen, es ist ein vollständiges Dreieck gegeben. Dann müssen wir eine der transversalen Seiten auswählen, um daran zu spiegeln, und können dann die folgenden Schritte wiederholt ausführen:

[41] Im wesentlichen gibt es vier verschiedene Arten, die Bezeichnungen für die Eckpunkte eines Dreiecks zu wählen. Ein Dreieck hat 0, 1, 2 oder alle seiner 3 Eckpunkte im Inneren von M_k. Die entsprechenden Anzahlen transversaler Seiten sind 0, 2, 2 und 0.

[42] Zwei Dreiecke sind benachbart, wenn sie eine gemeinsame Seite haben.

BASIC Programm **Pixelspiel für die Mandelbrot-Menge**
Titel Der klassische Algorithmus

```
left = 20 : w = 300
r = 2 : s = 2*r/w
recen = 0 : imcen = 0
INPUT ,level k:', k
FOR y= 0 TO w
    FOR x = 0 TO w
        rec = s*(x-w/2) + recen : imc = s*(y-w/2) + imcen
        GOSUB 500
        IF outside = 0 THEN PSET(x+left, left+w-y)
    NEXT x
NEXT y
END
```

Schritt 1. Man spiegelt den gegenüberliegenden Eckpunkt am Mittelpunkt der Spiegelungsseite, die vorher ausgewählt hat. Die Spiegelungsseite und der gespiegelte Punkt bilden nun ein neues vollständiges Dreieck aus der Triangulierung, das den Rand von M_k schneidet.

Schritt 2. Das neue Dreieck schneidet den Rand. Es hat zwei transversale Seiten, nämlich die, an der im vorhergehenden Schritt gespiegelt wurde, und eine andere, die wir als neue Spiegelungsseite nehmen werden.

Wir wiederholen diese Schritte, bis wir zu dem Dreieck zurückkommen, an dem wir angefangen haben, dem Rand von M_k zu folgen.[43]

Wir werden uns nun mit einigen Details der Routine „Mandelbrot-Test“ beschäftigen, die bei Label 500 anfängt. Die Routine ermittelt, ob ein Parameter c (`rec` ist der Realteil von c und `imc` der Imaginärteil) innerhalb oder außerhalb der Einkreisung M_k liegt. Bei diesem Test wird $T^{k-2}(D^2)$ als Approximation von M_k zugrunde gelegt (vergleiche mit Abschnitt 5.1). Man kann dies erkennen, wenn

[43] Diese Methode, Kurven zu verfolgen, kann auch auf Kurven in drei- oder vierdimensionalen Räumen verallgemeinert werden (siehe H. O. Peitgen, M. Prüfer, *The Leray-Schauder continuation method is a constructive element in the numerical study of nonlinear eigenvalue and bifurcation problems,* in: *Functional Differential Equations and Approximation of Fixed Points,* H.-O. Peitgen, H.-O. Walther (Hrsg.), Springer Lecture Notes, Berlin, 1979; siehe auch E. Allgower, K. Georg, *Numerical Continuation Methods — An Introduction,* Springer-Verlag, New York, 1990. Auch die Ränder fester Körper in höheren Dimensionen können mit Methoden verfolgt werden, die nur geeignet angepaßt werden müssen. Siehe auch C. Zahlten, *Piecewise linear approximation of isovalued surfaces,* in: *Advances in Scientific Visualization, Eurographics Seminar Series,* F. H. Post, A. J. S. Hin (Hrsg.), Springer-Verlag, Berlin, 1992).

man den `IF`-Befehl betrachtet, der `re2 + im2 > 256` überprüft. Mit anderen Worten verwenden wir $D^2 = \{z \mid |z| < 16\}$ als Referenzmenge. Wenn das Programm den Rand von M_k für das Niveau $k = 2$ verfolgt, ist das Resultat der Kreis mit dem Radius 16, der Rand der Referenzmenge. Wenn wir kleinere Werte für k nehmen, erhalten wir Kurven, die näher bei der Mandelbrot-Menge M liegen. In Abbildung 5.47 ist der Rand von M_k für $k = 0, -3, -6$ und -9 dargestellt. Wenn man diese Routine an das Ende des Programms „Mandelbrot" oder „Pixelspiel für die Mandelbrot-Menge" anhängt, werden diese Programme vervollständigt und lauffähig.

Wir beschäftigen uns nun mit einigen Details, die auftreten, wenn man die Überdeckung des Randes von M_k mit der Kette aus Dreiecken implementieren will. Wenn das Programm aufgerufen wird, kann man zuerst die Niveaus k eingeben, die vom Programm bearbeitet werden sollen. Hierbei wird nach einem Anfangsniveau, einem Endniveau und nach einer Inkrementierung gefragt. Wenn man zum Beispiel $0, 0, 1$ eingibt, erhält man nur M_0, und wenn man $0, -4, -2$ eingibt, erhält man M_0, M_{-2} und M_{-4}. Für jeden Wert von k findet das Programm ein Dreieck, das den Rand von M_k unterteilt. Wir fangen beim Punkt $c = 0$ an, der zu M gehört,[44] und laufen auf der positiven reellen Achse entlang, indem `s` bei jedem Schritt inkrementiert wird, bis man einen Punkt c findet, der nicht in M_k liegt. An diesem Punkt kann man eine transversale Seite auf der reellen Achse finden und ein erstes vollständiges Dreieck konstruieren. Die Felder `x` und `y` enthalten die Koordinaten dieser drei Eckpunkte. Wir setzen `vin = 1`, `vout = 2` und `vnew = 3` und definieren `x(vin) = i-1` und `y(vin) = 0`, wodurch der Eckpunkt des Dreiecks dargestellt wird, der im Inneren von M_k liegt (der „Innenpunkt"). Durch `x(vout) = i` und `y(vout) = 0` wird der Eckpunkt dargestellt, der außerhalb von M_k liegt (der „Außenpunkt"). Für den dritten Eckpunkt setzen wir `x(vnew) = i` und `y(vnew) = 1` (der „neue Punkt"). Außerdem zeichnen wir den Innenpunkt und speichern die Koordinaten des Innenpunkts und des Außenpunkts, um später vergleichen zu können.

Nun fangen wir an, den Rand zu verfolgen. Zuerst überprüfen wir den „neuen Punkt". Wenn er innen liegt, zeichnen wir eine Gerade durch diesen Punkt und benennen ihn um (d.h., der „neue Punkt" bekommt den Index `vin`, und der alte Innenpunkt bekommt den Index `vref`). Dieser Punkt muß nun am Mittelpunkt der gegenüberliegenden Seite gespiegelt werden, die durch den neuen Innenpunkt und den neuen Außenpunkt gegeben ist. Der Spiegelungspunkt wird zum „neuen Punkt". Anderenfalls, wenn der „neue Punkt" außen liegt, wird er nicht gezeichnet. Außerdem bekommt er den Index `vout`,

[44] Mit der Routine „Mandelbrot-Test" erhält man das Ergebnis `outside = 0`.

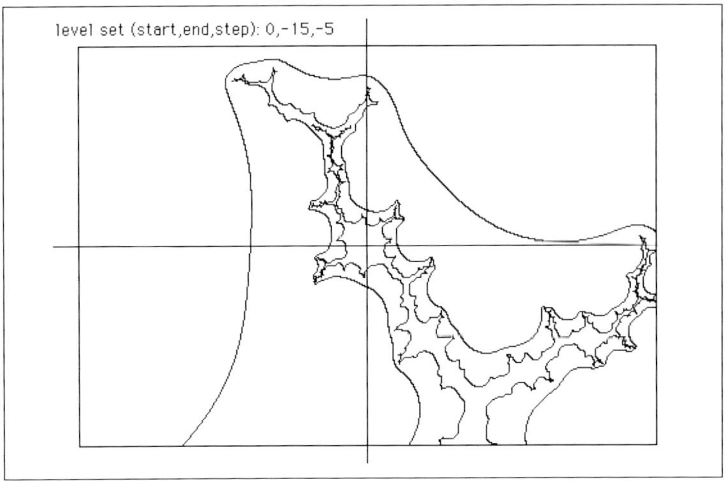

Bildschirm-ausgabe des Programms

Abb. 5.50 : Ausgabe des Programms „Mandelbrot“ für die Niveaus $k = 0, -5, -10, -15$. Die Parameter, die verwendet wurden, sind `r = .1`, `recen = -.158` und `imcen = 1.033`.

und der alte Außenpunkt bekommt den Index `vref` und wird gespiegelt. Dieser Vorgang wird so lange wiederholt, bis wir zu dem vollständigen Dreieck zurückkommen, mit dem wir angefangen haben. Bei jedem Schritt werden der Innenpunkt und der Außenpunkt mit den entsprechenden gespeicherten Werten `xin`, `yin`, `xout` und `yout` Werten verglichen, und, wenn diese übereinstimmen, wird abgebrochen.

Abschließend werden wir noch ein paar Hinweise geben, wie man die Zielsetzung des Algorithmus' verändern kann. Es ist vielleicht bekannt, wie man Vergrößerungen für den Pixelspielalgorithmus herstellt. Man wählt einen Punkt aus der komplexen Zahlenebene aus, der Mittelpunkt des Bildes werden soll, und einen Radius, durch den die Größe des Kreises in der komplexen Ebene festgelegt wird, der einer Zeichenfläche der Breite `w` entspricht. Diese Auswahl trifft man, indem man die Variablen `recen`, `imcen` und `r` am Anfang des Programms auf geeignete Werte setzt (zum Beispiel `r = 0.5`, `recen = -0.2` und `imcen = 0.8`). Das gleiche kann man auch mit dem Hauptprogramm des Kapitels machen. Man muß nur verhindern, daß der Algorithmus Werte erzeugt, die nicht innerhalb der Zeichenfläche liegen. Aus diesem Grund fügen wir die Anweisungen

```
IF x(new) < w/2 OR w/2 < x(new) THEN RETURN
IF y(new) < w/2 OR w/2 < y(new) THEN RETURN
```

direkt hinter der Anweisung bei Label 500 der Routine „Mandelbrot-Test“ ein. Dann wird diese Hilfsroutine für alle Punkte, die nicht innerhalb der Zeichenfläche liegen, die Einstellung `outside = 1` zurückgeben. Nun kann vergrößert werden, wie es in Abbildung 5.50 gezeigt wird.[45] Man muß nur sicherstellen, daß der Mittelpunkt (definiert durch `recen` und `imcen`) im Inneren von M_k liegt.

[45] Eine andere Strategie bestünde darin, die Ränder der Zeichenfläche nach Dreiecken abzusuchen, die den Rand von M_k schneiden, und mit diesen Dreiecken anzufangen.

Kapitel 6

Rekursive Strukturen: Wachstum von Fraktalen und Pflanzen

Die Entwicklung eines Organismus kann [...] als Ausführung eines „Entwicklungsprogramms" verstanden werden, das im befruchteten Ei angelegt ist. Die zelluläre Beschaffenheit höherer Organismen und ihre gemeinsamen DNS Komponenten zwingen uns, die Entwicklung von Organismen als dynamisches Zusammenspiel geeignet programmierter endlicher Automaten anzusehen. Ein zentrales Anliegen der Entwicklungsbiologie ist es, den Algorithmus zu entdecken, der dem Verlauf einer Entwicklung zugrunde liegt.

Aristid Lindenmayer und Grzegorz Rozenberg[1]

Die historischen Konstruktionen klassischer Fraktale von Cantor, Sierpinski, von Koch, Peano und anderen Mathematikern wurden zum Zeitpunkt ihrer Entdeckung als „mathematische Monster" bezeichnet. Sie wurden meist als Gegenbeispiele angeführt oder als Beispiele für mathematische Sachverhalte, die sich der Anschauung entziehen. Beispielsweise haben Peano und Hilbert mit Hilfe fraktaler Konstruktionen veranschaulicht, daß es Kurven gibt, die alle Punkte innerhalb eines Quadrats durchlaufen. Aufgrund der richtungsweisenden, wissenschaftlichen Leistungen von Mandelbrot betrachtet man die eigenartigen Objekte,auf die um die Jahrhundertwende aufmerksam wurde, heute jedoch unter einem anderen Blickwinkel: Sie sind in keiner Weise ausgefallene Gegenbeispiele; vielmehr sind ihre Merkmale in der Natur weit verbreitet. Seitdem man dies erkannt hat, haben Fraktale eine wesentliche Bedeutung bei der Modellierung und Simulation der Natur erlangt. Dennoch besteht ein großer Unterschied zwischen den klassischen Fraktalen, die in diesem Buch besprochen werden, und ihren Gegenstücken in der Natur: Berge, Flüsse, Bäume und so weiter. Ohne Zweifel kommen die künstlichen fraktalen Gebirge, die heutzutage als Computergrafiken hergestellt werden, der Wirklichkeit

[1] In: *Automata, Languages, Development*, A. Lindenmayer, G. Rozenberg (Hrsg.), North-Holland, Amsterdam, 1975.

Wachstum eines Zweigs durch eine MVKM

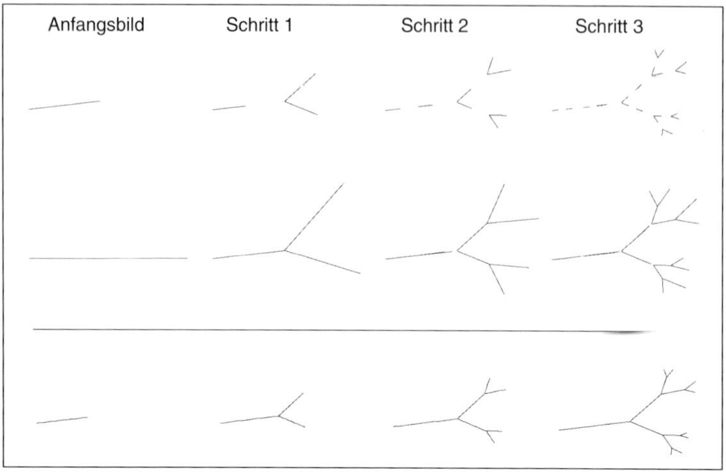

Abb. 6.1 : Ein Versuch, Wachstum durch eine Mehrfach-Verkleinerungs-Kopier-Maschine (kurz MVKM) zu simulieren. Die beiden oberen Zeilen zeigen die ersten Iterationsschritte einer MVKM mit zwei verschiedenen Anfangsbildern. In der obersten Zeile wurde ein kurzer Stamm und in der mittleren Zeile ein langer Stamm als Anfangsbild verwendet. In beiden Fällen weisen die Bilder Mängel auf. Der kurze Stamm scheint zu wachsen, aber es entstehen unnatürliche Zwischenräume zwischen verschiedenen Teilen der Struktur. Bei der Iteration des großen Stamms entstehen keine Zwischenräume, aber die Zweige scheinen sich lediglich zu spalten, ohne dabei zu wachsen. Im Gegensatz hierzu zeigt die untere Zeile die Entwicklung, die wir simulieren möchten. Neue kleine Zweige wachsen aus dem Stamm und den Ästen heraus. Man beachte, daß die unteren Bilder nicht einfach nur skalierte Versionen der mittleren Zeile sind.

erstaunlich nahe. Irgendetwas fehlt ihnen jedoch; vielleicht ist es nur ein Gefühl, das zu unseren tatsächlichen Erfahrungen beim Wandern und Zelten im Gebirge im Widerspruch steht. Möglicherweise fehlt es dem fraktalen Modell an Natürlichkeit, weil alle Entwicklungsprozesse (bewußt) vernachlässigt werden.

Fraktale in der Natur sind immer das Resultat eines Wachstumsvorgangs. Im Gegensatz dazu haben wir Fraktale als *statische* Objekte angesehen. Es war in der Tat unser Ziel, Fraktale als Lösungen von Gleichungen zu beschreiben. Nichts ist feststehender, als die Lösung einer Gleichung. In der Regel erhält man diese Fraktale jedoch bei dynamischen Prozessen wie etwa der Iteration einer Mehrfach-Verkleinerungs-Kopier-Maschine, die wir in Kapitel 1 unseres Buches *Bausteine des Chaos — Fraktale* besprochen haben. Wir haben unsere Aufmerksamkeit jedoch nur auf das Endergebnis gerichtet, auf den Attraktor der Maschine. Der Prozeß, der zu diesem Ergebnis geführt hat, war nur dann von Interesse, wenn er Aufschluß

Aristid Lindenmayer

Abb. 6.2 : Aristid Lindenmayer, 1925–1989

über die Eigenschaften des Attraktors gegeben hat. In diesem Kapitel lenken wir unsere Aufmerksamkeit auf die Zwischenschritte bei der Entstehung eines Fraktals. Wir beginnen unsere Untersuchungen mit einem weiteren Verfahren zur Erzeugung von Fraktalen, das ganz speziell entwickelt wurde, um natürliche Wachstumsprozesse zu beschreiben. Es handelt sich dabei um die sogenannten *L-Systeme*.

In Abbildung 6.1 ist dargestellt, wie sich zwei Zweige entwickeln, die von einer MVKM erzeugt werden und wie der Zweig eines wirklichen Baums erwartungsgemäß im Lauf der Zeit wachsen wird. Man kann sofort erkennen, daß bei diesen Wachstumsvorgängen erhebliche Unterschiede auftreten.

Zeitliche Entwicklung

Wenn wir der zeitlichen Entwicklung in unseren Modellen Rechnung tragen wollen, müssen wir zum Beispiel Erosionsmodelle zur Erzeugung fraktaler Gebirge betrachten oder Wachstums- und Evolutionsmodelle zur Erzeugung von Pflanzen. Während Erosionsmodelle im Zusammenhang mit Computergrafik[2] erst vor kurzem ins Blickfeld der aktuellen Forschung gerückt sind und in unserer Darstellung nicht weiter untersucht werden sollen, werden Wachstumsmodelle für Pflanzen schon seit längerer Zeit betrachtet, und einige von ihnen

[2] K. Musgrave, C. Kolb und R. Mace, *The synthesis and the rendering of eroded fractal terrain*, SIGGRAPH '89, Computer Graphics 24 (1988).

können in der Bilderzeugung zur Anwendung kommen. Die Annahme, daß zwischen Wachstum und Form eine Beziehung besteht, hat in der Biologie eine lange Tradition. In seinem monumentalen Werk *On Growth and Form* verfolgt D'Arcy Thompson die Wurzeln dieser Idee bis ins siebzehnte Jahrhundert zurück und stellt fest:[3]

> *Die Wachstumsrate verdient es, als unumgängliche Vorbereitung für das theoretische Studium der Formen untersucht zu werden, und die organische Form an sich ist, mathematisch formuliert, eine Funktion, die von der Zeit abhängt. [...] Wir können die Form eines Organismus als Ereignis in Raum und Zeit betrachten, und nicht einfach nur als eine räumliche Konfiguration.*

Im Jahr 1968 entwickelte der Biologe Aristid Lindenmayer eine Formalisierung für die Beschreibung des Wachstums von Pflanzen, die auch für eine Implementierungen auf dem Computer gut geeignet ist. Diese formalen Beschreibungen sind als *L-Systeme* (Lindenmayer-Systeme)[4] in der Wissenschaft bekannt geworden.[5] Eine neuere Beschreibung von L-Systemen ist innerhalb einer Darstellung über die Musterbildungen in der Botanik in dem schönen Buch *The Algorithmic Beauty of Plants* von Przemyslaw Prusinkiewicz und Aristid Lindenmayer erschienen.[6]

Das Modellieren des Wachstums von Pflanzen mit Hilfe von L-Systemen ist aber nur eines der Themen, auf die wir in diesem Kapitel eingehen wollen. Wir werden auf zahlreiche Fraktale zurückkommen, die wir bereits in unserem Buch *Bausteine des Chaos — Fraktale* untersucht haben, und wir werden zeigen, wie man „natürliche" Entwicklungsprozesse beschreiben kann, bei denen diese Fraktale letztendlich entstehen. Wir werden zwei verschiedene Zugänge zu diesem Problem behandeln: das Konzept der MVKM und der L-Systeme. Mit anderen Worten werden wir sehen, wie Fraktale wachsen.

[3] D'Arcy Thompson, *On Growth and Form*, New Edition, Cambridge University Press, Cambridge, 1942.

[4] Im Englischen ist die Bezeichnung *parallel rewriting systems* gebräuchlich.

[5] A. Lindenmayer, *Mathematical models for cellular interaction in development, Parts I and II,* Journal of Theoretical Biology 18 (1968) 280–315.

[6] P. Prusinkiewicz und A. Lindenmayer, *The Algorithmic Beauty of Plants*, Springer-Verlag, New York, 1990.

6.1 L-Systeme: Eine Sprache zum Modellieren von Wachstum

Zunächst betrachten wir eine spezielle Pflanze, nämlich eine blaugrüne Alge, eine Art, die *Anabaena Catenula* genannt wird. Das Wachstum der Alge vollzieht sich in fadenförmigen Zellketten. Es gibt zwei Typen von Zellen: spezialisierte Zellen, die sich nicht teilen und *Heterocysten* genannt werden, und nicht spezialisierte Zellen, die sich teilen und die für das gesamte Wachstum der Alge verantwortlich sind. In einem Experiment, das im Labor durchgeführt wurde,[7] haben sich die Zellen ungefähr alle 14 Stunden geteilt. Die Zellteilung war insofern asymmetrisch, als einer der Abkömmlinge zum Zeitpunkt der Teilung im allgemeinen kleiner war als der andere. Außerdem wurde die Teilung von einer simplen Regel bestimmt: Wenn eine gegebene Zelle aus dem linken Abkömmling einer Teilung herauswächst, wird ihr linker Nachfahre in der nächsten Generation der kleinere sein. Bei einem rechten Abkömmling wird in der nächsten Generation entsprechend der rechte Nachfahre der kleinere sein. In Abbildung 6.3, in der dieser Vorgang veranschaulicht wird, zeigen wir die Fortpflanzungsgeschichte einer Zelle mit einem Pfeil an. Der Pfeil zeigt nach links, wenn die Zelle als linke Tochterzelle aufgetaucht ist, und für eine rechte Tochterzelle zeigt er entsprechend nach rechts. Die kleinen Zellen benötigen etwa 20% mehr Zeit, um zu reifen, als die großen. Der Unterschied wird jedoch in unserem ersten Modell vernachlässigt, wie man in der Abbildung sehen kann. Daher besteht in keinem der nachfolgenden Stadien ein Unterschied zwischen den Nachkömmlingen von großen und kleinen Zellen. Ein zweites Modell, in dem diesem Unterschied Rechnung getragen wird, werden wir später noch herleiten.

Fortpflanzungsregeln

Wir schreiben die Fortpflanzungsregeln jetzt formal auf. Zu diesem Zweck stellen wir eine Zellkette durch eine Kette von Zeichen dar, wobei jedes Zeichen für eine einzelne Zelle steht. Es sei $\overleftarrow{A}$ eine kleine Zelle, die als linke Tochterzelle entstanden ist (d.h., im Diagramm würde hierfür ein Pfeil eingetragen, der nach links zeigt). Analog bezeichnet $\overrightarrow{A}$ eine kleine rechte Tochterzelle, und $\overleftarrow{B}$ und $\overrightarrow{B}$ sind die großen rechten und linken Zellen. Die Regel, die wir nun für $\overleftarrow{A}$ beobachtet haben, gibt an, daß diese Zelle eine kleine Zelle auf der linken und eine große Zelle auf der rechten Seite erzeugt. Wir können die Fortpflanzungsregel für eine kleine linke Zelle deshalb

[7] G. J. Mitchison und M. Wilcox, *Rule governing cell division in anabaena*, Nature 239 (1972) 110–111.

Erstes Modell für die Zellteilung

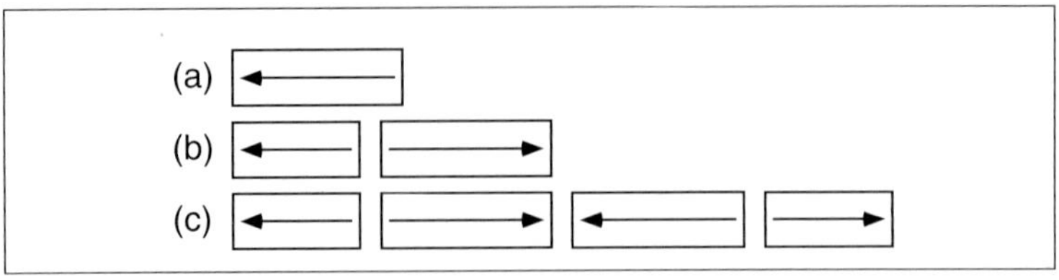

Abb. 6.3 : In (a) ist eine große Zelle mit einem Pfeil nach links dargestellt, der anzeigt, daß die Zelle eine linke Tochterzelle ist. In (b) hat sich die Zelle in zwei neue Zellen geteilt, eine kleine Zelle auf der linken und eine große Zelle auf der rechten Seite. Die Pfeile zeigen wieder an, ob die Zelle auf der rechten oder auf der linken Seite entstanden ist. Bei der nächsten Teilung, die in (c) dargestellt ist, entstehen insgesamt vier Zellen.

durch

$$\overleftarrow{A} \to \overleftarrow{A}\,\overrightarrow{B} \tag{6.1}$$

andeuten. Unter Verwendung der gleichen Notationsprinzipien schreiben wir die Fortpflanzungsregeln für die anderen Zellen als

$$\begin{aligned} \overrightarrow{A} &\to \overleftarrow{B}\,\overrightarrow{A}, \\ \overleftarrow{B} &\to \overleftarrow{A}\,\overrightarrow{B}, \\ \overrightarrow{B} &\to \overleftarrow{B}\,\overrightarrow{A}. \end{aligned} \tag{6.2}$$

Mit dieser Schreibweise ist es nun ausgesprochen einfach, die Folge der Zellen vorherzusagen, die man erhalten wird. Wenn wir zum Beispiel mit $\overleftarrow{A}$ anfangen, entnehmen wir der Tabelle wie sich $\overleftarrow{A}$ fortpflanzt und erhalten $\overleftarrow{A}\,\overrightarrow{B}$. Wir wiederholen nun diesen Vorgang gleichzeitig für $\overleftarrow{A}$ und $\overrightarrow{B}$ und erhalten auf diese Weise vier Zellen

$$\overleftarrow{A}\,\overrightarrow{B}\,\overleftarrow{B}\,\overrightarrow{A}.$$

Nach der nächsten Zellteilung haben wir acht Zellen, nämlich

$$\overleftarrow{A}\,\overrightarrow{B}\,\overleftarrow{B}\,\overrightarrow{A}\,\overleftarrow{A}\,\overrightarrow{B}\,\overleftarrow{B}\,\overrightarrow{A},$$

und danach 16 Zellen, nämlich

$$\overleftarrow{A}\,\overrightarrow{B}\,\overleftarrow{B}\,\overrightarrow{A}\,\overleftarrow{A}\,\overrightarrow{B}\,\overleftarrow{B}\,\overrightarrow{A}\,\overleftarrow{A}\,\overrightarrow{B}\,\overleftarrow{B}\,\overrightarrow{A}\,\overleftarrow{A}\,\overrightarrow{B}\,\overleftarrow{B}\,\overrightarrow{A}$$

und so weiter. Offensichtlich steckt in dieser Folge ein Muster, das sich wiederholt. Die Folge von Zellen $\overleftarrow{A}\,\overrightarrow{B}\,\overleftarrow{B}\,\overrightarrow{A}$ ist ein periodischer Zyklus. Der Grund hierfür ist, daß die erste Hälfte der Folge, $\overleftarrow{A}\,\overrightarrow{B}$, die gleiche Folge von Zellen produziert wie die zweite Hälfte $\overleftarrow{B}\,\overrightarrow{A}$.

Entwicklung der Anabaena Catenula

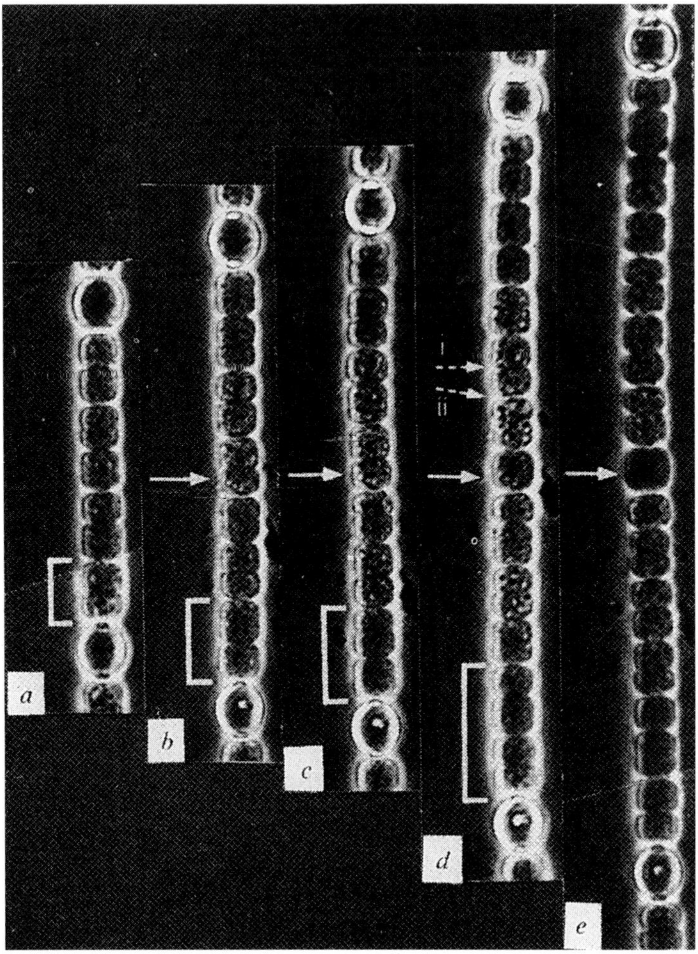

Abb. 6.4 : Eine Folge von Fotografien eines wachsenden blau-grünen Fadens der Algenart „Anabaena Catenula" veranschaulicht die asymmetrische Teilungsregel und das Auftreten neuer Heterozysten (spezialisierter Zellen) an den Stellen, die mit den Pfeilen gekennzeichnet sind. Die Fotografien (a) bis (e) wurden jeweils nach 0, 6, 10, 15 und 21 Stunden aufgenommen. Die Teilung der Zelle, die in (a) mit einer Klammer markiert ist, kann anhand der eingeklammerten Zellen in (b), (c) und (d) verfolgt werden. Das Bild stammt aus G. J. Mitchison und M. Wilcox, *Rule governing cell division in anabaena*, Nature 239 (1972) 110–111.

Modellierung von Anabaena Catenula mit Berücksichtigung der Zeit

Als ersten Schritt zur Verbesserung des Modells für die Zellteilung der Anabaena Catenula betrachten wir die unterschiedlichen Zeitspannen, die von kleinen und großen Zellen benötigt werden, um zu reifen und sich zu teilen. Im Labor wurde beobachtet, daß bei kleinen Zellen im Durchschnitt 20% mehr Zeit zwischen zwei aufeinanderfolgenden Teilungen liegt als bei großen Zellen. Wenn eine große Anfangszelle beispielsweise fünf Zeiteinheiten benötigt, um sich zu teilen, braucht eine kleine Zelle insgesamt sechs Zeiteinheiten, um auszuwachsen und sich zu teilen. Aus einer großen Zelle B können innerhalb von vier Schritten Zustände entstehen, die mit C, D, E und F bezeichnet werden. Anschließend findet eine Teilung statt, und es entstehen entweder zwei Zellen AB oder BA wie zuvor. Dies hängt davon ab, ob die Anfangszelle eine linke oder eine rechte Tochterzelle war. Eine kleine Zelle A hingegen benötigt für den ganzen Vorgang einen zusätzlichen Zeitschritt. Dies kann einfach modelliert werden, indem ein Übergang vom Zelltyp A zum Zelltyp B eingeführt wird. Für kleine Zellen A ist die Entwicklung über sechs Zustände daher entweder

$$A \to B \to C \to D \to E \to F \to AB$$

oder

$$A \to B \to C \to D \to E \to F \to BA.$$

Dies hängt wiederum davon ab, ob die Anfangszelle eine linke oder eine rechte Tochterzelle war. Wie vorhin werden wir Pfeile verwenden, um linke und rechte Tochterzellen zu kennzeichnen und um die Produktionsregeln des Modells zusammenzufassen:

$$\overleftarrow{A} \to \overleftarrow{B},\ \overleftarrow{B} \to \overleftarrow{C},\ \overleftarrow{C} \to \overleftarrow{D},\ \overleftarrow{D} \to \overleftarrow{E},\ \overleftarrow{E} \to \overleftarrow{F},$$
$$\overrightarrow{A} \to \overrightarrow{B},\ \overrightarrow{B} \to \overrightarrow{C},\ \overrightarrow{C} \to \overrightarrow{D},\ \overrightarrow{D} \to \overrightarrow{E},\ \overrightarrow{E} \to \overrightarrow{F},$$

und

$$\overleftarrow{F} \to \overleftarrow{A}\,\overrightarrow{B},\ \overrightarrow{F} \to \overleftarrow{B}\,\overrightarrow{A}.$$

Wenn wir mit $\overleftarrow{A}$ anfangen, findet folgender Übergang statt:

$$\begin{aligned}\overleftarrow{A} &\to \overleftarrow{B} \to \overleftarrow{C} \to \overleftarrow{D} \to \overleftarrow{E} \to \overleftarrow{F}\\ &\to \overleftarrow{A}\,\overrightarrow{B} \to \overleftarrow{B}\,\overrightarrow{C} \to \overleftarrow{C}\,\overrightarrow{D} \to \overleftarrow{D}\,\overrightarrow{E} \to \overleftarrow{E}\,\overrightarrow{F}\\ &\to \overleftarrow{F}\,\overleftarrow{B}\,\overrightarrow{A} \to \overleftarrow{A}\,\overrightarrow{B}\,\overleftarrow{C}\,\overrightarrow{B} \to \overleftarrow{B}\,\overrightarrow{C}\,\overleftarrow{D}\,\overrightarrow{C} \to \overleftarrow{C}\,\overrightarrow{D}\,\overleftarrow{E}\,\overrightarrow{D}\\ &\to \overleftarrow{D}\,\overrightarrow{E}\,\overleftarrow{F}\,\overrightarrow{E} \to \overleftarrow{E}\,\overrightarrow{F}\,\overleftarrow{A}\,\overrightarrow{B}\,\overrightarrow{F} \to \overleftarrow{F}\,\overleftarrow{B}\,\overrightarrow{A}\,\overleftarrow{B}\,\overrightarrow{C}\,\overleftarrow{B}\,\overrightarrow{A}.\end{aligned}$$

Offensichtlich ist das Verhalten der Zellen komplizierter als im ersten, gröberen Modell. Zellen in unterschiedlichen zytologischen Stadien, in verschiedenen Größen und sogar aus unterschiedlichen Generationen koexistieren (siehe Abbildung 6.5). Die Fotografien des Originalexperiments, das im Labor durchgeführt wurde, bestätigen, daß dieses Modell den tatsächlichen Vorgang genauer wiedergibt (siehe Abbildung 6.4).

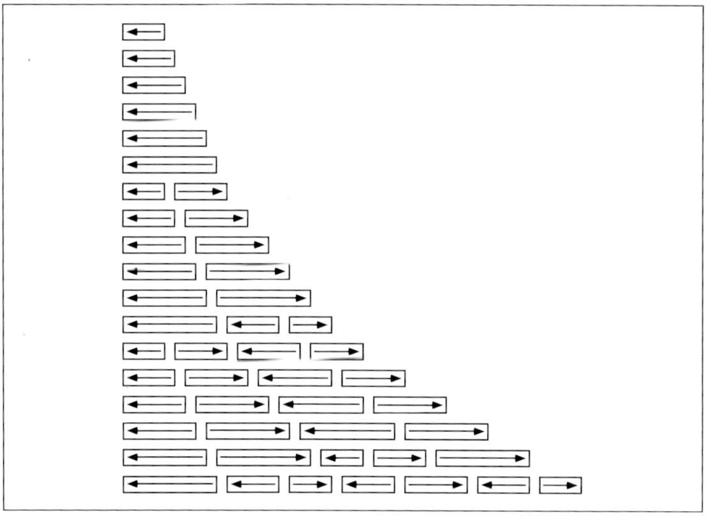

Modifiziertes L-System

Abb. 6.5 : Wirkung des modifizierten L-Systems für die Zellteilung der blau-grünen Alge Anabaena Catenula, wie sie in der langen Übergangsformel für $\overleftarrow{A}$ gegeben ist. Man beachte, daß Zellen in unterschiedlichen zytologischen Stadien und in verschiedenen Größen koexistieren.

L-Systeme: Ein weiteres Beispiel für einen Iterator

Was wir in (6.1) und (6.2) beschrieben haben, ist ein erstes, sehr einfaches L-System für den vegetativen Teil des Fadens. Es besteht aus vier Fortpflanzungsregeln und der Definition eines Anfangszustands, für den wir $\overleftarrow{A}$ ausgewählt haben. Dieser Anfangszustand wird bei L-Systemen *Axiom* genannt. Wie in Abbildung 6.6 deutlich wird, ist dieses Konzept nichts anderes als eine weitere, konkrete Form eines Iterators. Es ist eine Rückkopplungsmaschine, die auf Zeichenketten operiert. Die Erzeugungs- oder Ersetzungsregeln bestimmen, wie eine gegebene Eingabekette in eine Ausgabekette verwandelt wird.

Eigentlich sind Rückkopplungsmaschinen, die Zeichenketten umschreiben, ein zentraler Gegenstand in der Theorie formaler Sprachen und formaler Grammatiken in der Computerwissenschaft. Über diese Themenkomplexe wurde bereits sehr ausführlich gearbeitet. Die Konzepte wurden in viele Richtungen ausgearbeitet, und es wurden verschiedene Klassen von Rückkopplungsmaschinen gefunden. L-Systeme sind Ersetzungsmaschinen, die sich dadurch auszeichnen, daß die Produktionsregeln gleichzeitig auf alle Zeichen der Eingabekette angewendet werden.[8] Diese Eigenschaft deutet auf den biolo-

[8] Dies steht im Gegensatz zur sequentiellen Anwendung, die typisch für die Chomsky-Grammatik ist.

Die L-System-Maschine

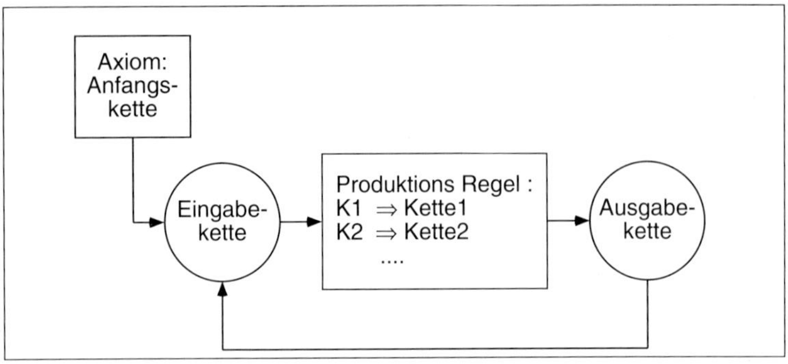

Abb. 6.6 : Die interne Operation der Maschine ist durch die Produktionsregeln festgelegt. Eingabe und Ausgabe bestehen aus Zeichenketten. Die Eingabekette wird Axiom genannt.

gischen Ursprung der L-Systeme hin. Lindenmayer hatte beispielsweise die Absicht, die Zellteilung multizellulärer Organismen zu beschreiben, in denen mehrere Zellteilungen zur gleichen Zeit stattfinden können.

Im folgenden werden wir deterministische, kontextfreie L-Systeme behandeln. Dies bedeutet, daß die Umschreiberegel nur von den einzelnen, isolierten Zeichen in der Kette abhängt und nicht von den Nachbarn eines Zeichens. Außerdem gibt es für jedes Zeichen, auf das die Maschine angewendet werden kann, genau eine Umschreiberegel.[9]

Deterministische L-Systeme

In diesem Kapitel werden wir nur kontextfreie L-Systeme verwenden. Solche Systeme sind formal durch ein *Alphabet*

$$V = \{a_1, a_2, \ldots, a_n\}$$

definiert, durch eine *Produktionsabbildung*

$$\begin{aligned} P : V &\to V^* \\ a &\to P(a), \end{aligned}$$

wobei V^* die Menge aller endlichen Zeichenketten aus V ist, und eine Eingabekette, dem *Axiom*

$$\alpha^{(0)} \in V^*.$$

Man kann feststellen, daß für alle Zeichen a des Alphabet V genau eine Produktions- oder Umschreiberegel $P(a)$ existiert. Wenn wir mit

[9] In diesem speziellen Fall spielt es keine Rolle, ob die Zeichen in einer Kette nacheinander oder gleichzeitig umgeschrieben werden.

dem Axiom $\alpha^{(0)}$ anfangen, erzeugt das L-System eine Folge von Zeichen: $\alpha^{(0)}, \alpha^{(1)}, \alpha^{(2)}, \ldots$ wobei die Zeichenkette $\alpha^{(i+1)}$ aus der vorhergehenden Zeichenkette $\alpha^{(i)}$ entsteht, indem die Produktionsregel für alle, sagen wir m, Zeichen $\alpha_1^{(i)}, \ldots, \alpha_m^{(i)}$ der Kette gleichzeitig angewendet wird:

$$\alpha^{(i+1)} = P(\alpha_1^{(i)})P(\alpha_2^{(i)})P(\alpha_3^{(i)}) \cdots P(\alpha_m^{(i)}).$$

Am Beispiel des grundlegenden Modells der Anabaena erläutern wir die Schreibweise, die im folgenden für L-Systeme verwendet wird.

L-System: Anabaena (grundlegendes Modell)

Axiom: $\overleftarrow{A}$

Produktionsregeln:
$$\begin{aligned} \overleftarrow{A} &\to \overleftarrow{A}\,\overrightarrow{B} \\ \overrightarrow{A} &\to \overleftarrow{B}\,\overrightarrow{A} \\ \overleftarrow{B} &\to \overleftarrow{A}\,\overrightarrow{B} \\ \overrightarrow{B} &\to \overleftarrow{B}\,\overrightarrow{A} \end{aligned}$$

Es ist ganz offensichtlich, daß L-Systeme eine außerordentlich nützliche und genaue Beschreibung des Wachstums von Pflanzen ermöglichen. Das System besteht aus dem Axiom und den Produktionsregeln. Diese Regeln werden meist aus der Forschung abgeleitet, in unserem speziellen Beispiel aus Versuchen, die mit dem Organismus einer speziellen Algenart im Labor durchgeführt wurden. Wenn die Regeln erst einmal festgesetzt sind, kann man sie leicht auf dem Computer implementieren, um mit einer Simulation zu überprüfen, ob sie tatsächlich die wesentlichen Entwicklungsphasen der Pflanze festhalten. Diese Kontrollmöglichkeit gäbe es nicht ohne die modernen Hilfsmittel, die Computer bereitstellen, zumindest nicht für L-Systeme die wirkliche, lebende Pflanzen beschreiben und von denen wir zu Recht erwarten, daß sie wesentlich komplizierter sind als die einfachen Zeichenketten für Algenzellen.

Dies ist jedoch ein Problem, das wir bisher noch nicht besprochen haben. Es wäre nämlich hoffnungslos, dies zu überprüfen, wenn wir uns mit langen, verwirrenden Zeichenketten zu beschäftigen hätten. Jedes Zeichen könnte eine genaue und verständliche Interpretation haben, aber die gesamte Zeichenkette wäre zu lang und zu kompliziert, um verstanden zu werden. Dies wird bereits deutlich, wenn wir uns die Ergebnisse der Rechnungen ansehen, die wir zuvor für unser auffallend einfaches Modell durchgeführt haben.

Visualisierung von L-Systemen

Erneut kommt uns der Computer zu Hilfe. Wir benötigen eine visuelle Übersetzung der erzeugten Zeichenketten, und an dieser Stelle ist es im wörtlichen Sinne wahr, daß ein Bild mehr wert ist als tausend Worte. Natürlich muß die grafische Interpretation die Bedeutung der Zeichen wiedergeben. In dieser Hinsicht sollte sie eng an das zugrunde liegende Problem gekoppelt sein. Im Fall der Alge können wir die Zellen $\overleftarrow{A}$ und $\overleftarrow{B}$ (und ebenso $\overleftarrow{C}$, $\overleftarrow{D}$, $\overleftarrow{E}$ und $\overleftarrow{F}$) als Zylinder oder Rechtecke mit unterschiedlicher Länge darstellen, die genau wie in Abbildung 6.5 einen Pfeil nach rechts oder nach links enthalten. Auf diese Weise wird eine lange Kette grafisch interpretiert, und eine visuelle Untersuchung des Resultats wird die wichtigen Eigenschaften des Modells zum Vorschein bringen, das dem L-Systems zugrunde liegt.

Die grafische Interpretation der Zeichenketten ist in keiner Weise vorherbestimmt. Dies ist ein wichtiger und überzeugender Vorteil bei der Beschreibung von Entwicklungsmodellen durch L-Systeme. Die Eigenschaften der bildlichen Darstellung ist vollkommen unabhängig vom Erzeugungsprozeß der Zeichenkette und kann an die verfügbare Grafikumgebung und die Ausrichtung des Experiments angepaßt werden. Zum Beispiel kann die Interpretation ganz einfach aus dem Zeichnen einer geraden Linie bestehen, aber sie kann auch das Ergebnis einer aufwendigen Berechnung mit der Strahlenverfolgungsmethode sein, mit der höchst realistische dreidimensionale Bilder erzeugt werden können.

Wir fassen zusammen: Um ein L-System für eine spezielle biologische Gattung zu finden, gehen wir folgendermaßen vor:

- Wir analysieren das Objekt in der Natur (Beobachtung) und/oder in einem Laboratorium.
- Wir stellen auf nichtformalem Weg die Regeln auf.
- Wir bringen die Regeln und den Anfangszustand durch ein L-System zum Ausdruck.
- Wir lassen eine Simulation auf dem Computer laufen, die eine lange Zeichenkette erzeugt.
- Wir übersetzen das Resultat in eine grafische Ausgabe.
- Wir vergleichen das Bild (oder mehrere Bilder von verschiedenen Stadien) mit dem Verhalten des wirklichen Objekts.

Zum Schluß können, falls es erforderlich ist, Korrekturen im Modell vorgenommen werden, und die Schritte können wiederholt werden.

Im Jahr 1968 interessierte sich Lindenmayer für die Entwicklung von faserigen Pflanzen auf zellulärer Ebene. Er betrachtete zwei Arten von Fasern: einfache Fasern, die lediglich aus einer Folge von Zellen bestehen, und solche, die sich verzweigen. Die Zeichen des L-Systems, das er verwendete, entsprachen den einzelnen Zellen, und daher konnten nur solche Organismen praktisch behandelt werden, die aus einer relativ kleinen Anzahl von Zellen bestehen (in der Größenordnung von hundert Zellen). Um sein Konzept zu veranschaulichen, suchte er für seine Untersuchungen zwei Algenarten aus, deren Organismen multizellulär sind, die jedoch nicht zu viele Zellen haben. Später, in den siebziger Jahren, erweiterte Lindenmayer die Interpretation von L-Systemen, so daß die Zeichen nicht mehr für einzelne Zellen, sondern für größere Baueinheiten einer Pflanze standen, wie zum Beispiel für eine Verzweigung, ein Blatt oder eine Knospe. Mit dieser Interpretation analysierte er die Struktur zusammengesetzter Blütenstände. Durch seine Arbeit hat er die Grundlage für eine realistische Visualisierung krautiger (nicht hölzerner) Pflanzen geschaffen. Dies war die erste realistische Visualisierung von Pflanzenmodellen, die durch die Verwendung von L-Systemen erzeugt wurde.[10] Am Ende dieses Kapitels werden wir einige der eher elementaren Ergebnisse aus neuerer Zeit skizzieren. Aber bevor wir auf diese Anwendungen von L-Systemen zu sprechen kommen, widmen wir uns dem zweiten Thema dieses Kapitels: dem Wachstum fraktaler Muster.

[10] Siehe P. Prusinkiewicz, A. Lindenmayer, J. Hanan, *Developmental models of herbaceous plants for computer imagery purposes,* Computer Graphics 22, 4 (1988) 141–150. Für frühere Anwendungen von L-Systemen in der Bildsynthese, die 1978 von Alvy Ray Smith erarbeitet wurden, wurden L-Systeme verwendet, um abstrakte Verzweigungsstrukturen zu erzeugen, die mit den wirklich existierenden Arten nichts zu tun haben (siehe A. R. Smith, *Plants, fractals, and formal languages,* Computer Graphics 18, 3 (1984) 1–10).

6.2 Wachstum klassischer Fraktale durch Mehrfach-Verkleinerungs-Kopier-Maschinen

Klassische Fraktale wie die Cantor-Menge, die Koch-Kurve, das Sierpinski-Dreieck, die Peano-Kurve, und viele andere Fraktale galten zu der Zeit, in der sie erfunden wurden, als ziemlich seltsame Objekte. Die Mathematiker, die sich erstmals mit ihnen befaßt haben, waren sehr vorsichtig mit ihren Definitionen und gaben eine genaue Beschreibung der Konstruktionsvorgänge. Wir werden zeigen, daß L-Systeme als neue Sprache verstanden werden können, in der es möglich ist, diese Konstruktionen effizient und präzise zu definieren. Andererseits ist dieser Zugang in mancherlei Hinsicht ziemlich formalistisch, und es ist sicherlich ratsam, auf eine eher visuelle und vertraute Weise an die Sache heranzugehen. Bevor wir also Fraktale mit L-Systemen wachsen lassen, versuchen wir erst einmal herausfinden, wozu man Mehrfach-Verkleinerungs-Kopier-Maschinen und iterierte Funktionensysteme in diesem Zusammenhang überhaupt einsetzen kann.[11]

Bildkodierung ...

Wir haben das Konzept der MVKM als Werkzeug eingeführt, das zum Kodieren von Bildern verwendet wird. Wir haben verschiedene Methoden der Dekodierung beschrieben; die grundlegende Methode ist die Iteration einer Rückkopplungsmaschine, der MVKM. Wenn man mit einem beliebigen Bild anfängt, wird durch einmaliges Anwenden der Maschine ein neues Bild erzeugt, das aus verkleinerten Kopien des ersten Bildes zusammengestellt wird. Läßt man die Maschine wiederholt laufen, so führt dies zu einem Endbild; hierbei handelt es sich um das dekodierte Bild, das der Attraktor der Maschine ist.

... im Vergleich mit Musterbildung

Die Tatsache, daß der Attraktor der Maschine, den wir bei diesem Prozeß erhalten, vollkommen unabhängig von der Wahl des Anfangsbildes ist, haben wir in unserem Band *Bausteine des Chaos — Fraktale* besonders betont. Die Übergangsstadien, die im Verlauf der Iteration auftreten, hängen dagegen sehr stark vom Anfangsbild ab. Wenn wir die Iteration einer MVKM unter diesem Blickwinkel betrachten, haben wir ein Beispiel für rekursive Musterbildung. In diesem Abschnitt betrachten wir diese Muster etwas genauer, und wir werden

[11] Den Zusammenhang zwischen L-Systemen und iterierten Funktionensystemen wurde zuerst beschrieben in T. Bedford, *Dynamics and dimension for fractal recurrent sets,* J. London Math. Soc. 33 (1986) 89–100. Eine weitere Erörterung dieses Zusammenhangs, die sich mehr an der Theorie formaler Sprachen orientiert, ist gegeben in P. Prusinkiewicz und M. Hammel, *Automata, languages, and iterated function systems,* in: *Fractals Modeling in 3-D Computer Graphics and Imaging,* ACM SIGGRAPH '91 Course Notes C14 (J. C. Hart, K. Musgrave, Hrsg.), 1991.

Bauplan einer MVKM für die Cantor-Menge

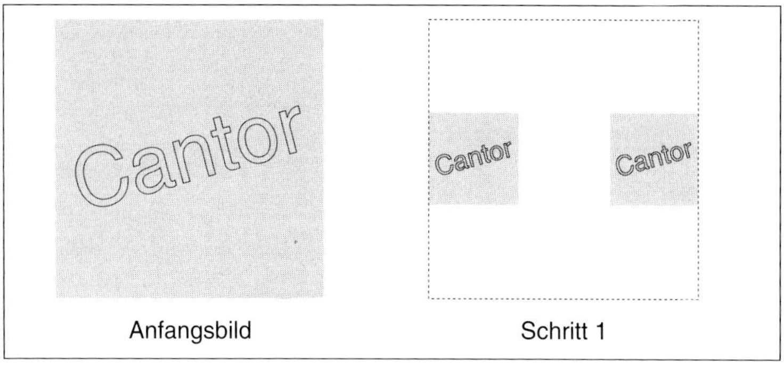

Abb. 6.7 : Die MVKM, mit der die Cantor-Menge durch zwei affine Transformationen kodiert wird, die um den Faktor 1/3 verkleinern und die Position so verändern, wie es durch die Quadrate angezeigt wird.

beobachten, daß man bei geeigneter Wahl des Anfangsmusters den historischen Konstruktionsvorgang, wie er für viele klassische Fraktale beschrieben wird, sehr gut wiedererkennen kann.

Die Cantor-Menge

Als erstes Beispiel vergleichen wir die MVKM, mit der die Cantor-Menge kodiert wird, mit dem ursprünglichen Konstruktionsprozeß, bei dem man eine Strecke in drei gleich lange Stücke unterteilt, das mittlere Stück herausnimmt und den Prozeß für die jeweils verbleibenden Streckenstücke unendlich oft wiederholt. Abbildung 6.7 zeigt den Bauplan der MVKM. Wir verwenden das Wort „Cantor" als Anfangsbild. In Abbildung 6.8 wird die Iteration dargestellt, bei der die Cantor-Menge als Endbild entsteht (links), und mit der klassischen Konstruktion verglichen (rechts). Man sollte beachten, daß die Cantormenge C im klassischen Konstruktionsverfahren bei jedem Iterationsschritt ein wenig genauer umschlossen wird: Die Cantor-Menge ist eine Teilmenge aller Zwischenstadien C_0, C_1, C_2, ... im Konstruktionsverfahren. Bei der Darstellung mit der MVKM ist dies nicht der Fall, wenn man mit einem beliebigen Muster anfängt. Davon kann man sich auf der linken Seite der Abbildung überzeugen.

In gewisser Weise scheint die MVKM für die Cantor-Menge nur die Struktur des Endbilds festzuhalten, nämlich seine Selbstähnlichkeit. Aber wir können noch mehr erreichen. Für den Fall der Cantor-Menge ist hierfür nicht einmal eine detailierte Beobachtung erforderlich. Wir müssen einfach nur zwei Ding tun:

- Wir verwenden die Strecke C_0 als Anfangsbild,
- und wir legen die beiden Abbildungen w_1 und w_2 der MVKM so fest, daß C_0 auf die beiden Strecken von C_1 abgebildet wird, d.h. auf das linke und das rechte Drittel der Anfangsstrecke C_0.

Die Cantor-Menge

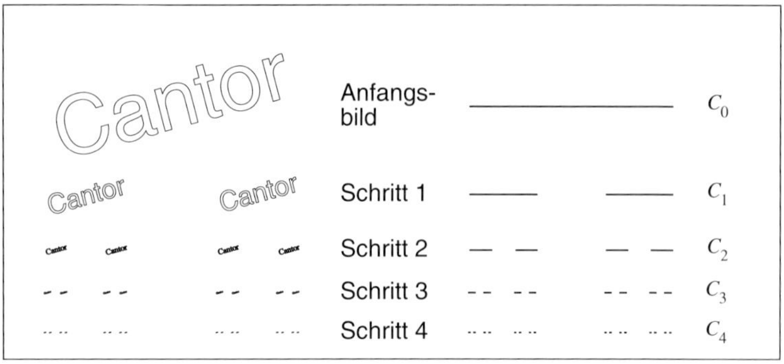

Abb. 6.8 : Die Iteration der MVKM (links) wird mit dem Originalverfahren zur Konstruktion der Cantor-Menge (rechts) verglichen. Im Verlauf der Iteration der MVKM verschwindet das Anfangsmuster und die Gestalt der Cantor-Menge wird sichtbar. Die klassische Konstruktion der Cantor-Menge geschieht durch wiederholtes Entfernen der mittleren Drittel aller jeweils verbleibender Intervalle.

Das Sierpinski-Dreieck

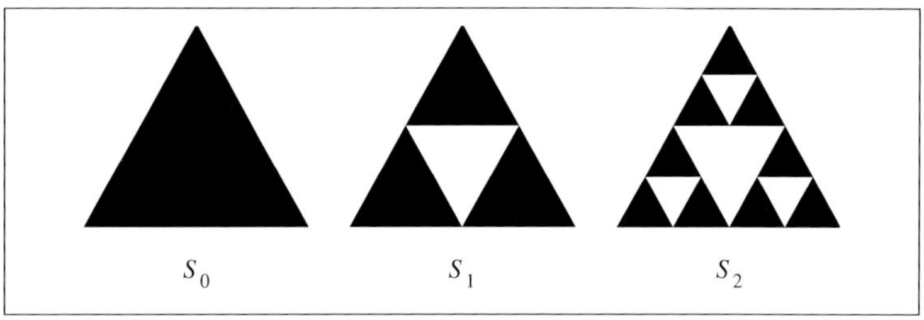

Abb. 6.9 : Die ersten Schritte im klassischen Konstruktionsverfahren für das Sierpinski-Dreieck. Wir fangen mit einem schwarzen Dreieck S_0 an und entfernen wiederholt die mittleren Teile der jeweils verbleibenden Dreiecke. Wir stellen fest, daß bei dieser Konstruktion das Endbild Teilmenge aller vorausgehenden Konstruktionsstadien ist.

Die Iteration der Maschine erzeugt dann exakt die Mengen, die auch in der klassischen Konstruktion auftauchen, und die man auf der rechten Seite von Abbildung 6.8 sehen kann.

Die Koch-Kurve

Wir werden nun weitere Beispiele untersuchen. Eine enge Verwandtschaft besteht zwischen der Cantor-Menge und der Koch-Kurve. In Abbildung 6.10 wird die klassische Konstruktion der Koch-Kurve gezeigt, die nur eine Variation der Konstruktion für die Cantor-Menge ist. Hier wird das mittlere Drittel nicht einfach ausgelassen, sondern wird durch zwei Strecken ersetzt, die einen zeltähnlichen Winkel bilden. In Kapitel 2 von *Bausteine des Chaos — Fraktale* haben wir festgestellt, daß die Selbstähnlichkeit in den Konstruktionsprozeß eingebaut wird: Die Kurve K_{i+1} wird aus verkleinerten Kopien der

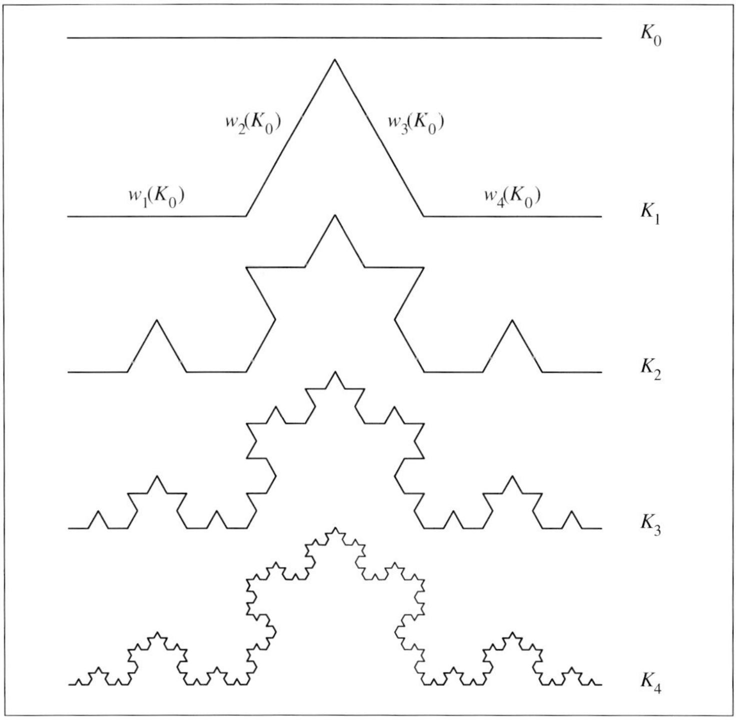

Die Koch-Kurve

Abb. 6.10 : Die ersten Schritte im klassischen Konstruktionsverfahren für die Koch-Kurve. Alle Endpunkte der erzeugten Strecken gehören zu der Kurve, die als Endbild entsteht.

Kurve K_i zusammengesetzt. Diese Beobachtung führt unmittelbar zur richtigen Aufstellung einer MVKM:

- Wir nehmen die Strecke K_0 als Anfangsbild.
- Wir suchen vier Kontraktionen $w_1, \ldots, w_4$, so daß die verkleinerten Kopien $w_i(K_0)$ genau auf die Strecken von K_1 abgebildet werden.

Die Iteration dieser Maschine erzeugt genau die Folge der Mengen K_1, K_2, K_3, ... des klassischen Konstruktionsverfahrens.

Das Sierpinski-Dreieck

Wir wenden uns nun unserem Lieblingsbeispiel zu, dem Sierpinski-Dreieck, denn es gibt noch weitere Aspekte, die wir beleuchten wollen. In Abbildung 6.9 wird das klassische Konstruktionsverfahren für das Sierpinski-Dreieck veranschaulicht. Die Aufstellung einer passenden MVKM ist nicht schwer:

- Wir nehmen ein gleichschenkliges Dreieck S_0 als Anfangsbild.
- Wir wählen drei Kontraktionen w_1, w_2 und w_3, so daß die verkleinerten Kopien $w_1(S_0), \ldots, w_3(S_0)$ mit den drei Dreiecken in S_1 übereinstimmen.

Sierpinskis Rosengarten

Abb. 6.11 : Rosengärten, die man bei der Iteration einer weiteren MVKM erhält, die ebenfalls das Sierpinski-Dreieck kodiert.

Mehrdeutigkeit der Transformationen ...

Vielleicht hat der Leser bemerkt, daß die Auswahl der Kontraktionen w_i durch S_1 nicht vollständig bestimmt ist. Sogar wenn wir annehmen, daß $w_1(S_0)$ das linke, $w_2(S_0)$ das obere und $w_3(S_0)$ das rechte Dreieck von S_1 ist, gibt es noch immer $6^3 = 216$ Möglichkeiten, aus denen man auswählen kann. Jede der Transformationen kann nämlich sowohl eine Spiegelung als auch eine Drehung um 120 Grad, 240 Grad oder 0 Grad umfassen (die Drehung um 0 Grad ist möglicherweise der einzige Fall, an den man sofort denkt). Aber für alle dieser 216 denkbaren Wahlen erzeugt die Maschine die gewünschte Folge $S_0, S_1, S_2, \ldots$ der klassischen Konstruktion. Die gleiche Art der Mehrdeutigkeit findet man auch für die Maschinen, die die Cantor-Menge und die Koch-Kurve erzeugen. Aber in diesen Fällen spielen sie keine Rolle. Warum ist es nun eigentlich interessant, diese Fälle zu untersuchen? Wir werden dies für die Mehrfach-Verkleinerungs-Kopier-Maschinen zeigen, die das Dreieck von Sierpinski erzeugen.

... aufgedeckt durch die Wahl des Anfangsmusters

In Abbildung 6.11 wird die Iteration einer speziellen MVKM gezeigt, die das Sierpinski-Dreieck kodiert. Wenn man das Dreieck S_0 als Anfangsbild verwendet, wird einfach die gewöhnliche klassische Folge $S_0, S_1, S_2, \ldots$ erzeugt, die in Abbildung 6.9 gezeigt wird. Wenn man jedoch ein Anfangsmuster auswählt, das sich von dem Dreick S_0 unterscheidet, wie zum Beispiel die Rose in Abbildung 6.11, können

Der Sierpinski-Irrgarten

Abb. 6.12 : Iteration der gleichen MVKM wie in Abbildung 6.11. Es wurde jedoch ein anderes Anfangsbild verwendet.

wir über die genaue Wirkung der MVKM Klarheit gewinnen. Aus den oberen beiden Bildern (dem Bauplan der Maschine) können wir schließen, daß die untere linke Abbildung eine Drehung um 120 Grad und eine Spiegelung einschließt, die obere Abbildung ist einfach nur eine Verkleinerung und die rechte Abbildung besteht aus einer horizontalen Spiegelung sowie einer anschließenden Drehung um 120 Grad. Wegen des außergewöhnlichen Anfangsbilds ist es beinahe unmöglich, aus dem Bauplan oder der ersten Iteration zu erkennen, daß diese Maschine das Sierpinski-Dreieck kodiert. Der Leser wird vielmehr den Eindruck bekommen, daß hier Computerkunst betrieben wird. Aber es verbirgt sich wesentlich mehr hinter diesen Bildern, etwas, das die Bilder zu einem sehr speziellen Rosengarten macht.

Abbildung 6.12 zeigt Bilder, die bei der Iteration derselben MVKM entstehen. Man kann darauf ein interessantes Labyrinth erkennen. Im Gegensatz zum Rosengarten ist jedes der erzeugten Bilder eine Teilmenge des Sierpinski-Dreiecks. Ist es aber möglich, ein Anfangsbild zu finden, so daß sich in jedem Iterationsschritt alle Strecken zu einem einzigen Weg verbinden, der alle Teildreiecke des entsprechenden Konstruktionsschritts durchläuft? Die Antwort lautet: ja. Der Weg beginnt jeweils in der linken und endet in der rechten Ecke. Im Grenzprozeß durchläuft er alle Punkte des Sierpinski-Dreiecks. In Abbildung 6.13 ist diese erstaunliche Konstruktion zu sehen, die *Sierpinski-Pfeilspitze* genannt wird.

Für die Abbildung haben wir einen Pfeil als Anfangsbild genommen, der von links nach rechts zeigt. Er befindet sich auf der Unterkante von S_0. Zur besseren Orientierung deuten wir S_0 als graues

Die Sierpinski-Pfeilspitze

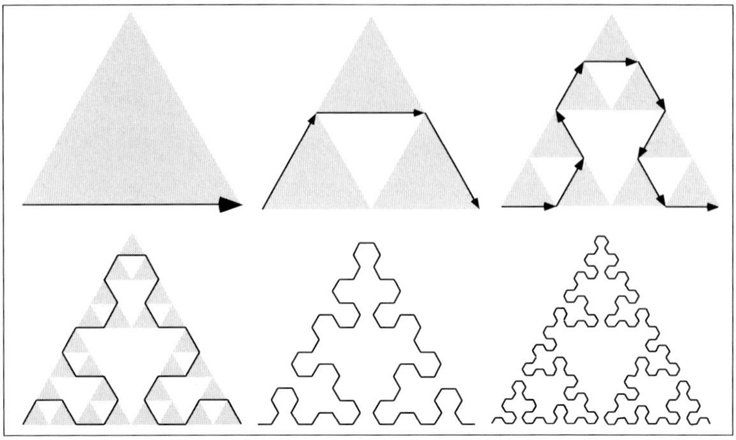

Abb. 6.13 : Die Iteration der gleichen MVKM wie in den beiden vorigen Abbildungen. Als Anfangsbild wurde ein Pfeil verwendet. Er erzeugt eine Folge von Kurven, die alle Teildreiecke in den klassischen Konstruktionsschritten für das Sierpinski-Dreieck durchlaufen. Die Grenzkurve läuft durch alle Punkte des Sierpinski-Dreiecks. Die Struktur, die man auf diese Weise erhält, wurde von Mandelbrot *Sierpinski-Pfeilspitze* genannt.

Muster im Hintergrund an. Man kann beobachten, daß die MVKM aus diesem Anfangsbild im ersten Schritt eine Kurve erzeugt, die alle Teildreiecke von S_1 durchläuft. Im nächsten Schritt erhalten wir eine Kurve, die alle Teildreiecke von S_2 durchläuft, und so weiter. Im Grenzübergang wird dadurch eine Kurve definiert, die durch alle Punkte des Sierpinski-Dreiecks läuft.

Fallstricke beim Entwurf einer MVKM

Es gibt 216 verschiedenen Möglichkeiten, Transformationen auszuwählen, die das gleichschenklige Sierpinski-Dreieck kodieren, das die linke Ecke am Punkt $(0,0)$, die rechte Ecke am Punkt $(1,0)$ und die obere Ecke am Punkt $(1/2, \sqrt{3}/2)$ hat. Bei unserer Standardmethode zur Visualisierung des Bauplans der MVKM wird das Einheitsquadrat mit dem eingeschriebenen Buchstaben L verwendet, der die Orientierung des Anfangsbilds anzeigt. Die 216 verschiedenen Möglichkeiten Transformationen auszuwählen, sind nicht alle offensichtlich. Man kann in der Tat sehr leicht irregeführt werden.

Abbildung 6.14 zeigt drei verschiedene Möglichkeiten für Transformationen. Kann man raten, welche dieser drei Kombinationen das Sierpinski-Dreieck erzeugt? Ohne Erfahrung wären wir sicherlich dazu verleitet, auf die Kombinationen 1 und 2 zu tippen, aber bestimmt nicht auf Kombination 3. Mit Abbildung 6.16 finden wir jedoch die erstaunliche Antwort. Mit Kombination 3 erhält man das Sierpinski-Dreieck, während sich kaum ein Bild vom Sierpinski-Dreieck so sehr unterschieden könnte wie das Endbild von Kombination 2. Was geht hier vor? Man kann beobachten,

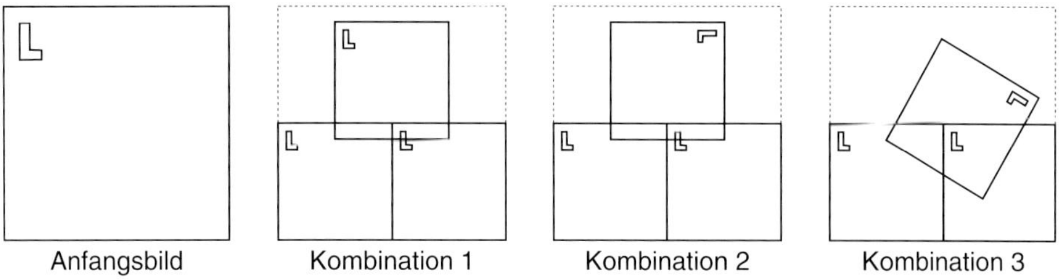

Abb. 6.14 : Bauplan für drei MVKM mit unterschiedlichen Kombinationen von Transformationen. Die erste davon ist die Standardkombination für das Sierpinski-Dreieck. Man beachte, daß die Überschneidung erforderlich ist, um das gleichschenklige Sierpinski-Dreieck zu erhalten.

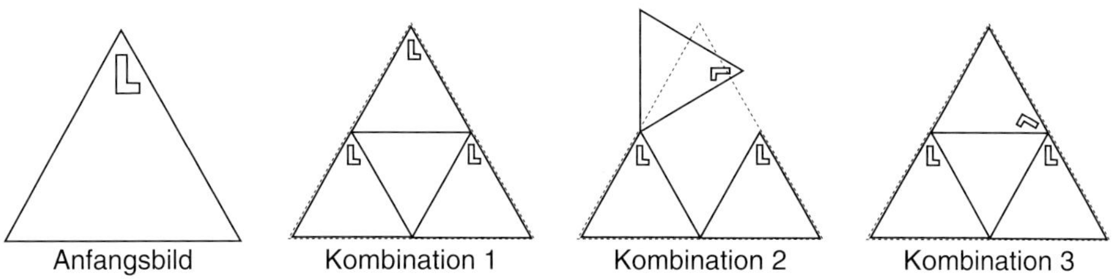

Abb. 6.15 : Die gleichen Kombinationen von Kontraktionen wie in Abbildung 6.14; es wird jedoch ein gleichschenkliges Dreieck als Anfangsbild verwendet.

daß bei der oberen Transformation von Kombination 2 eine Drehung um 90 Grad im Uhrzeigersinn stattfindet, die den Eindruck entstehen läßt, daß sich Kombination 2 nicht allzu sehr von der Standardversion 1 unterscheidet, wenn wir nur die erste Iteration betrachten. Im Gegensatz dazu findet bei der oberen Abbildung in Kombination 3 eine Drehung um 120 statt, und die erste Iteration erweckt nicht gerade den Eindruck, als könnte man hierbei ein Sierpinski-Dreieck als Ergebnis erhalten. Aber wie man in Abbildung 6.16 sehen kann, trifft dies doch zu, und der Grund dafür liegt unmittelbar nach dem Versuch auf der Hand. Das Sierpinski-Dreieck setzt sich aus drei Teilen zusammen, von denen jedes eine verkleinerte Kopie des gesamten Dreiecks ist. Außerdem ist — wie bereits erwähnt — jeder dieser Teile invariant bei Spiegelungen und wiederholter Drehung um 120 Grad. Mit anderen Worten können Symmetrien, die bei beliebiger Wahl des Anfangsbildes nach der ersten Iteration sichtbar werden können, irreführend und in Wirklichkeit überhaupt nicht relevant sein. Die einzigen Symmetrien, die uns bei der Wahl des Anfangsbilds weiterhelfen können, sind die, die man im Grenzbild finden kann. Für die Konstruktion des Sierpinski-Dreiecks ist ein gleichschenkliges Dreieck geeignet, weil es die passenden Symmetrien hat (siehe Abbildung 6.15). Wir weisen darauf hin,

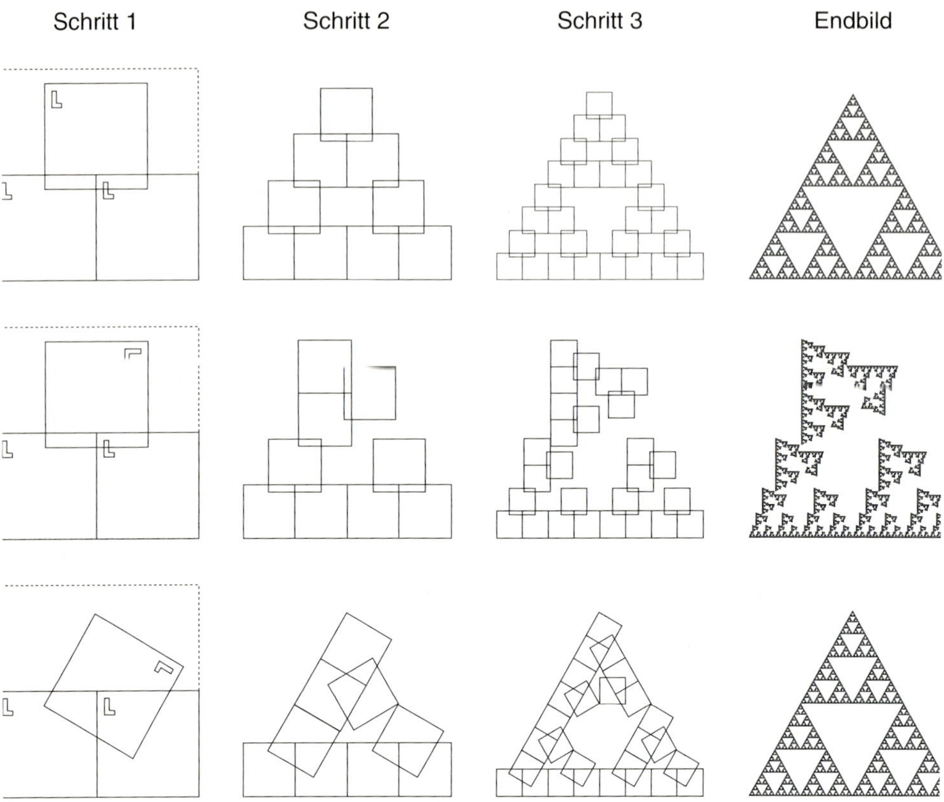

Abb. 6.16 : Iteration der MVKM mit den Transformationen, die in Abbildung 6.14 angegeben sind. Es kommt zum Vorschein, daß nur eine der Modifikationen der Standardversion das Sierpinski-Dreieck erzeugt.

daß wir ein gleichschenkliges Dreieck verwendet haben, um die MVKM zu erhalten, die Schritte des klassischen Konstruktionsverfahrens erzeugt, so wie es in Abbildung 6.9 dargestellt ist.

Sierpinski-Dreieck als Kurve

Das Sierpinski-Dreieck kann als parametrisierte Kurve interpretiert werden, d.h., es existiert eine stetige Abbildung von einem Intervall ins Sierpinski-Dreieck, die alle Punkte des Dreiecks durchläuft. Diese Tatsache läßt sich mit Hilfe eines Adressenschemas verständlich machen, das von den Transformationen w_0, w_1 und w_2 der MVKM induziert wird, die die Wegefolge der Sierpinski-Pfeilspitze aus Abbildung 6.13 erzeugt (aus Gründen der Übersichtlichkeit verwenden wir die Indizes 0, 1 und 2 an Stelle von 1, 2 und 3). In Abbildung 6.17 werden die ersten zwei Stadien der Adressenhierarchie dargestellt, die man auf diese Weise erhält. Im ersten Schritt wählen wir die Bezeichnungen 0, 1 und 2 für die Teil-

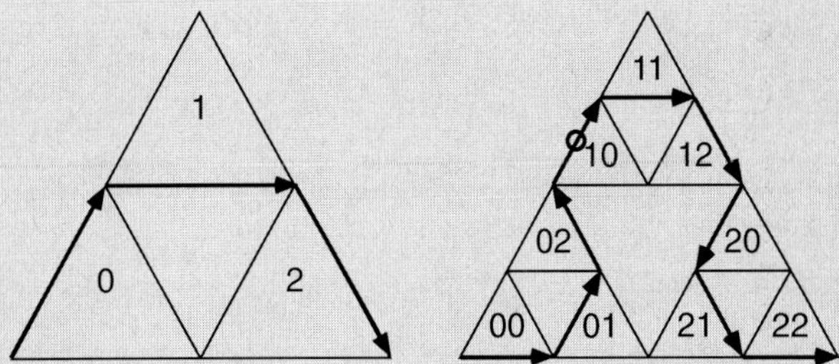

Abb. 6.17 : Eine modifizierte Adressenhierarchie für das Sierpinski-Dreieck.

dreiecke von S_0 in Entsprechung zu $w_0(S_0)$, $w_1(S_0)$ und $w_2(S_0)$. Im nächsten Schritt orientieren wir uns an $w_0w_0(S_0)$, $w_0w_1(S_0)$, $w_0w_2(S_0)$, $w_1w_0(S_0), \ldots, w_2w_2(S_0)$, so daß wir die entsprechenden Bezeichnungen $00, 01, 02, 10, \ldots, 22$ erhalten. Mit dieser Bezeichnungsweise fahren wir in allen weiteren Konstruktionsstadien fort. Wir beobachten, daß die Anordnung der Transformationen zur Folge hat, daß die Pfeile in allen Schritten eine gerichtete Kurve bilden. Die Anfangs- und Endpunkte der Kurven, die man aus einem vorangehenden Stadium erhält, werden derart aneinandergefügt, daß daraus eine neue Kurve entsteht. Dies hat eine wichtige Konsequenz für unser Adressenschema, nämlich, daß sich die Nachbarschaftsbeziehungen im Adressenraum auf die geometrischen Nachbarschaftsbeziehungen unter den Teildreiecken übertragen. Zum Beispiel hat in der Folge $(0, 1, 2)$ der Teildreiecke des ersten Konstruktionsschritts jedes Teildreieck eine Ecke mit demjenigen Teildreieck gemeinsam, dessen Adresse als nächstes in der Liste folgt. Dies unterscheidet sich nicht vom herkömmlichen Adressenschema, aber die Eigenschaft bleibt auch für alle folgenden Konstruktionsschritte erhalten. Zum Beispiel sind Nachbarn in den geordneten Adressenlisten $(00, 01, 02, 10, 11, 12, 20, 21, 22)$ und $(000, 001, 002, 100, \ldots, 222)$ auch geometrische Nachbarn, und dies ist etwas Neues. In den Kapiteln 2 und 6 in unserem Buch *Bausteine des Chaos — Fraktale* haben wir erklärt, daß die Punkte des Sierpinski-Dreiecks mit unendlich langen Adressen aus drei Zeichen identifiziert werden können. Diese Adressen sollten nicht mit triadischen Zahlen durcheinander gebracht werden. Aber es ist eine angemessene Vorgehensweise, diese Art der Identifikation in dem Fall zu verwenden, den wir hier behandeln. Wenn man die triadischen Zahlen des Einheitsintervalls mit den Adressen der Punkte im Sierpinski-Dreieck gleichsetzt, wie sie in diesem Abschnitt hergeleitet wurden, wird dadurch eine stetige Abbildung vom Einheitsintervall ins Sierpinski-Dreieck definiert. Zum Beispiel wird die triadische Zahl 0.101 mit der Adresse $101000\ldots$ gleichgesetzt, die zu dem Punkt gehört, der in Abbildung 6.17 durch den kleinen Kreis im Dreieck 10 markiert ist. Wir bemerken ebenfalls, daß 0.101 im triadischen System gleich $0.100222\ldots$ ist, und daß die entsprechende Adresse $100222\ldots$ mit dem gleichen Punkt im Sierpinski-Dreieck gleichgesetzt ist.

Konstruktion der Peano-Kurve

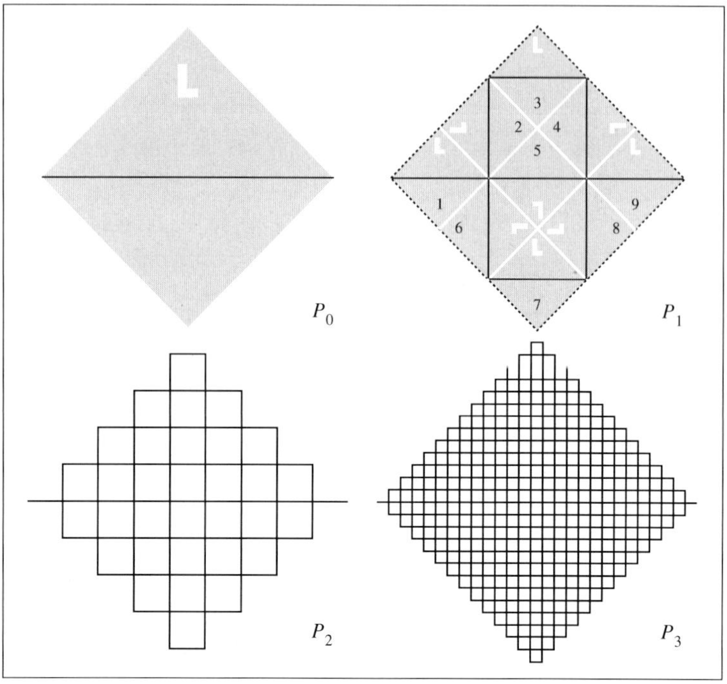

Abb. 6.18 : Der erste Schritt in der Originalkonstruktion der flächenfüllenden Kurve von Peano. Der graue Hintergrund kennzeichnet das Quadrat, das am Ende von der Kurve ausgefüllt wird. Weiterhin enthält es die Pflasterung, die aus dem ersten Konstruktionsschritt resultiert (wobei Drehungen mit eingeschlossen sind), und die erforderlich ist, um die MVKM aufzustellen.

Die Peano-Kurve

Unser nächstes Beispiel ist eine weitere wichtige, klassische Kurvenkonstruktion: die Peano-Kurve. Sie wurde 1890 von Giuseppe Peano mit der Absicht konstruiert, ein Beispiel für eine Kurve anzugeben, die ein Quadrat ausfüllt; sie erregte daher in der wissenschaftlichen Diskussion über den Begriff der Dimension starkes Aufsehen. Obwohl Peano keine Illustration zu seiner Konstruktion hinterlassen hat, werden wir versuchen, seine Idee zu beschreiben. Er fing mit einer Strecke P_0 an, die sich in der Diagonalen des Quadrats befindet, das letztendlich ausgefüllt werden soll (siehe Abbildung 6.18). Im darauf folgenden Schritt verkleinerte er P_0 um den Faktor 1/3 und ordnete 9 Kopien der Strecke so in dem Quadrat an, wie es in der Abbildung gezeigt wird. Die zweite und die achte Kopie wurden um 90 Grad gegen den Uhrzeigersinn gedreht, die vierte und sechste Kopie wurden um 90 Grad im Uhrzeigersinn gedreht, und die fünfte Kopie um 180 Grad. Alle Strecken bilden zusammen eine neue Kurve P_1. In den folgenden Schritten wird dieser Vorgang wiederholt:

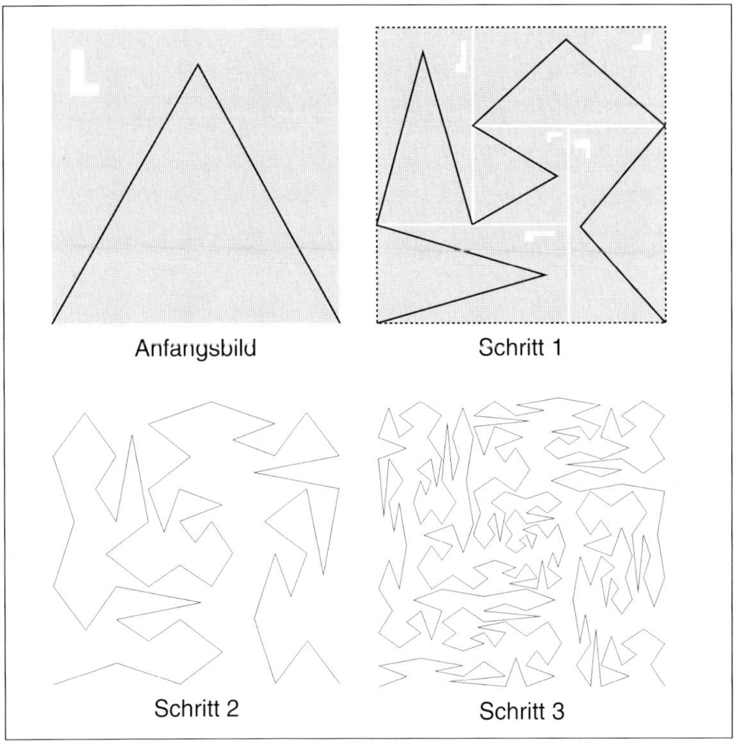

Eine selbstmeidende flächenfüllende Kurve

Abb. 6.19 : Bauplan einer MVKM (oben), die eine selbstmeidende flächenfüllende Kurve erzeugt.

Die Kurve P_{n-1} wird um den Faktor 1/3 skaliert, und um die neue Kurve P_n zu bilden, werden 9 Kopien davon genau wie beim ersten Konstruktionsschritt angeordnet. Bereits die zweite Kurve hat zwei Punkte, an denen sie sich selbst überschneidet (Berührungspunkte). P_2 hat 32 solcher Punkte, und die Anzahl wird von Schritt zu Schritt jeweils mit dem Faktor 9 multipliziert. In dieser Hinsicht ist die Konstruktion von Peano ein wenig unbefriedigend. Der große Mathematiker David Hilbert hat dies offenbar auch empfunden, denn ein Jahr später präsentierte er die Konstruktion einer flächenfüllenden Kurve, die keine Berührungspunkte hat. Wir werden uns mit seinen Ideen etwas später beschäftigen. Zuerst kommen wir auf die ursprüngliche Peano-Kurve zurück und suchen nach einer passenden MVKM:

- Wir nehmen die Kurve P_0 als Anfangsbild.
- Wir wählen Abbildungen $w_1, \ldots, w_9$, so daß das Quadrat auf die Teilquadrate abgebildet wird, wie es in Abbildung 6.18 angedeutet ist. Dabei bilden wir P_0 auf die Strecken von P_1 ab.

Die Drachen-Kurve

Abb. 6.20 : Die Drachen-Kurve ist ein weiteres Beispiel für eine flächenfüllende Kurve. Ihr Rand ist ein Fraktal. In der unteren rechten Ecke sieht man die Grenzkurve dieser Konstruktion. Die Kurve, mit der wir beginnen, und die auf einem grauen Quadrat gezeigt wird, und das Ergebnis des ersten Konstruktionsschritts (oben) werden als Bauplan einer geeigneten MVKM verwendet.

Bei der Iteration dieser Maschine entsteht eine Folge von Kurven $P_0, P_1, P_2, \ldots$, die die Peanokurve als Grenzbild haben. Die Tasache, daß dieses Grenzobjekt tatsächlich eine Kurve ist, haben wir bereits in Kapitel 2 von *Bausteine des Chaos — Fraktale* besprochen (siehe Seite 118).

Daß die Grenzkurve ein ganzes Quadrat ausfüllt, folgt aus der Interpretation der MVKM. Wir beobachten einfach nur, daß die grauen Quadrate in Abbildung 6.18 unter den 9 Kontraktionen der MVKM invariant bleiben. Daher bilden sie den Attraktor.

Kurven, die einen Würfel füllen

Es ist nun wohl nicht mehr erstaunlich, daß es auch Kurven gibt, die sogar einen ganzen dreidimensionalen Würfel ausfüllen. Dagegen war die Welt der Mathematiker um die Jahrhundertwende völlig entgegeistert über die Entdeckung, daß solche scheinbar unmöglichen Objekte tatsächlich existieren. Derartige Erfahrungen können heutzutage nicht nur von erstklassigen Mathematikern nachvollzogen werden, sondern von jedermann, der Zugang zu einem Computer hat.

Es ist lediglich eine Sache von Sekunden auf rekursivem Weg geometrische Muster zu erzeugen, und mit einem geeigneten Programm kann man die frühen Pioniere bei ihrer Jagd nach neuen Kurvenkonstruktionen begleiten. Eine Implementierung unserer MVKM soll ein erster Schritt in diese Richtung sein. Mit einer einfachen MVKM ist es jedoch nicht möglich, eine überschneidungsfreie und gleichzeitig flächenfüllende Kurve herzustellen, die zudem durch einen ästhetischen Anblick erfreut. Abbildung 6.19 zeigt einen Versuch; man sieht eine „chaotische" Ansammlung von Strecken, von der man kaum glauben kann, daß die Konstruktion tatsächlich eine flächenfüllende Kurve ohne Berührungspunkte liefert.[12]

Die Drachen-Kurve

Wir schließen diesen Abschnitt mit einem weiteren, neueren Beispiel, dem Harter-Heighway-Drachen.[13] Es ist die Konstruktion einer flächenfüllenden Kurve, die letztendlich ein Gebiet mit fraktalem Rand ausfüllt. Wir beginnen mit einem rechten Winkel, wie es in Abbildung 6.20 gezeigt wird. Den ersten Konstruktionsschritt erhält man, wenn man zwei Kopien dieser Kurve aneinanderfügt, die beide um den Faktor $1/\sqrt{2}$ skaliert und im Uhrzeigersinn um 45 beziehungsweise 135 Grad gedreht werden. Dieser Vorgang wird unendlich oft wiederholt, und er kann durch eine einfache MVKM beschrieben werden.[14]

- Wir nehmen eine Kurve als Anfangsbild, die einen rechten Winkel hat.
- Wir wählen Transformationen w_1 und w_2, wie es im Bauplan von Abbildung 6.20 angedeutet ist.

Daß das Endbild, das wir hier sehen, wurde übrigens mit dem Chaos-Spiel erzeugt. Verschiedene Verwandte dieser Kurve sind bekannt, aber wie wir im nächsten Abschnitt sehen werden, ist diese Kurve besonders dazu geeignet, von einem L-System erzeugt zu werden.

[12] Es ist eine interessante offene Frage, ob man eine solche Kurve mit weniger als fünf Abbildungen (wie in Abbildung 6.19) konstruieren kann. Man beachte, daß die Eigenschaft der Kurve, flächenfüllend zu sein, wieder aus der Invarianz des Einheitsquadrats unter der MVKM folgt.

[13] Siehe C. Davis und D. E. Knuth, *Number Representations and Dragon Curves*, Journal of Recreational Mathematics 3 (1970) 66–81 und 133–149 (siehe auch Seite 66 in B. B. Mandelbrot, *The Fractal Geometry of Nature*, Freeman, New York, 1982).

[14] Es ist deutlich zu sehen, daß die Kurve in den beiden ersten Stadien keine Selbstüberschneidungen hat, während in allen weiteren Stadien Berührungspunkte auftreten. Die Selbstähnlichkeitsdimension ist $\log 2/\log\sqrt{2} = 2$.

6.3 Schildkröten-Grafik: Grafische Darstellung von L-Systemen

Um die klassischen Fraktale aus dem vorhergehenden Abschnitt unter Verwendung eines L-Systems wachsen zu lassen, müssen die Zeichenketten, mit denen dabei gearbeitet wird, grafisch dargestellt werden. Die Darstellung ist unabhängig von der Erzeugung der Zeichenketten. Wir haben bereits herausgefunden, daß diese Eigenschaft besonders wertvoll ist. Die Erzeugung von Daten und die Visualisierung können in unabhängigen Schritten erfolgen.

In diesem Abschnitt zeigen wir eine besonders einfache grafische Schnittstelle zur Interpretation von Zeichenketten.[15] Sie basiert auf dem Konzept der *Schildkröten-Grafik* von Seymour Papert[16] und ist für Kurven in der Ebene besonders gut geeignet. Die Originalkonstruktion der klassischen Fraktale lassen sich hiermit in sehr präziser und kompakter Form angeben, nämlich als L-Systeme mit nur wenigen Produktionsregeln. Näturlich ist es wichtig, diese Produktionsregeln mit großer Sorgfalt aufzustellen, um sie richtig an die grafische Interpretation anzupassen. Mit anderen Worten müssen alle Aspekte der grafischen Interpretation fest definiert werden.

Wir stellen uns eine Schildkröte vor, die auf einem Blatt Papier sitzt und eine bestimmte Richtung anvisiert. Der Schwanz der Schildkröte ist ein bißchen schmutzig, so daß die Schildkröte eine Spur auf dem Papier hinterläßt, sobald sie sich in Bewegung setzt. Die Schildkröte wurde so trainiert, daß sie verschiedene Befehle verstehen kann, die wir über eine Fernbedienung geben. Die Befehle sind einfache Zeichen (aus der Menge derjenigen Zeichen, die im L-System verwendet werden), und zwar gewöhnliche Buchstaben aus dem Alphabet sowie einige Sonderzeichen wie $+$ oder $-$. Hier sind einige erste Instruktionen für die Schildkröte:

- F Bewege dich um eine bestimmte festgelegte Schrittweite l nach vorne und zeichne eine Linie von der alten bis zur neuen Position.
- f Bewege dich nach vorne wie für F, aber zeichne keine Linie (hebe den Schwanz).
- $+$ Drehe dich um einen festen Winkel δ gegen den Uhrzeigersinn.
- $-$ Drehe dich um den Winkel δ im Uhrzeigersinn.

---

[15] Diese Anpassung an die Zeichenketten wurde eingeführt in P. Prusinkiewicz, *Graphical applications of L-systems*, Proceedings of Graphics Interface '86, Kaufmann, 1986, 247–253.

[16] S. Papert, *Mindstorms: Children, Computers, and Powerful Ideas*, Basic Books, New York, 1980 (dt. *Mindstorms: Kinder, Computer und neues Lernen*, Birkhäuser, Basel, Boston, Stuttgart, 1982).

Interpretation der Schildkröte

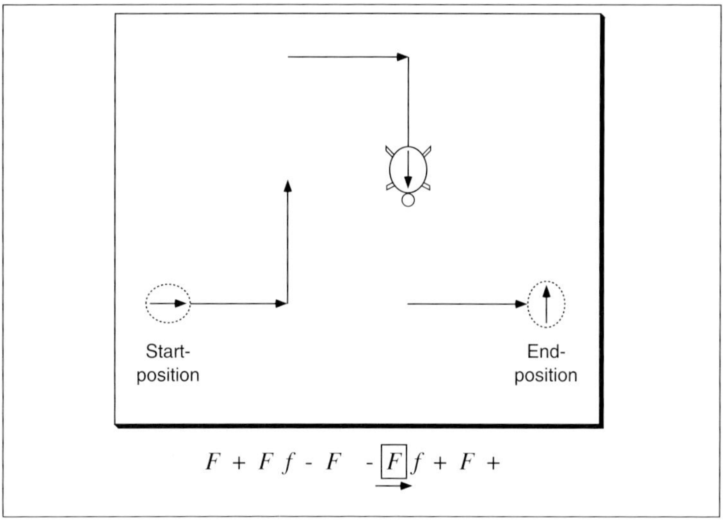

Abb. 6.21 : Zu Anfang sitzt die Schildkröte mit dem Kopf nach rechts auf dem Papier. Wenn die Schildkröte alle zwölf Symbole interpretiert hat, blickt sie nach oben.

In Abbildung 6.21 wird eine kurze Zeichenkette zusammen mit der entsprechenden grafischen Interpretation gezeigt. In diesem Fall beträgt der Winkel δ für die linken und rechten Drehungen 90 Grad. Die Schildkröte fängt an, sich um einen Schritt nach rechts zu bewegen und dabei eine Linie der Länge l zu zeichnen. Danach dreht sie sich nach links und setzt die Linie um einen Schritt der Länge l nach oben fort. An dieser Stelle hebt sie ihren Schwanz und macht einen weiteren Schritt nach oben (ohne dabei eine Linie zu zeichnen). Dann dreht sie sich nach rechts, zeichnet eine Linie und so weiter. Mit einigen wenigen, einfachen Anweisungen können wir die Schildkröte erstaunlich komplexe Bilder zeichnen lassen.

Zustandsänderungen müssen fest definiert werden

Anstelle einer Linie könnte die Schildkröte auch einen Pfeil zeichnen (wie dies in 6.21 abgebildet ist), eine gestrichelte Linie oder sogar einen dünnen Zylinder. Darin äußert sich ein Teil der Freiheit, die wir bei der grafischen Interpretation haben. Die Schildkröte könnte auch nach jedem Befehl eine neue Position und Richtung annehmen. Derartige Änderungen müssen fest definiert werden.

Insbesondere müssen die Größe der Schrittweite l und der Winkel δ genau festgelegt werden, bevor man mit der Interpretation anfangen kann. Die Größe des Winkels hat in der Tat einen wichtigen Einfluß darauf, wie die Grafik aussieht, die sich bei der Interpretation ergibt. Die Schrittweite hingegen entscheidet lediglich über die Gesamtgröße des Bildes (dies ist in Abbildung 6.22 veranschaulicht). Es

Zwei Zeichenketten — Drei Winkel

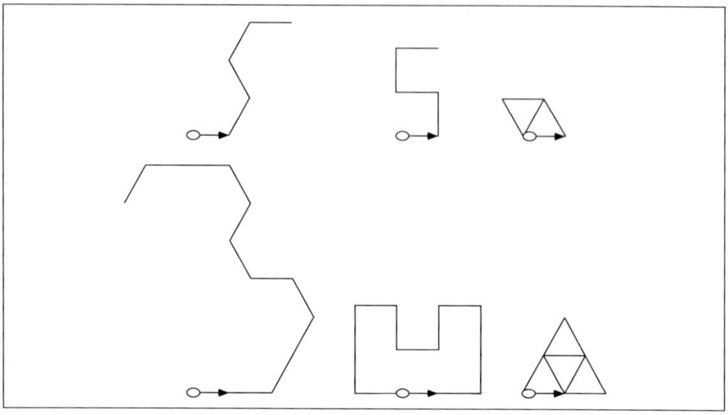

Abb. 6.22 : Grafische Interpretation der beiden Zeichenketten $F+F+F-F-F$ (oben) und $FF+FF+F+F-F-F+F+FF+F$ (unten) jeweils für die drei verschiedenen Winkel δ: 60 Grad (links), 90 Grad (Mitte) und 120 Grad (rechts).

wird die grafische Interpretation der folgenden beiden Zeichenketten gezeigt:

oben: $F+F+F-F-F$
unten: $FF+FF+F+F-F-F+F+FF+F$.

Wir zeigen die Interpretation für die drei verschiedenen Winkel von 60, 90 und 120 Grad. Die Ergebnisse sind ziemlich unterschiedlich. Einige sind sogar überraschend! Insbesondere gilt dies für die Kurve unten rechts, in der man nur neun Linien erkennen kann, obwohl die Zeichenkette zwölf Zeichen enthält. Wenn man aber dem Weg der Schildkröte folgt, kann man beobachten, daß einige Linien doppelt gezeichnet wurden.

Zustand der Schildkröte

In der Sprache der Mathematik, die uns auch beim Programmieren nützlich ist, sagen wir, daß sich die Schildkröte in einem Zustand befindet, der durch ihre aktuelle Position und ihre Ausrichtung festgelegt ist. Die Position ist durch zwei Koordinaten x und y gegeben und die Ausrichtung durch einen Winkel α. Wir schreiben den Zustand daher als ein Tripel (x, y, α). Der Zustand ändert sich jedesmal, wenn ein Befehl interpretiert wurde. Mit Hilfe der elementaren Trigonometrie läßt sich die folgende Tabelle ableiten:

Befehl	Zustand (x, y, α) geht über in
F	$(x + l\cos\alpha, y + l\sin\alpha, \alpha)$
f	$(x + l\cos\alpha, y + l\sin\alpha, \alpha)$
$+$	$(x, y, \alpha - \delta)$
$-$	$(x, y, \alpha + \delta)$

Mit l wird die Schrittweite bezeichnet, mit der sich die Schildkröte vorwärtsbewegt, und δ steht für den Winkel, um den sich die Schildkröte nach rechts oder links dreht. Wir beginnen jeweils mit dem Zustand $(0,0,0)$. Dies bedeutet, daß Schildkröte nach rechts losläuft.

Weitere Zeichen

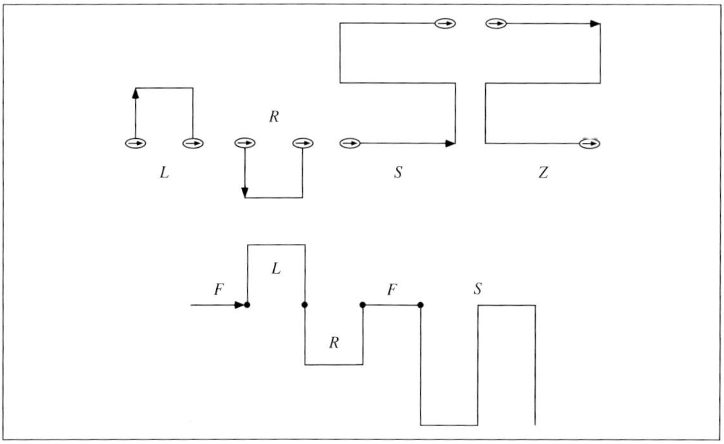

Abb. 6.23 : Die Zeichen L, R, S und Z stehen für Kurven, die sich aus den Befehlen F, $+$ und $-$ zusammensetzen. Die untere Kurve ist das Resultat der Zeichenkette $FLRF-S$.

Zeichen mit komplexer Interpretation

Es ist vorteilhaft, wenn man davon ausgehen kann, daß die Schildkröte auch Befehle versteht, durch die eine längere Folge von Bewegungen zusammengefaßt werden. Mit anderen Worten sollte sie in der Lage sein, ein einzelnes Zeichen als fest definierte Folge von Befehlen wie F, f, $+$ und $-$ zu interpretieren. Im folgenden verwenden wir die Zeichen L, R, S und Z. Sie alle stehen für kleine Kurven, und man wird die Wahl der Zeichen sehr eingängig finden, wenn man die zugehörigen grafischen Interpretationen betrachtet. Die Schildkröte wird diese Zeichen folgendermaßen interpretieren:

Zeichen	Interpretation
L	$+F-F-F+$
R	$-F+F+F-$
S	$FF+F+FF-F-FF$
Z	$FF-F-FF+F+FF$

Abbildung 6.23 zeigt die grafische Interpretation dieser Zeichen für den Winkel $\delta = 90$ Grad. In allen diesen Fällen werden die Anfangs- und Endposition der Schildkröte mit einem Pfeil markiert, der in die Richtung zeigt, in die die Schildkröte als nächstes laufen

wird. Das Zeichen L repräsentiert einen kleinen Umweg für einen direkten Schritt nach vorne, der mit einer Drehung nach links anfängt. Analog steht das Zeichen R für einen kleinen Umweg in die andere Richtung (er beginnt mit einer Drehung nach rechts). Die S-förmige Kurve wird, wie der Leser vielleicht schon vermutet hat, durch das Zeichen S repräsentiert, und die Spiegelung der S-förmigen Kurve durch das Zeichen Z.

6.4 Wachstum klassischer Fraktale durch L-Systeme

Wir werden nun untersuchen, wie man L-Systeme für die Konstruktion von Fraktalen einsetzen kann. Als erstes Beispiel betrachten wir die Koch-Kurve. Ihre Beschreibung als L-System ist erfreulich einfach. Bei der klassischen Konstruktion ersetzen wir wiederholt eine Strecke durch eine Folge von vier Strecken, wie es in Abbildung 6.24 (rechts) dargestellt ist. Diese Folge kann durch die Zeichenkette $F+F--F+F$ beschrieben werden, wenn man $\delta = 60$ Grad wählt. Dies entspricht einer geraden Strecke vorwärts (F), einer Drehung um 60 Grad nach links $(+)$, einer weiteren Strecke vorwärts (F), zwei Drehungen nach um 60 Grad nach rechts $(--)$ (also eine Drehung von insgesamt 120 Grad), einer Strecke vorwärts (F), einer Drehung nach links $(+)$ und einer weiteren Strecke vorwärts (F).

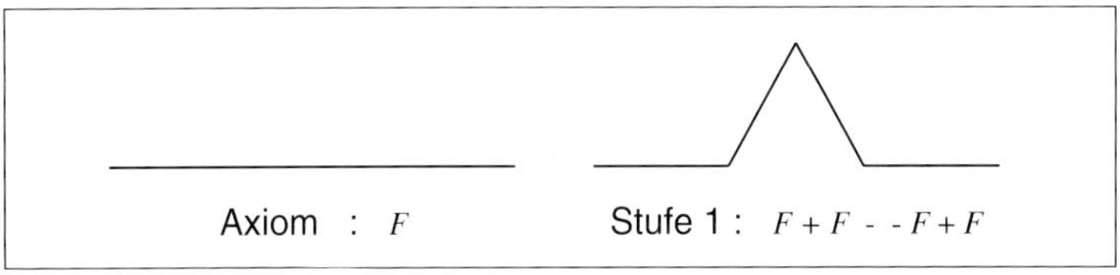

Abb. 6.24 : Die Elemente der klassischen Konstruktion für die Koch-Kurve können durch das Zeichen F (links) und die Zeichenkette $F+F--F+F$ (rechts) dargestellt werden. Man muß jedoch berücksichtigen, daß F in den beiden Konstruktionsschritten, die abgebildet sind, durch unterschiedliche Schrittweiten repräsentiert wird (siehe Seite 536).

Der Konstruktionsvorgang der Koch-Kurve kann daher einfach durch das folgende L-System beschrieben werden:

L-System:	Koch-Kurve
Axiom:	F
Produktionsregeln:	$F \rightarrow F+F--F+F$
	$+ \rightarrow +$
	$- \rightarrow -$
Parameter:	$\delta = 60$ Grad

Die zweite und die dritte Produktionsregel geben lediglich an, daß die Symbole $+$ und $-$ durch die gleichen Symbole ersetzt werden sollen, daß sie also im Ersetzungsvorgang nicht verändert werden sollen. Wir können nun annehmen, daß die Schrittweite l in jedem Schritt unserer Herleitung auf ein Drittel des vorherigen Schritts reduziert wird (wir werden in Kürze auf diesen Sachverhalt zurückkommen). Wenn wir das L-System erweitern, erhalten wir die folgenden Zeichenketten für die nächsten beiden Iterationen:

Axiom: F
Schritt 1: $F + F - -F + F$
Schritt 2: $F + F - -F + F + F + F - -F + F - -F + F - -F + F + F + F - -F + F$

Das L-System schreibt vor, daß die Strecke F durch die Folge der Strecken $F+F--F+F$ ersetzt wird. Wenn wir dies geometrisch interpretieren, erhalten wir exakt die klassische Ersetzung. Es ist daher nicht überraschend, daß das L-System auf genau die gleiche Weise funktioniert wie die Originalkonstruktion von Koch. Der Vorteil des L-Systems ist, daß es unmittelbar angewendet werden kann, um die Kurve grafisch auf dem Computer zu erzeugen. Die grafische Interpretation, die den definierten Regeln entspricht, ist die gleiche wie in Abbildung 6.10.

Festlegung der Schrittweite

Im Fall der Schneeflockenkurve von Koch ist es ziemlich offensichtlich, wie die Schrittweite für die Schildkröte in irgendeinem gegebenen Stadium der Konstruktion gewählt werden muß. In jedem Konstruktionsschritt müssen wir die Schrittweite um den Faktor 3 reduzieren. Die Größe der gesamten Kurve bleibt dann zu allen Zeiten gleich, weil eine Strecke durch einen Streckenzug aus vier neuen Strecken ersetzt wird, dessen Anfangs- und Endpunkt genau auf dem Anfangs- und Endpunkt der ursprünglichen Strecke zu liegen kommen. In vielen anderen Fällen wird die Situation wesentlich schwieriger sein. Es gibt keine allgemeine Theorie darüber, die es uns erlaubt, die Skalierung für die erzeugten Kurven zu berechnen.[17] Die einzige Möglichkeit, dieses Problem praktisch zu lösen, besteht darin, zunächst eine beliebige Schrittweite auszuwählen, zum Beispiel $l = 1.0$, die gesamte grafische Interpretation der Befehlskette für die Schildkröte zu berechnen, und das Ergebnis so zu skalieren, daß es gut auf den Monitor paßt oder auf die Seite, auf die es gedruckt werden soll.

Unser nächstes Beispiel ist die Konstruktion der Cantor-Menge. Wir fangen wieder mit einer Strecke an. Die Strecke wird in drei gleich lange Abschnitte unterteilt, und der mittlere Abschnitt wird entfernt. Dieser Vorgang wird unendlich oft wiederholt. Für ein L-System können wir dies durch die Produktionsregel $F \to FfF$ formalisieren, d.h., wir ersetzen eine Strecke durch drei neue Strecken, von denen die mittlere nicht gezeichnet wird. Daher bietet sich das folgende L-System an:

[17] Eine Lösung zu diesem Problem für eine eigeschränkte Klasse von L-Systemen wird beschrieben in F. M. Dekking, *Recurrent sets,* Advances in Mathematics 44, 1 (1982) 78–104.

L-System für die Cantor-Menge — Erster Versuch

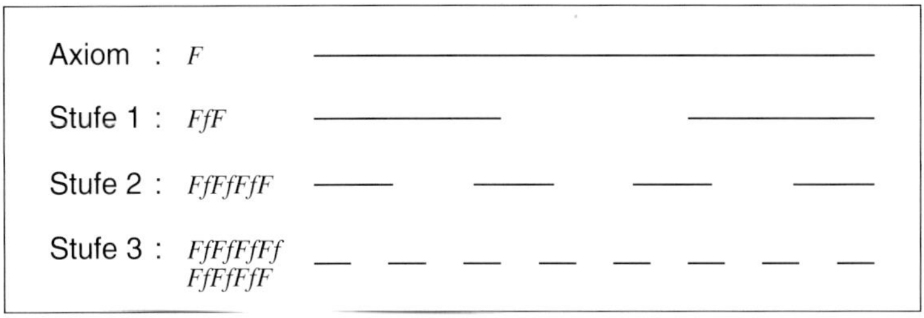

Abb. 6.25 : Die ersten Schritte für das L-System $F \rightarrow FfF$ zur Konstruktion der Cantor-Menge.

L-System für die Cantor-Menge — Zweiter Versuch

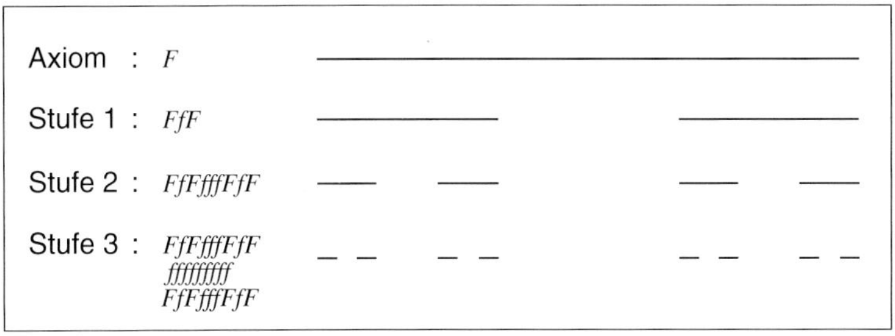

Abb. 6.26 : Die ersten Schritte für das richtige L-System zur Konstruktion der Cantor-Menge.

L-System:	Cantor-Menge (erster Versuch)
Axiom:	F
Produktionsregeln:	$F \rightarrow FfF$
	$f \rightarrow f$

In Abbildung 6.25 werden die ersten drei Schritte dieses Systems zusammen mit der grafischen Darstellung gezeigt. Offensichtlich ist dies nicht das gewünschte Ergebnis. Aber was ist hier verkehrt? Wo ist der Fehler in unserem L-System? Im zweiten Schritt können wir beobachten, daß der mittlere Streifen nicht lang genug ist. Er sollte dreimal so lang sein wie er hier zu sehen ist. Dieser Streifen wird durch das einzelne Zeichen f repräsentiert. Dieses Zeichen ist aus dem f entstanden, das schon im ersten Schritt erzeugt wurde. Offensichtlich hätte es durch eine Folge von drei Zeichen fff ersetzt werden müssen, die einen Streifen repräsentieren, der dreimal so lang ist wie der, der zu einem einzelnen f gehört. Das L-System für die Cantor-Menge sollte also folgendermaßen definiert werden:

L-System:	Cantor-Menge (zweiter Versuch)
Axiom:	F
Produktionsregeln:	$F \rightarrow FfF$
	$f \rightarrow fff$

Grafiken decken versteckte Fallen auf

Abbildung 6.26 zeigt tatsächlich das gewünschte Resultat. Dieses einfache Beispiel zeigt bereits, wieviele Fallstricke bei der Herleitung eines geeigneten L-Systems für ein konkretes Beispiel versteckt sein können. Glücklicherweise bringt die grafische Interpretation der erzeugten Zeichenketten die meisten Fehler sofort zu Tage.

Wir kommen nun zur Sierpinski-Pfeilspitze zurück und versuchen herauszufinden, wie wir die Kurvenkonstruktion (die wir mit Hilfe einer Mehrfach-Verkleinerungs-Kopier-Maschine eingeführt haben) durch ein L-System beschreiben können. Abbildung 6.27 zeigt die ersten beiden Schritte. Zuerst müssen wir offenbar den Winkel $\delta = 60$ Grad wählen. Dann können wir die Kurve auf der linken Seite durch $+F - F - F+$ beschreiben. Das erste und das letzte Zeichen $+$ ist erforderlich, damit die Schildkröte in die richtige Richtung blickt, um ihre erste bzw. ihre nächste Bewegung durchzuführen. Doch halt! Wir wollen uns an das Zeichen L erinnern! Per Definition interpretiert die Schildkröte dieses Zeichen wie die Zeichenkette $+F-F-F+$. Die linke Kurve wird daher einfach durch das Zeichen L beschrieben. Analog entsteht die rechte Kurve durch die Zeichenkette $+R - L - R+$, wobei R als $-F + F + F-$ interpretiert wird.

Wir stellen uns nun vor, daß die Kurven in Abbildung 6.27 an der horizontalen Achse gespiegelt werden. Die linke Kurve würde dann durch das Zeichen R dargestellt und die rechte Kurve würde durch $-L + R + L-$ beschrieben. Wenn man diese beiden Beobachtungen kombiniert, kommt man zu folgendem L-System:

L-System:	Sierpinski-Pfeilspitze
Axiom:	L
Produktionsregeln:	$L \rightarrow +R - L - R+$
	$R \rightarrow -L + R + L-$
	$+ \rightarrow +$
	$- \rightarrow -$
Parameter:	$\delta = 60$ Grad

Der Erzeuger der Sierpinski-Pfeilspitze

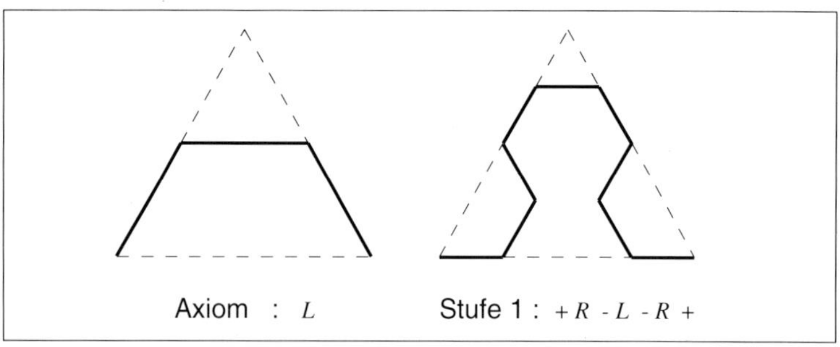

Abb. 6.27 : Die ersten beiden Schritte des L-Systems Sierpinski-Kurve.

Die Peano-Kurve

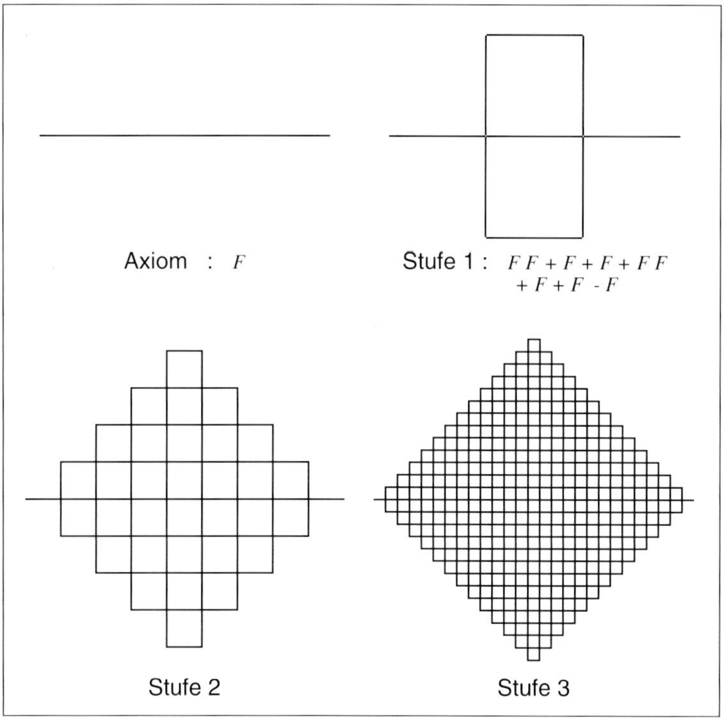

Abb. 6.28 : Eine flächenfüllende Konstruktion — die Peano-Kurve. Oben sieht man das Axiom und den ersten Produktionsschritt; unten sind der zweite und der dritte Schritt abgebildet.

Für die ersten drei Schritte dieses L-Systems erhält man:

Axiom: L
Schritt 1: $+R-L-R+$
Schritt 2: $+-L+R+L--+R-L-R+--L+R+L-+$
Schritt 3: $+-+R-L-R++-L+R+L-++R-L-R+-$
$-+-L+R+L--+R-L-R+--L+R+L-+$
$--+R-L-R++-L+R+L-++R-L-R+-+.$

Diese Zeichenketten beschreiben genau die Kurvenkonstruktionen, die wir in Abbildung 6.13 schon gesehen haben.

Reichhaltige Auswahl für die richtigen Produktionsregeln

Unser nächstes Beispiel veranschaulicht eine Schwierigkeit, die zwar nicht besonders schwerwiegend ist, die aber für L-Systeme recht typisch ist. In Abbildung 6.28 ist noch einmal das Original der flächenfüllenden Peano-Kurve dargestellt. Ihre Konstruktion beginnt einfach mit einer Strecke. Wir zögern daher nicht, den Befehl F als Axiom zu nehmen. Die rechte Kurve verursacht jedoch Unsicherheit. Diese Kurve (die wir für die gesamte Strecke einsetzen würden), kann auf verschiedene Weise erzeugt werden. Nach einem Schritt vorwärts kann der Schildkröte gesagt werden, daß sie sich um 90 Grad nach links oder nach rechts drehen soll, oder aber, daß sie geradeaus weiterlaufen soll. Wenn wir uns zum Beispiel für die Drehung nach rechts entscheiden, müssen darauf zwei Drehungen nach links folgen und zwischen den Drehungen muß jeweils ein Schritt vorwärts stattfinden. Dann hat die Schildkröte wieder einen Punkt erreicht, an dem sich die Kurve selbst überschneidet, und daher besteht die Möglichkeit, zwischen verschiedenen Wegen auszuwählen. Es gibt die Möglichkeit, geradeaus weiterzulaufen oder aber eine Drehung nach links zu machen. In jedem Fall würde die Schildkröte der oberen Schleife entweder mit dem Uhrzeigersinn oder aber gegen den Uhrzeigersinn folgen und hätte danach nur noch die letzte Strecke bis zum Ende der Kurve zu durchlaufen. Diese beiden Alternativen können für die Schildkröte folgendermaßen in Befehle gefaßt werden (in beiden Fällen beträgt der Winkel $\delta = 90$ Grad):

$$F - F + F + F + F - F - F - F + F \text{ und}$$
$$F - F + F + FF + F + F + FF.$$

Die Optionen für eine Drehung nach links an der ersten Gabelung sind:

$$F + F - F - F - F + F + F + F - F \text{ und}$$
$$F + F - F - FF - F - F - FF.$$

Wenn die Schildkröte sich an der ersten Gabelung entscheidet, geradeaus zu gehen, erhalten wir

$$FF - F - F - FF - F - F + F \text{ oder}$$
$$FF + F + F + FF + F + F - F.$$

Das ganze L-System funktioniert mit jeder dieser Möglichkeiten. Beispielsweise können wir festlegen:

L-System:	Peano-Kurve
Axiom:	F
Produktionsregeln:	$F \to FF + F + F + FF + F + F - F$
	$+ \to +$
	$- \to -$
Parameter:	$\delta = 90$ Grad

Unser letztes Beispiel, das wir bereits vom Standpunkt der Mehrfach-Verkleinerungs-Kopier-Maschinen aus behandelt haben, ist die Drachen-Kurve. Die Konstruktion beginnt mit einer L-förmigen Kurve, die wir K_0 nennen wollen. Im nächsten Schritt erhalten wir K_1 durch das Aneinanderfügen zweier Kopien von K_0, die im Uhrzeigersinn gedreht wurden — eine wurde um 45 Grad gedreht, die andere um 135 Grad (siehe Abbildung 6.29).

Die Drachen-Konstruktion

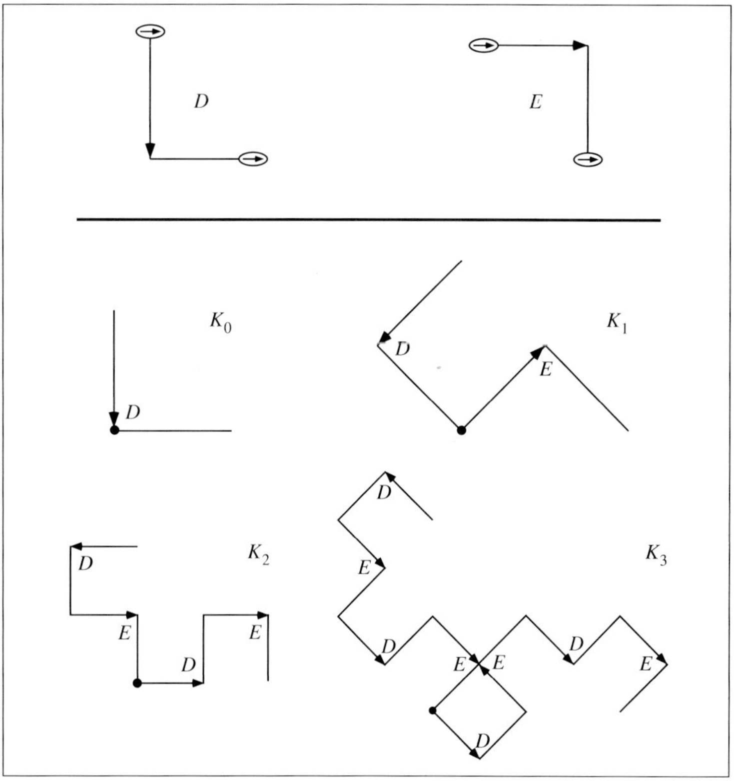

Abb. 6.29 : Die Konstruktion eines L-Systems für die Drachenkurve. Die neuen Zeichen D und E (oben) sind die Hauptbausteine.

Zunächst stellen wir fest, daß wir offenbar den Winkel $\delta = 45$ verwenden müssen. Dann kann K_0 durch $--F++F$ kodiert werden. Es ist bequem, für diese Kurve das neue Zeichen D einzuführen. Die Schildkröte wird D als $--F++F$ interpretieren. Wir analysieren nun K_1. Der erste Teil der Kurve kann direkt durch das Zeichen D kodiert werden. Mit dem zweiten Teil müssen wir jedoch vorsichtig sein. Grob gesagt entsteht die neue Kurve, indem die Endpunkte der beiden Kopien von K_0 aneinandergefügt werden. Wir müssen der zweiten Kopie daher in umgekehrter Richtung folgen: $F--F++$. Daher führen wir das neue Zeichen E ein und kommen zur Kodierung $-D++E$ für die Kurve K_1 (wegen des Minuszeichens wird alles um 45 Grad gedreht). Somit erhalten wir die erste Umschreiberegel: $D \rightarrow -D++E$. Die Umschreiberegel für E ist hierzu symmetrisch und ist Ausdruck der Tatsache, daß die Kurve in umgekehrter Richtung durchlaufen wird, so wie wir im zweiten Teil der Kurve beobachtet haben. Wir erhalten also folgendes L-System:

Die Koch-Insel

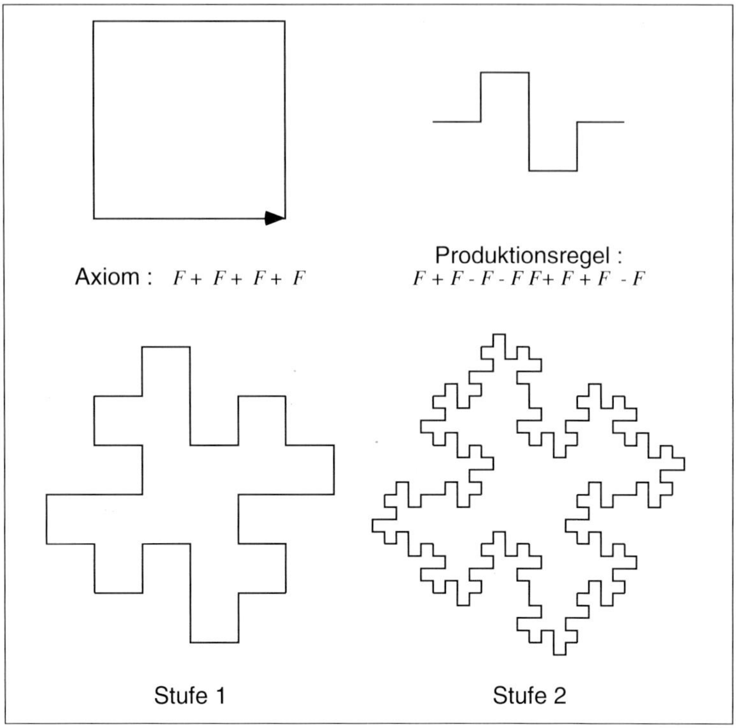

Abb. 6.30 : Die quadratische Koch-Insel. Oben sind Axiom und Produktion des L-Systems abgebildet, und unten kann man den ersten und zweiten Schritt sehen.

L-System:	Drachen-Kurve
Axiom:	D
Produktionsregeln:	$D \to -D + +E$
	$E \to D - -E+$
	$+ \to +$
	$- \to -$
Parameter:	$\delta = 45$ Grad

Wir überprüfen die ersten drei Schritte:

Axiom: D
Schritt 1: $-D + +E$
Schritt 2: $- - D + +E + +D - -E+$
Schritt 3: $- - -D + +E + +D - -E+$
$+ + -D + +E - -D - -E + +.$

Die grafische Interpretation dieser Zeichenketten erzeugt tatsächlich die Kurven K_0, K_1, K_2 und K_3 (siehe Abbildung 6.29).

Für eine MVKM ungeeignet

Wir wenden uns nun solchen fraktalen Kurven zu, die wir in diesem Kapitel bisher noch nicht betrachtet haben, weil man sie nicht mit einer Mehrfach-Verkleinerungs-Kopier-Maschine erhalten kann.

Unser erstes Beispiel ist die quadratische Koch-Insel, die in Abbildung 6.30 dargestellt ist. Die Konstruktion beginnt mit einem geschlossenen Polygonzug mit vier Seiten (mit einem Quadrat). Wenn wir den Winkel $\delta = 90$ Grad wählen, kann dieses Quadrat durch die Zeichenkette $F + F + F + F$ beschrieben werden. In den folgenden Schritten werden alle Strecken durch die Zickzackkurve ersetzt, die in 6.30 oben rechts zu sehen ist. Diese Kurve kann durch $F+F-F-FF+F+F-F$ kodiert werden. Zusammenfassend kann man sagen, daß wir offensichtlich das folgende L-System erhalten:

L-System:	Quadratische Koch-Insel
Axiom:	$F + F + F + F$
Produktionsregeln:	$F \rightarrow F + F - F - FF + F + F - F$
	$+ \rightarrow +$
	$- \rightarrow -$
Parameter:	$\delta = 90$ Grad

Im unteren Teil der Abbildung 6.30 zeigen wir die ersten beiden Konstruktionsschritte für diese Kurve. Warum ist es nun eigentlich nicht möglich, diese Kurve durch eine MVKM zu beschreiben?

Die Antwort ist nicht schwer. Bei dieser Kurvenkonstruktion entsteht kein selbstähnliches Bild im Sinn einer MVKM. Andererseits produziert eine MVKM immer ein selbstähnliches Bild, und diese Eigenschaft ist fest in den Rückkopplungsmechanismus der Maschine eingebaut. Dies bedeutet, daß sich die Kurve, die in einem bestimmten Stadium der Konstruktion entsteht, aus verkleinerten Kopien der Kurve zusammensetzt, die im vorhergehenden Konstruktionsschritt erzeugt wurde. Bei der Konstruktion der Koch-Insel wird dieses Konstruktionsprinzip verletzt. Aus diesem Grund kann die Koch-Insel nicht mit einer MVKM erzeugt werden.

Wenn man die Konstruktion jedoch auf nur eine Seite der Koch-Insel einschränkt, zum Beispiel auf die Unterseite, die aus dem ersten F des Axioms entsteht, sieht die Situation vollständig anders aus. Jede der vier Seiten besteht aus einer Kurvenkonstruktion, die im Limes selbstähnlich ist und durch eine MVKM beschrieben werden kann. Mit anderen Worten liegt der einzige Grund für die Verletzung der Selbstähnlichkeit im Axiom $F + F + F + F$. Wegen dieses Axioms ist die Grenzkurve nicht einfach selbstähnlich, sondern aus vier selbstähnlichen Kurven zusammengesetzt.

Wir betrachten jetzt zwei Kurvenkonstruktionen, die wirklich nicht durch eine einfache MVKM realisiert werden können. Bei beiden Beispielen handelt es sich um flächenfüllende Kurven wie die Originalkurve von Peano. Während aber beim Konstruktionsverfahren von Peano eine Kurve entsteht, die sich selbst schneidet, gibt es bei den beiden folgenden Kurven keine Selbstüberschneidungen. Dies bedeutet, daß jede Kurve, unabhängig in welchem Konstruktionsschritt sie entsteht, weder Selbstüberschneidungen noch Berührungspunkte hat. Das erste der beiden Beispiele ist David Hilbert (1862–1943) zuzuschreiben und wurde 1891 veröffentlicht, ein Jahr nachdem Peano seine Kurvenkonstruktion publiziert hatte.[18]

Die Konstruktion von Hilbert

Hilberts Konstruktion ist außerordentlich elegant, besonders wenn man in Betracht zieht, daß Hilfsmittel wie L-Systeme, MVKM oder rekursive Computerprogramme erst Jahrzehnte später eingeführt wurden. Wir versuchen eine Beschreibung zu geben, die den Ideen von Hilbert folgt.[19] In Abbildung 6.31 ist die Fläche, die von der Hilbert-Kurve gefüllt werden soll, durch das gepunktete Quadrat gekennzeichnet. Wir unterteilen dieses Quadrat in vier Teilquadrate. Die Konstruktion beginnt mit einer Kurve H_0, die die Mittelpunkte der Teilquadrate mit Strecken verbindet. Angenommen, die Länge dieser Strecken sei 1. Im nächste Schritt stellen wir vier Kopien dieses Anfangszustands her, die um den Faktor 1/2 verkleinert sind, und ordnen sie in den vier Teilquadraten an, wie es in der Abbildung veranschaulicht wird. Die erste Kopie wird dabei um 90 Grad im Uhrzeigersinn und die letzte um 90 Grad gegen den Uhrzeigersinn gedreht. Die Anfangs- und Endpunkte dieser Kurven verbinden wir nun durch drei Strecken der Länge 1/2, und die Kurve, die wir dadurch erhalten, bezeichnen wir mit H_1. Im zweiten Schritt skalieren wir H_1 mit 1/2 und ordnen vier Kopien in den Teilquadraten an, wie wir es auch im ersten Konstruktionsschritt getan haben. Wieder verbinden wir die Anfangs- und Endpunkte der Kopien mit Strecken, die diesmal die Länge 1/4 haben, und erhalten so H_2. Diese Kurve enthält 16 Kopien von H_0, von denen jede um 1/4 gestaucht wurde. Allgemein läßt sich die Regel aufstellen, daß man im $n$ten Schritt H_n aus vier Kopien von H_{n-1} erhält, die durch drei Strecken der Länge $1/2^n$ miteinander verbunden werden, und diese Kurve enthält $4n$ Kopien von H_0, die um den Faktor $1/2^n$ gestaucht wurden.

Innere gegenüber äußerer Ersetzungen

Gerade haben wir eine geometrische Konstruktion vorgeführt, die Ähnlichkeit mit den Kurvenkonstruktionen hat, die durch eine MVKM beschrieben werden. Wir erhalten die Kurve in einem bestimmten Stadium der Konstruktion aus verkleinerten Kopien der Kurve im vorhergehenden Stadium. Diesen Vorgang könnte man als makroskopische (oder äußere) Ersetzung bezeichnen. In dieser Hinsicht ist

[18] D. Hilbert, *Über die stetige Abbildung einer Linie auf ein Flächenstück*, Mathematische Annalen 38 (1891) 459–460.

[19] Die Originalveröffentlichung von Hilbert ist in dem Buch *Bausteine des Chaos — Fraktale* in den Abbildungen 2.35 und 2.36 auf den Seiten 116 – 117 in Kapitel 2 reproduziert.

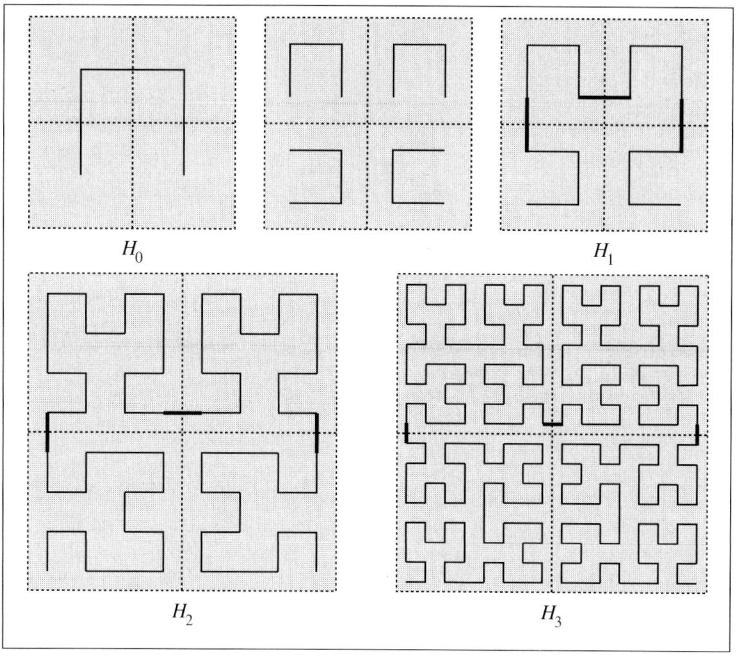

Vier Konstruktionsschritte für die Hilbert-Kurve

Abb. 6.31 : Die ersten Schritte bei der Konstruktion der Hilbert-Kurve.

die Konstruktion mit einem L-System anders. Sie beschränkt sich auf die Ersetzung der kleinsten Teile, der Zeichen. Diesen Vorgang kann man als mikroskopische (oder innere) Ersetzung ansehen. Makroskopische Ersetzungen sind leicht zu visualisieren und daher gut zu verstehen, während mikroskopische Ersetzungen anscheinend schwieriger zu begreifen sind. Diesen Blickwinkel wollen wir noch ein wenig vertiefen. Wie sollte man den zweiten Konstruktionsschritt H_2 der Hilbert-Kurve definieren, so daß die Konstruktion auch für ein L-System zugänglich wird? Wir betrachten noch einmal H_1. In H_1 gibt es vier Kopien von H_0. Grob gesagt muß jede dieser Kopien durch eine Kopie von H_1 ersetzt werden, damit man H_2 erhält. Dies ist jedoch nicht genau das, was wir haben wollen, denn die Verbindungsstrecken zwischen den Kopien müssen ebenfalls modifiziert werden. Mit einem L-System läßt sich dieses Problem lösen. Wenn wir ein L-System verwenden, haben wir es lediglich mit formalen Ersetzungen zu tun, und die Länge der Strecken wird automatisch angepaßt. Wir sehen uns diesen Sachverhalt etwas genauer an.

Zunächst müssen wir den Winkel $\delta = 90$ Grad wählen. Dann kann H_0 durch das Zeichen L kodiert werden, das von der Schildkröte als $+F - F - F+$ interpretiert wird, und H_1 kann durch die Zeichenkette $+RF - LFL - FR+$ kodiert werden (siehe Abbildung 6.32).

L-System für die Hilbert-Kurve

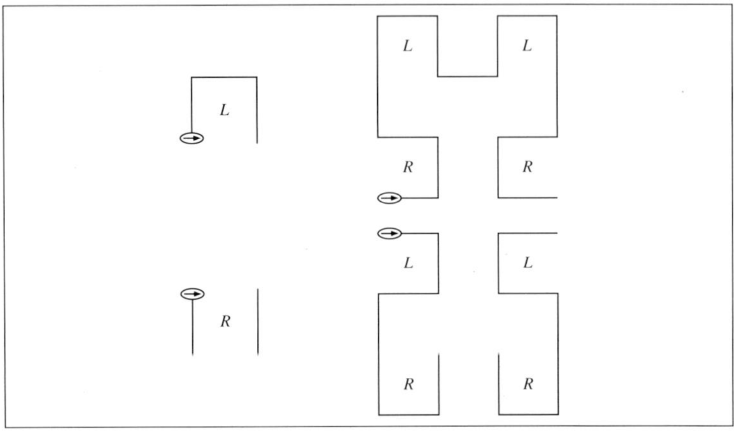

Abb. 6.32 : Die Kodierung der Kurven H_0 und H_1 wird unter Verwendung der Zeichen L und R geometrisch interpretiert (links). Fängt man anstelle des Zeichens L mit R an, erhält man die Spiegelbilder der entsprechenden Stadien in der Konstruktion der Hilbert-Kurve (rechts).

Man beachte, daß sich die Schildkröte in beiden Fällen in der Start- und in der Endposition mit dem Kopf nach rechts befindet. Da wir H_1 aus H_0 erhalten, wird dadurch die erste Produktionsregel für das L-System bestimmt. Für den nächsten Schritt, der Produktion von H_2 aus H_1 brauchen wir auch eine Umschreiberegel für R. Der einzige Unterschied zwischen den gespiegelten Zeichen L und R ist ihre Orientierung. Die Schildkröte folgt der L-Kurve im Uhrzeigersinn, indem sie mit einer Linkskurve beginnt, während sie der R-Kurve gegen den Uhrzeigersinn folgt und in diesem Fall mit einer Rechtskurve beginnt. Die Umschreiberegel für R ist daher das Spiegelbild der Regel für L. Anstelle von Rechtsdrehungen machen wir Linksdrehungen und umgekehrt. Darüber hinaus müssen wir die Zeichen R und L miteinander vertauschen. Wir kommen daher zu folgenden Umschreiberegeln:

L-System:	Hilbert-Kurve
Axiom:	L
Produktionsregeln:	$L \to +RF - LFL - FR+$
	$R \to -LF + RFR + FL-$
	$F \to F$
	$+ \to +$
	$- \to -$
Parameter:	$\delta = 90$ Grad

Die ersten drei Schritte mit diesem L-System führen zu folgendem Ergebnis:

Axiom: L

Schritt 1: $+RF - LFL - FR+$

Schritt 2: $+ - LF + RFR + FL - F - +RF - LFL - FR + F +$
$RF - LFL - FR + -F - LF + RFR + FL - +$

Schritt 3: $+ - +RF - LFL - FR + F + -LF + RFR + FL - F -$
$LF + RFR + FL - +F + RF - LFL - FR + -F - + -$
$LF + RFR + FL - F - +RF - LFL - FR + F + RF -$
$LFL - FR + -F - LF + RFR + FL - +F + -LF +$
$RFR + FL - F - +RF - LFL - FR + F + RF - LFL -$
$FR + -F - LF + RFR + FL - + - F - +RF - LFL -$
$FR + F + -LF + RFR + FL - F - LF + RFR + FL -$
$+F + RF - LFL - FR + -+.$

Dies ist eine vollständige Beschreibung von H_0, H_1, H_2 und H_3 (siehe Abbildung 6.31).

Eine andere flächenfüllende Peano-Kurve

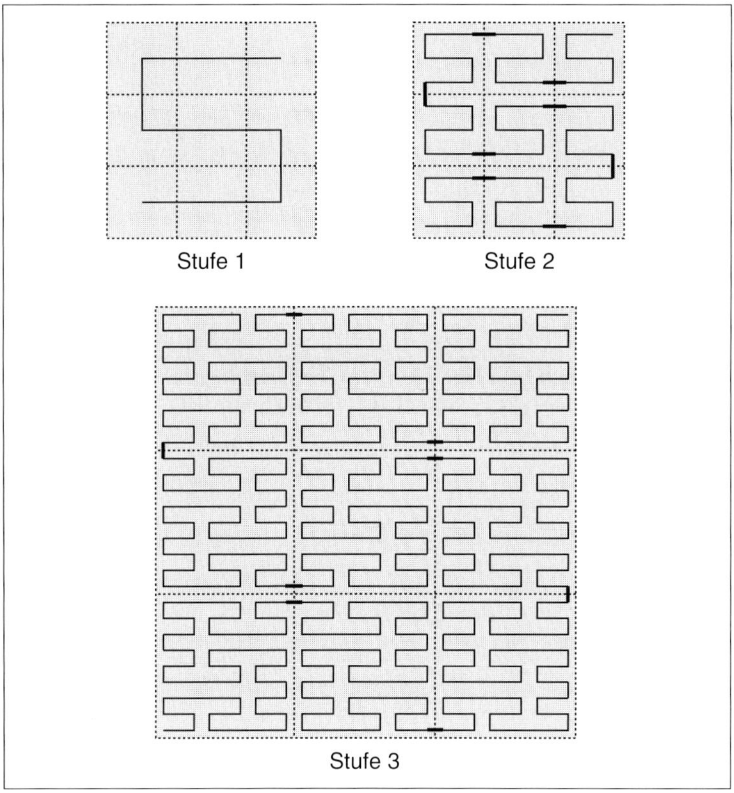

Abb. 6.33 : Die ersten Schritte für die flächenfüllende S-Kurve. Sie ist eine Zusammensetzung von S- und Z-förmigen Kurven.

L-System für die SZ-Kurve

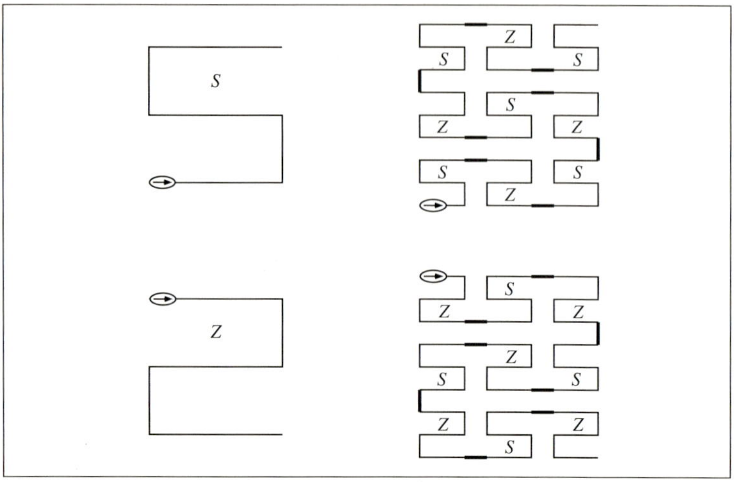

Abb. 6.34 : Das Axiom des L-Systems für die „S-förmige“ Peano-Kurve ist das Symbol S. Die Produktionsregel kann grafisch als Zusammensetzung von S- und Z-förmigen Kurven interpretiert werden, wie man es in dieser Abbildung sehen kann.

Die SZ-Kurve

Wir stellen zum Abschluß dieses Abschnitts eine nahe Verwandte der Peano-Kurve vor. Die ersten Konstruktionsschritte dieser flächenfüllenden Kurve sind in Abbildung 6.33 dargestellt. Die Konstruktion beginnt mit einer S-förmigen Kurve und fährt fort, indem kleine S- und Z-förmige Kurven miteinander verbunden werden. Wenn wir den Winkel $\delta = 90$ Grad nehmen, können wir diese Kurve mit unseren Zeichen S und Z kodieren. Die erste Kurve wird einfach durch das Zeichen S kodiert. Die Kurve im zweiten Konstruktionsschritt ist durch $SFZFS + F + ZFSFZ - F - SFZFS$ gegeben (siehe Abbildung 6.34). Man kann beobachten, daß die Schildkröte dem mittleren Teil $ZFSFZ$ der Kurve von rechts nach links folgt, und daher ist dieser Teil der Kurve eine vertikale Spiegelung des ersten Teils (wir haben versucht, dies durch die Buchstaben S und Z in den Bildern anzudeuten). Das vollständige L-System läßt sich folgendermaßen angeben:

L-System:	S-förmige Peano-Kurve
Axiom:	S
Produktionsregeln:	$S \to SFZFS + F + ZFSFZ - F - SFZFS$
	$Z \to FSFZ - F - SFZFS + F + ZFSFZ$
	$F \to F$
	$+ \to +$
	$- \to -$
Parameter:	$\delta = 90$ Grad

6.5 Wachstum von Fraktalen durch vernetzte MVKM

Bei unseren Untersuchungen im vorhergehenden Abschnitt haben wir gesehen, daß schon ein wenig Erfahrung erforderlich ist (oder sogar etwas mehr), um L-Systeme für Fraktale herzuleiten, die nicht streng selbstähnlich sind. Es wäre daher sehr bedauerlich, wenn man den eher geometrischen Zugang über Mehrfach-Verkleinerungs-Kopier-Maschinen wirklich nicht auf solche Konstruktionen erweitern könnte. Wer jedoch Kapitel 5 aus *Bausteine des Chaos — Fraktale* gelesen hat, kennt bereits das Werkzeug für die Lösung zu diesem Problem: Vernetzung von MVKM oder hierarchisch iterierte Funktionensysteme. Wir versuchen nun herauszufinden, wie man dieses Konzept im gegenwärtigen Kontext weiterverwenden kann.

Zusammensetzung von Bildern durch MVKM

Der Leser wird sich erinnern, daß alle Maschinen in der Vernetzung von MVKM gleichzeitig arbeiten und daß alle Maschinen in jedem Schritt ihr eigenes Bild produzieren. Die Transformationen einer speziellen Maschine können nicht nur auf die Bilder wirken, die von dieser Maschine erzeugt werden, sondern auch auf die Bilder aller anderen Maschinen im Netz. Mit anderen Worten stellt jede Maschine ihr Bild aus den transformierten Bildern aller anderen Maschinen zusammen. Wir werden sofort sehen, daß wir genau dies brauchen.

Erste Konstruktionsschritte der Hilbert-Kurve — Rückblick

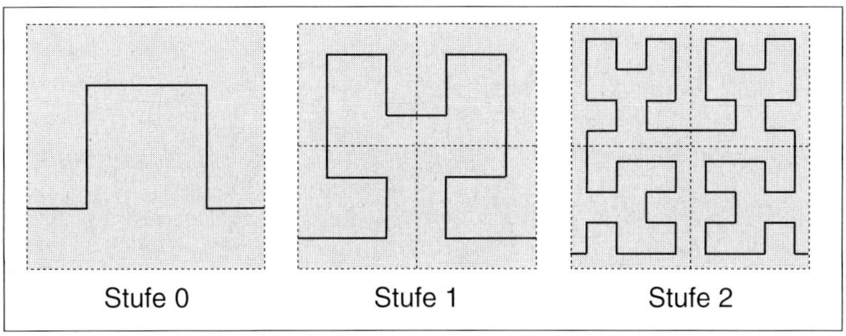

Abb. 6.35 : Die ersten Schritte im Konstruktionsverfahren für die Hilbert-Kurve. Von einem Schritt zum nächsten wird die Länge der Streckenstücke um den Faktor 1/2 gestaucht.

Wir beginnen mit der Konstruktion für die Hilbert-Kurve. Abbildung 6.35 zeigt die ersten Konstruktionsschritte. Man beachte jedoch, daß die Kurven gegenüber der Originalkonstruktion geringfügig erweitert wurden. Sie reichen bis an den linken und rechten Rand des grauen Quadrats heran. Diese Erweiterung erleichtert unsere Untersuchung sehr. Wir betrachten nun die Kurve im ersten Schritt, die sich in vier Abschnitte unterteilen läßt — einer in jedem Quadranten (siehe die mittlere Kurve in Abbildung 6.35). Diese Kurvenstücke

Vergrößerung eines Quadranten

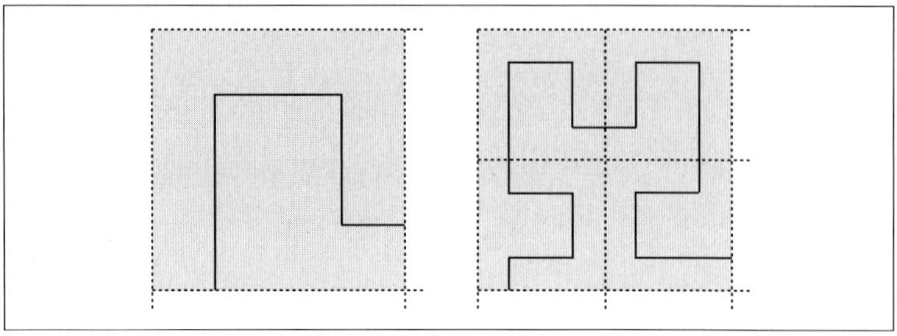

Abb. 6.36 : Vergrößerung des oberen linken Quadranten der Kurven im ersten und zweiten Stadium, die in Abbildung 6.35 dargestellt sind. Die Vergrößerung der Kurve im zweiten Stadium (rechts) ist wiederum in vier Abschnitte unterteilt.

Bauplan für das Netz der Hilbert-MVKM

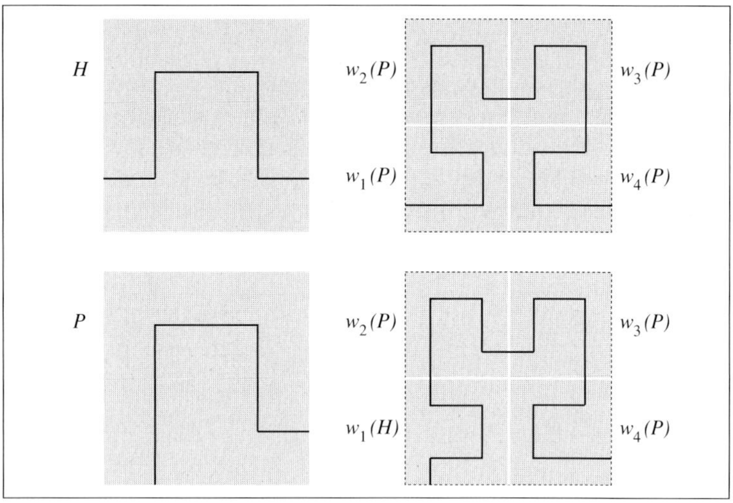

Abb. 6.37 : Bauplan für die beiden MVKM, die erforderlich sind, um die Konstruktion von Hilbert auszuführen. Oben wird die H-Maschine gezeigt; unten sieht man die P-Maschine.

sind offensichtlich keine verkleinerten Kopien des Anfangsbilds (der Kurve im nullten Schritt). Sie erinnern eher an vier Kopien einer P-förmigen Kurve. Einige von ihnen sind gedreht oder gespiegelt.

In Abbildung 6.36 zeigen wir eine Vergrößerung dieses P-förmigen Kurvenabschnitts (aus dem oberen linken Quadranten) und vergleichen sie mit der entsprechenden Vergrößerung aus dem zweiten Konstruktionsstadium. Wie es in der Abbildung angedeutet ist, haben wir auch die Vergrößerung der Kurve im zweiten Stadium in vier Abschnitte unterteilt. Diesmal finden wir drei Kopien der P-förmigen Kurve und im unteren linken Quadranten eine Kopie des nullten

Stadiums, die um 90 Grad gedreht wurde. Auf der Grundlage dieser Beobachtungen sind wir in der Lage, zwei vernetzte MVKM zu beschreiben. Wir nennen sie die H- und die P-Maschine. Die H-Maschine produziert die Bilder, auf denen die Kurven aus der Konstruktion von Hilbert zu sehen sind (wie in Abbildung 6.35). Die P-Maschine fängt mit der P-förmigen Kurve an und fährt fort, wie es in Abbildung 6.36 dargestellt ist. Sie operiert auf ihren eigenen Bildern und denen der H-Maschine. Die H-Maschine hingegen operiert nur auf den Bildern der P-Maschine. Abbildung 6.37 zeigt den Bauplan der beiden MVKM. Es ist bemerkenswert, daß beide Maschinen die gleichen Transformationen verwenden.

Wirkung der Hilbert-MVKM

In symbolischer Schreibweise können wir die Wirkung der Maschinen durch die Gleichungen

$$\begin{aligned} H_{n+1} &= w_1(P_n) \cup w_2(P_n) \cup w_3(P_n) \cup w_4(P_n) \\ P_{n+1} &= w_1(H_n) \cup w_2(P_n) \cup w_3(P_n) \cup w_4(P_n) \end{aligned}$$

beschreiben. Die Transformationen $w_1, \ldots, w_4$ sind durch den Bauplan vollständig bestimmt. Sie verkleinern alle um den Faktor 1/2. Die Maschinen wurden so entworfen, daß sie die Folge H_1, H_2, ... der Hilbert-Kurven produzieren, vorausgesetzt, daß H_0 als diejenige Kurve gewählt wurde, die in Abbildung 6.35 links abgebildet ist. P_0, P_1, P_2, ... ist die Folge der Ergänzungskurven, die mit der P-förmigen Kurve P_0 anfängt, die auf der linken Seite von Abbildung 6.36 dargestellt ist. Bei der Definition von H_{n+1} werden alle Transformationen auf P_n angewendet. Dies ist Ausdruck der Tatsache, daß alle Eingaben für die H-Maschine mit der Ausgabe der P-Maschine verbunden sind. Andererseits kann man feststellen, daß bei der Definition von P_{n+1} nur w_1 auf H_n angewendet wird. Es ist also nur einer der Eingabekanäle mit der Ausgabe der H-Maschine verbunden. Alle anderen Eingaben werden von der Ausgabe der P-Maschine rückgekoppelt.

Ein kleiner Unterschied

Offensichtlich gibt es einen kleinen Unterschied zwischen der klassischen Konstruktion und der, die wir gerade vorgestellt haben, nämlich die kleinen Strecken, die bis zu den Kanten des Quadrats reichen. Diese Strecken zeigen in der Tat die Nachbarschaftsbeziehung der Quadranten im Verlauf der Konstruktion an (d.h., wie die Kurve aneinandergrenzende Quadranten verläßt bzw. betritt). Bei der Originalkonstruktion wird dies dadurch versteckt, daß in jedem Konstruktionsschritt drei kurze Strecken hinzugefügt werden. Schließlich wollen wir noch anmerken, daß die Konstruktion der MVKM so erweitert werden kann, daß sie die klassische Konstruktion genau wiedergibt, aber dies ist nur dann möglich, wenn man zwei weitere MVKM verwendet. Diese würden wiederum die gleichen Transformationen verwenden, würden aber mit anderen Anfangsbildern starten. Wir lassen die Besprechung dieser technischen Einzelheiten aus.

Bauplan der vernetzten Peano-MVKM

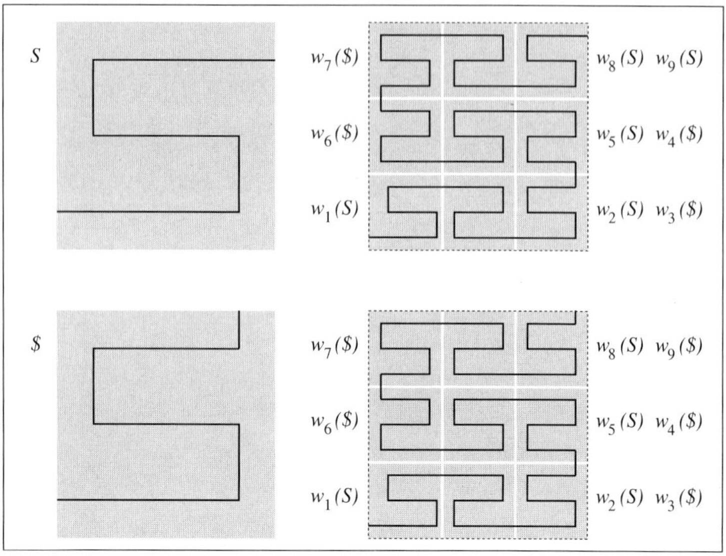

Abb. 6.38 : Bauplan der MVKM, die erforderlich sind, um die Peano-Kurve aus Abbildung 6.33 zu erzeugen.

Wir werden nun kurz das andere Beispiel der Peano-Kurve ohne Selbstüberschneidungen untersuchen, die wir mit einem L-System erzeugt haben. Die gleichen Überlegungen, die wir für die Hilbert-Kurve angestellt haben, führen in diesem Fall zum Bauplan zweier vernetzter Maschinen, die in Abbildung 6.38 dargestellt sind.

Wirkung des Netzwerks für die Peano-Kurve

Die erste dieser beiden Maschinen nennen wir S-Maschine. Die andere Maschine nennen wir wegen der kleinen vertikalen Linie, die im Bauplan oben an die S-förmige Kurve der anderen Maschine angehängt ist, die \$-Maschine. Die S-Maschine hat vier Eingabekanäle, die mit der \$-Maschine verbunden sind (die Transformationen w_3, w_4, w_6 und w_7 werden auf das Erzeugnis dieser Maschine angewendet). Auch die \$-Maschine hat vier Eingabekanäle, die mit der anderen Maschine verbunden sind (dies betrifft die Transformationen w_1, w_2, w_5 und w_8). Die Wirkungsweise dieses Netzwerks von MVKM kann daher durch folgende Gleichungen beschrieben werden:

$$\begin{aligned} S_{n+1} &= w_1(S_n) \cup w_2(S_n) \cup w_3(\$_n) \cup w_4(\$_n) \cup w_5(S_n) \cup \\ &\quad w_6(\$_n) \cup w_7(\$_n) \cup w_8(S_n) \cup w_9(S_n) \\ \$_{n+1} &= w_1(S_n) \cup w_2(S_n) \cup w_3(\$_n) \cup w_4(\$_n) \cup w_5(S_n) \cup \\ &\quad w_6(\$_n) \cup w_7(\$_n) \cup w_8(S_n) \cup w_9(\$_n). \end{aligned}$$

Die Transformationen $w_1, \ldots, w_9$ wurden dem Bauplan entsprechend gewählt. Alle diese Transformationen verkleinern das Ganze um den Faktor 1/3. Die Anfangsbilder S_0 und $\$_0$ müssen genau so ausgewählt

Bauplan für das Netzwerk eines Zweiges

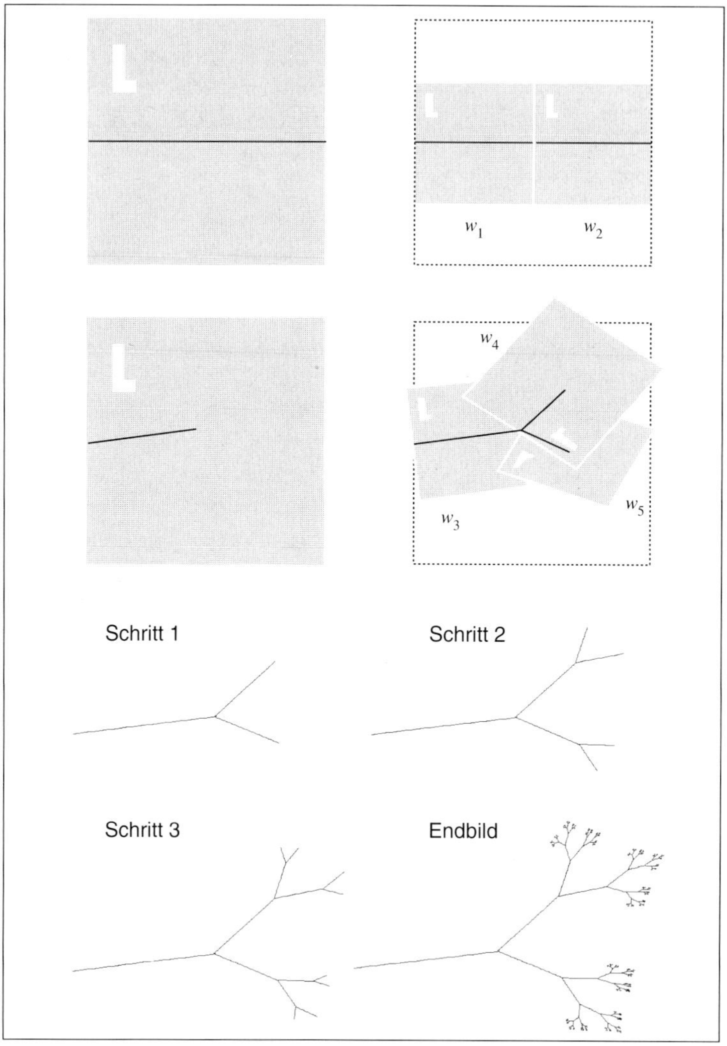

Abb. 6.39 : Die beiden vernetzten MVKM simulieren auf geometrische Weise das Wachstum eines Zweiges (unten).

werden, wie es durch die Bilder auf der linken Seite von Abbildung 6.38 für die S-Kurve und die \$-Kurve angegeben ist.

Ein wachsender Zweig

Wir schließen unsere Untersuchungen damit ab, daß wir uns das Beispiel eines Netzwerks von MVKM ansehen, mit dem das Wachstum eines Zweiges beschrieben werden kann. In Abbildung 6.39 ist der Bauplan für zwei vernetzte MVKM dargestellt, die als Beispiel dienen können. Der Attraktor der ersten Maschine (L) ist eine gerade Linie. Wir verwenden hier zwei Transformationen, die jeweils um den Faktor 1/2 verkleinern. Da wir bei diesem Aufbau genau diese Linie als Anfangsbild nehmen, behandelt die Maschine dieses Bild einfach als konstante Ausgabe, die wir als Stamm für den Zweig verwenden. Die andere MVKM ist so konstruiert, daß sie den Zweig wachsen läßt. Das Anfangsbild für diese Maschine stellt den Stamm für den Zweig dar. Die Abbildung w_3 wird auf die Ausgabe der ersten MVKM angewendet. Sie legt die Linie genau auf den Stamm des Zweiges, wodurch der Stamm ein für allemal festgelegt wird. Die beiden anderen Abbildungen w_4 und w_5 sind so gewählt, daß sie kleine Kopien des Anfangsbilds am Ende des Stamms anbringen.

Die Iteration der beiden MVKM kann durch die Gleichungen

$$\begin{aligned} L_{n+1} &= w_1(L_n) \cup w_2(L_n) \\ Z_{n+1} &= w_3(L_n) \cup w_4(Z_n) \cup w_5(Z_n) \end{aligned}$$

beschrieben werden. Wenn man den Attraktor L als Anfangsbild L_0 verwendet, erhält man $L_n = L$. Wenn wir definieren $S = w_3(L)$ (was wir auch als Anfangsbild T_0 genommen haben), erhalten wir eine einzelne Gleichung, die die Arbeitsweise der Zweigmaschine beschreibt:

$$Z_{n+1} = S \cup w_4(Z_n) \cup w_5(Z_n).$$

L-Systeme eignen sich besser

Abbildung 6.39 (unten) zeigt das Ergebnis, das man bei der Iteration dieses Netzwerks (Z_2, Z_3, Z_4) erhält. Aufgrund der Konstruktion ist es jedoch klar, daß diese Maschine keinen wirklichen Wachstumsprozeß simuliert. Vielmehr täuscht sie diesen Vorgang auf geometrische Weise vor. In dieser Hinsicht sind L-Systeme besser geeignet, wirkliches Wachstum zu simulieren. Diese wichtige Tatsache haben wir bereits in der Einleitung zu diesem Kapitel erwähnt. Deshalb wollen wir dieses Konzept nun erweitern und sehen, wie wir das Wachstum von Strukturen beschreiben können, die komplexer sind als einfache Algenstränge.

6.6 L-Systeme für Bäume und Büsche

Die Darstellung einer Zellkette durch eine Zeichenkette liegt auf der Hand. Wie können wir aber eine Struktur, die sich verzweigt, durch eine Zeichenkette darstellen, in der die Symbole doch einfach nur sequentiell aufeinanderfolgen? Für einen Augenblick scheint dies ein Problem zu sein. Aber das Problem läßt sich leicht lösen: Wir führen ein neues Zeichen ein, das einen Verzweigungspunkt anzeigt. Wir wählen für dieses Zeichen eine eckige Klammer, die nach rechts geöffnet ist ([). Diese Klammer wird durch ihr Gegenstück (]) ergänzt, das anzeigen soll, daß an dieser Stelle die Definition des Zweigs abgeschlossen ist. Betrachten wir zum Beispiel die Zeichenkette

$$ABA[BBAA][CCBB]ABA[AABB]ABA.$$

Wenn man die eingeklammerten Teile ausläßt, erhält man

$$ABAABAABA,$$

wodurch der Stamm einer Pflanze beschrieben wird, aus dem sich drei Äste gabeln (an einer Stelle sind es die beiden Äste $BBAA$ und $CCBB$, und ein Stück weiter ist es der Ast $AABB$).

Interpretation der Verzweigungsbefehle

Wie soll sich aber unsere Schildkröte verhalten, wenn sie auf eines dieser neuen Zeichen stößt? Zunächst sollte sie sich, wenn sie beim [-Befehl angekommen ist, ihre gegenwärtige Position und Richtung merken. Technisch ausgedrückt bedeutet dies, daß der Zustand der Schildkröte gespeichert und gesichert werden muß. Der Ast kann dann durch die übliche Interpretation der nachfolgenden Befehle gezeichnet werden. Die Fertigstellung des Zweigs wird durch den]-Befehl ausgelöst. Die Schildkröte muß dann zu dem Verzweigungspunkt zurückkehren, den sie sich gemerkt hat.

Gestapelte Zustände

Eine Implementierung auf dem Computer läßt sich am einfachsten durchführen, wenn man die Zustände der Schildkröte mit einem Stapel verwaltet. Dies verhindert auch bei komplexen Verzweigungshierarchien, daß wir die Spur verlieren. Wenn wir auf den [-Befehl treffen, wird der gegenwärtige Zustand der Schildkröte oben auf dem Stapel abgelegt und gespeichert. Der]-Befehl schiebt den obersten Zustand vom Stapel herunter und führt die Schildkröte in diesen Zustand zurück. Technisch wird der Zustand S der Schildkröte durch drei Zahlen beschrieben, durch die Position (x, y) und die Richtung, die durch den Winkel α gegeben ist. Daher ist $S = \{x, y, \alpha\}$. Zu Anfang ist der Stapel leer. Immer, wenn die Schildkröte auf den [-Befehl stößt, wird ihr derzeitiger Zustand $S_{n+1} = S$ gespeichert, und der Zähler n für die Anzahl der Zustände, die sich auf dem Stapel befinden, um 1 erhöht. Wenn die Schildkröte bei einen]-Befehl ankommt, rufen wir ihren Zustand wieder ab, setzen $S = S_n$ und setzen den Zähler für die Zustände auf dem Stapel um 1 herunter.

Ein regelmäßiges Kraut

Abb. 6.40 : Die ersten Stadien einer krautartigen Pflanze.

Eine krautartige Pflanze...

Wir betrachten nun ein paar einfache Beispiele. Das erste sieht wie eine krautartige Pflanze aus. Sie hat einen Stamm, der sich in drei Teile gliedert, und zwei Hauptäste. Alle Teile des Stamms und beide Äste haben die gleiche Gestalt (d.h. sie haben drei kleinere Abschnitte und zwei Äste). Hier geben wir das zugehörige L-System an, für das wir wieder die Zeichen verwenden, die wir für die Schildkröten-Grafiken eingeführt haben. Damit die Darstellung kompakter wird, lassen wir diejenigen Produktionsregeln aus, die kein Zeichen verändern, wie zum Beispiel $F \to F$. So werden wir auch bei allen verbleibenden L-Systemen vorgehen.

L-System:	Krautartige Pflanze I
Axiom:	F
Produktionsregeln:	$F \to F[+F]F[-F]F$
Parameter:	$\delta = 25.7$ Grad

Abbildung 6.40 zeigt die ersten fünf Stadien. Die beiden ersten davon sind

Axiom: F
Schritt 1: $F[+F]F[-F]F$
Schritt 2: $F[+F]F[-F]F[+F[+F]F[-F]F]F$
$[+F]F[-F]F[-F[+F]F[-F]F]F[+F]F[-F]F$

Abbildung 6.41 zeigt ein weiteres Beispiel, einen zweidimensionalen Busch. Die Komplexität dieser Abbildung steigt von Schritt zu Schritt dramatisch an. Das Bild wird im vierten Schritt bereits durch 160 000 Zeichen kodiert.

...und Gras

Das nächste Beispiel umfaßt zwei wichtige Produktionsregeln, eine für F und die andere für B, wobei B ein zusätzliches Zeichen

Ein einfacher Busch

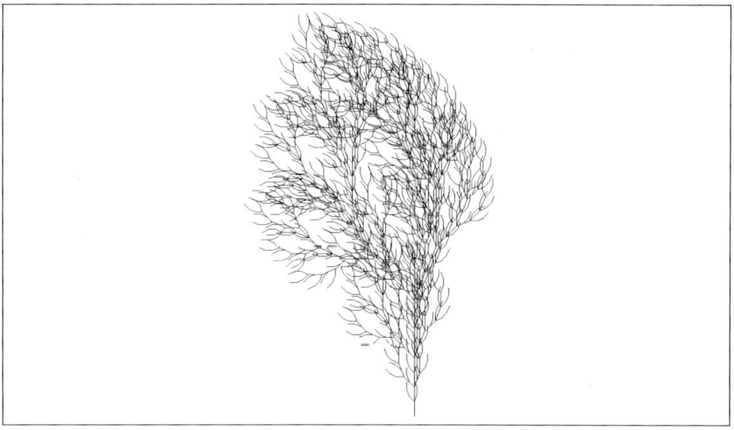

Abb. 6.41 : Dieser einfache Busch wird von einem L-System mit dem Axiom F und der Produktionsregel $F \to FF + [+F - F - F] - [-F + F + F]$ erzeugt. Der Winkel ist $\delta = 25$ Grad.

Ein anderes Kraut

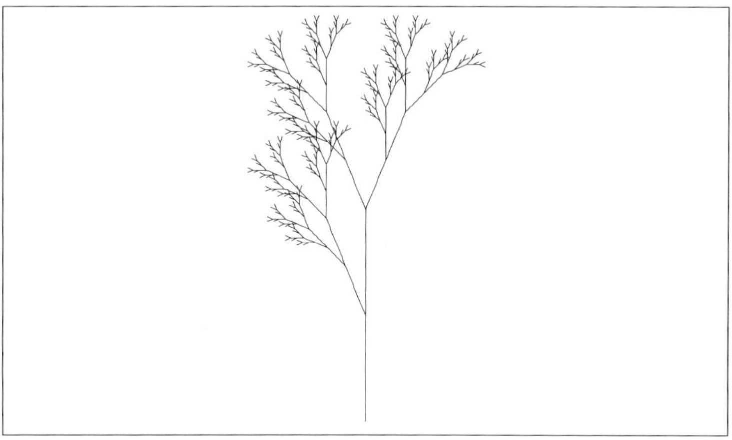

Abb. 6.42 : Man beachte die unterschiedlichen Arten der Verzweigung.

ist, das wir einführen müssen, um diese Art von Verzweigung zu modellieren. Die Schildkröte ignoriert dieses Zeichen einfach. Hier ist das L-System:

L-System:	Krautartige Pflanze II
Axiom:	B
Produktionsregeln:	$F \to FF$
	$B \to F[+B]F[-B] + B$
Parameter:	$\delta = 20$ Grad

Zufällige Kräuter

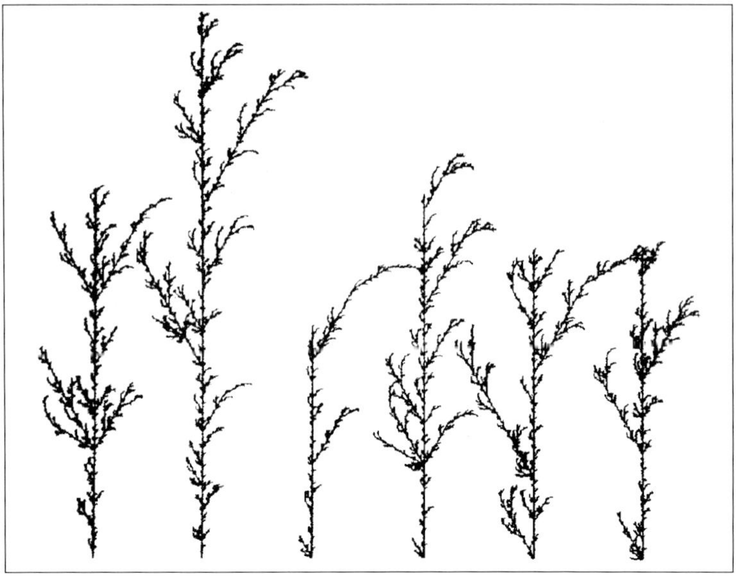

Abb. 6.43 : Sechs verschiedene Realisierungen des L-Systems „Stochastische, krautartige Pflanze III".

In Abbildung 6.42 werden die ersten Stadien dargestellt. Man sollte die beiden unterschiedlichen Verzweigungsarten dieser Pflanze leicht erkennen können. Sie entsprechen den Zeichenketten $[+B]$ und $[-B]+B$ in der Produktionsregel für B.

Zufall in L-Systemen

Bisher haben wir nur über L-Systeme gesprochen, die Bilder einer einzelnen Pflanze erzeugen können. Wenn wir aber Bilder ganzer Pflanzenfelder herstellen wollen, müssen wir die Möglichkeit haben, die gleiche Pflanze in Variationen auftreten zu lassen; anderenfalls würden wir einfach nur das Bild einer Pflanze mehrere Male kopieren. Diese Überlegung führt uns von den deterministischen L-Systemen, die wir bisher betrachtet haben, zu den nicht-deterministischen L-Systemen. Diese Systeme sind dadurch gekennzeichnet, daß es für ein Zeichen mehrere Ersetzungsregeln gibt (beispielsweise kann es mehrere Produktionsregeln für den Buchstaben F geben). Die Entscheidung, welche der Regeln in einer speziellen Situation angewendet wird, wird durch Zufall getroffen. Solche L-Systeme nennt man *stochastisch.* Wir ordnen hierzu den einzelnen Regeln bestimmte Wahrscheinlichkeiten zu, und ermitteln dann die Regel, die wir in einer gegebenen Situation anwenden, über diese Wahrscheinlichkeiten. Wenn es zum Beispiel für ein Symbol sechs Produktionsregeln gibt, von denen jede mit der gleichen Wahrscheinlichkeit 1/6 angewendet wird, kann die Entscheidung bequem mit einem Würfel getroffen werden. In Abbildung 6.43 wird ein Beispiel für die erste krautartige Struktur gezeigt, die wir zuvor besprochen haben.

L-System: Stochastische, krautartige Pflanze III
Axiom: F
Produktionsregeln: $F \to F[+F]F[-F]F$ (Wahrscheinlichkeit 1/3)
$F \to F[+F]F$ (Wahrscheinlichkeit 1/3)
$F \to F[-F]F$ (Wahrscheinlichkeit 1/3)
Parameter: $\delta = 25.7$ Grad

Die zufällige Koch-Insel aus Kapitel 7 unseres Buches *Bausteine des Chaos — Fraktale* kann auch als zufälliges L-System beschrieben werden.

L-system: Zufällige Koch-Kurve
Axiom: F
Produktionsregeln: $F \to F - F + +F - F$ (Wahrscheinlichkeit 0.5)
$f \to F + F - -F + F$ (Wahrscheinlichkeit 0.5)
Parameter: $\delta = 60$ Grad

Für die zufällige Koch-Insel ersetzen wir einfach das Axiom durch $F - -F - -F$.

Zufällige Koch-Kurve

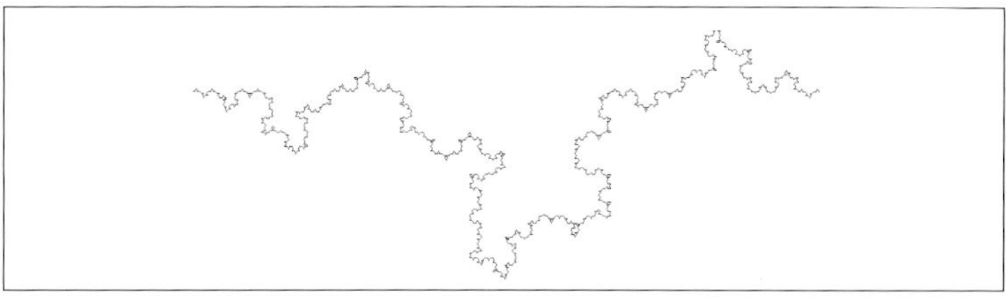

Abb. 6.44 : Zufällige Koch-Kurve.

Das Prinzip der stochastischen L-Systeme wurde in der Tat schon verwendet, um erstaunlich realistische Bilder von Pflanzen zu erzeugen.[20] Natürlich sind die vollständigen Entwicklungsmodelle solcher Strukturen wesentlich komplizierter als die der simplen Kräuter, die wir hier vorgestellt habe.

Andere Erweiterungen

Es gibt zahlreiche Möglichkeiten, das Konzept der L-Systeme zu erweitern. Zum Beispiel kann die Strategie der Ersetzung von Zeichen derart modifiziert werden, daß entweder die eine oder die andere Regel angewendet wird, je nachdem welche Zeichen in der Kette

[20] Siehe P. Prusinkiewicz und A. Lindenmayer, *The Algorithmic Beauty of Plants*, Springer-Verlag, New York, 1990. Abbildung 6.43 ist diesem Buch entnommen.

vorangehen und folgen. Zusätzlich kann man der Schildkröte, die die Zeichen grafisch interpretiert, ein breiteres Repertoir an Befehlen beibringen. Zum Beispiel können Klammern dazu dienen, den Rand eines Polygonzugs zu definieren, dessen Inneres mit schwarzer Farbe ausgefüllt werden soll. Natürlich sind auch der Typ der Linie und ihre Farbe Parameter, die variiert werden können. Ferner kann die Schildkröte auch angewiesen werden, sich in drei Dimensionen zu bewegen und zu zeichnen. Zusätzlich zu Polygonzügen können gewölbte Flächen betrachtet werden. Eine weitere Einschränkung ist die feste Wahl der Schrittweite, die einem Zeichen, zum Beispiel dem Buchstaben F, zugeordnet ist. Man könnte den Zeichen Parameter zuordnen, die ihre Interpretation durch genaue numerische Werte für Schrittweite und Winkelzuwachs angeben. Die Verwendung dieses Merkmals, das man in sogenannten parametrischen L-Systemen findet, ist sehr schlagkräftig und ist bei der Aufstellung wirklichkeitstreuer biologischer Modelle ungeheuer hilfreich. Diese Erweiterungen gehen jedoch über das Ziel dieses Kapitels hinaus. Man kann sie zusammen mit weiteren Literaturhinweisen und Anwendungen in dem Buch von Prusinkiewicz und Lindenmayer finden, dem wir eine Reihe von Beispielen für unsere Darstellung entnommen haben.

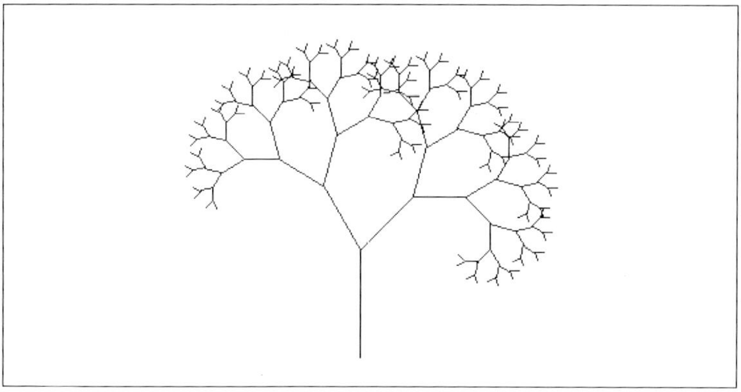

Bildschirm-ausgabe des Programms

Abb. 6.45 : Ausgabe des Programms „L-Systeme".

6.7 Programm des Kapitels: L-Systeme

Das Programm des Kapitels gibt dem Leser die Möglichkeit, ein wenig mit L-Systemen zu experimentieren. Wir haben die folgenden Zeichen in kleine Unterprogramme eingebaut, die sich jeweils an der Stelle befinden, die durch das zugehörige Label angegeben ist.

Label 100: F zeichne eine Linie
Label 300: $+$ Drehung nach links
Label 400: $-$ Drehung nach rechts
Label 500: [speichere den Zustand der Schildkröte (bei Verzweigungen)
Label 600:] stelle den gespeicherten Zustand wieder her

Für die grafische Ausgabe verwendet das Programm wie die meisten Programme in diesem Buch ein quadratisches Gebiet auf dem Bildschirm des Computers. Dieses Gebiet beginnt in der unteren linken Ecke am Punkt `(left,left)` und hat die Breite `w`. Die Parameter wurden auf `left = 30` und `w = 300` gesetzt und können aber, falls es notwendig ist, leicht verändert werden, damit das Bild besser auf den Bildschirm paßt.

Wenn das Programm abläuft, zeichnet es einige Entwicklungsstadien eines L-Systems für einen Baum. Zunächst wird nur der Stamm gezeichnet, dann verschwindet das Bild wieder vom Bildschirm, und es erscheint der Stamm zusammen mit zwei Zweigen. Danach werden die darauf folgenden Bilder des Baums gezeichnet, der von Bild zu Bild mehr Äste bekommt. Das L-System ist gegeben durch:

Axiom: F
Produktionsregel: $F \rightarrow F[+F][-F]$

BASIC Programm **L-System**
Titel Zeichnen von L-Systemen über Rekursion

```
DIM xs(15), dxs(15), ys(15), dys(15)
left = 30 : h = 300
stack = 0
FOR stage = 0 TO 6
    xturtle = left+h/2 : yturtle = left + h
    dx = 0 : dy = -10*(stage+1)
    CLS
    GOSUB 100
NEXT stage
END

REM ,F‘ Zeichnen und ersetzen
100 IF stage > 0 GOTO 150
        LINE (xturtle,yturtle) - STEP (dx,dy)
        xturtle = xturtle+dx : yturtle = yturtle+dy
        RETURN
150 stage = stage -1
    GOSUB 100 : GOSUB 500 : GOSUB 300 : GOSUB 100 : GOSUB 600
    GOSUB 500 : GOSUB 400 : GOSUB 100 : GOSUB 600
    stage = stage + 1
    RETURN

REM ,+‘ Rechtsdrehung und ,-‘ Linksdrehung
300 dx1 = dx
    dx = .707 * dx1 - .707 * dy
    dy = .707 * dx1 + .707 * dy
    RETURN
400 dx1 = dx
    dx = .866 * dx1 + .500 * dy
    dy = - .500 * dx1 + .866 * dy
    RETURN

REM ,[‘ Ablegen und ,]‘ Freigeben der Verzweigungsdaten
500 stack = stack + 1
    xs(stack) = xturtle : ys(stack) = yturtle
    dxs(stack) = dx : dys(stack) = dy
    dx = dx * .7 : dy = dy * .7
    RETURN
600 xturtle = xs(stack) : yturtle = ys(stack)
    dx = dxs(stack) : dy = dys(stack)
    stack = stack - 1
    RETURN
```

Man beachte, daß das Programm nicht ausdrücklich die Zeichenketten zu jedem Entwicklungsstadium produziert, das letztlich von der Schildkröte interpretiert wird. Die Produktionsregel ist vielmehr in den Algorithmus für das Axiom F eingebaut, und zwar als Folge rekursiver Aufrufe der entsprechenden Teile des Programms, in denen die Zeichen repräsentiert sind, durch die F ersetzt wird.[21] Wir besprechen nun ein paar Einzelheiten.

Das Programm zeichnet das L-System für die Entwicklungsstadien 0 bis 6. Gesteuert wird dies durch die entsprechenden Anweisungen `FOR` und `NEXT`. Für das Zeichnen jedes Stadiums realisieren wir die grafische Darstellung des Axioms F, indem wir den Startpunkt `(xturtle, yturtle)` der Schildkröte definieren, die Anfangsschrittweite und die Richtung `(dx,dy)`.[22] Wir gehen dann zu Label 100, wo das Axiom F repräsentiert wird. Der Algorithmus für F hat zwei Teile. Wenn die Rekursion schon den Endzustand erreicht hat, den wir zeichnen wollen, wird eine Linie gezeichnet und die Position der Schildkröte `(xturtle,yturtle)` geändert. Anderenfalls werten wir die Produktionsregel aus. Dies geschieht durch die Aufrufe `GOSUB`. Die Folge

```
GOSUB 100
GOSUB 500
GOSUB 300
GOSUB 100
GOSUB 600
GOSUB 500
GOSUB 400
GOSUB 100
GOSUB 600
```

implementiert die Produktionsregel

$$F[+F][-F].$$

Davon kann man sich überzeugen, wenn man sich die Unterprogramme ansieht. Für die Zeichen $+$ und $-$ ändert das Programm die Richtung `(dx,dy)` der Schildkröte. Wir haben hier für $+$ eine Drehung um 45 Grad gegen den Uhrzeigersinn gewählt und für $-$ eine Drehung um 30 Grad im Uhrzeigersinn. Diese Festlegung kann man, wenn man möchte, verändern. Man wählt dann einen anderen

---

[21] Diese Vorgehensweise ist möglich, wenn das L-System kontextfrei ist, d.h., wenn die Produktionsregel für jedes Zeichen nur von dem Zeichen selbst abhängt und nicht von den benachbarten Zeichen. In kontextsensitiven Systemen kann es für verschiedene Nachbarn unterschiedliche Regeln geben.

[22] Man beachte, daß die Länge von der Variablen `stage` anhängt. Dadurch wird der Effekt eines wachsenden Stamms hervorgerufen.

Winkel a und verwendet

```
dx = cos(a) * dx1 - sin(a) * dy
dy = sin(a) * dx1 + cos(a) * dy
```

Ein positiver Winkel führt zu einer Drehung gegen den Uhrzeigersinn und ein negativer Winkel zu einer Drehung im Uhrzeigersinn.

Bei Label 500 beginnt der Algorithmus für das Ablegen und Freigeben der Verzweigungsdaten. Wir speichern den Zustand der Schildkröte in den entsprechenden Feldern `xs`, `ys`, `dxs` und `dys`. Der Algorithmus für [schließt auch eine Skalierung der Variablen `dx` und `dy` ein. Daher ist dies ein Ablegen, das mit einem kleinen Trick kombiniert ist, der dafür sorgt, daß die Zweige eines Baums in angemessener Größe erzeugt werden. Durch die Skalierung wird die Größe der Zweige reguliert, die in höheren Entwicklungsstadien auftreten. Unter Umständen muß diese Anweisungen für Experimente mit anderen L-Systemen herausgenommen werden.

Es gibt verschiedene interessante Möglichkeiten, das Programm zu modifizieren. Man kann zum Beispiel den Skalierungsfaktor verändern, die Winkel für die Drehungen + und − oder die Ausgangsgröße des Stamms. Man kann aber auch grafische Darstellungen anderer L-Systeme erzeugen. Wir wollen uns als Beispiel ansehen, welche Änderungen erforderlich sind, um eine Koch-Kurve auf den Bildschirm zu bringen. Das zugehörige L-System ist

Axiom:	F
Produktionsregel:	$F \to F + F - -F + F$

Der entsprechende Algorithmus im Programmteil für F sollte umgeschrieben werden zu

```
GOSUB 100: GOSUB 300: GOSUB 100: GOSUB 400
GOSUB 400: GOSUB 100: GOSUB 300: GOSUB 100
```

Die Winkel für + und − müssen beide auf 60 Grad gesetzt werden, und für die grafische Darstellung des Axioms sollte man

```
xturtle = left : yturtle = left + h/2
dx = 300*.333^stage : dy = 0
```

verwenden. Dadurch bekommen wir die Möglichkeit, verschiedene Stadien der Koch-Kurve zu erzeugen, die alle zusammen auf den Bildschirm des Computers passen.

In weiteren Experimenten kann man versuchen, Büsche oder die krautartigen Pflanzen aus Abbildung 6.40 zu erzeugen. Für die L-Systeme hierfür benötigt man wieder das Zeichen [aber es steht in diesem Fall einfach für das Ablegen eines Zustands ohne Skalierung. Man darf daher nicht vergessen, die Skalierung von `dx` und `dy` aus dem Algorithmus für dieses Zeichen zu entfernen.

Kapitel 7

Das Pascalsche Dreieck: Zelluläre Automaten und Attraktoren

Die Mathematik wird häufig als die Wissenschaft von Raum und Zahl aufgefaßt [...] Erst durch das Zusammenwirken von Computer und Mathematik ist in jüngerer Zeit eine ergänzende Charakterisierung ins Blickfeld gerückt: die Mathematik als Wissenschaft von den Mustern.

Lynn Arthur Steen, 1988

Wenn man zum ersten Mal vom Pascalschen Dreieck hört, könnte man meinen, daß es sich um ein ziemlich harmloses mathematisches Objekt handelt. Umso überraschender ist die Tatsache, daß es über viele Jahrhunderte hindurch die Aufmerksamkeit zahlloser Wissenschaftler und Amateurwissenschaftler auf sich gezogen hat. Lange bevor Pascals Name damit in Verbindung gebracht werden konnte, wurde es bereits in einem chinesischen Dokument aus der Zeit um 1303 erwähnt.[1] Boris A. Bondarenko[2] zählt in seinem 1990 erschienenen Buch mehrere hundert Veröffentlichungen, die sich mit dem Pascalschen Dreieck sowie damit zusammenhängenden Problemen allein in den letzten zweihundert Jahren beschäftigten. Sowohl prominente Mathematiker als auch populärwissenschaftliche Schriftsteller wie Ian Stewart[3] Evgeni B. Dynkin und Wladimir A. Uspenski[4] sowie Stephen Wolfram[5] haben über die eindrucksvolle Beziehung zwischen elementarer Zahlentheorie und den Mustern geschrieben, die im Pascalschen Dreieck zu finden sind. In Kapitel 2 unseres Buches *Bausteine des Chaos — Fraktale* haben wir bereits ein Beispiel vorgestellt: die Beziehung zwischen dem Pascalschen Dreieck und dem Sierpinski-Dreieck.

---

[1] Siehe Abbildung 2.24 im ersten Band dieses Buches.

[2] B. Bondarenko, *Generalized Pascal Triangles and Pyramids: Their Fractals, Graphs and Applications*, Tashkent, Fan, 1990, auf Russisch.

[3] I. Stewart, *Game, Set, and Math*, Basil Blackwell, Oxford, 1989.

[4] E. B. Dynkin und W. Uspenski: *Mathematische Unterhaltungen II*, VEB Deutscher Verlag der Wissenschaften, Berlin, 1968.

[5] S. Wolfram, *Geometry of binomial coefficients*, Amer. Math. Month. 91 (1984) 566–571.

Zugänge zum Pascalschen Dreieck

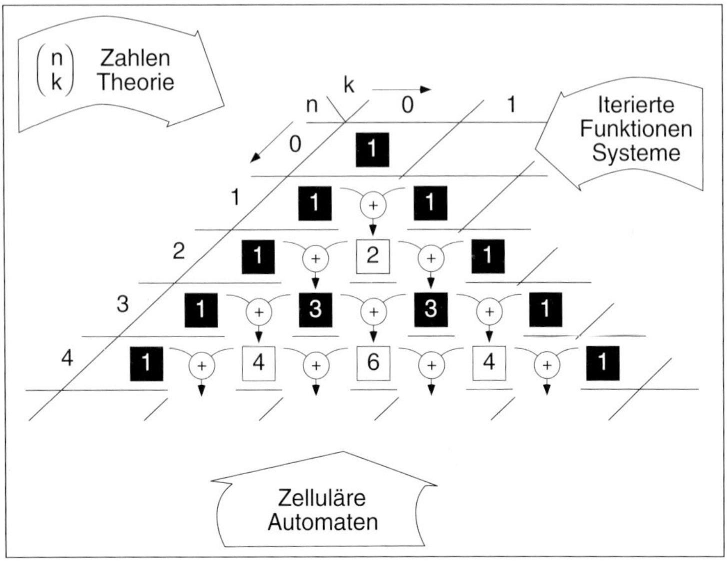

Abb. 7.1 : Das Pascalsche Dreieck ist mit vielen Gebieten der Mathematik vernetzt.

Ein Problem mit vielen Gesichtern...

Diese Beziehung erscheint uns tatsächlich wie ein eigenartige Gesetzmäßigkeit, und wir wollen bei dieser Gelegenheit zeigen, wie man sich ein und derselben mathematischen Fragestellung aus völlig verschiedenen Richtungen nähern kann und damit zu einem umfassenden Verständnis der Materie gelangen kann. Wir werden unser Problem neu formulieren.[6] Betrachten wir das Pascalsche Dreieck in Abbildung 7.1.

Wir färben alle *ungeraden* Einträge schwarz und alle *geraden* Einträge weiß. Es wurde schon seit langem beobachtet, daß dabei ein geometrisches Muster entsteht, das mit dem Sierpinski-Dreieck verwandt zu sein scheint. Abbildung 7.1 zeigt die ersten fünf Zeilen mit dem Anfang dieser Musterbildung (zunächst bilden die schwarzen Zellen einfach den Umriß eines Dreiecks), und in Abbildung 7.2 sind die ersten 128 Zeilen dargestellt.[7] Tatsächlich werden immer weitere Details des Sierpinski-Dreiecks sichtbar, je mehr Zeilen wir für unsere Beobachtungen in Betracht ziehen (z.B. 256, 512, usw.).

Wir können die Einträge aber auch nach anderen Regeln färben. Dabei tauchen alle erdenklichen Arten fraktaler Strukturen im Drei-

[6] Für eine vollständigere Besprechung siehe auch M. Sved, *Divisibility — With Visibility*, Mathematical Intelligencer 10, 2 (1988) 56–64.

[7] Siehe auch Abbildung 2.26 in unserem Buch *Bausteine des Chaos — Fraktale* (vgl. Seite 108).

Teilbarkeitsmuster modulo 2

Abb. 7.2 : Die ersten 128 Zeilen im Pascalschen Dreieck (jede Zelle enthält einen Eintrag), die entsprechend ihrer Teilbarkeit durch 2 eingefärbt sind.

eck auf. Es ist daher interessant zu fragen, ob es eine Möglichkeit gibt, diese globale Musterbildung zu beschreiben und ihren mathematischen Ursprung zu finden.

Die wichtigste mathematische Bedeutung des Pascalschen Dreiecks besteht darin, daß man die darin enthaltenen Einträge als Binomialkoeffizienten interpretieren kann. Die Binomialkoeffizienten sind die Koeffizienten der Polynome

$$\begin{aligned}(1+x)^0 &= 1\\ (1+x)^1 &= 1+1x\\ (1+x)^2 &= 1+2x+1x^2\\ &\vdots\\ (1+x)^n &= a_0+a_1x+\cdots+a_nx^n.\end{aligned}$$

Die Koeffizienten[8] der $n$ten Potenz sind für $0 \leq k \leq n$ explizit

[8] Die Schreibweise $\binom{n}{k}$ wurde von Andreas von Ettingshausen in seinem Buch *Die kombinatorische Analysis*, Wien, 1826, eingeführt.

gegeben durch

$$a_k = \binom{n}{k} = \frac{n!}{(n-k)!k!} \tag{7.1}$$

wobei $n!$ für $n \geq 1$ definiert ist als

$$n! = 1 \cdot 2 \cdot 3 \cdots n$$

und $0! = 1$.[9] Es sollen hier einige Spezialfälle ausgeführt werden, die unmittelbar aus den Definitionen abgeleitet werden können:

$$\binom{n}{0} = 1, \quad \binom{n}{1} = n, \quad \binom{n}{n-1} = n, \quad \binom{n}{n} = 1.$$

Außerdem gilt

$$\binom{n}{k} = \binom{n}{n-k}.$$

Wenn man wie in Abbildung 7.1 ein Koordinatensystem für die Zellen im dreieckigen Feld einführt, wobei $n = 0, 1, 2, \ldots$ der Zeilenindex ist und $k = 0, 1, 2, \ldots$ der Spaltenindex, dann ist $\binom{n}{k}$ der Eintrag der Zelle mit den Koordinaten (n, k).

Teilbarkeit der Binomialkoeffizienten

Eine Möglichkeit, Zugang zu den Mustern im Pascalschen Dreieck zu finden, besteht also darin, die Teilbarkeitseigenschaften der Binomialkoeffizienten zu beleuchten. Wenn man jedoch die Einträge a_k für Bilder wie in Abbildung 7.2 anhand von Gleichung (7.1) berechnen möchte, wird man nicht weit kommen. Dies liegt daran, daß $n!$ für größer werdendes n rapide anwächst.

n	$n!$	n	$n!$
1	1	6	720
2	2	7	5 040
3	6	8	40 320
4	24	9	363 880
5	120	10	3 628 800

Die Zahl 100! hat 158 Ziffern:

$$\begin{aligned} 100! = {} & 9332621544\ 3944152681\ 6992388562\ 6670049071 \\ & 5968264381\ 6214685929\ 6389521759\ 9993229915 \\ & 6089414639\ 7615651828\ 6253697920\ 8272237582 \\ & 5118521091\ 6864000000\ 0000000000\ 00000000, \end{aligned}$$

[9] Für spätere Betrachtungen im Umfeld zellulärer Automaten übernehmen wir auch die Konvention $\binom{n}{k} = 0$ für $k < 0$ und $k > n$.

und 1000! hat 2568 Ziffern und liegt damit sicherlich nicht mehr im Bereich der Zahlen, die für gewöhnlich von einem Computer berechnet werden können. [10] Im ersten Schritt zum Überwinden dieser Schwierigkeiten greifen wir auf die rekursive Definition des Pascalschen Dreiecks (wie in Abbildung 7.1 angedeutet) zurück, die man durch die Additionsregel [11]

$$\binom{n+1}{k} = \binom{n}{k-1} + \binom{n}{k} \tag{7.2}$$

erhält. Diese grundlegende Gleichung hilft uns, das Berechnen großer Fakultäten zu vermeiden. Die Binomialkoeffizienten selbst wachsen allerdings ebenso stark an, wenn der Zeilenindex n erhöht wird. Schon in Zeile $n = 34$ finden wir einen Eintrag

$$\binom{34}{17} = 2\,333\,606\,220 > 2^{31} - 1 = 2\,147\,483\,647,$$

der in der gewöhnlichen Computerarithmetik nicht exakt dargestellt werden kann. Glücklicherweise müssen wir den genauen numerischen Wert der Binomialkoeffizienten nicht kennen, um sie auf ihre Teilbarkeit zu untersuchen. Zum Beispiel kann die Entscheidung, ob ein Binomialkoeffizient gerade oder ungerade ist, anhand der Additionsregel getroffen werden, ohne daß der Koeffizient explizit berechnet werden muß. Wir beobachten, daß $\binom{n+1}{k}$ ungerade ist, wenn $\binom{n}{k-1}$ ungerade ist und $\binom{n}{k}$ gerade, oder umgekehrt. Es ergibt sich folgende systematische Beziehung:

$\binom{n}{k-1}$	$\binom{n}{k}$	$\binom{n+1}{k}$
gerade	gerade	gerade
ungerade	gerade	ungerade
gerade	ungerade	ungerade
ungerade	ungerade	gerade

Zelluläre Automaten . . .

Diese elementare Beobachtung ist nicht nur für die Berechnung der Binomialkoeffizienten von Wichtigkeit sondern stellt auch den Bezug zu den zellulären Automaten her. Dies ist ein weiterer Zugang zum Pascalschen Dreieck, den wir im folgenden erschließen wollen. Wir werden sehen, daß es eine ganze Klasse zellulärer Automaten

[10] Die Schätzung von 2568 Ziffern erhält man mit der berühmten Formel von James Stirling (1730), mit deren Hilfe $n!$ durch $n! \approx \sqrt{2\pi n}(n/e)^n$ angenähert wird, wobei $e = 2.71828\ldots$ die Eulersche Zahl bezeichnet.

[11] Siehe Abschnitt 2.3 in unserem Buch *Bausteine des Chaos — Fraktale* (vgl. grau hinterlegter Text).

gibt, die mit der Evolution der Teilbarkeitsmuster im Pascalschen Dreieck eng zusammenhängen.

... und IFS

Wenn man einerseits einen zellulären Automaten laufen läSSt und andererseits die Teilbarkeitseigenschaften der Binomialkoeffizienten überprüft, so tritt ein gemeinsamer Aspekt hervor, es sind nämlich lokale (oder mikroskopische) Prozesse. Diese Vorgänge sind dafür verantwortlich, daß ein geometrisches Muster erzeugt wird, aber sie können das globale Aussehen des Musters nicht erklären. Wie kommt es beispielsweise, daß man das Sierpinski-Dreieck erkennen kann, wenn man die ungeraden Einträge im Pascalschen Dreieck einfärbt?

Um an dieses Problem heranzukommen, bringen wir wieder iterierte Funktionensysteme (IFS) ins Spiel. Wenn man sich an Abschnitt 5.4 unseres Buches *Bausteine des Chaos — Fraktale* erinnert, erscheint dies vielleicht nicht allzu überraschend, und der Leser hat möglicherweise schon eine vage Vorstellung, wie dieser Zugang zum Pascalschen Dreieck aussehen könnte. Wir werden nun zu diesem Themenbereich überleiten und werden den Zusammenhang zwischen Teilbarkeitseigenschaften und zellulären Automaten untersuchen, und der Leser wird sehen, wie alle Teile des Puzzlespiels zueinander passen.

7.1 Zelluläre Automaten

Es liegt lange zurück, daß zelluläre Automaten Eingang in die Wissenschaft fanden. Man kann in gewisser Weise sagen, daß das Pascalsche Dreieck der erste zelluläre Automat war. Die neuere Entwicklung der Forschung über zelluläre Automaten baut auf einer Arbeit von Konrad Zuse, Stanislaw Ulam und John von Neumann auf und steht in engem Zusammenhang mit den ersten Rechenmaschinen. Während der siebziger und achziger Jahre dieses Jahrhunderts wurden zelluläre Automaten wiederbelebt durch die Arbeiten von Stephen Wolfram, der einen interessanten Überblick veröffentlicht hat.[12] Heute sind zelluläre Automaten zu einem wichtigen Gegenstand geworden, der zur Modellierung und Simulationen in Wissenschaft und Technik genutzt wird; von der Physik, Chemie und Biologie, für rechnergestützte Simulationen von Strömungen bei der Konstruktion von Flugzeugen und Schiffen und sogar von den Sozialwissenschaften und der Philosophie.

Eindimensionaler Automat mit zwei Zuständen

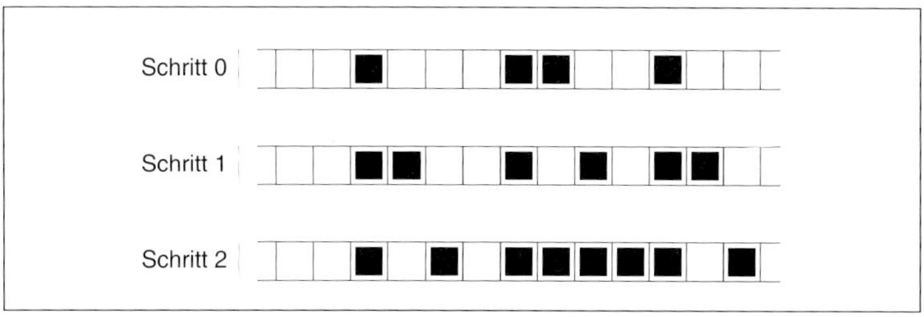

Abb. 7.3 : Die ersten Schritte eines eindimensionalen zellulären Automaten mit zwei Zuständen (schwarze und weiße Zellen).

Rückkopplungsmaschinen

Zelluläre Automaten können als Rückkopplungsmaschinen aufgefaßt werden. Mathematisch gesehen sind sie Maschinen mit endlich vielen Zuständen, die die Zustände ihrer Zellen Schritt für Schritt verändern. Jede Zelle befindet sich in einem von p möglichen Zuständen, die durch die Zahlen $0, 1, \ldots, p-1$ repräsentiert sind. Wir sprechen manchmal von einem Automaten mit p Zuständen. Ein Automat ist eindimensional, wenn seine Zellen wie eine Kette auf einer Geraden aneinandergereiht sind, und er ist zweidimensional, wenn die Zellen in einem Feld in der Ebene angeordnet sind.[13] Abbildung 7.3 zeigt die ersten Schritte eines eindimensio-

[12] S. Wolfram (Hrsg.), *Theory and Application of Cellular Automata*, World Scientific, Singapore, 1986.

[13] Eigentlich kann ein Automat jede Dimension m haben, wobei m eine natürliche Zahl ist.

Wachstum der Schichten eines eindimensionalen Automaten

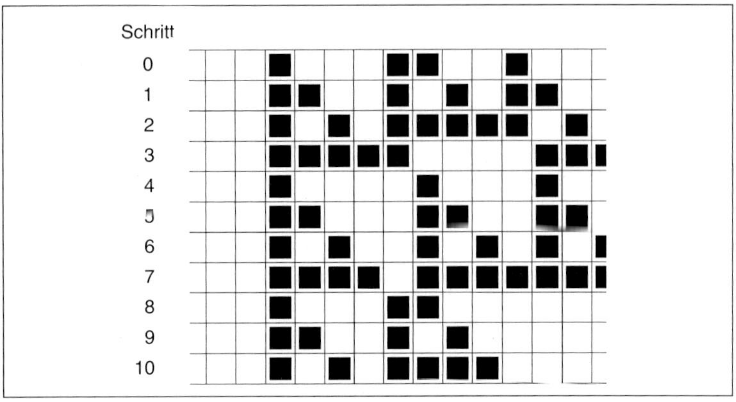

Abb. 7.4 : Die Iteration des eindimensionalen zellulären Automaten aus Abbildung 7.3 wird hier fortgesetzt. Die ersten zehn Schritte der Iteration sind von oben nach unten aufgezeichnet.

Automatenregeln

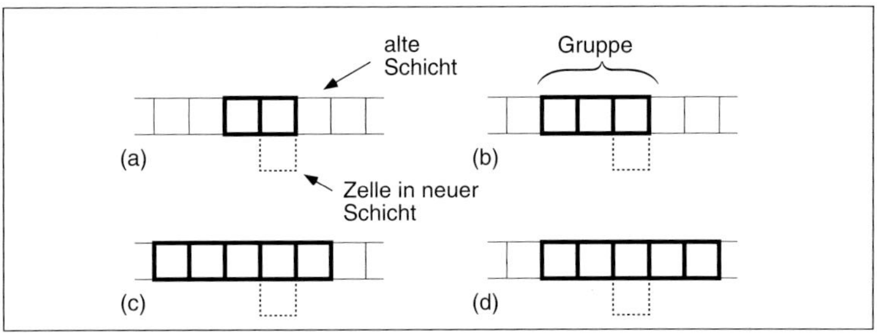

Abb. 7.5 : Es gibt verschiedene Arten, den Zustand einer Zelle in den aufeinanderfolgenden Schichten mit einer Regel zu bestimmen. In (a) wird der Zustand einer neuen Zelle durch die Zustände zweier Zellen bestimmt, in (b) durch die Zustände dreier Zellen. In (c) und (d) bestimmen die Zustände von fünf Zellen den Zustand einer neuen Zelle; aber man beachte, daß die Position der neuen Zelle im Verhältnis zu den alten Zellen, aus deren Zuständen sich der neue Zustand berechnen läßt, eine andere ist als in (c) und (d).

nalen Automaten mit zwei Zuständen. Manchmal ist es sinnvoll, die aufeinanderfolgenden Schritte eines eindimensionalen zellulären Automaten übereinanderzuzeichnen. Dann nennen wir die Schritte auch *Schichten*. Wenn man die Maschine laufen läßt, wächst das Muster Schicht für Schicht, wie es in Abbildung 7.4 dargestellt ist.

Um einen zellulären Automaten laufen zu lassen, benötigen wir zweierlei Informationen: einen Anfangszustand für alle Zellen (d.h. eine Anfangsschicht) und einen Satz von Regeln. Diese Regeln beschreiben, wie der Zustand einer Zelle in einer neuen Schicht aus den Zuständen einer Gruppe von Zellen in der vorangehenden Schicht be-

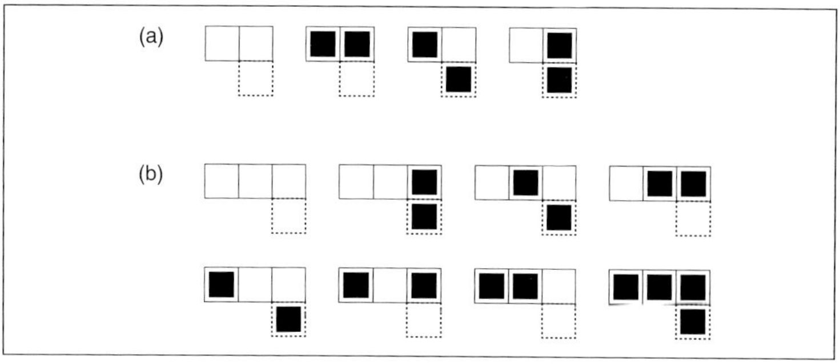

Transformationstafel

Abb. 7.6 : Zwei Beispiele für Transformationstafeln zellulärer Automaten. (a) Vier Regeln für Konfigurationen aus zwei Zellen mit jeweils zwei möglichen Zuständen. (b) Acht Regeln für Konfigurationen aus drei Zellen mit jeweils zwei möglichen Zuständen.

stimmt wird. Die Regeln sollten *nicht* von der Position der Gruppe innerhalb der Schicht abhängen. Sie können daher durch eine Transformationstafel dargestellt werden. In Abbildung 7.6 werden zwei Transformationstafeln für zelluläre Automaten mit zwei Zuständen gezeigt, die durch Konfigurationen wie in (a) und (b) von Abbildung 7.5 gegeben sind. Dies sind nur zwei Beispiele für Regeln eindimensionaler zellulärer Automaten. Die Transformationstafel (a) wurde in den Abbildungen 7.3 und 7.4 verwendet.

Spiel des Lebens

Einige zelluläre Automaten sind besonders populär geworden. Ein beliebtes Beispiel ist das *Spiel des Lebens*, das durch die Arbeit von John Horton Conway während der siebziger Jahre bekannt geworden ist. Im Spiel des Lebens ist jede Zelle entweder tot (0) oder lebendig (1) und wechselt ihren Zustand in Abhängigkeit von den Zuständen in ihrer unmittelbaren Nachbarschaft, wobei der Zustand der Zelle selbst mit eingeschlossen ist. Genauer gesagt wird eine lebende Zelle (dargestellt als schwarze Zelle) im darauffolgenden Zeitschritt am Leben bleiben, wenn genau zwei oder drei Zellen unter ihren acht Nachbarn (siehe Abbildung 7.8) in einem quadratischen Gitter am Leben sind. Wenn es unter den acht Nachbarn mehr als drei lebende Zellen gibt, stirbt die Zelle wegen Überbevölkerung. Wenn weniger als zwei Zellen in der unmittelbaren Nachbarschaft am Leben sind, stirbt die Zelle an Einsamkeit. Eine tote Zelle wird lebendig, wenn sie von genau drei lebenden Zellen umgeben ist. In Abbildung 7.7 wird die Evolution des Spiels des Lebens über einige Zeitschritte gezeigt. Eine der Herausforderungen im Spiel des Lebens ist es, Startmuster herauszufinden, die ein besonders interessantes Verhalten zeigen. Es gibt zum Beispiel Startmuster, die *Blinker* genannt werden, weil sie sich nach ein paar Schritten selbst reproduzieren. Sogenannte *Gleiter* bewegen sich in eine bestimmte Richtung, *Sternschiffe* hinterlassen

Spiel des Lebens

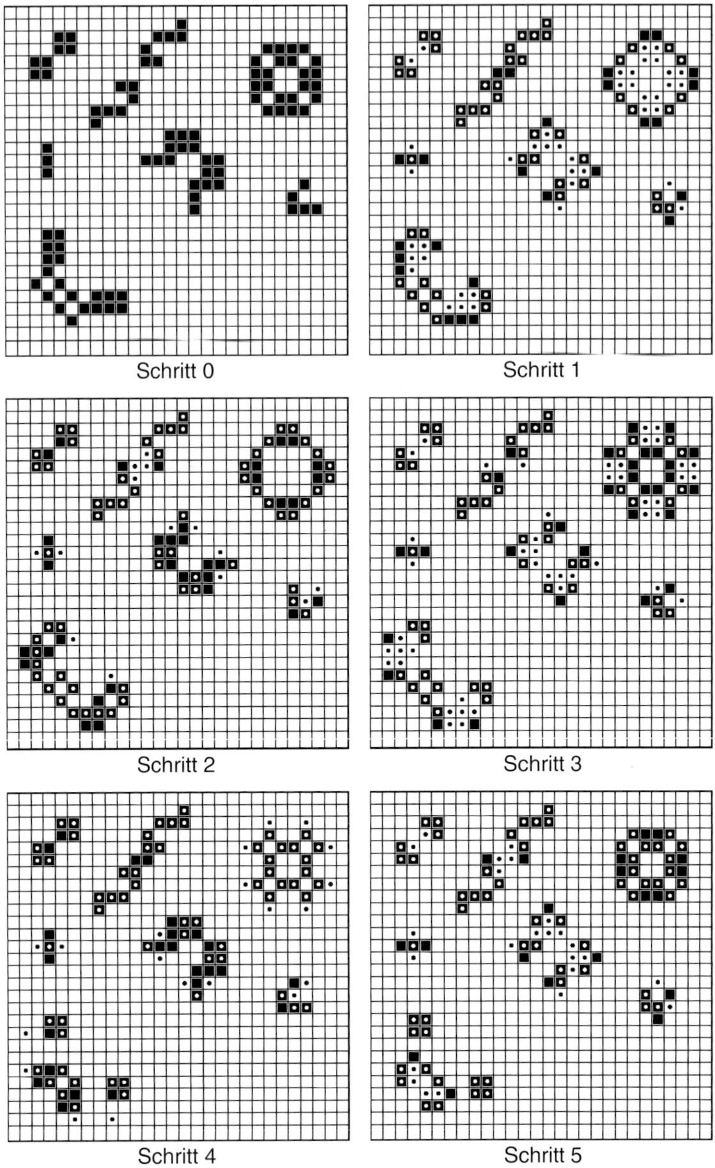

Abb. 7.7 : Sechs aufeinanderfolgende Schritte im Spiel des Lebens. Die Punkte kennzeichnen die Position der lebenden Zellen im vorigen Schritt. Wir beobachten, daß einige der Cluster von Zellen periodisches Verhalten zeigen. Das mittlere rechte Cluster ist ein sogenannter Gleiter, der sich langsam nach links bewegt, solange er kein anderes Cluster trifft. Es dauert 4 Schritte, bis sich der Gleiter um eine Zelle nach links bewegt hat.

Nachbarschaft bei zweidimensionalen zellulären Automaten

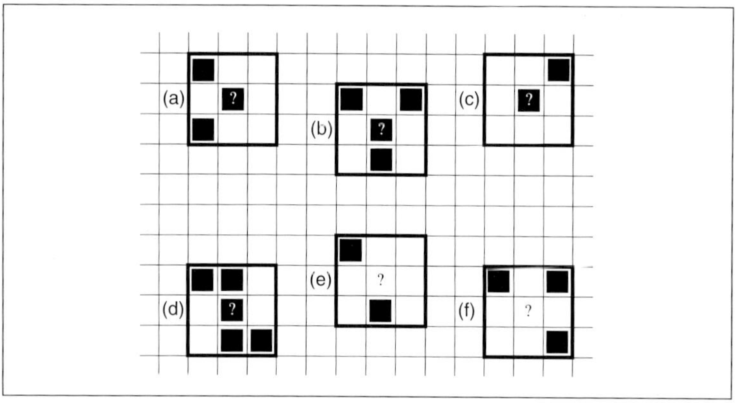

Abb. 7.8 : Im Spiel des Lebens entscheidet die Nachbarschaft einer Zelle über Leben und Tod. Die Zellen (a) und (b) bleiben am Leben, aber die Zellen (c) und (d) sterben. In (f) entsteht eine neue lebende Zelle, aber in (e) nicht.

eine Spur von Blinkern, und *Kanonen* stoßen in periodischen Zeitabständen Gleiter aus.

Anzahl der Spiele

Die Regeln für das Spiel des Lebens, die wir hier angegeben haben, stellen nur eine Auswahl aus einer Vielzahl vorstellbarer Sätze von Regeln dar. Für zwei mögliche Zustände und eine Nachbarschaft aus acht Zellen, die die neue Zelle in ihrer Mitte erzeugen, existieren $2^{2^9} \approx 10^{154}$ verschiedene Sätze von Regeln.

Wir streifen kurz ein paar Varianten für das Spiel des Lebens. Die *Eins-aus-Acht-Regel* wird durch folgende Regeln beschrieben: Eine Zelle wird lebendig, wenn genau eine ihrer Nachbarn am Leben ist; anderenfalls bleibt sie unverändert. Abbildung 7.9 zeigt das Muster, das nach 29 Zeitschritten unter Verwendung dieser Regeln entsteht, wenn man mit nur einer lebenden Zelle anfängt. Offensichtlich ist Selbstähnlichkeit in diese Musterbildung eingebaut.

Ein weiteres Beispiel ist die *Mehrheitsregel*, die man durch folgende Festlegungen erhält: Wenn fünf oder mehr Zellen in einer Nachbarschaft von neun Zellen (wobei die Zelle selbst mitgezählt wird) am Leben sind, dann bleibt oder wird die Zelle lebendig. Anderenfalls stirbt sie oder bleibt tot. Die Zelle in der Mitte paßt sich also der Mehrheit der Zellen in ihrer Nachbarschaft an. Die Muster, die sich daraus ergeben, ähneln einigen Phänomenen in der statistischen Physik wie zum Beispiel Perkolation[14] oder Ising-Spin-Systeme. Ab-

[14] Siehe Abschnitt 7.2 in Kapitel 7 unseres Buches *Bausteine des Chaos — Fraktale* (vgl. Seiten 423 ff).

Eins-aus-Acht-Regel

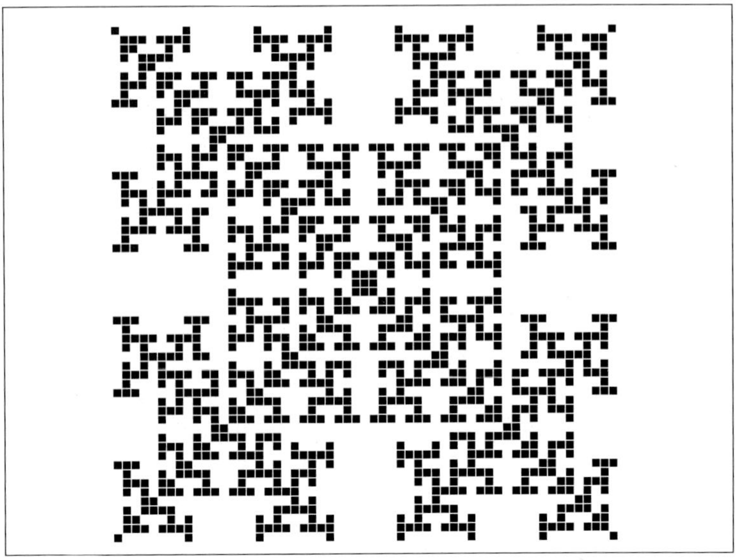

Abb. 7.9 : Wenn man mit nur einer Zelle startet, entwickelt sich nach 29 Schritten dieses selbstähnliche Muster.

Die Nachbarn NWSO

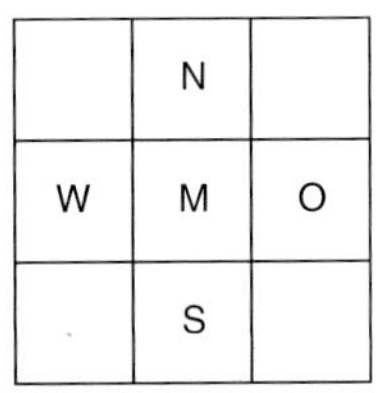

Abb. 7.10 : Der nördliche, westliche, südliche und östliche Nachbar.

bildung 7.11 zeigt einige Experimente. Nach etwa 30 Schritten entwickeln sich stabile Muster, wobei in allen Fällen mit einer zufälligen Anfangsverteilung lebender Zellen begonnen wird.

Schließlich betrachten wir solche Regeln, bei denen nur vier Nachbarn einbezogen werden (wieder in einem zweidimensionalen quadratischen Gitter, siehe Abbildung 7.10). Wir folgen Tommaso Toffoli und Norman Margolus[15] und bezeichnen die mittlere Zelle mit M = Mitte und die vier Nachbarzellen mit O = Osten, W = Westen, S = Süden und N = Norden. Wenn wir für jede Zelle in dieser Konfiguration $(MSWNO)$ von fünf Zellen jeweils zwei Zustände zulassen, ist

[15] T. Toffoli und N. Margolus, *Cellular Automata Machines: A New Environment For Modelling,* MIT Press, Cambridge, Mass., 1987.

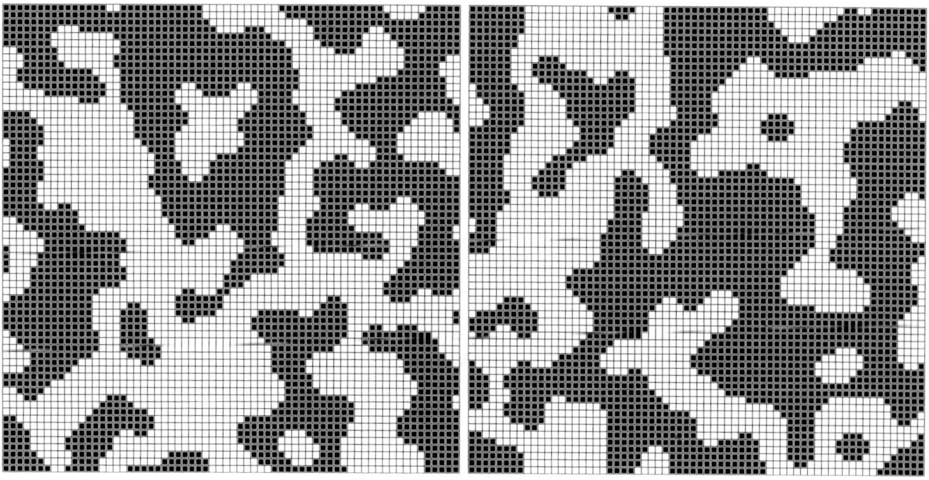

Abb. 7.11 : Zwei Beispiele für ein Spiel mit der Mehrheitsregel. Es wird mit einer zufälligen Verteilung schwarzer Zellen begonnen, und nach einiger Zeit kommt das Spiel zur Ruhe (d.h., weitere Iterationen ändern den Zustand der Zellen nicht mehr). Die Muster, für die sich das Spiel stabilisiert, sind hier dargestellt. Für die beiden Bilder wurden verschiedene Anfangsverteilungen verwendet.

der Zustand von $MSWNO$ durch eine fünfstellige Binärzahl gegeben. Zum Beispiel bedeutet $MSWNO = 11010$, daß die Zellen M, S und N am Leben sind, während die beiden anderen Zellen tot sind. Ein vollständiger Satz von Regeln kann durch eine Tafel angegeben werden, auf der die 32 möglichen Zustände von $MSWNO$ jeweils mit dem Zustand für M verzeichnet sind, der sich als nächstes ergibt. Man beachte, daß es für diese Konfiguration $2^{32} \approx 4 \cdot 10^9$, d.h. 4 Milliarden verschiedene Tafeln gibt.

MSWNO	M	MSWNO	M	MSWNO	M	MSWNO	M
00000	0	01000	1	10000	1	11000	1
00001	0	01001	1	10001	1	11001	1
00010	0	01010	1	10010	1	11010	1
00011	0	01011	1	10011	1	11011	1
00100	1	01100	0	10100	1	11100	1
00101	1	01101	0	10101	1	11101	1
00110	1	01110	0	10110	1	11110	1
00111	1	01111	0	10111	1	11111	1

Wenn man die Regeln aus der obigen Tafel anwendet, erhält man ein vertrautes Muster. In Abbildung 7.12 ist der fünfte und der 15. Schritt

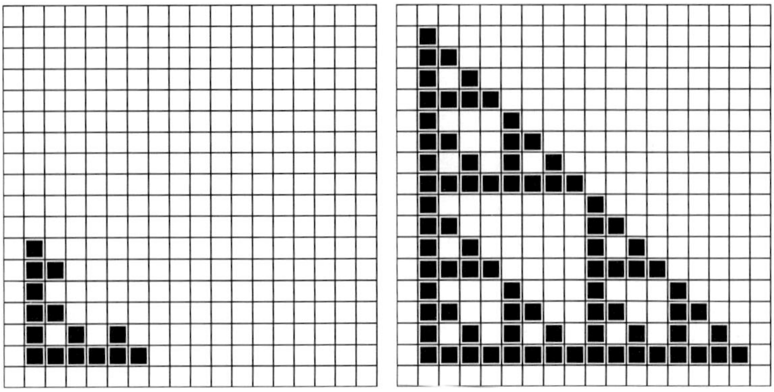

Abb. 7.12 : Wenn man mit einer einzigen lebendigen Zelle anfängt, verhält sich dieser zweidimensionale Automat wie ein eindimensionaler, aber die Schichten wachsen von der linken unteren Ecke ausgehend diagonal nach oben.

dargestellt, wobei mit nur einer lebenden Zelle in der unteren linken Ecke angefangen wurde. Wenn man die Tafel genauer betrachtet, stellt man fest, daß die Einträge nach einer ziemlich einfachen Regel bestimmt werden. Wenn die mittlere Zelle M tot ist (0), hängt ihr neuer Wert nur von den beiden Zellen W und S ab. Wenn M allerdings eine lebende Zelle ist (1), bleibt sie auch im nächsten Schritt am Leben. Eigentlich haben wir hier ein Beispiel dafür gesehen, wie man einen zweidimensionalen Automaten konstruieren kann, der sich wie ein eindimensionaler Automat verhält.[16] Die Zellen wachsen Schicht für Schicht wie bei einem eindimensionalen zellulären Automaten (obwohl die Schichten in diesem Beispiel diagonal verlaufen und sich aus der linken unteren Ecke zur rechten oberen Ecke fortsetzen).

Viele interessante Regeln können durch einfache Formeln zum Ausdruck gebracht werden. Die *Paritätsregel* zum Beispiel ist einfach gegeben durch

$$M_{\text{neu}} = M_{\text{alt}} + S_{\text{alt}} + W_{\text{alt}} + N_{\text{alt}} + O_{\text{alt}} \bmod 2. \tag{7.3}$$

Das bedeutet, M_{neu} ist 0, wenn die Summe auf der rechten Seite gerade ist, und anderenfalls ist $M_{\text{neu}} = 1$. Hier stehen O, W, S, N und M für die alten und neuen Zustände der Zellen, je nachdem, wie es von den Indizes „alt“ und „neu“ angezeigt wird. Für $MSWNO =$

[16] Die gleiche grundlegende Idee funktioniert tatsächlich für jeden beliebigen eindimensionalen Automaten.

Abb. 7.13 : Diese Muster entwickeln sich nach 13 Schrittem (links) bzw. 27 Schritten (rechts), wenn man mit einem Cluster aus 8×8 lebendigen Zellen beginnt und die Paritätsregel (7.3) anwendet.

11010 erhalten wir daher $M_{\text{neu}} = 1$, für $MSWNO = 11011$ ergibt sich $M_{\text{neu}} = 0$ und so weiter. In Abbildung 7.13 wird die Evolution dieses zellulären Automaten nach 13 und nach 27 Schritten gezeigt. Begonnen wurde mit einem quadratischen Block von 8×8 schwarzen Zellen.

Pascalsches Dreieck ...

Wir kommen nun wieder auf eindimensionale Automaten zurück. Die Transformationstafel aus Abbildung 7.14 gibt die Addition gerader und ungerader Binomialkoeffizienten wieder. Ungerade Einträge sind schwarz gefärbt. Dies bedeutet, daß die Evolution des zugehörigen zellulären Automaten ein Muster produziert, das man aus dem Pascalschen Dreieck erhält, wenn man alle Zellen mit ungeraden Einträgen schwarz und alle Zellen mit geraden Einträgen weiß färbt und mit einer geeigneten Anfangsschicht beginnt. Dies ist in der Abbildung zu sehen, in der wir bei einer Schicht mit nur einer schwarzen Zelle anfangen und der Evolution der ersten 16 Schichten folgen.

... und Polynome

Wir wollen den Zusammenhang zwischen zellulären Automaten und den Koeffizienten von Polynomen ein wenig genauer erkunden. Zunächst betrachten wir ein Beispiel, das mit den Potenzen des Polynoms $r(x) = 1 + x$ zu tun hat.

$$
\begin{aligned}
(r(x))^0 &= 1 \\
(r(x))^1 &= 1 + x \\
(r(x))^2 &= 1 + 2x + x^2 \\
(r(x))^3 &= 1 + 3x + 3x^2 + x^3 \\
(r(x))^4 &= 1 + 4x + 6x^2 + 4x^3 + x^4 \\
&\vdots \\
(r(x))^n &= a_0(n) + a_1(n)x + a_2(n)x^2 + \cdots + a_n(n)x^n.
\end{aligned}
$$

Sierpinski-Automat

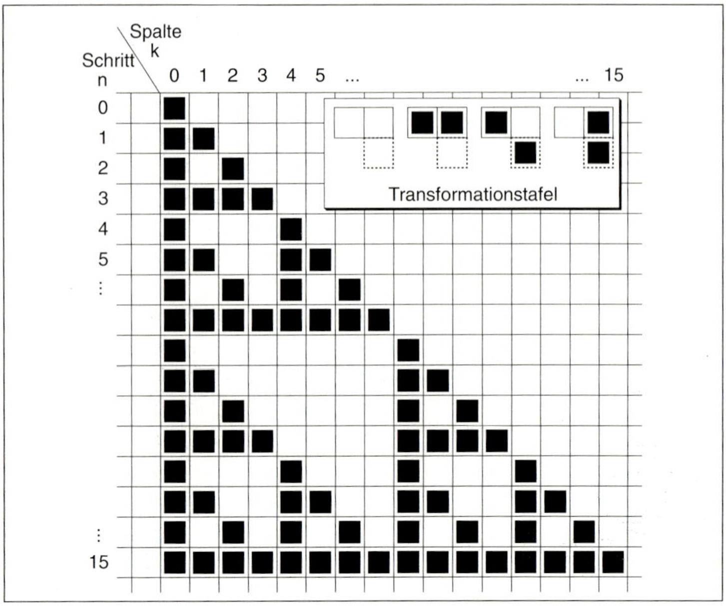

Abb. 7.14 : Die ersten 16 Schichten eines zellulären Automaten, dessen Transformationstafel oben rechts abgebildet ist.

Es bezeichne nun $a_k(n)$ für alle ganzen Zahlen k und $n \geq 0$ den Zustand der Zelle an der Stelle k in der $n$ten Schicht eines eindimensionalen Automaten.[17] Wenn man mit $a_0(0) = 1$ und $a_k(0) = 0$ für $k \neq 0$ anfängt, erzeugt die Regel

$$a_k(n) = a_{k-1}(n-1) + a_k(n-1) \tag{7.4}$$

die Koeffizienten von $(r(x))^n$. Gleichung (7.4) ist nichts anderes als die Additionsregel für die Binomialkoeffizienten in Gleichung 7.2.

Wir betrachten jetzt die Teilbarkeitseigenschaften von $a_k(n)$ bezüglich einer ganzen Zahl p. Wir schreiben

$$a \equiv b \pmod p,$$

wenn $a - b$ ein Vielfaches von p ist.[18] Wenn wir diese Schreibweise

[17] Genau genommen ist dies kein Automat mit endlich vielen Zuständen, weil die Zahlen $a_k(n)$ über alle Grenzen hinauswachsen. Wir kommen jedoch zu einem Automaten mit endlich vielen Zuständen, wenn wir unsere Untersuchungen auf die Teilbarkeitseigenschaften beschränken.

[18] Mit anderen Worten gilt $a \equiv b \pmod p$ genau dann, wenn a und b sich um ein ganzzahliges Vielfaches von p unterscheiden. Für $p = 2$ bedeutet dies, daß $a - b$ gerade ist. Weiterhin bedeutet $a \equiv 0 \pmod 2$, daß a gerade ist, und $a \equiv 1 \pmod 2$ bedeutet, daß a ungerade ist. Diese Schreibweise wurde von Carl Friedrich Gauß eingeführt.

verwenden, haben wir einfach zu überprüfen, ob

$$a_k(n) \equiv 0 \pmod 2 \quad \text{oder} \quad a_k(n) \equiv 1 \pmod 2$$

richtig ist, wenn wir wissen wollen, ob die Binomialkoeffizienten $\binom{n}{k}$ oder Zellen $a_k(n)$ gerade oder ungerade sind. Außerdem folgt aus den Additionsregeln (7.2) und (7.4) in der modulo-2-Arithmetik

$a_{k-1}(n)$	$a_k(n)$	$a_k(n+1)$
0	0	0
1	0	1
0	1	1
1	1	0

Das ist genau die Transformationstafel des Automaten mit zwei Zuständen, der in Abbildung 7.14 gezeigt ist. Dabei entspricht schwarz der 1 und weiß der 0. Die Abbildung zeigt daher die Koeffizienten der Potenzen von $r(x) = 1 + x$ modulo 2.

Verallgemeinerungen

Es gibt zwei Möglichkeiten zur Verallgemeinerung: Wir können statt der 2 eine andere ganze Zahl p auswählen und die Koeffizienten bezüglich ihrer Teilbarkeit durch diese Zahl p untersuchen, und wir können zu beliebigen Polynomen übergehen. Nehmen wir zuerst ein Beispiel: $r(x) = 1 + x + x^2$:

$$\begin{aligned}
(r(x))^0 &= 1\\
(r(x))^1 &= 1 + x + x^2\\
(r(x))^2 &= 1 + 2x + 3x^2 + 2x^3 + x^4\\
(r(x))^3 &= 1 + 3x + 6x^2 + 7x^3 + 6x^4 + 3x^5 + x^6\\
&\vdots\\
(r(x))^n &= a_0(n) + a_1(n)x + a_2(n)x^2 + \cdots + a_{2n}(n)x^{2n}.
\end{aligned}$$

Kann man eine Erweiterung der Additionsregel für die Binomialkoeffizienten aus Gleichung (7.4) erkennen? In den ersten Zeilen kann man sich davon überzeugen, daß das Gesetz

$$a_k(n) = a_{k-2}(n-1) + a_{k-1}(n) + a_k(n) \tag{7.5}$$

erfüllt ist. Einen Beweis für diesen Sachverhalt kann man über Induktion führen. Wenn wir die Teilbarkeitseigenschaften hinsichtlich $p = 3$ untersuchen, erhalten wir die Koeffizienten

$$\begin{aligned}
(r(x))^0 &\to 1\\
(r(x))^1 &\to 1\ 1\ 1\\
(r(x))^2 &\to 1\ 2\ 0\ 2\ 1\\
(r(x))^3 &\to 1\ 0\ 0\ 1\ 0\ 0\ 1
\end{aligned}$$

und so weiter. In Abbildung 7.15 ist die Evolution des zugehörigen Automaten mit drei Zuständen dargestellt.

Automat modulo 3

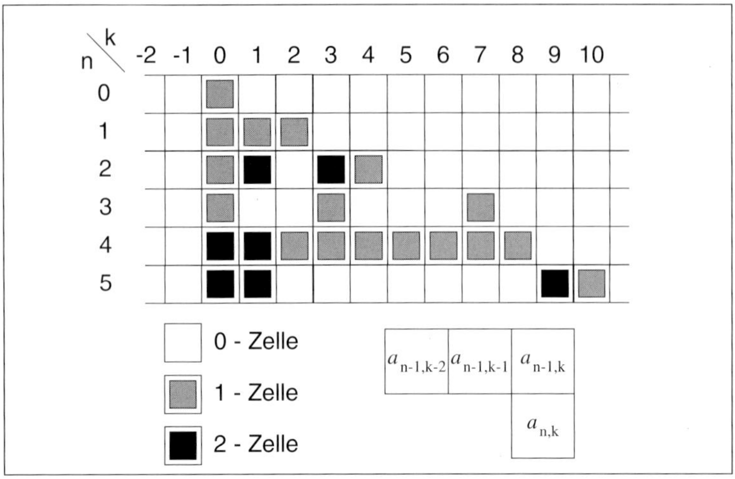

Abb. 7.15 : Ein zellulärer Automat, der von dem Polynom $r(x) = 1+x+x^2$ und $p = 3$ erzeugt wird. Es gibt zwei Arten von Indizes, einen Zeilenindex n, der die natürlichen Zahlen $n = 0, 1, 2, \ldots$ durchläuft, und einen Spaltenindex k, der die ganzen Zahlen $\ldots, -2, -1, 0, 1, 2, \ldots$ durchläuft. Mit Ausnahme der Zelle an der Stelle $k = 0$, die sich im Zustand 1 befindet, besteht die Anfangsschicht $n = 0$ aus Zellen mit dem Zustand 0. Die Regel, durch die die Zustände der Zellen in der neuen Schicht bestimmt werden, ist $a_{n+1,k} = a_{n,k-2} + a_{n,k-1} + a_{n,k}$ mod 3.

Lineare zelluläre Automaten

Auf eine ähnliche Weise können wir mit jedem Polynom $r(x) = a_0 + a_1 x + \cdots + a_d x^d$ vom Grad d und ganzzahligen Koeffizienten a_i beginnen und die Koeffizienten von $(r(x))^n$ modulo einer positiven ganzen Zahl p betrachten. Das Ergebnis wird sein, daß der $k$te Koeffizient von $(r(x))^{n+1}$ durch eine Additionsregel berechnet werden kann, die von jeweils $d+1$ Koeffizienten von $(r(x))^n$ abhängt. Wenn also ein Polynom mit ganzen Koeffizienten und einer positiven ganzen Zahl p gegeben ist, gibt es einen zugehörigen zellulären Automaten, der die Koeffizienten der Potenzen von $(r(x))^n, n = 0, 1, 2, \ldots$ modulo p berechnet. Da die Transformationstafel mit Hilfe einer Additionsregel erzeugt werden kann, werden diese Automaten *lineare zelluläre Automaten* (LZA) genannt.

Zustände und Farben

Die Wahl der positiven ganzen Zahl p bestimmt die Anzahl der Zustände des Automaten. Wenn $p = 2$ ist, d.h. wir rechnen mit der modulo-2-Arithmetik, haben wir einen Automaten, der grafisch mit den Farben schwarz und weiß dargestellt werden kann. Für $p > 2$ benötigen wir weitere Farben, um die Evolution des Automaten angemessen grafisch darzustellen. Häufig vereinfachen wir die grafische Darstellung eines Automaten mit p Zuständen, indem wir die folgende Vereinbarung treffen:

- Zellen, die für einen von Null verschiedenen Zustand stehen, werden schwarz gefärbt.
- Zellen, die für einen Zustand stehen, der Null ist, werden weiß gefärbt.

Mit diesem Hintergrundwissen über lineare zelluläre Automaten können wir eine Reihe außerordentlich interessanter Probleme formulieren:

- *Musterbildung.* Gegeben sei ein Polynom mit ganzzahligen Koeffizienten und eine positive ganze Zahl p. Wie läßt sich die globale Musterbildung beschreiben, die man beobachten kann, wenn der Automat über eine lange Zeit läuft?
- *Farben.* Welche Beziehung besteht zwischen den globalen Mustern, die man für unterschiedliche Wahl von p und ein festes, gegebenes Polynom erhält?
- *Fraktale Dimension.* Welche fraktale Dimension hat das globale Muster?
- *Höhere Dimensionen.* Polynome in einer Variablen erzeugen eindimensionale lineare zelluläre Automaten. Ein Polynom in m Variablen bestimmt einen linearen zellulären Automaten in m Dimensionen. Wie können die Ergebnisse auf m-dimensionale Automaten übertragen werden?
- *Faktorisierung.* Wenn ein Polynom $r(x)$ Produkt zweier Polynome $s(x)$ und $t(x)$ ist, wie ist dann das Muster, das von $r(x)$ erzeugt wird, mit den Mustern verwandt, die zu $s(x)$ und $t(x)$ gehören, und welche Entsprechungen gibt es zwischen den fraktalen Dimensionen?

Das letzte Problem hängt übrigens maßgeblich davon ab, welche Anzahl p man für die Zustände festlegt, weil es in Wirklichkeit nur eine Rolle spielt, ob

$$r(x) \equiv s(x)t(x) \pmod{p}.$$

Zum Beispiel ist das Polynom $r(x) = 1 + x$ bezüglich der ganzen Zahlen irreduzibel, d.h. wenn $r(x) = s(x)t(x)$ ist, muß diese Faktorisierung trivial sein, also $s(x) = 1$ und $t(x) = 1 + x$. Wenn wir modulo p rechnen und p keine Primzahl ist, läßt $r(x) = 1 + x$ jedoch nichttriviale Faktorisierungen zu, zum Beispiel

$$1 + x \equiv (1 + 3x)(1 + 4x) \pmod{6}.$$

Einige dieser Probleme sind noch immer ungelöst, während andere gerade in letzter Zeit mit Methoden der fraktalen Geometrie (nämlich mit Hilfe von hierarchisch iterierten Funktionensystemen) verstanden werden konnten; dadurch zeigt sich wiederum, daß Fraktale nicht nur schöne Bilder sind, sondern ihre Bedeutung sehr viel weiter und tiefer reicht.

7.2 Binomialkoeffizienten und Teilbarkeit

Im verbleibenden Teil dieses Kapitels werden wir uns mit einigen Problemen beschäftigen, die am Ende des letzten Abschnitts aufgeführt sind. Dazu wählen wir uns speziell das Polynom $r(x) = 1 + x$ und positive ganze Zahlen p. Damit betrachten wir im folgenden nur die Teilbarkeitseigenschaften der Binomialkoeffizienten,[19] obwohl eine ähnliche Untersuchung auch für allgemeine Polynome durchgeführt werden kann.[20]

Bei unserer Untersuchung konzentrieren wir uns in erster Linie auf die Frage, ob ein Binomialkoeffizient durch p teilbar ist oder nicht. Wir interessieren uns also nur dafür, ob die Einträge im Pascalschen Dreieck, wenn es modulo p interpretiert wird, schwarz oder weiß sind (siehe Abbildung 7.16). Die Frage der Teilbarkeit kann mit Hilfe der Primfaktorzerlegung beantwortet werden. Um das Muster im Pascalschen Dreieck zu verstehen, das von den durch p teilbaren Koeffizienten gebildet wird, müssen wir die Muster ansehen, die durch die Primfaktoren von p erzeugt werden. Davon wollen wir uns im folgenden überzeugen.

Wir haben gesehen, daß wir die Frage nach der Teilbarkeit beantworten können, indem wir die Binomialkoeffizienten rekursiv mit einer Additionsregel wie Gleichung (7.2) modulo p berechnen und anschließend prüfen, ob das Ergebnis Null ist oder nicht. Andererseits kennen wir eine Methode, mit der man die Binomialkoeffizienten ohne Rekursion direkt bestimmen kann, nämlich durch

$$\binom{n}{k} = \frac{n!}{(n-k)!k!}.$$

Die wesentliche Aufgabe, die wir uns jetzt stellen wollen, besteht darin, zu verstehen, ob die Binomialkoeffizienten durch p teilbar sind oder nicht, und zwar nicht nur mit Hilfe der rekursiven Additionsformel sondern auch über die direkte, nichtrekursive Berechnungsweise. Es stellt sich heraus, daß dieses Problem schon vor beinahe 150 Jahren von dem deutschen Mathematiker Ernst Eduard Kummer gelöst wurde.[21] Die sorgfältige Herleitung des Kummerschen Kriteriums, das von lokaler Natur ist, wird eine solide Grundlage für

---

[19] F. v. Haeseler, H.-O. Peitgen, G. Skordev, *Pascal's triangle, dynamical systems and attractors,* Ergodic Theory and Dynamical Systems 12 (1992), 479–486.

[20] F. v. Haeseler, H.-O. Peitgen, G. Skordev, *On the fractal structure of rescaled evolution set of cellular automata and attractors of dynamical systems,* Journal für die reine und angewandte Mathematik, eingereicht.

[21] E. E. Kummer, *Über Ergänzungssätze zu den allgemeinen Reziprozitätsgesetzen,* Journal für die reine und angewandte Mathematik 44 (1852) 93–146. Die Ergebnisse, die für unsere Untersuchung relevant sind, findet man auf den Seiten 115–116.

Muster im Pascalschen Dreieck modulo 3

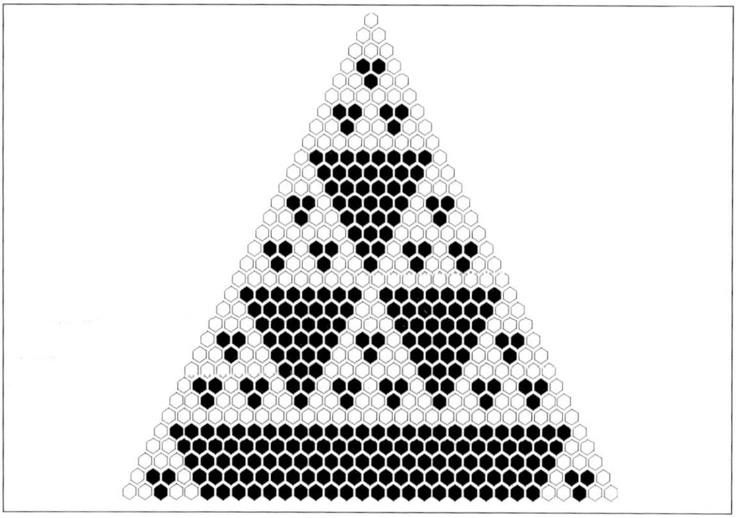

Abb. 7.16 : Die Koeffizienten im Pascalschen Dreieck, die durch 3 teilbar sind, sind schwarz dargestellt.

Koordinatensysteme

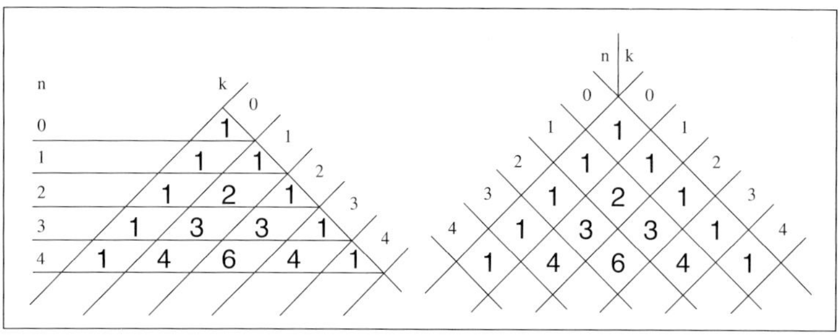

Abb. 7.17 : Zwei Koordinatensysteme für die Darstellung der Binomialkoeffizienten. Das neue modifizierte System ist auf der rechten Seite abgebildet.

das Verständnis der globalen Musterbildung im Pascalschen Dreieck bilden.

Es hat sich herausgestellt, daß es angenehmer ist, mit einem neuen (n, k)-Koordinatensystem zu arbeiten (siehe Abbildung 7.17). Die Beziehung zwischen der gewohnten und der neuen Darstellung ist einfach. Im bisherigen System finden wir an der Position (n, k) den Koeffizienten $\binom{n}{k}$, während im neuen System an der Stelle (n, k) der Binomialkoeffizient

$$\binom{n+k}{k} = \frac{(n+k)!}{n!k!}$$

steht. Abbildung 7.18 zeigt das Pascalsche Dreieck im neuen Koor-

Teilbarkeit durch 2

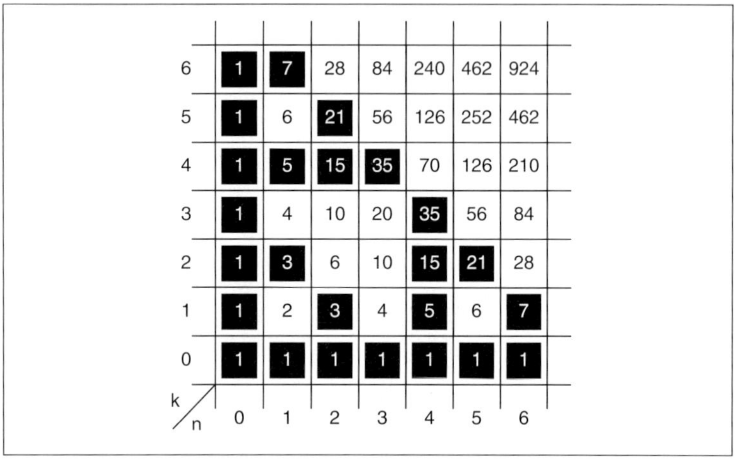

Abb. 7.18 : Darstellung des Pascalschen Dreiecks im neuen (n,k)-Koordinatensystem. In Position (n,k) befindet sich $\binom{n+k}{k}$. Ungerade Zahlen sind schwarz dargestellt.

dinatensystem, allerdings gedreht und rechtwinklig. Die Färbung gibt wie üblich an, ob ein Eintrag gerade oder ungerade ist.

Teilbarkeitsmengen $P(r)$

Wir beschreiben unser Problem jetzt etwas formaler. Wir definieren die folgende Menge:

$$P(r) = \left\{ (n,k) \;\middle|\; \binom{n+k}{k} \text{ ist nicht teilbar durch } r \right\},$$

wobei r eine ganze Zahl ist. Abbildung 7.18 ist daher eine grafische Darstellung eines Abschnitts von $P(2)$.

Es ist leicht zu sehen, daß eine ganze Zahl, die nicht durch das Produkt $p \cdot q$ zweier verschiedener Primzahlen p und q teilbar ist, entweder nicht durch p oder nicht durch q teilbar ist. Daher gilt

$$P(pq) = P(p) \cup P(q), \quad \text{wenn } p \neq q, \quad p,q \text{ Primzahlen.}$$

Zum Beispiel ist $P(6) = P(2) \cup P(3)$ (siehe Abbildung 7.19). Diese Beobachtung kann auf die Zerlegung in Primfaktoren verallgemeinert werden. Wenn wir die Primfaktorzerlegung

$$r = p_1^{\tau_1} \cdots p_s^{\tau_s}$$

einer ganzen Zahl betrachten, wobei die Primzahlen p_k voneinander verschieden sind, und die Exponenten τ_k natürliche Zahlen sind, dann gilt

$$P(r) = P({p_1}^{\tau_1}) \cup \cdots \cup P({p_s}^{\tau_s}).$$

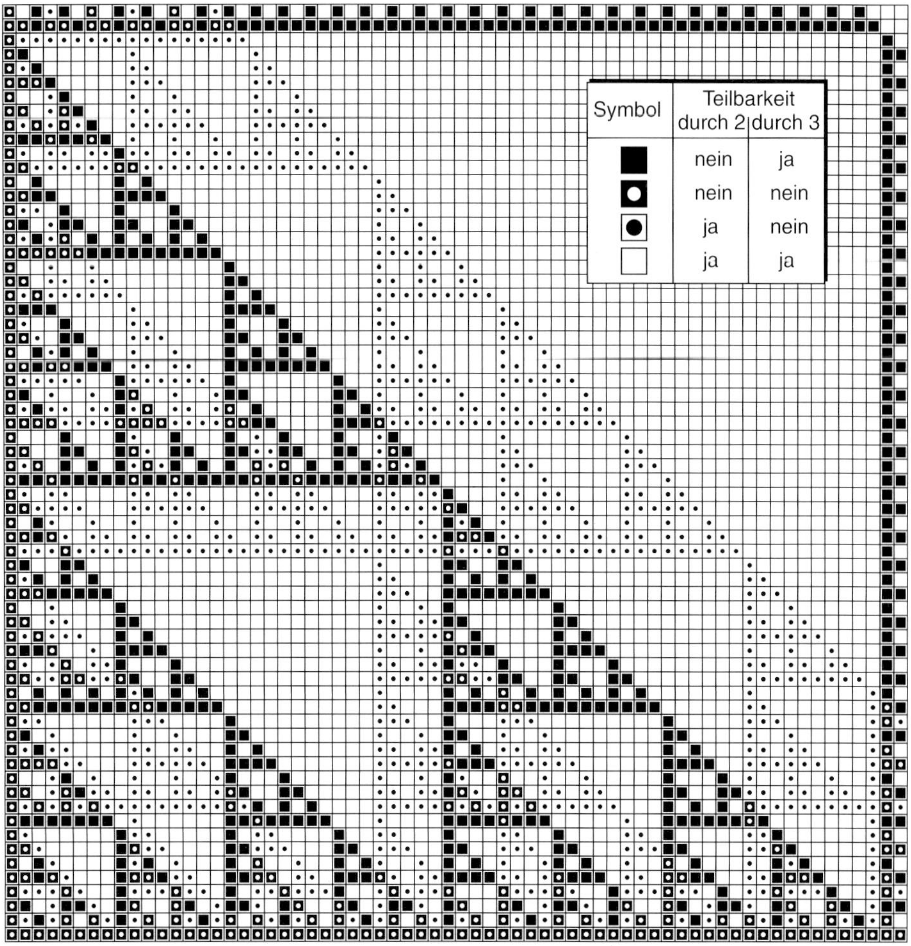

Abb. 7.19 : Die ersten 66 Zeilen des Pascalschen Dreiecks und sein Muster modulo 6, das von einem zellulären Automaten mit der Regel $a_{n,k} = a_{n-1,k} + a_{n,k-1} \bmod 6$ erzeugt wird.

Um die Musterbildung für $P(r)$ zu verstehen, genügt es also, die Mengen $P(p^\tau)$ zuverstehen,

$$P(p^\tau) = \left\{ (n,k) \;\middle|\; \binom{n+k}{k} \text{ ist nicht durch } p^\tau \text{ teilbar} \right\}$$

für eine Primzahl p und eine natürliche Zahl τ.

Der p-adische Zugang

Wir untersuchen jetzt einige Schmuckstücke der elementaren Zahlentheorie, die Adrien Marie Legendre (1808), Ernst Eduard Kummer (1852) und Edouard Lucas (1877) zugeschrieben werden. Diese Ergebnisse werden es uns ermöglichen, unter Zuhilfenahme hierarchisch iterierter Funktionensysteme die Muster in $P(p^\tau)$ für jede Primzahl p und natürliche Zahl τ vollständig zu entschlüsseln.

Wir hätten gerne ein Verfahren, mit dem wir direkt entscheiden können, ob $\binom{n+k}{k}$ durch p^τ teilbar ist oder nicht. Kummer stellte fest, daß man diese Information den p-adischen Darstellungen der Zahlen n und k entnehmen kann. Der Leser ist mit Dezimalentwicklungen wie

$$n = d_0 + d_1 \cdot 10 + d_2 \cdot 10^2 + \cdots + d_m \cdot 10^m$$

vertraut, wobei die Zahlen $d_i \in \{0, \ldots, 9\}$ dezimale Ziffern sind. Daher kann n als Dezimalzahl

$$n = d_m d_{m-1} \ldots d_1 d_0$$

dargestellt werden. Analog ist die p-adische Darstellung einer ganzen Zahl

$$n = d_0 + d_1 p + d_2 p^2 + \cdots + d_m p^m,$$

wobei die Ziffern d_i nun aus $\{0, \ldots, p-1\}$ sind, und die Zahl m kann eine andere sein als m in der ersten Gleichung für die Dezimalentwicklung. Ebenso wie für Dezimalzahlen führen wir die p-adische Darstellung

$$n = (a_m a_{m-1} \ldots a_1 a_0)_p$$

ein. Zum Beispiel haben $n = 17$ und $k = 8$ die Entwicklungen

$$\begin{aligned} n &= (17)_{10} = (10001)_2 = (122)_3 = (32)_5 = (23)_7 = (16)_{11} \\ k &= (08)_{10} = (01000)_2 = (022)_3 = (13)_5 = (11)_7 = (08)_{11}. \end{aligned}$$

Kummers Beobachtung betrifft die Anzahl der Überträge, die auftauchen, wenn man n und k in ihrer p-adischen Darstellung addiert, wobei p eine Primzahl ist. Als Beispiel addieren wir die triadischen Darstellungen

$$\begin{array}{r} 1\ 2\ 2 \\ +0_1 2_1 2 \\ \hline 2\ 2\ 1. \end{array}$$

Dabei läßt sich beobachten, daß man einen Übertrag bekommt, wenn man die Ziffern addiert, die ganz rechts stehen. Das gleiche passiert bei der Addition der mittleren Ziffern. Wir erhalten daher insgesamt zwei Überträge. Wenn wir aber die zugehörigen binären Darstellungen addieren,

$$\begin{array}{r} 10001 \\ +01000 \\ \hline 11001 \end{array}$$

erhalten wir überhaupt keinen Übertrag. Wenn wir also definieren

$$c_p(n,k) = \text{Anzahl der Überträge bei der } p\text{-adischen Addition von } n \text{ und } k,$$

dann haben wir soeben gezeigt, daß $c_2(17,8) = 0$ und $c_3(17,8) = 2$. Wir können nun Kummers Ergebnis formulieren.

Kummers Ergebnis

Es sei $\tau = c_p(n,k)$. Der Binomialkoeffizient $\binom{n+k}{k}$ ist durch die Primzahlpotenz p^τ teilbar, aber nicht durch $p^{\tau+1}$.

Mit anderen Worten enthält die Primfaktorzerlegung von $\binom{n+k}{k}$ exakt $c_p(n,k)$ mal den Faktor p. Wenn wir dieses Ergebnis auf unser Beispiel $n = 17$ und $k = 8$ anwenden, sehen wir, daß $\binom{n+k}{k}$ nicht den Faktor 2 enthält, weil $c_2(17,8) = 0$ ist, und genau zweimal den Faktor 3, weil $c_3(17,8) = 2$. Der Koeffizient $\binom{n+k}{k} = \binom{25}{8}$ ist daher eine ungerade Zahl, die durch 9 teilbar ist, aber nicht durch 27. Wenn wir nachrechnen, erhalten wir

$$\binom{n+k}{k} = \binom{25}{8} = 3^2 \cdot 5^2 \cdot 11 \cdot 19 \cdot 23, \tag{7.6}$$

womit unsere Schlußfolgerung bestätigt wird.

Wir können das Ergebnis von Kummer auch in der anderen Richtung interpretieren. Dann können wir aus der Primfaktorzerlegung in Gleichung (7.6) schließen, daß

$$c_p(17,8) = \begin{cases} 2, & \text{für } p = 3,5 \\ 1, & \text{für } p = 11,19,23 \\ 0, & \text{sonst.} \end{cases}$$

Tatsächlich können wir nachrechnen, daß bei der Addition von 17 und 8 modulo 11 beispielsweise $c_{11}(17,8) = 1$ ist. Es gibt also einen Übertrag — wie erwartet:

$$\begin{array}{r} 1\ 6 \\ +\ {}_{1}8 \\ \hline 2\ 3. \end{array}$$

Das Lucas-Kriterium

Um festzustellen, ob $\binom{n}{k}$ gerade oder ungerade ist, können wir wie folgt das Kriterium von Lucas anwenden.[22] Wir berechnen die Binärdarstellung von n und k, sagen wir $n = 23 = (10111)_2$ und $k = 17 = (10001)_2$. Dann schreiben wir die beiden Zahlen in ihrer Binärdarstellung untereinander.

10111
10001

Jetzt ist $\binom{n}{k}$ genau dann ungerade, wenn jede Ziffer der unteren Zahl k kleiner oder gleich der Ziffer von n ist, die darüber steht. In unserem Beispiel $n = 23$ und $k = 17$ ist das der Fall. Und tatsächlich ist $\binom{23}{17} = 5313$ ungerade.

Wir werden sehen, daß das Kriterium von Lucas direkt aus Kummers Ergebnis folgt. Es seien

$$\begin{aligned} n &= a_m 2^m + a_{m-1} 2^{m-1} + \cdots + a_0 \\ k &= b_m 2^m + b_{m-1} 2^{m-1} + \cdots + b_0 \end{aligned}$$

die Binärentwicklungen von n und k mit binären Ziffern $a_i, b_i \in \{0, 1\}$. Wenn $k \leq n$ ist, werden einige der Leitziffern in der Binärdarstellung von k Null sein. Zuerst beobachten wir, daß wir wegen Kummers Resultat wissen, $\binom{n}{k} = \binom{n-k+k}{k}$ ist genau dann nicht durch 2 teilbar, wenn die 2-adische Entwicklung

$$n - k = c_m 2^m + c_{m-1} 2^{m-1} + \cdots + c_0$$

die Eigenschaft

$$c_i + b_i \leq 1, \quad i = 0, \ldots, m$$

erfüllt. Allgemein ist $\binom{n}{k} = \binom{n-k+k}{k}$ genau dann nicht durch p teilbar, wenn in der p-adischen Addition von $n - k$ und k kein Übertrag auftritt.

Um unsere Argumentation zu vervollständigen, müssen wir uns noch mit zwei Schlußfolgerungen beschäftigen. Zunächst folgt das Kriterium von Lucas, wenn $\binom{n}{k}$ ungerade ist, d.h. wenn $a_i \geq b_i$ für alle i. Außerdem ist $\binom{n}{k}$ ungerade, wenn das Lucas-Kriterium erfüllt ist. Es sei i ein beliebiger Index $i \in \{0, \ldots, m\}$. Wir fangen mit dem ersten Teil an. Wir nehmen an, daß $\binom{n}{k}$ ungerade ist. Das Ergebnis von Kummer besagt in diesem Fall, daß $c_i + b_i \leq 1$ ist. Dies hat zur Folge, daß $a_i = b_i + c_i$, und deshalb gilt auch $a_i \geq b_i$, was zu zeigen war. Für den zweiten Teil nehmen wir an, daß $a_i \geq b_i$. Dann ist $c_i = a_i - b_i$, woraus folgt, daß $c_i + b_i = a_i \leq 1$. Nach Kummers Ergebnis ist daher $\binom{n}{k}$ ungerade. Der zweite Teil ist damit abgeschlossen und der Beweis des Lucas-Kriteriums vollständig.

[22] Es ist verwandt mit mehreren veröffentlichten Kriterien wie zum Beispiel mit dem in I. Stewart, *Game, Set, and Math*, Basil Blackwell, Oxford, 1989, veröffentlichten Kriterium, das Stewart in Berufung auf das Buch von Gregory J. Chaitin, *Algorithmic Information Theory*, Cambridge University Press, 1987, Edouard Lucas zuschreibt.

Modulo-p-Bedingung

Als Spezialfall des Kummer-Kriteriums ergibt sich, daß $\binom{n+k}{k}$ genau dann nicht durch die Primzahl p teilbar ist, wenn $c_p(n,k) = 0$ ist. Anders ausgedrückt erhalten wir

$$P(p) = \{(n,k) \mid c_p(n,k) = 0\}\,.$$

Außerdem ist die Anzahl der Überträge $c_p(n,k)$ genau dann Null, wenn

$$a_i + b_i \leq p - 1, \quad i = 0, \ldots, m$$

wobei a_i und b_i die p-adischen Ziffern von n und k bezeichnen, also

$$\begin{aligned} n &= a_0 + a_1 p + a_2 p^2 + \cdots + a_m p^m, \\ k &= b_0 + b_1 p + b_2 p^2 + \cdots + b_m p^m. \end{aligned}$$

Diese Bedingung werden wir die *modulo-p-Bedingung* nennen.
Für Primpotenzen besagt das Kummer-Kriterium, daß

$$P(p^\tau) = \{(n,k) \mid c_p(n,k) < \tau\}$$

Der Beweis von Kummers Beobachtung kann auf der Grundlage einer Formel von Legendre geführt werden, die auf das Jahr 1808 zurückgeht, und mit der man den größten Exponenten μ bestimmen kann, so daß $n!$ durch die Primzahlpotenz p^μ teilbar ist.

Kummers Ergebnis und die Formel von Legendre

Wir rufen uns den Satz von Kummer von 1852 ins Gedächtnis zurück.

- Es sei $c_p(n,k)$ die Anzahl der Überträge in der p-adischen Addition von n und k und $\tau = c_p(n,k)$. Dann ist $\binom{n+k}{k}$ durch die Primzahlpotenz p^τ teilbar, aber nicht durch $p^{\tau+1}$.

Dieses schöne Ergebnis wollen wir mit Hilfe einer Formel von Legendre aus dem Jahr 1808 herleiten, die sich mit der Teilbarkeit von $n!$ durch Primzahlpotenzen beschäftigt. Die Gleichung ist unten aufgeführt.

- Es sei $\mu(n)$ der größte ganzzahlige Exponent, für den $n! = 1 \cdot 2 \cdots n$ durch die Primzahlpotenz $p^{\mu(n)}$ teilbar ist. Dies bedeutet, daß $n!$ nicht durch die Primzahlpotenz $p^{\mu(n)+1}$ teilbar ist. Dann gilt

$$\mu(n) = \frac{n - \sigma}{p - 1}, \tag{7.7}$$

wobei σ die Summe der p-adischen Koeffizienten $a_i \in \{0, 1, \ldots, p-1\}$ von n ist,

$$\begin{aligned} n &= a_0 + a_1 p + a_2 p^2 + \cdots + a_m p^m, \\ \sigma &= a_0 + a_1 + \cdots + a_m. \end{aligned} \tag{7.8}$$

Um die Formel von Legendre zu beweisen, führen wir zuerst die nützliche Gleichheit

$$\mu(n) = \sum_{i=1}^{\infty} \left\lfloor \frac{n}{p^i} \right\rfloor \tag{7.9}$$

ein, wobei die Klammern $\lfloor\ \rfloor$ die größte ganze Zahl bezeichnen, die kleiner ist als die eingeschlossenne Größe. Zum Beispiel ist $\lfloor 6.1 \rfloor = 6$, $\lfloor 5.9 \rfloor = 5$, $\lfloor \pi \rfloor = 3$.

Man beachte, daß $\lfloor n/p^i \rfloor$ für große i gleich 0 ist. Die Summe in Gleichung (7.9) ist daher eine endliche Summe. Zuerst werden wir die Gleichheit aus (7.9) beweisen. Wir beobachten, daß der Term $\lfloor n/p^i \rfloor$ die Anzahl der Elemente aus $\{1, 2, \ldots, n\}$ ist, die durch p^i teilbar sind. Zum Beispiel ist für $p = 2$, $i = 3$ und $n = 17$ $\lfloor n/p^i \rfloor = 2$. Es gibt also zwei ganze Zahlen, die kleiner oder gleich 17 und durch 2^3 teilbar sind, nämlich 8 und 16. Als nächstes stellen wir fest, daß die Summe in Gleichung (7.9) jeden Faktor aus dem Produkt

$$1 \cdot 2 \cdot 3 \cdots (n-1) \cdot n,$$

der durch p^i teilbar ist, aber nicht durch p^{i+1} genau i mal berücksichtigt, nämlich einmal in $\lfloor n/p \rfloor$, einmal in $\lfloor n/p^2 \rfloor$, ... und einmal in $\lfloor n/p^i \rfloor$. Dadurch wird genau gezählt, wie oft p als Primfaktor in $n!$ auftritt, und damit ist die Gleichheit aus (7.9) bestätigt.

Wir wollen an dieser Stelle ein Beispiel betrachten: Es sei $n = 10$ und $p = 2$. Wir überprüfen also, wie oft der Faktor 2 im Produkt $10! = 2 \cdot 3 \cdot 4 \cdot 5 \cdot 6 \cdot 7 \cdot 8 \cdot 9 \cdot 10$ auftaucht. Tatsächlich ist 2 durch 2^1 teilbar, 4 durch 2^2, 6 durch 2^1, 8 durch 2^3 und 10 durch 2^1. Daher ist 10! durch 2^8 teilbar. Dies wird in der folgenden Übersicht deutlich,

$$\begin{array}{ccccccccccl}
1 \cdot & 2 & \cdot 3 \cdot & 4 & \cdot 5 \cdot & 6 & \cdot 7 \cdot & 8 & \cdot 9 \cdot & 10 & \\
 & 1 & & 1 & & 1 & & 1 & & 1 & \lfloor 10/2 \rfloor = 5 \\
 & & & 1 & & & & 1 & & & \lfloor 10/4 \rfloor = 2 \\
 & & & & & & & 1 & & & \lfloor 10/8 \rfloor = 1 \\
 & p^1 & & p^2 & & p^1 & & p^3 & & p^1 &
\end{array}$$

in der der Primfaktor $p = 2$ genau 8 mal auftritt. Daher ist $\mu(10) = 8$. Man beachte, daß in die Summe

$$\sum_{i=1}^{\infty} \left\lfloor \frac{10}{2^i} \right\rfloor = \left\lfloor \frac{10}{2} \right\rfloor + \left\lfloor \frac{10}{4} \right\rfloor + \left\lfloor \frac{10}{8} \right\rfloor = 5 + 2 + 1 = 8$$

einfach nur eingeht, wie häufig der Primfaktor $p = 2$ gezählt wird. Hier ist ein weiteres Beispiel: $n = 1000$ und $p = 3$. 1000! ist durch 3^{498} teilbar aber nicht durch 3^{499}, weil

$$\begin{aligned}
\mu(1000) = &\left\lfloor \frac{1000}{3} \right\rfloor + \left\lfloor \frac{1000}{9} \right\rfloor + \left\lfloor \frac{1000}{27} \right\rfloor \\
&+ \left\lfloor \frac{1000}{81} \right\rfloor + \left\lfloor \frac{1000}{243} \right\rfloor + \left\lfloor \frac{1000}{729} \right\rfloor \\
= &\ 333 + 111 + 37 + 12 + 4 + 1 = 498.
\end{aligned}$$

Wir werden nun die Formel von Legendre beweisen. Mit Hilfe von Gleichung (7.9) kann man sehen, daß Legendres Formel (7.7) äquivalent ist zu

$$\sum_{i=1}^{\infty} \left\lfloor \frac{n}{p^i} \right\rfloor (p-1) = n - \sigma. \tag{7.10}$$

Wir fahren fort, indem wir zuerst diese Beziehung begründen. Wir verwenden die p-adische Darstellung von n in (7.8) und die Definition der Klammern $\lfloor\ \rfloor$ und erhalten damit

$$\left\lfloor \frac{n}{p^i} \right\rfloor = a_i + a_{i+1}p + \cdots + a_m p^{m-i}, \quad i \leq m.$$

Damit berechnen wir nun die beiden Summen

$$\begin{aligned}
\sum_{i=1}^{\infty} \left\lfloor \frac{n}{p^i} \right\rfloor p &= \sum_{i=1}^{m} \left(a_i p + a_{i+1}p^2 + \cdots + a_m p^{m-i+1} \right) \\
&= a_1 p + a_2 p^2 + a_3 p^3 + \cdots + a_m p^m \\
&\qquad + a_2 p + a_3 p^2 + \cdots + a_m p^{m-1} \\
&\qquad\qquad + a_3 p + \cdots + a_m p^{m-2} \\
&\qquad\qquad\qquad \vdots \\
&\qquad\qquad\qquad + a_m p
\end{aligned}$$

$$\begin{aligned}
\sum_{i=1}^{\infty} \left\lfloor \frac{n}{p^i} \right\rfloor &= \sum_{i=1}^{m} \left(a_i + a_{i+1}p + \cdots + a_m p^{m-i} \right) \\
&= a_1 + a_2 p + a_3 p^2 + \cdots + a_m p^{m-1} \\
&\qquad + a_2 + a_3 p + \cdots + a_m p^{m-2} \\
&\qquad\qquad + a_3 + \cdots + a_m p^{m-3} \\
&\qquad\qquad\qquad \vdots \\
&\qquad\qquad\qquad + a_m.
\end{aligned}$$

Jetzt wird die Differenz dieser Summen gebildet,

$$\begin{aligned}
\sum_{i=1}^{\infty} \left\lfloor \frac{n}{p^i} \right\rfloor (p-1) &= (a_1 p + a_2 p^2 + \cdots + a_m p^m) \\
&\quad - (a_1 + a_2 + \cdots + a_m) \\
&= (n - a_0) - (\sigma - a_0) \\
&= n - \sigma.
\end{aligned}$$

Dadurch wird die Formel (7.7) von Legendre bestätigt.

Als nächstes leiten wir das Kummer-Kriterium aus der Formel von Legendre her. Hierfür seien

$$\begin{aligned}
n &= a_0 + a_1 p + a_2 p^2 + \cdots + a_m p^m \\
k &= b_0 + b_1 p + b_2 p^2 + \cdots + b_m p^m
\end{aligned}$$

die p-adischen Darstellungen von n und k, wobei $a_i, b_i \in \{0, \ldots, p-1\}$. Wenn nun p^ν die größte Potenz von p ist, die $\binom{n+k}{k}$ teilt, dann ist

$$\nu = \mu(n+k) - \mu(n) - \mu(k),$$

weil

$$\binom{n+k}{k} = \frac{(n+k)!}{n!k!}.$$

Anders ausgedrückt haben wir zu zeigen, daß

$$c_p(n,k) = \mu(n+k) - \mu(n) - \mu(k), \tag{7.11}$$

wobei $c_p(n,k)$ die Anzahl der Überträge in der p-adischen Addition von

$$n = (a_m a_{m-1} \ldots a_1 a_0)_p \quad \text{und}$$
$$k = (b_m b_{m-1} \ldots b_1 b_0)_p$$

ist. Wenn man die Addition dieser beiden Zahlen in ihrer p-adischen Darstellung ausführt, entstehen Überträge $\varepsilon_0, \varepsilon_1, \varepsilon_2, \ldots$, die entweder 0 oder 1 sind. Man erhält sie formal durch

$$\varepsilon_0 = \left\lfloor \frac{a_0 + b_0}{p} \right\rfloor \quad \text{und} \quad \varepsilon_i = \left\lfloor \frac{a_i + b_i + \varepsilon_{i-1}}{p} \right\rfloor, \quad i = 1, 2, \ldots$$

Die Summe der Überträge im Kriterium von Kummer ist

$$c_p(n,k) = \sum_{i=0}^{\infty} \varepsilon_i .$$

Nun betrachten wir die Summe $n+k$ in der p-adischen Darstellung, also

$$n + k = \sum_{i=0}^{\infty} c_i p^i$$

mit $c_i \in \{0, 1, \ldots, p-1\}$. Wenn wir zur Vereinfachung der Notation $\varepsilon_{-1} = 0$ definieren, können wir die p-adischen Ziffern c_i von $n+k$ in Abhängigkeit der p-adischen Darstellungen von n und k und der Überträge ε_i wie folgt ausdrücken:

$$c_i = a_i + b_i + \varepsilon_{i-1} - \varepsilon_i p \quad \text{für} \quad i = 0, 1, 2, \ldots$$

Schließlich wenden wir die Formel von Legendre an, um (7.11) zu zeigen:

$$\begin{aligned}
\nu &= \mu(n+k) - \mu(n) - \mu(k) \\
&= \frac{n + k - \sum_{i=0}^{\infty} c_i}{p-1} - \frac{n - \sum_{i=0}^{\infty} a_i}{p-1} - \frac{k - \sum_{i=0}^{\infty} b_i}{p-1} \\
&= \frac{1}{p-1} \left(\sum_{i=0}^{\infty} a_i + \sum_{i=0}^{\infty} b_i - \sum_{i=0}^{\infty} (a_i + b_i + \varepsilon_{i-1} - \varepsilon_i p) \right) \\
&= \frac{1}{p-1} \sum_{i=0}^{\infty} (\varepsilon_i p - \varepsilon_{i-1}) \\
&= \frac{1}{p-1} \left(\sum_{i=0}^{\infty} \varepsilon_i p - \sum_{i=0}^{\infty} \varepsilon_{i-1} \right) \\
&= \frac{1}{p-1} \left(\sum_{i=0}^{\infty} \varepsilon_i p - \sum_{i=0}^{\infty} \varepsilon_i \right)
\end{aligned}$$

Wir erhalten also

$$\nu = \frac{1}{p-1}\sum_{i=0}^{\infty} \varepsilon_i(p-1) = \sum_{i=0}^{\infty} \varepsilon_i = c_p(n,k)$$

und haben Kummers Ergebnis damit vollständig bewiesen.

Das Färben des Pascalschen Dreiecks

Bisher haben wir uns nur mit der Frage befaßt, ob ein Binomialkoeffizient durch eine Primzahl p teilbar ist oder nicht. Dementsprechend haben wir die zugehörige Zelle schwarz oder weiß gefärbt. Wenn ein Koeffizient jedoch nicht durch p teilbar ist, können wir den zugehörigen Eintrag im Pascalschen Dreieck auch mit einer von $p-1$ Farben einfärben (je nachdem, welchen Rest man bei Teilen durch p erhält). Wir schließen diesen Abschnitt mit einigen kurzen Bemerkungen über die Berechnung dieser Farben. Das grundlegende Resultat, mit dem man die Farbe bestimmen kann, ohne den zugehörigen zellulären Automaten laufen zu lassen, geht auf Lucas zurück (1877). Es sei

$$\begin{aligned} n+k &= a_0 + a_1 p + a_2 p^2 + \cdots + a_m p^m, \\ k &= b_0 + b_1 p + b_2 p^2 + \cdots + b_m p^m, \end{aligned}$$

wobei die $a_i, b_i \in \{0, \ldots, p-1\}$ die p-adischen Ziffern sind. Dann gilt

$$\binom{n+k}{k} \equiv \binom{a_0}{b_0} \cdot \binom{a_1}{b_1} \cdots \binom{a_h}{b_h} \pmod{p} \tag{7.12}$$

Wir betrachten ein Beispiel. Nach dem obigen Kriterium ist

$$\binom{7}{4} \equiv \binom{1}{1} \cdot \binom{2}{1} \pmod{3},$$

da $7 = (21)_3$ und $4 = (11)_3$. Und wirklich ist

$$\binom{7}{4} = 35 \equiv 2 \pmod{3}$$

und ebenso

$$\binom{1}{1} \cdot \binom{2}{1} = 1 \cdot 2 \equiv 2 \pmod{3}.$$

Wieder folgt das Kriterium aus der Formel von Legendre, so wie es auch für Kummers Ergebnis der Fall war.[23] Wir werden die Einzelheiten der Beweisführung jedoch auslassen und uns nun der Beschreibung der globalen Musterbildung im Pascalschen Dreieck zuwenden.

[23] Einen Beweis, der ohne die Formel von Legendre auskommt, findet man in N. J. Fine: *Binomial coefficients modulo a prime number*, Amer. Math. Monthly 54

Wir fassen zusammen: Wir verwenden die modulo-p-Bedingung, um die Teilbarkeit der Binomialkoeffizienten durch die Primzahl p zu überprüfen, und wir greifen zum Lucas-Kriterium in Gleichung (7.12), wenn wir zusätzlich wissen wollen, welchen Wert die Koeffizienten modulo p haben.

(1947) 589. Das Lucas-Kriterium kann auch verwendet werden, um die globale Struktur des farbigen Pascalschen Dreiecks zu analysieren, d.h. die Farbmuster, die entstehen, wenn man p Farben verwendet, eine Farbe für jede Restklasse ($\equiv 0 \pmod p$, $\equiv 1 \pmod p$, ..., $\equiv p-1 \pmod p$). M. Sved hat das Resultat von Lucas aus dem geometrischen Muster des Pascalschen Dreiecks modulo p abgeleitet. Die fraktalen Muster im Pascalschen Dreieck sind sozusagen äquivalent zu den zahlentheoretischen Eigenschaften der Binomialkoeffizienten, und ein besseres Verständnis der fraktalen Eigenschaften wird zu einem umfassenderen Verständnis ihrer zahlentheoretischen Eigenschaften führen.

7.3 IFS: Von der lokalen Teilbarkeit zur globalen Geometrie

Vielleicht erinnert sich der eine oder andere Leser noch an das erstaunlich kurze Programm „Schiefes Sierpinski-Dreieck" aus Kapitel 2 unseres Buches *Bausteine des Chaos — Fraktale* (vgl. Seite 158). Das Geheimnis dieses Programms steckte einfach in dem einen BASIC-Befehl:

```
IF (x AND y) = 0 THEN PSET (x+30, y+30)
```

Der logische Ausdruck in dieser Anweisung entscheidet darüber, ob ein Punkt gezeichnet wird oder nicht. Der Ausdruck „x AND y" im if-Teil steht für die bitweise logische AND-Operation. Zum Beispiel ist 101 AND 010 Null, während 101 AND 110 Eins ist. Der Ausdruck ist also nur dann 0 (falsch), wenn nicht zwei zusammengehörige Ziffern von x und y gleichzeitig 1 sind. Es ist daher möglich, mit diesem Ausdruck zu prüfen, ob in der binären Addition der beiden Koordinaten x und y Überträge auftreten. Das Programm verwendet sozusagen das Kummer-Kriterium für $p = 2$ und $c_2(n,k) = 0$, wobei $n =$ x und $k =$ y gesetzt werden. Abbildung 7.20 vermittelt einen Eindruck von dem Muster, das entsteht und in dem immer weitere Details des Sierpinski-Dreiecks sichtbar werden. Wir versuchen nun zu erklären, warum man mit diesem Kriterium tatsächlich das Sierpinski-Dreieck erzeugen kann.

Modulo-2-Muster und binäre Adressen

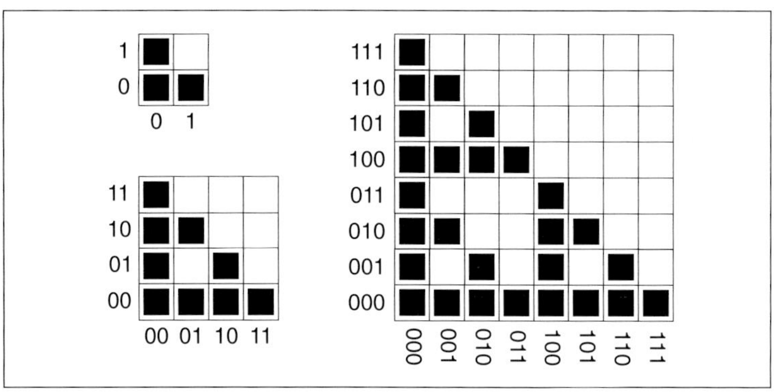

Abb. 7.20 : Auf einem Gitter mit 2 × 2, 4 × 4 und 8 × 8 Gitterkästchen werden Adressen getestet. Es werden immer weitere Details des Sierpinski-Dreiecks sichbar, das uns inzwischen wohlbekannt ist.

Das Sierpinski-Dreieck und die Basis 2

Wir betrachten das Einheitsquadrat in der Ebene,

$$Q = \{(x, y) \mid 0 \le x \le 1, 0 \le y \le 1\}.$$

Wir entwickeln nun x und y zur Basis 2, d.h.

$$x = \sum_{i=1}^{\infty} a_i 2^{-i}, \quad a_i \in \{0, 1\},$$
$$y = \sum_{i=1}^{\infty} b_i 2^{-i}, \quad b_i \in \{0, 1\}.$$

Mit dieser Notation können wir das Sierpinski-Dreieck zahlentheoretisch beschreiben:

$$S = \{(x, y) \in Q \mid \text{es gibt eine binäre Darstellung von } x \text{ und } y \text{ mit } a_i + b_i \le 1, i = 1, 2, \ldots\} \tag{7.13}$$

Wir geben einige Beispiele:

(x, y)	(0,0)	(1,0)	(1/2,1/2)	(3/4,3/4)
x	0.000...	0.111...	0.1000...	0.11000...
y	0.000...	0.000...	0.0111...	0.10111...
	$\in S$	$\in S$	$\in S$	$\notin S$

Die ersten drei Punkte (0,0), (1,0) und (1/2,1/2) sind aus S. Im letzten Beispiel können wir auch sehen, warum wir bei der Beschreibung von S sagen müssen „es gibt eine binäre Darstellung..." . Anderenfalls würden wir nicht erreichen, daß $(1/2, 1/2)$ in S liegt. Auf der anderen Seite ist $(3/4, 3/4)$ nicht in S, unabhängig davon wie wir entwickeln, weil sowohl a_1 als auch b_1 beide 1 sein müssen, d.h., $a_1 + b_1 = 2$.

Es gibt eine direkte Verbindung zur Übertragsbedingung von Kummer, die wir zuvor besprochen haben. Die Bedingung, daß es für x und y eine Entwicklung zur Basis 2 gibt, die die Eigenschaft $a_i + b_i \le 1$ hat, ist ja äquivalent zu der Bedingung, daß es bei der Addition von x und y im binären Zahlensystem keine Überträge gibt.

In Abschnitt 5.4 unseres Buches *Bausteine des Chaos — Fraktale* haben wir iterierte Funktionensysteme verwendet (IFS), um uns davon zu überzeugen, daß (7.13) wirklich das Sierpinkski-Dreieck vollständig beschreibt. Wir haben vier Kontraktionen w_{00}, w_{01}, w_{10} und w_{11} eingeführt, die das Einheitsquadrat Q wie in Abbildung 7.21 um den Faktor 2 stauchen:

$$w_{00}(x, y) = (x/2, y/2)$$
$$w_{01}(x, y) = (x/2, y/2 + 1/2)$$
$$w_{10}(x, y) = (x/2 + 1/2, y/2)$$
$$w_{11}(x, y) = (x/2 + 1/2, y/2 + 1/2).$$

Vier Ähnlichkeitstransformationen

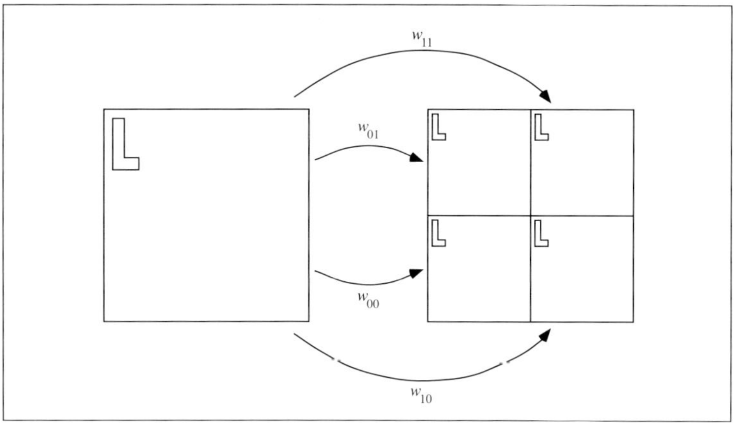

Abb. 7.21 : Transformationen des Einheitsquadrats Q.

Drei dieser Transformationen, nämlich w_{00}, w_{01}, w_{10}, können verwendet werden, um eine Hutchinson-Gleichung für das Sierpinski-Dreieck S aufzustellen:

$$S = w_{00}(S) \cup w_{01}(S) \cup w_{10}(S). \tag{7.14}$$

Die zahlentheoretische Beschreibung

Wir gehen beim Beweis der zahlentheoretischen Beschreibung in Gleichung (7.13) von der Definiton des Sierpinski-Dreiecks aus, die mit Hilfe der Kontraktionen w_{00}, w_{01}, w_{10} und der zugehörigen Hutchinson-Gleichung (7.14) gegeben ist. Jede kompakte, nichtleere Menge, die diese Gleichung erfüllt, muß das Sierpinski-Dreieck sein, weil es nur eine Lösung gibt. Um zu beweisen, daß S aus (7.13) das Sierpinski-Dreieck ist, müssen wir zeigen, daß S in (7.13) der Gleichung (7.14) genügt. Wir fahren fort, indem wir die beiden Relationen

$$w_{00}(S) \cup w_{01}(S) \cup w_{10}(S) \subset S,$$
$$w_{00}(S) \cup w_{01}(S) \cup w_{10}(S) \supset S$$

beweisen. Für den Beweis der ersten Relation nehmen wir einen Punkt $(x, y) \in S$ und seine Binärentwicklung

$$(x, y) = (0.a_1 a_2 \ldots, 0.b_1 b_2 \ldots).$$

Gleichung (7.13) zufolge gilt $a_i + b_i \leq 1$ für alle Indizes $i = 1, 2, \ldots$ Jetzt wenden wir die drei Transformationen w_{00}, w_{01} und w_{10} an:

$$\begin{aligned} w_{00}(0.a_1 a_2 \ldots, 0.b_1 b_2 \ldots) &= (0.0 a_1 a_2 \ldots, 0.0 b_1 b_2 \ldots) \\ w_{01}(0.a_1 a_2 \ldots, 0.b_1 b_2 \ldots) &= (0.0 a_1 a_2 \ldots, 0.1 b_1 b_2 \ldots) \\ w_{10}(0.a_1 a_2 \ldots, 0.b_1 b_2 \ldots) &= (0.1 a_1 a_2 \ldots, 0.0 b_1 b_2 \ldots). \end{aligned}$$

Es ist offensichtlich, daß alle Punkte, die dabei entstehen, ebenfalls in S liegen, weil die ersten Ziffern der x- und y-Komponenten niemals beide gleich 1 sind, und für die verbleibenden Paare von Ziffern gilt das gleiche, weil $a_i + b_i \leq 1$ für $i = 1, 2, \ldots$

Um die zweite Relation zu zeigen, nehmen wir wieder einen Punkt $(x, y) \in S$ mit Binärdarstellungen wie zuvor, und haben einen weiteren Punkt $(x', y') \in S$ anzugeben, so daß mindestens eines der Bilder $w_{00}(x', y'), w_{01}(x', y')$ oder $w_{10}(x', y')$ gleich (x, y) ist. Angenommen, wir wählen

$$(x', y') = (0.a_2a_3\ldots, 0.b_2b_3\ldots)$$

Es können nicht a_1 und b_1 gleichzeitig 1 sein. Deshalb erhalten wir unmittelbar

$$(x, y) = \begin{cases} w_{00}(x', y') \text{ wenn } a_1 = 0 \text{ und } b_1 = 0 \text{ oder} \\ w_{01}(x', y') \text{ wenn } a_1 = 0 \text{ und } b_1 = 1 \text{ oder} \\ w_{10}(x', y') \text{ wenn } a_1 = 1 \text{ und } b_1 = 0, \end{cases}$$

und andere Fälle gibt es nicht. Damit ist unser Beweis abgeschlossen, und Gleichung (7.13) beschreibt somit das Sierpinski-Dreieck.

Die Binärdarstellung ermöglicht es auch, zu sehen, wie die Iteration des Hutchinson-Operators, wenn er auf einen beliebigen Punkt im Quadrat Q angewendet wird, eine Folge von Punkten erzeugt, die dem Sierpinski-Dreieck immer näher kommt. Wenn $(x, y) = (0.a_1a_2\ldots, 0.b_1b_2\ldots)$ ist mit beliebigen a_i und b_i, können wir beobachten, daß je häufiger man wie bei einem IFS die Abbildungen w_{00}, w_{01} und w_{10} anwendet, umso mehr binäre Leitziffern der Punkte, die dabei entstehen, der Bedingung $a_i + b_i \leq 1$ genügen. Mit anderen Worten, wenn man mit

$$A_0 = Q$$

anfängt und das IFS laufen läßt, entsteht die Folge

$$A_n = w_{00}(A_{n-1}) \cup w_{01}(A_{n-1}) \cup w_{10}(A_{n-1}), n = 1, 2, \ldots,$$

wobei die n Leitziffern der Koordinaten aller Punkte aus A_n der Bedingung $a_i + b_i \leq 1$ genügen. Weiterhin hat diese Folge das Sierpinski-Dreieck als Attraktor, d.h.

$$A_\infty = S.$$

Die ersten Schritte sind in Abbildung 7.22 dargestellt. Wir beobachten nun, daß dies exakt das Ergebnis aus Abbildung 7.20 wäre, wenn den Koordinaten, die in dieser Abbildung verwendet wurden, ein Dezimalpunkt vorangestellt wäre. In diesem Fall würden die Muster, die sich in dem 2×2, 4×4 oder 8×8 Gitter befinden, genau mit den Schritten A_n unseres iterierten Funktionensystems zusammenpassen. Wenn wir aber in Abbildung 7.20 einen Dezimalpunkt einführen, bedeutet dies nichts anderes, als daß wir eine reskalierte

Muster von A_n

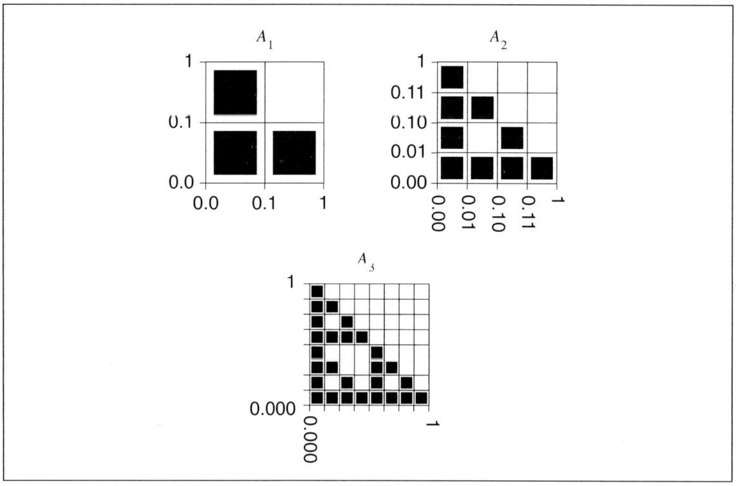

Abb. 7.22 : Die ersten drei Schritte des iterierten Funktionensystems, das das Sierpinski-Dreieck kodiert.

Version des Pascalschen Dreiecks betrachten (d.h., skaliert mit $1/2$, $1/4$ oder $1/2^n$ im allgemeinen). Das modulo-2-Muster, das wir im Pascalschen Dreieck sehen, ist also exakt das Muster, das wir auch bei Iterieren des IFS erhalten, durch das das Sierpinski-Dreieck kodiert wird.

Teilbarkeit durch Primzahlen

Nun sind wir gut genug vorbereitet, um die Muster anzusehen, die durch die Teilbarkeitseigenschaften der Binomialkoeffizienten entstehen. Oder, wenn wir es formal sagen, wollen wir die globale Musterbildung in

$$P(p) = \left\{ (n,k) \;\middle|\; \binom{n+k}{k} \text{ ist nicht durch } p \text{ teilbar} \right\}$$

beschreiben. Zuerst konstruieren wir ein geeignetes iteriertes Funktionensystem. Wir nehmen das Einheitsquadrat Q und unterteilen es in p^2 kongruente Quadrate $Q_{a,b}$ mit $a, b \in \{0, \ldots, p-1\}$. Dann führen wir die entsprechenden Kontraktionsabbildungen

$$w_{a,b}(x,y) = \left(\frac{x+a}{p}, \frac{y+b}{p} \right)$$

ein, wobei

$$w_{a,b}(Q) = Q_{a,b}, \;\; a, b \in \{0, \ldots, p-1\}.$$

Das ist die Verallgemeinerung dessen, was wir bereits für den Fall $p = 2$ in Abbildung 7.21 gemacht haben. Wir definieren jetzt eine Menge zulässiger Transformationen, indem wir die Einschränkung

$a + b \leq p - 1$ auferlegen. Dadurch ergibt sich eine Gesamtzahl von $N = p(p+1)/2$ Kontraktionen, die alle den Kontraktionsfaktor $1/p$ haben. Als nächstes führen wir den Hutchinson-Operator W_p ein, der diesen N Kontraktionen entspricht,

$$W_p(A) = \bigcup_{a+b \leq p-1} w_{a,b}(A),$$

wobei A eine Teilmenge der Ebene ist. Wir beginnen die Iteration mit der Anfangsmenge $A_0 = Q$ und iterieren

$$A_m = W_p(A_{m-1}), \; m = 1, 2, \ldots$$

In Abbildung 7.23 sind die ersten beiden Schritte für $p = 3$ dargestellt.

Um die Iteration zu verfolgen, unterteilen wir nun jedes der p^2 Teilquadrate von Q in p^2 kleinere Teilquadrate und führen diesen Vorgang wiederholt durch. Nachdem wir die erste Unterteilung von Q mit $Q_{a,b}$ indiziert haben, fahren wir fort, die Teilquadrate der zweiten Unterteilung mit $Q_{ac,bd}$ zu bezeichnen und so weiter. Für das Beispiel $p = 3$, das in Abbildung 7.23 gezeigt ist, findet man das Quadrat $Q_{10,12}$ auf folgenden Weise: Das Paar (1,1), das aus den Leitziffern im Index von $Q_{10,12}$ besteht, bestimmt das mittlere Quadrat in der ersten Unterteilung, und das Paar (0,2) bestimmt das Quadrat in der oberen linken Ecke innerhalb des Quadrats $Q_{1,1}$. Das Quadrat

$$Q_{a_{m-1}\ldots a_0, b_{m-1}\ldots b_0}$$

ist ein Quadrat der $m$ten Generation. Wir finden es, indem wir die p-adischen Doppeladressen lesen, die durch das Paar $(a_{m-1}\ldots a_0, b_{m-1}\ldots b_0)$ gegeben sind; also zuerst (a_{m-1}, b_{m-1}), dann (a_{m-2}, b_{m-2}) und so weiter. Dieses natürliche Adressensystem hilft uns, die Spur aller Iterationen des Hutchinson-Operators W_p zu verfolgen. Zum Beispiel erhalten wir

$$Q_{a_{m-1}\ldots a_0, b_{m-1}\ldots b_0} = w_{a_{m-1}, b_{m-1}}(\cdots w_{a_0,b_0}(Q)),$$

wobei $a_i + b_i \leq p - 1$.

Wir können nun sagen, daß A_m die Vereinigung aller dieser Teilquadrate der $m$ten Unterteilung von Q in p^{2m} kleine Quadrate ist, deren Adressen $(a_{m-1}\ldots a_0, b_{m-1}\ldots b_0)$ der Bedingung $a_i + b_i \leq p - 1$, genügen, d.h.

$$A_m = \bigcup_{a_i+b_i \leq p-1} Q_{a_{m-1}\ldots a_0, b_{m-1}\ldots b_0}.$$

Reskalierung des Pascalschen Dreiecks

Wir beschreiben nun die Beziehung zwischen den Teilquadraten $Q_{a_{m-1}\ldots a_0, b_{m-1}\ldots b_0}$ und den Einträgen im Pascalschen Dreieck. Zunächst beschreiben wir ein geometrisches Modell für die Teilbarkeitsmuster im Pascalschen Dreieck. Zu diesem Zweck statten wir

Modulo-3-Maschine

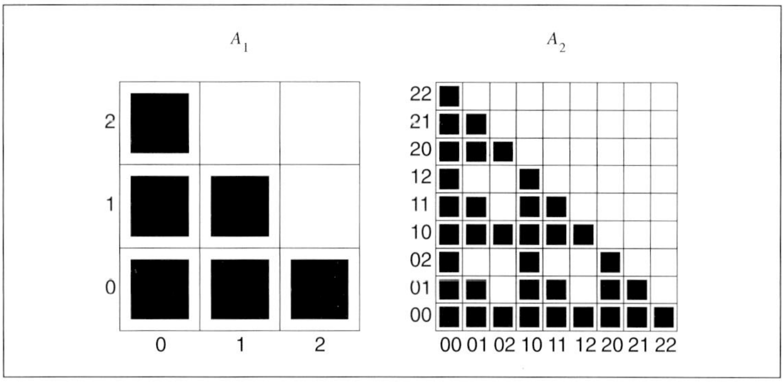

Abb. 7.23 : Die ersten beiden Schritte in der Iteration des Hutchinson-Operators W_p für $p = 3$.

den ersten Quadranten der Ebene mit einem quadratischen Gitter aus, so daß jedes Quadrat die Kantenlänge 1 hat. Jedes Quadrat kann daher mit einem Paar (n, k) ganzer Zahlen indiziert werden, und wir bezeichnen das Quadrat, das den Index (n, k) hat, mit $R_{n,k}$.

$$R_{n,k} = \{(x, y) \mid n \leq x \leq n + 1, k \leq y \leq k + 1\}.$$

Das geometrische Modell für $P(p)$ erhält man nun, indem man alle Quadrate $R_{n,k}$ sucht, für die der Binomialkoeffizient $\binom{n+k}{k}$ nicht durch p teilbar ist.

$$\mathcal{P}(p) = \left\{ R_{n,k} \;\middle|\; \binom{n+k}{k} \text{ ist nicht durch } p \text{ teilbar} \right\}.$$

Dieses unendliche Muster werden wir nun mit der Evolution unseres Hutchinson-Operators in Beziehung setzen, d.h. zu der Folge der Muster A_m. Alle Mengen A_m sind in Q enthalten, und A_m ist die Vereinigung einer endlichen Anzahl von Quadraten der Kantenlänge $1/p^m$. Um die Beziehung zwischen A_m und $\mathcal{P}(p)$ zu erkennen, betrachten wir $\mathcal{P}(p)$ durch die Folge der quadratischen „Fenster“ $[0, p^m] \times [0, p^m]$ der Kantenlänge p^m. Für $m = 1, 2, \ldots$ suchen wir nun denjenigen Teil des geometrischen Modells $\mathcal{P}(p)$, der in das entsprechende Fenster fällt:

$$\mathcal{P}_m(p) = \mathcal{P}(p) \cap \{(n, k) | 0 \leq n + k \leq p^m - 1\}.$$

In Abbildung 7.24 sind die Mengen $\mathcal{P}_1(p)$ und $\mathcal{P}_2(p)$ für $p = 3$ dargestellt. Wenn man $\mathcal{P}_1(p)$ und $\mathcal{P}_2(p)$ mit den Mustern von A_1 und A_2 in Abbildung 7.23 vergleicht, kann man beobachten, daß sie gleich sind, abgesehen davon, daß A_1 und A_2 Teilmengen des Einheitsquadrats sind, und $\mathcal{P}_1(p)$ (bzw. $\mathcal{P}_2(p)$) nur in ein Quadrat der Kantenlänge p passen (bzw. p^2). Mit anderen Worten, wenn wir die

Die Teilquadrate von $\mathcal{P}_m(3)$

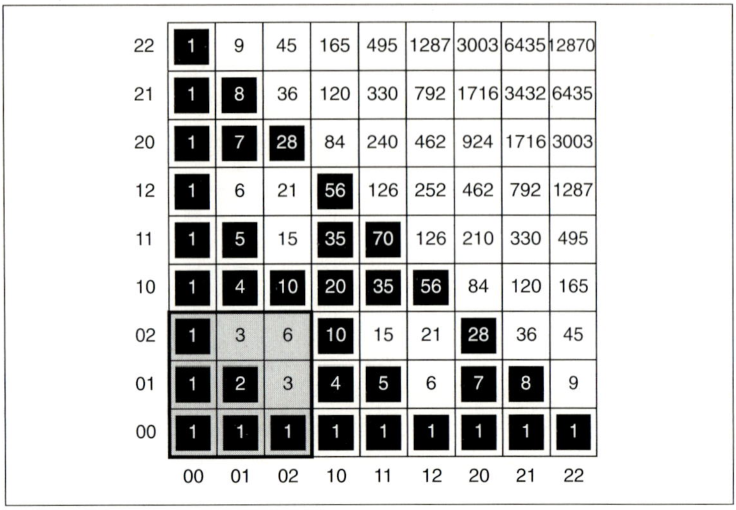

Abb. 7.24 : Die Quadrate $\mathcal{P}_1(3)$ (die sechs schwarzen Quadrate mit grauem Hintergrund in der linken, unteren Gruppe) und $\mathcal{P}_2(3)$ (alle schwarzen Quadrate). Man vergleiche das Bild mit Abbildung 7.23.

Muster $\mathcal{P}_m(p)$ mit dem Faktor $1/p^m$ reskalieren, erhalten wir ein Objekt, von dem wir zeigen werden, daß es mit A_m übereinstimmt. Dazu führen wir die Mengen

$$\mathcal{S}_m(p) = \frac{1}{p^m} \cdot \mathcal{P}_m(p)$$

ein, oder genauer ausgedrückt

$$\mathcal{S}_m(p) = \left\{ \frac{z}{p^m} \;\middle|\; z \in \mathcal{P}_m(p) \right\}.$$

Tatsächlich ist jedes der Teilquadrate in $\mathcal{S}_m(p)$ mit einem Paar (n,k) ganzer Zahlen indiziert, so daß $\binom{n+k}{k}$ nicht durch p teilbar ist. Jedes Teilquadrat stimmt also mit einem Quadrat $Q_{a_{m-1}\ldots a_0, b_{m-1}\ldots b_0}$ überein, wobei $n = (a_{m-1}\ldots a_0)_p$ und $k = (b_{m-1}\ldots b_0)_p$ Kummers modulo-p-Bedingung erfüllen. Zusammenfassend können wir also sagen, daß

$$A_m = \mathcal{S}_m(p), \quad m = 1, 2, \ldots$$

Wenn wir m gegen Unendlich streben lassen, wissen wir, daß A_m bezüglich der Hausdorff-Metrik gegen den Attraktor des IFS konvergiert. Wir bezeichnen die Limesmenge mit $\mathcal{S}(p)$. So läßt sich erkennen, daß das reskalierte geometrische Modell eine Limesmenge

Die ersten Primzahlen

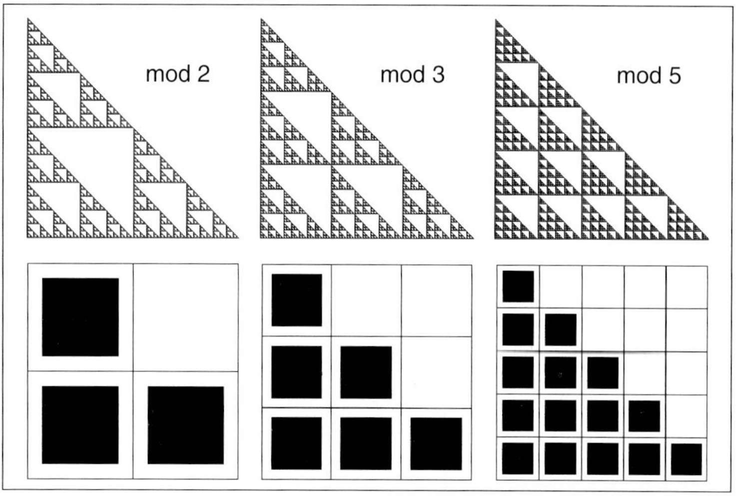

Abb. 7.25 : Die Grenzmengen der reskalierten geometrischen Modelle für $P(2)$, $P(3)$, $P(5)$, und ihre zugehörigen IFS (d.h. grafische Darstellungen der Transformationen w_{ab}).

hat. Es ist ein reskaliertes geometrisches Modell des (unendlichen) Pascalschen Dreiecks modulo p, das wir mit $P(p)$ bezeichnen.[24]

Fraktale Dimension

Abbildung 7.25 zeigt die geometrischen Modelle $\mathcal{S}(p)$, die entstehen, wenn man die zu $P(p)$ gehörigen iterierten Funktionensysteme für $p = 2, 3, 5$ laufen läßt. Der Zugang über die iterierten Funktionensysteme ermöglicht es uns, die fraktale Dimension dieser Mengen zu berechnen:

	Dimension
$\mathcal{S}(2)$	$\log 3 / \log 2 \approx 1.585$
$\mathcal{S}(3)$	$\log 6 / \log 3 \approx 1.631$
$\mathcal{S}(5)$	$\log 15 / \log 5 \approx 1.683$
$\mathcal{S}(7)$	$\log 28 / \log 7 \approx 1.712$

Wenn p eine Primzahl ist, ist die Formel für die Selbstähnlichkeitsdimension (vgl. *Bausteine des Chaos — Fraktale,* Kapitel 4) von $\mathcal{S}(p)$ gegeben durch

$$D_s = \frac{\log p(p+1)/2}{\log p}.$$

[24] In diesem Zusammenhang verweisen wir auch auf S. J. Willson, *Cellular automata can generate fractals,* Discrete Applied Math. 8 (1984) 91–99, der die Limesmengen zellulärer Automaten mit Hilfe von Reskalierungstechniken untersucht hat.

7.4 HIFS und Teilbarkeit durch Primzahlpotenzen

Wir haben gesehen, daß iterierte Funktionensysteme in einer gewissen Weise den natürliche Rahmen liefern, in dem es möglich ist, die globalen Muster zu entziffern, die man bei der Untersuchung der Teilbarkeitseigenschaften im Pascalschen Dreieck erhält (oder die globale Musterbildung zellulärer Automaten). Wir haben jedoch bisher nur den allerersten Schritt vollzogen, indem wir die Teilbarkeit durch eine Primzahl p untersucht haben. Im nächsten Schritt betrachten wir die Teilbarkeit durch Primzahlpotenzen p^τ, und wir werden sehen, daß dieser Weg verglichen mit dem ersten etwas mühsamer ist. Wir werden beschreiben, wie man die globalen Muster, die im Pascalschen Dreieck auftauchen, vollständig durch hierarchische IFS[25] verstehen kann.[26] Die fraktalen Muster in

$$P(p^\tau) = \left\{ (n,k) \;\middle|\; \binom{n+k}{k} \text{ ist nicht durch } p^\tau \text{ teilbar} \right\}$$

können mit Hilfe von hierarchischen IFS entziffert werden, deren Gestalt und Eigenschaften in enger Beziehung mit dem Kummer-Kriterium stehen, mit dem man die größte Primzahlpotenz ausfindig machen kann, die den Binomialkoeffizienten $\binom{n+k}{k}$ teilt. Abbildung 7.26 zeigt zwei Beispiele für $P(p^2)$, in denen wir beobachten können, daß die Selbstähnlichkeitseigenschaften der Mengen $P(p)$ durch Hierarchien selbstähnlicher Strukturen ersetzt werden.

Erste Primzahlpotenz

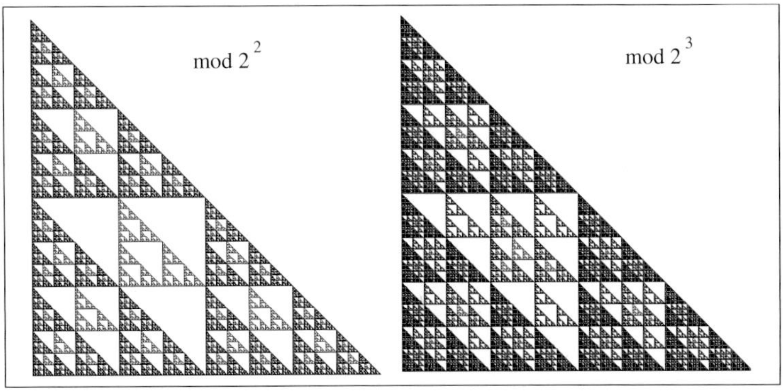

Abb. 7.26 : Das reskalierte geometrische Modell für $P(4)$ und $P(9)$.

[25] Siehe Abschnitt 5.9 in *Bausteine des Chaos — Fraktale*

[26] Wir orientieren uns dabei an einer kürzlich veröffentlichten Arbeit von F. v. Haeseler, H.-O. Peitgen, G. Skordev, *Pascal's triangle, dynamical systems and attractors,* Ergod. Th. & Dynam. Sys. 12 (1992) 479–486.

HIFS für modulo 4

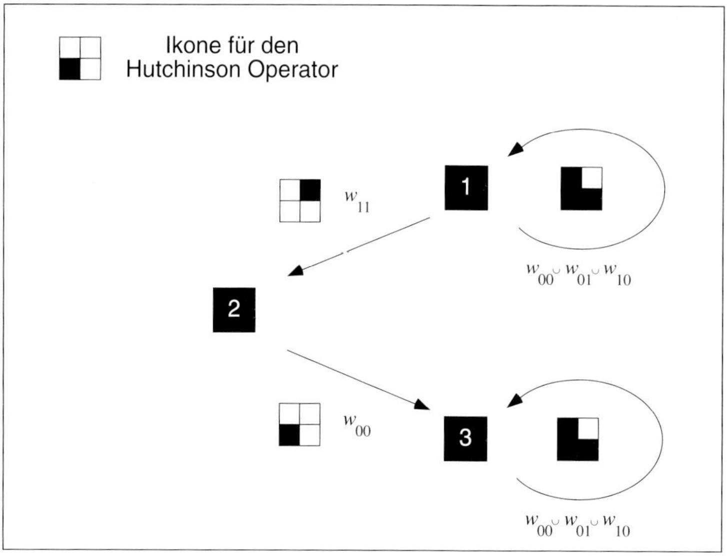

Abb. 7.27 : Der Graph eines hierarchisch iterierten Funktionensystems für das Beispiel der Binomialkoeffizienten modulo 4. Bei der Iteration dieses Systems entstehen drei Bilder, eins für jeden Knoten (die Knoten stehen für die drei vernetzten MVKM). Das Endbild des ersten Knotens ist ein Sierpinski-Dreieck. Das Endbild von Knoten 3 ist das gesuchte Muster modulo 4.

Wir beginnen mit einigen Beobachtungen, die das Beispiel $P(4)$ betreffen. In diesem Fall folgt aus dem Kummer-Kriterium, daß

$$P(4) = \{(n,k) \mid c_2(n,k) = 0 \text{ oder } c_2(n,k) = 1\}.$$

Wenn $c_2(n,k) = 0$ ist, ist $\binom{n+k}{k}$ nicht durch 2 teilbar. Wenn $c_2(n,k) = 1$ ist, ist $\binom{n+k}{k}$ zwar durch 2 teilbar, aber nicht durch 4. Deshalb ist $\binom{n+k}{k}$ nicht durch 4 teilbar, wenn entweder die eine oder die andere dieser beiden Bedingungen erfüllt ist. Wir müssen diejenigen Koordinaten (n,k) in Betracht ziehen, deren p-adische Addition höchstens einen Übertrag hat (d.h. für die $\binom{n+k}{k}$ möglicherweise durch 2, aber nicht durch 4 teilbar ist). Wie kann sich diese Eigenschaft in einem iterierten Funktionensystem wiederspiegeln?

Wir betrachten wieder das Einheitsquadrat Q und die Kontraktionen $w_{00}, \ldots, w_{11}$ aus Abbildung 7.21.

Wir haben gesehen, daß m Iterationen dieser Transformationen, bei denen zuerst $w_{a_0 b_0}$ angewendet wird, dann $w_{a_1 b_1}$ und so weiter, zum Teilquadrat

$$w_{a_{m-1} b_{m-1}}(\cdots w_{a_0 b_0}(Q)) = Q_{a_{m-1} \ldots a_0, b_{m-1} \ldots b_0}$$

führen. Bisher haben wir nur den Fall betrachtet, in dem die binäre Addition von $(a_{m-1} \ldots a_0)_2$ und $(b_{m-1} \ldots b_0)_2$ keinen Übertrag hat

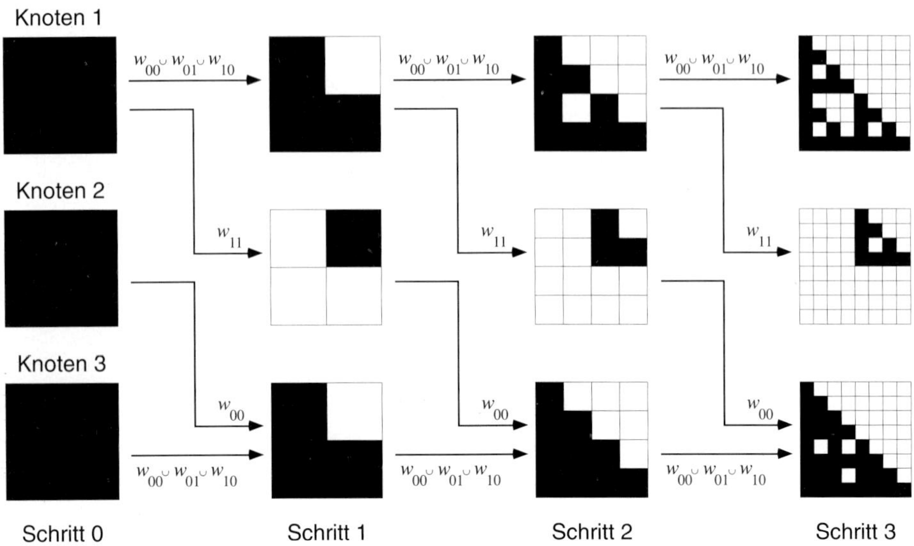

Abb. 7.28 : Die ersten drei Schritte bei der Iteration der drei vernetzten MVKM für $P(4)$, die in Abbildung 7.27 gezeigt werden.

(d.h. $a_i + b_i \leq 1$). Wie können wir nun zum Beispiel genau einen Übertrag erreichen? Auf den ersten Blick macht es den Eindruck, daß wir einfach nur einmal die Transformation w_{11} anwenden müssen. Wenn wir, zum Beispiel die Folge $w_{01}, w_{10}, w_{11}, w_{01}, w_{00}$ anwenden, werden wir

$$Q_{00110,01101} = w_{00}(w_{01}(w_{11}(w_{10}(w_{01}(Q)))))$$

erhalten. In diesem Beispiel tritt bei der Addition tatsächlich ein Übertrag bei der dritten binären Ziffer auf. Aber Moment! Es gibt auch bei der vierten Binärziffer von rechts einen Übertrag! Was geht hier vor? Wir müssen offensichtlich ein bißchen vorsichtiger sein. Die Transformation w_{11} sorgt für einen Übertrag — so weit, so gut — aber die Transformation, die als nächstes angewendet wird, muß w_{00} sein. Anderenfalls würden wir einen weiteren Übertrag bekommen. Es ist also nicht zulässig, daß w_{01} wie in unserem Beispiel im Anschluß an w_{11} angewendet wird.

In Abbildung 7.27 ist der Graph des hierarchischen IFS dargestellt, der unsere Beobachtungen widerspiegelt. Die Knoten 1, 2 und 3 stehen für die drei vernetzten Mehrfach-Verkleinerungs-Kopier-Maschine (zur Erklärung der Mehrfach-Verkleinerungs-Kopier-Maschine siehe Kapitel 6). Die erste arbeitet mit einer Rückkopplungsschleife, in der der Hutchinson-Operator $w_{00} \cup w_{01} \cup w_{10}$

angewendet wird. Die zweite transformiert die Ausgabe der ersten Maschine mit w_{11}. Die dritten Maschine arbeitet wie die erste mit einer Rückkopplungsschleife, in der $w_{00} \cup w_{01} \cup w_{10}$ angewendet wird, aber zusätzlich kopiert sie die Ausgabe der zweiten Maschine mit w_{00}.

Wie iterieren wir nun dieses Netzwerk? Wir fangen die Iteration mit drei Kopien des Einheitsquadrats Q, eine Kopie für jeden Knoten $A_0(1) = Q$, $A_0(2) = Q$ und $A_0(3) = Q$. Im ersten Schritt ergibt sich für diese Knoten

$$\begin{aligned}
A_1(1) &= w_{00}(Q) \cup w_{01}(Q) \cup w_{10}(Q) \\
&= Q_{0,0} \cup Q_{0,1} \cup Q_{1,0} \\
A_1(2) &= w_{11}(Q) \\
&= Q_{1,1} \\
A_1(3) &= w_{00}(Q) \cup w_{00}(Q) \cup w_{01}(Q) \cup w_{10}(Q) \\
&= Q_{0,0} \cup Q_{0,1} \cup Q_{1,0}
\end{aligned}$$

und im zweiten Schritt erhalten wir

$$\begin{aligned}
A_2(1) &= \bigcup_{a+b\leq 1} w_{a,b}(Q_{0,0} \cup Q_{0,1} \cup Q_{1,0}) \\
&= Q_{00,00} \cup Q_{00,01} \cup Q_{01,00} \\
&\quad \cup Q_{00,10} \cup Q_{00,11} \cup Q_{01,10} \\
&\quad \cup Q_{10,00} \cup Q_{10,01} \cup Q_{11,00} \\
A_2(2) &= w_{1,1}(Q_{0,0} \cup Q_{0,1} \cup Q_{1,0}) \\
&= Q_{10,10} \cup Q_{10,11} \cup Q_{11,10} \\
A_2(3) &= \bigcup_{a+b\leq 1} w_{a,b}(Q_{0,0} \cup Q_{0,1} \cup Q_{1,0}) \cup w_{0,0}(Q_{1,1}) \\
&= Q_{00,00} \cup Q_{00,01} \cup Q_{01,00} \\
&\quad \cup Q_{00,10} \cup Q_{00,11} \cup Q_{01,10} \\
&\quad \cup Q_{10,00} \cup Q_{10,01} \cup Q_{11,00} \cup Q_{01,01} .
\end{aligned}$$

Diese Schritte sind zusammen mit dem dritten in Abbildung 7.28 dargestellt. Im $m$ten Schritt erhalten wir am Knoten 1 alle Teilquadrate $Q_{a_{m-1}\ldots a_0, b_{m-1}\ldots b_0}$, deren Indizes keine Überträge produzieren, durch die das reskalierte geometrische Modell $\mathcal{S}_m(2)$ für $P(()2)$ entsteht. Am Knoten 2 erhalten wir die Teilquadrate, bei denen der Übertrag von Leitziffern in der Binärdarstellung der zugehörigen Indizes erzeugt wird. Am Knoten 3 erhalten wir schließlich diejenigen Teilquadrate, deren Indizes entweder keine Überträge produzieren oder genau einen. Mit anderen Worten wird durch $A_m(3)$ nach der Reskalierung mit dem Faktor $1/2^m$ das geometrische Modell von $P(4)$ bereitgestellt, nach dem wir gesucht haben (siehe auch Abbildung 7.30).

Konstruktion eines hierarchischen IFS

Wir konstruieren nun ein hierarchisch iteriertes Funktionensystem für allgemeine Primzahlpotenzen p^τ. Wie bisher betrachten wir Kontraktionen mit dem Kontraktionsfaktor $1/p$

$$w_{a,b} : Q \to Q, \text{ wobei } w_{a,b}(Q) = Q_{a,b} \tag{7.15}$$

und $w_{a,b}(x, y) = ((x + a)/p, (y + b)/p)$ für $a, b \in \{0, \ldots, p - 1\}$. Wieder wird das Einheitsquadrat Q in p^2 kongruente Quadrate $Q_{a,b}$ unterteilt, die mit dem p-adischen Paar (a, b) indiziert sind.

Unser hierarchisches IFS wird $2\tau - 1$ Knoten haben (d.h., es wird $2\tau - 1$ IFS geben, die untereinander vernetzt sind). Jedes IFS wird Abbildungen aus Definition 7.15 verwenden, die auf dem Einheitsquadrat Q wirken. Um sie voneinander zu unterscheiden, benennen wir sie mit $Q^1, \ldots, Q^{2\tau-1}$.

Im Prinzip kann ein hierarchisches IFS Abbildungen haben, die von irgendeinem Q^i in ein anderes Q^j abbilden. Unser spezielles hierarchisches IFS wird sich jedoch nur durch spezielle Verbindungen auszeichnen. Es sind schematische Erweiterungen dessen, was wir schon für $P(4)$ gesehen haben. Abbildung 7.29 zeigt das Netzwerk, das man erhält. Die schwarzen Quadrate sind von 1 bis $2\tau - 1$ durchnummeriert und stehen für die einzelnen Knoten unseres HIFS. Die Pfeile zwischen den Quadraten geben die Hutchinson-Abbildungen an. Genauer gesagt haben wir es mit vier Typen solcher Abbildungen zu tun. Sie können durch einen Index am Buchstaben W voneinander unterschieden werden, der eine Auswahl der Kontraktionsabbildungen $w_{a,b}$ bestimmt. Sei B eine (kompakte) Teilmenge der Ebene und $a, b \in \{0, \ldots, p - 1\}$. Dann gilt

$$\begin{aligned}
W_{\leq p-1}(B) &= \cup_{a+b \leq p-1} w_{a,b}(B),\\
W_{\leq p-2}(B) &= \cup_{a+b \leq p-2} w_{a,b}(B),\\
W_{\geq p-1}(B) &= \cup_{a+b \geq p-1} w_{a,b}(B),\\
W_{\geq p}(B) &= \cup_{a+b \geq p} w_{a,b}(B).
\end{aligned}$$

In unserem hierarchischen IFS haben wir

$$\begin{aligned}
W_{\leq p-1} &: Q^{2i-1} \to Q^{2i-1}, & i &= 1, \ldots, \tau,\\
W_{\geq p} &: Q^{2i-1} \to Q^{2i}, & i &= 1, \ldots, \tau - 1,\\
W_{\geq p-1} &: Q^{2i} \to Q^{2i+2}, & i &= 1, \ldots, \tau - 2,\\
W_{\leq p-2} &: Q^{2i} \to Q^{2i+1}, & i &= 1, \ldots, \tau - 1.
\end{aligned} \tag{7.16}$$

Wir lassen dieses IFS nun laufen. Wenn wir mit einem Einheitsquadrat für jeden Knoten anfangen, sehen wir an jedem Knoten die Entwicklung der Muster. Wenn wir die Maschine lang genug laufen lassen, wird die Entwicklung der Muster irgendwann anfangen zu stagnieren, d.h., die Grenzmuster werden sich einstellen. Angenommen, der Turm aus IFS in Abbildung 7.29 hat Sichtfenster, durch

Maschinenturm

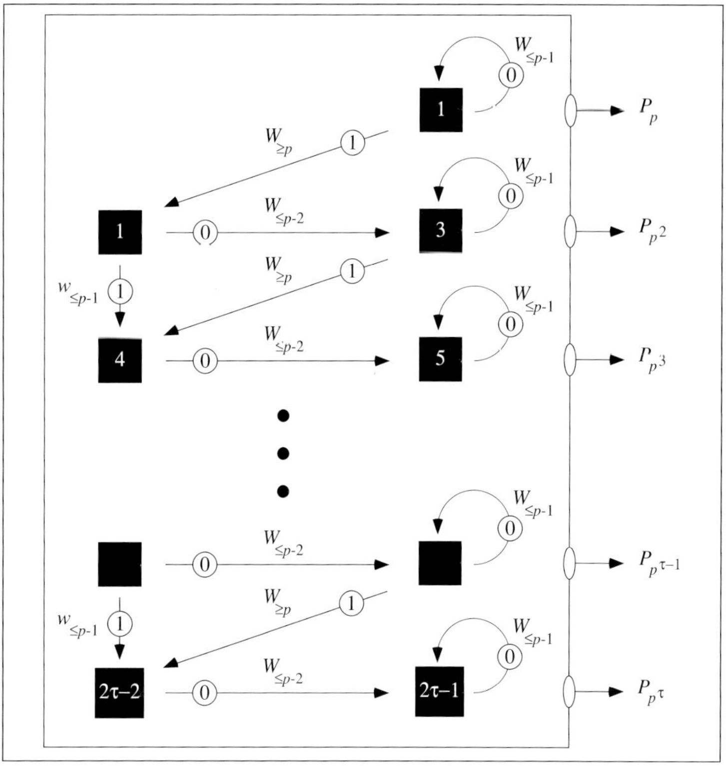

Abb. 7.29 : Ein Turm aus iterierten Funktionensystemen und ihre Verbindungen im Netzwerk.

die wir diese Entwicklung beobachten können. Unser spezielles Interesse besteht darin, die Evolution an den Knoten zu überwachen, die auf der rechten Seite gezeigt sind (dies sind die Knoten, die zu $Q^{2k-1}, k = 1, \ldots, \tau$ gehören). Das Ergebnis ist genau das gleiche Muster, das auch durch $P(p^k)$ gegeben ist: Das Muster im Knoten $2k - 1$ entspricht dem Muster in $P(p^k)$.

Entzifferung der Selbstähnlichkeitshierarchie

Insbesondere kann das globale Muster von $P(p^\tau)$ in $Q^{2\tau-1}$ gefunden werden. Man beachte auch, daß das Netzwerk in Abbildung 7.29 zeigt, wie man alle Mengen $P(p^k), 1 \le k \le \tau - 1$ zusammenfügen muß, um $P(p^\tau)$ zu erhalten. Das hierarchische IFS beschreibt also nicht nur das Muster von $P(p^\tau)$. Wichtiger ist sogar, daß es die Selbstähnlichkeitshierarchie in $P(p^\tau)$ genau entziffert.

Der Maschinenturm

Wir wollen uns die Mühe machen, ein wenig genauer zu erklären, wie der Maschinenturm aus Abbildung 7.29 wirklich funktioniert. Wir konstruieren eine $(2\tau - 1) \times (2\tau - 1)$ Matrix F_{p^τ}. Die Einträge dieser Matrix bestehen aus zwei Arten von Symbolen, der leeren Menge $\emptyset$ oder einer der Hutchinson-Abbildungen aus 7.16. Wir bezeichnen die Einträge von F_{p^τ} allgemein mit f_{ij}, d.h., wir stellen uns das Element f_{ij} als Abbildung von Q^j nach Q^i vor. Wenn in Abbildung 7.29 keine Abbildung verzeichnet ist, tragen wir daher das Symbol für die leere Menge ein:

$$F_{p^\tau} = (f_{i,j}),\ i,j = 1,\ldots,2\tau-1.$$

Dann ist

$$\begin{aligned} f_{ll} &= W_{\leq p-1}, && \text{wenn } l \text{ ungerade},\\ f_{l+1,l} &= W_{\geq p}, && \text{wenn } l \text{ ungerade},\\ f_{l+1,l} &= W_{\leq p-2}, && \text{wenn } l \text{ gerade},\\ f_{l+2,l} &= W_{\geq p-1}, && \text{wenn } l \text{ gerade},\\ f_{l+1,l} &= W_{\geq p}, && \text{wenn } l \text{ ungerade},\\ f_{kl} &= \emptyset, && \text{sonst}. \end{aligned} \tag{7.17}$$

Wir betrachten das Beispiel $\tau = 3$. Hier erhalten wir eine 5×5 Matrix:

$$\begin{pmatrix} W_{\leq p-1} & \emptyset & \emptyset & \emptyset & \emptyset \\ W_{\leq p} & \emptyset & \emptyset & \emptyset & \emptyset \\ \emptyset & W_{\geq p-2} & W_{\leq p-1} & \emptyset & \emptyset \\ \emptyset & W_{\geq p-1} & W_{\geq p} & \emptyset & \emptyset \\ \emptyset & \emptyset & \emptyset & W_{\leq p-2} & W_{\leq p-1} \end{pmatrix}$$

Diese Matrix F_{p^τ} lassen wir jetzt auf einem Stapel von Teilmengen der Ebene wirken, sagen wir $B = (B_1,\ldots,B_{2\tau-1})$, und $C = F_{p^\tau}(B)$. Dies bedeutet, wenn $C = (C_1,\ldots,C_{2\tau-1})$ ist, dann ist

$$C_k = \bigcup_{l=1,..,2\tau-1} f_{kl}(B_l)$$

wobei $f_{kl}(B_l) = \emptyset$ ist, vorausgesetzt $f_{kl} = \emptyset$.

Es sei nun $A_0 = (Q^1,\ldots,Q^{2\tau-1})$ und $A_{m+1} = F_{p^\tau}(A_m), m = 0,1,2,\ldots$. Wir können den Inhalt der Komponenten $2s-1, s = 1,\ldots,\tau$ im Stapel der Objekte A_m für jedes m analysieren und mit dem reskalierten geometrischen Modell eines farbigen Teils des Pascalschen Dreiecks vergleichen, den wir $\mathcal{S}_m(p^s)$ nennen, wie wir es bei der Untersuchung der Teilbarkeit durch p gemacht haben. Um genauer zu sein, führen wir an allen Gitterpunkten (n,k) in $\mathbf{R}^2$ Einheitsquadrate ein,

$$R_{n,k} = \left\{(x,y) \in \mathbf{R}^2 | x = n+u, y = k+v, (u,v) \in Q\right\},$$

die eine schwarze Zelle in der farbigen Version von $\mathcal{P}_m(p^s)$ repräsentieren, d.h. einen Eintrag (n,k) in $\mathcal{P}_m(p^s)$, für den $\binom{n+k}{k}$ nicht durch p^s teilbar ist. Wenn wir $R_{n,k}$ mit $1/p^m$ reskalieren, erhalten wir ein Quadrat (im Einheitsquadrat Q), das die Kantenlänge $1/p^m$ hat, d.h. ein Quadrat, das mit einem der Quadrate $Q_{a_{m-1}\ldots a_0, b_{m-1}\ldots b_0}$ identifiziert werden kann, wobei $n = (a_{m-1}\ldots a_0)_p$ und $k = (b_{m-1}\ldots b_0)_p$. Wir werden alternativ dazu $Q_{n,k}$ schreiben. Wir führen dann das reskalierte geometrische Modell für die farbige Version von $\mathcal{P}_m(p^s)$ ein:

$$\mathcal{S}_m(p^s) = \bigcup\nolimits_{n,k} Q_{n,k}, \text{ wobei } 0 \leq n+k \leq p^m - 1 \text{ und } \binom{n+k}{k} \text{ ist nicht teilbar durch } p^s.$$

Potenzen von Zwei

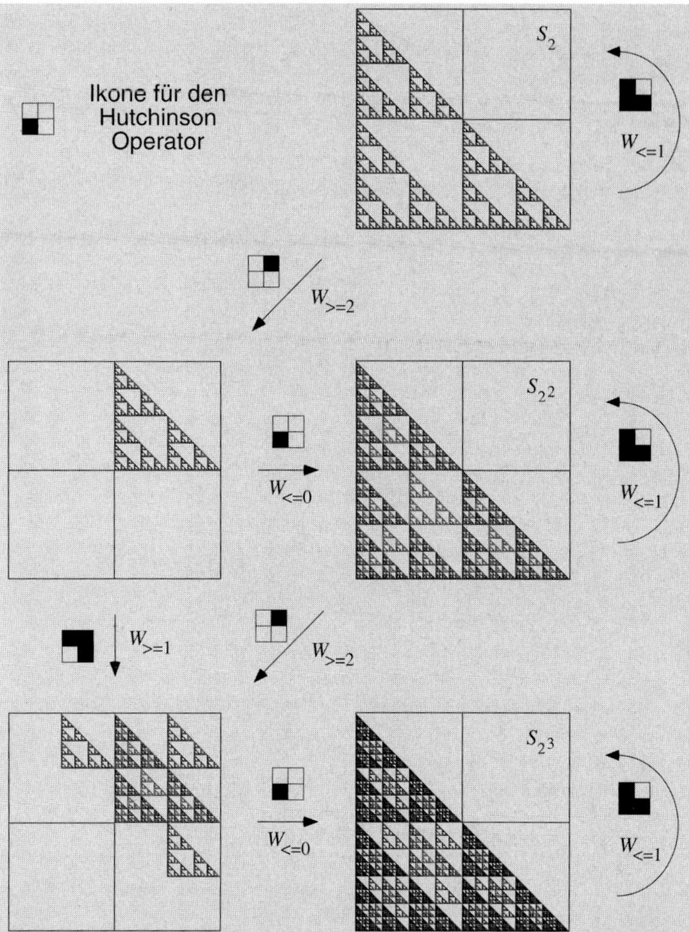

Abb. 7.30 : Der oberste Knoten dieses Netzwerks aus IFS erzeugt das Sierpinski-Dreieck S_2. Die drei oberen Knoten bilden S_4 (vgl. mit den Abbildungen 7.27 und 7.28). Das gesamte Netzwerk erzeugt S_8.

Die Vereinigung der kleinen Quadrate in $\mathcal{S}_m(p^s)$ wird mit der $(2s-1)$ten Komponente von A_m übereinstimmen. Abbildung 7.30 zeigt die Ergebnisse für die hierarchischen IFS für $p = 2$ und $\tau = 3$. Die Anordnung ist aus Abbildung 7.29 übernommen.

Um dieses Argument zu vervollständigen, verwenden wir das Kummer-Kriterium, nach dem $\binom{n+k}{k}$ nicht durch p^s teilbar ist, wenn $s > c_p(n,k)$, wobei $c_p(n,k)$ die Anzahl der Überträge in der p-adischen Addition von n und k ist. Wir beobachten, daß jeder Pfeil in Abbildung 7.29 die Markierung 0 oder 1 hat, die anzeigt, ob es einen Übertrag gibt.

Wir können nun den Vergleich der $(2s-1)$ten Komponente von A_m in der Iteration des hierarchischen IFS mit dem reskalierten Teil $\mathcal{S}_m(p^s)$ des Pascalschen Dreiecks vervollständigen. Jedes der kleinen Quadrate aus A_m ist von der Form $Q_{a_{m-1}\ldots a_0,b_{m-1}\ldots b_0}$, wobei das Paar $(a_{m-1}\ldots a_0, b_{m-1}\ldots b_0)$ aufgrund der Konstruktion des hierarchischen IFS die Bedingung $c_p(a_{m-1}\ldots a_0, b_{m-1}\ldots b_0) \leq s-1$ erfüllt (siehe Abbildung 7.29). Die Abbildungen vom Typ $W_{\leq p-1}$ und $W_{\leq p-2}$ erzeugen tatsächlich keinen Übertrag, während dessen eine Abbildung von Typ $W_{\geq p}$ offensichtlich einen Übertrag produziert. Und ebenso erzeugt eine Abbildung vom Typ $W_{\geq p-1}$ in Abbildung 7.29 einen Übertrag, weil einer solchen Abbildung jeweils eine Abbildung vom Typ $W_{\geq p}$ vorausgeht. Schließlich schreiben wir in der p-adischen Darstellung

$$\begin{aligned} n &= a_0 + a_1 p + \cdots + a_{m-1}p^{m-1} \text{und} \\ k &= b_0 + b_1 p + \cdots + b_{m-1}p^{m-1}. \end{aligned}$$

Dies zeigt, daß die beiden Muster in der $(2s-1)$ten Komponente von A_m und im reskalierten Modell von $\mathcal{S}_m(p^s)$ übereinstimmen. Als Konsequenz dieser Beobachtungen erhalten wir außerdem, daß das reskalierte geometrische Modell eine Grenzmenge $\mathcal{S}(p^s)$ hat, wenn $m \to \infty$.

Abschließend wollen wir noch anmerken, daß es eine aufschlußreiche Formel für die fraktale Dimension der Objekte gibt, die als Komponenten der Grenzmenge eines hierarchischen IFS auftreten.[27] Wenn wir diese Formel auf unser Beispiel anwenden, kommen wir zu dem Ergebnis, daß die Hausdorff-Dimensionen von $\mathcal{S}(p^\tau)$ und $\mathcal{S}(p)$ gleich sind, d.h., sie ist unabhängig von τ. Dieses Resultat hat John M. Holte auf einem anderen Weg erhalten, bei dem das Kummer-Kriterium zur Anwendung kommt.[28] Intuitiv wird die Unabhängigkeit der Hausdorff-Dimension von $\mathcal{S}(p^\tau)$ von τ durch die Bilder von $\mathcal{S}(p^\tau)$ nahegelegt, in denen wir beobachten können, daß sich die Muster in $P(p^\tau)$ auf eine hierarchische Weise aus den Mustern für $P(p)$ zusammensetzen.

Unser Ergebnis zeigt erneut auf überzeugende Weise, daß hierarchische IFS nicht nur dazu da sind, schöne Bilder hervorzuzaubern. Sie sind tief in der reinen Mathematik verwurzelt. Hier treten sie auf völlig natürliche Weise bei der Erklärung der besprochenen geometrischen Muster im Pascalschen Dreieck auf.

[27] R. Mauldin und S. C. Williams, *Hausdorff dimension in graph directed constructions*, Trans. Amer. Math. Soc. 309 (1988) 811–829.

[28] Siehe J. Holte, *A recurrence-relation approach to fractal dimension in Pascal's triangle,* International Congress of Mathematicians, Kyoto, Aug. 1990.

7.5 Katalysatoren oder wie viele Zellen sind schwarz?

Das Pascalsche Dreieck ist seit vielen Jahrhunderten bekannt und hat zu vielen großartigen Entdeckung inspiriert. Wir haben gesehen, wie es die Grundlage geliefert hat, die Musterbildung von eindimensionalen, linearen zellulären Automaten zu verstehen.[29] Aber es hat auch vor kurzem erst die Untersuchung eines Problems angefacht, das auf den ersten Blick überhaupt keinen Zusammenhang mit dem Pascalschen Dreieck zu haben scheint.

Angenommen wir spielen Pfeilwurf, und die Zielscheibe ist ein großes Pascalsches Dreieck. Wie groß ist die Wahrscheinlichkeit, daß wir eine schwarze Zelle treffen bzw. eine weiße oder genauer gesagt eine ungerade Zahl bzw. eine gerade? Und eine Zahl, die durch 3 teilbar ist, oder eine, die nicht durch 3 teilbar ist? Und wie groß ist die Wahrscheinlichkeit, daß man eine Zahl trifft, die durch p^τ teilbar ist? Unsere Untersuchungen über die globalen Muster im Pascalschen Dreieck ermöglichen es uns, diese Frage zu beantworten. Wir müssen einfach die Flächen der Strukturen berechnen, die zu den reskalierten Modellen von $P(p^\tau)$ gehören. Abhängig von den Parametern kann es sich dabei um eine außerordentlich technische Rechnung handeln.

Pascalscher Pfeilwurf

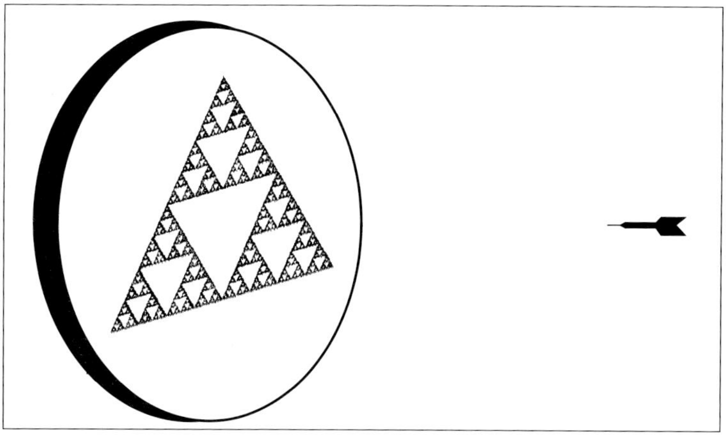

Abb. 7.31 : Wie groß ist die Wahrscheinlichkeit, einen Punkt aus dem modulo-2-Muster im Pascalschen Dreieck zu treffen?

[29] Eine Untersuchung für höhere Dimensionen findet man in F. v. Haeseler, H.-O. Peitgen, G. Skordev, *Linear Cellular Automata, Substitutions, and Dynamical Systems*, Annals of Mathematics and Artificial Intelligence, erscheint in Kürze.

Anzahl der schwarzen Zellen in einer Zeile

Wir beschäftigen uns zunächst mit einer verwandten Frage, die leichter zu beantworten ist. Wir nehmen wieder das ursprüngliche Koordinatensysytem für das Pascalsche Dreieck (siehe linke Seite von Abbildung 7.17). Wie viele schwarze Zellen gibt es in der $r$ten Zeile? Wie viele Zahlen treten in der $r$ten Zeile auf, die durch 2, 3 oder 5 oder durch eine andere Primzahl p teilbar sind? Es gibt ein bemerkenswertes Verfahren, zu diesem Ergebnis auf direktem Weg zu kommen. Zuerst entwickeln wir eine Zahl r zur Basis p und erhalten

$$r = c_0 + c_1 p + c_2 p^2 + \cdots + c_m p^m, \text{ mit } c_i \in \{0, \ldots, p-1\}.$$

Nun sei $h_p(r)$ definiert durch

$$h_p(r) = \prod_{i=0}^{m}(c_i + 1) = (c_0 + 1) \cdot (c_1 + 1) \cdots (c_m + 1). \quad (7.18)$$

Dann ist $h_p(r)$ die Anzahl der Einträge in der $r$ten Zeile des Pascalschen Dreiecks, die nicht durch p teilbar sind.

Berechnung der Zahl h_p

Wir wollen hier eine Begründung dazu anfähren, warum wir wieder das modifizierte Koordinatensystem aus Abbildung 7.17 (rechts) verwenden. Die $r$te Zeile ist hier durch die Bedingung $n+k = r$ gekennzeichnet. Wir fragen daher nach der Kardinalität von

$$\left\{ (n,k) \;\middle|\; n+k = r \text{ und } \binom{n+k}{k} \text{ ist nicht durch } p \text{ teilbar} \right\}.$$

Wir betrachten die p-adische Darstellung von n, k und r,

$$\begin{aligned} n &= a_m p^m + \cdots + a_1 p + a_0, \quad a_i \in \{0, \ldots, p-1\}, \\ k &= b_m p^m + \cdots + b_1 p + b_0, \quad b_i \in \{0, \ldots, p-1\}, \\ r &= c_m p^m + \cdots + c_1 p + c_0, \quad c_i \in \{0, \ldots, p-1\}. \end{aligned}$$

Das modulo-p-Kriterium von Kummer sagt, daß $\binom{n+k}{k}$ nicht durch p teilbar ist, dann und nur dann, wenn $a_i + b_i \leq p-1$ für alle $i = 0, \ldots, m$. In diesem Fall gibt es keinen Übertrag in der p-adischen Addition von n und k. Daher müssen die Koeffizienten in der Summe $r = n + k$ die Bedingung

$$c_i = a_i + b_i, \text{ where } i = 0, \ldots, m$$

erfüllen. Wie viele Möglichkeiten für festes n gibt es k so zu wählen, daß diese Bedingung erfüllt ist? Für die $i$te p-adische Ziffer gibt es $c_i + 1$ Möglichkeiten, nämlich $a_1 = 0, \ldots, c_i$. Daher ist die Gesamtzahl der Möglichkeiten gerade das Produkt

$$h_p(n) = \prod_{i=0}^{m}(c_i + 1).$$

Dies ist genau die Anzahl der Einträge (n, k) in der $r$ten Zeile, für die $\binom{n+k}{k}$ nicht durch p teilbar ist.

Anzahl der Einträge

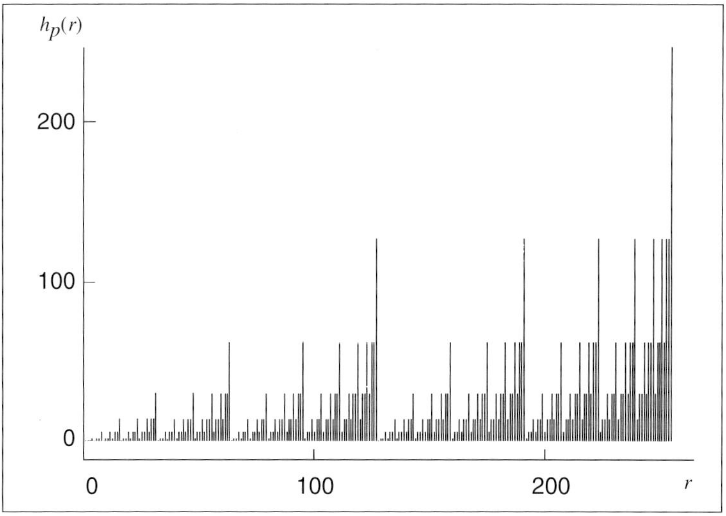

Abb. 7.32 : Die Anzahl der Einträge in der $r$ten Zeile des Pascalschen Dreiecks.

Messung der Reaktionsrate

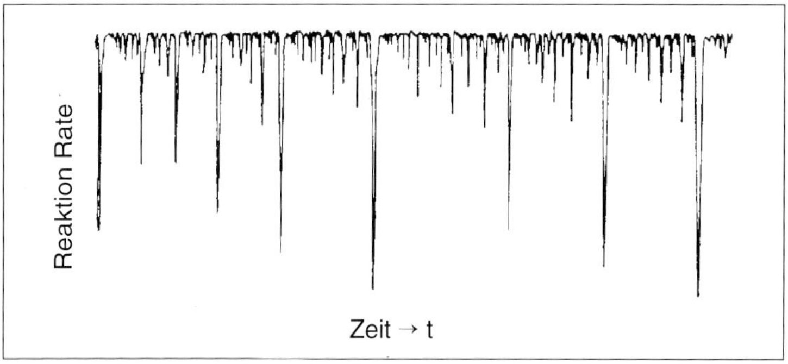

Abb. 7.33 : Chemische Reaktionsrate in einem katalytischen Oxidationsprozeß.

Zusammenhang mit dem invarianten Maß

Abbildung 7.32 zeigt $h_p(r)$ für $p = 2$ als Funktion von r. Dieser Graph ist uns bereits begegnet, als wir uns mit dem invarianten Maßes für das Chaosspiel beschäftigt haben (siehe *Bausteine des Chaos — Fraktale*, Abbildung 6.26). Der eine oder andere Leser dieses Buches wird ihn vielleicht schon wiedererkannt haben. Wir wollen diese Übereinstimmung kurz begründen. Wir beobachten, daß die Zahl der schwarzen Zellen in Zeile $r + 2^m$ (mit $r < 2^m$) für $p = 2$ gerade $h_p(r + 2^m) = 2h_p(r)$ beträgt (vergleiche 7.18, wo $(c_m + 1) = 2$ ist). Die Zahl ist daher doppelt so groß wie die Zahl in der $r$ten Zeile. Mit anderen Worten, wenn wir die ersten 2^{m+1} Zeilen im Pascalschen Dreieck betrachten, dessen Einträge modulo 2 gefärbt sind, dann fällt ein Drittel der schwarzen Zellen in die ersten 2^m Zeilen, und 2/3 fallen in die darauffolgenden 2^m Zeilen, und dies trifft für alle $m = 1, 2, \ldots$ zu. Diese Beobachtung schafft die Verbindung zwischen der Zahl $h_p(r)$ und der Konstruktion des invarianten Maßes in Abbildung 6.26 aus dem Buch *Bausteine des Chaos — Fraktale*. Die Dichten h_k entsprechen genau den Zahlen $h_p(r)$ für $0 < r < 2^k$. Eine detailiertere Beschreibung dieses Maßes (und seinen zahlreichen Verbindungen zum Chaosspiel und zum Pascalschen Dreieck) wird im Anhang über multifraktale Maße durchgeführt.

Über Katalysatoren

Wir stellen uns jetzt den Graphen aus Abbildung 7.32 an der x-Achse gespiegelt vor, und vergleichen ihn mit Abbildung 7.33, in der die Messung der chemischen Reaktionsrate in einem katalytisch unterstützten Oxidationsprozeß als Funktion der Zeit abgetragen ist. Die bemerkenswerte Ähnlichkeit des gespiegelten Graphen mit dieser Art der Messung regt uns dazu an, einen Katalysator durch einen eindimensionalen zellulären Automaten zu modellieren.[30] Damit kommen wir auf die Beziehung zwischen zellulären Automaten und Polynomen zurück, die wir am Anfang des Kapitels besprochen haben. Diese Beziehung gibt uns die Möglichkeit, die Zahl $h_p(r)$ als die Anzahl der „oxidierten" Zellen in einem zugehörigen zellulären Automat zu interpretieren. In diesem Sinn sollte dieses Kapitel eine Vorstellung davon vermitteln, warum man einen Katalysator mit einem zellulären Automaten erfolgreich modellieren kann; wir haben angedeutet, daß sich das qualitative Verhalten eines Automaten in konkreten chemischen Experimenten finden läßt.

[30] A. W. M. Dress, M. Gerhardt, N. I. Jaeger, P. J. Plath, H. Schuster, *Some proposals concerning the mathematical modelling of oscillating heterogeneous catalytic reactions on metal surfaces.* In L. Rensing und N. I. Jaeger (Hrsg.), *Temporal Order*, Springer-Verlag, Berlin, 1984.

7.6 Programm des Kapitels: Zelluläre Automaten

In diesem Kapitel haben wir uns mit den eindimensionalen linearen zellulären Automaten beschäftigt. Wir stellen nun ein Programm vor, mit dem man solche Automaten untersuchen kann. Zum Beispiel kann es die Teilbarkeitsmuster im Pascalschen Dreieck erzeugen. Wir haben hierfür zwei Zugänge besprochen. Entweder bestimmt man die Zustandsänderungen der Zellen mit einer Transformationstafel, oder man rechnet die Zustände direkt mit modulo-n-Arithmetik aus. Wenn man das Programm laufen läßt, muß man zunächst die Zahl n angeben. Wenn man 1 eingibt, verwendet das Programm eine Transformationstafel, um die Zellen Schicht für Schicht zu bestimmen. Anderenfalls berechnet es das Teilbarkeitsmuster für die eingegebene Zahl n.

Bildschirmausgabe des Programms

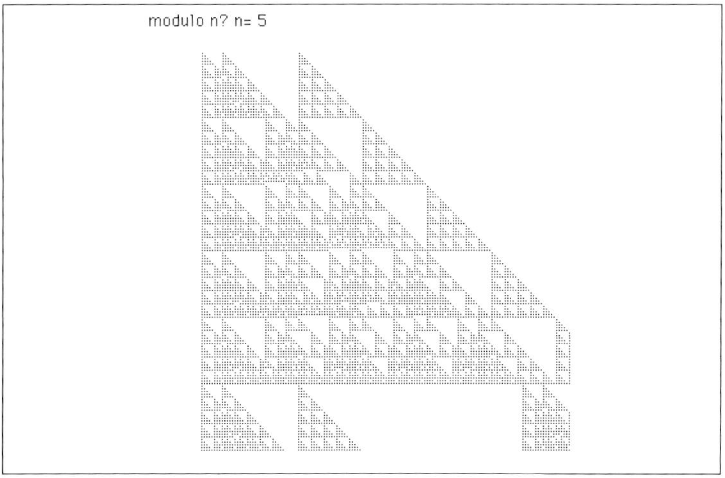

Abb. 7.34 : Ausgabe des Programms „Zelluläre Automaten“.

Am Anfang des Programms wird der Anfangszustand der eindimensionalen Folge von Zellen definiert. Er wird im Feld `c` gespeichert. Diese Definition kann man nach Belieben ändern. Wenn man jedoch das modulo-n-Muster des Pascalschen Dreiecks betrachten möchte, sollte man nur eine Zelle auf den Anfangswert 1 setzen, zum Beispiel `c(10) = 1`.

Im folgenden Teil des Programms wird der Zustand der Zellen anhand der modulo-n-Additionsregel verändert. Es läßt sich beobachten, daß wir *nicht* einfach die Zuweisung

```
c(x) = (c(x-1)+c(x)) MOD n
```

verwenden können. Warum wäre dies ein Fehler? Wir müssen den

BASIC Programm **Zelluläre Automaten**
Titel Iteration zellulärer Automaten

```
DIM c(150), lut(3)
left = 30
w = 300

REM Initialisiere und zeichne die erste Zellschicht
FOR x = 1 TO w/2
    c(x) = 0
NEXT x
c(7) = 1 : c(15) =1 : c(45) = 1
FOR x = 1 TO w/2
    IF c(x) <> 0 THEN PSET (2*x+left, 2+left)
NEXT x

INPUT ''modulo n? n='', n
IF n < 2 GOTO 100

    REM Rechne mit modulo-Arithmetik und zeichne die Schichten
    FOR y = 2 TO w/2
        c0 = 0
        FOR x = 1 TO w/2
            c1 = c(x)
            c(x) = (c0 + c1) MOD n
            c0 = c1
            IF c(x) <> 0 THEN PSET (2*x+left, 2*y+left)
        NEXT x
    NEXT y
    END

    REM Rechne mit Hilfe der Tabelle und zeichne die Schichten
100 lut(0) = 1: lut(1) = 0
    lut(2) = 0: lut(3) = 1
    FOR y = 2 TO w/2
        c0 = 0
        FOR x = 1 TO w/2
            c1 = c(x)
            c(x) = lut(2*c0 + c1)
            c0 = c1
            IF c(x) <> 0 THEN PSET (2*x+left, 2*y+left)
        NEXT x
    NEXT y
    END
```

neuen Zustand der Zelle an der Stelle x aus dem alten Zustand der Zelle an der Stelle x und aus dem linken Nachbar an der Stelle $x-1$ berechnen. Weil wir aber das Feld c zum Speichern des alten und neuen Zustands der Zellen verwenden, würde `c(x-1)` schon den neuen Zustand der linken Nachbarzelle übergeben. Wir führen deshalb eine Variable `c0` ein, die den alten Zustand des linken Nachbarn enthält. Außerdem wird der Wert der Zelle, die wir gerade betrachten, in einer weiteren Variablen `c1` gespeichert.

Im letzten Teil unseres Programms verwenden wir eine Transformationstafel. Zuerst definieren wir eine Tabelle `lut` mit vier Einträgen für die vier Kombinationen der `c0` und `c1` zweier Zellen.

c0	c1	2*c0+c1	Ergebnis
0	0	0	lut(0)
0	1	1	lut(1)
1	0	2	lut(2)
1	1	3	lut(3)

Für die vier möglichen Kombinationen für die Zustände der Zelle und ihres linken Nachbarn gibt die Transformationstafel den zugehörigen neuen Zustand der Zelle an. Zum Beispiel bedeutet `lut(3) = 1`, daß der neue Zustand 1 ist, wenn der alten Zustand `c1` der Zelle und der alte Zustand `c0` des linken Nachbarn beide 1 sind. Die Tabelle, die im Programm angegeben ist, ist eine von 16 möglichen Tabellen dieser Art. Wenn man andere Transformationstafeln ausprobiert, wird man feststellen, daß nur für wenige Tabellen interessante Muster entstehen. Wir schlagen deshalb vor, das Programm so zu erweitern, daß in der Transformationstafel mehr als nur zwei Zustände berücksichtigt werden.

Zum Beispiel würden vier verschiedene Zustände die Defintion einer 4×4 Transformationstafel erfordern. Man muß dann die Dimensionsanweisung in

```
DIM c(150), lut(15)
```

ändern und Werte zwischen 0 und 3 angeben, die den vier Zuständen von Zellen in `c0` und `c1` für alle 16 Kombinationen `lut(0)` bis `lut(15)` entsprechen. Für die Zustände `c0` und `c1` wäre der neue Zustand für `c1` durch `lut(4*c0+c1)` gegeben (man muß den Faktor 2 im zugehörigen Befehl `c(x) = lut(2*c0+ c1)` auf 4 setzen). Nach diesen Veränderungen kann man aus $4^{16} \approx 5 \times 10^9$ Möglichkeiten auswählen, um die Transformationstafel zu definieren.

Anhang A

Multifraktale Maße

Carl J. G. Evertsz[1] und Benoit B. Mandelbrot[2]

Bevor wir [von fraktalen Mengen auf Maße] verallgemeinern, soll daran erinnert werden, daß bei der Verwendung fraktaler Mengen [zur Beschreibung der Natur] häufig ein Näherungsprozeß beteiligt ist. Während wir uns mit angehäuften Fehlern beschäftigten, haben wir unsere Überzeugung unterdrückt, daß das grundlegende Rauschen zwischen den Fehlern zwar abgeschwächt ist, aber daß es nicht vollständig verschwindet. Als wir uns mit der Verteilung der Sterne auseinandersetzten, haben wir unser Wissen über die Existenz interstellarer Materie unterdrückt, die wahrscheinlich ebenfalls eine ausgesprochen unregelmäßige Verteilung hat. Als wir uns mit Turbulenz beschäftigten, haben wir sie bei der Approximation behandelt, als hätte sie [nichtfraktale] laminare Bestandteile. Weiterhin wäre kein neues Konzept erforderlich gewesen, um die Verteilung der Mineralien zu beschreiben. Zwischen den Gebieten, in denen das Vorkommen eines Metalls wie Kupfer einen kommerziellen Abbau rechtfertigt, liegen andere Gebiete, in denen dieses Metall in geringerer Dichte vorkommt, in denen die Dichte sogar außerordentlich niedrig sein kann. Allerdings ist nicht zu erwarten, daß es in der Welt irgendeine Region gibt, in der überhaupt kein Kupfer vorkommt. Diese Lücke [innerhalb fraktaler Mengen] muß nun ausgefüllt werden — dabei ist zu hoffen, daß wir unsere Vorstellungen nicht übermäßig abändern müssen, die wir im Lauf der Zeit entwickelt haben. In diesem Kapitel soll ein Weg skizziert werden, auf dem man dieses Ziel erreichen kann, wobei von der Annahme ausgegangen wird, daß verschiedene Teile des Ganzen die gleiche Beschaffenheit haben.

Benoit B. Mandelbrot[3]

---

[1] Centrum für Complexe Systeme und Visualisierung, Universität Bremen, Postfach 330 440, D-28334 Bremen, Deutschland.

[2] Mathematics Department, Yale University, Box 2155, Yale Station, New Haven, CT 06520, USA

[3] Einleitung zu Kap. IX von *Les objets fractals: forme, hasard et dimension,* 1975.

A.1 Einleitung

Der wesentliche Teil der Bücher *Bausteine des Chaos — Fraktale* und *Chaos — Bausteine der Ordnung* ist den *fraktalen Mengen* gewidmet. Visuell wird eine Menge als schwarzes Gebiet dargestellt, das sich vom weißen Papier abhebt (oder als Gebiet, das mit weißer Kreide auf eine dunkle Tafel gemalt wird). Die Funktion, durch die eine Menge $\mathcal{S}$ beschrieben wird, ist eine *Indikatorfunktion* $I(P)$, die nur zwei Werte annehmen kann: $I(P) = 1$ oder $I(P)$=„wahr", wenn der Punkt P zur Menge $\mathcal{S}$ gehört, und $I(P) = 0$ oder $I(P)$ =„falsch", wenn P nicht zu $\mathcal{S}$ gehört.

Wie jedoch aus dem Zitat von 1975 hervorgeht, mit dem dieser Anhang eingeleitet wird, können die meisten Sachverhalte in der Natur nicht als Kontrast zwischen „schwarz und weiß", „wahr und falsch" oder „1 und 0" zum Ausdruck gebracht werden. Diese Seite der Natur kann nicht durch Mengen beschrieben werden; hierfür sind allgemeinere mathematische Objekte erforderlich, mit denen es gelingt, der Idee „unterschiedlicher Grautöne" Ausdruck zu verleihen. Diese allgemeineren Objekte nennt man *Maße*.

Glücklicherweise läßt sich die Idee der Selbstähnlichkeit leicht von Mengen auf Maße übertragen. Das Ziel dieses Anhangs ist es, die Theorie der selbstähnlichen Maße zu skizzieren, die für gewöhnlich *Multifraktale* genannt werden. Wir werden verschiedene heuristische Aussagen besprechen, denen man in diesem Zusammenhang häufig begegnet, und dann (in Abschnitt 4) werden wir uns mit dem eigentlichen wahrscheinlichkeitstheoretischen Hintergrund beschäftigen, der hinter dem Begriff des Multifraktals steht.[4] Auf diesem Hintergrund tritt das Wesen der üblichen heuristischen Schritte deutlich hervor, ihre Beschränkungen und ihre Neigung zu Fehlern werden offensichtlich, und Verallgemeinerungen, die sowohl aus logischen Gründen als auch aufgrund der Daten unvermeidlich sind, lassen sich leicht durchführen. Die Verallgemeinerungen sollen jedoch in diesem Anhang nicht besprochen werden.

---

[4] Der wahrscheinlichkeitstheoretische Zugang zu Multifraktalen wurde erstmals in zwei Arbeiten von B.B. Mandelbrot beschrieben:
Mandelbrot, B.B., *Intermittent turbulence in self-similar cascades: divergence of high moments and dimension of the carrier*, J. Fluid Mech. 62 (1974) 331.
Mandelbrot, B.B., *Multiplications aléatoires itérées et distributions invariantes par moyenne pondérée aléatoire*, I & II, Comptes Rendus (Paris): 278A (1974) 289-292 & 355-358. Diese Arbeiten werden zusammen mit anderen, die damit in Zusammenhang stehen, in Kürze neu herausgegeben in Mandelbrot, B.B., *Selecta Volume N, Multifractals & 1/f Noise: 1963-76*, Springer, New York.

A.1.1 Einfache Beispiele für Multifraktale

Wir betrachten eine geografische Karte eines Kontinents oder einer Insel. Ein Beispiel für ein mögliches Maß μ auf einer derartigen Menge ist die „Menge des Grundwassers“. Jeder Teilmenge $\mathcal{S}$ der Karte ordnet das Maß eine Größe $\mu(\mathcal{S})$ zu, die die Menge des Grundwassers angibt, das sich bis zu einem vorgeschriebenen Niveau unter der Teilmenge $\mathcal{S}$ befindet. Wir zerlegen die Karte nun in zwei gleichgroße Teile $\mathcal{S}_1$ und $\mathcal{S}_2$. Es wäre nicht weiter verwunderlich, wenn der Grundwassergehalt $\mu(\mathcal{S}_1)$ der einen Menge nicht mit dem Grundwassergehalt $\mu(\mathcal{S}_2)$ der anderen Menge übereinstimmt. Wenn nun $\mathcal{S}_1$ ebenfalls in zwei gleichgroße Teile $\mathcal{S}_{11}$ und $\mathcal{S}_{12}$ zerlegt wird, wird auch der Grundwassergehalt dieser beiden Mengen differieren. Dieses Unterteilen könnte fortgesetzt werden, bis man die Größe von Poren im Gestein erreicht hat, wobei einige Poren mit Wasser gefüllt und andere leer wären. Der Verlauf dieser Geschichte kommt uns bekannt vor: Einige Länder haben mehr Grundwasser als andere $\rightarrow$ manche Regionen innerhalb eines Landes haben mehr Grundwasser als andere $\rightarrow$ es ist möglich, daß man selbst ein Loch bohrt und Wasser darin findet, während der Nachbar bei sich kein Wasser finden kann $\rightarrow$ und so weiter. Die Größe

$$\mu(\mathcal{S}) = \textit{Menge des Grundwassers unter } \mathcal{S}$$

ist ein Beispiel für ein Maß, das in jeder Größenordnung Unregelmäßigkeit zeigt, und zahlreiche andere Größen weisen dasselbe Verhalten auf.

Wenn die Unregelmäßigkeit in allen Größenordnungen *gleich* oder zumindest *statistisch gleich* ist, nennt man das Maß *selbstähnlich* oder *multifraktal*. Das Sierpinski-Dreieck ist eine selbstähnliche *Menge* in dem Sinn, daß kleine Teile (wie klein auch immer) nach einer Skalierung und einer Verschiebung das gesamte Sierpinski-Dreieck ergeben. Eine ähnliche Eigenschaft haben die multifraktalen Maße.

Das Chaos-Spiel und das Pascalsche Dreieck

Beispiele für multifraktale Maße sind schon in vorangehenden Kapiteln dieses Buches sowie in *Bausteine des Chaos — Fraktale* eingeführt worden. Ein Beispiel ist das *Chaos-Spiel*, das zu einem iterierten Funktionensystem oder IFS gehört, dessen Kontraktionen mit ungleichen Wahrscheinlichkeiten $p_1 = 0.5$, $p_2 = 0.3$ und $p_3 = 0.2$ angewendet werden (siehe *Bausteine des Chaos — Fraktale*, Abschnitt 6.3; siehe auch die Abbildungen A.2 und A.3), und ein anderes ist das Pascalsche Dreieck, das in Kapitel 7 erwähnt wurde und in Abschnitt A.2.2 ausführlicher behandelt werden soll. Wir wollen uns zunächst das Sierpinski IFS genauer ansehen.

Wie wir gesehen haben, entsteht, wenn man das Chaos-Spiel lange genug spielt, ein Sierpinski-Dreieck mit der fraktalen Dimension $D = \log 3/\log 2$. Wir haben außerdem herausgefunden, daß die Teildreiecke, aus denen das Sierpinski-Dreieck besteht, mit unterschiedlichen Wahrscheinlichkeiten getroffen werden — diese sind in den Abbildungen A.2 und A.3 für die ersten beiden Stufen angegeben. Beim flüchtigen Betrachten der ersten Abbildung bekommt man den Eindruck, daß zum Beispiel innerhalb des Teildreiecks mit der Adresse 3 die Trefferwahrscheinlichkeit überall gleich ist. Aber bei genauerem Hinsehen stellt man fest, daß die Wahrscheinlichkeit über die Teildreiecke mit den Adressen 31, 32 und 33 ungleichmäßig verteilt ist. Das gleiche gilt für die Dreiecke 1 und 2 sowie für ein Teildreieck wie etwa 32. Wenn wir das Teildreieck 3={31,32,33} um den Faktor 2 vergrößern und die Wahrscheinlichkeiten für seine Komponenten mit dem Faktor 5 multiplizieren, erreichen wir nicht nur eine geometrische Übereinstimmung, sondern auch die Wahrscheinlichkeiten stimmen mit denen der ersten Stufe aus Abbildung A.2 überein. Auch hier gilt das gleiche für die Teildreiecke 1 und 2 mit den Faktoren 2 beziehungsweise $3\frac{1}{3}$. Bis auf einen numerischen Faktor sind daher die Wahrscheinlichkeiten, daß bestimmte Dreiecke getroffen werden, in jedem der Teildreiecke 1, 2 und 3 die gleichen. Wenn man diese Invarianz für alle Skalen der Gesamtverteilung feststellen kann, nennt man die Verteilung *linear selbstähnlich*. Für das zufällige iterierte Funktionensystem ist diese Invarianz gerade die Invarianz unter dem Markov-Operator, der in *Bausteine des Chaos — Fraktale* auf Seite 391 definiert und anschließend besprochen wurde. Das multifraktale Maß, das von dem zufälligen IFS erzeugt wird, ist einfach die Wahrscheinlichkeit, daß eine Teilmenge des Sierpinski-Dreiecks getroffen wird. Die Verteilung dieser Wahrscheinlichkeiten ist in Abbildung A.1 dargestellt. Das Sierpinski-IFS kann als Metapher für die Verteilung des Grundwassers aufgefaßt werden, die zuvor besprochen wurde. Dazu muß man die Gesamtmenge des Grundwassers als Einheit betrachten und die Menge des Grundwassers unter einer Teilmenge mit der Wahrscheinlichkeit gleichsetzen, daß diese Teilmenge im Chaos-Spiel getroffen wird.

Eine maßerzeugende multiplikative Kaskade

Eine andere Weise, das Maß zu betrachten, das vom Sierpinski-IFS erzeugt wird, wird durch die Abbildungen A.2 und A.3 sowie Gleichung 6.3 aus *Bausteine des Chaos — Fraktale* nahegelegt. Wir stellen fest, daß jedesmal, wenn ein Dreieck in drei weitere Dreiecke unterteilt wird (wie in *Bausteine des Chaos — Fraktale*, Abbildung 2.16), auch das Maß μ (oder die Trefferwahrscheinlichkeiten) durch Multiplikation mit den Faktoren $p_1 = 0.5$, $p_2 = 0.3$ und $p_3 = 0.2$ zerlegt wird. Wir bezeichnen das Maß auf dem Teildreieck mit der Adresse 3 mit $\boldsymbol{\mu}_3$. Seine drei Teildreiecke mit den Adressen 31, 32 und 33 tragen die Maße $\mu_{31} = p_1\boldsymbol{\mu}_3$, $\mu_{32} = p_2\boldsymbol{\mu}_3$ und $\mu_{33} = p_3\boldsymbol{\mu}_3$. Bei jedem Schritt wird eine *Menge* entsprechend einer festen Regel in zunehmend kleinere Komponenten zerlegt, und zur gleichen Zeit

Trinomiales Maß

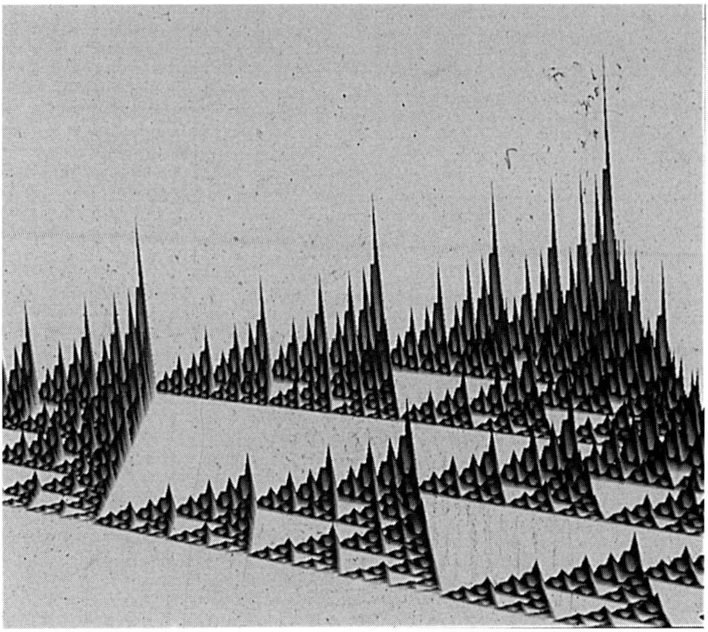

Abb. A.1 : Die Selbstähnlichkeitsdichte der Trefferwahrscheinlichkeiten, die von dem zufälligen IFS für das Sierpinski-Dreieck im achten Stadium induziert werden. Das Bild ist eine dreidimensionale Wiedergabe der Abbildung 6.22 aus *Bausteine des Chaos — Fraktale*. Die Höhe der Funktion über jedem Teildreieck ist proportional zur Anzahl der Treffer beim Grenzübergang zu unendlich vielen Spielpunkten. Um dieses Bild zu zeichnen, haben wir das Spiel natürlich nicht unendlich lange gespielt. Statt dessen haben wir uns auf die Tatsache gestützt, daß die Verteilung schon durch das achte Stadium der trinomialen multiplikativen Kaskade mit $m_0 = p_1, m_1 = p_2$ und $m_2 = p_3$ gut wiedergegeben wird; dabei sind die p_i die Wahrscheinlichkeiten für die verschiedenen Kontraktionen im zufälligen IFS, das in Abschnitt 6.3 von *Bausteine des Chaos — Fraktale* besprochen wurde, also $p_1 = 0.5, p_2 = 0.3$ und $p_3 = 0.2$.

zerfällt das *Maß* auf den Komponenten nach einer weiteren Regel. Ein solcher Vorgang wird multiplikativer Prozeß oder multiplikative Kaskade genannt. Multiplikative Prozesse sind wichtige Paradigmen in der Theorie der Multifraktale und spielen in diesem Anhang eine zentrale Rolle. In der Sprache der multiplikativen Prozesse ist es üblich, die Zerlegungsfaktoren p_i *Multiplikatoren* zu nennen und mit m zu bezeichnen, wobei m in der Regel mit verschiedenen Indizes versehen wird. Beim Sierpinski-IFS entsteht bei der Zelegung der Menge selbst ein Fraktal. Diese Komplikation ist jedoch nicht wesentlich. Um sie zu vermeiden werden in diesem Anhang meist multiplikative

Adressen und Wahrscheinlichkeiten der 1. Stufe

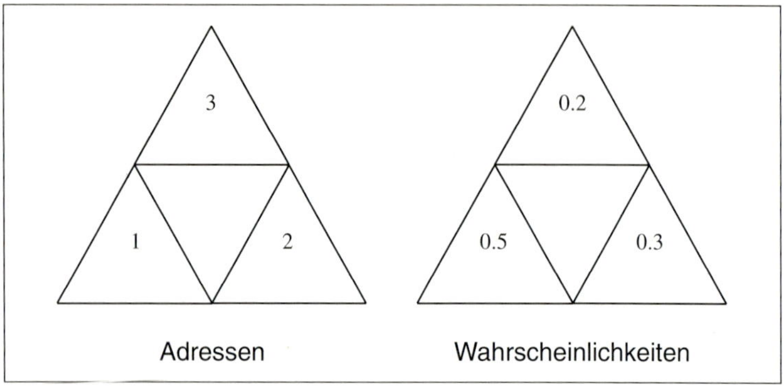

Abb. A.2 : Die Dreiecke der ersten Stufe mit den zugehörigen Adressen und Wahrscheinlichkeiten.

Regeln verwendet, die über einer gewöhnlichen, euklidischen Menge operieren. Häufig ist diese Menge das Einheitsintervall, und die Regeln sind so gewählt, daß sie das Maß darauf auf nichttriviale Weise zerlegen.

A.1.2 Beschreibung der Multifraktale

Wir gehen einen Schritt zurück und erinnern uns an die Idee, Boxen zu zählen, um die Boxdimension einer Menge zu berechnen. Diese Idee wenden wir nun auf eine Menge $\mathcal{S}$ an, die mit einem Maß ausgestattet ist (in dem Beispiel mit dem zufälligen IFS war $\mathcal{S}$ das Sierpinski-Dreieck). Man überdeckt $\mathcal{S}$ mit einem System von Boxen der Kantenlänge ϵ und bestimmt die Anzahl $N(\epsilon)$ der Boxen, die benötigt werden, um das Objekt vollständig zu überdecken. Die Boxdimension D findet man mit Hilfe der Skalierungsrelation $N(\epsilon) \sim \epsilon^{-D}$. Das einfache Zählen der Boxen ist jedoch dem Zählen von Münzen vergleichbar, bei dem die zugehörigen Beträge nicht berücksichtigt werden. Wenn die Menge, die mit dem Maß ausgestattet ist, euklidisch ist — wie es in diesem Anhang der Fall sein wird —, wird durch die fraktale Dimension lediglich bestätigt, daß der Träger des Maßes kein Fraktal ist. Deshalb ist D keine Größe, mit der das selbstähnliche Maß, das auf dieser Menge gegeben ist, quantitativ beschrieben werden könnte. Statt dessen muß dem Maß, das in jeder Box enthalten ist, auf irgendeine Weise ein Gewicht gegeben werden.

A priori wäre es naheliegend, daß das Gewicht durch die durchschnittliche Wahrscheinlichkeitsdichte in jeder Box gegeben wäre. In einem euklidischen Raum der Dimension E ist die Dichte einfach definiert als $\mu(\mathcal{S})/\epsilon^E$. Wenn sich diese Dichte langsam verändert, kann sie in Form eines Reliefs oder in Form von Niveaulinien abgebildet

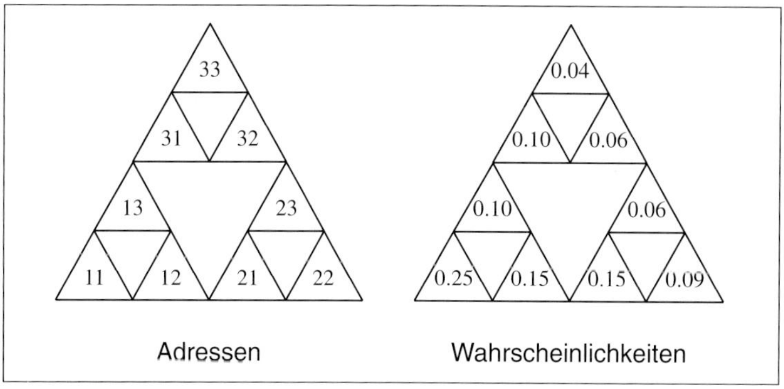

Adressen und Wahrscheinlichkeiten der 2. Stufe

Abb. A.3 : Die Dreiecke der zweiten Stufe mit den zugehörigen Adressen und Wahrscheinlichkeiten.

werden, auf denen die Dichte konstant ist. Für $\epsilon \to 0$ ist zu erwarten, daß dieses Relief gegen einen Grenzwert strebt. Außerdem kann man die Häufigkeitsverteilung der Dichte eines Maßes zeichnen und damit einen ersten — aber nicht den letzten! — Schritt machen, der dazu führen wird, die Unregelmäßigkeiten in der räumlichen Verteilung des Maßes zu charakterisieren. Wenn es sich um ein zufälliges Maß handelt, zeichnet man entweder die Häufigkeitsverteilung einer Stichprobe oder ihre Wahrscheinlichkeitsverteilung.

Im Fall eines selbstähnlichen Maßes verliert dieser vertraute Vorgang jedoch jegliche Bedeutung — ganz einfach, weil die Dichte selbst ihre Bedeutung verliert, wie wir später sehen werden. Statt dessen wird der vage Gedanke, der für gewöhnlich zum Begriff der Dichte führt, nun durch eine vollkommen andere, kompliziertere Größe zum Ausdruck gebracht, nämlich durch den sogenannten diskretisierten Hölder-Exponenten

$$\alpha = \frac{\log \mu(\text{box})}{\log \epsilon}.$$

Er ist der Logarithmus vom Maß der Box, der durch den Logarithmus der Kantenlänge dividiert wurde. Für eine große Klasse selbstähnlicher Maße stellt sich heraus, daß α in dem Intervall $[\alpha_{\text{min}}, \alpha_{\text{max}}]$ liegt, wobei $0 < \alpha_{\text{min}} < \alpha_{\text{max}} < \infty$. Für die Untersuchung einiger multifraktaler Phänomene, die besonders interessant sind (wie etwa Turbulenz oder die Ablagerung von Teilchen), ist es allerdings häufig erforderlich, daß $\alpha_{\text{min}} = 0$ ist und (oder) $\alpha_{\text{max}} = \infty$.

Wenn α erst einmal definiert wurde, ist der erste Schritt — aber nicht der letzte! — genau wie zuvor: Man zeichnet die Häufigkeitsverteilung von α wie folgt. Für jeden Wert von α bestimmt man die Anzahl $N_\epsilon(\alpha)$ der Boxen mit der Kantenlänge ϵ, deren diskretisierter Hölder-Exponent gleich α ist. Angenommen, es wird nun eine Box der Kantenlänge ϵ aus der Menge der überdeckenden Boxen zufällig ausgewählt, deren Gesamtzahl proportional ist zu ϵ^{-E}. Die Wahrscheinlichkeit, daß der Wert α des diskretisierten Hölder-Exponenten getroffen wird, ist $p_\epsilon(\alpha) = N_\epsilon(\alpha)/\epsilon^{-E}$. Wieder ist man versucht, diese Wahrscheinlichkeitsverteilung zu zeichnen, aber dies wäre in diesem Fall nicht sinnvoll, da diese Verteilung nicht gegen einen Grenzwert strebt, wenn wir $\epsilon \to 0$ gehen lassen. Eine geeignete Beschreibung muß daher an anderer Stelle gesucht werden. Die Überlegungen, die in diesem Anhang ausführlich besprochen werden, machen deutlich, daß es notwendig ist, gewichtete Logarithmen zu betrachten, wie in einer der beiden Funktionen

$$f_\epsilon(\alpha) = -\frac{\log N_\epsilon(\alpha)}{\log \epsilon}, \tag{A.1}$$

oder

$$C_\epsilon(\alpha) = \frac{-\log p_\epsilon(\alpha)}{\log \epsilon}. \tag{A.2}$$

Wenn wir $\epsilon \to 0$ gehen lassen, konvergieren $f_\epsilon(\alpha)$ und $C_\epsilon(\alpha)$ gegen wohldefinierte Grenzwerte $f(\alpha)$ und $C(\alpha)$. Die Funktion $C(\alpha)$ findet breitere Anwendung, aber die Funktion $f(\alpha)$ ist die Bekanntere. Wenn $f(\alpha)$ existiert, hat man

$$C(\alpha) = f(\alpha) - E. \tag{A.3}$$

Aufgrund der Definition von $f(\alpha)$ wächst für jedes α die Anzahl der Boxen für kleiner werdendes ϵ an wie $N_\epsilon(\alpha) \sim \epsilon^{-f(\alpha)}$. Der Exponent $f(\alpha)$ ist eine Funktion, die stetig von α anhängt. Im einfachsten Fall erinnert die Gestalt des Graphen von $f(\alpha)$ an das mathematische Zeichen $\bigcap$, wenn es zu einer Seite hin geneigt ist. Die Werte von $f(\alpha)$ können vage als fraktale Dimension von der Teilmenge der Boxen mit Kantenlänge ϵ interpretiert werden, deren diskretisierter Hölder-Exponent α ist, wenn $\epsilon \to 0$ geht. Für $\epsilon \to 0$ wächst die Anzahl dieser Teilmengen — bis ins Unendliche — an, von denen jede durch ihr eigenes α und die „fraktale Dimension“ $f(\alpha)$ gekennzeichnet ist. Dies ist einer der Gründe, die für den Ausdruck *Multifraktal* [193] sprechen.

A.1.3 Zusammenfassung

Dieser Anhang beschränkt sich auf die einfachsten, multiplikativ erzeugten multifraktalen Maße. Um weitergehende Beispiele für Multifraktale nachzulesen, verweisen wir den Leser auf die angegebene Literatur. Wir haben bereits gesehen, daß zwischen den IFS und multiplikativen Prozessen ein enger Zusammenhang besteht. In Abschnitt A.2.2 holen wir etwas weiter aus, um den multiplikativen Prozeß zu untersuchen, der sich hinter dem Pascalschen Dreieck in den Abbildungen 7.14 und 7.32 verbirgt. Es ist bewiesen, daß viele multifraktale Maße durch multiplikative Prozesse erklärt werden können, zum Beispiel das Maß, das zur Verteilung einer elektrostatischen Ladung auf fraktalen Rändern gehört (das harmonische Maß) [176], Wellenfunktionen [292] oder zufällige Widerstandsnetzwerke [149]. Das bedeutet aber nicht, daß jedes selbstähnliche Maß multiplikativ erzeugt werden kann. Zum Beispiel basieren viele Modelle für die multiplikativen Eigenschaften des Dissipationsfelds bei der Turbulenz auf multiplikativen Prozessen, aber das physikalische Gegenstück bleibt dennoch schwer faßbar.

Das allereinfachste, multiplikativ erzeugte selbstähnliche Maß ist das binomiale Maß. Für dieses Maß wird die $f(\alpha)$-Kurve auf drei Arten ausgewertet: mit dem Histogrammverfahren [65, 66], mit dem Momenteverfahren [193, 208] und mit der Theorie der großen Abweichungen [65, 66]. Die Anwendung des Momenteverfahrens[5] verläuft einfach mechanisch, und das Verfahren wird daher häufig verwendet. In den ersten drei Abschnitten haben wir keine Vorbereitung benötigt außer elementarer Analysis. In Abschnitt 4 gehen wir darüber hinaus und stellen selbstähnliche Maße in ihrem wahrscheinlichkeitstheoretischen Umfeld dar. Es wird gezeigt, daß eine enge Verbindung zwischen multiplikativ erzeugten Maßen und einem Standardgegenstand der Wahrscheinlichkeitstheorie besteht, nämlich dem Verhalten der Summen von Zufallsvariablen. Das Momenteverfahren und das Histogrammverfahren ergeben sich aus der Theorie der großen Abweichungen für solche Summen. Obwohl Abschnitt 4 recht technisch ist, ist kein Vorwissen über Summen von Zufallsvariablen oder über die Theorie großer Abweichungen erforderlich. Die konzeptuelle Überlegenheit des wahrscheinlichkeitstheoretischen Zugangs hat unmittelbare praktische Konsequenzen: Der Zugang ist allgemeiner. Er erklärt die Eigenschaften verschiedener mechanischer Manipulationen und liefert Hilfsmittel, um selbstähnliche Maße zu untersuchen und zu verstehen, auf die sich das Momenteverfahren nicht anwenden läßt. Daher ist Abschnitt 4 eine Einführung in die Literatur für eher fortgeschrittene Leser.

[5] Die älteste beziehungsweise bekannteste Literatur ist:
Frisch, U., Parisi, G, *Fully developed turbulence and intermittency* in *Turbulence and Predictability of Geophysical Flows and Climate Dynamics*, herausgegeben von Ghil, M., Benzi, R. und Parisi, G., North-Holland, 1985, S.84.
Halsey, T.C., Jensen, M.H., Kadanoff, L.P., Procaccia, I. und Shraiman, B.I.: *Fractal measures and their singularities: The characterization of strange sets*. Phys. Rev. A **33**, 1986, S. 1141.

Der Leser sollte sich andere Bücher und Überblicksartikel ergänzend zu Hilfe nehmen, zum Beispiel die in den Literaturhinweisen angegebenen Publikationen [266, 33, 92, 2, 65, 66].

A.2 Binomiales Maß und multinomiale Maße

In der Einleitung wurde darauf hingewiesen, daß den multiplikativen Prozessen innerhalb der Theorie muiltifraktaler Maße eine zentrale Bedeutung zukommt. Dieser Abschnitt beschäftigt sich mit dem allereinfachsten multiplikativen Prozeß, der das binomiale Maß erzeugt. Dieses Maß tritt auf natürliche Weise im Pascalschen Dreieck auf (siehe Abbildungen 7.14 und 7.32), und durch eine geringfügige Modifikation — das binomiale wird durch das trinomiale Maß ersetzt — wird die Verbindung zum IFS hergestellt, das in der Einleitung besprochen wurde.

A.2.1 Eine maßerzeugende, multiplikative Kaskade

Exakte (oder lineare) Selbstähnlichkeit von Maßen läßt sich am besten mit dem binomialen Maß [65] veranschaulichen (das auch Bernoulli- oder Besicovitch-Maß genannt wird). Analog zur Konstruktion des exakt selbstähnlichen Sierpinski-Dreiecks durch eine geometrische Kaskade wird das Maß μ rekursiv durch eine *multiplikative Kaskade* erzeugt, wie es in Abbildung A.4 dargestellt ist. Diese Kaskade beginnt ($k = 0$) mit einer gleichmäßig verteilten Masseneinheit auf dem Einheitsintervall $I = I_{0.} = [0, 1]$. Im darauffolgenden Stadium ($k = 1$) wird diese Masse zerlegt, indem ein Anteil m_0 gleichmäßig auf der linken Hälfte $I_{0.0} = [0, \frac{1}{2}]$ und der verbleibende Anteil $m_1 = 1 - m_0$ gleichmäßig auf der rechten Hälfte $I_{0.1} = [\frac{1}{2}, 1]$ des Einheitsintervalls verteilt wird. In diesem Stadium trägt die linke Hälfte das Maß $\mu(I_{0.0}) = m_0$ und die rechte Hälfte das Maß $\mu(I_{0.1}) = m_1$. Das ursprüngliche Maß auf dem Einheitsintervall bleibt bei diesem Vorgang wegen $\mu(I_{0.}) = \mu(I_{0.0}) + \mu(I_{0.1}) = m_0 + m_1 = 1$ erhalten; die Maße der Teilintervalle $\mu(I_{0.\_})$ verhalten sich wie Wahrscheinlichkeiten, und man nennt μ ein Wahrscheinlichkeitsmaß.

Im nächsten Stadium der Kaskade ($k = 2$) werden die Teilintervalle $I_{0.0}$ und $I_{0.1}$ ebenso behandelt wie das Einheitsintervall im vorhergehenden Stadium. Dies bedeutet, daß $I_{0.0}$ in die Intervalle $I_{0.00} = [0, \frac{1}{4}]$ und $I_{0.01} = [\frac{1}{4}, \frac{1}{2}]$ der Länge 2^{-k} aufgespalten wird, und die Masse weiter zerlegt wird. Ähnlich wird $I_{0.1}$ in eine linke Hälfte $I_{0.10}$ und eine rechte Hälfte $I_{0.11}$ aufgespalten. Wir schreiben $\mu(I_{0.00}) = \mu_{0.00}$, und für die anderen Intervalle verfahren wir

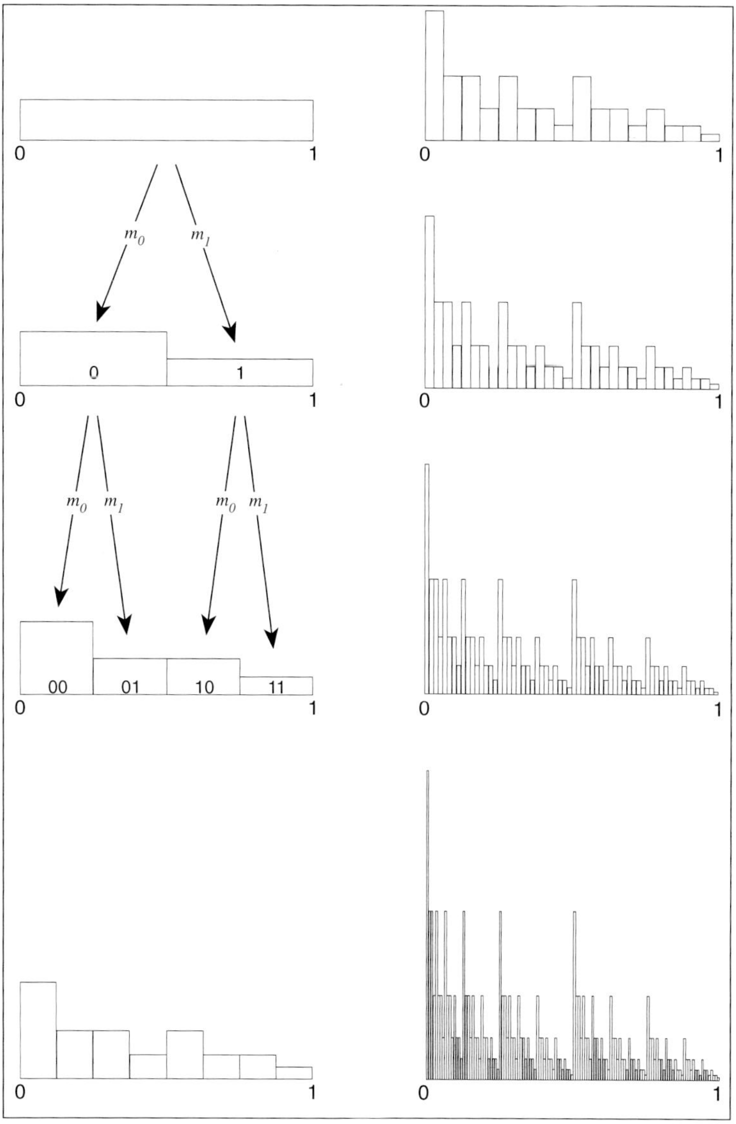

Abb. A.4 : Die multiplikative Kaskade, die das binomiale Maß erzeugt. In jedem Stadium wird die Masse jedes der vorhergehenden dyadischen Intervalle wie folgt neu verteilt: Ein Anteil m_0 wird auf der linken Hälfte und $m_1 = 1 - m_0$ auf der rechten Hälfte verteilt. Hier haben wir $m_0 = \frac{2}{3}$ genommen und $m_1 = \frac{1}{3}$. Die Dichte des Maßes ist für die ersten acht Stadien dargestellt. Die Maßstäbe für die Koordinatenachsen wurden innerhalb der Abbildung nicht verändert. Das konkrete Maß auf einem dyadischen Intervall ist das Integral über diese Dichte. Zum Beispiel sind die Maße auf den vier Intervallen der Länge $\frac{1}{4}$ im zweiten Stadium m_0m_0, m_0m_1, m_1m_0 und m_1m_1.

entsprechend. Dabei erhält man im zweiten Stadium der Kaskade

$$\mu_{0.00} = m_0 m_0 \; ; \; \mu_{0.01} = m_0 m_1 \; ;$$
$$\mu_{0.10} = m_1 m_0 \; ; \; \mu_{0.11} = m_1 m_1 .$$

Die Bedingung $m_0 + m_1 = 1$ garantiert, daß die ursprüngliche Masseneinheit erhalten bleibt.

Im $k$ten Stadium der Kaskade ist die Masse über die *dyadischen Intervalle* $(i2^{-k}, (i+1)2^{-k}]$ verteilt, wobei $i = 0, \ldots, 2^k - 1$. Wir erinnern daran, daß ein Punkt $x \in [0,1]$ die Binärentwicklung $0.\beta_1\beta_2\ldots\beta_k$ hat, wenn $x = \beta_1 2^{-1} + \beta_2 2^{-2} + \ldots + \beta_k 2^{-l}$ ist mit $\beta_i \in \{0,1\}$. Für dyadische Punkte wie $x = \frac{3}{4}$ ist diese Entwicklung nicht eindeutig und endet entweder mit unendlich vielen Nullen oder mit unendlich vielen Einsen. Für die Anwendung, mit der wir uns gerade beschäftigen, muß man sich für die erstgenannte Entwicklung entscheiden. Ein beliebiges dyadisches Intervall $I^k = I_{0.\beta_1\beta_2\ldots\beta_k}$ der Länge 2^{-k} besteht aus allen Punkten $x \in [0,1]$, deren Binärentwicklung mit $0.\beta_1\beta_2\ldots\beta_k$ anfängt. Zum Beispiel ist $\beta_1 = 0$, wenn sich unser Intervall I^k in der linken Hälfte $I_{0.0}$ des Einheitsintervalls befindet, und $\beta_1 = 1$ ist, wenn I^k in der rechten Hälfte $I_{0.1}$ liegt. Entsprechend ist $\beta_2 = 0$, wenn I^k in der linken Hälfte von $I_{0.\beta_1}$ liegt, und so weiter. Das Maß des dyadischen Intervalls $I_{0.\beta_1\beta_2\ldots\beta_k}$ ist offensichtlich

$$\mu_{0.\beta_1\beta_2\beta_3\ldots\beta_k} = \prod_{i=1}^{k} m_{\beta_i} = m_0^{n_0} m_1^{n_1}, \tag{A.4}$$

wobei n_0 die Anzahl der Ziffern 0 in der Adresse $0.\beta_1\beta_2\beta_3\ldots\beta_k$ des linken Randpunkts des Intervalls ist und $n_1 = k - n_0$ die Anzahl der Ziffern 1. Da das binomiale Maß jedes dyadischen Intervalls der Länge 2^{-k} das Ergebnis einer Multiplikation von k Multiplikatoren m_β ist, spricht man davon, daß das Maß durch einen multiplikativen Prozeß erzeugt wird.

Das binomiale multifraktale Maß ist das Maß μ^B, das den dyadischen Teilintervallen des Einheitsintervalls entsprechend der Gleichung (A.4) Massen zuordnet (*Bemerkung für Mathematiker:* Die Maße $\mu_{0.\beta_1\beta_2\beta_3\ldots\beta_k}$ aller dyadischen Teilintervalle des Einheitsintervalls können zu einer σ-Algebra über $[0,1]$ erweitert werden). Die multiplikative Kaskade ist ein Mechanismus, mit dem dieses Maß erzeugt werden kann. Im Fall $m_0 = m_1 = \frac{1}{2}$ ist das Maß einfach das (gleichmäßige) Lebesgue-Maß.

A.2.2 Das Pascalsche Dreieck und das binomiale Maß

In diesem Abschnitt schweifen wir vom eigentlichen Thema ab, so daß man den Abschnitt überspringen kann, ohne den Anschluß zu verlieren. Die Verteilung in Abbildung 7.32 ist der Dichte des binomialen

Maßes sehr ähnlich, die in Abbildung A.4 dargestellt ist. Dies ist kein Zufall. Es soll daran erinnert werden, daß die Höhe der $r$ten Säule in Abbildung 7.32 gleich der Anzahl $h(r)$ der schwarzen Quadrate im Pascalschen Dreieck modulo 2 ist, das in Abbildung 7.14 gezeigt wurde. Dreht man die Seite um 90° gegen den Urzeigersinn (so daß die Säulen nach oben zeigen) und betrachtet nur die schwarze Geometrie des Dreiecks, dann kann man erkennen, daß die Gesamtzahl der schwarzen Quadrate in den Zeilen 4 bis 7 doppelt so groß ist wie in den Zeilen 0 bis 3, d.h. $\sum_{r=4}^{7} h(r) = 2\sum_{r=0}^{3} h(r)$. Es stellt sich heraus, daß der Faktor 2 in dieser Anwendung allgegenwärtig ist. Jedesmal, wenn man einen Block mit Zeilen 0 bis $2^k - 1$ betrachtet, sieht man, daß in den Zeilen 2^{k-1} bis $2^k - 1$, die sich in der rechten Hälfte befinden, doppelt so viele schwarze Quadrate enthalten sind wie in den Zeilen 0 bis $2^{k-1} - 1$ in der linken Hälfte. Wenn man die Zeilen der linken Hälfte wiederum in zwei Abschnitte mit jeweils 2^{k-2} Zeilen teilt, findet man wieder das Verhältnis $1 : 2$ zwischen der linken und der rechten Hälfte und so weiter. Man kann daraus schließen, daß bis auf einen allgemeinen Faktor die Anzahl der schwarzen Quadrate in den Säulen der Abbildung 7.14 die gleiche Struktur hat wie das gespiegelte binomiale Multifraktal im Stadium $k = 4$ der multiplikativen Kaskade aus Abbildung A.4. Im allgemeinen ist $3^{-k}h(r)$ das binomiale Maß des dyadischen Intervalls $[r\, 2^{-k}, (r+1)\, 2^{-k}] \subset [0,1]$ für $r = 0, \ldots 2^k - 1$. Durch die bemerkenswerte visuelle Analogie wird eine Beziehung zwischen der Verteilung $h(r)$ im Pascalschen Dreieck und dem binomialen Maß μ mit den Multiplikatoren $m_0 = \frac{1}{3}$ und $m_1 = \frac{2}{3}$ hergestellt.

Die formale Verbindung zwischen dem Pascalschen Dreieck und dem binomialen multiplikativen Prozeß folgt aus einem früheren Ergebnis (siehe Abschnitt 7.5). In Gleichung (7.18) wird zum Ausdruck gebracht, daß man für $r = \beta_0 + \beta_1 2 + \beta_2 2^2 + \ldots \beta_k 2^k$ mit $\beta_i \in \{0,1\}$ ($\beta_0\beta_1 \ldots \beta_k$ ist also die Binärdarstellung von r) für $h(r)$ das Ergebnis

$$\begin{aligned} h(r) = h_2(r) &= \prod_{i=0}^{k} (\beta_i + 1) \\ &= 1^{n_0} 2^{n_1} = 3^k \left(\frac{1}{3}\right)^{n_0} \left(\frac{2}{3}\right)^{n_1} \end{aligned}$$

erhält, wobei n_0 die Anzahl der Nullen in der Binärentwicklung von r ist und n_1 die Anzahl der Einsen. Wenn man dies mit Gleichung (A.4) vergleicht, findet man heraus, daß $h(r) = 3^k \mu_{0.\beta_1\beta_2\ldots\beta_k}$ ist, wobei μ das binomiale Maß mit $m_0 = \frac{1}{3}$ und $m_1 = \frac{2}{3}$ ist. Man beachte, daß die Ziffer „β_0“ durch „0.“ ersetzt wurde, um zu betonen, daß $0.\beta_1\beta_2 \ldots \beta_k$ für das dyadische Teilintervall des Einheitsintervalls steht, wie es im vorhergehenden Abschnitt besprochen wurde.

Der Markov-Operator $M(\nu)$, das binomiale Maß und das Sierpinski-IFS

Es ist wichtig, kurz zu erwähnen, daß sowohl das binomiale Maß als auch die Trefferwahrscheinlichkeit des zufälligen IFS für das Sierpinski-Dreieck Maße sind, die invariant unter dem Markov-Operator $M(\nu)$ sind, der auf Seite 391 von *Bausteine des Chaos — Fraktale* besprochen wurde.

Das binomiale Maß μ^B mit den Multiplikatoren m_0 und m_1 ist invariant unter Anwendung des Markov-Operators $M(\nu) = m_0\,\nu w_1^{-1} + m_1\,\nu w_2^{-1}$ mit

$$w_1(x) = \tfrac{1}{2}x$$

$$w_2(x) = \tfrac{1}{2}x + \tfrac{1}{2}.$$

Daher ist $M(\mu^B) = \mu^B$.

Das trinomiale Maß in Abbildung A.1, das zum zufälligen Sierpinski-IFS aus Abschnitt 6.3 des Buches *Bausteine des Chaos — Fraktale* gehört, ist das Maß, das unter dem Markov-Operator $M(\nu) = 0.5\,\nu w_1^{-1} + 0.3\,\nu w_2^{-1} + 0.2\,\nu w_3^{-1}$ invariant ist, wobei

$$w_1(x,y) = (\tfrac{1}{2}x\,,\ \tfrac{1}{2}y)$$

$$w_2(x,y) = (\tfrac{1}{2}x + 1\,,\ \tfrac{1}{2}y)$$

$$w_3(x,y) = (\tfrac{1}{2}x + \tfrac{1}{2}\,,\ \tfrac{1}{2}y + \tfrac{1}{2}\sqrt{3}).$$

A.2.3 Selbstähnlichkeit und Singularitäten

Selbstähnlichkeit

In der Einleitung wurde kurz der Begriff der Selbstähnlichkeit besprochen, wie er im Zusammenhang mit iterierten Funktionensystemen (IFS) auftaucht. Wir beschäftigen uns nun mit dem Begriff der Selbstähnlichkeit im Zusammenhang mit dem binomialen Maß. Das Maß eines beliebig gewählten Intervalls $I_{0.\beta_1\beta_2\ldots\beta_k}$ ist $\mu_{0.\beta_1\beta_2\beta_3\ldots\beta_k}$ Mal kleiner als das Maß des Einheitsintervalls, das mit der Masse 1 versehen ist. Wenn man von diesem Unterschied absieht, wird die Masse in beiden Intervallen auf die gleiche Weise zerlegt. Dies bedeutet, wenn wir die Massenverteilung auf dem Intervall $I_{\beta_1\beta_2\beta_3\ldots\beta_k}$ im Stadium $k+k'$ der multiplikativen Kaskade betrachten, bekommen wir die ursprüngliche Massenverteilung auf dem Einheitsintervall im Stadium k' zurück, wenn wir das Teilintervall mit dem Faktor 2^k reskalieren und seine Masse mit dem Faktor $(\mu_{\beta_1\beta_2\beta_3\ldots\beta_k})^{-1}$ renormieren. In diesem Sinn ist die Verteilung der Masse (beziehungsweise des Maßes) selbstähnlich. Wir zeigen nun, daß solche selbstähnlichen Maße singulär sind. Außerdem besprechen wir den Begriff des Hölder-Exponenten α etwas ausführlicher, der in der Einleitung bereits erwähnt wurde.

Die diskretisierte und die lokale Form des Hölder-Exponenten

Das Lebesgue-Maß hat überall auf dem Einheitsintervall die Dichte 1, d.h., daß ein beliebiges Teilintervall der Länge ϵ das Lebesgue-Maß ϵ hat. Für das binomiale Maß ist die Situation grundlegend anders. Gleichung (A.4) zeigt, daß in der Nähe von $x = 0$ das Maß kleiner Intervalle $\mu([0, 2^{-k}]) = m_0^k = (2^{-k})^{v_0}$ beträgt, wobei $v_0 = -\log_2 m_0$ ist. In der Umgebung von 0 folgt das Maß dem Skalierungsgesetz

$$\mu([0, \epsilon]) \sim \epsilon^{\alpha} \quad \text{mit} \quad \alpha = v_0.$$

Die Dichte μ/ϵ wird skaliert wie $\epsilon^{\alpha-1}$ und, wenn $\alpha \neq 1$ ist, ist der Grenzwert der Dichte für $\epsilon \to 0$ ausgeartet; er ist entweder Null oder ∞.

Wenn das Maß in der ϵ-Umgebung eines Punktes für $\epsilon \to 0$ nach einem Potenzgesetz skaliert, wird der Exponent α, der in diesem Gesetz vorkommt, lokaler *Hölder-Exponent* genannt (andere Begriffe, wie zum Beispiel *Singularitätsindex* oder *Singularitätsstärke* [208] werden in der physikalischen Literatur ebenfalls verwendet). Dies bedeutet, für einen Punkt x aus dem Träger des Maßes ist der lokale Hölder-Exponent definiert als

$$\alpha(x) = \lim_{\epsilon \to 0} \frac{\log \mu(B_x(\epsilon))}{\log \epsilon}, \tag{A.5}$$

wobei $B_x(\epsilon)$ eine Kugel um den Mittelpunkt x mit dem Radius ϵ ist. Wenn der Grenzwert nicht existiert, sagen wir, daß der lokale Hölder-Exponent nicht definiert ist. (In der genaueren Definition der Mathematiker ist der Limes durch einen Limes Superior ersetzt. Durch diese Ersetzung findet die Definition des lokalen Hölder-Exponenten eine breitere Anwendung. Einzelheiten können an dieser Stelle jedoch nicht besprochen werden).

In den meisten praktischen Anwendungen kann der Grenzwert $\epsilon \to 0$, durch den der lokale Hölder-Exponent definiert wird, nicht gebildet werden. Statt dessen muß man mit dem Begriff des *diskretisierten* Hölder-Exponenten arbeiten. Dies ist eine Zahl, die jedem endlichen Intervall zugeordnet wird. Für jede Box $B(\epsilon)$ der Kantenlänge ϵ ist der diskretisierte Hölder-Exponent definiert als

$$\alpha = \frac{\log \mu(B(\epsilon))}{\log \epsilon}. \tag{A.6}$$

Den Begriff des Hölder-Exponenten gibt es daher in einer lokalen und einer diskretisierten Version. Beide gehen in die Theorie der multifraktalen Maße ein, aber der diskretisierte Hölder-Exponent spielt eine besonders herausgehobene Rolle. Wie bereits in der Einleitung erwähnt wurde, wird α verwendet, um die Boxen zu klassifizieren, von denen der Träger des Maßes überdeckt wird. Dabei ist es zugelassen, daß die Boxen für jeden speziellen Wert für α auf eigene

Weise gezählt werden. Für dyadische Intervalle I^k der Länge 2^{-k} ergeben die beiden Gleichungen (A.4) und (A.6)

$$\begin{aligned}\alpha(0.\beta_1\beta_2\ldots\beta_k) &= \frac{\log \mu_{0.\beta_1\beta_2\ldots\beta_k}}{\log 2^{-k}} \\ &= \frac{\log m_0^{n_0} m_1^{n_1}}{-k\log 2} = \frac{n_0}{k}v_0 + \frac{k-n_0}{k}v_1,\end{aligned} \tag{A.7}$$

wobei

$$v_1 = -\log_2 m_1 \text{ und } v_0 = -\log_2 m_0. \tag{A.8}$$

Es sei $\varphi_0 = \varphi_0(I^k)$ der Anteil n_0/k der Nullen in der Adresse $0.\beta_1\beta_2\ldots\beta_k$ des Intervalls I^k. In Gleichung (A.7) erhält man

$$\alpha = \varphi_0 v_0 + (1-\varphi_0)v_1 = \varphi_0\alpha_{\text{min}} + (1-\varphi_0)\alpha_{\text{max}}. \tag{A.9}$$

Die Schreibweise α_{min} und α_{max} wird später kurz erklärt. Es folgt, daß der diskretisierte Hölder-Exponent α eines Intervalls I^k nur vom Anteil φ_0 der Ziffern in der Adresse $0.\beta_1\beta_2\ldots\beta_k$ abhängt, die Null sind. Man sollte im Hinterkopf behalten, daß wir den Buchstaben α sowohl für den lokalen Hölder-Exponenten (Gleichung (A.5)) als auch für den diskretisierten Hölder-Exponenten (Gleichung (A.6)) verwenden. Wenn der lokale Hölder-Exponent existiert, ist sein Argument ein Punkt aus dem Träger des Maßes, während das Argument des diskretisierten Hölder-Exponenten die Adresse eines dyadischen Intervalls ist. In beiden Fällen ist φ_0 aus Gleichung (A.9) der Anteil der Nullen in der binären Adresse. Ohne Beschränkung der Allgemeinheit können wir $m_1 \leq m_0$ wählen, so daß $v_0 \leq v_1$ ist, und aus Gleichung (A.7) ergibt sich $v_0 \leq \alpha \leq v_1$. (Die gleiche Beziehung läßt sich auch auf den lokalen Hölder-Exponenten anwenden.) Die Extremwerte für α werden normalerweise mit α_{min} und α_{max} bezeichnet, d.h.

$$\alpha_{\text{min}} = v_0 \text{ und } \alpha_{\text{max}} = v_1.$$

Diese Einschränkung für die Werte des diskretisierten Hölder-Exponenten ist unabhängig von der Länge 2^{-k} der dyadischen Intervalle; daher ist sie auch unabhängig vom Maßstab, in dem das fraktale Maß untersucht wird. Dies macht α zu einem geeigneten Index, mit dem man die Boxen jeder Größe markieren kann, von denen der Träger des Maßes überdeckt wird (Gleichung (A.22) liefert eine alternative Möglichkeit, Gleichung (A.7) umzuschreiben. Die Rolle des diskretisierten Hölder-Exponenten wird betont, indem ein multiplikativer Prozeß in einen additiven Prozeß verwandelt wird.)

Wir halten nun den Anteil $\varphi_0 = n_0/k$ der Nullen in Gleichung (A.9) konstant und lassen $k \to \infty$ gehen, wobei I^k zu einem Punkt zusammengezogen wird. Wenn man die Reihenfolge ändert, in der die Ziffern 0 und 1 auftreten, können zunehmend mehr Punkte $x \in [0,1]$ mit einem bestimmten Hölder-Exponenten $\alpha(x) = \varphi_0\alpha_{\text{min}} + (1-\varphi_0)\alpha_{\text{max}}$ gefunden werden. Im Fall des binomialen Maßes befinden sich die Extremwerte $\alpha_{\text{min}} = v_0$ und $\alpha_{\text{max}} = v_1$ stets in den beiden Teilintervallen des Einheitsintervalls, die am weitesten links beziehungsweise rechts liegen. Dies ist jedoch eine Besonderheit des binomialen Maßes; im allgemeinen können die minimalen und maximalen lokalen und diskretisierten Hölder-Exponenten irgendwo im Träger des Maßes liegen.

Singuläre Verteilungen

Ein Maß μ auf $[0,1]$ hat in einem Punkt x die Dichte $\rho(x)$, wenn der Grenzwert

$$\lim_{\epsilon\to 0}\frac{\mu(B_x(\epsilon))}{\epsilon} = \rho(x)$$

existiert, und die Bedingung $0 \le \rho(x) < \infty$ erfüllt ist. Wenn $\alpha(x)$ der lokale Hölder-Exponent in $x \in [0,1]$ ist, dann ist $\rho(x) \sim \lim_{\epsilon\to 0}\epsilon^{\alpha(x)-1}$. In Punkten x, an denen $\alpha(x) \neq 1$ ist, ist die Dichte des binomialen Maßes singulär. Wie wir in Abschnitt 4.2 sehen werden, ist der lokale Hölder-Exponent eines zufällig ausgewählten Punktes aus dem Träger $[0,1]$ des binomialen Maßes mit Wahrscheinlichkeit 1

$$\tilde{\alpha} = (v_0 + v_1)/2 = -\frac{1}{2}\log_2(m_0 m_1).$$

Ein Maß mit $\tilde{\alpha} \equiv 1$ tritt dann und nur dann auf, wenn $m_0 = m_1 = \frac{1}{2}$ ist. In diesem Spezialfall ist das binomiale Maß das Lebesgue-Maß. In den interessanten Fällen ist $m_0 \neq \frac{1}{2}$, und die Dichte ist fast überall entweder 0 oder ∞; deshalb nennt man das Maß singulär. Aus Gründen, die später noch deutlich werden, wird $\tilde{\alpha}$ oft mit α_0 oder $\alpha(0)$ bezeichnet.

Wenn die lokale Dichte singulär ist, besteht weiterhin die Möglichkeit, eine diskretisierte ϵ-Dichte zu definieren, indem die Menge, die das Maß trägt, mit Boxen $B(\epsilon)$ der Kantenlänge ϵ überdeckt wird und jeder Box die diskretisierte Dichte $\mu(B)/\epsilon^E$ zugeordnet wird (E ist die Dimension der Box). In Abbildung A.4 ist als Beispiel eine Folge diskretisierter Dichten für das binomiale Maß dargestellt.

A.2.4 Die $f(\alpha)$-Kurve für das binomiale Maß

Die $f(\alpha)$-Kurve beschreibt die Verteilung der diskretisierten Hölder-Exponenten. Bevor wir diese Funktion einführen können, müssen wir die Anzahl $N_k(\alpha)$ der Intervalle I^k der Länge 2^{-k} mit dem diskretisierten Hölder-Exponenten α berechnen. Gleichung (A.9) zeigt, daß der Wert von α durch die Häufigkeit φ_0 der Nullen in der binären Entwicklung des Intervalls bestimmt ist, und umgekehrt gehört zu jedem α ein eindeutig bestimmtes $\varphi_0(\alpha)$. Die Anzahl der Intervalle mit diskretisiertem Hölder-Exponenten α ist deshalb die Anzahl der Möglichkeiten, $n_0 = \varphi_0(\alpha)k$ Nullen auf k Positionen zu verteilen. Diese Anzahl ist durch den Binomialkoeffizienten

$$N_k(\alpha) = \binom{k}{\varphi_0(\alpha)k}$$

gegeben. Damit wird deutlich, warum der Begriff *binomial* in Anlehnung an die binomialen Verteilung beim binomialen Maß auftaucht. Zur Vereinfachung schreiben wir z an Stelle von φ_0 und wenden die Stirling-Formel an, um $k! \approx \sqrt{2\pi k}\,(k/e)^k$ zu approximieren. Man erhält

$$\begin{aligned}\tbinom{k}{zk} &= \frac{k!}{(zk)!(k-zk)!} \\ &\sim \frac{\sqrt{k}\,k^k}{\sqrt{zk}\,(zk)^{zk}\sqrt{k-zk}\,(k-zk)^{k-zk}}.\end{aligned}$$

Einige Terme können gekürzt werden, so daß sich

$$\binom{k}{zk} \sim \frac{\left(z^z\,(1-z)^{1-z}\right)^{-k}}{\sqrt{k(1-z)}} \sim \left(2^{-k}\right)^{-g(z)}$$

ergibt mit $g(z) = -\log_2(z^z(1-z)^{1-z})$. Wenn man Gleichung (A.9) anwendet, um $\varphi_0 = z$ zugunsten der Variablen α zu eliminieren, kommt man zu dem Ergebnis

$$N_k(\alpha) \sim (2^{-k})^{-f(\alpha)} \tag{A.10}$$

mit

$$\begin{aligned}f(\alpha) = &-\frac{\alpha_{\max}-\alpha}{\alpha_{\max}-\alpha_{\min}}\log_2\left(\frac{\alpha_{\max}-\alpha}{\alpha_{\max}-\alpha_{\min}}\right) \\ &-\frac{\alpha-\alpha_{\min}}{\alpha_{\max}-\alpha_{\min}}\log_2\left(\frac{\alpha-\alpha_{\min}}{\alpha_{\max}-\alpha_{\min}}\right).\end{aligned}$$

Der Graph von $f(\alpha)$ ist in Abbildung A.5 dargestellt. Wenn man $f(\alpha)$ in der Nähe von $\alpha = \alpha_0 = (\alpha_{\min} + \alpha_{\max})/2$ unter Verwendung der Näherung $\ln(1+x) = x - x^2/2$ erweitert, erhält man für $\alpha - \alpha_0 \ll 1$

$$f(\alpha) = 1 - \frac{2}{\ln 2}\left(\frac{\alpha-\alpha_0}{\alpha_{\max}-\alpha_{\min}}\right)^2. \tag{A.11}$$

Die $f(\alpha)$-Kurve hat die folgenden bemerkenswerten Eigenschaften.

(a) Sie ist definiert für $0 < \alpha_{\min} < \alpha < \alpha_{\max} < \infty$ und $f(\alpha) \geq 0$.
(b) Das Maximum von $f(\alpha)$ wird nur in einem Wert für α erreicht, den wir „α_0“ nennen.

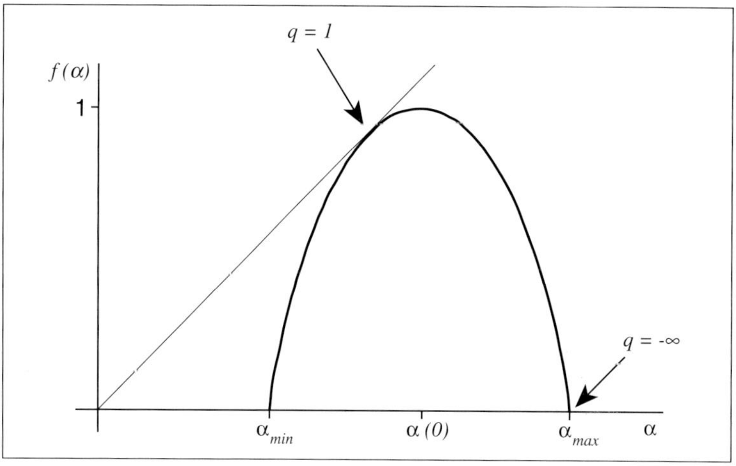

$f(\alpha)$-Kurve für das binomiale Maß

Abb. A.5 : Die $f(\alpha)$-Kurve für das binomiale Maß mit $m_0 = \frac{2}{3}$ und $m_1 = \frac{1}{3}$. Auf jedem Unterteilungsniveau kann man Intervalle mit unterschiedlichen diskretisierten Hölder-Exponenten α unterscheiden. Wenn die Kantenlänge der Boxen kleiner wird, wächst die Anzahl $N_\epsilon(\alpha)$ der Boxen, die einen bestimmten diskretisierten Hölder-Exponenten α haben, an wie $N_\epsilon(\alpha) \sim \epsilon^{-f(\alpha)}$.

(c) Die Kurve ist symmetrisch bezüglich ihres Maximums.

(d) Das lokale Verhalten von $f(\alpha)$ in der Umgebung des Maximums ist quadratisch (siehe Gleichung A.11).

(e) Die Kurve verläuft unterhalb der Winkelhalbierenden, die durch $f(\alpha) = \alpha$ definiert ist und $f(\alpha)$ am Punkt $\alpha = \alpha_1$ berührt.

Man kann sich fragen, ob diese Eigenschaften wirklich für selbstähnliche Maße typisch sind. Dies ist in der Tat zutreffend, und in den kommenden Abschnitten werden einige dieser Eigenschaften noch einmal angeschnitten.

Für ein festes k gelten die Gleichungen, die wir angewendet haben, um Gleichung A.10 zu finden nur dann, wenn $k\varphi_0$ eine ganze Zahl h zwischen 0 und k ist. Es sei $\varphi_0'' = (h-1)/k$ und $\varphi_0' = (h+1)/k$. Für festes k gibt es kein α mit $\alpha(\varphi_0') < \alpha < \alpha(\varphi_0'')$. Aus Gleichung (A.9) folgt, daß $\alpha(\varphi_0'') - \alpha(\varphi_0') = 2(v_1 - v_0)/k = \Delta_k$ nicht von h abhängt. Aus Gleichung (A.10) kann man daher entnehmen, daß sich die Anzahl $N_k(\alpha)\Delta_k$ der Intervalle I^k, deren diskretisierter Hölder-Exponent zwischen α und $\alpha + \Delta_k$ liegt, verhält wie $(2^{-k})^{-f(\alpha)}$. Asymptotisch ($k \to \infty$) ist $N_k(\alpha)d\alpha$ die Anzahl der Intervalle, deren diskretisierter Hölder-Exponent zwischen α und $\alpha + d\alpha$ liegt.

Die Rolle von $f(\alpha)$ als Skalierungsexponent (Gleichung (A.10)) legt die Vermutung nahe, daß $f(\alpha)$ eine Art Boxdimension ist. Die

Tatsache, daß es eine Vielzahl verschiedener Werte für α gibt, die alle verschiedene $f(\alpha)$ haben, ist einer der Gründe, die zu dem Ausdruck *Multi*fraktal geführt haben. Wenn wir jedoch genauer hinsehen, können wir erkennen, daß $f(\alpha)$ nicht wirklich eine Boxdimension ist. Die Boxdimension steht in Verbindung mit der Überdeckung einer *festen* Menge durch ineinandergeschachtelte Boxen mit abnehmender Kantenlänge. Für Boxen mit einem gegebenen diskretisierten Hölder-Exponenten ist dies nicht der Fall: Eine Box der Kantenlänge $2\,2^{-k}$ mit dem diskretisierten Hölder-Exponenten α enthält Teilboxen der Kantenlänge 2^{-k} mit verschiedenen Werten für α.

Hausdorff-Dimension im Vergleich zur Boxdimension

Eine weitere Art, *Multi*fraktale zu visualisieren, besteht darin, alle Punkte x aus dem Träger des Maßes zu betrachten, für die der lokale Hölder-Exponent gleich α ist (Gleichung (A.5)). Für jeden Wert von α wird dadurch eine Menge $A^\alpha \subset [0,1]$ definiert. Es ist nicht schwierig zu zeigen, daß die Boxdimension jeder der Mengen A^α für das binomiale Maß 1 ist (siehe der *Beweis* am Ende dieses Abschnitts). Wir benötigen daher an Stelle der Boxdimension den Begriff der Hausdorff-Dimension. Es ist nicht beabsichtigt, in diesem Anhang über die einfache Bemerkung herauszugehen, daß für eine Klasse multifraktaler Maße (zu der auch das binomiale Maß gehört) mathematisch bewiesen wurde [271], daß die Hausdorff-Dimension von A^α gleich $f(\alpha)$ ist (der Literaturhinweis [12] enthält einen Beweis für den Fall des binomialen Maßes).

Beweis, daß die Boxdimension von A^α gleich 1 ist. Es genügt zu zeigen, daß für ein beliebiges α zwischen $\alpha_{\min}$ und $\alpha_{\max}$ jedes dyadische Teilintervall I^k des Einheitsintervalls Punkte enthält, deren diskretisierter Hölder-Exponent gleich α ist. Hierzu nehmen wir einen beliebigen Wert $\alpha' \in [\alpha_{\min}, \alpha_{\max}]$. Die Binärentwicklung von I^k sei $0.\beta_1\beta_2\ldots\beta_k$. Es soll noch einmal daran erinnert werden, daß alle $x \in [0,1]$ in I^k liegen, deren binäre Entwicklung mit den Ziffern $0.\beta_1\beta_2\ldots\beta_k$ beginnt. Daher erhält man für jede unendliche Folge von Ziffern $\beta_{k+1}\beta_{k+2}\ldots$, für die der Anteil φ_0 der Ziffern 0 für $\alpha = \alpha'$ der Gleichung (A.9) genügt, einen Punkt $x \in I^k$ mit der Binärentwicklung $\beta_1\beta_2\ldots\beta_k\beta_{k+1}\beta_{k+2}\ldots$, dessen lokaler Hölder-Exponent $\alpha(x) = \alpha'$ ist.

A.2.5 Multinomiale Maße und die Legendre-Transformationen

In einer multinomialen Kaskade [65, 66, 242], verwendet man an Stelle der Basis $b = 2$, mit der man das binomiale Maß erhält, eine Basis $b > 2$. In jedem Konstruktionsstadium wird die Masse oder das Maß anhand der Zerlegungsfaktoren $m_0, m_1, \ldots, m_{b-1}$ mit $\sum_{i=0}^{b-1} m_i = 1$ über b gleichgroße Intervalle neu verteilt. In der Einleitung haben wir schon ein trinomiales Maß ($b = 3$) untersucht, nämlich ein IFS-erzeugtes, trinomiales Maß auf dem Sierpinski-Dreieck mit den Multiplikatoren $m_0 = p_1$, $m_1 = p_2$ und $m_2 = p_3$. An dieser Stelle schränken wir uns auf die multinomialen Maße ein, die auf $[0, 1]$ gegeben sind.

Um zu zeigen, wie sich der Begriff $f(\alpha)$ auf diese Maße verallgemeinern läßt, sei $I_b^k \subset [0, 1]$ ein beliebiges b-adisches Intervall der Länge b^{-k}, und seine Adresse zur Basis b sei $0.\beta_1\beta_2 \ldots \beta_k$ mit $\beta_i \in \{0, 1, \ldots, b-1\}$. Wir bezeichnen mit $\boldsymbol{\varphi}$ den Punkt im euklidischen Raum der Dimension $E = b$, dessen Koordinaten die Häufigkeiten φ_i der Ziffern i in dieser Adresse sind. Die Kombinatorik des binomialen Maßes und die Anwendung der Stirling-Formel kann auf jedes Intervall I_b^k verallgemeinert werden, das durch $\boldsymbol{\varphi}$ charakterisiert ist. Für das Maß eines solchen Intervalls I_b^k und seinen diskretisierten Hölder-Exponenten erhält man

$$\mu(I_b^k) = \prod m_i^{k\varphi_i} \text{ und } \alpha = -\sum \varphi_i \log_b m_i.$$

Für die Anzahl solcher Intervalle gilt $N_k(\boldsymbol{\varphi}) \sim (b^{-k})^{-\delta}$ mit

$$\delta = -\sum \varphi_i \log_b \varphi_i.$$

Im binomialen Fall kann ein einzelnes $\delta = f(\alpha)$ aus dem Wert für α abgeleitet werden, aber diese Möglichkeit steht uns hier nicht zur Verfügung. Ein gegebenes α läßt eine ganze Schar möglicher Werte für φ_i zu, für die $\sum \varphi_i = 1$ ist und $\alpha = -\sum \varphi_i \log_b m_i$. Wenn man für alle Werte von α die Punkte (α, δ) bildet, bekommt man als Resultat ein Gebiet in der Ebene [242], wie es in Abbildung A.6 schwarz dargestellt ist.

Es gibt eine überzeugende heuristische Methode, mit der man dieses Gebiet durch seine obere Grenze ersetzen kann. Diese Heuristik liefert gleichzeitig den kürzesten Weg zu den Legendre-Transformationen, die für die Untersuchung von Multifraktalen grundlegend ist (eine vollständige mathematische Begründung wird in Abschnitt 4.4 gegeben). Der wesentliche Schritt besteht in der Überlegung, daß die Werte für δ bei festem α durch den größten Wert für δ dominiert werden, den wir mit $f(\alpha)$ bezeichnen. Es ist also notwendig, den Punkt $\boldsymbol{\varphi}$ zu finden, für den $-\sum \varphi_i \log_b \varphi_i$ maximal ist, wenn $-\sum \varphi_i \log_b m_i = \alpha$ gegeben ist und $\sum \varphi_i = 1$ ist. Zur klassischen Lösung dieses Problems verwendet man Lagrangesche Multiplikatoren [53]. Es wird ein Multiplikator q eingeführt mit $-\infty < q < \infty$, und man erhält

$$\varphi_i = \frac{b^{q \log_b m_i}}{\sum_j b^{q \log_b m_j}} = \frac{m_i^q}{\sum_j m_j^q},$$

und damit

$$\alpha(q) = -\sum_i \left(\frac{m_i^q}{\sum_j m_j^q} \right) \log_b m_i$$

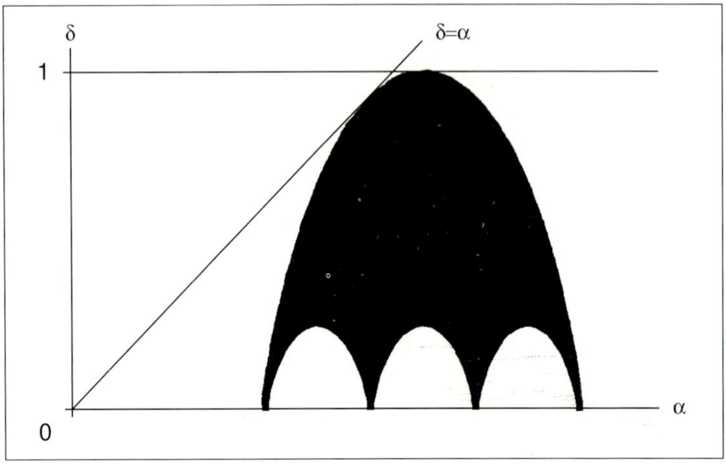

Abb. A.6 : Durch diese Abbildung soll eine grobe Vorstellung vermittelt werden, wie das Gebiet aller (α, δ) für ein multinomiales Multifraktal mit $b = 4$ in der Ebene aussieht. Die obere Grenze für das Gebiet wird durch die Funktion $f(\alpha)$ definiert. Hier sind alle m_i voneinander verschieden, $\alpha_{\text{min}} = \min_i(v_0, \ldots, v_{b-1}) > 0$ und $\alpha_{\text{max}} = \max_i(v_0, \ldots, v_{b-1}) < \infty$.

und

$$f(\alpha(q)) = -\sum_i \left(\frac{m_i^q}{\sum_j m_j^q} \right) \log_b \left(\frac{m_i^q}{\sum_l m_l^q} \right)$$

Hier spielen die Größen $\sum_j m_j^q$ und $\tau(q) = -\log_b \sum_j m_j^q$ die Rolle der „Zustandssumme" und der „freien Energie". Diese Begriffe kommen aus der Thermodynamik.

Durch $\tau(q)$ ausgedrückt erhält man mit den Lagrangeschen Multiplikatoren

$$\alpha = \frac{\partial \tau(q)}{\partial q} \text{ und } f(\alpha) = \frac{q \partial \tau}{\partial q} - \tau = q\alpha - \tau.$$

Wie wir bereits angekündigt haben, wird mit diesen Schritten das schwarze Gebiet in Abbildung A.6 [242] durch seine obere Grenze ersetzt, die durch den Graphen einer Funktion $f(\alpha)$ gegeben ist, die außer der Symmetrie alle Eigenschaften hat, die im Fall des binomialen Maßes aufgetreten sind.

Wenn man $\tau(q)$ für alle Werte von q kennt, kann man alle geraden Linien der Gleichung $\delta_q(\alpha) = q\alpha - \tau$ verfolgen. Diese Linien definieren $f(\alpha)$ als ihre Hülle; es ist nämlich

$$f(\alpha) = \min_q (q\alpha - \tau).$$

Ein Maß mit linksseitigem $f(\alpha)$

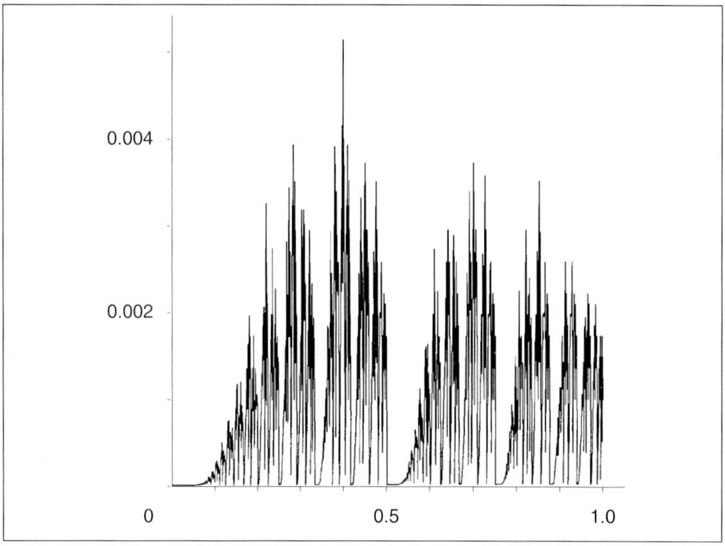

Abb. A.7 : Ein Beispiel für ein exakt selbstähnliches multiplikativ erzeugtes Maß, für das $\alpha(0) = \infty$, und daher a fortiori $\alpha_{max} = \infty$. Es folgt, daß $f(\alpha)$ für $\alpha_{\min} < \alpha$ definiert ist. Solche Maße werden linksseitige Maße genannt. Die zugehörige Funktion $\tau(q)$ ist für $q < 0$ nicht definiert, und es ist nicht möglich, das gesamte Maß mit dem Momenteverfahren angemessen zu beschreiben.

Dies ist die sogenannte Legendre-Transformation, die wir noch häufiger anwenden werden.

In vielen Fällen ist ein grafischer Zugang aufschlußreich. Wenn man die Linien, die von $\delta_q(\alpha)$ repräsentiert werden, grün nachzieht, bilden sie ein grünes Gebiet in der (α, δ)-Ebene, das das schwarze Gebiet von oben umschließt, das wir zuvor betrachtet haben.

Jenseits des multinomialen Maßes

Eine Möglichkeit, den Begriff der multiplikativen Prozesse zu erweitern, besteht darin, die Basis $b = \infty$ zuzulassen. Beispiele können in den Literaturhinweisen [245, 246, 248] gefunden werden; ein Beispiel ist in Abbildung A.7 dargestellt. Das Interessante an diesen Maßen ist, daß sich die $f(\alpha)$-Kurve, obwohl ein solches Maß exakt selbstähnlich ist (ein Teil sieht nach einer Vergrößerung aus wie das Ganze) maßgeblich von der Form des mathematischen Zeichens $\bigcap$ unterscheidet. Diese Form der $f(\alpha)$-Kurve haben wir für das binomiale Maß beobachten können. Man kann Beispiele konstruieren, in denen a) $\alpha_{\min} = 0$ und $\alpha_{\max} = \infty$ ist, b) das Maximum nicht quadratisch ist und c) das Maximum nicht nur an *einem* Wert für α angenommen wird, sondern für alle Werte von α, die auf einer Halbgerade liegen. Wir werden dies in Abschnitt A.5 kurz erläutern.

A.2.6 Zufällige multiplikative Kaskaden

Eine zweite Möglichkeit, den Begriff der multiplikativen Prozesse zu erweitern, besteht in der Verwendung zufälliger Multiplikatoren. Wenn $b = 2$ ist, laufen solche Prozesse auf die gleiche Weise ab wie für das binomiale Maß, allerdings mit dem grundlegenden Unterschied, daß jeder Multiplikator das Ergebnis eines Zufallsexperiments ist wie etwa beim Werfen einer Münze. Da die meisten fraktalen Mengen, die in der Natur auftreten, zufällige fraktale Mengen sind, sind die zufälligen multiplikativen Prozesse ausgesprochen hilfreich zum Modellieren konkreter multifraktaler Maße wie dem, das bei Turbulenz auftritt [236, 144, 266, 257] oder bei diffusionsbedingten Ablagerungsprozessen [319, 249, 176]. Für solche Maße muß keine der Eigenschaften der $f(\alpha)$-Kurve erfüllt sein, die im vorhergehenden Abschnitt erwähnt wurden. Nur die Bedinung, daß sich der Graph immer unterhalb der Winkelhalbierenden $f(\alpha) = \alpha$ befinden muß, darf nicht verletzt werden. Solche Maße werden sehr ausführlich in den Literaturhinweisen [65, 66] besprochen. Wir werden in Abschnitt A.5 noch eine kurze Anmerkung zu diesen Maßen machen.

A.3 Verfahren zum Schätzen der Funktion $f(\alpha)$ aus Daten

Es ist angenehm, wenn man multifraktale Maße einfach als selbstähnliche Maße beschreiben kann, in dem Sinn, in dem es für das binomiale Maß erläutert wurde. Als wir das binomiale Maß untersucht haben, war die Kaskade gegeben, und die Größe $N_k(\alpha)d\alpha$ konnte für alle k ausgewertet werden und als die Anzahl der Intervalle der Länge 2^{-k} im $k$ten Stadium der Kaskade interpretiert werden, deren diskretisierter Hölder-Exponent zwischen α und $\alpha + d\alpha$ liegt. Es ist jedoch wichtig, im Hinterkopf zu behalten, daß den meisten multifraktalen Maßen offensichtlich keine multiplikative Kaskade zugrunde liegt! Falls eine multiplikative Kaskade existieren sollte, wie vielleicht für die Turbulenz oder für die Verteilung der Masse im Universum, dann gehört diese Kaskade der Vergangenheit an, und das einzige, was nun gegenwärtig ist, ist das Maß, das von dieser Kaskade erzeugt wurde. Wie kann man herausfinden, ob ein gegebenes Maß ein Multifraktal ist?

Grundlegend ist die Beobachtung, daß man, sobald man ein Stadium k des Maßes kennt, jedes vorhergehende Stadium $h < k$ rekonstruieren kann, indem man das gegebene Stadium mit Intervallen der Länge 2^{-h} vergröbert. Wir werden uns zwei Verfahren genauer ansehen, mit denen man eine empirische Schätzung von $f(\alpha)$ für ein beliebiges Maß erhalten kann.

A.3.1 Das Histogrammverfahren

Wenn ein Maß μ gegeben ist, umfaßt das Histogrammverfahren folgende Schritte:

(a) Man diskretisiert das Maß mit Boxen der Kantenlänge ϵ. Dabei erhält man ein System von Boxen $\{B_i(\epsilon)\}_{i=1}^{N(\epsilon)}$, wobei $N(\epsilon)$ die Gesamtzahl der Boxen ist, die man benötigt, um den Träger des Maßes zu überdecken.

(b) Wenn $\mu(B_i) = \mu_i$ das Maß der Box i ist, berechnet man den diskretisierten Hölder-Exponenten $\alpha_i = \log \mu_i / \log \epsilon$.

(c) Man bildet ein Histogramm, indem man den Bereich der Variablen α in genügend kleine Abschnitte der Länge $\Delta\alpha$ unterteilt and die Dichte der Zahl $N_\epsilon(\alpha)$ schätzt, indem man die Zahl $N_\epsilon(\alpha)\Delta\alpha$ verzeichnet, die angibt, wie oft ein bestimmter Wert des Hölder-Exponenten zwischen α und $\alpha + \Delta\alpha$ liegt.

(d) Man wiederholt Schritt (c) für verschiedene Werte von ϵ.

(e) Da man erwartet, daß

$$N_\epsilon(\alpha) \sim \epsilon^{-f(\alpha)},$$

trägt man $-\log N_\epsilon(\alpha)/\log \epsilon$ für verschiedene Werte von ϵ in einer Skizze gegen α ab.

Dieses Verfahren legt es nahe, ein Maß multifraktal zu nennen, wenn die Skizzen, die man damit erhält, gegen eine Kurve $f(\alpha)$ konvergieren, wenn ϵ klein genug ist.

Es muß erwähnt werden, daß es selbstähnliche Maße gibt [245, 246, 248], für die die Skizzen außerordentlich langsam gegen die Funktion $f(\alpha)$ konvergieren, so daß das Verfahren für jedes ϵ, das von physikalischer Bedeutung ist, keinerlei Aussagekraft hat.

Im Literaturhinweis [256] werden diese Schritte für das binomiale Maß überprüft, und es werden Verfahren besprochen, mit denen man die Konvergenz beschleunigen kann.

A.3.2 Das Momenteverfahren

Das Momenteverfahren [208] basiert auf einer Größe, die *Zustandssumme* genannt wird (weil es Analogien zur Zustandssumme der Gleichgewichtsthermodynamik gibt). Sie ist definiert als

$$\chi_q(\epsilon) = \sum_{i=1}^{N(\epsilon)} \mu_i^q, \quad q \in \mathbf{R}. \tag{A.12}$$

Zum Beispiel betrachten wir das binomiale Maß und bezeichnen mit $\chi_q(\epsilon_k)$ die Zustandssumme für Boxen der Kantenlänge $\epsilon_k = 2^{-k}$. Wenn man Abbildung A.4 genauer betrachtet, sieht man sofort, daß

$\chi_q(\epsilon_0) = 1^q$, $\chi_q(\epsilon_1) = m_0^q + m_1^q$ und $\chi_q(\epsilon_2) = (m_0^q + m_1^q)^2$ ist. Allgemeiner gilt

$$\chi_q(\epsilon_k) = (m_0^q + m_1^q)^k.$$

Wir kommen zu Gleichung (A.12) im allgemeinen Fall zurück und schreiben die Maße μ_i der Boxen um zu $\mu_i = \epsilon^{\alpha_i}$ und erhalten das Ergebnis $\chi_q(\epsilon) = \sum_{i=1}^{N(\epsilon)} (\epsilon^{\alpha_i})^q$. Angeregt durch die Resultate für das binomiale Maß bezeichnen wir mit $N_\epsilon(\alpha)d\alpha$ die Anzahl derjenigen Boxen unter den insgesamt $N(\epsilon)$, deren diskretisierter Hölder-Exponent der Bedingung $\alpha < \alpha_i < \alpha + d\alpha$ genügt. Wir nehmen zusätzlich an, daß es Konstanten $\alpha_{\min}$ und $\alpha_{\max}$ gibt, so daß $0 < \alpha_{\min} < \alpha < \alpha_{\max} < \infty$, und so daß die Dichte $N_\epsilon(\alpha)$ stetig ist. Dann leistet die Teilmenge der Boxen, deren diskretisierter Hölder-Exponent α_i zwischen α und $\alpha + d\alpha$ liegt, den Beitrag $N_\epsilon(\alpha)(\epsilon^\alpha)^q d\alpha$ zu $\chi_q(\epsilon)$. Statt den Beitrag jeder Box i einzeln hinzuzuaddieren, integrieren wir nach $d\alpha$ um die Beiträge aller Teilmengen zu bestimmen, deren Boxen einen diskretisierten Hölder-Exponenten zwischen α und $\alpha + d\alpha$ haben. Daher ist

$$\chi_q(\epsilon) = \int N_\epsilon(\alpha)(\epsilon^\alpha)^q d\alpha.$$

Wenn $N_\epsilon(\alpha) \sim \epsilon^{-f(\alpha)}$ ist, folgt

$$\chi_q(\epsilon) = \int \epsilon^{q\alpha - f(\alpha)} d\alpha. \tag{A.13}$$

Im Grenzwert für $\epsilon \to 0$ kommt der wesentliche Beitrag zum Integral von den Werten für α, die in der Nähe des Wertes liegen, für den der Exponent $q\alpha - f(\alpha)$ minimal ist. Wenn $f(\alpha)$ differenzierbar ist, ist die notwendige Bedingung für die Existenz eines Extremwerts

$$\frac{\partial}{\partial \alpha}\{q\alpha - f(\alpha)\} = 0.$$

Für einen gegebenen Wert von q taucht ein Extremum für den Wert $\alpha = \alpha(q)$ auf, der die Gleichung

$$\left.\frac{\partial}{\partial \alpha} f(\alpha)\right|_{\alpha = \alpha(q)} = q \tag{A.14}$$

erfüllt, und dieses Extremum ist ein Minimum, solange

$$\left.\frac{\partial^2}{\partial^2 \alpha} f(\alpha)\right|_{\alpha = \alpha(q)} < 0.$$

Die Funktion $f(\alpha)$ sollte daher wie in Abbildung A.5 eine konkave Funktion sein, die ein Maximum hat. Für den Wert $\alpha = \alpha(q)$, an dem das Minimum angenommen wird, ist die Steigung von $f(\alpha)$ gleich q. Man beachte, daß wir bisher auf drei verschiedene Argumente für α gestoßen sind: 1) $x \in [0, 1]$, 2) die dyadische Entwicklung $0.\beta_1\beta_2 \ldots \beta_k$ eines Intervalls I^k und 3) die Variable q. Nur die beiden letzten Argumente, die leicht voneinander unterschieden werden können, werden im folgenden Anwendung finden.

Wenn wir nur den dominanten Beitrag in Gleichung (A.13) festhalten und

$$\tau(q) = q\alpha(q) - f(\alpha(q))$$

einführen, erhalten wir

$$\chi_q(\epsilon) \sim \epsilon^{\tau(q)}. \tag{A.15}$$

Für die binomialen Maße ist

$$\tau(q) = \lim_{k \to \infty} \frac{\log(m_0^q + m_1^q)^k}{\log 2^{-k}} = -\log_2(m_0^q + m_1^q), \tag{A.16}$$

und für die multinomialen Maße

$$\tau(q) = -\log_b \sum_{i=0}^{b-1} m_i^q. \tag{A.17}$$

Wir kommen nun zum allgemeinen Fall zurück. Es ist nicht schwer zu zeigen, daß

$$\frac{\partial}{\partial q}\tau(q) = \alpha(q). \tag{A.18}$$

Dies zeigt, daß mit Hilfe der Gleichung

$$f(\alpha(q)) = q\,\alpha(q) \; - \tau(q) \tag{A.19}$$

$f(\alpha)$ aus $\tau(q)$ berechnet werden kann und umgekehrt. Dieser Beziehung zwischen $\tau(q)$ und $f(\alpha)$ sind wir schon in Abschnitt A.2.5 begegnet; man nennt dies eine *Legendre-Transformation.* Zum Beispiel läßt sich mit der Legendre-Transformation von Gleichung (A.16) die $f(\alpha)$-Kurve für das binomiale Maß aus Gleichung (A.10) berechnen.

Man beachte, daß aus Gleichung (A.14) und aus der Tatsache, daß $f(\alpha)$ konkav ist und ein Maximum hat, folgt, daß $\alpha(q)$ eine Funktion ist, die in Abhängigkeit von q abnimmt. Deshalb ist $\alpha_{\text{min}} = \alpha(\infty)$ und $\alpha_{\text{max}} = \alpha(-\infty)$. Somit muß auch $\tau(q)$ konkav sein und ein Maximum haben. Die Funktion $\tau(q)$ wird manchmal geschrieben als $\tau(q) = (q-1)D_q$, wobei die Exponenten D_q [212] verallgemeinerte Dimensionen genannt werden (siehe auch Abschnitt 3.6).

Wenn man $f(\alpha)$ in der Praxis mit Hilfe der Zustandssumme berechnet, sind folgende Schritte erforderlich:

(a) Man diskretisiert das Maß mit einer Überdeckung $\{B_i(\epsilon)\}_{i=1}^{N(\epsilon)}$ aus Boxen der Kantenlänge ϵ und bestimmt die Maße $\mu_i = \mu(B_i(\epsilon))$ aller dieser Boxen.

(b) Man berechnet die Zustandssumme in Gleichung (A.12) für verschiedene Werte von ϵ.

(c) Man überprüft, ob die Skizzen, in denen $\log \chi_q(\epsilon)$ gegen $\log \epsilon$ abgetragen wird, gerade Linien sind. Wenn dies der Fall ist, dann ist $\tau(q)$ die Steigung des Geradenabschnitts, der zum Exponenten q gehört (siehe Gleichung (A.15)).

(d) Man berechnet $f(\alpha)$ aus $\tau(q)$ mit Hilfe der Legendre-Transformation (Gleichung (A.19)).

In konkreten Anwendungen müssen diese Schritte numerisch ausgeführt werden. Der Grund hierfür ist im allgemeinen, daß es keine Möglichkeit gibt, Lücken im theoretischen Wissen über die Phänomene durch analytische Ausdrücke zu füllen. Selbst wenn ein analytischer Ausdruck für die Zustandssumme zur Verfügung steht, kann es schwierig sein, einen analytischen Ausdruck für $\tau(q)$ oder $f(\alpha)$ zu finden.

Wenn man beim Überprüfen der Skizzen in Schritt (c) eine gerade Linie findet, ist die Anwendung des Momenteverfahrens gerechtfertigt, und man erhält die gleiche $f(\alpha)$-Kurve wie mit dem Histogrammverfahren. Weil das Momenteverfahren außerdem dazu tendiert, die Daten zu glätten, während die Verteilung mit dem Histogrammverfahren direkt aus den Rohdaten geschätzt wird, konvergiert das Momenteverfahren schneller als das Histogrammverfahren.

An dieser Stelle müssen wir eine deutliche Warnung aussprechen. Da die Arbeit numerisch fortgesetzt werden muß, entsteht eine große Versuchung, blind zu bereits vorhandenen Computerprogrammen zu greifen. Leider enthalten einige Programme nicht den Linearitätstest, der für Schritt (c) erforderlich ist. Statt dessen passen diese Programme eine Gerade „mechanisch" an, wobei ein Verfahren wie das der kleinsten Quadrate angewendet wird. Obwohl dieses Verfahren in allen Fällen statistisch objektiv ist, hat der Wert $\tau(q)$, der auf diese Weise angepaßt wird, keinerlei physikalische Bedeutung, sofern die Punkte, die unter (c) verzeichnet werden, nicht auf einer Geraden liegen. Nüchtern betrachtet ist die Literatur überladen von durch und durch bizarren $f(\alpha)$-Kurven, die zwar objektiv erzeugt wurden, die aber keine Bedeutung haben.

Gleichung (A.15) zeigt, daß die Zustandssumme unter den Voraussetzungen, die im Anschluß an Gleichung (A.12) genannt wurden, für alle $q \in \mathbf{R}$ skaliert wie eine Funktion der Kantenlänge ϵ. Man sagt, daß „das $q$te Moment des Maßes" für alle q existiert. Zum Beispiel existieren alle Momente für das binomiale Maß und für multinomiale Multifraktale. Das Momenteverfahren legt nahe, zu sagen, daß ein Maß genau dann multifraktal ist, wenn die Funktion $\tau(q)$ für alle $q \in \mathbf{R}$ existiert. Aber diese Definition ist nicht zufriedenstellend. Es gibt selbstähnliche Maße [245, 246], für die $\tau(q)$ zum Beispiel nicht definiert ist, wenn $q < 0$ ist. Selbstähnliche Maße, für die alle Momente existieren, sollten *eingeschränkte* Multifraktale genannt werden, damit angedeutet wird, daß sie in einer umfassenderen Klasse enthalten sind.

A.3.3 Eigenschaften von $f(\alpha)$

Wir wollen uns einige der charakteristischen Eigenschaften von $f(\alpha)$ für den Fall von eingeschränkten multifraktalen Maßen noch einmal vor Augen halten, d.h. für Maße, für die das Momenteverfahren angewendet werden kann und für die das Histogrammverfahren schnell genug konvergiert.

Es sei $A^\alpha(\epsilon)$ die Teilmenge der Boxen, die den Träger des Maßes überdecken und deren diskretisierter Hölder-Exponent zwischen α und $\alpha + d\alpha$ liegt. Das gesamte Maß, mit dem eine solche Teilmenge ausgestattet ist, beträgt $\mu(A^\alpha(\epsilon)) = N_\epsilon(\alpha)\epsilon^\alpha d\alpha \sim \epsilon^{-f(\alpha)+\alpha} d\alpha$. Wenn man nun das Maß aus allen Boxen aufaddiert, erhält man 1. Dies hat zur Folge, daß $f(\alpha) \leq \alpha$ ist; der Grund dafür ist, daß die Annahme des Gegenteils zum Widerspruch führt: Wenn es einen Wert für α gäbe, so daß $f(\alpha) > \alpha$ ist, dann hätte dies zur Folge, daß $\mu(\ A^\alpha(\epsilon)\ ) \to \infty$ für $\epsilon \to 0$. Deshalb liegt die $f(\alpha)$-Kurve immer unterhalb der Winkelhalbierenden. Andererseits kann man den Wert für α betrachten, für den $\mu(\ A^\alpha(\epsilon)\ )$ maximal ist. Wenn tatsächlich $f(\alpha) < \alpha$ für alle α erfüllt wäre, ergäbe sich für alle α, daß $\mu(\ A^\alpha(\epsilon)\ ) \to 0$ für $\epsilon \to 0$. Dies würde der Tatsache widersprechen, daß das gesamte Maß gleich 1 ist. Die $f(\alpha)$-Kurve sollte also mindestens einen Punkt mit der Winkelhalbierenden gemeinsam haben; weil $f(\alpha)$ konkav ist, ist dieser Schnittpunkt eindeutig bestimmt und tritt auf, wenn $f'(\alpha) = 1$ ist. Dies entspricht $q = 1$ im Momenteverfahren (siehe Gleichung (A.14)), und dieser Wert für α wird mit $\alpha(1)$ oder α_1 bezeichnet. Die Teilmenge der Boxen $A^{\alpha_1}(\epsilon)$ trägt das gesamte Maß, wenn der Grenzwert $\epsilon \to 0$ gebildet wird; d.h. $\mu(\ A^{\alpha_1}(\epsilon)\ ) \to 1$ für $\epsilon \to 0$.

Wenn man Gleichung (A.15) umformuliert zu

$$\tau(q) = \lim_{\epsilon \to 0} (\log \sum_{i=1}^{N(\epsilon)} \mu_i^q) / \log \epsilon$$

und Gleichung (A.18) anwendet, findet man heraus, daß

$$\alpha(q) = \lim_{\epsilon \to 0} \frac{\sum_{i=1}^{N(\epsilon)} (\mu_i^q / \sum_j \mu_j^q) \log \mu_i}{\log \epsilon}. \tag{A.20}$$

Eine ähnliche Gleichung wie (A.20) kann für $f(\alpha(q))$ hergeleitet werden und angewendet werden, um $f(\alpha)$ direkt zu berechnen [159].

Insbesondere ist

$$\alpha(1) = f(\alpha(1)) = \lim_{\epsilon \to \infty} \frac{\sum_{i=1}^{N(\epsilon)} \mu_i \log \mu_i}{\log \epsilon}$$

Die Größe $-\sum_{i=1}^{N(\epsilon)} \mu_i \log \mu_i$ steht in Zusammenhang mit dem Begriff der Entropie und der Information. Entsprechend wird die Größe $f(\alpha(1)) = \alpha(1)$ die *Informationsdimension* des Maßes genannt [33, 199, 212, 87].

$f(\alpha(1))$ ist außerdem die Dimension der Menge, die das gesamte Maß trägt. Um dies zu veranschaulichen, betrachten wir das IFS, mit dem wir uns schon in der Einleitung befaßt haben. Wir wissen, daß die Trefferwahrscheinlichkeiten durch das trinomiale multifraktale Maß bestimmt sind. Wir spielen das Chaos-Spiel mit diesem IFS n mal. Wie wir zuvor besprochen haben, können wir davon ausgehen, daß es möglich ist, eine Teilmenge mit $(3^k)^{f(\alpha(1))}$ Boxen der Kantenlänge 3^{-k} zu finden, die insgesamt $n_1(n)$ mal getroffen werden, wobei $n_1(n)/n \to 1$ für $n \to \infty$ und $k \to \infty$. Die Menge $A^{\alpha(1)}$ trägt das gesamte Maß.

Die Anzahl der Elemente in den Mengen $A^{\alpha}(\epsilon)$ ist $N_\epsilon(\alpha) \sim \epsilon^{-f(\alpha)}$. Die Menge α mit der größten Anzahl der Elemente hat denjenigen Wert für α, an dem $f(\alpha)$ ihr Maximum annimmt. Aus Gleichung (A.14) folgt, daß das Maximum für $\alpha = \alpha(0)$ angenommen wird. Mit Gleichung (A.19) erhält man, daß $f(\alpha(0)) = -\tau(0)$ ist, und Gleichung (A.12) zeigt, daß $\chi_0(\epsilon) = N(\epsilon) \sim \epsilon^{-D}$. Wenn man dies mit Gleichung (A.15) kombiniert, erhält man $f(\alpha(0)) = -\tau(0) = D$. Der maximale Wert der $f(\alpha)$-Kurve ist also die Boxdimension des geometrischen Trägers des Maßes. Da die Anzahl der Boxen, deren diskretisierter Hölder-Exponent $\alpha(0)$ ist, beim Grenzübergang $\epsilon \to 0$ unendlich viel größer ist als die Anzahl der Boxen mit anderen Werten für den diskretisierten Hölder-Exponenten, ist zu erwarten, daß eine zufällig gewählte Box der Kantenlänge ϵ vom Typ $\alpha(0)$ ist (siehe auch Abschitt A.4.2). Für das binomiale Maß kommt man mit Gleichung (A.16) zu dem Ergebnis $D = -\tau(0) = 1$. Dies ist die Boxdimension der Menge $[0, 1]$, die das Maß trägt. Aus der Symmetrie der zugehörigen $f(\alpha)$-Kurve (Gleichung (A.10)) folgt unmittelbar, daß $\alpha(0) = (\alpha_{\min} + \alpha_{\max})/2$ ist.

A.4 Wahrscheinlichkeitstheoretische Wurzeln der Multifraktale. Die Rolle von $f(\alpha)$ in der Theorie der großen Abweichungen

An dieser Stelle können viele Fragen aufgeworfen werden, auf die man eine Antwort finden möchte. Warum existiert für jedes selbstähnliche Maß eine $f(\alpha)$-Kurve? Die Existenz dieser Kurve im Fall des binomialen Maßes ist keine Garantie für die Existenz im allgemeinen Fall. Es gibt in der Tat selbstähnliche Maße, für die $f(\alpha)$ zwar existiert, aber nur schwer zugänglich und auch nicht von direktem Interesse ist. Welche alternativen, quantitativen Beschreibungen gibt es aber, wenn keine brauchbare $f(\alpha)$-Kurve existiert? Diese Fragen können größtenteils beantwortet werden, wenn die selbstähnlichen Maße von einer multiplikativen Kaskade erzeugt werden oder wenn sie in eine multiplikative Kaskade abgebildet werden können. Das Verständnis derartiger Maße beruht weitgehend auf der folgenden Tatsache. Sogar dann, wenn ein Fraktal nicht zufällig ist, wie zum Beispiel die Cantor-Menge, wird es zu einer zufälligen Menge, wenn sein Ursprung zufällig gewählt wird. Ähnlich verhält es sich mit dem binomialen Maß in einem zufällig gewählten Intervall. Diese Maß ist eine Zufallsvariable! Der Hölder-Exponent kann daher als Summe von Zufallsvariablen ausgedrückt werden [235, 65, 66], wie wir später sehen werden. Dieser Sachverhalt ist sowohl für zufällige als auch für nichtzufällige Multifraktale zutreffend. Dies führt uns zu den wahrscheinlichkeitstheoretischen Wurzeln von $f(\alpha)$, und zusätzlich – dies ist vielleicht sogar wichtiger — wird dadurch eine Möglichkeit gefunden, die Anwendbarkeit von $f(\alpha)$ festzustellen, indem ein neues Hilfsmittel entwickelt wird, mit dem kompliziertere selbstähnliche Maße untersucht werden können.

Die Eigenschaften der Summen von Zufallsvariablen sind ein zentraler Gegenstand der Wahrscheinlichkeitstheorie. Im nächsten Abschnitt untersuchen wir, welche Relevanz die Aussagen dreier Theoreme auf multifraktale Maße haben, die sich mit derartigen Summen beschäftigen: 1) das Gesetz der großen Zahlen, 2) der Gaußsche zentrale Grenzwertsatz und 3) der Satz über die großen Abweichungen. Es wird nicht davon ausgegangen, daß der Leser mit diesen Gegenständen vertraut ist, und der Abschnitt kann als Einführung in weiterführende Literatur aufgefaßt werden, in der die eher fortgeschrittenen Ergebnisse der Wahrscheinlichkeitstheorie auf selbstähnliche Maße angewendet werden.

A.4.1 Transformation einer multiplikativen Kaskade in eine additive Kaskade

Wir gehen davon aus, daß das dyadische Intervall $I^k = I_{0.\beta_1\beta_2\ldots\beta_k}$ zufällig ausgewählt wurde. Dies kommt der zufälligen Auswahl einer Ziffernfolge $\beta_1\beta_2\ldots\beta_k$ gleich, in der jedes β_i jeweils mit der Wahrscheinlichkeit $\frac{1}{2}$ entweder 0 oder 1 ist. Denn wenn I^k mit gleicher Wahrscheinlichkeit in der linken oder in der rechten Hälfte des Einheitsintervalls liegt, bedeutet dies für die erste Ziffer, daß $\mathrm{W}\{\beta_1 = 0\} = \frac{1}{2}$ ist und entsprechend $\mathrm{W}\{\beta_1 = 1\} = \frac{1}{2}$. Unabhängig davon, ob sich das gewählte dyadische Intervall I^k in $I_{0.0}$ befindet oder in $I_{0.1}$, wird es wieder mit gleicher Wahrscheinlichkeit in der linken oder der rechten Hälfte dieses Teilintervalls liegen, so daß auch für die zweite Ziffer gilt $\mathrm{W}\{\beta_2 = 0\} = \mathrm{W}\{\beta_2 = 1\} = \frac{1}{2}$.

Gleichung (A.4) hat gezeigt, daß das Maß eines zufällig gewählten dyadischen Intervalls I^k den Wert $\mu_{0.\beta_1\beta_2\ldots\beta_k} = \prod_{i=1}^k m_{\beta_i}$ hat. Weil die β_i zufällig entweder 0 oder 1 sind, sind auch die Variablen m_{β_i} zufällig und sind entweder m_0 oder m_1. Dies bedeutet, daß das Maß μ das Produkt von k statistisch unabhängigen Werten einer *Zufallsvariablen* $\mathbf{M}$ ist, die die Werte m_0 oder m_1 jeweils mit der Wahrscheinlichkeit $\frac{1}{2}$ annehmen kann.

Zufallsvariablen

Eine Zufallsvariable kann man sich als „mathematische Münze" oder als „mathematischen Würfel" vorstellen. Wenn man sie „wirft", erhält man bestimmte Ergebnisse mit vorgeschriebenen Wahrscheinlichkeiten. Es ist üblich, Zufallsvariablen mit fettgedruckten Großbuchstaben zu bezeichnen. Das *Zufallsereignis*, d.h. das Ergebnis des Wurfs wird mit dem zugehörigen Kleinbuchstaben bezeichnet. Zum Beispiel hat die Zufallsvariable $\mathbf{Z}$, die einen fairen Würfel mit sechs Seiten repräsentiert, die Wahrscheinlichkeitsverteilung $\mathrm{W}\{\mathbf{Z} = d\} = 1/6$ für $d = 1, \ldots, 6$.

Das Maß μ eines zufällig ausgewählten Intervalls I^k ist also ein Zufallsereignis der Zufallsvariablen $\prod_{i=1}^k \mathbf{M}_i$, wobei der zufällige Multiplikator $\mathbf{M}$ die Verteilung

$$\mathrm{W}\{\mathbf{M} = m_0\} = \mathrm{W}\{\mathbf{M} = m_1\} = \frac{1}{2} \tag{A.21}$$

hat. Mit Gleichung (A.6) erhält man den diskretisierten Hölder-Exponenten α_k eines solchen Intervalls I^k in der folgenden Umformung von Gleichung (A.7):

$$\begin{aligned}\alpha(0.\beta_1\beta_2\ldots\beta_k) &= \frac{\log \prod_{i=1}^k m_{\beta_i}}{\log 2^{-k}} \\ &= -\frac{1}{k}\sum_{i=1}^k \log_2 m_{\beta_i} = \frac{1}{k}\sum_{i=1}^k v_{\beta_i}.\end{aligned} \tag{A.22}$$

Hier haben wir die Variablen v_β verwendet, die in Abschnitt A.2.3 eingeführt wurden ($v_\beta = -\log_2 m_\beta$, $\beta = 0, 1$). Der diskretisierte

Hölder-Exponent eines zufälligen Intervalls I^k ist deshalb die Zufallsvariable

$$\mathbf{H}_k = \frac{1}{k} \sum_{h=1}^{k} \mathbf{V}_h. \tag{A.23}$$

Dies ist der Mittelwert von k unabhängig gewählten Zufallsereignissen v einer Zufallsvariablen $\mathbf{V}$ mit der Verteilung

$$\mathrm{W}\{\mathbf{V} = v_0\} = \mathrm{W}\{\mathbf{V} = v_1\} = \frac{1}{2}. \tag{A.24}$$

Was wir soeben besprochen haben, werden wir nun für eine faire Münze umformulieren, d.h. für eine Münze, bei der Kopf und Zahl mit gleicher Wahrscheinlichkeit geworfen werden. Es werden k gleiche Münzen $(\mathbf{V}_1, \mathbf{V}_2, \ldots, \mathbf{V}_k)$ geworfen, bei denen die eine Seite mit v_0 und die andere mit v_1 gekennzeichnet ist, und es wird der Mittelwert $\frac{1}{k}\sum_{h=1}^{k} \mathbf{V}_h$ berechnet. Diese Mittelwerte haben die gleiche Verteilung wie die Werte der diskretisierten Hölder-Exponenten von zufällig ausgewählten dyadischen Intervallen der Länge 2^{-k} aus dem Träger $[0, 1]$ des binomialen Maßes.

Die Verteilung $\mathrm{W}\{\mathbf{H}_k \geq \alpha\}$ steht in einem engen Zusammenhang zur Verteilung $p_\epsilon(\alpha)d\alpha$, die wir in der Einleitung erwähnt haben (Gleichung (A.2)), und wird schließlich die Verbindung mit dem Momenteverfahren und dem Histogrammverfahren erneut herstellen. Dafür gibt es zwei Wege:

1) Man kann die diskretisierten Hölder-Exponenten im $k$ten Stadium der multiplikativen Kaskade zählen, die größer sind als α, und kann ihre Anzahl durch die Gesamtzahl von insgesamt 2^k Boxen dividieren, die erforderlich sind, um das Einheitsintervall zu überdecken.

2) Man kann n mal jeweils k Münzen werfen, jedesmal den Mittelwert über die k Würfe bilden, anschließend überprüfen, um wieviel dieser Mittelwert größer ist als α, diese Zahl durch n teilen und schließlich das Ergebnis im Grenzwert $n \to \infty$ betrachten.

Der erste Weg ist im wesentlichen das Histogrammverfahren. Wir folgen nun dem zweiten Weg, wobei wir die Tatsache ausnutzen, daß die Verteilung des diskretisierten Hölder-Exponenten in der $k$ten Stufe der multiplikativen Kaskade die gleiche ist wie die Verteilung der Zufallsvariablen $\mathbf{H}_k$, die in Gleichung (A.23) definiert wurde. Diese Umformulierung in Ausdrücke von Summen unabhängiger, gleichverteilter Zufallsvariablen (Gleichung (A.23)) gibt uns die Möglichkeit, verschiedene Techniken aus der Wahrscheinlichkeitstheorie anzuwenden.

A.4.2 Das Gesetz der großen Zahlen und die Rolle von α_0 als Hölder-Exponent mit der größten Wahrscheinlichkeit

Wenn man eine Münze k mal wirft, die auf der einen Seite mit v_0 und auf der anderen mit v_1 gekennzeichnet ist, erhält man beispielsweise n_0 mal den Wert v_0 und $n_1 = k - n_0$ mal den Wert v_1. Da die Wahrscheinlichkeiten für Kopf und Zahl gleich sind, erwartet man für $k \to \infty$, daß $n_0/k \to \frac{1}{2}$, und für n_1 erwartet man entsprechend das gleiche. Dies würde bedeuten, daß der Mittelwert $\frac{1}{k}(n_0 v_0 + n_1 v_1)$ über die Zufallsereignisse für $k \to \infty$ gegen den Erwartungswert

$$\mathrm{E}\mathbf{V} = \frac{1}{2}v_0 + \frac{1}{2}v_1$$

konvergiert. Wenn man mit unterschiedlichen Konvergenzbegriffen arbeitet, kommt man zu unterschiedlichen Formen für das Gesetz der großen Zahlen. Das *schwache* Gesetz der großen Zahlen garantiert eine Konvergenz, wenn der Erwartungswert E**V** von **V** existiert. Das *starke* Gesetz der großen Zahlen ist jedoch für die Theorie der Multifraktale interessanter. Es sagt aus, daß der Mittelwert über die Stichprobe für $k \to \infty$ fast sicher (mit Wahrscheinlichkeit 1) gegen den Erwartungswert konvergiert. Dies bedeutet

$$\mathrm{W}\left\{\lim_{k\to\infty} \frac{1}{k}\sum_{h=1}^{k} \mathbf{V}_h = \mathrm{E}\mathbf{V}\right\} = 1.$$

Wenn man die Äquivalenz zwischen dem binomialen Maß und dem Münzwurf anwendet, die im vorhergehenden Abschnitt bewiesen wurde, dann sagt diese Gleichung gerade aus, daß der lokale Hölder-Exponent an einem zufällig ausgewählten Punkt aus dem Träger des Maßes mit Wahrscheinlichkeit 1 gleich E**V** ist; also

$$\mathrm{W}\left\{\lim_{k\to\infty} \mathbf{H}_k = \mathrm{E}\mathbf{V}\right\} = 1. \tag{A.25}$$

Ein anderer Weg, auf dem man dieses Ergebnis erhalten kann, nutzt die Tatsache aus, daß aufgrund des starken Gesetzes der großen Zahlen in der Binärentwicklung eines zufällig gewählten Punkts $0.\beta_1\beta_2\beta_3\ldots$ die Ziffern 0 und 1 fast sicher in gleicher Frequenz auftreten, d.h., es ist $\varphi_0 = 1/2$ fast sicher. Wenn man dies in Gleichung (A.9) einsetzt, erhält man $\alpha = \mathrm{E}\mathbf{V}$, und man findet Gleichung (A.25) wieder.

Wenn das Gesetz der großen Zahlen aussagt, daß sich bei der zufälligen Wahl von x ein spezieller Wert für α mit Wahrscheinlichkeit 1 ergibt, dann sollte man mit dem Gesetz auch den Wert bestimmen können, der am häufigsten auftaucht. Wenn man zur

$f(\alpha)$-Kurve zurückgeht, ist dieser spezielle Wert für α gerade der, an dem $f(\alpha)$ maximal ist. Auf Seite 652 wurde dieser spezielle Wert für den diskretisierten Hölder-Exponenten mit $\alpha(0)$ oder α_0 bezeichnet, weil es derjenige Wert für α war, der im Momenteverfahren dem Wert $q = 0$ entsprach. Für das binomiale Maß haben wir tatsächlich in Übereinstimmung mit Gleichung (A.25) herausgefunden, daß $\alpha(0) = (v_0 + v_1)/2$ ist. Dadurch wird eine erste Verbindung zwischen $f(\alpha)$ und der Theorie der Summen von Zufallsvariablen hergestellt.

Die Ergebnisse, die man mit dem schwachen und dem starken Gesetz der großen Zahlen erhält, gelten nur punktweise; dies bedeutet grob ausgedrückt, daß die Ergebnisse im Grenzwert für unendlich kleine Kantenlänge der Boxen ($k \to \infty$) gelten. In den meisten physikalischen Systemen können solche Grenzwerte nicht angenommen werden, und daher sind ihre Eigenschaften nicht besonders interessant. Es ist klar, daß man mit einer zufälligen Auswahl einer großen Zahl von Boxen der endlichen Kantenlänge 2^{-k} *nicht* immer diskretisierte Hölder-Exponenten erhalten wird, die mit dem Erwartungswert $\mathbf{EV} = \frac{1}{2}(\alpha_{\text{min}} + \alpha_{\text{max}})$ übereinstimmen. Stattdessen findet man für den diskretisierten Hölder-Exponenten α alle Werte zwischen α_{min} und α_{max}, wenn die Zahl der ausgewählten Boxen groß genug ist. Mit anderen Worten werden die Abweichungen vom Erwartungswert für endliches k wichtig, und man muß ihre Auftretenswahrscheinlichkeit kennen. Die relevante Information ergibt sich aus den zentralen Grenzwertsätzen und — was weitaus wichtiger ist — aus der Theorie der großen Abweichungen.

A.4.3 Der Gaußsche zentrale Grenzwertsatz und die Gestalt von $f(\alpha)$ in der Nähe von α_0

Der Gaußsche zentrale Grenzwertsatz geht ein wenig über das Gesetz der großen Zahlen hinaus. Aber auch dieses Gesetz ist — sofern es Multifraktale angeht — enttäuschend, da es nur das quadratische Maximum in der $f(\alpha)$-Kurve erklären kann.

Eigentlich deckt der Gaußsche zentrale Grenzwertsatz eine Vielzahl verschiedener Ergebnisse ab, die alle darauf herauslaufen, daß die Abweichungen eine Gauß-Verteilung haben. In der speziellen Form, in der wir den Satz benötigen, beschäftigt er sich mit der Summe unabhängiger, identisch verteilter Zufallsvariablen, wie etwa die Summe $\sum_{h=1}^{k} \mathbf{V}_h$, die in Gleichung (A.23) vorkommt. Die grundlegende Annahme ist, daß jeder der Summanden $\mathbf{V}$ eine Zufallsvariable mit endlicher Erwartung $\mathbf{EV}$ und einem endlichen zweiten Moment $\mathbf{EV}^2$ ist. (Das binomiale Maß ist ein Standardbeispiel, weil sowohl $\mathbf{EV} = \frac{1}{2}(v_0 + v_1)$ als auch $\mathbf{EV}^2 = \frac{1}{2}(v_0^2 + v_1^2)$ endlich sind.)

Die Sätze sagen aus, daß die Verteilung der reskalierten Zufallsvariablen $\mathbf{Y}_k = (\sum_{h=1}^{k} \mathbf{V}_h - k\mathrm{E}\mathbf{V})/\sqrt{k}$ im Grenzwert $k \to \infty$ gegen die Gauß-Verteilung mit Mittelwert Null und Varianz $\sigma^2 = \mathrm{E}\mathbf{V}^2 - (\mathrm{E}\mathbf{V})^2$ konvergieren. Dies bedeutet

$$\lim_{k\to\infty} \mathrm{W}\left\{\frac{\sum_{h=1}^{k} \mathbf{V}_h - k\mathrm{E}\mathbf{V}}{\sigma\sqrt{k}} \leq y\right\} = \int_{-\infty}^{y} G(x)dx, \qquad \text{(A.26)}$$

wobei der Integrand

$$G(x) = \frac{1}{\sqrt{2\pi}} \exp\left\{-\frac{1}{2}x^2\right\}$$

die reduzierte Gauß-Dichte ist (ein Graph dieser Dichte findet sich zusammen mit dem Portrait von Carl Friedrich Gauß auf dem deutschen Zehnmarkschein).

Der Ausgang des Münzwurfexperiments ist entweder v_0 oder v_1, und das Gesetz der großen Zahlen läßt uns erwarten, daß im Idealfall v_0 und v_1 bei k Würfen in gleicher Häufigkeit auftreten. Wenn man k Zufallsereignisse von $\mathbf{V}$ addiert, kann man davon ausgehen daß man den Wert $\frac{k}{2}v_0 + \frac{k}{2}v_1 = k\mathrm{E}\mathbf{V}$ erhält, so daß $\sum_{h=1}^{k} \mathbf{V}_h - k\mathrm{E}\mathbf{V} = 0$ ist. Gleichung (A.26) zeigt jedoch, daß $\sum_{h=1}^{k} \mathbf{V}_h - k\mathrm{E}\mathbf{V}$ vom „idealen" Wert 0 um einen Betrag abweicht, der sich verhält wie $\sqrt{k}$.

Wir kommen nun zur Wahrscheinlichkeitsdichte $p_k(\alpha)$ des diskretisierten Hölder-Exponenten $\mathbf{H}_k = \frac{1}{k}\sum_{h=1}^{k} \mathbf{V}_h$ zurück. Wenn wir schreiben $\mathbf{H}_k = \mathbf{Y}_k/\sqrt{k} + \mathrm{E}\mathbf{V} = \mathbf{Y}_k/\sqrt{k} + \alpha_0$, sehen wir, daß $\mathbf{H}_k$ die Varianz $\sigma^2/\sqrt{k}$ hat, die sich verhält wie $1/\sqrt{k}$. Wenn man ein bestimmtes k festhält, ergibt sich aus dem Grenzwert in Gleichung (A.26) die Näherung

$$p_k^G(\alpha)d\alpha = \frac{1}{(\sigma/\sqrt{k})\sqrt{2\pi}} \exp\left\{-\frac{1}{2}\left(\frac{\alpha - \alpha_0}{\sigma/\sqrt{k}}\right)^2\right\} d\alpha.$$

Der Zusatz ^{G} wird hier verwendet, um uns daran zu erinnern, daß $p_k^G(\alpha)$ nicht die wirkliche Wahrscheinlichkeitsdichte $p_k(\alpha)$ ist, die der diskretisierte Hölder-Exponenten für das binomiale Maß hat, sondern eine Gaußsche Näherung, die sich nur für Werte von α in der Nähe von α_0 anwenden läßt. In der Nähe vom Wert α_0, der mit der größten Wahrscheinlichkeit auftritt, erhält man mit den Gleichungen (A.2) und (A.3) die Näherung

$$\begin{aligned} f(\alpha) \approx f^G(\alpha) &= 1 + \tfrac{1}{k}\log_2 p_k^G(\alpha) \\ &= 1 - \tfrac{2}{\ln 2}\left(\tfrac{\alpha - \alpha_0}{\alpha_{\max} - \alpha_{\min}}\right)^2 . \end{aligned}$$

In der Nähe des Maximums vom exakten Ergebnis steht diese Näherung in Einklang mit der Erweiterung in Gleichung (A.11). Aber sobald sich α von α_0 entfernt, wird $f^G(\alpha)$ zunehmend größer als das exakte $f(\alpha)$. Außerhalb von $[\alpha_{\min}, \alpha_{\max}]$ ist die Näherung $f^G(\alpha)$ nicht anzuwenden: der exakte Wert für $f(\alpha)$ ist dort nicht definiert, wohl aber $f^G(\alpha)$. Für Werte von α, die weiter von α_0 entfernt sind, ist $f^G(\alpha) < 0$, was für das binomiale Maß nicht von Bedeutung ist.

Wir fassen zusammen: Der Gaußsche zentrale Grenzwertsatz zeigt, daß das quadratische Maximum in der $f(\alpha)$-Kurve des binomialen Maßes kein Zufall ist. Im allgemeinen zeigt er, daß ein quadratisches Maximum außer der Information, daß sowohl das erste als auch das zweite Moment vom Logarithmus des Multiplikators endlich ist, keine weiteren Informationen zuläßt.

A.4.4 Die Cramersche Theorie der großen Abweichungen und $f(\alpha)$

Die Signifikanz von $f(\alpha)$ in den diskreten endlichen Fällen

Wir nehmen eine Zufallsvariable mit $\mathrm{E}\mathbf{X} < \infty$, die der Bedingung $\mathrm{W}\{\mathbf{X} > \mathrm{E}\mathbf{X}\} > 0$ genügt. Die Theorie der großen Abweichungen beschäftigt sich mit großen Schwankungen um den Erwartungswert, nämlich mit dem Verhalten der Größe

$$\mathrm{W}\left\{\frac{1}{k}\sum_{h=1}^{k}\mathbf{X}_h - \mathrm{E}\mathbf{X} \geq \delta\right\}$$

als Funktion von δ und k. Das Gesetz der großen Zahlen sagt uns, daß für $k \to \infty$ die Wahrscheinlichkeit $\mathrm{W}\{\frac{1}{k}\sum_{h=1}^{k}\mathbf{X}_h - \mathrm{E}\mathbf{X} = 0\} = 1$ ist. Für $\delta = 0$ kann man daher erwarten, daß die zuvor angegebene Größe mit der Geschwindigkeit 0 verschwindet. Für alle anderen δ ist zu erwarten, daß $\mathrm{W}\{\frac{1}{k}\sum_{h=1}^{k}\mathbf{X}_h - \mathrm{E}\mathbf{X} \geq \delta\}$ für $k \to \infty$ verschwindet. Die Frage ist aber:„Wie schnell verschwindet diese Wahrscheinlichkeit?“

Die Antwort auf diese Frage fand Harald Cramer im Jahr 1938 unter speziellen Voraussetzungen, die von vielen Autoren teilweise abgeschwächt wurden. Einen Überblick (mit Geschichte) findet man in der bibliografischen Angabe über große Abweichungen in [56]. Cramer machte in seiner Arbeit rigoros Gebrauch von Sattelpunktnäherungen, die häufig in heuristischen Darstellungen des Momenteverfahrens angewendet werden.

Wir gehen in zwei Schritten vor: Zuerst beschäftigen wir uns genauer mit diskreten, endlichen Summanden, wobei wir ein Theorem von Chernoff aus dem Jahr 1948 anwenden, und anschließend skizzieren wir kurz einige kompliziertere Fälle.

Der Satz von Chernoff kann (u.a.) angewendet werden, wenn die Zufallsvariable $\mathbf{X}$ diskret und endlich ist, was bedeutet, daß sie nur endlich viele Werte $x_0, x_1, \ldots, x_{b-1}$ annehmen kann. Daher kann ihre Verteilung geschrieben werden als $\mathrm{W}\{\mathbf{X} = x_i\} = p_i, \quad i =$

$0, \ldots, b-1$ mit $\sum_0^{b-1} p_i = 1$. Das einfachste Beispiel einer diskreten, endlichen Zufallsvariablen ist der Fall $p_i = 1/b$ für alle i. Dieser Fall entspricht dem multinomialen Maß, das wir in Abschnitt A.2.5 besprochen haben.

Der Satz von Chernoff über große Abweichungen

Wenn die Zufallsvariable $\mathbf{X}$ diskret und endlich ist mit $\mathrm{E}\mathbf{X} < 0$ erhält man [13]

$$\lim_{k\to\infty} \frac{1}{k} \log \mathrm{W} \left\{ \sum_{h=1}^{k} \mathbf{X}_h \geq 0 \right\} = \log \left\{ \inf_q \Phi(q) \right\},$$

wobei $\Phi(q)$ die Erzeugendenfunktion für die Momente ist, die definiert ist als

$$\Phi(q) = E(e^{-q \ln b\, \mathbf{X}}).$$

Der Faktor $\ln b$ wurde später aus Bequemlichkeit eingefügt. Dabei ist b die Basis eines beliebigen multinomialen Maßes.

Die Flankenverteilungen des diskretisierten Hölder-Exponenten

Der Satz von Chernoff kann verwendet werden, um die Wahrscheinlichkeit

$$\mathrm{W}\{\mathbf{H}_k \geq \alpha\} = \mathrm{W} \left\{ \frac{1}{k} \sum_{h=1}^{k} \mathbf{V}_h \geq \alpha \right\}$$

zu berechnen, daß der diskretisierte Hölder-Exponent eines zufällig ausgewählten Intervalls für das binomiale Maß größer oder gleich α ist für $\alpha > \alpha_0$. Man beachte, daß dies die Wahrscheinlichkeit ist, mit der man eine Abweichung rechts vom Wert α_0 finden kann. Dabei ist α_0 derjenige Wert für α ist, der mit der größten Wahrscheinlichkeit vorkommt.

Wir schreiben $\mathrm{W}\{\mathbf{H}_k \geq \alpha\} = \mathrm{W}\{\sum_{h=1}^{k} (\mathbf{V}_h - \alpha) \geq 0\}$ und führen die verschobene Zufallsvariable $\mathbf{X} = \mathbf{V} - \alpha$ ein, so daß $\mathrm{W}\{\mathbf{H}_k \geq \alpha\} = \mathrm{W}\{\sum_{h=1}^{k} \mathbf{X}_h \geq 0\}$ ist. Diese Zufallsvariable $\mathbf{X}$ genügt der Bedingung $\mathrm{E}\mathbf{X} = \mathrm{E}\mathbf{V} - \alpha = \alpha_0 - \alpha < 0$. Da $\mathbf{V}$ für das binomiale Maß eine diskrete Zufallsvariable mit $b = 2$ ist, gilt das gleiche auch für $\mathbf{X}$ mit $\mathrm{W}\{\mathbf{X} = v_i - \alpha\} = \frac{1}{2}$, $i = 0, 1$. Nun kann der Satz von Chernoff angewendet werden, und man erhält

$$\lim_{k\to\infty} \frac{1}{k} \log_b \mathrm{W}\{\mathbf{H}_k \geq \alpha\} = \log_b\{\inf_q \Phi(q)\} = \Gamma^R(\alpha). \quad \text{(A.27)}$$

Weil es sich später als vorteilhaft erweisen wird, haben wir auf beiden Seiten der Hauptgleichung im Satz von Chernoff durch $\log b$ dividiert. Der Zusatz ^{R} weist darauf hin, daß sich die Abweichung rechts vom Wert α_0 mit der größten Wahrscheinlichkeit befindet; d.h. auf $\alpha_0 < \alpha$. Man sollte zur Kenntnis nehmen, daß die Gleichung auch für multinomiale Maße erfüllt ist und daß Gleichung (A.27) nur für $\alpha \leq v_{\max} = \max\{v_0, v_1, \ldots v_{b-1}\}$ sinnvoll ist.

Die Erzeugendenfunktion wird zu

$$\Phi(q) = \frac{1}{b}\sum_{i=0}^{b-1} e^{-qx_i \ln b} = \frac{1}{b}\sum_{i=0}^{b-1} e^{-q(v_i-\alpha)\ln b}$$
$$= e^{q\alpha \ln b}\,\frac{1}{b}\sum_{i=0}^{b-1} e^{-qv_i \ln b}.$$

Aus $v_i = -\log_b m_i$ folgt $e^{-qv_i \ln b} = m_i^q$. Deshalb ist

$$\Phi(q) = e^{q\alpha \ln b}\,\frac{1}{b}\sum_{i=0}^{b-1} m_i^q = e^{q\alpha \ln b}\,\mathrm{E}\,(\mathbf{M}^q),$$

wobei $\mathbf{M}$ der zufällige Multiplikator aus Gleichung (A.21) ist. Mit einfacher Algebra erhält man

$$\Gamma^R(\alpha) = \inf_q \{\log_b \Phi(q)\} = \inf_q \{\alpha q + \log_b \mathrm{E}\,(\mathbf{M}^q)\}.$$

Wir wollen nochmal auf den multinomialen Fall zurückkommen, den wir in Abschnitt A.2.5 und in Gleichung (A.17) besprochen haben. In diesem Fall ist $p_i = \frac{1}{b}$ für alle $i = 0, 1, \ldots b-1$ und daher

$$-\log_b \mathrm{E}\,(\mathbf{M}^q) = -\log_b \left[\frac{1}{b}\sum_{i=0}^{b-1} m_i^q\right] = 1 + \tau(q).$$

Deshalb ist es zulässig, die Definition von $\tau(q)$ zu verallgemeinern zu

$$\tau(q) = -\log_b \mathrm{E}\,(\mathbf{M}^q) - 1. \tag{A.28}$$

Wir sehen, daß $\Gamma^R(\alpha)$ die Legendre-Transformation von $\tau(q)+1$ ist, und daß

$$\Gamma^R(\alpha) = \inf_q \{q\alpha - \tau(q)\} - 1.$$

Der Satz von Chernoff über die großen Abweichungen lautet

$$\lim_{k\to\infty} \frac{1}{k} \log_b \mathrm{W}\{\mathbf{H}_k \geq \alpha\} = \Gamma^R(\alpha)$$
$$= \inf_q \{q\alpha - \tau(q)\} - 1 \;, \quad \alpha > \alpha_0. \tag{A.29}$$

Für $\alpha < \alpha_0$ können alle vorhergehenden Schritte wiederholt werden, wenn man die verschobene Variable $\mathbf{X} = \alpha - \mathbf{V}$ verwendet, und man stellt dabei fest, daß

$$\lim_{k\to\infty} \frac{1}{k} \log_b \mathrm{W}\{\mathbf{H}_k \leq \alpha\} = \Gamma^L(\alpha)$$
$$= \inf_q \{q\alpha - \tau(q)\} - 1 \;, \quad \alpha < \alpha_0. \tag{A.30}$$

Die Zusätze ^{L} und ^{R} in den Gleichungen (A.29) und (A.30) erfüllen keinen Zweck mehr, so daß wir sie von nun an außer acht lassen.

Die Existenz des Infimums von $\{q\alpha - \tau(q)\}$ ist gesichert [13], und man kann weiterhin zeigen, daß $\Gamma(\alpha)$ eine glatte und konkave Funktion ist. Das Infimum tritt auf, wenn q die Bedingung $\tau'(q) = \alpha = \alpha(q)$ erfüllt, so daß $\Gamma(\alpha(q)) + 1 = q\alpha(q) - \tau(q) = q\tau'(q) - \tau(q)$ ist. Es folgt $(d/d\alpha)\Gamma(\alpha) = q$; dies bedeutet, daß die Steigung von $\Gamma(\alpha)$ gleich q ist.

Die Größe $\mathrm{E}(\mathbf{M}^q)$ ist das $q$te Moment der Zufallsvariablen **M**. Es ist leicht zu zeigen, daß diese Momente für alle $q \in \mathbf{R}$ existieren, wenn **M** eine diskrete, endliche Zufallsvariable ist. Für das multinomiale Maß mit der Basis b erhält man insbesondere $\mathrm{E}(\mathbf{M}^q) = \frac{1}{b}\sum_{i=0}^{b-1} m_i^q < \infty$ für alle $q \in \mathbf{R}$. Wenn **M** jedoch nicht diskret und endlich ist, können die Momente divergieren, d.h., für gewisse Werte von q ist $\mathrm{E}(\mathbf{M}^q) = \infty$. Dies ist zum Beispiel für das Maß mit $b = \infty$ der Fall, das in Abbildung A.7 dargestellt ist.

Gleichheit zwischen $\Gamma(\alpha)$ und $C(\alpha)$

Die Eigenschaften von $\Gamma(\alpha)$, die wir zuvor besprochen haben, haben eine große Ähnlichkeit mit den Eigenschaften, die wir in Abschnitt A.3.2 für $f(\alpha)$ festgestellt haben und damit auch für $C(\alpha)$. Der einzige Unterschied besteht darin, daß $f(\alpha)$ und $C(\alpha)$ in den Gleichungen (A.1) und A.2 durch eine *Dichte von Zahlen* N_ϵ definiert wurden beziehungsweise durch eine *Wahrscheinlichkeitsdichte* p_ϵ, während $\Gamma(\alpha)$ durch einen mathematischen Satz definiert wird, der sich mit *Flankenwahrscheinlichkeiten*[6] beschäftigt. Im Fall der Wahrscheinlichkeiten für die großen Abweichungen zeigen die Dichten und die Flankenwahrscheinlichkeiten jedoch exakt das gleiche Verhalten — abgesehen von kleinen Korrekturtermen, die für große Werte von k verschwinden, wenn man den Logarithmus nimmt und durch k dividiert. Wenn man die Gleichungen (A.29) verwendet, kann man tatsächlich beobachten, daß die Existenz von $\Gamma(\alpha)$ bedeutet, daß

$$\mathrm{W}\{\mathbf{H}_k \geq \alpha\} \sim \left(b^{-k}\right)^{-\Gamma(\alpha)} \quad \text{für } \alpha > \alpha_0 \text{ und } k \to \infty.$$

Der diskretisierte Hölder-Exponent fällt zwischen die Werte α und $\alpha + d\alpha$ mit den Wahrscheinlichkeiten

$$\begin{aligned} p_k(\alpha)d\alpha &= \mathrm{W}\{\mathbf{H}_k \geq \alpha\} - \mathrm{W}\{\mathbf{H}_k \geq \alpha + d\alpha\} \\ &\sim \left(b^{-k}\right)^{-\Gamma(\alpha)} - \left(b^{-k}\right)^{-\Gamma(\alpha+d\alpha)} \\ &\sim \left(b^{-k}\right)^{-\Gamma(\alpha)} \left[1 - \left(b^{-k}\right)^{-\Gamma(\alpha+d\alpha)+\Gamma(\alpha)}\right]. \end{aligned}$$

$\Gamma(\alpha)$ ist konkav ($\bigcap$), und mit $\alpha > \alpha(0)$ kommen wir auf die rechte Seite des Maximums. Deshalb ist $\Gamma(\alpha) > \Gamma(\alpha + d\alpha)$, und der zweite

[6] Im Englischen wird der Begriff *tail distribution* verwendet.

Term in der eckigen Klammer verschwindet für große Werte von k. Daher ist

$$p_k(\alpha)d\alpha \sim (b^{-k})^{-\Gamma(\alpha)}. \quad \text{(A.31)}$$

Zum gleichen Ergebnis kommt man auch für $\alpha < \alpha_0$, wenn man mit $W\{\mathbf{H}_k \leq \alpha\}$ und Gleichung (A.30) anfängt. Wenn man Gleichung (A.31) mit Gleichung (A.2) vergleicht, erhält man $C(\alpha) = \Gamma(\alpha)$.

Wenn der Träger eines Maßes die Boxdimension D hat, ist die Anzahl $N_\epsilon(\alpha)$ der Boxen, deren diskretisierter Hölder-Exponent zwischen α und $\alpha + d\alpha$ liegt, der Anteil $p_\epsilon(\alpha)$ von der Gesamtzahl ϵ^{-D} der Boxen, d.h. $N_k(\alpha) = \epsilon^{-D} p_\epsilon(\alpha)$. Wenn man die Gleichungen (A.1) und (A.2) anwendet, erhält man $f(\alpha) = C(\alpha) + D$. Für ein Maß, dessen Träger eine euklidische Menge der Dimension E ist, findet man das Ergebnis mit Gleichung (A.3).

Zusammenfassend haben wir gezeigt, daß

$$C(\alpha) = \Gamma(\alpha) \quad \text{und} \quad f(\alpha) = C(\alpha) + D.$$

Damit werden die Resultate, die wir in Abschnitt A.2.5 mit Hilfe der Lagrangeschen Multiplikatoren für das multinomiale Maß erhalten haben, ganz erheblich verallgemeinert. Außerdem werden die wahrscheinlichkeitstheoretischen Wurzeln der Begriffe vermittelt, die in der Einleitung in den Gleichungen (A.1) und (A.2) behandelt wurden.

Die stetigen und die unbeschränkten Fälle

Die Theorie von Cramer über die großen Abweichungen ist für diejenigen Fälle besonders wichtig, in denen die Zufallsvariable stetig und unbeschränkt ist, so daß es gerechtigfertigt wäre, in einem speziellen Abschnitt darauf einzugehen. An dieser Stelle können wir aber lediglich anmerken, daß allgemeiner Sätze in der Art wie der Satz von Chernoff existieren, die für eine vollständige Rechtfertigung des sogenannten thermodynamischen Formalismus für multifraktale Maße sorgen, der auf den Legendre-Transformationen beruht.

A.5 Einige Anwendungen und Komplikationen mit Multifraktalen

Anwendungen

Selbstähnliche Maße tauchen in einer Vielzahl natürlicher Phänomene auf. Aufgrund experimenteller Messungen gibt es Hinweise dafür, daß die Dissipationsrate der kinetischen Energie in vollständig ausgeprägter Turbulenz ein Multifraktal ist [236, 144, 266, 257, 194]. Multifraktale Maße spielen außerdem eine wichtige Rolle bei der Entstehung fraktaler Muster wie Blitze, bei der Ablagerung von Teilchen, bei der Schneeflockenbildung (dendritisches Wachstum) sowie bei der fraktalen Musterbildung, die auftritt, wenn eine Flüssigkeit mit niedriger Viskosität in eine Flüssigkeit mit hoher Viskosität eindringt [33,

17, 94]. Diese letzten Beispiele hängen mit der Selbstähnlichkeit elektrostatischer Ladungen auf fraktalen Rändern zusammen wie zum Beispiel dem Koch-Baum [176] oder den Julia-Mengen [74, 75, 274]. Die Selbstähnlichkeit dieser Maße entspricht der Wechselwirkung zwischen der Laplace-Gleichung und einem fraktalen Rand [176, 244]. Weitere Multifraktale, die jedoch nicht alle selbstähnlich sind, treten im Zusammenhang mit den Eigenfunktionen der Schrödinger-Gleichung in ungeordneten Systemen auf [292], bei der Verteilung des Stroms in zufälligen Netzwerken von Widerständen [149, 140] und ihren hydrodynamischen Analoga, bei der Verteilung der Masse im Universum [160], dem invarianten Maß auf seltsamen Attraktoren [199, 208, 266, 92, 185] und bei der Verteilung der Zustände in den Evolutionsmustern einer bestimmten Klasse zellulärer Automaten. Ein Beispiel für einen solchen zellulären Automaten ist das Pascalsche Dreieck, das in Abschnitt A.2.2 besprochen wurde.

In einigen Fällen ist die Funktion $\tau(q)$ für alle q definiert, und es ist $f(\alpha) > 0$ für alle α. In diesen Fällen führt das Momenteverfahren zum Ziel. Es hat sich jedoch erwiesen, daß für einige Anwendungen weiterentwickelte Multifraktale erforderlich sind. Wir wollen einige der Fälle erwähnen, denen man am häufigsten begegnet.

$C(\alpha)$ und eine negative $f(\alpha)$-Kurve

Wenn μ ein nichtzufälliges Maß ist, das mit wahrscheinlichkeitstheoretischen Methoden untersucht wird, stellt man immer fest, daß $C(\alpha) > -E$ ist und daher $f(\alpha) = C(\alpha) + E > 0$. Wenn aber μ ein zufälliges Maß ist, gibt es Werte für α, für die $f(\alpha) < 0$ ist. Diese wichtige Tatsache wurde in der letzten Zeit zum Gegenstand einschlägiger Literatur [255, 273, 243, 247, 65, 66].

Linksseitige multifraktale Maße: Wenn $f(\alpha)$ und $C(\alpha)$ nicht ausreichen

In Abhängigkeit von der Verteilung der Zufallsvariablen $\mathbf{M}$ für die Multiplikatoren kann es leicht passieren, daß einige der Momente $\mathrm{E}(\mathbf{M}^q)$ den Wert ∞ annehmen. Mit einem tyischen Fall haben wir es zu tun, wenn die Momente für $q < 0$ nicht existieren. Dies ist (unter anderem) beim harmonischen Maß auf diffusionsbedingten Ablagerungsprozessen der Fall [319, 150, 249, 177] sowie für das exakt selbstähnliche multifraktale Maß, das in Abbildung A.7 dargestellt ist. In Fällen, in denen $\mathrm{E}\mathbf{V} < \infty$ ist, aber $\mathrm{E}\left(\mathbf{V}^2\right) = \infty$, kann der Gaußsche zentrale Grenzwertsatz nicht angewendet werden, und die Seite, die sich links vom Maximum der $f(\alpha)$-Kurve befindet ($\alpha < \alpha(0)$) ist nicht quadratisch. Auf der rechten Seite ($\alpha > \alpha(0)$) haben wir eine horizontale Linie mit $f(\alpha) = D$, d.h., der Extremwert wird an unendlich vielen Werten für α angenommen. Wenn $\mathrm{E}(\mathbf{V}) = \infty$ ist, kann auch das Gesetz der großen Zahlen nicht angewendet werden, und wegen $\alpha(0) = \mathrm{E}(\mathbf{V}) = \infty$ ist die ganze linke Seite von $f(\alpha)$ unendlich gestreckt. Der Satz von Cramer über die großen Abweichungen läßt sich nur für Abweichungen auf der linken Seite von $\alpha(0)$ anwenden. Auf diese Fälle können andere zentrale Grenzwertsätze angewendet werden. Die Grenzverteilungen, die dabei auftreten, sind keine Gauß-Verteilungen, sondern stabile Levy-Verteilungen [41]. Dies ist ebenfalls ein wichtiges Problem, das in [249, 65, 66] behandelt wird.

Literaturverzeichnis

1. Bücher

[1] Abraham, R. H., Shaw, C. D., *Dynamics, The Geometry of Behavior,* Part One: *Periodic Behavior* (1982), Part Two: *Chaotic Behavior* (1983), Part Three: *Global Behavior* (1984), Aerial Press, Santa Cruz. Zweite Auflage Addison-Wesley, 1992.

[2] Aharony, A. und Feder, J. (Hrsg.), *Fractals in Physics*, Physica D 38 (1989); auch von North Holland (1989) veröffentlicht.

[3] Allgower, E., Georg, K., *Numerical Continuation Methods — An Introduction,* Springer-Verlag, New York, 1990.

[4] Arnold, V. I., *Ordinary Differential Equations,* MIT Press, Cambridge, 1973.

[5] Avnir, D. (Hrsg.), *The Fractal Approach to Heterogeneous Chemistry: Surfaces, Colloids, Polymers,* Wiley, Chichester, 1989.

[6] Banchoff, T. F., *Beyond the Third Dimension,* Scientific American Library, 1990.

[7] Barnsley, M., *Fractals Everywhere,* Academic Press, San Diego, 1988.

[8] Beardon, A. F., *Iteration of Rational Functions,* Springer-Verlag, New York, 1991.

[9] Becker K.-H., Dörfler, M., *Computergraphische Experimente mit Pascal*, Vieweg, Braunschweig, 1986.

[10] Beckmann, P., *A History of Pi,* zweite Auflage, The Golem Press, Boulder, 1971.

[11] Bélair, J., Dubuc, S., (Hrsg.), *Fractal Geometry and Analysis,* Kluwer Academic Publishers, Dordrecht, Holland, 1991.

[12] Billingsley, P., *Ergodic Theory and Information,* J. Wiley, New York (1967). Nachdruck bei Robert E. Krieger Publ. Comp., Huntington, New York (1978).

[13] Billingsley, P., *Probability and Measure,* John Wiley & Sons, New York, Chichester (1979).

[14] Bondarenko, B., *Generalized Pascal Triangles and Pyramids, Their Fractals, Graphs and Applications,* Tashkent, Fan, 1990, in Russisch.

[15] Borwein, J. M., Borwein, P. B., *Pi and the AGM — A Study in Analytic Number Theory,* Wiley, New York, 1987.

[16] Briggs, J., Peat, F. D., *Turbulent Mirror,* Harper & Row, New York, 1989.

[17] Bunde, A., Havlin, S. (Hrsg.), *Fractals and Disordered Systems,* Springer-Verlag, Heidelberg, 1991.

[18] Campbell, D., Rose, H. (Hrsg.), *Order in Chaos,* North-Holland, Amsterdam, 1983.

[19] Chaitin, G. J., *Algorithmic Information Theory,* Cambridge University Press, 1987.

[20] Cherbit, G. (Hrsg.), *Fractals, Non-integral Dimensions and Applications,* John Wiley & Sons, Chichester, 1991.

[21] Collet, P., Eckmann, J.-P., *Iterated Maps on the Interval as Dynamical Systems,* Birkhäuser, Boston, 1980.

[22] Crilly, A. J., Earnshaw, R. A., Jones, H. (Hrsg.), *Fractals and Chaos,* Springer-Verlag, New York, 1991.

[23] Cvitanović, P. (Hrsg.), *Universality in Chaos,* Second Edition, Adam Hilger, New York, 1989.

[24] Devaney, R. L., *An Introduction to Chaotic Dynamical Systems, Second Edition,* Addison-Wesley, Redwood City, 1989.

[25] Devaney, R. L., *Chaos, Fractals, and Dynamics,* Addison-Wesley, Menlo Park, 1990.

[26] Durham, T., *Computing Horizons,* Addison-Wesley, Wokingham, 1988.

[27] Dynkin, E. B., Uspenski, W., *Mathematische Unterhaltungen II,* VEB Deutscher Verlag der Wissenschaften, Berlin, 1968.

[28] Edgar, G., *Measures, Topology and Fractal Geometry,* Springer-Verlag, New York, 1990.

[29] Encarnacao, J. L., Peitgen, H.-O., Sakas, G., Englert, G., (Hrsg.), *Fractal Geometry and Computer Graphics,* Springer-Verlag, Heidelberg, 1992.

[30] Engelking, R., *Dimension Theory,* North Holland, 1978.

[31] Escher, M. C., *The World of M. C. Escher,* H. N. Abrams, New York, 1971.

[32] Falconer, K., *The Geometry of Fractal Sets,* Cambridge University Press, Cambridge, 1985.

[33] Falconer, K., *Fractal Geometry, Mathematical Foundations and Applications,* Wiley, New York, 1990.

[34] Family, F., Landau, D. P. (Hrsg.), *Aggregation and Gelation,* North-Holland, Amsterdam, 1984.

[35] Family, F., Vicsek, T. (Hrsg.), *Dynamics of Fractal Surfaces,* World Scientific, Singapore, 1991.

[36] Feder, J., *Fractals,* Plenum Press, New York 1988.

[37] Fleischmann, M., Tildesley, D. J., Ball, R. C., *Fractals in the Natural Sciences,* Princeton University Press, Princeton, 1989.

[38] Garfunkel, S., (Project Director), Steen, L. A. (Coordinating Editor), *For All Practical Purposes, Second Edition,* W. H. Freeman and Co., New York, 1988.

[39] GEO Wissen — Chaos und Kreativität, Gruner + Jahr, Hamburg, 1990.

[40] Gleick, J., *Chaos, Making a New Science,* Viking, New York, 1987.

[41] Gnedenko, B. V., Kolmogorov, A. N., *Limit distributions for sums of independent random variables*, Addison-Wesley, Reading, (Massachusetts) - London (1968).

[42] Golub, G. H., Loan, C. F. van, *Matrix Computations,* zweite Auflage, Johns Hopkins, Baltimore, 1989.

[43] Guckenheimer, J., Holmes, P., *Nonlinear Oscillations, Dynamical Systems, and Bifurcations of Vector Fields,* Springer-Verlag, New York, 1983.

[44] Guyon, E., Stanley, H. E., (Hrsg.), *Fractal Forms,* Elsevier/North-Holland und Palais de la Découverte, 1991.

[45] Haken, H., *Advanced Synergetics,* Springer-Verlag, Heidelberg, 1983.

[46] Haldane, J. B. S., *On Being the Right Size,* 1928.

[47] Hall, R., *Illumination and Color in Computer Generated Imagery,* Springer-Verlag, New York, 1988.

[48] Hao, B. L., *Chaos II,* World Scientific, Singapore, 1990.

[49] Hausdorff, F., *Grundzüge der Mengenlehre,* Verlag von Veit & Comp., 1914.

[50] Hausdorff, F., *Dimension und äußeres Maß,* Math. Ann. 79 (1918) 157–179.

[51] Hirsch, M. W., Smale, S., *Differential Equations, Dynamical Systems, and Linear Algebra,* Academic Press, New York, 1974.

[52] Hommes, C. H., *Chaotic Dynamics in Economic Models,* Wolters-Noordhoff, Groningen, 1991.

[53] Huang, K., *Statistical Mechanics,* M. Wiley, New York (1966), Kapitel 8.

[54] Jackson, E. A., *Perspectives of Nonlinear Dynamics,* Band 1 und 2, Cambridge University Press, Cambridge, 1991.

[55] Knuth, D. E., *The Art of Computer Programming, Volume 2, Seminumerical Algorithms,* Addison-Wesley, Reading, Massachusetts.

[56] Kotz, S., Johnson, N. L., *Encyclopedia of Statistical Sciences,* J. Wiley, New York, 1982

[57] Kuratowski, C., *Topologie II,* PWN, Warsaw, 1961.

[58] Lauwerier, H., *Fractals,* Aramith Uitgevers, Amsterdam, 1987.

[59] Lehmer, D. H., Proc. 2nd Symposium on Large Scale Digital Calculating Machinery, Harvard University Press, Cambridge, 1951.

[60] Leven, R. W., Koch, B.-P., Pompe, B., *Chaos in Dissipativen Systemen,* Vieweg, Braunschweig, 1989.

[61] Lindenmayer, A., Rozenberg, G., (Hrsg.), *Automata, Languages, Development,* North-Holland, Amsterdam, 1975.

[62] Mandelbrot, B. B., *Fractals: Form, Chance, and Dimension,* W. H. Freeman and Co., San Francisco, 1977.

[63] Mandelbrot, B. B., *The Fractal Geometry of Nature,* W. H. Freeman and Co., New York, 1982.

[64] Mandelbrot, B. B., *Die fraktale Geometrie der Natur,* Birkhäuser Verlag, Basel, 1987.

[65] Mandelbrot, B.B., *Selecta Volume N: Multifractals & 1/f Noise: 1963-76.* Springer, New York, erscheint demnächst.

[66] Mandelbrot, B.B., *Selecta Volume N: Turbulence.* Springer, New York, erscheint demnächst.

[67] Mañé, R., *Ergodic Theory and Differentiable Dynamics,* Springer-Verlag, Heidelberg, 1987.

[68] McGuire, M., *An Eye for Fractals,* Addison-Wesley, Redwood City, 1991.

[69] Menger, K., *Dimensionstheorie,* Leipzig, 1928.

[70] Mey, J. de, *Bomen van Pythagoras,* Aramith Uitgevers, Amsterdam, 1985.

[71] Moon, F. C., *Chaotic Vibrations,* John Wiley & Sons, New York, 1987.

[72] Parchomenko, A. S., *Was ist eine Kurve,* VEB Verlag der Wissenschaften, Berlin, 1957.

[73] Parker, T. S., Chua, L. O., *Practical Numerical Algorithms for Chaotic Systems,* Springer-Verlag, New York, 1989.

[74] Peitgen, H.-O., Richter, P. H., *The Beauty of Fractals,* Springer-Verlag, Heidelberg, 1986.

[75] Peitgen, H.-O., Saupe, D., (Hrsg.), *The Science of Fractal Images,* Springer-Verlag, Heidelberg, 1988.

[76] Peitgen, H.-O. (Hrsg.), *Newton's Method and Dynamical Systems,* Kluver Academic Publishers, Dordrecht, 1989.

[77] Peitgen, H.-O., Jürgens, H., *Fraktale: Gezähmtes Chaos,* Carl Friedrich von Siemens Stiftung, München, 1990.

[78] Peitgen, H.-O., Henriques, J. M., Peneda, L. F. (Hrsg.), *Fractals in the Fundamental and Applied Sciences,* North-Holland, Amsterdam, 1991.

[79] Peitgen, H.-O., Jürgens, H., Saupe, D., *Fractals for the Classroom, Part One,* Springer-Verlag, New York, 1991 (dt. *Bausteine des Chaos — Fraktale*, Klett-Cotta/Springer-Verlag, 1992).

[80] Peitgen, H.-O., Jürgens, H., Saupe, D., Maletsky, E., Perciante, T., Yunker, L., *Fractals for the Classroom, Strategic Activities, Volume One,* und *Volume Two,* Springer-Verlag, New York, 1991 und 1992 (dt. *Fraktale — ein Arbeitsbuch* und *Chaos — ein Arbeitsbuch,* Klett-Cotta/Springer, 1991 und 1992.

[81] Peters, E., *Chaos and Order in the Capital Market,* John Wiley & Sons, New York, 1991.

[82] Press, W. H., Flannery, B. P., Teukolsky, S. A., Vetterling, W. T., *Numerical Recipes,* Cambridge University Press, Cambridge, 1986.

[83] Preston, K. Jr., Duff, M. J. B., *Modern Cellular Automata,* Plenum Press, New York, 1984.

[84] Prigogine, I., Stenger, I., *Order out of Chaos,* Bantam Books, New York, 1984.

[85] Prusinkiewicz, P., Lindenmayer, A., *The Algorithmic Beauty of Plants,* Springer-Verlag, New York, 1990.

[86] Rasband, S. N., *Chaotic Dynamics of Nonlinear Systems,* John Wiley & Sons, New York, 1990.

[87] Renyi, A: *Probability Theory,* North-Holland, Amsterdam, (1970).

[88] Richardson, L. F., *Weather Prediction by Numerical Process,* Dover, New York, 1965.

[89] Ruelle, D., *Chaotic Evolution and Strange Attractors,* Cambridge University Press, Cambridge, 1989.

[90] Sagan, C., *Contact,* Pocket Books, Simon & Schuster, New York, 1985.

[91] Schröder, M., *Fractals, Chaos, Power Laws,* W. H. Freeman and Co., New York, 1991.

[92] Schuster, H. G., *Deterministic Chaos,* VCH Publishers, Weinheim, New York, 1988.

[93] Sparrow, C., *The Lorenz Equations: Bifurcations, Chaos, and Strange Attractors,* Springer-Verlag, New York, 1982.

[94] Stanley H. E., Ostrowsky, N. (Hrsg.), *Fluctuations and Pattern Formation,* (Cargèse, 1988), Kluwer, Dordrecht-Boston, 1988.

[95] Stauffer, D., *Introduction to Percolation Theory,* Taylor & Francis, London, 1985.

[96] Stauffer, D., Stanley, H. E., *From Newton to Mandelbrot,* Springer-Verlag, New York, 1989.

[97] Stewart, I., *Does God Play Dice,* Penguin Books, 1989.

[98] Stewart, I., *Game, Set, and Math,* Basil Blackwell, Oxford, 1989.

[99] Thompson, D'Arcy, *On Growth an Form,* Cambridge University Press, Cambridge 1942.

[100] Toffoli, T., Margolus, N., *Cellular Automata Machines, A New Environment For Modelling,* MIT Press, Cambridge, Mass., 1987.

[101] Vicsek, T., *Fractal Growth Phenomena,* World Scientific, London, 1989.

[102] Wade, N., *The Art and Science of Visual Illusions,* Routledge & Kegan Paul, London,1982.

[103] Wall, C. R., *Selected Topics in Elementary Number Theory,* University of South Caroline Press, Columbia, 1974.

[104] Wegner, T., Peterson, M., *Fractal Creations,* Waite Group Press, Mill Valley, 1991.

[105] Weizenbaum, J., *Computer Power and Human Reason,* Penguin, 1984.

[106] West, B., *Fractal Physiology and Chaos in Medicine,* World Scientific, Singapore, 1990.

[107] Wolfram, S., Farmer, J. D., Toffoli, T. (Hrsg.), *Cellular Automata: Proceedings of an Interdisciplinary Workshop,* in: Physica 10D, 1 and 2 (1984).

[108] Wolfram, S. (Hrsg.), *Theory and Application of Cellular Automata,* World Scientific, Singapore, 1986.

[109] Zhang Shu-yu, *Bibliography on Chaos,* World Scientific, Singapore, 1991.

2. Allgemeine Artikel

[110] Barnsley, M. F., *Fractal Modelling of Real World Images,* in: The Science of Fractal Images, H.-O. Peitgen, D. Saupe (Hrsg.), Springer-Verlag, New York, 1988.

[111] Cipra, B., A., *Computer-drawn pictures stalk the wild trajectory,* Science 241 (1988) 1162–1163.

[112] Davis, C., Knuth, D. E., *Number Representations and Dragon Curves,* Journal of Recreational Mathematics 3 (1970) 66–81 und 133–149.

[113] Dewdney, A. K., *Computer Recreations: A computer microscope zooms in for a look at the most complex object in mathematics,* Scientific American (August 1985) 16–25.

[114] Dewdney, A. K., *Computer Recreations: Beauty and profundity: the Mandelbrot set and a flock of its cousins called Julia sets,* Scientific American (November 1987) 140–144.

[115] Douady, A., *Julia sets and the Mandelbrot set,* in: The Beauty of Fractals, H.-O. Peitgen, P. H. Richter, Springer-Verlag, 1986.

[116] Dyson, F., *Characterizing Irregularity,* Science 200 (1978) 677–678.

[117] Gilbert, W. J., *Fractal geometry derived from complex bases,* Math. Intelligencer 4 (1982) 78–86.

[118] Hofstadter, D. R., *Strange attractors: Mathematical patterns delicately poised between order and chaos,* Scientific American 245 (May 1982) 16–29.

[119] Mandelbrot, B. B., *How long is the coast of Britain? Statistical self-similarity and fractional dimension,* Science 155 (1967) 636–638.

[120] Peitgen, H.-O., Richter, P. H., *Die unendliche Reise,* Geo 6 (Juni 1984) 100–124.

[121] Peitgen, H.-O., Haeseler, F. v., Saupe, D., *Cayley's problem and Julia sets,* Mathematical Intelligencer 6.2 (1984) 11–20.

[122] Peitgen, H.-O., Jürgens, H., Saupe, D., *The language of fractals,* Scientific American (August 1990) 40–47.

[123] Peitgen, H.-O., Jürgens, H., *Fraktale: Computerexperimente (ent)zaubern komplexe Strukturen,* in: *Ordnung und Chaos in der unbelebten und belebten Natur,* Verhandlungen der Gesellschaft Deutscher Naturforscher und Ärzte, 115. Versammlung, Wissenschaftliche Verlagsgesellschaft, Stuttgart, 1989.

[124] Peitgen, H.-O., Jürgens, H., Saupe, D., Zahlten, C., *Fractals — An Animated Discussion,* Video film, W. H. Freeman and Co., 1990. Auch auf Deutsch erschienen als *Fraktale in Filmen und Gesprächen,* Spektrum Videothek, Heidelberg, 1990, sowie auf Italienisch als *I Frattali,* Spektrum Videothek edizione italiana, 1991.

[125] Ruelle, D., *Strange Attractors,* Math. Intelligencer 2 (1980) 126–137.

[126] Ruelle, D., *Chaotic Evolution and Strange Attractors,* Cambridge University Press, Cambridge, 1989.

[127] Stewart, I., *Order within the chaos game?* Dynamics Newsletter 3, no. 2, 3, May 1989, 4–9.

[128] Sved, M. *Divisibility — With Visibility,* Mathematical Intelligencer 10, 2 (1988) 56–64.

[129] Voss, R., *Fractals in Nature,* in: *The Science of Fractal Images,* H.-O. Peitgen , D. Saupe (Hrsg.), Springer-Verlag, New York, 1988.

[130] Wolfram, S., *Geometry of binomial coefficients,* Amer. Math. Month. 91 (1984) 566–571.

3. Forschungsartikel

[131] Abraham, R., *Simulation of cascades by video feedback,* in: „Structural Stability, the Theory of Catastrophes, and Applications in the Sciences", P. Hilton (Hrsg.), Lecture Notes in Mathematics vol. 525, 1976, 10–14, Springer-Verlag, Berlin.

[132] Aharony, A., *Fractal growth,* in: *Fractals and Disordered Systems,* A. Bunde, S. Havlin (Hrsg.), Springer-Verlag, Heidelberg, 1991.

[133] Bak, P., *The devil's staircase,* Phys. Today 39 (1986) 38–45.

[134] Bandt, C., *Self-similar sets I. Topological Markov chains and mixed self-similar sets,* Math. Nachr. 142 (1989) 107–123.

[135] Bandt, C., *Self-similar sets III. Construction with sofic systems,* Monatsh. Math. 108 (1989) 89–102.

[136] Banks, J., Brooks, J., Cairns, G., Davis, G., Stacey, P., *On Devaney's definition of chaos,* American Math. Monthly 99.4 (1992) 332–334.

[137] Barnsley, M. F., Demko, S., *Iterated function systems and the global construction of fractals,* The Proceedings of the Royal Society of London A399 (1985) 243–275

[138] Barnsley, M. F., Ervin, V., Hardin, D., Lancaster, J., *Solution of an inverse problem for fractals and other sets,* Proceedings of the National Academy of Sciences 83 (1986) 1975–1977.

[139] Barnsley, M. F., Elton, J. H., Hardin, D. P., *Recurrent iterated function systems,* Constructive Approximation 5 (1989) 3–31.

[140] Batrouni, G. G., Hansen, A., Roux, S., *Negative moments of the current spectrum in the random-resistor network,* Phys. Rev. A 38 (1988) 3820.

[141] Bedford, T., *Dynamics and dimension for fractal recurrent sets,* J. London Math. Soc. 33 (1986) 89–100.

[142] Benedicks, M., Carleson, L., *The dynamics of the Hénon map,* Annals of Mathematics 133,1 (1991) 73–169.

[143] Benettin, G. L., Galgani,L., Giorgilli, A., Strelcyn, J.-M., *Lyapunov characteristic exponents for smooth dynamical systems and for Hamiltonian systems; a method for computing all of them. Part 1: Theory, Part 2: Numerical application,* Meccanica 15, 9 (1980) 21.

[144] Benzi, R., Paladin, G., Parisi, G., Vulpiani, A., *On the multifractal nature of fully developed turbulence and chaotic systems,* J. Phys. A 17 (1984) 3521.

[145] Berger, M., *Encoding images through transition probabilities,* Math. Comp. Modelling 11 (1988) 575–577.

[146] Berger, M., *Images generated by orbits of 2D-Markoff chains,* Chance 2 (1989) 18–28.

[147] Berry, M. V., *Regular and irregular motion,* in: Jorna S. (Hrsg.), Topics in Nonlinear Dynamics, Amer. Inst. of Phys. Conf. Proceed. 46 (1978) 16–120.

[148] Blanchard, P., *Complex analytic dynamics on the Riemann sphere,* Bull. Amer. Math. Soc. 11 (1984) 85–141.

[149] Blumenfeld, R., Meir, Y., Aharony, A., Harris, A. B., *Resistance fluctuations in random diluted networks,* Phys. Rev. B 35 (1987) 3524–3535.

[150] Blumenfeld, R., Aharony, A., *Breakdown of multifractal behavior in diffusion limited aggregates,* Phys. Rev. Lett. 62 (1989) 2977.

[151] Borwein, J. M., Borwein, P. B., Bailey, D. H., *Ramanujan, modular equations, and approximations to π, or how to compute one billion digits of π,* American Mathematical Monthly 96 (1989) 201–219.

[152] Brent, R. P., *Fast multiple-precision evaluation of elementary functions,* Journal Assoc. Comput. Mach. 23 (1976) 242–251.

[153] Brolin, H., *Invariant sets under iteration of rational functions,* Archiv f. Mat. 6 (1965) 103–144.

[154] Cantor, G., *Über unendliche, lineare Punktmannigfaltigkeiten V,* Mathematische Annalen 21 (1883) 545–591.

[155] Carpenter, L., *Computer rendering of fractal curves and surfaces,* Computer Graphics (1980) 109ff.

[156] Caswell, W. E., Yorke, J. A., *Invisible errors in dimension calculations: geometric and systematic effects,* in: *Dimensions and Entropies in Chaotic Systems,* G. Mayer-Kress (Hrsg.), Springer-Verlag, Berlin, 1986 und 1989, S. 123–136.

[157] Cayley, A., *The Newton-Fourier Imaginary Problem,* American Journal of Mathematics 2 (1879) S. 97.

[158] Charkovsky, A. N., *Coexistence of cycles of continuous maps on the line,* Ukr. Mat. J. 16 (1964) 61–71 (in Russian).

[159] Chhabra, A., Jensen, R.V., *Direct determination of the $f(\alpha)$ singularity spectrum,* Phys. Rev. Lett. 62 (1989) 1327

[160] Coleman, P. H., Pietronero, L., *The fractal structure of the universe,* Phys. Rept. 213,6 (1992) 311– 389.

[161] Corless, R. M., *Continued fractions and chaos,* The American Math. Monthly 99, 3 (1992) 203–215.

[162] Corless, R. M., Frank, G. W., Monroe, J. G., *Chaos and continued fractions,* Physica D46 (1990) 241–253.

[163] Cremer, H., *Über die Iteration rationaler Funktionen,* Jahresberichte der Deutschen Mathematiker Vereinigung 33 (1925) 185–210.

[164] Crutchfield, J., *Space-time dynamics in video feedback,* Physica 10D (1984) 229–245.

[165] Dekking, F. M., *Recurrent Sets,* Advances in Mathematics 44, 1 (1982) 78–104.

[166] Derrida, B., Gervois, A., Pomeau, Y., *Universal metric properties of bifurcations of endomorphisms,* J. Phys. A: Math. Gen. 12, 3 (1979) 269–296.

[167] Devaney, R., Nitecki, Z., *Shift Automorphism in the Hénon Mapping,* Comm. Math. Phys. 67 (1979) 137–146.

[168] Douady, A., Hubbard, J. H., *Iteration des pôlynomes quadratiques complexes,* CRAS Paris 294 (1982) 123–126.

[169] Douady, A., Hubbard, J. H., *Étude dynamique des pôlynomes complexes,* Publications Mathematiques d'Orsay 84-02, Université de Paris-Sud, 1984.

[170] Douady, A., Hubbard, J. H., *On the dynamics of polynomial-like mappings,* Ann. Sci. Ecole Norm. Sup. 18 (1985) 287–344.

[171] Dress, A. W. M., Gerhardt, M., Jaeger, N. I., Plath, P. J, Schuster, H., *Some proposals concerning the mathematical modelling of oscillating heterogeneous catalytic reactions on metal surfaces,* in: L. Rensing, N. I. Jaeger (Hrsg.), Temporal Order, Springer-Verlag, Berlin, 1984.

[172] Dubuc, S., Elqortobi, A., *Approximations of fractal sets,* Journal of Computational and Applied Mathematics 29 (1990) 79–89.

[173] Eckmann, J.-P., Ruelle, D., *Ergodic theory of chaos and strange attractors,* Reviews of Modern Physics 57, 3 (1985) 617–656.

[174] Eckmann, J.-P., Kamphorst, S. O., Ruelle, D., Ciliberto, S., *Lyapunov exponents from time series,* Phys. Rev. 34A (1986) 4971–4979.

[175] Elton, J., *An ergodic theorem for iterated maps,* Journal of Ergodic Theory and Dynamical Systems 7 (1987) 481–488.

[176] Evertsz, C.J.G., Mandelbrot, B.B., *Harmonic measure around a linearly self-similar tree* J. Phys. A 25 (1992) 1781-1797

[177] Evertsz, C. J. G., Mandelbrot, B. B., Woog, L.: *Variability of the form and of the harmonic measure for small off-off-lattice diffusion-limited aggregates,* Phys. Rev. A 45 (1992) 5798

[178] Faraday, M., *On a peculiar class of acoustical figures, and on certain forms assumed by groups of particles upon vibrating elastic surfaces,* Phil. Trans. Roy. Soc. London 121 (1831) 299–340.

[179] Farmer, D., *Chaotic attractors of an infinite-dimensional system,* Physica 4D (1982) 366–393.

[180] Farmer, J. D., Ott, E., Yorke, J. A., *The dimension of chaotic attractors,* Physica 7D (1983) 153–180.

[181] Fatou, P., *Sur les équations fonctionelles,* Bull. Soc. Math. Fr. 47 (1919) 161–271, 48 (1920) 33–94, 208–314.

[182] Feigenbaum, M. J., *Universality in complex discrete dynamical systems,* in: Los Alamos Theoretical Division Annual Report (1977) 98–102.

[183] Feigenbaum, M. J., *Quantitative universality for a class of nonlinear transformations,* J. Stat. Phys. 19 (1978) 25–52.

[184] Feigenbaum, M. J., *Universal behavior in nonlinear systems,* Physica 7D (1983) 16–39. Auch in: Campbell, D., Rose, H. (Hrsg.), *Order in Chaos,* North-Holland, Amsterdam, 1983.

[185] Feigenbaum, M. J., *Some characterizations of strange sets,* J. Stat. Phys. 46 (1987) 919–924.

[186] Feit, S. D., *Characteristic exponents and strange attractors,* Comm. Math. Phys. 61 (1978) 249–260.

[187] Fine, N. J., *Binomial coefficients modulo a prime number,* Amer. Math. Monthly 54 (1947) 589.

[188] Fisher, Y., Boss, R. D., Jacobs, E. W., *Fractal Image Compression,* erscheint in: *Data Compression,* J. Storer (Hrsg.), Kluwer Academic Publishers, Norwell, Massachusetts.

[189] Fournier, A., Fussell, D., Carpenter, L., *Computer rendering of stochastic models,* Comm. of the ACM 25 (1982) 371–384.

[190] Franceschini, V., *A Feigenbaum sequence of bifurcations in the Lorenz model,* Jour. Stat. Phys. 22 (1980) 397–406.

[191] Fraser, A. M., Swinney, H. L., *Independent coordinates for strange attractors from mutual information,* Phys. Rev. A 33 (1986) 1034–1040.

[192] Frederickson, P., Kaplan, J. L., Yorke, S. D., Yorke, J. A., *The Lyapunov dimension of strange attractors,* Journal of Differential Equations 49 (1983) 185–207.

[193] Frisch, U., Parisi, G., *Fully developed turbulence and intermittency,* in *Turbulence and Predictability of Geophysical Flows and Climate Dynamics*, Proc. of the International School of Physics "Enrico Fermi,", Course LXXXVIII, Varenna 9083, edited by Ghil, M., Benzi, R., Parisi, G., North-Holland, New York (1985) 84.

[194] Frisch, U., Vergassola, M., *A prediction of the multifractal model: the intermediate dissipation range,* Europhys. Lett. 14 (1991) 439.

[195] Geist, K., Parlitz, U., Lauterborn, W., *Comparison of Different Methods for Computing Lyapunov Exponents,* Progress of Theoretical Physics 83,5 (1990) 875–893.

[196] Goodman, G. S., *A probabilist looks at the chaos game,* in: *Fractals in the Fundamental and Applied Sciences,* H.-O. Peitgen, J. M. Henriques, L. F. Peneda (Hrsg.), North-Holland, Amsterdam, 1991.

[197] Grassberger, P., *On the fractal dimension of the Hénon attractor,* Physics Letters 97A (1983) 224–226.

[198] Grassberger, P., Procaccia, I., *Measuring the strangeness of strange attractors,* Physica 9D (1983) 189–208.

[199] Grassberger, P., Procaccia, I., *Characterization of Strange Attractors,* Phys. Rev. Lett. 50 (1983) 346.

[200] Grebogi, C., Ott, E., Yorke, J. A., *Crises, sudden changes in chaotic attractors, and transient chaos,* Physica 7D (1983) 181–200.

[201] Grebogi, C., Ott, E., Yorke, J. A., *Attractors of an N-torus: quasiperiodicity versus chaos,* Physica 15D (1985) 354.

[202] Grebogi, C., Ott, E., Yorke, J. A., *Critical exponents of chaotic transients in nonlinear dynamical systems,* Physical Review Letters 37, 11 (1986) 1284–1287.

[203] Grebogi, C., Ott, E., Yorke, J. A., *Chaos, strange attractors, and fractal basin boundaries in nonlinear dynamics,* Science 238 (1987) 632–638.

[204] Großmann, S., Thomae, S., *Invariant distributions and stationary correlation functions of one-dimensional discrete processes,* Z. Naturforsch. 32 (1977) 1353–1363.

[205] Haeseler, F. v., Peitgen, H.-O., Skordev, G., *Pascal's triangle, dynamical systems and attractors,* erscheint in Ergodic Theory and Dynamical Systems. Report Nr. 250, Institut für Dynamische Systeme, Universität Bremen.

[206] Haeseler, F. v., Peitgen, H.-O., Skordev, G., *Cellular Automata, Matrix Substitutions and Fractals,* erscheint in Annals of Mathematics and Artificial Intelligence. Report Nr. 270, Institut für Dynamische Systeme, Universität Bremen.

[207] Haeseler, F. v., Peitgen, H.-O., Skordev, G., *On the Fractal Structure of Limit Sets of Cellular Automata and Attractors of Dynamical Systems,* Manuskript. Report Nr. 285, Institut für Dynamische Systeme, Universität Bremen.

[208] Halsey, T. C., Jensen, M. H., Kadanoff, L. P., Procaccia, I., Shraiman, B. I., *Fractal measures and their singularities: The characterization of strange sets,* Phys. Rev. A 33 (1986) 1141.

[209] Hart, J. C., DeFanti, T., *Efficient anti-aliased rendering of 3D-linear fractals,* Computer Graphics 25, 4 (1991) 289–296.

[210] Hart, J. C., Sandin, D. J., Kauffman, L. H., *Ray tracing deterministic 3-D fractals,* Computer Graphics 23, 3 (1989) 91–100.

[211] Hénon, M., *A two-dimensional mapping with a strange attractor,* Comm. Math. Phys. 50 (1976) 69–77.

[212] Hentschel, H. G. E., Procaccia, I., *The infinite number of generalized dimensions of fractals and strange attractors,* Physica 8D (1983) 435–444.

[213] Hepting, D., Prusinkiewicz, P., Saupe, D., *Rendering methods for iterated function systems,* in: *Fractals in the Fundamental and Applied Sciences,* H.-O. Peitgen, J. M. Henriques, L. F. Peneda (Hrsg.), North-Holland, Amsterdam, 1991.

[214] Hilbert, D., *Über die stetige Abbildung einer Linie auf ein Flächenstück,* Mathematische Annalen 38 (1891) 459–460.

[215] Holte, J., *A recurrence relation approach to fractal dimension in Pascal's triangle,* International Congress of Mathematics, 1990.

[216] Hutchinson, J., *Fractals and self-similarity,* Indiana University Journal of Mathematics 30 (1981) 713–747.

[217] Jacquin, A. E., *Image coding based on a fractal theory of iterated contractive image transformations,* erscheint in: IEEE Transactions on Signal Processing, 1992.

[218] Judd, K., Mees, A. I. *Estimating dimensions with confidence,* International Journal of Bifurcation and Chaos 1,2 (1991) 467–470.

[219] Julia, G., *Mémoire sur l'iteration des fonctions rationnelles,* Journal de Math. Pure et Appl. 8 (1918) 47–245.

[220] Jürgens, H., *3D-rendering of fractal landscapes,* in: *Fractal Geometry and Computer Graphics,* J. L. Encarnacao, H.-O. Peitgen, G. Sakas, G. Englert (Hrsg.), Springer-Verlag, Heidelberg, 1992.

[221] Kaplan, J. L., Yorke, J. A., *Chaotic behavior of multidimensional difference equations,* in: *Functional Differential Equations and Approximation of Fixed Points,* H.-O. Peitgen, H. O. Walther (Hrsg.), Springer-Verlag, Heidelberg, 1979.

[222] Kawaguchi, Y., *A morphological study of the form of nature,* Computer Graphics 16,3 (1982).

[223] Koch, H. von, *Sur une courbe continue sans tangente, obtenue par une construction géometrique élémentaire,* Arkiv för Matematik 1 (1904) 681–704.

[224] Koch, H. von, *Une méthode géométrique élémentaire pour l'étude de certaines questions de la théorie des courbes planes,* Acta Mathematica 30 (1906) 145-174.

[225] Kummer, E. E., *Über Ergänzungssätze zu den allgemeinen Reziprozitätsgesetzen,* Journal für die reine und angewandte Mathematik 44 (1852) 93–146.

[226] Lauterborn, W., *Acoustic turbulence,* in: *Frontiers in Physical Acoustics,* D. Sette (Hrsg.), North-Holland, Amsterdam, 1986, S. 123–144.

[227] Lauterborn, W., Holzfuss, J., *Acoustic chaos,* International Journal of Bifurcation and Chaos 1, 1 (1991) 13–26.

[228] Li, T.-Y., Yorke, J. A., *Period three implies chaos,* American Mathematical Monthly 82 (1975) 985–992.

[229] Lindenmayer, A., *Mathematical models for cellular interaction in development, Parts I and II,* Journal of Theoretical Biology 18 (1968) 280–315.

[230] Lorenz, E. N., *Deterministic non-periodic flow,* J. Atmos. Sci. 20 (1963) 130–141.

[231] Lorenz, E. N., *The local structure of a chaotic attractor in four dimensions,* Physica 13D (1984) 90–104.

[232] Lovejoy, S., Mandelbrot, B. B., *Fractal properties of rain, and a fractal model,* Tellus 37A (1985) 209–232.

[233] Lozi, R., *Un attracteur étrange (?) du type attracteur de Hénon,* J. Phys. (Paris) 39 (Coll. C5) (1978) 9–10.

[234] Mandelbrot, B. B., Ness, J. W. van, *Fractional Brownian motion, fractional noises and applications,* SIAM Review 10,4 (1968) 422–437.

[235] Mandelbrot, B. B., *Multiplications alétoires itérées et distributions invariantes par moyenne pondérée aléatoire, I & II,* Comptes Rendus (Paris): 278A (1974) 289–292 & 355–358.

[236] Mandelbrot, B. B., *Intermittent turbulence in self-similar cascades: divergence of high moments and dimension of the carrier,* J. Fluid Mech. 62 (1974) 331.

[237] Mandelbrot, B. B., *Fractal aspects of the iteration of* $z \mapsto \lambda z(1-z)$ *for complex* λ *and* z, Annals NY Acad. Sciences 357 (1980) 249–259.

[238] Mandelbrot, B. B., *Comment on computer rendering of fractal stochastic models,* Comm. of the ACM 25,8 (1982) 581–583.

[239] Mandelbrot, B. B., *Self-affine fractals and fractal dimension,* Physica Scripta 32 (1985) 257–260.

[240] Mandelbrot, B. B., *On the dynamics of iterated maps V: conjecture that the boundary of the M-set has fractal dimension equal to 2,* in: Chaos, Fractals and Dynamics, Fischer und Smith (Hrsg.), Marcel Dekker, 1985.

[241] Mandelbrot, B. B., *An introduction to multifractal distribution functions,* in: *Fluctuations and Pattern Formation,* H. E. Stanley und N. Ostrowsky (Hrsg.), Kluwer Academic, Dordrecht, 1988.

[242] Mandelbrot, B. B., *Multifractal measures, especially for the Geophysicist,* Pure and Applied Geophysics 131 (1989) 5–42, auch in *Fluctuations and Pattern Formation,* (Cargèse, 1988). H. E. Stanley und N. Ostrowsky (Hrsg.), Kluwer, Dordrecht-Boston (1988) 345–360.

[243] Mandelbrot, B. B., *Negative fractal dimensions and multifractals*, Physica A 163 (1990) 306–315.

[244] Mandelbrot, B. B., Evertsz, C. J. G., *The potential distribution around growing fractal clusters,* Nature 348 (1990) 143–145.

[245] Mandelbrot, B. B., *New "anomalous" multiplicative multifractals: left-sided $f(\alpha)$ and the modeling of DLA,* Physica A168 (1990) 95–111.

[246] Mandelbrot, B .B., Evertsz, C. J. G., Hayakawa, Y., *Exactly self-similar left-sided multifractal measures,* Phys. Rev. A 42 (1990) 4528–4536.

[247] Mandelbrot, B. B., *Random multifractals: negative dimensions and the resulting limitations of the thermodynamic formalism,* Proc. R. Soc. Lond. A 434 (1991) 97–88.

[248] Mandelbrot, B. B., Evertsz, C. J. G., *Left-sided multifractal measures,* in *Fractals and Disordered Systems,* A. Bunde, S. Havlin (Hrsg.) (1991) 322–344.

[249] Mandelbrot, B. B., Evertsz, C. J. G., *Multifractality of the harmonic measure on fractal aggregates, and extended self-similarity,* Physica A177 (1991) 386–393.

[250] Mañé, R., *On the dimension of the compact invariant set of certain nonlinear maps,* in: *Dynamical Systems and Turbulence, Warwick 1980,* Lecture Notes in Mathematics 898, Springer-Verlag (1981) 230–242.

[251] Marotto, F. R., *Chaotic behavior in the Hénon mapping,* Comm. Math. Phys. 68 (1979) 187–194.

[252] Matsushita, M., *Experimental Observation of Aggregations,* in: *The Fractal Approach to Heterogeneous Chemistry: Surfaces, Colloids, Polymers,* D. Avnir (Hrsg.), Wiley, Chichester 1989.

[253] Mauldin, R. D., Williams, S. C., *Hausdorff dimension in graph directed constructions,* Trans. Amer. Math. Soc. 309 (1988) 811–829.

[254] May, R. M., *Simple mathematical models with very complicated dynamics,* Nature 261 (1976) 459–467.

[255] Meneveau, C., Sreenivasan, K. R., *Simple multifractal cascade model for fully developed turbulence.* Phys. Rev. Lett. 59 (1987) 1424.

[256] Meneveau, C, Sreenivasan, K.R., *A method for the direct measurement of $f(\alpha)$ of multifractals, and its applications to dynamical systems and fully developed turbulence,* Phys. Lett. A 137 (1989) 103.

[257] Meneveau, C., Sreenivasan, K.R., *Multifractal nature of turbulent energy dissipation,* J. Fluid Mech. 224 (1991) 429.

[258] Menger, K., *Allgemeine Räume und charakteristische Räume, Zweite Mitteilung: Über umfassendste n-dimensionale Mengen,* Proc. Acad. Amsterdam 29 (1926) 1125–1128.

[259] Misiurewicz, M., *Strange Attractors for the Lozi Mappings,* in Nonlinear Dynamics, R. H. G. Helleman (Hrsg.), Annals of the New York Academy of Sciences 357 (1980) 348–358.

[260] Mitchison, G. J., Wilcox, M., *Rule governing cell division in Anabaena,* Nature 239 (1972) 110–111.

[261] Mullin, T., *Chaos in physical systems,* in: *Fractals and Chaos,* Crilly, A. J., Earnshaw, R. A., Jones, H. (Hrsg.), Springer-Verlag, New York, 1991.

[262] Musgrave, K., Kolb, C., Mace, R., *The synthesis and the rendering of eroded fractal terrain,* Computer Graphics 24 (1988).

[263] Norton, V. A., *Generation and display of geometric fractals in 3-D,* Computer Graphics 16, 3 (1982) 61–67.

[264] Norton, V. A., *Julia sets in the quaternions,* Computers and Graphics 13, 2 (1989) 267–278.

[265] Olsen, L. F., Degn, H., *Chaos in biological systems,* Quarterly Review of Biophysics 18 (1985) 165–225.

[266] Paladin, G., Vulpiani, A., *Anomalous scaling laws in multifractal objects,* Physics Reports 156 (1987) 145.

[267] Packard, N. H., Crutchfield, J. P., Farmer, J. D., Shaw, R. S., *Geometry from a time series,* Phys. Rev. Lett. 45 (1980) 712–716.

[268] Peano, G., *Sur une courbe, qui remplit toute une aire plane,* Mathematische Annalen 36 (1890) 157–160.

[269] Peitgen, H. O., Prüfer, M., *The Leray-Schauder continuation method is a constructive element in the numerical study of nonlinear eigenvalue and bifurcation problems,* in: *Functional Differential Equations and Approximation of Fixed Points,* H.-O. Peitgen, H.-O. Walther (Hrsg.), Springer Lecture Notes, Berlin, 1979.

[270] Pietronero, L., Evertsz, C., Siebesma, A. P., *Fractal and multifractal structures in kinetic critical phenomena,* in: *Stochastic Processes in Physics and Engineering,* S. Albeverio, P. Blanchard, M. Hazewinkel, L. Streit (Hrsg.), D. Reidel Publishing Company (1988) 253–278. (1988) 405–409.

[271] Peyriere, J., *Multifractal measures,* Proceedings of the NATO ASI "Probabilistic Stochastic Methods in Analysis, with Applications" Il Ciocco, July 14–27 (1991).

[272] Pomeau, Y., Manneville, P., *Intermittent transition to turbulence in dissipative dynamical systems,* Commun. Math. Phys. 74 (1980) 189–197.

[273] Prasad, R. R., Meneveau, C., Sreenivasan, K. R., *Multifractal nature of the dissipation field of passive scalars in full turbulent flows,* Phys. Rev. Lett. 61 (1988) 74–77.

[274] Procaccia, I., Zeitak, R., *Shape of fractal growth patterns: Exactly solvable models and stability considerations,* Phys. Rev. Lett. 60 (1988) 2511.

[275] Prusinkiewicz, P., *Graphical applications of L-systems,* Proc. of Graphics Interface 1986 – Vision Interface (1986) 247–253.

[276] Prusinkiewicz, P., Hanan, J., *Applications of L-systems to computer imagery,* in: "Graph Grammars and their Application to Computer Science; Third International Workshop", H. Ehrig, M. Nagl, A. Rosenfeld und G. Rozenberg (Hrsg.), Springer-Verlag, New York, 1988.

[277] Prusinkiewicz, P., Lindenmayer, A., Hanan, J., *Developmental models of herbaceous plants for computer imagery purposes,* Computer Graphics 22, 4 (1988) 141–150.

[278] Prusinkiewicz, P., Hammel, M., *Automata, languages, and iterated function systems,* in: *Fractals Modeling in 3-D Computer Graphics and Imaging,* ACM SIGGRAPH '91 Course Notes C14 (J. C. Hart, K. Musgrave, Hrsg.), 1991.

[279] Rayleigh, Lord, *On convective currents in a horizontal layer of fluid when the higher temperature is on the under side,* Phil. Mag. 32 (1916) 529–546.

[280] Reuter, L. Hodges, *Rendering and magnification of fractals using iterated function systems,* Ph. D. thesis, School of Mathematics, Georgia Institute of Technology (1987).

[281] Richardson, R. L., *The problem of contiguity: an appendix of statistics of deadly quarrels,* General Systems Yearbook 6 (1961) 139–187.

[282] Rössler, O. E., *An equation for continuous chaos,* Phys. Lett. 57A (1976) 397–398.

[283] Ruelle, F., Takens, F., *On the nature of turbulence,* Comm. Math. Phys. 20 (1971) 167–192, 23 (1971) 343–344.

[284] Russell, D. A., Hanson, J. D., Ott, E., *Dimension of strange attractors,* Phys. Rev. Lett. 45 (1980) 1175–1178.

[285] Salamin, E., *Computation of π Using Arithmetic-Geometric Mean,* Mathematics of Computation 30, 135 (1976) 565–570.

[286] Saltzman, B., *Finite amplitude free convection as an initial value problem — I,* J. Atmos. Sci. 19 (1962) 329–341.

[287] Sano, M., Sawada, Y., *Measurement of the Lyapunov spectrum from a chaotic time series,* Phys. Rev. Lett. 55 (1985) 1082.

[288] Saupe, D., *Efficient computation of Julia sets and their fractal dimension,* Physica D28 (1987) 358–370.

[289] Saupe, D., *Discrete versus continuous Newton«s method : A case study,* Acta Appl. Math. 13 (1988) 59–80.

[290] Saupe, D., *Point evalutions of multi-variable random fractals,* in: *Visualisierung in Mathematik und Naturwissenschaften - Bremer Computergraphiktage 1988,* H. Jürgens, D. Saupe (Hrsg.), Springer-Verlag, Heidelberg, 1989.

[291] Sernetz, M., Gelléri, B., Hofman, F., *The Organism as a Bioreactor, Interpretation of the Reduction Law of Metabolism in terms of Heterogeneous Catalysis and Fractal Structure,* Journal Theorctical Biology 117 (1985) 209–230.

[292] Siebesma, A. P., Pietronero, P., *Multifractal properties of wave functions for one-dimensional systems with an incommensurate potential,* Europhys. Lett. 4 (1987) 597–602.

[293] Siegel, C. L., *Iteration of analytic functions,* Ann. of Math. 43 (1942) 607–616.

[294] Sierpinski, W., *Sur une courbe cantorienne dont tout point est un point de ramification,* C. R. Acad. Paris 160 (1915) 302.

[295] Sierpinski, W., *Sur une courbe cantorienne qui contient une image biunivoquet et continue detoute courbe donnée,* C. R. Acad. Paris 162 (1916) 629–632.

[296] Simó, C., *On the Hénon-Pomeau attractor,* Journal of Statistical Physics 21,4 (1979) 465–494.

[297] Shanks, D., Wrench, J. W. Jr., *Calculation of π to 100,000 Decimals,* Mathematics of Computation 16, 77 (1962) 76–99.

[298] Shaw, R., *Strange attractors, chaotic behavior, and information flow,* Z. Naturforsch. 36a (1981) 80–112.

[299] Shishikura, M., *The Hausdorff dimension of the boundary of the Mandelbrot set and Julia sets,* SUNY Stony Brook, Institute for Mathematical Sciences, Vorabdruck Nr. 1991/7.

[300] Shonkwiller, R., *An image algorithm for computing the Hausdorff distance efficiently in linear time,* Info. Proc. Lett. 30 (1989) 87–89.

[301] Smith, A. R., *Plants, fractals, and formal languages,* Computer Graphics 18, 3 (1984) 1–10.

[302] Stanley, H. E., Meakin, P., *Multifractal phenomena in physics and chemistry,* Nature 335 (1988) 405–409.

[303] Stefan, P., *A theorem of Šarkovski on the existence of periodic orbits of continuous endomorphisms of the real line,* Comm. Math. Phys. 54 (1977) 237–248.

[304] Stevens, R. J., Lehar, A. F., Preston, F. H., *Manipulation and presentation of multidimensional image data using the Peano scan,* IEEE Transactions on Pattern Analysis and Machine Intelligence 5 (1983) 520–526.

[305] Sullivan, D., *Quasiconformal homeomorphisms and dynamics I,* Ann. Math. 122 (1985) 401–418.

[306] Sved, M., Pitman, J., *Divisibility of binomial coefficients by prime powers, a geometrical approach,* Ars Combinatoria 26A (1988) 197–222.

[307] Takens, F., *Detecting strange attractors in turbulence,* in: *Dynamical Systems and Turbulence, Warwick 1980,* Lecture Notes in Mathematics 898, Springer-Verlag (1981) 366–381.

[308] Tan Lei, *Similarity between the Mandelbrot set and Julia sets,* Report Nr 211, Institut für Dynamische Systeme, Universität Bremen, June 1989, und, Commun. Math. Phys. 134 (1990) 587–617.

[309] Tél, T., *Transient chaos,* erscheint in: *Directions in Chaos III,* Hao B.-L. (Hrsg.), World Scientific Publishing Company, Singapore.

[310] Thompson, J. M. T., Stewart, H. B., *Nonlinear Dynamics and Chaos,* Wiley, Chichester, 1986.

[311] Velho, L., de Miranda Gomes, J., *Digital halftoning with space-filling curves,* Computer Graphics 25,4 (1991) 81–90.

[312] Voss, R. F., *Random fractal forgeries,* in : Fundamental Algorithms for Computer Graphics, R. A. Earnshaw (Hrsg.), Springer-Verlag, Berlin, 1985, 805–835.

[313] Voss, R. F., Tomkiewicz, M., *Computer Simulation of Dendritic Electrodeposition,* Journal Electrochemical Society 132, 2 (1985) 371–375.

[314] Vrscay, E. R., *Iterated function systems: Theory, applications and the inverse problem,* in: Proceedings of the NATO Advanced Study Institute on Fractal Geometry, July 1989. Kluwer Academic Publishers, 1991.

[315] Wall, C. R., *Terminating decimals in the Cantor ternary set,* Fibonacci Quart. 28, 2 (1990) 98–101.

[316] Williams, R. F., *Compositions of contractions,* Bol. Soc. Brasil. Mat. 2 (1971) 55–59.

[317] Willson, S., *Cellular automata can generate fractals,* Discrete Appl. Math. 8 (1984) 91–99.

[318] Witten, I. H., Neal, M., *Using Peano curves for bilevel display of continuous tone images,* IEEE Computer Graphics and Applications, May 1982, 47–52.

[319] Witten, T. A. und Sander, L.M., *Diffusion limited aggregation: A kinetic critical phenomena,* Phys. Rev. Lett. 47 (1981) 1400–1403 und Phys. Rev. B27 (1983) 5686–5697.

[320] Wolf, A. Swift, J. B., Swinney, H. L., Vastano, J. A., *Determining Lyapunov exponents from a time series,* Physica 16D (1985) 285–317.

[321] Yorke, J. A., Yorke, E. D., *Metastable chaos: the transition to sustained chaotic behavior in the Lorenz model,* J. Stat. Phys. 21 (1979) 263–277.

[322] Young, L.-S., *Dimension, entropy, and Lyapunov exponents,* Ergod. Th. & Dynam. Sys. 2 (1982) 109.

[323] Zahlten, C., *Piecewise linear approximation of isovalued surfaces,* in: *Advances in Scientific Visualization, Eurographics Seminar Series,* (F. H. Post, A. J. S. Hin (Hrsg.), Springer-Verlag, Berlin, 1992).

Index